Abgeleitete SI-Einheiten

Einheiten ohne eigenen Namen		Einheiten mit eigenem Namen			
Zu messende Größe	Einheit	Zu messende Größe	Einheit		Symbol
Fläche	m^2	Kraft	Newton	$= kg\,m\,s^{-2}$	N
Volumen	m^3	Energie	Joule	$= Nm = kg\,m^2 s^{-2}$	J
Dichte	$kg\,m^{-3}$; gebräuchlicher: $g\,cm^{-3}$	Leistung	Watt	$= Js^{-1} = kg\,m^2 s^{-3}$	W
		Druck	Pascal	$= Nm^{-2} = kg\,m^{-1}s^{-2}$	Pa
		elektrische Ladung	Coulomb	$= As$	C
Geschwindigkeit	$m\,s^{-1}$	elektrische Potentialdifferenz (Spannung)	Volt	$= WA^{-1} = JC^{-1}$	V
Beschleunigung	$m\,s^{-2}$				
Stoffmengenkonzentration	$mol\,dm^{-3}$	elektrischer Widerstand	Ohm	$= VA^{-1}$	Ω
		elektrische Leitfähigkeit	Siemens	$= \Omega^{-1} = V^{-1}A$	S
Strahlungsexposition	$Bq\,kg^{-1}$	elektrische Kapazität	Farad	$= CV^{-1}$	F
		magnetischer Fluß	Weber	$= Vs$	Wb
		Induktivität	Henry	$= VA^{-1}s$	H
		magnetische Induktion (magnetische Flußdichte)	Tesla	$= Vs\,m^{-2}$	T
		Frequenz (Schwingungen pro Zeiteinheit)	Hertz	$= s^{-1}$	Hz
		Radioaktivität (atomare Ereignisse pro Zeiteinheit)	Becquerel	$= s^{-1}$	Bq
		Absorbierte Energiedosis	Gray	$= J\,kg^{-1}$	Gy
		Äquivalentdosis	Sievert	$= J\,kg^{-1}$	Sv

Gebräuchliche Nicht-SI-Einheiten und ältere Maßeinheiten

	Zu messende Größe	Einheit	S	
weiter gebräuchliche Einheiten	Masse	Atommasseneinheit	u	$1{,}660540 \cdot 10^{-24}$ g; 931,49 MeV
	Zeit	Minute	min	60 s
		Stunde	h	3600 s
		Tag	d	86 400 s
		Jahr	a	$3{,}15569 \cdot 10^7$ s
	Volumen	Liter	L	$1\,dm^3$
	Temperatur	Grad Celsius	°C	K + 273,15
	Druck	Bar	bar	10^5 Pa
	Energie	Elektronenvolt	eV	$1{,}60218 \cdot 10^{-19}$ J
	ebener Winkel	Grad	°	$\pi/180$ rad
nicht mehr zu verwendende Einheiten	Länge	Ångström	Å	10^{-10} m = 100 pm
	Kraft	Dyn	dyn	10^{-5} N
	Energie	Erg	erg	10^{-7} J
		Kalorie	cal	4,184 J
	Druck	Torr (mm Quecksilbersäule)	Torr	133,322 Pa
		Physikalische Atmosphäre	atm	101,325 kPa
	Viskosität	Poise	P	10^{-1} Pa s
	Dipolmoment	Debye	D	$3{,}338 \cdot 10^{-30}$ C m
	magnetische Induktion	Gauß	G	10^{-4} T
	Radioaktivität	Curie	Ci	$3{,}7 \cdot 10^{10}$ Bq

Chemie

Das Basiswissen der Chemie

6. Auflage

Von Charles E. Mortimer

Übersetzt und bearbeitet von Ulrich Müller

Chemie

Das Basiswissen der Chemie

Mit Übungsaufgaben

6., völlig neubearbeitete und erweiterte Auflage

336 farbige Abbildungen
521 Formelbilder und Schemata
123 Tabellen

1996
Georg Thieme Verlag
Stuttgart · New York

Charles E. Mortimer
Muhlenberg College
Allentown, Pennsylvania/USA

Prof. Dr. Ulrich Müller
Fachbereich Biologie/Chemie
der Universität-GH
D-34109 Kassel

Titel der Originalausgabe: Chemistry
Original English Language Edition Published by Wadsworth Publishing,
A Division of Wadsworth, Inc., 10 Davis Drive, Belmont, California 94002,
U.S.A.

© 1986 by Wadsworth Inc., 10 Davis Drive, Belmont, California 94002,
U.S.A. (All Rights Reserved)

Die Deutsche Bibliothek – CIP-Einheitsaufnahme

Mortimer, Charles E.:
Chemie: das Basiswissen der Chemie ; mit Übungsaufgaben ;
123 Tabellen / von Charles E. Mortimer. Übers. und bearb. von
Ulrich Müller. – 6., völlig neubearb. und erw. Aufl. – Stuttgart
; New York : Thieme, 1996
Einheitssacht.: Chemistry ⟨dt.⟩

NE: Müller, Ulrich [Bearb.]

1. Auflage 1973   5. Auflage 1987
2. Auflage 1976   1. Nachdruck 1989
3. Auflage 1980   2. Nachdruck 1990
4. Auflage 1983   3. Nachdruck 1992
  1. Nachdruck 1986   4. Nachdruck 1995

Alle Rechte der deutschen Ausgabe vorbehalten. Das Werk, einschließlich aller seiner Teile, ist urheberrechtlich geschützt. Jede Verwertung außerhalb der engen Grenzen des Urheberrechtsgesetzes ist ohne Zustimmung des Verlages unzulässig und strafbar. Das gilt insbesondere für Vervielfältigungen, Übersetzungen, Mikroverfilmungen und die Einspeicherung und Verarbeitung in elektronischen Systemen.

© 1973, 1996 Georg Thieme Verlag, Rüdigerstraße 14, 70469 Stuttgart

Printed in Germany

Satz: Tutte Druckerei GmbH, 94121 Salzweg-Passau (System Polset 4.0)
Druck: Staudigl-Druck GmbH, 86609 Donauwörth
Buchbinder: Großbuchbinderei Heinr. Koch, 72008 Tübingen

ISBN 3-13-484306-4 (Kart.)
ISBN 3-13-102766-5 (Geb.)

Vorwort zur 6. Auflage

Mit der 5. deutschen Auflage dieses Buches war eine neu gestaltete und vollständig neu übersetzte Fassung der 6. Auflage des amerikanischen Originals erschienen. Die vorliegende 6. deutsche Auflage wurde neu gestaltet. Der Text wurde inhaltlich im wesentlichen in seiner bewährten Art belassen, er wurde jedoch korrigiert und stellenweise ergänzt. Dabei wurden neue Erkenntnisse und Entwicklungen in der Chemie berücksichtigt, zum Beispiel über den Ozon-Abbau in der Atmosphäre, über die Bedeutung von Stickstoffmonoxid in der Biochemie oder über die neue Kohlenstoff-Modifikation C_{60}. Auf mehrfachen Wunsch wurde auch der Abschnitt 1.5 „Genauigkeit und signifikante Stellen" wieder eingefügt, um der Tendenz entgegenzuwirken, eine zehnstellige Ziffernanzeige auf einem Taschenrechner als Wert mit entsprechender Genauigkeit zu mißdeuten.

Neu hinzugekommen ist das Kapitel 32 „Umgang mit gefährlichen Stoffen", in dem auf das deutsche Gefahrstoffrecht und auf die Toxikologie eingegangen wird. Bisher galten Chemiker (im Gegensatz zu Apothekern) nicht als sachkundig im Umgang mit gefährlichen Chemikalien, weil nach deutschem Recht dazu nicht nur Kenntnisse über Chemikalien, sondern auch des 1986 in Kraft gesetzten Gefahrstoffrechts vonnöten sind. Um dem abzuhelfen, müssen auch Chemikern Rechtskenntnisse vermittelt werden. Die Leser in der Schweiz und in Österreich mögen entschuldigen, wenn auf ihr Gefahrstoffrecht nicht gesondert eingegangen wird.

Im Vergleich zum amerikanischen Original sind manche Kapitel (z. B. über das metrische System) kürzer und manche sind umgestaltet. Die Kapitel über die Chemie der Elemente, über organische Chemie und über Biochemie sind dagegen erheblich erweitert. Damit wird einerseits der verschiedenen Vorbildung von nordamerikanischen und europäischen Studierenden Rechnung getragen, andererseits werden die ungleichen Studienanforderungen berücksichtigt.

Am Anfang von jedem Kapitel befindet sich eine *Zusammenfassung*, die in knapper und prägnanter Form eine Übersicht über das Kapitel vermittelt und den Inhalt aus einer etwas anderen Perspektive darlegt. Daneben stehen Schlüsselworte, die die im Kapitel neu eingeführten Begriffe erfassen. Alle Schlüsselworte finden sich noch einmal in alphabetischer Reihenfolge im Glossar (S. 693), jeweils mit einer kurzen Erläuterung. Im Text werden neue Begriffe durch Fettdruck hervorgehoben.

Zu vielen Kapiteln gehören *Beispiele*, in denen Rechenverfahren erläutert und ergänzende Erklärungen gegeben werden, sowie *Übungsaufgaben*. Lösungen zu den Aufgaben sind im Anhang angegeben.

Der Anhang enthält außerdem Tabellen von Normalpotentialen, Gleichgewichtskonstanten, thermodynamischen Daten und Bindungsenergien.

Die Gestaltung des Buches mit zwei unterschiedlich breiten Spalten gestattet es, Reaktionsgleichungen, Formelschemata, besondere Hinweise und ergänzende Bemerkungen neben dem Text unterzubringen. Darauf wird nicht immer, aber bei passenden Stellen, mit dem Wort „nebenstehend" hingewiesen.

Das Buch wendet sich an Studierende der Chemie vor dem Vordiplom sowie an Studierende, für die Chemie ein Nebenfach ist. Die ersten zwanzig Kapitel befassen sich mit den allgemein-chemischen und physikalisch-chemischen Grundlagen der Chemie, während die folgenden Kapitel ein Grundwissen über anorganische Chemie, organische Chemie, Biochemie und Kernchemie vermitteln.

Herrn Prof. Dr. Christian Reichardt danke ich für Anregungen und für die Durchsicht, Ergänzung und Korrektur der Kapitel „Organische Chemie" und „Biochemie". Herrn Dr. P.V. Rinze danke ich für die Durchsicht und Ergänzung des Kapitels „Umgang mit gefährlichen Stoffen". Zahlreiche Fachkollegen und Studierende haben mich auf Fehler aufmerksam gemacht und Anregungen gegeben, wofür ich ihnen besonders danke. Frau R. Hammelehle danke ich für ihre künstlerische Arbeit bei der Anfertigung der Abbildungen. Frau Dr. E. Hillen und den weiteren Mitarbeitern des Georg Thieme Verlags danke ich für die Zusammenarbeit und für ihre Bemühungen, meinen Vorstellungen zur Gestaltung des Buches zu entsprechen.

Kassel, August 1996   Ulrich Müller

Inhalt

1 Einleitung ... 1

1.1	Historische Entwicklung der Chemie	2
1.2	Elemente, Verbindungen, Gemische	6
1.3	Stofftrennung	9
1.4	Maßeinheiten	11
1.5	Genauigkeit und signifikante Stellen	11

2 Einführung in die Atomtheorie ... 15

2.1	Die Dalton-Atomtheorie	16
2.2	Das Elektron	17
2.3	Das Proton	18
2.4	Das Neutron	19
2.5	Aufbau der Atome	20
2.6	Atomsymbole	21
2.7	Isotope	22
2.8	Atommassen	23
2.9	Übungsaufgaben	25

3 Stöchiometrie, Teil I: Chemische Formeln ... 27

3.1	Moleküle und Ionen	28
3.2	Empirische Formeln	30
3.3	Das Mol	30
3.4	Prozentuale Zusammensetzung von Verbindungen	32
3.5	Ermittlung chemischer Formeln	33
3.6	Übungsaufgaben	35

4 ... 37 Stöchiometrie, Teil II: Chemische Reaktionsgleichungen

- 4.1 Chemische Reaktionsgleichungen ... 38
- 4.2 Begrenzende Reaktanden ... 41
- 4.3 Ausbeute bei chemischen Reaktionen ... 42
- 4.4 Konzentration von Lösungen ... 42
- 4.5 Übungsaufgaben ... 45

5 ... 47 Energieumsatz bei chemischen Reaktionen

- 5.1 Energiemaße ... 48
- 5.2 Temperatur und Wärme ... 49
- 5.3 Kalorimetrie ... 49
- 5.4 Reaktionsenergie und Reaktionsenthalpie ... 50
- 5.5 Der Satz von Hess ... 53
- 5.6 Bildungsenthalpien ... 54
- 5.7 Bindungsenergien ... 57
- 5.8 Übungsaufgaben ... 59

6 ... 61 Die Elektronenstruktur der Atome

- 6.1 Elektromagnetische Strahlung ... 63
- 6.2 Atomspektren ... 64
- 6.3 Ordnungszahl und das Periodensystem der Elemente ... 67
- 6.4 Wellenmechanik ... 71
- 6.5 Quantenzahlen ... 76
- 6.6 Orbitalbesetzung und die Hund-Regel ... 81
- 6.7 Die Elektronenstruktur der Elemente ... 84
- 6.8 Halb- und vollbesetzte Unterschalen ... 88
- 6.9 Einteilung der Elemente ... 89
- 6.10 Übungsaufgaben ... 90

7 ... 93 Eigenschaften der Atome und die Ionenbindung

- 7.1 Atomgröße ... 94
- 7.2 Ionisierungsenergien ... 97
- 7.3 Elektronenaffinitäten ... 99
- 7.4 Die Ionenbindung ... 101
- 7.5 Gitterenergie ... 102
- 7.6 Arten von Ionen ... 105
- 7.7 Ionenradien ... 107
- 7.8 Nomenklatur von Ionenverbindungen ... 108
- 7.9 Übungsaufgaben ... 109

8 Die kovalente Bindung — 111

- 8.1 Konzept der kovalenten Bindung — 112
- 8.2 Übergänge zwischen Ionenbindung und kovalenter Bindung — 113
- 8.3 Elektronegativität — 116
- 8.4 Formalladungen — 118
- 8.5 Mesomerie (Resonanz) — 120
- 8.6 Nomenklatur von binären Molekülverbindungen — 122
- 8.7 Übungsaufgaben — 123

9 Molekülgeometrie, Molekülorbitale — 125

- 9.1 Ausnahmen zur Oktettregel — 126
- 9.2 Elektronenpaar-Abstoßung und Molekülgeometrie — 126
- 9.3 Hybridorbitale — 131
- 9.4 Molekülorbitale — 133
- 9.5 Molekülorbitale in mehratomigen Molekülen — 139
- 9.6 $p\pi$-$d\pi$-Bindungen — 141
- 9.7 Übungsaufgaben — 142

10 Gase — 143

- 10.1 Druck — 144
- 10.2 Das Avogadro-Gesetz — 145
- 10.3 Das ideale Gasgesetz — 146
- 10.4 Stöchiometrie und Gasvolumina — 149
- 10.5 Die kinetische Gastheorie — 151
- 10.6 Das Dalton-Gesetz der Partialdrücke — 153
- 10.7 Molekülgeschwindigkeiten in Gasen — 154
- 10.8 Das Graham-Effusionsgesetz — 156
- 10.9 Reale Gase — 157
- 10.10 Verflüssigung von Gasen — 159
- 10.11 Übungsaufgaben — 161

11 Flüssigkeiten und Feststoffe — 165

- 11.1 Intermolekulare Anziehungskräfte — 167
- 11.2 Wasserstoff-Brücken — 169
- 11.3 Der flüssige Zustand — 171
- 11.4 Verdampfung — 172
- 11.5 Dampfdruck — 173
- 11.6 Siedepunkt — 174

11.7	Verdampfungsenthalpie	175
11.8	Gefrierpunkt	176
11.9	Dampfdruck von Festkörpern	177
11.10	Phasendiagramme	178
11.11	Arten von kristallinen Feststoffen	179
11.12	Kristallgitter	181
11.13	Kristallstrukturbestimmung durch Röntgenbeugung	184
11.14	Kristallstrukturen von Metallen	186
11.15	Ionenkristalle	189
11.16	Defektstrukturen	192
11.17	Übungsaufgaben	193

12 ... 195 Lösungen

12.1	Allgemeine Betrachtungen	197
12.2	Der Auflösungsprozeß	198
12.3	Hydratisierte Ionen	199
12.4	Lösungsenthalpie	200
12.5	Abhängigkeit der Löslichkeit von Druck und Temperatur	201
12.6	Konzentration von Lösungen	202
12.7	Dampfdruck von Lösungen	206
12.8	Gefrierpunkt und Siedepunkt von Lösungen	208
12.9	Osmose	210
12.10	Destillation	212
12.11	Elektrolytlösungen	214
12.12	Interionische Wechselwirkungen in Lösungen	215
12.13	Übungsaufgaben	216

13 ... 219 Reaktionen in wäßriger Lösung

13.1	Metathese-Reaktionen	220
13.2	Oxidationszahlen	223
13.3	Reduktions-Oxidations-Reaktionen	225
13.4	Arrhenius-Säuren und -Basen	229
13.5	Saure und basische Oxide	231
13.6	Nomenklatur von Säuren, Hydroxiden und Salzen	232
13.7	Volumetrische Analyse	234
13.8	Äquivalentmasse und Normallösungen	236
13.9	Übungsaufgaben	239

Reaktionskinetik — 14

241

- 14.1 Reaktionsgeschwindigkeit — 242
- 14.2 Konzentrationsabhängigkeit der Reaktionsgeschwindigkeit — 243
- 14.3 Zeitabhängigkeit der Reaktionsgeschwindigkeit — 245
- 14.4 Einstufige Reaktionen — 250
- 14.5 Geschwindigkeitsgesetze für einstufige Reaktionen — 254
- 14.6 Reaktionsmechanismen — 255
- 14.7 Temperaturabhängigkeit der Reaktionsgeschwindigkeit — 257
- 14.8 Katalyse — 259
- 14.9 Übungsaufgaben — 263

Das chemische Gleichgewicht — 15

267

- 15.1 Reversible Reaktionen und chemisches Gleichgewicht — 269
- 15.2 Die Gleichgewichtskonstante K_c — 270
- 15.3 Die Gleichgewichtskonstante K_p — 274
- 15.4 Das Prinzip des kleinsten Zwanges — 275
- 15.5 Übungsaufgaben — 278

Säuren und Basen — 16

281

- 16.1 Das Arrhenius-Konzept — 282
- 16.2 Das Brønsted-Lowry-Konzept — 282
- 16.3 Die Stärke von Brønsted-Säuren und -Basen — 283
- 16.4 Säurestärke und Molekülstruktur — 285
- 16.5 Das Lewis-Konzept — 287
- 16.6 Lösungsmittelbezogene Säuren und Basen — 289
- 16.7 Übungsaufgaben — 291

Säure-Base-Gleichgewichte — 17

293

- 17.1 Das Ionenprodukt des Wassers. pH-Wert — 294
- 17.2 Schwache Elektrolyte — 296
- 17.3 Indikatoren — 301
- 17.4 Pufferlösungen — 302
- 17.5 Mehrprotonige Säuren — 306
- 17.6 Salze schwacher Säuren und Basen — 309
- 17.7 Säure-Base-Titrationen — 311
- 17.8 Übungsaufgaben — 315

18 ... 317 Löslichkeitsprodukt und Komplex-Gleichgewichte

18.1 Das Löslichkeitsprodukt ... 318
18.2 Fällungsreaktionen ... 320
18.3 Fällung von Sulfiden ... 323
18.4 Komplexgleichgewichte ... 324
18.5 Übungsaufgaben ... 328

19 ... 331 Grundlagen der chemischen Thermodynamik

19.1 Der 1. Hauptsatz der Thermodynamik ... 332
19.2 Enthalpie ... 333
19.3 Der 2. Hauptsatz der Thermodynamik ... 335
19.4 Die freie Enthalpie ... 337
19.5 Freie Standard-Enthalpien ... 339
19.6 Absolute Entropien ... 340
19.7 Gleichgewicht und freie Reaktionsenthalpie ... 342
19.8 Temperaturabhängigkeit von Gleichgewichtskonstanten ... 345
19.9 Übungsaufgaben ... 347

20 ... 349 Elektrochemie

20.1 Elektrischer Strom ... 351
20.2 Elektrolytische Leitung ... 351
20.3 Elektrolyse ... 353
20.4 Stöchiometrie bei der Elektrolyse ... 354
20.5 Galvanische Zellen ... 356
20.6 Die elektromotorische Kraft ... 357
20.7 Elektrodenpotentiale ... 359
20.8 Freie Reaktionsenthalpie und elektromotorische Kraft ... 363
20.9 Konzentrationsabhängigkeit des Potentials ... 365
20.10 Potentiometrische Titration ... 369
20.11 Elektrodenpotentiale und Elektrolyse ... 370
20.12 Korrosion von Eisen ... 371
20.13 Galvanische Zellen für den praktischen Gebrauch ... 372
20.14 Brennstoffzellen ... 373
20.15 Übungsaufgaben ... 374

21 Wasserstoff

377

- 21.1 Vorkommen und physikalische Eigenschaften 378
- 21.2 Herstellung von Wasserstoff 379
- 21.3 Chemische Eigenschaften des Wasserstoffs 380
- 21.4 Technische Verwendung von Wasserstoff 382
- 21.5 Übungsaufgaben 383

22 Die Halogene

385

- 22.1 Eigenschaften der Halogene 386
- 22.2 Vorkommen und Herstellung der Halogene 388
- 22.3 Interhalogen-Verbindungen 390
- 22.4 Halogenwasserstoffe 392
- 22.5 Halogenide 393
- 22.6 Oxosäuren der Halogene 394
- 22.7 Verwendung der Halogene 399
- 22.8 Übungsaufgaben 400

23 Die Edelgase

401

- 23.1 Vorkommen und Gewinnung der Edelgase 402
- 23.2 Eigenschaften der Edelgase 402
- 23.3 Verwendung der Edelgase 403

24 Die Elemente der 6. Hauptgruppe

405

- 24.1 Allgemeine Eigenschaften der Chalkogene 406
- 24.2 Vorkommen und Gewinnung von Sauerstoff 407
- 24.3 Reaktionen des Sauerstoffs 408
- 24.4 Verwendung von Sauerstoff 411
- 24.5 Ozon 411
- 24.6 Schwefel, Selen und Tellur 412
- 24.7 Vorkommen und Gewinnung von Schwefel, Selen und Tellur 413
- 24.8 Wasserstoff-Verbindungen von Schwefel, Selen und Tellur 414
- 24.9 Schwefel-, Selen- und Tellur-Verbindungen in der Oxidationsstufe +IV 416
- 24.10 Schwefel-, Selen- und Tellur-Verbindungen in der Oxidationsstufe +VI 417
- 24.11 Verwendung von Schwefel, Selen und Tellur 420
- 24.12 Übungsaufgaben 421

25 ... 423 Die Elemente der 5. Hauptgruppe

25.1	Allgemeine Eigenschaften	424
25.2	Die Elementstrukturen von Phosphor, Arsen, Antimon und Bismut	426
25.3	Der Stickstoffzyklus	427
25.4	Vorkommen und Herstellung der Elemente der 5. Hauptgruppe	427
25.5	Nitride und Phosphide	429
25.6	Wasserstoff-Verbindungen	430
25.7	Halogen-Verbindungen	432
25.8	Oxide und Oxosäuren des Stickstoffs	434
25.9	Luftverschmutzung	437
25.10	Oxide und Oxosäuren des Phosphors	440
25.11	Oxide und Oxosäuren von Arsen, Antimon und Bismut	443
25.12	Verwendung der Elemente der 5. Hauptgruppe	444
25.13	Übungsaufgaben	445

26 ... 447 Kohlenstoff, Silicium und Bor

26.1	Allgemeine Eigenschaften der Elemente der 4. Hauptgruppe	448
26.2	Die Strukturen der Elemente der 4. Hauptgruppe	450
26.3	Vorkommen, Gewinnung und Verwendung von Kohlenstoff und Silicium	452
26.4	Carbide, Silicide und Silane	453
26.5	Oxide und Oxosäuren des Kohlenstoffs	455
26.6	Siliciumdioxid und Silicate	456
26.7	Schwefel- und Stickstoff-Verbindungen des Kohlenstoffs	459
26.8	Allgemeine Eigenschaften der Elemente der 3. Hauptgruppe	460
26.9	Elementares Bor	461
26.10	Bor-Verbindungen	462
26.11	Borane (Borhydride)	464
26.12	Übungsaufgaben	465

27 ... 467 Metalle

27.1	Die metallische Bindung	469
27.2	Halbleiter	472
27.3	Physikalische Eigenschaften von Metallen	472
27.4	Vorkommen von Metallen	474
27.5	Metallurgie: Aufbereitung von Erzen	475
27.6	Metallurgie: Reduktion	477
27.7	Metallurgie: Raffination	483
27.8	Die Alkalimetalle	485
27.9	Die Erdalkalimetalle	488
27.10	Die Metalle der 3. Hauptgruppe	493

27.11	Die Metalle der 4. Hauptgruppe	495
27.12	Die Übergangsmetalle	497
27.13	Die Lanthanoiden	503
27.14	Übungsaufgaben	506

28 Komplex-Verbindungen — 509

28.1	Struktur von Komplex-Verbindungen	510
28.2	Stabilität von Komplexen	515
28.3	Nomenklatur von Komplexen	516
28.4	Isomerie	516
28.5	Die Bindungsverhältnisse in Komplexen	519
28.6	Übungsaufgaben	526

29 Organische Chemie — 529

29.1	Alkane	532
29.2	Alkene	538
29.3	Alkine	539
29.4	Arene	540
29.5	Reaktionen der Kohlenwasserstoffe. Radikalische Substitution. Addition	541
29.6	Reaktionen von Arenen. Elektrophile Substitution	544
29.7	Halogenalkane. Nucleophile Substitution. Eliminierungsreaktionen	547
29.8	Metallorganische Verbindungen	549
29.9	Alkohole und Phenole	550
29.10	Ether	553
29.11	Carbonyl-Verbindungen	554
29.12	Carbonsäuren und ihre Derivate	558
29.13	Amine und Carbonsäureamide	565
29.14	Azo- und Diazo-Verbindungen	567
29.15	Heterocyclische Verbindungen	569
29.16	Makromolekulare Chemie	570
29.17	Stereochemie organischer Verbindungen	574
29.18	Übungsaufgaben	578

30 Naturstoffe und Biochemie — 581

30.1	Terpene	583
30.2	Kohlenhydrate	585
30.3	Fette, Öle und Wachse	588
30.4	Botenstoffe und Vitamine	591

	30.5	Proteine	593
	30.6	Nucleinsäuren	597
	30.7	Enzyme	600
	30.8	Übungsaufgaben	604

31 ... 605 Kernchemie

31.1	Der Atomkern	607
31.2	Kernreaktionen	608
31.3	Radioaktivität	610
31.4	Messung der Radioaktivität	615
31.5	Die radioaktive Zerfallsgeschwindigkeit	617
31.6	Biologische Effekte der radioaktiven Strahlung	620
31.7	Radioaktive Zerfallsreihen	623
31.8	Künstliche Kernumwandlungen	625
31.9	Kernspaltung	628
31.10	Kernfusion	633
31.11	Verwendung von radioaktiven Nucliden	635
31.12	Übungsaufgaben	637

32 ... 641 Umgang mit gefährlichen Stoffen

32.1	Einteilung und Kennzeichnung der Gefahrstoffe	642
32.2	Deutsches Gefahrstoffrecht	648
32.3	Giftstoffe, Toxikologie	654
32.4	Übungsaufgaben	658

Anhang

A	Normalpotentiale	660
B	Gleichgewichtskonstanten	661
C	Thermodynamische Daten	663
D	Mittlere Bindungsenergien	664
E	Lösungen zu den Übungsaufgaben	665
	Bildnachweis	691

Glossar ... 693
Sachverzeichnis ... 715

Maßeinheiten, Naturkonstanten ... vorderer Einband
Tabelle der Elemente ... hinterer Einband
Periodensystem der Elemente ... Ausklapptafel am Buchende
Periodensystem der Elemente, Naturkonstanten
  (Einsteckkärtchen) ... hinterer Einband

1 Einleitung

Zusammenfassung. *Chemie* ist die Wissenschaft, die sich mit der *Charakterisierung*, *Zusammensetzung* und *Umwandlung* von Stoffen befaßt. Sie hat sich über Jahrhunderte aus den *altertümlichen Handwerkskünsten* und der *griechischen Philosophie* über die *Alchemie* und die *Phlogiston-Chemie* entwickelt. Die moderne Chemie wurde durch die Arbeiten von Antoine Lavoisier begründet, deren Basis das *Gesetz der Erhaltung der Masse* war.

Elemente sind Stoffe, die in keine einfacheren Stoffe zerlegt werden können und aus denen alle anderen Stoffe aufgebaut sind. Man kennt über 100 Elemente, von denen 88 natürlich vorkommen. Jedes hat einen Namen und ein *chemisches Symbol*, das aus ein, zwei oder drei Buchstaben besteht. *Verbindungen* sind aus Elementen in einem fixierten Massenverhältnis aufgebaut. Elemente und Verbindungen sind *reine Stoffe*.

Gemische bestehen aus zwei oder mehr reinen Stoffen in nicht festgelegtem Mengenverhältnis. Bei *heterogenen Gemischen* sind Grenzflächen zwischen den Komponenten erkennbar, während *homogene Gemische* einheitlich erscheinen. Zur Trennung heterogener Gemische gibt es eine Reihe von *Stofftrennungsmethoden*; homogene Gemische werden getrennt, nachdem sie durch physikalische Zustandsveränderungen in heterogene Gemische übergeführt wurden.

Das *internationale Einheitensystem* (abgekürzt SI) dient für alle Messungen. Es basiert auf sieben *Basiseinheiten* und zwei *supplementären Einheiten*. Abgeleitete Einheiten ergeben sich durch algebraische Kombination.

Bei einem sachgerecht angegebenen Meßwert sind alle Ziffern *signifikante Stellen*. Wird von einem wiederholt gemessenen Wert der Mittelwert gebildet, dann ist die *Standardabweichung* ein Ausdruck für dessen Zuverlässigkeit.

Schlüsselworte (s. Glossar)

Element
Chemisches Symbol

Materie
Masse

Gesetz der Erhaltung der Masse
Gesetz der konstanten Proportionen

Verbindung
Gemisch

Aggregatzustand
Lösung
Emulsion
Suspension
Phase

Dekantieren
Filtrieren
Kristallisation

Destillation
Extraktion
Chromatographie

SI-Einheit
signifikante Stellen
Standardabweichung
Präzision
Richtigkeit
Genauigkeit

1.1 Historische Entwicklung der Chemie 2
1.2 Elemente, Verbindungen, Gemische 6
1.3 Stofftrennung 9
1.4 Maßeinheiten 11
1.5 Genauigkeit und signifikante Stellen 11

Chemie ist eine Wissenschaft, die sich mit der Charakterisierung, Zusammensetzung und Umwandlung von Stoffen befaßt. In dieser Definition kommt der Charakter der Chemie allerdings nur unzureichend zum Ausdruck, denn wie in jeder Wissenschaft geht es nicht einfach darum, Wissen zu akkumulieren. In den Naturwissenschaften stimuliert jede neue Anschauung neue Experimente und Beobachtungen, die ihrerseits ein verfeinertes Verständnis und die Entwicklung neuer Anschauungen zur Folge haben. Da sich die Interessengebiete verschiedener Wissenschaftszweige überschneiden, kann man keine scharfen Grenzen zwischen ihnen ziehen, und wissenschaftliche Konzepte und Methoden finden universelle Anwendung. Trotzdem hat man eine, wenn auch nicht scharf umrissene Vorstellung dessen, was Chemie ist. Gegenstand der Chemie sind die Zusammensetzung und die Struktur von Substanzen sowie die Kräfte, die sie zusammenhalten. Die physikalischen Eigenschaften der Substanzen werden untersucht, denn sie liefern Auskünfte über die Struktur, dienen zu ihrer Identifizierung und Klassifizierung und zeigen Anwendungsmöglichkeiten auf.

Das Hauptanliegen des Chemikers ist jedoch die *chemische Reaktion*. Dabei richtet sich das Interesse auf jeden Aspekt, wie Stoffe ineinander umgewandelt werden können, d.h. unter welchen Bedingungen Stoffumwandlungen ablaufen, wie schnell sie erfolgen, wie erwünschte Reaktionen gefördert und unerwünschte unterdrückt werden können, welche Energieumsetzungen erfolgen, wie man sowohl in der Natur vorkommende als auch in der Natur nicht anzutreffende Stoffe künstlich herstellen kann und welche Stoffmengen bei Stoffumwandlungen im Spiele sind.

1.1 Historische Entwicklung der Chemie

Nach einer jahrhundertelangen allmählichen Entwicklung entfaltete sich die moderne Chemie zu Ende des 18. Jahrhunderts.

Man kann die Geschichte der Chemie in fünf Abschnitte einteilen:

Handwerkskünste (bis 600 vor Christus). Die Erzeugung von Metallen wie Kupfer aus Erzen, Töpferei, Brauerei, Backkünste und die Herstellung von Farbstoffen und Heilmitteln sind alte Handwerkskünste. Nach archäologischen Befunden verstanden sich die Bewohner des alten Ägyptens und Mesopotamiens auf diese Art Handwerk. Bei den genannten Prozessen laufen chemische Reaktionen ab, die jedoch rein *empirisch*, d.h. durch praktische Erfahrungen und ohne ein theoretisches Konzept weiterentwickelt wurden. Die ägyptischen Metallhandwerker konnten Kupfer durch Erhitzen des Minerals Malachit mit Holzkohle herstellen, aber sie wußten nicht und versuchten auch nicht herauszufinden, warum der Prozeß abläuft und was im Feuer vor sich geht.

Griechische Theorie (600–300 vor Christus). Die philosophische (theoretische) Betrachtung der Chemie setzte im klassischen Griechenland gegen 600 vor Christus ein. Es gehörte zur Grundlage der griechischen Wissenschaftler, nach Prinzipien zu suchen, mit denen sich die Natur verstehen läßt. Zwei griechische Theorien wirkten weit in die folgenden Jahrhunderte.

1. Die Vorstellung, alle irdischen Stoffe seien aus den vier Elementen Erde, Luft, Feuer und Wasser in wechselndem Mengenverhältnis aufgebaut.

2. Die Theorie, daß alle Stoffe aus definierten kleinsten Teilchen, den **Atomen**, bestehen, wurde von Leukipp vorgeschlagen und von Demokrit im fünften Jahrhundert vor Christus weiter ausgearbeitet.

Nach Plato sollten sich die Atome verschiedener Elemente durch ihre Gestalt unterscheiden. Er glaubte, Atome eines Elements könnten durch Veränderung ihrer Gestalt in solche eines anderen Elements umgewandelt werden.

Das Konzept der Elementumwandlung findet sich auch in den Theorien von Aristoteles, der nicht an die Existenz von Atomen glaubte. Nach ihm sollten alle Elemente und die daraus gebildeten Stoffe aus der gleichen Ursubstanz zusammengesetzt sein und sich nur in der Form unterscheiden, die diese Ursubstanz annimmt. Zur Form zählten Eigenschaften wie Gestalt, Farbe und Härte. Belebte wie unbelebte Materie sollte einer ständigen Formveränderung unterliegen und sich von unreifen zu ausgereiften (erwachsenen) Formen entwickeln. Bis ins Mittelalter hielt sich der Glaube, daß Mineralien in Minen nachwachsen.

Alchemie (300 vor bis 1650 nach Christus). Aus dem Zusammentreffen der griechischen Philosophie und den Handwerkskünsten Ägyptens erwuchs in Alexandria die **Alchemie**. Die alten Alchemisten nutzten die ägyptischen Künste der Stoffverarbeitung, um die Stofftheorien zu untersuchen. In Büchern aus Alexandria (den ältesten bekannten Schriften über chemische Themen) finden sich Diagramme chemischer Apparaturen und Beschreibungen von Laboroperationen wie Destillation und Kristallisation.

Ein dominantes Interesse der Alchemisten war die Stoffumwandlung der metallischen Grundstoffe wie Eisen und Blei in das Edelmetall Gold. Sie glaubten, Metalle könnten durch Veränderung ihrer Eigenschaften (vor allem der Farbe) verändert werden. Sie glaubten an die Existenz eines wirkungsvollen Umwandlungsagens, später *Stein der Weisen* ge-

Der Alchemist, Gemälde von David Teniers (1648)

nannt, welches in kleiner Menge die gewünschten Veränderungen in Gang setzen würde.

Im 7. Jahrhundert nach Christus eroberten die Araber die Zentren der hellenischen Kultur in Ägypten, und die Alchemie ging in ihre Hand über. Die griechischen Texte wurden ins Arabische übersetzt. Die Araber nannten den Stein der Weisen *El-Iksir* (Elixier). Sie glaubten, damit könne man nicht nur Metalle veredeln, sondern auch Krankheiten heilen. Das Ziel, Gold herzustellen und ein Lebenselixier zu finden, das Menschen unsterblich machen würde, blieb über Jahrhunderte das Hauptanliegen der Alchemie.

Im 12.–13. Jahrhundert fand durch die Übersetzung arabischer Schriften ins Lateinische die Alchemie allmählich Einzug in Europa. Die meisten Übersetzungen erfolgten in Spanien, wo sich die maurische Kultur etabliert hatte.

Die **Iatrochemie**, ein medizinisch orientierter Zweig der Alchemie, blühte im 16. und 17. Jahrhundert auf. Im ganzen trugen die europäischen Alchemisten jedoch kaum zur alchemistischen Theorie bei, aber sie gaben ein reichhaltiges chemisches Datenmaterial weiter und ergänzten es durch eigene Beobachtungen.

Im 17. Jahrhundert wurden die Theorien der Alchemisten zunehmend angezweifelt. Vor allem Robert Boyle ist hier zu nennen, der 1661 *„The Sceptical Chymist"* publizierte. Obwohl Boyle die Umwandlung von Metallen in Gold für möglich hielt, kritisierte er die alchemistische Denkweise. Er betonte, daß chemische Theorie auf experimentelle Beobachtung aufgebaut werden müsse.

Phlogiston (1650–1790). Im 18. Jahrhundert wurde die Chemie von der Phlogiston-Theorie beherrscht. Diese inzwischen in Vergessenheit geratene Theorie war zu ihrer Zeit sehr erfolgreich bei der Deutung vieler Vorgänge; sie ging hauptsächlich auf Arbeiten von Georg Ernst Stahl zurück. **Phlogiston**, ein „Feuerprinzip", sollte in jeder brennbaren Substanz enthalten sein. Während der Verbrennung würde die Substanz ihr Phlogiston verlieren und zu einem einfacheren Stoff reduziert werden.

Holz → Asche + Phlogiston
(an die Luft abgegeben)

Metall → Metallkalk + Phlogiston
(an die Luft abgegeben)

Metallkalk + Phlogiston (aus Kohle) → Metall

Demnach war Holz aus Asche und Phlogiston aufgebaut. Gut brennbaren Stoffen schrieb man einen hohen Phlogiston-Gehalt zu. Das *Kalzinieren* (trockenes Erhitzen) eines Metalls wurde ähnlich interpretiert. Nach heutiger Anschauung setzt sich das Metall mit Sauerstoff zu einem Metalloxid um; nach der Phlogiston-Theorie sollte ein Metall aus „Metallkalk" (Metalloxid) und Phlogiston bestehen, das beim Erhitzen verlorengeht.

Die Bildung eines Metalls aus einem Erz (Metallkalk) durch Erhitzen mit Kohle, die als brennbare Substanz reich an Phlogiston sein sollte, stellte man sich als Übertragung des Phlogistons von der Kohle auf den Metallkalk vor.

Eine Erscheinung konnte durch die Phlogiston-Theorie nicht erklärt werden. Brennendes Holz sollte Phlogiston verlieren, die entstehende Asche wiegt dementsprechend *weniger* als das ursprüngliche Holz. Dagegen ist der angenommene Phlogiston-Verlust beim Kalzinieren eines Metalls mit einer *Gewichtszunahme* verbunden. Die Anhänger der Phlogiston-Theorie waren sich dieses Problems bewußt, aber die Bedeutung genauer Wägung und Messung wurde noch nicht erkannt. Trotzdem zeigt die Phlogiston-Theorie Parallelen zu modernen Anschauungen, wenn man unter Phlogiston das versteht, was wir heute „Energie" nennen.

Moderne Chemie (seit 1790). Die Arbeiten von Antoine Lavoisier werden als Anfangspunkt der modernen Chemie angesehen. Lavoisier hatte sich bewußt zum Ziel gesetzt, die Phlogiston-Theorie zu widerlegen. Er stützte sich auf das quantitative Experiment, vornehmlich unter Benutzung der Waage, um chemische Erscheinungen zu erklären.

Von grundlegender Bedeutung ist das von ihm formulierte **Gesetz der Erhaltung der Masse**:

> Im Verlaufe einer chemischen Reaktion läßt sich kein Verlust oder Gewinn von Masse beobachten; die Gesamtmasse aller reagierenden Stoffe ist gleich der Gesamtmasse aller Produkte.

Antoine Lavoisier, 1743–1794

Die Rolle von Gasen erwies sich als Stolperstein bei der Entwicklung chemischer Theorien. Wenn das Gesetz der Erhaltung der Masse auf Verbrennungs- und Kalzinierungsprozesse angewandt wird, so müssen auch die Massen der beteiligten Gase berücksichtigt werden. Die korrekte Interpretation dieser Vorgänge war erst möglich, nachdem Methoden ausgearbeitet worden waren, um Gase zu handhaben, zu messen und zu identifizieren.

Lavoisier bediente sich der heute noch gültigen Definitionen für *Elemente* und *Verbindungen* (s. Abschn. 1.2, S. 6). Er zeigte, daß ein Metall ein Element ist und ein Metallkalk eine Verbindung aus dem Metall mit Sauerstoff aus der Luft. In seinem Buch *Traité Elementaire de Chimie*, 1789 veröffentlicht, führte Lavoisier die heute in der Chemie übliche Terminologie ein.

Die seit Lavoisier gesammelten Erkenntnisse sind Gegenstand dieses Buches. In den vergangenen zwei Jahrhunderten wurden mehr Erkenntnisse zusammengetragen als in den zwei Jahrtausenden davor.

Im Laufe der Zeit hat sich die Chemie in verschiedene Fachgebiete verzweigt (die Einteilung ist willkürlich und historisch bedingt):

Organische Chemie: Die Chemie der (Mehrzahl der) Verbindungen des Kohlenstoffs. Der Begriff *organisch* hat sich aus einer Zeit erhalten, als man glaubte, diese Stoffe könnten nur von Tieren oder Pflanzen erzeugt werden.

Anorganische Chemie: Die Chemie aller Elemente, ausgenommen Kohlenstoff (jedoch unter Einschluß einiger aus Mineralien gewinnbarer Kohlenstoffverbindungen).

Analytische Chemie: Die qualitative und quantitative Ermittlung der Zusammensetzung von Stoffen sowie die Ermittlung der An- oder Abwesenheit von Fremdstoffen.

Physikalische Chemie: Das Studium der physikalischen Prinzipien, die dem Aufbau und der Umwandlung von Stoffen zugrunde liegen.

Biochemie: Die Chemie, die in lebenden Organismen abläuft, und die Untersuchung der damit zusammenhängenden Substanzen.

Kernchemie: Die Umwandlung der Elemente.

Technische Chemie: Die Entwicklung von Verfahren und Apparaturen zur industriellen Herstellung von chemischen Produkten.

Zu einzelnen Fachgebieten gibt es weitere Spezialgebiete, z. B. die **makromolekulare Chemie** (Chemie der Stoffe mit hohen Molekülmassen) als Spezialgebiet der organischen Chemie oder die **theoretische Chemie** (Studium des Aufbaus der Atome und wie sie sich miteinander verbinden) als Spezialgebiet der physikalischen Chemie. Ebenso gibt es Spezialgebiete im Grenzbereich zwischen den Fachgebieten wie zum Beispiel die **metallorganische Chemie** im Bereich zwischen anorganischer und organischer Chemie.

1.2 Elemente, Verbindungen, Gemische

Materie ist alles, was Raum beansprucht und Masse besitzt. Materie besteht aus unterschiedlichen **Stoffen**. Die **Masse** ist das Maß für die Menge eines Stoffs und gleichzeitig ein Maß für seine Trägheit, d. h. für den Widerstand, den er einer Kraft entgegensetzt, die auf seine Bewegung wirkt. Das **Gewicht** ist die Anziehungskraft, welche die Erde auf einen Körper ausübt; es ist der Masse des Körpers proportional und hängt von seiner Entfernung zum Erdmittelpunkt ab.

Alle Stoffe sind aus einer begrenzten Zahl einfacher Stoffe aufgebaut, den **Elementen**. Die 1661 von Robert Boyle in seinem Buch *The Sceptical Chymist* gemachte Definition gilt im wesentlichen heute noch: „Elemente sind bestimmte primitive und einfache, völlig unvermischte Körper; sie enthalten keine anderen Körper, sie sind die Zutaten, aus denen alle perfekt gemischten Körper zusammengesetzt sind und in welche diese letztlich zerlegt werden." Boyle machte keinen Versuch, spezielle Substanzen als Elemente zu identifizieren, betonte jedoch, daß der Beweis für ihre Existenz sowie ihre Identifizierung durch Experimente zu erfolgen habe.

Das Elementkonzept von Boyle wurde von Lavoisier bestätigt. Nach Lavoisier ist ein Element ein Stoff, der in keine einfacheren Stoffe zerlegt werden kann, und eine **Verbindung** entsteht durch das Zusammenfügen von Elementen. Lavoisier hat 23 Elemente korrekt identifiziert (allerdings wertete er fälschlicherweise auch einige einfache Verbindungen sowie Licht und Wärme als Elemente). Die Definition von Lavoisier gilt heute noch, wenn auch mit der Einschränkung, daß ein Element nur mit den Mitteln des Chemikers, d. h. mit begrenzter Energiezufuhr in Form von Wärme, Licht, mechanischer oder elektrischer Energie, nicht weiter zerlegt werden kann.

Gegenwärtig sind 111 Elemente bekannt. Von diesen wurden 88 in der Natur gefunden; die restlichen wurden durch Kernreaktionen künstlich erzeugt (s. Abschn. 31.**8**, S. 625).

Jedes Element hat einen Namen und ein **chemisches Symbol**, das durch internationale Abkommen vereinbart ist. Die Symbole bestehen aus einem oder zwei Buchstaben, bei erst kürzlich entdeckten, künstlich hergestellten Elementen auch aus drei Buchstaben. Die Symbole sind in der Regel Abkürzungen der lateinischen Namen der Elemente. Eine Liste aller Elemente und ihrer Symbole findet sich im hinteren Buchumschlag.

Die 15 häufigsten Elemente im Bereich der Erdkruste, Ozeane und Atmosphäre sind in 1.1 zusammengestellt. Dieser, dem Menschen zugängliche Bereich der Erde, macht weniger als 1 % der Erdmasse aus. Würde man das gesamte Erdinnere mitberücksichtigen, so wäre die Liste anders als in 1.1, und Eisen wäre das häufigste Element. Das häufigste Element im ganzen Universum ist Wasserstoff, für den man einen Anteil von 75 % der Masse des Universums annimmt.

In welchem Ausmaß ein Element wirtschaftlich genutzt wird, hängt nicht nur von seiner Häufigkeit, sondern auch von seiner Zugänglichkeit ab. Manche alltäglichen Elemente wie Kupfer oder Blei sind nicht beson-

1.1 Die Häufigkeit der Elemente im Bereich der Erdkruste, Ozeane und Atmosphäre

Rang	Element	Symbol	Massenanteil/%
1	Sauerstoff	O	49,2
2	Silicium	Si	25,7
3	Aluminium	Al	7,5
4	Eisen	Fe	4,7
5	Calcium	Ca	3,4
6	Natrium	Na	2,6
7	Kalium	K	2,4
8	Magnesium	Mg	1,9
9	Wasserstoff	H	0,9
10	Titan	Ti	0,6
11	Chlor	Cl	0,2
12	Phosphor	P	0,1
13	Mangan	Mn	0,1
14	Kohlenstoff	C	0,09
15	Schwefel	S	0,05
	alle anderen		0,56

ders häufig, kommen aber in Erzlagerstätten vor, aus denen sie gut gewonnen werden können. Andere, die viel häufiger vorkommen, wie zum Beispiel Rubidium, Titan und Zirconium, finden weniger Verwendung, weil sie in geringer Konzentration weit verteilt sind, weil ihre Gewinnung aus Erzen schwierig und kostspielig ist oder weil sie keine besondere Anwendung finden.

Verbindungen sind Stoffe, die aus verschiedenen Elementen in definierter Zusammensetzung bestehen. Nach dem **Gesetz der konstanten Proportionen** (von Joseph Proust 1799 formuliert) besteht eine Verbindung immer aus den gleichen Elementen im gleichen Massenverhältnis. Die Verbindung Wasser besteht zum Beispiel aus den Elementen Wasserstoff und Sauerstoff im Massenverhältnis 11,19 % Wasserstoff zu 88,81 % Sauerstoff. Verbindungen haben andere Eigenschaften als die Elemente, aus denen sie bestehen. Die Zahl der Verbindungen ist sehr groß; man kennt über 12 000 anorganische und über 4 000 000 organische Verbindungen.

Sowohl Elemente wie Verbindungen sind **reine Stoffe**. Alle anderen Stoffe sind Gemische. **Gemische** bestehen aus mehreren reinen Stoffen in wechselndem Mengenverhältnis. Die Eigenschaften von Gemischen hängen von diesem Mengenverhältnis sowie von den Eigenschaften der enthaltenen reinen Stoffe ab. Man unterscheidet zwei Sorten von Gemischen. Ein **heterogenes Gemisch** besteht erkennbar aus unterschiedlichen Teilen; Sand und Eisenpulver bilden zum Beispiel ein heterogenes Gemisch. Ein **homogenes Gemisch** erscheint durch und durch einheitlich, zum Beispiel Luft, Zuckerlösung oder eine Gold-Silber-Legierung; flüssige und feste homogene Gemische nennt man **Lösungen**. Die genannte Klassifizierung der Stoffe ist in ◉ 1.1 dargestellt.

Eine abgegrenzte Menge eines einheitlichen, d. h. homogenen Stoffes nennt man eine **Phase**. Heterogene Gemische bestehen aus mehreren Phasen, zwischen denen es erkennbare Grenzflächen (Phasengrenzen) gibt. Im heterogenen Gemisch *Granit* erkennt man zum Beispiel farblose Quarz-, schwarze Glimmer- und rosafarbene Feldspatkristalle. Alle Portionen der gleichen Sorte werden als eine Phase gezählt. Granit besteht demnach aus

Joseph Proust, 1754–1826

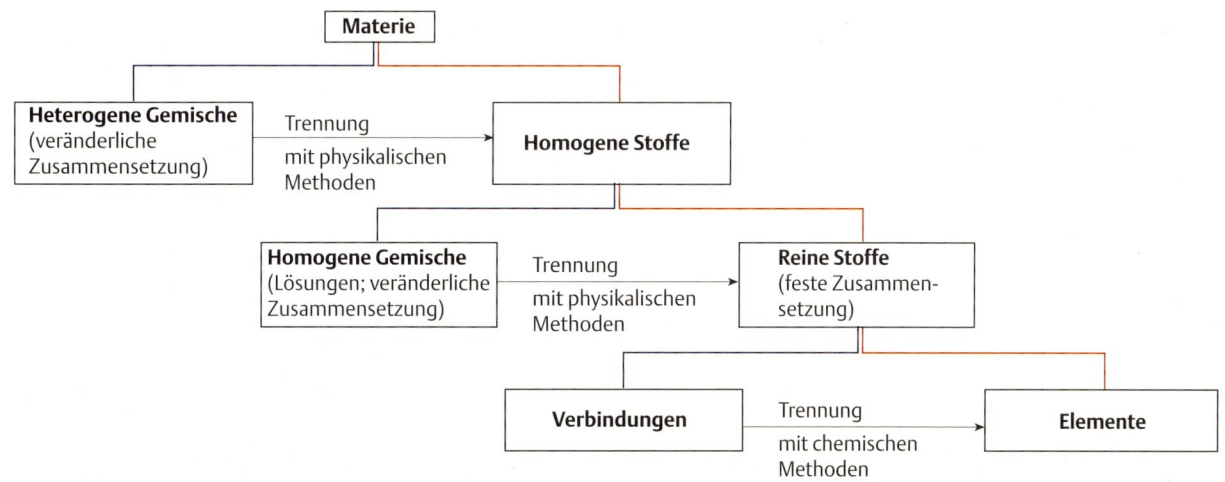

◉ 1.1 Klassifizierung der Stoffe

◉ 1.2 Granit besteht aus Kristallen von Quarz, Glimmer und Feldspat (zehnfache Vergrößerung)

drei Phasen, deren relative Mengenanteile von Probe zu Probe verschieden sein können (◉ 1.2). Auch ein reiner Stoff kann nebeneinander in verschiedenen Phasen vorkommen; Wasser und über seiner Oberfläche (= Grenzfläche) befindlicher Wasserdampf bilden zum Beispiel zwei Phasen.

Materie begegnet uns in drei **Aggregatzuständen**: fest, flüssig und gasförmig. Feste Stoffe zeichnen sich durch eine stabile äußere Form und ein definiertes Volumen aus. Flüssigkeiten besitzen ebenfalls ein definiertes Volumen, aber keine stabile Form. Gase besitzen weder ein definiertes Volumen noch eine Form; sie füllen den zur Verfügung gestellten Raum ganz aus. Je nachdem, in welchem Aggregatzustand sich die einzelnen Phasen heterogener Gemische befinden, teilt man sie gemäß ▯ 1.2 ein.

▯ 1.2 Klassifizierung von heterogenen Gemischen. Gasförmige Stoffe mischen sich immer homogen miteinander

Aggregatzustand der Phasen	Bezeichnung	Beispiele	Verfahren zur Phasentrennung
fest + fest	**Gemenge**	Granit, Sand + Salz	Sortieren, Sieben, Flotation, Scheidung nach Dichte, elektrostatische Trennung, Extraktion
fest + flüssig	**Suspension**	Malerfarbe, Schlamm	Sedimentieren + Dekantieren, Zentrifugieren, Filtrieren
flüssig + flüssig	**Emulsion**	Milch	Zentrifugieren, Scheidetrichter
fest + gasförmig	**Aerosol**	Rauch	Sedimentieren, Filtrieren, elektrostatische Trennung
flüssig + gasförmig	**Aerosol**	Nebel, Schaum	Sedimentieren

Wie in ◉ 1.1 (S. 7) vermerkt, können heterogene und homogene Gemische mit Hilfe *physikalischer Methoden* getrennt werden, während zur Trennung der in Verbindungen enthaltenen Elemente *chemische Methoden* notwendig sind. Zustandsänderungen wie Schmelzen, Verdampfen oder Veränderung der äußeren Gestalt sind **physikalische Vorgänge**; bei ihnen werden keine neuen Verbindungen gebildet. Bei **chemischen Vorgängen** werden Stoffe unter Bildung neuer Verbindungen umgewandelt. Die **chemischen Eigenschaften** eines reinen Stoffes beschreiben sein Verhalten bei chemischen Vorgängen, die **physikalischen Eigenschaften** das Verhalten bei physikalischen Vorgängen. Sowohl die chemischen wie die physikalischen Eigenschaften sind Funktion der physikalischen Bedingungen, d.h. sie hängen vom Aggregatzustand, von Druck und Temperatur, von der An- oder Abwesenheit anderer Stoffe, von der Einwirkung irgendwelcher Strahlung und anderem ab.

1.3 Stofftrennung

Will man die Eigenschaften eines reinen Stoffes untersuchen, so muß er in der Regel erst aus einem Gemisch abgetrennt werden. Verfahren zur **Stofftrennung** spielen deshalb eine wichtige Rolle in der Chemie.

Zur Trennung eines heterogenen Gemisches nutzt man die unterschiedlichen physikalischen Eigenschaften der verschiedenen Phasen. Mit folgenden Verfahren kann man **heterogene Gemische** trennen:

1. **Sortieren.** Die festen Phasen werden nach erkennbaren Unterschieden (z. B. Farbe) räumlich getrennt. Während ein manuelles Sortieren mühsam und wenig effektiv ist, können automatisierte Verfahren sehr wirkungsvoll sein. Phasen, die sich durch ihre Teilchengröße unterscheiden, können durch ein Sieb getrennt werden. Ist eine Phase magnetisch, die andere nicht, so kann ein Magnet die magnetische Phase herausziehen. Bei unterschiedlicher Dichte wird mit Hilfe einer Flüssigkeit mittlerer Dichte eine Trennung erreicht (z. B. Trennung von Sand und Holzspänen mit Hilfe von Wasser). Eine Variante dieses Verfahrens ist die Flotation, auf die wir im Abschnitt 27.**5** (S. 476) zurückkommen.

   Elektrostatische Verfahren werden zur Trennung verschiedener Salze (aus Salzlagerstätten) eingesetzt: Die auf geeignete Korngröße zermahlenen Salzgemische werden elektrostatisch aufgeladen und fallen zwischen zwei Metallplatten; eine elektrische Spannung zwischen den Platten lenkt die unterschiedlich aufgeladenen Phasen unterschiedlich seitlich ab (👁 1.**3**). Nach dem gleichen Prinzip erfolgt die elektrostatische Abscheidung von festen Teilen (Staub) aus Gasen: Das staubhaltige Gas strömt zwischen zwei positiv geladenen Platten; zwischen den Platten befinden sich negativ geladene Drähte, welche für eine negative Aufladung der Staubteilchen sorgen, die sich dann an den Platten abscheiden.

2. Durch **Sedimentieren und Dekantieren** werden Suspensionen getrennt (👁 1.**3**). Während das Sedimentieren aufgrund der Schwerkraft meist langsam abläuft, erreicht man mit Hilfe einer **Zentrifuge** ein sehr schnelles und wirkungsvolles Absetzen des suspendierten Feststoffes. Zentrifugen dienen auch zum Trennen von Emulsionen; nach dem Zentrifugieren schwimmt die leichtere Flüssigkeit auf der schwereren und kann mit einem Scheidetrichter abgetrennt werden (👁 1.**3**).

3. **Filtrieren** dient zum Abtrennen fester Stoffe von Flüssigkeiten oder Gasen. Als Filter dient eine poröse Trennschicht, welche die suspendierten festen Teilchen zurückhält, aber die Flüssigkeit oder das Gas hindurchläßt (👁 1.**3**). Das Verfahren läßt sich durch Anwendung von Druck vor oder von Unterdruck hinter dem Filter beschleunigen (👁 1.**3**).

4. **Extraktion.** Ist von einem Gemenge von zwei festen Stoffen einer löslich, der andere unlöslich in einer Flüssigkeit, so kann der lösliche Stoff gelöst werden und die Lösung durch Dekantieren oder Filtrieren vom ungelösten Rückstand getrennt werden. Nach Abdampfen des Lösungsmittels kann der lösliche Stoff zurückgewonnen werden. Nach diesem Verfahren wird zum Beispiel Salz von Gestein mit Hilfe von Wasser getrennt.

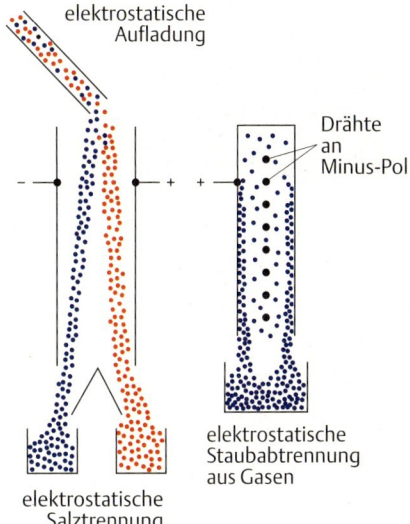

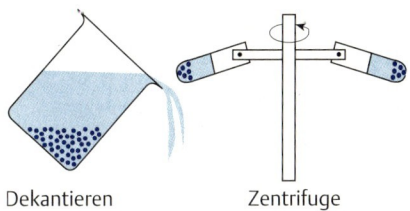

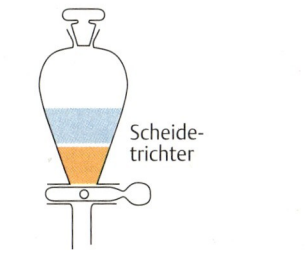

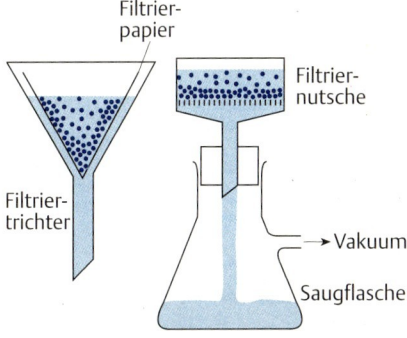

👁 1.**3** Verschiedene Verfahren zur Trennung von heterogenen Gemischen

5. **Abdampfen, Trocknen.** Ist eine Phase leichter verdampfbar als die andere, so kann sie durch Erhitzen als Dampf entfernt werden. Manche Stoffe können auch direkt aus dem festen Zustand (ohne flüssig zu werden) verdampft werden (**Sublimation**).

Homogene Gemische (Lösungen) werden getrennt, indem man sie durch Änderung der physikalischen Bedingungen in ein heterogenes Gemisch überführt und dieses dann trennt. Dies geschieht nach folgenden Methoden:

1. **Extraktion.** Ein gelöster Stoff kann aus einer (flüssigen) Lösung entfernt werden, indem man sie mit einer anderen, mit ihr nicht mischbaren Flüssigkeit durchschüttelt. Wenn der gelöste Stoff in der zweiten Flüssigkeit gut löslich ist, wird er zum Teil von der ersten an die zweite Flüssigkeit abgegeben. Mit einem Scheidetrichter erfolgt dann die Trennung der Flüssigkeiten. Durch Wiederholung des Vorgangs kann fast der gesamte gelöste Stoff „ausgeschüttelt" werden (s. 1.3, S. 9).

2. **Kristallisation.** Gelöste, in reinem Zustand feste Stoffe können durch Kristallisation aus der Lösung ausgeschieden werden. Zu diesem Zweck muß die Löslichkeit vermindert werden, zum Beispiel durch Abkühlung der Lösung oder durch Zusatz von einer weiteren Flüssigkeit, in welcher der gelöste Stoff schlechter löslich ist.

3. **Destillation.** Wenn die Komponenten der Lösung unterschiedliche Siedepunkte haben, so läßt sich diejenige mit dem niedrigeren Siedepunkt leichter verdampfen und abtrennen. Ist eine Komponente schwerflüchtig (z. B. in Wasser gelöstes Salz), so reicht ein Verfahrensschritt (Abdampfen des Wassers) zur vollständigen Trennung. Liegen die Siedepunkte nahe beieinander, so sind zahlreiche Trennschritte vonnöten; hierauf kommen wir im Abschn. 12.10 (S. 212) zurück.

4. **Chromatographie** (1.4). Bringt man eine flüssige Lösung mit einem festen, darin unlöslichen, möglichst porösen Stoff in Kontakt, so bleiben an der Grenzfläche fest/flüssig die Bestandteile der Lösung in dünner Schicht an der Feststoffoberfläche haften (Adsorption). Da unterschiedliche Verbindungen unterschiedlich fest haften, kann dieser Effekt zur Trennung ausgenutzt werden. Der Feststoff wird *stationäre Phase* genannt; er kann aus Papier bestehen, meist wird aber feinteiliges Silicagel oder Aluminiumoxid verwendet. Die Lösung heißt *mobile Phase*, weil sie durch die stationäre Phase durchfließen muß. Während sie das tut, bleiben die in ihr gelösten Stoffe an der stationären Phase mehr oder weniger stark haften und werden dadurch zurückgehalten (Retention); die weniger fest haftenden Stoffe werden mit der Flüssigkeit schneller mitgeschleppt (1.4). Bei richtiger Wahl der stationären und der mobilen Phase ist die Trennwirkung außerordentlich hoch, auch einander sehr ähnliche Stoffe lassen sich noch trennen. Die Trennung größerer Stoffmengen ist nicht möglich, andererseits können winzige Stoffmengen sauber getrennt werden. Bei der Säulenchromatographie läßt sich die Trennung erheblich beschleunigen, wenn die mobile Phase unter hohem Druck durch eine speziell konstruierte Säule gepreßt wird (Hochdruck-Flüssigkeitschromatographie, HPLC = high pressure liquid chromatography).

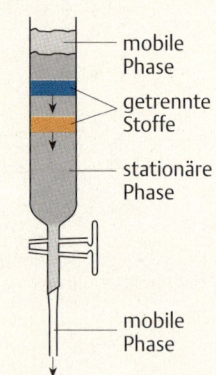

Säulenchromatographie

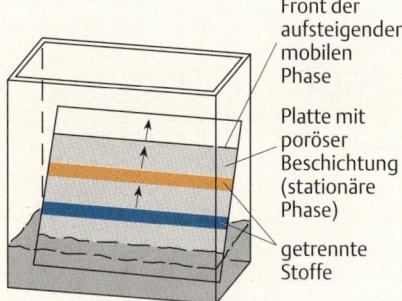

Dünnschichtchromatographie

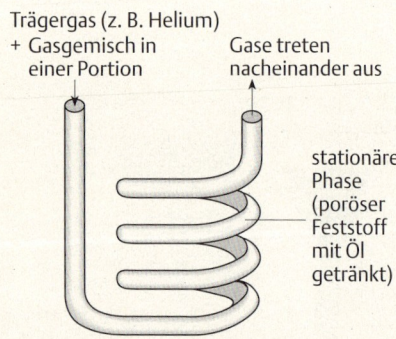

Gaschromatographie

1.4 Einige chromatographische Trennverfahren. Das Gemisch wird in einer Portion aufgebracht

Auch Gase können getrennt werden (Gaschromatographie). Zu diesem Zweck wird das zu trennende, gasförmige Gemisch mit einem indifferenten Trägergas durch die stationäre Phase geschickt. Die stationäre Phase besteht aus einem porösen Feststoff, der mit einer nichtflüchtigen Flüssigkeit getränkt ist. Die Gase lösen sich in dieser Flüssigkeit und bleiben dabei mehr oder weniger gut haften, und davon hängt es ab, wie schnell sie vom Trägergas mitgeschleppt werden.

1.4 Maßeinheiten

Zur wissenschaftlichen Arbeit ist ein genau definiertes System von Maßeinheiten notwendig. Gemäß einem internationalen Abkommen setzt eine „Generalkonferenz für Maß und Gewicht" die Einheiten fest und paßt sie, wenn nötig, von Zeit zu Zeit neueren Erkenntnissen an. Derzeit ist das *Internationale Einheitensystem*, abgekürzt SI (für Système International d'Unités), anerkannt und in nationalen Gesetzen festgeschrieben.

Grundlage für das Internationale Einheitensystem sind sieben willkürlich festgelegte **Basiseinheiten** und zwei **supplementäre Einheiten** (1.3). Zur Definition der Einheiten siehe Innendeckel vorne. Vielfache der Einheiten werden durch Präfixe gekennzeichnet, zum Beispiel 10^{-12} Meter = 1 Picometer (1 pm); vgl. 1.4.

Abgeleitete Einheiten ergeben sich aus den Basiseinheiten durch algebraische Kombination. Einige oft gebrauchte abgeleitete Einheiten erhalten eigene Namen (s. Innendeckel vorne).

Während im Handelsverkehr der Gebrauch von SI-Einheiten gesetzlich vorgeschrieben ist, dürfen in der Wissenschaft andere Einheiten verwendet werden; von dieser Möglichkeit soll so wenig wie möglich Gebrauch gemacht werden. Generell bleibt die Verwendung des Grades Celsius [°C] für die Temperatur, der Minute und Stunde für die Zeit, des Liters für das Volumen, des Bars für den Druck und des Grades für den ebenen Winkel erlaubt. Weil vor der Festlegung des Internationalen Einheitensystems im Jahre 1960 eine Reihe anderer Einheiten in Gebrauch war, muß man, um ältere Literatur verstehen zu können, auch mit den alten Einheiten vertraut sein (s. Innendeckel vorne).

Die Angabe eines Meßwerts mit Maßeinheit, zum Beispiel die Längenangabe 154 pm, bedeutet: 154mal 1 Picometer. Rechnerisch ist das eine Multiplikation der Zahl mit der Maßeinheit. Wenn in Tabellen nur Zahlenwerte angegeben werden, ohne Maßeinheit, so sind die Werte durch die Maßeinheit dividiert worden. Deshalb steht dann im Tabellenkopf zum Beispiel Länge/pm; der Schrägstrich ist als Bruchstrich zu verstehen.

1.5 Genauigkeit und signifikante Stellen

Jede Messung ist mit einer gewissen Ungenauigkeit behaftet, die vom Meßgerät und vom Geschick des Anwenders abhängt. Auf einer laborüblichen Oberschalenwaage kann man zum Beispiel eine Masse auf etwa 0,1 g genau ermitteln, während eine Analysenwaage eine Genauigkeit von 0,0001 g ermöglicht.

1.3 Basiseinheiten und supplementäre Einheiten des Internationalen Einheitensystems

Zu messende Größe	Einheit	Symbol
Basiseinheiten		
Länge	Meter	m
Masse	Kilogramm	kg
Zeit	Sekunde	s
Elektrischer Strom	Ampère	A
Temperatur	Kelvin	K
Stoffmenge	Mol	mol
Leuchtstärke	Candela	cd
Supplementäre Einheiten		
ebener Winkel	Radiant	rad
Raumwinkel	Steradiant	sr

1.4 Präfixe zur Bezeichnung von Vielfachen der Maßeinheiten

Präfix	Abkürzung	Faktor
exa-	E	10^{18}
peta-	P	10^{15}
tera-	T	10^{12}
giga-	G	10^{9}
mega-	M	10^{6}
kilo-	k	10^{3}
hecto-	h	10^{2}
deca-	da	10^{1}
deci-	d	10^{-1}
centi-	c	10^{-2}
milli-	m	10^{-3}
micro-	μ	10^{-6}
nano-	n	10^{-9}
pico-	p	10^{-12}
femto-	f	10^{-15}
atto-	a	10^{-18}

Die Genauigkeit eines Meßergebnisses wird durch die Anzahl der Ziffern zum Ausdruck gebracht, mit der das Ergebnis aufgezeichnet wird. Bei einem sachgerecht angegebenen Zahlenwert sind alle aufgeführten Ziffern **signifikante Stellen**. Damit sind alle Stellen des Wertes gemeint, die mit Sicherheit bekannt sind, plus eine Stelle, die geschätzt ist.

Nehmen wir an, auf einer Oberschalenwaage sei die Masse eines Gegenstands zu 71,4 g gemessen worden. Die wahre Masse wird sicherlich nicht exakt 71,4 g betragen, sondern ein wenig mehr oder weniger. Die ersten beiden Ziffern (7 und 1) sind zuverlässig, wir können sicher sein, daß die wahre Masse über 71 g liegt. Die dritte Ziffer (die 4) ist dagegen weniger genau; sie sagt nur aus, daß die wahre Masse wahrscheinlich näher bei 71,4 g als bei 71,3 oder 71,5 g liegt. Auch wenn die genaue Masse 71,38 oder 71,43 g wäre, ist die Angabe 71,4 g mit *drei signifikanten Stellen* sachgerecht, da das Meßverfahren keine genauere Angabe zuläßt.

Es wäre irreführend und nicht korrekt, die Masse in diesem Fall mit 71,40 g anzugeben. Dies wäre eine Angabe mit vier signifikanten Stellen, d.h. der Wert 71,40 würde einen wahren Wert zwischen 71,39 und 71,41 g suggerieren. Das Anhängen von Nullen an einen Meßwert ist also zu unterlassen. Andererseits dürfen Nullen nicht weggelassen werden, wenn sie signifikant sind. Nehmen wir an, wir haben ein Meßgefäß, das eine Volumenablesung mit einer Genauigkeit von 0,0001 Liter erlaubt. Wenn wir damit zwei Liter Wasser mit dieser Genauigkeit abmessen, dann ist das Volumen mit 2,0000 L (oder auch 2000,0 mL) anzugeben, d.h. mit fünf signifikanten Stellen. Die Angabe 2 Liter oder 2,0 L wäre nicht korrekt.

Führende Nullen in einer Dezimalzahl sind nicht zu den signifikanten Stellen zu zählen. Die Längenangabe 0,03 m ist also eine Angabe mit einer signifikanten Stelle (gleichwertig zur Angabe 3 cm). Auch bei Zehnerpotenzen sind die signifikanten Stellen richtig anzugeben.

Bei Berechnungen kann das Ergebnis nie genauer sein als die ungenaueste Zahl, die in die Rechnung eingeht. Dementsprechend ist das Rechenergebnis mit so vielen signifikanten Stellen anzugeben, wie es dem ungenauesten Zahlenwert entspricht. Bei der Addition von Zahlen bedeutet das: das Ergebnis erhält so viele Dezimalstellen wie die Zahl mit der geringsten Anzahl von Dezimalstellen (s. 1.1). Das Ergebnis einer Multiplikation oder Division wird auf die gleiche Anzahl signifikanter Stellen gerundet, wie sie die ungenauste Zahl in der Rechnung hat.

> $6,00 \cdot 10^2$ drei signifikante Stellen
> $6,0 \cdot 10^2$ zwei signifikante Stellen
> $6 \cdot 10^2$ eine signifikante Stelle
> $0,6 \cdot 10^2$ eine signifikante Stelle

◼ Beispiel 1.1

Auf wieviele signifikante Stellen sind die Rechenergebnisse anzugeben?

Addition: 161,032
         5,6
        32,4524
        _____
        199,0844

anzugeben als 199,1 da die 5,6 nur eine signifikante Stelle nach dem Komma hat.

Multiplikation:

$152,06 \cdot 0,24 = 36,4944$

anzugeben als 36, da die 0,24 nur zwei signifikante Stellen hat.

Die Zuverlässigkeit eines Meßergebnisses kann verbessert und abgeschätzt werden, wenn eine Messung mehrmals wiederholt wird. Durch Bildung des Mittelwertes aller Meßwerte erhält man einen Wert, der dem wahren Wert nahekommt. Die Streuung der einzelnen Meßwerte um den Mittelwert gibt eine Vorstellung über die Präzision der Messung. Um die Streuung zahlenmäßig zu erfassen, wird mit Hilfe von Rechenverfahren aus der Wahrscheinlichkeitsrechnung die **Standardabweichung** berechnet. Haben wir einen Mittelwert m und die zugehörige Standardabweichung σ berechnet, so ist die Wahrscheinlichkeit 68,3 %, daß der wahre Wert innerhalb der Grenzen $m \pm \sigma$ liegt und 99,7 %, daß er innerhalb von $m \pm 3\sigma$ liegt. Die Mittelwertbildung führt natürlich nicht zu zuverlässigeren Meßergebnissen, wenn bei der Messung systematische Fehler begangen werden (wenn z.B. Volumenmessungen bei 25 °C durchgeführt werden mit einem Gefäß, das bei 20 °C geeicht wurde). Man unterscheidet folgende Begriffe: *Präzision* (ausgedrückt durch die Standardabweichung) ist eine Aussage über zufällige Fehler; *Richtigkeit* (englisch trueness) sagt etwas über systematische Fehler aus; *Genauigkeit* (accuracy) bezieht sich auf zufällige und systematische Fehler (◉ 1.5).

Standardabweichung

$$\sigma = \sqrt{\frac{1}{n-1} \sum_{i=1}^{n} (x_i - m)^2}$$

n = Anzahl der Meßwerte
x_i = i-ter Meßwert
m = Mittelwert

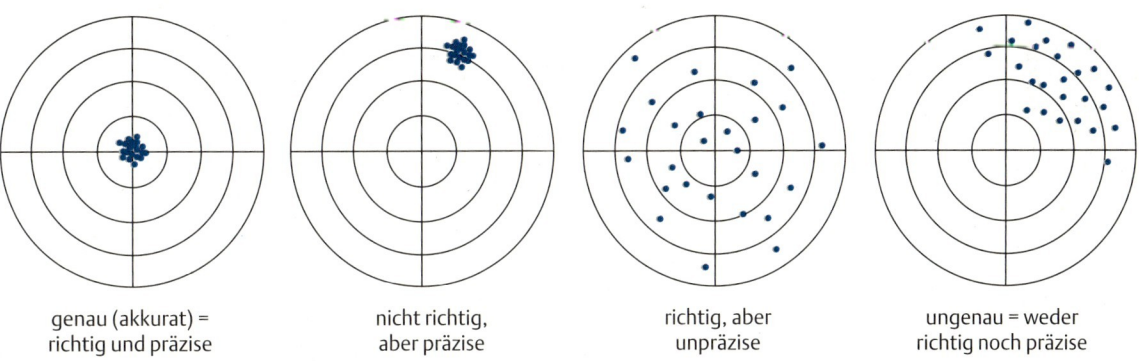

genau (akkurat) = richtig und präzise

nicht richtig, aber präzise

richtig, aber unpräzise

ungenau = weder richtig noch präzise

◉ 1.5 Zuverlässigkeit von wiederholten Meßergebnissen, veranschaulicht an den Einschüssen auf einer Zielscheibe

2 Einführung in die Atomtheorie

Zusammenfassung. Die moderne Atomtheorie geht auf die Arbeiten von John Dalton zurück und basiert auf dem *Gesetz der Erhaltung der Masse* und dem *Gesetz der konstanten Proportionen*. Dalton fügte dem das *Gesetz der multiplen Proportionen* hinzu.

Ein Atom ist das kleinste Teilchen eines Elements, durch Verknüpfung mit Atomen anderer Elemente entstehen die Verbindungen. Das Atom ist aus subatomaren Teilchen, den *Elektronen, Protonen* und *Neutronen*, aufgebaut. Das Elektron hat eine negative Ladung $-e$, das Proton eine positive Ladung $+e$. Das Neutron ist ungeladen. Proton und Neutron haben ähnliche Masse, die Masse des Elektrons ist erheblich kleiner.

Die Protonen und Neutronen befinden sich im *Atomkern*, der sich im Mittelpunkt des Atoms befindet. Der Kern ist klein im Vergleich zum Gesamtatom, in ihm ist fast die ganze Masse des Atoms vereint, und er ist positiv geladen. Die Elektronen umgeben den Kern und machen das Volumen des Atoms aus. Ein Atom hat gleich viele Protonen wie Elektronen. Durch Wegnahme von Elektronen entstehen positiv geladene *Ionen*, durch Zufügung von Elektronen entstehen negativ geladene Ionen. Die *Ordnungszahl* eines Elements entspricht der Zahl der Protonen in seinen Atomen, die Massenzahl entspricht der Zahl von Protonen und Neutronen zusammengenommen. Atome eines Elements können unterschiedlich viele Neutronen und damit unterschiedliche Massenzahlen haben, sie heißen *Isotope*. Die Atommasse wird auf eine Skala bezogen, auf der die Masse des Atoms $^{12}_{6}C$ 12 u beträgt. Als Atommasse für ein Element wird der Mittelwert der Massen seiner Isotope unter Berücksichtigung ihrer relativen Häufigkeit angegeben.

Schlüsselworte (s. Glossar)

Gesetz der Erhaltung der Masse
Gesetz der konstanten Proportionen
Gesetz der multiplen Proportionen

Atom
Atomkern
Elektron

Elementarladung
Kanalstrahlen
Kathodenstrahlen

Nucleon
Proton
Neutron

Radioaktivität
α-Strahlen
β-Strahlen
γ-Strahlen

Ordnungszahl
Massenzahl
Atommasse
relative Atommasse
Ionen

Isotope
Massenspektrometer

Kernbindungsenergie

2 Einführung in die Atomtheorie

2.1 Die Dalton-Atomtheorie 16
2.2 Das Elektron 17
2.3 Das Proton 18
2.4 Das Neutron 19
2.5 Aufbau der Atome 20
2.6 Atomsymbole 21
2.7 Isotope 22
2.8 Atommassen 23
2.9 Übungsaufgaben 25

Grundlage für die moderne Chemie ist die Theorie der Atome. Das Verständnis für den Aufbau der Atome und die Art, wie sie miteinander in Wechselwirkung treten, ist von zentraler Bedeutung in der Chemie. Dieses Kapitel gibt einen ersten Einblick in die Theorie; eine weitere Vertiefung folgt in Kapitel 6 (Elektronenstruktur der Atome, S. 61) und Kapitel 31 (Kernchemie, S. 605).

2.1 Die Dalton-Atomtheorie

Nach der altgriechischen Atomtheorie von Leukipp und Demokrit kommt man bei wiederholter Zerteilung von Materie irgendwann zu kleinsten, nicht mehr weiter teilbaren Teilchen, den Atomen. Das griechische Wort *atomos* bedeutet „unteilbar". Die altgriechischen Theorien basierten auf rein abstrakter Überlegung, nicht auf Experimenten. Die Atomtheorie war zweitausend Jahre lang reine Spekulation. In seinem Buch *The Sceptical Chymist* (1661) akzeptierte Robert Boyle die Existenz von Atomen, ebenso wie Isaac Newton in seinen Büchern *Principia* (1687) und *Opticks* (1704). Aber erst John Dalton entwickelte in den Jahren 1803 bis 1808 eine Atomtheorie, die er von beobachteten Gesetzmäßigkeiten bei chemischen Reaktionen ableitete. Seine Theorie ist quantitativer Natur, den Atomen wurden relative Massen zugeordnet. Die Hauptpostulate der Dalton-Theorie sind:

1. Elemente bestehen aus extrem kleinen Teilchen, den Atomen. Alle Atome eines Elementes sind gleich, und die Atome verschiedener Elemente sind verschieden.
2. Bei chemischen Reaktionen werden Atome miteinander verbunden oder voneinander getrennt. Dabei werden nie Atome zerstört oder neu gebildet, und kein Atom eines Elements wird in das eines anderen Elements verwandelt.
3. Eine chemische Verbindung resultiert aus der Verknüpfung der Atome von zwei oder mehr Elementen. Eine gegebene Verbindung enthält immer die gleichen Atomsorten, die in einem festen Mengenverhältnis miteinander verknüpft sind.

John Dalton, 1766–1844

Die Dalton-Theorie ist heute noch gültig, wenn auch sein erstes Postulat etwas modifiziert werden mußte. Nach heutiger Kenntnis bestehen die Atome eines Elements aus verschiedenen Atomsorten, die sich in ihren Massen unterscheiden (Isotope; eingehendere Diskussion folgt in Abschn. 2.**8**, S. 23). In ihren chemischen Eigenschaften sind die Atome eines Elements jedoch (fast) identisch und unterscheiden sich von denen anderer Elemente. Die unterschiedliche Masse ist nur von untergeordneter Bedeutung und stört auch bei quantitativen Berechnungen nicht, da man in fast allen Fällen keine Fehler begeht, wenn man alle Atome eines Elements als gleich behandelt und mit einem Mittelwert für die Masse rechnet.

Dalton hat die quantitativen Aspekte seiner Theorie von folgenden Gesetzen über die Zusammensetzung von Verbindungen abgeleitet:

Gesetz der Erhaltung der Masse: Während einer chemischen Reaktion läßt sich keine Veränderung der Gesamtmasse beobachten. Die Summe der Massen aller miteinander reagierenden Substanzen ist gleich der Masse aller Produkte. Dieses Gesetz wird durch das zweite Postulat von Dalton erklärt.

- **Gesetz der konstanten Proportionen** (J. Proust, 1799). In einer Verbindung sind stets die gleichen Elemente im gleichen Massenverhältnis enthalten. Dieses Gesetz wird durch das dritte Dalton-Postulat erklärt.

Basierend auf seiner Theorie hat Dalton ein drittes Gesetz über chemische Zusammensetzungen formuliert:

- **Gesetz der multiplen Proportionen:** Wenn zwei Elemente A und B mehr als eine Verbindung miteinander eingehen, dann stehen die Massen von A, die sich mit einer bestimmten Masse von B verbinden, in einem ganzzahligen Verhältnis zueinander.

Das Gesetz folgt aus der Anschauung, daß die Atome einer Verbindung in einem festen Zahlenverhältnis verknüpft werden. Zum Beispiel bilden Kohlenstoff und Sauerstoff zwei Verbindungen, Kohlenmonoxid (CO) und Kohlendioxid (CO_2). Im Kohlenmonoxid ist ein Kohlenstoff- mit einem Sauerstoff-Atom verbunden, im Kohlendioxid sind es ein Kohlenstoff- und zwei Sauerstoff-Atome. Wie experimentell überprüfbar ist, kommen auf 12 Gramm Kohlenstoff 16 Gramm Sauerstoff im Kohlenmonoxid und 32 Gramm Sauerstoff im Kohlendioxid; die Sauerstoffmassen in den beiden Verbindungen verhalten sich wie 1 zu 2.

2.2 Das Elektron

Nach der altgriechischen und der Dalton-Theorie gelten die Atome als die kleinstmöglichen Bausteine der Materie. Gegen Ende des 19. Jahrhunderts zeichnete sich ab, daß die Atome selbst aus noch kleineren Teilchen aufgebaut sein müßten. Experimente mit der Elektrizität führten zu dieser Erkenntnis.

Humphry Davy entdeckte 1807–1808 die fünf Elemente Natrium, Kalium, Calcium, Strontium und Barium, als er bestimmte Verbindungen mit elektrischem Strom zersetzte. Als verbindende Kräfte zwischen den Elementen schloß er auf Anziehungskräfte elektrischer Natur.

Michael Faraday führte 1832–1833 bedeutsame Experimente zur Elektrolyse durch, dem Prozeß, bei dem Verbindungen durch elektrischen Strom zersetzt werden. Er entdeckte die Gesetze der Elektrolyse, die eine Beziehung zwischen zersetzter Stoffmenge und eingesetzter Strommenge herstellen (Abschn. 20.**4**, S. 354). Basierend auf Faradays Arbeiten, schlug George Johnstone Stoney 1874 die Existenz von elektrischen Ladungsträgern vor, die mit Atomen assoziiert sind. 1891 gab er diesen Ladungsträgern den Namen **Elektron**.

Joseph J. Thomson, 1856–1940

Bei Versuchen, elektrischen Strom durch Vakuum zu leiten, entdeckte Julius Plücker 1859 die **Kathodenstrahlen**. Zwei Elektroden befinden sich in einem evakuierten Glasrohr. Wird an sie eine Hochspannung angelegt, so geht ein Strahl von der negativen Elektrode, der Kathode, aus. Die Strahlen sind elektrisch negativ geladen, bewegen sich geradlinig und verursachen ein Leuchten, wenn sie auf die Glaswand auftreffen. In der zweiten Hälfte des neunzehnten Jahrhunderts wurde viel mit Kathodenstrahlen experimentiert. Die Strahlen wurden als schnell bewegte, negativ geladene Teilchenströme gedeutet. Für die Teilchen setzte sich Stoneys

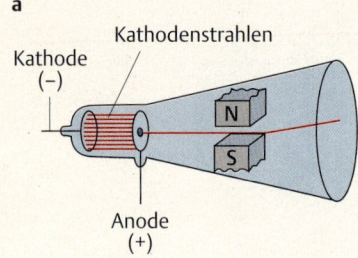

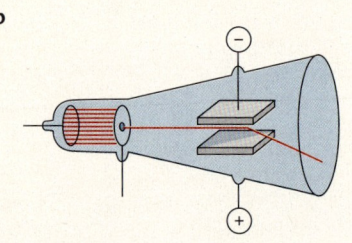

◉ 2.1 Ablenkung eines Kathodenstrahls
a in einem Magnetfeld
b in einem elektrischen Feld

Ladung des Elektrons
$q = -e = -1{,}6022 \cdot 10^{-19}$ C

Masse des Elektrons
$m = 9{,}1094 \cdot 10^{-28}$ g

Name Elektron durch. Unabhängig von der Zusammensetzung der Kathode werden immer Elektronen gleicher Art abgestrahlt.

Wenn in die Kathodenstrahlröhre zwei Platten eingebaut werden, zwischen denen der Elektronenstrahl hindurchtritt, so wird der Strahl abgelenkt, wenn eine elektrische Spannung an den Platten anliegt (◉ 2.1). Bei gegebener Spannung hängt das Ausmaß der Ablenkung von zwei Faktoren ab:

1. Je höher die Ladung q der Teilchen, desto größer ist die Ablenkung.
2. Je größer die Masse m der Teilchen, desto geringer ist die Ablenkung; die Ablenkung ist proportional zu $1/m$.

Das Verhältnis q/m ist demnach maßgeblich für die Größe der Ablenkung. Auch ein Magnetfeld verursacht eine Ablenkung, jedoch in einer Richtung senkrecht zum Feld (◉ 2.1). Durch Messung der Ablenkung von Kathodenstrahlen in elektrischen und magnetischen Feldern bestimmte Joseph Thomson 1897 den Wert q/m für das Elektron:

$$q/m \text{ (Elektron)} = -1{,}7588 \cdot 10^8 \text{ C/g}$$

Die Ladung des Elektrons

Die erste genaue Messung der Ladung des Elektrons wurde 1909 von Robert Millikan durchgeführt (◉ 2.2). Er erzeugte Elektronen durch Einwirkung von Röntgenstrahlen auf Luft. Kleine Öltropfen nehmen die Elektronen auf. Die Öltropfen sinken zwischen zwei waagerecht angeordneten Platten, wobei aus der Sinkgeschwindigkeit die Masse eines Tropfens bestimmt wird. Die Platten werden an eine elektrische Spannung mit dem Pluspol an der oberen Platte angeschlossen, und die Spannung wird so eingestellt, daß der Tropfen nicht weiter sinkt und in der Schwebe gehalten wird. Aus der entsprechenden Spannung und der Masse kann die Ladung des Tropfens berechnet werden.

Ein Tropfen kann mehrere Elektronen aufnehmen; in allen Fällen ist die Ladung ein ganzes Vielfaches der Ladung des Elektrons. Der Wert e wird die **Elementarladung** genannt. Das Elektron ist negativ geladen. Die Masse des Elektrons kann aus den Werten e/m und e berechnet werden.

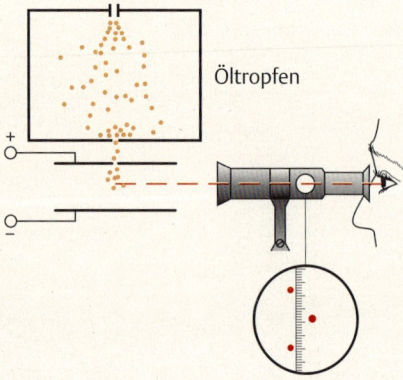

◉ 2.2 Versuchsanordnung von Millikan zur Bestimmung der Ladung des Elektrons

2.3 Das Proton

Aus Atomen und Molekülen können Elektronen entfernt werden. Dabei bleiben positiv geladene Teilchen zurück; der Betrag der positiven Ladung entspricht der Zahl der entfernten Elektronen. Wird einem Neon-Atom (Symbol Ne) ein Elektron entrissen, so erhält man ein Ne^+-Teilchen, ein Ne^+-Ion; bei Wegnahme von zwei Elektronen entsteht ein Ne^{2+}-Ion usw. Positive Ionen dieser Art entstehen in einer Kathodenstrahlröhre, wenn sich in ihr ein Gas wie zum Beispiel Neon befindet; durch den Beschuß der Gasatome mit den Elektronen des Kathodenstrahls werden Elektronen aus den Atomen herausgeschossen. Die positiv geladenen Ionen werden zur negativ geladenen Elektrode, also zur Kathode beschleunigt. Wenn in die Kathode Löcher („Kanäle") gebohrt sind, so fliegen die positiven Ionen hindurch (◉ 2.3). Die Elektronen des Kathodenstrahls fliegen in entgegengesetzter Richtung (auf die positive Elektrode, die Anode).

Strahlen positiver Ionen (Kanalstrahlen) wurden erstmals 1886 von Eugen Goldstein beobachtet. Die Ablenkung der Kanalstrahlen im elektrischen und im magnetischen Feld wurde von Wilhelm Wien (1898) und J. J. Thomson (1906) untersucht. Sie bestimmten Werte für q/m nach derselben Methode wie bei den Kathodenstrahlen, z. B.:

$$q/m \text{ (Wasserstoff)} = 9{,}5791 \cdot 10^4 \text{ C/g}$$

Wenn verschiedene Gase in der Entladungsröhre eingesetzt werden, so entstehen verschiedene Arten von positiven Ionen. Das positive Ion mit der kleinsten jemals beobachteten Masse (und somit mit dem größten q/m-Wert) entsteht bei Verwendung von Wasserstoff. Dieses kleinste positive Ion wird **Proton** genannt. Es ist Bestandteil aller Atome. Seine Ladung hat den gleichen Betrag wie die des Elektrons, jedoch mit positivem Vorzeichen. Aus den Zahlen kann die Masse des Protons berechnet werden; sie ist 1836 mal größer als die des Elektrons.

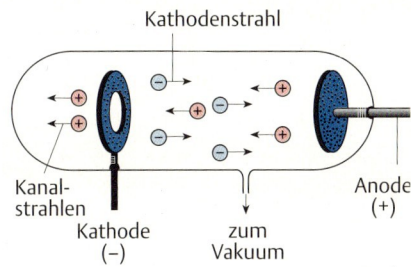

◉ 2.3 Erzeugung von positiv geladenen Kanalstrahlen

Ladung des Protons:
$q = +e = 1{,}6022 \cdot 10^{-19}$ C

Masse des Protons:
$m = 1{,}6726 \cdot 10^{-24}$ g

2.4 Das Neutron

Da Atome elektrisch neutral sind, muß ein Atom gleich viele Elektronen wie Protonen enthalten. Die tatsächlichen Massen der Atome (ausgenommen Wasserstoff) sind größer als die Summe der Massen der darin enthaltenen Protonen und Elektronen. Zur Erklärung dieses Sachverhalts postulierte Ernest Rutherford (1920) die Existenz zusätzlicher, ungeladener Teilchen. Solche Teilchen sind wegen ihrer fehlenden Ladung schwer nachweisbar. Trotzdem wies James Chadwick 1932 die Existenz des **Neutrons** nach. Aus Meßwerten von bestimmten Kernprozessen, bei denen Neutronen entstehen (s. Abschn. 31.**2**, S. 609), konnte er die Masse des Neutrons ermitteln. Sie ist geringfügig größer als die Masse des Protons.

Die Eigenschaften von Elektron, Proton und Neutron sind in 🖿 2.1 zusammengestellt. Neben diesen Teilchen kennt man heute weitere Elementarteilchen, die jedoch für das Verständnis der Chemie ohne Bedeutung sind.

Masse des Neutrons:
$m = 1{,}6749 \cdot 10^{-24}$ g

🖿 2.1 Subatomare Teilchen

	Masse		Ladung[b]
	Gramm	Atommasseneinheiten[a]	
Elektron	$9{,}10939 \cdot 10^{-28}$	0,00054858	−1
Proton	$1{,}67262 \cdot 10^{-24}$	1,007276	+1
Neutron	$1{,}67493 \cdot 10^{-24}$	1,008665	0

[a] Eine Atommasseneinheit (u) ist $\frac{1}{12}$ der Masse des Atoms ^{12}C (s. Abschn. 2.**8**, S. 23)
[b] Die Einheit der Ladung ist $e = 1{,}602177 \cdot 10^{-19}$ Coulomb

2.5 Aufbau der Atome

Natürliche Radioaktivität

Manche Atome bestehen aus instabilen Kombinationen der subatomaren Teilchen. Sie zerfallen plötzlich unter Angabe von Strahlung und werden dabei in Atome anderer Elemente umgewandelt. Diese Erscheinung, die **Radioaktivität**, wurde 1896 von Henri Becquerel entdeckt. Rutherford konnte die drei Arten der beobachteten Strahlung erklären. Sie werden Alpha- (α-), Beta- (β-) und Gamma- (γ-)Strahlen genannt. Weitere Arten von radioaktiver Strahlung sind heute bekannt; sie treten jedoch nicht bei natürlich vorkommenden Elementen auf.

α-**Strahlen** bestehen aus Teilchen mit etwa der vierfachen Masse eines Protons und mit +2 Elementarladungen. Die Teilchen sind aus zwei Protonen und zwei Neutronen aufgebaut. Sie werden aus einer radioaktiven Substanz mit Geschwindigkeiten zwischen 10 000 und 30 000 km/s emittiert.

β-**Strahlen** bestehen aus Elektronen, die mit etwa 130 000 km/s emittiert werden.

γ-**Strahlen** sind elektromagnetische Strahlen ähnlich wie Röntgenstrahlen, sie sind jedoch energiereicher.

Ernest Rutherford, 1871 – 1937

Das Rutherford-Atommodell

1911 berichtete Rutherford über Experimente zur Untersuchung des Atomaufbaus mit Hilfe von α-Strahlen. Ein Strahl von α-Teilchen wurde auf eine 0,004 mm dicke Folie aus Gold, Silber oder Kupfer gerichtet. Die Mehrzahl der α-Teilchen flog geradlinig durch die Folie hindurch. Einige α-Teilchen wurden jedoch seitwärts abgelenkt, und manche wurden in Richtung auf die Strahlenquelle zurückgeworfen (⊙ 2.4). Diese Befunde konnten durch folgende Annahme des Aufbaus der Atome erklärt werden:

1. Im Mittelpunkt des Atoms befindet sich ein **Atomkern**. Fast die gesamte Atommasse und die ganze positive Ladung ist im Atomkern vereint. Nach unseren heutigen Vorstellungen besteht der Atomkern aus Protonen und Neutronen, die zusammen die Masse des Kerns ausmachen. Die Protonen sind für die positive Ladung des Kerns verantwortlich. Trotz der gleichsinnigen Ladung der Protonen und ihrer dadurch bedingten gegenseitigen Abstoßung werden die Teilchen im Kern zusammengehalten. Der Zusammenhalt wird durch die **starke Kernkraft** vermittelt. Diese ist eine der fundamentalen Kraftwirkungen in der Natur; sie ist stärker als die elektrostatische Abstoßung zwischen den Protonen, hat aber nur eine sehr geringe Reichweite, d. h. sie wirkt nur, solange die Teilchen dicht beieinander sind (die Situation ist ähnlich wie bei zwei positiv geladenen Kugeln, die durch einen Klebstoff zusammengehalten werden; wird die Klebstelle auch nur ein wenig auseinandergerissen, so fliegen die Kugeln auseinander).

2. **Elektronen** nehmen fast das ganze Volumen des Atoms ein. Sie befinden sich außerhalb des Atomkerns und umkreisen ihn in schneller Bewegung. Damit das Atom insgesamt elektrisch neutral ist, muß

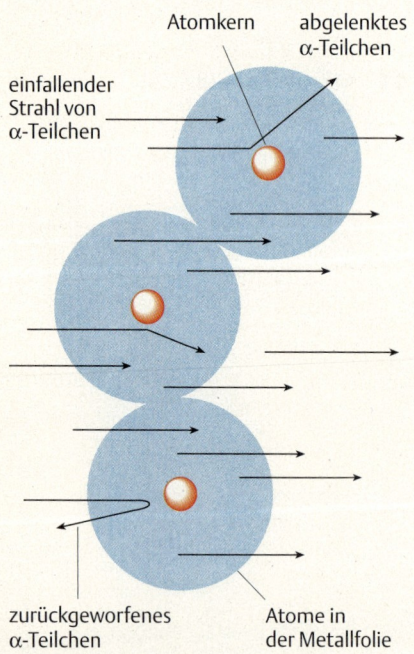

⊙ 2.4 Ablenkung und Rückstoß von α-Teilchen durch die Atomkerne einer Metallfolie in Rutherfords Experiment (nicht maßstabsgetreu)

die Zahl der negativ geladenen Elektronen mit der Zahl der positiv geladenen Protonen im Kern übereinstimmen.

Der Atomkern ist sehr klein, sein Durchmesser liegt in der Größenordnung von 1 fm (1 Femtometer = 10^{-15} m). Der Durchmesser des Atoms beträgt dagegen 100 bis 400 pm (1 Picometer = 10^{-12} m) und ist somit mehr als 100000 mal größer als der Atomkern. Der Großteil des Volumens eines Atoms ist demnach leerer Raum, und deshalb können die meisten α-Teilchen ungehindert durch eine Metallfolie hindurchfliegen. Die leichten Elektronen können die viel schwereren, schnell bewegten α-Teilchen nicht ablenken. Nur wenn ein (positiv geladenes) α-Teilchen nahe an einen (positiv geladenen) Atomkern kommt, wird es abgestoßen und vom geraden Weg abgelenkt. In den seltenen Fällen eines direkten Zusammenstoßes von α-Teilchen und Kern wird das α-Teilchen zurückgeworfen.

Stabile Atomkerne enthalten in der Regel etwa genauso viele bis $1\frac{1}{2}$ mal soviele Neutronen wie Protonen. Weitere Einzelheiten zum Aufbau und zur Stabilität von Atomkernen werden in Kapitel 31 (S. 605) behandelt.

Durchmesser von
Atomkernen = ~ 1 fm = 10^{-15} m
Atomen = 100 – 400 pm
= $100 \cdot 10^{-12} - 400 \cdot 10^{-12}$ m

2.6 Atomsymbole

Ein Atom wird mit zwei Zahlen identifiziert, der Ordnungszahl und der Massenzahl.

Die **Ordnungszahl** Z ist gleich der Zahl der positiven Elementarladungen im Atomkern. Da das Proton über eine positive Elementarladung verfügt, ist die Ordnungszahl gleich der Zahl der Protonen im Kern. In einem neutralen Atom ist außerdem die Zahl der Elektronen gleich der Ordnungszahl.

Die **Massenzahl** A gibt die Gesamtzahl der *Nucleonen*, d.h. der Protonen und Neutronen zusammen an.

Die Massenzahl entspricht näherungsweise der Atommasse in Atommasseneinheiten u, denn Proton und Neutron haben etwa eine Masse von 1 u, und die Masse der Elektronen ist vernachlässigbar (vgl. 2.1, S. 19).

Ein Atom eines Elements wird durch das chemische Symbol für das Element bezeichnet, unter Voranstellung der Ordnungszahl links unten und der Massenzahl links oben.

Mit $^{35}_{17}$Cl wird ein Atom des Elements Chlor bezeichnet, das über $Z = 17$ Protonen und $A = 35$ Nucleonen verfügt; die Zahl der Elektronen ist ebenfalls 17, die Zahl der Neutronen ist $A - Z = 18$ (2.1).

Z = Anzahl der Protonen im Kern

$A = Z$ + Zahl der Neutronen

^A_Z Symbol

Beispiel 2.1

Wieviele Protonen, Neutronen, Elektronen hat ein $^{63}_{29}$Cu-Atom?
Zahl der Protonen = Zahl der Elektronen = Z = 29.
Zahl der Neutronen = $A - Z$ = 63 − 29 = 34

Ein *elektrisch geladenes* Teilchen, das aus einem oder mehreren Atomen besteht, nennt man **Ion**. Ein einatomiges Ion entsteht aus einem einzelnen Atom durch Aufnahme oder Abgabe von einem oder mehreren

⚠ Ionenladung
 = Gesamtladung der Protonen
 + Gesamtladung der Elektronen
 = Gesamtzahl der Protonen
 − Gesamtzahl der Elektronen

Elektronen. In Formeln wird die Ladung des Ions rechts oben am Elementsymbol bezeichnet. Die Ladung eines Ions ergibt sich aus der Summe der positiven und der negativen Ladungen der Protonen bzw. Elektronen (■ 2.2).

■ Beispiel 2.2

Wenn ein Schwefel-Atom zwei Elektronen aufgenommen hat, besitzt es 18 Elektronen und 16 Protonen; seine Ladung ist −2 Elementarladungen. Die Zahl der Neutronen von 32 − 16 = 16 hat keinen Einfluß auf die Ladung. Das Symbol ist $^{32}_{16}S^{2-}$.

2.7 Isotope

Für die chemischen Eigenschaften eines Atoms ist seine Ordnungszahl maßgeblich, während seine Masse von untergeordneter Bedeutung ist. Alle Atome eines Elements haben die gleiche Ordnungszahl. Bei einigen Elementen kommen unterschiedliche Atome vor, die sich in ihrer Massenzahl unterscheiden. Atome gleicher Ordnungszahl, aber unterschiedlicher Massenzahl, nennt man **Isotope**. Die unterschiedliche Massenzahl ergibt sich aus einer unterschiedlichen Zahl von Neutronen. Zum Beispiel kennt man vom Chlor die Isotope $^{35}_{17}Cl$ und $^{37}_{17}Cl$.

Isotope des Chlors:
$^{35}_{17}Cl$: 17 Protonen
 18 Neutronen
 17 Elektronen

$^{37}_{17}Cl$: 17 Protonen
 20 Neutronen
 17 Elektronen

Die chemischen Eigenschaften der Isotope sind so ähnlich, daß sie normalerweise nicht unterschieden werden können. Von manchen Elementen findet man in der Natur nur ein Isotop („isotopenreine" Elemente, z. B. Fluor und Natrium). Die meisten natürlichen Elemente bestehen jedoch aus Gemischen mehrerer Isotope; wegen ihrer gleichen chemischen Eigenschaften erfahren sie in der Natur keine Trennung.

Das **Massenspektrometer**, 1919 von Francis W. Aston entwickelt, dient zur Ermittlung, welche Isotope in einem Element vorhanden sind, welche ihre genauen Massen sind und in welchem Mengenverhältnis sie vorliegen. Der Aufbau des Instruments ist in ◉ 2.5 gezeigt. Die zu untersuchende Substanz wird verdampft und mit einem Elektronenstrahl beschossen. Dabei entstehen positive Ionen, die durch eine angelegte elek-

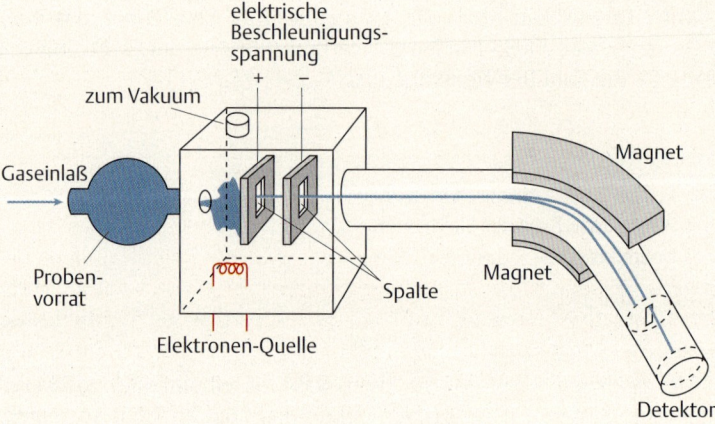

◉ 2.5 Aufbauprinzip eines Massenspektrometers

trische Spannung in Richtung eines Spalts beschleunigt werden. Nachdem die Ionen den Spalt mit hoher Geschwindigkeit durchflogen haben, müssen sie durch ein Magnetfeld. Ein Magnetfeld zwingt geladene Teilchen auf eine Kreisbahn. Wie bei den Kathodenstrahlen ist die Ablenkung von der geradlinigen Flugrichtung vom Verhältnis Ladung zu Masse (q/m) abhängig (vgl. S. 18).

Nur Ionen mit dem gleichen Wert für q/m fliegen auf der gleichen Kreisbahn und können durch einen Austrittsspalt hindurchtreten. Ionen mit anderen Werten für q/m können auf passende Flugbahnen zum Austrittsspalt geführt werden, indem die magnetische Feldstärke variiert wird. Man kann so durch passende Wahl der Feldstärke jede Ionensorte getrennt den Detektor erreichen lassen. Der Detektor mißt die Intensität des Ionenstrahls, die von der relativen Menge des zugehörigen Isotops in der Probe abhängt.

2.8 Atommassen

Wegen ihrer geringen Masse können einzelne Atome nicht gewogen werden. Man kann jedoch die relativen Massen der Atome untereinander bestimmen. Dalton wählte Wasserstoff als Bezugselement und bestimmte die Massen anderer Atome relativ zur Masse des Wasserstoff-Atoms.

Die Masse des Wassers besteht zu 88,8 % aus Sauerstoff und zu 11,2 % aus Wasserstoff, das Massenverhältnis Sauerstoff zu Wasserstoff beträgt etwa 1 : 8. Es sind zwei Wasserstoff-Atome an ein Sauerstoff-Atom gebunden. Teilt man dem Wasserstoff die Masse 1 zu, so ergibt sich für Sauerstoff eine Masse von 16.

Die **relativen Atommassen** A_r (früher Atomgewichte genannt) spielen eine wichtige Rolle bei der Lösung quantitativer Probleme in der Chemie. Sie beziehen sich auf eine willkürlich festgelegte Einheit. Dalton wählte Wasserstoff als Bezugselement, dem er die Masse 1 gab. Später wurden die Massen auf Sauerstoff bezogen, für den die Masse 16 festgelegt wurde. Heute bezieht man die Massen auf das Isotop $^{12}_{6}C$ des Kohlenstoffs. Die **Atommasseneinheit** (abgekürzt u im SI-Einheitensystem) ist als ein Zwölftel der Masse eines Atoms $^{12}_{6}C$ definiert. Die in ▣ 2.1 (S. 19) angegebenen Massen für Proton, Neutron, Elektron beziehen sich auf diese Einheit.

Die Masse eines Atoms (ausgenommen ^1H) ergibt sich nicht einfach als die Summe der Massen seiner Protonen, Neutronen und Elektronen, sondern ist immer etwas kleiner. Nach Einstein lassen sich Masse und Energie ineinander umwandeln, wobei die Äquivalenz $E = m \cdot c^2$ besteht (E = Energie, c = Lichtgeschwindigkeit). Die fehlende Masse wird **Massendefekt** genannt; sie entspricht der **Bindungsenergie** des Atomkerns. Wollte man den Atomkern auseinanderreißen, müßte man die dem Massendefekt entsprechende Energie aufwenden (die Bindungsenergie der Atomkerne wird in Abschn. 31.9 (S. 628) behandelt).

Atommassen werden mit Hilfe eines Massenspektrometers bestimmt. Bei Elementen, die als Isotopengemische in der Natur vorkommen, können die relative Menge und die Massen der Isotope bestimmt werden. Bei natürlich vorkommenden Elementen hat das Isotopenverhältnis fast immer einen konstanten Wert. Chlor besteht zum Beispiel immer zu 75,77 % aus $^{35}_{17}Cl$-Atomen (Masse 34,969 u) und zu 24,23 % aus $^{37}_{17}Cl$-Atomen (Masse 36,966 u). Die Atommasse von natürlichem Chlor ergibt sich als

Atommasseneinheit
$1\,u = \frac{1}{12} m \binom{12}{6}C$

$E = m \cdot c^2$

Mittlere Atommasse von natürlichem Chlor:

    Anteil · Masse
$^{35}_{17}Cl$ 0,7577 · 34,969 u = 26,496 u
$^{37}_{17}Cl$ 0,2423 · 36,966 u =   8,957 u
    mittlere Masse   = 35,453 u

Mittelwert aus den Massen seiner Isotope, unter Berücksichtigung ihrer relativen Anteile, zu 35,453 u.

Tatsächlich gibt es kein Chlor-Atom der Masse 35,453 u. Beim praktischen Gebrauch der Werte kann man jedoch fast immer so verfahren, als bestünde Chlor nur aus Atomen dieser Masse. Jede Substanzprobe besteht nämlich aus einer so großen Zahl von Atomen, daß der statistische Mittelwert immer erfüllt wird (■ 2.3).

■ **Beispiel 2.3**

Welche ist die relative Atommasse von Magnesium (auf vier signifikante Stellen)? Es besteht zu 78,99 % aus $^{24}_{12}$Mg (relative Atommasse 23,99), 10,00 % $^{25}_{12}$Mg (relative Masse 24,99) und 11,01 % $^{26}_{12}$Mg (relative Masse 25,98).

	Anteil · Masse	
$^{24}_{12}$Mg	0,7899 · 23,99 =	18,95
$^{25}_{12}$Mg	0,1000 · 24,99 =	2,50
$^{26}_{12}$Mg	0,1101 · 25,98 =	2,86
		24,31

Obwohl das Kohlenstoff-Isotop $^{12}_{6}$C zur Festlegung der Einheit der Atommassen dient, beträgt die Atommasse für natürlichen Kohlenstoff 12,011. Dieser besteht aus den Isotopen $^{12}_{6}$C und $^{13}_{6}$C im Mengenverhältnis 99,011 : 0,989.

Eine Tabelle aller Elemente unter Angabe der zugehörigen Ordnungszahlen und Atommassen findet sich im hinteren Umschlagdeckel. Das Periodensystem der Elemente ist nach steigender Ordnungszahl geordnet (die Ordnungszahl steht dort jeweils oben, die Atommasse unten) (s. Auslegeblatt am Ende des Buches).

2.9 Übungsaufgaben

(Lösungen s. S. 665)

2.1 In Verbindung I sind 50,0 g Schwefel mit 50,0 g Sauerstoff verbunden; in Verbindung II sind es 50,0 g Schwefel und 75,0 g Sauerstoff. Erklären Sie an diesem Beispiel das Gesetz der multiplen Proportionen. Wie erklärt die Dalton-Theorie diesen Sachverhalt?

2.2 Zwei Isotope des Chlors kommen in der Natur vor, ^{35}Cl und ^{37}Cl. Wasserstoff reagiert mit Chlor unter Bildung von Chlorwasserstoff (HCl). Müßte dann nicht eine gegebene Menge von Wasserstoff mit unterschiedlichen Massen von Chlor reagieren, je nach Isotop? Wie kann das Gesetz der konstanten Proportionen trotzdem gültig sein?

2.3 Welches Ion der folgenden Paare wird stärker in einem elektrischen Feld abgelenkt? Warum?
a) H$^+$ oder Ne$^+$ b) Ne$^+$ oder Ne^{2+}

2.4 Berechnen Sie den Wert q/m für die folgenden Ionen:
a) $^1_1$H$^+$ mit Masse $1{,}67 \cdot 10^{-24}$ g
b) $^4_2$He$^+$ mit Masse $6{,}64 \cdot 10^{-24}$ g
c) $^{20}_{10}$Ne^{2+} mit Masse $3{,}32 \cdot 10^{-23}$ g

2.5 Beim Millikan-Öltropfenversuch wurden folgende Ladungen einzelner Tropfen gemessen: $-3{,}2 \cdot 10^{-19}$ C, $-4{,}8 \cdot 10^{-19}$ C und $-8{,}0 \cdot 10^{-19}$ C.
a) Warum können die Werte verschieden sein?
b) Wie kann die Elementarladung e aus diesen Werten berechnet werden?

2.6 Rutherford benutzte verschiedene Metallfolien zur Streuung von α-Teilchen. Wurden, bei gleicher Foliendicke, die α-Teilchen im Mittel stärker durch die Gold- oder die Kupfer-Folie abgelenkt? Warum?

2.7 Der Radius eines Atomkerns beträgt $r = A^{1/3} \cdot 1{,}3 \cdot 10^{-15}$ m, wenn A die Massenzahl ist. Welchen Radius hat ein ^{27}Al-Kern? Der Atomradius eines Aluminium-Atoms beträgt etwa 143 pm; um welchen Faktor ist er größer als der Kernradius? Wenn das Atom auf einen Durchmesser von 1 km vergrößert wäre, welchen Durchmesser hätte dann der Atomkern? Wieviel Prozent des Atomvolumens entfallen auf den Kern? (Volumen einer Kugel = $4/3\,\pi r^3$).

2.8 a) Wie ist das Atom $^{75}_{33}$As zusammengesetzt?
b) Welches Symbol hat das Atom, das aus 80 Protonen und 122 Neutronen besteht?

2.9 Ergänzen Sie die Tabelle:

Symbol	Z	A	Protonen	Neutronen	Elektronen
Cs	55	133	...	...	...
Bi	...	209	...	...	...
...	56	138	...	...	...
Sn	...	...	...	70	50
Kr	...	84	...	48	...
Sc^{3+}	...	...	...	24	...
...		8	...	8	10
...		7	...	7	10

2.10 Silber kommt als Gemisch zweier Isotope vor, $^{107}_{47}$Ag mit Atommasse 106,906 u und $^{109}_{47}$Ag mit Atommasse 108,905 u. Die mittlere Atommasse beträgt 107,868 u. Wieviel Prozent Anteil hat jedes Isotop?

2.11 Vanadium kommt als Gemisch zweier Isotope vor, $^{50}_{23}$V mit Atommasse 49,9472 u und $^{51}_{23}$V mit Atommasse 50,9440 u. Die mittlere Atommasse des Vanadiums beträgt 50,9415. Wieviel % Anteil hat jedes Isotop?

2.12 Ein Element besteht zu 60,10 % aus einem Isotop der Masse 68,926 u und zu 39,90 % aus einem Isotop der Masse 70,925 u. Welche mittlere Atommasse kommt dem Element zu?

2.13 Ein Element besteht zu 90,51 % aus einem Isotop der Masse 19,992 u, 0,27 % eines Isotops der Masse 20,994 u und 9,22 % eines Isotops der Masse 21,990 u. Welche mittlere Atommasse kommt dem Element zu?

3 Stöchiometrie
Teil I: Chemische Formeln

Zusammenfassung. Die Zusammensetzung einer Verbindung wird durch ihre chemische Formel zum Ausdruck gebracht. Wenn die Verbindung aus Molekülen besteht, so gibt die *Molekularformel* an, wie viele Atome jedes Elements im Molekül enthalten sind. Bei Verbindungen, die aus Ionen aufgebaut sind, gibt die Formel die relative Zahl der vorhandenen Ionen an.

Ein *Mol* eines Elements enthält die *Avogadro-Zahl* an Atomen und hat eine Masse, die dem Zahlenwert der relativen Atommasse des Elements in Gramm entspricht. Ein Mol einer Verbindung enthält die Avogadro-Zahl an Formeleinheiten; bei Molekülverbindungen ist das die Avogadro-Zahl an Molekülen. Die Masse in Gramm eines Mols einer Verbindung ergibt sich durch Addition der relativen Atommassen der beteiligten Elemente entsprechend der Formel der Verbindung.

Aus der Formel einer Verbindung kann ihre *prozentuale Zusammensetzung* (Massenanteil der Elemente in % ausgedrückt) berechnet werden. Aus der prozentualen Zusammensetzung kann die *empirische Formel* berechnet werden; das ist die Formel mit dem einfachsten Zahlenverhältnis der Atome zueinander.

Schlüsselworte (s. Glossar)

Molekül
Molekülformel (Molekularformel)

Chemische Formel
Strukturformel (Konstitutionsformel)
Empirische Formel

Anion
Kation
Einatomiges Ion
Mehratomiges Ion

Mol
Avogadro-Zahl
Molare Masse (Molmasse)
Molekülmasse
Relative Formelmasse, relative Molekülmasse

Massenanteil

3 Stöchiometrie Teil I: Chemische Formeln

3.1 Moleküle und Ionen 28
3.2 Empirische Formeln 30
3.3 Das Mol 30
3.4 Prozentuale Zusammensetzung von Verbindungen 32
3.5 Ermittlung chemischer Formeln 33
3.6 Übungsaufgaben 35

Die moderne Chemie begann, als Lavoisier die Bedeutung sorgfältiger Messungen erkannte und sich quantitativ zu beantwortende Fragen stellte. Die Stöchiometrie (aus dem Griechischen *stoicheion* = Element und *metron* = messen) befaßt sich mit den Mengenverhältnissen der Elemente in Verbindungen und mit den quantitativen Beziehungen zwischen Verbindungen oder Elementen, die an chemischen Reaktionen beteiligt sind. Die Atomtheorie der Materie ist die Grundlage dazu.

3.1 Moleküle und Ionen

Nur die Edelgase, das sind die Elemente Helium, Neon, Argon, Krypton, Xenon und Radon, kommen in der Natur als Einzelatome vor. Alle anderen Elemente kommen in größeren Einheiten vor, in denen Atome miteinander verknüpft sind. Zu diesen größeren Einheiten gehören die Moleküle und die Ionen. Sie werden in späteren Kapiteln noch eingehend behandelt (Kapitel 7, 8 und 9; S. 93, 111, 125).

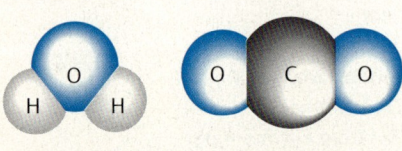

Sauerstoff (O_2)   Kohlenmonoxid (CO)

Moleküle

Ein Molekül ist ein Teilchen, in dem zwei oder mehr Atome fest miteinander verknüpft sind. Bei chemischen und physikalischen Prozessen verhalten sich Moleküle als Einheiten. Einige Elemente und eine große Zahl von Verbindungen bestehen aus Molekülen (◉ 3.1).

Die Zusammensetzung eines reinen Stoffs wird mit seiner **chemischen Formel** angegeben. Jedes vorhandene Element wird durch sein Elementsymbol bezeichnet, gefolgt von einer tiefgestellten Zahl zur Angabe der relativen Anzahl der Atome. Bei Verbindungen, die aus Molekülen bestehen, wird die Zahl der Atome im Molekül angegeben (◉ 3.1). H_2O ist zum Beispiel die **Molekularformel** für Wasser.

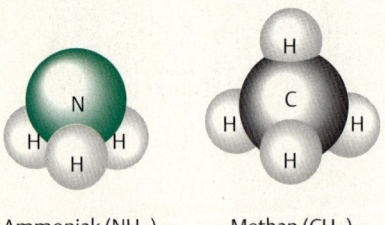

Wasser (H_2O)   Kohlendioxid (CO_2)

Einige Elemente kommen als zweiatomige Moleküle vor, z. B.:

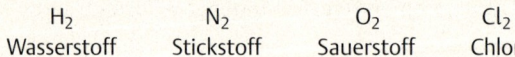

| H_2 | N_2 | O_2 | Cl_2 |
| Wasserstoff | Stickstoff | Sauerstoff | Chlor |

Ammoniak (NH_3)   Methan (CH_4)

◉ 3.1 Modelle für einfache Moleküle

Manche Elemente bilden größere Moleküle; Schwefel besteht zum Beispiel aus achtatomigen Molekülen S_8. Die Moleküle von Verbindungen sind aus Atomen von zwei oder mehr Elementen aufgebaut.

Die Formel für ein Molekül wie zum Beispiel NH_3 (Ammoniak) gibt nur an, aus wie vielen Atomen der einzelnen Elemente das Molekül aufgebaut ist. Um zu zeigen, welche Atome miteinander verknüpft sind, benutzt man die **Strukturformel** oder **Konstitutionsformel**, in der **Bindungsstriche** die Art der Verknüpfung anzeigen.

Die Strukturformel gibt in der Regel nicht die tatsächliche räumliche Anordnung der Atome wieder. Das Ammoniak-Molekül hat zum Beispiel eine pyramidale Geometrie (◉ 3.1), was die nebenstehende Strukturformel nicht zum Ausdruck bringt.

Strukturformel für Ammoniak

■ Die **relative Molekülmasse** M_r ist gleich der Summe der relativen Atommassen aller Atome des Moleküls. Das einzelne Molekül hat eine Masse in u-Einheiten, die dem Zahlenwert von M_r entspricht. ■

Ionen

Ein Ion ist ein Atom oder Molekül, das eine elektrische Ladung trägt. Man unterscheidet:

Ein **Kation** ist positiv geladen. Der Name rührt daher, daß ein Kation von einer Kathode, d. h. dem Minuspol einer elektrischen Spannung, angezogen wird. Kationen entstehen, wenn Atome oder Moleküle Elektronen abgeben.

Ein **Anion** ist negativ geladen. Es wird von einer Anode (= Pluspol) angezogen und ist aus einem Atom oder Molekül durch Aufnahme von Elektronen entstanden.

Einatomige Ionen bestehen aus einzelnen, geladenen Atomen. Metallische Elemente bilden in der Regel einatomige Kationen, zum Beispiel Calcium-Ionen Ca^{2+}, während Nichtmetalle einatomige Anionen bilden, zum Beispiel Cl^-. **Mehratomige Ionen**, auch Molekülionen genannt, bestehen aus mehr als einem Atom, z. B.:

NH_4^+ SO_4^{2-} OH^-
Ammonium-Ion Sulfat-Ion Hydroxid-Ion

Auf Ionen werden wir im Kapitel 7 (S. 93) genauer eingehen.

Ionische Verbindungen sind aus Kationen und Anionen aufgebaut. Im festen Zustand bilden sie Kristalle, in denen die Ionen in einem bestimmten geordneten, geometrischen Muster angeordnet sind. Natriumchlorid (Kochsalz) ist ein Beispiel, es ist aus Natrium-Kationen Na^+ und Chlorid-Anionen Cl^- aufgebaut. Der Kristall besteht aus einer großen Anzahl solcher Ionen, die durch die plus-minus-Anziehung zusammengehalten werden (◉ 3.2).

Im Kristall kommt genau ein Na^+-Ion auf ein Cl^--Ion. Die chemische Formel NaCl beschreibt in diesem Fall kein Molekül, sondern gibt nur summarisch die Zusammensetzung an, indem das relative Zahlenverhältnis der Ionen zueinander bezeichnet wird. Bariumchlorid besteht aus Barium-Ionen Ba^{2+} und Chlorid-Ionen Cl^-. Ein Bariumchlorid-Kristall ist elektrisch neutral, auf jedes Ba^{2+}-Ion kommen zwei Cl^--Ionen; die Formel lautet $BaCl_2$ (◻ 3.1).

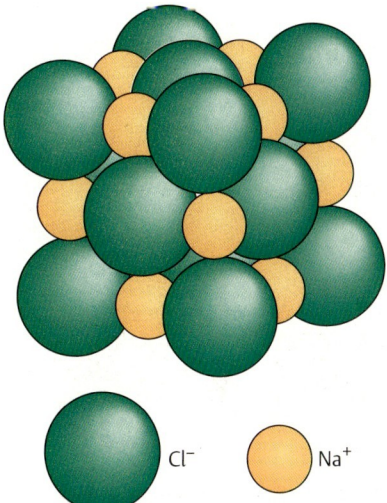

◉ 3.2 Ausschnitt aus einem Natriumchlorid-Kristall

◻ Beispiel 3.1

Eisenoxid ist aus Eisen-Ionen Fe^{3+} und Oxid-Ionen O^{2-} aufgebaut; wie lautet seine Formel? Damit es elektrisch neutral ist, müssen zwei Fe^{3+}-Ionen auf drei O^{2-}-Ionen kommen, die Formel lautet Fe_2O_3.

Andere Atomaggregate

Manche Elemente und Verbindungen sind weder aus Molekülen noch aus Ionen aufgebaut. Diamant besteht zum Beispiel nur aus Kohlenstoff-Atomen, die in einem dreidimensionalen Netzwerk miteinander verknüpft sind, mit Bindungen von der gleichen Art wie in Molekülen. Ein Diamantkristall kann als ein einziges Riesenmolekül betrachtet werden; die Zahl der Atome ist nicht festgelegt, sie hängt von der Größe des Kristalls ab.

Ähnliche Verhältnisse gibt es auch bei Verbindungen, zum Beispiel bei Siliciumdioxid; die Formel SiO_2 gibt, wie bei ionischen Verbindungen, nur die relative Zahl der Atome zueinander an.

3.2 Empirische Formeln

Wasserstoffperoxid:
Molekularformel: H_2O_2
Empirische Formel: HO
Strukturformel:

Die Molekularformel für Wasserstoffperoxid, H_2O_2, zeigt einen Molekülaufbau aus zwei Wasserstoff- und zwei Sauerstoff-Atomen an. Das Zahlenverhältnis 2 : 2 der Atome ist nicht das einfachste Zahlenverhältnis, nämlich 1 : 1. Eine **empirische Formel** gibt nur das einfachste Zahlenverhältnis an; für Wasserstoffperoxid ist die empirische Formel HO.

Durch eine chemische Analyse läßt sich nur die empirische Formel eines reinen Stoffes ermitteln. Um die Molekularformel zu bestimmen, sind zusätzliche Daten notwendig. Bei manchen Verbindungen sind empirische Formel und Molekularformel identisch, zum Beispiel bei H_2O, CO_2, NH_3. Für andere Verbindungen gilt das nicht; für den Stoff mit der Molekularformel N_2H_4 (Hydrazin) ist die empirische Formel NH_2; die beiden Verbindungen mit den Molekularformeln C_2H_2 (Ethin) und C_6H_6 (Benzol) haben die gleiche empirische Formel CH. Bei einfachen ionischen Verbindungen, deren Formeln wie NaCl oder $CaCl_2$ nur das Zahlenverhältnis der Ionen angeben, entspricht die Formel der empirischen Formel. Wenn Molekülionen vorhanden sind, so soll aus der Formel die Zusammensetzung des Molekülions erkennbar sein. Natriumperoxid besteht zum Beispiel aus Na^+-Ionen und Peroxid-Ionen O_2^{2-}; in diesem Fall wird nicht die empirische Formel NaO angegeben, sondern Na_2O_2.

3.3 Das Mol

Die Menge in Gramm eines Elementes, die dem Zahlenwert der relativen Atommasse entspricht, enthält stets die gleiche Zahl von Atomen, nämlich N_A Atome

Die relative Atommasse von Fluor ist 19,0, die von Wasserstoff 1,0. Wenn wir eine beliebige Zahl von Fluor-Atomen und eine gleich große Zahl von Wasserstoff-Atomen nehmen, so wird die Gesamtmasse der Fluor-Atome immer 19mal größer sein als die der Wasserstoff-Atome. Dieses Zahlenverhältnis ist erfüllt, wenn wir 19,0 g Fluor und 1,0 g Wasserstoff nehmen, d.h. wenn wir genau so viele Gramm nehmen, wie es dem numerischen Wert der relativen Atommassen entspricht. Da das Massenverhältnis von 19 : 1 erfüllt ist, müssen von beiden Elementen gleich viele Atome vorhanden sein. Diese Aussage gilt allgemein: die Menge in Gramm eines Elements, die dem Zahlenwert der relativen Atommasse entspricht, enthält immer die gleiche Zahl von Atomen.

Avogadro-Zahl:
$N_A = 6{,}02214 \cdot 10^{23}$ mol^{-1}

Die zugehörige Zahl wird die **Avogadro-Zahl** N_A genannt. Die Avogadro-Zahl läßt sich experimentell bestimmen. Im deutschen Schrifttum wurde N_A früher die Loschmidt-Zahl genannt. Nach einer neueren Definition versteht man unter der Loschmidt-Zahl N_L die Anzahl der Teilchen in 1 cm^3 eines idealen Gases bei Normbedingungen ($N_L = 2{,}687 \cdot 10^{22}$ cm^{-3}).

1 mol = N_A Teilchen
= Stoffmenge aus so vielen Teilchen, wie die Zahl der Atome in 12 g $^{12}_{6}C$

Die Stoffmenge, die aus $6{,}02214 \cdot 10^{23}$ Teilchen besteht, nennt man ein **Mol** (SI-Symbol: mol). Das Mol gehört zu den SI-Basiseinheiten und ist als diejenige Stoffmenge definiert, die aus genau so vielen Teilchen besteht, wie Atome in 12 g von $^{12}_{6}C$ enthalten sind. Teilchen in diesem Sinne können beliebige, als solche identifizierbare Teilchen sein, zum Beispiel Atome, Ionen, Moleküle oder Elektronen.

3.3 Das Mol

Ein Mol einer molekularen Substanz besteht aus $6{,}02214 \cdot 10^{23}$ Molekülen und hat die Masse in Gramm, deren Zahlenwert der relativen Molekülmasse entspricht. Die relative Molekülmasse M_r ergibt sich aus der Summe der relativen Atommassen aller Atome des Moleküls; sie wurde früher *Molekulargewicht* genannt. Die Masse eines Mols nennt man die **molare Masse** (oder Molmasse).

Die relative Molekülmasse für Wasser beträgt $M_r(H_2O) = 18{,}015$. In 18,015 Gramm Wasser ist somit die Avogadro-Zahl an H_2O-Molekülen enthalten. Das einzelne Wasser-Molekül hat die Masse $m(H_2O) = 18{,}015$ u.

Werden Mengenangaben in Mol gemacht, so muß spezifiziert werden, auf welche Teilchen man sich bezieht. Ein Mol H-*Atome* enthält $6{,}022 \cdot 10^{23}$ Wasserstoff-Atome und hat eine Masse von 1,008 g; ein Mol H_2-*Moleküle* enthält $6{,}022 \cdot 10^{23}$ H_2-Moleküle und hat eine Masse von 2,016 g. Wenn, wie bei ionischen Verbindungen, keine Moleküle vorhanden sind, so bezieht man sich auf die angegebene Formel. Man spricht dann von der **molaren Formelmasse**.

Eine Stoffmengenangabe in Mol für einen Stoff mit der Formel X wird mit $n(X)$ bezeichnet. Die Stoffmenge $n(X)$ ergibt sich aus der Masse $m(X)$ der Probe, geteilt durch die molare Masse $M(X)$. Siehe Definitionsgleichungen in der Randspalte.

Die Zahlenwerte für Atom- und Molekülmassen bzw. für molare Massen werden mit dreierlei Einheiten angegeben:

1. Die relative Atommasse A_r und die relative Molekülmasse M_r sind reine Zahlen, ohne Angabe einer Einheit. In dieser Art stehen sie in den Listen der Elemente. Die relative Atommasse ist eine Verhältniszahl, nämlich das Verhältnis der mittleren Atommasse eines Elements zu einem Zwölftel der Masse eines $^{12}_{6}C$-Atoms. Formulierung: „Natrium hat die relative Atommasse 22,98977; kurz: $A_r(Na) = 22{,}98977$. Wasser hat die relative Molekülmasse 18,015; $M_r(H_2O) = 18{,}015$."

2. In Atommasseneinheiten u hat ein $^{12}_{6}C$-Atom definitionsgemäß die Masse 12 u. Die mittlere Masse eines Atoms eines Elements wird in Atommasseneinheiten u angegeben. Formulierung: „Die Masse eines Natrium-Atoms beträgt 22,98977 u. Die Masse eines Wasser-Moleküls beträgt 18,015 u".

3. Ein Mol eines Elements oder einer Verbindung hat die dem Zahlenwert der relativen Atommasse bzw. Molekülmasse entsprechende Masse M in Gramm. Die Einheit ist Gramm pro Mol. Formulierung: „Die molare Masse von Natrium beträgt 22,98977 g/mol; kurz: $M(Na) = 22{,}98977$ g/mol; die molare Masse von Wasser beträgt 18,015 g/mol; $M(H_2O) = 18{,}015$ g/mol".

Berechnung der molaren Masse für H_2O:
$2 \cdot$ (relative Atommasse von H) =
$\quad 2 \cdot A_r(H) = 2 \cdot 1{,}008 = \underline{2{,}016}$
$1 \cdot$ (relative Atommasse von O) =
$\quad A_r(O) = \underline{15{,}999}$
relative Molekularmasse
$\quad$ von $H_2O = M_r(H_2O) = 18{,}015$
Molare Masse von $H_2O =$
$\quad M(H_2O) = 18{,}015$ g/mol

Berechnung der molaren Formelmasse von $BaCl_2$:
1 mol Ba^{2+} $\qquad$ = 137,3 g Barium
2 mol Cl^- =
$\quad 2 \cdot 35{,}45$ g Cl^- = $\underline{70{,}9 \text{ g Chlor}}$
1 mol $BaCl_2$ $\qquad$ = 208,2 g $BaCl_2$
$M(BaCl_2) = 208{,}2$ g/mol

$n(X)$ = Stoffmenge des Stoffes mit Formel X
$\quad$ Maßeinheit: Mol (mol)

$m(X)$ = Masse des Stoffes mit Formel X
$\quad$ Maßeinheit: Gramm (g)

$M(X)$ = molare Masse des Stoffes mit Formel X
$\quad$ Maßeinheit: Gramm pro Mol (g/mol)

$$n(X) = \frac{m(X)}{M(X)}$$

Beispiel 3.2

Es werden 0,2500 mol Schwefelsäure benötigt. Wieviel Gramm müssen abgewogen werden? Da die angegebene Menge auf vier Stellen angegeben ist, soll das Ergebnis mit vier signifikanten Stellen angegeben werden.

$\quad M(H_2SO_4) = 98{,}08$ g/mol
$\quad m(H_2SO_4) = n(H_2SO_4) \cdot M(H_2SO_4) = 0{,}2500 \text{ mol} \cdot 98{,}08 \text{ g/mol} = 24{,}52 \text{ g}$

3.4 Prozentuale Zusammensetzung von Verbindungen

Der prozentuale Massenanteil der Elemente in einer Verbindung kann leicht aus der Formel berechnet werden. Die Indexzahlen in der Formel geben die Anzahl der Mole jedes Elements in einem Mol der Verbindung an. Zusammen mit den molaren Massen der Elemente kann man die entsprechende Masse jedes Elements in Gramm berechnen. Nach Division durch die Molmasse der Verbindung erhält man den **Massenanteil** w des jeweiligen Elements; Multiplikation mit 100 ergibt dann den Prozentgehalt. *%-Angaben beziehen sich, wenn nichts Gegenteiliges angegeben ist, immer auf Massenanteile.* Weil dies nicht immer beachtet wird, kann man, um Fehler zu vermeiden, anstelle einer %-Angabe die eindeutige Bezeichnung Centigramm pro Gramm (cg/g) verwenden (◼ 3.3).

◼ Beispiel 3.3

Wieviel Prozent Eisen sind im Eisen(III)-oxid Fe_2O_3 enthalten?

Ein Mol Fe_2O_3 enthält:

$$n(Fe) = 2 \text{ mol}; \quad n(O) = 3 \text{ mol}$$
$$m(Fe) = n(Fe) \cdot M(Fe) = 2 \text{ mol} \cdot 55{,}8 \text{ g/mol} = 111{,}6 \text{ g}$$
$$m(O) = n(O) \cdot M(O) = 3 \text{ mol} \cdot 16{,}0 \text{ g/mol} = \underline{48{,}0 \text{ g}}$$
$$m(Fe_2O_3) = 159{,}6 \text{ g}$$

Massenanteil des Fe in Fe_2O_3:

$$w(Fe) = \frac{m(Fe)}{m(Fe_2O_3)} = \frac{111{,}6 \text{ g}}{159{,}6 \text{ g}} = 0{,}6993$$

Prozentgehalt des Fe in Fe_2O_3:

$$w(Fe) \cdot 100\% = 69{,}93\% = 69{,}93 \text{ cg/g}$$

Bei der chemischen Analyse einer Verbindung erhält man deren prozentuale Zusammensetzung. Daraus kann die empirische Formel der Verbindung bestimmt werden. Das Beispiel ◼ 3.4 illustriert den üblichen Analysenweg für eine organische Verbindung. Der Prozentgehalt eines Elements in einer Probe läßt sich ähnlich auch bestimmen, wenn bekannte Mengen von Fremdstoffen anwesend sind: s. ◼ 3.5.

Man beachte bei den Beispielen, daß die berechneten Werte immer auf so viele signifikante Stellen angegeben sind, wie es den vorgegebenen Werten entspricht.

◼ Beispiel 3.4

Nicotin enthält Kohlenstoff, Wasserstoff und Stickstoff. Wenn 2,50 g Nicotin verbrannt werden, erhält man 6,78 g CO_2, 1,94 g H_2O und 0,432 g N_2. Welche prozentuale Zusammensetzung hat Nicotin?

Aller Kohlenstoff der Probe findet sich in den 6,78 g CO_2, aller Wasserstoff in den 1,94 g H_2O.

$$M_r(CO_2) = 44{,}0; \quad M_r(H_2O) = 18{,}0$$

Der Kohlenstoffanteil im CO_2 beträgt:

$$w(C) = \frac{n(C) \cdot M_r(C)}{M_r(CO_2)} = \frac{1 \cdot 12{,}0}{44{,}0} = 0{,}273$$

Die Kohlenstoffmasse im CO_2 und damit in der Probe beträgt:

$$m(C) = w(C) \cdot m(CO_2) = 0{,}273 \cdot 6{,}78\,g = 1{,}85\,g$$

H-Anteil im H_2O:

$$w(H) = \frac{n(H) \cdot M_r(H)}{M_r(H_2O)} = \frac{2 \cdot 1{,}01}{18{,}0} = 0{,}112$$

$$m(H) = w(H) \cdot m(H_2O) = 0{,}112 \cdot 1{,}94\,g = 0{,}218\,g$$

Durch Division mit der ursprünglichen Probenmasse erhält man die Prozentgehalte der Elemente im Nicotin:

$$\frac{m(C)}{m(Nicotin)} \cdot 100\% = \frac{1{,}85\,g}{2{,}50\,g} \cdot 100\% = 74{,}0\%\,C$$

$$\frac{m(H)}{m(Nicotin)} \cdot 100\% = \frac{0{,}218\,g}{2{,}50\,g} \cdot 100\% = 8{,}72\%\,H$$

$$\frac{m(N)}{m(Nicotin)} \cdot 100\% = \frac{0{,}432\,g}{2{,}50\,g} \cdot 100\% = \underline{17{,}3\%\,N}$$

$$100{,}0\%$$

■ **Beispiel 3.5**

Wie groß ist der Eisengehalt in einem Erz, das zu 70,0% aus Fe_2O_3 besteht?

Zunächst wird der Massenanteil von Fe in Fe_2O_3 berechnet (vgl. ■ 3.3), dann werden davon 70,0% genommen:

$$w(Fe) \cdot 70{,}0\% = 0{,}699 \cdot 70{,}0\% = 48{,}9\%\,Fe\ \text{im Erz}$$

3.5 Ermittlung chemischer Formeln

Die Werte der chemischen Analyse einer Verbindung dienen zur Ermittlung ihrer empirischen Formel. Die Analyse ergibt die relativen Massenanteile der Elemente in der Verbindung. Da ein Mol eines Elements gleich viele Atome enthält wie ein Mol eines anderen Elements, ist das Verhältnis der Molzahlen zueinander das gleiche wie das Verhältnis der Atomzahlen zueinander. Die Zahl der Mole eines Elements in einer Probe läßt sich leicht aus der vorhandenen Masse dieses Elements berechnen. Das einfachste ganzzahlige Verhältnis der Zahl der Mole der verschiedenen Elemente in der Verbindung ergibt die empirische Formel.

Man geht folgendermaßen vor: Der Prozentgehalt der Elemente einer Verbindung gibt an, wieviel Gramm des jeweiligen Elements in 100 g der Probe enthalten sind. Aus dieser Gramm-Zahl wird berechnet, wieviele *Mol* des betreffenden Elements in den 100 g enthalten sind; dies geschieht durch Division durch die jeweilige Molmasse des Elements. Alle erhaltenen Molzahlen werden durch die kleinste dieser Molzahlen dividiert; wenn dabei nicht für alle Elemente ganze Zahlen erhalten werden, multipliziert man alle Zahlen mit einem ganzzahligen Faktor, der für alle Elemente eine ganze Zahl ergibt. Die erhaltenen Werte entsprechen den Indexzahlen der empirischen Formel (s. 3.6).

Um die Molekularformel zu erhalten, muß die molare Masse der Verbindung bekannt sein. Sie kann nicht durch die chemische Analyse bestimmt werden, kann aber mit anderen Methoden herausgefunden werden (3.7).

Beispiel 3.6

Welche ist die empirische Formel einer Verbindung, die 43,6% P und 56,4% O enthält?

In 100 g der Verbindung sind 43,6 g P und 56,4 g O enthalten. In mol sind das:

$$n(P) = \frac{m(P)}{M(P)} = \frac{43,6\,g}{30,97\,g/mol} = 1,41\,mol$$

$$n(O) = \frac{m(O)}{M(O)} = \frac{56,4\,g}{16,00\,g/mol} = 3,53\,mol$$

Division beider Zahlen durch die kleinere von ihnen ergibt:

$$\frac{1,41}{1,41} = 1,00 \quad \text{für P}$$

$$\frac{3,53}{1,41} = 2,50 \quad \text{für O}$$

Durch Multiplikation mit 2 erhält man die ganzen Zahlen 2 und 5. Die empirische Formel lautet P_2O_5.

Beispiel 3.7

Die molare Masse für die Verbindung aus 3.6 wurde experimentell zu $M = 284\,g/mol$ bestimmt. Welche ist die Molekularformel?

Durch Addition der Molmassen von P und O entsprechend der empirischen Formel P_2O_5 erhält man $M(P_2O_5) = 142\,g/mol$. Da die tatsächliche Molmasse doppelt so groß ist, müssen alle Atomzahlen verdoppelt werden. Die Molekularformel ist P_4O_{10}.

3.6 Übungsaufgaben

(Lösungen s. S. 665)

Formeln

3.1 Welche der folgenden Spezies sind Moleküle, ein- oder mehratomige Kationen oder Anionen: SO_3, SO_3^{2-}, K^+, Ca^{2+}, NH_4^+, O_2^{2-}, OH^-?

3.2 Welche Formeln haben die Verbindungen, die aus Magnesium-Ionen (Mg^{2+}) mit folgenden Ionen gebildet werden:
a) Chlorid, Cl^-
b) Sulfat, SO_4^{2-}
c) Nitrid, N^{3-}

3.3 Welche Formeln haben die Verbindungen, die aus Aluminium-Ionen (Al^{3+}) mit folgenden Ionen gebildet werden:
a) Fluorid, F^-
b) Oxid, O^{2-}
c) Phosphat, PO_4^{3-}

3.4 Welche Formeln haben die Verbindungen, die aus Sulfat-Ionen, SO_4^{2-}, mit folgenden Ionen gebildet werden:
a) Kalium-Ionen, K^+
b) Calcium-Ionen, Ca^{2+}
c) Eisen-Ionen, Fe^{3+}

3.5 Welche empirische Formel haben die Verbindungen mit folgenden Molekülformeln:
a) B_9H_{15}
b) $C_{10}H_{18}$
c) S_2F_{10}
d) I_2O_5
e) $H_4P_4O_{12}$
f) $Fe_3(CO)_{12}$
g) $P_3N_3Cl_6$

Stoffmengen

3.6 Wieviele Mol und wieviele Moleküle sind enthalten in 75,0 g von
a) H_2
b) H_2O
c) H_2SO_4
d) Cl_2
e) HCl
f) CCl_4

3.7 Wieviele Atome sind in den Proben der Aufgabe 3.6 jeweils enthalten?

3.8 Welche Masse in Gramm haben
a) $3,00 \cdot 10^{20}$ O_2-Moleküle
b) $3,00 \cdot 10^{-3}$ mol O_2

3.9 Vom Cobalt kommt nur ein natürliches Isotop vor. Welche Masse hat ein einzelnes Atom davon (vier signifikante Stellen)?

3.10 Vom Element X kommt nur ein natürliches Isotop vor. Ein Atom davon hat die Masse $2,107 \cdot 10^{-22}$ g. Welche relative Atommasse hat das Element X?

3.11 Das internationale Urmaß für das Kilogramm ist ein Zylinder aus einer Legierung, die zu 90,000 % aus Platin und 10,000 % aus Iridium besteht.
a) Wieviele Mol Pt und Ir enthält der Zylinder jeweils?
b) Wieviele Atome von jeder Sorte sind vorhanden?

3.12 Sterling-Silber besteht aus 92,5 % Silber und 7,5 % Kupfer. Wieviele Ag-Atome kommen auf ein Cu-Atom?

3.13 a) Welche Masse hat ein einzelnes Atom $^{12}_{6}C$?
b) Welche Masse entspricht einer Atommasseneinheit, 1,000 u?

3.14 Welche Ladung hat ein Mol Elektronen?

3.15 a) Ein Reiskorn ist durchschnittlich 7,0 mm lang. Der Abstand Sonne – Erde beträgt $1,5 \cdot 10^8$ km. Wenn man die Reiskörner hintereinander reihen würde, könnte man dann mit 1,0 mol Reiskörnern die Sonne erreichen?
b) Ein Reiskorn ist durchschnittlich 2,0 mm breit und 2,0 mm hoch. Europa und Asien haben zusammen eine Fläche von $54 \cdot 10^6$ km². Wenn man 1,0 mol Reiskörner gleichmäßig über Europa und Asien ausbreiten würde, wie hoch müßte der Reis gestapelt werden?

Prozentuale Zusammensetzung

3.16 Ordnen Sie folgende Verbindungen nach ansteigendem Schwefelgehalt: $CaSO_4$, SO_2, H_2S, $Na_2S_2O_3$.

3.17 a) Wieviel % Arsen ist in As_2S_3 enthalten?
b) Wieviel % Cer ist in Ce_2O_3 enthalten?
c) Wieviel % Sauerstoff ist in $KClO_3$ enthalten?
d) Wieviel % Chrom ist in $BaCrO_4$ enthalten?
Alle Angaben sind mit vier signifikanten Stellen zu machen.

3.18 Welche Masse Blei kann man aus 15,0 kg Bleiglanz-Erz erhalten, das 72,0 % PbS enthält?

3.19 Welche Masse Mangan kann aus 25,0 kg Pyrolusit-Erz erhalten werden, das 65,0 % MnO_2 enthält?

3.20 Wieviel Gramm Phosphor und Sauerstoff werden benötigt, um 6,000 g P_4O_6 herzustellen?

3.21 Wieviel Gramm Schwefel und Chlor werden benötigt, um 5,000 g S_2Cl_2 herzustellen?

3.22 Zimtaldehyd enthält Kohlenstoff, Wasserstoff und Sauerstoff. Bei der Verbrennung einer Probe von 6,50 g werden 19,49 g CO_2 und 3,54 g H_2O erhalten. Welche prozentuale Zusammensetzung hat Zimtaldehyd?

3.23 Bei der Verbrennung von 12,62 g Plexiglas entstehen 27,74 g CO_2 und 9,12 g H_2O. Wieviel Prozent Kohlenstoff und Wasserstoff enthält Plexiglas?

3.24 Das Mineral Hämatit besteht aus Fe_2O_3. Hämatit-Erz enthält weitere Mineralien, die „Gangart". Wenn 5,000 kg Erz 2,7845 kg Fe enthalten, wieviel Prozent Hämatit ist im Erz enthalten?

3.25 Schwefelverbindungen sind unerwünschte Bestandteile mancher Öle. Der Schwefelgehalt kann bestimmt werden, indem aller Schwefel in Sulfat-Ionen (SO_4^{2-}) übergeführt wird und diese als $BaSO_4$ abgetrennt werden. Aus 6,300 g eines Öls wurden 1,063 g $BaSO_4$ erhalten. Wieviel % Schwefel enthält das Öl?

Formelbestimmung

3.26 Welche Molekülformeln haben die Verbindungen mit folgenden empirischen Formeln und relativen Molmassen?
a) SNH, 188,32
b) PF_2, 137, 94
c) CH_2, 70,15
d) NO_2, 46,01
e) C_2NH_2, 120,15
f) HCO_2, 90,04

3.27 Welche empirische Formeln haben die Verbindungen mit den folgenden Zusammensetzungen?
a) 31,29 % Ca, 18,75 % C, 49,96 % O
b) 16,82 % Na, 2,95 % H, 15,82 % B, 64,40 % O
c) 73,61 % C, 12,38 % H, 14,01 % O
d) 60,00 % C, 4,48 % H, 35,52 % O
e) 63,14 % C, 5,31 % H, 31,55 % O
f) 37,50 % C, 3,15 % H, 21,87 % N, 37,47 % O

3.28 Welche Molekularformeln haben die Verbindungen mit folgenden Zusammensetzungen und relativen Molekularmassen?
a) 45,90 % C, 2,75 % H, 26,20 % O, 17,50 % S, 7,65 % N; M_r = 183,18
b) 83,9 % C, 12,0 % H, 4,1 % O; M_r = 386

3.29 Eine Verbindung, die nur Kohlenstoff, Wasserstoff und Stickstoff enthält, ergibt beim Verbrennen 7,922 g CO_2, 4,325 g H_2O und 0,840 g N_2.
a) Wieviel Mol C-, H- und N-Atome enthielt die Probe?
b) Welche empirische Formel hat die Verbindung?
c) Welche Masse hatte die verbrannte Probe?

3.30 Hämoglobin enthält 0,342 % Fe. Wenn ein Molekül vier Fe-Atome enthält, welches ist die Molmasse des Hämoglobins?

3.31 6,65 g des Hydrats $NiSO_4 \cdot xH_2O$ geben beim Erhitzen im Vakuum Wasser ab, und 3,67 g $NiSO_4$ bleiben zurück. Welchen Wert hat x?

3.32 Zur Analyse einer Verbindung, die Chrom und Chlor enthält, wird das Chlor in die Verbindung AgCl übergeführt. Welche empirische Formel hat das Chromchlorid, wenn aus 8,61 g davon 20,08 g AgCl erhalten werden?

3.33 Ein Element X bildet mit Stickstoff eine Verbindung NX_3. Wenn diese zu 40,21 % aus Stickstoff besteht, welche ist die relative Atommasse von X?

4 Stöchiometrie
Teil II: Chemische Reaktionsgleichungen

Zusammenfassung. *Chemische Reaktionsgleichungen* geben durch die Formeln der beteiligten Substanzen an, welche Reaktanden sich zu welchen Produkten umsetzen. Die Koeffizienten vor den Formeln geben an, wieviel Mol der jeweiligen Substanz umgesetzt werden. Die Molzahlen (Stoffmengen) sind die Basis für stöchiometrische Berechnungen.

Sind die Mengen der Reaktanden vorgegeben, so ist der *begrenzende Reaktand* derjenige, von dem die kleinste stöchiometrische Menge zur Verfügung steht; von ihm hängt es ab, welche Produktmenge maximal erhalten werden kann.

Die *Ausbeute* ist die absolute Produktmenge einer chemischen Reaktion. Die *prozentuale Ausbeute* gibt den prozentualen Anteil der tatsächlich erhaltenen Produktmenge relativ zur maximal erreichbaren *theoretischen Ausbeute* an.

Bei Berechnungen für Reaktionen, die in Lösung ablaufen, spielt die Konzentration eine Rolle. Die *Stoffmengenkonzentration* ist die Stoffmenge pro Volumeneinheit; sie wird meist in mol/L angegeben.

Schlüsselworte (s. Glossar)

Chemische Reaktionsgleichung
Reaktand (Edukt)
Produkt
Koeffizient

Begrenzender Reaktand
Ausbeute
Theoretische Ausbeute
Prozentuale Ausbeute

Konzentration
Stoffmengenkonzentration

4 Stöchiometrie Teil II: Chemische Reaktionsgleichungen

4.1 Chemische Reaktionsgleichungen 38
4.2 Begrenzende Reaktanden 41
4.3 Ausbeute bei chemischen Reaktionen 42
4.4 Konzentration von Lösungen 42
4.5 Übungsaufgaben 45

4.1 Chemische Reaktionsgleichungen

Der Ablauf einer chemischen Reaktion wird durch eine **chemische Reaktionsgleichung** wiedergegeben, unter Verwendung der Elementsymbole und der Formeln der beteiligten Verbindungen. Die Substanzen, die miteinander in Reaktion treten, heißen **Reaktanden** oder **Edukte**, die entstehenden Substanzen heißen **Produkte**. Die Reaktanden stehen auf der linken Seite der Gleichung, die Produkte auf der rechten Seite; zwischen ihnen steht ein Pfeil, der mit dem Wort *ergibt* zu lesen ist. Die Gleichung

$$2H_2 + O_2 \rightarrow 2H_2O$$

sagt aus, daß zwei Moleküle Wasserstoff (H_2) und ein Molekül Sauerstoff (O_2) miteinander reagieren, wobei zwei Moleküle Wasser (H_2O) entstehen (◉ 4.1). Die Zahlen vor den Formeln, die *Koeffizienten*, zeigen die Zahl der beteiligten Moleküle an. Multipliziert man die Gleichung mit der Avogadro-Zahl N_A, so sind es $2N_A$ Moleküle H_2, die sich mit N_A Molekülen O_2 zu $2N_A$ Molekülen H_2O umsetzen, d.h. 2 mol H_2 und 1 mol O_2 ergeben 2 mol H_2O. Die Reaktionsgleichung sagt somit aus, welche Stoffmengen (in Mol) umgesetzt werden. Die quantitative Aussage einer Reaktionsgleichung wird immer auf Molmengen bezogen.

Um das Gesetz der Erhaltung der Masse zu erfüllen (s. S. 16), muß die Zahl der Mole jedes Elements auf beiden Seiten der Gleichung miteinander übereinstimmen. In der obigen Gleichung sind zum Beispiel 4 mol H-Atome auf der linken wie auf der rechten Seite der Gleichung angegeben. Die Gleichung ist *ausgeglichen*, wenn die Molzahlen aller beteiligten Elemente rechts und links übereinstimmen.

Um eine Gleichung korrekt zu formulieren, geht man in zwei Schritten vor:

1. Zuerst werden die Formeln aller Reaktanden, ein Pfeil und die Formeln der Produkte notiert. Ohne Kenntnis der Formeln aller Reaktanden und aller Produkte kann eine Gleichung nicht aufgestellt werden. Als Beispiel betrachten wir die Reaktion von Kohlenstoffdisulfid (CS_2) und Chlor (Cl_2), bei der Tetrachlormethan (CCl_4) und Dischwefeldichlorid (S_2Cl_2) entstehen:

$$CS_2 + Cl_2 \rightarrow CCl_4 + S_2Cl_2$$

Wenn notwendig, kann auch der Aggregatzustand der beteiligten Substanzen in Klammern hinzugesetzt werden, und zwar:

(g) für *gasförmig*
(l) für *flüssig* (liquidus)
(s) für *fest* (solidus)
(aq) für in *Wasser* (aqua) gelöst

2. Als zweiter Schritt ist die Gleichung auszugleichen. In unserem Beispiel stimmt die Zahl der Mole von Schwefel- und Kohlenstoff-Atomen auf beiden Seiten bereits überein (1 mol C- bzw. 2 mol S-Atome). Um die Molzahlen für die Chlor-Atome auszugleichen, müssen wir auf der linken Seite 3 mol Cl_2 einsetzen:

$$CS_2(l) + 3Cl_2(g) \rightarrow CCl_4(l) + S_2Cl_2(l)$$

Siehe auch ◉ 4.1.

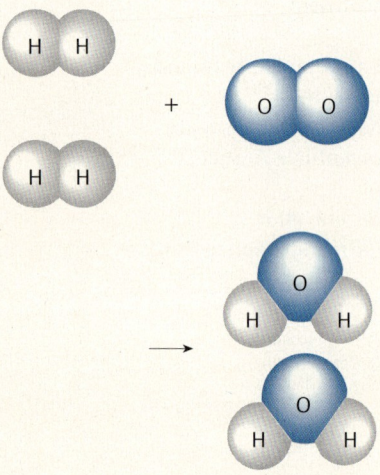

◉ **4.1** Schematische Darstellung der Reaktion von zwei Wasserstoff-Molekülen mit einem Sauerstoff-Molekül

Beispiel 4.1

Aus Wasserdampf, $H_2O(g)$, und heißem Eisen, $Fe(s)$, entstehen Wasserstoff, $H_2(g)$, und das Eisenoxid $Fe_3O_4(s)$. Wie lautet die Reaktionsgleichung?

1. Notieren der Reaktanden und Produkte:

$$Fe(s) + H_2O(g) \rightarrow Fe_3O_4(s) + H_2(g)$$

2. Ausgleich durch geeignete Wahl der Koeffizienten: Da auf der rechten Seite 3 mol Fe-Atome und 4 mol O-Atome stehen, werden die entsprechenden Zahlen auch links benötigt:

$$3\,Fe(s) + 4\,H_2O(g) \rightarrow Fe_3O_4(s) + H_2(g)$$

Nun stimmt die Zahl der Mole H-Atome noch nicht überein; Ausgleich:

$$3\,Fe(s) + 4\,H_2O(g) \rightarrow Fe_3O_4(s) + 4\,H_2(g)$$

Verbrennungsprozesse

Wenn eine Verbindung im Kontakt mit Luft vollständig verbrennt, so tritt Reaktion mit Sauerstoff, $O_2(g)$, ein. In der Regel entstehen dabei folgende Produkte, je nachdem ob die genannten Elemente in der Verbindung enthalten sind:

Kohlenstoff $\rightarrow CO_2(g)$ Schwefel $\rightarrow SO_2(g)$
Wasserstoff $\rightarrow H_2O(g)$ oder $H_2O(l)$ Stickstoff $\rightarrow N_2(g)$

Mit dieser Kenntnis kann man Reaktionsgleichungen für Verbrennungsprozesse formulieren (4.2).

Beispiel 4.2

Bei der Verbrennung von Ethan, $C_2H_6(g)$, entstehen $H_2O(g)$ und $CO_2(g)$. Wir notieren zunächst die Reaktanden und Produkte:

$$C_2H_6(g) + O_2(g) \rightarrow CO_2(g) + H_2O(g)$$

Weil 2 mol C- und 6 mol H-Atome links vorhanden sind, müssen rechts 2 mol CO_2 und 3 mol H_2O stehen:

$$C_2H_6(g) + O_2(g) \rightarrow CO_2(g) + 3\,H_2O(g)$$

Jetzt stehen rechts 7 mol O-Atome, wir ergänzen entsprechend auf der linken Seite:

$$C_2H_6(g) + \tfrac{7}{2}O_2(g) \rightarrow 2\,CO_2(g) + 3\,H_2O(g)$$

Wir benötigen somit $\tfrac{7}{2}$ mol O_2. Wünscht man nur ganzzahlige Koeffizienten, so kann man dazu die gesamte Gleichung mit 2 multiplizieren:

$$2\,C_2H_6(g) + 7\,O_2(g) \rightarrow 4\,CO_2(g) + 6\,H_2O(g)$$

Umrechnung auf umgesetzte Massen

Die Reaktionsgleichung gibt Auskunft über die umgesetzten Stoffmengen in Mol. Häufig benötigt man jedoch die entsprechenden Stoffmassen in Gramm. Die Umrechnung erfolgt mit Hilfe der Molmassen der beteiligten Verbindungen. Siehe 4.**3** und 4.**4**.

Beispiel 4.3

Chlor kann gemäß der folgenden Reaktion hergestellt werden:

$$MnO_2(s) + 4\,HCl(aq) \rightarrow MnCl_2(aq) + Cl_2(g) + 2\,H_2O$$

Wieviel Gramm Chlorwasserstoff (HCl) werden benötigt, wenn 25,0 g Mangan(IV)-oxid (MnO_2) eingesetzt werden? Wieviel Gramm Chlor (Cl_2) werden erhalten?

Wir rechnen zunächst die Menge MnO_2 in Mol um; $M(MnO_2)$ = 86,9 g/mol.

$$n(MnO_2) = \frac{m(MnO_2)}{M(MnO_2)} = \frac{25{,}0\,g}{86{,}9\,g/mol} = 0{,}288\,mol$$

Aus der Reaktionsgleichung ersehen wir, daß auf 1 mol MnO_2 4 mol HCl und 1 mol Cl_2 kommen; auf 0,288 mol MnO_2 kommen daher

$$n(HCl) = 4 \cdot 0{,}288\,mol = 1{,}15\,mol$$
$$n(Cl_2) = 1 \cdot 0{,}288\,mol = 0{,}288\,mol$$

Diese Mengen sind nun wieder in Gramm umzurechnen; $M(HCl)$ = 36,5 g/mol; $M(Cl_2)$ = 70,9 g/mol.

$$m(HCl) = n(HCl) \cdot M(HCl) = 1{,}15\,mol \cdot 36{,}5\,g/mol = 42{,}0\,g$$
$$m(Cl_2) = n(Cl_2) \cdot M(Cl_2) = 0{,}288\,mol \cdot 70{,}9\,g/mol = 20{,}4\,g$$

Beispiel 4.4

Die Menge Kohlenmonoxid (CO) in einer Gasprobe kann mit Hilfe der Reaktion

$$I_2O_5(s) + 5\,CO(g) \rightarrow I_2(s) + 5\,CO_2(g)$$

bestimmt werden. Wieviel Gramm CO sind vorhanden, wenn 0,192 g I_2 (Iod) entstehen?

$$M(I_2) = 254\,g/mol;\quad M(CO) = 28{,}0\,g/mol$$

$$n(I_2) = \frac{m(I_2)}{M(I_2)} = \frac{0{,}192\,g}{254\,g/mol} = 0{,}756 \cdot 10^{-3}\,mol$$

Nach der Reaktionsgleichung entsteht 1 mol I_2 pro 5 mol CO, d.h.

$$n(CO) = 5{,}00 \cdot n(I_2) = 5{,}00 \cdot 0{,}756 \cdot 10^{-3}\,mol = 3{,}78 \cdot 10^{-3}\,mol$$
$$m(CO) = n(CO) \cdot M(CO) = 3{,}78 \cdot 10^{-3}\,mol \cdot 28{,}0\,g/mol = 0{,}106\,g$$

4.2 Begrenzende Reaktanden

Oft entsprechen die zur Verfügung stehenden relativen Mengen der Reaktanden nicht den Mengen, die nach der Reaktionsgleichung erforderlich sind. Wieviel Wasser kann zum Beispiel aus 2 mol Wasserstoff und 2 mol Sauerstoff gebildet werden? Nach der Reaktionsgleichung

$$2H_2 + O_2 \rightarrow 2H_2O$$

benötigen wir nur 1 mol O_2 für 2 mol H_2; 1 mol O_2 wird nicht verbraucht, weil die Reaktion zum Stillstand kommt, wenn alles H_2 verbraucht ist. Der Vorrat an H_2 bestimmt das Ende der Reaktion, d.h. Wasserstoff ist der **begrenzende Reaktand**.

Immer wenn die Mengen von zwei oder mehr Reaktanden vorgegeben sind, muß festgestellt werden, welcher von ihnen den Umsatz begrenzt. Man dividiert die zur Verfügung stehende Stoffmenge jedes Reaktanden durch den zugehörigen Koeffizienten in der Reaktionsgleichung; der kleinste Wert zeigt den begrenzenden Reaktanden an. Siehe ■ 4.5 und 4.6.

■ Beispiel 4.5

Wieviel mol Wasserstoff können theoretisch aus 4,00 mol Eisen und 5,00 mol Wasser erhalten werden?

Die Reaktionsgleichung lautet:

$$3Fe + 4H_2O \rightarrow Fe_3O_4 + 4H_2$$

Ermittlung des begrenzenden Reaktanden durch Division der zur Verfügung stehenden Stoffmengen durch die zugehörigen Koeffizienten der Reaktionsgleichung:

$$\frac{n(Fe)}{3\,mol} = \frac{4,00\,mol}{3\,mol} = 1,33 > \frac{n(H_2O)}{4\,mol} = \frac{5,00\,mol}{4\,mol} = 1,25$$

Die kleinere Zahl weist H_2O als begrenzend aus. Die tatsächlich umgesetzten Stoffmengen sind maximal 1,25mal so groß wie die Koeffizienten der Reaktionsgleichung. Danach ist die maximal entstehende Wasserstoffmenge $n(H_2O)$ = 1,25 · 4 mol = 5,00 mol. Eisen ist im Überschuß vorhanden, es werden nur $n(Fe)$ = 1,25 · 3 mol = 3,75 mol verbraucht.

■ Beispiel 4.6

Wieviel Gramm Stickstofftrifluorid (NF_3) können theoretisch aus 4,00 g Ammoniak und 14,0 g Fluor erhalten werden?

Die Reaktionsgleichung lautet:

$$NH_3 + 3F_2 \rightarrow NF_3 + 3HF$$

$M(NH_3)$ = 17,0 g/mol; $M(F_2)$ = 38,0 g/mol; $M(NF_3)$ = 71,0 g/mol

Umrechnung der eingesetzten Massen auf Stoffmengen:

$$n(NH_3) = \frac{m(NH_3)}{M(NH_3)} = \frac{4,00\,g}{17,0\,g/mol} = 0,235\,mol$$

$$n(F_2) = \frac{m(F_2)}{M(F_2)} = \frac{14{,}0\text{ g}}{38{,}0\text{ g/mol}} = 0{,}368\text{ mol}$$

Bestimmung des begrenzenden Reaktanden:

$$\frac{n(NH_3)}{1\text{ mol}} = \frac{0{,}235\text{ mol}}{1\text{ mol}} = 0{,}235 > \frac{n(F_2)}{3\text{ mol}} = \frac{0{,}368\text{ mol}}{3\text{ mol}} = 0{,}123$$

Die Fluor-Menge wirkt somit begrenzend. Die maximal umsetzbaren Stoffmengen sind 0,123mal die Koeffizienten der Reaktionsgleichung. Es läßt sich somit folgende Höchstmenge an NF_3 erhalten:

$$n(NF_3) = 0{,}123 \cdot 1\text{ mol} = 0{,}123\text{ mol}$$
$$m(NF_3) = n(NF_3) \cdot M(NF_3) = 0{,}123\text{ mol} \cdot 71{,}0\text{ g/mol} = 8{,}72\text{ g}$$

4.3 Ausbeute bei chemischen Reaktionen

Häufig erhält man bei einer chemischen Reaktion eine geringere Produktmenge als theoretisch möglich. Dafür gibt es mehrere mögliche Ursachen: es kann Nebenreaktionen geben, die zu unerwünschten Produkten führen; es kann sein, daß die Reaktanden nur zum Teil reagieren; ein Produkt kann eine Folgereaktion eingehen und wieder verbraucht werden. Die (absolute oder tatsächliche) **Ausbeute** ist die tatsächlich erhaltene Produktmenge. Die **theoretische Ausbeute** ist die nach der Reaktionsgleichung und den eingesetzten Stoffmengen maximal erzielbare Ausbeute. Die **prozentuale Ausbeute** gibt das Verhältnis der tatsächlichen Ausbeute zu theoretischer Ausbeute in Prozent an (■ 4.7).

Prozentuale Ausbeute =
$$\frac{\text{tatsächliche Ausbeute}}{\text{theoretische Ausbeute}} \cdot 100\,\%$$

■ **Beispiel 4.7**

Wie groß ist die prozentuale Ausbeute, wenn die Ausbeute an Stickstofftrifluorid aus ■ 4.6 nur 4,80 g NF_3 beträgt?

$$\frac{m_{\text{tats.}}(NF_3)}{m_{\text{theor.}}(NF_3)} \cdot 100\,\% = \frac{4{,}80\text{ g}}{8{,}72\text{ g}} \cdot 100\,\% = 55{,}0\,\%$$

4.4 Konzentration von Lösungen

Viele chemische Reaktionen werden in Lösung durchgeführt. Bei den zugehörigen stöchiometrischen Berechnungen spielen die Volumina der Lösungen und deren Konzentrationen eine Rolle. Unter der **Konzentration** einer Lösung versteht man die Menge eines gelösten Stoffes pro Menge der *Lösung*. Konzentrationen können in verschiedenen Maßeinheiten angegeben werden, wir kommen im einzelnen darauf in Abschnitt 12.6 (S. 202) zurück. Von besonderer Bedeutung ist die Angabe als **Stoffmengenkonzentration** c, früher *Molarität* genannt. Die Stoffmengenkonzentration bezeichnet die gelöste Stoffmenge pro Volumeneinheit der Lösung; sie wird in der Regel in Mol pro Liter (mol/L) angegeben (■ 4.8).

Stoffmengenkonzentration = $c = \dfrac{n}{V}$

n = gelöste Stoffmenge
V = Volumen der Lösung

4.4 Konzentration von Lösungen

■ Beispiel 4.8

Wieviel Gramm Natriumhydroxid (NaOH) benötigt man, um 0,450 L einer Lösung von Natronlauge mit $c(\text{NaOH}) = 0{,}300$ mol/L herzustellen?

$$M(\text{NaOH}) = 40{,}0 \text{ g/mol}$$

$$c(\text{NaOH}) = \frac{n(\text{NaOH})}{V} = \frac{n(\text{NaOH})}{0{,}450 \text{ L}} = 0{,}300 \text{ mol/L}$$

$$n(\text{NaOH}) = 0{,}300 \text{ mol/L} \cdot 0{,}450 \text{ L} = 0{,}135 \text{ mol}$$

$$m(\text{NaOH}) = n(\text{NaOH}) \cdot M(\text{NaOH}) = 0{,}135 \text{ mol} \cdot 40{,}0 \text{ g/mol} = 5{,}40 \text{ g}$$

Man beachte, daß sich die Konzentrationsangabe auf einen Liter *Lösung* und nicht auf einen Liter *Lösungsmittel* bezieht. Zur Herstellung einer Lösung einer Substanz mit $c = 2{,}0$ mol/L werden 2,0 mol in einen Meßkolben (◉ 4.2) gegeben, dann wird die Substanz mit etwas Lösungsmittel in Lösung gebracht, und schließlich wird der Meßkolben mit weiterem Lösungsmittel bis zur Eichmarke aufgefüllt. In der älteren Literatur wurde eine Lösung mit $c = 2{,}0$ mol/L 2-molar genannt, abgekürzt 2*m* oder 2*M*.

Oft hat man verdünnte Lösungen aus konzentrierteren Lösungen herzustellen. Die Stoffmengenkonzentrationen von einigen gebräuchlichen, konzentrierten Reagenzien sind in ▭ 4.1 aufgeführt. Mit ihnen kann man berechnen, in welchem Verhältnis Reagenz und Wasser zu vermischen sind, um eine gewünschte Konzentration zu erreichen. Die Stoffmenge n eines gelösten Stoffes in einer Lösung der Konzentration c_1 und dem Volumen V_1 ist:

$$n = c_1 \cdot V_1$$

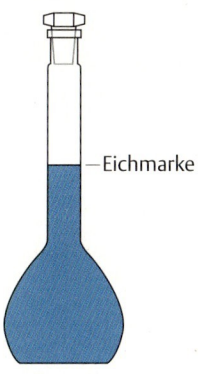

◉ 4.2 Meßkolben

Wird die Lösung verdünnt, so vergrößert sich ihr Volumen auf den neuen Wert V_2, die darin gelöste Stoffmenge n bleibt jedoch unverändert. Die neue Konzentration c_2 beträgt:

$$c_2 = \frac{n}{V_2} = \frac{c_1 \cdot V_1}{V_2}$$

Siehe Beispiel ■ 4.9.

▭ 4.1 Zusammensetzung von einigen konzentrierten Reagenzien

Reagenz	Formel	M_r	$w/\text{cg} \cdot \text{g}^{-1}$	$c/\text{mol} \cdot \text{L}^{-1}$
Essigsäure	H$_3$C—COOH	60,05	100	17,5
Salzsäure	HCl	36,46	37	12,0
Salpetersäure	HNO$_3$	63,01	70	15,8
Phosphorsäure	H$_3$PO$_4$	98,00	85	14,7
Schwefelsäure	H$_2$SO$_4$	98,07	96	18,0
Ammoniak	NH$_3$	17,03	28	14,8

Beispiel 4.9

Welches Volumen einer Lösung mit $c_1(HCl) = 12{,}0$ mol/L wird benötigt, um 500 mL einer Lösung mit $c_2(HCl) = 3{,}00$ mol/L herzustellen?

In der Beziehung $c_1 V_1 = c_2 V_2$ ist V_1 gefragt:

$$V_1 = \frac{c_2 \cdot V_2}{c_1} = \frac{3{,}00 \text{ mol/L} \cdot 0{,}500 \text{ L}}{12{,}0 \text{ mol/L}} = 0{,}125 \text{ L} = 125 \text{ mL}$$

Um die benötigten Volumina von Lösungen bei chemischen Reaktionen zu berechnen, muß man ebenfalls die jeweils darin enthaltene Stoffmenge berechnen und in Beziehung zur chemischen Reaktionsgleichung setzen (4.10).

Beispiel 4.10

Welches Volumen einer Lösung mit $c(NaOH) = 0{,}750$ mol/L wird benötigt, um es mit 50,0 mL Schwefelsäure mit $c(H_2SO_4) = 0{,}150$ mol/L gemäß folgender Gleichung umzusetzen?

$$H_2SO_4(aq) + 2\,NaOH(aq) \rightarrow Na_2SO_4(aq) + 2\,H_2O$$

Wir berechnen zuerst die Stoffmenge $n(H_2SO_4)$ in den 50,0 mL:

$$n(H_2SO_4) = c(H_2SO_4) \cdot V(H_2SO_4) = 0{,}150 \text{ mmol/mL} \cdot 50{,}0 \text{ mL} = 7{,}50 \text{ mmol}$$

Nach der Reaktionsgleichung werden für jedes Mol H_2SO_4 zwei Mol NaOH benötigt:

$$n(NaOH) = 2 \cdot n(H_2SO_4) = 2 \cdot 7{,}50 \text{ mmol} = 15{,}0 \text{ mmol}$$

Das zugehörige Volumen der NaOH-Lösung ist:

$$V(NaOH) = \frac{n(NaOH)}{c(NaOH)} = \frac{15{,}0 \text{ mmol}}{0{,}750 \text{ mmol/mL}} = 20{,}0 \text{ mL}$$

Wie in diesem Beispiel gezeigt, ist es oft praktisch, mit Stoffmengenkonzentrationen in mmol/mL zu rechnen. 1 mmol/mL = 1 mol/L.

4.5 Übungsaufgaben

(Lösungen s. S. 666)

Reaktionsgleichungen, Stoffumsätze

4.1 Gleichen Sie folgende Gleichungen aus:
a) Al + HCl → AlCl$_3$ + H$_2$
b) Cu$_2$S + Cu$_2$O → Cu + SO$_2$
c) WC + O$_2$ → WO$_3$ + CO$_2$
d) Al$_4$C$_3$ + H$_2$O → Al(OH)$_3$ + CH$_4$
e) TiCl$_4$ + H$_2$O → TiO$_2$ + HCl
f) NH$_3$ + O$_2$ → N$_2$ + H$_2$O
g) Ba$_3$N$_2$ + H$_2$O → Ba(OH)$_2$ + NH$_3$
h) B$_2$O$_3$ + C + Cl$_2$ → BCl$_3$ + CO

4.2 Formulieren Sie die Gleichungen für die vollständige Verbrennung von:
a) Cyclohexan (C$_6$H$_{12}$)
b) Toluol (C$_7$H$_8$)
c) Octan (C$_8$H$_{18}$)
d) Propan (C$_3$H$_8$)
e) Thiophen (C$_4$H$_4$S)
f) Pyridin (C$_5$H$_5$N)
g) Anilin (C$_6$H$_7$N)
h) Thiazol (C$_3$H$_3$NS)

4.3 Beim Erhitzen zersetzt sich Natriumazid, NaN$_3$(s), zu Na(l) und N$_2$(g); man kann so reines Stickstoffgas herstellen.
a) Formulieren Sie die Reaktionsgleichung.
b) Wieviel Mol NaN$_3$ werden zur Herstellung von 1,00 mol N$_2$ benötigt?
c) Welche Masse N$_2$ entsteht bei der Zersetzung von 2,50 g NaN$_3$?
d) Welche Masse Na entsteht, wenn 1,75 g N$_2$ gebildet werden?

4.4 Wieviel Gramm Natriumamid (NaNH$_2$) und Distickstoffoxid (N$_2$O) werden benötigt, um 50,0 g Natriumazid (NaN$_3$) herzustellen bei Annahme eines vollständigen Stoffumsatzes gemäß

2 NaNH$_2$ + N$_2$O → NaN$_3$ + NaOH + NH$_3$?

4.5 Bei der Umsetzung von P$_4$O$_{10}$(s) mit PCl$_5$(s) entsteht POCl$_3$(l) als einziges Produkt.
a) Formulieren Sie die Reaktionsgleichung.
b) Wieviel Mol POCl$_3$ kann man aus 1,00 mol PCl$_5$ erhalten?
c) Welche Masse PCl$_5$ braucht man, um 12,0 g POCl$_3$ herzustellen?
d) Welche Masse P$_4$O$_{10}$ braucht man zur Umsetzung mit 7,50 g PCl$_5$?

4.6 Wieviel Gramm Iodwasserstoff (HI) entstehen aus 5,00 g PI$_3$ bei der vollständigen Umsetzung gemäß

PI$_3$ + 3 H$_2$O → 3 HI + H$_3$PO$_3$?

4.7 Wieviel Gramm des fett gedruckten Produkts können maximal bei der Umsetzung folgender Mengen erhalten werden?
a) CS$_2$ + 2 NH$_3$ → **NH$_4$NCS** + H$_2$S
9,00 g   3,00 g
b) 2 F$_2$ + 2 NaOH → **OF$_2$** + 2 NaF + H$_2$O
2,50 g   2,50 g
c) 3 SCl$_2$ + 4 NaF → **SF$_4$** + S$_2$Cl$_2$ + 4 NaCl
6,00 g   3,50 g
d) 3 NaBH$_4$ + 4 BF$_3$ → 3 NaBF$_4$ + 2 **B$_2$H$_6$**
2,650 g   4,560 g

4.8 Berechnen Sie die prozentuale Ausbeute des fett gedruckten Produkts. Der Reaktand ohne Mengenangabe ist im Überschuß vorhanden.
a) 3 LiBH$_4$ + 3 NH$_4$Cl → **B$_3$N$_3$H$_6$** + 9 H$_2$ + 3 LiCl
5,00 g   2,16 g
b) Ca$_3$P$_2$(s) + 6 H$_2$O(l) → 2 **PH$_3$**(g) + 3 Ca(OH)$_2$(aq)
6,00 g   1,40 g

4.9 7,69 g eines Gemisches von Calciumcarbid (CaC$_2$) und Calciumoxid (CaO) reagieren mit Wasser gemäß

CaC$_2$(s) + 2 H$_2$O(l) → Ca(OH)$_2$(aq) + C$_2$H$_2$(g)
CaO(s) + H$_2$O(l) → Ca(OH)$_2$(aq)

Nehmen Sie vollständigen Stoffumsatz an. Wieviel Prozent des Gemisches bestehen aus CaC$_2$, wenn 2,34 g C$_2$H$_2$ (Ethin) erhalten werden?

4.10 10,00 g eines Gemisches von Calciumcarbonat, CaCO$_3$(s), und Calciumsulfat, CaSO$_4$(s), werden zu einem Überschuß von Salzsäure, HCl(aq), gegeben. Nur das CaCO$_3$ reagiert, und zwar vollständig:

CaCO$_3$(s) + 2 HCl(aq) → CaCl$_2$(aq) + H$_2$O(l) + CO$_2$(g)

Wieviel Prozent CaCO$_3$ enthielt das Gemisch, wenn 1,50 g CO$_2$ entstehen?

4.11 Ein Gemisch von Ethan (C$_2$H$_6$) und Propan (C$_3$H$_8$) wird mit Sauerstoff vollständig verbrannt unter Bildung von 12,50 g CO$_2$ und 7,20 g H$_2$O. Wieviel Prozent Ethan enthält das Gemisch?

Konzentrationen

4.12 Welche Stoffmengenkonzentration haben folgende Lösungen?
a) 4,00 g NaOH in 250 mL Lösung
b) 13,0 g NaCl in 1,50 L Lösung
c) 10,0 g AgNO$_3$ in 350 mL Lösung
d) 94,5 g HNO$_3$ in 250 mL Lösung
e) 6,500 g KMnO$_4$ in 2,000 L Lösung

4.13 Wieviel Mol Substanz sind in folgenden Lösungen enthalten?
a) 1,20 L mit c(Ba(OH)$_2$) = 0,0500 mol/L
b) 25,0 mL mit c(H$_2$SO$_4$) = 6,00 mol/L
c) 0,250 L mit c(NaCl) = 0,100 mol/L

4.14 Welche Masse muß man einwiegen, um folgende Lösungen herzustellen?
a) 500,0 mL mit c(KMnO$_4$) = 0,02000 mol/L
b) 2,000 L mit c(KOH) = 1,500 mol/L
c) 25,00 mL mit c(BaCl$_2$) = 0,2000 mol/L

4.15 Wieviel Milliliter der konzentrierten Lösung (vgl. 4.1, S. 43) muß man verdünnen, um folgende Lösungen zu erhalten?
a) 0,250 L mit c(CH$_3$CO$_2$H) = 3,50 mol/L
b) 1,50 L mit c(HNO$_3$) = 0,500 mol/L
c) 75,0 mL mit c(H$_2$SO$_4$) = 0,600 mol/L

4.16 Wie viele Milliliter einer Lösung mit c(KOH) = 0,250 mol/L reagieren mit 15,0 mL einer Lösung mit c(H$_2$SO$_4$) = 0,350 mol/L gemäß der Gleichung

$2\,KOH(aq) + H_2SO_4(aq) \rightarrow K_2SO_4(aq) + 2\,H_2O(l)$?

4.17 Welche Stoffmengenkonzentration hat eine Lösung von Oxalsäure (H$_2$C$_2$O$_4$), wenn 25,0 mL davon mit 37,5 mL Natronlauge mit c(NaOH) = 0,220 mol/L reagieren?
Reaktionsgleichung:

$H_2C_2O_4(aq) + 2\,NaOH(aq) \rightarrow Na_2C_2O_4(aq) + 2\,H_2O(l)$

4.18 Welche Stoffmengenkonzentration hat eine Lösung von Natriumchromat (Na$_2$CrO$_4$), wenn 25,60 mL davon zur vollständigen Umsetzung mit 43,01 mL einer Silbernitrat-Lösung mit c(AgNO$_3$) = 0,150 mol/L benötigt werden?
Reaktionsgleichung:

$2\,AgNO_3(aq) + Na_2CrO_4(aq) \rightarrow Ag_2CrO_4(s) + 2\,NaNO_3(aq)$

4.19 Wenn Phosphorsäure, H$_3$PO$_4$(aq), zu 125 mL einer Lösung von Bariumchlorid, BaCl$_2$(aq), gegeben wird, scheiden sich 3,26 g Ba$_3$(PO$_4$)$_2$(s) aus. Welche Stoffmengenkonzentration hat die BaCl$_2$-Lösung?

4.20 Welches Volumen einer Lösung c(Na$_2$S$_2$O$_3$) = 0,3625 mol/L wird zur Umsetzung mit 1,256 g I$_2$ benötigt?
Reaktionsgleichung:

$2\,Na_2S_2O_3(aq) + I_2(s) \rightarrow 2\,NaI(aq) + Na_2S_4O_6(aq)$

4.21 Wenn Eisen-Pulver zur einer Silbersalz-Lösung gegeben wird, geht das Eisen in Lösung, und Silber scheidet sich aus:

$Fe(s) + 2\,Ag^+(aq) \rightarrow Fe^{2+}(aq) + 2\,Ag(s)$

Welche Masse Fe(s) benötigt man, um alles Silber aus 2,00 L einer Lösung mit c(Ag$^+$) = 0,650 mol/L auszuscheiden?

4.22 Fester Schwefel löst sich in einer heißen Lösung eines Sulfits, SO$_3^{2-}$, unter Bildung von Thiosulfat, S$_2$O$_3^{2-}$:

$SO_3^{2-}(aq) + S(s) \rightarrow S_2O_3^{2-}(aq)$

Welche Masse S(s) löst sich in 150,0 mL einer Sulfitlösung mit c(SO$_3^{2-}$) = 0,2500 mol/L?

4.23 2,50 g eines Gemisches von Natriumchlorid, NaCl(s), und Natriumnitrat, NaNO$_3$(s), werden in Wasser gelöst. Zur vollständigen Umsetzung nach

$NaCl(aq) + AgNO_3(aq) \rightarrow AgCl(s) + NaNO_3(aq)$

werden 30,0 mL einer Silbernitrat-Lösung mit c(AgNO$_3$) = 0,600 mol/L benötigt. Wieviel Prozent Massenanteil NaCl enthielt das Gemisch?

5 Energieumsatz bei chemischen Reaktionen

Zusammenfassung. Bei chemischen Prozessen wird Energie aufgenommen oder abgegeben. Die *Thermochemie* befaßt sich mit den Energiebeträgen, die als Wärme umgesetzt werden.

Die *Wärmekapazität* eines Körpers ist die benötigte Wärmemenge, um den Körper um 1 °C zu erwärmen. Der *Wärmeumsatz* einer chemischen Reaktion wird mit Hilfe eines *Kalorimeters* bestimmt. Dabei wird aus der Temperaturänderung des Kalorimeters und seines Inhalts sowie aus deren Wärmekapazitäten die umgesetzte Wärmemenge berechnet.

In jedem Stoff steckt eine bestimmte *innere Energie*. Die Differenz der inneren Energien von Produkten und Reaktanden einer chemischen Reaktion ist die *Reaktionsenergie* ΔU. Wird die Reaktion bei *konstantem Druck p* durchgeführt (*offenes Reaktionsgefäß*) und tritt bei der Reaktion eine *Volumenänderung* ΔV der Stoffe ein, dann wird gegen den Atmosphärendruck die *Volumenarbeit* $p\Delta V$ geleistet; dies ist bei der Bildung oder dem Verbrauch eines Gases der Fall. Die *Reaktionsenthalpie* ist definiert als

$$\Delta H = \Delta U + p\Delta V,$$

sie gibt den als Wärme beobachtbaren Anteil der Reaktionsenergie an. Wenn bei der Reaktion *Wärme freigesetzt* wird, spricht man von einer *exothermen* Reaktion, ΔH ist dann *negativ*. Bei einer *endothermen* Reaktion wird *Wärme aufgenommen*, ΔH ist *positiv*.

Eine *thermochemische Gleichung* besteht aus einer Reaktionsgleichung und der Angabe des zugehörigen ΔH-Werts. Rechnungen damit erfolgen wie bei stöchiometrischen Rechnungen. Die ΔH-Werte können durch kalorimetrische Messung bestimmt werden.

Nach dem *Satz von Hess* ist der Wert von ΔH unabhängig davon, ob eine Reaktion in einem oder mehreren Schritten abläuft. Mit Hilfe von *Standard-Bildungsenthalpien* ΔH_f^0 kann die Reaktionsenthalpie einer Reaktion mit der Gleichung

$$\Delta H^0 = \sum \Delta H_f^0 (\text{Produkte}) - \sum \Delta H_f^0 (\text{Reaktanden})$$

berechnet werden. Mit *mittleren Bindungsenergien* kann der ΔH-Wert einer Reaktion abgeschätzt werden; ΔH ergibt sich als Summe aller ΔH-Werte für die Energie, die zum Aufbrechen der Bindungen der Reaktanden benötigt wird, und der ΔH-Werte für die Energie, die bei der Bildung neuer Bindungen in den Produkten frei wird.

Schlüsselworte (s. Glossar)

Energie
Wärme
Thermochemie

Temperatur
Spezifische Wärme
Joule
Kalorie

Wärmekapazität
Kalorimeter

Reaktionsenergie
Innere Energie
Enthalpie
Reaktionsenthalpie
Volumenarbeit

Endotherme Reaktion
Exotherme Reaktion

Gesetz der konstanten Wärmesummen (Satz von Hess)
Bildungsenthalpie
Standard-Bildungsenthalpie

Dissoziationsenergie
Bindungsenergie
mittlere Bindungsenergie

5 Energieumsatz bei chemischen Reaktionen

5.1 Energiemaße 48
5.2 Temperatur und Wärme 49
5.3 Kalorimetrie 49
5.4 Reaktionsenergie und Reaktionsenthalpie 50
5.5 Der Satz von Hess 53
5.6 Bildungsenthalpien 54
5.7 Bindungsenergien 57
5.8 Übungsaufgaben 59

Im Verlaufe einer chemischen Reaktion wird von den beteiligten Stoffen Energie freigesetzt oder aufgenommen, zu jeder Stoffumsetzung gehört auch eine Energieumsetzung. Berechnungen mit den fraglichen Energiebeträgen sind ebenso von Bedeutung wie die Berechnungen der umgesetzten Stoffmassen. Die freigesetzte oder aufgenommene Energie kann in verschiedenen Formen in Erscheinung treten: als Licht, als elektrische Energie, als mechanische Energie und vor allem als Wärme. Unter **Thermochemie** versteht man die Untersuchung der Wärmemengen, die bei chemischen Prozessen umgesetzt werden.

5.1 Energiemaße

Wenn auf einen Körper mit Masse m eine Kraft F ausgeübt wird, so wird er in Bewegung gesetzt und beschleunigt. Die Beschleunigung a ist die Geschwindigkeitszunahme pro Zeiteinheit. Nach dem Newton-Gesetz sind Kraft und Beschleunigung einander proportional. Die Beschleunigung wird in m/s² gemessen. Die SI-Einheit der Kraft ist das *Newton* (abgekürzt N). 1 Newton ist die Kraft, mit der die Masse $m = 1$ kg mit $a = 1$ m/s² beschleunigt wird.

$F = m \cdot a$
$1\,N = 1\,kg \cdot m/s^2$

Beim Beschleunigen des Körpers wird Arbeit geleistet. Die **Arbeit** W ist definiert als das Produkt der wirkenden Kraft mal der Weglänge s, die vom Körper aufgrund der Krafteinwirkung zurückgelegt wird. Im internationalen Einheitensystem ist die Einheit für die Arbeit das *Joule* (abgekürzt J). 1 Joule ist die Arbeit, die bei der Ausübung einer Kraft $F = 1$ N über eine Wegstrecke von $s = 1$ m geleistet wird.

$W = F \cdot s$
$1\,J = 1\,N \cdot m = 1\,kg \cdot m^2/s^2$

Energie ist die Fähigkeit, Arbeit zu leisten. Energie kann in unterschiedlichen Formen auftreten, zum Beispiel als Bewegungsenergie (kinetische Energie), elektrische Energie, Wärme(-energie) oder chemische Energie. Nachdem ein Körper der Masse m auf die Geschwindigkeit v beschleunigt wurde und dabei die Arbeit W aufgewandt wurde, verfügt der Körper über **kinetische Energie**; mit der kinetischen Energie kann wieder Arbeit geleistet werden, wenn der Körper gegen eine Kraft wirkt und dabei seine Geschwindigkeit verliert, d.h. verzögert wird (Verzögerung = negative Beschleunigung). Die dabei geleistete Arbeit ist genauso groß wie die Arbeit, die beim anfänglichen Beschleunigen des Körpers geleistet wurde. Die im bewegten Körper steckende kinetische Energie entspricht genau dem Betrag dieser Arbeit. Die kinetische Energie E_{kin} steht mit der Masse m und der Geschwindigkeit v in Beziehung.

$E_{kin} = W = \frac{1}{2}mv^2$

Energie kann von einer Form in eine andere umgewandelt werden, sie kann aber nie erzeugt oder vernichtet werden. Auf diesen Satz der Erhaltung der Energie (Erster Hauptsatz der Thermodynamik) kommen wir im Kapitel 19 (S. 332) zurück. Auch bei der Umwandlung von mechanischer Energie in Wärmeenergie, zum Beispiel wenn ein bewegter Körper gegen eine Wand prallt und seine kinetische Energie in Wärme umgewandelt wird, wird aus einer bestimmten Energiemenge immer eine definierte Menge an Wärme erhalten; dies wurde von James Joule (1818–1891) entdeckt. Das Maß für die Energie entspricht dem Betrag der Arbeit, die damit geleistet werden kann; 1 Joule ist die Einheit für die Energie, unabhängig von der Form, in der sie auftritt.

5.2 Temperatur und Wärme

Wärme ist eine Form von Energie, die in jedem Körper in unterschiedlicher Menge enthalten sein kann. Zwischen zwei Körpern, die in Kontakt miteinander sind, fließt Wärme von einem zum anderen, wenn die Temperaturen der Körper verschieden sind. Die **Temperatur** ist ein Maß dafür, in welcher Richtung der Wärmefluß erfolgt. Als Einheit zur Temperaturmessung verwenden wir neben dem Grad Celsius (°C) das Kelvin (Symbol K); beide unterscheiden sich durch die Wahl des Nullpunktes, während die Einheiten selbst gleich groß sind. Die Temperatur in K ist gleich der Temperatur in °C nach Addition des Wertes 273,15.

Die **spezifische Wärme** einer Substanz ist die Wärmemenge, die benötigt wird, um 1 g der Substanz um 1 °C zu erwärmen. Für lange Zeit diente die spezifische Wärme des Wassers als Maßeinheit für die Wärmeenergie: die *Kalorie* (cal) war definiert als die Wärmemenge, die zum Erwärmen von 1 g Wasser von 14,5 °C auf 15,5 °C nötig ist. Obwohl die Kalorie nicht mehr verwendet werden soll, findet man noch viele Energieangaben in dieser Einheit. Für die Umrechnung auf Joule gilt 1 cal = 4,184 J (exakt).

▪ 1 cal = 4,184 kJ

▪ **Beispiel 5.1**

Wasser hat eine spezifische Wärme von $4{,}184 \, J \cdot g^{-1} K^{-1}$. Die Wärmekapazität von 125 g Wasser beträgt:

$$C = 125 \, g \cdot 4{,}184 \, J \cdot g^{-1} K^{-1} = 523 \, J/K$$

Um 125 g Wasser von 20,0 °C (293,15 K) auf 25,0 °C (298,15 K) zu erwärmen, benötigt man die Wärmemenge:

$$Q = 523 \, J \cdot K^{-1} \cdot (25{,}0 - 20{,}0) \, K = 2615 \, J = 2{,}615 \, kJ$$

5.3 Kalorimetrie

Die **Wärmekapazität** C eines Körpers mit der Masse m ist die Wärmemenge, die benötigt wird, um die Temperatur des Körpers um 1 °C zu erhöhen. Sie ist das Produkt aus der spezifischen Wärme mal der Masse. Um einen Körper von der Temperatur T_1 auf die Temperatur T_2 zu erwärmen, ist die Wärmemenge Q erforderlich (▪ 5.1):

$$Q = C \cdot (T_2 - T_1)$$

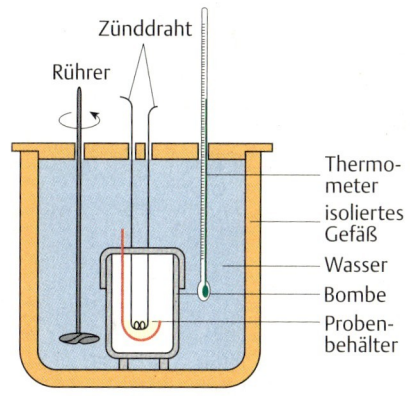

◉ 5.1   Ein Bombenkalorimeter

▪ $Q = C \cdot (T_2 - T_1)$

Ein **Kalorimeter** dient zum Messen der Wärmemengen, die bei chemischen Reaktionen freigesetzt oder aufgenommen werden. Ein Bombenkalorimeter (◉ 5.1) wird verwendet, um die bei Verbrennungsprozessen freigesetzte Wärme zu messen. Die Messung wird folgendermaßen durchgeführt:

1. Eine sorgfältig abgewogene Menge der Probe wird in die Bombe eingebracht, die dann mit Sauerstoff unter Druck gefüllt und geschlossen wird.

2. Die Bombe wird in einer abgewogenen Menge Wasser versenkt, das sich in einem gegen Wärmeaustausch isolierten Gefäß befindet. Durch Rühren wird für eine gleichmäßige Temperatur des Wassers im ganzen Gefäß gesorgt.
3. Die Anfangstemperatur T_1 wird gemessen.
4. Durch elektrische Zündung wird die Verbrennungsreaktion ausgelöst.
5. Die freigesetzte Wärme sorgt für eine Erhöhung der Temperatur auf den Endwert T_2.
6. Sowohl das Wasser als auch das Kalorimeter nehmen Wärme auf. Die Wärmekapazität des Wassers kann aus der Masse des Wassers berechnet werden. Diejenige des Geräts wird experimentell ermittelt, indem die Temperaturerhöhung nach Zufuhr einer bekannten Wärmemenge (z.B. durch elektrische Beheizung) gemessen wird. Die Wärmekapazität ergibt sich als Summe beider Werte:

$$C_{gesamt} = C_{Wasser} + C_{Gerät}$$

7. Die beim Experiment freigesetzte Wärme Q wird aus der gemessenen Temperaturerhöhung berechnet:

$$Q = C_{gesamt} \cdot (T_2 - T_1)$$

Beispiel 5.2

In einem Bombenkalorimeter wird Traubenzucker ($C_6H_{12}O_6$) verbrannt:

$$C_6H_{12}O_6(s) + 6 O_2(g) \rightarrow 6 CO_2(g) + 6 H_2O(l)$$

Das Kalorimeter habe eine Wärmekapazität von $C_{Gerät}$ = 2,21 kJ/K, und es sei mit 1,20 kg Wasser gefüllt. Die Anfangstemperatur sei T_1 = 19,00 °C; nach Verbrennung von 3,00 g Traubenzucker steigt die Temperatur auf T_2 = 25,50 °C. Welche Wärme wird bei der Verbrennung von 1 mol Traubenzucker frei?

Berechnung der Wärmekapazität des Kalorimeters:

$$C_{gesamt} = 1{,}20 \text{ kg} \cdot 4{,}18 \text{ kJ} \cdot \text{kg}^{-1} \text{K}^{-1} + 2{,}21 \text{ kJ} \cdot \text{K}^{-1} = 7{,}23 \text{ kJ} \cdot \text{K}^{-1}$$

Berechnung der Wärmemenge:

$$Q = C_{gesamt} \cdot (T_2 - T_1) = 7{,}23 \text{ kJ} \cdot \text{K}^{-1} \cdot 6{,}50 \text{ K} = 47{,}0 \text{ kJ}$$

Diese Wärmemenge wird bei der Verbrennung von 3,00 g Traubenzucker *abgegeben*. Mit M(Traubenzucker) = 180 g · mol^{-1} gilt:

$$Q = 47{,}0 \text{ kJ} \cdot \frac{180 \text{ g} \cdot \text{mol}^{-1}}{3{,}00 \text{ g}} = 2{,}82 \cdot 10^3 \text{ kJ/mol}$$

5.4 Reaktionsenergie und Reaktionsenthalpie

Wenn in einem geschlossenen Gefäß eine Reaktion abläuft, bei der ein Gas entsteht (oder mehr Gas entsteht als verbraucht wird), so wird der Druck innerhalb des Gefäßes ansteigen. Wenn das Gefäß ein Zylinder ist, der mit einem beweglichen Kolben verschlossen ist, dann wird durch den

5.4 Reaktionsenergie und Reaktionsenthalpie

Druckanstieg der Kolben in Bewegung gesetzt, es wird mechanische Arbeit geleistet. Die Kraft, gegen welche die Arbeit geleistet wird, ist durch den von außen gegen den Kolben wirkenden Atmosphärendruck p bedingt (◉ 5.2). Der Kolben kommt zum Stillstand, wenn durch die Volumenvergrößerung im Inneren des Zylinders der Druck auf den gleichen Wert p wie der Außendruck gesunken ist.

Der Querschnitt des Kolbens habe eine Fläche A, die von außen auf den Kolben wirkende Kraft beträgt dann

$$F = A \cdot p$$

Wenn der Kolben um eine Wegstrecke s nach außen geschoben wird, erhöht sich das Volumen im Zylinder um

$$\Delta V = V_2 - V_1 = A \cdot s \qquad (V_1 = \text{Anfangs-}, V_2 = \text{Endvolumen})$$

Die geleistete Arbeit beträgt

$$W = F \cdot s = A \cdot p \cdot s$$
$$= \Delta V \cdot p$$

Sie wird **Volumenarbeit** genannt. Die gleiche Volumenarbeit wird auch geleistet, wenn die Reaktion in einem offenen Gefäß abläuft; das entstehende Gas leistet Arbeit, indem es gegen den Druck der Außenatmosphäre wirkt und die umgebende Luft verdrängt (◉ 5.2).

Bei einer Reaktion, die im geschlossenen Gefäß abläuft, zum Beispiel in einem Bombenkalorimeter, wird keine mechanische Arbeit geleistet. Die gesamte bei der Reaktion freigesetzte Energie kann als Wärmeenergie anfallen. Diese Gesamtenergie nennen wir **Reaktionsenergie**. Jeder Stoff hat in sich Energie in irgendeiner Form gespeichert, wir nennen sie die **innere Energie** U. Die Summe der inneren Energien der Reaktanden sei U_1, die der Produkte U_2. Die Reaktionsenergie ΔU ist deren Differenz.

Die meisten chemischen Reaktionen werden in offenen Gefäßen durchgeführt. Wenn dabei Volumenarbeit geleistet wird, kann diese nicht mehr als Wärmeenergie anfallen, d.h. freigesetzte Reaktionsenergie teilt sich auf Volumenarbeit und einen restlichen, als Wärme erhältlichen Energieanteil auf. Diesen restlichen Anteil nennen wir **Reaktionsenthalpie** (Reaktionswärme, Wärmetönung); sie wird mit dem Symbol ΔH bezeichnet.

Reaktionen, bei denen Wärme *freigesetzt* wird, heißen **exotherme Reaktionen**, für sie hat ΔH ein *negatives* Vorzeichen. **Endotherme Reaktionen** benötigen die *Zufuhr* von Wärme, ΔH hat *positives* Vorzeichen. Man beachte bei der nebenstehenden Definitionsgleichung für die Reaktionsenthalpie die Definition für die Vorzeichen! U_1 und V_1 sind die innere Energie bzw. das Volumen *vor* der Reaktion, U_2 und V_2 *nach* der Reaktion. Wenn $U_1 > U_2$, so haben die Produkte eine geringere innere Energie; in diesem Fall wird Energie an die Umgebung *abgegeben* und $\Delta U = U_2 - U_1$ ist *negativ*. Wenn $V_1 < V_2$, so ist das Volumen nach der Reaktion *größer*, es wird mechanische Arbeit geleistet, und $W = p \cdot \Delta V = p \cdot (V_2 - V_1)$ ist *positiv*. Wenn zu einem negativen ΔU-Wert ein positiver W-Wert addiert wird, ist der resultierende ΔH-Wert weniger negativ als ΔU, d.h. die abgegebene Reaktionswärme ist weniger als die Reaktionsenergie, s. ◉ 5.3.

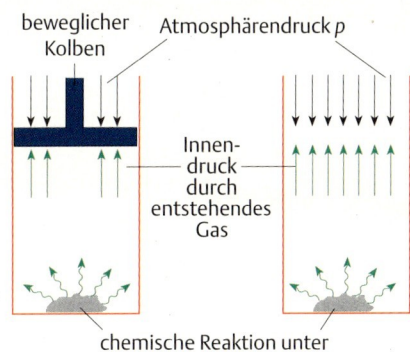

◉ **5.2** Ein Gas, das bei einer chemischen Reaktion entsteht, leistet mechanische Arbeit gegen die Außenatmosphäre, erkennbar am Herausdrücken eines Kolbens. Auch wenn der Kolben fehlt (offenes Gefäß), wird die gleiche Arbeit geleistet (Außenluft wird verdrängt).

Reaktionsenergie

$\Delta U = U_2 - U_1$

ΔU positiv: Energie wird *aufgenommen*

ΔU negativ: Energie wird *abgegeben*

Reaktionsenthalpie

$\Delta H = \Delta U + p \cdot \Delta V$

ΔH negativ: Wärmeenergie wird *abgegeben*

ΔH positiv: Wärmeenergie wird *aufgenommen*

Beispiel 5.3

Bei der Reaktion

$$H_2SO_4(l) + CaCO_3(s) \rightarrow CaSO_4(s) + H_2O(l) + CO_2(g)$$

wird das Gas CO_2 entwickelt. 1 mol CO_2 beansprucht bei 25 °C und einem Atmosphärendruck von p = 101 kPa ein Volumen von 24,5 L/mol. Wegen der Volumenvergrößerung von ΔV = 24,5 L wird folgende Volumenarbeit geleistet:

$$p \cdot \Delta V = 101 \cdot 10^3 N \cdot m^{-2} \cdot 24,5 \cdot 10^{-3} m^3 \cdot mol^{-1}$$
$$= 2,5 \cdot 10^3 \text{ J/mol} = 2,5 \text{ kJ/mol}$$

Die Reaktionsenergie beträgt ΔU = −96,1 kJ/mol, das negative Vorzeichen zeigt uns die *Abgabe* von Energie an. Als Wärmeenergie erhält man nur die Reaktionsenthalpie mit dem kleineren Betrag

$$\Delta H = \Delta U + p\Delta V = -96,1 + 2,5 \text{ kJ/mol} = -93,6 \text{ kJ/mol}$$

---

griechisch: *en* = darin
thalpos = Wärme

Genauso wie die Reaktionsenergie ΔU als Differenz der inneren Energien von Produkten und Reaktanden zu verstehen ist, kann man die Reaktionsenthalpie ΔH als Differenz von Enthalpien oder Wärmeinhalten H_2 und H_1 der Produkte bzw. Reaktanden auffassen:

$$\Delta H = H_2 - H_1$$

Bei einer exothermen Reaktion haben die Produkte einen geringeren Wärmeinhalt als die Reaktanden (◉ 5.3), bei einer endothermen Reaktion ist es umgekehrt (◉ 5.4).

Die Enthalpien chemischer Substanzen hängen von der Temperatur, dem Druck und dem Aggregatzustand ab. Durch Konvention werden die für chemische Reaktionen angegebenen ΔH-Werte auf Bedingungen bei 25 °C und Norm-Atmosphärendruck (101,3 kPa) bezogen; abweichende Bedingungen müssen spezifiziert werden.

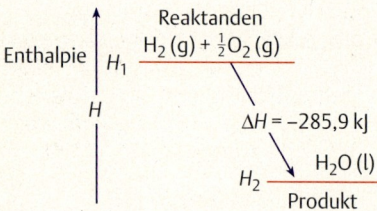

◉ 5.3 Enthalpie-Diagramm für eine exotherme Reaktion

Thermochemische Angaben müssen sich auf eine bestimmte Reaktionsgleichung beziehen. Der Wert für ΔH wird neben die Reaktionsgleichung geschrieben und bezieht sich auf die in der Gleichung aufgeführten Stoffmengen in Mol. Die Molzahlen dürfen auch Bruchzahlen sein. Wenn 1 mol H_2 mit einem halben mol O_2 unter Bildung von Wasser reagiert, wird die Wärmemenge von 286 kJ freigesetzt:

$$H_2(g) + \tfrac{1}{2}O_2(g) \rightarrow H_2O(l) \qquad \Delta H = -286 \text{ kJ/mol}$$

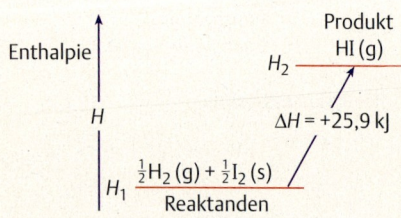

◉ 5.4 Enthalpie-Diagramm für eine endotherme Reaktion

Der Aggregatzustand aller beteiligten Substanzen muß angegeben werden: (g) für gasförmig, (s) für fest (solidus), (l) für flüssig (liquidus) und (aq) für Lösung in Wasser (aqua). Die Notwendigkeit der Angabe wird durch Vergleich der folgenden Gleichung mit der obigen Gleichung deutlich:

$$H_2(g) + \tfrac{1}{2}O_2(g) \rightarrow H_2O(g) \qquad \Delta H = -242 \text{ kJ/mol}$$

Wenn das Reaktionsprodukt Wasserdampf anstelle von flüssigem Wasser ist, werden 44 kJ pro mol H_2O weniger an Wärme frei. Dies entspricht dem Energiebetrag, der notwendig ist, um 1 mol $H_2O(l)$ in 1 mol $H_2O(g)$ bei 25 °C und Atmosphärendruck zu überführen.

Bei Umkehrung der Formulierung einer Reaktionsgleichung wird das Vorzeichen von ΔH umgekehrt:

$$\tfrac{1}{2} H_2(g) + \tfrac{1}{2} I_2(s) \rightarrow HI(g) \qquad \Delta H = +25{,}9 \text{ kJ/mol}$$
$$HI(g) \rightarrow \tfrac{1}{2} H_2(g) + \tfrac{1}{2} I_2(s) \qquad \Delta H = -25{,}9 \text{ kJ/mol}$$

Werden die Koeffizienten der Gleichung mit einem Faktor multipliziert, dann wird auch der Wert von ΔH mit diesem Faktor multipliziert; Multiplikation der letztgenannten Gleichung mit 2 ergibt:

$$2 HI(g) \rightarrow H_2(g) + I_2(s) \qquad \Delta H = -51{,}8 \text{ kJ/mol}$$

Thermochemische Berechnungen werden in der gleichen Art wie andere stöchiometrische Berechnungen durchgeführt (■ 5.4). Sie können gleichermaßen auch mit den Reaktionsenergien ΔU angestellt werden, wenn die Reaktionen im geschlossenen Gefäß, d.h. bei konstantem Volumen durchgeführt werden.

■ **Beispiel 5.4**

Die Thermitreaktion ist stark exotherm:

$$2 Al(s) + Fe_2O_3(s) \rightarrow 2 Fe(s) + Al_2O_3(s) \qquad \Delta H = -848 \text{ kJ/mol}$$

Wieviel Wärme wird freigesetzt, wenn 36,0 g Aluminium mit überschüssigem Eisen(III)-oxid (Fe_2O_3) reagieren?

$$n(Al) = \frac{m(Al)}{M(Al)} = \frac{36{,}0 \text{ g}}{27{,}0 \text{ g} \cdot \text{mol}^{-1}} = 1{,}33 \text{ mol}$$

Wenn mit $n(Al) = 2$ mol $\Delta H = -848$ kJ freigesetzt werden, sind es mit 1,33 mol:

$$\frac{1{,}33 \text{ mol}}{2{,}00 \text{ mol}} \cdot (-848 \text{ kJ}) = -565 \text{ kJ}$$

Konventionen zum Formulieren von thermochemischen Gleichungen:

1. Bei exothermen Reaktionen (Abgabe von Wärmeenergie) ist ΔH negativ. Bei endothermen Reaktionen (Aufnahme von Wärmeenergie) ist ΔH positiv.
2. Wenn nicht anders angegeben, beziehen sich alle ΔH-Werte auf Bedingungen bei 25°C und Normdruck (Atmosphärendruck auf Meereshöhe, d.h. 101,3 kPa oder 1,013 bar).
3. Der Aggregatzustand aller Substanzen ist anzugeben.
4. Die Koeffizienten in der Gleichung bezeichnen die Zahl der umgesetzten Mole für jede Substanz, der ΔH-Wert bezieht sich auf diese Stoffmengen.
5. Bei Multiplikation der Koeffizienten mit einem Faktor wird auch der ΔH-Wert mit dem gleichen Faktor multipliziert.
6. Bei Umkehrung der Richtung der Reaktionsgleichung wird das Vorzeichen von ΔH umgekehrt.
7. Die gleichen Regeln gelten auch für Reaktionen bei konstantem Volumen (geschlossenes Gefäß), wobei an die Stelle der Reaktionsenthalpie ΔH die Reaktionsenergie ΔU tritt.

5.5 Der Satz von Hess

Grundlage vieler kalorimetrischer Berechnungen ist das **Gesetz der konstanten Wärmesummen**, das 1840 von Germain H. Hess nach experimentellen Befunden formuliert wurde. Nach dem Hess-Satz ist die Reaktionsenthalpie einer Reaktion konstant, unabhängig davon, ob sie in einem Schritt oder über Zwischenstufen abläuft. Bei der Verbrennung von Graphit entsteht zum Beispiel Kohlendioxid:

$$C(\text{Graphit}) + O_2(g) \rightarrow CO_2(g) \qquad \Delta H = -393{,}5 \text{ kJ/mol}$$

Der Prozeß kann auch in zwei Stufen ablaufen:

$$C(\text{Graphit}) + \tfrac{1}{2} O_2(g) \rightarrow CO(g) \qquad \Delta H = -110{,}5 \text{ kJ/mol}$$
$$CO(g) + \tfrac{1}{2} O_2(g) \rightarrow CO_2(g) \qquad \Delta H = -283{,}0 \text{ kJ/mol}$$

$$\overline{C(\text{Graphit}) + O_2(g) \rightarrow CO_2(g) \qquad \Delta H = -393{,}5 \text{ kJ/mol}}$$

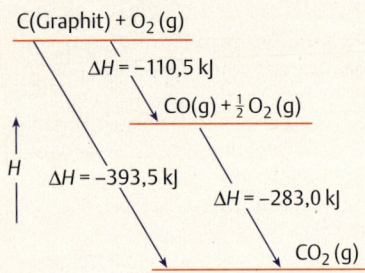

5.5 Enthalpie-Diagramm zur Veranschaulichung des Hess-Satzes

Die Reaktionsenthalpien der beiden Teilschritte addieren sich zur Reaktionsenthalpie der Gesamtreaktion (5.5).

Durch die Möglichkeit, Reaktionsenthalpien additiv zu behandeln, können die Werte für bestimmte Reaktionen aus den Werten anderer Reaktionen berechnet werden. Zum Beispiel kann Methan (CH_4) nicht direkt aus Graphit und Wasserstoff hergestellt werden. Die Reaktionsenthalpie für diesen Vorgang kann man aber mit Hilfe folgender Gleichungen berechnen:

$$C(Graphit) + O_2(g) \rightarrow CO_2(g) \qquad \Delta H = -393{,}5 \text{ kJ/mol}$$
$$2H_2(g) + O_2(g) \rightarrow 2H_2O(l) \qquad \Delta H = -571{,}8 \text{ kJ/mol}$$
$$CO_2(g) + 2H_2O(l) \rightarrow CH_4(g) + 2O_2(g) \qquad \Delta H = +890{,}4 \text{ kJ/mol}$$
$$\overline{C(Graphit) + 2H_2(g) \rightarrow CH_4(g) \qquad \Delta H = -74{,}9 \text{ kJ/mol}}$$

■ **Beispiel 5.5**

Gegeben seien:

$$4NH_3(g) + 3O_2(g) \rightarrow 2N_2(g) + 6H_2O(l) \qquad \Delta H = -1531 \text{ kJ/mol} \quad (1)$$
$$N_2O(g) + H_2(g) \rightarrow N_2(g) + H_2O(l) \qquad \Delta H = -367{,}4 \text{ kJ/mol} \quad (2)$$
$$H_2(g) + \tfrac{1}{2}O_2(g) \rightarrow H_2O(l) \qquad \Delta H = -285{,}9 \text{ kJ/mol} \quad (3)$$

Welche Reaktionsenthalpie hat die Reaktion (4)?

$$2NH_3(g) + 3N_2O(g) \rightarrow 4N_2(g) + 3H_2O(l) \qquad (4)$$

Gleichung (4) ergibt sich additiv aus:

$$\tfrac{1}{2} \cdot [\text{Gleichung (1)}] + 3 \cdot [\text{Gleichung (2)}] - 3 \cdot [\text{Gleichung (3)}].$$

Mit den gleichen Faktoren sind die ΔH-Werte zu versehen:

$$\Delta H = -\tfrac{1}{2} \cdot 1531 - 3 \cdot 367{,}4 + 3 \cdot 285{,}9 \text{ kJ/mol} = -1010{,}0 \text{ kJ/mol}$$

5.6 Bildungsenthalpien

Ein bequemer Weg, Reaktionsenthalpien zu berechnen, geht von tabellierten Werten aus, die wir Standard-Bildungsenthalpien nennen. Die **Standard-Bildungsenthalpie** ist der ΔH-Wert, der zur Bildung von 1 mol reiner Substanz aus den reinen Elementen unter Standard-Bedingungen gehört. **Standard-Bedingungen** bedeuten: Sowohl die Elemente (Reaktanden) wie die Verbindungen (Produkte) liegen bei Norm-Atmosphärendruck (101,3 kPa = 1,013 bar) und bei einer Standard-Temperatur vor, die in der Regel 25 °C (298 K) beträgt. Von den Elementen wird die bei 101,3 kPa und der Standard-Temperatur stabilste Form genommen. Kohlenstoff kommt zum Beispiel als Graphit und als Diamant vor; Graphit ist die stabilste Form, für die Umwandlung Graphit → Diamant gilt $\Delta H^0 = +1{,}9$ kJ/mol.

Das Symbol ΔH^0 dient allgemein zur Bezeichnung von Reaktionsenthalpien unter Standard-Bedingungen. ΔH_f^0 ist das Symbol für die Standard-Bildungsenthalpie.

Soweit Standard-Bildungsenthalpien nicht direkt gemessen werden können, werden sie aus anderen thermochemischen Daten mit Hilfe des

---

Standard-Bedingungen

Normdruck = 101,325 kP
Standard-Temperatur, meist 25 °C

5.6 Bildungsenthalpien

Hess-Satzes berechnet. Die im Abschnitt 5.5 auf S. 54 aufgeführte Berechnung für die Bildung von Methan aus Graphit und Wasserstoff ist eine solche Berechnung, d. h. der dort ermittelte Wert ist die Standard-Bildungsenthalpie des Methans, $\Delta H_f^0 = -74{,}9$ kJ/mol. Weitere Werte für ΔH_f^0 sind in 5.1 aufgeführt.

5.1 Einige Standard-Bildungsenthalpien bei 25 °C und 101,3 kPa

Verbindung	ΔH_f^0/kJ·mol^{-1}	Verbindung	ΔH_f^0/kJ·mol^{-1}
AgCl(s)	−127,0	CS$_2$(l)	+87,86
Al$_2$O$_3$(s)	−1669,8	Fe$_2$O$_3$(s)	−822,2
BaCO$_3$(s)	−1218	HBr(g)	−36,2
BaO(s)	−588,1	HCl(g)	−92,30
CaCO$_3$(s)	−1206,9	HCN(g)	+130,5
CaO(s)	−635,5	HF(g)	−269
Ca(OH)$_2$(s)	−986,59	HgBr$_2$(s)	−169
Ca$_3$P$_2$(s)	−504,17	HI(g)	+25,9
CF$_4$(g)	−913,4	HNO$_3$(l)	−173,2
CH$_4$(g)	−74,85	H$_2$O(g)	−241,8
C$_2$H$_2$(g)	+226,7	H$_2$O(l)	−285,9
C$_2$H$_4$(g)	+52,30	H$_2$S(g)	−20,2
C$_2$H$_6$(g)	−84,68	MgO(s)	−601,83
C$_6$H$_6$(l)	+49,04	NaCl(s)	−411,0
CH$_3$Cl(l)	−132	NF$_3$(g)	−113
H$_3$CNH$_2$(g)	−28	NH$_3$(g)	−46,19
H$_3$COH(g)	−201,2	NH$_4$NO$_3$(s)	−365,1
H$_3$COH(l)	−238,6	NO(g)	+90,37
H$_5$C$_2$OH(l)	−277,6	NO$_2$(g)	+33,8
CO(g)	−110,5	PH$_3$(g)	+9,25
CO$_2$(g)	−393,5	SO$_2$(g)	−296,9
COCl$_2$(g)	−223	ZnO(s)	−348,0

Standard-Reaktionsenthalpien können allgemein aus den Standard-Bildungsenthalpien der beteiligten Verbindungen berechnet werden. Zum Beispiel kann die Reaktionsenthalpie (25 °C; 101,325 kPa) für die Reaktion

$$C_2H_4(g) + H_2(g) \rightarrow C_2H_6(g)$$

aus den Standard-Bildungsenthalpien für Ethen, C$_2$H$_4$(g), und Ethan, C$_2$H$_6$(g), berechnet werden:

$$2\,C(\text{Graphit}) + 2\,H_2(g) \rightarrow C_2H_4(g) \qquad \Delta H_f^0 = 52{,}30 \text{ kJ/mol}$$
$$2\,C(\text{Graphit}) + 3\,H_2(g) \rightarrow C_2H_6(g) \qquad \Delta H_f^0 = -84{,}68 \text{ kJ/mol}$$

Man formuliert die erste dieser Gleichungen in umgekehrter Richtung:

$$C_2H_4(g) \rightarrow 2\,C(\text{Graphit}) + 2\,H_2(g) \qquad \Delta H^0 = -52{,}30 \text{ kJ/mol}$$

und addiert sie zur zweiten Gleichung; es bleibt:

$$C_2H_4(g) + H_2(g) \rightarrow C_2H_6(g) \qquad \Delta H^0 = -136{,}98 \text{ kJ/mol}$$

Berechnung von Reaktionsenthalpien aus Standard-Bildungsenthalpien

1. Zuerst wird die chemische Reaktionsgleichung formuliert.
2. Man berechne

$$\Delta H^0 = \Sigma \Delta H_f^0(\text{Produkte}) - \Sigma \Delta H_f^0(\text{Reaktanden})$$

Bei der Bildung der Summe wird der ΔH_f^0-Wert jeder Verbindung mit dem zugehörigen Koeffizienten (Zahl der Mole) aus der Reaktionsgleichung multipliziert. Kommen in der Gleichung Elemente in ihrer normalen (stabilen) Form vor, so ist der zugehörige ΔH_f^0-Wert Null. Der berechnete ΔH^0-Wert gilt nur für Standard-Bedingungen.

Der Wert ΔH^0 der Reaktion ist somit nichts anderes als

$$\Delta H^0 = \Delta H_f^0(C_2H_6) - \Delta H_f^0(C_2H_4)$$

Allgemein gilt für beliebige Reaktionen (vgl. ■ 5.6–5.8):

$$\Delta H^0 = \Delta H_f^0(\text{Produkte}) - \Delta H_f^0(\text{Reaktanden})$$

■ Beispiel 5.6

Welche ist die Reaktionsenthalpie (25 °C, 101,3 kPa) der Reaktion

$$2\,NH_3\,(g) + 3\,Cl_2\,(g) \rightarrow N_2\,(g) + 6\,HCl\,(g)?$$

Mit den Werten aus ■ 5.1 berechnet man:

$$\sum \Delta H_f^0 (\text{Produkte}) \quad = 6 \cdot \Delta H_f^0 (\text{HCl, g})$$
$$\sum \Delta H_f^0 (\text{Reaktanden}) = 2 \cdot \Delta H_f^0 (\text{NH}_3, g)$$

Für $Cl_2\,(g)$ und $N_2\,(g)$ sind die Werte Null, da es sich um die Elemente in ihrer stabilsten Form handelt.

$$\begin{aligned}\Delta H^0 &= 6 \cdot \Delta H_f^0 (\text{HCl, g}) - 2 \cdot \Delta H_f^0 (\text{NH}_3, g)\\ &= -6 \cdot 92{,}30 - 2 \cdot (-46{,}19)\ \text{kJ/mol}\\ &= -461{,}4\ \text{kJ/mol}\end{aligned}$$

■ Beispiel 5.7

Welche ist die Standard-Reaktionsenthalpie für die Reaktion

$$Fe_2O_3\,(s) + 3\,CO\,(g) \rightarrow 2\,Fe\,(s) + 3\,CO_2\,(g)?$$

$$\begin{aligned}\Delta H^0 &= 3\,\Delta H_f^0 (CO_2, g) - [\Delta H_f^0 (Fe_2O_3, s) + 3\,\Delta H_f^0 (CO, g)]\\ &= -3 \cdot 393{,}5 - [-822{,}2 - 3 \cdot 110{,}5]\ \text{kJ/mol}\\ &= -26{,}8\ \text{kJ/mol}\end{aligned}$$

■ Beispiel 5.8

Mit Hilfe der Reaktion

$$B_2H_6\,(g) + 6\,H_2O\,(l) \rightarrow 2\,H_3BO_3\,(s) + 6\,H_2\,(g) \qquad \Delta H^0 = -493{,}4\ \text{kJ/mol}$$

soll die Standard-Bildungsenthalpie für Diboran (B_2H_6) berechnet werden.

$$\Delta H_f^0 (H_3BO_3, s) = -1088{,}7\ \text{kJ/mol}$$

Es gilt:

$$\Delta H^0 = 2\,\Delta H_f^0 (H_3BO_3, s) - 6\,\Delta H_f^0 (H_2O, l) - \Delta H_f^0 (B_2H_6, g)$$
$$-493{,}4\ \text{kJ/mol} = -2 \cdot 1088{,}7 + 6 \cdot 285{,}9\ \text{kJ/mol} - \Delta H_f^0 (B_2H_6, g)$$
$$\Delta H_f^0 (B_2H_6, g) = +31{,}4\ \text{kJ/mol}$$

5.7 Bindungsenergien

Die Atome in Molekülen werden durch chemische Bindungen zusammengehalten (Näheres folgt in Kapitel 7–9). Die Energie, die zum Aufbrechen der Bindung eines zweiatomigen Moleküls benötigt wird, ist die **Dissoziationsenergie**. Die Energie wird in Kilojoule pro Mol Bindungen angegeben. Die Bindungsstriche in den folgenden Beispielen symbolisieren die chemische Bindung:

$$\text{H-H(g)} \rightarrow 2\,\text{H(g)} \qquad \Delta H = +435\ \text{kJ/mol}$$
$$\text{Cl-Cl(g)} \rightarrow 2\,\text{Cl(g)} \qquad \Delta H = +243\ \text{kJ/mol}$$
$$\text{H-Cl(g)} \rightarrow \text{H(g)} + \text{Cl(g)} \qquad \Delta H = +431\ \text{kJ/mol}$$

Die vorstehenden ΔH-Werte sind *positiv*, das Aufbrechen der Bindungen erfordert die *Zufuhr* von Energie. Die Dissoziation des H_2-Moleküls erfordert den höchsten Energiebetrag, d.h. im H_2-Molekül liegt die stärkste der drei aufgeführten Bindungen vor. Werden zwei Atome zu einem Molekül zusammengefügt, so wird der entsprechende Energiebetrag freigesetzt.

Mit Hilfe der Werte von Dissoziationsenergien können die Reaktionsenthalpien für manche Reaktionen berechnet werden; s. ▪ 5.9.

▪ **Beispiel 5.9**

Berechnung der Reaktionsenthalpie für die Reaktion

$$H_2(g) + Cl_2(g) \rightarrow 2\,HCl(g)$$

aus den Dissoziationsenergien der beteiligten Moleküle:

H−H(g) $\rightarrow$ 2 H(g)	$\Delta H =$	435 kJ/mol
Cl−Cl(g) $\rightarrow$ 2 Cl(g)	$\Delta H =$	243 kJ/mol
2 H(g) + 2 Cl(g) $\rightarrow$ 2 HCl(g)	$\Delta H = -2 \cdot 431 =$	−862 kJ/mol
H−H(g) + Cl−Cl(g) $\rightarrow$ 2 H−Cl(g)	$\Delta H =$	−184 kJ/mol

Die Reaktion ist somit exotherm.

Die Betrachtung kann auf mehratomige Moleküle ausgedehnt werden. Bei der vollständigen Dissoziation eines Wasser-Moleküls müssen zwei H−O-Bindungen aufgebrochen werden:

$$\text{H-O-H(g)} \rightarrow 2\,\text{H(g)} + \text{O(g)} \qquad \Delta H = 926\ \text{kJ/mol}$$

Der ΔH-Betrag bezieht sich auf das Trennen von zwei Mol H−O-Bindungen. Die Hälfte des Betrags, 463 kJ/mol, ist die **mittlere Bindungsenergie** für eine H−O-Bindung. Werden die Bindungen nacheinander getrennt, so beobachtet man tatsächlich unterschiedliche Werte:

$$\text{H-O-H(g)} \rightarrow \text{H(g)} + \text{O-H(g)} \qquad \Delta H = 501\ \text{kJ/mol}$$
$$\text{O-H(g)} \rightarrow \text{H(g)} + \text{O(g)} \qquad \Delta H = 425\ \text{kJ/mol}$$

Die erste H−O-Bindung des Wasser-Moleküls erfordert mehr Energie zur Trennung als die zweite. Das Fragment, das nach Abtrennung eines H-

5.2 Dissoziationsenergien von zweiatomigen Molekülen und mittlere Bindungsenergien für mehratomige Moleküle im gasförmigen Zustand

Bindung	Bindungsenergie /kJ·mol^{-1}
Br—Br	193
C—C	347
C=C	619
C≡C	812
C—Cl	326
C—F	485
C—H	414
C—N	293
C=N	616
C≡N	879
C—O	335
C=O	707
Cl—Cl	243
F—F	155
H—Br	364
H—Cl	431
H—F	565
H—H	435
H—I	297
I—I	151
N—Cl	201
N—H	389
N—N	159
N=N	418
N≡N	941
O—Cl	205
O—F	184
O—H	463
O—O	138
O$_2$	494
P—Cl	326
P—H	318
S—Cl	276
S—H	339
S—S	213

Atoms verbleibt, das O—H-Molekül, ist weniger stabil als das Wasser-Molekül. Die tatsächlichen Energiebeträge für solche Einzelschritte sind für uns weniger wichtig; bei den Rechnungen bedienen wir uns der mittleren Bindungsenergie (■ 5.10).

■ **Beispiel 5.10**

Wie groß ist die Reaktionsenthalpie für die Reaktion

$$2\,NH_3(g) + 3\,Cl—Cl(g) \rightarrow N\equiv N(g) + 6\,H—Cl(g)?$$

Man betrachtet die aufzuwendenden Energiebeträge, um alle Bindungen aufzubrechen, und stellt sie den Beträgen gegenüber, die bei der Knüpfung der neuen Bindungen frei werden:

2 NH$_3$(g)	→ 2 N(g) + 6 H(g)	ΔH = 6 · 384	= 2334 kJ/mol
3 Cl$_2$(g)	→ 6 Cl(g)	ΔH = 3 · 243	= 729 kJ/mol
2 N(g)	→ N$_2$(g)	ΔH	= −941 kJ/mol
6 H(g) + 6 Cl(g)	→ 6 HCl(g)	ΔH = 6 · (−431)	= −2586 kJ/mol
2 NH$_3$(g) + 3 Cl$_2$(g)	→ N$_2$(g) + 6 HCl(g)	ΔH	= −464 kJ/mol

Der im ■ 5.6 (S. 56) berechnete Wert für die gleiche Reaktion (−461,4 kJ/mol) ist zuverlässiger als der aus den Bindungsenergien abgeleitete Wert.

Die Stärke einer Bindung in einem Molekül hängt von der Struktur des Gesamtmoleküls ab. Die Bindungsenergie eines bestimmten Bindungstyps in verschiedenen Molekülen, die diese Bindung enthalten, ist nicht die gleiche. Zum Beispiel ist die Bindungsenergie einer H—O-Bindung im H—O—H-Molekül nicht die gleiche wie in einem H—O—Cl-Molekül. Die in ■ 5.2 angegebenen Werte sind Mittelwerte; ΔH-Werte, die damit berechnet werden, sind Schätzwerte.

In manchen Molekülen sind Atome durch Mehrfachbindungen miteinander verknüpft. Je nach Molekül können zwei Stickstoff-Atome zum Beispiel durch eine einfache (N—N), eine doppelte (N=N) oder eine dreifache (N≡N) Bindung verbunden sein. Wie man den Werten in ■ 5.2 entnehmen kann, nimmt die Bindungsenergie in der Reihenfolge zu:

Einfachbindung < Doppelbindung < Dreifachbindung

Beim Umgang mit Bindungsenergien ist zu beachten:
1. Alle hier angegebenen Werte sind nur auf gasförmige Verbindungen anwendbar.
2. Mit mittleren Bindungsenergien berechnete ΔH-Werte sind nur Schätzwerte.
3. In manchen Verbindungen liegen besondere Verhältnisse vor, die eine Anwendung mittlerer Bindungsenergien nicht zulassen.

5.8 Übungsaufgaben

(Lösungen s. S. 666)

Kalorimetrie

5.1 Welche Wärmekapazität haben 325 g Wasser?

5.2 Wieviel Kilojoule Wärme benötigt man, um 1,50 kg Wasser von 22,00 auf 25,00 °C zu erwärmen?

5.3 Welche ist die spezifische Wärme von Alkohol, wenn 129 J benötigt werden, um 15,0 g von 22,70 auf 26,20 °C zu erwärmen?

5.4 Welche ist die spezifische Wärme von Eisen, wenn 186 J benötigt werden, um 165 g von 23,20 auf 25,70 °C zu erwärmen?

5.5 Blei hat eine spezifische Wärme von $0{,}129\,\text{J}\cdot\text{g}^{-1}\text{K}^{-1}$. Wieviel Joule benötigt man, um 207 g Blei von 22,25 auf 27,65 °C zu erwärmen?

5.6 Nickel hat eine spezifische Wärme von $0{,}444\,\text{J}\cdot\text{g}^{-1}\text{K}^{-1}$. Wenn 32,3 g Nickel 50,0 J zugeführt werden, welche Temperatur erreicht es, wenn die Anfangstemperatur 23,25 °C war?

5.7 1,45 g Essigsäure (CH_3CO_2H) wurden mit überschüssigem Sauerstoff in einem Bombenkalorimeter verbrannt. Das Kalorimeter selbst hat eine Wärmekapazität von 2,67 kJ/K und enthält 0,750 kg Wasser. Es wurde eine Temperaturerhöhung von 24,32 auf 27,95 °C beobachtet. Welche Wärmemenge wird bei Verbrennung von 1,00 mol Essigsäure frei?

5.8 Bei der Verbrennung von 2,30 g Benzochinon ($C_6H_4O_2$) in einem Bombenkalorimeter wurde eine Temperaturerhöhung von 19,22 auf 27,07 °C beobachtet. Das Kalorimeter selbst hat eine Wärmekapazität von 3,27 kJ/K und enthält 1,00 kg Wasser. Welche Wärmemenge wird bei der Verbrennung von 1,00 mol Benzochinon frei?

5.9 Bei der Verbrennung von Glucose ($C_6H_{12}O_6$) wird eine Energie von $2{,}82\cdot 10^3$ kJ/mol freigesetzt. 1,25 g Glucose wurden in einem Kalorimeter verbrannt, das 0,950 kg Wasser enthält, wobei ein Temperaturanstieg von 20,10 nach 23,25 °C beobachtet wurde. Welche Wärmekapazität hat das Kalorimeter?

Thermochemische Gleichungen

5.10 Bei der Reaktion

$$NH_4NO_3(s) \rightarrow N_2O(g) + 2H_2O(l)$$
$$\Delta U = -127{,}5\,\text{kJ/mol}$$

wird bei einem Druck p = 95,00 kPa 1 mol Lachgas (N_2O) mit einem Volumen von 26,09 L gebildet. Wie groß ist die Reaktionsenthalpie?

5.11 Wie groß ist die Reaktionsenergie für

$$C(\text{Graphit}) + \tfrac{1}{2}O_2(g) \rightarrow CO(g) \quad \Delta H^0 = -110{,}5\,\text{kJ/mol}?$$

Bei den Standardbedingungen nimmt 1 mol CO ein um 12,2 L größeres Volumen ein als $\tfrac{1}{2}$ mol Sauerstoff.

5.12 Bei der Verbrennung von 1,000 g Benzol, C_6H_6(l), mit O_2 wird CO_2(g) und H_2O(l) erhalten, und es wird eine Wärmemenge von 41,84 kJ freigesetzt. Formulieren Sie die thermochemische Gleichung für die Verbrennung von einem Mol C_6H_6(l).

5.13 Welche Wärmemenge wird freigesetzt, wenn 1,000 g Hydrazin, N_2H_4(l), verbrennt?

$$N_2H_4(l) + O_2(g) \rightarrow N_2(g) + 2H_2O(l)$$
$$\Delta H = -622{,}4\,\text{kJ/mol}$$

5.14 Die alkoholische Gärung von Glucose ($C_6H_{12}O_6$) verläuft gemäß:

$$C_6H_{12}O_6(s) \rightarrow 2H_5C_2OH(l) + 2CO_2(g)$$
$$\Delta H = -67{,}0\,\text{kJ/mol}$$

Welche Wärmemenge wird umgesetzt, wenn ein Liter Wein entsteht, der 95,0 g Alkohol (H_5C_2OH) enthält? Ist die Reaktion exo- oder endotherm?

5.15 Die Zersetzung von Natriumazid verläuft nach

$$2NaN_3(s) \rightarrow 2Na(s) + 3N_2(g) \quad \Delta H = +42{,}7\,\text{kJ/mol}.$$

Welcher ist der ΔH-Wert, um 1,50 kg N_2(g) zu erhalten? Muß Wärme zugeführt werden oder wird sie frei?

Hess-Satz

5.16 Berechnen Sie ΔH für die Reaktion

$$CS_2(l) + 2H_2O(l) \rightarrow CO_2(g) + 2H_2S(g)$$

mit Hilfe der Gleichungen

$$H_2S(g) + \tfrac{3}{2}O_2(g) \rightarrow H_2O(l) + SO_2(g)$$
$$\Delta H = -562{,}6 \text{ kJ/mol}$$
$$CS_2(l) + 3O_2(g) \rightarrow CO_2(g) + 2SO_2(g)$$
$$\Delta H = -1075{,}2 \text{ kJ/mol}$$

5.17 Berechnen Sie ΔH für die Reaktion

$$2NF_3(g) + Cu(s) \rightarrow N_2F_4(g) + CuF_2(s)$$

mit Hilfe von:

$$2NF_3(g) + 2NO(g) \rightarrow N_2F_4(g) + 2ONF(g)$$
$$\Delta H = -82{,}9 \text{ kJ/mol}$$
$$NO(g) + \tfrac{1}{2}F_2(g) \rightarrow ONF(g) \quad \Delta H = -156{,}9 \text{ kJ/mol}$$
$$Cu(s) + F_2(g) \rightarrow CuF_2(s) \quad \Delta H = -531{,}0 \text{ kJ/mol}$$

5.18 Berechnen Sie ΔH für die Reaktion

$$B_2H_6(g) + 6Cl_2(g) \rightarrow 2BCl_3(g) + 6HCl(g)$$

mit Hilfe von:

$$BCl_3(g) + 3H_2O(l) \rightarrow H_3BO_3(s) + 3HCl(g)$$
$$\Delta H = -112{,}5 \text{ kJ/mol}$$
$$B_2H_6(g) + 6H_2O(l) \rightarrow 2H_3BO_3(s) + 6H_2(g)$$
$$\Delta H = -493{,}4 \text{ kJ/mol}$$
$$\tfrac{1}{2}H_2(g) + \tfrac{1}{2}Cl_2(g) \rightarrow HCl(g) \quad \Delta H = -92{,}3 \text{ kJ/mol}$$

5.19 Berechnen Sie ΔH für die Reaktion

$$2P(s) + 2SO_2(g) + 5Cl_2(g) \rightarrow 2SOCl_2(l) + 2POCl_3(l)$$

mit Hilfe von:

$$SOCl_2(l) + H_2O(l) \rightarrow SO_2(g) + 2HCl(g)$$
$$\Delta H = +10{,}3 \text{ kJ/mol}$$
$$PCl_3(l) + \tfrac{1}{2}O_2(g) \rightarrow POCl_3(l) \quad \Delta H = -325{,}1 \text{ kJ/mol}$$
$$P(s) + \tfrac{3}{2}Cl_2(g) \rightarrow PCl_3(l) \quad \Delta H = -306{,}7 \text{ kJ/mol}$$
$$4HCl(g) + O_2(g) \rightarrow 2Cl_2(g) + 2H_2O(l)$$
$$\Delta H = -202{,}6 \text{ kJ/mol}$$

Bildungsenthalpien

5.20 Formulieren Sie die thermochemischen Gleichungen, die zu folgenden Standard-Bildungsenthalpien gehören:
a) $AgCl(s)$ $\quad -127 \text{ kJ/mol}$
b) $NO_2(g)$ $\quad +33{,}8 \text{ kJ/mol}$
c) $CaCO_3(s)$ $\quad -1206{,}9 \text{ kJ/mol}$
d) $CS_2(l)$ $\quad +87{,}9 \text{ kJ/mol}$

5.21 Verwenden Sie Standard-Bildungsenthalpien (Tab. 5.1, S. 55), um ΔH^0 für folgende Reaktionen zu berechnen:
a) $2H_2S(g) + 3O_2(g) \rightarrow 2H_2O(l) + 2SO_2(g)$
b) $Fe_2O_3(s) + 3H_2(g) \rightarrow 2Fe(s) + 3H_2O(g)$
c) $2NH_3(g) + 2CH_4(g) + 3O_2(g)$
$\rightarrow 2HCN(g) + 6H_2O(l)$
d) Verbrennung von Methanol, $H_3COH(l)$, in $O_2(g)$ unter Bildung von $CO_2(g)$ und $H_2O(l)$.

5.22 Berechnen Sie mit Hilfe der Werte aus Tab. 5.1 (S. 55) und der Reaktionsgleichung aus Aufgabe 5.13 die Standard-Bildungsenthalpie für Hydrazin (N_2H_4).

5.23 Berechnen Sie die Standard-Bildungsenthalpie für Calciumcyanamid, $CaCN_2(s)$, mit Hilfe der Werte aus Tab. 5.1 und der Gleichung

$$CaCO_3(s) + 2NH_3(g) \rightarrow CaCN_2(s) + 3H_2O(l)$$
$$\Delta H^0 = +90{,}1 \text{ kJ/mol}$$

Bindungsenergie

5.24 Berechnen Sie die Bildungsenthalpie für Fluorwasserstoff, $HF(g)$, mit Hilfe der mittleren Bindungsenergien (Tab. 5.2, S. 58). Vergleichen Sie das Ergebnis mit dem Wert aus Tab. 5.1 (S. 55).

5.25 Berechnen Sie die mittlere Bindungsenergie der Xe—F-Bindung in $XeF_2(g)$ mit Hilfe der mittleren Bindungsenergien (Tab. 5.2) und der Gleichung

$$XeF_2(g) + H_2(g) \rightarrow 2HF(g) + Xe(g)$$
$$\Delta H = -430 \text{ kJ/mol}$$

5.26 Verwenden Sie mittlere Bindungsenergien (Tab. 5.2), um ΔH für folgende Reaktionen zu berechnen:

a) $H_2C=CH_2(g) + H-H(g) \longrightarrow H_3C-CH_3(g)$

b) $4H-Cl(g) + O_2(g) \longrightarrow 2H-O-H(g) + 2Cl-Cl(g)$

c) $H-C\equiv N(g) + 2H-H(g) \longrightarrow H_3C-NH_2(g)$

5.27 Berechnen Sie ΔH^0 für die in Aufgabe **5.26c)** genannte Reaktion mit Hilfe der Standard-Bildungsenthalpien (Tab. 5.1, S. 55). Vergleichen Sie die Ergebnisse.

6 Die Elektronenstruktur der Atome

Zusammenfassung. *Elektromagnetische Strahlen* breiten sich mit Lichtgeschwindigkeit, c, aus und können je nach Experiment als Welle oder als Teilchenstrahl aufgefaßt werden. Die Wellen werden durch ihre *Wellenlänge* λ und ihre *Frequenz* ν charakterisiert, die miteinander in Beziehung stehen: $c = \lambda \cdot \nu$. Die Teilchen heißen *Lichtquanten* oder *Photonen* und haben eine definierte Energie E; E ist proportional zur Frequenz

$$E = h \cdot \nu,$$

wobei h die *Planck-Konstante* ist.

Wenn Gase oder Dämpfe von chemischen Substanzen hoch erhitzt oder einer elektrischen Entladung ausgesetzt werden, leuchten sie. Das emittierte Licht läßt sich in ein *Linienspektrum* zerlegen, das Licht jeder Linie hat eine definierte Wellenlänge. Jedes Element weist ein charakteristisches Linienspektrum auf.

Das *Bohr-Atommodell* für das Wasserstoff-Atom kann das Linienspektrum des Wasserstoffs erklären. In diesem Modell kreist das Elektron um den Atomkern, es kann jedoch nur auf ganz bestimmten Bahnen umlaufen. In jeder Bahn kommt dem Elektron eine bestimmte Energie zu, die für die innerste Bahn am niedrigsten ist. Wenn das Elektron von einer äußeren auf eine weiter innen liegende Bahn springt, wird die Energiedifferenz der Bahnen als ein Lichtquant abgestrahlt.

Auch das Elektron ist je nach Experiment als Teilchen oder als Welle aufzufassen. Seine Wellenlänge λ folgt aus der *de Broglie-Beziehung*

$$\lambda = \frac{h}{m \cdot v},$$

wobei $m \cdot v$ der Impuls des Elektrons ist.

Nach der *Heisenberg-Unschärferelation* kann man von kleinen Teilchen wie Elektronen nie gleichzeitig Ort und Impuls bestimmen; dies steht im Widerspruch zum Bohr-Modell. Ein Elektron in einem Kasten wird ebenso wie ein Elektron in einem Atom besser als stehende Welle beschrieben; mathematisch dient dazu die *Wellenfunktion* ψ. Jede stehende Welle hat eine definierte Energie und besitzt charakteristische *Knotenflächen*. Die Ladungsdichte des Elektrons ist ψ^2 und beträgt Null auf den Knotenflächen. Die stehende Welle eines Elektrons in einem Atom heißt *Orbital*. Zu ihrer Berechnung dient die *Schrödinger-Gleichung*.

Jedes Orbital wird durch drei *Quantenzahlen* bezeichnet und hat eine charakteristische Gestalt für die Ausdehnung der Ladungsdichte. Die *Hauptquantenzahl* n bezeichnet die Schale des Elektrons. n ist ganzzahlig positiv: 1, 2, 3, … Die *Nebenquantenzahl* l bezeichnet die Unterschale und bestimmt die Gestalt des Orbitals. l hängt von n ab: $l = 0, 1, \ldots (n - 1)$. Anstelle der

---

Schlüsselworte (s. Glossar)

Elektromagnetische Strahlung
Quantentheorie
Photon (Lichtquant)
Planck-Konstante
Spektrum

Bohr-Atommodell
Schale
Grundzustand
Angeregter-Zustand
Ionisierungsenergie

Röntgenstrahlung
Moseley-Gesetz

Periodensystem
Edelgase
Hauptgruppen
Nebengruppen (Übergangselemente)
Lanthanoide
Actinoide

Unschärferelation
de Broglie-Beziehung

Wellenfunktion
Orbital
Ladungsdichte
Schrödinger-Gleichung
Knotenfläche

Hauptquantenzahl
Nebenquantenzahl
Magnetquantenzahl
Spinquantenzahl

Ausschließungsprinzip (Pauli-Prinzip)
Unterschale

Hund-Regel
Elektronenkonfiguration

Paramagnetische Substanz
Diamagnetische Substanz

Valenzelektronen
Valenzschale
Innere Schale

Aufbauprinzip

l-Werte 0, 1, 2, 3 dienen auch die Bezeichnungen *s, p, d, f*. Die *Magnetquantenzahl m* erfaßt die Orientierung des Orbitals innerhalb der Unterschale. m kann die Werte $-l$ bis $+l$ annehmen.

Ein Elektron ist ein kleiner Magnet, was (als Teilchen aufgefaßt) als Drehung um seine eigene Achse, den *Spin*, gedeutet wird. Der Spin wird durch eine vierte Quantenzahl, die *Spinquantenzahl s* bezeichnet, welche die Werte $-\frac{1}{2}$ und $+\frac{1}{2}$ annehmen kann.

Nach dem *Pauli-Prinzip* müssen sich die Elektronen eines Atoms in mindestens einer der vier Quantenzahlen unterscheiden.

Die *Elektronenkonfiguration* eines Atoms kann nach dem Aufbauprinzip abgeleitet werden, indem ein Elektron nach dem anderen zugefügt wird und dieses das jeweils energetisch niedrigste noch verfügbare Orbital besetzt. Bei entarteten (energiegleichen) Orbitalen wird nach der *Hund-Regel* jedes Orbital zunächst nur mit einem Elektron besetzt. Wenn ungepaarte Elektronen vorhanden sind, ist ein Stoff *paramagnetisch*, wenn alle Elektronen gepaart sind, ist er *diamagnetisch*.

Die Ordnungszahl eines Elements kann nach dem *Moseley-Gesetz* aus dem Röntgenspektrum bestimmt werden. Die Einordnung der Elemente in das *Periodensystem* erfolgt nach der Ordnungszahl. Einander chemisch ähnliche Elemente stehen untereinander und haben die gleiche Elektronenkonfiguration in der äußeren Schale; sie bilden eine *Gruppe*. Je nachdem, in welche Unterschale das beim Aufbau zuletzt hinzugekommene Elektron gekommen ist, unterscheidet man: *Hauptgruppen* bei *s*- und *p*-Unterschalen; *Nebengruppen* (Übergangsmetalle) bei *d*-Unterschalen; *Lanthanoide* bzw. *Actinoide* bei *f*-Unterschalen. *Edelgase* haben die Elektronenkonfiguration ns^2np^6 (außer Helium, das $1s^2$ hat); diese Konfiguration zeichnet sich durch eine besondere Stabilität aus.

In Kapitel 2 (S. 15) hatten wir das Modell kennengelernt, nach dem ein Atom aus einem positiv geladenen Kern und ihn umgebenden Elektronen aufgebaut ist. In diesem Kapitel werden wir uns mit der Anzahl, Verteilung und Energie der Elektronen im Atom befassen. Diese beherrschen die chemischen Eigenschaften des Atoms.

Vieles über die Elektronenstruktur in Atomen weiß man aufgrund von Experimenten mit elektromagnetischer Strahlung, der wir uns zunächst zuwenden wollen.

6.1	Elektromagnetische Strahlung 63
6.2	Atomspektren 64
6.3	Ordnungszahl und das Periodensystem der Elemente 67
6.4	Wellenmechanik 71
6.5	Quantenzahlen 76
6.6	Orbitalbesetzung, Hund-Regel 81
6.7	Elektronenstruktur der Elemente 84
6.8	Halb- und vollbesetzte Unterschalen 88
6.9	Einteilung der Elemente 89
6.10	Übungsaufgaben 90

6.1 Elektromagnetische Strahlung

Zu den elektromagnetischen Strahlen gehören Radiowellen, Infrarotstrahlung, Licht, Röntgenstrahlen und γ-Strahlen. Man kann sie als Wellenbewegungen auffassen, die sich im Raum fortpflanzen. Folgende Größen dienen zu ihrer Charakterisierung (vgl. 6.1):

1. Die **Wellenlänge** λ.
2. Die **Amplitude** A. Die **Intensität** (Helligkeit) einer Strahlung ist proportional zu A^2.
3. Die **Ausbreitungsgeschwindigkeit** ist für elektromagnetische Wellen unabhängig von der Wellenlänge. Sie wird **Lichtgeschwindigkeit** genannt und beträgt im Vakuum $c = 2{,}9979 \cdot 10^8$ m/s.
4. Die **Frequenz** ν entspricht der Zahl der Wellen, die an einem gegebenen Ort in jeder Sekunde vorbeikommen. Die SI-Einheit für die Frequenz ist das Hertz (Symbol Hz); 1 Hz = 1 s^{-1}.

Zwischen Ausbreitungsgeschwindigkeit, Wellenlänge und Frequenz gilt die Beziehung

$$c = \lambda \cdot \nu \qquad (6.1)$$

Das Spektrum der elektromagnetischen Strahlung ist in 6.2 gezeigt. Radiowellen haben sehr große Wellenlängen, γ-Strahlen aus dem radioaktiven Zerfall von Atomkernen sehr kleine Wellenlängen. Sichtbares Licht hat Wellenlängen zwischen 400 und 750 nm (1 Nanometer = 10^{-9} m). Licht mit einer bestimmten Wellenlänge ist *monochromatisch* und hat eine bestimmte Farbe (6.2); polychromatisches Licht, bei dem alle Wellenlängen zwischen 400 und 750 nm vertreten sind, ist weiß.

Lichtgeschwindigkeit:

$c = 2{,}99792458 \cdot 10^8$ m/s

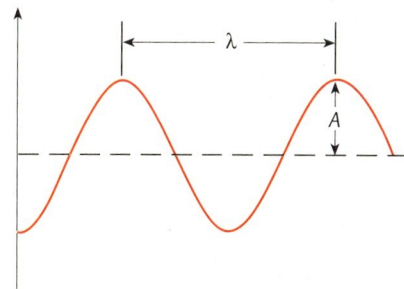

6.1 Wellenlänge und Amplitude A einer Welle

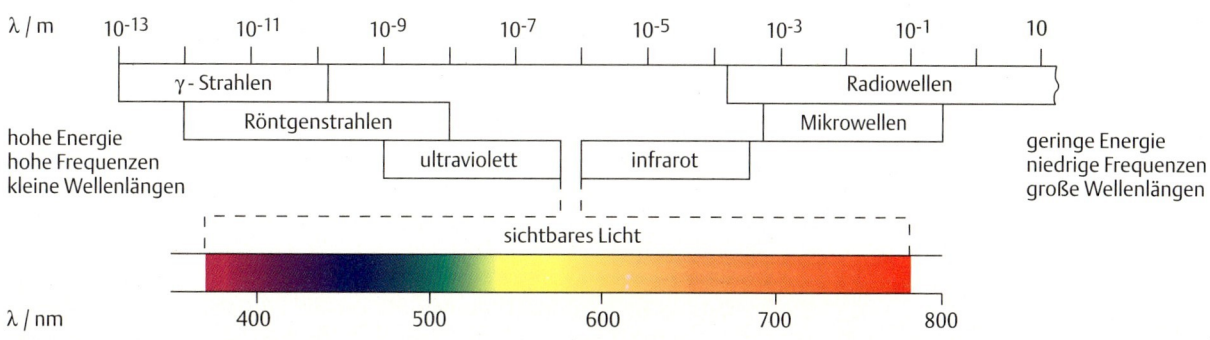

6.2 Spektrum der elektromagnetischen Strahlung, auf logarithmischer Skala (ausgenommen der Ausschnitt für das sichtbare Licht)

6 Die Elektronenstruktur der Atome

Mit der Beschreibung der elektromagnetischen Strahlung als Wellenbewegung werden viele ihrer Eigenschaften erfolgreich erfaßt. Es gibt jedoch andere Eigenschaften, die sich nur verstehen lassen, wenn man die Strahlung als Teilchenstrom beschreibt. Max Planck stellte 1900 die **Quantentheorie** vor.

Danach kann Energie in Form von elektromagnetischer Strahlung nur in definierten Portionen absorbiert oder abgestrahlt werden. Die einzelne Energieportion nennen wir ein **Quant**. Der Energiebetrag E eines Quants ist proportional zur Frequenz der Strahlung. Die Proportionalitätskonstante h ist die *Planck-Konstante* (■ 6.**1**).

Zu einer Strahlung mit hoher Frequenz ν (und kleiner Wellenlänge) gehören energiereiche Quanten. Ein einzelnes Quant kann man sich nach Albert Einstein (1905) als Teilchen vorstellen, das sich mit Lichtgeschwindigkeit fortbewegt; man nennt es auch **ein Photon**.

Planck-Beziehung

$$E = h \cdot \nu \qquad (6.2)$$

Planck-Konstante

$$h = 6{,}62608 \cdot 10^{-34}\, \text{J} \cdot \text{s}$$

Max Planck, 1858–1947

■ Beispiel 6.**1**

Welche Energie hat ein Quant von:

a) rotem Licht der Wellenlänge 700 nm?
b) violettem Licht der Wellenlänge 400 nm?

Zuerst berechnen wir mit Hilfe von Gleichung (6.1) die zugehörige Frequenz des Lichts, und damit berechnen wir mit Gleichung (6.2) die Energie eines Quants:

a) $\nu = \dfrac{c}{\lambda} = \dfrac{3{,}00 \cdot 10^{8}\, \text{m} \cdot \text{s}^{-1}}{700 \cdot 10^{-9}\, \text{m}} = 4{,}29 \cdot 10^{14}\, \text{s}^{-1}$

$E = h \cdot \nu = 6{,}63 \cdot 10^{-34}\, \text{Js} \cdot 4{,}29 \cdot 10^{14}\, \text{s}^{-1} = 2{,}84 \cdot 10^{-19}\, \text{J}$

b) $\nu = \dfrac{3{,}00 \cdot 10^{8}\, \text{m} \cdot \text{s}^{-1}}{400 \cdot 10^{-9}\, \text{m}} = 7{,}50 \cdot 10^{14}\, \text{s}^{-1}$

$E = 6{,}63 \cdot 10^{-34}\, \text{Js} \cdot 7{,}50 \cdot 10^{14}\, \text{s}^{-1} = 4{,}97 \cdot 10^{-19}\, \text{J}$

Albert Einstein, 1879–1955

6.2 Atomspektren

Licht wird beim Durchgang durch ein Prisma abgelenkt. Das Ausmaß der Ablenkung hängt von der Wellenlänge ab; je kleiner die Wellenlänge, desto stärker die Ablenkung. Im weißen Licht kommen alle Wellenlängen des sichtbaren Spektralbereichs vor. Durch ein Prisma wird weißes Licht zu einem Streifen gedehnt, den wir *kontinuierliches Spektrum* nennen. In dem Spektrum sehen wir die Farben des Regenbogens, die ohne scharfe Grenzen ineinander übergehen.

Beim Erhitzen von Gasen oder Dämpfen chemischer Substanzen mit einer Flamme oder einer elektrischen Entladung kommt es zu einem Leuchten. Wird das abgestrahlte Licht durch ein Prisma geleitet, so wird ein *Linienspektrum* beobachtet (■ 6.**3**). Das Spektrum besteht aus einer begrenzten Anzahl von scharf begrenzten, farbigen Linien; jede von ihnen entspricht einer eigenen, definierten Wellenlänge. Jedes zum Leuchten angeregte Element zeigt ein charakteristisches, eigenes Spektrum.

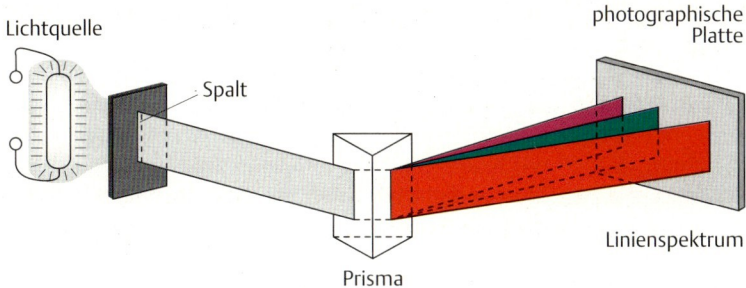

6.3 Erzeugung eines Linienspektrums

Die Frequenzen, die den Linien im sichtbaren Bereich des Spektrums von Wasserstoff entsprechen, erfüllen folgende Gleichung:

$$\nu = \frac{c}{\lambda} = 3{,}289 \cdot 10^{15} \cdot \left(\frac{1}{2^2} - \frac{1}{n^2}\right) \text{ s}^{-1} \qquad n = 3, 4, 5, \ldots \qquad (6.3)$$

Diese Gleichung wurde nach experimentellen Befunden von J. J. Balmer 1885 aufgestellt. Sie basiert auf keinerlei Theorie über den Atombau. Die Serie sichtbarer Spektrallinien, die durch die Balmer-Gleichung erfaßt wird, nennt man *Balmer-Serie*.

Das Bohr-Atommodell

Mit der 1913 von Niels Bohr entwickelten Theorie über die Elektronenstruktur des Wasserstoff-Atoms kann das beobachtete Linienspektrum für dieses Element erklärt werden. Das Wasserstoff-Atom besteht aus einem Elektron und einem Atomkern, der nur ein Proton enthält. Nach der Bohr-Theorie gilt folgendes:

1. Das Elektron des Wasserstoff-Atoms kann sich nur auf bestimmten Kreisbahnen aufhalten (die Bahnen werden auch **Energieniveaus**, **Energiezustände**, **Energieterme** oder **Schalen** genannt). Die Bahnen sind konzentrisch um den Atomkern angeordnet. Jede Bahn wird mit einem Buchstaben ($K, L, M, N \ldots$) oder einer Zahl $n = 1, 2, 3, 4, \ldots$ bezeichnet.
2. Für jede Bahn, auf der das Elektron den Atomkern umkreist, hat das Elektron eine bestimmte Energie. Auf der K-Schale ($n = 1$), die dem Atomkern am nächsten ist, kommt dem Elektron die geringste Energie zu. Um das Elektron auf eine weiter außen liegende Bahn zu bringen, muß ihm Energie zugeführt werden, da Arbeit gegen die elektrostatische Anziehungskraft zwischen positiv geladenem Kern und negativ geladenem Elektron geleistet werden muß. Die Energie eines Elektrons darf keine Werte annehmen, die es auf einen Ort zwischen den erlaubten Bahnen bringen würde.
3. Wenn sich das Elektron auf der innersten Bahn befindet und die geringste Energie hat, so sagen wir, das Atom befindet sich im **Grundzustand**. Durch Zufuhr von Energie kann das Elektron auf eine größere Bahn springen und einen höheren Energiezustand annehmen; diesen nennen wir **angeregten Zustand**.

Niels Bohr, 1885–1962

4. Wenn das Elektron von einem angeregten Zustand auf eine weiter innen liegende Bahn springt, wird ein definierter Energiebetrag freigesetzt und in Form eines Lichtquants emittiert. Der Energiebetrag entspricht der Differenz der Energien des höheren und des niedrigeren Energiezustands. Dem Lichtquant entspricht gemäß Gleichung (**6.2**) (S. 64) eine bestimmte Frequenz (und Wellenlänge), es trägt zu einer charakteristischen Spektrallinie bei. Andere Spektrallinien gehören zu Elektronensprüngen zwischen anderen Energieniveaus.

Durch Gleichsetzen der elektrostatischen Anziehungskraft zwischen Atomkern und Elektron mit der Zentrifugalkraft des kreisenden Elektrons konnte Bohr die Energie E_n berechnen, die das Elektron in der n-ten Bahn hat. In vereinfachter Form lautet die Gleichung:

$$E_n = -\frac{2{,}179 \cdot 10^{-18}}{n^2} \quad \text{J} \qquad n = 1, 2, 3, \ldots$$

Wenn ein Elektron von einer äußeren Bahn mit $n = n_2$ und Energie E_2 auf eine weiter innen liegende Bahn mit $n = n_1$ und Energie E_1 springt, dann wird die überschüssige Energie als Lichtquant abgestrahlt:

$$\begin{aligned}
h \cdot \nu &= E_2 - E_1 \\
&= -2{,}179 \cdot 10^{-18} \left(\frac{1}{n_2^2} - \frac{1}{n_1^2} \right) \quad \text{J} \\
\nu &= -\frac{2{,}179 \cdot 10^{-18}}{h} \cdot \left(\frac{1}{n_2^2} - \frac{1}{n_1^2} \right) \quad \text{s}^{-1} \\
&= 3{,}289 \cdot 10^{15} \cdot \left(\frac{1}{n_1^2} - \frac{1}{n_2^2} \right) \quad \text{s}^{-1}
\end{aligned} \qquad (6.4)$$

Für alle Sprünge aus höheren Bahnen auf die zweite Bahn ($n_1 = 2$) wird aus Gleichung (**6.4**) die Balmer-Gleichung (**6.3**) (S. 65). Für Sprünge auf die Bahn $n_1 = 1$ werden Lichtquanten mit höherer Energie, d. h. Licht höherer Frequenzen emittiert; die zugehörigen Spektrallinien der *Lyman-Serie* liegen im ultravioletten Bereich des Spektrums. Die Linien der *Paschen-Serie* rühren von Elektronensprüngen auf die dritte Bahn ($n_1 = 3$) her, sie haben niedrigere Frequenzen und erscheinen im infraroten Teil des Spektrums. Die Zusammenhänge sind in **6.4** veranschaulicht, ein Rechenbeispiel findet sich in **6.2**.

Beispiel 6.2

Welche Frequenz und Wellenlänge im Spektrum des Wasserstoff-Atoms entspricht dem Elektronenübergang von der Bahn $n_2 = 3$ auf $n_1 = 2$?

$$\nu = 3{,}289 \cdot 10^{15} \cdot \left(\frac{1}{2^2} - \frac{1}{3^2} \right) \text{s}^{-1} = 4{,}568 \cdot 10^{14} \, \text{s}^{-1}$$

$$\lambda = \frac{c}{\nu} = \frac{2{,}998 \cdot 10^8 \, \text{m} \cdot \text{s}^{-1}}{4{,}568 \cdot 10^{14} \, \text{s}^{-1}} = 6{,}563 \cdot 10^{-7} \, \text{m} = 656{,}3 \, \text{nm}$$

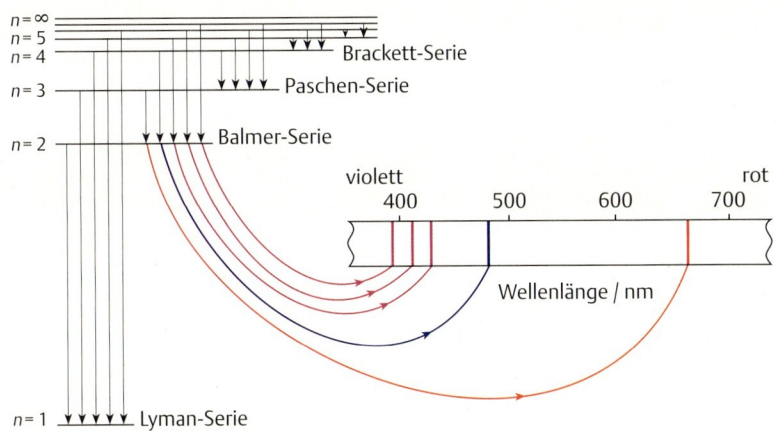

⊙ **6.4** Zusammenhang zwischen den Elektronenübergängen im Wasserstoff-Atom und den Linien im Spektrum

Durch Zufuhr von Energie passenden Betrages kann das Elektron von einer inneren auf eine weiter außen liegende Bahn befördert werden. Die völlige Abtrennung des Elektrons vom Atom entspricht dem Sprung auf eine unendlich große Bahn, d.h. $n_2 = \infty$. Setzt man diesen Wert in Gleichung (6.4) ein, so erhält man

$$\nu = 3{,}289 \cdot 10^{15} \cdot \frac{1}{n_1^2} \; s^{-1} \tag{6.5}$$

Die zugehörige Energie $E = h \cdot \nu$ ist die **Ionisierungsenergie** aus der Bahn n_1.

Mit der Bohr-Theorie kann das beobachtete Spektrum des Wasserstoff-Atoms exakt berechnet werden. Bei Atomen mit mehreren Elektronen ist die Theorie nicht so erfolgreich. Das Bohr-Atommodell mußte deshalb modifiziert werden.

6.3 Ordnungszahl und das Periodensystem der Elemente

Anfang des 19. Jahrhunderts wurden den Chemikern die Ähnlichkeiten der chemischen und physikalischen Eigenschaften zwischen einigen Elementen bewußt. Zwischen 1817 und 1829 veröffentlichte Johann W. Döbereiner Vergleiche über die Eigenschaften von Elementgruppen, die er Triaden nannte (Calcium-Strontium-Barium; Lithium-Natrium-Kalium; Chlor-Bom-Iod; Schwefel-Selen-Tellur). Die Elemente jeder Triade sind einander ähnlich und die relative Atommasse des jeweils zweiten Elements ist ungefähr der Mittelwert aus den Atommassen der anderen beiden. 1863–1866 schlug John A. R. Newlands das „Oktavengesetz" vor: Wenn die Elemente nach steigender relativer Atommasse geordnet werden, dann ist das achte Element dem ersten ähnlich, das neunte dem zweiten usw. Weil die tatsächlichen Verhältnisse jedoch komplizierter sind, erschien das Oktavengesetz gekünstelt und wurde zunächst nicht ernst genommen.

6 Die Elektronenstruktur der Atome

Die moderne Einteilung der Elemente geht auf die Arbeiten von Julius Lothar Meyer (1869) und Dmitri Mendelejew (1869) zurück. Sie schlugen ein Periodengesetz vor: Wenn die Elemente nach zunehmender Atommasse geordnet werden, tauchen Ähnlichkeiten in den Eigenschaften periodisch auf. Mendelejew ordnete die Elemente so, daß ähnliche Elemente in senkrechten Spalten zusammenstehen; die Spalten werden **Gruppen** genannt (◙ 6.5).

Periode	Gruppe														
	I		II		III		IV		V		VI		VII		VIII
	a	b	a	b	a	b	a	b	a	b	a	b	a	b	a	b(0)
1	H 1,0															He 4,0
2	Li 6,9		Be 9,0		B 10,8		C 12,0		N 14,0		O 16,0		F 19,0			Ne 20,2
3	Na 23,0		Mg 24,3		Al 27,0		Si 28,1		P 31,0		S 32,1		Cl 35,5			Ar 39,9
4	K 39,1		Ca 40,1		Sc 45,0		Ti 47,9		V 50,9		Cr 52,0		Mn 54,9		Fe 55,8 Co 58,9 Ni 58,7	
		Cu 63,5		Zn 65,4		Ga 69,7		Ge 72,6		As 74,9		Se 79,0		Br 79,9		Kr 83,8
5	Rb 85,5		Sr 87,6		Y 88,9		Zr 91,2		Nb 92,9		Mo 95,9		Tc		Ru 101,1 Rh 102,9 Pd 106,4	
		Ag 107,9		Cd 112,4		In 114,8		Sn 118,7		Sb 121,8		Te 127,6		I 126,9		Xe 131,3
6	Cs 132,9		Ba 137,3		La* 138,9		Hf 178,5		Ta 180,9		W 183,9		Re 186,2		Os 190,2 Ir 192,2 Pt 195,1	
		Au 197,0		Hg 200,6		Tl 204,4		Pb 207,2		Bi 209,0		Po		At		Rn
7	Fr		Ra		Ac**											

*	Ce 140,1	Pr 140,9	Nd 144,2	Pm	Sm 150,4	Eu 152,0	Gd 157,3	Tb 158,9	Dy 162,5	Ho 164,9	Er 167,3	Tm 168,9	Yb 173,0	Lu 175,0
**	Th 232,0	Pa	U 238,0	Np	Pu	Am	Cm	Bk	Cf	Es	Fm	Md	No	Lr

◙ **6.5** Periodensystem der Elemente nach Mendelejew (1871). Elemente, die 1871 unbekannt waren, stehen in gelben Feldern

Damit in allen Fällen ähnliche Elemente untereinander zu stehen kommen, mußte Mendelejew einige Felder seines Periodensystems für noch nicht entdeckte Elemente frei lassen. Auf der Basis seines Systems machte er Voraussagen über die Eigenschaften von drei der fehlenden Elemente. Die später entdeckten Elemente Scandium, Gallium und Germanium entsprachen weitgehend diesen Voraussagen und bestätigten die Richtigkeit des Periodensystems. Die Existenz der Edelgase (Helium, Neon, Argon, Krypton, Xenon, Radon) wurde von Mendelejew nicht vorhergesehen. Als sie 1892–1898 entdeckt wurden, fügten sie sich jedoch zwanglos in das Periodensystem ein.

Ein Schönheitsfehler betraf die drei Elementpaare Argon-Kalium, Cobalt-Nickel und Tellur-Iod. Aufgrund der Atommasse sollte Iod zum Beispiel das 52. und Tellur das 53. Element sein. Damit sie jedoch in die Gruppen der ihnen ähnlichen Elemente kamen, mußten diese Elemente in umgekehrter Reihenfolge in das System eingefügt werden. Allmählich kam man zur Überzeugung, daß eine andere Größe als die Atommasse die Periodizität bedingt. Diese Größe mußte direkt mit der Ordnungszahl zusammenhängen, die zu jener Zeit nur die Seriennummer im Periodensystem war.

Lothar Meyer 1830–1895

Das Moseley-Gesetz

Das Problem wurde 1913–1914 von Henry G.J. Moseley gelöst. Wenn Kathodenstrahlen (Elektronen) mit einer Hochspannung gegen eine Anode beschleunigt werden, kommt es zur Ausstrahlung von Röntgenstrahlen (◉ 6.6, S. 70). Die *Röntgenstrahlung* kann in ein Spektrum je nach Wellenlänge zerlegt werden; dabei wird ein Linienspektrum beobachtet, das sich photographisch registrieren läßt. Je nach Element, das als Anoden-Material verwendet wird, erhält man ein anderes Spektrum, das aus einigen wenigen Linien besteht.

Moseley untersuchte die Röntgenspektren von 38 Elementen mit den Ordnungszahlen 13 (Aluminium) bis 79 (Gold). Für jeweils eine bestimmte Linie des Spektrums fand er eine lineare Beziehung zwischen der Wurzel aus der zugehörigen Frequenz und der Ordnungszahl des Elements (◉ 6.7, S. 70).

Dmitri Mendelejew, 1834–1907

Mit Hilfe der Röntgenspektren konnte Moseley für jedes Element die richtige Ordnungszahl bestimmen. Er bestätigte die richtige Einordnung der Elemente, die aufgrund der Atommassen in anderer Reihenfolge stehen sollten. Er stellte fest, daß 14 Elemente in der Serie von $_{58}$Ce bis $_{71}$Lu stehen müssen (in ◉ 6.5 als Fußnote aufgeführt), und daß diese dem Lanthan folgen müssen. Moseleys Diagramm zeigte auch das Fehlen von vier unbekannten Elementen mit den Nummern 43, 61, 72 und 75. Aufgrund der Moseleyschen Arbeiten wurde das Ordnungsprinzip des Periodensystems neu definiert: Die chemischen und physikalischen Eigenschaften der Elemente sind eine Funktion der *Ordnungszahl*.

Die von Moseley bestimmten Ordnungszahlen stimmten etwa mit den Kernladungszahlen überein, die Rutherford nach den Streuexperimenten mit α-Strahlen berechnet hatte. Moseley stellte deshalb fest: „Im Atom gibt es eine fundamentale Größe, die in regelmäßigen Schritten von einem Element zum anderen zunimmt. Diese Größe kann nur die positive Ladung des Atomkerns sein." Die Ladungszahl des Kerns ist somit identisch mit der Ordnungszahl Z des Elements.

Henry G.J. Moseley, 1887–1915

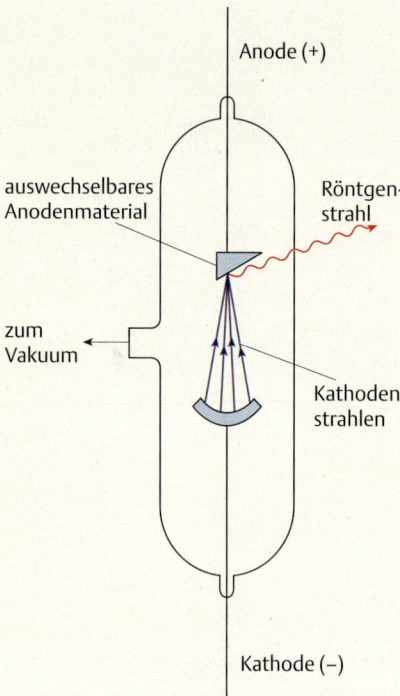

6.6 Röntgenröhre

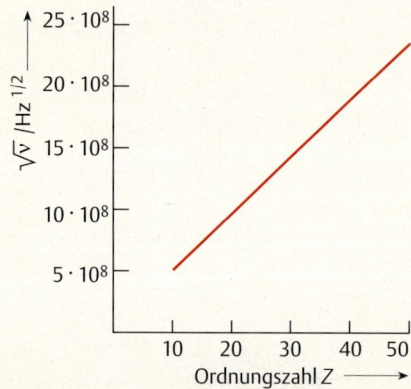

6.7 Zusammenhang zwischen Ordnungszahl und Frequenz von charakteristischen Linien im Röntgenspektrum

Röntgenstrahlen sind elektromagnetische Strahlen mit erheblich kürzerer Wellenlänge, d. h. mit höherer Frequenz als sichtbares Licht (vgl. 6.2, S. 63). Die vom Anodenmaterial der Röntgenröhre ausgehende Röntgenstrahlung stammt, ähnlich wie das vom Wasserstoff-Atom emittierte Licht, von Elektronensprüngen in den Atomen. Die energiereichen Kathodenstrahlen schlagen Elektronen aus inneren Schalen der Atome des Anodenmaterials heraus. Elektronen, die anschließend unter Energieabgabe aus äußeren Schalen auf die freien Plätze der inneren Schalen springen, geben Anlaß zur Röntgenemission. Bei einem Sprung von einer äußeren Schale auf die K-Schale wird ein relativ hoher Energiebetrag freigesetzt, die Frequenz der zugehörigen Röntgenstrahlung ist dementsprechend hoch. Die Energieabgabe eines solchen Elektronenübergangs ist proportional zum Quadrat der Ladung des Atomkerns (Z^2) und erklärt das Moseley-Gesetz.

Einteilung des Periodensystems

Das Periodensystem der Elemente in seiner heute gebräuchlichen Form ist auf einem Auslegefaltblatt am Ende des Buches zu finden. Die Elemente sind fortlaufend nach ihrer Ordnungszahl aufgeführt. Chemisch einander ähnliche Elemente stehen jeweils in einer Spalte untereinander. Diese senkrechten Spalten heißen **Gruppen**. Eine waagrechte Reihe heißt **Periode**. Die Perioden sind unterschiedlich lang. Die 1. Periode enthält nur zwei Elemente, Wasserstoff und Helium. In den nächsten zwei Perioden stehen je acht Elemente, dann folgen zwei Perioden mit je 18 Elementen und schließlich folgen Perioden mit 32 Elementen.

Die Elemente mit den Ordnungszahlen 58 bis 71 stehen unter den anderen Elementen als „Fußnote". Sie werden **Lanthanoiden** oder **seltene Erden** genannt, und sie gehören eigentlich in die 6. Periode, zwischen die Elemente Lanthan ($Z = 57$) und Hafnium ($Z = 72$). Wegen der besseren Übersichtlichkeit ist die Anordnung als Fußnote jedoch zweckmäßiger. Das gleiche gilt für die Elemente Nr. 90 bis 103, die **Actinoiden**, die dem Element Actinium ($Z = 89$) folgen. Sie werden als zweite Fußnote unter die Lanthanoiden geschrieben.

Zur Numerierung der Gruppen sind leider mehrere Bezeichnungsweisen in Gebrauch (6.8). Nach neueren Richtlinien der IUPAC (Internationale Union für reine und angewandte Chemie) sind die Gruppen von 1 bis 18 mit arabischen Ziffern durchzunumerieren; die Elemente F, Cl, Br ... stellen danach zum Beispiel die 17. Gruppe dar. Bei dieser Numerierung werden die Lanthanoiden und Actinoiden nicht berücksichtigt. Die „offiziell" verordnete Numerierung von 1 bis 18 hat einige Nachteile und läßt bei manchen Gruppen nicht direkt den Zusammenhang zwischen chemischen Eigenschaften und Gruppennummer erkennen. Diese Art der Numerierung wird deshalb von vielen Wissenschaftlern nicht akzeptiert; sie erfreut sich jedoch vor allem in Nordamerika zunehmender Beliebtheit.

Bei der Numerierung mit römischen Ziffern gemäß der obersten Zeile in 6.8 folgen auf die Gruppen IA und IIA die Gruppen IIIB, IVB usw.; die Gruppen 8, 9 und 10 werden zu einer Gruppe VIIIB zusammengefaßt, dann folgen IB und IIB und schließlich IIIA, IVA usw. Bei dieser Bezeichnungsweise sind die **Hauptgruppen** mit A und die **Nebengruppen**, auch **Übergangselemente** oder **Übergangsmetalle** genannt, mit B bezeichnet.

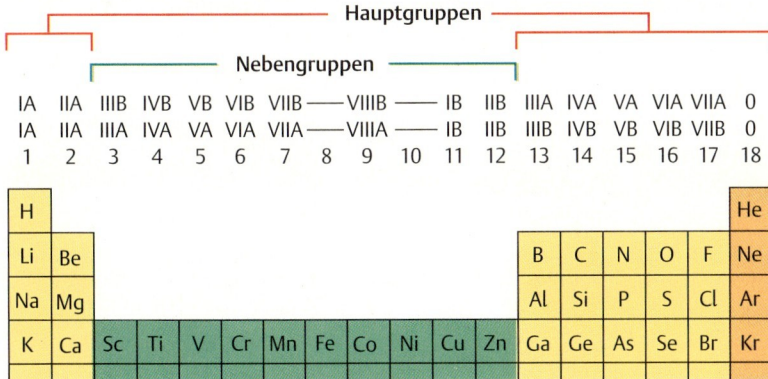

◉ **6.8** Verschiedene Arten zur Numerierung der Gruppen des Periodensystems der Elemente

Die historisch älteste und in Europa noch oft verwendete Bezeichnungsweise steht in der zweiten Zeile von ◉ 6.8. Sie geht auf das Periodensystem von Mendelejew zurück (vgl. ◉ 6.5, vgl. S. 68), obwohl Mendelejew selbst keine A- und B-Bezeichnungen verwendet hat.

Zur eindeutigen Bezeichnung kann man die neue Numerierung (1 bis 18) verwenden. Wir werden uns jedoch der ebenfalls eindeutigen und allgemein gebräuchlichen Bezeichnungen I., II., III., ... Hauptgruppe und III., IV., ... Nebengruppe bedienen. Für manche Gruppen gibt es auch Namen, die häufig benutzt werden (⊟ 6.1).

Eine Stufenlinie (vgl. Periodensystem auf dem Auslegefaltblatt am Ende des Buches) trennt die **Metalle** von den **Nichtmetallen**. Metalle zeichnen sich durch metallischen Glanz, Verformbarkeit und hohe Leitfähigkeit für Elektrizität und Wärme aus. Die Grenzlinie zu den Nichtmetallen ist nicht scharf. Die Elemente an der Grenzlinie werden zuweilen **Halbmetalle** oder **Metalloide** genannt; ihre Eigenschaften stehen zwischen denen von Metallen und Nichtmetallen.

⊟ 6.1 Namen für einige Gruppen des Periodensystems

Name	Hauptgruppen-Nummer	neue Gruppen-Nummer
Edelgase	0	18
Alkalimetalle	I	1
Erdalkalimetalle	II	2
Pnictide[a]	V	15
Chalkogene	VI	16
Halogene	VII	17

[a] selten gebraucht

6.4 Wellenmechanik

In den Jahren 1900–1905 wurde die Quantentheorie des Lichts von Max Planck und Albert Einstein entwickelt. Das neue an dieser Theorie war die Beschreibung des Lichts als Strahlen von Teilchen, den *Photonen*. Nach wie vor lassen sich manche Eigenschaften des Lichtes besser durch das Modell der Lichtwellen erklären. Je nachdem, welches Modell zur Erklärung eines gegebenen Sachverhalts besser geeignet ist, fassen wir Licht als Welle oder als Teilchenstrahl auf. Man spricht vom Welle-Teilchen-Dualismus oder von der dualistischen Natur des Lichtes. Diese Bezeichnung ist irreführend, denn sie suggeriert, Licht sei mal Welle, mal Teilchen; in Wahrheit ist nur unsere modellhafte Beschreibung des Lichtes dualistisch, d. h. unsere heutigen Theorien sind nicht gut genug, um die Eigenschaften des Lichtes mit einem einzigen Modell zu erfassen.

So wie Licht als Teilchenstrahl aufgefaßt werden kann, gilt umgekehrt auch, daß jeder Strahl von beliebigen Teilchen als Welle beschrieben werden kann. In diesem Fall wurde die Erkenntnis in der umgekehrten

6 Die Elektronenstruktur der Atome

Reihenfolge wie beim Licht gewonnen. Bei den anfänglichen Experimenten zur Charakterisierung des Elektrons wurde dieses nur als geladenes Teilchen angesehen; die Beschreibung bewegter Elektronen als Welle folgte später.

Die de Broglie-Beziehung

Die Beschreibung von Elektronen und anderen Teilchen als Welle geht auf Louis de Broglie (1924) zurück. Die Energie E eines Photons steht mit der Lichtfrequenz über die Planck-Gleichung (6.2) (S. 64) $E = h\nu$ in Beziehung. Ersetzt man gemäß Gleichung (6.1) (S. 63) die Frequenz durch $\nu = c/\lambda$, so ergibt sich:

$$E = h\frac{c}{\lambda}$$

Mit der Einstein-Gleichung $E = mc^2$, wobei m die effektive Masse des Photons ist, erhält man:

$$mc^2 = h\frac{c}{\lambda}$$

$$\lambda = \frac{h}{mc} \tag{6.6}$$

Louis duc de Broglie, 1892–1987

Nach de Broglie kann nicht nur einem mit der Lichtgeschwindigkeit c fliegenden Photon, sondern auch jedem anderen fliegenden Teilchen eine Wellenlänge zugeordnet werden:

$$\lambda = \frac{h}{mv} \tag{6.7}$$

Dabei ist m die Masse und v die Geschwindigkeit des Teilchens. Das Produkt mv nennt man den *Impuls*.

■ Wellenlänge eines fliegenden Teilchens

$$\lambda = \frac{h}{mv}$$

Impuls = mv

■ **Beispiel 6.3**

Welche Wellenlänge entspricht:

a) einem Tennisball mit einer Masse von 50 g, der mit 30 m/s (108 km/h) fliegt?

b) einem Elektron, das auf der 1. Bahn im Wasserstoff-Atom nach der Bohr-Theorie mit $2{,}19 \cdot 10^6$ m/s fliegt ($m = 9{,}11 \cdot 10^{-28}$ g)?

a) $\lambda = \dfrac{h}{mv} = \dfrac{6{,}63 \cdot 10^{-34}\,\text{kg} \cdot \text{m}^2\text{s}^{-1}}{0{,}05\,\text{kg} \cdot 30\,\text{m} \cdot \text{s}^{-1}} = 4{,}42 \cdot 10^{-34}$ m

b) $\lambda = \dfrac{h}{mv} = \dfrac{6{,}63 \cdot 10^{-34}\,\text{kg} \cdot \text{m}^2\text{s}^{-1}}{9{,}11 \cdot 10^{-31}\,\text{kg} \cdot 2{,}19 \cdot 10^6\,\text{ms}^{-1}} = 3{,}32 \cdot 10^{-10}$ m = 332 pm

Die Wellenlänge des Tennisballs ist unmeßbar klein. Die Wellenlänge des Elektrons ist mit der von Röntgenstrahlen vergleichbar; sie ist genauso lang wie seine Umlaufbahn.

Jedes bewegte Objekt kann als Welle aufgefaßt werden. Bei gewöhnlichen Objekten sind die zugehörigen Wellenlängen so extrem klein, daß die Welleneigenschaften nicht nachweisbar sind. Bei Teilchen mit sehr kleinen Massen wie zum Beispiel Elektronen oder Neutronen ist dies jedoch anders, ihre Wellenlängen können experimentell bestimmt werden (s. ■ 6.3).

Kurz nachdem de Broglie seine Theorie veröffentlicht hatte, haben Clinton Davisson und Lester Germer experimentell die Welleneigenschaften des Elektrons nachgewiesen. Sie zeigten, daß Elektronen genauso wie Röntgenstrahlen beim Durchgang durch einen Kristall gebeugt werden. Die experimentell bestimmte und die nach de Broglie berechnete Wellenlänge stimmen genau überein.

Die Heisenberg-Unschärferelation

Der Bohrsche Gedanke mit dem Elektron, das in einem Atom nur definierte Energiezustände annehmen kann, war ein wichtiger Schritt zur Entwicklung der Atomtheorie. Das Spektrum des Wasserstoff-Atoms konnte damit exakt berechnet werden, aber alle Versuche, die Theorie auf Atome mit mehreren Elektronen auszudehnen, scheiterten.

Beim Bohrschen Modell wurde das Elektron als ein bewegtes Teilchen angesehen. Um seine Bahn zu berechnen, muß man zu einem gegebenen Zeitpunkt gleichzeitig seine Geschwindigkeit und seinen Aufenthaltsort kennen. Nach der **Unschärferelation** von Heisenberg (1926) gilt jedoch:

■ es ist grundsätzlich unmöglich, von einem Objekt gleichzeitig den genauen *Aufenthaltsort* und den *Impuls* zu bestimmen. ■

Werner Heisenberg, 1901–1976

Die Lage von Körpern sehen wir mit Hilfe von Licht. Um ein so kleines Objekt wie ein Elektron zu orten, ist Licht mit sehr kurzer Wellenlänge notwendig. Kurzwelliges Licht hat eine hohe Frequenz und ist sehr energiereich (Gleichung 6.2, S. 64). Wenn es das Elektron trifft, erteilt es ihm einen zusätzlichen Impuls. Der Versuch, das Elektron zu orten, verändert seinen Impuls drastisch. Energieärmere Photonen würden den Impuls weniger beeinflussen, wegen der zugehörigen größeren Wellenlänge könnte man damit das Elektron jedoch nur ungenau orten. Nach Heisenberg ist die Unschärfe (Ungenauigkeit) bei der Bestimmung des Orts, Δx, mit der Unschärfe des Impulses, $\Delta(mv)$, verknüpft durch:

$$\Delta x \cdot \Delta(mv) \geq \frac{h}{4\pi} \qquad (6.8)$$

Für gewöhnliche Objekte ist wegen der relativ hohen Masse m die Unschärfe einer Messung ohne Bedeutung, bei kleinen Teilchen wie Elektronen jedoch so erheblich, daß Aussagen über Elektronenbahnen in Atomen hoffnungslos sind (s. ■ 6.4). Die Lösung des Problems brachte die Wellenmechanik, die von Erwin Schrödinger entwickelt wurde, indem er mit Hilfe der de Broglie-Beziehung das Elektron als Welle behandelte.

■ Beispiel 6.4

Welche ist die Mindestungenauigkeit bei der Bestimmung der Geschwindigkeit folgender Objekte, wenn der Ort jeweils mit einer Genauigkeit von 10 pm bestimmt wurde? 10 pm entsprechen etwa einem Zehntel des Radius eines Atoms.

a) Ein Tennisball ($m = 50$ g)

b) Ein Elektron ($m = 9{,}11 \cdot 10^{-28}$ g)

$$\Delta x \cdot \Delta(mv) \geq \frac{h}{4\pi}$$

$$\Delta v \geq \frac{h}{4\pi m \Delta x}$$

a) $\Delta v \geq \dfrac{6{,}63 \cdot 10^{-34} \text{ kg} \cdot \text{m}^2\text{s}^{-1}}{4\pi \cdot 0{,}05 \text{ kg} \cdot 1{,}00 \cdot 10^{-11} \text{ m}} \geq 1{,}06 \cdot 10^{-22}$ m/s

b) $\Delta v \geq \dfrac{6{,}63 \cdot 10^{-34} \text{ kg} \cdot \text{m}^2\text{s}^{-1}}{4\pi \cdot 9{,}11 \cdot 10^{-31} \text{ kg} \cdot 1{,}00 \cdot 10^{-11} \text{ m}} \geq 5{,}80 \cdot 10^6$ m/s

Die Unschärfe bei der Geschwindigkeitsbestimmung des Tennisballs entspricht einer Geschwindigkeit von nur 0,33 pm pro Jahrtausend. Dagegen liegt die Ungenauigkeit bei der Bestimmung der Geschwindigkeit des Elektrons etwa bei 2% vom Wert der Lichtgeschwindigkeit; sie ist mehr als doppelt so groß, wie die Geschwindigkeit, die das Elektron nach dem Bohr-Modell hat ($2{,}19 \cdot 10^6$ m/s).

Das Elektron im Kasten

Wenn ein Elektron, das in einem (eindimensionalen) Kasten hin- und herfliegt, als hin- und zurücklaufende Welle behandelt wird, ergibt sich die gleiche Situation wie bei einer schwingenden Saite. Das Elektron verhält sich wie eine *stehende Welle* („stationäre Schwingung"). Die Amplitude der stehenden Welle an einem Ort x ist wie bei der schwingenden Saite durch eine **Wellenfunktion** ψ gegeben (◉ 6.9):

$$\psi_n = \sin \pi \cdot n \cdot x \qquad n = 1, 2, 3, \ldots$$

Dabei wird x in Einheiten d (d = Länge des Kastens bzw. der Saite) gemessen. Es sind zahlreiche stehende Wellen möglich, ihre Wellenlänge λ muß jedoch die Bedingung $n \cdot \lambda/2 = d$ erfüllen, wobei n ganzzahlig ist. Für das Elektron im Kasten sind deshalb gemäß Gleichung (6.7) (S. 72) nur bestimmte Werte für die Geschwindigkeit v möglich; für die Energie des Elektrons, die hier als die kinetische Energie $\frac{1}{2}mv^2$ des fliegenden Teilchens aufgefaßt werden kann, sind nur bestimmte Werte möglich, die von der Zahl n abhängen. Je größer n, desto größer die Energie. Die stehende Welle hat (ohne die Endpunkte mitzuzählen) $n - 1$ *Knotenpunkte*, an denen die Amplitude ψ den Wert Null hat.

Bei Licht und anderen Wellen ist die Intensität proportional zum Quadrat der Amplitude. Im Falle der Wellenfunktion des Elektrons ist die analoge Größe ψ^2 proportional zur Ladungsdichte. Wenn man sich das Elektron als fliegendes Teilchen vorstellt, so ist seine elektrische Ladung im Mittel im Raum verteilt, man kann sich die Verteilung der Ladung wie

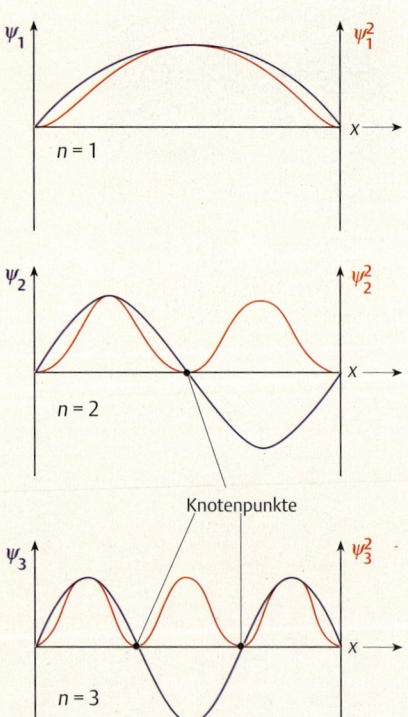

◉ 6.9 Stehende Wellen einer schwingenden Saite oder eines Elektrons in einem eindimensionalen Kasten

eine Art Wolke vorstellen. An Orten mit hoher Ladungsdichte ist die Aufenthaltswahrscheinlichkeit für das als Teilchen gedachte Elektron hoch. Diese Interpretation ist nur eine Aussage über die Wahrscheinlichkeit, das Korpuskel Elektron an einem bestimmten Ort anzutreffen, sie ist keine Beschreibung irgendeiner Bewegungbahn für das Elektron.

Eine Besonderheit des Elektrons im Kasten ist seine Ladungsverteilung, die nämlich nicht gleichmäßig ist, sondern gemäß ψ^2 verläuft (◙ **6.9**). An den Knotenpunkten ist $\psi^2 = 0$; dort ist keine Ladung zu finden und die Interpretation als Aufenthaltswahrscheinlichkeit besagt, daß das Elektron hier nie anzutreffen ist. Im Falle des Zustands $n = 3$ teilt sich die Ladung und der Aufenthaltsbereich des Elektrons zum Beispiel auf drei Bereiche auf, zwischen denen die Aufenthaltswahrscheinlichkeit Null beträgt; trotzdem wird damit nur der Zustand *eines* Elektrons beschrieben. Diese Aussage paßt schlecht zur herkömmlichen Vorstellung eines fliegenden Teilchens; das Elektron im Kasten läßt sich besser als Welle verstehen.

Zur Charakterisierung der stehenden Wellen einer Saite genügt eine Zahl n. Zur Charakterisierung der stehenden Wellen eines Paukenfells, das eine zweidimensionale Ausdehnung besitzt, benötigt man zwei Zahlen, n und l (◙ **6.10**). Einzelne Bereiche des Felles schwingen gegeneinander, zwischen ihnen befinden sich *Knotenlinien* entlang denen die Amplitude ψ gleich Null ist. Die möglichen Zustände eines Elektrons in einem runden, flachen (zweidimensionalen) Kasten sind entsprechend; auch hier ist die Ladungsdichte ψ^2 entlang der Knotenlinien gleich Null.

Um die Zustände eines Elektrons in einem dreidimensionalen Kasten als stehende Wellen zu erfassen, benötigt man drei Zahlen n, l und m. Solche Wellen lassen sich nicht mehr so anschaulich beschreiben wie die stehenden Wellen eines Paukenfells. An Stelle der Knotenlinien treten jetzt *Knotenflächen*. Für ein Elektron im Inneren einer Hohlkugel gibt es kugelförmige und ebene (durch die Kugelmitte verlaufende) Knotenflächen. Die Wellenfunktion ψ hat entgegengesetztes Vorzeichen auf der einen und der anderen Seite einer Knotenfläche.

Die Schrödinger-Gleichung

Die **Schrödinger-Gleichung** ist die Grundlage der Wellenmechanik. Sie ist eine hier nicht wiedergegebene Differentialgleichung, mit der die Wellenfunktionen für die Elektronen in Atomen berechnet werden. Ähnlich wie beim Elektron im dreidimensionalen Kasten ergeben sich mehrere Lösungen, d. h. mehrere Wellenfunktionen, die verschiedene stehende Wellen erfassen. Zu jeder Wellenfunktion gehört ein definierter Energiezustand und eine Aussage über die Ladungsverteilung, d.h. über die Aufenthaltsbereiche des Elektrons. Die Wellenfunktion für ein Elektron in einem Atom ist der mathematische Ausdruck für etwas, das wir **Orbital** nennen. Dieser Terminus leitet sich vom Wort orbit (Umlaufbahn) ab, soll aber die Andersartigkeit zu einem Planetenmodell zum Ausdruck bringen.

Für das Elektron eines Wasserstoff-Atoms im Zustand $n = 1$ ist die Ladungsdichte nahe am Atomkern am größten und nimmt mit der Entfernung ab (◙ **6.11**). Das Diagramm (a) in ◙ **6.12** zeigt ψ^2 als Funktion des Abstandes vom Atomkern. Die Kurve (b) zeigt die radiale Aufenthaltswahrscheinlichkeit. Die Wahrscheinlichkeit, das Elektron in einem kleinen Volumenelement zu finden, ist proportional zu ψ^2; die Wahrscheinlichkeit,

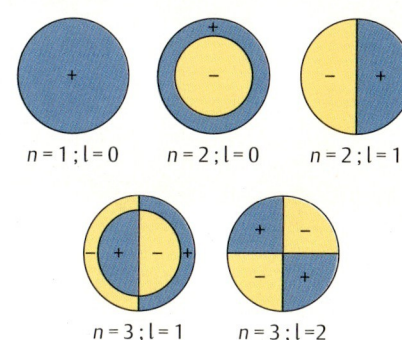

◙ 6.10 Einige stehende Wellen eines Paukenfells. Die momentane Auslenkung des Felles über bzw. unter die Ebene ist mit + und − bezeichnet.
$n − 1$ = Gesamtzahl der Knotenlinien (ohne die Umrandung)
l = Zahl der geradlinigen Knotenlinien
Für l gilt $l ≤ n − 1$

Erwin Schrödinger, 1887–1961

◙ 6.11 Querschnitt durch die Ladungswolke für den Zustand $n = 1$ des Wasserstoff-Atoms

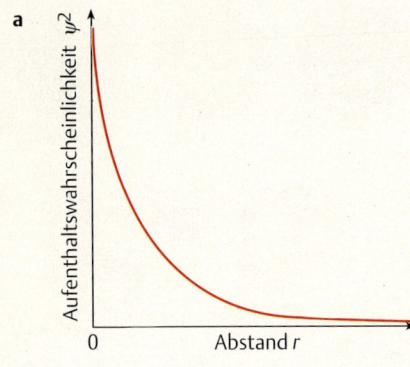

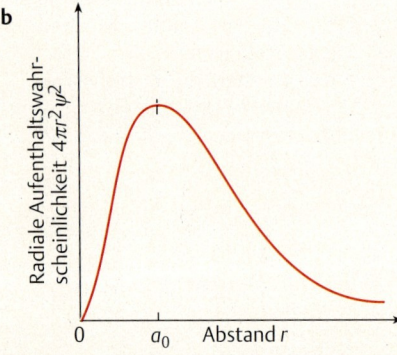

6.12
a Aufenthaltswahrscheinlichkeit für ein Elektron im Zustand $n = 1$ des Wasserstoff-Atoms, wenn man sich in einer bestimmten Richtung vom Atomkern entfernt.
b Radiale Aufenthaltswahrscheinlichkeit, d.h. Wahrscheinlichkeit, das Elektron irgendwo im Abstand r vom Atomkern anzutreffen

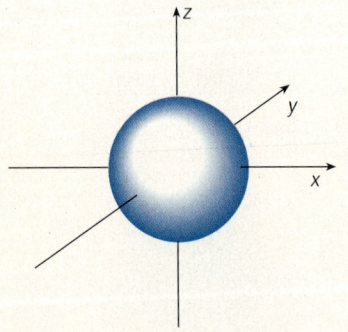

6.13 Grenzflächendarstellung für das Elektron eines Wasserstoff-Atoms im Zustand $n = 1$. Der Atomkern befindet sich im Ursprung des Achsenkreuzes, die Kugel schließt 90% der Ladung des Elektrons ein

das Elektron an irgendeinem Ort mit Abstand r anzutreffen, ist $4\pi r^2 \psi^2$, weil die Zahl der Volumenelemente, jedes mit der Aufenthaltswahrscheinlichkeit ψ^2, proportional zu $4\pi r^2$ (Oberfläche einer Kugel mit Radius r) ist.

Die Kurve (b) hat ein Maximum bei einem Abstand a_0. Auf der Kugelfläche mit Radius a_0 ist die Wahrscheinlichkeit, das Elektron anzutreffen, insgesamt am größten. Der Wert für a_0 (53 pm) ist genau der gleiche wie für den Radius der Bahn $n = 1$ im Bohrschen Atommodell. Im Bohrschen Modell befindet sich das Elektron immer genau in diesem Abstand vom Atomkern. Im wellenmechanischen Modell ist a_0 lediglich der Radius mit der höchsten radialen Aufenthaltswahrscheinlichkeit für das Elektron.

Die Kurven in ◉ 6.12 verlaufen asymptotisch zur Abszisse, d.h. das Elektron kann sich in jedem endlichen Abstand vom Atomkern aufhalten. Der Aufenthaltsort des Elektrons hat keine scharfe Begrenzungsfläche. Man kann jedoch eine Fläche konstanter Aufenthaltswahrscheinlichkeit zeichnen, so daß eine hohe Wahrscheinlichkeit besteht, das Elektron innerhalb dieser Fläche anzutreffen. Man nennt dies eine Grenzflächendarstellung; für den Zustand $n = 1$ des Wasserstoff-Atoms findet man zum Beispiel 90% der Gesamtladung des Elektrons innerhalb einer Kugel mit Radius $2{,}66 \cdot a_0$ (◉ 6.13).

6.5 Quantenzahlen

Bei der Betrachtung des Elektrons im Kasten hatten wir die stehenden Wellen mit Hilfe von ganzzahligen Größen wie n und l charakterisiert, die in Beziehung zur Zahl der Knotenpunkte, -linien bzw. -flächen stehen (vgl. ◉ 6.10). Bei der wellenmechanischen Behandlung des Elektrons in einem Atom tauchen entsprechende Zahlen auf; man nennt sie **Quantenzahlen**. Um die Aufenthaltsbereiche und die sie begrenzenden Knotenflächen zu charakterisieren, benötigt man für jedes Elektron eines Atoms drei Quantenzahlen.

Die **Hauptquantenzahl** n entspricht etwa der Zahl n im Bohr-Atommodell. n bezeichnet die **Schale**, zu der ein Elektron gehört. Die Schale ist ein Bereich, in dem die Aufenthaltswahrscheinlichkeit des Elektrons relativ hoch ist. Der Zahlenwert für n muß eine positive ganze Zahl sein:

$$n = 1, 2, 3, \ldots$$

Je größer der Zahlenwert, desto weiter ist die Schale vom Atomkern entfernt und desto höher ist die Energie des Elektrons.

Jede Schale kann in **Unterschalen** aufgeteilt werden. Die Zahl der Unterschalen ist gleich n. Für $n = 1$ gibt es nur eine Unterschale, für $n = 2$ sind es zwei usw. Jede Unterschale wird mit einer **Nebenquantenzahl** l bezeichnet. Die möglichen Zahlenwerte, die l annehmen kann, hängen von der Hauptquantenzahl der Schale ab; l kann die Werte

$$l = 0, 1, 2, \ldots (n - 1)$$

annehmen. Wenn $n = 1$ ist, gibt es nur einen Wert für l, nämlich $l = 0$, und damit nur eine Unterschale. Wenn $n = 2$ ist, kann l die Werte 0 oder 1 haben. Wenn $n = 3$ ist, kann l gleich 0, 1 oder 2 sein. Die Unterschalen werden häufig mit Buchstaben anstelle der l-Werte bezeichnet:

$l =$ 0, 1, 2, 3, 4, ...
Symbol: s, p, d, f, g, ...

Die Symbole entsprechen den Anfangsbuchstaben der englischen Adjektive, mit denen früher die Spektrallinien benannt wurden; sharp, principal, diffuse, fundamental. Für Werte $l > 3$ werden die Buchstaben alphabetisch fortgesetzt. Durch Zusammenfügung der Hauptquantenzahl mit einem der Buchstaben kann man die Unterschalen in straffer Form bezeichnen. Die Unterschale mit $n = 2$ und $l = 0$ wird $2s$ genannt; $2p$ steht für $n = 2$ und $l = 1$. In ◨ 6.2 werden diese Bezeichnungen verwendet. Innerhalb einer Schale nimmt die Energie der Elektronen mit steigendem l-Wert zu. Für die Schale $n = 3$ nehmen die Energien zum Beispiel in der Reihenfolge $3s < 3p < 3d$ zu.

Jede Unterschale besteht aus einem oder mehreren Orbitalen. Die Anzahl der Orbitale ist $2l + 1$:

Unterschale: s p d f g
l: 0 1 2 3 4
Zahl der Orbitale: 1 3 5 7 9

Zur Unterscheidung der Orbitale in einer Unterschale dient die **Magnetquantenzahl** m. Für eine gegebene Unterschale mit Nebenquantenzahl l kann m die Werte

$$m = -l, -(l-1), \ldots 0, \ldots +(l-1), +l$$

annehmen. Für $l = 0$ gibt es nur den Wert $m = 0$, d.h. es gibt ein s-Orbital. Für $l = 1$ kann m gleich -1, 0 oder $+1$ sein, das sind drei p-Orbitale. Für $l = 2$ gibt es fünf d-Orbitale mit $m = -2 -1, 0, +1$ oder $+2$.

Jedes Orbital in einem Atom wird durch einen Satz der drei Quantenzahlen n, l und m identifiziert. Die Kombinationsmöglichkeiten bis $n = 4$ sind in ◨ 6.2 zusammengestellt.

◨ 6.2 Die Orbitale der vier ersten Schalen

Schale n	Unterschale l	Orbital m	Unterschalen-Bezeichnung	Anzahl der Orbitale pro Unterschale
1	0	0	1s	1
2	0	0	2s	1
	1	+1, 0, −1	2p	3
3	0	0	3s	1
	1	+1, 0, −1	3p	3
	2	+2, +1, 0, −1, −2	3d	5
4	0	0	4s	1
	1	+1, 0, −1	4p	3
	2	+2, +1, 0, −1, −2	4d	5
	3	+3, +2, +1, 0, −1, −2, −3	4f	7

6 Die Elektronenstruktur der Atome

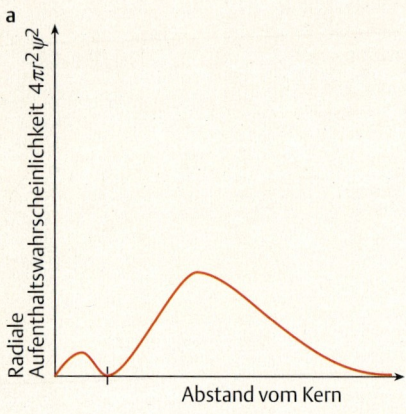

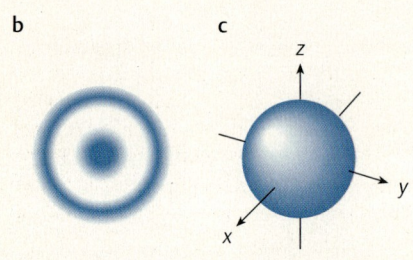

6.14 Diagramme zum 2s-Orbital.
a Radiale Aufenthaltswahrscheinlichkeit
b Querschnitt durch die Ladungswolke
c Grenzflächendarstellung

Auf S. 75–76 wurde die Ladungsverteilung des 1s-Orbitals des Wasserstoff-Atoms diskutiert (⌾ 6.11, 6.12 und 6.13). In ⌾ 6.14 ist die Ladungsverteilung des 2s-Orbitals gezeigt. ⌾ 6.14(**a**) gibt die radiale Aufenthaltswahrscheinlichkeit für das Elektron wieder. Danach gibt es zwei Bereiche mit höherer Elektronendichte, einmal in der Nähe des Kerns, zum anderen bei einem größeren Radius. Zwischen beiden Bereichen liegt eine kugelförmige Knotenfläche. In ⌾ 6.14(**b**) ist die Ladungsdichte als Wolke in einem Schnitt durch das Atom dargestellt, ⌾ 6.14(**c**) zeigt ein Grenzflächendiagramm. Das Grenzflächendiagramm ist wie das in ⌾ 6.13 (S. 76), jedoch größer. Die Aufenthaltswahrscheinlichkeit für das 2s-Orbital ist gegenüber dem 1s-Orbital mehr nach außen verlagert. Das große Maximum in ⌾ 6.14(**a**) liegt bei einem Abstand vom Atomkern, der etwa dem Radius der zweiten Bahn im Bohr-Modell entspricht; von der gesamten Ladung des Elektrons befinden sich nur 5,4 % innerhalb der Knotenfläche. Beim 3s-Orbital ist die Ladung noch weiter nach außen verlagert; es hat zwei kugelförmige Knotenflächen. Alle s-Orbitale sind kugelförmig.

Die drei p-Orbitale einer Unterschale sind energiegleich, oder, wie man energiegleiche Zustände nennt, miteinander *entartet*. Solange kein magnetisches Feld vorhanden ist, stellt man keinen Unterschied zwischen den Elektronen in verschiedenen p-Orbitalen fest. Ist ein äußeres magnetisches Feld vorhanden, so wird die Entartung aufgehoben, d.h. die Orbitale sind je nach ihrer Orientierung zum Magnetfeld nicht mehr energiegleich. Dies äußert sich in einer Aufspaltung bestimmter Spektrallinien solange die Probe im Magnetfeld ist; die Aufspaltung, **Zeeman-Effekt** genannt, verschwindet beim Abschalten des Magnetfeldes. Die Ausrichtung der Orbitale im Magnetfeld hängt vom Wert der Magnetquantenzahl ab.

Die Grenzflächendiagramme für die drei 2p-Orbitale sind in ⌾ 6.15 gezeigt. Die Ladungsdichte ist bei p-Orbitalen nicht kugelförmig. Es ist eine ebene Knotenfläche vorhanden, die durch den Atomkern verläuft. Auf jeder Seite der Knotenfläche ist ein Bereich mit höherer Ladungsdichte, so daß man das p-Orbital als hantelförmig beschreiben kann. Jedes p-Orbital ist rotationssymmetrisch bezüglich einer Achse des Koordinatensystems. Zur Unterscheidung der drei p-Orbitale gibt man die jeweilige Vorzugsachse an, die Bezeichnungen lauten $2p_x$, $2p_y$ und $2p_z$.

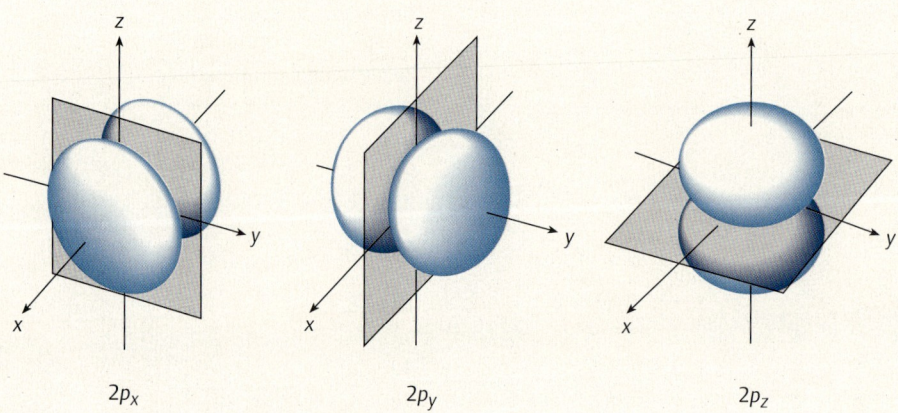

6.15 Grenzflächendiagramme für die 2p-Orbitale

6.5 Quantenzahlen

p-Orbitale mit höherer Hauptquantenzahl (3p, 4p, usw.) haben im Prinzip die gleiche Gestalt wie 2p-Orbitale, sie haben ihre größte Ladungsdichte jedoch in größerer Entfernung vom Atomkern (◉ 6.16).

Die Grenzflächendiagramme für die fünf 3d-Orbitale sind in ◉ 6.17 gezeigt. Sie haben zwei Knotenflächen und können als rosettenförmig beschrieben werden; das d_{z^2}-Orbital hat zwar eine etwas andere Gestalt, ist aber energiemäßig den anderen gleich. Insgesamt haben die Wellenfunktionen der Elektronen eines Atoms eine gewisse Ähnlichkeit zu den Schwingungen eines Paukenfells (vgl. ◉ 6.10, S. 75; man beachte dabei die Quantenzahlen).

Die Quantenzahlen n, l und m ergeben sich bei der Lösung der Schrödinger-Gleichung. Um ein Elektron vollständig zu beschreiben, benötigt man noch eine vierte Quantenzahl, die **Spinmagnetquantenzahl** s (kurz Spinquantenzahl). Ein einzelnes Elektron ist ein kleiner Magnet; man kann dies durch die Annahme einer ständigen Drehung („Spin") des Elektrons um seine eigene Achse deuten. Eine kreisende Ladung ist ein elektrischer Strom und erzeugt ein Magnetfeld. Die Spinmagnetquantenzahl des Elektrons kann nur einen von zwei Werten annehmen:

$$s = +\tfrac{1}{2} \quad \text{oder} \quad -\tfrac{1}{2}$$

Zwei Elektronen mit verschiedenen s-Werten haben *entgegengesetzten Spin*. Die magnetischen Eigenschaften von zwei Elektronen mit entgegen-

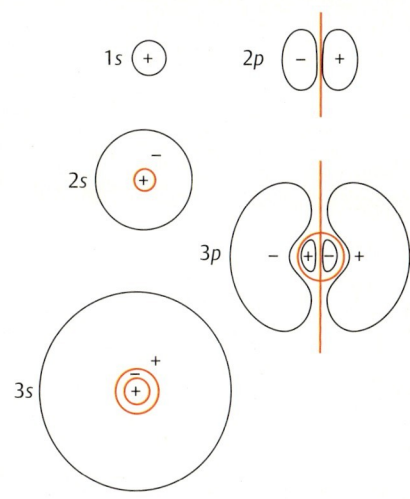

◉ 6.16 Maßstabsgerechte Konturliniendiagramme für einige Orbitale des Wasserstoff-Atoms (jeweils Schnitt durch ein Orbital). Die äußere Linie schließt 99 % der Gesamtladung ein. Farbige Linien repräsentieren Knotenflächen. Die Vorzeichen geben die Vorzeichen der Wellenfunktion im jeweiligen Bereich an

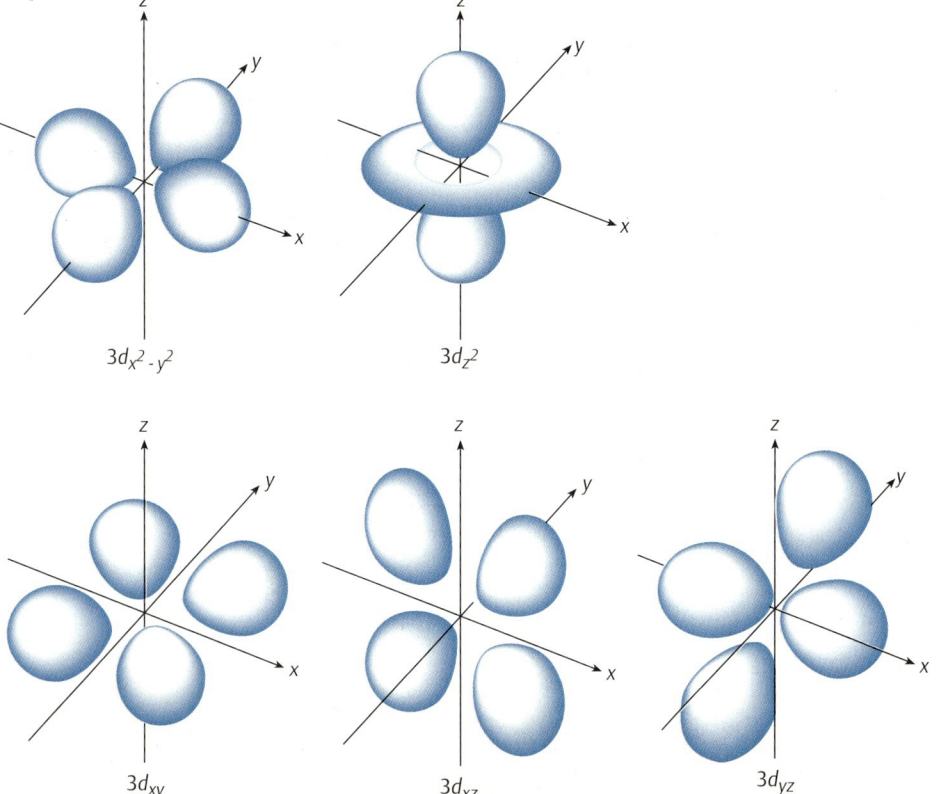

◉ 6.17 Grenzflächendiagramme für die 3d-Orbitale

gesetztem Spin heben sich gegenseitig auf (ähnlich wie bei zwei Stabmagneten, die nebeneinanderliegen, je Nord- neben Südpol).

Der Elektronen-Spin wurde in einem Versuch von Otto Stern und Walther Gerlach 1921 nachgewiesen (◉ 6.18). Durch Verdampfen von Silber in einem Ofen wurde ein Strahl von Silber-Atomen erzeugt. Der Strahl wurde durch ein inhomogenes Magnetfeld in zwei Strahlen gespalten. Das Silber-Atom hat 47 Elektronen. 46 davon haben paarweise entgegengesetzten Spin und sind magnetisch unwirksam. Das ungepaarte 47. Elektron macht das Silber-Atom zu einem kleinen Magneten, der im Magnetfeld abgelenkt wird. In einem Schwarm von Silber-Atomen wird die Hälfte ein ungepaartes Elektron mit $s = +\frac{1}{2}$, die andere Hälfte mit $s = -\frac{1}{2}$ haben. Dadurch wird der Silber-Atomstrahl in zwei Teile gespalten.

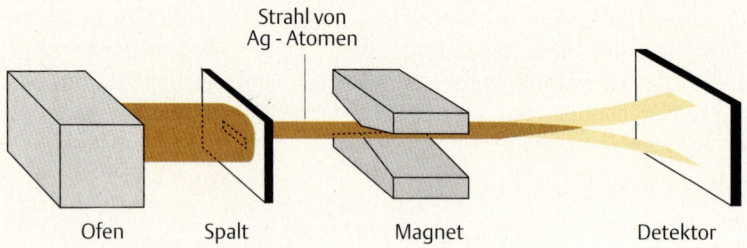

◉ 6.18 Das Stern-Gerlach Experiment

Im ganzen läßt sich der Zustand eines Elektrons in einem Atom mit den vier Quantenzahlen erfassen:
1. n bezeichnet die Schale und den mittleren Abstand vom Atomkern.
2. l bezeichnet die Unterschale und Gestalt des Orbitals. In Abwesenheit magnetischer Felder sind alle Orbitale einer Unterschale energetisch gleichwertig.
3. m bezeichnet die Orientierung des Orbitals.
4. s bezieht sich auf den Spin des Elektrons.

Das Pauli-Prinzip

Wolfgang Pauli, 1900–1958

Nach dem **Ausschließungsprinzip** von Wolfgang Pauli dürfen keine zwei Elektronen in einem Atom in allen vier Quantenzahlen übereinstimmen. Wenn bei zwei Elektronen n, l und m übereinstimmen, müssen sie sich im Wert von s unterscheiden. Diese beiden Elektronen haben die gleiche Wellenfunktion; man sagt, sie *besetzen* das gleiche Orbital. Wegen ihres entgegengesetzten Spins heben sich ihre magnetischen Eigenschaften auf, man spricht von *gepaarten* Elektronen. Zwei Elektronen in einem 1s-Orbital haben zum Beispiel die Quantenzahlen (n, l, m, s) von $(1, 0, 0, \frac{1}{2})$ und $(1, 0, 0, -\frac{1}{2})$. Nach dem Pauli-Prinzip kann ein Orbital mit maximal zwei Elektronen besetzt werden.

Mögliche Verteilungen für Elektronen erhält man, wenn zu jedem der Sätze von Quantenzahlen in ▬ 6.2 (S. 77) noch die s-Werte $+\frac{1}{2}$ und $-\frac{1}{2}$ zugefügt werden. Die maximale Anzahl der Elektronen in einer Schale ist $2n^2$ (▬ 6.3).

6.3 Maximale Anzahlen für die Elektronen der ersten vier Schalen

Unterschalen-Bezeichnung	Orbitale pro Unterschale $(2l+1)$	Elektronen pro Unterschale $2(2l+1)$	Elektronen pro Schale $(2n^2)$
1s	1	2	2
2s	1	2	8
2p	3	6	
3s	1	2	18
3p	3	6	
3d	5	10	
4s	1	2	32
4p	3	6	
4d	5	10	
4f	7	14	

6.6 Orbitalbesetzung und die Hund-Regel

Die Verteilung der Elektronen eines Atoms auf die verschiedenen Orbitale nennt man die **Elektronenkonfiguration** des Atoms. Die Elektronenkonfiguration für den Grundzustand, d.h. energieärmsten Zustand für die 18 ersten Elemente kann man ableiten, wenn man annimmt, daß die Elektronen die Schalen nach steigendem n und innerhalb der Schalen nach steigendem l einnehmen. Für Elemente mit größerer Ordnungszahl als 18 ist die Situation etwas komplizierter, sie wird in Abschnitt **6.7** (S. 84) diskutiert.

In **6.4** wird die Elektronenkonfiguration in zweierlei Art dargestellt. In den *Orbitaldiagrammen* wird jedes Orbital durch einen waagerechten Strich repräsentiert und jedes Elektron durch einen Pfeil, der entweder aufwärts oder abwärts weist und die Spinquantenzahl bezeichnet ($s = \frac{1}{2}$ bzw. $s = -\frac{1}{2}$). In der *Konfigurationsbezeichnung* werden die *Unterschalen* mit den Symbolen 1s, 2s, 2p usw. bezeichnet und Hochzahlen geben die *Gesamtzahl* der Elektronen der Unterschale an.

Das einzelne Elektron des Wasserstoff-Atoms nimmt im Grundzustand das 1s-Orbital ein. Die Elektronenkonfiguration wird $1s^1$ geschrieben. Das Helium-Atom hat zwei Elektronen, die mit entgegengesetztem Spin das 1s-Orbital besetzen: Elektronenkonfiguration $1s^2$. Das 1s-Orbital kann keine weiteren Elektronen aufnehmen.

Die drei Elektronen des Lithium-Atoms verteilen sich auf das 1s-Orbital (ein Paar) und das 2s-Orbital (ein Elektron): $1s^2 2s^1$. Beim Beryllium-Atom besetzen die vier Elektronen paarweise das 1s- und das 2s-Orbital: $1s^2 2s^2$.

Das Bor-Atom hat fünf Elektronen. Je ein Paar besetzt die Orbitale 1s und 2s. Das fünfte Elektron besetzt eines der drei 2p-Orbitale; da diese drei Orbitale energetisch gleichwertig sind, ist es gleichgültig, welches davon genommen wird. Im Orbitaldiagramm in **6.4** werden die drei p-Orbitale deshalb nicht durch ihre m-Werte unterschieden. Die Elektronenkonfiguration wird mit $1s^2 2s^2 2p^1$ bezeichnet.

6.4 Elektronenkonfigurationen der ersten zehn Elemente

	Orbital-Diagramm					Konfigurations-Bezeichnung
	1s	2s		2p		
$_1$H	↑					$1s^1$
$_2$He	↑↓					$1s^2$
$_3$Li	↑↓	↑				$1s^2 2s^1$
$_4$Be	↑↓	↑↓				$1s^2 2s^2$
$_5$B	↑↓	↑↓	↑			$1s^2 2s^2 2p^1$
$_6$C	↑↓	↑↓	↑	↑		$1s^2 2s^2 2p^2$
$_7$N	↑↓	↑↓	↑	↑	↑	$1s^2 2s^2 2p^3$
$_8$O	↑↓	↑↓	↑↓	↑	↑	$1s^2 2s^2 2p^4$
$_9$F	↑↓	↑↓	↑↓	↑↓	↑	$1s^2 2s^2 2p^5$
$_{10}$Ne	↑↓	↑↓	↑↓	↑↓	↑↓	$1s^2 2s^2 2p^6$

Beim sechsten Element, Kohlenstoff, ergibt sich die Elektronenkonfiguration aus der des Bor-Atoms durch Zusatz eines weiteren Elektrons. Hier taucht die Frage auf, ob das sechste Elektron das gleiche 2p-Orbital besetzen soll, das schon mit einem Elektron besetzt ist, oder ob es ein anderes 2p-Orbital beanspruchen soll. Die Antwort ergibt sich aus der **Hund-Regel der maximalen Multiplizität**. Nach der Hund-Regel verteilen sich Elektronen auf entartete (d. h. energiegleiche) Orbitale so, daß eine maximale Zahl von ungepaarten Elektronen mit parallelem Spin resultiert. *Paralleler Spin* bedeutet gleiche Richtung des Spins aller ungepaarten Elektronen, d. h. gleiche Werte für die Spinquantenzahlen. Im Kohlenstoff-Atom besetzen die beiden 2p-Elektronen somit verschiedene Orbitale mit gleicher Spinrichtung (vgl. Orbitaldiagramm in 6.4). In der Bezeichnung der Elektronenkonfiguration wird dies nicht gesondert kenntlich gemacht: $1s^2 2s^2 2p^2$.

Das Auftauchen einer geraden Hochzahl bei der Bezeichnung der Elektronenkonfiguration bedeutet nicht automatisch, daß alle Elektronen gepaart sind. Die angegebene Elektronenzahl bezieht sich auf die ganze Unterschale. Will man einzelne ungepaarte Elektronen hervorheben, so kann man die Orbitale einzeln bezeichnen. Beim Kohlenstoff-Atom wäre die Bezeichnung dann $1s^2 2s^2 2p_x^1 2p_y^1$. Diese Schreibweise ist jedoch nicht notwendig, da die Verhältnisse aus der Hund-Regel folgen.

Die Hund-Regel ist eine Folge der negativen Ladung der Elektronen. Sie stoßen sich gegenseitig ab, und wenn die Wahl unter verschiedenen energetisch gleichwertigen Orbitalen besteht, verteilen sie sich auf verschiedene Orbitale, bevor es zur Paarung im gleichen Orbital kommt. Die Besetzung der Orbitale und die Elektronenkonfiguration der nächsten Elemente Stickstoff, Sauerstoff, Fluor und Neon ist aus 6.4 ersichtlich.

Auch die fünf Orbitale einer d-Unterschale sowie die sieben Orbitale einer f-Unterschale werden in der gleichen Art der Reihe nach besetzt: zuerst werden die Orbitale einzeln besetzt, dann erst kommt es zur Paarung. Die Hund-Regel läßt sich experimentell durch magnetische Messungen nachprüfen.

6.6 Orbitalbesetzung und die Hund-Regel

Die Zahl der ungepaarten Elektronen in einem Atom, Ion oder Molekül kann mit magnetischen Messungen festgestellt werden. Eine **paramagnetische Substanz** wird in ein Magnetfeld hineingezogen (◉ 6.19). Substanzen, in denen ungepaarte Elektronen vorhanden sind, sind paramagnetisch. Die Stärke des Magnetismus hängt von der Zahl der ungepaarten Elektronen ab. Zwei Effekte tragen zum Paramagnetismus bei: Der Spin der ungepaarten Elektronen und die Bahnbewegung dieser Elektronen. Der Spinanteil ist davon der bedeutendere, der Anteil durch die Bahnbewegung ist oft vernachlässigbar.

Diamagnetische Substanzen werden von einem Magnetfeld schwach abgestoßen (◉ 6.19). Eine Substanz ist diamagnetisch, wenn alle ihre Elektronen gepaart sind. Bei paramagnetischen Stoffen ist immer auch Diamagnetismus vorhanden, der jedoch durch den stärkeren Paramagnetismus überlagert wird. Ursache des Diamagnetismus ist die magnetische Induktion: Wenn eine Substanz in ein Magnetfeld eingebracht wird, werden in den Atomen elektrische Ströme induziert, d.h. die Bewegung der Elektronen in den Atomen wird beeinflußt. Nach der *Lenz-Regel* ist ein induziertes Magnetfeld immer dem äußeren Magnetfeld entgegengesetzt.

In ▣ 6.5 sind die Elektronenkonfigurationen für die *Außenschalen* der Atome der ersten drei Perioden aufgeführt. Innere Schalen sind immer vollständig besetzt. Man beachte die Gleichartigkeit der Konfigurationen der Elemente einer Gruppe. Alle Elemente der ersten Hauptgruppe haben zum Beispiel ein Elektron in einem *s*-Orbital der Außenschale. Die Ähnlichkeit der Elektronenkonfiguration der Elemente einer Gruppe bedingt ihre ähnlichen Eigenschaften.

Die Außenschale dieser Atome wird auch **Valenzschale** genannt, ihre Elektronen heißen **Valenzelektronen**. Alle Elektronen der Außenschale, unabhängig von der Unterschale, werden als Valenzelektronen gezählt. Für die Elemente der **Hauptgruppen** ist die Zahl der Valenzelektronen gleich der Gruppennummer (in der herkömmlichen Zählweise mit römischen Ziffern). Die Edelgase (Gruppe 0) haben acht Valenzelektronen, ausgenommen Helium, bei dem es nur zwei sind.

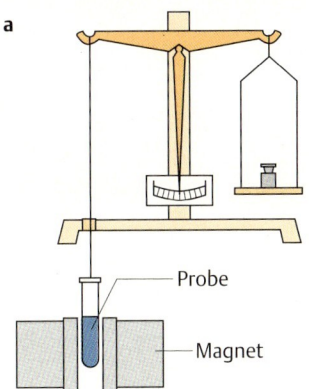

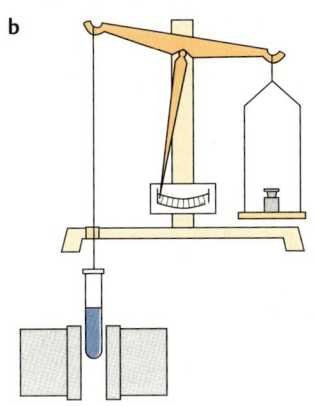

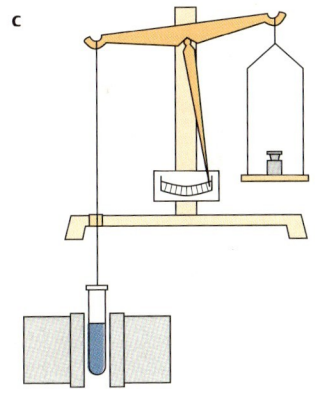

◉ 6.19 Messung magnetischer Eigenschaften.
a Die Probe wird in Abwesenheit eines Magnetfelds austariert (Magnet abgeschaltet)
b Eine diamagnetische Probe wird vom Magnetfeld abgestoßen
c Eine paramagnetische Probe wird ins Magnetfeld hineingezogen

▣ 6.5 Elektronenkonfigurationen der Außenschalen der Elemente der ersten drei Perioden

I A	II A	III A	IV A	V A	VI A	VII A	0
$_1$H $1s^1$							$_2$He $1s^2$
$_3$Li $2s^1$	$_4$Be $2s^2$	$_5$B $2s^22p^1$	$_6$C $2s^22p^2$	$_7$N $2s^22p^3$	$_8$O $2s^22p^4$	$_9$F $2s^22p^5$	$_{10}$Ne $2s^22p^6$
$_{11}$Na $3s^1$	$_{12}$Mg $3s^2$	$_{13}$Al $3s^23p^1$	$_{14}$Si $3s^23p^2$	$_{15}$P $3s^23p^3$	$_{16}$S $3s^23p^4$	$_{17}$Cl $3s^23p^5$	$_{18}$Ar $3s^23p^6$

6.7 Die Elektronenstruktur der Elemente

Aus den ⌐ 6.4 und 6.5 ist ersichtlich, wie die Elektronenkonfigurationen der Atome hergeleitet werden. Ausgehend vom Wasserstoff-Atom, geht man von Element zu Element, wobei jedesmal die Kernladung um eine positive Ladung erhöht wird und der Elektronenhülle ein neues Elektron zugefügt wird. Jedes neu hinzutretende Elektron besetzt das energetisch am tiefsten liegende, noch verfügbare Orbital. Die Vorgehensweise geht auf Wolfgang Pauli zurück und wird **Aufbauprinzip** genannt.

Alle Orbitale einer Unterschale sind energetisch gleichwertig. Orbitale verschiedener Unterschalen der gleichen Schale unterscheiden sich jedoch. Für eine gegebene Hauptquantenzahl n steigen die Energien in der Reihenfolge

$$s < p < d < f$$

Zum Beispiel hat in der 3. Schale das $3s$-Orbital die niedrigste Energie, gefolgt von den drei $3p$- und dann von den fünf $3d$-Orbitalen. In manchen Fällen kommt es zu Überschneidungen in der energetischen Abfolge der Unterschalen verschiedener Schalen. Dem $4s$-Orbital kommt zum Beispiel bei den meisten Atomen eine geringere Energie als einem $3d$-Orbital zu.

Es gibt keine allgemein für alle Elemente gültige Standardabfolge für die Energien der Orbitale. Von Element zu Element kann die Reihenfolge etwas verschieden sein, und dies führt beim Aufbauprinzip zu einigen kleinen Unregelmäßigkeiten in der Reihenfolge, welches Orbital vom neu hinzutretenden Elektron besetzt wird. Im großen und ganzen gilt aber die in ⌐ 6.20 gezeigte Abfolge. Der Aufbau erfolgt gemäß dem Diagramm von ⌐ 6.20 von unten nach oben, indem die Orbitale der Reihe nach mit je einem weiteren Elektron besetzt werden, wobei gegebenenfalls die Hund-Regel zu beachten ist. Die einzelnen Unterschalen werden in der Regel alle voll besetzt bevor mit einer neuen Unterschale begonnen wird. In ⌐ 6.6 (S. 86) sind die resultierenden Elektronenkonfigurationen für alle Elemente aufgeführt; dabei sind auch die eventuellen, bei manchen Elementen auftretenden Unregelmäßigkeiten der Abfolge berücksichtigt.

Im Periodensystem sind die Elemente nach ihrer Elektronenkonfiguration geordnet. In ⌐ 6.21 wird der Orbitaltyp des jeweils letzten beim Aufbau hinzugekommenen Elektrons bezeichnet. Man kann so das Periodensystem in verschiedene Blöcke unterteilen: den „s-Block", den „p-Block", den „d-Block" und den „f-Block". Die Hauptquantenzahl des zuletzt hinzugekommen Elektrons ist gleich der Periodennummer bei den s- und p-Block-Elementen, gleich der Periodennummer minus 1 bei den d-Block-Elementen und gleich der Periodennummer minus 2 bei den f-Block-Elementen.

Um der folgenden Diskussion der Elektronenkonfigurationen zu folgen, verwende man das Periodensystem auf dem Auslegefaltblatt am Ende des Buches. Die 1. Periode enthält nur zwei Elemente, Wasserstoff und Helium, mit den Konfigurationen $1s^1$ und $1s^2$. Die 2. Periode beginnt mit Lithium ($1s^22s^1$) und Beryllium ($1s^22s^2$), gefolgt von sechs Elementen, Bor ($1s^22s^22p^1$) bis Neon ($1s^22s^22p^6$), bei denen die drei $2p$-Orbitale nacheinander besetzt werden. Das gleiche Muster folgt in der 3. Periode. Zuerst kommen zwei Elemente im s-Block, Natrium ($1s^22s^22p^63s^1$) und Magnesium ($1s^22s^22p^63s^2$), dann folgen die sechs p-Block-Elemente von Aluminium ($1s^22s^22p^63s^23p^1$) bis zum Argon ($1s^22s^22p^63s^23p^6$).

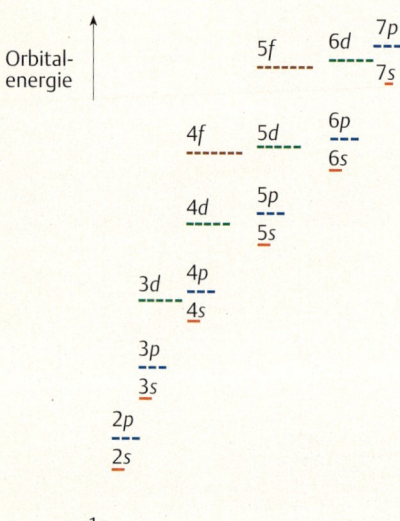

⌐ 6.20 Relative Energien der Atomorbitale und Abfolge für ihre Besetzung beim Aufbauprinzip der Elemente. Jeder Strich symbolisiert ein Orbital

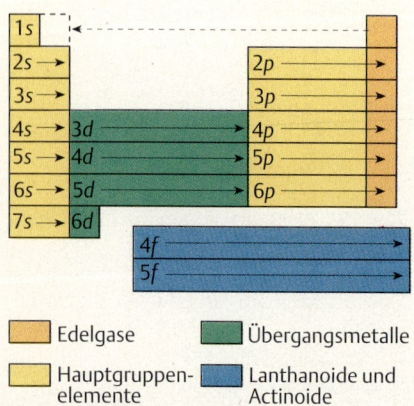

⌐ 6.21 Stellung eines Elements im Periodensystem in Abhängigkeit vom letzten nach dem Aufbauprinzip hinzugekommenen Elektron

Im weiteren geben wir nur noch die Konfiguration der äußeren Orbitale an. Beim Kalium treffen wir die erste Überschneidung von Orbitalen verschiedener Schalen an. Kalium (Z = 19) ist das erste Element der 4. Periode, es hat die Konfiguration $\ldots 3s^2 3p^6 4s^1$ obwohl die 3d-Orbitale noch verfügbar sind; das 4s-Orbital liegt energetisch tiefer als die 3d-Orbitale (vgl. ◯ 6.20). Kalium und das ihm folgende Element Calcium ($\ldots 3s^2 3p^6 4s^2$) gehören zum s-Block. Alle bis jetzt betrachteten Elemente gehören zum s- oder p-Block, sie sind **Hauptgruppenelemente**.

Nach der Besetzung des 4s-Orbitals folgt die Besetzung der 3d-Unterschale, mit den Elementen Scandium (Z = 21, $\ldots 3s^2 3p^6 3d^1 4s^2$) bis Zink ($Z$ = 30, $\ldots 3s^2 3p^6 3d^{10} 4s^2$). Sie gehören zum d-Block, dessen Elemente man **Nebengruppenelemente**, **Übergangselemente** oder **Übergangsmetalle** nennt. Bei ihnen wird eine innere Schale aufgebaut, weil bereits ein Orbital einer höheren Schale (4s) besetzt ist. Die Elemente Scandium bis Zink bilden die erste Übergangsmetallperiode. Nach dem Zink folgen Hauptgruppenelemente mit der Besetzung der 4p-Orbitale, nämlich Gallium (Z = 31, $\ldots 3s^2 3p^6 3d^{10} 4s^2 4p^1$) bis Krypton ($Z$ = 36, $\ldots 3s^2 3p^6 3d^{10} 4s^2 4p^6$), mit dem die 4. Periode endet.

Die 5. Periode beginnt mit Rubidium (Z = 37, $\ldots 4s^2 4p^6 5s^1$) und Strontium (Z = 38, $\ldots 4s^2 4p^6 5s^2$), bei denen die 5s-Unterschale besetzt wird, obwohl 4d- und 4f-Orbitale noch unbesetzt sind. Es folgt die zweite Übergangsmetallperiode mit der sukzessiven Besetzung der 4d-Orbitale bei den Elementen Yttrium (Z = 39, $\ldots 4s^2 4p^6 4d^1 5s^2$) bis Cadmium ($Z$ = 48, $\ldots 4s^2 4p^6 4d^{10} 5s^2$). Die 5. Periode wird mit der Besetzung der 5p-Unterschale bei den Elementen Indium bis Xenon abgeschlossen. Xenon (Z = 54) hat die Konfiguration $\ldots 4s^2 4p^6 4d^{10} 5s^2 5p^6$. Die 4f-Unterschale ist noch unbesetzt.

In der 6. Periode ist die Abfolge der zu besetzenden Orbitale komplizierter. Es beginnt wieder mit s-Block-Elementen, Cäsium (Z = 55, $\ldots 4d^{10} 5s^2 5p^6 6s^1$) und Barium ($Z$ = 56, $\ldots 4d^{10} 5s^2 5p^6 6s^2$). Die nach dem 6s-Orbital energetisch nächst höheren Unterschalen 4f und 5d haben annähernd die gleiche Energie. Für das nächste Elektron, beim Lanthan (Z = 57), ist ein 5d-Orbital günstiger; mit einem weiteren Elektron, beim Cer (Z = 58), ändert sich die Abfolge und das 58. Elektron kommt in ein 4f-Orbital, ebenso wie das 57. Elektron, das gegenüber dem Lanthan von der 5d- zur 4f-Unterschale überwechselt. Die Elektronenkonfiguration des Lanthans ist $\ldots 4d^{10} 4f^0 5s^2 5p^6 5d^1 6s^2$, die des Cers $4d^{10} 4f^2 5s^2 5p^6 5d^0 6s^2$. Bei den Elementen 58 bis 70 (Cer bis Ytterbium) werden Elektronen in die 4f-Unterschale eingebaut. Das Lutetium (Z = 71, $4d^{10} 4f^{14} 5s^2 5p^6 5d^1 6s^2$) unterscheidet sich vom Lanthan nur darin, daß die 4f-Unterschale beim Lanthan unbesetzt, beim Lutetium voll besetzt ist. Dem Lutetium folgen die Elemente Hafnium bis Quecksilber mit der weiteren Besetzung der 5d-Unterschale, dann folgt die Besetzung der 6p-Unterschale vom Thallium (Z = 81) bis zum Radon (Z = 86).

Die 7. Periode ist unvollständig und enthält viele Elemente, die in der Natur nicht vorkommen, sondern durch Kernreaktionen künstlich hergestellt werden. Die Periode folgt dem gleichen Muster wie die 6. Periode. Bei den Elementen 87 und 88 wird das 7s-Orbital besetzt, beim Element 89 ein 6d-Orbital, dann folgt bei Z = 90 bis Z = 103 der Aufbau der 5f-Unterschale. In der 7. Periode gibt es einige Abweichungen von der regelmäßigen Abfolge (▥ **6.6**, S. 86).

Tabelle 6.6 Elektronenkonfigurationen der Elemente

Element	Z	1s	2s 2p	3s 3p 3d	4s 4p 4d 4f	5s 5p 5d 5f	6s 6p 6d	7s
H	1	1						
He	2	2						
Li	3	2	1					
Be	4	2	2					
B	5	2	2 1					
C	6	2	2 2					
N	7	2	2 3					
O	8	2	2 4					
F	9	2	2 5					
Ne	10	2	2 6					
Na	11	2	2 6	1				
Mg	12	2	2 6	2				
Al	13	2	2 6	2 1				
Si	14	2	2 6	2 2				
P	15	2	2 6	2 3				
S	16	2	2 6	2 4				
Cl	17	2	2 6	2 5				
Ar	18	2	2 6	2 6				
K	19	2	2 6	2 6	1			
Ca	20	2	2 6	2 6	2			
Sc	21	2	2 6	2 6 1	2			
Ti	22	2	2 6	2 6 2	2			
V	23	2	2 6	2 6 3	2			
Cr	24	2	2 6	2 6 5	1			
Mn	25	2	2 6	2 6 5	2			
Fe	26	2	2 6	2 6 6	2			
Co	27	2	2 6	2 6 7	2			
Ni	28	2	2 6	2 6 8	2			
Cu	29	2	2 6	2 6 10	1			
Zn	30	2	2 6	2 6 10	2			
Ga	31	2	2 6	2 6 10	2 1			
Ge	32	2	2 6	2 6 10	2 2			
As	33	2	2 6	2 6 10	2 3			
Se	34	2	2 6	2 6 10	2 4			
Br	35	2	2 6	2 6 10	2 5			
Kr	36	2	2 6	2 6 10	2 6			
Rb	37	2	2 6	2 6 10	2 6	1		
Sr	38	2	2 6	2 6 10	2 6	2		
Y	39	2	2 6	2 6 10	2 6 1	2		
Zr	40	2	2 6	2 6 10	2 6 2	2		
Nb	41	2	2 6	2 6 10	2 6 4	1		
Mo	42	2	2 6	2 6 10	2 6 5	1		
Tc	43	2	2 6	2 6 10	2 6 6	1		
Ru	44	2	2 6	2 6 10	2 6 7	1		
Rh	45	2	2 6	2 6 10	2 6 8	1		
Pd	46	2	2 6	2 6 10	2 6 10			
Ag	47	2	2 6	2 6 10	2 6 10	1		
Cd	48	2	2 6	2 6 10	2 6 10	2		
In	49	2	2 6	2 6 10	2 6 10	2 1		
Sn	50	2	2 6	2 6 10	2 6 10	2 2		
Sb	51	2	2 6	2 6 10	2 6 10	2 3		
Te	52	2	2 6	2 6 10	2 6 10	2 4		
I	53	2	2 6	2 6 10	2 6 10	2 5		
Xe	54	2	2 6	2 6 10	2 6 10	2 6		

6.7 Die Elektronenstruktur der Elemente

6.6 (Fortsetzung)

Element	Z	1s	2s 2p	3s 3p 3d	4s 4p 4d 4f	5s 5p 5d 5f	6s 6p 6d	7s
Cs	55	2	2 6	2 6 10	2 6 10	2 6	1	
Ba	56	2	2 6	2 6 10	2 6 10	2 6	2	
La	57	2	2 6	2 6 10	2 6 10	2 6 1	2	
Ce	58	2	2 6	2 6 10	2 6 10 2	2 6	2	
Pr	59	2	2 6	2 6 10	2 6 10 3	2 6	2	
Nd	60	2	2 6	2 6 10	2 6 10 4	2 6	2	
Pm	61	2	2 6	2 6 10	2 6 10 5	2 6	2	
Sm	62	2	2 6	2 6 10	2 6 10 6	2 6	2	
Eu	63	2	2 6	2 6 10	2 6 10 7	2 6	2	
Gd	64	2	2 6	2 6 10	2 6 10 7	2 6 1	2	
Tb	65	2	2 6	2 6 10	2 6 10 9	2 6	2	
Dy	66	2	2 6	2 6 10	2 6 10 10	2 6	2	
Ho	67	2	2 6	2 6 10	2 6 10 11	2 6	2	
Er	68	2	2 6	2 6 10	2 6 10 12	2 6	2	
Tm	69	2	2 6	2 6 10	2 6 10 13	2 6	2	
Yb	70	2	2 6	2 6 10	2 6 10 14	2 6	2	
Lu	71	2	2 6	2 6 10	2 6 10 14	2 6 1	2	
Hf	72	2	2 6	2 6 10	2 6 10 14	2 6 2	2	
Ta	73	2	2 6	2 6 10	2 6 10 14	2 6 3	2	
W	74	2	2 6	2 6 10	2 6 10 14	2 6 4	2	
Re	75	2	2 6	2 6 10	2 6 10 14	2 6 5	2	
Os	76	2	2 6	2 6 10	2 6 10 14	2 6 6	2	
Ir	77	2	2 6	2 6 10	2 6 10 14	2 6 7	2	
Pt	78	2	2 6	2 6 10	2 6 10 14	2 6 9	1	
Au	79	2	2 6	2 6 10	2 6 10 14	2 6 10	1	
Hg	80	2	2 6	2 6 10	2 6 10 14	2 6 10	2	
Tl	81	2	2 6	2 6 10	2 6 10 14	2 6 10	2 1	
Pb	82	2	2 6	2 6 10	2 6 10 14	2 6 10	2 2	
Bi	83	2	2 6	2 6 10	2 6 10 14	2 6 10	2 3	
Po	84	2	2 6	2 6 10	2 6 10 14	2 6 10	2 4	
At	85	2	2 6	2 6 10	2 6 10 14	2 6 10	2 5	
Rn	86	2	2 6	2 6 10	2 6 10 14	2 6 10	2 6	
Fr	87	2	2 6	2 6 10	2 6 10 14	2 6 10	2 6	1
Ra	88	2	2 6	2 6 10	2 6 10 14	2 6 10	2 6	2
Ac	89	2	2 6	2 6 10	2 6 10 14	2 6 10	2 6 1	2
Th	90	2	2 6	2 6 10	2 6 10 14	2 6 10	2 6 2	2
Pa	91	2	2 6	2 6 10	2 6 10 14	2 6 10 2	2 6 1	2
U	92	2	2 6	2 6 10	2 6 10 14	2 6 10 3	2 6 1	2
Np	93	2	2 6	2 6 10	2 6 10 14	2 6 10 4	2 6 1	2
Pu	94	2	2 6	2 6 10	2 6 10 14	2 6 10 6	2 6	2
Am	95	2	2 6	2 6 10	2 6 10 14	2 6 10 7	2 6	2
Cm	96	2	2 6	2 6 10	2 6 10 14	2 6 10 7	2 6 1	2
Bk	97	2	2 6	2 6 10	2 6 10 14	2 6 10 8	2 6 1	2
Cf	98	2	2 6	2 6 10	2 6 10 14	2 6 10 10	2 6	2
Es	99	2	2 6	2 6 10	2 6 10 14	2 6 10 11	2 6	2
Fm	100	2	2 6	2 6 10	2 6 10 14	2 6 10 12	2 6	2
Md	101	2	2 6	2 6 10	2 6 10 14	2 6 10 13	2 6	2
No	102	2	2 6	2 6 10	2 6 10 14	2 6 10 14	2 6	2
Lr	103	2	2 6	2 6 10	2 6 10 14	2 6 10 14	2 6 1	2

Die dem Aufbauprinzip folgende Reihenfolge ist nicht zur Interpretation von Prozessen geeignet, bei denen ein Atom Elektronen abgibt (Ionisierung). Die Elektronenkonfiguration für das Eisen-Atom (Fe) ist $1s^2 2s^2 2p^6 3s^2 3p^6 3d^6 4s^2$ und die des Fe^{2+}-Ions ist $1s^2 2s^2 2p^6 3s^2 3p^6 3d^6$. Bei der Ionisierung werden die 4s-Elektronen abgegeben, obwohl beim Aufbau zuletzt 3d-Elektronen hinzugekommen sind. Das Eisen-Atom besitzt 26 Protonen im Kern, sowie 26 Elektronen; beim Fe^{2+}-Ion sind bei unveränderter Protonenzahl nur 24 Elektronen vorhanden. Die Energieabfolgen der Orbitale von Atom und Ion sind nicht gleich. Im allgemeinen werden bei der Ionisierung zuerst die Elektronen mit den höchsten n- und l-Werten abgegeben. Elektronenkonfigurationen werden deshalb nach steigendem n-Wert und nicht nach der Reihenfolge beim Aufbauprinzip notiert.

Als Kurzschreibweise für Elektronenkonfigurationen kann man die inneren Elektronen mit dem chemischen Symbol des vorausgehenden Edelgases, in eckige Klammern gesetzt, bezeichnen. Die Konfiguration für Iod lautet dann [Kr]$4d^{10}5s^25p^5$, wobei [Kr] für die Konfiguration des Kryptons steht, d.h. für $1s^22s^22p^63s^23p^63d^{10}4s^24p^6$.

Kurzschreibweise für die Elektronenkonfigurationen einiger Elemente:

Li [He]$2s^1$
Mg [Ne]$3s^2$
Fe [Ar]$3d^64s^2$
Nd [Xe]$4f^46s^2$

6.8 Halb- und vollbesetzte Unterschalen

In ▣ 6.6 (s. S. 86) sind die tatsächlichen Elektronenkonfigurationen der Elemente aufgelistet. Die nach dem Aufbauprinzip zu erwartenden Konfigurationen werden für die meisten Elemente durch ihre Spektren und magnetischen Eigenschaften bestätigt. Bei einigen gibt es jedoch Abweichungen in der Regelmäßigkeit der Abfolge der besetzten Orbitale. Die Abweichungen können zum Teil durch eine bevorzugte Stabilität von halb- oder vollbesetzten Unterschalen erklärt werden.

Nach ◙ 6.20 (s. S. 84) würde man für die 3d- und 4s-Unterschalen des Chrom-Atoms ($Z = 24$) $3d^44s^2$ erwarten, experimentell wird jedoch $3d^54s^1$ gefunden. Es muß somit günstiger sein, alle fünf 3d-Orbitale mit je einem Elektron zu besetzen. Eine Unterschale, bei der *jedes* Orbital mit genau einem Elektron besetzt ist, nennen wir *halbbesetzt*. Auch beim Molybdän ($Z = 42$) ergibt sich die gleiche Situation mit der Konfiguration $4d^55s^1$ anstelle von $4d^45s^2$.

Die Bevorzugung der halbbesetzten 4f-Unterschale ist beim Gadolinium ($Z = 64$) augenfällig. Anstelle der erwarteten Konfiguration [Xe]$4f^86s^2$ haben wir hier [Xe]$4f^75d^16s^2$ mit halbbesetzter 4f-Unterschale.

Beim Kupfer ($Z = 29$) erwarten wir für die zwei letzten Unterschalen die Konfiguration $3d^94s^2$, während $3d^{10}4s^1$ experimentell gefunden wird. Hier manifestiert sich eine bevorzugte Stabilität der vollbesetzten 3d-Unterschale. Silber ($Z = 47$) und Gold ($Z = 79$), die zur gleichen Gruppe wie Kupfer gehören, zeigen die gleiche Erscheinung. Auch beim Palladium ($Z = 46$) ist die vollbesetzte 4d-Unterschale günstiger, obwohl hier sogar zwei Elektronen von der üblichen Reihenfolge abweichen: ...$4d^{10}5s^0$ anstelle von ...$4d^85s^2$.

Bevorzugte Stabilität findet man für halb- und vollbesetzte Unterschalen auch dort, wo die Reihenfolge des Aufbauprinzips eingehalten wird. Einige Beispiele werden uns in den Abschnitten 7.**2** (S. 97) und 7.**3** (S. 99) begegnen. Von größter Bedeutung ist jedoch die Elektronenkonfiguration der Edelgase, bei denen nur vollbesetzte Unterschalen vorhanden sind. Ihre Elektronenkonfiguration, ns^2np^6 für die Schale mit der höchsten Hauptquantenzahl n, wird **Edelgaskonfiguration** genannt. Daß sie besonders stabil ist, zeigt sich in der geringen chemischen Reaktivität dieser Elemente.

6.9 Einteilung der Elemente

Nach ihren Elektronenkonfigurationen trifft man folgende Klassifizierung der Elemente:

Edelgase. Sie stehen am Ende jeder Periode in der Gruppe Null. Sie bilden farblose, einatomige Gase, die diamagnetisch sind und chemisch gar nicht oder nur unter drastischen Bedingungen zur Reaktion zu bewegen sind. Helium hat die Elektronenkonfiguration $1s^2$, bei allen anderen ist sie ... $ns^2 np^6$, welches eine besonders stabile Konfiguration ist.

Hauptgruppenelemente. Zu diesen Elementen gehören sowohl Metalle wie Nichtmetalle, und sie unterscheiden sich in ihren physikalischen und chemischen Eigenschaften in weiten Grenzen. Einige von ihnen sind diamagnetisch, andere paramagnetisch. Ihre Verbindungen sind jedoch überwiegend diamagnetisch und farblos. Mit Ausnahme der äußersten Schale, der Valenzschale, sind alle Schalen entweder stabile $ns^2 np^6$-Schalen oder vollständig besetzte Schalen. Die Zahl der Elektronen in der Valenzschale ist gleich der Hauptgruppennummer. Die chemischen Eigenschaften werden von den Valenzelektronen beherrscht.

Übergangsmetalle, auch Nebengruppenelemente oder Übergangselemente genannt. Bei diesen Elementen ist das nach dem Aufbauprinzip zuletzt hinzugekommene Elektron ein d-Elektron einer inneren Schale. Die chemischen Eigenschaften hängen von den Elektronen der beiden äußersten Schalen ab; dementsprechend werden die d-Elektronen der vorletzten Schale auch zu den Valenzelektronen gerechnet. Alle Elemente sind Metalle, die meisten davon paramagnetisch. Viele ihrer Verbindungen sind paramagnetisch und farbig.

Lanthanoide (seltene Erden) und **Actinoide**, auch innere Übergangselemente genannt. Sie gehören in die 6. bzw. 7. Periode und folgen den Elementen Lanthan bzw. Actinium. Das nach dem Aufbauprinzip zuletzt hinzugekommene Elektron besetzt ein f-Orbital, das zur zweitletzten Schale gehört. Die chemischen Eigenschaften hängen von den drei letzten Schalen ab. Alle sind paramagnetische Metalle und ihre Verbindungen sind paramagnetisch und überwiegend farbig.

6.10 Übungsaufgaben

(Lösungen s. S. 667)

Elektromagnetische Strahlung

6.1 Ordnen Sie nach zunehmender Energie: Infrarotstrahlung, blaues Licht, gelbes Licht, Röntgenstrahlen, Radiowellen, Mikrowellen.

6.2 Berechnen Sie die Frequenz und die Energie eines Quants von:
a) einem γ-Strahl mit der Wellenlänge 0,600 pm
b) einer Mikrowelle mit der Wellenlänge 2,50 cm
c) gelbem Licht mit der Wellenlänge 585 nm

6.3 Berechnen Sie die Wellenlänge und die Energie eines Quants von:
a) Infrarotstrahlung mit der Frequenz $5,71 \cdot 10^{12}$ Hz
b) grünem Licht mit der Frequenz $5,71 \cdot 10^{14}$ Hz.
Geben Sie das Ergebnis für die Wellenlänge in der SI-Einheit an, welche die kleinste Zahl > 1 ergibt.

6.4 Beim photoelektrischen Effekt werden Elektronen aus der Oberfläche eines Metalls emittiert, wenn das Metall mit Licht bestrahlt wird. Um aus Barium ein Elektron zu emittieren, wird ein Photon mit einer Mindestenergie von $3,97 \cdot 10^{-19}$ J benötigt.
a) Welche Wellenlänge (in nm) gehört zu diesem Wert?
b) Ist blaues Licht der Wellenlänge 450 nm dazu geeignet?

6.5 Beim photoelektrischen Effekt werden aus der Oberfläche von Gold Elektronen emittiert, wenn das Gold mit Licht einer Wellenlänge von 258 nm oder weniger bestrahlt wird.
a) Welche Mindestenergie (in Joule) wird benötigt, um ein Elektron zu emittieren?
b) Wenn das Photon eine höhere als die Mindestenergie besitzt, so erhält das emittierte Elektron die überschüssige Energie in Form von kinetischer Energie. Welche kinetische Energie hat das Elektron bei Verwendung von Licht mit 200 nm Wellenlänge?

6.6 Aus wie vielen Photonen besteht ein Lichtsignal von $1,00 \cdot 10^{-16}$ J bei einer Wellenlänge von 750 nm?

6.7 Ein Lichtblitz aus einem Laser bestehe aus 10^{15} Photonen und habe eine Wellenlänge von 694 nm. Welche Energie hat der Lichtblitz?

Atomspektren

6.8 Welche Wellenlänge (in nm) hat das Licht der Spektrallinien, die von folgenden Elektronenübergängen im Wasserstoff-Atom herrühren?
a) $n = 6 \rightarrow n = 1$
b) $n = 5 \rightarrow n = 3$
c) $n = 2 \rightarrow n = 1$

6.9 Die Spektrallinien des Wasserstoff-Atoms im sichtbaren Bereich des Spektrums gehören zu Elektronenübergängen von höheren Niveaus auf das Niveau $n = 2$. Welcher Elektronenübergang entspricht der Spektrallinie:
a) 434,0 nm?
b) 379,8 nm?

6.10 Die Pfund-Serie im Wasserstoffspektrum hat Linien mit Wellenlängen von 2,279 bis 7,459 μm. Welche sind die zugehörigen Elektronenübergänge?

6.11 Nach dem Moseley-Gesetz besteht zwischen der Frequenz ν einer charakteristischen Linie im Röntgenspektrum und der Ordnungszahl Z die Beziehung $ν = 25,0 \cdot 10^{14} \cdot (Z - 1)^2$ Hz. Welche Ordnungszahl hat das Element, dessen entsprechende Spektrallinie eine Wellenlänge von
a) 0,833 nm,
b) 0,153 nm hat?

6.12 Welche Wellenlänge gehört zur Röntgenspektrallinie von $_{30}$Zn entsprechend der Formel in Aufgabe **6.11**?

Wellenmechanik

6.13 Welche de Broglie-Wellenlänge gehört zu einem H_2-Molekül ($m = 3,35 \cdot 10^{-24}$ g), das $2,45 \cdot 10^3$ m/s schnell ist?

6.14 Wenn die de Broglie-Wellenlänge eines Elektrons ($m = 9,11 \cdot 10^{-28}$ g) 100 pm beträgt, wie schnell bewegt sich das Elektron?

6.15 Berechnen Sie mit Hilfe von Gleichung (6.8) (S. 73)
a) die Mindestungenauigkeit für die Geschwindigkeit eines Teilchens der Masse 1,00 g, wenn sein Ort auf 10,0 pm genau bekannt ist;
b) die Mindestungenauigkeit für den Ort eines Protons ($m = 1,67 \cdot 10^{-24}$ g), dessen Geschwindigkeit auf 1,00 m/s genau bekannt ist.

6.16 Beschreiben Sie die Unterschalen der Schale $n = 4$ eines Atoms.

6.17 Geben Sie die Quantenzahlen für jedes Elektron eines Stickstoff-Atoms an (positive m- und s-Werte zuerst verwenden).

6.18 Wie viele Elektronen können jeweils gemeinsam die folgenden Quantenzahlen haben?
a) $n = 4$
b) $n = 2, l = 2$
c) $n = 2, l = 0$
d) $n = 4, l = 2, m = 3$
e) $n = 4, l = 3, m = -2$
f) $n = 3, l = 1$

6.19 Im Grundzustand von $_{33}$As:
a) Wie viele Elektronen haben $l = 1$ als eine ihrer Quantenzahlen?
b) Wie viele Elektronen haben $m = 0$ als eine ihrer Quantenzahlen?

6.20 Skizzieren Sie das Orbitaldiagramm für die Elektronenkonfiguration von $_{28}$Ni und notieren Sie seine Elektronenkonfiguration.

6.21 Atome welcher Elemente haben folgende Elektronenkonfiguration ihrer Außenelektronen im Grundzustand?
a) $3s^2 3p^5$
b) $3s^2 3p^6 3d^5 4s^1$
c) $4s^2 4p^6 4d^{10} 4f^5 5s^2 5p^6 6s^2$
d) $4s^2 4p^6$

6.22 Geben Sie die Zahl der ungepaarten Elektronen für die Atome der Aufgabe 6.**21** an. Welche Elemente sind paramagnetisch?

6.23 Welche Elektronenkonfiguration haben:
a) $_{56}$Ba
b) $_{82}$Pb
c) $_{39}$Y
d) $_{54}$Xe

6.24 a) Welche Elemente haben halbbesetzte 4p-Unterschalen?
b) Welche Metalle der 4. Periode haben keine ungepaarten Elektronen?
c) Welche Nichtmetalle der 2. Periode haben ein ungepaartes Elektron?

7 Eigenschaften der Atome und die Ionenbindung

Zusammenfassung. Die *effektive Größe* eines Atoms hängt von der Art der Bindung ab. Sie ist eine der *periodischen Eigenschaften* der Elemente, ebenso wie die *Ionisierungsenergie* und die *Elektronenaffinität*. Die effektive Atomgröße wird mit Hilfe von Atomradien erfaßt, wobei Kovalenzradien, metallische Atomradien, Ionenradien und van der Waals-Radien unterschieden werden.

Bei der Bildung von *Ionenverbindungen* geben Metall-Atome Elektronen ab und werden zu Kationen, Nichtmetall-Atome nehmen Elektronen auf und werden zu Anionen. Die treibende Kraft zum Aufbau von Ionenverbindungen ist die elektrostatische Anziehung zwischen positiv und negativ geladenen Ionen; sie führt zur Bildung eines *Ionenkristalls* unter Freisetzung der *Gitterenergie*. Die Gitterenergie kann mit Hilfe des *Born-Haber-Zyklus* aus experimentell bestimmbaren Enthalpiewerten berechnet werden.

In Ionenkristallen sind die Anionen im allgemeinen größer als die Kationen; ihre *Ionenradien* werden aus den Abständen zwischen den Ionen berechnet. Kationen sind kleiner und Anionen größer als die Atome, aus denen sie entstehen.

Bei der Benennung einer Ionenverbindung wird zuerst das Kation, dann das Anion genannt. Der Name eines einatomigen Kations entspricht dem Namen des Elements, gegebenenfalls gefolgt von einer römischen Zahl in Klammern zur Bezeichnung der Ladung. Namen von einatomigen Anionen werden aus den lateinischen Namen der Elemente und der Endung *-id* gebildet. Namen einiger mehratomiger Anionen sind in Tab. 7.7 (S. 108) aufgeführt.

Schlüsselworte (s. Glossar)

Potentialkurve
Bindungsabstand
Effektive Atomgröße

Kovalenzradius
Van der Waals-Radius

Ionisierungsenergie
Elektronenaffinität

Edelgaskonfiguration
Ionenbindung
Anion
Kation

Isoelektronisch
Koordinationszahl
Ionenradius

Ionenverbindung
Gitterenergie
Born-Haber-Zyklus

Ionen-Art
   s^2; s^2p^6; d^{10}; $d^{10}s^2$

7 Eigenschaften der Atome und die Ionenbindung

7.1 Atomgröße *94*
7.2 Ionisierungsenergien *97*
7.3 Elektronenaffinitäten *99*
7.4 Die Ionenbindung *101*
7.5 Gitterenergie *102*
7.6 Arten von Ionen *105*
7.7 Ionenradien *107*
7.8 Nomenklatur von Ionenverbindungen *108*
7.9 Übungsaufgaben *109*

Wenn sich Atome miteinander verbinden, treten Veränderungen in der Elektronenverteilung auf. Je nach der Art der Elektronenverteilung werden drei Arten von chemischer Bindung unterschieden:

Die **Ionen-Bindung** kommt zustande, wenn Elektronen von Atomen einer Sorte auf Atome einer anderen Sorte übergehen. Die Atome eines der reagierenden Elemente geben Elektronen ab und werden zu positiv geladenen Ionen. Die Atome des anderen Reaktanden nehmen die Elektronen auf und werden zu negativ geladenen Ionen. Die elektrostatische Anziehung hält die engegengesetzt geladenen Ionen zusammen.

Bei der **kovalenten Bindung** (Kapitel 8 und 9) teilen Atome sich gemeinsam Elektronen. Eine einfache kovalente Bindung besteht aus einem Elektronenpaar, das zwei Atomen gemeinsam angehört. Moleküle bestehen aus Atomen, die über kovalente Bindungen miteinander verknüpft sind.

Die **metallische Bindung** (Kapitel 27) tritt bei Metallen und Legierungen auf. Zahlreiche Atome sind zusammengefügt; jedes davon hat ein oder mehrere Außenelektronen an ein gemeinsames „Elektronengas" abgegeben. Die dabei entstandenen positiv geladenen Ionen werden von dem negativ geladenen Elektronengas zusammengehalten. Die Elektronen des Elektronengases können sich frei durch die Gesamtstruktur bewegen.

Außer diesen drei Bindungstypen ist immer auch noch die **van der Waals-Wechselwirkung** vorhanden (Abschn. 11.**1**, S. 167). Sie ist eine vergleichsweise schwache, immer anziehend wirkende Kraft.

Wir betrachten zunächst einige Atomeigenschaften, die zum Verständnis der chemischen Bindung von Bedeutung sind.

7.1 Atomgröße

Wie Atome sich chemisch verhalten, hängt in erster Linie von ihrer Kernladung und von ihrer Elektronenkonfiguration ab. Außerdem ist ihre effektive Größe von Bedeutung. Die Bestimmung der Größe ist jedoch problematisch. Nach der Wellenmechanik hat die Elektronendichte in einem Atom in einem bestimmten Abstand vom Atomkern ein Maximum und nimmt dann mit zunehmendem Abstand asymptotisch gegen Null ab. Ein Atom hat keine definierte Oberfläche und kann auch nicht ausgemessen werden.

Man kann jedoch den Abstand zwischen den Kernen aneinandergebundener Atome messen. Wenn zwei Atome aus größerer Entfernung unter Ausbildung einer chemischen Bindung aufeinander zukommen, so macht sich eine zunehmende Anziehungskraft bemerkbar. Die Atome können sich jedoch nicht beliebig nahe kommen; wenn sich ihre Elektronenwolken gegenseitig zu sehr durchdringen und die Atomkerne einander zu nahe kommen, überwiegt eine abstoßende Kraft. Bei der Annäherung der Atome wird zunächst Energie frei, ihre gemeinsame innere Energie nimmt ab. Nach dem Durchschreiten eines Energieminimums ist zur weiteren Annäherung jedoch Energie aufzuwenden. Die in ◙ 7.1 gezeigte Kurve gibt die Verhältnisse wieder; man nennt sie eine **Potentialkurve** (genauer müßte sie *Kurve der potentiellen Energie* genannt werden). Die aneinander gebundenen Atome halten einen Abstand voneinander ein, welcher dem Energieminimum der Potentialkurve entspricht. Als interatomarer Abstand ist der Abstand zwischen den Atomkernen zu verstehen.

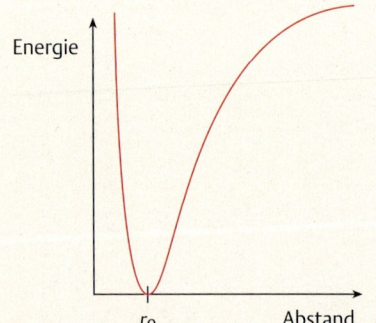

◙ **7.1** Kurve für den Energiegehalt von zwei aneinandergebundenen Atomen als Funktion ihres Abstands („Potentialkurve")
r_0 = Gleichgewichtsabstand

Die Abhängigkeit der abstoßenden Kraft vom Abstand ist für ein gegebenes Atompaar immer gleich, die anziehende Kraft hängt dagegen von der Art der chemischen Bindung zwischen ihnen ab. Wirkt zwischen den Atomen nur die schwache van der Waals-Anziehung, so wird sich ein größerer Gleichgewichtsabstand einstellen als wenn es zur Bildung der stärkeren kovalenten Bindung kommt.

Ein Chlor-Molekül (Cl—Cl) wird durch eine kovalente Bindung zusammengehalten, die *Bindungslänge*, d. h. der Abstand zwischen den Kernen der Chlor-Atome beträgt 198 pm. Die Hälfte dieses Wertes, 99 pm, kann als Atomradius des Chlor-Atoms bei kovalenter Bindung angesehen werden. Wir nennen diesen Wert den **Kovalenzradius** des Chlor-Atoms. Im Diamant, in dem Kohlenstoff-Atome kovalent aneinander gebunden sind, beträgt der C—C-Abstand 154 pm; für das C-Atom berechnen wir daraus einen Kovalenzradius von 77 pm. Durch Addieren der Kovalenzradien für das Chlor- und das Kohlenstoff-Atom erhalten wir den Wert 99 + 77 = 176 pm. Dieser Wert entspricht dem tatsächlich gemessenen C—Cl-Atomabstand in C—Cl-Verbindungen. Je nachdem, welche anderen Atome noch an ein Atom gebunden sind, können die tatsächlichen Atomabstände von der Summe der Kovalenzradien abweichen. Die Abweichungen machen oft nur wenige Picometer aus (■ 7.1).

■ Beispiel 7.1

Welche Bindungslängen sind im Methanol-Molekül (H_3C—O—H) zu erwarten? Mit den Kovalenzradien aus ■ 7.1 berechnet man:

H—C 32 + 77 = 109 pm
C—O 77 + 66 = 143 pm
O—H 66 + 32 = 98 pm

Die gemessenen Werte betragen 109,6, 142,7 bzw. 95,3 pm

In Verbindungen, die aus Molekülen bestehen, sind im festen Zustand die Moleküle in geordneter Weise gepackt. Zwischen den Molekülen wirkt nur die van der Waals-Anziehung (Abschn. 11.1, S. 168). Bei Chlor-Verbindungen kommen sich Cl-Atome aus verschiedenen Molekülen nicht näher als etwa 350 pm. Die Hälfte dieses Wertes, 175 pm, nennen wir den **van der Waals-Radius**. Bezüglich der van der Waals-Kräfte hat das Chlor-Atom eine größere *effektive Größe* als bezüglich der kovalenten Bindungskraft. Werte für die Kovalenzradien und für die van der Waals-Radien von einigen Hauptgruppenelementen sind in ■ 7.1 zusammengestellt; s. auch ■ 7.2. Weitere effektive Größen von Atomen werden wir als Ionenradien

■ Beispiel 7.2

Wie nahe werden sich die Brom-Atome zwischen verschiedenen Molekülen in festem Tetrabrommethan (CBr_4) kommen?
Sie werden den Br…Br-van der Waals-Abstand einhalten. Nach ■ 7.1 sind das 2 · 185 pm = 370 pm.

■ 7.1 Kovalenzradien für Einfachbindungen (jeweils obere Zeile) und van der Waals-Radien (untere Zeile) von einigen Hauptgruppenelementen in Picometer

H	B	C	N	O	F
32	82	77	70	66	64
120		170	155	152	147
	Al	Si	P	S	Cl
	125	117	110	103	99
			180	180	175
	Ga	Ge	As	Se	Br
	126	122	121	117	114
			185	190	185
	In	Sn	Sb	Te	I
	144	140	141	137	133
			200	205	200

in Abschnitt 7.7 (S. 107) und als Metall-Atomradien in Abschnitt 11.14 (S. 186) kennenlernen. Der effektive Radius eines Atoms hängt somit von den jeweiligen Bindungskräften ab. Zuweilen wird der Terminus „Atomradius" ohne weiteren Hinweis auf die Bindungsverhältnisse verwendet; im allgemeinen ist dann die Hälfte des kürzesten interatomaren Abstands im reinen Element gemeint.

 7.2 zeigt eine Auftragung der Kovalenzradien der Elemente gegen die Ordnungszahl. Man erkennt zweierlei Tendenzen:

1. Innerhalb einer Gruppe des Periodensystems nimmt die effektive Größe mit zunehmender Ordnungszahl zu; vgl. die Werte für die 1. Hauptgruppe (Li, Na, K, Rb, Cs) und für die 7. Hauptgruppe (F, Cl, Br, I) in 7.2. Die Zunahme ist leicht verständlich, von einem Element zum nächsten in einer Gruppe kommt jeweils eine Elektronenschale hinzu.

   Die Zunahme der Ordnungszahl bedeutet allerdings auch eine Zunahme der positiven Ladung des Atomkerns, welche die Elektronenhülle zunehmend anzieht und damit eine abnehmende Atomgröße bewirken sollte. Die äußeren Elektronen sind jedoch nicht der vollen Kernladung ausgesetzt; die zwischen ihnen und dem Kern befindlichen Elektronen schirmen den Kern ab. Die Zahl der abschirmenden Elektronen nimmt innerhalb einer Gruppe mit der Ordnungszahl zu. Die effektive Kernladung, die auf ein Außenelektron wirkt, entspricht somit nicht der Kernladung. Die Atomgröße wird deshalb im wesentlichen durch den Wert n der Hauptquantenzahl der Außenelektronen bestimmt.

2. Bei den Hauptgruppenelementen nehmen die Kovalenzradien (ebenso wie die van der Waals-Radien) innerhalb einer Periode von links nach rechts ab (vgl. die Kurve für die 2. oder 3. Periode in 7.2). Innerhalb einer Periode kommt von Atom zu Atom je ein Elektron

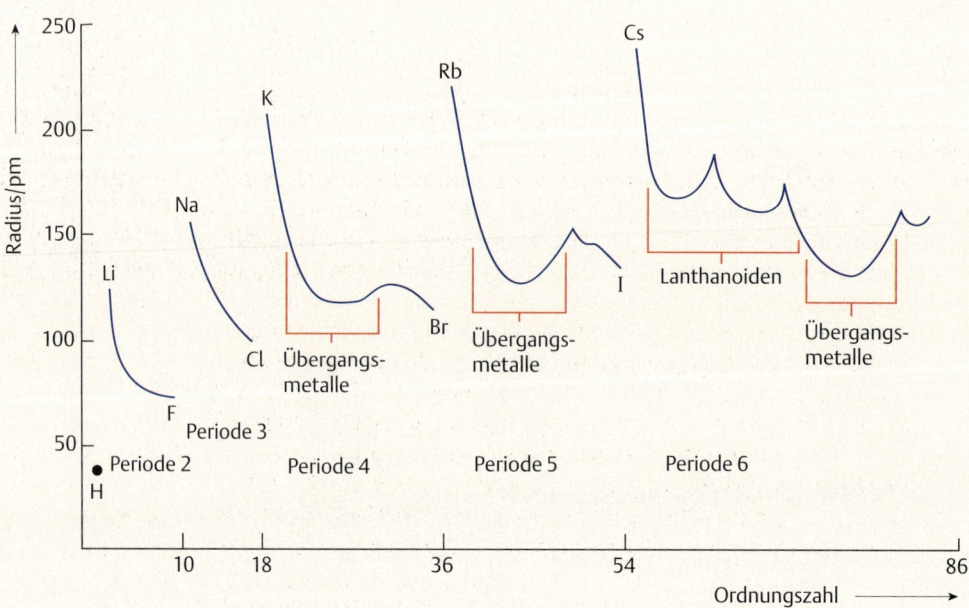

 7.2 Kovalenzradien für die Elemente. Für die Edelgase sind keine Werte bekannt (1 pm = 10^{-12} m)

zur *gleichen Schale* hinzu, bei gleichzeitiger Erhöhung der Kernladung. Elektronen in der gleichen Schale bewirken kaum eine Abschirmung der Kernladung. Die zunehmende Kernladung bewirkt eine Schrumpfung der Elektronenwolke innerhalb der Periode.

Die Nebengruppenelemente weichen von diesem Muster ab. Bei ihnen kommt von Element zu Element ein Elektron zu einem *d*-Orbital einer inneren Schale hinzu. Die Wirkung der Kernladung auf die äußere, größenbestimmende Schale wird durch die zunehmende Zahl der inneren Elektronen abgeschirmt. Bei den Nebengruppenelementen beobachtet man innerhalb einer Periode zunächst nur eine geringere Abnahme der Atomradien und gegen Ende der Periode sogar eine Zunahme.

Die generellen Tendenzen bei den Atomradien werden in 7.3 schematisch dargestellt. Allgemein sind die Atomradien von Metallen größer als die von Nichtmetallen. Die Kovalenzradien der meisten Metalle liegen über 120 pm, die der meisten Nichtmetalle unter 120 pm.

7.3 Generelle Tendenzen bei den Atomradien im Periodensystem

7.2 Ionisierungsenergien

Die aufzuwendende Energie, um einem Atom im Grundzustand das am schwächsten gebundene Elektron zu entreißen, heißt die **erste Ionisierungsenergie**:

$$A(g) \rightarrow A^+(g) + e^-$$

A(g) symbolisiert ein Atom eines beliebigen Elements im Gaszustand. Da das Elektron gegen die Anziehungskraft des Atomkerns entfernt werden muß, ist beim Ionisierungsprozeß in jedem Fall Energie zuzuführen, beim Natrium zum Beispiel 496 kJ/mol.

Die Ionisierungsenergie für ein einzelnes Elektron wird meist in Elektronenvolt pro Atom (eV/Atom) angegeben, für ein Mol Elektronen in Kilojoule pro Mol.

In 7.4 ist die erste Ionisierungsenergie gegen die Ordnungszahl der Elemente aufgetragen. Man erkennt folgende Tendenzen:

1. Allgemein nimmt die Ionisierungsenergie innerhalb einer Periode von links nach rechts zu (vgl. den Kurvenverlauf von Li bis Ne oder Na bis Ar). Die Wegnahme eines Elektrons wird immer schwieriger, weil die Atome kleiner werden und die effektive Kernladung zunimmt.
2. Allgemein nimmt die Ionisierungsenergie innerhalb einer Hauptgruppe des Periodensystems mit zunehmender Ordnungszahl ab (vgl. die Gruppen He, Ne, Ar, Kr, Xe, Rn sowie Li, Na, K, Rb, Cs in 7.4). Die Zunahme der Kernladung wird weitgehend von der Abschirmung durch die inneren Elektronen kompensiert. Die Atomgröße nimmt zu, das zu entfernende Elektron entstammt von Element zu Element einer zunehmend weiter außen liegenden Schale. Das Entfernen eines Elektrons wird zunehmend leichter.

Bei den Nebengruppenelementen nimmt die Ionisierungsenergie innerhalb einer Periode weniger stark zu als bei den Hauptgruppenelemen-

Erste Ionisierungsenergie für Natrium
Na (g) → Na⁺ (g) + e^-
ΔH = +496 kJ/mol

Ein **Elektronenvolt** entspricht der kinetischen Energie eines Elektrons, das durch ein elektrisches Potential von 1 Volt im Vakuum beschleunigt wurde;
1 eV = 1,6022 · 10⁻¹⁹ J
1 eV/Atom ≙ 96,487 kJ/mol.

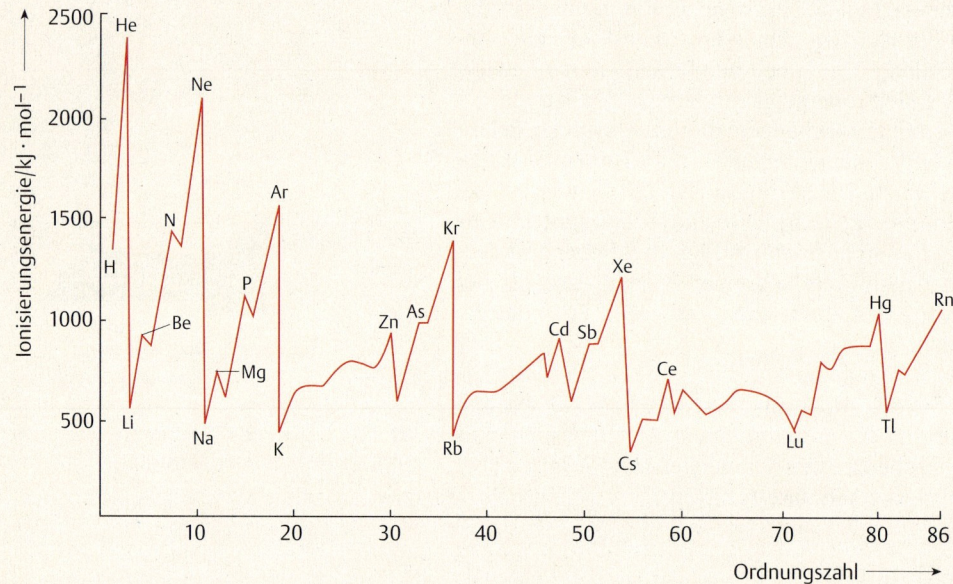

7.4 Auftragung der ersten Ionisierungsenergie der Elemente gegen die Ordnungszahl

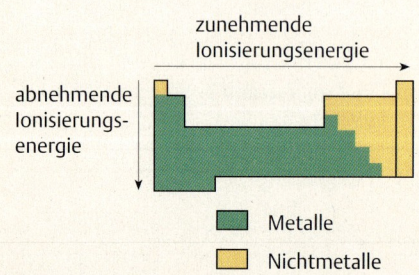

7.5 Generelle Tendenzen für die Ionisierungsenergie im Periodensystem

ten. In der Reihe der Lanthanoiden bleibt die Ionisierungsenergie sogar annähernd konstant. Bei ihnen wird nach dem Aufbauprinzip das zuletzt hinzugekommene Elektron einer inneren Schale zugefügt; die resultierende Zunahme der Abschirmung kompensiert die Zunahme der Kernladung.

Für Metalle ist eine relativ niedrige Ionisierungsenergie charakteristisch. Bei chemischen Reaktionen verlieren sie leicht Elektronen und werden zu positiv geladenen Ionen. Nichtmetalle haben dagegen relativ hohe Ionisierungsenergien. Die Ionisierungsenergien für die meisten Metalle liegen unter 1000 kJ/mol, für die meisten Nichtmetalle über 1000 kJ/mol.

Die allgemeinen Tendenzen für die erste Ionisierungsenergie sind in 7.5 schematisch dargestellt. Die reaktivsten Metalle, die am leichtesten Elektronen verlieren, finden sich im Periodensystem links unten. Neben den genannten allgemeinen Tendenzen erkennt man in 7.4 noch einige Besonderheiten, die mit der Elektronenkonfiguration zusammenhängen. Man erkennt Maxima für die Ionisierungsenergie bei folgenden Elementen:

1. Edelgase (He, Ne, Ar, Kr, Xe, Rn), denen die Elektronenkonfiguration $ns^2 np^6$ für die Außenschale zukommt (ausgenommen He mit der Konfiguration $1s^2$).
2. Die Elemente Be, Mg, Zn, Cd und Hg, bei denen die s-Unterschale der Außenschale und, soweit vorhanden, die d-Unterschalen von inneren Schalen vollständig besetzt sind.
3. Die Elemete N, P, As und (weniger ausgeprägt) Sb, bei denen die p-Unterschale der Außenschale halbbesetzt ist ($ns^2 np^3$).

Die Ionisierungsenergie dieser Elemente ist höher als die der ihnen folgenden Elemente. Dies gilt in besonderem Maß für die Edelgase. Die zugehörigen drei Typen der Elektronenkonfiguration sind relativ stabil.

Die **zweite Ionisierungsenergie** entspricht dem aufzuwendenden Energiebetrag, um von einem einfach positiv geladenen Ion ein zweites Elektron zu entfernen:

$$A^+(g) \rightarrow A^{2+}(g) + e^-$$

Die **dritte Ionisierungsenergie** ist bei der Wegnahme eines dritten Elektrons von einem zweifach positiv geladenen Ion aufzuwenden. Je höher die positive Ladung eines Ions ist, umso schwieriger wird es, ein Elektron zu entfernen. Dementsprechend nehmen die Ionisierungsenergien in der Reihenfolge

erste < zweite < dritte usw.

zu. Die Beträge oberhalb der dritten Ionisierungsenergien liegen derart hoch, daß Ionen mit höheren Ladungen als 3+ sehr selten sind.

Werte für die Ionisierungsenergien der ersten drei Elemente der 3. Periode sind in 🗔 7.2 angegeben. Wie erwartet, nehmen die Werte von der 1. zur 4. Ionisierungsenergie zu. Man beachte jedoch die sprunghafte Zunahme, nachdem die Valenzelektronen entfernt worden sind (Stufenlinie in 🗔 7.2). Die Zahl der Valenzelektronen entspricht der (Haupt-)Gruppennummer. Nachdem die Valenzelektronen entfernt sind, müssen Elektronen aus der Schale unter der Valenzschale entfernt werden; diese hat die sehr stabile Konfiguration $2s^2 2p^6$ des Edelgases Neon.

Zweite Ionisierungsenergie für Natrium
$Na^+(g) \rightarrow Na^{2+}(g) + e^-$
$\Delta H = +4563 \text{ kJ/mol}$

🗔 7.2 Ionisierungsenergien für die Metalle der dritten Periode

Metall	Gruppe	Ionisierungsenergien/kJ · mol^{-1}			
		erste	zweite	dritte	vierte
Na	I A	+496	+4563	+6913	+ 9541
Mg	II A	+738	+1450	+7731	+10545
Al	III A	+577	+1816	+2744	+11575

7.3 Elektronenaffinitäten

Die Energie, die bei der Aufnahme eines Elektrons durch ein Atom im Gaszustand umgesetzt wird, ist die **erste Elektronenaffinität**:

$$A(g) + e^- \rightarrow A^-(g)$$

Wegen der Aufnahme eines Elektrons entsteht dabei ein negativ geladenes Ion. Werte für die Elektronenaffinitäten der Hauptgruppenelemente sind in 🗔 7.3 (S. 100) aufgeführt. In vielen Fällen wird bei der Elektronenaufnahme Energie freigesetzt. Zum Beispiel werden 328 kJ/mol frei, wenn Fluor-Atome je ein Elektron aufnehmen. In manchen Fällen ist jedoch die Zufuhr von Energie notwendig; Neon-Atome nehmen zum Beispiel nur bei Energiezufuhr Elektronen auf.

Wenn sich ein Elektron einem Atom nähert, so wird es vom Atomkern angezogen, aber von den Elektronen des Atoms abgestoßen. Je nach-

$F(g) + e^- \rightarrow F^-(g) \quad \Delta H = -328 \text{ kJ/mol}$

$Ne(g) + e^- \rightarrow Ne^-(g) \quad \Delta H = +29 \text{ kJ/mol}$

7.3 Elektronenaffinitäten in kJ · mol⁻¹. Werte in Klammern sind theoretisch berechnete Werte. Die übrigen Werte wurden experimentell bestimmt.

A. Aufnahme von einem Elektron

H −73							He (+21)
Li −60	Be (+240)		B −27	C −122	N 0	O −141	F −328	Ne (+29)
Na −53	Mg (+230)		Al −43	Si −134	P −72	S −200	Cl −349	Ar (+35)
K −48	Ca (+156)		Ga −29	Ge −116	As −77	Se −195	Br −325	Kr (+39)
Rb −47	Sr (+168)		In −29	Sn −121	Sb −101	Te −190	I −295	Xe (+41)
Cs −45	Ba (+52)		Tl −29	Pb −35	Bi −91	Po −183	At −270	Rn (+41)

B. Aufnahme von zwei Elektronen

O +704	S +332

Zuweilen wird die Elektronenaffinität als die freigesetzte Energie definiert und mit positivem Vorzeichen versehen. Da dies den Vorzeichen-Konventionen widerspricht, verwenden wir negative Vorzeichen bei Abgabe und positive bei Aufnahme von Energie.

dem, ob die Anziehung oder die Abstoßung überwiegt, wird Energie freigesetzt oder benötigt, um ein negativ geladenes Ion zu bilden.

Ein kleines Atom sollte eine größere Tendenz zur Elektronenaufnahme haben als ein großes Atom. Das zusätzliche Elektron ist in einem kleinen Atom im Mittel dem Atomkern näher. Entsprechend der Abnahme der Atomradien innerhalb einer Periode von links nach rechts erwarten wir somit immer negativere Werte für die Elektronenaffinitäten. Diese Tendenz wird im großen und ganzen beobachtet (7.3).

Es gibt jedoch Ausnahmen. In der 2. Periode finden wir zum Beispiel beim Beryllium (vollbesetzte 2s-Unterschale), Stickstoff (halbbesetzte 2p-Unterschale) und Neon (alle Unterschalen vollbesetzt) Werte, die aus der Reihe fallen. Diese Elemente verfügen über relativ stabile Elektronenkonfigurationen und nehmen nicht so leicht Elektronen auf. Entsprechende Ausnahmen findet man in den anderen Perioden. In allen Perioden ist das Atom mit der größten Tendenz zur Elektronenaufnahme (negativste Elektronenaffinität) dasjenige der 7. Hauptgruppe (F, Cl, Br, I, At). Diesen Elementen fehlt gerade ein Elektron, um die Edelgaskonfiguration $ns^2 np^6$ zu erreichen.

Für die **zweite Elektronenaffinität** gibt es nur für wenige Elemente experimentell bestimmte Werte. Sie beziehen sich auf die Aufnahme eines zweiten Elektrons durch ein einfach negativ geladenes Ion. Da das negativ geladene Ion und das Elektron einander abstoßen, muß Energie aufgewandt werden. Alle zweiten Elektronenaffinitäten haben positive Vorzeichen.

Bei der Berechnung der Gesamtenergie zur Bildung eines mehrfach negativ geladenen Ions müssen alle Einzelelektronenaffinitäten mit ihren Vorzeichen berücksichtigt werden, zum Beispiel:

$$O(g) + e^- \rightarrow O^-(g) \qquad \Delta H = -141 \text{ kJ/mol}$$
$$O^-(g) + e^- \rightarrow O^{2-}(g) \qquad \Delta H = +845 \text{ kJ/mol}$$

Gesamtvorgang: $O(g) + 2e^- \rightarrow O^{2-}(g) \qquad \Delta H = +704$ kJ/mol

7.4 Die Ionenbindung

Bei Verbindungen der Hauptgruppenelemente werden die Valenzelektronen oft als Punkte neben dem Elementsymbol dargestellt (◉ 7.6). Nur die Elektronen der Außenschale sind bei Hauptgruppenelementen an chemischen Reaktionen beteiligt. Die Zahl dieser Valenzelektronen ist gleich der Hauptgruppennummer.

Gruppe	I A	II A	III A	IV A	V A	VI A	VII A	0
Atom	Na•	•Mg•	•Al•	•Si•	•P•	•S•	•Cl•	•Ar•
Ion	Na^+	Mg^{2+}	Al^{3+}		P^{3-}	S^{2-}	Cl^-	

◉ 7.6 Symbole für die Elemente und Ionen der Hauptgruppenelemente der 3. Periode mit ihren Valenzelektronen

Natrium gehört zur 1. Hauptgruppe und hat ein Valenzelektron pro Atom. Chlor steht in der 7. Hauptgruppe und hat sieben Valenzelektronen. Bei der Reaktion eines Natrium-Atoms mit einem Chlor-Atom gibt das Natrium-Atom sein Valenzelektron ab, das Chlor-Atom nimmt es auf:

$$Na\cdot + \cdot\ddot{C}l\colon \longrightarrow Na^+ + \colon\!\ddot{C}l\colon^-$$

Da das Natrium-Atom ein Elektron verloren hat und nur noch über 10 Elektronen verfügt, während der Kern nach wie vor 11 Protonen enthält, hat das Natrium-Ion die Ladung 1+. Im Chlorid-Ion sind 18 Elektronen und 17 Protonen vorhanden, es hat die Ladung 1–. Bei der Reaktion ist die Zahl der vom Natrium abgegebenen Elektronen gleich der Zahl der vom Chlor aufgenommenen Elektronen. In der resultierenden Verbindung sind Na^+- und Cl^--Ionen im Verhältnis 1 : 1 vorhanden. Sie ordnen sich zu einem Ionen-Kristall (◉ 7.7 und 7.8).

Im Natriumchlorid-Kristall gehört kein Ion exklusiv zu einem anderen Ion. Jedes Natrium-Ion ist von sechs Chlorid-Ionen umgeben, jedes Chlorid-Ion ist von sechs Natrium-Ionen umgeben. Die Zahl der nächsten Nachbarionen um ein Ion nennt man die **Koordinationszahl**. Da die nächsten Nachbarionen eines Ions immer entgegengesetzt geladen sind, überwiegen im Ionenkristall die Anziehungskräfte gegenüber den abstoßenden Kräften. Die Netto-Anziehung hält den Kristall zusammen und ist das Wesen der **Ionenbindung**.

Die vollständigen Elektronenkonfigurationen der Atome und Ionen bei dieser Reaktion sind:

$$Na\,(1s^2\,2s^2\,2p^6\,3s^1) \rightarrow Na^+\,(1s^2\,2s^2\,2p^6) + e^-$$
$$Cl\,(1s^2\,2s^2\,2p^6\,3s^2\,3p^5) + e^- \rightarrow Cl^-\,(1s^2\,2s^2\,2p^6\,3s^2\,3p^6)$$

Als Wiederholung der Ausführungen in Abschn. 2.6 (S. 21) und 3.1 (S. 29) fassen wir zusammen:

1. Ein Ion besteht aus einem oder mehreren Atomen und hat eine elektrische Ladung. Ein *Kation* ist *positiv* geladen. Ein *Anion* ist *negativ* geladen.
2. Ein *einatomiges Ion* besteht aus einem Atom. *Metall-Atome* bilden *Kationen*. *Nichtmetall-Atome* bilden *Anionen*.
3. Ein *mehratomiges Ion*, auch *Molekülion* genannt, ist ein elektrisch geladenes Teilchen, das aus mehreren Atomen besteht. Molekülionen können Kationen (z. B. NH_4^+, OH_3^+) oder Anionen (z. B. OH^-, SO_4^{2-}) sein.
4. Eine aus Ionen aufgebaute Verbindung besteht aus zahlreichen Kationen und Anionen, die im festen Zustand zu einem *Ionenkristall* geordnet sind. Im Kristall ist jedes Kation von Anionen und umgekehrt umgeben. Die elektrostatische Anziehung zwischen den entgegengesetzt geladenen Ionen hält den Kristall zusammen. Die Formel einer Ionenverbindung gibt das einfachste ganzzahlige Zahlenverhältnis zwischen den Ionen an, so daß der Kristall insgesamt elektrisch neutral ist.

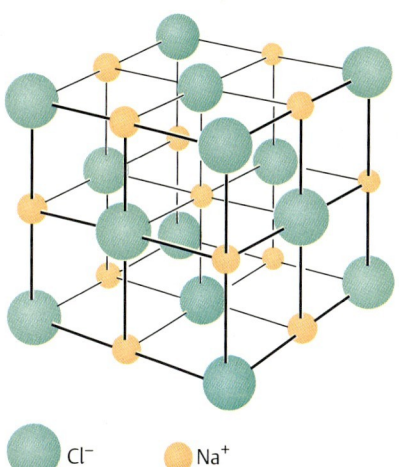

◉ 7.7 Ausschnitt aus der Natriumchlorid-Struktur

● 7.8 Steinsalz, NaCl

Das Na$^+$-Ion hat die gleiche Elektronenkonfiguration wie ein Neon-Atom und das Cl$^-$-Ion hat die gleiche Konfiguration wie ein Argon-Atom. Die Ionen sind **isoelektronisch** mit Neon- bzw. Argon-Atomen.

Hauptgruppenelemente nehmen in der Regel Elektronen auf oder geben sie ab, wobei Ionen entstehen, die mit Edelgas-Atomen isoelektronisch sind. Das ist entweder die Konfiguration $1s^2$ des Helium-Atoms (Li$^+$, Be^{2+}, H$^-$) oder die **Edelgaskonfiguration** s^2p^6 für die äußerste besetzte Schale. Die in ● 7.6 angegebenen Ionen haben alle die s^2p^6-Konfiguration; die Kationen (Na$^+$, Mg^{2+}, Al^{3+}) sind isoelektronisch mit dem vorausgehenden Edelgas (Neon), die Anionen (P^{3-}, S^{2-}, Cl$^-$) sind isoelektronisch mit dem nächsten Edelgas (Argon). Es gibt allerdings auch Ionen, die keine Edelgaskonfiguration haben.

Sauerstoff gehört zur 6. Hauptgruppe, ein Sauerstoff-Atom hat sechs Valenzelektronen. Es erreicht die Edelgaskonfiguration des Neon-Atoms durch Aufnahme von zwei Elektronen:

$$\text{O}\,(1s^2 2s^2 2p^4) + 2e^- \rightarrow \text{O}^{2-}\,(1s^2 2s^2 2p^6)$$

Bei der Reaktion von Natrium mit Sauerstoff werden pro Atom Sauerstoff zwei Atome Natrium benötigt, damit die Zahl der vom Natrium abgegebenen und der vom Sauerstoff aufgenommenen Elektronen übereinstimmt:

$$2\,\text{Na}\cdot + \cdot\ddot{\underset{..}{\text{O}}}\mathbin{:} \longrightarrow 2\,\text{Na}^+ + \mathbin{:}\ddot{\underset{..}{\text{O}}}\mathbin{:}^{2-}$$

Die Zusammensetzung des Produkts, Natriumoxid, wird durch die Formel Na$_2$O angezeigt. Allgemein muß in einer Ionenverbindung die gesamte positive Ladung der Kationen mit der gesamten negativen Ladung der Anionen dem Betrag nach übereinstimmen. Calciumchlorid, das aus Ca^{2+}- und Cl$^-$-Ionen besteht, hat die Formel CaCl$_2$; Calciumoxid, das aus Ca^{2+}- und O^{2-}-Ionen besteht, hat die Formel CaO. Beim Aluminiumoxid, das aus Al^{3+}- und O^{2-}-Ionen besteht, wird der Ausgleich der Ladungen durch das Zahlenverhältnis 2 Al^{3+} (Gesamtladung 6+) und 3 O^{2-} (Gesamtladung 6−) erreicht, die Formel lautet Al$_2$O$_3$.

Max Born, 1882–1970

7.5 Gitterenergie

Beim Zusammenfügen von weit voneinander entfernten, im Gaszustand befindlichen positiven und negativen Ionen zu einem Kristall wird die **Gitterenergie** frei. Die Gitterenergie für Natriumchlorid beträgt zum Beispiel:

$$\text{Na}^+(g) + \text{Cl}^-(g) \rightarrow \text{NaCl}(s) \qquad \Delta H_\text{Gitt} = -788\ \text{kJ/mol}$$

Beim Aufbau des Ionenkristalls wird immer Energie freigesetzt; die Verdampfung des Kristalls zu einem aus Ionen bestehenden Gas erfordert die Zufuhr des gleichen Energiebetrags, d.h. $\Delta H = +788$ kJ/mol. Zur Bestimmung der Gitterenergie bedient man sich des **Born-Haber-Kreisprozesses**, der von Max Born und Fritz Haber unabhängig voneinander 1916 entwickelt wurde. Wir betrachten ihn am Beispiel des Natriumchlorids.

Fritz Haber, 1865–1934

Der Born-Haber-Zyklus basiert auf dem Satz von Hess (Abschn. 5.5, S. 53), wonach die Reaktionsenthalpie einer chemischen Reaktion einen festen Betrag hat, unabhängig davon, in wie vielen Schritten die Reaktion abläuft. Die experimentell bestimmbare Bildungsenthalpie (5.1, S. 55), um ein Mol NaCl(s) aus einem Mol Na(s) und einem halben Mol Cl_2(g) in einem Schritt herzustellen, ist:

$$Na(s) + \tfrac{1}{2} Cl_2(g) \rightarrow NaCl(s) \qquad \Delta H_f^0 = -411 \text{ kJ/mol}$$

Die Bildung von NaCl(s) aus Na(s) und Cl_2(g) kann man sich in verschiedenen Schritten vorstellen, deren zugehörige ΔH-Werte zusammen den gemessenen ΔH_f^0-Wert ergeben müssen. Wir betrachten folgende Schritte (7.9):

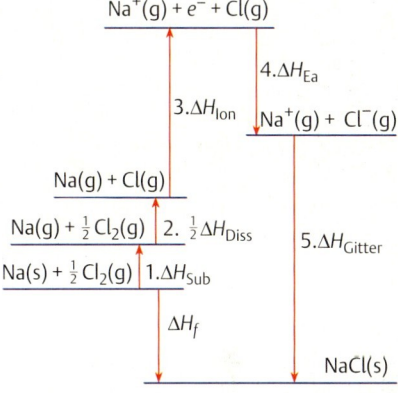

● 7.9 Der Born-Haber-Zyklus für Natriumchlorid

1. Ein Mol festes, kristallines Natrium-Metall wird unter Bildung eines Gases aus Natrium-Atomen verdampft. Dabei wird Energie aufgenommen, die **Sublimationsenthalpie**:

$$Na(s) \rightarrow Na(g) \qquad \Delta H_{Sub} = 108 \text{ kJ/mol}$$

2. Die Moleküle von einem halben Mol Chlorgas werden zu einem Mol Chlor-Atomen dissoziiert. Dabei wird Energie aufgenommen, die Dissoziationsenergie, die dem Betrag nach gleich der Bindungsenergie für die Cl—Cl-Bindung ist (5.2, S. 58):

$$\tfrac{1}{2} Cl_2(g) \rightarrow Cl(g) \qquad \tfrac{1}{2} \cdot \Delta H_{Diss} = \tfrac{1}{2} \cdot 243 = 122 \text{ kJ/mol}$$

3. Die Natrium-Atome werden zu gasförmigen Na^+-Ionen ionisiert. Dabei wird die Ionisierungsenergie (Abschn. 7.2, S. 97) aufgenommen:

$$Na(g) \rightarrow Na^+(g) + e^- \qquad \Delta H_{Ion} = 496 \text{ kJ/mol}$$

4. Die Chlor-Atome nehmen Elektronen unter Bildung von Cl^--Ionen auf. Dabei wird Energie freigesetzt, die Elektronenaffinität (7.3, S. 100):

$$Cl(g) + e^- \rightarrow Cl^-(g) \qquad \Delta H_{Ea} = -349 \text{ kJ/mol}$$

5. Die Ionen werden aus dem Gaszustand zu einem Ionengitter zusammengefügt. Dabei wird die Gitterenergie freigesetzt:

$$Na^+(g) + Cl^-(g) \rightarrow NaCl(s) \qquad \Delta H_{Gitter} = -788 \text{ kJ/mol}$$

Dieser letzte Schritt liefert den größten Beitrag bei der Energiefreisetzung. Er macht den ganzen Prozeß energetisch vorteilhaft. Die Bildungsenthalpie ergibt sich als Summe der Reaktionsenthalpien der Einzelschritte:

$$\begin{aligned}\Delta H_f^0 &= \Delta H_{Sub} + \tfrac{1}{2}\Delta H_{Diss} + \Delta H_{Ion} + \Delta H_{Ea} + \Delta H_{Gitter}\\ &= 108 + 122 + 496 - 349 - 788 \text{ kJ/mol}\\ &= -411 \text{ kJ/mol}\end{aligned}$$

Alle genannten Energiebeiträge mit Ausnahme der Gitterenergie können experimentell bestimmt werden, so daß die Gitterenergie aus experimentellen Werten berechnet werden kann.

Beispiel 7.3

Die Gitterenergie von Magnesiumchlorid, $MgCl_2(s)$, soll bestimmt werden. Gemessene Werte sind:

Sublimationsenthalpie von Magnesium +150 kJ/mol;
1. und 2. Ionisierungsenergie von Magnesium +738 bzw. +1450 kJ/mol;
Dissoziationsenergie von Cl_2 +243 kJ/mol;
erste Elektronenaffinität von Chlor −349 kJ/mol;
Bildungsenthalpie für $MgCl_2(s)$ −642 kJ/mol.

Einzelschritte:		ΔH/kJ · mol^{-1}
Sublimation von Mg	$Mg(s) \rightarrow Mg(g)$	150
Erste Ionisierung von Mg	$Mg(g) \rightarrow Mg^+(g)$	738
Zweite Ionisierung von Mg	$Mg^+(g) \rightarrow Mg^{2+}(g)$	1450
Dissoziation von Cl_2	$Cl_2(g) \rightarrow 2\,Cl(g)$	243
Elektronenaffinität von Cl	$2\,Cl(g) + 2e^- \rightarrow 2\,Cl^-(g)$	$2 \cdot (-349) = -698$
Gitterenergie	$Mg^{2+}(g) + 2\,Cl^-(g) \rightarrow MgCl_2(s)$	ΔH_{Gitter}
Bildungsenthalpie	$Mg(s) + Cl_2(g) \rightarrow MgCl_2(s)$	$1883 + \Delta H_{Gitter}$ $= -642$ kJ/mol
Die Gitterenergie von $MgCl_2$ ist damit		$\Delta H_{Gitter} = -2525$ kJ/mol

Der große Unterschied für die Gitterenergie von Magnesiumchlorid (7.3, −2525 kJ/mol) und Natriumchlorid (−788 kJ/mol) rührt hauptsächlich von der unterschiedlichen Ladung der Kationen her. Ein Mg^{2+}-Ion übt eine stärkere Anziehung auf Cl^--Ionen aus als ein Na^+-Ion. Im allgemeinen hängt der Betrag der Gitterenergie von zwei Faktoren ab:

1. **Ladung der Ionen.** Je höher die Ladung der Ionen, desto größer ist der Betrag der Gitterenergie. Die Werte in 7.4 spiegeln dies wider.
2. **Größe der Ionen.** Je näher zwei entgegengesetzt geladene Ionen aneinander kommen können, desto größer wird die Anziehungskraft zwischen ihnen. Kristalle aus *kleinen* Ionen haben deshalb einen höheren Betrag für die Gitterenergie. Der Vergleich der Gitterenergie von Natrium- und Cäsium-Verbindungen zeigt dies deutlich (7.4).

7.4 Einige Gitterenergien

Verbindungstyp[a]	Verbindung	Ionen	Summe der Ionenradien/pm	Gitterenergie /kJ · mol^{-1}
1+, 1−	NaCl	Na^+, Cl^-	95 + 181 = 276	−788
	CsCl	Cs^+, Cl^-	169 + 181 = 350	−669
1+, 2−	Na_2O	$2\,Na^+, O^{2-}$	95 + 140 = 235	−2570
	Cs_2O	$2\,Cs^+, O^{2-}$	169 + 140 = 309	−2090
2+, 1−	$MgCl_2$	$Mg^{2+}, 2\,Cl^-$	65 + 181 = 246	−2525
2+, 2−	MgO	Mg^{2+}, O^{2-}	65 + 140 = 205	−3890

[a] Ladung von Kation bzw. Anion

7.6 Arten von Ionen

Die treibende Kraft zur Bildung eines Ionenkristalls ist die elektrostatische Anziehung der entgegengesetzt geladenen Ionen. Die Gitterenergie ist ein wichtiger Faktor, der mitbestimmt, welche Ladung die Atome im Ionenkristall annehmen. (Die korrekte Größe, die hier zu betrachten wäre, ist die freie Enthalpie ΔG anstelle von ΔH; siehe Abschn. 19.**4**, S. 337. Wir begehen jedoch keinen großen Fehler, wenn wir in diesem Fall mit ΔH rechnen.)

1. *Warum bildet Na keine Na^{2+}-Ionen?*
Um Na^{2+}-Ionen zu erhalten, muß die erste und zweite Ionisierungsenergie aufgebracht werden (vgl. 7.**2**, S. 99):

$$496 + 4563 = 5095 \text{ kJ/mol}$$

Die Gitterenergie eines imaginären „$NaCl_2$" müßte in der gleichen Größenordnung wie beim $MgCl_2$ liegen (-2525 kJ/mol; 7.**4**). Dieser Betrag wäre für die Ionisierung nicht ausreichend, die Entfernung eines Elektrons aus einem Ion mit Edelgaskonfiguration kostet zu viel Energie.

2. *Warum kann Magnesium Mg^{2+}-Ionen bilden?* Das Magnesium Atom erreicht die Edelgaskonfiguration bei Abgabe von zwei Elektronen. Die Summe der ersten und zweiten Ionisierungsenergie für Magnesium (7.**2**, S. 99) ist erheblich geringer als beim Natrium:

$$738 + 1450 = 2188 \text{ kJ/mol}$$

Die Gitterenergie von -2525 kJ/mol ist hoch genug, um die zur Ionisierung benötigte Energie aufzubringen.

Ähnlich ist die Situation bei den Anionen. Um Anionen zu bilden, die mehr Elektronen haben, als es der Edelgaskonfiguration entspricht, sind höhere Energiebeträge aufzuwenden, als durch die Gitterenergie erhalten werden (hohe positive Werte für die Elektronenaffinitäten). Anionen mit weniger Elektronen, als es der Edelgaskonfiguration entspricht (z. B. O^-) sind zwar von der Elektronenaffinität begünstigt (z. B. O^-, -141 kJ/mol; O^{2-}, $+704$ kJ/mol), aber der aufzubringende Energiebetrag, ($O + 2e^- \rightarrow O^{2-}$, $\Delta H = +704$ kJ/mol) ist erheblich niedriger, als der zusätzliche Gewinn an Gitterenergie; die Gitterenergie von Na_2O beträgt -2570 kJ/mol, die eines hypothetischen NaO wäre bei etwa -800 kJ/mol zu erwarten.

In der Regel ist die Bildung von Ionen mit Edelgaskonfiguration energetisch begünstigt. Mehr als drei Elektronen werden allerdings nie von einem Atom abgegeben oder aufgenommen. Die dafür aufzuwendende Energie steht nie zur Verfügung. Verbindungen mit Formeln wie $SnCl_4$, $TiBr_4$, SF_6, PCl_5 oder SiO_2 sind nicht aus Ionen aufgebaut.

Ionen mit Edelgaskonfiguration haben entweder die Konfiguration des Heliums, s^2 (s^2-**Ionen**); das sind die Ionen H^-, Li^+ und Be^{2+}. Oder sie haben die Konfiguration s^2p^6 in der Valenzschale (s^2p^6-**Ionen**; 7.10). Es gibt jedoch noch weitere Arten von Ionen:

d^{10}-**Ionen.** Manche Metalle bilden Ionen, obwohl sie die s^2p^6-Konfiguration nicht erreichen können. Ein Zink-Atom müßte zum Beispiel

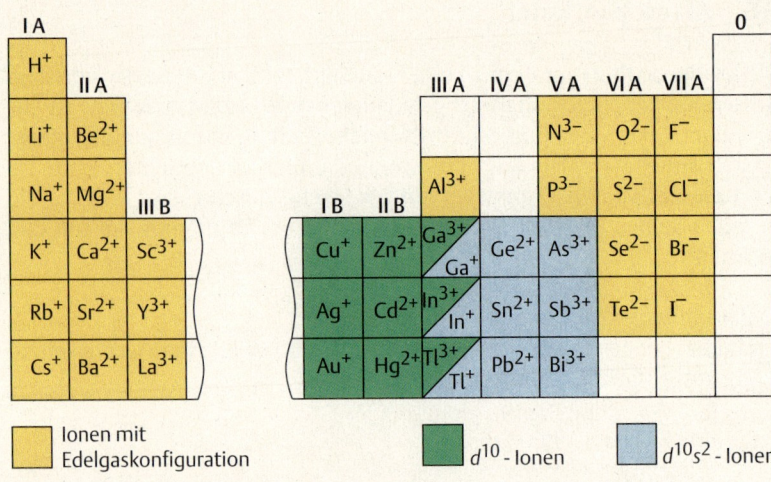

7.10 Arten von Ionen mit Bezug zum Periodensystem

12 Elektronen abgeben oder 6 Elektronen aufnehmen, um zur Edelgaskonfiguration zu kommen. Statt dessen gibt es nur 2 Elektronen ab:

$$Zn(\ldots 3s^2 3p^6 3d^{10} 4s^2) \rightarrow Zn^{2+}(\ldots 3s^2 3p^6 3d^{10}) + 2e^-$$

Die Ionisierungsenergie und die Gitterenergie begünstigen die Bildung von Zn^{2+}-Ionen. Seine Elektronenkonfiguration ist begünstigt, alle Unterschalen seiner Außenschalen sind voll besetzt. Ähnlich ist die Situation bei anderen Elementen, die Ionen mit der Konfiguration $ns^2 np^6 nd^{10}$ bilden können. Sie werden d^{10}-Ionen genannt (vgl. 7.10).

$d^{10}s^2$-Ionen. Zinn kann Sn^{2+}-Ionen bilden:

$$Sn(\ldots 4s^2 4p^6 4d^{10} 5s^2 5p^2) \rightarrow Sn^{2+}(\ldots 4s^2 4p^6 4d^{10} 5s^2) + 2e^-$$

Auch in diesem Fall sind nur vollbesetzte Unterschalen vorhanden. Ionen dieser Art mit der Konfiguration $(n-1)s^2(n-1)p^6(n-1)d^{10}ns^2$ werden $d^{10}s^2$-Ionen genannt. Sie kommen bei den schwereren Elementen der 3., 4. und 5. Hauptgruppe vor (7.10).

Ionen von Nebengruppenelementen. Die äußerste Schale von Atomen der Nebengruppenelemente besteht aus einer s-Unterschale. Bei der Bildung von Ionen werden an erster Stelle diese s-Elektronen abgegeben. Darüber hinaus können innere Elektronen aus der höchsten besetzten d-Unterschale abgegeben werden, und zwar unterschiedlich viele. Nebengruppenelemente können mehrere verschiedene Ionen bilden, zum Beispiel Cu^+ und Cu^{2+}, Cr^{2+} und Cr^{3+} oder Fe^{2+} und Fe^{3+}. Die Bildung eines Fe^{3+}-Ions erfordert mehr Energie als die eines Fe^{2+}-Ions, die Gitterenergie von Fe^{3+}-Verbindungen ist jedoch höher; beide Faktoren gleichen sich so weit aus, daß Verbindungen mit beiden Ionen möglich sind.

7.7 Ionenradien

In Abschnitt 7.1 (S. 94) hatten wir die effektive Größe eines Atoms kennengelernt, die von der Stärke der Bindungskraft zwischen den Atomen abhängt. In einem Ionenkristall halten benachbarte Ionen einen Abstand ein, der mit Hilfe der Röntgenbeugung gemessen werden kann (Abschn. 11.13, S. 184). Dieser Abstand kann als Summe der Radien zweier kugelförmiger Ionen interpretiert werden. Die Aufteilung des Abstandes in zwei Radienwerte ist nicht ohne weiteres möglich.

Ein Weg, um zu Werten für die Radien einzelner Ionen zu kommen, geht von Verbindungen aus, die aus sehr kleinen Kationen und großen Anionen aufgebaut sind (◉ 7.11a). In einem Lithiumiodid (LiI)-Kristall nimmt man einander berührende I^--Ionen an. Die Hälfte des Abstands zwischen zwei I^--Ionen (d in ◉ 7.11a) ergibt dann den Radius r eines I^--Ions:

$$r(I^-) = \tfrac{1}{2} d(I^- \ldots I^-) = 432/2 = 216 \text{ pm}$$

In den meisten Kristallen „berühren" die Anionen einander nicht; der Abstand d in ◉ 7.11b könnte nicht in dieser Art verwendet werden. Mit dem Wert für den Radius eines I^--Ions, der aus den Daten von Lithiumiodid berechnet wurde, kann der Radius eines K^+-Ions aus dem gemessenen Abstand d' (◉ 7.11b) in einem Kaliumiodid (KI)-Kristall berechnet werden:

$$\begin{aligned} d' &= r(K^+) + r(I^-) \\ 349 \text{ pm} &= r(K^+) + 216 \text{ pm} \\ r(K^+) &= 133 \text{ pm} \end{aligned}$$

Die analoge Berechnung mit Meßdaten aus verschiedenen Kalium-Verbindungen gibt etwas abweichende Werte, die außerdem von der Koordinationszahl abhängen. Je größer die Koordinationszahl, desto mehr stoßen sich die Anionen um ein Kation untereinander ab und desto größer erscheint das Kation. Trotzdem sind Ionenradien nützliche Größen, die eine Vorstellung vom Platzbedarf eines Ions geben.

Der Ionenradius für ein Kation ist immer kleiner als der Kovalenzradius für das gleiche Element (◉ 7.12a; vgl. auch die Werte von ▣ 7.1, S. 95, und ▣ 7.5). Die Bildung eines K^+-Ions bedeutet den Verlust der gesamten Schale $n = 4$ des Kalium-Atoms. Außerdem ist durch die Verringerung der Zahl der Elektronen die Abstoßung der Elektronen untereinander schwächer, der Atomkern kann die Elektronen stärker an sich ziehen. Aus diesem Grund ist auch ein zweifach geladenes Kation größer als ein dreifach geladenes.

Der Ionenradius eines Anions ist immer größer als der Kovalenzradius für das gleiche Element (◉ 7.12b; siehe auch Werte in ▣ 7.1, S. 95, und ▣ 7.6). Die Aufnahme von Elektronen erhöht die Abstoßung der Elektronen untereinander, die Valenzschale wird aufgebläht. Ionenradien von Anionen liegen in der gleichen Größenordnung wie die zugehörigen van der Waals-Radien (▣ 7.1, S. 95, und ▣ 7.6).

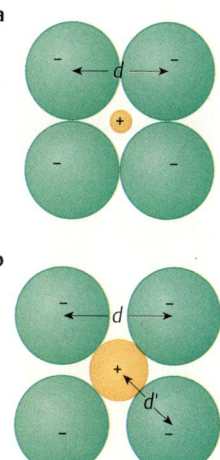

◉ 7.11 Abstände zwischen Ionen (siehe Text)

▣ 7.5 Ionenradien (pm) einiger Kationen von Hauptgruppenelementen bei Koordinationszahl 6, basierend auf $r(O^{2-}) = 140$ pm

Li^+	76	Be^{2+}	45		
Na^+	102	Mg^{2+}	72	Al^{3+}	54
K^+	138	Ca^{2+}	100	Ga^{3+}	62
Rb^+	152	Sr^{2+}	118		
Cs^+	167	Ba^{2+}	135		

$r(Fe) = 117$ pm (Kovalenzradius)
$r(Fe^{2+}) = 75$ pm
$r(Fe^{3+}) = 60$ pm

▣ 7.6 Ionenradien (pm) einiger Anionen für Koordinationszahl 6, basierend auf $r(O^{2-}) = 140$ pm

N^{3-}	146	O^{2-}	140	F^-	133
		S^{2-}	184	Cl^-	181
		Se^{2-}	198	Br^-	196
		Te^{2-}	221	I^-	220

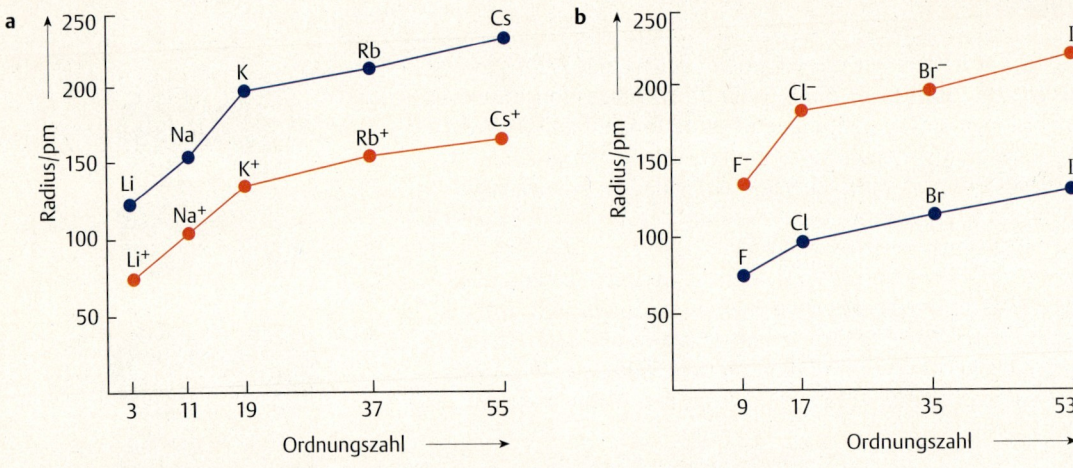

7.12 a Kovalenzradien und Ionenradien von Elementen der ersten Hauptgruppe;
b Kovalenzradien und Ionenradien von Elementen der siebten Hauptgruppe

7.8 Nomenklatur von Ionenverbindungen

Für die **Nomenklatur** (Namensgebung) von Ionenverbindungen gibt es einige Regeln.

Kationen. Die meisten einatomigen Kationen werden von Metall-Atomen gebildet. Wenn das Metall nur eine Sorte von Kationen bildet, wird der *deutsche* Name des Metalls auch für das Kation verwendet.

Bei Metallen, die mehrere Kationen unterschiedlicher Ladung bilden, wird die Ladung durch eine römische Zahl angegeben, die in Klammern dem deutschen Namen des Metalls folgt.

Mehratomige Ionen bestehen aus mehreren Atomen, die durch kovalente Bindungen miteinander verbunden sind. Mehratomige Kationen, in denen Wasserstoff gebunden ist, erhalten die Endung *-onium*.

Anionen. Einatomige Anionen werden von Nichtmetallatomen gebildet. Sie erhalten den *lateinischen* Namen des Elements mit der Endung *-id*. Der lateinische Name wird in manchen Fällen gekürzt (z.B. Oxid anstelle von Oxygenid). Auch die Namen einiger weniger mehratomiger Anionen enden auf *-id*.

Viele mehratomige Anionen sind bekannt. Regeln zu ihrer Benennung werden im Abschnitt 13.**6** (S. 232) näher erläutert. Die gebräuchlichen Namen für einige von ihnen sind in 7.7 aufgeführt.

Der Name einer Verbindung besteht aus dem Namen des Kations, gefolgt vom Namen des Anions; s. Beispiele in der Randspalte.

Na^+ ist ein Natrium-Ion
Mg^{2+} ist ein Magnesium-Ion

Cu^+ ist ein Kupfer(I)-Ion
Cu^{2+} ist ein Kupfer(II)-Ion

NH_4^+ Ammonium
PH_4^+ Phosphonium
OH_3^+ Oxonium

Cl^-	Chlorid	OH^-	Hydroxid
O^{2-}	Oxid	O_2^{2-}	Peroxid
S^{2-}	Sulfid	CN^-	Cyanid
N^{3-}	Nitrid	N_3^-	Azid

Fe_2O_3 Eisen(III)-oxid
$PbCO_3$ Blei(II)-carbonat
Ag_3PO_4 Silberphosphat
$Mg(NO_3)_2$ Magnesiumnitrat
$(NH_4)_2S$ Ammoniumsulfid

7.7 Gebräuchliche Namen für einige Anionen

Fluorid	F^-	Hypochlorit	OCl^-	Carbonat	CO_3^{2-}	Chromat	CrO_4^{2-}
Chlorid	Cl^-	Chlorat	ClO_3^-	Acetat	$CH_3CO_2^-$	Dichromat	$Cr_2O_7^{2-}$
Bromid	Br^-	Perchlorat	ClO_4^-	Oxalat	$C_2O_4^{2-}$	Permanganat	MnO_4^-
Iodid	I^-	Sulfit	SO_3^{2-}				
Oxid	O^{2-}	Sulfat	SO_4^{2-}				
Sulfid	S^{2-}	Nitrit	NO_2^-				
Nitrid	N^{3-}	Nitrat	NO_3^-				
Peroxid	O_2^{2-}	Phosphat	PO_4^{3-}				
Hydroxid	OH^-	Arsenat	AsO_4^{3-}				
Cyanid	CN^-						

7.9 Übungsaufgaben

(Lösungen s. S. 667)

Atomeigenschaften

7.1 Welches Atom der folgenden Atompaare ist größer?
a) P, Cl
b) P, Sb
c) Ga, P
d) Si, P
e) Na, P
f) Al, P
g) Ba, B
h) Cs, Cd
i) Ga, Ge

7.2 Folgende Bindungslängen sind gegeben: N—Cl 174 pm; Cl—F 170 pm; F—F 142 pm. Berechnen Sie daraus den Kovalenzradius für N.

7.3 Berechnen Sie mit Hilfe der Werte aus 7.1 (S. 95) die zu erwartenden Bindungslängen:
a) S—Cl
b) C—O
c) B—F
d) C—N
e) Sb—Cl
f) Si—Br

7.4 In einem Kristall, der aus $SbCl_3$- und S_8-Molekülen besteht, kommt es zu Sb...Cl-, Sb...S-, Cl...S- und S...S-Kontakten zwischen verschiedenen Molekülen. Welche Werte kann man für die Kontaktabstände erwarten?

7.5 Bei welchem Atom der folgenden Atompaare ist jeweils die höhere Ionisierungsenergie zu erwarten?
a) S, Ar
b) Ar, Kr
c) S, As
d) Ba, Sr
e) Cs, Ba
f) Sn, As
g) I, Xe

7.6 Beim Kalium ist die 2. Ionisierungsenergie etwa siebenmal größer als die 1. Ionisierungsenergie (3051 bzw. 419 kJ/mol). Beim Calcium ist die 2. Ionisierungsenergie nur etwa doppelt so groß wie die erste (1145 bzw. 590 kJ/mol). Warum ist der Unterschied beim Kalium größer als beim Calcium?

7.7 Die erste Elektronenaffinität des Schwefels beträgt −200 kJ/mol. Um aus Schwefel-Atomen S^{2-}-Ionen zu machen, müssen 322 kJ/mol aufgewendet werden. Wie groß ist die zweite Elektronenaffinität des Schwefels?

Gitterenergie

7.8 Berechnen Sie die Gitterenergie von Cäsiumchlorid. Die Bildungsenthalpie von CsCl ist −443 kJ/mol. Die Sublimationsenthalpie von Cs beträgt +78 kJ/mol, die 1. Ionisierungsenergie 375 kJ/mol. Die Dissoziationsenergie von Cl_2-Molekülen beträgt 243 kJ/mol, die 1. Elektronenaffinität von Chlor-Atomen −349 kJ/mol.

7.9 Berechnen Sie die Gitterenergie von Calciumoxid. Es betragen: Bildungsenthalpie von CaO −636 kJ/mol; Sublimationsenthalpie von Ca 192 kJ/mol; 1. und 2. Ionisierungsenergie von Ca 590 bzw. 1145 kJ/mol; Dissoziationsenthalpie von O_2-Molekülen 494 kJ/mol; 1. und 2. Elektronenaffinität von O-Atomen −141 bzw. +845 kJ/mol.

7.10 Nehmen Sie die Werte für die Ionenradien aus 7.5 und **7.6** (S. 107) zu Hilfe. Für welche der folgenden Verbindungen in den folgenden Paaren ist die höhere Gitterenergie zu erwarten? Die beiden Verbindungen haben jeweils den gleichen Strukturtyp.
a) CaS oder RbF d) NaI oder SrSe
b) RbF oder RbI e) MgI_2 oder Na_2O
c) CsI oder CaO

7.11 Ordnen Sie die Verbindungen NaBr, Na_2S und MgS nach zunehmender Gitterenergie. Nach welchen Kriterien haben Sie sich gerichtet?

Ionen und Ionenverbindungen

7.12 Notieren Sie die Elektronenkonfiguration folgender Ionen:
a) Cu^+ e) Cd^{2+}
b) Cr^{3+} f) Co^{2+}
c) Cl^- g) La^{3+}
d) Cs^+

7.13 Wieviele ungepaarte Elektronen haben die Ionen aus Aufgabe 7.12? Welche Ionen sind paramagnetisch?

7.14 Geben Sie je zwei Ionen (Kation oder Anion) an, die isoelektronisch zu folgenden Atomen oder Ionen sind:
a) He e) K^+
b) Br^- f) Ar
c) Hg g) Cd^{2+}
d) Au^+

7.15 Identifizieren Sie die s^2, s^2p^6, d^{10} bzw. $d^{10}s^2$ Ionen:
a) Ag^+ f) Be^{2+}
b) Al^{3+} g) Bi^{3+}
c) As^{3+} h) Br^-
d) Au^+ i) Cd^{2+}
e) Ba^{2+} j) Ga^+

7.16 Geben Sie die Formeln für die Chloride, Oxide, Nitride und Phosphate von Natrium, Calcium und Aluminium an.

7.17 Welches Ion in den folgenden Paaren ist größer?
a) Se^{2-} oder Te^{2-} d) N^{3-} oder O^{2-}
b) Tl^+ oder Sn^{2+} e) Te^{2-} oder I^-
c) Tl^+ oder Tl^{3+} f) Sc^{3+} oder Sr^{2+}

Nomenklatur

7.18 Geben Sie die Formeln an für:
a) Ammoniumacetat f) Blei(II)-nitrat
b) Aluminiumsulfat g) Nickel(II)-phosphat
c) Kobalt(III)-sulfid h) Lithiumoxid
d) Bariumcarbonat i) Eisen(III)-sulfat
e) Kaliumarsenat

7.19 Welche Namen haben:
a) $CaSO_3$ e) $Mg(OH)_2$
b) $AgClO_3$ f) $PbCrO_4$
c) $Sn(NO_3)_2$ g) $Ni(CN)_2$?
d) CdI_2

8 Die kovalente Bindung

Zusammenfassung. *Nichtmetall-Atome* werden durch *kovalente Bindungen* zu *Molekülen* verknüpft. In einer kovalenten *Einfachbindung* haben zwei Atome ein gemeinsames Elektronenpaar. In einer *Doppelbindung* sind es zwei, in einer *Dreifachbindung* drei gemeinsame Elektronenpaare. Valenzelektronenpaare, die an keiner Bindung beteiligt sind, nennt man *freie* oder *einsame* Elektronenpaare. Durch die Ausbildung kovalenter Bindungen erreichen viele Nichtmetall-Atome Edelgaskonfiguration, d.h. Bindungselektronenpaare und einsame Elektronenpaare um ein Atom ergeben zusammen ein *Elektronenoktett*.

Meistens ist die Bindung ein Zwischending zwischen einer rein kovalenten Bindung und einer reinen Ionenbindung. Solche Bindungen können, ausgehend von der Ionenbindung, durch eine Verzerrung des Anions unter dem Einfluß der Ladung des Kations verstanden werden. Bei starker Deformation der Elektronenwolke des Anions zum Kation hin geht die Ionenbindung in eine kovalente Bindung über. Je größer das Anion und je höher seine Ladung, desto leichter ist es deformierbar; je kleiner das Kation und je höher seine Ladung, desto stärker wirkt es verzerrend auf das Anion. Ausgehend von der kovalenten Bindung ergibt sich eine zunehmende *Polarisierung* der Bindung je verschiedener die Atome sind. Sind die Atome sehr verschieden, so mündet die Polarisierung in eine Ionenbindung. Der partielle Ionencharakter einer *polaren kovalenten Bindung* kann durch Messung des Dipolmoments bestimmt werden.

Die *Elektronegativität* ist ein Maß für die relative Fähigkeit der Atome, Elektronen an sich zu ziehen.

Lewis-Formeln dienen zur Wiedergabe der Bindungsverhältnisse in Molekülen. Jedes Elektronenpaar wird durch zwei Punkte oder durch einen Strich symbolisiert. Die vorhandenen Valenzelektronen werden auf Bindungen und einsame Elektronenpaare aufgeteilt, damit jedes Atom (außer Wasserstoff) zu einem Elektronen-Oktett kommt. Durch gleichmäßige Aufteilung der Bindungselektronen zwischen den beteiligten Atomen leitet man *Formalladungen* für die Atome ab.

In manchen Fällen ist eine einzelne Lewis-Formel nicht ausreichend, um die tatsächlichen Bindungsverhältnisse adäquat wiederzugeben. Man formuliert dann eine *Mesomerie* mit mehreren *mesomeren Grenzformeln*; das Mittel aus den Grenzformeln entspricht den Bindungsverhältnissen.

Die Namen binärer Molekülverbindungen werden wie bei den Ionenverbindungen zusammengesetzt. Das elektronegativere Element wird als letztes genannt und erhält die Endung *-id*.

Schlüsselworte (s. Glossar)

Kovalente Bindung
Valenzstrich-(Lewis-)Formel
Oktett-Regel
Freies (Einsames) Elektronenpaar

Einfachbindung
Doppelbindung
Dreifachbindung

Polarisation
Partieller Ionencharakter
polare kovalente Bindung
Dipol
Dipolmoment

Elektronegativität
Formalladung
Mesomerie (Resonanz)

8.1. Konzept der kovalenten Bindung *112*
8.2. Übergänge zwischen Ionenbindung und kovalenter Bindung *113*
8.3. Elektronegativität *116*
8.4. Formalladungen *118*
8.5. Mesomerie (Resonanz) *130*
8.6. Nomenklatur von binären Molekülverbindungen *122*
8.7 Übungsaufgaben *123*

⊙ **8.1** Darstellung der Elektronenverteilung in einem Wasserstoff-Molekül

Gilbert N. Lewis, 1875–1946

8.1 Konzept der kovalenten Bindung

Bei Reaktionen von Metallen mit Nichtmetallen geben die Metall-Atome Elektronen ab und die Nichtmetall-Atome nehmen sie auf. Als Ergebnis der Elektronenübertragung entsteht eine Ionenverbindung. Wenn Atome von Nichtmetallen miteinander in Wechselwirkung treten, kommt es nicht zu einer Übertragung von Elektronen, weil alle beteiligten Atome dazu tendieren, Elektronen aufzunehmen. Stattdessen binden sich Atome über Elektronen aneinander, die ihnen dann gemeinsam angehören.

In einem Molekül werden die Atome durch **kovalente Bindungen** zusammengehalten. Eine kovalente **Einfachbindung** besteht aus einem Paar von Elektronen, das zwei Atomen gemeinsam angehört. Betrachten wir das Beispiel einer Bindung zwischen zwei Wasserstoff-Atomen. Jedes einzelne Wasserstoff-Atom hat ein einzelnes Elektron, das symmetrisch um den Atomkern auf ein $1s$-Orbital verteilt ist. Wenn die zwei Atome zusammenkommen, überlappen sich ihre Atomorbitale derart, daß die Elektronenwolke im Bereich zwischen den Atomkernen dichter wird. Die erhöhte negative Ladungsdichte in diesem Bereich zieht die positiv geladenen Atomkerne an (⊙ **8.1**). Auch für die gemeinsame Elektronenwolke der beiden Atome gilt das Pauli-Prinzip: Die beiden Elektronen müssen entgegengesetzten Spin haben.

Symbolisch schreiben wir für ein Wasserstoff-Molekül H : H oder H—H. In der ersten Schreibweise symbolisieren die beiden Punkte das gemeinsame Elektronenpaar; gebräuchlicher ist die zweite Schreibweise, in welcher der Bindungsstrich für das gemeinsame Elektronenpaar steht. Obwohl die Elektronen dem Molekül als Ganzem angehören, ist jedes Wasserstoff-Atom an zwei Elektronen beteiligt und hat damit eine Elektronenkonfiguration, die derjenigen des Edelgases Helium entspricht.

Molekülstrukturen werden meist als **Valenzstrichformeln** gezeichnet, in welchen jeder Bindungsstrich zwischen zwei Atomsymbolen ein gemeinsames Elektronenpaar symbolisiert. Die übrigen Valenzelektronen, die nicht an Bindungen beteiligt sind, werden als Punkte oder ebenfalls als Striche neben die Atomsymbole geschrieben, wobei ein Strich immer für ein Elektronenpaar steht. Die Strichformeln werden auch Valence-Bond-(VB-)Formeln oder **Lewis-Formeln** genannt, nach Gilbert N. Lewis, der diese Theorie der kovalenten Bindung 1916 vorstellte (neuere Theorien werden in Kapitel 9 diskutiert). Die Lewis-Theorie betont das Erreichen der Edelgaskonfiguration als Ziel für jedes Atom. Für das Wasserstoff-Atom ist das die Zwei-Elektronenkonfiguration des Heliums; für Atome anderer Elemente ist es das *Oktett*, d. h. die Acht-Elektronenkonfiguration der übrigen Edelgase (**Oktettregel**).

Ein Halogen-Atom (Element der 7. Hauptgruppe) hat sieben Valenzelektronen. Durch Bildung einer kovalenten Bindung zwischen zwei Atomen kommt jedes Atom zu einem Elektronen-Oktett, zum Beispiel:

$$:\!\ddot{F}\!: \;+\; :\!\ddot{F}\!: \;\longrightarrow\; :\!\ddot{F}\!:\!\ddot{F}\!: \quad \text{oder} \quad :\!\ddot{F}\!-\!\ddot{F}\!: \quad \text{oder} \quad |\underline{\overline{F}}\!-\!\underline{\overline{F}}|$$

Die beiden Fluor-Atome haben nur ein gemeinsames Elektronenpaar. Zusammen mit den übrigen Elektronenpaaren ist jedes Fluor-Atom von acht Elektronen umgeben: dem bindenden (gemeinsamen) Elektronenpaar und sechs Elektronen, die jedes Atom für sich alleine hat. Valenzelektronenpaare, die ein Atom für sich alleine behält, werden *nichtbindende Elektro-*

nenpaare, *freie Elektronenpaare* oder *einsame Elektronenpaare* genannt. Im Fluor-Molekül hat jedes Fluor-Atom drei einsame Elektronenpaare.

Die Zahl der kovalenten Bindungen, an denen ein Atom in einem Molekül beteiligt ist, ergibt sich oft aus der Zahl der Elektronen, die noch fehlen, um die Konfiguration des nächsten Edelgases zu erreichen. Da bei den Nichtmetallen die Zahl der Valenzelektronen gleich der Hauptgruppennummer N ist, werden zum Erreichen des Elektronen-Oktetts $8-N$ Elektronen benötigt. Durch je eine kovalente Bindung kommt ein Atom zu je einem weiteren Elektron, d.h. es werden $8-N$ kovalente Bindungen gebildet [$(8-N)$-**Regel**]. Siehe nebenstehende Beispiele für Wasserstoff-Verbindungen.

Zwei Atome können über mehr als ein gemeinsames Elektronenpaar verfügen. Wir sprechen dann von einer **Mehrfachbindung**. Bei einer **Doppelbindung** sind zwei, bei einer **Dreifachbindung** sind drei gemeinsame Elektronenpaare vorhanden. Das Stickstoff-Molekül (N_2) bietet ein Beispiel. Stickstoff steht in der fünften Hauptgruppe ($N = 5$), durch $8-N = 3$ kovalente Bindungen kommt ein Stickstoff-Atom zum Elektronenoktett. Im N_2-Molekül wird das durch eine Dreifachbindung erreicht. Weitere Beispiele s. nebenstehend.

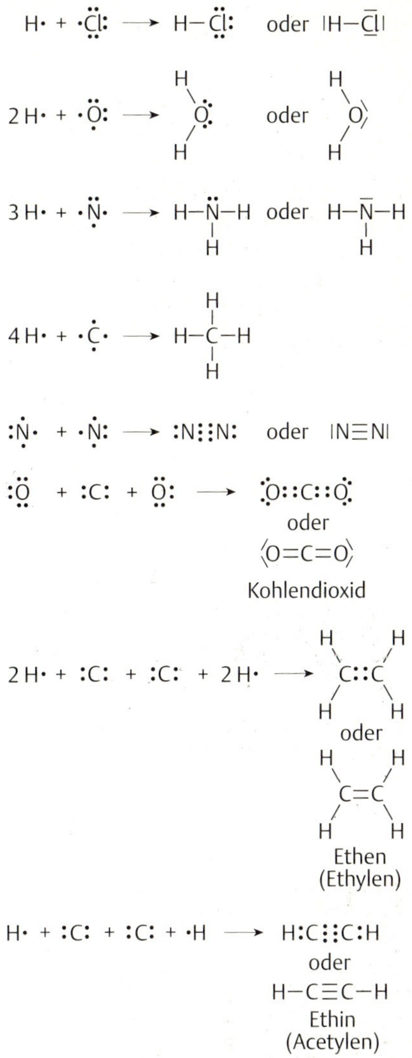

Um Lewis-Formeln im Einklang mit der Oktettregel richtig zu formulieren, muß die Gesamtzahl der Valenzelektronen so auf bindende und einsame Elektronenpaare aufgeteilt werden, daß jedes Atom von acht Elektronen (vier Paaren) und jedes Wasserstoff-Atom von zwei Elektronen umgeben ist. Die Anzahl der Elektronen, die an Bindungen beteiligt ist, ergibt sich gemäß:

Anzahl der Bindungs-e^- = 2 · (Anzahl der H-Atome)
  + 8 · (Anzahl der übrigen Atome)
  − (Gesamtzahl der Valenzelektronen)

S. 8.1. In manchen Fällen lassen sich mehrere Formeln finden; auf dieses Problem kommen wir im Abschnitt 8.5 (S. 120) zurück.

■ **Beispiel 8.1**

Welche Lewis-Formel hat die Verbindung H_2CO (Formaldehyd, Methanal)?

Jedes H-Atom bringt ein Valenzelektron ein, das C-Atom bringt 4 und das O-Atom 6 Valenzelektronen ein, das sind zusammen 12 Valenzelektronen. Diese Zahl wird von 2 · (Anzahl der H-Atome) + 8 · (Anzahl der C- und O-Atome) = 2·2 + 8·2 = 20 abgezogen. Es ergeben sich 8 Bindungselektronen oder vier Bindungen:

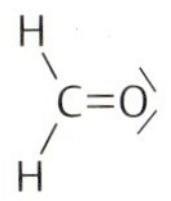

$$\begin{array}{c} H \\ \backslash \\ C=O \\ / \\ H \end{array}$$

8.2 Übergänge zwischen Ionenbindung und kovalenter Bindung

In den meisten Verbindungen liegt weder eine reine Ionenbindung noch eine rein kovalente Bindung vor.

Die reine Ionenbindung ist am besten in Verbindungen verwirklicht, die aus einem Metall mit niedriger Ionisierungsenergie (z. B. Cs) und einem

8 Die kovalente Bindung

Ionenbindung

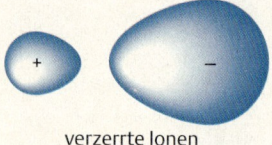
verzerrte Ionen

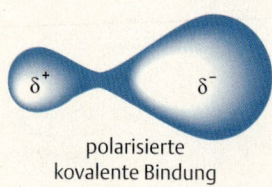
polarisierte kovalente Bindung

kovalente Bindung

◉ 8.2 Übergang zwischen Ionenbindung und kovalenter Bindung

Nichtmetall mit hoher Tendenz zur Elektronenaufnahme (z. B. F) aufgebaut sind. Im Cäsiumfluorid (CsF) sind einzelne Cs^+- und F^--Ionen vorhanden. Eine rein kovalente Bindung tritt nur zwischen gleichen Atomen wie im Fluor-Molekül F_2 auf. Jedes Fluor-Atom zieht die Elektronen gleichermaßen zu sich, die Ladung der Bindungselektronen ist symmetrisch zwischen den Atomen verteilt.

In den meisten Verbindungen liegt weder das eine noch das andere Extrem vor. Gehen wir vom Extrem der reinen Ionenverbindung aus, so können wir eine Verzerrung der Ionen betrachten. Das positiv geladene Ion wirkt anziehend auf die negative Ladungswolke des Anions und deformiert sie. Die Elektronen des Anions werden zum Kation hingezogen. Die Deformation kann zu einem Übergreifen der Elektronenwolke führen, d.h. zur Bildung einer kovalenten Bindung (siehe Bildfolge in ◉ 8.2). das Ausmaß des kovalenten Charakters entspricht dem Ausmaß der Verzerrung des Anions; es hängt sowohl vom Kation als auch vom Anion ab.

Anionen. Wie leicht ein Anion verzerrt werden kann, hängt von seiner Größe und von seiner Ladung ab. Ein großes Anion, dessen Außenelektronen weit vom Kern entfernt sind, ist leicht deformierbar. Das Iodid-Ion, $r(I^-) = 220$ pm, ist leichter zu verzerren als das Fluorid-Ion, $r(F^-) = 133$ pm. Je größer die negative Ladung, desto größer ist der Überschuß an Elektronen gegenüber den Protonen und umso stärker wirkt das Kation auf die Elektronenwolke ein. Anionen mit großer Ladung sind leicht deformierbar. Das Sulfid-Ion (S^{2-}) ist leichter zu verzerren als das Chlorid-Ion (Cl^-). In einem deformierten Ion stimmt der Schwerpunkt der negativen Ladung der Elektronenwolke nicht mehr mit dem Schwerpunkt der positiven Ladung im Kern überein: das Ion ist *polarisiert.* Die Deformierbarkeit eines Ions nennt man deshalb auch *Polarisierbarkeit.*

Kationen. Die Fähigkeit eines Kations, die Elektronenwolke eines benachbarten Anions zu polarisieren, hängt ebenfalls von seiner Größe und von seiner Ladung ab. Je kleiner das Kation und je höher seine Ladung, desto wirksamer kann es die Elektronen eines Anions beeinflussen.

In jeder Gruppe von Metallen im Periodensystem ist dasjenige, das die kleinsten Ionen bildet, auch das mit der größten Tendenz zur Bildung von Bindungen mit kovalentem Charakter. Lithium neigt mehr zur Bildung von kovalenten Bindungen als Cäsium; in allen Verbindungen des Berylliums (Be^{2+} als kleinstes Kation der 2. Hauptgruppe) sind die Bindungen zu einem erheblichen Teil kovalent. Bor-Atome gehen nur kovalente Bindungen ein; das hypothetische B^{3+}-Ion (als kleinstes Ion der 3. Hauptgruppe) hätte eine hohe Ladung bei sehr geringer Größe und würde Anionen in starkem Maße polarisieren.

Die Kationen der ersten vier Metalle in der 4. Periode K^+, Ca^{2+}, Sc^{3+} und „Ti^{4+}" sind bzw. wären isoelektronisch mit Argon. In der Reihe KCl, $CaCl_2$, $ScCl_3$, $TiCl_4$ nimmt der kovalente Charakter der Bindungen mit zunehmender Ladung und abnehmender Größe der Kationen zu. Kaliumchlorid (KCl) ist weitgehend ionisch und bildet Ionenkristalle während Titan(IV)-chlorid ($TiCl_4$) eine Flüssigkeit ist, die aus Molekülen besteht. Ebenso sind die Bindungen in Verbindungen wie $SnCl_4$, $PbCl_4$, $SbCl_5$, BiF_5 als überwiegend kovalent anzusehen.

Eine zweite Betrachtungsweise geht vom Extrem der rein kovalenten Bindung aus und betrachtet deren **Polarisation**. Eine rein kovalente Bindung gibt es nur zwischen Atomen des gleichen Elements. Wenn zwei unterschiedliche Atome durch eine kovalente Bindung verknüpft sind, ist die Elektronenladung nicht symmetrisch zwischen den beiden Atomkernen verteilt; die beiden Atome teilen sich das gemeinsame Elektronenpaar nicht gleichmäßig, ein Atom wird die Elektronen immer etwas stärker zu sich ziehen als das andere.

Chlor-Atome üben eine stärkere Anziehung auf Elektronen aus als Brom-Atome. Im BrCl-Molekül sind die Elektronen der Bindung mehr zum Cl-Atom hingezogen; die gemeinsame Elektronenwolke ist in der Umgebung des Chlor-Atoms dichter. Durch die ungleiche Elektronenverteilung erhält das Chlor-Atom eine partiell negative Ladung. Da das Molekül insgesamt elektrisch neutral ist, kommt dem Brom-Atom eine partiell positive Ladung gleichen Betrages zu. Eine derartige Bindung, mit einem positiven und einem negativen Pol, nennt man eine **polare kovalente Bindung**. Die partiellen Ladungen werden durch die Symbole δ^+ und δ^- zum Ausdruck gebracht.

Je unterschiedlicher die elektronenanziehende Wirkung der kovalent gebundenen Atome ist, desto polarer ist die Bindung, d. h. um so größer ist der Betrag der partiellen Ladungen. Wenn die ungleiche Verteilung der gemeinsamen Elektronen zum Extrem gebracht wird, dann erhält das eine Atom die Bindungselektronen ganz für sich und es resultieren einzelne Ionen (man betrachte die Bilder von ◉ 8.2 von unten nach oben).

Ein Objekt, auf dem sich zwei entgegengesetzte Ladungen des gleichen Betrags q in einem Abstand d befinden, ist ein **Dipol**. Das **Dipolmoment** μ beträgt

$$\mu = q \cdot d$$

Moleküle die, wie BrCl, ein Dipolmoment besitzen, nennt man **polare Moleküle**. Wenn sie in ein elektrisches Feld zwischen zwei geladenen Platten gebracht werden, richten sie sich aus, so daß ihre negativen Enden auf die positive Platte weisen und umgekehrt (◉ 8.3). Bei gegebener elektrischer Spannung zwischen den Platten hängt der Betrag der elektrischen Ladung, der auf die Platten gebracht werden kann, vom Dipolmoment der Moleküle ab. Durch entsprechende Messungen kann das Dipolmoment experimentell bestimmt werden.

Linus Pauling hat experimentell bestimmte Dipolmomente dazu benutzt, um die partielle Ladung, d. h. den **partiell ionischen Charakter** von kovalenten Bindungen zu bestimmen. Wenn Chlorwasserstoff (HCl) aus Ionen H$^+$ und Cl$^-$ bestünde, hätte jedes Ion eine Elementarladung ($1{,}60 \cdot 10^{-19}$ C). Der Atomabstand im HCl-Molekül beträgt 127 pm. Damit berechnet man für die hypothetische Einheit H$^+$Cl$^-$ ein Dipolmoment von $2{,}03 \cdot 10^{-29}$ C·m. Der experimentell gefundene Wert beträgt $3{,}44 \cdot 10^{-30}$ C·m. Aus dem Verhältnis dieser Werte, $3{,}44 \cdot 10^{-30}/2{,}03 \cdot 10^{-29} = 0{,}169$, kann man auf einen ionischen Anteil der H—Cl-Bindung von 16,9% schließen.

Bei Molekülen, in denen mehrere polare kovalente Bindungen vorhanden sind, ergibt sich das Dipolmoment des Gesamtmoleküls durch vektorielle Addition der Dipolmomente der einzelnen Bindungen. Näheres dazu wird im Abschnitt 11.1 (S. 167) ausgeführt.

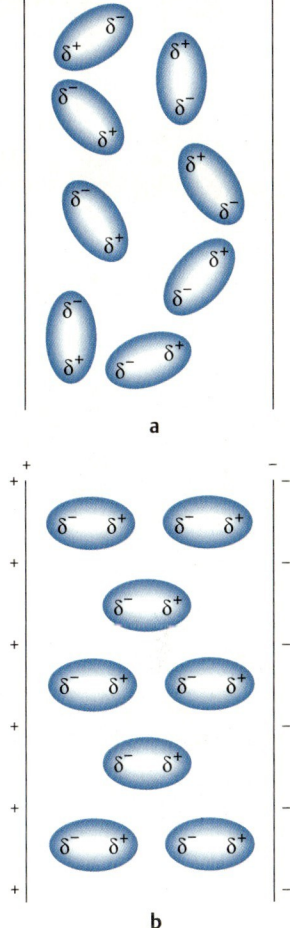

◉ 8.3 Effekt eines elektrostatischen Feldes auf die Orientierung polarer Moleküle.
a ohne Feld
b mit Feld

Dipolmoment:

$\mu = q \cdot d$

Dipolmomente werden häufig in Debye-Einheiten (D) angegeben.
1 D = $3{,}338 \cdot 10^{-30}$ C·m
μ(H$^+$Cl$^-$) = 6,08 D =
$\qquad 2{,}03 \cdot 10^{-29}$ C·m
μ(HCl) = 1,03 D =
$\qquad 3{,}44 \cdot 10^{-30}$ C·m (gemessen)

8.3 Elektronegativität

Die **Elektronegativität** ist ein Maß für die Fähigkeit eines Atoms, die Elektronen in einem Molekül an sich zu ziehen. Die Polarität der H—Cl-Bindung kann durch die unterschiedliche Elektronegativität des H- und des Cl-Atoms gedeutet werden. Das Chlor-Atom ist elektronegativer als das Wasserstoff-Atom, die partiell negative Ladung δ^- der polaren Bindung befindet sich am Chlor-Atom.

Das Konzept der Elektronegativität ist sehr nützlich, aber physikalisch nicht exakt. Die Werte für Elektronegativitäten werden in willkürlich festgelegten Einheiten und mit willkürlich festgelegtem Nullpunkt angegeben. Nur die relativen Werte sind von Bedeutung, um qualitative Aussagen beim Vergleich verschiedener Elemente zu machen. Es gibt keinen direkten Weg, um Elektronegativitäten zu messen. Es sind verschiedene Verfahren zu ihrer Berechnung vorgeschlagen worden.

Linus C. Pauling, 1901–1994

Dem ursprünglichen Berechnungsverfahren von Linus Pauling (1932) liegen die Bindungsenergien zugrunde. Eine polare kovalente Bindung ist immer stärker (energetisch günstiger) als es eine unpolare Bindung zwischen den gleichen Atomen wäre (anderenfalls gäbe es keine polare kovalente Bindung). Die Energiedifferenz ist ein Maß für die Tendenz, aus der unpolaren eine polare Bindung zu machen. Als Wert für die hypothetische Bindungsenergie einer unpolaren Bindung X—Z wurde der Mittelwert der Bindungsenergien für die Moleküle X—X und Z—Z genommen; dieser wurde vom tatsächlichen Wert der Bindungsenergie der polaren Bindung X—Z abgezogen. Die Zahlenwerte für die Elektronegativitäten wurden willkürlich durch Zuweisung des Wertes 4,0 für das Fluor-Atom, welches das elektronegativste Atom ist, skaliert. Die Berechnungsverfahren nach A. L. Allred und E. G. Rochow (basierend auf elektrostatischen Anziehungskräften) und nach R. S. Mulliken (basierend auf Ionisierungsenergien und Elektronenaffinitäten) ergeben ähnliche Zahlenwerte.

Einige Werte für die relativen Elektronegativitäten sind in ◨ 8.1 angegeben. Allgemein nimmt die Elektronegativität von links nach rechts in einer Periode und von unten nach oben in einer Gruppe zu. Das elek-

◨ 8.1 Relative Elektronegativitäten der Hauptgruppenelemente

H 2,2								He –
Li 1,0	Be 1,6		B 2,0	C 2,6	N 3,0	O 3,4	F 4,0	Ne –
Na 0,9	Mg 1,3		Al 1,6	Si 1,9	P 2,2	S 2,6	Cl 3,2	Ar –
K 0,8	Ca 1,0		Ga 1,8	Ge 2,0	As 2,2	Se 2,6	Br 3,0	Kr –
Rb 0,8	Sr 0,9		In 1,8	Sn 2,0	Sb 2,1	Te 2,1	I 2,7	Xe –
Cs 0,8	Ba 0,9		Tl 2,0	Pb 2,3	Bi 2,0	Po 2,0	At 2,2	Rn –

8.3 Elektronegativität

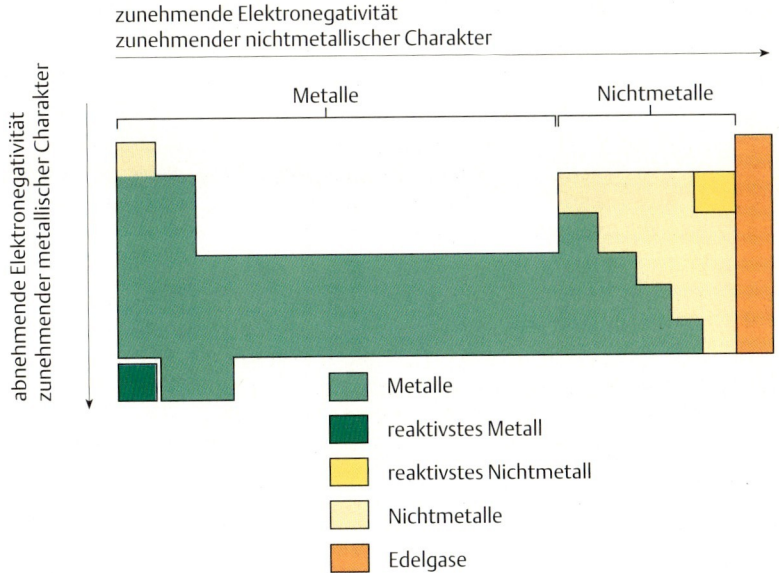

■ 8.4 Generelle Beziehungen zwischen der Stellung der Elemente im Periodensystem und ihrer Reaktivität und Elektronegativität

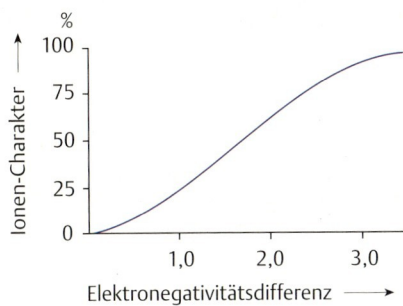

■ 8.5 Prozentualer Ionenbindungsanteil einer Bindung in Abhängigkeit von der Differenz der Elektronegativitäten der beteiligten Atome

tronegativste Element ist das Fluor in der rechten oberen Ecke des Periodensystems (ohne Edelgase); das elektropositivste ist in der linken unteren Ecke.

Metall-Atome geben leicht Elektronen ab und haben kleine Elektronegativitäten; je kleiner ihre Elektronegativität, um so größer ist ihre Reaktivität gegenüber Nichtmetall-Atomen. Nichtmetall-Atome tendieren zur Aufnahme von Elektronen und sind umso reaktiver, je höher ihre Elektronegativität ist. Die Verhältnisse sind in ■ 8.4 schematisch dargestellt.

Je größer die Differenz der Elektronegativitäten zweier Atome, desto polarer ist die Bindung zwischen ihnen. In ■ 8.5 ist der Anteil des ionischen Charakters einer Bindung gegen die Elektronegativitätsdifferenz aufgetragen. Eine Differenz von etwa 1,7 entspricht einem zu 50% partiell ionischen Charakter. Nach der Kurve ist bei einer Elektronegativitätsdifferenz von 3,2 der Ionen-Bindungsanteil beim Cäsiumfluorid (CsF) 92%; eine Differenz von 2,3 für Natriumchlorid (NaCl) entspricht einem ionischen Anteil von 73%; beim Magnesiumoxid (MgO) mit einer Differenz von 2,1 sind es 67%. Alle drei Verbindungen sind überwiegend als Ionenverbindungen anzusehen.

Die Elektronegativitätsdifferenz zwischen Nichtmetallen ist meist gering. Die Bindungen sind dann überwiegend kovalent und die Differenz der Elektronegativitäten zeigt das Ausmaß der Polarität der kovalenten Bindung an. Wenn die Differenz sehr klein ist (z. B. bei einer Bindung zwischen C und S), kann man eine weitgehend unpolare Bindung annehmen. Bei größerer Differenz der Elektronegativitäten ist die Bindung polar mit der partiell negativen Ladung am Atom mit der größeren Elektronegativität. Aufgrund der Elektronegativitäten kann man für die Halogenwasserstoffe die größte Polarität und die größte Bindungsenergie beim Fluorwasserstoff (HF) erwarten (▭ 8.2). Der partielle Ionenanteil der H–F-Bindung beträgt etwa 45%, auch wenn die Elektronegativitätsdifferenz von 1,8 einen etwas höheren Wert erwarten läßt.

▭ 8.2 Einige Eigenschaften der Halogenwasserstoffe

Verbindung	Dipolmoment $\cdot 10^{30}$/C · m	Bindungsenergie /kJ · mol^{-1}	Elektronegativitätsdifferenz
HF	6,38	565	1,8
HCl	3,44	431	1,0
HBr	2,60	364	0,8
HI	1,27	297	0,5

8 Die kovalente Bindung

Die Elektronegativität ist nicht zur Durchführung exakter Berechnungen geeignet. Sie hängt auch von der Anzahl und den Eigenschaften der anderen an ein Atom gebundenen Atome ab und ist damit keine konstante Größe. Die Polarität einer P—Cl-Bindung ist zum Beispiel im PCl_3 und im $ClPF_4$ nicht gleich, d. h. die Elektronegativität des Phosphor-Atoms unterscheidet sich in beiden Verbindungen; der Zug der Fluor-Atome auf die Elektronen des Phosphor-Atoms wirkt auch noch auf die P—Cl-Bindung, die Elektronegativität des Phosphor-Atoms ist im $ClPF_4$ höher.

8.4 Formalladungen

Bei bestimmten kovalenten Bindungen werden *beide* Elektronen des gemeinsamen Elektronenpaares von *einem* der Atome zur Verfügung gestellt. Bei der Reaktion eines H^+-Ions (eines Protons) mit einem Ammoniak-Molekül wird das einsame Elektronenpaar am Stickstoff-Atom benutzt, um eine neue kovalente Bindung zu bilden. Im entstehenden Ammonium-Ion sind alle vier Bindungen völlig gleich. Die Zahl der Bindungen am Stickstoff-Atom entspricht nicht der erwarteten Zahl nach der $(8-N)$-Regel; mit $N = 5$ (Stickstoff steht in der 5. Hauptgruppe) werden drei kovalente Bindungen erwartet. Das trifft für NH_3 zu, nicht für NH_4^+. Die Regel ist jedoch auch für das NH_4^+-Ion erfüllt, wenn man dem N-Atom eine **Formalladung** von 1+ zuweist, wodurch es nicht mehr fünf, sondern nur noch vier Valenzelektronen hat.

Die Formalladung wird berechnet, indem man die Bindungselektronenpaare zu gleichen Teilen zwischen den gebundenen Atomen aufteilt, d. h. für jede kovalente Bindung erhält eines der beteiligten Atome ein Elektron. Die Zahl der Elektronen, die jedes Atom nach der Aufteilung besitzt, wird mit der Zahl der Valenzelektronen verglichen, die es als neutrales Atom haben würde. Im NH_4^+-Ion wird jede der vier Bindungen aufgeteilt: je ein Elektron für ein H-Atom, je eines für das N-Atom. Das N-Atom hat dann vier Elektronen, d. h. eines weniger als in einem neutralen Stickstoff-Atom; ihm wird die Formalladung 1+ zugeteilt. Die H-Atome erhalten keine Formalladung, ihre Elektronenzahl stimmt mit derjenigen eines neutralen H-Atoms überein. Die Summe der Formalladungen aller Atome entspricht der Ladung des Gesamtteilchens. Mit insgesamt einer ⊕ Formalladung muß das Ammonium-Ion ein einfach geladenes Kation sein. S. auch ■ 8.2.

■ **Beispiel 8.2**

Welche Lewis-Formel und welche Formalladungen hat das CO-Molekül (Kohlenmonoxid)? Es stehen $4 + 6 = 10$ Valenzelektronen zur Verfügung. Nach der Oktettregel muß eine Dreifachbindung formuliert werden, $:C::O:$ oder $|C≡O|$. Durch gleichmäßige Aufteilung der Bindungselektronen erhält sowohl das C- wie das O-Atom 5 Elektronen. Verglichen mit der Zahl der Valenzelektronen der neutralen Atome ergibt sich die Formalladung 1⊖ für C und 1⊕ für O:

$$|\overset{\ominus}{C}≡\overset{\oplus}{O}|$$

Die Summe der Formalladungen ergibt Null, wie für ein neutrales Molekül gefordert.

In der Formel wird die Formalladung an dem betreffenden Atom durch das Zeichen ⊕ bzw. ⊖ bezeichnet. Die Zeichen + und − stehen dagegen für die Ionenladung des gesamten Teilchens, unabhängig davon, neben welchem Atomsymbol sie stehen; die Ionenladung ist zusätzlich zu den Formalladungen anzugeben. Wie es der Name zum Ausdruck bringt, ist eine Formalladung eine Formalität. Sie entspricht nicht der tatsächlichen Ladung oder Partialladung eines Atoms in einem Molekül, denn sie wird durch gleichmäßige Aufteilung der Bindungselektronen berechnet. Tatsächlich sind die Bindungselektronen jedoch nicht gleichmäßig zwischen den Atomen angeordnet. Im NH_4^+-Ion befinden sich die Elektronenpaare mehr auf der Seite des elektronegativeren Stickstoff-Atoms; dadurch wird die positive Ladung an diesem Atom verringert und die H-Atome erhalten positive Partialladungen. Die positive Ladung des Ammonium-Ions ist somit tatsächlich auf alle fünf Atome verteilt.

■ Ein Atom, an dem in der Lewis-Formel so viele Bindungsstriche zusammenkommen, wie nach der $(8-N)$-Regel zu erwarten, hat keine Formalladung. Sind es mehr Bindungsstriche, so ist die Formalladung positiv, sind es weniger, so ist die Formalladung negativ (diese Regeln gelten nicht bei Verbindungen mit Elementen, die die Oktettregel nicht einhalten (vgl. Abschn. 9.1, S. 126). ■

Die Unterscheidung der Symbole für Formal- und Ionenladungen wird in der neueren Literatur sehr lasch gehandhabt, indem auch Ionenladungen häufig mit ⊕ und ⊖ bezeichnet werden; als Konsequenz wird oft auch darauf verzichtet, die Ionenladung zusätzlich zu den Formalladungen anzugeben.

In Lewis-Formeln sollten möglichst wenige Atome eine Formalladung haben und die Formalladungen sollten möglichst klein sein. Atome, die aneinander gebunden sind, sollten keine Formalladungen des gleichen Vorzeichens haben. Die Ansammlung gleicher Ladungen an einer Bindung würde die Bindung bis zum Auseinanderbrechen schwächen; Formeln mit benachbarten Ladungen gleichen Vorzeichens sind zur Wiedergabe der Bindungsverhältnisse ungeeignet (■ 8.3).

■ Beispiel 8.3

Im Molekül der Salpetersäure (HNO_3) ist das N-Atom an die drei O-Atome gebunden, das H-Atom an eines der O-Atome. Welche ist die Lewis-Formel für Salpetersäure?

Die Gesamtzahl der Valenzelektronen beträgt:

H: 1
N: 5
3 O: 18
―――
     24

Anzahl der Bindungselektronen = 2 · (Zahl der H-Atome) + 8 · (Zahl der übrigen Atome) − Zahl der Valenzelektronen = 2 · 1 + 8 · 4 − 24 = 10

Die zehn Bindungselektronen = 5 Bindungen können auf drei Arten formuliert werden, die übrigen Elektronen ergeben einsame Elektronenpaare im Einklang mit der Oktett-Regel:

    a   b   c

Die Formeln **a** und **b** sind gleichwertig. Formel **c** kommt nicht in Betracht wegen der benachbarten positiven Formalladungen.

8.5 Mesomerie (Resonanz)

Im Beispiel 8.3 ist uns ein Fall begegnet, bei dem zwei gleichwertige Formeln (a) und (b) angegeben werden können. Eine ähnliche Situation tritt beim Ozon-Molekül (O_3) auf:

Jede der beiden möglichen Formeln ist unzufriedenstellend. Nach der einzelnen Formel sind die beiden Bindungen verschieden, nämlich eine Doppel- und eine Einfachbindung. Doppelbindungen sind kürzer als Einfachbindungen, aber nach experimentellen Befunden sind die beiden Bindungen im Ozon-Molekül tatsächlich gleich lang. Zur Lösung des Problems gibt man beide Formeln an und schreibt wie nebenstehend einen Doppelpfeil zwischen ihnen.

Ozon-Grenzformeln:

Diese Art von Formulierung nennt man **Mesomerie** oder **Resonanz**, die einzelnen Formeln werden **mesomere Grenzformeln** genannt. Die tatsächliche Struktur ist als Zwischending zwischen den beiden Grenzformeln zu verstehen. Die Bindungen sind weder Einfach- noch Doppelbindungen, sondern haben einen mittleren Bindungsgrad. Jedes der endständigen Atome hat eine Formalladung von $\frac{1}{2}\ominus$. Es gibt nur eine Sorte von Ozon-Molekülen und nur eine Struktur. Die Elektronen springen nicht hin und her, und die Moleküle entsprechen nicht zeitweise der einen, zeitweise der anderen Grenzformel. Das Problem der zutreffenden Beschreibung der Bindungsverhältnisse im Ozon-Molekül liegt in der begrenzten Ausdrucksmöglichkeit der Lewis-Formeln, welche mit einer einzelnen Formel ein falsches Bild aufzeigen. Trotz dieses Mangels werden Lewis-Formeln häufig benutzt, da sie bequem und übersichtlich zu schreiben sind und Probleme der geschilderten Art durch das Hilfsmittel der Mesomerie-Formulierung lösbar sind.

Auch für das Salpetersäure-Molekül aus Beispiel 8.3 sind mesomere Grenzformeln zu formulieren. Danach sind die Bindungen zwischen dem N-Atom und den O-Atomen der nebenstehend in der rechten Molekülhälfte gezeichneten Bindungen ein Mittelding zwischen Einfach- und Doppelbindung. Sie sind beide gleich und 121 pm lang. Die dritte Bindung zwischen N- und O-Atom, die in beiden Grenzformeln als Einfachbindung erscheint, ist länger: 141 pm.

Grenzformeln für das Carbonat-Ion, CO_3^{2-}:

In manchen Fällen sind drei oder noch mehr Grenzformeln anzugeben. Ein Beispiel bietet das Carbonat-Ion (CO_3^{2-}). Es ist planar, alle Bindungen sind gleich lang, ihre Länge liegt zwischen den üblichen Werten für C—O-Einfach- und C=O-Doppelbindungen. Die Summe der Formalladungen entspricht der Ladung des Ions.

Die Mesomerie bringt zum Ausdruck, daß die Ladung des Carbonat-Ions nicht genau lokalisiert werden kann. Man sagt, die Ladung sei **delokalisiert**; sie verteilt sich zu gleichen Teilen auf die drei O-Atome.

In den bis jetzt betrachteten Beispielen Ozon, Salpetersäure und Carbonat-Ion sind alle Grenzformeln jeweils gleichwertig. Zum gemittelten Bild tragen sie alle gleichermaßen bei. Dementsprechend kann die Bindung zwischen dem C- und einem O-Atom im Carbonat-Ion als $1\frac{1}{3}$-Bindung angesehen werden. Es gibt jedoch auch Fälle, in denen die Grenzformeln nicht gleichwertig sind. Manche Grenzformeln, als hypothetische Moleküle betrachtet, können energetisch günstiger sein als andere und sind bei der Mittelung aller Grenzformeln mit einem größeren Anteil zu berücksichtigen. Andere Grenzformeln können energetisch ungünstig sein und brauchen nicht oder nur in geringem Maß berücksichtigt zu werden. Wir müssen deshalb die einzelnen Grenzformeln bewerten und feststellen, welche von Bedeutung sind. Folgende Regeln helfen uns dabei:

1. *Für alle mesomeren Grenzformeln muß die räumliche Anordnung der Atomkerne die gleiche sein. Grenzformeln unterscheiden sich nur in der Verteilung von Elektronen.*
   Im Cyanat-Ion sind die Atome zum Beispiel in der Reihenfolge OCN⁻ aneinander gebunden. Strukturen mit der Anordnung NOC⁻ oder CNO⁻ gehören nicht zum Cyanat-Ion und kommen als Grenzformeln nicht in Betracht.

2. *Zwei aneinander gebundene Atome sollen keine Formalladungen mit gleichem Vorzeichen haben. Grenzformeln, die dieser Regel widersprechen, sind im allgemeinen nicht zu berücksichtigen.*
   Beim Nitrylfluorid (FNO_2) ist die Grenzformel c nicht zu berücksichtigen: das F- und das N-Atom haben je eine positive Formalladung.

3. *Die wichtigsten Grenzformeln sind diejenigen mit der kleinsten Anzahl von Formalladungen und mit den kleinsten Beträgen für diese Ladungen. Am günstigsten sind Grenzformeln ohne Formalladungen.*
   Von den möglichen Grenzformeln des Cyanat-Ions (OCN⁻) ist Grenzformel c ohne Bedeutung, da sie mehr Formalladungen als die anderen hat.

4. *Bei den wichtigeren Grenzformeln entspricht die Verteilung von positiven und negativen Formalladungen den Elektronegativitäten der Atome. Das elektronegativste Atom sollte keine positive Formalladung erhalten.*
   Beim Nitrosylfluorid (FNO) ist die Grenzformel b von geringer Bedeutung, da das Fluor-Atom als elektronegativstes Atom eine positive Formalladung hat. Außerdem ist Grenzformel b nach Regel **3** wegen der größeren Anzahl von Formalladungen ungünstiger. Das gleiche gilt für die Grenzformel c beim FNO_2.
   Beim Cyanat-Ion ist Grenzformel a nach der Elektronegativität die wichtigste Grenzformel.

■ **Beispiel 8.4**

Man formuliere die Mesomerie des N_2O-Moleküls. Es ist linear aufgebaut mit der Reihenfolge NNO für die Atome.

Die Gesamtzahl der Valenzelektronen beträgt:

$$\begin{array}{ll} N & 2 \cdot 5 = 10 \\ O & \underline{6} \\ & 16 \end{array}$$

Zahl der Bindungselektronen = 8 · (Zahl der Atome) − (Zahl der Valenzelektronen) = 8 · 3 − 16 = 8

Es müssen danach vier Bindungen vorhanden sein. Damit kann man drei Lewis-Formeln notieren:

$$^\ominus|\overline{\underline{N}}=\overset{\oplus}{N}=O\rangle \qquad |N\equiv\overset{\oplus}{N}-\overline{\underline{O}}|^\ominus \qquad ^{2\ominus}|\overline{\underline{N}}-\overset{\oplus}{N}\equiv O|^\oplus$$

a   **b**   **c**

Grenzformel **c** hat gleiche Formalladungen an benachbarten Atomen und entfällt damit:

$$^\ominus|\overline{\underline{N}}=\overset{\oplus}{N}=O\rangle \longleftrightarrow |N\equiv\overset{\oplus}{N}-\overline{\underline{O}}|^\ominus$$

8.6 Nomenklatur von binären Molekülverbindungen

Eine binäre Verbindung wird aus nur zwei Elementen gebildet. Die Nomenklatur binärer Ionenverbindungen wurde in Abschnitt 7.8 (S. 108) behandelt. Die meisten binären Verbindungen des Kohlenstoffs gelten als organische Verbindungen, ihre Nomenklatur wird in Kapitel 29 behandelt.

Binäre anorganische Verbindungen werden im Prinzip in der Art wie binäre Ionenverbindungen benannt, auch wenn sie aus Molekülen bestehen. Zuerst wird der deutsche Name des weniger elektronegativen Elements genannt, dann folgt der lateinische Name des elektronegativeren Elements, dessen Endung durch die Endung *-id* ersetzt ist. Die Anzahl der Atome jeder Art im Molekül wird durch griechische Präfixe vor den Elementnamen angegeben (8.3). Das Präfix *mono-* wird meist weggelassen. Die Oxide des Stickstoffs dienen uns als Beispiele:

N_2O	Distickstoffoxid	NO_2	Stickstoffdioxid
NO	Stickstoff(mon)oxid	N_2O_4	Distickstofftetroxid
N_2O_3	Distickstofftrioxid	N_2O_5	Distickstoffpentoxid

Für einige Verbindungen gibt es auch nichtsystematische Namen (Trivialnamen), mit denen sie meistens benannt werden. Dazu gehören Wasser (H_2O), Ammoniak (NH_3) und Hydrazin (N_2H_4). Bei den beiden letzteren wird auch in den Formeln meist nicht die Reihenfolge der Elemente nach den Regeln angegeben, da das elektronegativere Element an erster Stelle genannt ist.

8.3 Griechische Präfixe zur Bezeichnung der Anzahl von Atomen einer Art

Präfix	Zahl
mono-	1
di-	2
tri-	3
tetra-	4
penta-	5
hexa-	6
hepta-	7
octa-	8
nona-	9
deca-	10

8.7 Übungsaufgaben

(Lösungen s. S. 668)

Polarität von Bindungen

8.1 Machen Sie auf der Basis der Anionen-Polarisation Aussagen, bei welcher Verbindung der folgenden Paare die Bindung jeweils stärker kovalent ist.
a) HgF_2, HgI_2
b) FeO, Fe_2O_3
c) CdS, $CdSe$
d) CuI, CuI_2
e) $SbBr_3$, $BiBr_3$
f) BeO, MgO
g) MgO, MgS
h) KCl, $ScCl_3$
i) $PbCl_2$, $BiCl_3$

8.2 Berechnen Sie den partiellen Ionencharakter der H—Br-Bindung.
$\mu(HBr) = 2{,}60 \cdot 10^{-30}$ C·m
Bindungslänge 143 pm.

8.3 Berechnen Sie den partiellen Ionencharakter der Br—Cl-Bindung.
$\mu(BrCl) = 1{,}90 \cdot 10^{-30}$ C·m
Bindungslänge 214 pm.

8.4 Schätzen Sie mit Hilfe der Elektronegativitäten ab, welche der folgenden Elementpaare Bindungen mit überwiegendem Ionencharakter (> 50%) bilden. Wenn die Bindungen überwiegend kovalent sind, geben Sie an, ob sie schwach, mittel oder stark polar sind (Elektronegativitätsdifferenzen von 0,1 – 0,5, 0,6 – 1,0 bzw. 1,1 – 1,6).
a) B, Br
b) Ba, Br
c) Be, Br
d) Bi, Br
e) Rb, Br
f) C, S
g) C, O
h) Al, Cl
i) C, H
j) C, I
k) N, Cl
l) Ca, N
m) C, N

8.5 Ordnen Sie mit Hilfe der Elektronegativitäten die Bindungen nach zunehmender Polarität.
a) Cs—O, Ca—O, C—O, Cl—O
b) Cs—I, Ca—I, C—I, Cl—I
c) Cs—H, Ca—H, C—H, Cl—H
d) N—S, N—O, N—Cl, S—Cl

8.6 Geben Sie mit Hilfe der Elektronegativitäten an, welche der Bindungen in jedem Paar jeweils stärker polar ist. Geben Sie an, an welchem Atom die partiell negative Ladung zu finden ist.
a) N—I, P—I
b) N—H, P—H
c) N—H, N—F
d) N—H, N—Cl
e) N—S, P—S
f) N—O, P—O
g) C—O, C—S

Valenzstrichformeln, Mesomerie

8.7 Zeichnen Sie die Valenzstrichformeln für folgende Moleküle einschließlich der Formalladungen.
a) PH_4^+
b) BH_4^-
c) CH_4
d) SiH_4
e) SCS
f) HCN
g) $HCCl_3$
h) $OSCl_2$
i) $OCCl_2$
j) $OPCl_3$
k) $ClSSCl$
l) $NCCN$
m) SO_4^{2-}
n) ClO_2^-
o) $HNNH$
p) $HCCH$
q) $HOOH$

8.8 Vervollständigen Sie die folgenden Grenzformeln mit einsamen Elektronenpaaren und Formalladungen. Bewerten Sie, welche Grenzformel zu den tatsächlichen Bindungsverhältnissen am stärksten beiträgt und welche unbedeutend ist.

a) $[O-N=N-O \leftrightarrow O=N-N-O \leftrightarrow O-N-N=O]^{2-}$

b) $F-N=N-F \leftrightarrow F=N-N-F \leftrightarrow F-N-N=F$

c) $\begin{array}{c} H \\ \\ H \end{array}\!\!\!C=C=O \leftrightarrow \begin{array}{c} H \\ \\ H \end{array}\!\!\!C-C\equiv O$

d) $H-O-N=S \leftrightarrow H-O=N-S$

e) $Cl-C\equiv N \leftrightarrow Cl\equiv C-N \leftrightarrow Cl=C=N$

f) $Cl-O-\overset{O}{\underset{O}{N}} \leftrightarrow Cl-O-\overset{O}{\underset{O}{N}} \leftrightarrow Cl-O=\overset{O}{\underset{O}{N}} \leftrightarrow Cl=O-\overset{O}{\underset{O}{N}}$

g) $[N-N\equiv N \leftrightarrow N=N=N \leftrightarrow N\equiv N-N]^-$

8.9 Sind die NO-Bindungen im NO_2^-- oder NO_2^+-Ion kürzer?

8.10 Formulieren Sie die Mesomerie für:
a) HNSO
b) FNNN
c) F_2NNO
d) $[O_2CCO_2]^{2-}$
e) S_2N_2 (ringförmiges Molekül mit abwechselnden S- und N-Atomen)

Nomenklatur

8.11 Welche Formeln haben:
a) Diiodpentoxid
b) Dichlorhexoxid
c) Tetraschwefeltetranitrid
d) Schwefeltetrachlorid
e) Xenontrioxid
f) Arsenpentafluorid?

8.12 Welche Namen haben:
a) S_2F_2
b) P_4S_7
c) IF_5
d) NF_3
e) SeO_2
f) O_2F_2?

9 Molekülgeometrie, Molekülorbitale

Zusammenfassung. Die Elektronenkonfiguration mancher Moleküle ist mit dem Oktett-Prinzip nicht vereinbar. In manchen Fällen ist nur eine *ungerade Elektronenzahl* verfügbar. In anderen Fällen gibt es Atome, deren Valenzschalen über *mehr* oder *weniger als acht Elektronen* verfügen.

Die räumliche Anordnung der Atome in einem Molekül kann mit Hilfe der *Valenzelektronenpaar-Abstoßungs-Theorie* (VSEPR-Theorie) vorausgesagt werden. Die Valenzelektronen eines Atoms ordnen sich so weit wie möglich voneinander an. Dabei werden bindende ebenso wie nichtbindende Elektronenpaare berücksichtigt; nichtbindende Elektronenpaare wirken stärker abstoßend auf die übrigen Elektronenpaare und beeinflussen die Molekülstruktur maßgeblich.

Während mit der Valenzelektronenpaar-Abstoßungs-Theorie die Gestalt von Molekülen und Ionen leicht und fast immer richtig vorausgesagt wird, ist dies mit Hilfe der Atomorbitale nicht ohne weiteres möglich. Um Atomorbitale mit passender geometrischer Ausrichtung zu erhalten, werden die Wellenfunktionen geeigneter Atomorbitale mathematisch zu neuen Wellenfunktionen kombiniert *(hybridisiert),* wobei ein Satz von *Hybridorbitalen* erhalten wird. Durch Überlappung dieser Orbitale mit Orbitalen anderer Atome stellt man sich das Zustandekommen kovalenter Bindungen vor.

Molekülorbitale sind Orbitale, die zu einem Molekül als ganzem gehören und nicht zu einzelnen Atomen. Meist lassen sich Molekülorbitale aber als Resultat der Überlappung bestimmter Atomorbitale verstehen, wobei aus einem Paar von Atomorbitalen ein *bindendes* und ein *antibindendes Molekülorbital* resultiert. Die Molekülorbitale werden im Sinne des Aufbauprinzips nach der Reihenfolge ihrer Energie mit den verfügbaren Valenzelektronen besetzt. Eine *σ-Bindung* ist rotationssymmetrisch zur Verbindungslinie zwischen den gebundenen Atomen, bei einer π-Bindung verteilt sich die Ladungsdichte auf zwei Bereiche neben der Verbindungslinie. Die Bindungsordnung entspricht der Hälfte des Betrags aus der Zahl der bindenden Elektronen abzüglich der Zahl der antibindenden Elektronen. Bei einer *Mehrzentrenbindung (delokalisierte Bindung)* erstreckt sich die Ladungswolke eines Molekülorbitals über mehr als zwei Atome.

Atome aus der dritten und aus höheren Perioden können sich an *pπ-dπ-*Bindungen beteiligen. Dabei tritt ein *d*-Orbital des einen Atoms mit einem *p*-Orbital des anderen Atoms in Wechselwirkung. Durch die *pπ-dπ*-Bindung werden Formalladungen vermieden und die Oktettregel wird verletzt.

Schlüsselworte (s. Glossar)

Valenzelektronenpaar-Abstoßungstheorie
Bindende und nichtbindende Elektronenpaare

Hybridisierung
Hybridorbitale

Molekülorbitale
  bindend
  antibindend
σ-; π-Bindung

Bindungsordnung
Delokalisierte Bindung
*p*π-*d*π-**Bindung**

9.1 Ausnahmen zur Oktettregel 126
9.2 Elektronenpaar-Abstoßung und Molekülgeometrie 126
9.3 Hybridorbitale 131
9.4 Molekülorbitale 133
9.5 Molekülorbitale in mehratomigen Molekülen 139
9.6 $p\pi$-$d\pi$-Bindung 141
9.7 Übungsaufgaben 142

Die im vorigen Kapitel vorgestellte einfache Theorie der kovalenten Bindung hat einige Unzulänglichkeiten. Auf der Oktettregel basierende Lewis-Formeln können für einige Moleküle und Molekülionen nicht formuliert werden. Die Theorie gibt auch keinen Aufschluß über die Molekülgeometrie.

9.1 Ausnahmen zur Oktettregel

So wie bestimmte Ionen keine Edelgaskonfiguration besitzen und trotzdem stabil sind, gibt es auch Moleküle, deren Atome die Oktettregel nicht erfüllen.

Manche Moleküle wie zum Beispiel NO und NO_2 haben eine ungerade Elektronenzahl. In so einem Fall kann man keine Formel angeben, bei der alle Atome die Oktettregel erfüllen. Moleküle aus Nichtmetall-Elementen mit ungerader Elektronenzahl sind allerdings selten und in den meisten Fällen sehr reaktionsfähig und deshalb nicht langlebig. Häufiger sind Moleküle mit gerader Elektronenzahl, aber mit Atomen, die weniger oder mehr als acht Valenzelektronen um sich haben. Im $B(CH_3)_3$-Molekül ist das Bor-Atom von nur sechs Valenzelektronen umgeben. In den Molekülen AsF_5 und SF_6 sind die Atome As und S von zehn bzw. zwölf Valenzelektronen umgeben.

Die Elektronen eines Atoms besetzen Orbitale. Die Anzahl der besetzbaren Orbitale bleibt auch erhalten, wenn sich das Atom an kovalenten Bindungen beteiligt. Bei Elementen der 2. Periode stehen nur vier Orbitale in der Valenzschale zur Verfügung (ein $2s$ und drei $2p$). Atome dieser Elemente können maximal vier kovalente Bindungen eingehen; das Elektronen-Oktett wird bei ihnen nie überschritten. Bei Elementen der 3. und höherer Perioden ist das anders, da die Zahl der verfügbaren Orbitale in der Valenzschale größer ist (d-Orbitale zusätzlich zu den s- und p-Orbitalen). Ihre Atome können sich an mehr als vier kovalenten Bindungen beteiligen, wobei mehr als sechs Bindungen allerdings selten vorkommen.

9.2 Elektronenpaar-Abstoßung und Molekülgeometrie

Die **Valenzelektronenpaar-Abstoßungs-Theorie** ermöglicht es, die geometrische Anordnung der Atome in einem Molekül vorauszusagen (VSEPR-Theorie = valence-shell electron-pair repulsion theory, entwickelt von R. J. Gillespie und R. S. Nyholm und deshalb auch **Gillespie-Nyholm-Theorie** genannt).

Wir betrachten im folgenden Moleküle, in denen ein Zentralatom an mehrere Atome gebunden ist. Wie in der Lewis-Theorie betrachten wir bindende und nichtbindende (einsame) Elektronenpaare, und zwar in folgender Art:

1. Da die negativ geladenen Elektronenpaare einander abstoßen, werden sich die Elektronenpaare der Valenzschale des *Zentralatoms* gegenseitig so weit entfernt wie möglich voneinander anordnen. Die Molekülgestalt ist eine Konsequenz dieser gegenseitigen Elektronenpaar-Abstoßung.

2. Alle Elektronen der Valenzschale des Zentralatoms werden berücksichtigt, sowohl die an Bindungen beteiligten wie auch die nichtbindenden Elektronenpaare.

3. Die nichtbindenden Elektronenpaare tragen zur Molekülgestalt bei. Die Molekülgestalt selbst wird aber nur durch die Positionen der Atomkerne beschrieben.

Die Molekülgeometrie hängt in erster Linie von der Zahl der Elektronenpaare in der Valenzschale ab. Wenn der Ladungsschwerpunkt aller Valenzelektronenpaare gleich weit vom Atomkern des Zentralatoms entfernt ist, so verteilen sich die Elektronenpaare so wie eine entsprechende Zahl von Punkten auf einer Kugeloberfläche mit größtmöglichen Abständen zwischen den Punkten.

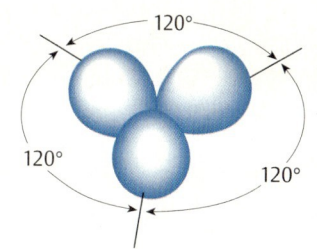

9.1 Trigonal-planare Anordnung von drei Elektronenpaaren. Jedes Elektronenpaar ist als eine Ladungswolke dargestellt

Zwei Elektronenpaare. Ein Quecksilber-Atom hat zwei Elektronen in der Valenzschale ($6s^2$). Im $HgCl_2$-Molekül beteiligt sich jedes dieser Elektronen zusammen mit einem Elektron eines Chlor-Atoms an einer kovalenten Bindung. Das Molekül ist **linear**. Bei dieser Anordnung haben die beiden Elektronenpaare der Bindungen den größten Abstand voneinander. Moleküle sind immer linear, wenn das Zentralatom an zwei Bindungen beteiligt ist und keine einsamen Elektronenpaare am Zentralatom vorhanden sind. Beryllium, Zink, Cadmium und Quecksilber bilden Moleküle dieser Art.

Drei Elektronenpaare. Ein Bor-Atom hat drei Valenzelektronen. Im BF_3-Molekül gibt es drei Bindungen. Das Molekül ist **trigonal-planar**. Der *Bindungswinkel* jeder F—B—F-Atomgruppe beträgt 120°. Dieses ist die Anordnung, bei der die drei Bindungselektronenpaare am weitesten voneinander entfernt sind (9.1).

Zinn(II)-chlorid ($SnCl_2$) besteht im Dampfzustand aus gewinkelten Molekülen. Das Zinn-Atom hat vier Valenzelektronen, jedes Chlor-Atom trägt ein Elektron zu den Bindungen bei. Zusammen sind das sechs Elektronen oder drei Elektronenpaare in der Valenzschale. Die drei Paare nehmen eine dreieckig-planare Anordnung an. Weil die Molekülstruktur nur durch die Lage der Atomschwerpunkte beschrieben wird, bezeichnen wir es als gewinkelt.

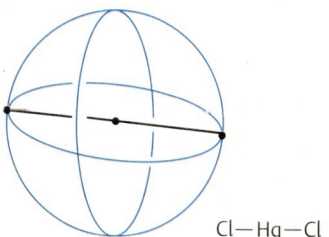

Zwei Elektronenpaare: lineare Anordnung

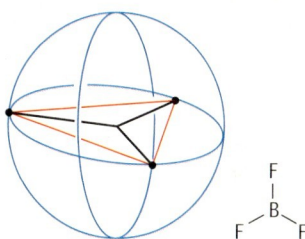

Drei Elektronenpaare: Dreieck

Der Bindungswinkel im $SnCl_2$-Molekül beträgt weniger als 120° (nämlich 95°). Das nichtbindende Elektronenpaar, das im Gegensatz zu den bindenden Elektronenpaaren nur unter dem Einfluß von einem Atomkern steht, hat seinen Ladungsschwerpunkt näher am Zentralatom. Es stößt dadurch die anderen beiden Elektronenpaare stärker ab, und diese rücken zusammen. Einsame Elektronenpaare stoßen bindende Elektronenpaare stärker ab, als bindende Elektronenpaare sich gegenseitig abstoßen.

Vier Elektronenpaare. Im Methan-Molekül (CH_4) befinden sich vier Elektronenpaare in der Valenzschale. Die Elektronenpaare haben die größte Entfernung voneinander, wenn sie sich in den Ecken eines Tetraeders befinden (9.2). Alle H—C—H-Bindungswinkel haben einen Wert von 109,47° (oder 109° 28′); dieser Winkel wird *Tetraederwinkel* genannt. Die **tetraedrische** Konfiguration kommt häufig vor, zum Beispiel bei den Ionen ClO_4^-, SO_4^{2-}, PO_4^{3-}.

Auch im Ammoniak-Molekül (NH_3) ordnen sich die vier Elektronenpaare in der Valenzschale des Stickstoff-Atoms tetraedrisch an (9.3). Dadurch haben die *Atome* eine **trigonal-pyramidale** Anordnung, mit dem Stickstoff-Atom an der Spitze einer Pyramide mit dreieckiger Basisfläche. Die stärker abstoßende Wirkung des einsamen Elektronenpaars drückt die bindenden Elektronenpaare zusammen, so daß die H—N—H-Bindungswinkel nur 107° betragen anstelle von 109,47°.

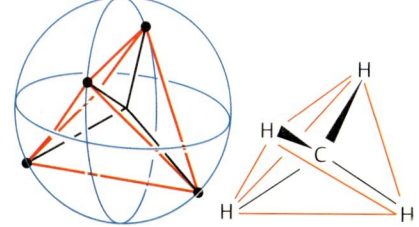

Vier Elektronenpaare: Tetraeder

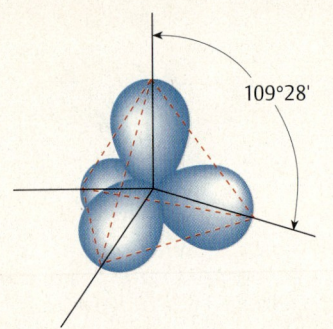

◉ 9.2 Tetraedrische Anordnung von vier Elektronenpaaren

In der Valenzschale des Sauerstoff-Atoms im Wasser-Molekül sind zwei bindende und zwei nichtbindende Elektronenpaare vorhanden. Die Verzerrung von der regulären tetraedrischen Anordnung der vier Elektronenpaare ist noch größer als im Ammoniak-Molekül, da die bindenden Elektronenpaare jetzt von zwei nichtbindenden Elektronenpaaren abgestoßen werden (◉ 9.3). Der H–O–H-Winkel von 105° ist noch kleiner als im NH_3 (107°). Die Molekülstruktur (Anordnung der *Atome*) ist gewinkelt (V-förmig).

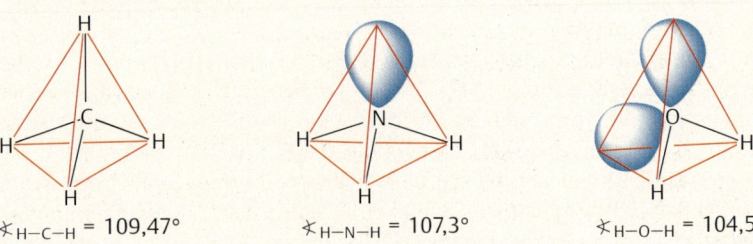

◉ 9.3 Gestalt der Moleküle von Methan (CH_4), Ammoniak (NH_3) und Wasser (H_2O). Die einsamen Elektronenpaare sind als Wolken, die Bindungselektronenpaare als schwarze Striche dargestellt

Fünf Elektronenpaare. Im PF_5-Molekül bilden die fünf Valenzelektronen des Phosphor-Atoms mit je einem Elektron von den Fluor-Atomen fünf Elektronenpaare in der Valenzschale. Die Anordnung mit einem Minimum für die Elektronenabstoßung ist die **trigonale Bipyramide**.

In der trigonalen Bipyramide sind die fünf Bindungen nicht äquivalent. Die drei Positionen auf dem „Äquator" werden **äquatoriale Positionen** genannt; die Positionen am „Nord-" und am „Südpol" heißen **axiale Positionen**. Die drei äquatorialen Atome liegen in einer Ebene mit dem Zentralatom; die Bindungswinkel in der Äquatorebene betragen 120°. Die Bindungswinkel zwischen axialen und äquatorialen Atomen betragen 90°. Ein axiales Elektronenpaar hat drei benachbarte Elektronenpaare im 90°-Winkel; ein äquatoriales Elektronenpaar hat nur zwei Nachbarpaare im 90°-Winkel. Auf ein axiales Elektronenpaar wirkt deshalb eine etwas stärkere Abstoßung. Die axialen P–F-Bindungen sind etwas länger als die äquatorialen (158 bzw. 153 pm).

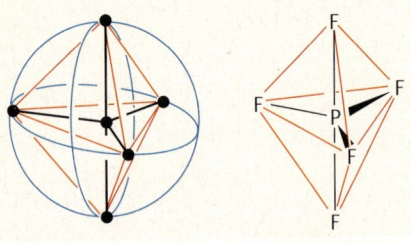

Fünf Elektronenpaare: trigonale Bipyramide

In einer trigonalen Bipyramide *nehmen einsame Elektronenpaare äquatoriale Positionen ein*, da sie hier einer geringeren Abstoßung ausgesetzt sind. In der Valenzschale des Schwefel-Atoms im Schwefeltetrafluorid (SF_4) sind fünf Elektronenpaare vorhanden, von denen eines nichtbindend ist. Dieses besetzt eine äquatoriale Position in einer trigonalen Bipyramide (◉ 9.4). Das nichtbindende Elektronenpaar wirkt sich auf die Bindungswinkel aus, indem es alle bindenden Elektronenpaare von sich drängt. Der Bindungswinkel F–S–F in der Äquatorebene beträgt 102° (anstelle von 120°), die axialen Bindungen bilden einen Winkel von 173° miteinander (anstelle von 180°).

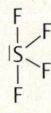

Im Molekül des Chlortrifluorids (ClF_3) verfügt das Chlor-Atom über fünf Valenzelektronenpaare, von denen zwei nichtbindend sind. Letztere nehmen äquatoriale Lagen ein, so daß das Molekül eine T-förmige Struktur hat (◉ 9.4). Die einsamen Elektronenpaare bedingen eine Verzerrung der F–Cl–F-Bindungswinkel, die zwischen axialer und äquatorialer Position 87,5° betragen (anstelle von 90°).

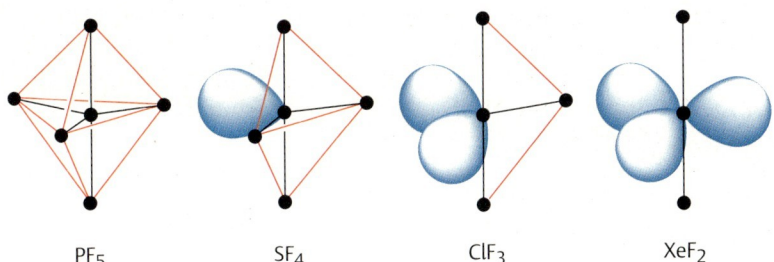

PF₅   SF₄   ClF₃   XeF₂

◉ 9.4 Molekülgestalten mit fünf Valenzelektronenpaaren am Zentralatom. Bindende Elektronenpaare sind als schwarze Linien dargestellt

Im Xenondifluorid-Molekül (XeF$_2$) sind drei der fünf Valenzelektronenpaare des Xenon-Atoms nichtbindend. Sie nehmen die drei äquatorialen Positionen einer trigonalen Bipyramide ein. Das XeF$_2$-Molekül ist linear (◉ 9.4).

Im PF$_3$Cl$_2$-Molekül befinden sich die Chlor-Atome in äquatorialen Positionen. Weil die Fluor-Atome stärker elektronegativ als die Chlor-Atome sind, sind die Elektronenpaare der P—Cl-Bindungen näher am Phosphor-Atom als die der P—F-Bindungen. Die Elektronenpaare der P—Cl-Bindungen wirken stärker abstoßend.

Sechs Elektronenpaare. Im Schwefelhexafluorid-Molekül (SF$_6$) hat das Schwefel-Atom sechs bindende Elektronenpaare in der Valenzschale. Die dafür günstigste Anordnung ist ein **Oktaeder**. Alle Positionen sind äquivalent, alle Bindungen sind gleich, alle Winkel zwischen benachbarten Bindungen betragen 90°.

Das Brom-Atom im Brompentafluorid (BrF$_5$) verfügt über fünf bindende und ein nichtbindendes Elektronenpaar in der Valenzschale. Die Elektronenpaare sind nach den Ecken eines Oktaeders gerichtet. Die Atome bilden eine **quadratische Pyramide** (◉ 9.5). Das nichtbindende Elektronenpaar verursacht eine Verzerrung der Bindungswinkel. Die vier Bindungen in der Pyramidenbasis werden vom einsamen Elektronenpaar abgedrängt, der Bindungswinkel zwischen der *apikalen* Bindung (zur Pyramidenspitze) und einer *basalen* Bindung (in der Pyramidenbasis) beträgt 85° (anstelle von 90°).

Im IF$_4^-$-Ion hat das Iod-Atom vier bindende und zwei nichtbindende Elektronenpaare in der Valenzschale. Die sechs Elektronenpaare nehmen eine oktaedrische Anordnung an. Die einsamen Elektronenpaare besetzen zwei gegenüberliegende Positionen, da dann die Abstoßung zwischen ihnen am kleinsten ist (◉ 9.5). Das Ion ist **quadratisch-planar**.

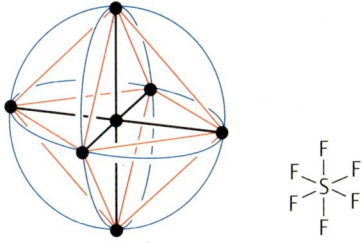

Sechs Elektronenpaare: Oktaeder

Oktaeder   Quadratische Pyramide   Quadrat
SF$_6$ BrF$_5$ IF$_4^-$

◉ 9.5 Molekülgestalten mit sechs Valenzelektronenpaaren am Zentralatom. Bindende Elektronenpaare sind als schwarze Linien dargestellt

Tabelle 9.1 Molekülstruktur in Abhängigkeit von der Anzahl der Valenzelektronen in der Valenzschale des Zentralatoms

Anzahl der Elektronenpaare			Molekülstruktur	Beispiele
gesamt	bindend	nicht-bindend		
2	2	0	linear	$HgCl_2$, $CuCl_2^-$
3	3	0	trigonal-planar	BF_3, $HgCl_3^-$
3	2	1	gewinkelt	$SnCl_2$
4	4	0	tetraedrisch	CH_4, BF_4^-
4	3	1	trigonal-pyramidal	NH_3, PF_3
4	2	2	gewinkelt	H_2O, ICl_2^+
5	5	0	trigonal-bipyramidal	PF_5, $SnCl_5^-$
5	4	1	s. 9.4	SF_4, IF_4^+
5	3	2	T-förmig	ClF_3, BrF_3
5	2	3	linear	XeF_2, ICl_2^-
6	6	0	oktaedrisch	SF_6, PF_6^-
6	5	1	quadratisch-pyramidal	IF_5, SbF_5^{2-}
6	4	2	quadratisch-planar	XeF_4, BrF_4^-
8	8	0	quadratisch-antiprismatisch	CeF_8^{4-}

Die Zusammenhänge zwischen Molekülstruktur und Zahl und Art der Valenzelektronenpaare sind in 9.1 zusammengefaßt. Weitere Beispiele s. 9.1.

Das Konzept der Elektronenpaar-Abstoßung kann auch auf Moleküle und Ionen mit Mehrfachbindungen angewandt werden. Eine Mehrfachbindung wird dabei als Einheit betrachtet. Kohlendioxid (CO_2) und Cyanwasserstoff (HCN) sind zum Beispiel lineare Moleküle. Das Carbonyldichlorid-Molekül (Phosgen, Cl_2CO) hat eine planar dreieckige Gestalt ähnlich wie BF_3. Weil in einer Doppelbindung zwei Elektronenpaare vorhanden sind, wirkt sie stärker abstoßend als eine Einfachbindung. Im Cl_2CO drängt die Doppelbindung die C—Cl-Bindungen von sich; der Cl—C—Cl-Bindungswinkel beträgt deshalb 111° an Stelle von 120°. Formaldehyd (H_2CO) hat die gleiche Struktur, aber der H—C—H-Winkel ist größer (118,5°), weil wegen der geringeren Elektronegativität der Wasserstoff-Atome die Ladungsschwerpunkte der C—H-Bindungen näher am C-Atom sind und der Winkelverzerrung mehr Widerstand entgegensetzen. Umgekehrt ist mit dem elektronegativeren Fluor der F—C—F-Winkel im F_2CO kleiner (108°).

Auch wenn mesomere Grenzformeln zu formulieren sind, ist die Theorie anwendbar. Distickstoffoxid (N_2O) besteht aus linearen Molekülen. Das Nitrit-Ion (NO_2^-) ist gewinkelt, ähnlich wie das $SnCl_2$-Molekül (S. 127); der Bindungswinkel beträgt 115° wegen der abstoßenden Wirkung des einsamen Elektronenpaars. Das Nitrat-Ion (NO_3^-) ist trigonal-planar wie das BF_3-Molekül; alle Winkel betragen 120°, da keine einsamen Elektronenpaare eine Verzerrung verursachen und gemäß der Mesomerie alle drei N—O-Bindungen gleich sind.

Beispiel 9.1

Welche Gestalt haben die Ionen $AuCl_2^-$, ICl_2^+, IBr_2^-, SCl_3^+ und ClF_4^-?
Die Zahl der Valenzelektronen des Zentralatoms (Z), je ein Elektron von jedem Halogen-Atom (X) und ein zusätzliches Elektron bei den Anionen bzw. ein Elektron weniger bei den Kationen ergeben die Elektronenzahl in der Valenzschale des Zentralatoms. Weil jedes Halogen-Atom mit einer Einfachbindung gebunden ist, ist die Zahl der bindenden Elektronenpaare gleich der Zahl der Halogen-Atome.

Ion	Anzahl der Elektronen $Z + X$ − Ladung	Anzahl der Elektronenpaare gesamt	bindend	einsam	Gestalt
$AuCl_2^-$	1 + 2 + 1 = 4	2	2	0	linear
ICl_2^+	7 + 2 − 1 = 8	4	2	2	gewinkelt
IBr_2^-	7 + 2 + 1 = 10	5	2	3	linear
SCl_3^+	6 + 3 − 1 = 8	4	3	1	trigonal-pyramidal
ClF_4^-	7 + 4 + 1 = 12	6	4	2	quadratisch-planar

9.3 Hybridorbitale

Abgesehen von wenigen Ausnahmen werden die Voraussagen der VSEPR-Theorie durch die experimentelle Bestimmung zahlreicher Molekülstrukturen bestätigt. Nach der Lewis-Valenz-Bindungstheorie besteht eine kovalente Bindung aus einem gemeinsamen Elektronenpaar zwischen den verbundenen Atomen. Ausgehend vom Modell der Atomorbitale, kann man sich die Entstehung einer kovalenten Bindung folgendermaßen denken: zwei Atome rücken aufeinander zu; ein Orbital des einen Atoms, mit einem ungepaarten Elektron besetzt, überlappt sich zunehmend mit einem Orbital des anderen Atoms, das auch mit einem ungepaarten Elektron besetzt ist; die beiden Atomorbitale verschmelzen zu einem gemeinsamen Orbital beider Atome, das von den beiden eingebrachten Elektronen (mit antiparallelem Spin) besetzt wird (◉ 9.6).

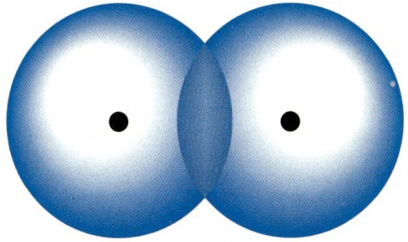

◉ 9.6 Überlappung der 1s-Orbitale von zwei Wasserstoff-Atomen

Wie kann man im Rahmen dieser Vorstellungen die tetraedrische Struktur des Methan-Moleküls (CH_4) verstehen? Im Grundzustand hat ein Kohlenstoff-Atom nur zwei ungepaarte Elektronen ($1s^2 2s^2 2p^1 2p^1$) und man könnte denken, es könnten nur zwei kovalente Bindungen mit zwei Wasserstoff-Atomen gebildet werden. Wir können jedoch durch Energiezufuhr ein Elektron des 2s-Orbitals in das noch unbesetzte 2p-Orbital überführen; in diesem angeregten Zustand des C-Atoms ($1s^2 2s^1 2p^1 2p^1 2p^1$) hätten wir vier Orbitale mit je einem Elektron besetzt. Durch Überlappung mit den Orbitalen von vier H-Atomen unter Bildung von kovalenten Bindungen wird Energie freigesetzt; diese Energie ist weit größer als die zur Anregung des C-Atoms benötigte Energie, so daß insgesamt die Bildung der vier C—H-Bindungen energetisch begünstigt ist.

Durch das Verschmelzen von vier Orbitalen des Kohlenstoff-Atoms mit den Orbitalen von vier Wasserstoff-Atomen soll ein tetraedrisches CH_4-Molekül resultieren. Dazu müßten die vier Atomorbitale des C-Atoms alle gleich sein und nach den Ecken eines Tetraeders ausgerichtet sein. Das 2s-Orbital des C-Atoms ist jedoch anders als die 2p-Orbitale, und die Ach-

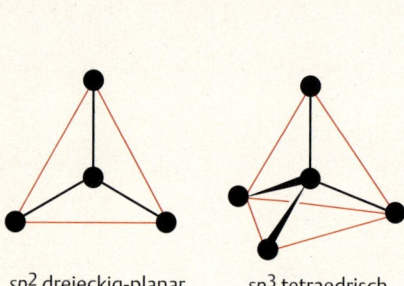

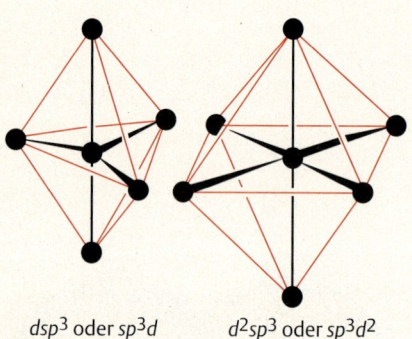

9.7 Orientierung der Ladungswolken von Hybridorbitalen

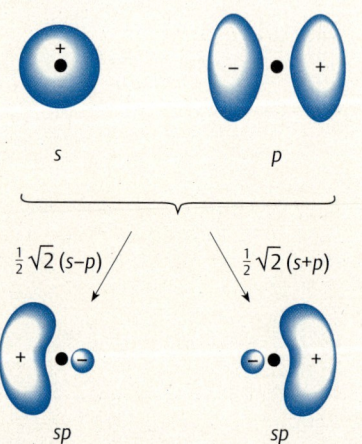

9.8 Kombination von einer s- und einer p-Wellenfunktion zu zwei sp-Hybridorbitalen. + und − bezeichnen die Vorzeichen der Wellenfunktionen im jeweiligen Bereich

sen der $2p$-Orbitale bilden untereinander Winkel von 90° und nicht von 109,47°, wie für eine tetraedrische Struktur gefordert (vgl. 6.14 und 6.15, S. 78).

Zur Lösung des Problems bedenken wir, daß ein Orbital durch seine Wellenfunktion definiert ist. Die Wellenfunktion ist ein *mathematischer Ausdruck*, der sich durch Lösung der Schrödinger-Gleichung ergibt. Der angeregte Zustand des C-Atoms kann durch eine s- und drei p-Wellenfunktionen mathematisch erfaßt werden. Man kann diese vier Wellenfunktionen mathematisch umformen und erhält vier andere, untereinander völlig gleichartige Wellenfunktionen, die wir **sp^3-Hybridorbitale** nennen. Die Bezeichnung sp^3 bezeichnet den Typ und die Anzahl der Orbitale, die wir mathematisch kombiniert haben. Die Hochzahl bezeichnet keine Elektronenzahl. Jedes der vier sp^3-Hybridorbitale hat eine Vorzugsrichtung und ist nach einer der vier Ecken eines Tetraeders ausgerichtet (9.2, S. 128; 9.7).

Die Beschreibung der Valenzschale des angeregten Kohlenstoff-Atoms durch vier Elektronen, die je ein $2s$-Orbital und drei $2p$-Orbitale besetzen oder durch vier Elektronen, die je ein sp^3-Hybridorbital besetzen, ist mathematisch völlig gleichwertig. Jede Beschreibung ist gleichermaßen eine gültige Lösung der Schrödinger-Gleichung.

Die Entstehung der Bindungen im CH_4-Molekül können wir uns durch Überlappung der $1s$-Orbitale der vier Wasserstoff-Atome mit vier sp^3-Hybridorbitalen des Kohlenstoff-Atoms vorstellen.

Bei anderen Molekülen sind andere Hybridorbitale geeigneter, um die Bindungsverhältnisse zu erfassen. Bei der Hybridisierung, wie die mathematische Umrechnung der Wellenfunktionen auch genannt wird, müssen nicht alle Atomorbitale der Valenzschale beteiligt werden. Drei äquivalente **sp^2-Hybridorbitale** werden bei der Kombination der Wellenfunktionen von einem s-Orbital und zwei p-Orbitalen erhalten. Eines der drei p-Orbitale ist dabei unbeteiligt. Die Vorzugsrichtungen der drei sp^2-Hybridorbitale liegen in einer Ebene und bilden Winkel von 120° zueinander. Die Vorzugsrichtung des unbeteiligten p-Orbitals ist senkrecht zur Ebene (9.1, S. 127; 9.7). sp^2-Hybridorbitale dienen zur Erfassung der Bindungsverhältnisse in trigonal-planaren Molekülen (z. B. BF_3).

Ein Satz von zwei **sp-Hybridorbitalen** resultiert aus der Kombination von einem s- und einem p-Orbital; die zwei übrigen p-Orbitale bleiben unbeteiligt (9.7 und 9.8). Die zwei sp-Hybridorbitale haben ihre Ladungsschwerpunkte auf entgegengesetzten Seiten des Atoms. Sie dienen zur Beschreibung der Bindungen in linearen Molekülen. Die beiden unbeteiligten p-Orbitale haben ihre Vorzugsrichtungen senkrecht zueinander und senkrecht zur Achse der sp-Hybridorbitale.

Bei der Hybridisierung können auch d-Orbitale einbezogen werden. Zwei Möglichkeiten sind in 9.7 gezeigt. Die beteiligten d-Orbitale können zur Außenschale oder zur nächsten Innenschale gehören; zur Unterscheidung können wir die Schreibweise sp^3d^2 bzw. d^2sp^3 verwenden. Häufig benutzte Typen von Hybridorbitalen sind in 9.2 zusammengestellt.

Mit Hilfe der beschriebenen Hybridorbitale können auch die Verhältnisse in Molekülen mit einsamen Elektronenpaaren näherungsweise beschrieben werden. Im NH_3-Molekül können wir zum Beispiel sp^3-Hybridorbitale für das Stickstoff-Atom annehmen; eines der Hybridorbitale dient zur Aufnahme des einsamen Elektronenpaars, während die anderen drei mit den Orbitalen der Wasserstoff-Atome überlappen. Die tatsächlichen

9.2 Hybridorbitale

Beteiligte Atomorbitale	Hybrid-Typ	Anzahl der Hybridorbitale	Geometrie	Beispiel
s, p_x	sp	2	linear	$HgCl_2$
s, p_x, p_y	sp^2	3	trigonal-planar	BF_3
s, p_x, p_y, p_z	sp^3	4	tetraedrisch	CH_4
$d_{x^2-y^2}, s, p_x, p_y$	dsp^2	4	quadratisch-planar	$PtCl_4^{2-}$
$d_{z^2}, s, p_x, p_y, p_z$	dsp^3 oder sp^3d	5	trigonal-bipyramidal	PF_5
$d_{z^2}, d_{x^2-y^2}, s, p_x, p_y, p_z$	d^2sp^3 oder sp^3d^2	6	oktaedrisch	SF_6

H—N—H-Bindungswinkel von 107° liegen etwas unter dem Wert von 109,47°, der zwischen den Richtungen von sp^3-Hybridorbitalen zu erwarten wäre (s. 9.3, S. 128).

9.4 Molekülorbitale

Im vorigen Abschnitt haben wir die kovalente Bindung als das Resultat des Überlappens zweier Atomorbitale angesehen, die zu einem gemeinsamen Orbital beider Atome verschmelzen. Das gemeinsame Orbital nennen wir ein *Molekülorbital* (abgekürzt MO). Mathematisch handelt es sich um eine Wellenfunktion, die sich als Lösung der Schrödinger-Gleichung für ein System ergibt, an dem zwei Atomkerne beteiligt sind. Für Molekülorbitale gelten die gleichen Gesetzmäßigkeiten wie für Atomorbitale; insbesondere gilt das Pauli-Prinzip, d. h. auch ein Molekülorbital kann mit maximal zwei Elektronen von entgegengesetztem Spin besetzt sein. Wie bei einem Atom sind auch bei einem Molekül zahlreiche Orbitale unterschiedlicher Energie zu berücksichtigen, die von den Elektronen des Moleküls nach dem Aufbauprinzip besetzt werden. Entsprechend der Bezeichnung von Atomorbitalen mit den Buchstaben s, p, d, werden Molekülorbitale mit den griechischen Buchstaben σ, π, δ bezeichnet.

Atomorbitale: s, p, d, f

Molekülorbitale: σ, π, δ

Wenn zwei Wellen mit gleicher Wellenlänge λ, gleicher Amplitude A und gleicher Phase überlagert werden, verstärken sie sich (9.9a). Die Wellenlänge der resultierenden Welle bleibt gleich, die Amplitude wird verdoppelt auf $A + A = 2A$. Wenn sich die Wellen mit entgegengesetzter Phase überlagern, löschen sie sich gegenseitig aus (9.9b), die resultie-

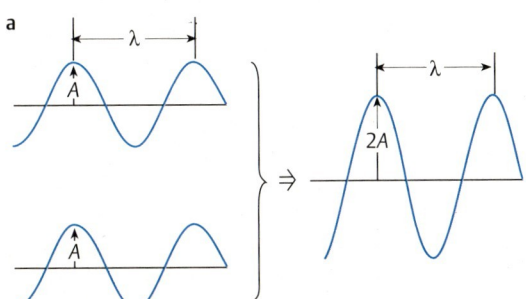
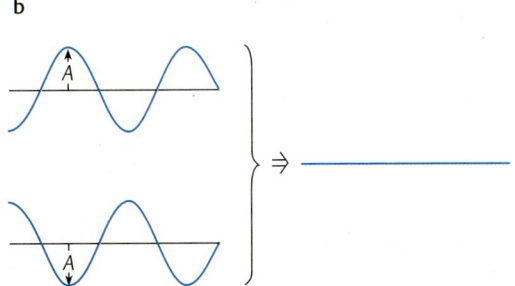

9.9 Überlagerung von zwei Wellen: **a** Wellen in Phase ergibt Verstärkung **b** Wellen in Gegenphase löschen sich aus

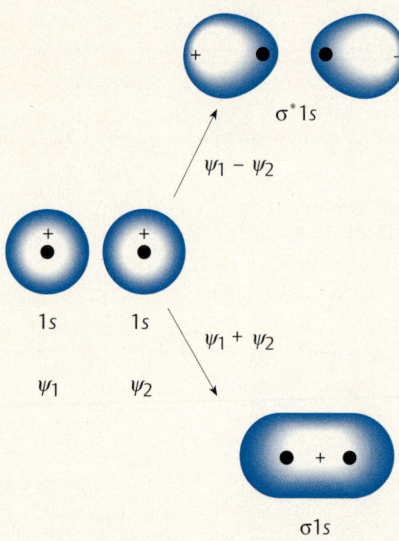

9.10 Kombination von zwei 1s-Atomorbitalen zu einem σ- und einem σ*-Molekülorbital. Plus und Minus bezeichnen das Vorzeichen der Wellenfunktion im jeweiligen Bereich

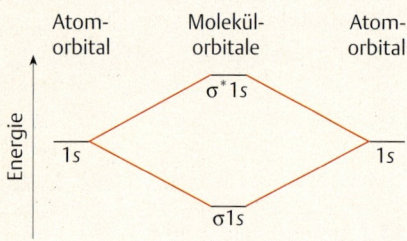

9.11 Energieniveau-Diagramm für die Bildung eines σ- und σ*-Orbitals aus den 1s-Orbitalen zweier Atome

Bindungsordnung =
$\frac{1}{2}$[(Anzahl der bindenden e^-)
− (Anzahl der antibindenden e^-)]

Bindungsordnung im $H_2 = \frac{1}{2}(2-0) = 1$
Bindungsordnung im $He_2 = \frac{1}{2}(2-2) = 0$

rende Amplitude ist $A + (-A) = 0$. Die erste Überlagerung ist additiv, die zweite subtraktiv.

Bei der Überlappung von Atomorbitalen überlagern sich deren Wellenfunktionen. Die Molekülorbitale des Wasserstoff-Moleküls (H_2) kann man sich als Ergebnis der Überlagerung der Atomorbitale von zwei Wasserstoff-Atomen vorstellen. Die additive Überlagerung der beiden 1s-Orbitale (Addition der Wellenfunktionen) führt zu einer Wellenverstärkung, im Bereich zwischen den Atomkernen resultiert eine erhöhte Elektronenladungsdichte. Die Anziehung der Atomkerne durch diese Ladung hält das Molekül zusammen. Das Molekülorbital nennen wir ein **bindendes Sigma-Orbital** und bezeichnen es mit dem Symbol σ (◉ 9.10).

Bei der Überlagerung der Atomorbitale zweier Atome muß die Gesamtzahl der Orbitale unverändert bleiben. Die Anzahl der Atomorbitale von beiden Atomen zusammengenommen muß gleich der Anzahl der gebildeten Molekülorbitale sein. Aus den beiden 1s-Orbitalen der zwei Wasserstoff-Atome muß sich außer dem bindenden σ-Orbital noch ein zweites Molekülorbital ergeben, und zwar durch subtraktive Überlagerung der Wellenfunktionen. Dabei resultiert im Bereich zwischen den Atomkernen eine geringe Elektronendichte, genau auf halbem Weg zwischen den Atomkernen ist sie Null (◉ 9.10). Die geringe Ladung zwischen den Kernen wirkt der gegenseitigen Abstoßung der Kerne kaum entgegen. Das Molekülorbital nennen wir ein **antibindendes Sigma-Orbital** und bezeichnen es mit dem Symbol σ*. Die Besetzung eines σ*-Orbitals mit Elektronen wirkt einer Bindung entgegen. Man spricht deshalb auch von einem bindungslockernden Molekülorbital. σ- und σ*-Orbitale sind rotationssymmetrisch bezüglich der Achse durch die Atomkerne.

Ein Energiediagramm zu den relativen Energieniveaus der s- und σ-Orbitale ist in ◉ 9.11 gezeigt. Das bindende σ-Orbital liegt energetisch niedriger als die s-Orbitale, aus denen es entstanden ist, während das σ*-Orbital um den gleichen Betrag höher liegt. Wenn zwei Atomorbitale zusammengefügt werden, ist die Besetzung des σ-Orbitals mit einer Abgabe von Energie verbunden, während zur Besetzung des σ*-Orbitals Energiezufuhr notwendig ist.

Jedes Orbital eines Atoms wie auch eines Moleküls kann zwei Elektronen von entgegengesetztem Spin aufnehmen. Die beiden Elektronen, die von den Wasserstoff-Atomen eingebracht wurden, besetzen als Elektronenpaar das σ1s-Orbital des Wasserstoff-Moleküls, das Molekülorbital mit der niedrigsten Energie. Das σ*1s-Orbital bleibt unbesetzt.

Die **Bindungsordnung** ist die Hälfte der Differenz aus der Anzahl der bindenden Elektronen minus der Anzahl der antibindenden Elektronen. Die Bindungsordnung entspricht der Zahl der Bindungsstriche in den Valenzstrichformeln (Zahl der Bindungen). Für das Wasserstoff-Molekül ergibt sich eine Bindungsordnung von 1 (Einfachbindung). Bei der Kombination von zwei Helium-Atomen muß die Gesamtzahl von vier Elektronen auf die beiden Molekülorbitale verteilt werden; sowohl das σ1s- wie auch das σ1s*-Orbital muß besetzt werden. Die bindungslockernde Wirkung der antibindenden Elektronen hebt die Wirkung der bindenden Elektronen auf. Die Bindungsordnung beträgt Null. Ein Helium-Molekül He_2 existiert nicht.

Unter geeigneten Bedingungen kann sowohl ein H_2^+- wie auch ein He_2^+-Ion existieren. Das Wasserstoff-Molekülkation besteht aus zwei Protonen und einem einzelnen Elektron im σ1s-Orbital; seine Bindungsordnung ist $\frac{1}{2}(1-0) = \frac{1}{2}$. Das Helium-Molekülkation besteht aus zwei Helium-Atomkernen und drei Elektronen; ein Elektronenpaar nimmt das σ1s-Orbital ein, ein einzelnes Elektron das σ*1s-Orbital und die Bindungsordnung beträgt $\frac{1}{2}(2-1) = \frac{1}{2}$.

Durch Überlagerung von zwei 2s-Orbitalen wird ein σ- und ein σ*-Orbital erhalten, analog wie bei den 1s-Orbitalen. Molekülorbitale, die sich von p-Atomorbitalen ableiten, sind etwas komplizierter. Die drei 2p-Orbitale eines Atoms sind entlang der x-, y- und z-Koordinate ausgerichtet. Zwei Atome, die sich entlang der x-Achse einander nähern, treffen mit ihren p_x-Orbitalen „Kopf-an-Kopf" aufeinander und ergeben ein bindendes σ2p- und ein antibindendes σ*2p-Molekülorbital (◉ 9.12a). Diese Molekülorbitale sind rotationssymmetrisch um die internukleare Verbindungslinie und werden ebenfalls als Sigma-Orbitale bezeichnet.

Die p_z-Orbitale der beiden Atome kommen parallel ausgerichtet aufeinander zu und ergeben ein **bindendes Pi-Molekülorbital** (Symbol π) und ein **antibindendes Pi-Molekülorbital** (Symbol π*). π-Orbitale sind nicht rotationssymmetrisch um die Verbindungslinie zwischen den Atomkernen. Sie besitzen eine Knotenebene, die durch die Atomkerne verläuft. Die Ladungsdichte des π-Orbitals befindet sich in zwei Bereichen oberhalb und unterhalb der Knotenebene (◉ 9.12b). Trotz dieser Verteilung der Elektronenladung zwischen den Atomkernen bewirkt das π Orbital einen

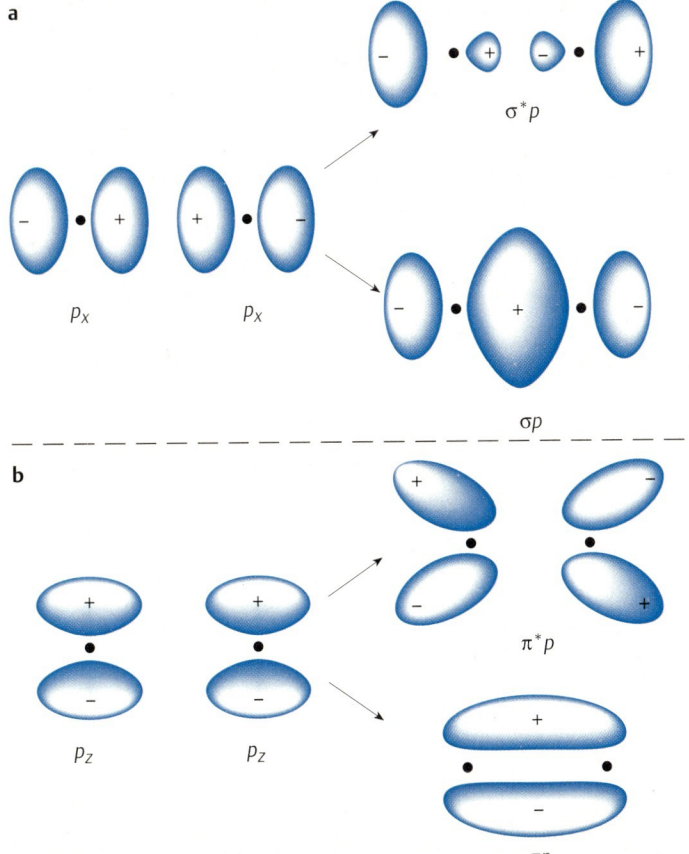

◉ 9.12 Kombination von p-Atomorbitalen zu Molekülorbitalen

Zusammenhalt der Atome. Beim π^*-Orbital ist nur eine geringe Ladungsdichte zwischen den Atomkernen vorhanden (◉ 9.12b, S. 135). Elektronen eines π^*-Orbitals bewirken keine Bindung sondern eine Abstoßung zwischen den Atomen.

Die p_y-Orbitale, die in ◉ 9.12 nicht abgebildet sind, nähern einander ebenfalls längsseitig und ergeben ein weiteres π- und π^*-Orbital. Deren Knotenebene steht senkrecht zur Knotenebene des $\pi 2p_z$- (und $\pi^* 2p_z$-)Orbitals. Die beiden $\pi 2p$-Orbitale sind entartet, d. h. energiegleich, ebenso sind die beiden $\pi^* 2p$-Orbitale entartet. Aus den insgesamt sechs $2p$-Orbitalen der beiden Atome werden zusammen sechs Molekülorbitale erhalten — ein $\sigma 2p$, ein $\sigma^* 2p$, zwei $\pi 2p$ und zwei $\pi^* 2p$. Zusammen mit den beiden Molekülorbitalen aus den $2s$-Atomorbitalen sind das im ganzen acht Molekülorbitale aus den Atomorbitalen der Hauptquantenzahl $n = 2$ der beiden Atome.

Die sukzessive Besetzung der Molekülorbitale nach dem Aufbauprinzip sei am Beispiel der zweiatomigen Moleküle der Elemente der zweiten Periode geschildert. Für diese Moleküle sind zwei verschiedene Abfolgen der Orbitalenergien zu berücksichtigen (◉ 9.13). Die erste Abfolge (a) betrifft die Moleküle Li_2 bis N_2, die zweite (b) die Moleküle O_2 und F_2.

Die zweite Abfolge (b) ist leichter zu verstehen. Die Energie eines Molekülorbitals hängt von den Energien der beteiligten Atomorbitale und von Art und Ausmaß der Überlappung dieser Orbitale ab. Da $2s$-Orbitale

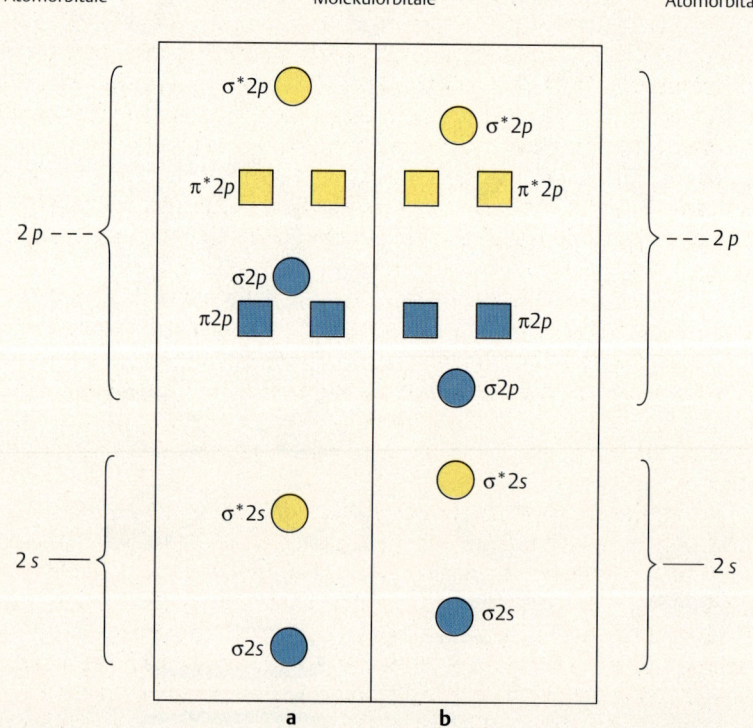

◉ 9.13 Abfolge der Energieniveaus für die Molekülorbitale der zweiatomigen Moleküle Li_2 bis N_2 (Bild **a**) und O_2 und F_2 (Bild **b**). Je weiter oben im Bild ein Kästchen eingezeichnet ist, desto energiereicher ist das zugehörige Molekülorbital. Bindende Orbitale sind blau, antibindende gelb markiert

energieärmer sind als 2p-Orbitale, sind auch die von den 2s-Orbitalen abgeleiteten Molekülorbitale energieärmer als die aus den 2p-Orbitalen abgeleiteten Molekülorbitale (◉ 9.14). Die Überlappung der $2p_x$-Orbitale, welche das $\sigma 2p$-Orbital ergeben, ist größer als die der $2p_y$- und $2p_z$-Orbitale, aus denen sich die $\pi 2p$-Orbitale ergeben. Das $\sigma 2p$-Orbital liegt deshalb energetisch niedriger als die beiden entarteten $\pi 2p$-Orbitale. Die Energie der antibindenden Molekülorbitale liegt jeweils um etwa den gleichen Betrag über der Energie der zugehörigen Atomorbitale, wie die der bindenden Orbitale darunter liegt. Die sich ergebende Abfolge der Energieniveaus wird allerdings nur für das Sauerstoff- und Fluor-Molekül (O_2, F_2) als gültig angenommen.

Bei den eben geschilderten Überlegungen zur Abfolge b (◉ 9.13) wurde angenommen, daß nur 2s-Orbitale miteinander und nur 2p-Orbitale miteinander in Wechselwirkung treten. Diese Annahme ist nur dann näherungsweise gültig, wenn die Energielage der 2s- und 2p-Orbitale weit getrennt ist (dieses trifft für O und F zu). Wenn die 2s- und 2p-Orbitale energetisch nahe beieinanderliegen, sind auch Wechselwirkungen zwischen s- und p-Orbitalen zu berücksichtigen. Sie führen dazu, daß die beiden aus den 2s-Orbitalen entstammenden σ- und σ^*-Orbitale energetisch noch etwas abgesenkt werden, während die beiden aus den 2p-Orbitalen entstammenden σ- und σ^*-Orbitale zu höheren Energiewerten rücken (◉ 9.13a). Der Hauptunterschied zwischen ◉ 9.13a und 9.13b ist die relative Abfolge der Niveaus $\pi 2p$ und $\sigma 2p$.

Ein Lithium-Atom besitzt ein Valenzelektron. Das Li_2-Molekül hat zwei Valenzelektronen, die mit entgegengesetztem Spin das Molekülorbital mit der niedrigsten Energie besetzen, das ist das $\sigma 2s$-Orbital. Die Bindungsordnung im Li_2-Molekül beträgt $\frac{1}{2}(2-0) = 1$. Um ein Be_2-Molekül zu bilden, müssen vier Elektronen untergebracht werden, da jedes Beryllium-Atom zwei Valenzelektronen einbringt. Außer dem $\sigma 2s$-Orbital muß auch das $\sigma^* 2s$-Orbital mit einem Elektronenpaar besetzt werden. Die antibindende Wirkung der Besetzung dieses Orbitals hebt die bindende Wirkung des $\sigma 2s$-Orbitals auf. Es gibt keine Bindung, die Bindungsordnung beträgt $\frac{1}{2}(2-2) = 0$. Be_2-Moleküle sind nicht existenzfähig.

Die Energieniveau-Diagramme der Molekülorbitale (kurz MO-Diagramme genannt) für die Moleküle B_2, C_2 und N_2 sind in ◉ 9.15 dargestellt. Die Orbitale werden der Reihe nach von unten nach oben im Sinne des Aufbauprinzips mit den zur Verfügung stehenden Elektronen besetzt. Bei entarteten Orbitalen wird die Hund-Regel befolgt. Die $\pi 2p$-Orbitale sind entartet, zunächst wird jedes Orbital mit einem einzelnen Elektron belegt, bevor es zur Paarung kommt.

Im Falle des B_2-Moleküls stehen sechs Valenzelektronen zur Verfügung. Die ersten vier werden auf das $\sigma 2s$- und das $\sigma^* 2s$-Orbital gebracht, die restlichen zwei besetzen getrennte $\pi 2p$-Orbitale. Das B_2-Molekül hat somit zwei ungepaarte Elektronen und ist paramagnetisch. Der beobachtete Paramagnetismus bestätigt die Abfolge der Orbitale nach ◉ 9.13a; nach der Abfolge (b) würden die beiden letzten Elektronen gepaart das $\sigma 2p$-Orbital besetzen und das Molekül wäre diamagnetisch. Die Bindungsordnung des B_2-Moleküls ist $\frac{1}{2}(4-2) = 1$.

Die Diagramme für die Moleküle C_2 und N_2 erhält man durch Einfügen von jeweils zwei weiteren Elektronen. Die Bindungsordnungen betragen 2 für C_2 und 3 für N_2. Keines der Moleküle hat ungepaarte Elektronen.

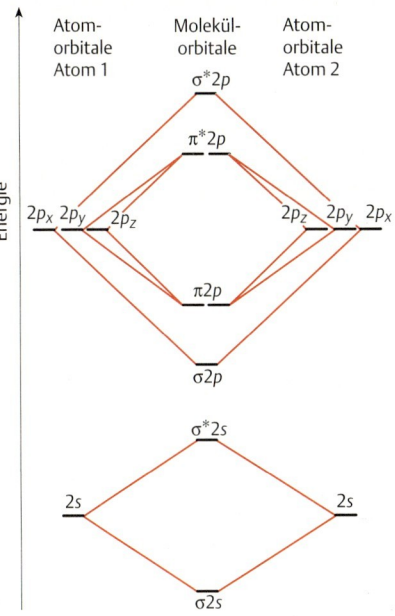

◉ 9.14 Entstehung der Abfolge der Energieniveaus für die Moleküle O_2 und F_2 aus den Atomorbitalen

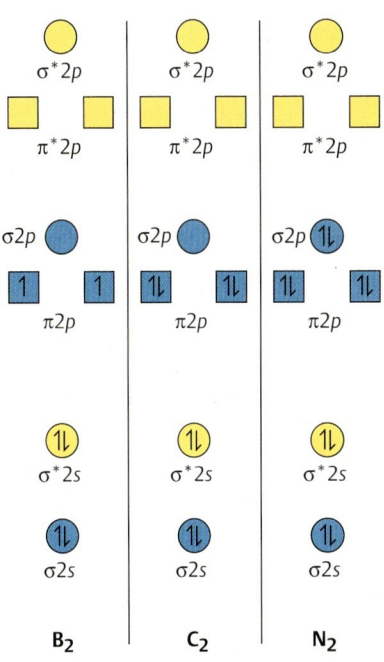

◉ 9.15 Energieniveau-Diagramm der Molekülorbitale für B_2, C_2 und N_2. Die Pfeile symbolisieren Elektronen und deren Spin

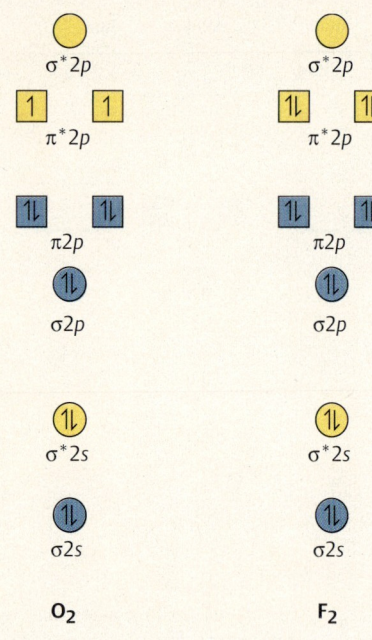

9.16 Energieniveau-Diagramm der Molekülorbitale für O_2 und F_2

Die Molekülorbital-Diagramme für die Moleküle O_2 und F_2 sind in ◉ 9.16 gezeigt. Beim O_2 sind zwölf Valenzelektronen unterzubringen. Die letzten beiden Elektronen besetzen getrennte π^*2p-Orbitale. Das O_2-Molekül hat somit zwei ungepaarte Elektronen und ist paramagnetisch. Die Bindungsordnung beträgt $\frac{1}{2}(8-4) = 2$. Die Lewis-Formel ⟨O=O⟩ gibt zwar die Bindungsordnung richtig wieder, zeigt aber keine ungepaarten Elektronen und kann den beobachteten Paramagnetismus nicht erklären. Die Bindungsordnung im F_2-Molekül beträgt 1.

▭ 9.3 gibt eine Zusammenstellung über die homonuklearen (aus gleichen Atomen bestehenden) zweiatomigen Moleküle der zweiten Periode. Mit zunehmender Bindungsordnung werden die Bindungen kürzer und stärker. Am stärksten ist die Bindung im N_2-Molekül. Moleküle, für die eine Bindungsordnung von Null berechnet wird, sind nicht bekannt.

▭ 9.3 Eigenschaften von zweiatomigen Molekülen der Elemente der 2. Periode

Molekül	Anzahl der Elektronen in den Molekülorbitalen						Bindungsordnung	Bindungslänge /pm	Bindungsenergie /kJ·mol^{-1}	Anzahl ungepaarte Elektronen
1.	$\sigma 2s$	σ^*2s	$\pi 2p$	$\sigma 2p$	π^*2p	σ^*2p				
Li_2[a]	2						1	267	106	0
Be_2[b]	2	2					0	–	–	0
B_2[a]	2	2	2				1	159	289	2
C_2[a]	2	2	4				2	131	627	0
N_2	2	2	4	2			3	110	941	0
2.	$\sigma 2s$	σ^*2s	$\sigma 2p$	$\pi 2p$	π^*2p	σ^*2p				
O_2	2	2	2	4	2		2	121	494	2
F_2	2	2	2	4	4		1	142	155	0
Ne_2[b]	2	2	2	4	4	2	0	–	–	0

[a] Existiert nur bei hohen Temperaturen im Dampfzustand
[b] Existiert nicht

Molekülorbital-Diagramme können auch für zweiatomige Ionen aufgestellt werden. Die Diagramme für die *Kationen* N_2^+ und O_2^+ erhält man aus den Diagrammen der Moleküle N_2 bzw. O_2 durch *Wegnahme* eines Elektrons aus dem höchsten besetzten Orbital. Diagramme für die *Anionen* O_2^- (Hyperoxid) und O_2^{2-} (Peroxid) erhält man durch *Zusatz* von einem bzw. zwei Elektronen. Das Diagramm für das Acetylid-Ion C_2^{2-} folgt aus dem Diagramm für C_2 durch Zusatz von zwei Elektronen.

Die gleiche Art von Molekülorbitalen, jedoch etwas verzerrt, beschreiben die Bindungen in Molekülen wie CO und NO [welche der Niveauabfolgen, ◉ 9.13a oder **b** (S. 136) gilt, ist unbekannt; beide können verwendet werden].

CO ist isoelektronisch mit N_2 (zehn Valenzelektronen), das Energieniveau-Diagramm für beide ist ähnlich. Demnach beträgt die Bindungsordnung für CO drei. Dissoziationsenergie und Bindungsabstand beider Moleküle sind annähernd gleich.

Das Molekül des Stickstoffmonoxids (NO) verfügt über eine ungerade Zahl von Valenzelektronen, nämlich 11. Ein Energieniveau-Diagramm für die Molekülorbitale des Stickstoffmonoxids ist in ◉ 9.17 gezeigt. Mit acht bindenden und drei antibindenden Elektronen ergibt sich eine Bindungsordnung von $\frac{1}{2}(8-3) = 2\frac{1}{2}$. Eine dazu passende Lewis-Formel ist nicht formulierbar. Wegen des einen ungepaarten Elektrons im Molekül ist Stickstoffmonoxid paramagnetisch.

9.5 Molekülorbitale in mehratomigen Molekülen

Die Bindungsverhältnisse in mehratomigen Molekülen lassen sich mit Hilfe von Molekülorbitalen beschreiben. Die Zahl der Molekülorbitale ist dabei immer genauso groß wie die Zahl der Atomorbitale der beteiligten Atome. Die Molekülorbitale umfassen das Gesamtmolekül. In vielen Fällen ist es jedoch zweckmäßiger, Molekülorbitale so zu behandeln, als seien sie zwischen je zwei Atomen lokalisiert.

Beim Ethan kann man von sp^3-Hybridorbitalen bei jedem der C-Atome ausgehen, die σ-Bindungen mit den drei H-Atomen und dem anderen C-Atom bilden (◉ 9.18). Die Bindungswinkel entsprechen dem Tetraederwinkel von 109,47°. Da eine σ-Bindung rotationssymmetrisch zur Verbindungslinie zwischen den Atomkernen ist, können die beiden CH₃-Gruppen gegenseitig verdreht werden (◉ 9.18).

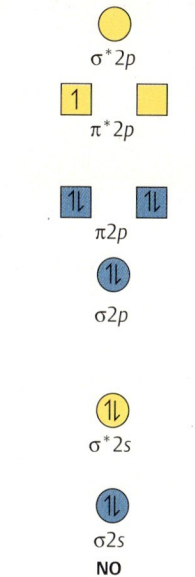

◉ 9.17 Energieniveau-Diagramm der Molekülorbitale für NO

Ethan

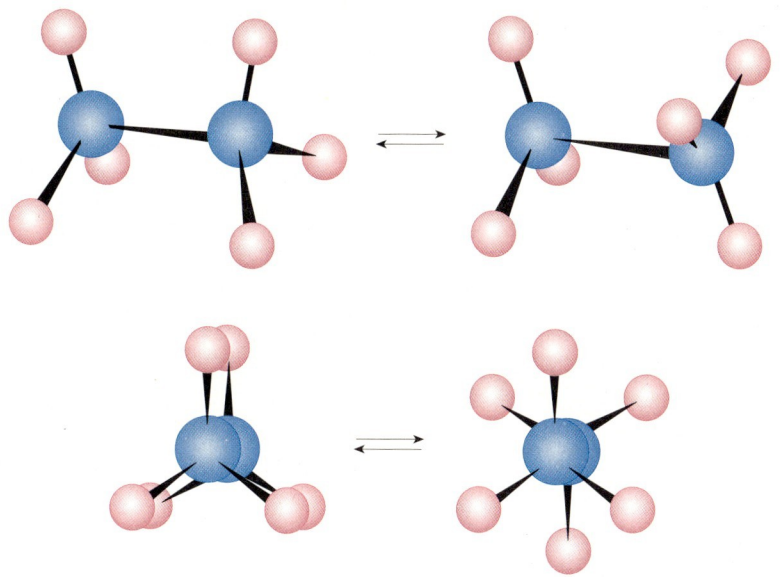

◉ 9.18 Drehung um die C—C-Bindung im Ethan-Molekül (H₃C—CH₃)

Bei Verbindungen mit Mehrfachbindungen kann man sich ein Molekülgerüst denken, das von σ-Bindungen (Einfachbindungen) zusammengehalten wird. Das σ-Bindungsgerüst des Ethens ist planar mit Bindungswinkeln nahe bei 120° (im Einklang mit den Voraussagen der VSEPR-Theorie). Diese Geometrie ist mit sp^2-Hybridorbitalen an jedem C-Atom vereinbar. Das bei der Hybridisierung nicht verwendete p-Orbital jedes C-

Ethen (Ethylen)

H—C≡C—H
Ethin (Acetylen)

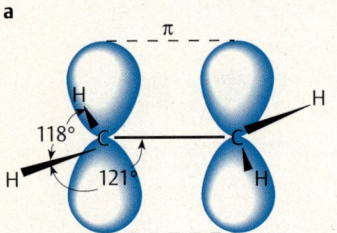

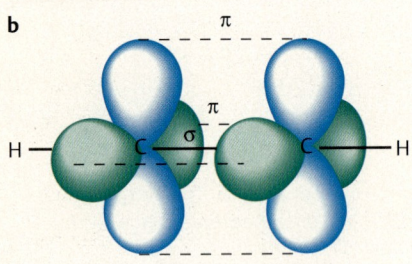

9.19 **a** Geometrie des Ethen-Moleküls. **b** Ausbildung der π-Bindungen im Ethin-Molekül. Die σ-Bindungen sind durch Striche symbolisiert. Die Gestalt der überlappenden *p*-Orbitale ist vereinfacht dargestellt

Atoms steht senkrecht zur Molekülebene (● 9.19a). Die beiden *p*-Orbitale überlappen und bilden ein π-Orbital. Die Ladungsdichte des π-Orbitals befindet sich ober- und unterhalb der Molekülebene. Eine gegenseitige Verdrehung der beiden CH$_2$-Gruppen um die C—C-Achse ist nicht möglich ohne die π-Bindung aufzubrechen.

Das Gerüst der σ-Bindungen im Ethin ist linear (wie von der VSEPR-Theorie vorausgesagt). Für jedes C-Atom kann man *sp*-Hybridorbitale zur Bildung der σ-Bindungen annehmen. Die beiden an der Hybridisierung nicht beteiligten *p*-Orbitale an jedem C-Atom überlappen unter Bildung von zwei π-Bindungen (● 9.19b).

Beim Ethen und Ethin sind die Mehrfachbindungen zwischen den beiden C-Atomen lokalisiert. In manchen Molekülen und Ionen muß man eine **Mehrzentrenbindung**, auch **delokalisierte Bindung** genannt, annehmen. Dies gilt in den Fällen, die nach dem Valenzbindungsmodell durch mesomere Grenzformeln zu formulieren sind.

Ein Beispiel für eine delokalisierte π-Bindung finden wir beim Carbonat-Ion (● 9.20). Das Ion ist trigonal-planar mit O—C—O-Bindungswinkeln von 120°. Wir nehmen sp^2-Hybridorbitale am C-Atom an, mit welchen drei σ-Bindungen gebildet werden. Das zur Hybridisierung nicht mit herangezogene *p*-Orbital ist senkrecht zur Ebene des Ions ausgerichtet und überlappt mit parallel dazu ausgerichteten *p*-Orbitalen der O-Atome. Wenn wir uns eine Überlappung mit dem *p*-Orbital von jeweils nur einem der O-Atome vorstellen, so entspricht das dem Bild von je einer Grenzformel des Ions. Das *p*-Orbital des C-Atoms kann jedoch gleichzeitig mit allen drei *p*-Orbitalen der O-Atome überlappen. Wir erhalten so ein π-Bindungssystem, das sich über das ganze Ion erstreckt.

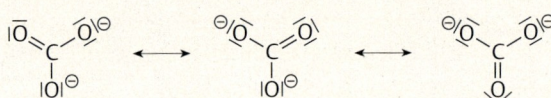

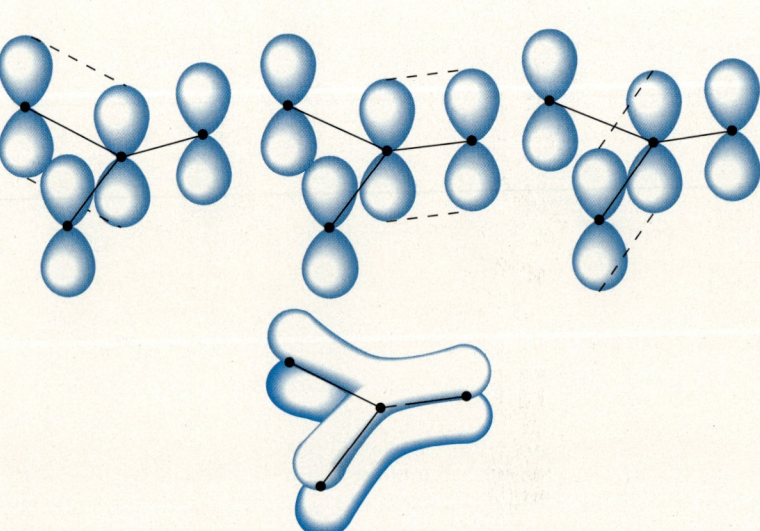

9.20 Das delokalisierte π-Bindungssystem im Carbonat-Ion und seine Beziehung zu den mesomeren Grenzformeln

9.6 $p\pi$-$d\pi$-Bindungen

Bei der im Einklang mit der Oktett-Regel stehenden Valenzstrichformel für Phosphorsäure (H_3PO_4) schreiben wir vier Einfachbindungen am Phosphor-Atom. Es gibt eine Reihe von Verbindungen, in denen ein Phosphor-Atom mehr als vier kovalente Bindungen eingeht (z. B. PF_5). Da in der Valenzschale des Phosphor-Atoms $3d$-Orbitale verfügbar sind, gilt die Begrenzung auf das Elektronenoktett nicht. Wenn wir zu dem nicht an ein H-Atom gebundenen O-Atom eine Doppelbindung formulieren, vermeiden wir die Formalladungen und das P-Atom erfüllt die Oktett-Regel nicht mehr (fünf Bindungen). Bis jetzt hatten wir eine π-Bindung als Ergebnis der Überlappung von zwei parallel orientierten p-Orbitalen kennengelernt. Bei dem jetzt betrachteten Fall wird die π-Bindung durch Überlappung eines besetzten $2p$-Orbitals des O-Atoms mit einem $3d$-Orbital des P-Atoms gebildet (⊙ 9.21). Diese Art Bindung wird zuweilen **$p\pi$-$d\pi$-Bindung** genannt.

Das Vorliegen einer Doppelbindung wird durch experimentelle Befunde gestützt. Die in der Formel als Doppelbindung ausgewiesene Bindung ist 152 pm lang; sie ist damit kürzer als die übrigen, als Einfachbindungen formulierten Bindungen, die 157 pm lang sind.

Aufgrund der Kovalenzradien wäre für die Länge einer P—O-Einfachbindung 176 pm zu erwarten. Die als Einfachbindungen formulierten Bindungen scheinen also kürzer als erwartet zu sein. Man kann dies erklären, wenn man auch für diese Bindungen eine gewisse $p\pi$-$d\pi$-Wechselwirkung annimmt. Im tetraedrisch gebauten Phosphat-Ion (PO_4^{3-}) sind alle Bindungen gleich lang (154 pm). Solche (partiellen) $d\pi$-$p\pi$-Wechselwirkungen werden zuweilen durch gestrichelte Linien in der Strichformel angedeutet.

$p\pi$-$d\pi$-Bindungen spielen vor allem bei Bindungen zwischen Nichtmetall-Atomen aus der 3. Periode (Si, P, S, Cl) mit C-, N-, O- oder F-Atomen eine Rolle. Im Schwefelsäure-Molekül (H_2SO_4) sind zwei Bindungen 142 pm lang (als Doppelbindungen formuliert), die anderen beiden (als Einfachbindungen formuliert) sind 154 pm lang. Da die aus den Kovalenzradien berechnete S—O-Einfachbindungslänge 170 pm beträgt, werden gewisse $p\pi$-$d\pi$-Wechselwirkungen für alle S—O-Bindungen postuliert. Im Sulfat-Ion (SO_4^{2-}) sind alle Bindungen 149 pm lang.

Im Perchlorsäure Molekül ($HClO_4$) sind drei (als Doppelbindungen formulierte) Bindungen 141 pm lang, die als Cl—O-Einfachbindung angegebene Bindung ist 164 pm lang. Bei der letzteren scheint die $p\pi$-$d\pi$-Wechselwirkung klein zu sein, da aus den Kovalenzradien 165 pm für eine Cl—O-Einfachbindung erwartet wird. Im Perchlorat-Ion (ClO_4^-) sind alle Bindungen 146 pm lang und zeigen einen erheblichen $p\pi$-$d\pi$-Bindungsanteil an. Würde man das Perchlorsäure-Molekül ohne Doppelbindungen formulieren, so müßte man drei Formalladungen am Chlor-Atom annehmen.

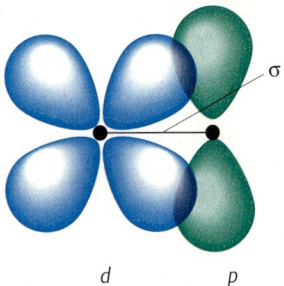

⊙ **9.21** Überlappung eines d-Orbitals mit einem p-Orbital zu einer $d\pi$-$p\pi$-Bindung

Valenzstrichformel des Phosphorsäure-Moleküls
nach der Oktett-Regel — ohne Formalladungen

9.7 Übungsaufgaben

(Lösungen s. S. 669)

9.1 Welche der folgenden Verbindungen kann nicht gebildet werden und warum?
NCl_3 PCl_3 ONF_3
NCl_5 PCl_5 OF_6

9.2 A möge ein Zentralatom sein, X ein Atom, das über ein Elektronenpaar an A gebunden ist, und E ein einsames Elektronenpaar an A. Welche Molekülgestalt ist nach der VSEPR-Theorie für folgende Moleküle zu erwarten? Welche Bindungswinkel sind zu erwarten?
AX_2 AX_3E AX_3E_2 AX_5E
AX_3 AX_2E_2 AX_2E_3 AX_4E_2
AX_2E AX_5 AX_6
AX_4 AX_4E

9.3 Sagen Sie mit Hilfe der VSEPR-Theorie die Gestalt folgender Moleküle und Ionen voraus. Alle Bindungen sind Einfachbindungen.
AsF_5 IF_4^- $AsCl_4^+$ AsH_3
TeF_5^- AsF_4^- $SbCl_6^-$ SCl_2
SnH_4 IBr_2^- XeF_5^+ SeF_3^-
$CdBr_2$ XeF_3^+

9.4 Welche Hybridorbitale sind für die Verbindungen in Aufgabe 9.3 zu verwenden?

9.5 Formulieren Sie die Valenzstrichformeln und machen Sie mit Hilfe von VSEPR-Theorie Aussagen über die Molekülstrukturen von
H_2CO $H_2PO_2^-$ N_3^- H_3O^+
SO_2 $ClOCl$ $OSCl_2$ $FNNF$
HCN $OClO^-$ O_2SCl_2 XeF_4
XeO_3 ClO_3^- $OPCl_3$

9.6 Für welche der folgenden Verbindungen gilt die Oktett-Regel nicht?
$OXeF_4$ XeO_6^{4-} $O_2IF_2^-$ $OClF_4^-$
$(HO)_5IO$ $O_2ClF_4^-$ OSF_4 Cl_2PF_3

9.7 Welcher Bindungswinkel, F—C—F oder Cl—C—Cl, sollte im OCF_2- bzw. $OCCl_2$-Molekül größer sein?

9.8 Ordnen Sie nach abnehmenden Bindungswinkeln:
Cl_2O CCl_4 NCl_3

9.9 Welche Bindungswinkel und welche Hybridisierung sind für die Zentralatome folgender Moleküle bzw. Ionen anzunehmen?
BeF_2 BeF_4^{2-} IF_6^+
BeF_3^- PF_5

9.10 Zeichnen Sie die Energieniveau-Diagramme der Molekülorbitale für:
H_2 H_2^+ HHe He_2 He_2^+
Geben Sie die Bindungsordnung an.

9.11 Im Calciumcarbid (CaC_2) kommt das C_2^{2-}-Ion vor (Acetylid-Ion). Zeichnen Sie das Molekülorbital-Energieniveau-Diagramm für das C_2^{2-}-Ion. Welche ist die Bindungsordnung?

9.12 Die Bindungslänge im N_2-Molekül beträgt 109 pm, im N_2^+ 112 pm, im O_2 121 pm und im O_2^+ 112 pm. Zeichnen Sie die Molekülorbital-Energieniveau-Diagramme und erklären Sie den Gang der Bindungslängen.

9.13 Im SiO_4^{4-}-Ion (Silicat-Ion) sind die Bindungen 163 pm lang. Aus den Kovalenzradien berechnet man 183 pm für eine Si—O-Bindung. Erklären Sie den Unterschied.

10 Gase

Zusammenfassung. *Druck (p), Volumen (V)* und *Temperatur (T)* sind *Zustandsgrößen*. Der Druck wird in *Pascal* (1 Pa = 1 N/m^2) oder in *Bar* gemessen (1 bar = 10^5 Pa), er wurde früher oft in *Torr* angegeben. Der mittlere Atmosphärendruck auf Höhe des Meeresspiegels wird *Normdruck* genannt; er beträgt 101,3 kPa (= 1,013 bar = 760 Torr).

Temperaturangaben werden in *Kelvin* gemacht; das entspricht der Angabe in Grad Celsius nach Addition von 273,15. Unter *Normbedingungen* versteht man eine Temperatur von 273,15 K bei einem Druck von 101,3 kPa. Nach dem *Avogadro-Gesetz* enthalten gleiche Volumina beliebiger Gase bei gleicher Temperatur und gleichem Druck die gleiche Anzahl von Molekülen. Bei Normbedingungen beträgt das Volumen eines Mols eines Gases 22,414 L. Bei Reaktionen, an denen Gase beteiligt sind, entsprechen die relativen Volumina der Gase den Koeffizienten in der chemischen Gleichung.

Die *Zustandsgleichung eines idealen Gases* $pV = nRT$ stellt die Stoffmenge n und die Zustandsgrößen p, V und T eines Gases miteinander in Beziehung; R ist die ideale *Gaskonstante* (R = 8,314 kPa · L · mol^{-1} K^{-1}). Sonderfälle sind das *Avogadro-Gesetz* (p = const.; T = const.; V proportional n), das *Boyle-Mariotte-Gesetz* (n = const.; T = const.; pV = const.), die *Gay-Lussac-Gesetze* (n = const.; V = const.; p proportional T; bzw. n = const.; p = const.; V proportional T).

Mit Hilfe der Zustandsgleichung werden stöchiometrische Berechnungen durchgeführt, wenn Gasvolumina beteiligt sind. Durch Messung von p, V und T kann die Stoffmenge n eines Gases ermittelt werden; bei bekannter Masse m kann dann die Molmasse $M = m/n$ bestimmt werden.

Die *kinetische Gastheorie* erklärt die Eigenschaften von Gasen mit einem Modell, nach dem Gase aus Teilchen bestehen, die weit voneinander entfernt und die in ständiger Bewegung sind. Die mittlere kinetische Energie der Teilchen ist proportional zur Temperatur. Die Teilchen erleiden häufige Kollisionen und haben unterschiedliche Geschwindigkeiten, die statistisch einer *Maxwell-Boltzmann-Geschwindigkeitsverteilung* entsprechen. Die Wurzel aus dem mittleren Geschwindigkeitsquadrat kann mit der kinetischen Gastheorie berechnet werden. Die Geschwindigkeit der *Effusion* (Ausströmung) zweier Gase ist umgekehrt proportional zur Wurzel aus dem Verhältnis ihrer Molmassen, $r_A/r_B = \sqrt{M(B)/M(A)}$ *(Graham-Gesetz)*.

Das Verhalten *realer Gase* weicht von dem eines idealen Gases ab. Im Gegensatz zu den Annahmen der kinetischen Gastheorie besitzen die Gasmoleküle ein eigenes Volumen, und es sind Anziehungskräfte zwischen ihnen wirksam. Diese Faktoren werden bei der *van der Waals-Gleichung* berücksichtigt. Die Abweichungen vom idealen Verhalten machen sich vor allem bei hohen Drücken und niedrigen Temperaturen bemerkbar. Bei ausreichend hohem Druck und/oder niedriger Temperatur werden Gase flüssig, sofern die Temperatur unterhalb der *kritischen Temperatur* liegt. Bei der Expansion eines Gases kühlt es sich ab *(Joule-Thomson-Effekt)*.

Schlüsselworte (s. Glossar)

Druck
Atmosphärendruck

Barometer
Manometer

Pascal
Bar

Avogadro-Gesetz
Normbedingungen
Molvolumen

Zustandsgrößen
Temperatur
Absolute Temperaturskala
Kelvin

Ideales Gasgesetz
Ideale Gaskonstante
Boyle-Mariotte-Gesetz
Gay-Lussac-Gesetze

Kinetische Gastheorie
Partialdruck
Dalton-Gesetz der Partialdrücke
Stoffmengenanteil

Mittlere freie Weglänge
Maxwell-Boltzmann-Geschwindigkeitsverteilung

Effusion
Graham-Effusions-Gesetz

Kompressibilitäts-Faktor
van der Waals-Gleichung

Kritischer Druck
Kritische Temperatur
Joule-Thomson-Effekt
Linde-Verfahren

- 10.1 Druck *144*
- 10.2 Das Avogadro-Gesetz *145*
- 10.3 Das ideale Gasgesetz *146*
- 10.4 Stöchiometrie und Gasvolumina *149*
- 10.5 Die kinetische Gastheorie *151*
- 10.6 Das Dalton-Gesetz der Partialdrücke *153*
- 10.7 Molekülgeschwindigkeiten in Gasen *154*
- 10.8 Das Graham-Effusionsgesetz *156*
- 10.9 Reale Gase *157*
- 10.10 Verflüssigung von Gasen *159*
- 10.11 Übungsaufgaben *161*

$$1 \text{ Pa} = \frac{1 \text{ N}}{1 \text{ m}^2}$$

$$1 \text{ bar} = 10^5 \text{ Pa}$$

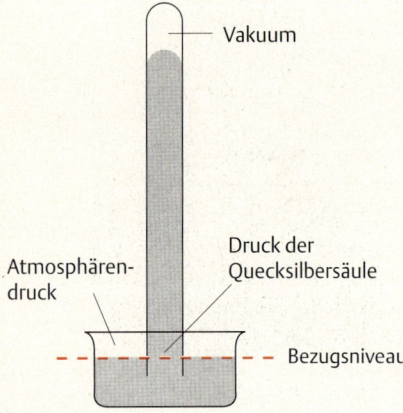

◉ 10.1 Barometer

1 atm = 101,325 kPa
= 0,101325 MPa
= 1,01325 bar
= 1013,25 mbar
= 760 Torr

Gase bestehen aus räumlich weit voneinander getrennten Molekülen oder Atomen in schneller Bewegung. Zwei (oder mehrere) beliebige Gase können in jedem Verhältnis völlig homogen vermischt werden; ähnliches gilt nicht generell für Flüssigkeiten. Da zwischen den Molekülen eines Gases relativ große Zwischenräume bestehen, können die Moleküle eines zweiten Gases leicht dazwischen geschoben werden. Mit diesem Modell versteht man auch, warum Gase leicht komprimierbar sind; durch Kompression werden die Moleküle enger zusammengebracht. Ein Gas füllt ein Gefäß vollständig aus.

10.1 Druck

Druck ist definiert als Kraft pro Fläche. Die SI-Einheit für den Druck ist das Pascal (Symbol Pa), als weitere Maßeinheit ist das Bar (Symbol bar) gesetzlich zugelassen. In der Chemie ist der Atmosphärendruck eine wichtige Bezugsgröße.

Der Atmosphärendruck wird mit Hilfe eines Barometers gemessen, einem Instrument, das Evangelista Torricelli im 17. Jahrhundert entworfen hat. Ein an einem Ende verschlossenes Rohr von etwa 85 cm Länge wird mit Quecksilber gefüllt und in ein offenes, mit Quecksilber gefülltes Gefäß gestellt (◉ 10.1). Das Quecksilber im Rohr sinkt auf ein bestimmtes Maß weit ab. Der Atmosphärendruck, der außen auf der Quecksilber-Oberfläche lastet, hält eine Säule bestimmter Höhe im Rohr fest. Der Zwischenraum zwischen dem Quecksilber und dem Rohrende ist ein fast perfektes Vakuum. Da Quecksilber bei Raumtemperatur nur sehr wenig flüchtig ist, befindet sich nur eine vernachlässigbare Menge Quecksilber-Dampf im Zwischenraum. Der Druck innerhalb des Rohres auf der Höhe des Bezugsniveaus stammt allein vom Gewicht der Quecksilber-Säule; dieser Druck ist gleich dem außen herrschenden Atmosphärendruck.

Die Höhe der Quecksilbersäule ist ein direktes Maß für den Atmosphärendruck. Der Atmosphärendruck ist von der Höhenlage des Standorts und, in geringerem Maße, vom Wetter abhängig. Der mittlere Druck auf der Höhe des Meeresspiegels bei 0°C hält eine Quecksilbersäule von 760 mm Höhe. Dieser Druck wird **Normdruck** genannt. Er wurde früher als Einheit zur Druckmessung verwendet; die Einheit hieß eine physikalische Atmosphäre oder Standard-Atmosphäre (abgekürzt atm). Diese Einheit ist gesetzlich nicht mehr zugelassen. Das Druckäquivalent von 1 mm Quecksilbersäule wurde 1 Torr genannt; auch diese Einheit zur Druckmessung soll nicht mehr verwendet werden, sie wurde aber in der Vergangenheit viel gebraucht.

Viele Meßgrößen beziehen sich auf den Normdruck. Er beträgt 101,325 Kilopascal (0,101325 Megapascal).

Der Druck in einem Behälter wird mit Hilfe eines **Manometers** gemessen. Das in ◉ 10.2 gezeigte Manometer besteht aus einem U-Rohr, das Quecksilber enthält. Der eine Schenkel des U-Rohres ist mit einem Behälter verbunden, so daß das Gas im Behälter Druck auf das Quecksilber in diesem Schenkel ausübt. Der andere Schenkel ist wie bei einem Barometer verschlossen und luftleer. Der Höhenunterschied der Quecksilber-Spiegel in beiden Schenkeln, gemessen in mm, ist ein direktes Maß für den Druck im Behälter in Torr. Wenn der äußere Schenkel offen ist und die Atmosphäre Druck auf das Quecksilber darin ausübt, dann zeigt die

Höhendifferenz des Quecksilbers in beiden Schenkeln die Differenz des Druckes im Behälter gegenüber dem Atmosphärendruck an.

10.2 Das Avogadro-Gesetz

1808 berichtete Joseph Gay-Lussac über Versuche, die er mit reagierenden Gasen durchgeführt hatte. Die Volumina von Gasen, die bei chemischen Reaktionen verbraucht werden oder entstehen, stehen in einem ganzzahligen Verhältnis zueinander, sofern alle Volumina bei gleichem Druck und gleicher Temperatur gemessen werden.

Eine der von Gay-Lussac untersuchten Reaktionen war die von Wasserstoff-Gas mit Chlor-Gas, bei der Chlorwasserstoff-Gas entsteht. Wenn die Volumina aller beteiligten Gase bei gleichem Druck und gleicher Temperatur gemessen werden, ergibt sich:

1 Volumeneinheit Wasserstoff + 1 Volumeneinheit Chlor
→ 2 Volumeneinheiten Chlorwasserstoff

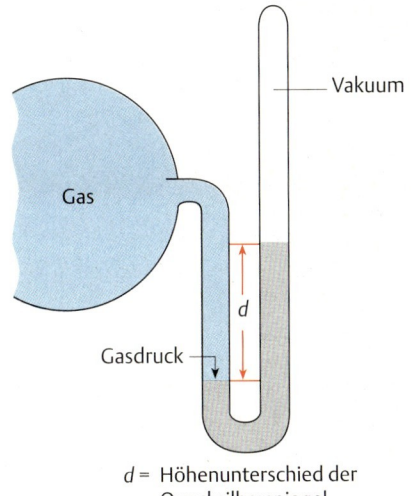

d = Höhenunterschied der Quecksilberspiegel

● 10.2 Ein Manometer

Gay-Lussac kannte keine Formeln für diese Substanzen und formulierte keine chemischen Gleichungen. Die Volumenverhältnisse entsprechen jedoch den Koeffizienten in der Gleichung

$$1\,H_2(g) + 1\,Cl_2(g) \rightarrow 2\,HCl(g)$$

Die Erklärung für das Gay-Lussac-Gesetz über die Volumenverhältnisse wurde 1811 von Amedeo Avogadro gegeben. Nach dem **Avogadro-Gesetz** enthalten gleiche Volumina beliebiger Gase bei gleicher Temperatur und gleichem Druck die gleiche Anzahl von Molekülen.

Nach den Messungen von Gay-Lussac reagieren $H_2(g)$ und $Cl_2(g)$ im Volumenverhältnis eins zu eins. Nach der Reaktionsgleichung wird eine gleich große Zahl von H_2- und Cl_2-Molekülen benötigt. Die Zahl der entstehenden HCl-Moleküle ist doppelt so groß wie die Zahl der verbrauchten H_2-Moleküle, und im Einklang damit ist das Volumen des erhaltenen Chlorwasserstoff-Gases doppelt so groß wie das Volumen des verbrauchten Wasserstoffs.

Das Gesamtvolumen der reagierenden Gase muß nicht mit dem Volumen der entstehenden Gase übereinstimmen. Bei der Reaktion

$$2\,CO(g) + O_2(g) \rightarrow 2\,CO_2(g)$$

ist das Verhältnis der Gasvolumina:

2 Volumeneinheiten $CO(g)$ + 1 Volumeneinheit $O_2(g)$
→ 2 Volumeneinheiten $CO_2(g)$

Joseph Gay-Lussac, 1778–1850

Die Beziehung zwischen Koeffizienten der chemischen Gleichung und den Stoffvolumina *gilt nur für Gase*. Flüssigkeiten und Feststoffe verhalten sich anders.

Wenn gleiche Volumina zweier Gase bei gleicher Temperatur und gleichem Druck gleich viele Moleküle enthalten, dann gilt umgekehrt auch: Eine gleich große Zahl von Molekülen zweier Gase beansprucht bei glei-

Amedeo Avogadro, 1776–1856

Molvolumen eines Gases unter Normbedingungen
(0 °C; 101,325 kPa)
V_m = 22,414 L/mol

chen Druck-Temperatur-Bedingungen das gleiche Volumen. Dies gilt unabhängig von der Art der Moleküle. Ein Mol eines Gases besteht aus $6{,}022 \cdot 10^{23}$ Molekülen (Avogadro-Zahl). Ein Mol eines beliebigen Gases nimmt unter gleichen Druck-Temperatur-Bedingungen das gleiche Volumen wie ein beliebiges anderes Gas ein. Unter **Normbedingungen** versteht man eine Temperatur von 0 °C und einen Druck von 101,325 kPa (1 atm); unter diesen Bedingungen nimmt ein Mol eines Gases ein Volumen von 22,414 Litern ein. Man nennt es das **Molvolumen** unter Normbedingungen und bezeichnet es mit V_m; die zugehörige Maßeinheit ist L/mol. Für die meisten Gase ist die Abweichung vom Idealwert des Molvolumens kleiner als 1 %. Aus der Molmasse und dem Molvolumen kann die Dichte eines Gases berechnet werden (■ 10.1).

■ **Beispiel 10.1**

Welche Dichte hat gasförmiges Fluor bei Normbedingungen?

$$M(F_2) = 38{,}0 \text{ g/mol}$$
$$V_m = 22{,}4 \text{ L/mol}$$
$$d(F_2) = \frac{M(F_2)}{V_m} = \frac{38{,}0 \text{ g/mol}}{22{,}4 \text{ L/mol}} = 1{,}70 \text{ g/L}$$

10.3 Das ideale Gasgesetz

$p \cdot V = n \cdot R \cdot T$

R = 8,3145 J/(mol · K)
  = 8,3145 Pa · m³/(mol · K)
  = 8,3145 kPa · L/(mol · K)
  = 8314,5 g · m²/(s² · mol · K)
  = 8314,5 Pa · L/(mol · K)
  = 0,082058 atm · L/(mol · K)

Druck, Volumen und Temperatur sind **Zustandsgrößen**. Für Gase gibt es eine einfache Beziehung zwischen diesen Zustandsgrößen und der Stoffmenge:

$$p \cdot V = n \cdot R \cdot T \tag{10.1}$$

Dabei ist p der Druck, V das Volumen, n die Stoffmenge und T die Temperatur, die in Kelvin anzugeben ist. R ist die ideale **Gaskonstante**.

Die meisten Gase erfüllen unter gewöhnlichen Bedingungen recht gut diese Gleichung. Unter extremen Bedingungen (sehr tiefe Temperaturen und hohe Drücke; vgl. Abschnitt 10.9, S. 157) kommt es allerdings zu Abweichungen. Ein hypothetisches Gas, das unter allen Bedingungen die Gleichung exakt erfüllt, nennt man ein **ideales Gas**. Die Gleichung wird deshalb die **Zustandsgleichung eines idealen Gases** oder kurz **ideales Gasgesetz** genannt.

Historisch wurde die Zustandsgleichung aus mehreren Einzelgesetzen abgeleitet, die als Spezialfälle des idealen Gasgesetzes angesehen werden können. Ein Spezialgesetz ist das Avogadro-Gesetz. Hält man Druck und Temperatur konstant, so folgt aus Gleichung (10.1), daß das Volumen V der Stoffmenge n proportional ist. Für die Normbedingungen p = 101,325 kPa und T = 273,15 K ergibt sich mit n = 1 mol ein Volumen von V = 22,414 L.

Der Zusammenhang zwischen Volumen und Druck eines Gases wurde 1662 von Robert Boyle und unabhängig davon 1676 von Edmé Mariotte untersucht. Sie fanden, daß das Volumen eines Gases umgekehrt propor-

Robert Boyle, 1627–1691

tional zum Druck ist. Bei Verdoppelung des Drucks geht das Volumen auf die Hälfte zurück. Wird die gleiche Gasprobe bei gleicher Temperatur einmal unter den Druck-Volumen-Bedingungen p_1, V_1, zum anderen unter p_2, V_2 gehalten, so gilt

$$p_1 V_1 = p_2 V_2$$

Das **Boyle-Mariotte-Gesetz** folgt aus dem idealen Gasgesetz, wenn die Stoffmenge n und die Temperatur T konstant gehalten werden. Graphisch ist es in ◉ 10.3 dargestellt; vgl. ◉ 10.2.

■ Beispiel 10.2

Eine Gasprobe nimmt bei einem Druck von 75 kPa ein Volumen von 360 mL ein. Welches Volumen nimmt die Gasprobe bei der gleichen Temperatur unter einem Druck von 100 kPa ein?

$$p_1 V_1 = p_2 V_2$$

$$V_2 = \frac{p_2 V_1}{p_2} = \frac{75 \text{ kPa} \cdot 360 \text{ mL}}{100 \text{ kPa}} = 270 \text{ mL}$$

Die Beziehung zwischen dem Volumen und der Temperatur eines Gases wurde 1787 von Jacques Charles, diejenige zwischen dem Druck und der Temperatur 1703 von Guillaume Amontons untersucht. Die Arbeiten wurden 1802 von Joseph Gay-Lussac wesentlich erweitert. Wenn ein Gas bei konstantem Druck erwärmt wird, dehnt es sich aus. Eine Temperaturerhöhung um 1 °C bewirkt eine Ausdehnung um 1/273 des Volumens, das bei 0 °C eingenommen wird. Eine Gasprobe, die bei 0 °C ein Volumen von 273 mL einnimmt, dehnt sich um 1/273 dieses Volumens, d.h. um 1 mL pro °C aus; bei 1 °C nimmt es 274 mL, bei 10 °C 283 mL ein. Mißt man die Temperatur in Kelvin, so ist das Volumen direkt proportional zur Temperatur (◉ 10.4).

Völlig gleichartig ist auch die Abhängigkeit des Druckes, wenn eine Gasprobe bei konstantem Volumen erwärmt wird. Für jedes °C Temperaturerhöhung steigt der Druck um 1/273 des Druckes, der bei 0 °C herrscht. Beide **Gay-Lussac-Gesetze** folgen aus Gleichung (10.1), wenn die Stoffmenge und der Druck bzw. die Stoffmenge und das Volumen konstant gehalten werden. S. ◉ 10.3 und 10.4.

Temperaturangaben in Kelvin beziehen sich auf die absolute Temperaturskala, die 1848 von William Thomson, Lord Kelvin vorgeschlagen wurde. Eine absolute Meßskala bezieht sich auf einen Nullpunkt, der die völlige Abwesenheit der zu messenden Eigenschaft beinhaltet. Auf Skalen dieser Art sind negative Werte unmöglich. Eine Längenangabe in cm ist eine absolute Messung, denn 0 cm bedeutet die Abwesenheit von Länge. Die Kelvin-Skala ist eine absolute Skala; 0 K stellt den *absoluten Nullpunkt* für die Temperatur dar, negative Temperaturen sind genauso unmöglich wie negative Längen oder negative Volumina. Nach den Gay-Lussac-Gesetzen müßte ein Gas bei $T = 0$ K ein Volumen von Null haben (◉ 10.4). Tatsächlich läßt sich das nicht realisieren, weil sich ein Gas beim Abkühlen verflüssigt und schließlich fest wird. Keine Substanz existiert als Gas bei

■ **Boyle-Mariotte-Gesetz**
$p \cdot V$ = const.
oder
$p_1 V_1 = p_2 V_2$ (wenn n, T = const.)

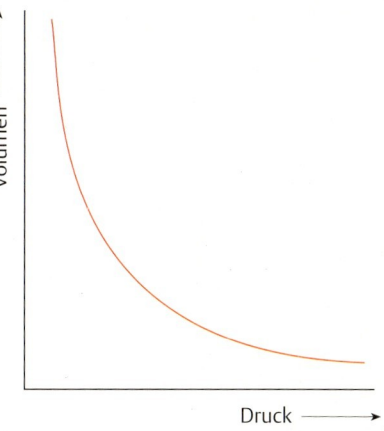

◉ 10.3 Druck-Volumen-Abhängigkeit eines idealen Gases (Boyle-Mariotte)

■ **Gay-Lussac Gesetze**
$V = k \cdot T$ wenn n, p = const.
$p = k' \cdot T$ wenn n, V = const.
k, k' = Proportionalitätskonstanten
T in Kelvin

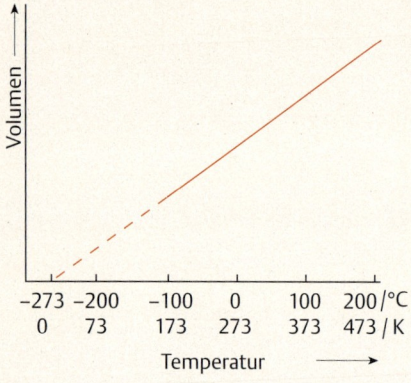

10.4 Temperatur-Volumen-Abhängigkeit eines idealen Gases (Gay-Lussac)

William Thomson, Lord Kelvin 1824–1907

Temperaturen nahe am absoluten Nullpunkt. Die Gerade in 10.4 kann jedoch auf ein Volumen von Null extrapoliert werden. Die zugehörige Temperatur beträgt –273,15 °C. Dementsprechend erfolgt die Umrechnung von Temperaturangaben von Grad Celsius auf Kelvin durch Addition des Wertes von 273,15.

Beispiel 10.3

Eine Gasprobe hat ein Volumen von 79,5 mL bei 45 °C. Welches Volumen hat die Probe bei 0 °C und konstant gehaltenem Druck?

Die Temperaturwerte werden auf Kelvin umgerechnet:

$$T_1 = 45\,°C + 273 = 318\,K$$
$$T_2 = 0\,°C + 273 = 273\,K$$

$$\frac{V_1}{T_1} = \frac{V_2}{T_2}$$

$$V_2 = \frac{V_1}{T_1} \cdot T_2 = \frac{79{,}5\,mL}{318\,K} \cdot 273\,K = 68{,}2\,mL$$

Beispiel 10.4

Ein Behälter mit einem Volumen von 10 L wird bei 0 °C mit Gas auf einen Druck von 200 kPa gefüllt. Bei welcher Temperatur steigt der Druck auf 250 kPa?

Anfangsbedingungen: $p_1 = 200$ kPa, $T_1 = 273$ K
Endbedingungen: $p_2 = 250$ kPa, T_2

$$\frac{p_1}{T_1} = \frac{p_2}{T_2}$$

$$T_2 = \frac{p_2}{p_1} \cdot T_1 = \frac{250\,kPa}{200\,kPa} \cdot 273\,K = 341\,K \text{ oder } 341\,K - 273 = 68\,°C$$

Bei der praktischen Anwendung des idealen Gasgesetzes wird die Angabe der Stoffmenge n häufig nicht benötigt, sondern es gilt, für eine Gasprobe von den Anfangsbedingungen p_1, V_1, T_1 auf andere Bedingungen p_2, V_2, T_2 umzurechnen. Da bei einer Gasprobe die Stoffmenge nicht verändert wird (n = konstant), folgt aus Gleichung (10.1):

$$\frac{p_1 \cdot V_1}{T_1} = \frac{p_2 \cdot V_2}{T_2}$$

Zu Berechnungen mit dem Gasgesetz s. 10.5–10.7.

Beispiel 10.5

Das Volumen einer Gasprobe beträgt 462 mL bei 35 °C und 115 kPa. Welches ist das Volumen bei Normbedingungen?

Anfangsbedingungen: $p_1 = 115$ kPa, $V_1 = 462$ mL, $T_1 = 308$ K
Endbedingungen: $p_2 = 101$ kPa, V_2, $T_2 = 273$ K

$$V_2 = \frac{p_1 \cdot V_1}{T_1} \cdot \frac{T_2}{p_2} = \frac{115 \text{ kPa} \cdot 462 \text{ mL} \cdot 273 \text{ K}}{308 \text{ K} \cdot 101 \text{ kPa}} = 466 \text{ mL}$$

Beispiel 10.6

Welcher Druck herrscht in einem Gefäß von 10,0 L Inhalt, wenn sich 0,250 mol $N_2(g)$ bei 100 °C darin befinden?

$$p = \frac{n \cdot R \cdot T}{V} = \frac{0{,}250 \text{ mol} \cdot 8{,}31 \text{ kPa} \cdot \text{L} \cdot \text{mol}^{-1}\text{K}^{-1} \cdot 373 \text{ K}}{10{,}0 \text{ L}} = 77{,}5 \text{ kPa}$$

Beispiel 10.7

Wieviel Mol CO sind in einer Probe von 500 mL bei 50 °C und 1,50 bar enthalten?

Man beachte die Einheiten, die den Einheiten entsprechen müssen, in denen R angegeben wird; 1,50 bar = 150 kPa.

$$n = \frac{p \cdot V}{R \cdot T} = \frac{150 \text{ kPa} \cdot 0{,}500 \text{ L}}{8{,}31 \text{ kPa} \cdot \text{L} \cdot \text{mol}^{-1} \cdot \text{K}^{-1} \cdot 323 \text{ K}} = 0{,}0279 \text{ mol}$$

10.4 Stöchiometrie und Gasvolumina

Während die Stoffmengen von festen und flüssigen Substanzen, die an einer chemischen Reaktion beteiligt sind, leicht durch Wägung ermittelt werden können, sind bei Gasen die Volumina bequemer zu messen. Zur Lösung entsprechender stöchiometrischer Probleme zieht man das Avogadro-Gesetz und das ideale Gasgesetz heran. Wie bei allen stöchiometrischen Berechnungen kommt es auf die Beachtung der Stoffmengen in Mol an. S. ■ 10.8–10.10.

Beispiel 10.8

Cyclopropan ist ein Gas, das als Anästhetikum Verwendung findet. Es hat eine Dichte von 1,50 g/L bei 50 °C und 720 Torr. Seine empirische Formel ist CH_2. Welche ist seine Molekularformel?

$$720 \text{ Torr} = \frac{720 \text{ Torr}}{760 \text{ Torr}} \cdot 101{,}3 \text{ kPa} = 96{,}0 \text{ kPa}$$

Im Volumen $V = 1{,}00$ L ist eine Masse $m = 1{,}50$ g enthalten.

$$n = m/M$$

$$p \cdot V = \frac{m}{M} \cdot R \cdot T$$

$$M = \frac{m \cdot R \cdot T}{p \cdot V} = \frac{1{,}50 \text{ g} \cdot 8{,}31 \text{ kPa} \cdot \text{L} \cdot \text{mol}^{-1}\text{K}^{-1} \cdot 323 \text{ K}}{96{,}0 \text{ kPa} \cdot 1{,}00 \text{ L}} = 42{,}0 \text{ g} \cdot \text{mol}^{-1}$$

Eine Formeleinheit CH_2 entspricht einer Molmasse von 14,0 g/mol. Division der experimentell ermittelten Molmasse M durch 14,0 g/mol ergibt 42,0/14,0 = 3, d.h. die Molmasse ist dreifach größer als es die empirische Formel anzeigt. Die Molekularformel ist C_3H_6.

▪ Beispiel 10.9

400 mg Natriumazid, $NaN_3(s)$, werden durch Erhitzen zersetzt:

$$2\,NaN_3(s) \rightarrow 2\,Na(s) + 3\,N_2(g)$$

Welches Volumen nimmt das entstandene $N_2(g)$ bei 25 °C und 99,3 kPa ein?

$$M(NaN_3) = 65{,}0 \text{ g/mol} = 65{,}0 \text{ mg/mmol}$$

$$n(NaN_3) = \frac{m(NaN_3)}{M(NaN_3)} = \frac{400 \text{ mg}}{65{,}0 \text{ mg} \cdot \text{mmol}^{-1}} = 6{,}15 \text{ mmol}$$

Aus der Reaktionsgleichung folgt, daß aus 2 mol NaN_3 3 mol N_2 entstehen:

$$n(N_2) = \tfrac{3}{2} n(NaN_3) = \tfrac{3}{2} \cdot 6{,}15 \text{ mol} = 9{,}23 \text{ mmol}$$

$$V(N_2) = \frac{n(N_2) \cdot R \cdot T}{p} = \frac{9{,}23 \text{ mmol} \cdot 8{,}31 \text{ kPa} \cdot \text{mL} \cdot \text{mmol}^{-1}\text{K}^{-1} \cdot 298 \text{ K}}{99{,}3 \text{ kPa}}$$

$$= 230 \text{ mL}$$

▪ Beispiel 10.10

Wieviel Liter $CO(g)$, bei Normbedingungen gemessen, werden benötigt, um 1,00 kg $Fe_2O_3(s)$ zu Eisen zu reduzieren?

$$Fe_2O_3(s) + 3\,CO(g) \rightarrow 2\,Fe(s) + 3\,CO_2(g)$$
$$M(Fe_2O_3) = 159{,}6 \text{ g/mol}$$

$$n(Fe_2O_3) = \frac{m(Fe_2O_3)}{M(Fe_2O_3)} = \frac{1000 \text{ g}}{159{,}6 \text{ g/mol}} = 6{,}27 \text{ mol}$$

Nach der Reaktionsgleichung benötigen wir 3 mol CO für ein mol Fe_2O_3:

$$n(CO) = 3 \cdot n(Fe_2O_3) = 3 \cdot 6{,}27 \text{ mol} = 18{,}8 \text{ mol}$$

$$V(CO) = V_m \cdot n(CO) = 22{,}4 \text{ L} \cdot \text{mol}^{-1} \cdot 18{,}8 \text{ mol} = 421 \text{ L}$$

10.5 Die kinetische Gastheorie

Mit Hilfe der kinetischen Gastheorie können die bei Gasen herrschenden Gesetzmäßigkeiten erklärt werden. 1738 erklärte Daniel Bernoulli das Boyle-Mariotte-Gesetz, idem er annahm, daß der Druck eines Gases von den Kollisionen der Gasmoleküle gegen die Gefäßwände herrührt. Diese Theorie wurde im 19. Jahrhundert durch zahlreiche Wissenschaftler erweitert, insbesondere von August Krönig, Rudolf Clausius, James Clark Maxwell und Ludwig Boltzmann.

■ Die kinetische Gastheorie basiert auf folgenden Postulaten:
1. Gase bestehen aus Teilchen (Molekülen oder Atomen), die im Raum verteilt sind. Das Volumen der einzelnen Teilchen ist vernachlässigbar klein im Vergleich zum Gesamtvolumen, welches das Gas ausfüllt.
2. Die Teilchen im Gas befinden sich in ständiger, schneller und geradliniger Bewegung. Sie stoßen miteinander und mit der Gefäßwand zusammen. Bei den Stößen kann Energie von einem Teilchen auf ein anderes übertragen werden, aber insgesamt geht keine kinetische Energie verloren.
3. Die mittlere kinetische Energie hängt von der Temperatur ab; sie nimmt mit der Temperatur zu. Bei gegebener Temperatur ist die mittlere kinetische Energie für alle Gase die gleiche.
4. Anziehungskräfte zwischen den Teilchen sind vernachlässigbar. ■

Die Gasgesetze können mit der kinetischen Theorie erklärt werden. Nach der Theorie kommt der Druck durch die ständigen Kollisionen der Teilchen mit der Gefäßwand zustande. Wenn die Zahl der Teilchen pro Volumeneinheit vergrößert wird, verursacht die vergrößerte Zahl von Kollisionen einen erhöhten Druck. Eine Verkleinerung des Volumens vermehrt die Zahl der Teilchen pro Volumeneinheit. Verkleinerung des Volumens bewirkt also eine Druckerhöhung, im Einklang mit dem Boyle-Mariotte-Gesetz.

Mit zunehmender Temperatur nimmt die mittlere kinetische Energie und damit die mittlere Geschwindigkeit der Teilchen zu. Die Stöße gegen die Gefäßwand werden heftiger und häufiger. Als Konsequenz steigt der Druck mit der Temperatur, im Einklang mit dem Gay-Lussac-Gesetz.

Herleitung des idealen Gasgesetzes mit der kinetischen Gastheorie

Eine Gasmenge bestehe aus einer großen Zahl N von Teilchen der Masse m und sei in einen Würfel der Kantenlänge a eingeschlossen (◉ 10.5). Das Gasvolumen beträgt $V = a^3$. Obwohl sich die Teilchen in allen beliebigen Richtungen bewegen, können wir sagen, daß sich im Mittel ein Drittel der Teilchen ($\frac{1}{3}N$) in Richtung x, ein Drittel in Richtung y und ein Drittel in Richtung z bewegt. Die Geschwindigkeit eines einzelnen Teilchens kann nämlich in eine x-, y- und z-Komponente zerlegt werden und bei Anwesenheit von einer großen Zahl von Teilchen sind die Mittelwerte dieser Komponenten gleich; diese Aussage ist äquivalent zur Aussage, daß sich je ein Drittel der Teilchen in Richtung x, y und z bewegt.

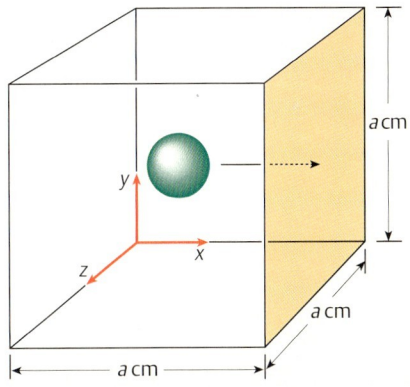

◉ 10.5 Zur Herleitung des idealen Gasgesetzes

Die Aufschläge der Teilchen gegen die Gefäßwände verursachen den Druck des Gases. Die Kraft F jedes Aufschlages ergibt sich aus der Impulsänderung pro Zeiteinheit. Impuls ist Masse mal Geschwindigkeit. Vor einem Aufschlag ist der Impuls eines Teilchens $m \cdot v$ (v = Geschwindigkeit); nach dem Aufschlag ist das Teilchen zurückgeworfen worden und sein Impuls beträgt $-m \cdot v$ (der Vorzeichenwechsel berücksichtigt die Änderung der Bewegungsrichtung). Die Impulsänderung beträgt $2\,mv$.

Ein Teilchen, das in Richtung x fliegt, wird ständig zwischen den Gefäßwänden hin- und hergeworfen. Von einem Aufschlag zum nächsten Aufschlag gegen die gleiche Wand legt das Teilchen die Wegstrecke $2a$ zurück (einmal zur gegenüberliegenden Wand und wieder zurück). Dafür benötigt es die Zeit $2a/v$. Daraus ergeben sich $v/2a$ Stöße des Teilchens gegen die Gefäßwand pro Zeiteinheit.

Die Impulsänderung, die ein Teilchen pro Zeiteinheit an einer Wand erfährt, ergibt sich daraus zu

$$2mv \cdot \frac{v}{2a} = \frac{mv^2}{a}$$

Die Impulsänderung pro Zeiteinheit, d. h. die Kraft F, die alle Teilchen gegen diese Wand ausüben ist

$$F = \frac{N}{3} \cdot \frac{mv^2}{a}$$

Dabei steht v^2 für den Mittelwert der Geschwindigkeitsquadrate aller Teilchen. Druck ist Kraft pro Fläche; der auf die Gefäßwand (Fläche a^2) ausgeübte Druck beträgt

$$p = \frac{F}{a^2} = \frac{N}{3} \cdot \frac{mv^2}{a^3}$$

Daraus folgt mit $V = a^3$, $E_{kin} = mv^2/2$ (kinetische Energie) und $N = nN_A$ (n = Stoffmenge in Mol, N_A = Avogadro-Zahl):

$$p \cdot V = \tfrac{1}{3} \cdot N \cdot m \cdot v^2$$

$$p \cdot V = n \cdot \tfrac{2}{3} N_A E_{kin} \tag{10.2}$$

ideales Gasgesetz:
$p \cdot V = n \cdot R \cdot T$ (10.**1**)

Durch Vergleich mit der experimentall abgeleiteten Gleichung (10.**1**) (S. 146) ergibt sich die Beziehung

$$\tfrac{2}{3} \cdot N_A E_{kin} = R \cdot T \tag{10.3}$$

Die **Temperatur**, die bislang eine nicht genau definierte Größe war, kann über Gleichung (10.**3**) definiert werden: Sie ist eine Größe, die der mittleren kinetischen Energie der Teilchen eines Gases proportional ist.

10.6 Das Dalton-Gesetz der Partialdrücke

In Gemischen von Gasen, die nicht miteinander reagieren, setzt sich der Gesamtdruck p aus den **Partialdrücken** der einzelnen Komponenten A, B, C,... zusammen:

$$p = p(A) + p(B) + p(C) \ldots$$

Der Partialdruck einer Komponente entspricht dem Druck, den diese Komponente ausüben würde, wenn sie als einziges Gas in gleicher Menge im gleichen Volumen anwesend wäre. Nehmen wir 1 L des Gases A bei 20 kPa Druck und 1 L des Gases B bei 40 kPa Druck und vermischen sie. Wenn das Endvolumen des Gemisches 1 L ist, hat es einen Druck von 60 kPa.

Nach der kinetischen Gastheorie haben die Moleküle von Gas A die gleiche mittlere kinetische Energie wie die von Gas B, da beide die gleiche Temperatur haben. Außerdem geht die kinetische Theorie davon aus, daß sich die Moleküle gegenseitig nicht anziehen, wenn sie nicht miteinander reagieren. Das Vermischen von zwei oder mehr Gasen ändert nichts an der mittleren kinetischen Energie von irgendeinem der Gase. Jedes Gas übt den gleichen Druck aus, den es auch ausüben würde, wenn es alleine im Gefäß wäre.

In einem Gemisch aus $n(A)$ mol eines Gases A und $n(B)$ mol eines Gases B sind $n(A) + n(B)$ mol enthalten. Das Verhältnis von $n(A)$ zu dieser gesamten Stoffmenge nennt man den **Stoffmengenanteil** von A (früher Molenbruch genannt):

$$x(A) = \frac{n(A)}{n(A) + n(B)}$$

Der Partialdruck des Gases A ergibt sich aus seinem Stoffmengenanteil $x(A)$:

$$p(A) = \frac{n(A)}{n(A) + n(B)} \cdot p = x(A) \cdot p$$

S. 10.11. Die Summe der Stoffmengenanteile beträgt 1:

$$x(A) + x(B) = 1$$

Beispiel 10.11

Ein Gemisch von 40,0 g Sauerstoff und 40,0 g Helium hat einen Druck von 90,0 kPa. Welcher ist der Sauerstoff-Partialdruck?

$$M(O_2) = 32,0 \text{ g/mol} \quad n(O_2) = \frac{40,0 \text{ g}}{32,0 \text{ g/mol}} = 1,25 \text{ mol}$$

$$M(He) = 4,00 \text{ g/mol} \quad n(He) = \frac{40,0 \text{ g}}{4,00 \text{ g/mol}} = 10,0 \text{ mol}$$

$$x(O_2) = \frac{n(O_2)}{n(O_2) + n(He)} = \frac{1,25 \text{ mol}}{1,25 + 10,0 \text{ mol}} = 0,111$$

$$p(O_2) = p \cdot x(O_2) = 90,0 \cdot 0,111 \text{ kPa} = 9,99 \text{ kPa}.$$

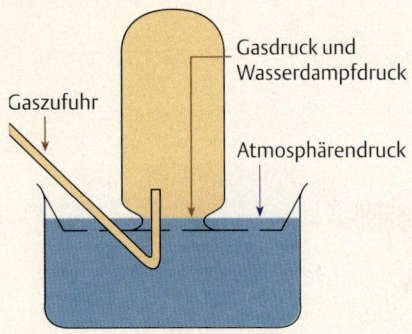

10.6 Versuchsanordnung zum Auffangen eines Gases über Wasser

Gase, die in Wasser schlecht löslich sind, werden häufig über Wasser aufgefangen (10.6). Das Gas wird in ein nach unten offenes Gefäß eingeleitet, das zuvor mit Wasser gefüllt wurde; das Gas verdrängt das Wasser und das aufgefangene Gas vermischt sich mit Wasserdampf. In 10.6 ist der Gesamtdruck im Gefäß gleich dem Atmosphärendruck, da der Wasserspiegel innen und außen gleich hoch steht. Der Partialdruck des trockenen Gases ergibt sich aus dem Atmosphärendruck abzüglich dem Partialdruck des Wasserdampfs. Der Dampfdruck über dem Wasser hängt von der Temperatur ab (10.1) (10.12).

Beispiel 10.12

370 mL Sauerstoff wurden über Wasser bei 24 °C und einem Druck von 1005 mbar aufgefangen. Welches Volumen würde der trockene Sauerstoff unter Normbedingungen einnehmen?

1005 mbar sind 100,5 kPa. Der Dampfdruck von Wasser bei 24 °C beträgt 2,98 kPa. Der Partialdruck des Sauerstoffs im Volumen $V_1 = 370$ mL beträgt $p_1 = 100{,}5 - 2{,}98 = 97{,}52$ kPa bei der Temperatur $T_1 = 273 + 24\,°C = 297$ K.

$$V_2 = \frac{p_1 \cdot V_1}{T_1} \cdot \frac{T_2}{p_2} = \frac{97{,}52 \text{ kPa} \cdot 370 \text{ mL}}{297 \text{ K}} \cdot \frac{273 \text{ K}}{101{,}3 \text{ kPa}} = 327 \text{ mL}$$

10.1 Dampfdruck von Wasser

Temperatur/°C	Druck/kPa	Torr	Temperatur/°C	Druck/kPa	Torr	Temperatur/°C	Druck/kPa	Torr
0	0,61	4,6	24	2,98	22,4	60	19,9	149,4
2	0,71	5,3	26	3,36	25,2	65	25,0	187,5
4	0,81	6,1	28	3,78	28,3	70	31,2	233,7
6	0,94	7,0	30	4,24	31,8	75	38,5	289,1
8	1,07	8,0	32	4,75	35,7	80	47,3	355,1
10	1,23	9,2	34	5,32	39,9	85	57,8	433,6
12	1,40	10,5	36	5,94	44,6	90	70,1	525,8
14	1,60	12,0	38	6,63	49,7	95	84,5	633,9
16	1,82	13,6	40	7,38	55,3	100	101,3	760,0
18	2,06	15,5	45	9,58	71,9	105	120,8	906,1
20	2,34	17,5	50	12,3	92,5	110	143,3	1075
22	2,64	19,8	55	15,7	118,0	120	198,5	1489

10.7 Molekülgeschwindigkeiten in Gasen

Im Abschnitt 10.5 hatten wir die Gleichung (10.3) abgeleitet (S. 152):

$$R \cdot T = \tfrac{2}{3} N_A \cdot E_{kin} = \tfrac{2}{3} N_A \cdot \frac{m \cdot v^2}{2}$$
$$= \tfrac{1}{3} M \cdot v^2$$

wobei $N_A \cdot m = M$ die molare Masse des Gases ist. Auflösung nach v ergibt:

$$v = \sqrt{\frac{3RT}{M}} \tag{10.4}$$

In dieser Gleichung ist v die **Wurzel aus dem mittleren Geschwindigkeitsquadrat**; das ist die Geschwindigkeit eines Moleküls, dessen kinetische Energie dem Mittelwert der kinetischen Energien aller Moleküle im Gas entspricht. Der Wert ist nicht identisch mit dem Mittelwert der Geschwindigkeiten aller Moleküle (der Mittelwert aller v^2 ist nicht gleich dem Quadrat des Mittelwerts aller v). Wir sprechen deshalb bei dem Wert v in Gleichung (10.4) nicht von der mittleren Geschwindigkeit.

■ Beispiel 10.13

Welche ist die Wurzel aus dem mittleren Geschwindigkeitsquadrat für H_2-Moleküle bei 0 °C und bei 100 °C?

Bei 0 °C:

$$v = \sqrt{\frac{3RT}{M}} = \sqrt{\frac{3 \cdot 8{,}314 \cdot 10^3 \, g \, m^2/(s^2 \, mol\, K) \cdot 273 \, K}{2{,}016 \, g/mol}} = 1{,}84 \cdot 10^3 \, m/s$$

Bei 100 °C:

$$v = \sqrt{\frac{3 \cdot 8{,}314 \cdot 10^3 \, g \, m^2/(s^2 \, mol\, K) \cdot 373 \, K}{2{,}016 \, g/mol}} = 2{,}15 \cdot 10^3 \, m/s$$

James Clerk Maxwell, 1831 – 1879

Die Wurzel aus dem mittleren Geschwindigkeitsquadrat für Wasserstoff-Moleküle ist hoch; 6616 km/h bei 0 °C und 7734 km/h bei 100 °C (■ 10.13). Die Diffusion, d.h. die Vermischung zweier Gase, erfolgt allerdings nicht mit diesen Geschwindigkeiten. Zwar bewegen sich die einzelnen Moleküle im Gas so schnell, aber durch zahlreiche Kollisionen mit anderen Molekülen sind sie einer ständigen Richtungsänderung ausgesetzt. Bei Normdruck und 0 °C erfährt ein Wasserstoff-Molekül im Mittel etwa $1{,}4 \cdot 10^{10}$ Stöße pro Sekunde. Die **mittlere freie Weglänge** zwischen zwei Stößen beträgt nur 0,13 µm ($0{,}13 \cdot 10^{-3}$ mm).

Bei den zahlreichen Stößen sind die Moleküle ständigen Änderungen ihrer Richtung und ihrer Geschwindigkeit unterworfen. In jedem Augenblick haben einzelne Moleküle sehr unterschiedliche Geschwindigkeiten. Bei der großen Zahl der Moleküle in einer Gasprobe sind aber die Molekülgeschwindigkeiten statistisch in definierter Weise verteilt. Die statistische Verteilung der Geschwindigkeiten in einem Gas nennt man die **Maxwell-Boltzmann-Geschwindigkeitsverteilung**. Für ein gegebenes Gas bei einer gegebenen Temperatur folgt sie einer definierten Funktion; ein Beispiel für zwei Temperaturen ist in ◙ 10.7 gegeben. Der Anteil der Moleküle, die eine bestimmte momentane Geschwindigkeit haben, ist gegen die Geschwindigkeit aufgetragen. Jede Kurve hat ein Maximum, die zugehörige Geschwindigkeit ist diejenige, die am häufigsten vorkommt. Die Anzahl der Moleküle mit sehr kleinen oder mit sehr großen Geschwindigkeiten ist relativ gering.

Ludwig Boltzmann, 1844 – 1906

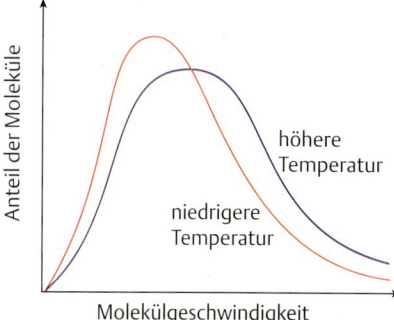

◙ 10.7 Verteilung der Molekülgeschwindigkeiten in einem Gas

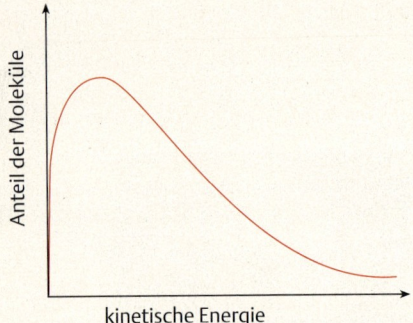

10.8 Verteilung der kinetischen Energien in einem Gas

Bei einer Erhöhung der Temperatur wird die Kurve flacher und dehnt sich in den Bereich höherer Geschwindigkeiten aus, die Anzahl der Moleküle mit hohen Geschwindigkeiten nimmt zu. Durch die Zufuhr von Wärme werden die Moleküle im Mittel schneller. Die Verteilung der kinetischen Energie ist ähnlich (◉ 10.8); während die Kurve für die Verteilung der Geschwindigkeiten von der Masse der Moleküle abhängt, ist die Kurve für die kinetischen Energien davon unabhängig, sie hängt nur von der Temperatur ab. Ähnliche Verteilungskurven können auch für Flüssigkeiten und für die Schwingungen von Atomen in Feststoffen gezeichnet werden.

10.8 Das Graham-Effusionsgesetz

Nehmen wir zwei Gase A und B, die sich in gleichartigen, getrennten Behältern unter den gleichen Druck- und Temperaturbedingungen befinden. Nach der kinetischen Gastheorie haben die Moleküle beider Gase die gleiche mittlere kinetische Energie:

$$\tfrac{1}{2} m_A \cdot v_A^2 = \tfrac{1}{2} m_B \cdot v_B^2$$

v_A und v_B steht jeweils für die Geschwindigkeit eines Moleküls von A bzw. B, das die mittlere kinetische Energie hat. Durch Umstellung erhalten wir

$$\frac{v_A^2}{v_B^2} = \frac{m_B}{m_A} \quad \text{oder} \quad \frac{v_A}{v_B} = \sqrt{\frac{m_B}{m_A}} = \sqrt{\frac{M(B)}{M(A)}}$$

Wenn jeder Behälter eine gleichartige, sehr kleine Öffnung hat, wird Gas durch diese Öffnungen ausströmen; dieser Vorgang wird **Effusion** genannt. Die Effusionsgeschwindigkeit r (ausströmende Gasmenge pro Zeiteinheit) entspricht der Zahl der Moleküle, die pro Zeiteinheit die Öffnung treffen. Sie hängt direkt von der Geschwindigkeit der Moleküle ab. Schnelle Moleküle erfahren eine schnelle Effusion. Das Verhältnis der Effusionsgeschwindigkeiten beider Gase, r_A/r_B, entspricht dem Wert v_A/v_B:

Thomas Graham, 1805–1869

$$\frac{r_A}{r_B} = \frac{v_A}{v_B} = \sqrt{\frac{M(B)}{M(A)}}$$

Diese Gleichung ist eine Formulierung für das Graham-Effusionsgesetz, das 1828–1833 von Thomas Graham experimentell abgeleitet wurde.

▪ Beispiel 10.14

Welche Molmasse hat ein Gas X, das 0,876 mal so schnell wie $N_2(g)$ effundiert?

$$\frac{r(X)}{r(N_2)} = 0{,}876 = \sqrt{\frac{M(N_2)}{M(X)}} = \sqrt{\frac{28\ \text{g/mol}}{M(X)}}$$

$$M(X) = \frac{28}{0{,}876^2}\ \text{g/mol} = 36{,}5\ \text{g/mol}.$$

Die Beziehung kann auch mit den Gasdichten formuliert werden, da die Dichte d eines Gases seiner Molmasse M proportional ist. Das leichtere Gas, dessen Moleküle in schnellerer Bewegung sind, wird schneller ausströmen als das schwerere. Wasserstoff effundiert viermal schneller als Sauerstoff.

Das Prinzip hat praktische Bedeutung zur *Trennung von Isotopen*. Im natürlichen Uran sind die Isotope $^{235}_{92}$U und $^{238}_{92}$U zu 0,72 % bzw. 99,28 % enthalten. Nur das Isotop $^{235}_{92}$U ist spaltbar und als Brennstoff in Kernreaktoren (oder in Atombomben) verwendbar. Die Trennung wird mit Hilfe von Uranhexafluorid durchgeführt, das bei 56 °C siedet. Das Uranhexafluorid besteht aus einem Gemisch von ^{235}UF$_6$ und ^{238}UF$_6$. Dieses Gemisch läßt man als Gas durch eine poröse Trennwand effundieren. Das leichtere ^{235}UF$_6$ strömt 1,004 mal schneller hindurch als ^{238}UF$_6$, wodurch eine geringe Anreicherung des ^{235}UF$_6$ eintritt. Der Effusionsprozeß muß tausendfach wiederholt werden, um eine nennenswerte Trennung zu erreichen.

Weitere Eigenschaften von Gasen, die unmittelbar mit den Molekülgeschwindigkeiten zusammenhängen, sind die *Wärmeleitfähigkeit* und die *Schallgeschwindigkeit*. Beide sind umso größer, je geringer die molare Masse des Gases ist.

$$\frac{r_A}{r_B} = \sqrt{\frac{d_B}{d_A}}$$

$$\frac{r(H_2)}{r(O_2)} = \sqrt{\frac{M(O_2)}{M(H_2)}} = \sqrt{\frac{32}{2}} = 4$$

10.9 Reale Gase

Das ideale Gasgesetz erfaßt das Verhalten eines idealen Gases – ein Gas, das die Voraussetzungen der kinetischen Gastheorie erfüllt. Unter gewöhnlichen Druck- und Temperatur-Bedingungen erfüllen reale Gase das ideale Gasgesetz recht gut, bei niedrigen Temperaturen und/oder hohen Drücken jedoch nicht. Betrachten wir ein Mol eines idealen Gases; es gilt pV/RT = 1 mol. In ◘ 10.9 ist das tatsächliche Verhältnis pV/RT, der **Kompressibilitätsfaktor**, gegen den Druck bei konstanter Temperatur für verschiedene Gase aufgetragen. Die Kurven realer Gase weichen deutlich von der Geraden pV/RT = 1 mol des idealen Gases ab. Für die Abweichung gibt es zwei Gründe:

Intermolekulare Anziehungskräfte. Eine der Voraussetzungen der kinetischen Gastheorie ist das Fehlen von Anziehungskräften zwischen den Molekülen. Solche Anziehungskräfte müssen jedoch existieren, anderenfalls wäre es nicht möglich, Gase zu verflüssigen; intermolekulare Anziehungskräfte halten die Moleküle in einer Flüssigkeit beieinander.

Bei gegebenem Druck bewirken intermolekulare Anziehungskräfte eine Verkleinerung des Volumens gegenüber dem Volumen bei idealem Verhalten. Dadurch tendiert das Verhältnis pV/RT zu Werten, die *kleiner* als 1 sind. Je höher der Druck ist, desto mehr rücken die Moleküle aneinander und desto stärker macht sich die intermolekulare Anziehung bemerkbar.

Molekularvolumen. Die kinetische Gastheorie geht von punktförmigen Molekülen aus, die keinen eigenen Raumbedarf haben. Dementsprechend ist nach dem idealen Gasgesetz das Gasvolumen Null, wenn beim absoluten Temperatur-Nullpunkt die molekulare Bewegung zum Stillstand gekommen ist. Die Moleküle realer Gase haben ein eigenes Volumen. Bei Druckerhöhung werden die Abstände zwischen den Molekülen verringert, aber die Moleküle selbst können nicht komprimiert werden. Das tatsächliche Gasvolumen ist größer als für ein ideales Gas. Hierdurch tendiert

Kompressibilitätsfaktor

$$\frac{p \cdot V}{R \cdot T} = > \text{ od. } < 1 \text{ mol}$$

(für ideales Gas = 1 mol)

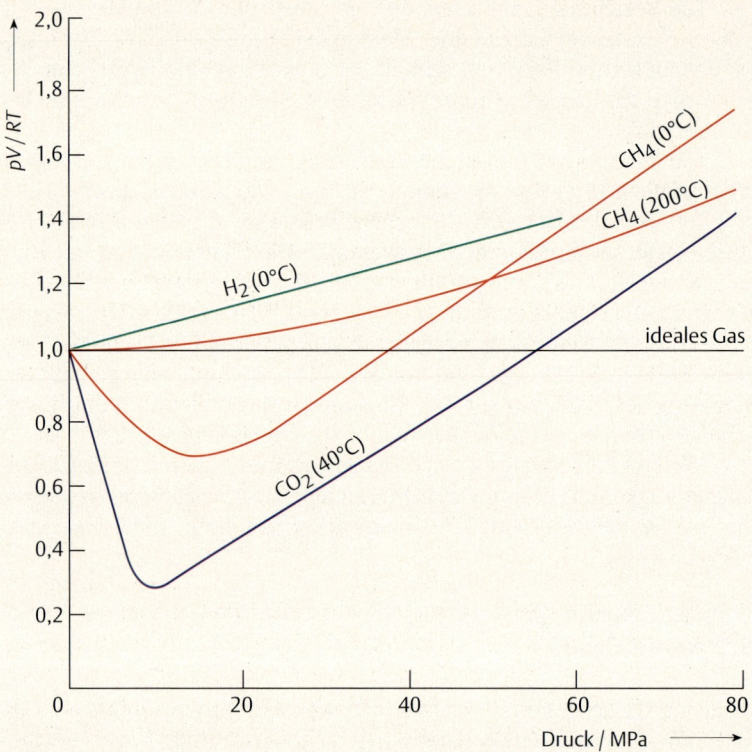

◉ 10.9 Auftragung von pV/RT gegen p für verschiedene Gase bei den angegebenen Temperaturen

das Verhältnis pV/RT zu Werten, die *größer* als 1 sind. Auch in diesem Fall nehmen die Abweichungen vom idealen Verhalten mit steigendem Druck zu.

Die beiden Effekte wirken gegenläufig. Welcher davon dominiert, hängt von den experimentellen Bedingungen ab. Dort, wo in ◉ 10.9 die Kurvenzüge unter dem Wert $pV/RT = 1$ liegen, überwiegt der Einfluß der intermolekularen Anziehung. Wo sie darüber liegen, macht sich das Molekularvolumen stärker bemerkbar. Die Kurve für CO_2 reicht am weitesten unter die Gerade $pV/RT = 1$. Daraus kann man auf größere intermolekulare Anziehungskräfte beim CO_2 als bei den anderen Gasen schließen. Die Kurve für Wasserstoff liegt vollständig über den Geraden, die Anziehungskräfte zwischen H_2-Molekülen sind so gering, daß man bei 0 °C kaum etwas davon feststellen kann.

Die Kurve für Methan (CH_4) liegt bei 0 °C teilweise unter der Geraden $pV/RT = 1$ als Folge der intermolekularen Anziehung. Bei 200 °C liegt die Kurve für das gleiche Gas vollständig über der Geraden. Bei hohen Temperaturen haben die Gasmoleküle hohe kinetische Energien und große Geschwindigkeiten, so daß sich die intermolekulare Anziehung nicht auswirken kann. Die Kurven von ◉ 10.9 zeigen die zunehmende Erfüllung des idealen Gasgesetzes mit abnehmendem Druck und steigender Temperatur.

Die Zustandsgleichung für Gase wurde 1873 von Johannes van der Waals modifiziert, um die genannten Effekte zu berücksichtigen. Die **van der Waals-Gleichung** lautet

$$\left(p + \frac{n^2 a}{V^2}\right) \cdot (V - nb) = nRT \tag{10.5}$$

Die numerischen Werte für die Konstanten a und b werden experimentell bestimmt. Typische Werte sind in 🗐 10.2 angegeben.

Das Glied $n^2 a/V^2$ wird dem Druck p addiert, um die zwischenmolekularen Anziehungskräfte zu berücksichtigen. Die den Druck verursachenden Kollisionen der Gasmoleküle gegen die Gefäßwand werden geschwächt, weil die Anziehungskräfte die Moleküle zurückhalten. Der gemessene Druck p ist deshalb kleiner als er es ohne die Existenz der Anziehungskräfte wäre. Durch Addition von $n^2 a/V^2$ zum gemessenen Druck erhält man den Ausdruck $(p + n^2 a/V^2)$, der dem Druck des idealen Gases entspricht.

n/V ist der Ausdruck einer Konzentration (mol/L). Eines von x Molekülen, die in einem gegebenen Volumen enthalten sind, kann mit $x - 1$ anderen Molekülen in Wechselwirkung treten. Dies gilt für jedes der x Moleküle, so daß insgesamt $\frac{1}{2}x(x - 1)$ Wechselwirkungen möglich sind; durch den Faktor $\frac{1}{2}$ wird berücksichtigt, daß jede Wechselwirkung nur einmal gezählt wird, da jeweils zwei Moleküle beteiligt sind. Bei einem großen Wert für x ist $x - 1$ fast gleich x und $\frac{1}{2}x^2$ ist eine gute Näherung für die Zahl der Wechselwirkungen. Deren Zahl ist deshalb proportional zum Quadrat der Konzentration. Die van der Waals-Konstante a ist (einschließlich des Faktors $\frac{1}{2}$) die Proportionalitätskonstante im Korrekturterm $n^2 a/V^2$.

Die Konstante b, multipliziert mit n, wird vom Gesamtvolumen V des Gases abgezogen, um den Volumenanteil der nicht kompressiblen Moleküle zu berücksichtigen. Einem Gasmolekül steht nicht das ganze Gefäßvolumen zur Verfügung, weil andere Moleküle anwesend sind.

Johannes Diderik van der Waals, 1837–1923

🗐 10.2 Van der Waals-Konstanten

	a /kPa · L² · mol⁻²	b /L · mol⁻¹
H_2	24,7	0,0266
He	3,5	0,0237
N_2	141	0,0391
O_2	138	0,0318
Cl_2	658	0,0562
NH_3	422	0,0371
CO	151	0,0399
CO_2	364	0,0427

10.10 Verflüssigung von Gasen

Wegen der intermolekularen Anziehungskräfte verhalten sich Moleküle so ähnlich, als hätten sie eine klebrige Oberfläche. Wegen der hohen Geschwindigkeiten der Moleküle und wegen der großen Zahl von Stößen können die Moleküle in einem Gas jedoch nicht aneinander haften bleiben. Bei Absenkung der Temperatur nehmen die Molekülgeschwindigkeiten ab und die Stöße werden weniger heftig; die Moleküle können aneinander haften bleiben. Ähnlich wirkt eine Erhöhung des Drucks; die Moleküle sind weniger weit voneinander entfernt und die Anziehungskräfte werden deshalb wirksamer. Bei Druckerhöhung und/oder Temperaturerniedrigung weicht das Gas immer mehr vom idealen Verhalten ab und wird schließlich flüssig.

Je höher die Temperatur, desto höher ist der benötigte Druck, um ein Gas zu verflüssigen (🗐 10.3). Für jedes Gas gibt es eine Temperatur, oberhalb der es sich nicht mehr verflüssigen läßt, gleichgültig wie hoch der angewandte Druck ist. Die zugehörige Temperatur heißt **kritische Temperatur**. Der **kritische Druck** ist der Mindestdruck, der zur Verflüssigung des Gases bei seiner kritischen Temperatur benötigt wird. Die kritischen Konstanten für einige Gase sind in 🗐 10.4 aufgeführt.

🗐 10.3 Benötigter Druck, um Kohlendioxid je nach Temperatur zu verflüssigen (Dampfdruck von flüssigem CO_2)

Temperatur /°C	Druck /MPa
−50	0,68
−30	1,43
−10	2,64
10	4,50
20	5,72
30	7,21
31	7,38 (krit. Druck)

▭ 10.4 Kritische Daten einiger Substanzen

Substanz	kritische Temperatur /K	kritischer Druck /MPa
He	5,3	0,229
H_2	33,3	1,30
N_2	126,1	3,39
CO	134,0	3,55
O_2	154,4	5,04
CH_4	190,2	4,62
CO_2	304,2	7,38
NH_3	405,6	11,30
H_2O	647,2	22,05

Die kritische Temperatur zeigt die Stärke der intermolekularen Anziehungskräfte eines Stoffes an. Bei geringen Anziehungskräften liegt die kritische Temperatur tief; bei Temperaturen darüber ist die Molekularbewegung zu heftig, um die Moleküle im flüssigen Zustand aneinander haften zu lassen. Die Substanzen in ▭ 10.4 sind nach steigender kritischer Temperatur geordnet; die intermolekularen Anziehungskräfte, die sich auch in der Konstanten *a* in ▭ 10.2 widerspiegeln, nehmen in der gleichen Reihenfolge zu. Beim Helium sind die Anziehungskräfte besonders schwach, es kann nur unterhalb von 5,3 K als Flüssigkeit vorkommen. Die starken Anziehungskräfte zwischen Wasser-Molekülen lassen den flüssigen Zustand beim Wasser bis 647,2 K zu. Aus den kritischen Konstanten können die Konstanten der van der Waals-Gleichung abgeleitet werden.

Wie aus ▭ 10.4 zu ersehen, können etliche Gase nur verflüssigt werden, wenn sie auf Temperaturen unterhalb von Raumtemperatur (∼ 295 K) abgekühlt werden. Um Gase abzukühlen, macht man sich den **Joule-Thomson-Effekt** zunutze. Wenn man den Druck in einem komprimierten Gas verringert, expandiert es und kühlt sich dabei ab. Bei der Expansion wird Arbeit gegen die intermolekularen Anziehungskräfte geleistet. Die Energie zu dieser Arbeitsleistung wird der kinetischen Energie der Moleküle entnommen, weshalb das Gas sich abkühlt. Der Effekt wurde 1852–1862 von James Joule und William Thomson (Lord Kelvin) untersucht. Bei der Luftverflüssigung nach dem *Linde-Verfahren* (◉ 10.10) wird Luft zunächst komprimiert, wobei sie sich erwärmt. Nach dem Abkühlen der komprimierten Luft mit Kühlwasser läßt man sie auf Normaldruck expandieren, wobei sie sich weiter abkühlt. Diese Kaltluft dient nun zum Vorkühlen der komprimierten Luft, die dann nach der Expansion noch kälter wird, bis sie schließlich flüssig wird.

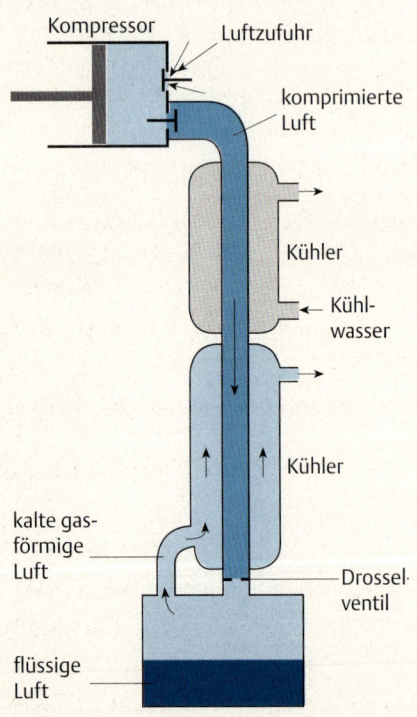

◉ 10.10 Luftverflüssigung nach Linde

10.11 Übungsaufgaben

(Lösungen s. S. 670)

Gasgesetze

10.1 Eine Gasprobe hat ein Volumen von 650 mL bei 160 kPa. Die Temperatur wird konstant gehalten.
a) Welches Volumen hat die Probe bei 200 kPa?
b) Welcher ist der Druck, wenn das Volumen 1000 mL beträgt?
c) Welcher ist der Druck bei einem Volumen von 500 mL?

10.2 Eine Gasprobe hat bei 50 °C ein Volumen von 2,50 L. Der Druck wird konstant gehalten.
a) Welches Volumen hat das Gas bei −10 °C?
b) Welches Volumen hat es bei 180 °C?
c) Bei welcher Temperatur nimmt das Gas ein Volumen von 1,25 L ein?
d) Bei welcher Temperatur sind es 2750 mL?

10.3 Ein Behälter enthält ein Gas mit 1,50 bar bei 20 °C.
a) Welcher Druck herrscht bei 60 °C?
b) Welcher Druck herrscht bei 400 °C?
c) Bei welcher Temperatur beträgt der Druck 30,0 bar?
d) Bei welcher Temperatur sind es 100 kPa?

10.4 Ein Gasthermometer enthält 250 mL Gas bei 0 °C und 101 kPa. Um wieviel mL nimmt das Volumen pro Grad Celsius Temperaturerhöhung zu, wenn der Druck der gleiche bleibt?

10.5 Ein McLeod-Manometer dient zum Messen sehr niedriger Drücke. Eine 250-mL-Probe aus dem Niederdrucksystem wird im McLeod-Manometer auf ein Volumen von 52,5 µL und einen Druck von 3,55 kPa komprimiert. Welcher Druck herrscht im System?

10.6 Ergänzen Sie die fehlenden Zahlen in folgender Tabelle von Zustandsgrößen eines idealen Gases.

p	V	n	T
2,00 bar	...	1,50 mol	100 °C
60,0 kPa	1,00 L	...	100 K
445 kPa	50,0 mL	10,5 mmol	...
...	1,25 L	2,60 mol	75 °C
500 mbar	...	0,600 mol	120 °C
0,150 MPa	3,52 m³	...	60 °C
263 Pa	...	34,0 mmol	1,00 kK

10.7 Eine Gasprobe nimmt bei Normbedingungen 650 mL ein. Welches Volumen nimmt sie bei 100 °C und 500 kPa ein?

10.8 Proben eines idealen Gases sind durch die folgenden Zustandsgrößen charakterisiert. Welches Volumen nehmen die Proben bei Normbedingungen ein?

	p	V	T
a)	57,5 kPa	2,50 L	25 °C
b)	2,44 kbar	170 mL	350 K
c)	0,921 bar	420 mL	−78 °C

10.9 Proben eines idealen Gases liegen unter den folgenden Anfangsbedingungen p_1, V_1, T_1 vor. Berechnen Sie die fehlenden Zustandsgrößen p_2, V_2 oder T_2, nachdem die Proben auf diese Endbedingungen gebracht wurden.

	p_1	V_1	T_1	p_2	V_2	T_2
a)	75,0 kPa	750 mL	75 °C	100 kPa	1,00 L	...
b)	125 kPa	1,00 L	25 °C	...	4,00 L	200 °C
c)	950 mbar	2,40 L	340 K	1,08 bar	...	40 °C

10.10 Welches Volumen nehmen 5,00 g N_2O(g) bei 50 °C und 12,0 bar ein?

10.11 Welches Volumen nehmen 16,0 g O_2(g) bei 10 °C und 50 kPa ein?

10.12 Welche ist die Masse von 250 mL Cl_2(g) bei 25 °C und 350 mbar?

10.13 Welche Dichte hat CH_4(g) bei 25 °C und 150 kPa?

10.14 Welche Dichte hat SO_2(g) bei 100 °C und 75 kPa?

10.15 Bei welchem Druck hat Ar(g) eine Dichte von 1,00 g/L wenn die Temperatur −10 °C ist?

10.16 Ein Gas hat eine Dichte von 0,645 g/L bei 65 °C und 89,8 kPa. Welche molare Masse hat das Gas?

10.17 Ein Gas hat eine Dichte von 1,60 g/L bei 37 °C und 1,37 bar. Welche molare Masse hat das Gas?

Avogadro-Gesetz

10.18 Cyanwasserstoff, HCN(g), ein sehr giftiges Gas, wird bei hohen Temperaturen an einem Katalysator nach folgender Reaktion hergestellt:

$$2\,CH_4(g) + 3\,O_2(g) + 2\,NH_3(g) \rightarrow 2\,HCN(g) + 6\,H_2O(g)$$

Wieviel Liter $CH_4(g)$, $O_2(g)$ und $NH_3(g)$ werden benötigt und wieviel Liter $H_2O(g)$ werden erzeugt, wenn 15,0 L HCN(g) hergestellt werden? Nehmen Sie an, daß alle Volumina unter den gleichen Druck-Temperatur-Bedingungen gemessen werden.

10.19 Ammoniak, $NH_3(g)$, reagiert an einem Pt-Katalysator mit $O_2(g)$ zu NO(g) und $H_2O(g)$. Formulieren Sie die Reaktionsgleichung. Welches Volumen NO(g) kann aus 16,0 L NH_3 und 16,0 L $O_2(g)$ erhalten werden? Alle Volumina werden bei gleichem Druck und gleicher Temperatur gemessen.

10.20 In einem Gemisch aus 0,900 L $NH_3(g)$ und 1,200 L $Cl_2(g)$ findet folgende Reaktion statt:

$$2\,NH_3(g) + 3\,Cl_2(g) \rightarrow N_2(g) + 6\,HCl(g)$$

Geben Sie die Volumenanteile aller am Ende der Reaktion vorhandenen Substanzen an.

10.21 Bei der Reaktion von $NH_3(g)$ mit $F_2(g)$ an einem Cu-Katalysator entsteht $NF_3(g)$ und $NH_4F(s)$. Formulieren Sie die Reaktionsgleichung. Wieviel mL $NH_3(g)$ und $F_2(g)$ werden benötigt, um 50 mL $NF_3(g)$ bei einer Ausbeute von 65,0 % zu erhalten? Alle Volumina werden bei den gleichen Bedingungen gemessen.

10.22 Berechnen Sie mit Hilfe des Avogadro-Gesetzes die Dichte von $N_2O(g)$ und von $SF_6(g)$ bei Normbedingungen.

10.23 a) Berechnen Sie mit Hilfe des Avogadro-Gesetzes die Molmasse eines Gases, das bei Normbedingungen eine Dichte von 5,710 g/L hat.
b) Tun Sie das gleiche für ein Gas der Dichte 0,901 g/L.

10.24 Der MAK-Wert (maximal erlaubte Arbeitsplatzkonzentration) für $SO_2(g)$ in Luft ist 2 mg/m³.
a) Wieviel Mol SO_2 sind das pro m³?
b) Welchen Partialdruck hat das SO_2 bei dieser Konzentration bei 20 °C?

Stöchiometrie und Gasvolumina

10.25 Calciumhydrid, $CaH_2(s)$, reagiert mit Wasser zu $H_2(g)$ und $Ca(OH)_2(aq)$.
a) Formulieren Sie die Reaktionsgleichung.
b) Wieviel Gramm $CaH_2(s)$ werden benötigt, um 3,00 L $H_2(g)$ bei Normbedingungen zu erhalten?

10.26 Calciummetall, Ca(s), reagiert mit Wasser zu $H_2(g)$ und $Ca(OH)_2(aq)$.
a) Formulieren Sie die Reaktionsgleichung.
b) Wieviel Gramm Ca(s) werden benötigt, um 3,00 L $H_2(g)$ bei Normbedingungen zu erhalten? Vergleichen Sie das Ergebnis mit dem von Aufgabe 10.25.

10.27 Aluminiumcarbid, $Al_4C_3(s)$, reagiert mit Wasser zu $CH_4(g)$ und $Al(OH)_3(s)$.
a) Formulieren Sie die Reaktionsgleichung.
b) Welches Volumen CH_4 erhält man bei 35 °C und 78,5 kPa aus 250 mg $Al_4C_3(s)$?

10.28 Bei der in Aufgabe 10.21 angegebenen Reaktion werden 350 mL $NH_3(g)$ und 250 mL $F_2(g)$ unter Normbedingungen eingesetzt. Welche ist die theoretische Ausbeute an NF_3 in Gramm?

10.29 Bei der Verbrennung von 120 mL einer gasförmigen Verbindung, die nur aus Wasserstoff und Kohlenstoff besteht, werden 900 mL $O_2(g)$ benötigt und 600 mL $CO_2(g)$ und 483 mg $H_2O(l)$ erhalten. Alle Messungen werden bei Normbedingungen durchgeführt.
a) Berechnen Sie die Stoffmenge jeder beteiligten Verbindung.
b) Ermitteln Sie daraus die Koeffizienten für die Reaktionsgleichung.
c) Ermitteln Sie die Formel der Verbindung und formulieren Sie die Reaktionsgleichung.

10.30 Magnesium und Aluminium reagieren mit Säuren:

$$Mg(s) + 2\,H^+(aq) \rightarrow H_2(g) + Mg^{2+}(aq)$$
$$2\,Al(s) + 6\,H^+(aq) \rightarrow 3\,H_2(g) + 2\,Al^{3+}(aq)$$

Aus 12,50 g einer Mg/Al-Legierung werden 14,34 L $H_2(g)$ bei Normbedingungen erhalten. Wieviel Prozent Al enthält die Legierung?

Partialdrücke

10.31 Ein Gemisch von 0,560 g $O_2(g)$ und 0,560 g $N_2(g)$ hat einen Druck von 60,0 kPa. Welchen Partialdruck hat jedes Gas?

10.32 In einem Gasgemisch hat $CH_4(g)$ einen Partialdruck von 22,5 kPa und $C_2H_6(g)$ einen von 16,5 kPa.
a) Welcher ist der Stoffmengenanteil jedes Gases?
b) Wenn das Gemisch bei 35 °C 9,73 L einnimmt, wieviel Mol sind im ganzen in dem Gemisch?
c) Wieviel Gramm sind von jedem Gas vorhanden?

10.33 Eine Probe von 500 mL Gas wird über Wasser bei 30 °C und einem Barometerdruck von 102,3 kPa aufgefangen. Welches Volumen würde das trockene Gas bei 100 °C und 101,3 kPa einnehmen?

10.34 Eine Probe von 650 mL Gas wird über Wasser bei 70 °C und einem Barometerdruck von 996 mbar aufgefangen. Nachdem das Gas getrocknet und in einen 750-mL-Behälter überführt wurde, hat es 27 °C. Welcher Druck herrscht in dem Behälter?

Kinetische Gastheorie, Graham-Gesetz

10.35 Berechnen Sie die Wurzel aus dem mittleren Geschwindigkeitsquadrat von:
a) N_2-Molekülen bei 100 K
b) N_2-Molekülen bei 500 K
c) CO_2-Molekülen bei 125 K
d) CO_2-Molekülen bei 650 K

10.36 Bei welcher Temperatur ist die Wurzel aus dem mittleren Geschwindigkeitsquadrat von N_2O-Molekülen gleich derjenigen von N_2-Molekülen bei 300 K?

10.37 Vergleichen Sie die Effusionsgeschwindigkeit von $N_2O(g)$ mit der von $N_2(g)$.

10.38 Ein Gas X effundiert 0,629 mal so schnell wie O_2 bei den gleichen Bedingungen. Welche Molmasse hat X?

10.39 Ein Gas Z effundiert 1,05 mal schneller als $SO_2(g)$ unter gleichen Bedingungen. Welche Molmasse hat Z?

10.40 Bei 25 °C und 50,0 kPa hat $N_2(g)$ eine Dichte von 0,565 g/L. Die Effusionsgeschwindigkeit von $N_2(g)$ durch einen Apparat ist 9,50 mL/s.
a) Welche Dichte hat ein Gas, das mit 6,28 mL/s durch den gleichen Apparat bei den gleichen Bedingungen effundiert?
b) Welche Molmasse hat das Gas?

10.41 Berechnen Sie die Dichte eines Gases bei Normbedingungen, wenn ein gegebenes Volumen des Gases durch einen Apparat in 5,00 min effundiert und das gleiche Volumen Sauerstoff (O_2) bei gleichem Druck und gleicher Temperatur in 6,30 min durch den gleichen Apparat strömt.

Reale Gase

10.42 Berechnen Sie den Druck, den 1,000 mol $O_2(g)$ in einem Volumen von 1,000 L bei 0 °C ausübt:
a) nach dem idealen Gasgesetz.
b) nach der van der Waals-Gleichung.
c) Führen Sie die gleiche Berechnung für 1,000 mol $O_2(g)$ in 10,000 L bei 0 °C durch.
d) Führen Sie die gleiche Berechnung für 1,000 mol $O_2(g)$ in 1,000 L bei 127 °C durch.
e) Vergleichen Sie die Ergebnisse.

Zusatzaufgaben

10.43 Ein 10-L-Zylinder ist mit Helium bei 150 bar gefüllt. Wieviele Luftballons mit einem Inhalt von 1,50 L können damit aufgeblasen werden? Der Druck in den Luftballons beträgt 1,00 bar und in dem Zylinder bleibt ein Restdruck von 1,00 bar.

10.44 Welche Last (einschließlich seines eigenen Gewichts) kann ein Ballon von 12 m³ Inhalt tragen, der mit Helium gefüllt ist? Das Helium und die umgebende Luft haben einen Druck von 95,0 kPa bei 15 °C. Mittlere Molmasse von Luft: 28,9 g/mol.

10.45 Vollständige Verbrennung von Octan verläuft nach
$$2\,C_8H_{18}(g) + 25\,O_2(g) \rightarrow 16\,CO_2(g) + 18\,H_2O(g)$$
Welches Gasvolumen entsteht bei der Verbrennung von 0,650 g C_8H_{18} bei 450 °C und 12,5 bar?

10.46 Bei der Verbrennung von 0,430 g einer Verbindung, die nur aus Kohlenstoff und Wasserstoff besteht, entstehen 672 mL $CO_2(g)$ (Normbedingungen) und 0,630 g H_2O. Die 0,430 g der gasförmigen Probe nehmen 156 mL bei 50 °C und 861 mbar ein. Welche ist die Molekülformel der Verbindung?

10.47 Ein Mol $N_2O_4(g)$ wurde in einen Behälter gebracht, in dem es teilweise dissoziiert:
$$N_2O_4(g) \rightarrow 2\,NO_2(g)$$
Das entstehende Gemisch (N_2O_4 und NO_2) nimmt 45,17 L bei 101,3 kPa und 65 °C ein.
a) Ermitteln Sie mit der Zustandsgleichung für ideale Gase die gesamte Stoffmenge im Behälter
b) x = Stoffmenge N_2O_4, die dissoziiert ist. Welche Stoffmenge $NO_2(g)$ ist relativ zu x vorhanden?
c) Wieviel mol N_2O_4 und NO_2 sind vorhanden?
d) Welche sind die Stoffmengenanteile im Gemisch?
e) Welche sind die Partialdrücke von $NO_2(g)$ und $N_2O_4(g)$?

11 Flüssigkeiten und Feststoffe

Zusammenfassung. In kondensierten Phasen (Flüssigkeiten oder Feststoffe) werden Moleküle durch intermolekulare Anziehungskräfte zusammengehalten. *Dipol-Dipol-Anziehungen* bestehen zwischen Molekülen, die ein permanentes Dipolmoment besitzen. *London-Kräfte*, die stets vorhanden sind, beruhen auf der Anziehung zwischen momentanen Dipolen, die durch die Bewegung der Elektronen zustande kommen. Eine besonders starke intermolekulare Anziehung findet man bei *Wasserstoff-Brücken*, bei denen ein H-Atom mit hoher δ^+-Partialladung (weil es an ein elektronegatives Atom gebunden ist) von einem einsamen Elektronenpaar eines kleinen, elektronegativen Atoms (vor allem N, O oder F) angezogen wird.

In einer Flüssigkeit haften die Moleküle aneinander, sind aber in so heftiger Bewegung, daß keine geordnete Verteilung der Moleküle zustande kommen kann. In einem Feststoff hat jedes Molekül eine fixierte Position im Raum; die Bewegung der Moleküle beschränkt sich auf Schwingungen um diese Positionen. In einem *kristallinen Feststoff* entsprechen die Positionen der Teilchen einem geordneten, dreidimensional-periodischen geometrischen Muster. Feststoffe ohne diese Ordnung sind *amorph*.

Die zuzuführende Energie, um ein Mol einer Flüssigkeit bei gegebener Temperatur zu verdampfen, ist die *molare Verdampfungsenthalpie*. Der *Dampfdruck* einer Flüssigkeit ist der Druck des Dampfes, der mit der Flüssigkeit bei gegebener Temperatur im Gleichgewicht steht. Der *Siedepunkt* ist die Temperatur, bei der der Dampfdruck dem äußeren Atmosphärendruck entspricht. Die *Clausius-Clapeyron-Gleichung* stellt einen Zusammenhang zwischen den Dampfdrücken bei zwei verschiedenen Temperaturen und der Verdampfungsenthalpie her.

Der *normale Gefrierpunkt* ist die Temperatur, bei der ein Feststoff und eine Flüssigkeit unter einem Gesamtdruck von 101,3 kPa miteinander im Gleichgewicht stehen. Bei der Umwandlung von einem Mol einer Flüssigkeit in einen kristallinen Feststoff wird die *molare Kristallisationsenthalpie* freigesetzt. Festkörper haben im allgemeinen einen kleineren Dampfdruck als Flüssigkeiten.

Ein *Phasendiagramm* ist eine graphische Darstellung der Existenzbereiche der verschiedenen Phasen in Abhängigkeit von Druck und Temperatur. Man kann ihm entnehmen, unter welchen Bedingungen es zu Phasenumwandlungen kommt.

Kristalline Feststoffe kann man nach der Art der vorhandenen Teilchen und den Bindungskräften zwischen ihnen in folgender Weise klassifizieren: Ionenkristalle, Molekülkristalle, Gerüststrukturen, Schichtstrukturen, Kettenstrukturen und metallische Kristalle.

Die *Elementarzelle* ist eine kleinste Einheit, aus der sich ein Kristall durch wiederholtes Aneinanderreihen aufbauen läßt. Bei *zentrierten* Elementarzellen sind *gleichartige* Atome in gleichartiger Umgebung auf verschiedenen Positionen in der Elementarzelle vorhanden. Die Abstände zwischen

Schlüsselworte (s. Glossar)

Dipol-Dipol-Kräfte
London-Kräfte (Dispersionskräfte)
van der Waals-Kräfte
  (intermolekulare Kräfte)

Wasserstoff-Brücken

Viskosität
Oberflächenspannung

Dampfdruck
Siedepunkt

Verdampfungs- und
  Kondensationsenthalpie
Clausius-Clapeyron-Gleichung

Gefrier- und Schmelzpunkt
Kristallisations- und Schmelzenthalpie
Sublimation
Sublimationsenthalpie

Phasendiagramm
Tripelpunkt

Amorpher Feststoff
Kristalle
Ionenkristall
Molekülkristall
Gerüststruktur
Schichtstruktur
Kettenstruktur
Metallische Kristalle

Kristallgitter
  primitiv
  innenzentriert
  flächenzentriert
Elementarzelle
Gitterkonstante

Röntgenbeugung
Bragg-Gleichung

Kristallstrukturtypen
Kubisch-dichteste Kugelpackung
Kubisch-innenzentrierte Kugelpackung
Hexagonal-dichteste Kugelpackung

Tetraederlücken
Oktaederlücken

Polymorphie
Modifikation

Radienverhältnisse

Defektstrukturen
   Zwischengitterplätze
   Versetzungen
   Punktdefekte
   Leerstellen
Nichtstöchiometrische Verbindung
Phasenbreite

Ebenen im Kristall können durch *Röntgenbeugung* mit Hilfe der *Bragg-Gleichung* bestimmt werden. Durch Messung der Intensitäten gebeugter Röntgenstrahlen kann die Lage der Atome in der Elementarzelle bestimmt werden.

Die Kristallstrukturen der meisten Metalle entsprechen der *kubisch-innenzentrierten*, der *kubisch-dichtesten* oder der *hexagonal-dichtesten Kugelpackung*; in diesen haben die Metall-Atome die Koordinationszahl 8, 12 bzw. 12.

In Ionenkristallen müssen Ionen entgegengesetzter Ladung und unterschiedlicher Größe im richtigen stöchiometrischen Mengenverhältnis so gepackt werden, daß die elektrostatischen Anziehungskräfte überwiegen. Wichtige *Strukturtypen* für Ionenverbindungen der Zusammensetzung 1 : 1 sind der CsCl-, der NaCl- und der Zinkblende-Typ, in denen die Ionen die Koordinationszahl 8, 6 bzw. 4 haben. Der CaF_2- und der Rutil-Typ sind Strukturtypen für die Zusammensetzung 1 : 2 mit Koordinationszahl 8 und 4 bzw. 6 und 3 für Kation und Anion. Welcher Strukturtyp realisiert wird, hängt vom Radienverhältnis r_{M^+}/r_{X^-} ab.

Defektstrukturen und *nichtstöchiometrische* Verbindungen treten auf, wenn Versetzungen, Leerstellen, Besetzung von Zwischengitterplätzen oder Fremdatome in einem Kristall vorkommen.

Je geringer der Abstand zwischen zwei Molekülen ist, desto stärker wirken die intermolekularen Anziehungskräfte zwischen ihnen. Beim Abkühlen eines Gases nimmt die kinetische Energie der Moleküle ab und die Moleküle können aneinander haften bleiben; das Gas kondensiert zu einer Flüssigkeit, wenn die Temperatur tief genug ist. Auch in der Flüssigkeit sind alle Moleküle noch in ständiger Bewegung, weil sie aber wie klebrige Kugeln aneinanderhängen, ist die Bewegungsfreiheit eingeschränkt.

Bei weiterer Abkühlung nimmt die kinetische Energie der Moleküle weiter ab und die Flüssigkeit erstarrt schließlich zu einem Feststoff. Im Feststoff nehmen die Moleküle feste Positionen im Raum ein, ihre Bewegung beschränkt sich auf Schwingungen um diese fixierten Positionen. Von besonderer Bedeutung sind kristalline Feststoffe. Ein Kristall besteht aus Teilchen (Atomen, Molekülen oder Ionen), die den Raum über größere Entfernungen in wohldefinierter Ordnung erfüllen. Nichtkristalline Feststoffe, in denen diese Fernordnung fehlt, nennen wir **amorph**.

In einem Gas ist die kinetische Energie der Moleküle so hoch, daß die intermolekularen Anziehungskräfte von untergeordneter Bedeutung sind. Bei der kinetischen Gastheorie werden sie vernachlässigt. In einem Feststoff dominiert dagegen der Einfluß der Anziehungskräfte, die kinetische Energie der Teilchen kann sie nicht überwinden. Der Aufbau kristalliner Feststoffe ist gut charakterisiert. Der Zwischenzustand, der flüssige Zustand, ist theoretisch weniger gut erfaßbar.

11.1	Intermolekulare Anziehungskräfte 167
11.2	Wasserstoff-Brücken 169
11.3	Der flüssige Zustand 171
11.4	Verdampfung 172
11.5	Dampfdruck 173
11.6	Siedepunkt 174
11.7	Verdampfungsenthalpie 175
11.8	Gefrierpunkt 176
11.9	Dampfdruck von Festkörpern 177
11.10	Phasendiagramme 178
11.11	Arten von kristallinen Feststoffen 179
11.12	Kristallgitter 181
11.13	Kristallstrukturbestimmung durch Röntgenbeugung 184
11.14	Kristallstrukturen von Metallen 186
11.15	Ionenkristalle 189
11.16	Defektstrukturen 192
11.17	Übungsaufgaben 193

11.1 Intermolekulare Anziehungskräfte

In Molekülen werden die Atome durch kovalente Bindungen zusammengehalten. Die in einer Flüssigkeit oder in einem Feststoff wirksamen Kräfte zwischen den Molekülen können verschiedener Art sein. **Dipol-Dipol-Kräfte** wirken zwischen polaren Molekülen. Moleküle dieser Art besitzen ein Dipolmoment und ordnen sich in einem elektrischen Feld (vgl. S. 115). Dipol-Dipol-Kräfte werden durch die elektrostatische Wechselwirkung zwischen den negativen und positiven Polen der Dipole hervorgerufen. Polare Moleküle ordnen sich in einem Kristall in einer Art, welche die Dipol-Dipol-Kräfte widerspiegelt (◉ 11.1).

Mit Hilfe der Elektronegativitätsdifferenzen zwischen Atomen kann man bei zweiatomigen Molekülen das Ausmaß der Polarität sowie die Position des negativen und des positiven Pols abschätzen (vgl. S. 117). Um die Polarität eines mehratomigen Moleküls vorauszusagen, muß man seine Geometrie, die Polaritäten der Bindungen und die Lage der einsamen Elektronenpaare berücksichtigen.

Vergleichen wir die Moleküle von Methan (CH_4), Ammoniak (NH_3) und Wasser (H_2O) (◉ 11.2). Das Dipolmoment D eines Moleküls ergibt sich aus den individuellen Dipolmomenten der Bindungen und der einsamen Elektronenpaare. Bei jedem der drei Moleküle ist das Zentralatom elektronegativer als die daran gebundenen H-Atome. Das negative Ende von jedem Bindungsdipol weist zum Zentralatom. In der tetraedrischen Anordnung des CH_4-Moleküls addieren sich die Dipolmomente der vier C−H-Bindungen zu einem Gesamtdipolmoment von Null (vektorielle Addition); das Methan-Molekül ist nicht polar, es hat kein Dipolmoment. Der Schwerpunkt der positiven Ladungen der vier Dipole fällt mit dem Schwerpunkt der negativen Ladungen zusammen.

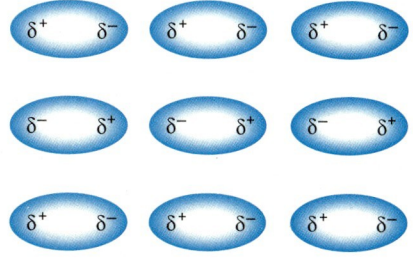

◉ 11.1 Orientierung von polaren Molekülen in einem Kristall

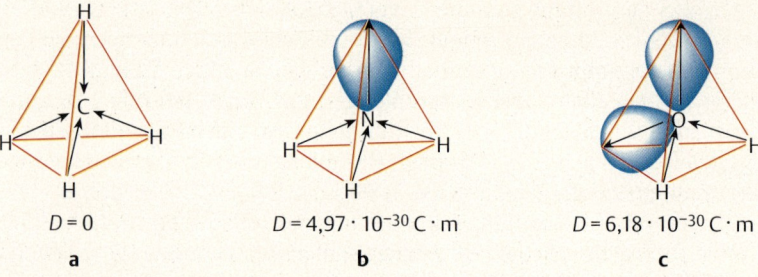

11.2 Analyse der Polarität des Methan- (**a**), Ammoniak- (**b**) und Wasser-Moleküls (**c**). Die Orientierung einzelner Dipole im Molekül ist durch Pfeile symbolisiert (Minuspol in Richtung der Pfeilspitze). Das Gesamtdipolmoment ergibt sich durch vektorielle Addition der Einzeldipolmomente.

Das trigonal-pyramidale NH$_3$-Molekül ist polar, sein Dipolmoment beträgt $4{,}97 \cdot 10^{-30}$ C · m. Die negativen Pole der drei polaren Bindungen weisen zum N-Atom; zusammen mit dem Beitrag des einsamen Elektronenpaares ergibt sich ein Moleküldipol, dessen negativer Pol in Richtung der Pyramidenspitze und dessen positiver Pol in Richtung der Mitte der Pyramidenbasis gerichtet ist. Ähnlich ist die Situation beim Wasser-Molekül, das ein Dipolmoment von $6{,}18 \cdot 10^{-30}$ C · m hat. Die polaren Bindungen und die einsamen Elektronenpaare tragen zu einem Dipol bei, dessen negatives Ende zum O-Atom und dessen positives Ende auf den Mittelpunkt zwischen den H-Atomen weist.

Den Einfluß eines nichtbindenden Elektronenpaares auf das Dipolmoment eines Moleküls kann man am Beispiel des Stickstofftrifluorids, NF$_3$, erkennen. Das NF$_3$-Molekül ist wie das NH$_3$-Molekül aufgebaut (◉ 11.3), aber die Polarität der Bindungen ist umgekehrt, da die F-Atome elektronegativer sind als das N-Atom. Das NF$_3$-Molekül hat ein Dipolmoment von $0{,}80 \cdot 10^{-30}$ C · m, ein Wert der angesichts der hohen Polarität der N—F-Bindungen erstaunlich niedrig ist. Die N—F-Bindungsdipole addieren sich zu einem Dipol, dessen negatives Ende in Richtung der Mitte der Pyramidenbasis weist; der Beitrag des nichtbindenden Elektronenpaares ist genau entgegengesetzt und reduziert die Gesamtpolarität des Moleküls.

Zwischen unpolaren Molekülen, die über kein permanentes Dipolmoment verfügen, müssen ebenfalls intermolekulare Kräfte existieren. Anderenfalls wäre nicht zu erklären, daß auch unpolare Verbindungen flüssig und fest werden können. Solche Kräfte wurden 1873 von Johannes van der Waals postuliert (vgl. Abschn. 10.**9**, S. 157). Eine Erklärung dafür wurde 1930 von Fritz London gegeben. Die Bezeichnung der Kräfte wird nicht einheitlich gehandhabt; der Begriff *van der Waals*-Kräfte wird zuweilen für intermolekulare Kräfte allgemein, manchmal auch nur für die London-Kräfte allein benutzt.

Bei der Erklärung der **London-Kräfte** oder **Dispersionskräfte** wird die Bewegung der Elektronen betrachtet. Die Elektronenwolke eines Moleküls kann zu einem gegebenen Zeitpunkt verformt sein, wobei ein momentanes Dipol im Molekül entsteht, bei dem ein Teil des Moleküls etwas negativer ist als der Rest. Einen Augenblick später hat sich durch die Bewegung der Elektronen die Orientierung des Dipols geändert. Die Richtungsänderung der momentanen Dipole erfolgt sehr schnell (Elektronen haben eine hohe Beweglichkeit); im zeitlichen Mittel heben sie sich auf, so daß ein unpolares Molekül kein permanentes Dipolmoment hat.

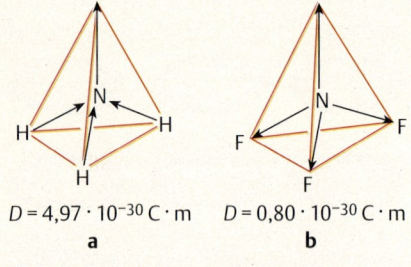

11.3 Vergleich der Dipolrichtungen im Ammoniak- (**a**) und im Stickstofftrifluorid-Molekül (**b**) (Pfeilspitzen weisen in Richtung der Minuspole der Einzeldipole)

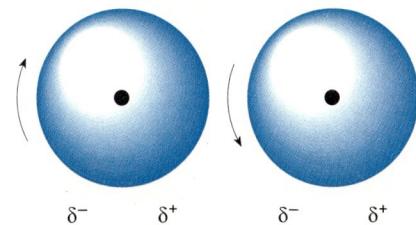

▣ 11.4 Momentane, fluktuierende Dipole benachbarter Teilchen

Die fluktuierenden, momentanen Dipole eines Moleküls induzieren genauso ausgerichtete Dipole in benachbarten Molekülen. Die entsprechende Bewegung der Elektronen zwischen benachbarten Molekülen erfolgt synchron (▣ 11.4). Die Anziehungskräfte zwischen den momentanen Dipolen machen die London-Kräfte aus. Die stärksten London-Kräfte treten zwischen großen, vielatomigen Molekülen auf, die ausgedehnte und leicht polarisierbare Elektronenwolken besitzen.

Da alle Moleküle über Elektronen verfügen, treten die London-Kräfte immer auf, auch zwischen polaren Molekülen. Bei nichtpolaren Molekülen sind die London-Kräfte die einzigen vorhandenen zwischenmolekularen Kräfte. ▣ 11.1 gibt einen Eindruck von der Größenordnung und dem Anteil der London-Kräfte bei Molekül-Verbindungen. Wasserstoff-Brücken beruhen auf einer speziellen Art von Dipol-Dipol-Wechselwirkung, die im nächsten Abschnitt diskutiert wird; sie sind für das Ausmaß der Dipol-Dipol-Wechselwirkungen bei Wasser und Ammoniak verantwortlich.

Die Dipolmomente der in ▣ 11.1 aufgeführten Moleküle nehmen in der angegebenen Reihenfolge zu. Die London-Kräfte hängen von der Größe der Moleküle und der Zahl der Elektronen ab. Das größte aufgeführte Molekül ist HI, es zeigt die größten London-Kräfte. HCl ist polarer als HI, die Dipol-Dipol-Wechselwirkung ist bei HCl größer als bei HI. Der Beitrag der London-Kräfte ist bei HI aber so viel größer als bei HCl, daß insgesamt eine stärkere Anziehung zwischen HI- als zwischen HCl-Molekülen besteht. Iodwasserstoff hat somit einen höheren Siedepunkt als Chlorwasserstoff.

▣ 11.1 Intermolekulare Anziehungsenergien in einigen Molekül-Kristallen

Molekül	Dipolmoment $\cdot 10^{30}$/C·m	Anziehungsenergie /kJ·mol^{-1} Dipol-Dipol	London	Schmelzpunkt/K	Siedepunkt/K
CO	0,4	0,0004	8,74	74	82
HI	1,3	0,025	27,9	222	238
HBr	2,6	0,69	21,9	185	206
HCl	3,4	3,31*	16,8	158	188
NH$_3$	5,0	13,3*	14,7	195	240
H$_2$O	6,1	36,4*	9,0	273	373

* Wasserstoff-Brücken

11.2 Wasserstoff-Brücken

Die intermolekularen Anziehungskräfte in bestimmten Wasserstoff-Verbindungen sind ungewöhnlich stark. In den betreffenden Verbindungen sind Wasserstoff-Atome an kleine, sehr elektronegative Atome gebunden. Das elektronegative Atom übt eine starke Anziehung auf die Elektronen der Bindung aus und erzeugt einen beträchtlichen δ^+-Ladungsanteil am Wasserstoff-Atom. Das Wassertoff-Atom verbleibt als fast nicht abgeschirmtes Proton.

··H—F̈|···H—F̈|··

··H—Ö|···H—Ö|··
     | |
     H   H

     H   H
     | |
··H—N̈|···H—N̈|··
     | |
     H   H

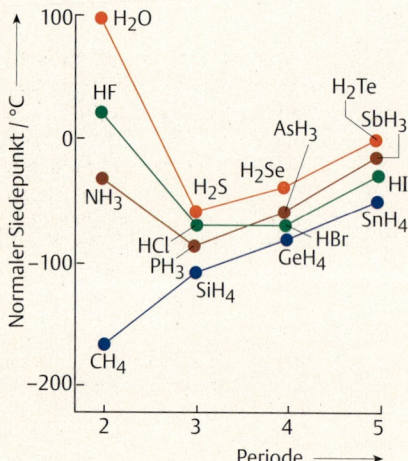

11.5 Siedepunkte der Wasserstoff-Verbindungen der Elemente der 4., 5., 6. und 7. Hauptgruppe

Das Wasserstoff-Atom eines Moleküls und ein einsames Elektronenpaar am elektronegativen Atom eines anderen Moleküls ziehen sich gegenseitig an und bilden eine **Wasserstoff-Brücke**. Die Assoziation von Fluorwasserstoff-, Wasser- und Ammoniak-Molekülen über Wasserstoff-Brücken werden in Formelbildern durch punktierte Linien zum Ausdruck gebracht.

Die Eigenschaften von Verbindungen, in denen Wasserstoff-Brücken auftreten, fallen aus der Reihe. In ⊙ 11.5 sind die Siedepunkte der Wasserstoff-Verbindungen der Elemente der 4., 5., 6. und 7. Hauptgruppe dargestellt. In der Reihe CH_4, SiH_4, GeH_4, SnH_4 steigt der Siedepunkt wie erwartet an, der Zunahme der London-Kräfte entsprechend. Diese Moleküle sind unpolar und verfügen nicht über einsame Elektronenpaare.

Bei allen anderen Verbindungen in ⊙ 11.5 kommen zu den London-Kräften noch Dipol-Dipol-Kräfte hinzu; die Verbindungen mit den größten Dipolmomenten in der jeweiligen Periode (H_2O, H_2S, H_2Se, H_2Te) haben die höchsten Siedepunkte. Besonders auffällig sind die völlig aus der Reihe fallenden, hohen Siedepunkte des jeweils ersten Glieds aus jeder Gruppe (HF, H_2O, NH_3). In diesen drei Verbindungen erschweren Wasserstoff-Brücken das Abtrennen von Molekülen aus der Flüssigkeit. Außer hohen Siedepunkten findet man bei diesen Verbindungen auch abnorm hohe Schmelzpunkte, Verdampfungsenthalpien, Schmelzenthalpien und Viskositäten. Diese Eigenschaften werden in späteren Abschnitten dieses Kapitels behandelt. Bei den anderen in ⊙ 11.5 genannten Verbindungen sind Wasserstoff-Brücken unbedeutend.

Wasserstoff-Brücken können auch zwischen unterschiedlichen Molekülen zustande kommen; dies spielt bei bestimmten Lösungen eine Rolle. Zwei Bedingungen müssen erfüllt sein, damit starke Wasserstoff-Brücken gebildet werden können:

1. Das Molekül, welches das Wasserstoff-Atom zur Wasserstoff-Brücke zur Verfügung stellt (der *Protonen-Donator*), muß eine stark polare Bindung mit relativ hohem δ^+-Ladungsanteil am Wasserstoff-Atom haben. Die Zunahme der Bindungsstärke der Wasserstoff-Brücken

   $$N-H \cdot \cdot N < O-H \cdot \cdot O < F-H \cdot \cdot F$$

   geht parallel zur Zunahme der Elektronegativität des Atoms, mit dem das Wasserstoff-Atom verbunden ist (N < O < F). Der hohe positive Ladungsanteil am Wasserstoff-Atom zieht das Elektronenpaar eines anderen Moleküls stark an.

2. Das Atom, dessen Elektronenpaar sich an der Wasserstoff-Brücke beteiligt (der *Protonen-Akzeptor*), muß relativ klein sein. Starke Wasserstoff-Brücken findet man nur bei Fluor-, Sauerstoff- und Stickstoff-Verbindungen. Chlor-Verbindungen gehen nur schwache Wasserstoff-Brücken ein, in ⊙ 11.5 erkennbar am geringfügig aus der Reihe fallenden Siedepunkt für Chlorwasserstoff. Ein Chlor-Atom hat etwa die gleiche Elektronegativität wie ein Stickstoff-Atom, ist aber größer und seine Elektronenpaare sind diffuser (weniger kompakt).

Wie in ⊙ 11.5 erkennbar, wirken sich die Wasserstoff-Brücken beim Wasser stärker auf den Siedepunkt aus als beim Fluorwasserstoff. Dies gilt, obwohl eine O—H··O-Wasserstoff-Brücke nur etwa zwei Drittel so stark ist wie eine F—H··F-Brücke. Pro Wasser-Molekül treten im Mittel doppelt so viele Wasserstoff-Brücken auf, als pro Molekül HF. Das Sauerstoff-Atom im Wasser-Molekül verfügt über zwei Wasserstoff-Atome und zwei einsame Elektronenpaare. Das Fluor-Atom im Fluorwasserstoff-Molekül verfügt zwar über drei einsame Elektronenpaare, aber nur über ein Wasserstoff-Atom.

Weitere Eigenschaften des Wassers werden in sonst ungewohntem Ausmaß von Wasserstoff-Brücken beeinflußt. Im Eis werden die Wasser-Moleküle über Wasserstoff-Brücken zusammengehalten, wobei jedes Sauerstoff-Atom in tetraedrischer Anordnung von vier Wasserstoff-Atomen umgeben ist. Diese Anordnung führt im Eiskristall zu relativ großen Hohlräumen (◉ 11.6). Deshalb hat Eis eine relativ geringe Dichte. Beim Schmelzen fallen die Hohlräume zusammen und Wasser hat eine größere Dichte als Eis – ein recht ungewöhnliches Verhalten. Auch im flüssigen Zustand werden die Wasser-Moleküle über Wasserstoff-Brücken zusammengehalten, jedoch in geringerem Ausmaß und weniger starr als im Eis.

Die außerordentlich hohe Löslichkeit einiger Sauerstoff-, Stickstoff- und Fluor-Verbindungen in bestimmten wasserstoffhaltigen Lösungsmitteln, insbesondere in Wasser, hängt mit Wasserstoff-Brücken zusammen. Ammoniak (NH_3) und Methanol (H_3COH) lösen sich in Wasser unter Ausbildung von Wasserstoff-Brücken. Entsprechendes gilt für einige sauerstoffhaltige Ionen, zum Beispiel für das Sulfat-Ion (SO_4^{2-}).

Wasserstoff-Brücken sind von zentraler Bedeutung für die Strukturen von Molekülen in der belebten Natur. Proteine und Deoxyribonucleinsäuren, an denen alles Leben hängt, erhalten ihre Molekülgestalt über Wasserstoff-Brücken (vgl. z.B. die Helix-Strukturen, ◉ 30.5 und 30.7, S. 596, 599). Das Öffnen und Neuknüpfen von Wasserstoff-Brücken ist von besonderer Bedeutung bei der Zellteilung und bei der Protein-Synthese (Abschn. 30.6, S. 599).

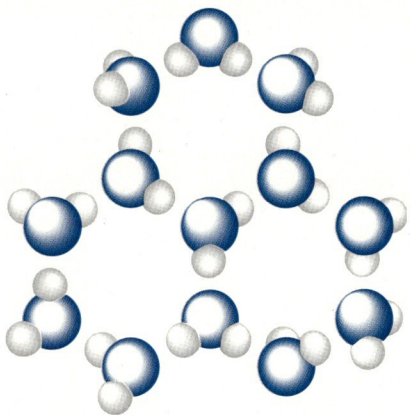

◉ 11.6 Ausschnitt aus der Anordnung von H_2O-Molekülen in Eis. Die hohlräumige Struktur wird durch Wasserstoff-Brücken zusammengehalten. Außer den drei Molekülen, die ein Molekül in der abgebildeten Schicht umgeben, hat jedes Molekül noch ein Nachbarmolekül in der darüber oder darunter liegenden Molekülschicht

11.3 Der flüssige Zustand

In Gasen bewegen sich die Moleküle schnell und ohne jede Ordnung. In einem typischen Festkörper sind die Moleküle in geordneter Weise in einem Kristallgitter zusammengefügt. Der flüssige Zustand nimmt eine Zwischenstellung ein.

Die Moleküle in einer Flüssigkeit bewegen sich langsam genug, um von den zwischenmolekularen Anziehungskräften in einem definierten Volumen zusammengehalten zu werden. Die Bewegung ist jedoch zu schnell, um eine fixierte Verteilung der Moleküle auf definierte Plätze im Raum zu gestatten. Eine Flüssigkeit beansprucht dementsprechend zwar ein bestimmtes Volumen, behält aber ihre Form nicht; sie nimmt die Form ihres Behälters an.

Eine Druckänderung hat nur geringen Einfluß auf das Volumen einer Flüssigkeit, da die Moleküle aneinanderhängen und kaum Zwischenräume zwischen ihnen bestehen. Temperaturerhöhung bewirkt bei den meisten Flüssigkeiten eine leichte Volumenvergrößerung und damit eine Verringerung der Dichte. Wenn die Temperatur erhöht wird, nimmt die mittlere kinetische Energie der Moleküle zu, die schnellere Bewegung der Moleküle wirkt gegen die zwischenmolekularen Anziehungskräfte und bewirkt einen erhöhten Platzbedarf für das einzelne Molekül. Die thermische Ausdehnung hat jedoch viel geringere Ausmaße als bei Gasen, bei denen der Effekt der Anziehungskräfte vernachlässigbar ist.

Wenn zwei miteinander mischbare Flüssigkeiten unterschiedlicher Dichte vorsichtig übereinander geschichtet werden, erkennt man eine scharfe Grenzfläche zwischen ihnen. Mit der Zeit wird die Grenzfläche unschärfer und verschwindet schließlich ganz. Die Moleküle *diffundieren* und vermischen sich völlig miteinander. Die Diffusion verläuft bei Flüssigkeiten erheblich langsamer als bei Gasen. Da die Moleküle in Flüssigkeiten eng beieinander sind, erfährt ein Molekül eine enorme Zahl von Stößen pro Zeiteinheit. Die mittlere freie Weglänge zwischen zwei Stößen ist in einer Flüssigkeit erheblich geringer als in einem Gas.

Viskosität ist die Eigenschaft von Flüssigkeiten, dem Fließen einen Widerstand entgegenzusetzen. Eine Methode zur Viskositätsbestimmung besteht darin, die Zeit zu messen, die eine definierte Flüssigkeitsmenge benötigt, um ein Rohr mit engem Durchmesser unter einem gegebenen Druck zu durchfließen. Der Fließwiderstand ist hauptsächlich auf die zwischenmolekulare Anziehung zurückzuführen, und die Viskositätsmessung gibt einen Anhaltspunkt über die Stärke der Anziehungskräfte. Diese Kohäsionskräfte sind im allgemeinen umso weniger wirksam, je schneller die Moleküle sich bewegen, weshalb die Viskosität bei steigender Temperatur abnimmt. Umgekehrt bewirkt Druckerhöhung eine Viskositätserhöhung.

Die **Oberflächenspannung** ist eine weitere Eigenschaft von Flüssigkeiten, die auf die intermolekularen Anziehungskräfte zurückgeht. Ein Molekül im Inneren einer Flüssigkeit erfährt durch die umgebenden Moleküle eine gleichmäßige Anziehung in alle Richtungen. Moleküle an der Flüssigkeitsoberfläche erfahren jedoch eine einseitige Anziehung in das Innere der Flüssigkeit (◉ 11.7). Wegen des Zugs nach innen hat eine Flüssigkeit die Tendenz, ihre Oberfläche so klein wie möglich zu halten. Dieses Verhalten erklärt die kugelförmige Gestalt von Flüssigkeitstropfen. Die Oberflächenspannung ist ein Maß für die nach innen gerichtete Kraft an der Flüssigkeitsoberfläche. Sie nimmt bei steigender Temperatur ab, da die schnelle Molekülbewegung den intermolekularen Anziehungskräften entgegenwirkt.

◉ 11.7 Schematisches Diagramm, um die einseitig wirksamen intermolekularen Kräfte auf Moleküle an der Oberfläche einer Flüssigkeit im Vergleich zu solchen im Inneren der Flüssigkeit zu verdeutlichen

11.4 Verdampfung

Die kinetische Energie der Moleküle in einer Flüssigkeit folgt einer Maxwell-Boltzmann-Verteilung ähnlich wie in einem Gas (◉ 11.8; vgl. S. 155 u. 156). Die kinetische Energie eines einzelnen Moleküls ändert sich fortwährend wegen der ständigen Kollisionen mit anderen Molekülen. Statistisch gibt es jedoch zu jedem Zeitpunkt einige Moleküle mit relativ hoher Energie und andere mit niedriger Energie. Moleküle, deren Energie hoch genug ist, um die Anziehungskräfte der umgebenden Moleküle zu überwinden, können aus der Flüssigkeit in die Gasphase entweichen, wenn sie sich nahe genug an der Oberfläche befinden.

Der Verlust von energiereichen Molekülen hat eine Abnahme der mittleren kinetischen Energie der verbliebenen Moleküle in der Flüssigkeit zur Folge, die Temperatur der Flüssigkeit geht zurück. Durch Wärmezufuhr aus der Umgebung kann die Temperatur der Flüssigkeit und die Menge an energiereichen Molekülen aufrecht erhalten werden. Der Prozeß setzt

◉ 11.8 Verteilung der kinetischen Energie unter den Molekülen einer Flüssigkeit

sich fort, bis die ganze Flüssigkeit verdampft ist. Die zuzuführende Energiemenge, um ein Mol einer Flüssigkeit bei gegebener Temperatur zu verdampfen, ist die **molare Verdampfungsenthalpie** ΔH_v dieser Flüssigkeit.

Die Wärmeaufnahme durch eine verdampfende Flüssigkeit erklärt, warum Schwimmer es als kalt empfinden, wenn sie das Wasser verlassen und Wasser auf ihrer Haut verdampft. Verdampfender Schweiß dient dem Körper entsprechend zur Regelung der Körpertemperatur. Wasser, das von der Oberfläche eines porösen Tonkrugs verdampft, dient in warmen Ländern dazu, das übrige Wasser im Krug kühl zu halten.

Mit steigender Temperatur nimmt die Verdampfungsgeschwindigkeit einer Flüssigkeit zu. Bei höherer Temperatur ist die mittlere kinetische Energie der Moleküle höher und die Anzahl der energiereichen Moleküle, die aus der Flüssigkeit entweichen können, ist größer (◘ 11.**8**).

Molare Verdampfungsenthalpie von Wasser:

$$H_2O(l) \xrightarrow{25°C} H_2O(g)$$

$\Delta H_v = +43{,}8 \text{ kJ/mol}$

11.5 Dampfdruck

Wenn eine Flüssigkeit in einem geschlossenen Gefäß verdampft, verbleiben die Moleküle in der Gasphase in der Nähe der Flüssigkeit. Wegen ihrer ungeordneten Bewegung kehren manche Moleküle in die Flüssigkeit zurück. Wir können den Prozeß mit Hilfe eines Doppelpfeiles symbolisieren:

$$H_2O\,(l) \rightleftarrows H_2O\,(g)$$

Die Zahl der Moleküle, die pro Zeiteinheit aus der Gasphase in die Flüssigkeit zurückkehren, hängt von ihrer Konzentration in der Gasphase ab. Je mehr Moleküle in einem gegebenen Dampfvolumen anwesend sind, desto mehr Moleküle treffen die Oberfläche der Flüssigkeit und werden von ihr wieder aufgenommen.

Zu Beginn des Verdampfungsprozesses sind noch wenige Moleküle in der Gasphase und nur wenige finden in die Flüssigkeit zurück. Mit fortschreitender Verdampfung nimmt ihre Zahl in der Gasphase zu und die Menge der kondensierenden Moleküle ebenfalls. Nach einiger Zeit wird ein Zustand erreicht, bei dem die Verdampfungs- und die Kondensations-Geschwindigkeit gleich groß sind.

Dieser Zustand, in dem zwei gegenläufige Vorgänge gleich schnell ablaufen, wird **Gleichgewichtszustand** genannt. Im Gleichgewichtszustand bleibt die Konzentration der Moleküle im Dampf konstant, weil pro Zeiteinheit gleich viele Moleküle den Dampf durch Kondensation verlassen wie durch Verdampfung neu hinzukommen. Genauso bleibt auch die Flüssigkeitsmenge unverändert. Dies bedeutet aber nicht, daß im Gleichgewichtszustand nichts mehr vor sich geht. Verdampfung und Kondensation gehen nach wie vor weiter; sie sind nicht zum Stillstand gekommen, sondern laufen gleich schnell ab.

Da im Gleichgewichtszustand die Konzentration der Moleküle im Dampf konstant ist, ist auch der Druck, den der Dampf ausübt, konstant. Der Druck des Dampfes, der bei gegebener Temperatur mit der Flüssigkeit im Gleichgewicht steht, wird **Dampfdruck** genannt. Der Dampfdruck einer gegebenen Flüssigkeit hängt von der Temperatur ab; er steigt mit zunehmender Temperatur.

In ◘ 11.**9** ist die Temperaturabhängigkeit des Dampfdrucks für drei Flüssigkeiten gezeigt. Die Dampfdruckkurven zeigen die Zunahme des

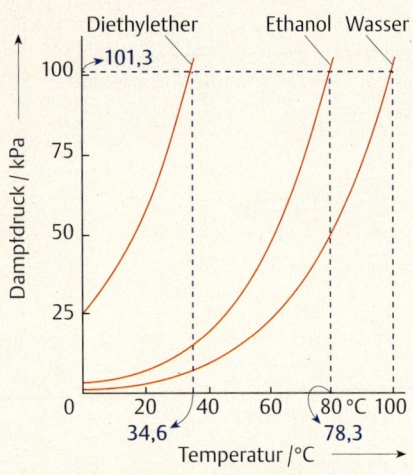

11.9 Dampfdruckkurven für Diethylether, Ethanol und Wasser

Sdp. (Wasser):
  96,7 °C bei 90 kPa
  100 °C bei 101,3 kPa
  102,3 °C bei 110 kPa

Sdp. (Diethylether): 34,6 °C bei 101,3 kPa
  (Ethanol): 78,3 °C bei 101,3 kPa

Dampfdrucks mit der Temperatur. Jede Kurve könnte bis zur kritischen Temperatur der jeweiligen Substanz fortgesetzt werden. Bei der kritischen Temperatur (s. S. 159) ist der Dampfdruck gleich dem kritischen Druck, und die Kurven enden an diesem Punkt. Oberhalb der kritischen Temperatur existiert nur noch eine Phase – Gas und Flüssigkeit unterscheiden sich dann nicht mehr.

Die Größe des Dampfdrucks einer Flüssigkeit zeigt die Stärke der intermolekularen Anziehungskräfte in der Flüssigkeit an. Bei starken Anziehungskräften ist der Dampfdruck gering. Bei 20 °C beträgt der Dampfdruck von Wasser 2,3 kPa, von Ethanol 5,9 kPa und von Diethylether 59,0 kPa. Die Anziehungskräfte im Wasser sind am stärksten, im Diethylether am schwächsten. In ▣ 10.1 (S. 154) sind Werte für den Dampfdruck von Wasser bei verschiedenen Temperaturen aufgeführt.

11.6 Siedepunkt

Die Temperatur, bei welcher der Dampfdruck einer Flüssigkeit gleich groß ist wie der äußere Atmosphärendruck, ist der **Siedepunkt** der Flüssigkeit (abgekürzt Sdp.). Bei dieser Temperatur bilden sich Dampfblasen im Innern der Flüssigkeit, die aufsteigenden Blasen bringen die Flüssigkeit zum Aufwallen. Unterhalb der Siedetemperatur können sich keine Dampfblasen bilden; der Atmosphärendruck über der Flüssigkeit verhindert dies, solange er größer als der Druck im Inneren der Blasen ist.

Die Temperatur einer siedenden Flüssigkeit bleibt konstant bis die ganze Flüssigkeit verdampft ist. In einem offenen Gefäß kann der Dampfdruck nicht größer werden als Atmosphärendruck; dieser Dampf wird am Siedepunkt erreicht. Um eine Flüssigkeit am Sieden zu halten, muß Wärme zugeführt werden, denn während des Siedens verliert die Flüssigkeit ihre energiereichen Moleküle. Je mehr Wärme zugeführt wird, desto schneller geht die Flüssigkeit in den Dampfzustand über, ihre Temperatur ändert sich dabei jedoch nicht.

Der Siedepunkt einer Flüssigkeit hängt vom äußeren Druck ab; Wasser siedet zum Beispiel bei 96,7 °C bei einem Druck von 90 kPa und bei 102,3 °C bei einem Druck von 110 kPa. Der Siedepunkt beim Normdruck von 101,3 kPa ist der *normale Siedepunkt* einer Flüssigkeit; Siedepunktsangaben in Tabellenwerken sind normale Siedepunkte.

Die normalen Siedepunkte von Diethylether (34,6 °C) und Ethanol (78,3 °C) sind bei den Dampfdruckkurven in ▣ 11.9 vermerkt. Der Siedepunkt einer Flüssigkeit kann aus der Dampfdruckkurve an der Stelle, die dem jeweiligen Atmosphärendruck entspricht, abgelesen werden.

Die wetterbedingten Schwankungen des Atmosphärendrucks an einem bestimmten geographischen Ort bedingen Schwankungen des Siedepunkts von Wasser von maximal ± 1 °C. Die Abweichungen von Ort zu Ort sind erheblich größer. Der mittlere Atmosphärendruck auf der Höhe des Meeresspiegels beträgt 101,3 kPa. In höheren Lagen ist der mittlere Atmosphärendruck geringer. Bereits 280 m über dem Meeresspiegel (mittlerer Atmosphärendruck 97,8 kPa) siedet Wasser bei 99 °C, in einer Höhe von 3000 m (mittlerer Atmosphärendruck 70,8 kPa) siedet es bei 90,2 °C und auf dem Mont Blanc (Höhe 4807 m, mittlerer Atmosphärendruck 55,5 kPa) siedet es bei 84 °C.

Flüssigkeiten, die einen sehr hohen normalen Siedepunkt haben oder die sich beim Erwärmen zersetzen bevor sie sieden, können durch Herabsetzung des Drucks bei tiefer Temperatur zum Sieden gebracht werden. Bei der Vakuumdestillation macht man davon Gebrauch. Wasser kann bei 10 °C zum Sieden gebracht werden, wenn der Druck auf 1,23 kPa eingestellt wird. Beim Entwässern von Nahrungsmitteln wird das Wasser bei vermindertem Druck abgedampft; dabei wird das Produkt nicht auf Temperaturen gebracht, die zu einer Zersetzung oder Verfärbung führen.

11.7 Verdampfungsenthalpie

Die molare Verdampfungsenthalpie ΔH_v ist die Wärmemenge, die einem Mol einer Flüssigkeit zugeführt werden muß, um sie bei einer spezifizierten Temperatur zu verdampfen. Verdampfungsenthalpien werden in der Regel auf den normalen Siedepunkt bezogen (🔲 11.2).

Der Betrag der molaren Verdampfungsenthalpie spiegelt die Stärke der intermolekularen Anziehungskräfte wider. Bei starken Anziehungskräften ist die Verdampfungsenthalpie groß. Die Verdampfungsenthalpie setzt sich aus der notwendigen Energie zum Trennen der Moleküle und aus der Energie zum Ausdehnen des Dampfes zusammen. Das Volumen eines Gases ist erheblich größer als das der verdampfenden Flüssigkeit. Zum Beispiel entstehen bei 100 °C aus 1 mL Wasser 1700 mL Dampf. Bei dieser Ausdehnung muß Arbeit geleistet werden, um gegen den Atmosphärendruck die Luft zu verdrängen.

Wenn ein Mol Dampf zu einer Flüssigkeit kondensiert, wird Energie freigesetzt. Die **molare Kondensationsenthalpie** hat den gleichen Betrag wie die molare Verdampfungsenthalpie bei der gleichen Temperatur, aber umgekehrtes Vorzeichen. Die Verdampfungsenthalpie einer Flüssigkeit nimmt bei zunehmender Temperatur ab und und erreicht den Wert Null bei der kritischen Temperatur.

🔲 **11.2** Molare Verdampfungsenthalpien von Flüssigkeiten bei ihren normalen Siedepunkten

Flüssigkeit	normaler Siedepunkt /°C	molare Verdampfungsenthalpie ΔH_v /kJ · mol^{-1}
Wasser	100,0	40,7
Benzol	80,1	30,8
Ethanol	78,3	38,6
Tetrachlormethan	76,7	30,0
Trichlormethan (Chloroform)	61,3	29,4
Diethylether	34,6	26,0

Die Clausius-Clapeyron-Gleichung

Über einen kleinen Temperaturbereich kann man die Verdampfungsenthalpie als konstant ansehen. Unter diesen Bedingungen hängt der Dampfdruck p einer Flüssigkeit mit der Temperatur T über folgende Gleichung zusammen:

$$\log p = -\frac{\Delta H_v}{2{,}303 \cdot RT} + C$$

Dabei ist ΔH_v die molare Verdampfungsenthalpie, R die ideale Gaskonstante und C eine Konstante, die für die fragliche Flüssigkeit charakteristisch ist.

Um den Dampfdruck p_1 einer Flüssigkeit bei einer bestimmten Temperatur T_1 mit dem Dampfdruck p_2 der gleichen Flüssigkeit bei einer zweiten Temperatur T_2 zu vergleichen, ist die nebenstehend angegebene Clausius-Clapeyron-Gleichung sehr nützlich (s. 🔲 11.1). Sie wurde 1834 von Benoît Clapeyron vorgeschlagen und später von Rudolf Clausius aus der Theorie der Thermodynamik abgeleitet.

Bei T_2 gilt:

$$\log p_2 = -\frac{\Delta H_v}{2{,}303 \cdot R} \cdot \frac{1}{T_2} + C$$

Bei T_1 gilt:

$$\log p_1 = -\frac{\Delta H_v}{2{,}303 \cdot R} \cdot \frac{1}{T_1} + C$$

Subtraktion ergibt:

$$\log p_2 - \log p_1 = -\frac{\Delta H_v}{2{,}303 \cdot R} \cdot \left(\frac{1}{T_2} - \frac{1}{T_1}\right)$$

daraus folgt die

Clausius-Clapeyron-Gleichung

$$\log \left(\frac{p_2}{p_1}\right) = \frac{\Delta H_v}{2{,}303 \cdot R} \cdot \left(\frac{T_2 - T_1}{T_1 T_2}\right)$$

Rudolf Clausius, 1822–1888

■ Beispiel 11.1

Der normale Siedepunkt von Chloroform (CHCl$_3$) ist 334 K. Bei 328 K beträgt der Dampfdruck von Chloroform 83,5 kPa. Welche ist die Verdampfungsenthalpie in diesem Temperaturbereich?

T_2 = 334 K; T_1 = 328 K; p_2 = 101,3 kPa; p_1 = 83,5 kPa

Einsetzen der Werte in die Clausius-Clapeyron-Gleichung ergibt:

$$\log \frac{101{,}3 \text{ kPa}}{83{,}5 \text{ kPa}} = \frac{\Delta H_v}{2{,}303 \cdot 8{,}314 \text{ J/(mol} \cdot \text{K)}} \cdot \frac{334 - 328 \text{ K}}{(328 \text{ K}) \cdot (334 \text{ K})}$$

ΔH_v = 29340 J/mol = 29,3 kJ/mol.

11.8 Gefrierpunkt

Beim Abkühlen einer Flüssigkeit bewegen sich die Moleküle immer langsamer. Bei einer bestimmten Temperatur wird die kinetische Energie einiger Moleküle so gering, daß sie sich unter dem Einfluß der intermolekularen Anziehungskräfte in geordneter Weise zu einem Kristall zusammenfügen. Die Substanz beginnt zu gefrieren. Nach und nach werden dem wachsenden Kristall weitere energiearme Moleküle angelagert. Die verbleibenden Moleküle in der Flüssigkeit haben durch den Verlust energiearmer Moleküle eine höhere mittlere kinetische Energie. Um die Temperatur zu halten, muß der Flüssigkeit Wärme entzogen werden.

Der **normale Gefrierpunkt** einer Flüssigkeit ist die Temperatur, bei der Flüssigkeit und Festkörper beim Normdruck von 101,3 kPa miteinander im Gleichgewicht sind. Während des Gefrierens bleibt die Temperatur des fest/flüssigen Systems konstant bis die gesamte Flüssigkeit gefroren ist. Die Wärmemenge, die einem Mol Substanz beim Gefrieren entzogen werden muß, ist die **molare Kristallisationsenthalpie**.

Zuweilen setzen die Moleküle einer Flüssigkeit ihre ungeordnete Bewegung auch beim Abkühlen unter den Gefrierpunkt fort. Man spricht dann von einer **unterkühlten Flüssigkeit**. Durch Zusatz von einem *Impfkristall*, an den sich dann die Moleküle der Flüssigkeit anlagern, kann der normale Kristallisationsprozeß in Gang gebracht werden. Dabei wird die Kristallisationsenthalpie freigesetzt und die Temperatur steigt bis zum normalen Gefrierpunkt, bei dem sich der normale Gefrierprozeß fortsetzt. Anstelle von Impfkristallen können mitunter auch andere Keime die Kristallisation in Gang bringen, z.B. Staubteilchen oder Glasabrieb, den man durch Kratzen an der Gefäßwand erzeugt.

Manche Flüssigkeiten können sich über längere Zeiten oder sogar auf Dauer im unterkühlten Zustand halten. Wenn diese Flüssigkeiten abgekühlt werden, erstarren die Moleküle mit einer statistischen Verteilung, wie sie typisch für den flüssigen Zustand ist, anstatt sich im geometrischen Muster eines Kristalls zu ordnen. Substanzen dieser Art bestehen aus komplizierten, großen, ineinander verknäuelten Molekülen oder Ionen, die sich kaum zu einem Kristall ordnen lassen. Sie werden **amorphe Feststoffe** oder **Gläser** genannt. Beispiele sind Glas, Teer und viele Kunststoffe. Amorphe Feststoffe können als Flüssigkeiten mit extrem hoher Viskosität aufgefaßt werden; eine Flüssigkeit, die zum Beispiel in tausend Jahren nur

1 mm fließt, verhält sich wie ein Feststoff. Ein amorpher Feststoff hat keinen definierten Gefrier- oder Schmelzpunkt, sondern erweicht allmählich beim Erwärmen, d.h. die Viskosität nimmt allmählich ab. Deshalb läßt sich ein erwärmtes, d.h. auf passende Viskosität gebrachtes Glas besonders gut formen und bearbeiten. Bruchflächen haben muschelförmige, gekrümmte Oberflächen im Gegensatz zu den Bruchflächen von kristallinen Feststoffen, die eben sind und charakteristische Winkel miteinander bilden.

Beim Erwärmen einer kristallinen Substanz schmilzt sie bei der gleichen Temperatur, bei der die Flüssigkeit gefriert. Die Temperatur, bei der sich unter Norm-Atmosphärendruck (101,3 kPa) das fest-flüssig-Gleichgewicht einstellt, heißt **Schmelzpunkt** (Abkürzung Smp.). Die Energie, die beim Schmelzen von einem Mol Substanz beim Schmelzpunkt *zugeführt* werden muß, ist die **molare Schmelzenthalpie** (oder molare Schmelzwärme); sie hat den gleichen Betrag aber das umgekehrte Vorzeichen wie die Kristallisationsenthalpie. Ein Vergleich der Werte von 11.3 mit denen von 11.2 (S. 175) zeigt uns, daß Verdampfungsenthalpien (beim normalen Siedepunkt) meist bedeutend größer sind als Schmelzenthalpien. Beim Schmelzen müssen die Moleküle nicht voneinander getrennt werden und die Volumenänderung ist vergleichsweise gering, so daß kaum Volumenarbeit gegen den Atmosphärendruck geleistet werden muß.

11.3 Molare Schmelzenthalpien für einige Feststoffe bei ihren Schmelzpunkten

Feststoff	normaler Schmelzpunkt /°C	molare Schmelzenthalpie /kJ · mol^{-1}
Eis	0,0	6,02
Benzol	5,5	9,83
Ethanol	−117,2	4,60
Tetrachlormethan	−22,9	2,51
Trichlormethan (Chloroform)	−63,5	9,20
Diethylether	−116,3	7,26

11.9 Dampfdruck von Festkörpern

Moleküle in Kristallen schwingen um ihre räumlich fixierten Positionen. Für die Schwingungsenergie der Moleküle gibt es eine ähnliche Verteilung wie für die kinetische Energie bei Flüssigkeiten und Gasen. Innerhalb des Kristalls wird Energie von Molekül zu Molekül übertragen; die Energie eines einzelnen Moleküls ist deshalb zeitlich nicht konstant. Energiereiche Moleküle an der Oberfläche des Kristalls können die Anziehungskräfte überwinden und in die Gasphase entweichen. Für einen Kristall in einem geschlossenen Gefäß stellt sich nach einiger Zeit ein Gleichgewichtszustand ein, bei dem die Zahl der Moleküle, die den Kristall pro Zeiteinheit verlassen, gleich groß ist wie die Zahl der Moleküle, die aus der Gasphase an den Kristall angelagert werden. Der Dampfdruck eines Feststoffs ist ein Maß für die Zahl der Moleküle, die sich im Gleichgewichtszustand pro Volumeneinheit im Gasraum befinden.

Jeder Feststoff hat einen Dampfdruck, auch wenn er bei manchen Stoffen sehr gering ist. Der Dampfdruck ist umso geringer, je größer die Anziehungskräfte im Kristall sind. Dementsprechend haben Ionenverbindungen sehr geringe Dampfdrücke.

Da die Fähigkeit der Moleküle, die intermolekularen Kräfte zu überwinden, von ihrer Schwingungsenergie abhängt, nimmt der Dampfdruck eines Feststoffs mit der Temperatur zu. Die Temperaturabhängigkeit für Eis wird durch die Dampfdruckkurve in 11.10 wiedergegeben. Die Kurve schneidet sich mit der Dampfdruckkurve für Wasser beim Schmelzpunkt. Beim Schmelzpunkt haben Flüssigkeit und Festkörper den gleichen Dampfdruck.

In Abwesenheit von Luft liegt der normale Gefrierpunkt von Wasser (d.h. bei einem Druck von 101,3 kPa) bei 0,0025 °C. An Luft, unter einem Gesamtdruck von 101,3 kPa, liegt der Gefrierpunkt bei 0,0000 °C. Im Wasser

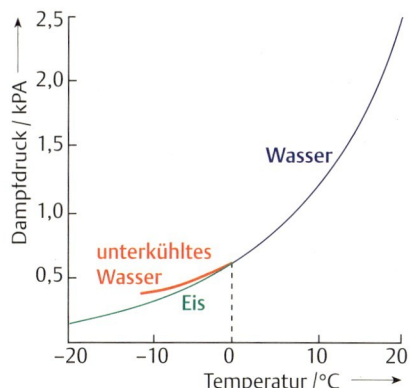

11.10 Dampfdruckkurven für Eis und Wasser in der Nähe des Schmelzpunkts. Der dargestellte Dampfdruck ist der Partialdruck von H$_2$O in Luft bei einem Gesamtdruck von 101,3 kPa

gelöste Luft macht den Unterschied aus (vgl. Abschn. 12.8, S. 208). Der in 👁 11.10 aufgetragene Dampfdruck ist der Partialdruck von Wasser in Luft bei einem Gesamtdruck von 101,3 kPa. Gefrierpunkte werden normalerweise an Luft bestimmt. In jedem Fall sind durch Anwesenheit von Luft bedingte Gefrierpunktsverschiebungen klein.

11.10 Phasendiagramme

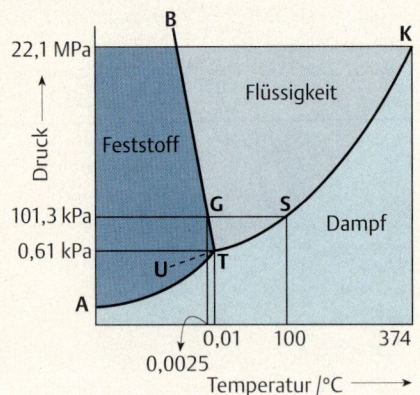

👁 11.11 Phasendiagramm des Wassers (nicht maßstabsgetreu)

Das **Phasendigramm** (oder Zustandsdiagramm) des Wassers ist ein Druck-Temperatur-Diagramm, aus dem man die Bedingungen ersehen kann, unter denen Wasser fest, flüssig oder gasförmig ist. 👁 11.11 gibt das Phasendiagramm schematisch wieder; es ist nicht maßstabsgetreu gezeichnet, manche Einzelheiten sind zur besseren Übersicht übertrieben dargestellt. Jede Substanz hat ihr eigenes Phasendiagramm, das aus experimentellen Daten zusammengestellt wird.

👁 11.11 zeigt das Diagramm für ein **Ein-Komponenten-System**, d. h. es zeigt nur das Verhalten von Wasser in Abwesenheit anderer Stoffe; auch im Gasraum ist nur Wasserdampf anwesend. Die Dampfdruckkurven in 👁 11.10, die an Luft mit einem Gesamtdruck von 101,3 kPa gemessen wurden, weichen geringfügig von den Kurven in 👁 11.11 ab. Um sich den im Phasendiagramm aufgetragenen Druck vorzustellen, denke man sich das Eis-Wasser-Dampf-System in einem Zylinder, der mit einem Kolben versehen ist.

Die Kurve TK in 👁 11.11 ist die *Dampfdruckkurve des flüssigen Wassers*; sie endet am *kritischen Punkt* K. Irgendein Punkt auf dieser Kurve erfaßt eine Temperatur und einen Druck, bei dem Flüssigkeit und Dampf im Gleichgewicht miteinander existieren können. Die Fortsetzung TU der Kurve ist die Dampfdruckkurve der unterkühlten Flüssigkeit; ein Dampf-Flüssigkeits-System, das durch diesen Kurventeil erfaßt wird, ist **metastabil**. Mit dem Begriff metastabil wird ein System bezeichnet, das unter den fraglichen Bedingungen nicht dem stabilsten Zustand entspricht.

Die Kurve AT stellt die *Dampfdruckkurve von Eis* dar. Ein Punkt auf dieser Kurve markiert eine Temperatur und einen Druck, bei dem Festkörper und Dampf miteinander im Gleichgewicht existieren können. Die Linie BT, die *Schmelzpunktskurve*, entspricht Gleichgewichtsbedingungen zwischen Festkörper und Flüssigkeit.

Die drei Kurven schneiden sich im Punkt T, dem **Tripelpunkt**. Unter den Bedingungen dieses Punkts (0,01 °C und 0,611 kPa = 6,11 mbar) können alle drei, Eis, Wasser und Dampf, miteinander im Gleichgewicht existieren.

Aus dem Diagramm läßt sich ersehen, welche Phase (fest, flüssig oder gasförmig) unter gegebenen Druck-Temperatur-Bedingungen existieren kann. Druck und Temperatur legen einen Punkt im Diagramm fest. Liegt der Punkt im Feld, das mit Feststoff, Flüssigkeit bzw. Dampf bezeichnet ist, so existiert nur die eine dieser Phasen. Zwei Phasen existieren bei Punkten auf einer Linie, nämlich die beiden Phasen, deren Felder von der Linie abgegrenzt werden. Nur am Tripelpunkt existieren alle drei Phasen.

Die Steigung der Schmelzpunktskurve TB zeigt uns ein Absinken des Schmelzpunkts bei steigendem Druck an. Nur bei wenigen Stoffen ist die Kurve so geneigt wie beim Wasser (weitere Beispiele sind Gallium und Bismut). Die Neigung zeigt die seltene Situation, bei der sich ein Stoff beim

Gefrieren ausdehnt. Ein Mol Wasser nimmt bei 0 °C 18,00 cm³ ein, ein Mol Eis 19,63 cm³. Eine Druckerhöhung würde sich dieser Ausdehnung entgegensetzen. Dementsprechend sinkt der Gefrierpunkt von Wasser bei Druckerhöhung. Die Steigung der Kurve TB ist in ◉ 11.11 übertrieben dargestellt.

Durch Temperaturänderung bedingte Phasenumwandlungen bei konstantem Druck kann man entlang einer horizontalen Geraden im Phasendiagramm ablesen, zum Beispiel entlang der bei 101,3 kPa eingezeichneten Geraden in ◉ 11.11. Der Schnittpunkt mit der Linie TB, G, entspricht dem normalen Schmelzpunkt (oder Gefrierpunkt); der Schnittpunkt mit der Kurve TK, S, bezeichnet den normalen Siedepunkt. Rechts von diesem Punkt existiert nur noch Dampf.

Durch Druckänderung bedingte Phasenumwandlungen bei konstanter Temperatur kann man entlang einer vertikalen Geraden im Phasendiagramm ablesen. Zum Beispiel existiert bei 0,0025 °C und niedrigem Druck (◉ 11.11) nur Dampf; bei Druckerhöhung schneidet die Vertikale die Kurve AT und der Dampf kondensiert zu Eis; bei weiterer Druckerhöhung wird beim Punkt G die Linie TB gekreuzt, das Eis verflüssigt sich. Oberhalb des Punktes G existiert nur noch die Flüssigkeit.

Bei Stoffen, die sich beim Gefrieren zusammenziehen, d. h. bei denen der Festkörper eine höhere Dichte als die Flüssigkeit hat, ist die Schmelzpunktskurve TB nach rechts geneigt und der Gefrierpunkt steigt mit steigendem Druck. Dies entspricht dem normalen Verhalten der meisten Stoffe. Ein Beispiel bietet das Phasendiagramm von Kohlendioxid (◉ 11.12).

Die direkte Phasenumwandlung vom Festkörper zum Dampf, ohne das Auftreten einer Flüssigkeit, wird **Sublimation** genannt. Das Phasendiagramm des Kohlendioxids ist ein typisches Beispiel für einen Stoff, der bei Normaldruck ohne zu schmelzen sublimiert. Der Tripelpunkt des Kohlendioxids liegt bei −56,6 °C und 518 kPa. Flüssiges Kohlendioxid existiert nur bei Drücken oberhalb von 518 kPa. Wenn festes Kohlendioxid („Trockeneis") bei Normdruck (101,3 kPa) erwärmt wird, geht es bei −78,5 °C direkt in den Gaszustand über (◉ 11.12). Um ein Mol eines Stoffes zu sublimieren muß die **molare Sublimationsenthalpie** zugeführt werden.

11.11 Arten von kristallinen Feststoffen

Kristalle sind aus Atomen, Ionen oder Molekülen aufgebaut. Je nach der Art der Teilchen und der Art der Kräfte, die sie zusammenhalten, können wir Kristalle wie folgt klassifizieren:

Ionenkristalle (◉ 11.13). Positiv und negativ geladene Ionen werden durch elektrostatische Anziehung zusammengehalten. Es handelt sich um starke Anziehungskräfte, und deshalb haben Ionenkristalle hohe Schmelzpunkte. Sie sind hart und spröde. ◉ 11.15 veranschaulicht was geschieht, wenn man versucht, einen Ionenkristall zu deformieren. Beim Verschieben von einer Ebene von Ionen gegen eine andere, geraten Ionen gleicher Ladung nebeneinander; sie stoßen sich ab, der Kristall zerbricht. Ionenverbindungen sind gute elektrische Leiter, wenn sie geschmolzen oder gelöst sind, nicht aber im kristallinen Zustand, bei dem die Ionen fest auf ihren Plätzen verankert sind.

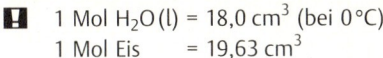
1 Mol H$_2$O(l) = 18,0 cm³ (bei 0 °C)
1 Mol Eis = 19,63 cm³

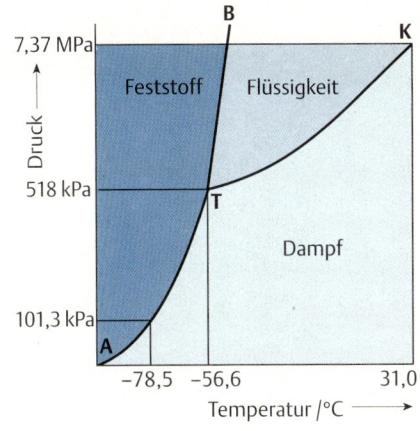

◉ 11.12 Phasendiagramm für Kohlendioxid (nicht maßstabsgetreu)

◉ 11.13 Ionenkristalle:
Fluorit (Flußspat, CaF$_2$) auf Aurichalcit (Zn, Cu)$_5$[(OH)$_6$(CO$_3$)$_2$] (Mina Ojuda, Mapimi/Mexiko)

◉ 11.14 Ein Molekülkristall: Eis

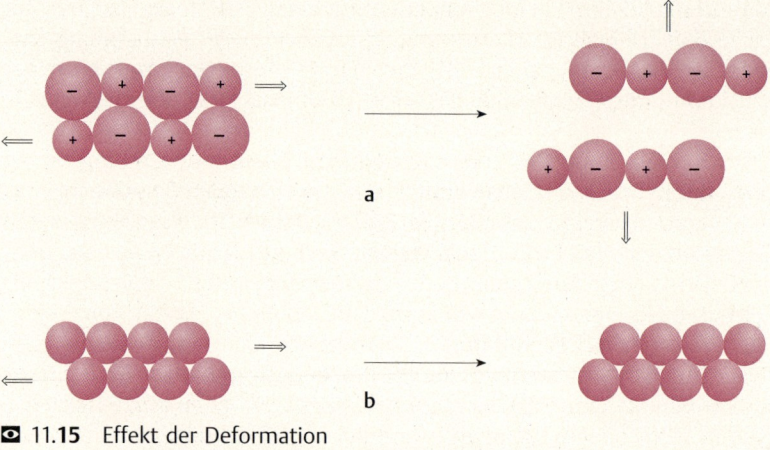

11.15 Effekt der Deformation
 a eines Ionenkristalls
 b eines metallischen Kristalls

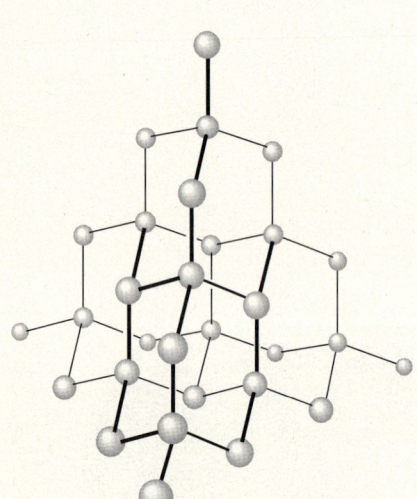

11.16 Ausschnitt aus der Diamantstruktur

11.17 Kristall mit Gerüststruktur: Quarz (SiO$_2$)

Molekülkristalle (11.14). Moleküle werden nur durch London-Kräfte und eventuell noch durch Dipol-Dipol-Kräfte (auch Wasserstoff-Brücken) zusammengehalten. Diese Kräfte sind um einiges schwächer als die elektrostatischen Kräfte in Ionenkristallen. Dementsprechend sind Molekülkristalle weich und haben relativ niedrige Schmelzpunkte, meist unterhalb von 300 °C. Wegen der zusätzlichen Dipol-Dipol-Anziehungen liegen die Schmelzpunkte von Kristallen aus polaren Molekülen höher als die aus unpolaren, sofern Molekülgröße und -gestalt vergleichbar sind. Molekülkristalle leiten im allgemeinen nicht den elektrischen Strom.

Gerüststrukturen (11.17). Atome werden durch ein Netzwerk von kovalenten Bindungen zusammengehalten. Bei einer dreidimensional vernetzten Struktur kann der ganze Kristall als ein einziges Riesenmolekül angesehen werden. Im Diamant sind zum Beispiel Kohlenstoff-Atome kovalent zu einem dreidimensionalen Gerüst verknüpft (11.16). Substanzen mit Gerüststruktur haben hohe Schmelzpunkte und sind sehr hart, da eine große Zahl von kovalenten Bindungen aufgebrochen werden muß, um das Kristallgefüge zu zerstören. Kristalle mit Gerüststruktur leiten den elektrischen Strom nicht oder schlecht.

Die Vernetzung durch kovalente Bindungen kann auch auf zwei Dimensionen beschränkt sein. Der Kristall hat dann eine **Schichtenstruktur**. Wenn die Schicht elektrisch neutral ist, so kann man die Schicht als Riesenmolekül ansehen; zwischen den Schichten herrschen dann nur die schwächeren London-Kräfte. Substanzen dieser Art haben hohe Schmelzpunkte, sind aber weich, weil die Schichten gegenseitig verschoben werden können. Graphit (Kohlenstoff, s. S. 450) ist ein Beispiel. Die Schichten können auch elektrisch geladen sein, d.h. schichtenförmige Riesenionen sein; Ionen entgegengesetzter Ladung zwischen den Schichten bewirken den Zusammenhalt von Schicht zu Schicht. Solche Substanzen, zum Beispiel Glimmer (ein Silikat, s. S. 458 f.) haben hohe Schmelzpunkte und sind hart. Allgemein bilden Substanzen mit Schichtenstruktur dünne Kristallblättchen, die leicht zu noch dünneren Blättchen gespalten werden können.

Bei einer kovalenten Vernetzung in nur einer Dimension haben wir eine **Kettenstruktur**. Die parallel gebündelten Ketten werden durch London-Kräfte zusammengehalten, oder, wenn die Kette elektrisch geladen ist, durch Gegenionen zwischen den Ketten. Die Kristalle haben oft eine faserige Gestalt und haben hohe Schmelzpunkte.

Metallische Kristalle (s. ◉ 11.**20**, S. 183, Gold). Metall-Atome haben ihre Valenzelektronen an eine allen Atomen gemeinsam angehörende Elektronenwolke abgegeben. Die verbliebenen positiv geladenen Ionen nehmen feste Plätze im Kristall ein. Die Elektronen in der Wolke können sich frei durch den ganzen Kristall bewegen, weshalb man auch von einem Elektronengas spricht. Das Elektronengas hält die Metall-Ionen zusammen. Auf diese Art Bindung, die **metallische Bindung**, gehen wir im Abschnitt 27.**1** (S. 469) näher ein.

Die metallische Bindung ist eine starke Bindung. Viele Metalle haben hohe Schmelzpunkte, hohe Dichten und Strukturen, in denen die Metall-Ionen dicht zusammengepackt sind. Im Gegensatz zu Ionenkristallen sind sie gut deformierbar und lassen sich hämmern, schmieden und ziehen. Beim Deformieren werden die Metall-Ionen gegenseitig verschoben; wegen des gleichmäßig verteilten Elektronengases bleibt die Bindung trotzdem erhalten (◉ 11.**15**). Wegen der frei beweglichen Elektronen sind Metalle gute elektrische Leiter.

Die Eigenschaften der verschiedenen Arten von Kristallen sind in ▦ 11.**4** (s. S. 182) zusammengestellt.

11.12 Kristallgitter

In einem Kristall sind Teilchen (Atome, Ionen oder Moleküle) in symmetrischer und geordneter Weise in einem sich wiederholenden, dreidimensionalen Muster angeordnet. Die räumliche Anordnung der Teilchen nennen wir die **Kristallstruktur**. Die Symmetrie des Kristalls kann mit Hilfe eines **Kristallgitters** beschrieben werden. Ein Gitter ist eine dreidimensionale Anordnung von Punkten, die Orte gleicher Umgebung und Orientierung repräsentieren; jeder dieser Punkte ist völlig gleichwertig. ◉ 11.**18** zeigt ein einfaches kubisches Gitter (kubisch-primitiv genannt).

Von der Kristallstruktur kann man ein Kristallgitter ableiten, wenn man sich die Mittelpunkte der Teilchen durch Gitterpunkte ersetzt denkt. Die Gitterpunkte müssen völlig *gleichartig* sein und jeweils die gleiche Umgebung haben. Bei einem einfachen Ionen-Kristall kann man zum Beispiel die Mittelpunkte der Kationen *oder* die Mittelpunkte der Anionen als Gitterpunkte definieren.

Ein Kristallgitter kann in lauter *identische* **Elementarzellen** zerlegt werden (◉ 11.**18**). Man kann sich das Gitter durch wiederholtes Aneinanderreihen von Elementarzellen in allen Raumrichtungen aufgebaut denken. In gleicher Art kann eine Kristallstruktur beschrieben werden. Alle vorkommenden Teilchensorten nehmen bestimmte Plätze in einer Elementarzelle ein. Durch Wiederholung der Elementarzelle in drei Dimensionen stellt man sich den Aufbau des Kristalls vor. Die chemische Zusammensetzung in einer Elementarzelle muß exakt der Zusammensetzung der Substanz entsprechen.

Je nach ihrer Symmetrie können Kristallgitter in **Kristallsysteme** eingeteilt werden, die sich in der Metrik ihrer Elementarzellen unterscheiden (◉ 11.**19**, s. S. 182). Die Metrik einer Elementarzelle wird durch ihre sechs **Gitterkonstanten** erfaßt: die drei Kantenlängen *a*, *b* und *c* sowie

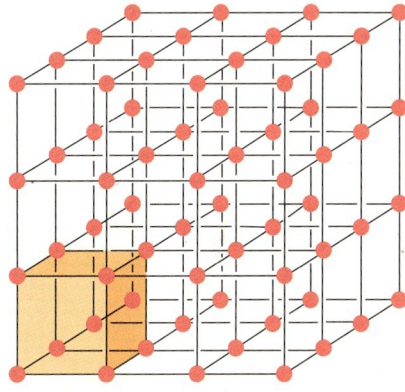

◉ 11.**18** Kubisch-primitives Gitter. Eine Elementarzelle ist farbig hervorgehoben

11.4 Arten von kristallinen Feststoffen

Kristallart	Teilchen	Bindungskräfte	Typische Eigenschaften	Beispiele
Ionenkristall	positive und negative Ionen	elektrostatische Anziehung	hoher Smp., hart, spröde elektrischer Isolator	NaCl, BaO, KNO_3
Molekülkristall	polare Moleküle	London- und Dipol-Dipol-Anziehung	niedriger Smp., weich, elektrischer Isolator	H_2O, NH_3, SO_2
	unpolare Moleküle	London-Anziehung		H_2, Cl_2, CH_4
Gerüststruktur (Raumnetzstruktur)	Atome	kovalente Bindungen	hoher Smp., sehr hart, elektrischer Isolator	Diamant, SiC, SiO_2
Schichtenstruktur	Atome	kovalente Bindungen in 2 Dimensionen, London-Kräfte	hoher Smp., weich	Graphit CdI_2, MoS_2
	Atome und Ionen	kovalente Bindungen in 2 Dimensionen, elektrostatische Anziehung	hoher Smp., zum Teil mit Wasser quellbar, elektischer Isolator	Glimmer, Kaolinit (Ton)
Kettenstruktur	Atome	kovalente Bindungen in 1 Dimension, London-Kräfte, evtl. Dipol-Dipol-Anziehung	faserig, zum Teil zu viskoser Flüssigkeit schmelzbar	SiS_2, Selen
	Atome und Ionen	kovalente Bindungen in 1 Dimension, elektrostatische Anziehung	faserig, elektrischer Isolator	Asbest
Metallkristall	positive Ionen und bewegliche Elektronen	metallische Bindung	oft hoher Smp., verformbar, elektrisch leitend	Cu, Ag, Fe, Na

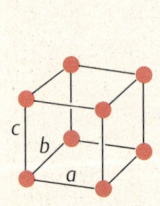 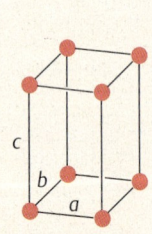 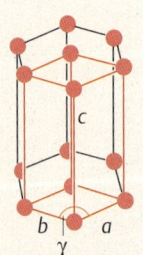 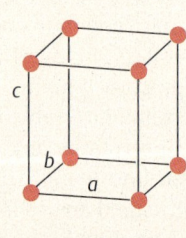 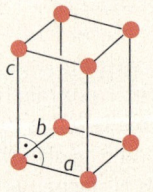 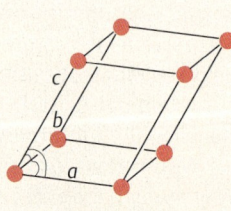

Kubisch
$a = b = c$
$\alpha = \beta = \gamma = 90°$

tetragonal
$a = b \neq c$
$\alpha = \beta = \gamma = 90°$

hexagonal, trigonal
$a = b \neq c$
$\alpha = \beta = 90°$
$\gamma = 120°$

(ortho-) rhombisch
$a \neq b \neq c$
$\alpha = \beta = \gamma = 90°$

monoklin
$a \neq b \neq c$
$\alpha = \gamma = 90°$
$\beta \neq 90°$

triklin
$a \neq b \neq c$
$\alpha \neq \beta \neq \gamma \neq 90°$

11.19 Metrik der Elementarzellen der verschiedenen Kristallsysteme

11.20 Einige kristalline Mineralien (siehe gegenüberliegende Seite)
1. Zeile, links: Gold (kubisch) (Zalatna/Rumänien)
   rechts: Gips ($CaSO_4 \cdot 2\,H_2O$; monoklin) (Eisleben/Harz)
2. Zeile, links: Realgar (As_4S_4; monoklin) auf Colemanit ($Ca[B_3O_4(OH)_3] \cdot H_2O$) (Emet/Türkei)
   rechts: Calcit (Kalkspat, $CaCO_3$; trigonal) (Egremont/Cornwall)
3. Zeile, links: Galenit (Bleiglanz, PbS; kubisch) und Siderit ($FeCO_3$, trigonal) auf Quarz (SiO_2) (Neudorf/Harz)
   rechts: Wavellit ($Al_3[(OH)_3(PO_4)_2] \cdot 5\,H_2O$; orthorhombisch) (Langenstriegis/Sachsen)
4. Zeile, links: Magnetit (Magneteisenerz, Fe_3O_4; kubisch) (Kollergraben, Binnental/Schweiz)
   rechts: Turmalin ($NaMg_3Al_6[(OH)_4(BO_3)_3(Si_6O_{18})]$; trigonal) (Minas Gerais/Brasilien)

11.12 Kristallgitter

 11.20

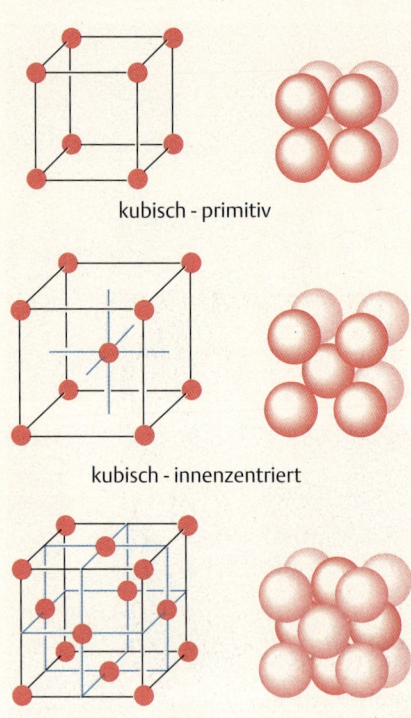

kubisch - primitiv

kubisch - innenzentriert

kubisch - flächenzentriert

◉ 11.21 Kubische Elementarzellen

die drei Winkel α, β und γ zwischen ihnen. In einem gegebenen Kristallsystem können auch bestimmte weitere Punkte außer den Eckpunkten der Elementarzelle *völlig gleichartig* zu diesen Eckpunkten sein. Eine Elementarzelle, in der nur die Eckpunkte gleichartig sind, wird **primitiv** genannt; sind weitere gleichartige Punkte in der Zelle vorhanden, spricht man von einer **zentrierten Zelle**. Zentrierte kubische Elementarzellen sind in ◉ 11.21 gezeigt.

Beim Abzählen der Atome in einer Elementarzelle gilt folgendes:
1. Eine primitive Elementarzelle enthält von jeder Atomart je nur ein äquivalentes Atom. Die acht Atome in den Eckpunkten der Elementarzelle gehören jedes nur zu einem Achtel zu der Elementarzelle, da an jedem Eckpunkt acht Elementarzellen zusammentreffen (◉ 11.22).
2. Eine innenzentrierte Elementarzelle enthält zwei äquivalente Atome; acht in den Ecken, die je zu einem Achtel zur Zelle gehören, und eines in der Mitte der Zelle, das der Zelle alleine angehört.
3. Bei einer flächenzentrierten Elementarzelle befinden sich äquivalente Atome in den Ecken der Zelle und in den Mitten aller sechs Flächen. Ein Atom auf einer Fläche gehört zwei benachbarten Zellen je zur Hälfte an (◉ 11.22). Die Atome in den Ecken machen ein Atom aus, die Atome auf den sechs Flächen machen drei Atome aus, so daß insgesamt vier äquivalente Atome auf eine Elementarzelle kommen.

11.13 Kristallstrukturbestimmung durch Röntgenbeugung

Die Kenntnis über den inneren Aufbau von Kristallen stammt zum großen Teil von Experimenten mit der Beugung von Röntgenstrahlen. Bei der Überlagerung von zwei Röntgenwellen gleicher Wellenlänge und gleicher Phase ergibt sich eine Welle mit der doppelten Amplitude. Zwei Wellen, die um den Betrag einer halben Wellenlänge außer Phase sind, löschen sich gegenseitig aus (vgl. ◉ 9.9, S. 133).

◉ 11.23 zeigt, wie der Abstand d zwischen den Ebenen einer Ebenenschar im Kristall bestimmt werden kann. Ein Strahl von monochromatischer Röntgenstrahlung, aus vielen Wellenzügen bestehend, trifft unter einem Winkel θ auf die Ebenen. Ein Teil des Strahls wird an der ersten Ebene gebeugt, ein Teil an der zweiten Ebene und weitere Teile an weiteren Ebenen. Nur in einer Richtung, in der alle abgebeugten Wellen miteinander in Phase sind, wird ein intensiver Strahl zu beobachten sein. Die Wellen der einfallenden Strahlen treffen in Phase ein (Linie AD in ◉ 11.23). Damit sie auch im gebeugten Strahl in Phase sind (Linie HCL), müssen die Weglängen ABC und DKL gleich lang sein; das ist dann der Fall, wenn der gebeugte Strahl unter dem gleichen Winkel θ abgestrahlt wird, d. h. wenn der Strahlengang wie bei der Reflektion von Licht an einem Spiegel erfolgt. Der Weg DFH ist in jedem Fall länger als der Weg ABC, und zwar um die Weglänge EF + FG. Damit die Welle im Punkt H auch in Phase mit den Wellen bei L und C ankommt, muß EF + FG ein ganzes Vielfaches der Wellenlänge λ betragen:

$$EF + FG = n \cdot \lambda \qquad n = 1, 2, 3, \ldots$$

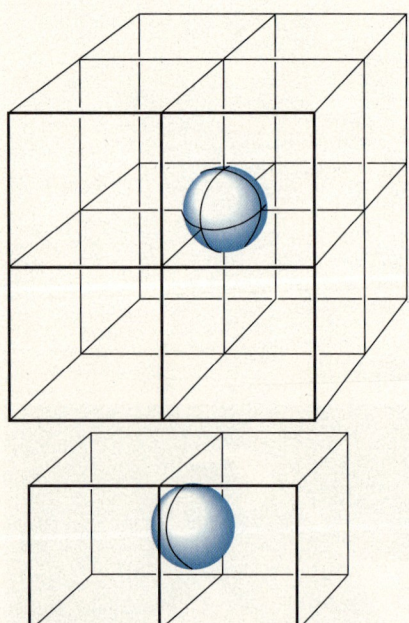

◉ 11.22
oben: Ein Atom in einer Ecke einer Elementarzelle gehört gleichzeitig acht Elementarzellen zu je $\frac{1}{8}$ an
unten: Ein Atom auf einer Fläche gehört zwei Elementarzellen zu je $\frac{1}{2}$ an

11.13 Kristallstrukturbestimmung durch Röntgenbeugung

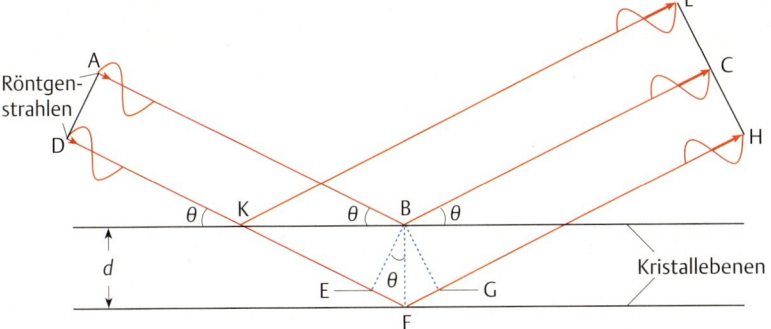

● 11.23 Zur Ableitung der Bragg-Gleichung

William Lawrence Bragg, 1890–1971

Wie aus der geometrischen Konstruktion zu ersehen ist, sind die Winkel EBF und FBG gleich dem Einfallswinkel θ. Die Länge BF entspricht dem Abstand d zwischen den Ebenen; damit berechnen sich die Längen EF und FG zu

$$EF = FG = d \cdot \sin \theta$$

oder

$$EF + FG = 2d \cdot \sin \theta$$

Die so abgeleitete **Bragg-Gleichung** lautet

$$n \cdot \lambda = 2d \cdot \sin \theta \qquad n = 1, 2, 3, \ldots \qquad (11.1)$$

Sie wurde 1913 von William Bragg und seinem Sohn William Lawrence Bragg abgeleitet. Bei gegebener Wellenlänge λ kann nur bei bestimmten Einfalls- und Abstrahlungswinkeln θ gebeugte Strahlung gemessen werden. Aus den gemessenen Winkeln kann der Abstand d zwischen den Ebenen bestimmt werden. Die Zahl n wird die Beugungsordnung genannt (■ 11.**2**).

Bragg-Gleichung:
$n \cdot \lambda = 2d \cdot \sin \theta$

■ Beispiel 11.2

An einem Barium-Kristall wird mit Röntgenstrahlen der Wellenlänge λ = 71,07 pm ein gebeugter Strahl erster Ordnung (d.h. n = 1) bei θ = 8,13° gemessen. Wie groß ist der Abstand zwischen den betreffenden Kristallebenen?

$$d = \frac{n \cdot \lambda}{2 \cdot \sin \theta} = \frac{1 \cdot 71{,}07 \text{ pm}}{2 \cdot \sin 8{,}13°} = 251 \text{ pm}$$

Die Beugung der Röntgenstrahlen erfolgt an den Atomen im Kristall. Die bis jetzt betrachteten Ebenen sind Ebenen, auf denen sich Atome des Elements A befinden mögen und die sich dem Muster des Kristallgitters entsprechend wiederholen. Wenn in der Elementarzelle eine zweite Atomsorte X vorhanden ist, so ergibt sich eine zweite Ebenenschar aus X-Atomen, die zur ersten Ebenenschar parallel, aber versetzt ist (● 11.**24**). Beide

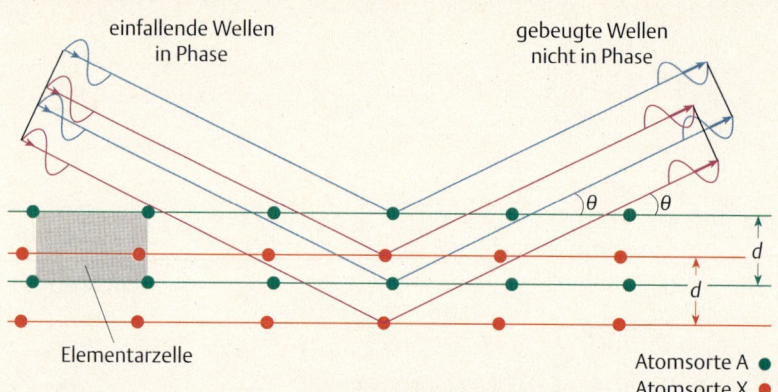

◉ **11.24** Gegenseitig versetzte Scharen von Ebenen, die durch die A-Atome bzw. die X-Atome in einem Kristall verlaufen und die Beugung von Röntgenstrahlen an ihnen

Ebenenscharen erfüllen die Bragg-Gleichung beim gleichen Winkel θ. Wegen der Versetzung der Ebenenscharen sind die an den Atomen A und die an den Atomen X gebeugten Strahlen nicht in Phase; die Interferenz dieser Teilstrahlen führt zu einer teilweisen Auslöschung, d.h. die Intensität des gemessenen gebeugten Strahls ist verringert. Das Ausmaß der Intensitätsverringerung hängt von der relativen Lage der Ebenenscharen ab, d.h. von der Position der X-Atome relativ zu den A-Atomen. Durch die Messung und Auswertung der Intensitäten gebeugter Strahlen können so die genauen Positionen der Atome in der Elementarzelle bestimmt werden.

◉ 11.25 zeigt schematisch, wie ein Beugungsexperiment durchgeführt werden kann. In einer Röntgenröhre wird Röntgenstrahlung erzeugt, indem beschleunigte Elektronen gegen eine Metall-Anode geschossen werden (vgl. ◉ 6.6, S. 70). Mit einer Blende („Kollimator") wird ein enger Röntgenstrahl ausgeblendet und auf den Kristall gerichtet, der drehbar gelagert ist. Immer wenn während der Drehung des Kristalls eine Ebenenschar im Kristall die Bragg-Gleichung erfüllt, leuchtet ein gebeugter Strahl auf; er wird mit einem Detektor registriert (photographischer Film oder Zählrohr). Mit einem Kristall kann eine Vielzahl von gebeugten Strahlen gemessen werden, denn es lassen sich zahlreiche Ebenenscharen durch das Kristallgitter legen – auch solche, die schräg zur Elementarzelle liegen. Zu jeder Ebenenschar gehört ein charakteristischer Wert d, der zu den Abmessungen der Elementarzelle einen mathematischen Bezug hat.

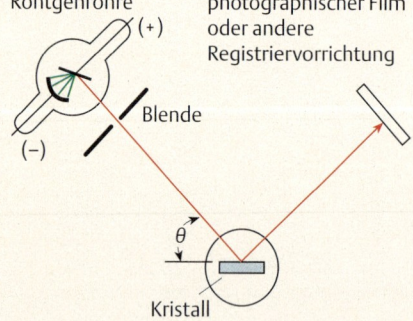

◉ **11.25** Schematische Darstellung des Röntgenbeugungsexperiments

11.14 Kristallstrukturen von Metallen

Die Mehrzahl der Metalle bildet Kristalle, die einem der drei folgenden **Kristallstrukturtypen** angehören: die kubisch-innenzentrierte Kugelpackung, die kubisch-dichteste Kugelpackung oder die hexagonal-dichteste Kugelpackung. Man betrachtet die Metall-Ionen im Kristall als einander berührende Kugeln. Die Hälfte des Abstands zwischen den Atomkernen von zwei benachbarten Metall-Ionen bezeichnet man als den **metallischen Atomradius**; damit erfaßt man die effektive Atomgröße bei metallischer Bindung (vgl. Abschnitt 7.1, S. 95).

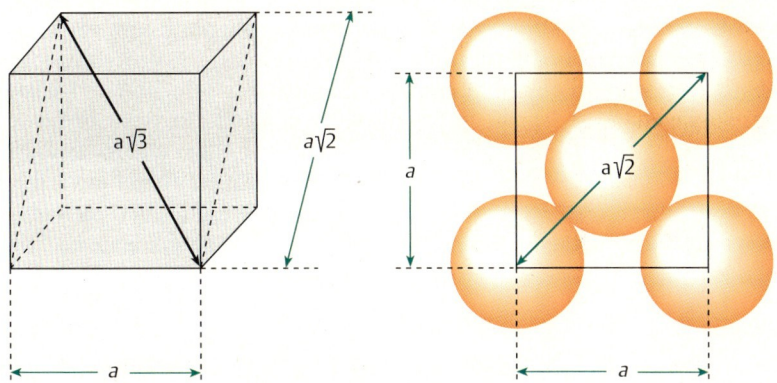

⊙ **11.26** Zusammenhang zwischen Gitterkonstante *a* und der Länge der Raumdiagonale und der Flächendiagonale eines Würfels

Bei der **kubisch-innenzentrierten Kugelpackung** (⊙ 11.21, S. 184) befindet sich ein Atom in der Mitte der würfelförmigen Elementarzelle, es ist von den acht Atomen in den Ecken der Elementarzelle umgeben, d.h. es hat die Koordinationszahl 8. Ein Atom in einer der Ecken der Elementarzelle hat genau die gleiche Umgebung: seine 8 Nachbaratome sind die Atome in den Würfelmitten der acht Würfel, die sich an der fraglichen Ecke begegnen. Aus der durch Röntgenbeugung bestimmten Gitterkonstante *a* kann man leicht den metallischen Atomradius *r* berechnen; da sich die Atome in Richtung der Raumdiagonalen des Würfels berühren, muß die Raumdiagonale 4 Atomradien lang sein: $r = \frac{1}{4} a \sqrt{3}$ (⊙ 11.21, S. 184, Mitte und ⊙ 11.26 links). Die Raumerfüllung der Kugeln in einer kubisch-innenzentrierten Kugelpackung beträgt 68 %.

■ **Beispiel 11.3**

Natrium kristallisiert kubisch-innenzentriert, die Kantenlänge der Elementarzelle beträgt 430 pm. Welchen metallischen Atomradius hat ein Na-Atom? Welche Dichte hat kristallines Natrium?

$$r(\text{Na}) = \tfrac{1}{4} a \sqrt{3} = \tfrac{1}{4} \cdot 430 \cdot \sqrt{3} \text{ pm} = 186 \text{ pm}.$$

Das Volumen der Elementarzelle ist

$$V = a^3 = 430^3 \text{ pm}^3 = 7{,}95 \cdot 10^{-23} \text{ cm}^3.$$

Die Masse in einer Elementarzelle ist die Masse von zwei Na-Atomen:

$$m(\text{Na}) = 2 \cdot \frac{M(\text{Na})}{N_A} = 2 \cdot \frac{23{,}0 \text{ g} \cdot \text{mol}^{-1}}{6{,}022 \cdot 10^{23} \text{ mol}^{-1}} = 7{,}64 \cdot 10^{-23} \text{ g}$$

Die Dichte von kristallinem Natrium beträgt

$$d(\text{Na}) = \frac{m(\text{Na})}{V} = \frac{7{,}64 \cdot 10^{-23} \text{ g}}{7{,}95 \cdot 10^{-23} \text{ cm}^3} = 0{,}961 \text{ g/cm}^3.$$

Bei den **dichtesten Kugelpackungen** wird eine Raumerfüllung von 74 % erreicht. Dichteste Kugelpackungen kann man sich durch Stapelung von hexagonalen Kugelschichten entstanden denken. In einer *hexagonalen*

11.27 Relative Lage von hexagonalen Schichten in einer dichtesten Kugelpackung

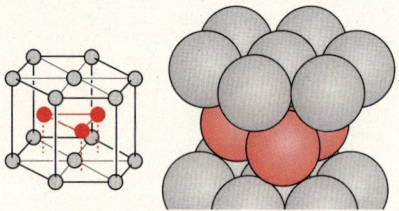

11.28 Ausschnitt aus der hexagonal-dichtesten Kugelpackung

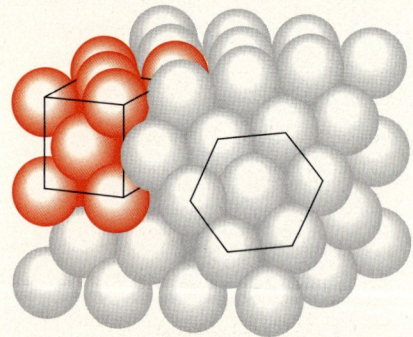

11.29 Ausschnitt aus der kubisch-dichtesten Kugelpackung. Ein Sechseck in einer hexagonalen Schicht ist markiert. Farbig: kubisch-flächenzentrierte Elementarzelle

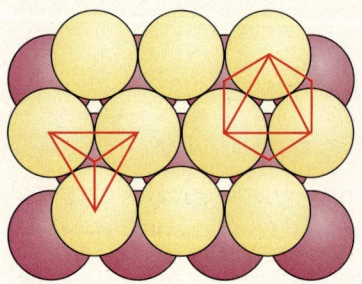

11.30 Tetraeder- und Oktaeder-Lücken in einer dichtesten Kugelpackung

Kugelschicht ist jede Kugel von sechs anderen Kugeln umgeben; zwischen je drei Kugeln bleibt eine Lücke. Die hexagonalen Kugelschichten werden gegenseitig versetzt gestapelt, damit die Kugeln einer Schicht über Lücken der vorangehenden Schicht zu liegen kommen (⊙ 11.27).

Nennen wir die Lage der ersten Kugelschicht *A* und die der zweiten *B*; eine dritte Kugelschicht kann wieder eine Lage *A* einnehmen, d.h. deckungsgleich über der ersten Schicht liegen, sie kann aber auch eine dritte Lage *C* einnehmen. Die Kugelpackung mit der Stapelfolge *ABAB*... nennen wir **hexagonal-dichteste Kugelpackung** (⊙ 11.28).

Die Stapelfolge der **kubisch-dichtesten Kugelpackung** ist *ABCABC*...; diese Packung ist identisch mit der kubisch-flächenzentrierten Packung von Kugeln (⊙ 11.21, S. 184). Die hexagonalen Kugelschichten in der kubisch-dichtesten Kugelpackung verlaufen senkrecht zu den Raumdiagonalen der kubisch-flächenzentrierten Elementarzelle (⊙ 11.29). Der Radius einer Kugel ergibt sich aus der Gitterkonstanten *a* der kubisch-flächenzentrierten Elementarzelle gemäß $r = \frac{1}{4}a\sqrt{2}$ (⊙ 11.26 rechts).

In beiden dichtesten Kugelpackungen hat ein Atom jeweils die Koordinationszahl 12: sechs Nachbarkugeln in der hexagonalen Schicht und je drei Nachbarkugeln in der Schicht darüber und darunter.

Eine Gruppe von drei Kugeln einer hexagonalen Schicht bildet mit der über der Lücke befindlichen Kugel der nächsten Schicht eine tetraedrische Anordnung; die Verbindungslinien zwischen den Kugelmitten ergeben ein Tetraeder. Die Lücke zwischen den vier Kugeln ist eine **Tetraeder-Lücke** (⊙ 11.30). Wenn die Kugeln den Radius *r* haben, dann paßt in die Tetraeder-Lücke eine kleinere Kugel mit Radius

$$(\tfrac{1}{2}\sqrt{6}-1) \cdot r = 0{,}225 \cdot r \quad \text{(zur Berechnung vgl. ⊙ 11.33, S. 190).}$$

Eine dichteste Kugelpackung hat immer doppelt so viele Tetraeder-Lücken wie Kugeln.

Zwischen einer Gruppe von drei Kugeln einer hexagonalen Schicht und einer Gruppe von drei Kugeln der nächsten Schicht tritt eine weitere Art von Lücke auf, die **Oktaeder-Lücke**. Die Verbindungslinien zwischen den Mittelpunkten der sechs Kugeln bilden ein Oktaeder (⊙ 11.30). In eine Oktaeder-Lücke paßt eine kleinere Kugel mit Radius

$$(\sqrt{2}-1) \cdot r = 0{,}414 \cdot r$$

d.h. eine Oktaeder-Lücke ist größer als eine Tetraeder-Lücke. Die Zahl der Oktaeder-Lücken in einer dichtesten Kugelpackung ist immer genauso groß wie die Zahl der Kugeln.

Oktaeder- und Tetraeder-Lücken sind zum Verständnis der Strukturen zahlreicher Verbindungen von Bedeutung. Viele Verbindungen haben eine Struktur, bei der Atome eines Elements eine dichteste Kugelpackung bilden und Atome eines anderen Elements in alle oder in einen Teil der Oktaeder- oder Tetraeder-Lücken eingelagert sind.

Die Kristallstrukturtypen der Metalle sind in ⊞ 11.5 zusammengestellt. Die meisten Metalle kristallisieren mit der kubisch-innenzentrierten, der kubisch-dichtesten oder der hexagonal-dichtesten Kugelpackung. Die dichteste Packung der Atome erklärt die relativ hohen Dichten der Metalle. Die Strukturen einiger Metalle gehören nicht den beschriebenen Strukturtypen an (z.B. Mangan und Uran). Manche Metalle zeigen die Er-

11.5 Kristallstrukturtypen von Metallen bei Normbedingungen

Li i	Be h																
Na i	Mg h											Al c					
K i	Ca c	Sc h	Ti h	V i	Cr i	Mn ⋈	Fe i	Co h	Ni c	Cu c	Zn h*	Ga ⋈					
Rb i	Sr c	Y h	Zr h	Nb i	Mo i	Tc h	Ru h	Rh c	Pd c	Ag c	Cd h*	In c*	Sn ⋈				
Cs i	Ba i	La hc	Hf h	Ta i	W i	Re h	Os h	Ir c	Pt c	Au c	Hg c*	Tl h	Pb c				
Fr	Ra i	Ac c															

Ce c	Pr hc	Nd hc	Pm hc	Sm hhc	Eu i	Gd h	Tb h	Dy h	Ho h	Er h	Tm h	Yb c	Lu h
Th c	Pa ⋈	U ⋈	Np ⋈	Pu ⋈	Am hc	Cm hc	Bk c,hc	Cf	Es	Fm	Md	No	Lr

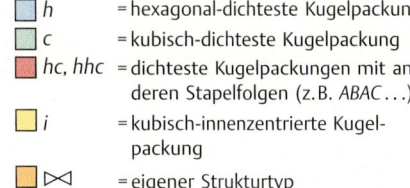

- h = hexagonal-dichteste Kugelpackung
- c = kubisch-dichteste Kugelpackung
- hc, hhc = dichteste Kugelpackungen mit anderen Stapelfolgen (z.B. ABAC ...)
- i = kubisch-innenzentrierte Kugelpackung
- ⋈ = eigener Strukturtyp
- * = etwas verzerrt

scheinung der **Polymorphie**: bei unterschiedlichen Bedingungen (z. B. unterschiedlichen Temperaturen) nehmen sie unterschiedliche Kristallstrukturen an; die einzelnen Strukturen nennt man **Modifikationen**. Zum Beispiel existieren von Calcium Modifiktionen mit jeder der drei beschriebenen Kugelpackungen. Die in 11.5 angegebenen Kristallstrukturtypen sind unter Normbedingungen stabil. Außer den Metallen bilden auch die Edelgase im festen Zustand dichteste Kugelpackungen.

11.15 Ionenkristalle

In einem Ionenkristall müssen Ionen entgegengesetzter Ladung und unterschiedlicher Größe im richtigen stöchiometrischen Zahlenverhältnis gepackt sein, wobei die elektrostatischen Anziehungskräfte gegenüber den elektrostatischen Abstoßungskräften überwiegen müssen. Die Energie der elektrostatischen Wechselwirkung E_{el} (Coulomb-Energie) zwischen zwei Ionen mit den Ladungen q_1 und q_2, die sich im Abstand d voneinander befinden, ist

$$E_{el} = k \cdot \frac{q_1 \cdot q_2}{d} \qquad k = 8{,}988 \cdot 10^9 \, \text{J} \cdot \text{m/C}^2$$

Wenn die Ladungen gleiches Vorzeichen haben, stoßen sich die Ionen ab und E_{el} ist *positiv* (Energie wird benötigt um die Ionen einander näherzubringen). Bei entgegengesetzten Vorzeichen kommt es zur Anziehung und E_{el} ist *negativ* (Energie wird frei beim Zusammenführen der Ionen). Die stabilste Struktur für eine Verbindung hat eine möglichst große Zahl von möglichst kurzen Kation-Anion-Abständen.

Die drei wichtigsten Strukturtypen für Ionenverbindungen der Formel MX sind in 11.31 gezeigt. Sie werden nach einem Vertreter benannt, zum Beispiel Cäsiumchlorid-Typ. In allen drei Fällen sind genauso viele Kationen wie Anionen in der Elementarzelle (je eines bei CsCl, je vier bei NaCl und ZnS). Das stöchiometrische Verhältnis 1 : 1 ist damit erfüllt.

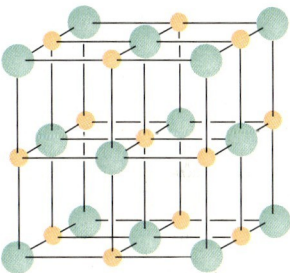

Natriumchlorid - Typ (NaCl)

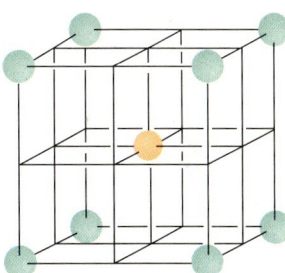

Cäsiumchlorid - Typ (CsCl)

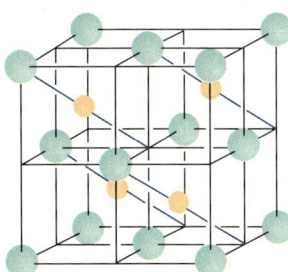

Zinkblende - Typ (ZnS)

11.31 Kristallstrukturtypen für Ionenverbindungen der Zusammensetzung MX. Gelbe Atome stellen die Kationen dar. Zur besseren Übersicht sind die Ionen zu klein dargestellt; Kationen und Anionen sollen sich berühren

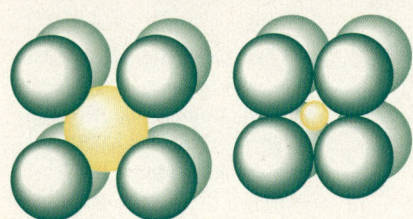

11.32 Der Cäsiumchlorid-Typ
links: mit Kation-Anion-Kontakten
rechts: ohne Kation-Anion-Kontakte (Kation gelb)

In der Cäsiumchlorid-Struktur hat das Cs^+-Ion acht Cl^--Ionen als nächste Nachbarn, seine Koordinationszahl ist 8; jedes Cl^--Ion hat acht Cs^+-Ionen als nächste Nachbarn, seine Koordinationszahl ist ebenfalls 8. Im Natriumchlorid ist jedes Na^+-Ion von sechs Cl^--Ionen und umgekehrt umgeben; beide Ionen haben Koordinationszahl 6. In der Zinkblende-Struktur (ZnS), hat das Zn^{2+}-Ion vier S^{2-}-Ionen als nächste Nachbarn, jedes S^{2-}-Ion ist von vier Zn^{2+}-Ionen umgeben; beide Ionen haben Koordinationszahl 4. Wegen der größeren Zahl von Kation-Anion-Kontakten könnte man denken, der Cäsiumchlorid-Typ müßte die stabilste Struktur ergeben.

Es ist jedoch ein weiterer Faktor zu berücksichtigen: die relative Größe von Kation zu Anion, ausgedrückt durch das Verhältnis der Ionenradien r_{M^+}/r_{X^-}. Im Cäsiumchlorid steht jedes der acht nächsten Cl^--Ionen in Kontakt zum Cs^+-Ion (11.32 links). Tritt an die Stelle des Cs^+-Ions ein bedeutend kleineres Kation, so kommt es zu Kontakten zwischen den Cl^--Ionen, während das Kation nicht mehr in Berührung zu den Anionen steht (11.32 rechts). Der Kation-Anion-Abstand wäre größer als notwendig, die Anziehung geringer als möglich. In diesem Fall ist eine Struktur mit kleinerer Koordinationszahl günstiger. Nimmt man als Grenzwert den Fall an, bei dem Kation und Anion sich gerade noch berühren und die

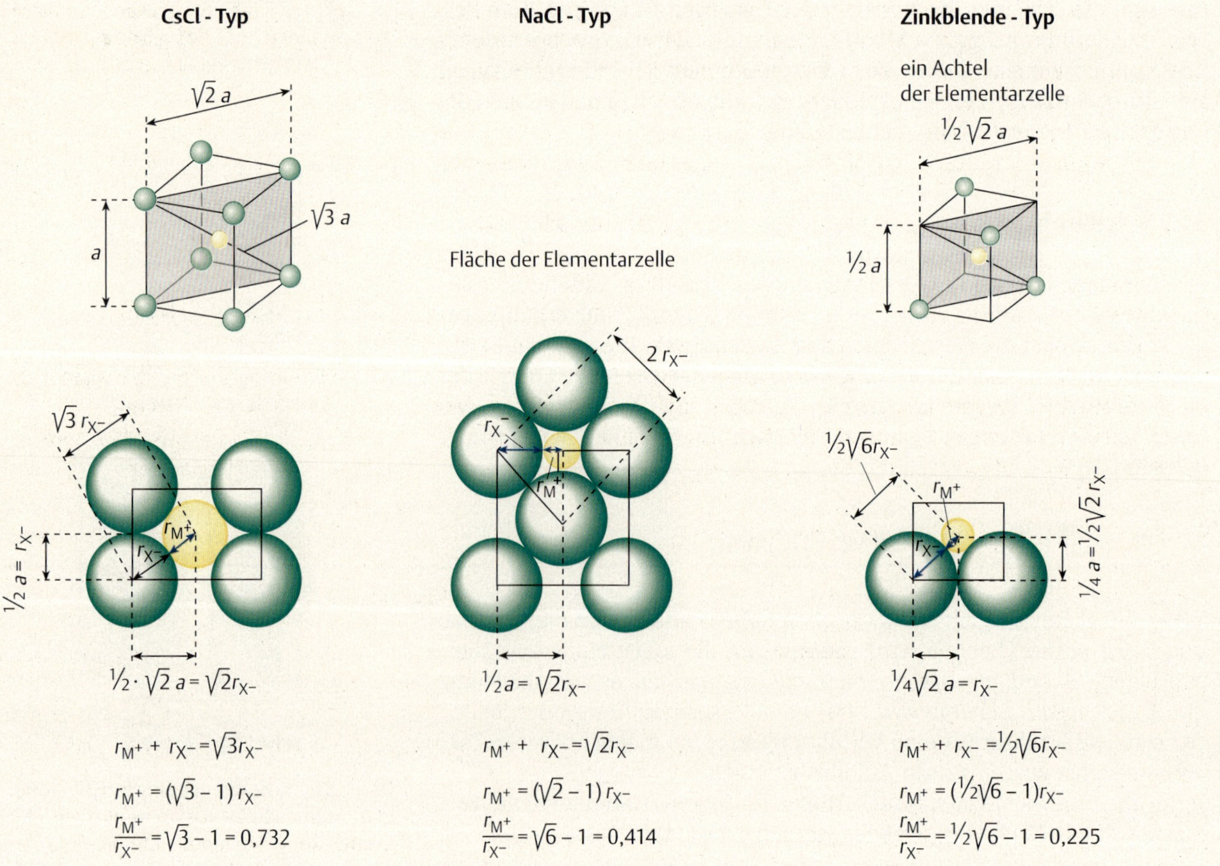
CsCl - Typ
NaCl - Typ
Zinkblende - Typ
ein Achtel
der Elementarzelle
$\sqrt{2}\,a$
$\sqrt{3}\,a$
a
$\frac{1}{2}\sqrt{2}\,a$
$\frac{1}{2}\,a$
Fläche der Elementarzelle
$2\,r_{X^-}$
$\sqrt{3}\,r_{X^-}$
$\frac{1}{2}\sqrt{6}\,r_{X^-}$
r_{M^+}
r_{X^-}
$\frac{1}{2}\,a = r_{X^-}$
$\frac{1}{4}\,a = \frac{1}{2}\sqrt{2}\,r_{X^-}$
$\frac{1}{2}\cdot\sqrt{2}\,a = \sqrt{2}\,r_{X^-}$
$\frac{1}{2}\,a = \sqrt{2}\,r_{X^-}$
$\frac{1}{4}\sqrt{2}\,a = r_{X^-}$
$r_{M^+} + r_{X^-} = \sqrt{3}\,r_{X^-}$
$r_{M^+} = (\sqrt{3} - 1)\,r_{X^-}$
$\frac{r_{M^+}}{r_{X^-}} = \sqrt{3} - 1 = 0{,}732$
$r_{M^+} + r_{X^-} = \sqrt{2}\,r_{X^-}$
$r_{M^+} = (\sqrt{2} - 1)\,r_{X^-}$
$\frac{r_{M^+}}{r_{X^-}} = \sqrt{6} - 1 = 0{,}414$
$r_{M^+} + r_{X^-} = \frac{1}{2}\sqrt{6}\,r_{X^-}$
$r_{M^+} = (\frac{1}{2}\sqrt{6} - 1)\,r_{X^-}$
$\frac{r_{M^+}}{r_{X^-}} = \frac{1}{2}\sqrt{6} - 1 = 0{,}225$

11.33 Berechnung der Grenzradienverhältnisse r_{M^+}/r_{X^-}, die beim CsCl-, NaCl-und Zinkblende-Typ in der Regel nicht unterschritten werden

Anionen gerade schon in Kontakt miteinander sind, dann kann man das zugehörige Radienverhältnis r_{M^+}/r_{X^-} berechnen.

Bei reinen Ionen-Verbindungen ist die zugehörige Struktur nur stabil, solange das tatsächliche Radienverhältnis größer als der berechnete Grenzwert ist (◉ 11.33); wegen oft vorhandener kovalenter Bindungsanteile gibt es allerdings viele Ausnahmen.

Die Natriumchlorid-Struktur kann man als eine kubisch-dichteste Kugelpackung von Cl^--Ionen auffassen (flächenzentrierte Anordnung der Cl^--Ionen); alle Oktaeder-Lücken der Kugelpackung sind mit Na^+-Ionen besetzt.

Die beiden wichtigsten Strukturtypen für Ionenverbindungen der Zusammensetzung MX$_2$ sind in ◉ 11.34 gezeigt. Beim Fluorit-Typ (Flußspat-Typ, CaF$_2$) ist das Kation (Ca^{2+}) von acht Anionen (F$^-$) umgeben, jedes Anion ist tetraedrisch von vier Kationen umgeben. Die Koordinationszahlen verhalten sich wie 8 : 4. Dieses Zahlenverhältnis ist notwendig, um der Zusammensetzung zu entsprechen. Kationen und Anionen können bei diesem Strukturtyp vertauscht sein; Natriumoxid (Na$_2$O) kristallisiert zum Beispiel genauso wie Calciumfluorid (CaF$_2$), jedoch mit den Na$^+$-Ionen auf den F$^-$-Positionen und den O^{2-}-Ionen auf den Ca^{2+}-Positionen; man spricht hier gelegentlich vom *anti-Fluorit-Typ*. Die Natriumoxid-Struktur kann man mit der Zinkblende-Struktur vergleichen. Die Anionen nehmen in beiden Fällen die gleichen Positionen in der Elementarzelle ein (flächenzentrierte Anordnung). Die Kationen befinden sich in den Mitten der kleineren Achtelwürfel, die entstehen, wenn man die Elementarzelle in acht Würfel zerlegt. Beim Natriumoxid sind alle acht Achtelwürfel besetzt, bei der Zinkblende sind nur vier davon besetzt.

In der Rutil-Struktur (TiO$_2$) sind die Ti^{4+}-Ionen oktaedrisch von sechs O^{2-}-Ionen umgeben, sie haben Koordinationszahl 6; der Zusammensetzung entsprechend müssen dann die O^{2-}-Ionen Koordinationszahl 3 haben, sie sind dreieckig-planar von drei Ti^{4+}-Ionen umgeben. Der Rutil-Typ ist der bevorzugte Strukturtyp für die Zusammensetzung MX$_2$ bei Koordinationszahl 6 des Kations.

Um die Koordinationszahlen in der chemischen Formel zum Ausdruck zu bringen, kann man die *Niggli-Formeln* verwenden.

Beispiele für Verbindungen, die in den beschriebenen Strukturtypen kristallisieren, sind in ▣ 11.6 aufgeführt. Zahlenwerte für Ionenradien finden sich in ▣ 7.5 und 7.6 (S. 107).

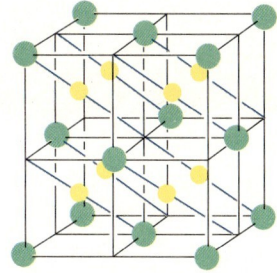

Fluorit - Typ: Kationen grün
Antifluorit - Typ: Anionen grün

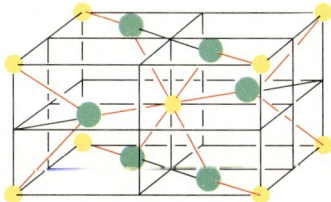

Rutil - Typ (Anionen grün)

◉ **11.34** Kristallstrukturtypen für Ionen-Verbindungen MX$_2$ und M$_2$X

Niggli-Formeln:

CsCl$_{8/8}$ NaCl$_{6/6}$ ZnS$_{4/4}$
CaF$_{8/4}$ TiO$_{6/3}$

allgemein: im Zähler Koordinationszahl des Kations
im Nenner Koordinationszahl des Anions

▣ **11.6** Wichtige Strukturtypen für Ionenverbindungen

Strukturtyp	Mindestradienverhältnis r_{M^+}/r_{X^-}	K. Z. Kation	K. Z. Anion	Beispiele
Cäsiumchlorid	0,732	8	8	CsCl, CsBr, CsI, TlCl, TlI, NH$_4$Cl
Natriumchlorid	0,414	6	6	Halogenide von Li$^+$, Na$^+$, K$^+$, Rb$^+$
				Oxide und Sulfide von Mg^{2+}, Ca^{2+}, Sr^{2+}, Ba^{2+}, Ni^{2+}; AgF, AgCl, AgBr, NH$_4$I
Zinkblende	0,225	4	4	BeS, ZnS, CdS, CuCl, CuBr, CuI, AgI
Fluorit	0,732	8	4	CaF$_2$, SrF$_2$, BaF$_2$, CdF$_2$, SrCl$_2$, BaCl$_2$, ThO$_2$
Antifluorit	0,225	4	8	Li$_2$O, Na$_2$O, K$_2$O, Rb$_2$O
Rutil	0,414	6	3	TiO$_2$, SnO$_2$, MnO$_2$, MgF$_2$, NiF$_2$, FeF$_2$, ZnF$_2$

11.16 Defektstrukturen

Kein Kristall hat einen völlig perfekten Aufbau; verschiedene Arten von Baufehlern können auftreten. **Versetzungen** sind Baufehler mit fehlerhafter Ausrichtung von Ebenen; zum Beispiel kann zwischen zwei Ebenen eine weitere Ebene eingeschoben sein, jedoch nur in einem Teil des Kristalls. Fehlende oder falsch plazierte Ionen stellen **Punktdefekte** dar. Zum Beispiel können sich einzelne Kationen in falschen Hohlräumen zwischen den Anionen befinden (**Zwischengitterplätze**) während an den eigentlichen Kationen-Positionen **Leerstellen** bleiben. Ionen können auch paarweise fehlen — je ein Kationen- und Anionen-Platz bleiben unbesetzt. Solche Fehler wirken sich nicht auf die Zusammensetzung des Kristalls aus. Die Zahl der Baufehler hängt von der Temperatur ab; je höher die Temperatur, desto höher ist die mittlere Schwingungsenergie der Teilchen und desto größer ist die Wahrscheinlichkeit, daß einzelne Teilchen ihren Platz verlassen.

Manche Kristalle sind imperfekt, weil sie nicht den stöchiometrischen Regeln entsprechen. Eisen(II)-oxid („FeO") enthält mehr Sauerstoff- als Eisen-Atome, während Zinkoxid (ZnO) meist mehr Zink- als Sauerstoff-Atome enthält. In manchen Fällen schwankt die Zusammensetzung von Kristall zu Kristall bei unveränderter Gesamtstruktur innerhalb von gewissen Grenzen; man spricht dann von einer **Phasenbreite**.

Für das Auftreten **nichtstöchiometrischer** Verbindungen gibt es mehrere Ursachen. In allen Fällen bleibt aber die elektrische Neutralität des Kristalls gewahrt. Beim Zinkoxid werden Zink-*Atome* auf Zwischengitterplätzen zwischen den *Ionen* des Kristalls eingebaut. Beim Eisenoxid bilden die O^{2-}-Ionen ein vollständiges Gitter, aber einzelne Kationen-Plätze bleiben leer. Um trotz des Mangels an Kationen die Elektroneutralität zu wahren, sind manche der Kationen nicht Fe^{2+}-, sondern Fe^{3+}-Ionen. Um das Fehlen von Kationen anzudeuten, schreibt man die Formel, der Zusammensetzung entsprechend, $Fe_{0,95}O$. Beim Natriumchlorid kennt man eine weitere Fehlervariante mit nichtstöchiometrischer Zusammensetzung. Einzelne Cl^--Ionen fehlen im Gitter; zur Wahrung der Elektroneutralität befinden sich in den entsprechenden Hohlräumen einzelne Elektronen. Fehler dieser Art können entstehen, wenn ein Natriumchlorid-Kristall radioaktiver Strahlung ausgesetzt wird; die einzelnen Elektronen in den Hohlräumen verleihen dem Kristall eine blaue Farbe (◉ 11.35).

Ionen ähnlicher Größe können sich in einem Kristall teilweise ersetzen. Diese Erscheinung ist bei zahlreichen Mineralien bekannt. Im Apatit, $Ca_5(PO_4)_3OH$, können zum Beispiel die OH^--Ionen teilweise durch F^--Ionen ersetzt sein, was wir durch die Formel $Ca_5(PO_4)_3(OH, F)$ zum Ausdruck bringen können. Ein anderes, häufig vorkommendes nichtstöchiometrisches Mineral ist Olivin, $(Mg, Fe)_2SiO_4$, in dem die Kationen-Plätze in wechselnden Mengen von Mg^{2+}- und Fe^{2+}-Ionen eingenommen werden.

Fremdatome (Verunreinigungen) sind eine häufige Ursache für Kristalldefekte. In einem Natriumchlorid-Kristall können zum Beispiel Mg^{2+}-Ionen an Stelle von Na^+-Ionen eingebaut sein. Die Elektroneutralität verlangt in diesem Fall, daß andere Kationen-Plätze leer bleiben. Fremdatome können für die physikalischen Eigenschaften von Kristallen von Bedeutung sein. Halbleiter mit bestimmten elektrischen Eigenschaften werden zum Beispiel durch den gezielten Einbau von Verunreinigungen in bestimmte Kristalle hergestellt (s. Abschn. 27.**2**, S. 472).

◉ **11.35** Steinsalzkristall (NaCl), dem Elektronen an der Stelle von Cl^--Ionen eine blaue Farbe verleihen (Neuhof/Fulda)

11.17 Übungsaufgaben

(Lösungen s. S. 671)

Intermolekulare Kräfte

11.1 Erklären Sie:
a) Das OF_2-Molekül hat ein Dipolmoment von $1,0 \cdot 10^{-30}$ C·m, aber beim BeF_2-Molekül beträgt es Null.
b) Das PF_3-Molekül hat ein Dipolmoment von $3,4 \cdot 10^{-30}$ C·m, aber beim BF_3-Molekül beträgt es Null.

11.2 Bei welchen der in 9.1 (S. 130) aufgeführten Moleküle ist ein Dipolmoment von Null zu erwarten?

11.3 Warum hat Kohlenoxidsulfid (SCO) ein Dipolmoment von $2,4 \cdot 10^{-30}$ C·m, aber Kohlendioxid (CO_2) eines von Null? Hat Kohlendisulfid (CS_2) ein Dipolmoment?

11.4 Trotz des relativ großen Unterschieds der Elektronegativitäten von C und O hat CO nur ein recht kleines Dipolmoment von $0,4 \cdot 10^{-30}$ Cm. Formulieren Sie die Valenzstrichformel und geben Sie eine Erklärung.

11.5 Warum hat das PF_3-Molekül ein Dipolmoment von $3,4 \cdot 10^{-30}$ C·m, aber das PF_5-Molekül eines von Null?

11.6 Erklären Sie die Reihenfolge für die Schmelzpunkte:
F_2 −233 °C Cl_2 −103 °C
Br_2 −7 °C I_2 114 °C

11.7 Aus HF und KF kann die Verbindung KHF_2 hergestellt werden. Erklären Sie die Struktur des HF_2^--Ions.

11.8 Abgesehen von einigen Ausnahmen, sind die Hydrogensalze wie z. B. $NaHSO_4$ besser in Wasser löslich als die normalen Salze wie Na_2SO_4. Warum?

11.9 Wie kann man die unterschiedlichen Siedepunkte folgender Verbindungen erklären:
1,2-Diamino-ethan (117 °C) $H_2N-CH_2-CH_2-NH_2$
1-Amino-propan (49 °C) $H_3C-CH_2-CH_2-NH_2$

Flüssigkeiten

11.10 Verwenden Sie 10.1 (S. 154) um den Siedepunkt von Wasser bei 1 kPa und bei 2,5 kPa abzuschätzen.

11.11 Der Dampfdruck von Nitrobenzol beträgt 1,38 kPa bei 85 °C und 5,17 kPa bei 115 °C. Welche ist die molare Verdampfungsenthalpie von Nitrobenzol in diesem Temperaturbereich?

11.12 Methanol hat bei 50 °C einen Dampfdruck von 53,7 kPa; die molare Verdampfungsenthalpie beträgt 37,6 kJ/mol. Welcher ist der normale Siedepunkt von Methanol?

11.13 Toluol hat bei 90 °C einen Dampfdruck von 53,9 kPa, die molare Verdampfungsenthalpie beträgt 35,9 kJ/mol. Welchen Dampfdruck hat Toluol bei 100 °C?

11.14 Die molare Verdampfungsenthalpie von Wasser beträgt 40,7 kJ/mol. Welchen Siedepunkt hat Wasser bei 50,65 kPa?

Phasendiagramme

11.15 Verwenden Sie die folgenden Zahlenwerte, um das Phasendiagramm für Wasserstoff zu skizzieren: normaler Schmelzpunkt: 14,01 K; normaler Siedepunkt: 20,38 K; Tripelpunkt: 13,95 K und 7,1 kPa; kritischer Punkt: 33,3 K und 1,30 MPa; Dampfdruck bei 10 K: 0,10 kPa.

11.16 Skizzieren Sie das Phasendiagramm für Krypton: Sdp.: −152 °C; Smp.: −157 °C; Tripelpunkt: −169 °C und 17,7 kPa; kritischer Punkt: −63 °C und 5,49 MPa; Dampfdruck bei −199 °C: 13 Pa. Hat festes oder flüssiges Kr bei 101 kPa eine höhere Dichte?

11.17 Verwenden Sie das Phasendiagramm von Kohlendioxid (11.12, S. 179), um die Phasenumwandlungen und die ungefähren zugehörigen Drücke bzw. Temperaturen anzugeben, wenn:
a) der Druck bei einer konstanten Temperatur von −60 °C allmählich erhöht wird
b) der Druck bei einer konstanten Temperatur von 0 °C allmählich erhöht wird
c) die Temperatur bei einem konstanten Druck von 100 kPa von −80 auf +20 °C erhöht wird
d) die Temperatur bei einem konstanten Druck von 560 kPa von −80 auf +20 °C erhöht wird

11.18 Kann Eis sublimiert werden? Wenn ja, welche Bedingungen wären dazu nötig? (Vgl. 11.11, S. 178).

Kristalle, Röntgenbeugung

11.19 Welche Kräfte müssen überwunden werden, um Kristalle folgender Verbindungen zu schmelzen?
Si   Ba F_2 BaF_2 BF_3
PF_3 Xe   CaO Cl_2O $CaCl_2$

11 Flüssigkeiten und Feststoffe

11.20 Welche Substanz der folgenden Paare sollte den höheren Schmelzpunkt haben?
a) ClF oder BrF
b) BrCl oder Cl_2
c) CsBr oder BrCl
d) Cs oder Br_2
e) Diamant oder Cl_2
f) $SrCl_2$ oder $SiCl_4$
g) $SiCl_4$ oder SCl_4

11.21 Bei der Beugung von Röntgenstrahlen der Wellenlänge $\lambda = 71{,}0$ pm wurde ein gebeugter Strahl erster Ordnung ($n = 1$) bei $\theta = 12{,}0°$ beobachtet. Wie weit sind die zugehörigen Ebenen im Kristall voneinander entfernt?

11.22 Die Ebenen einer Ebenenschar in einem Kristall sind 204 pm voneinander entfernt. Bei welchen Einstrahlungswinkeln θ kann ein gebeugter Strahl erster, zweiter und dritter Ordnung beobachtet werden, wenn die Wellenlänge $\lambda = 154$ pm beträgt?

11.23 Führen Sie die gleiche Berechnung wie in Aufgabe 11.22 für $d = 303$ pm und $\lambda = 71{,}0$ pm durch.

11.24 Xenon kristallisiert mit einer kubisch-dichtesten Kugelpackung. Die flächenzentrierte Elementarzelle hat eine Kantenlänge von 620 pm. Welche Dichte hat kristallines Xenon?

11.25 Silber und Tantal kristallisieren im kubischen Kristallsystem mit den Gitterkonstanten $a = 408$ pm bzw. $a = 330$ pm. Die Dichte von Ag ist 10,6 g/cm³, die von Ta 16,6 g/cm³. Wie viele Ag- bzw. Ta-Atome sind in der Elementarzelle enthalten? Um welchen Gittertyp handelt es sich jeweils?

11.26 Ein Element kristallisiert kubisch-innenzentriert mit einer Gitterkonstanten von 286 pm. Die Dichte des Elements ist 7,92 g/cm³. Welche relative Atommasse hat das Element?

11.27 Palladium kristallisiert mit kubisch-dichtester Kugelpackung und einer Gitterkonstanten von 389 pm. Welche Maße hat ein Palladium-Würfel, der ein Mol Pd enthält?

11.28 Berechnen Sie die metallischen Atomradien und die Dichten:

Element	Gittertyp	Gitterkonstanten
Al	kubisch-flächenzentriert	$a = 405$ pm
Cr	kubisch-innenzentriert	$a = 287{,}5$ pm
In	tetragonal-innenzentriert	$a = 324$ pm $c = 494$ pm

11.29 a) Wie viele Ionen jeder Art sind in der Elementarzelle des NaCl-Typs vorhanden (▣ 11.**31**, S. 189)?
b) Silberchlorid, AgCl, kristallisiert im NaCl-Typ und hat eine Dichte von 5,57 g/cm³. Wie groß ist die Gitterkonstante von AgCl?
c) Wie groß ist der kürzeste Abstand zwischen einem Ag^+- und einem Cl^--Ion?

11.30 a) Wie viele Ionen jeder Art sind in der Elementarzelle des CsCl-Typs vorhanden (▣ 11.**31**, S. 189)?
b) Die Dichte von CsCl ist 3,99 g/cm³. Welche Kantenlänge hat die Elementarzelle?
c) Wie groß ist der kürzeste Abstand zwischen einem Cs^+- und einem Cl^--Ion?

11.31 Blei(II)-sulfid kristallisiert im NaCl-Typ. Der kürzeste Abstand zwischen einem Pb^{2+}- und einem S^{2-}-Ion beträgt 297 pm.
Wie groß ist die Gitterkonstante?
Welche Dichte hat PbS?

11.32 a) Wie viele Ionen jeder Art enthält die Elementarzelle des Zinkblende-Typs?
b) Kupfer(I)-chlorid kristallisiert im Zinkblende-Typ mit einer Gitterkonstanten von 542 pm. Welche Dichte hat CuCl?
c) Wie groß ist der kürzeste Abstand zwischen einem Cu^+- und einem Cl^--Ion?

11.33 Thallium(I)-chlorid kristallisiert im CsCl-Typ mit einem kürzesten Tl^+-Cl^--Abstand von 333 pm. Wie groß ist die Gitterkonstante, wie groß ist die Dichte?

11.34 Verwenden Sie das Radienverhältnis als Kriterium um zu beurteilen, welche der folgenden Verbindungen im CsCl-, NaCl- oder Zinkblende-Typ kristallisieren sollten:

BeO   MgO   CaO   SrO
         MgS   CaS   SrS

Ionenradien:
$Be^{2+} = 45$ pm $Ca^{2+} = 100$ pm
$Mg^{2+} = 72$ pm $Sr^{2+} = 118$ pm
$O^{2-} = 140$ pm $S^{2-} = 184$ pm

11.35 Cadmiumoxid kristallisiert im NaCl-Typ, jedoch meist nichtstöchiometrisch mit einer Zusammensetzung von etwa $CdO_{0{,}995}$ weil einzelne Cadmium-Lagen von Cadmium-Atomen statt Cd^{2+}-Ionen eingenommen werden und die entsprechende Zahl von Anionenlagen leer bleibt.
a) Wieviel % der Anionenplätze sind leer?
b) Welche Dichte hätte der perfekte Kristall und welche Dichte hat der nichtstöchiometrische Kristall bei einer Gitterkonstanten von 469,5 pm?

12 Lösungen

Zusammenfassung. Lösungen sind homogene Gemische. Die Komponente mit dem größten Mengenanteil wird meistens *Lösungsmittel* genannt. Die Menge eines gelösten Stoffes in einer gegebenen Menge Lösung nennt man *Konzentration*. Eine Lösung, in der die maximal auflösbare Menge eines Stoffes enthalten ist, heißt *gesättigte Lösung*; Lösungen mit geringerer Konzentration sind ungesättigt.

Die Art und Stärke der Anziehungskräfte zwischen den Lösungsmittel-Molekülen, zwischen Lösungsmittel-Molekülen und gelösten Teilchen sowie zwischen den gelösten Teilchen untereinander bestimmt weitgehend die Löslichkeit eines Stoffes in einem bestimmten Lösungsmittel. Die größten Löslichkeiten werden dann beobachtet, wenn diese Kräfte ähnlich sind; „Ähnliches löst Ähnliches".

Die *Lösungsenthalpie*, die beim Herstellen einer Lösung freigesetzt oder aufgenommen wird, ergibt sich aus dem Energiebetrag, der zum Überwinden der Anziehungskräfte innerhalb der reinen Komponenten (Lösungsmittel und zu lösender Stoff) aufzuwenden ist und dem Energiebetrag, der bei der *Solvatation* freigesetzt wird. Mit Wasser als Lösungsmittel wird der *Solvatationsprozeß*, bei dem die gelösten Teilchen die Lösungsmittel-Moleküle anziehen und sich mit ihnen umhüllen, *Hydratation* genannt; die dabei freigesetzte Energie ist die Hydratationsenthalpie.

Mit Hilfe des *Prinzips des kleinsten Zwanges* kann man voraussagen, wie die Löslichkeit eines Stoffes von der Temperatur abhängt. Wenn der Auflösungsprozeß *endotherm* ist, *nimmt die Löslichkeit mit steigender Temperatur zu*; dies ist bei den meisten Lösungen von Feststoffen der Fall. Wenn er *exotherm* ist, *nimmt sie mit steigender Temperatur ab*; bei Lösungen von Gasen ist dies in der Regel so. Die Löslichkeit von Feststoffen und Flüssigkeiten wird kaum vom Druck beeinflußt. Bei *Gasen* nimmt die Löslichkeit in einer Flüssigkeit proportional zum *Partialdruck* des Gases zu (Henry-Dalton-Gesetz).

Konzentrationen werden als Massenanteil *w* bzw. *Massenprozent* (cg/g), *Stoffmengenanteil x, Stoffmengenkonzentration c* oder *Molalität b* angegeben.

Der *Dampfdruck* einer Lösung ist gleich der Summe der Partialdrücke ihrer Komponenten. Bei idealen Lösungen ist nach dem Raoult-Gesetz der Partialdruck gleich dem Stoffmengenanteil der Komponente in der Lösung mal dem Dampfdruck der reinen Komponente. Der *Dampfdruck* der verdünnten Lösungen eines *nichtflüchtigen Stoffes* ist gleich dem Partialdruck des Lösungsmittels im Sinne des Raoult-Gesetzes. Als Folge davon ist der *Dampfdruck* der Lösung kleiner, ihr *Gefrierpunkt* niedriger und ihr *Siedepunkt* höher als für das reine Lösungsmittel.

Dampfdruck, Gefrierpunktserniedrigung, Siedepunktserhöhung und *osmotischer Druck* hängen nicht von der Art des gelösten Stoffes, sondern nur von seinem *Stoffmengenanteil* in der Lösung ab. Der *osmotische Druck* in einer

Schlüsselworte (s. Glossar)

Löslichkeit
Hydratation
Hydratationsenthalpie
Solvatation
Solvatationsenthalpie

Lösungsenthalpie
Prinzip des kleinsten Zwanges
Henry-Dalton-Gesetz

Konzentration
Massenanteil
   Massenkonzentration
   Stoffmengenanteil
   Stoffmengenkonzentration
   Normallösung
   Volumenanteil
   Molalität

Ideale Lösung
Raoult-Gesetz
Gefrierpunktserniedrigung
Siedepunktserhöhung
Osmose

Destillation
Fraktionierte Destillation
   (Rektifikation)
Azeotropes Gemisch

Elektrolyt
van't Hoff-Faktor

konzentrierten Lösung baut sich auf, wenn sie von einer verdünnteren Lösung durch eine *semipermeable Membran* getrennt ist; die semipermeable Membran läßt nur die Lösungsmittel-Moleküle passieren.

Ein nichtflüchtiger gelöster Stoff kann durch einfache Destillation vom Lösungsmittel getrennt werden. Zur Trennung einer Lösung aus zwei flüchtigen Stoffen dient die *fraktionierte Destillation*, bei der die unterschiedliche Zusammensetzung von Lösung und Dampf ausgenutzt wird. Dazu werden einzelne Destillationsschritte in einer *Kolonne* mehrfach wiederholt. *Azeotrope Gemische* lassen sich nicht durch Destillation trennen.

Elektrolyte sind Stoffe, die in wäßriger Lösung Ionen bilden, weshalb die Lösungen den elektrischen Strom besser leiten als reines Wasser. *Starke Elektrolyte* bestehen in der Lösung praktisch vollständig aus Ionen. *Schwache Elektrolyte* bestehen in der Lösung aus Molekülen, die nur teilweise in Ionen dissoziieren. Weil die Lösung von einem Mol eines Elektrolyten mehr als ein Mol Teilchen (Moleküle und Ionen) enthält, ist ihre Gefrierpunktserniedrigung, ihre Siedepunktserhöhung und ihr osmotischer Druck größer als bei einem Nichtelektrolyten gleicher Konzentration.

Lösungen sind homogene Gemische. Gasgemische können als gasförmige Lösungen aufgefaßt werden; ihr Verhalten wird durch das Dalton-Gesetz der Partialdrücke erfaßt. Manche Legierungen sind feste Lösungen; Messing ist zum Beispiel eine feste Lösung aus Zink in Kupfer. Allerdings sind nicht alle Legierungen feste Lösungen; einige sind heterogene Gemische, andere sind intermetallische Verbindungen. Am häufigsten hat man es mit flüssigen Lösungen zu tun.

12.1	Allgemeine Betrachtungen 197
12.2	Der Auflösungsprozeß 198
12.3	Hydratisierte Ionen 199
12.4	Lösungsenthalpie 200
12.5	Abhängigkeit der Löslichkeit von Druck und Temperatur 201
12.6	Konzentration von Lösungen 202
12.7	Dampfdruck von Lösungen 206
12.8	Gefrierpunkt und Siedepunkt von Lösungen 208
12.9	Osmose 210
12.10	Destillation 212
12.11	Elektrolyt-Lösungen 214
12.12	Interionische Wechselwirkungen in Lösungen 215
12.13	Übungsaufgaben 216

12.1 Allgemeine Betrachtungen

Unter dem **Lösungsmittel** oder **Solvens** versteht man im allgemeinen die Komponente einer Lösung mit dem größten Mengenanteil; die übrigen Komponenten sind die **gelösten Stoffe**. Diese Einteilung ist willkürlich und nicht immer zweckmäßig. Zuweilen wird eine Komponente auch dann als Lösungsmittel aufgefaßt, wenn sie einen kleineren Mengenanteil ausmacht; Phosphorsäure (H_3PO_4), eine im reinen Zustand kristalline Verbindung, ist zum Beispiel als flüssige Lösung mit 85 % Massenanteil Phosphorsäure und 15 % Wasser im Handel, trotzdem wird das Wasser als das Lösungsmittel aufgefaßt.

Manche Substanzen bilden miteinander Lösungen in jedem beliebigen Mischungsverhältnis (vollständige Mischbarkeit). Gase sind immer beliebig miteinander mischbar und auch für manche Komponenten von flüssigen oder festen Lösungen gilt dies. Meistens ist die Menge eines Stoffes, die sich in einem Lösungsmittel lösen läßt, jedoch begrenzt. Die **Löslichkeit** eines Stoffes entspricht der maximalen Stoffmenge, die sich bei gegebener Temperatur unter Bildung eines stabilen Systems in einer bestimmten Menge eines gegebenen Lösungsmittels lösen läßt.

Die Menge eines gelösten Stoffes in einer bestimmten Menge Lösung ist seine **Konzentration**. Lösungen, die nur eine kleine Menge gelösten Stoff enthalten, nennt man **verdünnte Lösungen**; eine **konzentrierte Lösung** hat eine relativ hohe Konzentration an gelöstem Stoff.

Wenn man einem flüssigen Lösungsmittel eine größere Menge eines Stoffes zufügt, als sich darin lösen kann, so stellt sich ein Gleichgewicht zwischen der Lösung und dem ungelösten Rest des Stoffes ein. Der ungelöste Stoff kann fest, flüssig oder gasförmig sein; einen festen ungelösten Stoffrest nennt man Bodenkörper. Im Gleichgewichtszustand geht ständig ungelöster Stoff in Lösung während gelöster Stoff gleich schnell aus der Lösung ausgeschieden wird. Die Konzentration in der Lösung bleibt dabei konstant. Eine Lösung dieser Art wird **gesättigte Lösung** genannt, und die zugehörige Konzentration entspricht der Löslichkeit des betreffenden Stoffes.

Daß zwischen einer gesättigten Lösung und dem überschüssigen, ungelösten Stoff ein dynamisches Gleichgewicht besteht, läßt sich experimentell zeigen. Bei einem Bodenkörper aus kleinen Kristallen, der in Kontakt zu einer gesättigten Lösung steht, kann man eine Veränderung der Gestalt und Größe der Kristalle beobachten; große Kristalle wachsen auf Kosten der kleineren Kristalle. Dabei verändert sich weder die Konzentration der gesättigten Lösung noch die Menge des Bodenkörpers.

Eine **ungesättigte Lösung** hat eine geringere Konzentration als eine gesättigte Lösung. In einer **übersättigten Lösung** ist die Konzentration höher als in der gesättigten Lösung. Übersättigte Lösungen sind metastabil;

bei Zusatz eines Keimes scheidet sich der über die Sättigungsmenge hinausgehende Überschuß des gelösten Stoffes aus. Keime können zum Beispiel Staubteilchen sein. Besonders gute Keime sind *Impfkristalle*; das sind Kristalle des Stoffes, der in Lösung ist.

12.2 Der Auflösungsprozeß

Unpolare und polare Substanzen bilden im allgemeinen keine Lösungen miteinander. Tetrachlormethan (CCl_4; eine unpolare, flüssige Substanz) ist unlöslich in Wasser. Die Anziehungskräfte der polaren Wasser-Moleküle untereinander sind erheblich stärker als die Anziehungskräfte zwischen Wasser- und Tetrachlormethan-Molekülen, zwischen denen nur London-Kräfte wirksam sind. Die Tendenz der Wasser-Moleküle, sich aneinander zu lagern, bewirkt eine Verdrängung der Tetrachlormethan-Moleküle. Die beiden Substanzen bleiben getrennt als zwei übereinandergeschichtete Flüssigkeiten.

Iod, das aus unpolaren I_2-Molekülen besteht, ist in Tetrachlormethan löslich. Die Anziehungskräfte zwischen I_2-Molekülen im festen Iod sind etwa von der gleichen Art und Größenordnung wie die zwischen CCl_4-Molekülen im reinen Tetrachlormethan. Damit sind auch entsprechende Wechselwirkungen zwischen I_2- und CCl_4-Molekülen möglich, beide sind miteinander mischbar. Es entsteht eine Lösung mit statistisch verteilten Iod-Molekülen.

Methanol (H_3C-OH) besteht wie Wasser aus polaren, miteinander assoziierten Molekülen. In beiden Flüssigkeiten lagern sich die Moleküle über Wasserstoff-Brücken zusammen. Methanol und Wasser lassen sich in jedem Mengenverhältnis mischen. In den Lösungen sind Methanol- und Wasser-Moleküle über Wasserstoff-Brücken assoziiert. Methanol löst sich nicht in unpolaren Lösungsmitteln. Die starken intermolekularen Anziehungskräfte im reinen Methanol können nur von Lösungsmittel-Molekülen überwunden werden, die mit den Methanol-Molekülen ähnlich starke Wechselwirkungen eingehen.

Allgemein lösen sich polare Substanzen nur in polaren Lösungsmitteln und unpolare nur in unpolaren Lösungsmitteln. Es gilt somit die Regel „Ähnliches löst Ähnliches". Verbindungen mit Gerüststrukturen wie zum Beispiel Diamant, in denen die Atome im Kristall durch kovalente Bindungen zusammengehalten werden, sind in allen Flüssigkeiten unlöslich. Keinerlei Wechselwirkung mit Lösungsmittel-Molekülen ist stark genug, um die kovalenten Bindungskräfte in einer Gerüststruktur zu überwinden.

Polare Flüssigkeiten, insbesondere Wasser, vermögen viele Ionen-Verbindungen zu lösen. Die Ionen ziehen die polaren Lösungsmittel-Moleküle an — positiver Pol des Lösungsmittel-Moleküls an negatives Ion, negativer Pol an positives Ion. Ion-Dipol-Anziehungskräfte können recht stark sein.

In ⊙ 12.1 wird der Auflösungsprozeß eines Ionenkristalls in Wasser veranschaulicht. Während die Ionen im Inneren des Kristalls gleichmäßig aus allen Richtungen durch entgegengesetzt geladene Ionen angezogen werden, ist die elektrostatische Anziehung für die Ionen an der Kristalloberfläche unausgeglichen. Die Oberflächen-Ionen ziehen Wasser-Moleküle an: die negativ geladenen Enden der Wasser-Moleküle werden von den Kationen, die positiv geladenen Enden von den Anionen angezogen.

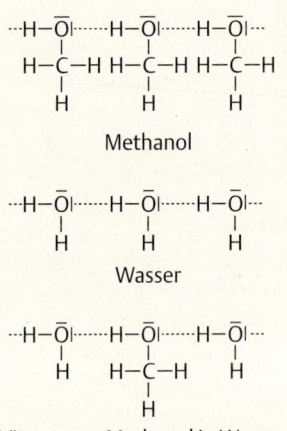

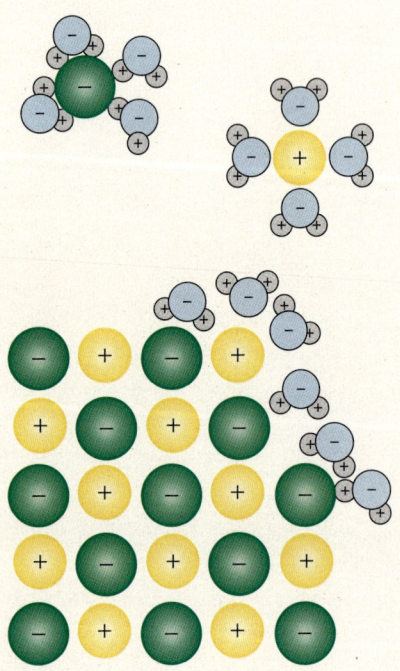

⊙ 12.1 Auflösungsprozeß eines Ionenkristalls in Wasser

Die Ion-Dipol-Anziehungen erlauben den Ionen, aus dem Kristallverband auszubrechen und in die Lösung zu driften. Die gelösten Ionen sind **hydratisiert**, d.h. von einer Hülle aus Wasser-Molekülen umgeben.

12.3 Hydratisierte Ionen

Anionen werden in wäßriger Lösung durch die Anziehung zwischen dem Ion und den Wasserstoff-Atomen der Wasser-Moleküle hydratisiert. Dabei können, wie zum Beispiel beim Sulfat-Ion, mehrere Wasserstoff-Brücken beteiligt sein. Kationen werden durch die Anziehung zwischen dem Ion und den einsamen Elektronenpaaren des Sauerstoff-Atoms im Wasser-Molekül hydratisiert. Diese Anziehungskräfte sind relativ stark. Oft wird das Kation durch eine definierte Zahl von Wasser-Molekülen hydratisiert. Die an das Kation oder Anion gebundenen Wasser-Moleküle binden weitere Wasser-Moleküle über Wasserstoff-Brücken; die so in weiter außen liegenden Hüllen vorhandenen Wasser-Moleküle sind jedoch weniger fest gebunden.

Die Anziehungskräfte zwischen Ion und Wasser-Molekülen sind vor allem dann stark, wenn das Ion eine hohe Ladung hat und wenn es klein ist. Dies sind die gleichen Bedingungen, die beim Übergang von der Ionen-Bindung zur kovalenten Bindung für erhebliche kovalente Bindungsanteile sorgen (vgl. Abschn. 8.2, S. 113). Aus dem gleichen Grund, aus dem in Beryllium-Verbindungen überwiegend kovalente Bindungen auftreten (hohe Ionenladung bei kleiner Ionengröße), sind auch hydratisierte Beryllium-Kationen sehr stabil. Beim Auflösen von Berylliumchlorid, in welchem die Bindungen überwiegend *kovalent* sind, entstehen hydratisierte *Ionen*:

$$BeCl_2(s) + 4H_2O \rightarrow [Be(OH_2)_4]^{2+}(aq) + 2Cl^-(aq)$$

Bei dem hypothetischen Prozeß, in welchem Ionen aus dem Gaszustand in gelöste, hydratisierte Ionen überführt werden, wird Energie freigesetzt. Sie wird **Hydratationsenthalpie** genannt. Die Hydratationsenthalpie hängt von der Konzentration der entstehenden Lösung ab. Wenn, wie im nebenstehenden Beispiel, keine näheren Angaben gemacht werden, wird unterstellt, daß die Ionen in maximalem Maß hydratisiert werden. Dies ist erfüllt, wenn die Lösung sehr verdünnt ist; die zugehörigen ΔH-Werte werden Hydratationsenthalpien für unendliche Verdünnung genannt.

Der Betrag der Hydratationsenthalpie zeigt die Stärke der Anziehungskräfte zwischen den Ionen und den Wasser-Molekülen an. Bei einem großen negativen Wert für ΔH werden die Wasser-Moleküle stark gebunden.

Beim Eindampfen von wäßrigen Lösungen werden häufig kristalline Substanzen erhalten, in denen die hydratisierten Ionen erhalten bleiben. Außerdem können Wasser-Moleküle im Kristall eingebaut sein, ohne an ein spezifisches Ion assoziiert zu sein. Kristalle, die in dieser Art Wasser-Moleküle enthalten, werden *Kristallhydrate* genannt; das eingebaute Wasser ist das *Kristallwasser*. In der Formel wird das Wasser durch einen Punkt abgesetzt angegeben, zum Beispiel $BaCl_2 \cdot 2H_2O$ (zu lesen: $BaCl_2$ *mit* zwei H_2O). Bei den Formeln wird häufig nicht unterschieden, ob es sich um Hydratationswasser eines Ions oder um anderweitig eingebautes Kristallwasser handelt. Will man das Hydratationswasser als solches kenntlich

hydratisiertes Sulfat-Ion

hydratisiertes Be^{2+}-Ion

$$K^+(g) + Cl^-(g) \xrightarrow{+H_2O} K^+(aq) + Cl^-(aq)$$
$$\Delta H = -684{,}1 \text{ kJ/mol}$$

$BaCl_2 \cdot 2H_2O$ besteht aus Ba^{2+}-Ionen, Cl^--Ionen und H_2O-Molekülen

$FeCl_3 \cdot 6H_2O$ besteht aus $[Fe(OH_2)_6]^{3+}$-Ionen und Cl^--Ionen: $[Fe(OH_2)_6]Cl_3$

$CuSO_4 \cdot 5H_2O$ besteht aus $[Cu(OH_2)_4]^{2+}$-Ionen und $SO_4(H_2O)^{2-}$-Ionen: $[Cu(OH_2)_4][SO_4(H_2O)]$

machen, kann man die entsprechenden hydratisierten Ionen durch eckige Klammern bezeichnen.

Bei Verwendung anderer Lösungsmittel als Wasser ist die Situation ähnlich. An Stelle von Hydratation spricht man dann allgemein von **Solvatation**, von solvatisierten Ionen und von der **Solvatationsenthalpie**.

12.4 Lösungsenthalpie

Wenn eine Substanz in einem Lösungsmittel gelöst wird, wird Energie freigesetzt oder aufgenommen. Wenn der Vorgang bei konstantem Druck durchgeführt wird (offenes Gefäß), nennt man die abgegebene oder aufgenommene Wärmemenge **Lösungsenthalpie**. So wie die Hydratationsenthalpie von der Konzentration der erhaltenen Lösung abhängt, ist auch die Lösungsenthalpie davon abhängig. Wenn nicht anders angegeben, beziehen sich Zahlenwerte auf die Bildung von unendlich verdünnten Lösungen.

Die beim Lösen einer reinen Substanz umgesetzte Energie setzt sich aus der Energie zusammen, die zum Trennen der Teilchen der Substanz *aufgebracht* werden muß, und der Energie, die bei der Bildung der solvatisierten Teilchen der Lösung *freigesetzt* wird. Wenn zum Beispiel Kaliumchlorid in Wasser gelöst wird, kann die Lösungsenthalpie folgendermaßen zusammengesetzt werden:

1. Die aufzuwendende Energie, die gebraucht wird, um die Kristallstruktur des Kaliumchlorids unter Bildung gasförmiger Ionen aufzubrechen (Gitterenergie):

$$KCl(s) \rightarrow K^+(g) + Cl^-(g) \qquad \Delta H = +701{,}2 \text{ kJ/mol}$$

2. Die freigesetzte Hydratationsenthalpie bei der Bildung von hydratisierten, gelösten Ionen aus den gasförmigen Ionen:

$$K^+(g) + Cl^-(g) \xrightarrow{H_2O} K^+(aq) + Cl^-(aq) \qquad \Delta H = -684{,}1 \text{ kJ/mol}$$

Diese Hydratationsenthalpie ist genau genommen die Summe von drei Energiewerten: die notwendige Energie, um einige Wasserstoff-Brücken im Wasser zu lösen, die freigesetzte Energie bei der Hydratation der Kalium-Ionen und die freigesetzte Energie bei der Hydratation der Chlorid-Ionen. Es ist allerdings schwierig, diese drei Vorgänge getrennt voneinander zu untersuchen.

Im betrachteten Beispiel ist der Gesamtprozeß endotherm. Die Lösungsenthalpie hat einen positiven Wert, weil im Schritt 1 mehr Energie benötigt wird, als in Schritt 2 freigesetzt wird:

$$KCl(s) \xrightarrow{H_2O} K^+(aq) + Cl^-(aq) \qquad \Delta H = +17{,}1 \text{ kJ/mol}$$

Lösungsenthalpien können auch negative Werte haben, wenn bei der Solvatation (Schritt 2) mehr Energie frei wird als zum Zerlegen der Kristallstruktur benötigt wird (Schritt 1):

1. AgF(s)	→ Ag$^+$(g) + F$^-$(g)	ΔH = 910,9 kJ/mol
2. Ag$^+$(g) + F$^-$(g)	→ Ag$^+$(aq) + F$^-$(aq)	ΔH = −931,4 kJ/mol
AgF(s)	→ Ag$^+$(aq) + F$^-$(aq)	ΔH = − 20,5 kJ/mol

Die Beiträge, die zu großen Werten für Schritt 1 führen (hohe Ionenladung und kleine Ionenradien; vgl. Abschn. 12.**3**, S. 199), führen auch zu großen Beträgen bei Schritt 2. Beide Beträge liegen meist in der gleichen Größenordnung, und die Lösungsenthalpie selbst hat einen viel kleineren Betrag. Bei der Berechnung von Lösungsenthalpien können deshalb relativ kleine Fehler in den Werten der Gitterenergie und der Solvatationsenthalpie zu relativ großen Fehlern bei der Lösungsenthalpie führen. Im Falle der Auflösung von AgF bedeutet 1 % Fehler bei einem der ersten beiden Werte, einen Fehler von 9 kJ/mol im Ergebnis, d. h. ~ 45 % relativer Fehler.

Bei der Auflösung von nichtionischen Verbindungen sind die Verhältnisse ähnlich. Die Gitterenergien von Molekülkristallen sind kleiner als die von Ionenkristallen, ebenso sind aber auch die Solvatationsenthalpien geringer. Für feste molekulare Verbindungen, die sich in unpolaren Lösungsmitteln ohne Bildung von Ionen und ohne besondere Wechselwirkungen zwischen Lösungsmittel und gelöstem Stoff lösen, sind Lösungsvorgänge endotherm und die Lösungsenthalpie liegt in der gleichen Größenordnung wie die Schmelzenthalpie.

Gase lösen sich in Flüssigkeiten im allgemeinen exotherm. Da keine Energie benötigt wird, um die Gasmoleküle voneinander zu trennen, rührt der wesentliche Energiebeitrag von der exothermen Solvatation der Gasmoleküle her; außerdem ist es ein Vorgang mit einer Verringerung des Gesamtvolumens, d. h. es wird auch noch Volumenarbeit in Wärme umgesetzt (negativer Wert für $p \cdot \Delta V$, vgl. Abschn. 5.**4**, S. 50). Es gibt allerdings Ausnahmen zu dieser allgemeinen Regel, wenn das Gas mit der Flüssigkeit reagiert.

12.5 Abhängigkeit der Löslichkeit von Druck und Temperatur

Wie sich eine *Temperaturänderung* auf die Löslichkeit einer Substanz auswirkt, hängt davon ab, ob beim Herstellen einer *gesättigten Lösung* Energie freigesetzt oder aufgenommen wird. In welcher Weise sich die Temperaturänderung auswirkt, kann man mit Hilfe des Prinzips des kleinsten Zwanges voraussagen, das 1884 von Henri Le Chatelier vorgestellt wurde. Nach dem **Prinzip des kleinsten Zwanges** weicht ein im Gleichgewicht befindliches System einem Zwang aus, und es stellt sich ein neues Gleichgewicht ein.

Nehmen wir an, wir haben eine gesättigte Lösung, die sich im Gleichgewicht mit ungelöstem Bodenkörper befindet, und zur Herstellung der Lösung sei die Zufuhr von Energie notwendig. Eine Erhöhung der Temperatur stellt einen Zwang dar, und nach dem Prinzip von Le Chatelier weicht das System aus, indem ein Vorgang mit Wärmeaufnahme abläuft. Da in unserem Beispiel der Auflösungsvorgang endotherm ist, wird Wärme aufgenommen, wenn ein Teil des Bodenkörpers in Lösung geht: Die Temperaturerhöhung bewirkt eine Vergrößerung der Löslichkeit. Bei Temperaturerniedrigung weicht das System aus, indem ein Vorgang mit Energieabgabe

> **Prinzip des kleinsten Zwanges:**
> Ein im Gleichgewicht befindliches System weicht einem Zwang (Druck, Temperatur) aus, es stellt sich ein neues Gleichgewicht ein

verläuft: Gelöster Stoff scheidet sich aus. Die Temperaturerniedrigung bewirkt in unserem Beispiel eine Verringerung der Löslichkeit. Bei *endothermen Lösungsvorgängen nimmt die Löslichkeit mit steigender Temperatur zu.* Die meisten Feststoffe verhalten sich so.

Bei Substanzen, die unter Wärmeabgabe in Lösung gehen, ist die Situation genau umgekehrt. Nach dem Prinzip des kleinsten Zwanges *nimmt die Löslichkeit bei exothermen Lösungsvorgängen mit steigender Temperatur ab.* Einige wenige Ionenverbindungen verhalten sich so, zum Beispiel Lithiumcarbonat (Li_2CO_3) und Natriumsulfat (Na_2SO_4). Da Gase in der Regel exotherm in Lösung gehen, sinkt die Löslichkeit von Gasen bei Temperaturerhöhung.

Beim *Ausüben von Druck* weicht das System nach dem Prinzip des kleinsten Zwanges aus, indem ein Vorgang abläuft, bei dem sich das Volumen verringert. Bei Lösungsvorgängen zwischen festen und flüssigen Substanzen treten kaum Volumenänderungen auf und dementsprechend hat eine Druckänderung nur geringen Einfluß auf deren Löslichkeit. Anders ist es bei Gasen; bei Erhöhung des Druckes weicht das System aus, indem eine größere Gasmenge in Lösung geht. Nach dem 1803 von William Henry entdeckten Gesetz ist die Löslichkeit eines Gases bei gegebener Temperatur direkt proportional zum Partialdruck des Gases über der Lösung. Dieses **Henry-Dalton-Gesetz** wird nur von verdünnten Lösungen bei relativ niedrigen Drücken gut erfüllt. Gase mit sehr großen Löslichkeiten reagieren mit dem Lösungsmittel (Chlorwasserstoff, HCl, reagiert zum Beispiel mit Wasser unter Bildung von Salzsäure); für sie gilt das Henry-Dalton-Gesetz nicht.

Henry-Dalton-Gesetz:
$c = K \cdot p$
c = Konzentration
K = Konstante
p = Partialdruck

Tiefseetaucher sind bei großen Tiefen einem hohen Druck ausgesetzt. Dadurch erhöht sich die Löslichkeit der Luft im Blut. Wird durch ein zu schnelles Auftauchen der Druck zu schnell verringert, so kommt es zur Bildung von Blasen der nun nicht mehr löslichen Luft. Luftblasen im Blut können tödlich sein. Um das Problem zu verringern, erhalten Taucher eine künstliche Atemluft aus Sauerstoff und Helium (anstelle von normaler Luft aus Stickstoff und Sauerstoff); Helium ist in Körperflüssigkeiten wesentlich weniger löslich als Stickstoff.

12.6 Konzentration von Lösungen

Die Konzentration einer Lösung kann auf verschiedene Arten ausgedrückt werden:

1. Der **Massenanteil** $w(X)$ eines gelösten Stoffes X ist der Massenanteil dieses Stoffes bezogen auf die *Gesamtmasse der Lösung* (nicht auf die Masse des Lösungsmittels). Der mit 100 multiplizierte Wert vom Massenanteil $w(X)$ gibt die Konzentration in Massenprozent an. Eine wäßrige Lösung mit einer Konzentration von 10% Natriumchlorid [$w(NaCl) = 0{,}10$] enthält 10 g NaCl und 90 g H_2O in 100 g Lösung. Prozentangaben sind immer als Massenprozent zu verstehen, wenn nichts anderes angegeben ist. Da gegen diese Regel gelegentlich verstoßen wird (z. B. Angabe in % ohne nähere Spezifizierung, obwohl Volumenanteile gemeint sind), kann die eindeutige Angabe in Centigramm pro Gramm zweckmäßig sein; 1 cg/g = 1 %. Bei geringen Konzentrationen kann an Stelle einer Prozentangabe die Angabe in Promille (mg/g), in ppm (= parts per million = Mikrogramm pro Gramm) oder in ppb (= parts per billion = Nanogramm pro Gramm) erfolgen.

Massenanteil:
$$w(X) = \frac{m(X)}{m(\text{Lösung})}$$

Massenprozent = $w(X) \cdot 100\%$

12.6 Konzentration von Lösungen

2. Der **Stoffmengenanteil** einer Komponente einer Lösung (früher *Molenbruch* genannt) ist das Verhältnis der Stoffmenge der betreffenden Komponente zur gesamten Stoffmenge aller Stoffe in der Lösung (siehe Abschn. 10.**6**, S. 153):

$$x(A) = \frac{n(A)}{n(A) + n(B) + n(C) + \ldots}$$

$x(A)$ ist der Stoffmengenanteil von A und $n(A), n(B) \ldots$ sind die Stoffmengen (in Mol) von A, B, … (◼ 12.**1**). Die Summe aller Stoffmengenanteile einer Lösung ergibt 1:

$$x(A) + x(B) + x(C) + \ldots = 1$$

◼ **Beispiel 12.1**

Eine Lösung enthält 36,5 g HCl und 36,0 g H$_2$O. Wie groß sind die Stoffmengenanteile?

$$n(HCl) = \frac{m(HCl)}{M(HCl)} = \frac{36,5 \text{ g}}{36,5 \text{ g/mol}} = 1,00 \text{ mol}$$

$$n(H_2O) = \frac{m(H_2O)}{M(H_2O)} = \frac{36,0 \text{ g}}{18,0 \text{ g/mol}} = 2,00 \text{ mol}$$

$$x(HCl) = \frac{n(HCl)}{n(HCl) + n(H_2O)} = \frac{1,00 \text{ mol}}{1,00 + 2,00 \text{ mol}} = 0,333$$

$$x(H_2O) = \frac{n(H_2O)}{n(HCl) + n(H_2O)} = \frac{2,00 \text{ mol}}{1,00 + 2,00 \text{ mol}} = 0,667$$

3. Die **Stoffmengenkonzentration** oder molare Konzentration (früher *Molarität* genannt) gibt die Stoffmenge des gelösten Stoffes pro Volumen *Lösung* (nicht Lösungsmittel) an. In der Regel erfolgt die Angabe in Mol pro Liter:

$$c = \frac{n}{V}$$

c = Stoffmengenkonzentration
n = gelöste Stoffmenge
V = Volumen der Lösung

Stoffmengenkonzentration: $c = \dfrac{n}{V}$

Die Stoffmengenkonzentration wurde bereits im Abschnitt 4.**4** (S. 42) und in den Beispielen ◼ 4.**8** und 4.**9** vorgestellt (S. 43/44). Siehe auch ◼ 12.**2**.

◼ **Beispiel 12.2**

Wieviel Gramm konzentrierte Salpetersäure werden benötigt, um 250 mL einer Lösung mit einer Stoffmengenkonzentration $c(HNO_3) = 2,00$ mol/L herzustellen? Welches Volumen der konzentrierten Salpetersäure ist zu nehmen? Die konzentrierte Säure enthält 70,0% HNO$_3$ und hat eine Dichte von 1,42 g/mL.

Konzentration: $c(HNO_3) = 2,00$ mol/L
Molmasse: $M(HNO_3) = 63,0$ g/mol

Benötigte Masse HNO₃ für 0,250 L Lösung:

$$m(\text{HNO}_3) = 0{,}250\,\text{L} \cdot c(\text{HNO}_3) \cdot M(\text{HNO}_3)$$
$$= 0{,}250\,\text{L} \cdot 2{,}00\,\text{mol/L} \cdot 63{,}0\,\text{g/mol} = 31{,}5\,\text{g}$$

Bei einem Gehalt von 70,0 % ist die benötigte Masse von konzentrierter Salpetersäure:

$$m(\text{HNO}_3, 70\%) = m(\text{HNO}_3) \cdot \frac{100\%}{70{,}0\%} = 45{,}0\,\text{g}$$

Das entspricht einem Volumen von

$$V(\text{HNO}_3, 70\%) = \frac{m(\text{HNO}_3, 70\%)}{d(\text{HNO}_3, 70\%)} = \frac{45{,}0\,\text{g}}{1{,}42\,\text{g/mL}} = 31{,}7\,\text{mL}$$

Ein Nachteil der auf das Volumen bezogenen Stoffmengenkonzentration ist ihre Temperaturabhängigkeit. Bei Temperaturerhöhung dehnt sich das Volumen einer Lösung in der Regel aus und die Stoffmengenkonzentration nimmt dementsprechend ab, obwohl sich an den vorhandenen Stoffmengen nichts ändert. Bei exakten Arbeiten muß eine Lösung bei einer genau spezifizierten Temperatur hergestellt und verwendet werden.

Normallösungen haben eine bestimmte Stoffmengenkonzentration einer bestimmten Komponente, die beim Einsatz dieser Lösung wesentlich ist. Bei Lösungen von Säuren kommt es zum Beispiel darauf an, wieviel Mol H⁺-Ionen die Lösung zur Verfügung stellen kann. Manche Säuren können mehrere Mol H⁺-Ionen pro Mol Säure abgeben; ein Mol Schwefelsäure (H₂SO₄) kann zum Beispiel 2 Mol H⁺ abgeben:

$$\text{H}_2\text{SO}_4 \rightarrow 2\,\text{H}^+ + \text{SO}_4^{2-}$$

Eine Normallösung mit $c(\text{H}^+) = 1\,\text{mol/L}$ benötigt deshalb nur eine Konzentration von $c(\text{H}_2\text{SO}_4) = 0{,}5\,\text{mol/L}$. Wir kommen hierauf im Abschnitt 13.**8** (S. 236) zurück.

4. Die **Molalität** b einer Lösung gibt die Stoffmenge eines gelösten Stoffes in Mol pro Kilogramm *Lösungsmittel* an (■ 12.**3**). Eine Lösung von Harnstoff, OC(NH₂)₂, mit einer Molalität von $b = 1{,}000\,\text{mol/kg}$ wird aus 1,000 mol Harnstoff (60,06 g) und 1000 g Wasser hergestellt. Das Volumen der Lösung ist unerheblich und die Molalität ist unabhängig von der Temperatur. Lösungen von verschiedenen Stoffen mit $b = 1{,}000\,\text{mol/kg}$ im gleichen Lösungsmittel haben unterschiedliche Volumina, sie haben aber alle den gleichen Stoffmengenanteil (■ 12.**4**).

Molalitäten werden in erster Linie zur Angabe von Konzentrationen in nichtwäßrigen Lösungen benutzt. Der Stoffmengenanteil einer beliebigen Lösung mit einer Molalität von 1 mol/kg in Tetrachlormethan (CCl₄) beträgt 0,133; der Wert weicht von demjenigen in ■ 12.**4** ab, weil Tetrachlormethan eine andere Molmasse hat als Wasser. Die Molalität einer *sehr verdünnten* wäßrigen Lösung entspricht ungefähr der Stoffmengenkonzentration, weil 1000 g einer solchen Lösung ungefähr ein Volumen von 1000 mL einnehmen.

Molalität: $b = \dfrac{\text{mol gelöster Stoff}}{\text{kg Lösungsmittel}}$

12.6 Konzentration von Lösungen

■ Beispiel 12.3

Welche Molalität hat eine Lösung von 12,5 cg/g Glucose in Wasser?
M(Glucose) = 180,0 g/mol.

Die Lösung enthält 12,5 g Glucose und 87,5 g H_2O pro 100 g Lösung. Pro 1000 g H_2O sind das

$$m(\text{Glucose}) = \frac{12{,}5 \text{ g} \cdot 1000 \text{ g}}{87{,}5 \text{ g}} = 142{,}9 \text{ g}$$

das entspricht einer Stoffmenge von

$$n(\text{Glucose}) = \frac{142{,}9 \text{ g}}{180{,}0 \text{ g/mol}} = 0{,}794 \text{ mol}$$

Die Molalität ist somit b = 0,794 mol/kg

■ Beispiel 12.4

Wie groß sind die Stoffmengenanteile in einer wäßrigen Lösung der Molalität 1,00 mol/kg?

$M(H_2O)$ = 18,0 g/mol

In einem Kilogramm H_2O sind

$$n(H_2O) = \frac{1000 \text{ g}}{18{,}0 \text{ g/mol}} = 55{,}56 \text{ mol enthalten.}$$

Mit einer Stoffmenge von $n(X)$ = 1,00 mol des gelösten Stoffes ist dessen Stoffmengenanteil

$$x(X) = \frac{n(X)}{n(X) + n(H_2O)} = \frac{1{,}00}{1{,}00 + 55{,}56} = 0{,}018$$

$$x(H_2O) = \frac{n(H_2O)}{n(X) + n(H_2O)} = \frac{55{,}56}{1{,}00 + 55{,}56} = 0{,}982$$

Diese Stoffmengenanteile gelten für wäßrige Lösungen der Molalität 1,00 mol/kg von beliebigen Stoffen.

---

5. Drei weitere Konzentrationsmaße sind:
   die **Massenkonzentration** β, mit der die Masse des gelösten Stoffes auf das Volumen der Lösung bezogen wird,
   die **Volumenkonzentration** δ = Volumenanteil des gelösten Stoffes am Gesamtvolumen der Lösung
   und der **Volumenanteil** φ.
   Volumenkonzentration und Volumenanteil unterscheiden sich insofern, als die Summe der Einzelvolumina der Komponenten meistens nicht das Volumen der Lösung ergibt, d.h. beim Vermischen ändert sich das Volumen. Bei Gasen besteht in der Regel kein Unterschied zwischen δ und φ. Da bei Gasen Volumina leichter als Massen zu messen sind, werden Konzentrationen in Gasen häufig als Volumenanteile angegeben. Im übrigen sind die genannten Maße weniger gebräuchlich und weniger zweckmäßig. Sie werden meist als 100-

Massenkonzentration

$$\beta(X) = \frac{m(X)}{V(\text{Lösung})}$$

Volumenkonzentration

$$\delta(X) = \frac{V(X)}{V(\text{Lösung})}$$

Volumenanteil

$$\varphi(A) = \frac{V(A)}{V(A) + V(B) + V(C) + \ldots}$$

fache Werte in % angegeben, was zu Verwechslungen mit Angaben in Massenprozent führen kann. Verwechslungen lassen sich vermeiden, wenn die Angabe bei gleichem Zahlenwert in Centiliter pro Liter (cL/L) statt in % erfolgt.

12.7 Dampfdruck von Lösungen

Der Dampfdruck p einer Lösung aus zwei Komponenten A und B ergibt sich aus der Summe der Dampfdrücke $p(A)$ und $p(B)$ der Komponenten. Bei *idealen Lösungen* ergeben sich nach dem **Raoult-Gesetz** die Partialdrücke aus den Stoffmengenanteilen $x(A)$ bzw. $x(B)$ der Komponenten und den Dampfdrücken $p^0(A)$ und $p^0(B)$ der *reinen* Stoffe A und B bei der gleichen Temperatur.

Bei einer **idealen Lösung** sind die intermolekularen Kräfte zwischen den Molekülen von A und B im wesentlichen gleich denen zwischen Molekülen A und A sowie zwischen Molekülen B und B. Unter diesen Umständen ist die Tendenz eines A-Moleküls, aus der Flüssigkeit in den Gasraum zu entweichen, unabhängig davon, ob es von A- oder B-Molekülen umgeben ist. Der Partialdruck von A über der Lösung entspricht deshalb dem Dampfdruck von reinem A, multipliziert mit dem Faktor, der dem Anteil der A-Moleküle in der Lösung entspricht. Entsprechendes gilt für die Moleküle B.

Aus den Gleichungen (12.1) und (12.2) erhält man die Gleichung (12.3). Danach kann der Dampfdruck einer idealen Lösung aus den Dampfdrücken der reinen Komponenten und deren Stoffmengenanteilen berechnet werden (■ 12.5). In ◉ 12.2 sind die Dampfdrücke der Komponenten A und B sowie der Gesamtdampfdruck p in Abhängigkeit ihrer Stoffmengenanteile aufgetragen.

Raoult-Gesetz
Gesamtdampfdruck der Lösung:
$p = p(A) + p(B)$ (12.1)
Partialdrücke der Komponenten A und B:
$p(A) = x(A) \cdot p^0(A)$
$p(B) = x(B) \cdot p^0(B)$ (12.2)
$p = x(A) \cdot p^0(A) + x(B) \cdot p^0(B)$ (12.3)

Beispiel 12.5

Heptan (C_7H_{16}) und Octan (C_8H_{18}) bilden ideale Lösungen miteinander. Bei 40 °C beträgt der Dampfdruck von reinem Heptan 12,3 kPa, der von Octan 4,15 kPa.

Welchen Dampfdruck hat eine Lösung aus 3,00 mol Heptan und 5,00 mol Octan bei 40 °C?

$$x(\text{Heptan}) = \frac{n(\text{Heptan})}{n(\text{Heptan}) + n(\text{Octan})} = \frac{3,00 \text{ mol}}{3,00 + 5,00 \text{ mol}} = 0,375$$

$x(\text{Octan}) = 1 - n(\text{Heptan}) = 0,625$

$p = x(\text{Heptan}) \cdot p^0(\text{Heptan}) + x(\text{Octan}) \cdot p^0(\text{Octan})$
$= 0,375 \cdot 12,3 + 0,625 \cdot 4,15 \text{ kPa} = 7,21 \text{ kPa}$

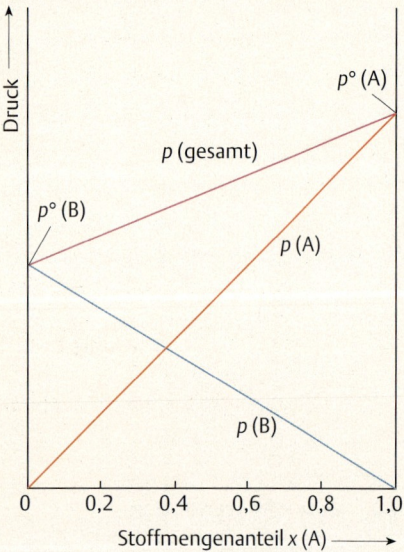

◉ 12.2 Gesamtdampfdruck und Partialdampfdrücke für ideale Lösungen

Die wenigsten Lösungen sind ideal. Meistens sind die intermolekularen Anziehungskräfte zwischen Molekülen A und A, A und B sowie B und B unterschiedlich. Daraus ergeben sich zwei Arten von Abweichungen vom Raoult-Gesetz:

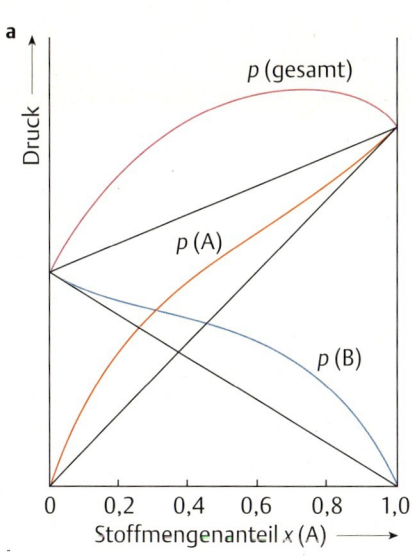
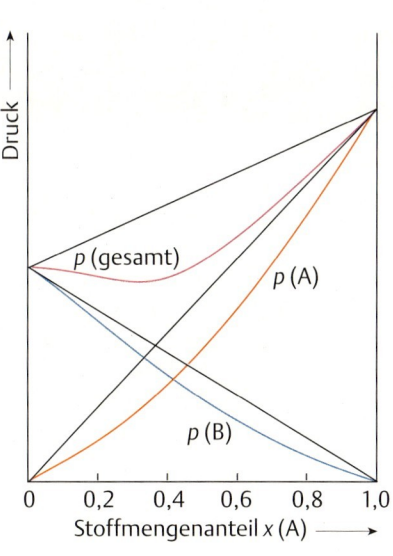

12.3 Typischer Verlauf der Partial-Dampfdrücke und des Gesamtdampfdruckes:
a bei positiver Abweichung,
b bei negativer Abweichung vom Raoult-Gesetz (schwarze Linien entsprechen dem Raoult-Gesetz)

1. **Positive Abweichungen.** Die Partialdrücke von A und B und der Gesamtdampfdruck sind höher als nach dem Raoult-Gesetz berechnet (■ 12.3a). Diese Abweichung tritt dann auf, wenn die Anziehungskräfte zwischen Molekülen von A und B kleiner sind als die zwischen A-Molekülen untereinander und von B-Molekülen untereinander. Unter diesen Umständen können sowohl A- wie B-Moleküle leichter in den Gasraum entweichen, als nach Gleichung (12.3) vorausgesagt.
2. **Negative Abweichungen.** Die Partialdrücke von A und B und der Gesamtdampfdruck sind kleiner als für eine ideale Lösung erwartet (■ 12.3b). Dieser Fall tritt auf, wenn A- und B-Moleküle sich stärker anziehen als die Moleküle der reinen Komponenten untereinander.

Wir betrachten nun die Lösung eines nichtflüchtigen Stoffes B [$p^0(B) = 0$] in einem Lösungsmittel A. Der Dampfdruck der Lösung geht auf den Dampfdruck des Lösungsmittels alleine zurück. Solange es sich um eine verdünnte Lösung handelt, wird in der Regel das Raoult-Gesetz erfüllt. Gemäß Gleichung (12.4) hat die Lösung einen geringeren Dampfdruck als das reine Lösungsmittel A. Die Dampfdruckerniedrigung ist proportional zum Stoffmengenanteil $x(B)$ des nichtflüchtigen Stoffes B. Wenn die Lösung zum Beispiel ein Mol B und 99 Mol A enthält, ist der Dampfdruck um 1 % erniedrigt; das Entweichen von Lösungsmittel-Molekülen in den Gasraum ist auf 99 % vermindert, weil in der Lösung die Lösungsmittel-Moleküle nur noch einen Stoffmengenanteil von 99 % haben.

Dampfdruck einer verdünnten Lösung eines nichtflüchtigen Stoffes B im Lösungsmittel A
$$p = x(A) \cdot p^0(A) \qquad x(A) + x(B) = 1$$
$$p = (1 - x(B)) \cdot p^0(A)$$
$$= p^0(A) - x(B) \cdot p^0(A) \qquad (12.4)$$

Beispiel 12.6

Welchen Dampfdruck hat eine wäßrige Lösung eines nichtflüchtigen Stoffes mit einer Molalität von 1,00 mol/kg bei 50 °C? Wasser hat bei 50 °C einen Dampfdruck von 12,4 kPa.

Der Stoffmengenanteil $x(H_2O)$ beträgt 0,982 (siehe ■ 12.4).
Der Dampfdruck p errechnet sich zu:

$$p = x(H_2O) \cdot p^0(H_2O) = 0{,}982 \cdot 12{,}4 \text{ kPa} = 12{,}2 \text{ kPa}$$

12.8 Gefrierpunkt und Siedepunkt von Lösungen

Die Dampfdruckerniedrigung der Lösungen nichtflüchtiger Stoffe wirkt sich auf deren Gefrierpunkt und Siedepunkt aus.

Beim Siedepunkt einer Flüssigkeit ist ihr Dampfdruck gleich groß wie der Atmosphärendruck. Da die Lösung eines nichtflüchtigen Stoffes einen niedrigeren Dampfdruck als das reine Lösungsmittel hat, muß sie einen höheren Siedepunkt haben; die Temperatur muß erhöht werden, bis der Dampfdruck den Wert des Atmosphärendruckes erreicht. Die Siedepunktserhöhung ist proportional zur Konzentration der Lösung.

Die Erscheinung kann mit den Dampfdruckkurven in 12.4 veranschaulicht werden. Die Dampfdruckkurve der Lösung liegt unterhalb der Dampfdruckkurve des reinen Lösungsmittels. Der Abstand zwischen den Kurven ist proportional zur Konzentration der Lösung. Die Siedepunktserhöhung ΔT_S spiegelt die Versetzung der Dampfdruckkurve wider. Für ein gegebenes Lösungsmittel und eine gegebene Stoffmengenkonzentration ist die Siedepunktserhöhung immer gleich groß, unabhängig vom gelösten Stoff.

Bei Aufgabenstellungen, die mit Siedepunktserhöhungen zu tun haben, werden die Konzentrationen üblicherweise als Molalitäten und nicht als Stoffmengenanteile angegeben. Bei einer Molalität von 1 mol/kg hat eine wäßrige Lösung zum Beispiel einen um 0,512 °C höheren Siedepunkt als reines Wasser. In 12.1 sind die *molalen Siedepunktserhöhungen* E_S für einige Lösungsmittel aufgeführt.

Eine Lösung mit einer molalen Konzentration von b zeigt eine Siedepunktserhöhung ΔT_S, die dieser Konzentration proportional ist. Genaugenommen ist Gleichung (12.5) nur eine Näherung. Die Konzentration müßte eigentlich als Stoffmengenanteil angegeben werden. Bei verdünnten Lösungen ist die Molalität jedoch mit hinreichender Genauigkeit pro-

Siedepunktserhöhung:

$$\Delta T_S = E_S \cdot b \qquad (12.5)$$

12.1 Molale Siedepunktserhöhung E_S und molale Gefrierpunktserniedrigung E_G für einige Lösungsmittel

Lösungsmittel	Siedepunkt /°C	E_S /°C · kg · mol^{-1}
Essigsäure	118,1	+3,07
Benzol	80,1	+2,53
Tetrachlormethan	76,8	+5,02
Trichlormethan	61,2	+3,63
Ethanol	78,3	+1,22
Wasser	100,0	+0,512

Lösungsmittel	Gefrierpunkt /°C	E_G /°C · kg · mol^{-1}
Essigsäure	16,6	−3,90
Benzol	5,5	−5,12
Campher	179	−39,7
Tetrachlormethan	−22,8	−29,8
Trichlormethan	−63,5	−4,68
Ethanol	−114,6	−1,99
Naphthalin	80,2	−6,80
Wasser	0,0	−1,86

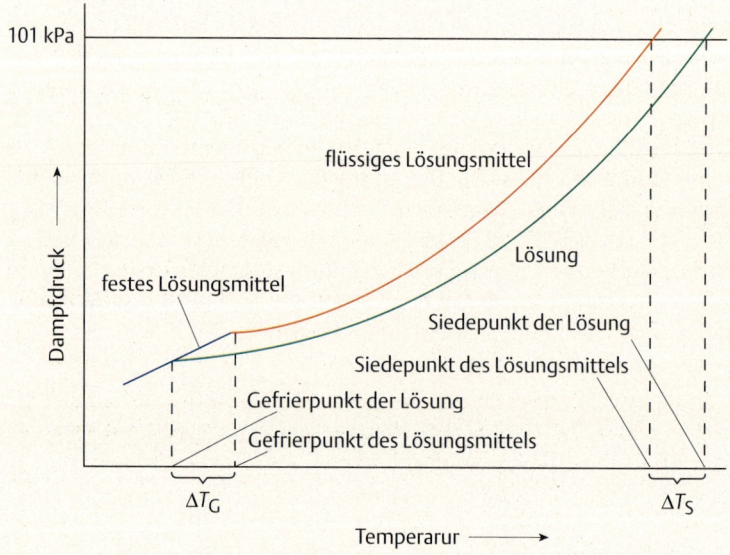

12.4 Dampfdruckkurve für ein reines Lösungsmittel und für die Lösung eines nichtflüchtigen Stoffes unter einem konstanten Außendruck von 101 kPa (Bedingungen in einem offenen Gefäß; nicht maßstabsgetreu)

portional zum Stoffmengenanteil und das Raoult-Gesetz ist ohnedies nur für verdünnte Lösungen gültig.

Beim Gefrierpunkt ist der Dampfdruck der flüssigen und der festen Phase gleich groß. In ◘ 12.4 schneiden sich die Dampfdruckkurven des flüssigen und des festen Lösungsmittels bei seinem Gefrierpunkt. Bei dieser Temperatur hat die Lösung jedoch einen niedrigeren Dampfdruck, ihre Dampfdruckkurve schneidet die Dampfdruckkurve des festen Lösungsmittels bei einer niedrigeren Temperatur. Der Gefrierpunkt der Lösung ist demnach niedriger als derjenige des reinen Lösungsmittels. Wie bei der Siedepunktserhöhung ist auch die Gefrierpunktserniedrigung ΔT_G gemäß Gleichung (12.6) proportional zur Konzentration. Werte für die *molale Gefrierpunktserniedrigung* E_G einiger Lösungsmittel sind in ◘ 12.1 aufgeführt. Gleichung (12.6) gilt nur, wenn der gelöste Stoff und das Lösungsmittel keine festen Lösungen miteinander bilden, d. h. wenn beim Gefrieren der Lösung das reine, feste Lösungsmittel kristallisiert und der gelöste Stoff in dem noch nicht gefrorenen Teil des Lösungsmittels gelöst bleibt (◘ 12.7).

Die Siedepunktserhöhung und vor allem die Gefrierpunktserniedrigung können zur experimentellen Bestimmung von Molmassen herangezogen werden (◘ 12.8). Man nennt diese Methoden der Molmassenbestimmung *Ebullioskopie* bzw. *Kryoskopie*.

Gefrierpunktserniedrigung
$$\Delta T_G = E_G \cdot b \qquad (12.6)$$

◘ **Beispiel 12.7**

Welchen Gefrierpunkt und Siedepunkt hat eine Lösung von 2,40 g Biphenyl ($C_{12}H_{10}$) in 75,0 g Benzol (C_6H_6)?

$$n(C_{12}H_{10}) = \frac{m(C_{12}H_{10})}{M(C_{12}H_{10})} = \frac{2,40 \text{ g}}{154 \text{ g/mol}} = 0,0156 \text{ mol}$$

$$b(C_{12}H_{10}) = \frac{n(C_{12}H_{10})}{m(C_6H_6)} = \frac{0,0156 \text{ mol}}{0,0750 \text{ kg}} = 0,208 \text{ mol/kg}$$

$$\Delta T_G = E_G \cdot b(C_{12}H_{10}) = -5,12 \,°C \cdot \text{kg/mol} \cdot 0,208 \text{ mol/kg} = -1,06 \,°C$$

$$\Delta T_S = E_S \cdot b(C_{12}H_{10}) = 2,53 \,°C \cdot \text{kg/mol} \cdot 0,208 \text{ mol/kg} = 0,526 \,°C$$

Der Gefrierpunkt ergibt sich aus dem Gefrierpunkt des reinen Benzols (◘ 12.1) plus ΔT_G:

$$\text{Smp.(Lösung)} = \text{Smp.}(C_6H_6) + \Delta T_G = 5,5 - 1,06 \,°C = 4,4 \,°C$$

Analog gilt für den Siedepunkt:

$$\text{Sdp.(Lösung)} = \text{Sdp.}(C_6H_6) + \Delta T_S = 80,1 + 0,5 \,°C = 80,6 \,°C$$

◘ **Beispiel 12.8**

Die Lösung von 300 mg einer unbekannten, nichtflüchtigen Substanz in 30,0 g Tetrachlormethan (CCl_4) hat einen Siedepunkt, der 0,392 °C höher ist als der von reinem Tetrachlormethan. Welche Molmasse hat die Substanz?

$$b = \frac{\Delta T_S}{E_S} = \frac{0,392 \,°C}{5,02 \,°C \cdot \text{kg/mol}} = 0,0781 \text{ mol/kg}$$

Auf 30,0 g Lösungsmittel kommen 0,300 g gelöste Substanz, auf 1,000 kg Lösungsmittel sind es dann

$$m = \frac{1000 \text{ g/kg} \cdot 0{,}300 \text{ g}}{30{,}0 \text{ g}} = 10{,}0 \text{ g/kg}$$

Die gesuchte Molmasse ist dann

$$M = \frac{m}{b} = \frac{10{,}0 \text{ g/kg}}{0{,}0781 \text{ mol/kg}} = 128 \text{ g/mol}$$

12.9 Osmose

Eine weitere Eigenschaft von Lösungen, die im wesentlichen von der Konzentration des gelösten Stoffes und weniger von der Art der gelösten Teilchen abhängt, ist die Osmose.

Eine poröse Membran, durch deren Poren bestimmte (kleinere) Moleküle und Ionen hindurchtreten können, bestimmte andere (größere) jedoch nicht, wird **semipermeable Membran** genannt. In ◉ 12.5 ist eine Versuchsanordnung gezeigt, bei der sich eine für Wasser-Moleküle durchlässige, aber für Zucker-Moleküle undurchlässige Membran zwischen Wasser und einer wäßrigen Zucker-Lösung befindet. Zu Beginn des Versuchs wurden beide Arme des U-Rohrs gleich hoch gefüllt. Wasser-Moleküle durchqueren die Membran in beiden Richtungen, nicht jedoch Zucker-Moleküle. Auf der linken Seite (im reinen Wasser) befinden sich mehr Wasser-Moleküle pro Volumeneinheit als auf der rechten Seite. Die Zahl der Wasser-Moleküle, die die Membran von links nach rechts passieren, ist deshalb größer als in umgekehrter Richtung. Als Folge davon steigt die Flüssigkeitsmenge im rechten Arm des U-Rohrs, und die Lösung darin verdünnt sich. Diese Erscheinung wird Osmose genannt.

Der Anstieg des Flüssigkeitsspiegels im rechten Arm des U-Rohres hat einen Anstieg des hydrostatischen Druckes in diesem Arm zur Folge. Der erhöhte Druck erhöht die Tendenz der Wasser-Moleküle, durch die Membran von der rechten in die linke Rohrhälfte zu fließen. Wenn die Druckdifferenz zwischen den beiden Rohrhälften einen Wert erreicht hat, bei dem der Wasserfluß durch die Membran in beiden Richtungen gleich groß ist, herrscht Gleichgewicht. Die Druckdifferenz, die sich aus der Höhendifferenz der Flüssigkeitsspiegel links und rechts ergibt, wird der **osmotische Druck** genannt. Übt man auf die Lösung im rechten Arm einen Druck aus, der höher als der osmotische Druck ist, so wird ein Wasserfluß aus der Lösung in das reine Wasser erzwungen. Dieses Verfahren, **umgekehrte Osmose** genannt, wird zur Gewinnung von reinem Wasser aus Salzwasser eingesetzt.

Die Moleküle des gelösten Stoffes in einer Lösung verhalten sich, wenn man sie für sich alleine betrachtet, ähnlich wie die Moleküle eines Gases in einem geschlossenen Gefäß: sie sind ständig regellos in Bewegung, sie sind relativ weit voneinander entfernt, und sie sind in einem definierten Volumen eingeschlossen. Wie 1887 von Jacobus van't Hoff entdeckt wurde, gilt für Lösungen die Zustandsgleichung (12.7), die der Zustandsgleichung für ideale Gase völlig entspricht. Dabei ist π der osmo-

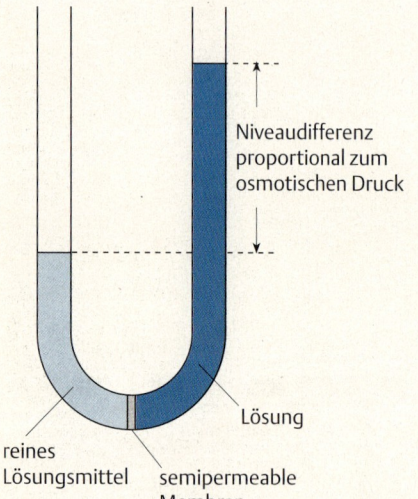

◉ 12.5   Osmose

Osmotischer Druck
$\pi \cdot V = n \cdot R \cdot T$ (12.7)
$\pi = c \cdot R \cdot T$ (12.8)

tische Druck, V das Volumen der Lösung, n die Stoffmenge des gelösten Stoffs, $R = 8{,}3145$ J/(mol · K) die ideale Gaskonstante und T die absolute Temperatur. Da die Stoffmengenkonzentration $c = n/V$ ist, kann die Gleichung in der Form (12.**8**) angegeben werden, aus der die Proportionalität zwischen osmotischem Druck und Stoffmengenkonzentration ersichtlich ist (◼ 12.**9**). Wie man Molmassen durch Messung des osmotischen Drucks bestimmen kann, wird in Beispiel ◼ 12.**10** erläutert.

◼ Beispiel 12.**9**

Welchen osmotischen Druck hat Blut bei 37 °C? Blut verhält sich wie die Lösung einer Molekülverbindung mit $c = 0{,}296$ mol/L.

$$\pi = c \cdot R \cdot T = 0{,}296 \text{ mol} \cdot \text{L}^{-1} \cdot 8{,}31 \text{ kPa} \cdot \text{L} \cdot \text{mol}^{-1} \text{K}^{-1} \cdot 310 \text{ K} = 763 \text{ kPa}$$

◼ Beispiel 12.**10**

Die wäßrige Lösung von 30,0 g eines Proteins in 1,00 L hat bei 25 °C einen osmotischen Druck von 1,69 kPa. Welche Molmasse hat das Protein?

$$n = \frac{\pi \cdot V}{R \cdot T} = \frac{1{,}69 \text{ kPa} \cdot 1{,}00 \text{ L}}{8{,}31 \text{ kPa} \cdot \text{L} \cdot \text{mol}^{-1} \text{K}^{-1} \cdot 298 \text{ K}} = 6{,}82 \cdot 10^{-4} \text{ mol}$$

$$M(\text{Protein}) = \frac{m(\text{Protein})}{n(\text{Protein})} = \frac{30{,}0 \text{ g}}{6{,}82 \cdot 10^{-4} \text{ mol}} = 4{,}40 \cdot 10^4 \text{ g/mol}$$

Wegen der hohen Molmassen von Proteinen sind die Stoffmengenkonzentrationen von Proteinen klein. Für die genannte Lösung mit $c = 6{,}82 \cdot 10^{-4}$ mol/L erwartet man folgende Effekte:

Dampfdruckerniedrigung	0,039 Pa
Siedepunktserhöhung	0,00035 °C
Gefrierpunktserniedrigung	−0,00127 °C
Osmotischer Druck	1,69 kPa

Von diesen sind die ersten drei zu klein, um genau gemessen werden zu können. Der osmotische Druck bewirkt dagegen in der Versuchsanordnung von ◼ 12.**5** einen Höhenunterschied der Flüssigkeitsspiegel von 17,2 cm, der leicht gemessen werden kann. (Eine Wassersäule mit 1 cm² Grundfläche und 10 m Höhe hat eine Masse von 1 kg und ein Gewicht von 9,81 N, sie übt auf ihre Unterlage einen Druck von 9,81 N/cm² = 98,1 kPa aus. Ein Druck von 1,69 kPa wird von einer Wassersäule von (1,69 kPa · 1000 cm)/(98,1 kPa) = 17,2 cm ausgeübt).

Die Osmose spielt eine wichtige Rolle bei physiologischen Prozessen in Pflanzen und Tieren. Der Stoffdurchgang durch die semipermeablen Zellwände und die Funktion der Nieren sind Beispiele. Weil die Zellen einer Pflanze durch den osmotischen Druck „aufgeblasen" sind, steht eine Pflanze aufrecht, obwohl das Gewebematerial nicht steif ist. Rote Blutkörperchen sind Zellen mit semipermeablen Wänden. Wenn sie in reines Wasser gebracht werden, kommt es zu einem Wasserfluß in das Innere der Zelle; der Druck in der Zelle steigt, bis sie platzt. In einer konzentrierten Zucker-Lösung kommt es umgekehrt zu einem Wasserfluß aus der Zelle, die Zelle schrumpft (◼ 12.**6**). Diese Effekte müssen bei Injektionen und bei intra-

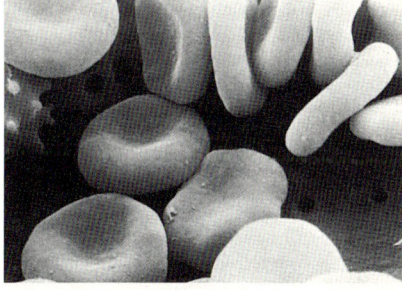
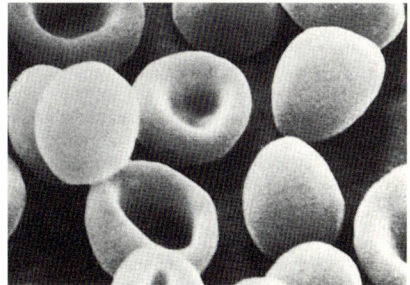
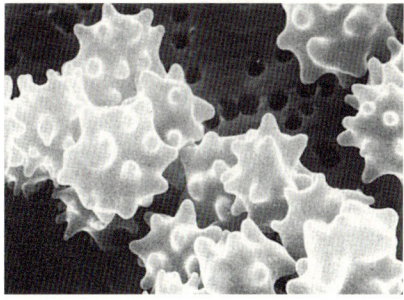

◼ 12.**6** Rote Blutkörperchen
Oben: normales Aussehen in einer isotonischen Lösung
Mitte: in reinem Wasser blähen sich die Zellen auf und platzen schließlich
Unten: in einer konzentrierten Zucker-Lösung schrumpfen die Zellen
(Rasterelektronenmikroskop-Aufnahmen von M. Scheetz, R. Painter u. S. Singer, J. Cell Biology 70 [1976] 193.)

! physiologische Kochsalz-Lösung:
0,95 g NaCl in 100 g H₂O

$p = x(A) \cdot p^0(A) + x(B) \cdot p^0(B)$
$= 0{,}75 \cdot 120\text{ kPa} + 0{,}25 \cdot 45{,}2\text{ kPa}$
$= 90{,}0 + 11{,}3\text{ kPa}$
$= 101{,}3\text{ kPa}$

$x(A, \text{Dampf}) = \dfrac{90{,}0\text{ kPa}}{101{,}3\text{ kPa}} = 0{,}89$

$x(B, \text{Dampf}) = \dfrac{11{,}3\text{ kPa}}{101{,}3\text{ kPa}} = 0{,}11$

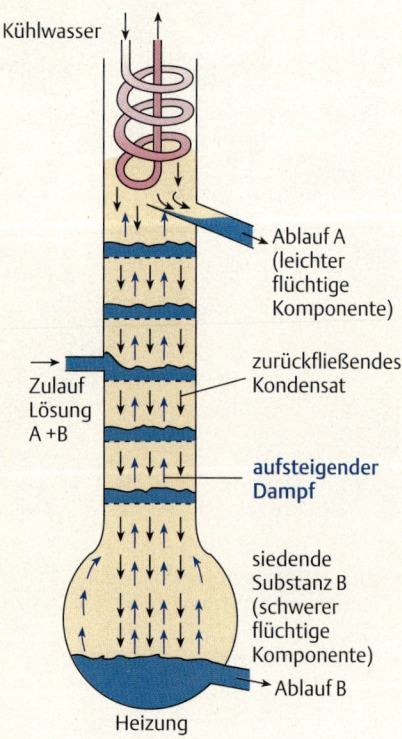

● 12.7 Siebbodenkolonne zur fraktionierten Destillation

venöser Ernährung vermieden werden; die zugeführten Lösungen müssen **isotonisch** mit dem Blut sein, d.h. sie müssen den gleichen osmotischen Druck haben. Eine *physiologische Kochsalz-Lösung* ist isotonisch zum Blut; sie enthält 0,95 g NaCl in 100 g H₂O. Eine Lösung, deren osmotischer Druck kleiner oder größer ist, heißt **hypotonisch** bzw. **hypertonisch**.

12.10 Destillation

Eine Lösung eines nichtflüchtigen Stoffes kann durch eine **einfache Destillation** in ihre Komponenten getrennt werden. Man muß nur das flüchtige Lösungsmittel absieden lassen. Der nichtflüchtige Stoff bleibt als Rückstand zurück, das Lösungsmittel kann durch Kondensieren des Dampfes gesammelt werden.

Eine Lösung aus zwei flüchtigen Komponenten, die dem Raoult-Gesetz gehorchen (● 12.2, S. 206), kann durch **fraktionierte Destillation** getrennt werden. Nach dem Raoult-Gesetz trägt jede Komponente zum Dampfdruck der Lösung nach Maßgabe ihres Stoffmengenanteils mal dem Dampfdruck der reinen Komponente bei. Nehmen wir als Beispiel eine Lösung mit den Stoffmengenanteilen $x(A) = 0{,}75$ und $x(B) = 0{,}25$; der Dampfdruck von reinem A sei $p^0(A) = 120$ kPa, der von reinem B sei $p^0(B) = 45{,}2$ kPa bei einer gegebenen Temperatur. Dann ist der Gesamtdampfdruck der Lösung bei dieser Temperatur 101,3 kPa, d. h. die Temperatur entspricht dem normalen Siedepunkt der Lösung. Die Partialdrücke der Komponenten A und B betragen 90 bzw. 11,3 kPa. Die Zusammensetzung des *Dampfes* entspricht den Partialdrücken, der Stoffmengenanteil von A beträgt 0,89, der von B 0,11. Gegenüber der Lösung mit $x(A) = 0{,}75$ ist der Anteil im Dampf auf $x(A, \text{Dampf}) = 0{,}89$ erhöht. Über idealen Lösungen ist im Dampf immer die flüchtigere Komponente angereichert (in unserem Beispiel A, das den höheren Dampfdruck hat).

Bei der Destillation der Lösung aus A und B wird ein Dampf und aus diesem ein Kondensat erhalten, in dem A angereichert ist. In der zurückgebliebenen, nicht verdampften Flüssigkeit hat sich der Anteil von B angereichert. Sowohl diese Flüssigkeit wie auch das Kondensat können durch weitere Destillationsschritte weiter getrennt werden. Durch ausreichend viele Wiederholungen dieses Vorgangs können die beiden Komponenten schließlich praktisch rein erhalten werden.

Die praktische Durchführung dieser **fraktionierten Destillation** oder **Rektifikation** erfolgt mit einer Fraktionier- oder Rektifikations-Kolonne. In ihr sind zahlreiche Böden vorhanden, zum Beispiel Siebböden wie in ● 12.7.

Auf jedem Boden befindet sich Flüssigkeit, die durch aufsteigenden Dampf am Sieden gehalten wird. Über jedem Boden ist der Dampf mit A angereichert gegenüber der Flüssigkeitszusammensetzung auf dem Boden. Der Dampf kondensiert in der Flüssigkeit des nächsthöheren Bodens, die deshalb auch an A angereichert ist. Damit auf jedem Boden stets ausreichend Flüssigkeit vorhanden ist, muß ein Teil der Flüssigkeit ständig zurückfließen; ohne diesen Rücklauf erfolgt keine Trennung. Insgesamt stellt sich ein Gleichgewicht zwischen aufsteigendem Dampf und Rücklauf ein, wobei die Zusammensetzung von Boden zu Boden anders ist; je höher der Boden, desto größer ist der Anteil der flüchtigeren Komponente und desto niedriger ist die Siedetemperatur. Je näher die Siedepunkte der zu

◉ 12.**8** Destillationskolonnen in einer Erdölraffinerie.
DEA Mineraloel AG. Erdölwerke Holstein

trennenden Komponenten beieinander liegen, desto mehr Böden werden zur Trennung benötigt. Für die tatsächliche Konstruktion der Kolonne gibt es zahlreiche Varianten.

Bei Systemen, die das Raoult-Gesetz nicht erfüllen, ist die Situation etwas anders. Eine positive Abweichung des Dampfdrucks (◉ 12.**3a**, S. 207) kann zu einem Maximum in der Dampfdruckkurve führen. An der Stelle des Maximums, die einer definierten Zusammensetzung der Lösung entspricht, hat die Lösung einen höheren Dampfdruck als jede der reinen Komponenten. Eine solche Lösung bildet ein **azeotropes Gemisch** mit einem Siedepunktsminimum; sie siedet bei niedrigerer Temperatur als jede der reinen Komponenten. Ethanol bildet mit Wasser ein azeotropes Gemisch, das 4,0 % Wasser enthält und bei 78,17 °C siedet; reines Ethanol siedet bei 78,3 °C.

Systeme mit negativer Abweichung vom Raoult-Gesetz (◉ 12.**3b**) können ein Minimum in der Dampfdruckkurve aufweisen. Eine Lösung dieser Art ist ein azeotropes Gemisch mit Siedepunktsmaximum. Chlorwasserstoff und Wasser bilden ein azeotropes Gemisch mit 20,22 % HCl und einem Siedpunkt von 108,6 °C; reines HCl siedet bei −80 °C.

Bei azeotropen Gemischen hat der Dampf die gleiche Zusammensetzung wie die Flüssigkeit. Sie destillieren wie reine Substanzen ohne Änderung der Zusammensetzung. Durch fraktionierte Destillation einer Lösung, deren Komponenten ein azeotropes Gemisch bilden, kann man eine der Komponenten rein erhalten, aber nicht die andere; an ihrer Stelle wird das azeotrope Gemisch erhalten.

12.11 Elektrolyt-Lösungen

Wenn eine wäßrige Lösung Ionen enthält, leitet sie den elektrischen Strom. Reines Wasser enthält in geringem Maß Ionen und ist ein sehr schlechter Leiter; die wenigen Ionen stammen aus dem Gleichgewicht

$$2H_2O \rightleftarrows H_3O^+(aq) + OH^-(aq)$$

Ein **Elektrolyt** ist ein Stoff, dessen wäßrige Lösung den elektrischen Strom besser leitet als reines Wasser. Ein Elektrolyt liegt in der wäßrigen Lösung teilweise oder vollständig in Form von Ionen vor. Verbindungen, die nur in Form von Molekülen in Lösung gehen, erhöhen die elektrische Leitfähigkeit nicht, sie sind **Nichtelektrolyte**; Zucker ist ein Beispiel. Elektrolyte können in zwei Gruppen eingeteilt werden:

Starke Elektrolyte liegen in wäßriger Lösung praktisch vollständig in Form von Ionen vor.

Schwache Elektrolyte bestehen aus polaren Molekülen, die in der wäßrigen Lösung teilweise in Ionen gespalten werden; sie sind teilweise *dissoziiert* oder *ionisiert*. Bei gleicher Stoffmengenkonzentration leitet die Lösung eines schwachen Elektrolyten den elektrischen Strom schlechter als die eines starken Elektrolyten.

Die Siedepunktserhöhung und die Gefrierpunktserniedrigung einer verdünnten Elektrolyt-Lösung weicht von der eines Nichtelektrolyten der gleichen Konzentration ab. 1 mol Natriumchlorid besteht aus 2 mol Ionen (1 mol Na$^+$- und 1 mol Cl$^-$-Ionen). Da die Siedepunktserhöhung und die Gefrierpunktserniedrigung von der Zahl der gelösten Teilchen und nicht von ihrer Art abhängt, kann man für eine Natriumchlorid-Lösung einen doppelt so großen Effekt erwarten wie für eine Lösung eines Nichtelektrolyten der gleichen Stoffmengenkonzentration. Für eine Lösung von Kaliumsulfat (das 3 mol Ionen pro mol K$_2$SO$_4$ enthält) kann man einen verdreifachten Effekt erwarten.

Die beobachteten Gefrierpunktserniedrigungen (◫ 12.2) entsprechen etwa den Erwartungen. Die Übereinstimmung ist am besten bei sehr

Svante Arrhenius, 1859–1927

◫ 12.2 Beobachtete Gefrierpunktserniedrigungen (°C) für einige wäßrige Lösungen im Vergleich zu berechneten Erwartungswerten

gelöster Stoff	molale Konzentration b/mol · kg^{-1}					
	0,001		0,01		0,1	
	ber.	beob.	ber.	beob.	ber.	beob.
Rohrzucker (Nichtelektrolyt)	0,00186	0,00186	0,0186	0,0186	0,186	0,188
NaCl (2 mol Ionen pro Formeleinheit)	0,00372	0,00366	0,0372	0,0360	0,372	0,348
K$_2$SO$_4$ (3 mol Ionen pro Formeleinheit)	0,00558	0,00528	0,0558	0,0501	0,558	0,432
K$_3$[Fe(CN)$_6$] (4 mol Ionen pro Formeleinheit)	0,00744	0,00710	0,0744	0,0626	0,744	0,530

verdünnten Lösungen. Aus solchen Daten und aus Leitfähigkeitsmessungen entwickelte Svante Arrhenius (1887) die „chemische Theorie der Elektrolyte".

12.12 Interionische Wechselwirkungen in Lösungen

Für Eigenschaften, die nur von der Zahl der gelösten Teilchen abhängen (wie Gefrierpunkts- oder Dampfdruckerniedrigung), kann man den **van't Hoff-Faktor** i definieren. Er ist das Verhältnis des gemessenen Werts zu dem Wert, der für einen Nichtelektrolyten erwartet wird. Siehe nebenstehende Gleichungen.

Wenn ein gelöster Stoff in Ionen dissoziiert, muß die molale Konzentration mit dem Faktor i korrigiert werden. Da ein Mol Natriumchlorid zwei Mol Ionen in der Lösung bildet, ist der theoretische Faktor i für eine Natriumchlorid-Lösung 2. 12.3 zeigt uns, daß die gemessenen Werte für die aufgeführten starken Elektrolyte von den theoretischen Werten abweichen und daß die Abweichungen mit zunehmender Konzentration zunehmen.

Wegen der gegenseitigen elektrostatischen Wechselwirkung können sich die Ionen in einer Elektrolyt-Lösung nicht unabhängig voneinander wie ungeladene Moleküle bewegen. Mit zunehmender Verdünnung der Lösung werden die Abstände zwischen den Ionen größer, ihre gegenseitige Beeinflussung nimmt ab, und der Wert i nähert sich dem Erwartungswert. Die interionischen Wechselwirkungen machen sich bei Lösungen von Magnesiumsulfat stärker bemerkbar als bei Natriumchlorid-Lösungen, obwohl in beiden Fällen 2 mol Ionen pro Mol der Verbindung vorliegen. Beim Magnesiumsulfat sind die Ionen doppelt geladen (Mg^{2+}, SO_4^{2-}), und die elektrostatischen Kräfte sind entsprechend größer. Bei schwachen Elektrolyten, die nur zu einem Bruchteil in Ionen dissoziieren, sind die i-Werte noch kleiner als der theoretisch mögliche Maximalwert. 12.4 gibt eine Übersicht.

van't Hoff-Faktor i

Gefrierpunktserniedrigung:

$$i = \frac{\Delta T_G}{E_G \cdot b} \quad \text{oder}$$

$$\Delta T_G = i \cdot E_G \cdot b \quad (12.9)$$

Siedepunktserhöhung:
$\Delta T_S = i \cdot E_S \cdot b$

Osmotischer Druck:
$\pi = i \cdot c \cdot R \cdot T$

Jacobus Hendricus van't Hoff, 1852–1911

12.3 Van't Hoff-Faktor i für Lösungen einiger starker Elektrolyte (aus Gefrierpunktserniedrigungen)

Elektrolyt	Erwartungswert	molale Konzentration /mol · kg^{-1}		
		0,001	0,01	0,1
NaCl	2	1,97	1,94	1,87
MgSO$_4$	2	1,82	1,53	1,21
K$_2$SO$_4$	3	2,84	2,69	2,32
K$_3$[Fe(CN)$_6$]	4	3,82	3,36	2,85

12.4 Van't Hoff-Faktoren i für verschiedene gelöste Stoffe

gelöster Stoff	Teilchen in der Lösung	i für verdünnte Lösungen*	Beispiele
Nichtelektrolyt	Moleküle	$i = 1$	Rohrzucker, Harnstoff
starker Elektrolyt	Ionen	$i \approx N$	NaCl, KOH
schwacher Elektrolyt	Ionen und Moleküle	$1 < i < N$	CH$_3$CO$_2$H, NH$_3$, HgCl$_2$

* N = Molzahl Ionen pro Mol der Verbindung

12.13 Übungsaufgaben

(Lösungen s. S. 672)

Lösungsvorgänge

12.1 Warum ist Brom (Br_2) besser in Tetrachlormethan (CCl_4) löslich als Iod (I_2)?

12.2 Welche Verbindung der folgenden Paare ist besser löslich in Wasser?
- a) H_3C-OH, H_3C-CH_3
- b) CCl_4, $NaCl$
- c) CH_3F, CH_3Cl
- d) N_2O, N_2
- e) NH_3, CH_4

12.3 Welches Ion der folgenden Paare wird stärker hydratisiert?
- a) Li^+, Na^+
- b) Fe^{2+}, Fe^{3+}
- c) K^+, Ca^{2+}
- d) F^-, Br^-
- e) Be^{2+}, Ba^{2+}
- f) Mg^{2+}, Al^{3+}

12.4 Berechnen Sie den jeweils fehlenden Wert in jeder Zeile. Die Werte in kJ/mol beziehen sich auf Lösungsprozesse in Wasser bei 298 K, die zu verdünnten Lösungen führen.

Stoff	Gitter-energie	Hydratations-enthalpie	Lösungs-enthalpie
$SrCl_2$	−2150	−2202	...
$MgCl_2$	−2525	−2680	...
KF	−812	...	−18
KI	−647	...	+20

12.5 Das Henry-Dalton-Gesetz kann $x = Kp$ formuliert werden (x = Stoffmengenanteil, p = Partialdruck). Für wäßrige Lösungen bei 0 °C betragen die entsprechenden Konstanten $K = 1{,}01 \cdot 10^{-5}$ kPa^{-1} für N_2O und $K = 1{,}35 \cdot 10^{-5}$ kPa^{-1} für CO_2. Wieviel Mol und wieviel Gramm N_2O(g) lösen sich in 720 g H_2O bei einem Partialdruck von 150 kPa? Wieviel Mol und wieviel Gramm CO_2(g) lösen sich bei einem Partialdruck von 250 kPa?

Konzentrationen

12.6 Welchen Stoffmengenanteil hat:
- a) Ethanol in einer 39,0%-igen wäßrigen Lösung?
- b) Phenol (H_5C_6OH) in einer 20,3%-igen Lösung in Ethanol (H_5C_2OH)?

12.7 Wieviel Massenprozent Naphthalin ($C_{10}H_8$) sind bei einem Stoffmengenanteil von 0,200 in einer Lösung in Toluol (C_7H_8) enthalten?

12.8 Wieviel Gramm $AgNO_3$ benötigt man um 250 mL einer Lösung mit $c(AgNO_3) = 0{,}600$ mol/L herzustellen?

12.9 Konzentrierte Bromwasserstoffsäure besteht zu 48,0 cg/g aus HBr und hat eine Dichte von 1,50 g/mL.
- a) Wieviel Gramm benötigt man davon, um 750 mL einer Lösung mit $c(HBr) = 1{,}50$ mol/L herzustellen?
- b) Wieviel mL konzentrierte HBr werden benötigt?

12.10 Konzentrierte Flußsäure besteht zu 48,0 cg/g aus HF und hat eine Dichte von 1,17 g/mL. Welche Stoffmengenkonzentration und welche Molalität hat die Lösung?

12.11 Welche Stoffmengenkonzentration und welche Molalität hat eine wäßrige Lösung mit 10,0 % $AgNO_3$? Dichte der Lösung: 1,09 g/mL.

12.12 Konzentrierte Natronlauge besteht zu 50,0 % aus NaOH und hat eine Dichte von 1,54 g/mL. Wenn 25,0 mL dieser Lösung auf ein Volumen von 750 mL verdünnt werden, welche Stoffmengenkonzentration hat sie dann?

12.13 125 mL konzentrierte Kalilauge mit $w = 45{,}0$ cg/g KOH (Dichte 1,46 g/mL) wird auf 1,50 L verdünnt. Welche Stoffmengenkonzentration hat die Lösung?

12.14 Eine Lösung von Ameisensäure (HCO_2H) mit $c(HCO_2H) = 23{,}6$ mol/L hat eine Dichte von 1,20 g/mL. Wieviel Massenprozent HCO_2H enthält die Lösung?

12.15 Eine Lösung von Perchlorsäure ($HClO_4$) mit $c(HClO_4) = 11{,}7$ mol/L hat eine Dichte von 1,67 g/mL. Wieviel Massenprozent $HClO_4$ enthält die Lösung?

12.16 Welches Volumen konzentrierter Essigsäure benötigt man, um 250 mL einer Lösung mit $c(CH_3CO_2H) = 6{,}00$ mol/L herzustellen? Siehe 4.1 (S. 43).

12.17 35,0 mL konzentrierte Phosphorsäure wird auf ein Volumen von 250 mL verdünnt. Welche Stoffmengenkonzentration hat die Lösung? Siehe 4.1 (S. 43).

12.18 150 mL konzentrierte Ammoniak-Lösung wird auf ein Volumen von 250 mL verdünnt. Welche Stoffmengenkonzentration hat die Lösung? Siehe 4.1 (S. 43).

12.19 Welchen Stoffmengenanteil hat ein gelöster Stoff in einer Lösung in Toluol (C_7H_8) bei einer Molalität $b = 1{,}00$ mol/kg?

12.20 Welche Molalität hat eine wäßrige Lösung von:
a) 12,5% Rohrzucker, $C_{12}H_{22}O_{11}$
b) 10,0% Harnstoff, $OC(NH_2)_2$

12.21 Durch Zugabe von Natrium zu Wasser sind 50,4 mL Wasserstoffgas unter Normbedingungen sowie 175 mL einer Lösung von NaOH entstanden.
a) Formulieren Sie die Reaktionsgleichung
b) Welche Stoffmengenkonzentration hat die NaOH-Lösung?

Dampfdruck, Gefrierpunkt, Siedepunkt

12.22 Methanol (H_3COH) und Ethanol (H_5C_2OH) bilden ideale Lösungen. Bei 50°C hat reines Methanol einen Dampfdruck von 53,6 kPa und reines Ethanol einen von 29,6 kPa.
a) Welchen Dampfdruck hat eine Lösung aus 24,0 g Methanol und 5,76 g Ethanol bei 50°C?
b) Welcher ist der Stoffmengenanteil von Methanol in einer Lösung, die bei 50°C einen Dampfdruck von 40,5 kPa hat?
c) Kann man Methanol von Ethanol durch Destillation trennen?

12.23 Benzol (C_6H_6) und Toluol (C_7H_8) bilden ideale Lösungen. Bei 90°C hat reines Benzol einen Dampfdruck von 134,3 kPa und reines Toluol einen von 53,9 kPa.
a) Welcher ist der Stoffmengenanteil von Toluol in einer Lösung, die bei 90°C und 101,3 kPa siedet?
b) Welchen Dampfdruck hat eine Lösung aus 70,0 g Benzol und 10,0 g Toluol bei 90°C?

12.24 Eine Lösung aus 1,00 mol Aceton und 1,50 mol Trichlormethan (Chloroform) hat bei 35°C einen Dampfdruck von 33,3 kPa. Bei dieser Temperatur hat reines Aceton einen Dampfdruck von 45,9 kPa und reines Trichlormethan einen von 39,3 kPa.
a) Welchen Dampfdruck hätte die Lösung, wenn die Komponenten eine ideale Lösung bilden würden?
b) Zeigt der Dampfdruck eine positive oder negative Abweichung vom Raoult-Gesetz?
c) Wird Wärme freigesetzt oder aufgenommen, wenn die Lösung hergestellt wird?
d) Bilden Aceton und Trichlormethan ein azeotropes Gemisch?

12.25 Beantworten Sie die gleichen Fragen wie in Aufgabe 12.24 für eine Lösung aus 0,250 mol Ethanol und 0,375 mol Trichlormethan, die bei 35°C einen Dampfdruck von 33,2 kPa hat. Reines Ethanol hat bei dieser Temperatur einen Dampfdruck von 13,8 kPa.

12.26 Eine Lösung von 95,6 g eines nichtflüchtigen Stoffes in 5,25 mol Toluol (C_7H_8) hat bei 60°C einen Dampfdruck von 16,3 kPa. Welche Molmasse hat der gelöste Stoff? Reines Toluol hat bei 60°C einen Dampfdruck von 18,6 kPa.

12.27 Ethylenglykol, $C_2H_4(OH)_2$, wird als Frostschutzmittel für Kühlwasser verwendet. Wieviel Gramm Ethylenglykol müssen einem Kilogramm Wasser zugesetzt werden, damit die Lösung bei −15,0°C gefriert?

12.28 Wieviel Gramm Traubenzucker ($C_6H_{12}O_6$) sind in 250 g Wasser zu lösen, damit die Lösung bei −2,50°C gefriert?

12.29 Eine Lösung, die 4,32 g Naphthalin ($C_{10}H_8$) in 150 g 1,2-Dibromethan enthält, gefriert bei 7,13°C. Der normale Gefrierpunkt von 1,2-Dibromethan liegt bei 9,79°C. Welche molale Gefrierpunktserniedrigung E_G hat 1,2-Dibromethan?

12.30 Welchen Gefrierpunkt hat eine Lösung von 64,3 g Rohrzucker ($C_{12}H_{22}O_{11}$) in 200 g Wasser?

12.31 Welchen Gefrierpunkt hat eine Lösung von 6,10 g Benzoesäure ($C_6H_5CO_2H$) in 125 g Campher?

12.32 Eine Lösung, die 13,2 g eines Stoffes in 250 g CCl_4 enthält, gefriert bei −33,0°C. Welche Molmasse hat der Stoff?

12.33 Eine Lösung von 22,0 g Ascorbinsäure (Vitamin C) in 100 g Wasser gefriert bei −2,33°C. Welche Molmasse hat Ascorbinsäure?

12.34 Welchen Siedepunkt hat eine Lösung von 40,5 g Glycerin, $C_3H_5(OH)_3$, in 100 g Wasser?

12.35 Eine Lösung von 3,86 g eines Stoffes X in 150 g Essigsäure-ethylester siedet bei 78,21°C. Welche Molmasse hat X? Der normale Siedepunkt von Essigsäure-ethylester liegt bei 77,06°C, E_S = +2,77°C kg/mol.

Osmotischer Druck

12.36 Welchen osmotischen Druck hat eine wäßrige Lösung von:
a) 2,00 g Traubenzucker, $C_6H_{12}O_6$, in 250 mL Lösung bei 25°C
b) 6,00 g Harnstoff, $OC(NH_2)_2$, in 400 mL Lösung bei 20°C?

12.37 Eine Lösung von 9,30 g Hämoglobin in 200 mL Lösung hat einen osmotischen Druck von 1,73 kPa bei 27°C. Welche Molmasse hat Hämoglobin?

12.38 Eine Lösung von 0,157 g Penicillin G in 100 mL Lösung hat einen osmotischen Druck von 11,7 kPa bei 25°C. Welche Molmasse hat Penicillin G?

12.39 Die gesättigte wäßrige Lösung eines Proteins mit einer Molmasse von 3000 g/mol hat bei 25 °C einen osmotischen Druck von 27,8 kPa.
a) Wieviel Gramm des Proteins sind in 1 L Wasser enthalten?
b) Welche Stoffmengenkonzentration hat die Lösung?

Elektrolyt-Lösungen

12.40 Eine Lösung von 2,00 g $CaCl_2$ in 98,00 g Wasser gefriert bei $-0,880$ °C. Welchen van't Hoff-Faktor hat die Lösung?

12.41 Eine Lösung von 3,00 g NaOH in 75,00 g Wasser hat einen van't Hoff-Faktor von 1,83. Welchen Gefrierpunkt hat die Lösung?

12.42 Welchen Gefrierpunkt hat eine wäßrige Lösung einer schwachen Säure HX, die zu 4,00 % in Ionen H^+ und X^- dissoziiert, bei einer Molalität von 0,125 mol/kg? Lassen Sie interionische Wechselwirkungen außer acht.

12.43 Eine wäßrige Lösung mit $b(HX) = 0,0200$ mol/kg einer schwachen Säure HX gefriert bei $-0,0385$ °C. Zu wieviel % ist HX in Ionen dissoziiert?

13 Reaktionen in wäßriger Lösung

Zusammenfassung. *Metathesereaktionen* haben die generelle Reaktionsgleichung

AX + EZ → AZ + EX .

In wäßriger Lösung laufen sie ab, wenn ein *Niederschlag*, ein *Gas* oder ein *schwacher Elektrolyt* gebildet wird. Mit Hilfe von Löslichkeitsregeln und mit Richtlinien zur Unterscheidung von starken und schwachen Elektrolyten kann der Reaktionsablauf vorausgesagt werden.

Oxidationszahlen sind die fiktiven Ionenladungen, die sich ergeben, wenn man die Elektronenpaare von kovalenten Bindungen ganz dem jeweils elektronegativeren Atom einer Bindung zuweist. Bei *Redox-Reaktionen* wird ein Reaktand reduziert, der andere oxidiert. Bei der Reduktion wird die Oxidationszahl erniedrigt und Eletronen werden aufgenommen, bei der Oxidation wird die Oxidationszahl erhöht und Elektronen werden abgegeben. Beim Formulieren von Redox-Gleichungen kommt es darauf an, die Anzahl der abgegebenen und die Anzahl der aufgenommenen Elektronen abzustimmen, d. h. die Gesamterniedrigung und die Gesamterhöhung der Oxidationszahlen muß gleich groß sein.

Nach dem Konzept von Arrhenius ist eine *Säure* ein Stoff, der in wäßriger Lösung H_3O^+-Ionen bildet (auch als H^+(aq) formuliert), während die wäßrige Lösung einer *Base* OH^--Ionen enthält. Die Reaktion zwischen einer Säure und einer Base ist eine *Neutralisation*; dabei entsteht Wasser und ein Salz. *Metalloxide* sind in der Regel *basische Oxide*, mit Säuren reagieren sie unter Salzbildung und manche von ihnen bilden mit Wasser Hydroxide. *Nichtmetalloxide* sind *saure Oxide*, die mit Wasser Säuren und mit Basen Salze bilden.

Zur quantitativen Stoffmengenbestimmung in wäßriger Lösung bedient man sich der *volumetrischen Analyse* oder *Titration*. Drei wichtige Titrationsmethoden basieren auf Fällungsreaktionen, Säure-Base-Reaktionen bzw. Redox-Reaktionen. Dabei werden *Normallösungen* verwendet, die eine definierte *Äquivalentkonzentration* haben. Das ist die Stoffmengenkonzentration multipliziert mit der Äquivalentzahl z, welche angibt, wieviele der für die Reaktion maßgeblichen Teilchen (H^+-Ionen, OH^--Ionen, Elektronen) auf ein Teilchen des Reagenzes kommen.

Schlüsselworte (s. Glossar)

Metathese-Reaktion
Netto-Ionengleichung

Fällung
Löslichkeit

Oxidationszahl
Oxidation
Reduktion

Oxidationsmittel
Reduktionsmittel
Redox-Reaktion
Disproportionierung
Komproportionierung

Säure
Oxonium-Ion
Base

Starke Säuren und Basen
Schwache Säuren und Basen
Saure und basische Oxide
Säureanhydride

Ein- und mehrprotonige Säuren
Amphotere Verbindungen
Neutralisation

Volumetrische Analyse
Titration
Äquivalenzpunkt

Äquivalentmasse
Äquivalentzahl
Äquivalentkonzentration
Normallösung

13 Reaktionen in wäßriger Lösung

13.1 Metathese-Reaktionen *220*
13.2 Oxidationszahlen *223*
13.3 Reduktions-Oxidations-Reaktionen *225*
13.4 Arrhenius-Säuren und -Basen *229*
13.5 Saure und basische Oxide *231*
13.6 Nomenklatur von Säuren, Hydroxiden und Salzen *232*
13.7 Volumetrische Analyse *234*
13.8 Äquivalentmasse und Normallösungen *236*
13.9 Übungsaufgaben *238*

Chemische Reaktionen laufen in wäßriger Lösung meist schnell ab. In der Lösung liegen die Reaktanden fein verteilt als Moleküle oder Ionen und nicht als Aggregate vor. Die Anziehungskräfte zwischen den Teilchen der reinen Stoffe werden beim Herstellen der Lösung zumindest teilweise überwunden. Die Teilchen sind in der Lösung in ständiger Bewegung, und die Kollisionen zwischen ihnen können zur Reaktion führen.

13.1 Metathese-Reaktionen

Eine Metathese Reaktion hat die generelle Form

$$AX + EZ \rightarrow AZ + EX$$

Bei dieser Reaktion tauschen Kationen und Anionen ihre Partner aus. Reaktionen dieser Art kommen in wäßriger Lösung häufig vor, zum Beispiel

$$AgNO_3(aq) + NaCl(aq) \rightarrow AgCl(s) + NaNO_3(aq)$$

Die vorstehende Gleichung kann als *vollständige Gleichung* für die beteiligten Verbindungen aufgefaßt werden. Sie gibt die in der Lösung herrschenden Verhältnisse jedoch falsch wieder, denn eine in Wasser gelöste Ionenverbindung enthält hydratisierte Ionen. Die *Ionengleichung* beschreibt die Vorgänge besser:

$$Ag^+(aq) + NO_3^-(aq) + Na^+(aq) + Cl^-(aq) \rightarrow$$
$$AgCl(s) + Na^+(aq) + NO_3^-(aq)$$

Was läuft bei der Reaktion ab? Hydratisierte Ag^+- und Cl^--Ionen kollidieren miteinander und bilden unter Verlust ihrer Hydrathülle festes AgCl, das schwerlöslich ist und sich aus der Lösung abscheidet.

Eine Reaktion, bei der in dieser Art ein Feststoff entsteht, nennen wir **Fällungsreaktion**, der ausgefallene Feststoff heißt **Niederschlag**. Natriumnitrat ($NaNO_3$) verbleibt als zweites Reaktionsprodukt in Form von hydratisierten Ionen in der Lösung.

Im folgenden wird in den Gleichungen der Zusatz (aq) weggelassen, da generell nur von wäßrigen Lösungen die Rede ist und alle Ionen hydratisiert sind. Die Zusätze (g) und (s) für gasförmig bzw. fest werden jedoch weiter verwendet. In der obigen Reaktionsgleichung stehen Na^+- und NO_3^--Ionen auf beiden Seiten der Gleichung. Diese Ionen nehmen an der Reaktion nicht teil und sind für das Reaktionsgeschehen unerheblich. Wir lassen sie aus der Gleichung weg und erhalten die *Netto-Ionen-Gleichung*:

$$Ag^+ + Cl^- \rightarrow AgCl(s)$$

Diese ist die allgemeinste Gleichungsform. Sie bringt zum Ausdruck, daß beim Zusammengeben einer beliebigen Lösung einer löslichen Ag^+-Verbindung mit einer beliebigen Lösung einer löslichen Cl^--Verbindung festes Silberchlorid ausfällt.

Wenn wir Lösungen von Natriumchlorid (NaCl) und Ammoniumnitrat (NH_4NO_3) mischen, lautet die „Reaktionsgleichung"

$$Na^+ + Cl^- + NH_4^+ + NO_3^- \rightarrow Na^+ + Cl^- + NH_4^+ + NO_3^-$$

Alle beteiligten Verbindungen sind in Wasser löslich, es läuft keine Reaktion ab. Wir können das folgendermaßen zum Ausdruck bringen:

$$Na^+ + Cl^- + NH_4^+ + NO_3^- \nrightarrow$$

Außer der Bildung einer schwerlöslichen festen Verbindung gibt es weitere Gründe für das Ablaufen von Metathese-Reaktionen. Ein Grund kann die Bildung eines schlecht löslichen Gases sein, das aus der Lösung entweicht. Die Reaktion von Salzsäure, HCl(aq), mit einer Lösung von Natriumsulfid (Na_2S) ist ein Beispiel; dabei entsteht gasförmiger Schwefelwasserstoff, H_2S.

Bei einer dritten Art von Metathese-Reaktion wird ein schwacher Elektrolyt gebildet. Lösliche schwache Elektrolyte dissoziieren in Lösung nur zum Teil in Ionen, sie liegen überwiegend als Moleküle vor. Eine Säure-Base-Neutralisation ist eine Metathese-Reaktion dieser Art (vgl. Abschn. 13.4; S. 230). Dabei reagieren H^+-Ionen mit OH^--Ionen unter Bildung von Wasser.

Metathese-Reaktionen finden somit statt, wenn sich ein unlöslicher Feststoff niederschlägt, ein Gas entweicht oder ein schwacher Elektrolyt gebildet wird.

In den Gleichungen wird die Niederschlagsbildung durch ein (s) oder einen Pfeil ↓ nach der Formel der betreffenden Verbindung zum Ausdruck gebracht; Gasentwicklung wird durch ein (g) oder einen Pfeil ↑ vermerkt; ein schwacher Elektrolyt wird durch seine Molekülformel bezeichnet. Die löslichen Ionenverbindungen werden durch die Formeln der Ionen angegeben. Um diese Verbindungstypen in einer Reaktionsgleichung als solche identifizieren zu können, kann man einige Regeln angeben:

Löslichkeiten von Feststoffen. Die Einteilung von Ionenverbindungen nach ihrer Löslichkeit in Wasser ist nicht ohne weiteres möglich. Keine Verbindung ist völlig unlöslich in Wasser. Das Ausmaß der Löslichkeit variiert erheblich von Verbindung zu Verbindung. Trotzdem ist ein grobes Klassifizierungsschema möglich. In ■ 13.1 (S. 222) sind Verbindungen, die sich bei 25 °C mit mehr als 10 g/L lösen, als *löslich* bezeichnet. Wenn sie sich mit weniger als 1 g/L lösen, werden sie als unlöslich angesehen. Bei gering löslichen Verbindungen liegt die Löslichkeit zwischen diesen Grenzen. Anorganische Säuren sind in der Regel wasserlöslich; sie lösen sich unter Bildung von H^+(aq)-Ionen (Abschn. 13.4, S. 229).

Gase. Bei Metathese-Reaktionen häufig auftretende Gase sind in ■ 13.2 (S. 222) aufgeführt. Bei der Bildung der Gase Kohlendioxid (CO_2) und Schwefeldioxid (SO_2) aus Carbonaten bzw. Sulfiten mit Säuren kann man sich die primäre Bildung von Kohlensäure (H_2CO_3) bzw. schwefliger Säure (H_2SO_3) vorstellen. Diese sind jedoch instabil und zerfallen sofort. Bei der Reaktion von Ammonium-Ionen mit starken löslichen Basen, das sind in erster Linie Hydroxide, nimmt die Base dem NH_4^+-Ion ein H^+-Ion weg.

Vollständige Gleichung der beteiligten Verbindungen:
$$2HCl + Na_2S \rightarrow H_2S(g) + 2NaCl$$

Ionengleichung:
$$2H^+ + 2Cl^- + 2Na^+ + S^{2-} \rightarrow H_2S(g) + 2Na^+ + 2Cl^-$$

Netto-Ionengleichung:
$$2H^+ + S^{2-} \rightarrow H_2S(g)$$

Säure-Base-Neutralisation

Vollständige Gleichung der beteiligten Verbindungen:
$$HCl + NaOH \rightarrow H_2O + NaCl$$

Ionengleichung:
$$H^+ + Cl^- + Na^+ + OH^- \rightarrow H_2O + Na^+ + Cl^-$$

Netto-Ionengleichung:
$$H^+ + OH^- \rightarrow H_2O$$

$$CO_3^{2-} + 2H^+ \rightarrow H_2CO_3 \rightarrow CO_2(g) + H_2O$$
$$SO_3^{2-} + 2H^+ \rightarrow SO_2(g) + H_2O$$
$$NH_4^+ + OH^- \rightarrow NH_3(g) + H_2O$$

13 Reaktionen in wäßriger Lösung

13.1 Löslichkeiten von Ionenverbindungen in Wasser bei 25 °C

Anion	Kationen		
	löslich (>1 cg/g)	gering löslich (0,1–1 cg/g)	unlöslich (< 0,1 cg/g)
NO_3^-	alle		
$CH_3CO_2^-$	alle		
ClO_3^-	alle		
F^-	einfach geladene Kationen	–	mehrfach geladene Kationen
Cl^-	alle, ausgenommen:	Pb^{2+}	Ag^+, Hg_2^{2+}, Tl^+
Br^-	alle, ausgenommen:	Pb^{2+}, Hg^{2+}	Ag^+, Hg_2^{2+}, Tl^+
I^-	alle, ausgenommen:	–	Ag^+, Hg_2^{2+}, Tl^+, Hg^{2+}, Pb^{2+}
SO_4^{2-}	alle, ausgenommen:	Ca^{2+}, Ag^+	Sr^{2+}, Ba^{2+}, Hg_2^{2+}, Pb^{2+}
SO_3^{2-}	Li^+, Na^+, K^+, Rb^+, Cs^+, NH_4^+	–	alle übrigen
PO_4^{3-}	Li^+, Na^+, K^+, Rb^+, Cs^+, NH_4^+	–	alle übrigen
OH^-	Li^+, Na^+, K^+, Rb^+, Cs^+, Ba^{2+}, Tl^+	Ca^{2+}, Sr^{2+}	alle übrigen
S^{2-}	Li^+, Na^+, K^+, Rb^+, Cs^+, NH_4^+, Mg^{2+}, Ca^{2+}, Sr^{2+}, Ba^{2+}	–	alle übrigen (Al_2S_3, Cr_2S_3, Fe_2S_3 zersetzen sich)

Folgende Kationen wurden berücksichtigt: Li^+, Na^+, K^+, Rb^+, Cs^+, NH_4^+, Ag^+, Tl^+; Mg^{2+}, Ca^{2+}, Sr^{2+}, Ba^{2+}, Mn^{2+}, Fe^{2+}, Co^{2+}, Ni^{2+}, Cu^{2+}, Zn^{2+}, Cd^{2+}, Hg^{2+}, Hg_2^{2+}, Sn^{2+}, Pb^{2+}; Al^{3+}, Cr^{3+}, Fe^{3+}.

13.2 Bedingungen zur Bildung von Gasen

Gas	
H_2S	Alle löslichen Sulfide (Anion S^{2-}) bilden mit Säuren H_2S
CO_2	Jedes Carbonat (Anion CO_3^{2-}) bildet mit Säuren CO_2
SO_2	Jedes Sulfit (Anion SO_3^{2-}) bildet mit Säuren SO_2
NH_3	Jedes Ammonium-Salz (Kation NH_4^+) bildet mit starken Basen beim Erhitzen NH_3

Schwache Elektrolyte. Schwache Säuren und Wasser selbst sind schwache Elektrolyte. Schwache Säuren sind zum Beispiel:

Essigsäure (CH_3CO_2H)
Salpetrige Säure (HNO_2)
Flußsäure (HF)

Starke Säuren und somit starke Elektrolyte sind:

Perchlorsäure (HClO$_4$)   Iodwasserstoffsäure (HI)
Chlorsäure (HClO$_3$)   Salpetersäure (HNO$_3$)
Salzsäure (HCl)   Schwefelsäure (H$_2$SO$_4$)
Bromwasserstoffsäure (HBr)

Phosphorsäure (H$_3$PO$_4$) ist eine mittelstarke Säure. Lösliche Hydroxide sind starke Basen und starke Elektrolyte. Salze sind starke Elektrolyte (▫ 13.1).

Metathese-Reaktionen sind zu einem gewissen Grad umkehrbar; näheres darüber folgt in Kap. 17 (S. 293) und Kap. 18 (S. 317). Metathese-Reaktionen sind auch in Abwesenheit von Wasser möglich. Zum Beispiel kann gasförmiger Fluorwasserstoff, HF(g), durch Erwärmen von Calciumfluorid (CaF$_2$) und Schwefelsäure (H$_2$SO$_4$) erhalten werden.

$$CaF_2(s) + H_2SO_4(l) \rightarrow CaSO_4(s) + 2HF(g)$$

▫ **Beispiel 13.1**

Man formuliere die Gleichungen für die in Wasser ablaufenden Reaktionen zwischen folgenden Verbindungen; alle Ionen sind anzugeben.

a) FeCl$_3$ und K$_3$PO$_4$
b) Na$_2$SO$_4$ und CuCl$_2$
c) ZnSO$_4$ und Ba(OH)$_2$
d) CaCO$_3$ und HNO$_3$

a) $Fe^{3+} + 3Cl^- + 3K^+ + PO_4^{3-} \rightarrow FePO_4(s) + 3K^+ + 3Cl^-$
b) $2Na^+ + SO_4^{2-} + Cu^{2+} + 2Cl^- \nrightarrow$
c) $Zn^{2+} + SO_4^{2-} + Ba^{2+} + 2OH^- \rightarrow Zn(OH)_2(s) + BaSO_4(s)$
d) $CaCO_3(s) + 2H^+ + 2NO_3^- \rightarrow H_2O + CO_2(g) + Ca^{2+} + 2NO_3^-$

13.2 Oxidationszahlen

Ein wichtiger Reaktionstyp, der insbesondere auch in wäßriger Lösung stattfindet, ist die Reduktions-Oxidations-Reaktion, die im nächsten Abschnitt behandelt wird. Zuvor wollen wir das in dem Zusammenhang nützliche Konzept der Oxidationszahlen kennenlernen.

Oxidationszahlen sind Ladungen oder fiktive Ladungen, die den Atomen einer Verbindung nach bestimmten Regeln zugewiesen werden. Die Oxidationszahl eines einatomigen Ions ist identisch mit seiner Ionenladung. Zum Beispiel hat im Natriumchlorid (NaCl) das Na$^+$-Ion die Oxidationszahl +I und das Cl$^-$-Ion die Oxidationszahl –I. Um Verwechslungen in Fällen zu vermeiden, in denen die Oxidationszahl nicht einer tatsächlichen Ionenladung entspricht, verwenden wir römische Zahlen für die Oxidationszahlen.

Die Oxidationszahlen von kovalent gebundenen Atomen in einem Molekül erhält man, indem man die Elektronen von jeder Bindung jeweils dem elektronegativeren der beiden miteinander gebundenen Atome zuweist. Im H—Cl-Molekül werden die beiden Elektronen der Bindung dem Chlor-Atom zugewiesen, da es das elektronegativere Atom ist. Man betrachtet das Chlorwasserstoff-Molekül, als würde es aus einem H$^+$- und einem Cl$^-$-Ion bestehen; die entsprechenden fiktiven Ionenladungen sind

Nützliche Regeln zur Ermittlung von Oxidationszahlen

1. Ein einzelnes Atom oder ein Atom in einem Element hat die Oxidationszahl Null.
2. Die Oxidationszahl eines einatomigen Ions ist identisch mit seiner Ionenladung.
3. Die Summe der Oxidationszahlen aller Atome eines mehratomigen Ions ist gleich der Ladung dieses Ions. Die Summe der Oxidationszahlen aller Atome eines Moleküls (mehratomiges „Ion" mit Ladung Null) ist Null.
4. Fluor, das elektronegativste Element, hat in allen Verbindungen die Oxidationszahl −I.
5. Sauerstoff, das zweit-elektronegativste Element, hat meistens die Oxidationszahl −II. Ausnahmen gibt es, wenn O-Atome miteinander verbunden sind:
im Peroxid-Ion $[\underline{\overline{O}}-\underline{\overline{O}}]^{2-}$ hat jedes O-Atom die Oxidationszahl −I;
im Hyperoxid-Ion (O_2^-) hat jedes O-Atom die Oxidationszahl $-\frac{1}{2}$.
Im OF_2 hat Sauerstoff die Oxidationszahl +II (Regel 4).
6. Wasserstoff hat in Verbindungen mit Nichtmetallen die Oxidationszahl +I. In Metallhydriden (z. B. LiH, MgH_2) hat Wasserstoff die Oxidationszahl −I.
7. In Verbindungen der Nichtmetalle ist die Oxidationszahl des elektronegativeren Elements negativ und entspricht der Ionenladung, die für Ionenverbindungen dieses Elements gilt. Im Phosphor(III)-chlorid (PCl_3) hat Chlor zum Beispiel die Oxidationszahl −I.

die Oxidationszahlen: H hat die Oxidationszahl +I, Cl hat die Oxidationszahl −I.

Im Falle einer unpolaren Bindung zwischen zwei Atomen der gleichen Elektronegativität, insbesondere zwischen Atomen des gleichen Elements, werden die Bindungselektronen zu gleichen Teilen zwischen den Atomen aufgeteilt. Im Molekül Cl−Cl wird jedem Chlor-Atom eines der beiden Bindungselektronen zugewiesen; beide Atome erhalten die Oxidationszahl Null.

In vielen Fällen kann man Oxidationszahlen mit Hilfe der nebenstehenden Regeln ermitteln (■ 13.2 und 13.3).

■ **Beispiel 13.2**

Welche Oxidationszahl hat das P-Atom in H_3PO_4?

Die Summe der Oxidationszahlen muß Null ergeben; mit Hilfe von Regel 5 und 6 gilt:

$3 \cdot$ (Ox.-Zahl H) + (Ox.-Zahl P) + $4 \cdot$ (Ox.-Zahl O) = 0
$3 \cdot (+I) +$ (Ox.-Zahl P) + $4 \cdot (-II) = 0$
Ox.-Zahl P = +V

■ **Beispiel 13.3**

Welche Oxidationszahl haben die Cr-Atome im Dichromat-Ion ($Cr_2O_7^{2-}$)?

Die Summe der Oxidationszahlen muß die Ladung des Ions, −2, ergeben.

$2 \cdot$ (Ox.-Zahl Cr) + $7 \cdot (-II) = -2$
Ox.-Zahl Cr = +VI

Einem Element können in verschiedenen Verbindungen unterschiedliche Oxidationszahlen zukommen. Zum Beispiel reicht die Skala der Oxidationszahlen beim Stickstoff von −III (z. B. im NH_3) bis +V (z. B. in HNO_3). Die höchstmögliche Oxidationszahl eines Elements ist gleich seiner Gruppennummer im Periodensystem (nach der alten Zählweise mit römischen Nummern; Ausnahmen: einige Elemente der achten Nebengruppe erreichen die Oxidationszahl +VIII nicht; die Elemente der ersten Nebengruppe (Cu, Ag, Au) können höhere Oxidationszahlen als +I haben; bei Lanthanoiden und Actinoiden gelten besondere Regeln).

Oxidationszahlen sind etwas anderes als Formalladungen (s. S. 118). Bei der Zuweisung von Formalladungen in einem Molekül werden die Bindungselektronen zu gleichen Teilen zwischen den beteiligten Atomen aufgeteilt, unabhängig von der Bindungspolarität. Bei der Ermittlung von Oxidationszahlen werden dagegen alle Bindungselektronen dem elektronegativeren Atom zugewiesen. Beide Konzepte sind reine Konvention. Formalladungen dienen dem Verständnis der Strukturen und bestimmter Eigenschaften von Molekülen. Oxidationszahlen sind zur systematischen Klassifizierung von Verbindungen nützlich, dienen zur Interpretation bestimmter Eigenschaften von Verbindungen (z. B. magnetischer Eigenschaften) und sind hilfreich beim Formulieren von Reduktions-Oxidations-Reaktionsgleichungen.

13.3 Reduktions-Oxidations-Reaktionen

Der Begriff *Oxidation* wurde ursprünglich für Reaktionen verwendet, bei denen sich Sauerstoff mit anderen Substanzen verbindet, und unter *Reduktion* verstand man die Entfernung von gebundenem Sauerstoff aus einer Verbindung. Die heutige Definition ist allgemeiner und hat Bezug zu den Oxidationszahlen.

Eine **Oxidation** ist ein Prozeß, bei dem einem Atom Elektronen entzogen werden, bei einer **Reduktion** werden ihm Elektronen zugeführt. Ein Elektron, das einem Atom entzogen wird, muß nicht völlig von ihm entfernt werden; es genügt, wenn eine polare kovalente Bindung mit einem elektronegativeren Atom geknüpft und die Bindungselektronen dadurch nur partiell abgezogen werden. Entsprechend liegt eine Reduktion bereits vor, wenn eine kovalente Bindung mit einem elektropositiveren Atom eingegangen wird. Diese Aussagen sind gleichbedeutend mit folgender Definition: Eine Oxidation ist ein Prozeß, bei dem die Oxidationszahl eines Atoms erhöht wird; bei einer Reduktion wird die Oxidationszahl erniedrigt. Bei der Reaktion von Schwefel mit Sauerstoff entsteht Schwefeldioxid (SO_2); dabei nimmt die Oxidationszahl des Schwefel-Atoms von Null nach $+IV$ zu, der Schwefel wird *oxidiert*; die Oxidationszahl der Sauerstoff-Atome erniedrigt sich von Null auf $-II$, Sauerstoff wird *reduziert*. Bei der Reaktion von Schwefeldioxid mit Wasser zu H_2SO_3 findet weder eine Oxidation noch eine Reduktion statt, alle Oxidationszahlen behalten ihren Wert.

■ *Weder eine Oxidation noch eine Reduktion können für sich alleine auftreten.*

Elektronen, die von einem Atom abgezogen werden, werden anderen Atomen zugeführt. Wegen dieser stets vorhandenen Kopplung von Oxidation und Reduktion sprechen wir von Reduktions-Oxidations-Reaktionen und nennen sie kurz **Redox-Reaktionen**. Dabei muß insgesamt die Oxidationszahl-Erhöhung genauso groß sein, wie die Oxidationszahl-Erniedrigung. Im Beispiel der Reaktion von Schwefel mit Sauerstoff zum Schwefeldioxid nimmt die Oxidationszahl des Schwefel-Atoms um vier zu; bei jedem Sauerstoff-Atom wird sie um zwei erniedrigt; bei zwei Sauerstoff-Atomen in der Reaktionsgleichung macht das eine Gesamterniedrigung um vier aus.

Die Substanz, die dem Reaktionspartner die Elektronen entzieht und damit dessen Oxidation bewirkt, nennen wir das **Oxidationsmittel**; es wird selbst reduziert. Umgekehrt wirkt eine Substanz, die selbst oxidiert wird, als **Reduktionsmittel**. Im Beispiel der Reaktion von Schwefel mit Sauerstoff ist Schwefel das Reduktionsmittel und Sauerstoff das Oxidationsmittel.

Reaktionsgleichungen, bei denen Redox-Prozesse beteiligt sind, sind meist schwieriger zu formulieren als andere Reaktionsgleichungen. Beim Formulieren von Redox-Reaktionen kommt es darauf an, die Zahl der vom Reduktionsmittel abgegebenen und die Zahl der vom Oxidationsmittel aufgenommenen Elektronen auszugleichen. Anders gesagt, es ist dafür zu sorgen, daß die gesamte Oxidationszahl-Zunahme der gesamten Oxidationszahl-Abnahme entspricht. Zusätzlich muß, wie immer, die Anzahl und Art der Atome sowie die Summe der Ionenladungen auf beiden Seiten der Gleichung gleich groß sein.

Oxidation:
Erhöhung der Oxidationszahl eines Atoms (Entzug von Elektronen)

Reduktion:
Erniedrigung der Oxidationszahl eines Atoms (Zufuhr von Elektronen)

$$\overset{0}{S} + \overset{0}{O_2} \rightarrow \overset{+IV}{S}\overset{-II}{O_2}$$

$$\overset{+IV\,-II}{SO_2} + \overset{+I\,-II}{H_2O} \rightarrow \overset{+I\,+IV\,-II}{H_2SO_3}$$

Um Redox-Gleichungen zu formulieren, geht man in drei Schritten vor:

1. Reaktanden und Produkte, die an der Reduktion und Oxidation beteiligt sind, sind als erstes alle anzugeben; für sie werden die betreffenden Oxidationszahlen ermittelt.
2. Das Zahlenverhältnis, in dem Reduktionsmittel und Oxidationsmittel miteinander reagieren, wird bestimmt, indem die Oxidationszahl-Zunahme und die Oxidationszahl-Abnahme balanciert werden.
3. Die Summe der Ionenladungen und die Anzahl anderer Atome auf beiden Seiten der Gleichung wird ausgeglichen. Um die Ionenladungen in wäßriger Lösung auszugleichen, dienen H^+- und OH^--Ionen.

In den folgenden Beispielen wird der physikalische Zustand der beteiligten Stoffe nicht angegeben und an Stelle von H_3O^+ oder H^+ (aq) wird H^+ geschrieben. Die Reaktionsgleichung

$$\overset{+III}{Fe^{3+}} + \overset{-II}{S^{2-}} \rightarrow \overset{+II}{Fe^{2+}} + \overset{0}{S}$$

ist falsch, obwohl die Anzahl der Fe- und S-Teilchen auf beiden Seiten der Gleichung übereinstimmt. Dies ist erkennbar, wenn man die Summen der Ionenladungen auf beiden Seiten zusammenzählt: links ergibt sich 1+, rechts jedoch 2+. Die Gleichung ist falsch, weil die Oxidationszahl-Zunahme und die Oxidationszahl-Abnahme nicht ausgeglichen sind, d. h. die Anzahl der abgegebenen und der aufgenommenen Elektronen stimmt nicht überein:

$$e^- + Fe^{3+} \rightarrow Fe^{2+} \quad \text{Reduktion}$$
$$S^{2-} \rightarrow S + 2e^- \quad \text{Oxidation}$$

Zum Ausgleich kommen wir, wenn die erste Teilgleichung doppelt genommen wird:

$$2e^- + 2Fe^{3+} \rightarrow 2Fe^{2+}$$
$$S^{2-} \rightarrow S + 2e^-$$
$$\overline{2Fe^{3+} + S^{2-} \rightarrow 2Fe^{2+} + S}$$

Die Balance der Oxidationszahl-Änderungen kann immer mit Hilfe von Teilgleichungen dieser Art ermittelt werden. Die Zahl der aufgenommenen Elektronen entspricht der gesamten Oxidationszahl-Abnahme, die der abgegebenen Elektronen entspricht der gesamten Oxidationszahl-Zunahme. Die Redox-Gleichung ist jedoch schneller ohne die Teilgleichungen formuliert. Man ermittelt, um wieviele Einheiten die Oxidationszahl des *Reduktions*mittels zunimmt und schreibt die entsprechende Zahl vor die Formel des *Oxidations*mittels; dann bestimmt man um wieviele Einheiten sich die Oxidationszahl des *Oxidations*mittels erniedrigt und schreibt die entsprechende Zahl vor die Formel des *Reduktions*mittels:

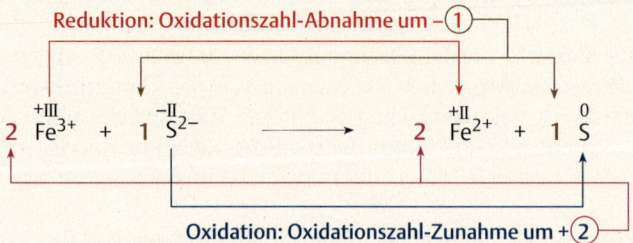

In diesem einfachen Beispiel stimmen nach Ausgleich der Oxidationszahl-Änderungen auch schon die Summen der Ionenladungen auf beiden Seiten der Gleichung überein. Dies ist jedoch keineswegs immer der Fall, zum Beispiel:

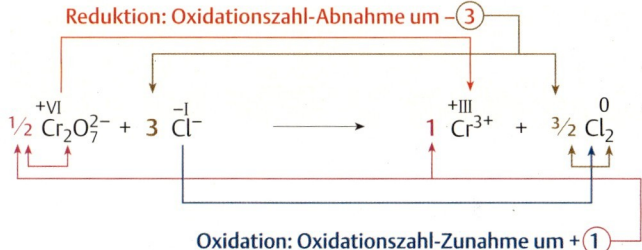

In diesem Fall steht der Koeffizient $\frac{1}{2}$ vor dem $Cr_2O_7^{2-}$, weil sich bei der Oxidation von Cl^- zu Cl_2 die Oxidationszahl um *eine* Einheit ändert und deshalb *ein* Chrom-Atom links und rechts in der Gleichung stehen muß; da aber im $Cr_2O_7^{2-}$-Ion bereits zwei Chrom-Atome enthalten sind, ist nur ein halbes Mol davon zu nehmen. Entsprechendes gilt für das Chlor: links und rechts müssen je drei Chlor-Atome stehen, denn die Oxidationszahl der Chrom-Atome ändert sich um drei Einheiten; da das Chlor-Molekül bereits zwei Chlor-Atome enthält, sind $\frac{3}{2}$ Mol davon zu nehmen. Durch Multiplikation der Gleichung mit 2 kann man die Brüche loswerden:

$$Cr_2O_7^{2-} + 6\,Cl^- \rightarrow 2\,Cr^{3+} + 3\,Cl_2$$

Die Gleichung ist noch nicht vollständig; auf der linken Seite summieren sich die Ionenladungen auf 8–, auf der rechten Seite auf 6+. Zum Ausgleich fügen wir auf der linken Seite 14 positive Ladungsträger, d.h. 14 H^+-Ionen hinzu. Die 14 Wasserstoff-Atome tauchen dann auf der rechten Seite in 7 H_2O-Molekülen auf:

$$14\,H^+ + Cr_2O_7^{2-} + 6\,Cl^- \rightarrow 2\,Cr^{3+} + 3\,Cl_2 + 7\,H_2O$$

Die Gleichung ist damit vollständig ausgeglichen. Zur Kontrolle zählen wir die Anzahl der Sauerstoff-Atome auf jeder Seite der Gleichung; sie muß automatisch übereinstimmen.

Wir hätten die Gleichung auch ausgleichen können, indem wir auf der rechten Seite 14 negative Ladungsträger, d.h. 14 OH^--Ionen, und links 7 H_2O-Moleküle hinzugefügt hätten. Die Wahl, ob man den Ausgleich der Ionenladungen mit H^+- oder OH^--Ionen besorgt, hängt von den tatsächlichen Reaktionsbedingungen ab. Bei Reaktionen, die in saurer Lösung stattfinden, nehmen wir H^+-Ionen; bei Reaktionen, die in basischer Lösung stattfinden, nehmen wir OH^--Ionen (■ 13.**4** und 13.**5**; die Begriffe sauer und basisch werden im nächsten Abschnitt, sowie in den Kapiteln 16 und 17 erläutert).

■ Beispiel 13.**4**

In saurer Lösung reagieren I_2 und ClO_3^- (Chlorat) unter Bildung von IO_3^- (Iodat) und Cl^-:

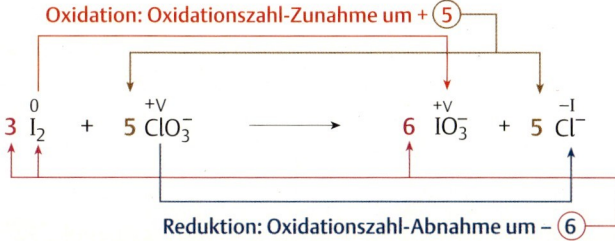

Links sind 5−, rechts 11− Ionenladungen vorhanden. Ausgleich durch Zusatz von 6 H$^+$ auf der rechten und 3 H$_2$O auf der linken Seite:

$$3H_2O + 3I_2 + 5ClO_3^- \rightarrow 6IO_3^- + 5Cl^- + 6H^+$$

Kontrolle: je 18 O-Atome links und rechts.

■ Beispiel 13.5

In basischer Lösung reagieren MnO$_4^-$ (Permanganat) und Hydrazin (N$_2$H$_4$) zu Mangandioxid (MnO$_2$) und N$_2$:

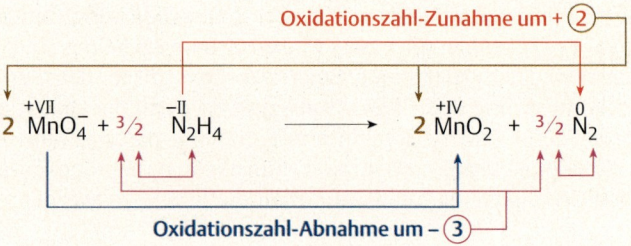

Links sind 2− Ionenladungen vorhanden, rechts keine. Ausgleich durch Zusatz von 2 OH$^-$ rechts, außerdem Zusatz von H$_2$O rechts, um alle H-Atome des N$_2$H$_4$ zu berücksichtigen:

$$2MnO_4^- + \tfrac{3}{2}N_2H_4 \rightarrow 2MnO_2 + \tfrac{3}{2}N_2 + 2OH^- + 2H_2O$$

Kontrolle: je 8 O-Atome links und rechts. Um die Brüche loszuwerden, kann die ganze Gleichung noch mit 2 multipliziert werden.

Eine **Disproportionierung** ist eine Redox-Reaktion, bei der ein Element gleichzeitig oxidiert und reduziert wird und aus einer Verbindung zwei Produkte entstehen. Zum Beispiel disproportioniert Brom in basischer Lösung zum Bromid und Bromat:

$$Br_2 \rightarrow Br^- + BrO_3^-$$

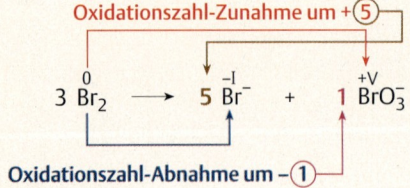

Die Aufstellung der Gleichung erfolgt nach dem gleichen Verfahren. Gemäß nebenstehendem Schema müssen Bromid- und Bromat-Ionen im Verhältnis 5 zu 1 entstehen; dafür werden insgesamt 6 Brom-Atome oder 3 Br$_2$-Moleküle benötigt. Rechts stehen 6− Ladungen, zum Ausgleich fügen wir 6 OH$^-$ auf der linken und 3 H$_2$O auf der rechten Seite hinzu. Die Zahl der O-Atome links und rechts muß automatisch stimmen:

$$6OH^- + 3Br_2 \rightarrow 5Br^- + BrO_3^- + 3H_2O$$

Das Gegenstück zur Disproportionierung ist die **Komproportionierung**, bei der zwei Verbindungen unter Bildung von einem Produkt reagieren, wiederum unter Oxidation und Reduktion des gleichen Elements. Permanganat-Ionen (MnO$_4^-$) komproportionieren zum Beispiel mit Mn^{2+}-Ionen in basischer Lösung zu Mangandioxid (MnO$_2$). Nachdem gemäß nebenstehendem Schema die Anzahl der übergehenden Elektronen ausge-

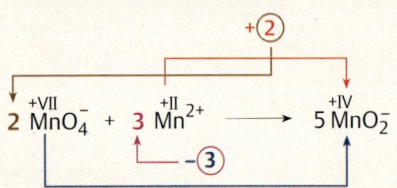

glichen ist, werden zum Ausgleich der Ionenladungen noch 4 OH⁻-Ionen auf der linken Seite benötigt:

$$4\,OH^- + 2\,MnO_4^- + 3\,Mn^{2+} \rightarrow 5\,MnO_2 + 2\,H_2O$$

13.4 Arrhenius-Säuren und -Basen

Verschiedene Definitionen für die Begriffe Säure und Base werden in Kapitel 16 (S. 281) behandelt. Wir stellen hier nur das älteste Konzept vor, das auf Arrhenius zurückgeht.

Eine **Säure** ist eine Substanz, die unter Bildung von H_3O^+-Ionen dissoziiert, wenn sie in Wasser gelöst wird, zum Beispiel:

$$H_2O + H\!-\!\underline{\overline{Cl}}\,(g) \longrightarrow \left[\!\begin{array}{c} H \\ \diagdown \\ O\!-\!H \\ \diagup \\ H \end{array}\!\right]^{+}\!(aq) \;+\; |\underline{\overline{Cl}}|^-(aq)$$

Reines Chlorwasserstoff-Gas besteht aus HCl-Molekülen. In Wasser gelöst, wird das H^+-Ion, das nichts anderes als ein Proton ist, stärker von einem Elektronenpaar am O-Atom eines Wasser-Moleküls angezogen. Das Proton wird vom HCl-Molekül abgespalten und auf das Wasser-Molekül übertragen. Es entsteht ein **Oxonium-Ion** (H_3O^+; zuweilen auch Hydronium-Ion genannt) und ein Cl^--Ion.

Jedes Ion ist in wäßriger Lösung hydratisiert, was durch das Symbol (aq) hinter der Formel des Ions zum Ausdruck gebracht wird. Die Zahl der Wasser-Moleküle, die ein Ion umgeben, ist häufig unbekannt und außerdem veränderlich. Das H^+-Ion ist jedoch ein besonderer Fall. Die Ladung des H^+-Ions als reines Proton wird durch keine Elektronen abgeschirmt, und verglichen zu anderen Ionen ist das H^+-Ion extrem klein. Es wird deshalb stark von einem Elektronenpaar des Wasser-Moleküls angezogen. Das H_3O^+-Ion selbst wird durch weitere Wasser-Moleküle hydratisiert, die über Wasserstoffbrücken daran gebunden sind; eine Spezies, die dabei auftritt, ist das Ion $H_9O_4^+$. Wegen dieser Verhältnisse wird das hydratisierte Proton vielfach mit H^+(aq) bezeichnet. Der Auflösungsprozeß von Chlorwasserstoff in Wasser ist dann so zu formulieren:

$$HCl(g) \rightarrow H^+(aq) + Cl^-(aq)$$

Diese Art Reaktion ist eine Säure-Dissoziation.

Nach dem Arrhenius-Konzept ist eine **Base** eine Substanz, die Hydroxid-Ionen (OH^-) enthält oder beim Lösen in Wasser hydratisierte OH^--Ionen bildet:

$$NaOH(s) \rightarrow Na^+(aq) + OH^-(aq)$$

Nur die Hydroxide der Elemente der 1. Hauptgruppe sowie $Ca(OH)_2$, $Sr(OH)_2$, $Ba(OH)_2$ und $TlOH$ sind wasserlösliche Hydroxide. Schwerlösliche Hydroxide reagieren jedoch mit Säuren in der gleichen Art wie Basen.

Die Reaktion zwischen einer Säure und einer Base heißt **Neutralisation**. Beispiele:

$$Ba^{2+}(aq) + 2\,OH^-(aq) + 2\,H^+(aq) + 2\,Cl^-(aq) \rightarrow$$
$$Ba^{2+}(aq) + 2\,Cl^-(aq) + 2\,H_2O$$
$$Fe(OH)_3(s) + 3\,H^+(aq) + 3\,NO_3^-(aq) \rightarrow$$
$$Fe^{3+}(aq) + 3\,NO_3^-(aq) + 3\,H_2O$$

Bei der Neutralisation einer Lösung von Bariumhydroxid, $Ba(OH)_2$, und einer HCl-Lösung (Salzsäure) entsteht somit eine Lösung von Bariumchlorid, $BaCl_2$; im zweiten Beispiel entsteht eine Lösung von Eisen(III)-nitrat, $Fe(NO_3)_3$. Diese Reaktionsprodukte heißen **Salze**, ihr Kation stammt von der Base, ihr Anion von der Säure. Die Netto-Ionengleichung für eine Neutralisationsreaktion ist

$$H_3O^+(aq) + OH^-(aq) \rightarrow 2\,H_2O$$

was gleichbedeutend ist mit

$$H^+(aq) + OH^-(aq) \rightarrow H_2O$$

Säuren werden als stark oder schwach klassifiziert, je nachdem, wie weit sie in wäßriger Lösung dissoziieren (◨ 13.3). **Starke Säuren** sind in verdünnter wäßriger Lösung zu 100% dissoziiert; zu ihnen zählen

HCl	H_2SO_4 (bezüglich der Abspaltung eines H^+-Ions)
HBr	$HClO_3$
HI	$HClO_4$
HNO_3	

Schwache Säuren sind in verdünnter wäßriger Lösung nur zu einem kleineren Bruchteil dissoziiert. Essigsäure ist zum Beispiel eine schwache Säure:

$$H_2O + CH_3CO_2H(aq) \rightleftarrows H_3O^+(aq) + CH_3CO_2^-(aq)$$

Der Doppelpfeil $\rightleftarrows$ soll zeigen, daß die Reaktion in beiden Richtungen ablaufen kann. In einer Lösung mit $c\,(CH_3CO_2H) = 1\,mol/L$ stellt sich ein Gleichgewicht ein, bei dem 0,4% der CH_3CO_2H-Moleküle zu Ionen dissoziiert sind.

Alle löslichen Metallhydroxide sind starke Basen; sie bestehen bereits im festen Zustand aus Ionen. Eine wichtige schwache Base ist die wäßrige Lösung von Ammoniak (NH_3):

$$NH_3(aq) + H_2O \rightleftarrows NH_4^+(aq) + OH^-(aq)$$

Bei dieser Reaktion übernimmt das Ammoniak-Molekül ein Proton vom Wasser-Molekül unter Bildung des Ammonium- und des Hydroxid-Ions. Die Reaktion ist reversibel und läuft etwa im gleichen Ausmaß ab wie die Dissoziation von Essigsäure.

Säuren, die nur ein Proton pro Molekül abgeben können, nennen wir **einprotonig. Mehrprotonige** Säuren (s. ◨ 13.3) können mehr als ein

13.3 Einige Säuren in wäßriger Lösung

einprotonige Säuren		mehrprotonige Säuren	
stark			
HCl	Salzsäure	H_2SO_4	Schwefelsäure
HBr	Bromwasserstoffsäure		(nur die erste
HI	Iodwasserstoffsäure		Dissoziation
$HClO_3$	Chlorsäure		ist stark)
$HClO_4$	Perchlorsäure		
HNO_3	Salpetersäure		
schwach			
HOCl*	Hypochlorige Säure	H_2S	Schwefelwasser-stoffsäure
$HClO_2^*$	Chlorige Säure	$H_2SO_3^*$	Schweflige Säure
HNO_2^*	Salpetrige Säure	H_3PO_4	Phosphorsäure (mittelstark in der ersten Dissoziation)
CH_3CO_2H	Essigsäure	$H_2CO_3^*$	Kohlensäure
		H_3BO_3	Borsäure

* als Reinsubstanz nicht isolierbar

Proton pro Molekül abgeben. Schwefelsäure (H_2SO_4) gehört zu den letzteren. Nur ein Proton wird neutralisiert, wenn 1 mol H_2SO_4 mit 1 mol NaOH reagiert. Das erhaltene Salz, $NaHSO_4$, enthält noch ein dissoziierbares Proton; es wird Natriumhydrogensulfat genannt. Bei der Reaktion von 1 mol H_2SO_4 mit 2 mol NaOH entsteht das *normale Salz*, Na_2SO_4 (Natriumsulfat). Phosphorsäure (H_3PO_4) ist dreiprotonig; je nachdem, mit welcher Menge NaOH sie neutralisiert wird, erhält man die Salze NaH_2PO_4 (Natrium-dihydrogenphosphat oder primäres Natriumphosphat), Na_2HPO_4 (Dinatriumhydrogenphosphat oder sekundäres Natriumphosphat) oder Na_3PO_4 (Trinatriumphosphat oder tertiäres Natriumphosphat). Salze, die noch dissoziierbare Protonen enthalten, sind *saure Salze*.

Amphotere Verbindungen haben sowohl saure als auch basische Eigenschaften. Sie reagieren sowohl mit starken Säuren als auch mit starken Basen. Aluminiumhydroxid, $Al(OH)_3$, ist ein Beispiel.

$H_2SO_4(l) + H_2O \rightarrow H_3O^+(aq) + HSO_4^-(aq)$
$HSO_4^-(aq) + H_2O \rightarrow H_3O^+(aq) + SO_4^{2-}(aq)$

$H_3PO_4(s) + H_2O \rightarrow H_3O^+(aq) + H_2PO_4^-(aq)$
$H_2PO_4^-(aq) + H_2O \rightarrow H_3O^+(aq) + HPO_4^{2-}(aq)$
$HPO_4^{2-}(aq) + H_2O \rightarrow H_3O^+(aq) + PO_4^{3-}(aq)$

$Al(OH)_3 + 3H^+(aq) \rightarrow Al^{3+}(aq) + 3H_2O$
$Al(OH)_3 + OH^-(aq) \rightarrow Al(OH)_4^-(aq)$

13.5 Saure und basische Oxide

Metalloxide sind **basische Oxide**. Die Oxide der Elemente der ersten Hauptgruppe sowie CaO, SrO und BaO lösen sich in Wasser unter Bildung von Hydroxiden. Diese Oxide sind ionisch aufgebaut. Beim Lösen in Wasser reagiert das Oxid-Ion mit dem Wasser.

Die Oxide und Hydroxide anderer Metalle sind in Wasser unlöslich. Oxide und Hydroxide sind chemisch verwandt. Metalloxide können genauso wie Hydroxide mit Säuren neutralisiert werden, meist auch dann, wenn sie, wie zum Beispiel Magnesiumoxid (MgO) oder Eisen(III)-oxid (Fe_2O_3), schwerlöslich sind.

$O^{2-} + H_2O \rightarrow 2OH^-(aq)$

$MgO(s) + 2H^+(aq) \rightarrow Mg^{2+}(aq) + H_2O$
$Mg(OH)_2(s) + 2H^+(aq) \rightarrow Mg^{2+}(aq) + 2H_2O$
$Fe_2O_3(s) + 6H^+(aq) \rightarrow 2Fe^{3+}(aq) + 3H_2O$

Fast alle Nichtmetalloxide sind **saure Oxide**. Viele reagieren mit Wasser unter Bildung von Säuren; man nennt sie deshalb auch **Säureanhydride**. Distickstoffpentoxid (N_2O_5) ist zum Beispiel das Säureanhydrid der Salpetersäure. In manchen Fällen (z. B. SO_2, CO_2) sind die Säuren als Reinsubstanzen instabil und zerfallen zum Oxid und Wasser, wenn man sie zu isolieren versucht; in der wäßrigen Lösung können sie existenzfähig sein.

$$N_2O_5 + H_2O \rightarrow 2H^+(aq) + 2NO_3^-(aq)$$
$$SO_3 + H_2O \rightarrow H^+(aq) + HSO_4^-(aq)$$
$$SO_2 + H_2O \rightarrow H^+(aq) + HSO_3^-(aq)$$
$$CO_2 + H_2O \rightarrow H^+(aq) + HCO_3^-(aq)$$

Nichtmetalloxide neutralisieren Basen, wobei die gleichen Produkte erhalten werden wie bei der Reaktion mit der entsprechenden Säure. In früheren Zeiten wurde zum Beispiel Calciumhydroxid ($Ca(OH)_2$, „Löschkalk") als Bestandteil von Mörtel verwendet. Das Abbinden des Mörtels erfolgte über einen langen Zeitraum durch Reaktion mit Kohlendioxid aus der Luft unter Bildung von unlöslichem Calciumcarbonat ($CaCO_3$).

$$Ca(OH)_2(s) + CO_2(g) \rightarrow CaCO_3(s) + H_2O$$

Basische und saure Oxide reagieren miteinander; viele dieser Reaktionen sind von technischer Bedeutung. Bei der Verhüttung von Eisenerz, das SiO_2 (Sand) enthält, wird $CaCO_3$ (Kalk) zugesetzt. Das $CaCO_3$ zersetzt sich beim Erhitzen im Hochofen zu Calciumoxid (CaO) und CO_2. Das Calciumoxid, ein basisches Oxid, reagiert mit dem sauren SiO_2 zu Calciumsilicat ($CaSiO_3$), das als Schlacke abgetrennt wird.

$$CaCO_3(s) \rightarrow CaO(s) + CO_2(g)$$
$$CaO(s) + SiO_2(s) \rightarrow CaSiO_3(l)$$

Glas wird durch Zusammenschmelzen von basischen und sauren Oxiden hergestellt. Fensterglas wird aus Kalk ($CaCO_3$), Soda (Na_2CO_3) und Quarzsand (SiO_2) hergestellt. Beim Erhitzen wird CO_2 abgespalten und die gebildeten basischen Oxide CaO und Na_2O reagieren mit dem sauren Oxid SiO_2 zu einem Natrium-Calcium-silicat. Durch Variation der eingesetzten Oxide werden Gläser unterschiedlicher Eigenschaften erhalten. Bei Zusatz von Oxiden wie FeO, Cr_2O_3, CoO oder Nd_2O_3 können zum Beispiel farbige Gläser erhalten werden (hellgrün, dunkelgrün, blau bzw. violett).

13.6 Nomenklatur von Säuren, Hydroxiden und Salzen

1. *Wäßrige Lösungen von binären Verbindungen*, die saure Eigenschaften haben, werden durch Anhängen der Endung *-säure* an den Namen der Verbindung gebildet:

    HBr   Bromwasserstoffsäure

    Eigene Namen haben die wäßrigen Lösungen von Fluorwasserstoff (HF), Flußsäure, und Chlorwasserstoff (HCl), Salzsäure.
2. *Metallhydroxide* werden nach den in Abschnitt 7.8 (S. 108) genannten Regeln benannt:

    $Mg(OH)_2$ Magnesiumhydroxid
    $Fe(OH)_2$ Eisen(II)-hydroxid

3. *Salze* von binären Säuren erhalten die Endung *-id*. Die Nomenklatur folgt den Regeln von Abschnitt 7.8.
4. *Ternäre Säuren* sind aus drei Elementen zusammengesetzt. Wenn Sauerstoff beteiligt ist, spricht man von *Oxosäuren*. Bei der konsequenten Nomenklatur wird zuerst die Anzahl der Sauerstoff-Atome benannt, gefolgt vom deutschen Namen des Zentralatoms, gefolgt von der Endung *-säure* und der Oxidationszahl des Zentralatoms. Bei Oxosäuren wird

häufig auf die Bezeichnung der Sauerstoff-Atome verzichtet. Gebräuchlicher als die konsequent gebildeten Namen sind historische Namen:

	systematischer Name	systematischer Name (gekürzt)	historischer (gebräuchlicher) Name
HOCl	(Mon-)Oxochlorsäure(I)	Chlorsäure(I)	Hypochlorige Säure
$HClO_2$	Dioxochlorsäure(III)	Chlorsäure(III)	Chlorige Säure
$HClO_3$	Trioxochlorsäure(V)	Chlorsäure(V)	Chlorsäure
$HClO_4$	Tetroxochlorsäure(VII)	Chlorsäure(VII)	Perchlorsäure
HIO_4	Tetroxoiodsäure(VII)	–	Periodsäure
H_5IO_6	Hexoxoiodsäure(VII)	–	Orthoperiodsäure
H_2SO_3	Trioxoschwefelsäure(IV)	Schwefelsäure(IV)	Schweflige Säure
H_2SO_4	Tetroxoschwefelsäure(VI)	Schwefelsäure(VI)	Schwefelsäure
HNO_2	Dioxostickstoffsäure(III)	–	Salpetrige Säure
HNO_3	Trioxostickstoffsäure(V)	–	Salpetersäure

Ternäre Säuren, die keinen Sauerstoff enthalten, werden entsprechend benannt:

HBF_4 Tetrafluoroborsäure

5. Die Namen der *Anionen* von ternären Säuren werden wie die Namen der Säuren gebildet, jedoch unter Verwendung des lateinischen Namens für das Zentralatom und mit der Endung *-at* anstelle von *-säure*. Bei den nach wie vor gebräuchlichen historischen Namen erhalten die Anionen von Säuren, die mit *-ige* bezeichnet werden, die Endung *-it*:

	systematischer Name	systematischer Name (gekürzt)	historischer (gebräuchlicher) Name
OCl^-	(Mon-)Oxochlorat(I)	Chlorat(I)	Hypochlorit
ClO_2^-	Dioxochlorat(III)	Chlorat(III)	Chlorit
ClO_3^-	Trioxochlorat(V)	Chlorat(V)	Chlorat
ClO_4^-	Tetroxochlorat(VII)	Chlorat(VII)	Perchlorat
IO_4^-	Tetroxoiodat(VII)	–	Periodat
IO_6^{5-}	Hexoxoiodat(VII)	–	Orthoperiodat
SO_3^{2-}	Trioxosulfat(IV)	Sulfat(IV)	Sulfit
SO_4^{2-}	Tetroxosulfat(VI)	Sulfat(VI)	Sulfat
NO_2^-	Dioxonitrat(III)	Nitrat(III)	Nitrit
NO_3^-	Trioxonitrat(V)	Nitrat(V)	Nitrat
BF_4^-	Tetrafluoroborat(III)	Tetrafluoroborat	–

6. *Salze* werden durch Kombination des Namens von Kation und Anion bezeichnet, wobei deren Anzahl gegebenenfalls durch ein vorgesetztes griechisches Zahlwort angegeben wird. Wenn Wasserstoff-Atome vorhanden sind, werden sie mit dem Namen Hydrogen wie ein Kation behandelt.

	systematischer Name	systematischer Name (gekürzt)	historischer (gebräuchlicher) Name
$NaClO_4$	Natriumtetroxochlorat(VII)	Natriumchlorat(VII)	Natriumperchlorat
$Fe_2(SO_4)_3$	Eisen(III)-tetroxosulfat(VI)	Eisen(III)-sulfat(VI)	Eisen(III)-sulfat
K_2HPO_4	Dikaliummonohydrogentetroxophosphat(V)	Dikaliumhydrogenphosphat(V)	Dikaliumhydrogenphosphat

Bei manchen sauren Salzen werden gelegentlich die historischen Namen mit der Vorsilbe *bi-* verwendet:

HCO_3^- Bicarbonat (Hydrogencarbonat)
HSO_3^- Bisulfit   (Hydrogensulfit)

13.7 Volumetrische Analyse

Eine **volumetrische Analyse** dient zur quantitativen Mengenbestimmung einer Substanz. Dabei kommt es auf die genaue Messung des Volumens einer Lösung an. Zu diesem Zweck wird eine **Titration** durchgeführt (◉ 13.1). Eine Vorgehensweise ist die, der zu bestimmenden Lösung eine Lösung bekannter Konzentration zuzufügen, bis die Reaktion zwischen den gelösten Stoffen vollständig abgelaufen ist. Die Lösung mit der bekannten Konzentration befindet sich in einer *Bürette*. Das ist ein Rohr mit einer geeichten Graduierung. Am unteren Ende der Bürette befindet sich ein Hahn, der es erlaubt, die Lösung in kontrollierter Menge ausfließen zu lassen. Ein abgemessenes Volumen der zu bestimmenden Lösung oder eine abgewogene Masse der unbekannten festen Probe, in Wasser gelöst, wird in den Kolben unter der Bürette gegeben, dann läßt man die Lösung aus der Bürette langsam hinzufließen bis der Endpunkt der Reaktion erreicht ist.

Um den genauen Endpunkt oder **Äquivalenzpunkt** zu erkennen, kann man verschiedene Meßmethoden einsetzen. Man kann der Lösung auch eine geringe Menge eines Indikators zusetzen, der die Eigenschaft hat, beim Erreichen des Äquivalenzpunkts plötzlich die Farbe der Lösung umschlagen zu lassen. Aus dem verbrauchten Lösungsvolumen aus der Bürette kann die Menge in der unbekannten Probe berechnet werden.

Drei bei volumetrischen Analysen häufig ausgenutzte Reaktionstypen werden in den Beispielen ◉ 13.6 (Säure-Base-Titration), ◉ 13.7 (Fällungstitration) und ◉ 13.8 (Redox-Titration) illustriert. Die Funktionsweise von Indikatoren wird in Abschnitt 17.3 (S. 301), Einzelheiten zum Ablauf von Titrationen werden in den Abschnitten 17.7 (S. 311), 18.2 (S. 320) und 20.10 (S. 369) behandelt.

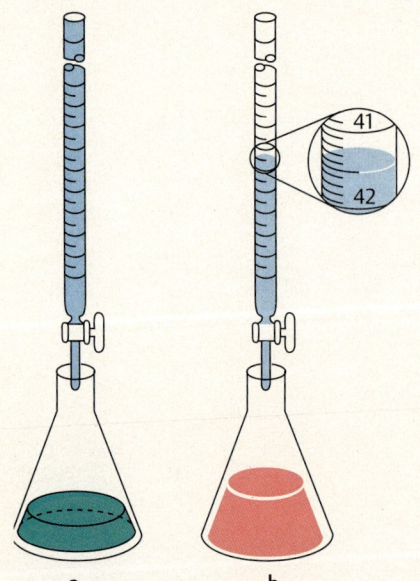

◉ 13.1 Durchführung einer Titration.
a Die zu bestimmende Probe befindet sich im Kolben zusammen mit etwas Indikator, in der Bürette ist eine Lösung bekannter Konzentration.
b Aus der Bürette wurde so viel Lösung in den Kolben gegeben, bis der Indikator gerade zum Farbumschlag gekommen ist.

Beispiel 13.6

25,00 g Essig, der Essigsäure (CH_3CO_2H) enthält, wird zusammen mit einigen Tropfen des Indikators Phenolphthalein in einen Kolben gegeben. Eine Lösung von Natronlauge (NaOH in Wasser) mit einer Konzentration von $c(OH^-) = 0{,}4600$ mol/L wird aus einer Bürette bis zum Farbumschlag des Indikators von farblos nach rot hinzugegeben. Die ablaufende Reaktion ist:

$$OH^-(aq) + CH_3CO_2H(aq) \rightarrow CH_3CO_2^-(aq) + H_2O$$

Weil es sich dabei um die Neutralisation einer Säure mit einer Base handelt, nennt man diese Bestimmungsmethode eine **Säure-Base-Titration**. Es mögen 37,50 mL der NaOH-Lösung verbraucht worden sein. Wieviel Prozent Essigsäure enthält der Essig?

Aus der Reaktionsgleichung folgt, daß ein Mol OH^--Ionen von einem Mol Essigsäure verbraucht wird. Die Stoffmenge Essigsäure ist:

$$n(CH_3CO_2H) = n(OH^-) = c(OH^-) \cdot V(OH^--\text{Lös.})$$
$$= 0{,}4600 \text{ mmol/mL} \cdot 37{,}50 \text{ mL} = 17{,}25 \text{ mmol}$$

Das entspricht einer Masse von

$$m(CH_3CO_2H) = M(CH_3CO_2H) \cdot n(CH_3CO_2H)$$
$$= 60{,}05 \text{ mg/mmol} \cdot 17{,}25 \text{ mmol} = 1036 \text{ mg}$$

Die Prozentkonzentration des Essigs ist dann

$$\frac{1{,}036 \text{ g}}{25{,}00 \text{ g}} \cdot 100\% = 4{,}144\% = 4{,}144 \text{ cg/g}$$

Beispiel 13.7

Die unbekannte Konzentration von Cl^--Ionen in einer Lösung soll bestimmt werden. Genau 10,00 mL der Lösung werden in einen Kolben gegeben, durch Zusatz von reinem Wasser wird das Volumen auf eine gut handzuhabende Menge vergrößert und einige Tropfen Kaliumchromat-Lösung (K_2CrO_4), das als Indikator dient, werden zugesetzt. Aus der Bürette läßt man eine Silbernitrat-Lösung ($AgNO_3$) mit einer Konzentration von $c(Ag^+) = 0{,}1050$ mol/L zufließen; dabei läuft folgende Reaktion ab:

$$Cl^-(aq) + Ag^+(aq) \rightarrow AgCl(s)$$

Solange Cl^--Ionen in nennenswerter Menge vorhanden sind, werden die zugesetzten Ag^+-Ionen unter Fällung des schwerlöslichen, weißen Silberchlorids (AgCl) verbraucht. Weil dieser Bestimmungsmethode eine Fällungsreaktion zugrunde liegt, nennt man sie **Fällungstitration**. Nachdem die Cl^--Ionen verbraucht sind, bildet sich das ebenfalls schwerlösliche, rote Silberchromat (Ag_2CrO_4):

$$2Ag^+(aq) + CrO_4^{2-}(aq) \rightarrow Ag_2CrO_4(s)$$

Das Auftreten der roten Farbe zeigt den Endpunkt der Titration an; dazu mögen $V = 30{,}20$ mL der $AgNO_3$-Lösung verbraucht worden sein.

Wir berechnen zunächst, welche Stoffmenge n an Ag^+-Ionen zugesetzt wurde:

$$n(Ag^+) = c(Ag^+) \cdot V(Ag^+\text{-Lös.})$$
$$= 0{,}1050 \text{ mmol/mL} \cdot 30{,}20 \text{ mL} = 3{,}171 \text{ mmol}$$

Aus der Reaktionsgleichung ersehen wir, daß ein Mol Ag$^+$-Ionen mit einem Mol Cl$^-$-Ionen reagiert. Die unbekannte Lösung enthielt somit 3,171 Millimol Cl$^-$-Ionen in 10,00 mL oder 0,3171 mol/L. 3,171 Millimol entsprechen einer Masse von

$$m(\text{Cl}^-) = M(\text{Cl}^-) \cdot n(\text{Cl}^-) = 35{,}453 \text{ mg/mmol} \cdot 3{,}171 \text{ mmol} = 112{,}4 \text{ mg}$$

Bei einer Dichte der Lösung von $d = 1{,}01$ g/mL ist die Prozentkonzentration der Lösung

$$\frac{0{,}1124 \text{ g}}{10{,}00 \text{ mL} \cdot 1{,}01 \text{ g/mL}} \cdot 100\% = 1{,}113\% = 1{,}113 \text{ cg/g}$$

Beispiel 13.8

0,4308 g einer Probe eines Eisenerzes werden in Säure gelöst, wobei Fe^{2+}-Ionen entstehen. Diese Lösung wird mit einer Lösung von Kaliumpermanganat (KMnO$_4$) titriert, die eine Konzentration von $c(\text{MnO}_4^-) = 0{,}02496$ mol/L hat. Bei der Reaktion werden die tiefvioletten Permanganat-Ionen zu fast farblosen Mn^{2+}(aq)-Ionen reduziert:

$$8\,\text{H}^+ + 5\,\text{Fe}^{2+} + \text{MnO}_4^- \rightarrow 5\,\text{Fe}^{3+} + \text{Mn}^{2+} + 4\,\text{H}_2\text{O}$$

Die aus der Bürette zufließende Permanganat-Lösung wird sofort entfärbt, solange Fe^{2+}-Ionen vorhanden sind. Der Endpunkt ist erreicht, wenn die Entfärbung ausbleibt. Da die Bestimmungsmethode auf einer Redox-Reaktion basiert, nennt man sie **Redox-Titration**. Es mögen 27,35 mL der Permanganat-Lösung verbraucht worden sein. Wieviel Prozent Eisen enthält das Erz?

Die verbrauchte Stoffmenge Permanganat ist

$$\begin{aligned}n(\text{MnO}_4^-) &= c(\text{MnO}_4^-) \cdot V(\text{MnO}_4^-\text{-Lös.}) \\ &= 0{,}02496 \text{ mmol/mL} \cdot 27{,}35 \text{ mL} = 0{,}6827 \text{ mmol}\end{aligned}$$

Nach der Reaktionsgleichung kommen 5 Millimol Fe^{2+}-Ionen auf 1 Millimol MnO$_4^-$-Ionen:

$$n(\text{Fe}^{2+}) = 5 \cdot n(\text{MnO}_4^-) = 3{,}4135 \text{ mmol}$$

Die Masse Eisen in der Probe ist dann

$$\begin{aligned}m(\text{Fe}^{2+}) &= M(\text{Fe}^{2+}) \cdot n(\text{Fe}^{2+}) \\ &= 55{,}85 \text{ mg/mmol} \cdot 3{,}4135 \text{ mmol} = 190{,}6 \text{ mg}\end{aligned}$$

Der Eisengehalt des Erzes ist

$$\frac{190{,}6 \text{ mg}}{430{,}8 \text{ mg}} \cdot 100\% = 44{,}24\% = 44{,}24 \text{ cg/g}$$

13.8 Äquivalentmasse und Normallösungen

Wie in den Beispielen 13.6 bis 13.8 gezeigt, kommt es bei den Lösungen in der Bürette darauf an, die Konzentration der reagierenden Teilchen zu kennen (OH$^-$-Ionen in 13.6; Cl$^-$-Ionen in 13.7; Elektronen bei der Redoxreaktion in 13.8). Die Stoffmengenkonzentration des gelösten Stoffes entspricht nicht immer der Stoffmengenkonzentration der Teilchen, auf die es bei der Reaktion ankommt.

Im Beispiel 13.8 nimmt 1 mol MnO_4^--Ionen 5 mol Elektronen auf (die Oxidationszahl des Mangans geht von +VII auf +II zurück).

Dividiert man die Molmasse des Permanganat-Ions durch 5, so erhält man die **molare Äquivalentmasse** des Permanganat-Ions bezüglich der Reduktion zum Mn^{2+}-Ion. Die *relative Äquivalentmasse* ist die entsprechende Masse in Atommasseneinheiten. Die **Äquivalentzahl** z ist die Zahl der für die Reaktion maßgeblichen Teilchen pro Reagenzteilchen, im Falle des Permanganats also $z = 5$. Allgemein gilt:

$$\text{relative Äquivalentmasse} = \frac{\text{relative Formelmasse}}{z},$$

wobei z von der Art der betrachteten Reaktion abhängt. Ein Äquivalent-Teilchen (kurz: *Äquivalent*) ist der gedachte Bruchteil $1/z$ eines Reagenzteilchens.

Bei *Neutralisationsreaktionen* kommt es auf die Zahl der verfügbaren H^+- oder OH^--Ionen an. Die Äquivalentzahl einer Säure ist gleich der Zahl der verfügbaren H^+-Ionen pro Molekül Säure; für eine zweiprotonige Säure wie H_2SO_4 ist $z = 2$. Bei Basen ist die Äquivalentzahl gleich der Zahl der OH^--Ionen pro Formeleinheit der Base, zum Beispiel $z = 1$ für $NaOH$ und $z = 2$ für $Ca(OH)_2$.

Bei *Redoxreaktionen* ist die Äquivalentzahl gleich der Gesamtdifferenz der Oxidationszahlen (Gesamtzahl der aufgenommenen oder abgegebenen Elektronen). Für die Teilreaktion

$$6e^- + 14H^+ + \overset{+VI}{Cr_2}O_7^{2-} \rightarrow 2\overset{+III}{Cr}{}^{3+} + 7H_2O$$

ist $z = 6$, da das $Cr_2O_7^{2-}$-Ion 6 Elektronen aufnimmt (Änderung der Oxidationszahl um drei Einheiten für jedes der zwei Cr-Atome). Die molare Äquivalentmasse von Kaliumdichromat ($K_2Cr_2O_7$) ist gleich der Molmasse dieser Verbindung geteilt durch 6.

Die **Äquivalentkonzentration** (früher *Normalität* genannt) ist die Stoffmengenkonzentration bezogen auf Äquivalente, d.h. die Anzahl der Mole von Äquivalentteilchen pro Liter Lösung. Eine **Normallösung** ist eine Lösung, deren Konzentration als Äquivalentkonzentration angegeben wird. Schwefelsäure hat bezüglich der H^+-Ionen eine Äquivalentzahl von $z = 2$. Für eine Normallösung von Schwefelsäure mit einer Äquivalentkonzentration von 0,1 mol/L schreiben wir $c(\frac{1}{2}H_2SO_4) = 0{,}1$ mol/L. Diese Lösung hat eine H^+-Ionenkonzentration von $c(H^+) = 0{,}1$ mol/L und eine Stoffmengenkonzentration von $c(H_2SO_4) = 0{,}1/z$ mol/L $= 0{,}05$ mol/L. Für eine $Cr_2O_7^{2-}$-Lösung, die unter Reduktion zu Cr^{3+}-Ionen 1 mol Elektronen pro Liter aufnehmen soll, schreiben wir $c(\frac{1}{6}Cr_2O_7^{2-}) = 1$ mol/L; die Stoffmengenkonzentration dieser Lösung ist $c(Cr_2O_7^{2-}) = \frac{1}{6}$ mol/L.

■ **Beispiel 13.9**

Wieviel Gramm Calciumhydroxid muß man einwiegen, um einen Liter einer Normallösung mit $c(OH^-) = 0{,}1$ mol/L herzustellen? Wieviel Milliliter der Lösung benötigt man, um 20 mL Salzsäure mit $c(HCl) = 0{,}250$ mol/L zu neutralisieren?

Bezüglich der OH^--Ionen ist für $Ca(OH)_2$ $z = 2$. Eine Lösung mit der Äquivalentkonzentration $c(\frac{1}{2}Ca(OH)_2) = 0{,}1$ mol/L enthält 0,05 mol $Ca(OH)_2$ in einem Liter Lösung.

Die benötigte Masse Ca(OH)$_2$ für einen Liter Lösung ist:

$$m(Ca(OH)_2) = n(Ca(OH)_2) \cdot M(Ca(OH)_2)$$
$$= 0{,}05 \text{ mol} \cdot 74{,}10 \text{ g/mol} = 3{,}705 \text{ g}$$

20 mL der Salzsäure enthalten eine Stoffmenge von H$^+$-Ionen von:

$$n(H^+) = V(HCl) \cdot c(H^+) = 20 \text{ mL} \cdot 0{,}250 \text{ mmol/mL} = 5{,}00 \text{ mmol}$$

Die entsprechende Stoffmenge OH$^-$-Ionen $n(OH^-) = n(H^+)$ ist enthalten in einem Lösungsvolumen von:

$$V(Ca(OH)_2) = \frac{n(OH^-)}{c(OH^-)} = \frac{5{,}00 \text{ mmol}}{0{,}1 \text{ mmol/mL}} = 50{,}0 \text{ mL}$$

13.9 Übungsaufgaben

(Lösungen s. S. 673)

Ionen-, Redox- und Säure-Base-Gleichungen

13.1 Formulieren Sie Netto-Ionengleichungen für folgende Reaktionen:

a) $Fe(OH)_3 + H_3PO_4$
b) $Hg_2CO_3 + HCl$
c) $BaS + ZnSO_4$
d) $Pb(NO_3)_2 + H_2S$
e) $Mg(NO_3)_2 + Ba(OH)_2$
f) $ZnS + HCl$
g) $PbCO_3 + HI$
h) $Na_2SO_4 + Ba(OH)_2$
i) $Cd(CH_3CO_2)_2 + K_2S$

13.2 Geben Sie die Oxidationszahl an für:

a) U in U_2Cl_{10}
b) Bi in BiO^+
c) V in $Na_6V_{10}O_{28}$
d) Sn in K_2SnO_3
e) Ta in $Ta_6O_{19}^{8-}$
f) Ti in $K_2Ti_2O_5$
g) B in $Mg(BF_4)_2$
h) Te in Cs_2TeF_8
i) W in $K_2W_4O_{13}$
j) N in N_2H_4
k) N in H_2NOH
l) S in $S_2O_5Cl_2$
m) P in $Na_3P_3O_9$
n) N in CaN_2O_2
o) Xe in XeO_6^{4-}
p) Ta in $TaOCl_3$
q) Sb in $Ca_2Sb_2O_7$
r) B in B_2Cl_4
s) Te in H_6TeO_6
t) U in UO_2^{2+}
u) Br in BrF_6^-

13.3 Identifizieren Sie bei folgenden Reaktionen das Oxidations- und das Reduktionsmittel sowie die Spezies, die reduziert und die oxidiert wird:

a) $Zn + Cl_2 \rightarrow ZnCl_2$
b) $2\,ReCl_5 + SbCl_3 \rightarrow 2\,ReCl_4 + SbCl_5$
c) $Mg + CuCl_2 \rightarrow MgCl_2 + Cu$
d) $2\,NO + O_2 \rightarrow 2\,NO_2$
e) $WO_3 + 3\,H_2 \rightarrow W + 3\,H_2O$
f) $Cl_2 + 2\,Br^- \rightarrow 2\,Cl^- + Br_2$
g) $Zn + 2\,H^+(aq) \rightarrow Zn^{2+} + H_2$
h) $OF_2 + H_2O \rightarrow O_2 + 2\,HF$

13.4 Vervollständigen Sie folgende Gleichungen für Redoxreaktionen, die in saurer wäßriger Lösung ablaufen:

a) $Cr_2O_7^{2-} + H_2S \rightarrow Cr^{3+} + S$
b) $P_4 + HOCl \rightarrow H_3PO_4 + Cl^-$
c) $Cu + NO_3^- \rightarrow Cu^{2+} + NO$
d) $PbO_2 + I^- \rightarrow PbI_2 + I_2$
e) $ClO_3^- + I^- \rightarrow Cl^- + I_2$
f) $Zn + NO_3^- \rightarrow Zn^{2+} + NH_4^+$
g) $H_3AsO_3 + BrO_3^- \rightarrow H_3AsO_4 + Br^-$
h) $H_2SeO_3 + H_2S \rightarrow Se + HSO_4^-$
i) $ReO_2 + Cl_2 \rightarrow HReO_4 + Cl^-$
j) $AsH_3 + Ag^+ \rightarrow As_4O_6 + Ag$
k) $Mn^{2+} + BiO_3^- \rightarrow MnO_4^- + Bi^{3+}$
l) $NO + NO_3^- \rightarrow N_2O_4$
m) $MnO_4^- + HCN + I^- \rightarrow Mn^{2+} + ICN$
n) $Zn + H_2MoO_4 \rightarrow Zn^{2+} + Mo^{3+}$
o) $IO_3^- + N_2H_4 \rightarrow I^- + N_2$
p) $S_2O_3^{2-} + IO_3^- + Cl^- \rightarrow SO_4^{2-} + ICl_2^-$
q) $Se + BrO_3^- \rightarrow H_2SeO_3 + Br^-$
r) $H_5IO_6 + I^- \rightarrow I_2$
s) $Pb_3O_4 \rightarrow Pb^{2+} + PbO_2$
t) $As_2S_3 + ClO_3^- \rightarrow H_3AsO_4 + S + Cl^-$
u) $XeO_3 + I^- \rightarrow Xe + I_3^-$

13.5 Vervollständigen Sie folgende Gleichungen für Redoxreaktionen, die in basischer wäßriger Lösung ablaufen:

a) $ClO_2^- \rightarrow ClO_2 + Cl^-$
b) $MnO_4^- + I^- \rightarrow MnO_4^{2-} + IO_4^-$
c) $P_4 \rightarrow H_2PO_2^- + PH_3$
d) $SbH_3 \rightarrow Sb(OH)_4^- + H_2$
e) $OC(NH_2)_2 + OBr^- \rightarrow CO_3^{2-} + N_2 + Br^-$
f) $Mn(OH)_2 + O_2 \rightarrow Mn(OH)_3$
g) $Cl_2 \rightarrow ClO_3^- + Cl^-$
h) $S^{2-} + I_2 \rightarrow SO_4^{2-} + I^-$
i) $CN^- + MnO_4^- \rightarrow OCN^- + MnO_2$
j) $Au + CN^- + O_2 \rightarrow Au(CN)_2^-$
k) $Si \rightarrow SiO_3^{2-} + H_2$
l) $Cr(OH)_3 + OBr^- \rightarrow CrO_4^{2-} + Br^-$
m) $I_2 + Cl_2 \rightarrow H_3IO_6^{2-} + Cl^-$
n) $Al \rightarrow Al(OH)_4^- + H_2$
o) $Al + NO_3^- \rightarrow Al(OH)_4^- + NH_3$
p) $Ni^{2+} + Br_2 \rightarrow NiO(OH) + Br^-$
q) $S \rightarrow SO_3^{2-} + S^{2-}$
r) $S^{2-} + HO_2^- \rightarrow SO_4^{2-}$

13.6 Vervollständigen Sie folgende Redoxgleichungen, die *nicht* in wäßriger Lösung, sondern in der Schmelze oder in der Gasphase ablaufen:

a) $Cr_2O_3 + NO_3^- + CO_3^{2-} \rightarrow CrO_4^{2-} + NO_2^- + CO_2$
b) $Ca_3(PO_4)_2 + C + SiO_2 \rightarrow P_4 + CaSiO_3 + CO$
c) $Mn_3O_4 + Na_2O_2 \rightarrow Na_2MnO_4 + Na_2O$
d) $NH_3(g) + O_2(g) \rightarrow NO(g) + H_2O(g)$

13.7 Vervollständigen Sie folgende Gleichungen von Neutralisationsreaktionen:

a) $OH^- + HSO_4^- \rightarrow$
b) $OH^- + H_3PO_4 \rightarrow HPO_4^{2-}$
c) $OH^- + H_3PO_4 \rightarrow H_2PO_4^-$
d) $H^+ + Fe(OH)_3 \rightarrow$

13.8 Welche Formeln haben die Säureanhydride von:

a) $HClO_4$ d) HNO_2
b) H_2SO_3 e) HIO_3
c) H_3BO_3

13.9 Welche Namen haben:

a) $HBrO_3$ d) $Cu(ClO_3)_2$ g) H_3BO_3
b) HNO_3 e) $HBr(aq)$ h) $KSbF_6$
c) $KHSO_3$ f) $NaNO_2$

13.10 Welche Formeln haben:

a) Eisen(III)-phosphat d) Nickel(II)-nitrat
b) Magnesiumperchlorat e) Hypoiodige Säure
c) Kaliumdihydrogenphosphat

Volumetrische Analyse

13.11 Welche Stoffmengenkonzentration hat eine H_2SO_4-Lösung, wenn 25,00 mL davon mit 32,15 mL einer NaOH-Lösung mit $c(NaOH) = 0,6000$ mol/L neutralisiert werden?

13.12 Welche Stoffmengenkonzentration hat eine $Ba(OH)_2$-Lösung, wenn 25,00 mL davon mit 15,27 mL einer Salzsäure-Normallösung mit $c(HCl) = 0,1000$ mol/L neutralisiert werden?

13.13 1,250 g einer Probe von $Mg(OH)_2$, die mit $MgCl_2$ verunreinigt ist, werden von 29,50 mL Salzsäure mit $c(HCl) = 0,6000$ mol/L neutralisiert. Wieviel Massenprozent $Mg(OH)_2$ enthält die Probe?

13.14 Kaliumhydrogenphthalat ($KHC_8H_4O_4$) ist eine einprotonige Säure. Eine Probe von 1,46 g von unreinem $KHC_8H_4O_4$ erfordert 34,3 mL Natronlauge mit $c(OH^-)$ = 0,145 mol/L zur Neutralisation. Wieviel Prozent $KHC_8H_4O_4$ enthält die Probe?

13.15 Eine Probe von 5,00 g $NaNO_3$, das mit NaCl verunreinigt ist, erfordert 15,3 mL einer $AgNO_3$-Lösung mit $c(Ag^+) = 0,0500$ mol/L, um alles Chlorid als Silberchlorid (AgCl) auszufällen.

a) Welche Masse NaCl enthält die Probe?
b) Wieviel Prozent NaCl enthält sie?

13.16 Von einer Substanz, die Fe^{2+}-Ionen enthält, wird eine Probe von 1,00 g in 30,0 mL Wasser gelöst und mit einer Kaliumpermanganat-Lösung, $c(MnO_4^-) = 0,0200$ mol/L, titriert. Bei der Reaktion wird Fe^{2+} zu Fe^{3+} oxidiert und MnO_4^- zu Mn^{2+} reduziert. Nach einem Verbrauch von 35,8 mL der $KMnO_4$-Lösung wird der Äquivalenzpunkt erreicht.

a) Formulieren Sie die Reaktiongleichung.
b) Wieviel Massenprozent Fe^{2+} enthält die Substanz?

13.17 Hydrazin (N_2H_4) reagiert mit Bromat (BrO_3^-) in saurer Lösung zu N_2 und Br^-.

a) Formulieren Sie die Reaktionsgleichung
b) 0,132 g einer Hydrazin-Lösung erfordern 38,3 mL einer Bromat-Lösung, $c(BrO_3^-) = 0,0172$ mol/L, zur vollständigen Reaktion. Wieviel Prozent Hydrazin enthält die Hydrazin-Lösung?

13.18 Wieviel Milliliter Schwefelsäure, $c(\frac{1}{2}H_2SO_4) = 0,300$ mol/L, werden benötigt, um 38,0 mL Natronlauge, $c(OH^-) = 0,450$ mol/L, zu neutralisieren?

13.19 Eine Probe von 0,612 g reiner Milchsäure, $C_3H_6O_3$, erfordert 39,3 mL Natronlauge, $c(OH^-) = 0,173$ mol/L, zur vollständigen Neutralisation. Wieviel protonig ist Milchsäure?

13.20 Eine Probe einer Fe^{2+}-Lösung benötigt 26,0 mL einer Dichromat-Lösung, $c(Cr_2O_7^{2-}) = 0,0200$ mol/L, zur vollständigen Reaktion zu Fe^{3+}- und Cr^{3+}-Ionen. Eine gleiche Probe der Fe^{2+}-Lösung benötigt 41,6 mL einer $KMnO_4$-Lösung zur vollständigen Reaktion zu Fe^{3+} und Mn^{2+}.

a) Welche Äquivalentkonzentration hat die $Cr_2O_7^{2-}$-Lösung?
b) Welche Äquivalentkonzentration hat die MnO_4^--Lösung?
c) Welche Stoffmengenkonzentration hat die MnO_4^--Lösung?

13.21 Iod reagiert mit Thiosulfat, $S_2O_3^{2-}$, unter Bildung von Iodid und Tetrathionat, $S_4O_6^{2-}$.

a) Formulieren Sie die Reaktionsgleichung
b) Wieviel Gramm I_2 reagieren mit 25,00 mL einer Lösung $c(S_2O_3^{2-}) = 0,0500$ mol/L?

14 Reaktionskinetik

Zusammenfassung. Unter *Reaktionsgeschwindigkeit* versteht man die *Konzentrationsabnahme eines Reaktanden* oder die *Konzentrationszunahme eines Reaktionsproduktes* pro Zeiteinheit. Sie ist im allgemeinen irgendwelchen Potenzen der Konzentrationen der Reaktanden proportional.

Der mathematische Zusammenhang zwischen den Konzentrationen der Reaktanden und der Reaktionsgeschwindigkeit wird *Geschwindigkeitsgesetz* genannt. Die Proportionalitätskonstante *k* ist die *Geschwindigkeitskonstante*. Die *Ordnung* einer Reaktion ist die Summe der Exponenten der Konzentrationen im Geschwindigkeitsgesetz. Das Geschwindigkeitsgesetz kann ermittelt werden, wenn die *Anfangsgeschwindigkeiten* einer Reaktion für verschiedene Anfangskonzentrationen der Reaktanden gemessen werden.

Aus Geschwindigkeitsgesetzen können mathematische Ausdrücke abgeleitet werden, welche die Konzentrationsänderungen in Abhängigkeit der Zeit wiedergeben. Mit Hilfe dieser Ausdrücke kann die Ordnung der Reaktion bestimmt werden (vgl. 14.1, S. 249). Die *Halbwertszeit* einer Reaktion ist die benötigte Zeit, bis die Hälfte der Reaktanden verbraucht ist. Bei Reaktionen erster Ordnung ist die Halbwertszeit konzentrationsunabhängig; bei anderen Reaktionsordnungen hängt sie von den Anfangskonzentrationen ab.

Die *Kollisionstheorie* erklärt die Reaktionsgeschwindigkeit auf der Basis von Kollisionen zwischen den reagierenden Molekülen. Für eine *effektive Kollision* (die zu einer Reaktion führt) ist eine Minimalenergie und eine passende gegenseitige Ausrichtung der Moleküle erforderlich.

Die *Theorie des Übergangszustands* nimmt bei einem Reaktionsschritt die vorübergehende Bildung eines *aktivierten Komplexes* (oder Übergangszustandes) an. In einem Energiediagramm werden die potentiellen Energien der Reaktanden, des aktivierten Komplexes und der Reaktionsprodukte dargestellt. Die *Aktivierungsenergie* ist die Differenz zwischen der Energie des aktivierten Komplexes und derjenigen der Reaktanden; sie ist eine Energiebarriere auf dem Weg von den Reaktanden zu den Produkten. Je geringer die Aktivierungsenergie, desto schneller läuft die Reaktion ab.

Reaktionsmechanismen sind Vorstellungen über den Ablauf einer Reaktion im einzelnen; sie können aus einem oder mehreren Schritten bestehen. Die Zahl der beteiligten Moleküle an einem Schritt bestimmt die Reaktionsordnung dieses Schrittes. Die Geschwindigkeitsgesetze der einzelnen Schritte müssen so zusammenpassen, daß das experimentell gefundene Geschwindigkeitsgesetz richtig wiedergegeben wird. In einer mehrstufigen Reaktion ist der langsamste Schritt geschwindigkeitsbestimmend.

Durch *Temperaturerhöhung* steigt der Anteil der Moleküle, deren Energie größer als die Aktivierungsenergie ist. Infolgedessen nimmt die Reaktionsgeschwindigkeit zu. Die *Arrhenius-Gleichung* gibt den Zusammenhang zwischen der Geschwindigkeitskonstanten *k*, der Aktivierungsenergie E_a und der absoluten Temperatur *T* wieder. *Katalysatoren* erhöhen ebenfalls die Reaktionsgeschwindigkeit, indem sie die Reaktion über einen anderen Weg ablaufen lassen, bei dem die Aktivierungsenergie niedriger ist.

Schlüsselworte (s. Glossar)

Reaktionsgeschwindigkeit
Geschwindigkeitsgesetz
Geschwindigkeitskonstante

Reaktionsordnung
Halbwertszeit

Zwischenprodukte (Zwischenstufen)
Kollisionstheorie
Effektive Kollisionen

Theorie des Übergangszustands
Aktivierter Komplex
Aktivierungsenergie

Reaktionsschritte
  einmolekular
  zweimolekular
  dreimolekular

Reaktionsmechanismen
Geschwindigkeitsbestimmender Schritt
Kettenreaktion

Arrhenius-Gleichung

Katalyse
  homogene
  heterogene
Katalysator

Adsorption
Chemisorption
Promotoren
Katalysatorgifte
Enzym

14.2 Konzentrationsabhängigkeit der Reaktionsgeschwindigkeit

sind gleichermaßen dazu geeignet, die Reaktionsgeschwindigkeit zu bezeichnen, man muß jedoch spezifizieren, worauf man sich bezieht.

Die Reaktionsgeschwindigkeit ändert sich in der Regel während die Reaktion abläuft. In 14.1 sind die Konzentrationen von A_2 und X_2 sowie die Konzentration von AX gegen die Zeit aufgetragen. Wenn die Anfangskonzentrationen von A_2 und X_2 gleich sind, dann sind die Kurven für A_2 und X_2 gleich. Zu Beginn der Reaktion ist die Konzentration von AX gleich Null; sie steigt zunächst schnell an, während gleichzeitig die von A_2 und X_2 schnell abnimmt. Je weiter die Reaktion fortschreitet, desto langsamer ändern sich die Konzentrationen. Bei den meisten Reaktionen hängt die Reaktionsgeschwindigkeit von der Konzentration der Reaktanden ab; sobald diese kleiner werden, verlangsamt sich die Reaktion. Die Geschwindigkeit der Reaktion zu Beginn der Reaktion wird Anfangsgeschwindigkeit genannt.

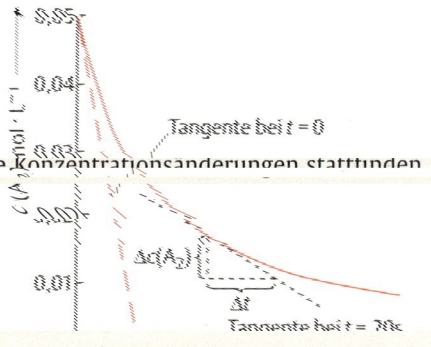

■ 14.1 Auftragung der Konzentrationen in Abhängigkeit der Zeit für die Reaktion $A_2 + X_2 \rightarrow 2AX$

Die Geschwindigkeit einer Reaktion zu einem gegebenen Zeitpunkt kann aus der Steigung der Tangente an die Kurve für den zeitabhängigen Konzentrationsverlauf von A_2 erhalten werden. In ■ 14.2 ist die Tangente für die Zeit $t=0$ eingezeichnet; man entnimmt aus ihr die Konzentrationsabnahme $\Delta c(A_2) = -0{,}05$ mol/L im Zeitintervall $\Delta t = 10$ s. Die Geschwindigkeit für die Konzentrationsabnahme zu Reaktionsbeginn ist demnach $v(A_2) = -(-0{,}05$ mol/L)/10 s = $0{,}005$ mol/(L·s).

Nach der Zeit $t = 20$ s ist die Reaktionsgeschwindigkeit geringer. Die Tangente für $t = 20$ s hat eine Steigung von $v(A_2) = -(-0{,}006$ mol/L)/10 s = $0{,}0006$ mol/(L·s).

Die Konzentrationsmessungen während der Reaktion bereitet oft Schwierigkeiten. Sie muß wiederholte Male zu definierten Zeiten erfolgen, ohne den Reaktionsablauf zu stören. Am besten sind kontinuierliche Messungen von Eigenschaften, die sich mit der Konzentration ändern, z.B. Druck, Farbe, elektrische Leitfähigkeit, Volumen oder Viskosität.

■ 14.2 Bestimmung von Reaktionsgeschwindigkeiten mit Hilfe von Tangenten an die Kurve für $c(A_2)$ in Abhängigkeit der Zeit

Reaktionsgeschwindigkeiten hängen im allgemeinen von den Konzentrationen der reagierenden Substanzen ab. Meist sind sie groß, wenn die Konzentrationen der Reaktanden groß sind. Dies läßt sich mit der Kollisionstheorie erklären.

In der Regel wird die Stoffmengenkonzentration in mol/L angegeben, die Einheit der Reaktionsgeschwindigkeit ist dann mol/(L·s). Die Reaktionsgeschwindigkeit kann auch durch die Konzentrationsabnahme von A_2 oder von X_2 pro Zeiteinheit angegeben werden:

$$v(A_2) = v(X_2) = -\frac{dc(A_2)}{dt} = -\frac{dc(X_2)}{dt}$$

die Zersetzung von Distickstoffpentoxid (N_2O_5) zu Stickstoffdioxid (NO_2) und Sauerstoff ist die Geschwindigkeit direkt proportional zur N_2O_5-Konzentration. Die Proportionalitätskonstante k wird die **Geschwindigkeitskonstante** genannt. Die Art der Gleichung und der Wert von k müssen experimentell bestimmt werden. Der Zahlenwert von k hängt von der Temperatur und von der Substanz, auf die sich die Konzentrationsänderung bezieht, ab.

$NO_2(g) + 2 HCl(g) \rightarrow$
$\qquad NO(g) + H_2O(g) + Cl_2(g)$
$v(NO_2) = k \cdot c(NO_2) \cdot c(HCl)$
(Reaktion 2. Ordnung)

$2 NO(g) + 2 H_2(g) \rightarrow N_2(g) + 2 H_2O(g)$
$v(N_2) = k \cdot c^2(NO) \cdot c(H_2)$
(Reaktion 3. Ordnung)

$CH_3CHO(g) \rightarrow CH_4(g) + CO(g)$
$v(CH_3CHO) = k \cdot c^{3/2}(CH_3CHO)$
(Reaktionsordnung $\frac{3}{2}$)

$2 N_2O(g) \xrightarrow{(Au)} 2 N_2(g) + O_2(g)$
$v(N_2O) = k$
(Reaktion 0. Ordnung)

Bei der Reaktion von NO_2 mit Chlorwasserstoff ist die Geschwindigkeit dem Produkt der Konzentrationen von NO_2 und von HCl proportional. Wenn die Konzentrationen beider Reaktanden verdoppelt werden, vervierfacht sich die Reaktionsgeschwindigkeit. Bei der Reaktion von Stickstoffmonoxid mit Wasserstoff ist die Geschwindigkeit proportional zum Produkt der NO-Konzentration im Quadrat mal der H_2-Konzentration.

Die **Reaktionsordnung** ist die Summe der Exponenten der Konzentrationsparameter im Geschwindigkeitsgesetz. Die Zersetzung von N_2O_5 ist eine Reaktion 1. Ordnung, da der Exponent von $c(N_2O_5)$ gleich 1 ist. Die Reaktion von NO_2 mit HCl ist 1. Ordnung bezüglich NO_2, 1. Ordnung bezüglich HCl und insgesamt 2. Ordnung. Die Reaktion von NO mit H_2 ist 2. Ordnung bezüglich NO, 1. Ordnung bezüglich H_2 und insgesamt 3. Ordnung.

Das Geschwindigkeitsgesetz, und damit auch die Reaktionsordnung, muß experimentell bestimmt werden. Man kann sie nicht aus der Reaktionsgleichung ableiten (■ 14.1). Die Reaktionsordnung muß nicht ganzzahlig sein, und sie kann auch Null betragen. Für die Zersetzung von Acetaldehyd (CH_3CHO) bei 450 °C ist die Reaktionsordnung $\frac{3}{2}$. Die Zersetzung von Distickstoffoxid an einer Goldoberfläche bei hohem Druck verläuft nach der nullten Ordnung. Chemisch ähnliche Reaktionen müssen nicht dem gleichen Geschwindigkeitsgesetz folgen und Geschwindigkeitgesetze können zuweilen komplizierte Gleichungen sein.

■ **Beispiel 14.1**

Die Zahlen in der Tabelle beziehen sich auf die Reaktion

$$2 NO(g) + O_2(g) \rightarrow 2 NO_2(g)$$

bei 25 °C. Wie lautet das Geschwindigkeitsgesetz und welchen Wert hat die Geschwindigkeitskonstante?

Experiment	Anfangskonzentration		Anfangsgeschwindigkeit
	$c(NO)/\text{mol} \cdot L^{-1}$	$c(O_2)/\text{mol} \cdot L^{-1}$	$v(NO_2)/\text{mol} \cdot L^{-1} s^{-1}$
A	$1 \cdot 10^{-3}$	$1 \cdot 10^{-3}$	$7 \cdot 10^{-6}$
B	$1 \cdot 10^{-3}$	$2 \cdot 10^{-3}$	$14 \cdot 10^{-6}$
C	$1 \cdot 10^{-3}$	$3 \cdot 10^{-3}$	$21 \cdot 10^{-6}$
D	$2 \cdot 10^{-3}$	$3 \cdot 10^{-3}$	$84 \cdot 10^{-6}$
E	$3 \cdot 10^{-3}$	$3 \cdot 10^{-3}$	$189 \cdot 10^{-6}$

Wir gehen von folgender Gleichung aus:

$$v(NO_2) = k \cdot c^x(NO) \cdot c^y(O_2)$$

In den Experimenten A, B und C wird $c(NO)$ konstant gehalten. Im Experiment B sind $c(O_2)$ und $v(NO_2)$ verdoppelt, im Experiment C sind sie verdreifacht. Damit muß $y = 1$ sein. In den Experimenten C, D und E wird $c(O_2)$ konstant gehalten. Im Experiment D ist $c(NO)$ verdoppelt, im Experiment E ist $c(NO)$ verdreifacht; gegenüber Experiment C ist die Geschwindigkeit $v(NO_2)$ im Experiment D vervierfacht und im Experiment E verneunfacht. Daher muß $x = 2$ sein. Das Geschwindigkeitsnetz lautet somit

$$v(NO_2) = k \cdot c^2(NO) \cdot c(O_2)$$

Der Zahlenwert von k kann von den Werten irgendeines der Experimente berechnet werden; für Experiment A gilt:

$$7 \cdot 10^{-6}\,\text{mol/(L}\cdot\text{s)} = k \cdot (1 \cdot 10^{-3}\,\text{mol/L})^2 \cdot (1 \cdot 10^{-3}\,\text{mol/L})$$

$$k = \frac{7 \cdot 10^{-6}\,\text{mol} \cdot \text{L}^{-1}\,\text{s}^{-1}}{1 \cdot 10^{-9}\,\text{mol}^3 \cdot \text{L}^{-3}} = 7 \cdot 10^{3}\,\text{L}^2 \cdot \text{mol}^{-2} \cdot \text{s}^{-1}$$

14.3 Zeitabhängigkeit der Reaktionsgeschwindigkeit

Das Geschwindigkeitsgesetz einer chemischen Reaktion gibt die Abhängigkeit der *Reaktionsgeschwindigkeit* von den *Konzentrationen* der Reaktanden wieder. Die Gleichung läßt sich in einen Ausdruck umformen, in dem die Konzentrationen in Beziehung zur abgelaufenen *Zeit* stehen. Wir werden die Ausdrücke für drei einfache Reaktionstypen betrachten.

Reaktionen 1. Ordnung

Das Geschwindigkeitsgesetz für die Reaktion des Reaktanden A lautet:

$$v(A) = -\frac{dc(A)}{dt} = k \cdot c(A)$$

$$\frac{dc(A)}{c(A)} = -k \cdot dt$$

Durch Integration folgt daraus

$$\ln c(A) = -k \cdot t + \ln c_0(A) \qquad (14.1)$$

wobei $\ln c_0(A)$ die Integrationskonstante ist; $c_0(A)$ ist die Anfangskonzentration von A zur Zeit $t = 0$. Trägt man $\ln c(A)$ gegen t auf, so ergibt sich eine Gerade mit der Steigung $-k$ und dem Ordinatenabschnitt $\ln c_0(A)$ (◉ 14.3). Aus der Steigung läßt sich der Wert von k bestimmen. Gleichung (14.1) läßt sich folgendermaßen umformen:

$$\ln \frac{c(A)}{c_0(A)} = -k \cdot t \qquad (14.2)$$

$$c(A) = c_0(A) \cdot e^{-kt} \qquad (14.3)$$

Aus Gleichung (14.3) ergibt sich die Zeitabhängigkeit der Konzentration $c(A)$. Der entsprechende Kurvenverlauf ist in ◉ 14.4 gezeigt; zu einem konkreten Beispiel siehe ▫ 14.2.

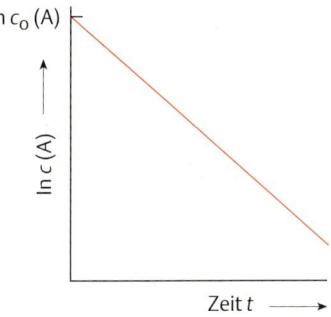

◉ **14.3** Auftragung von $\ln c(A)$ gegen die Zeit für eine Reaktion 1. Ordnung

Zeitabhängigkeit für Reaktionen 1. Ordnung

$$c(A) = c_0(A) \cdot e^{-kt}$$

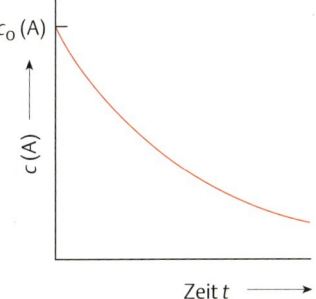

◉ **14.4** Auftragung der Konzentration des Reaktanden A, $c(A)$, gegen die Zeit für eine Reaktion 1. Ordnung

 Beispiel 14.2

Die Reaktion $2\,N_2O_5(g) \rightarrow 4\,NO_2(g) + O_2(g)$ wurde bei 35 °C mit einer Anfangskonzentration $c_0(A) = 0{,}0300$ mol/L untersucht. Nach 30,0, 60,0 und 90,0 Minuten wurden N_2O_5-Konzentrationen von 0,0235, 0,0184 bzw. 0,0144 mol/L gemessen. Wie groß ist die Geschwindigkeitskonstante k? Nach welcher Zeit haben sich 90% des N_2O_5 zersetzt?

Für eine Reaktion 1. Ordnung gilt nach Gleichung (14.2):

$$k = \frac{1}{t} \ln \frac{c_0(A)}{c(A)}$$

Wir errechnen:

für $t = 30{,}0$ min $\quad k = \dfrac{1}{30{,}0 \text{ min}} \ln \dfrac{0{,}0300 \text{ mol/L}}{0{,}0235 \text{ mol/L}} = 8{,}14 \cdot 10^{-3}$ min^{-1}

für $t = 60{,}0$ min $\quad k = \dfrac{1}{60{,}0 \text{ min}} \ln \dfrac{0{,}0300 \text{ mol/L}}{0{,}0184 \text{ mol/L}} = 8{,}15 \cdot 10^{-3}$ min^{-1}

für $t = 90{,}0$ min $\quad k = \dfrac{1}{90{,}0 \text{ min}} \ln \dfrac{0{,}0300 \text{ mol/L}}{0{,}0144 \text{ mol/L}} = 8{,}15 \cdot 10^{-3}$ min^{-1}

Da sich für alle Zeiten der gleiche Wert $k = 8{,}15 \cdot 10^{-3}$ min^{-1} ergibt, ist Gleichung (14.2) erfüllt, die Reaktion verläuft nach der 1. Ordnung. Wenn sich 90% des N_2O_5 zersetzt haben, sind noch 10% davon übrig, d.h. die Konzentration ist dann auf $\frac{1}{10}$ des ursprünglichen Werts gesunken, nämlich auf $c(A) = 0{,}0030$ mol/L. Dies ist erreicht nach:

$$t = \frac{1}{k} \ln \frac{c_0(A)}{c(A)} = \frac{1}{8{,}15 \cdot 10^{-3} \text{ min}^{-1}} \ln \frac{0{,}0300 \text{ mol/L}}{0{,}0030 \text{ mol/L}} = 283 \text{ min}$$

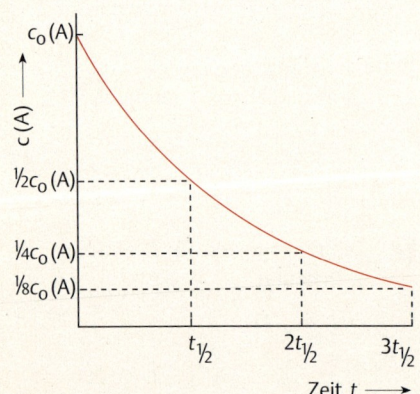

Abb. 14.5 Auftragung der Konzentration $c(A)$ gegen die Zeit für den Reaktanden A bei einer Reaktion 1. Ordnung. Drei Halbwertszeit-Perioden sind eingetragen

Die Reaktionszeit, nach der die Hälfte des Reaktanden umgesetzt ist, nennt man die **Halbwertszeit**, $t_{1/2}$. Zu diesem Zeitpunkt ist $c(A) = \frac{1}{2} c_0(A)$. Setzen wir diesen Wert in Gleichung (14.2) ein, so folgt:

$$\ln \frac{\frac{1}{2} c_0(A)}{c_0(A)} = -k \cdot t_{1/2}$$

$$t_{1/2} = \frac{1}{k} \ln 2 = \frac{0{,}693}{k} \tag{14.4}$$

Die Halbwertszeit einer Reaktion 1. Ordnung ist demnach unabhängig von der Konzentration des Reaktanden.

■ 14.5 zeigt wie ■ 14.4 die Abhängigkeit der Konzentration $c(A)$ von der Zeit t. Zu Beginn der Reaktion ($t = 0$) ist die Konzentration $c_0(A)$. Nach Ablauf der Halbwertszeit $t_{1/2}$ ist die Konzentration auf die Hälfte gesunken, $c(A) = \frac{1}{2} c_0(A)$. Nach Ablauf von zwei Halbwertszeiten $2t_{1/2}$ ist sie um einen weiteren Faktor $\frac{1}{2}$ gesunken, d.h. auf $\frac{1}{4} c_0(A)$ usw. Diese regelmäßige Konzentrationsabnahme ist charakteristisch für Reaktionen erster Ordnung (■ 14.3 und 14.4).

■ Beispiel 14.3

Welche ist die Halbwertszeit für die Zersetzung von N_2O_5(g) bei 35 °C? Mit dem in ■ 14.2 berechneten Wert für k ergibt sich:

$$t_{1/2} = \frac{0{,}693}{8{,}15 \cdot 10^{-3} \text{ min}^{-1}} = 85{,}1 \text{ min}$$

Beispiel 14.4

Die Halbwertzeit für die Zersetzung von $N_2O_5(g)$ beträgt 2,38 min bei 65 °C. Wie groß ist die Geschwindigkeitskonstante für diese Temperatur?

$$k = \frac{0{,}693}{t_{1/2}} = \frac{0{,}693}{2{,}38 \text{ min}} = 0{,}291 \text{ min}^{-1}$$

Reaktionen 2. Ordnung

Folgende Beispiele sind Reaktionen 2. Ordnung:

$$2\,NO_2(g) \rightarrow 2\,NO(g) + O_2(g) \qquad v(NO_2) = k \cdot c^2(NO_2)$$
$$NO(g) + O_3(g) \rightarrow NO_2(g) + O_2(g) \qquad v(NO_2) = k \cdot c(NO) \cdot c(O_3)$$

Wir behandeln im folgenden nur den ersten Reaktionstyp, d. h. wenn nur ein Reaktand vorhanden ist. Das allgemeine Geschwindigkeitsgesetz hierfür lautet:

$$v(A) = -\frac{dc(A)}{dt} = k \cdot c^2(A)$$

Durch Integration erhält man:

$$\frac{1}{c(A)} = k \cdot t + \frac{1}{c_0(A)} \tag{14.5}$$

Dabei ist $c_0(A)$ die Anfangskonzentration (zur Zeit $t = 0$). Danach ist der Kehrwert der Konzentration, $1/c(A)$, proportional zur Zeit t. Die Auftragung von $1/c(A)$ gegen die Zeit ergibt eine Gerade mit der Steigung k und dem Ordinatenabschnitt $1/c_0(A)$ (◉ 14.6).

Die Halbwertzeit für eine Reaktion 2. Ordnung folgt aus Gleichung (14.5) wenn $c(A) = \tfrac{1}{2}c_0(A)$ gesetzt wird:

$$\frac{1}{\tfrac{1}{2}c_0(A)} = k \cdot t_{1/2} + \frac{1}{c_0(A)}$$

$$t_{1/2} = \frac{1}{k \cdot c_0(A)} \tag{14.6}$$

In diesem Fall ist die Halbwertzeit nicht konzentrationsunabhängig.

Zeitabhängigkeit für Reaktionen 2. Ordnung

$$\frac{1}{c(A)} = k \cdot t + \frac{1}{c_0(A)}$$

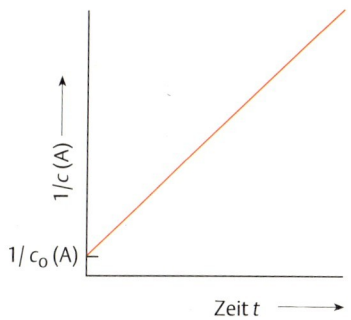

◉ 14.6 Auftragung von $1/c(A)$ gegen die Zeit t für eine Reaktion 2. Ordnung. Für jede Art Reaktion 2. Ordnung ergibt sich eine Gerade dieser Art

Beispiel 14.5

Die Zersetzung von Iodwasserstoff

$$2\,HI(g) \rightarrow H_2(g) + I_2(g)$$

ist eine Reaktion 2. Ordnung. Bei 410 °C beträgt die Geschwindigkeitskonstante $k = 5{,}1 \cdot 10^{-4}$ L/(mol · s). Bei 410 °C möge die Anfangskonzentration von HI 0,36 mol/L betragen.

a) Wie groß ist die HI-Konzentration nach 12 Minuten?

b) Nach welcher Zeit ist die HI-Konzentration auf 0,25 mol/L gesunken?
c) Wie groß ist die Halbwertszeit?

Wir rechnen die Geschwindigkeitskonstante auf Minuten um:

$$k = 5{,}1 \cdot 10^{-4}\,\text{L}/(\text{mol}\cdot\text{s}) = 60 \cdot 5{,}1 \cdot 10^{-4}\,\text{L}/(\text{mol}\cdot\text{min})$$
$$= 3{,}06 \cdot 10^{-2}\,\text{L}/(\text{mol}\cdot\text{min})$$

zu **a)** Nach $t = 12$ min gilt gemäß Gleichung (14.**5**):

$$\frac{1}{c(\text{HI})} = k \cdot t + \frac{1}{c_0(\text{HI})} = 3{,}06 \cdot 10^{-2}\,\text{L}\cdot\text{mol}^{-1}\,\text{min}^{-1} \cdot 12\,\text{min} + \frac{1}{0{,}36\,\text{mol/L}}$$
$$= 3{,}15\,\text{L/mol}$$

$$c(\text{HI}) = 0{,}32\,\text{mol/L}$$

zu **b)** Einsetzen von $c(\text{HI}) = 0{,}25$ mol/L in Gleichung (14.**5**):

$$\frac{1}{0{,}25\,\text{mol/L}} = t \cdot 3{,}06 \cdot 10^{-2}\,\text{L}\cdot\text{mol}^{-1}\,\text{min}^{-1} + \frac{1}{0{,}36\,\text{mol/L}}$$

$$t = \left(\frac{1}{0{,}25\,\text{mol/L}} - \frac{1}{0{,}36\,\text{mol/L}}\right) \cdot \frac{1}{3{,}06 \cdot 10^{-2}\,\text{L}\cdot\text{mol}^{-1}\,\text{min}^{-1}} = 40\,\text{min}$$

zu **c)** Nach Gleichung (14.**6**) ist:

$$t_{1/2} = \frac{1}{3{,}06 \cdot 10^{-2}\,\text{L}\cdot\text{mol}^{-1}\,\text{min}^{-1} \cdot 0{,}36\,\text{mol}\cdot\text{L}^{-1}} = 91\,\text{min}$$

Reaktionen 0. Ordnung

Bei Reaktionen nullter Ordnung ist die Reaktionsgeschwindigkeit unabhängig von der Reaktandenkonzentration:

$$v(A) = -\frac{dc(A)}{dt} = k$$

Die Zersetzungen mancher Gase an den Oberflächen fester Katalysatoren sind Beispiele für Reaktionen nullter Ordnung. Der Katalysator wird in Klammern über den Pfeil in der Reaktionsgleichung geschrieben, zum Beispiel:

$$2\,N_2O(g) \xrightarrow{(Au)} 2\,N_2(g) + O_2(g)$$

$$2\,HI(g) \xrightarrow{(Au)} H_2(g) + I_2(g)$$

$$2\,NH_3(g) \xrightarrow{(W)} N_2(g) + 3\,H_2(g)$$

⚠ Zeitabhängigkeit für Reaktionen 0. Ordnung

$$c(A) = -kt + c_0(A)$$

Durch Integration der obigen Differentialgleichung erhält man:

$$c(A) = -k \cdot t + c_0(A) \tag{14.7}$$

Die Auftragung der Konzentration $c(A)$ gegen die Zeit t ergibt eine Gerade mit der Steigung $-k$ und dem Ordinatenabschnitt $c_0(A)$ (◉ 14.7). Die Halbwertszeit $t_{1/2}$ folgt aus Gleichung (14.7) durch Einsetzen von $c(A) = \frac{1}{2}c_0(A)$:

$$\tfrac{1}{2}c_0(A) = -k \cdot t_{1/2} + c_0(A)$$

$$t_{1/2} = \frac{c_0(A)}{2k} \qquad (14.8)$$

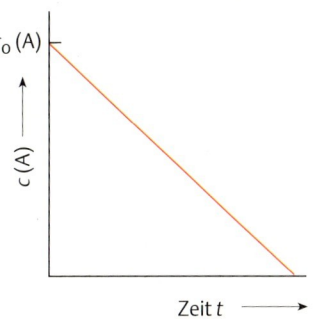

◉ 14.7 Auftragung der Konzentration $c(A)$ des Reaktanden A gegen die Zeit bei einer Reaktion 0. Ordnung

Die charakteristischen Beziehungen für Reaktionen nullter, erster und zweiter Ordnung sind in ▭ 14.1 zusammengefaßt. Indem man experimentell bestimmt, welche Funktion linear mit der Zeit läuft, kann man die Ordnung einer Reaktion ermitteln (▣ 14.6).

▭ **14.1** Charakteristische Beziehungen für einige Reaktionstypen

Ordnung	Geschwindigkeitsgesetz	Zeitabhängigkeit der Konzentration	Lineare Beziehung	Halbwertszeit
0.	$v = k$	$c(A) = -k \cdot t + c_0(A)$	$c(A)$ gegen t	$c_0(A)/(2k)$
1.	$v = k \cdot c(A)$	$\ln \dfrac{c_0(A)}{c(A)} = k \cdot t$	$\ln c(A)$ gegen t	$0{,}693/k$
2.	$v = k \cdot c^2(A)$	$1/c(A) = k \cdot t + 1/c_0(A)$	$1/c(A)$ gegen t	$1/(k \cdot c_0(A))$

▣ **Beispiel 14.6**

Bei der Zersetzung von NOCl(g) bei 200 °C wurden die folgend tabellierten Meßwerte erhalten. Welche ist die Reaktionsordnung?

$$2\,\text{NOCl(g)} \rightarrow 2\,\text{NO(g)} + \text{Cl}_2\text{(g)}$$

t /s	c(NOCl) /mol·L^{-1}	$\ln c$(NOCl) [berechnet aus c(NOCl)]	$1/c$(NOCl)
0	0,0250	−3,69	40,0
200	0,0202	−3,90	49,5
400	0,0169	−4,08	59,2
700	0,0136	−4,30	73,5
900	0,0120	−4,42	83,3

Mit den Zahlenwerten erstellt man sich die untenstehenden Diagramme. Wie erkennbar, ergibt nur die Auftragung von $1/c$(NOCl) gegen t eine Gerade. Die Reaktion ist demnach 2. Ordnung.

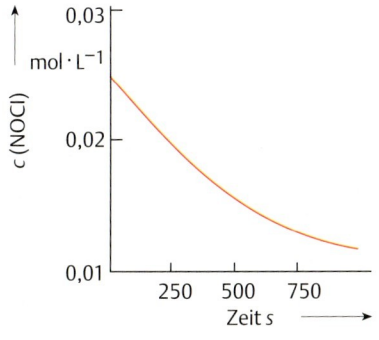
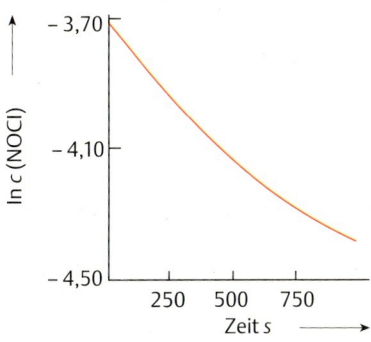
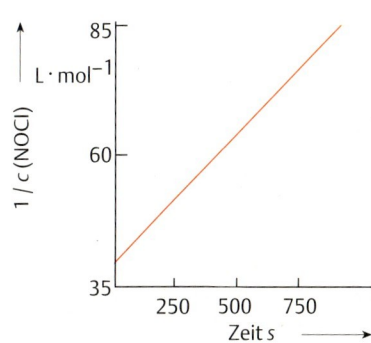

NO(g) + F$_2$(g) → ONF(g) + F(g)
NO(g) + F(g) → ONF(g)
───────────────────────────────
2 NO(g) + F$_2$(g) → 2 ONF(g)

14.4 Einstufige Reaktionen

Die Reaktionsgleichung zeigt uns die stöchiometrischen Beziehungen zwischen Reaktanden und Produkten einer chemischen Reaktion. Sie bringt aber nicht notwendigerweise zum Ausdruck, ob die Reaktion über mehrere Stufen abläuft, d. h. ob Zwischenprodukte auftreten, die dann gleich weiterreagieren. Nitrosylfluorid (ONF) entsteht zum Beispiel nicht in einem Schritt aus NO und F$_2$; die Reaktion läuft über zwei Stufen. Die Summe der Gleichungen der Einzelschritte ergibt die Gesamtgleichung der Reaktion. Bei den Einzelschritten treten F-Atome auf, die in der Gesamtgleichung nicht vorkommen; sie sind **Zwischenprodukte** oder **Zwischenstufen**, aber weder Reaktanden noch Produkte der Gesamtreaktion.

Manche Reaktionen verlaufen jedoch einstufig, d. h. in einem einzigen Schritt. Beispiele sind die Reaktionen von Brommethan, CH$_3$Br, mit Natriumhydroxid in alkoholischer Lösung oder die Gasphasenreaktion von Kohlenmonoxid mit NO$_2$ zu CO$_2$ und NO:

H$_3$C—Br + OH$^-$ → H$_3$C—OH + Br$^-$
CO(g) + NO$_2$(g) → CO$_2$(g) + NO(g)

Wir werden uns in diesem Abschnitt damit befassen, wie solche Reaktionen ablaufen.

Kollisionstheorie

Betrachten wir eine Reaktion in der Gasphase:

A$_2$(g) + X$_2$(g) → 2 AX(g)

Wie in ◉ **14.8** dargestellt, stellen wir uns vor, daß ein A$_2$-Molekül mit einem X$_2$-Molekül kollidiert, wobei die A—A- und die X—X-Bindung aufbricht und gleichzeitig zwei neue A—X-Bindungen geknüpft werden. Die

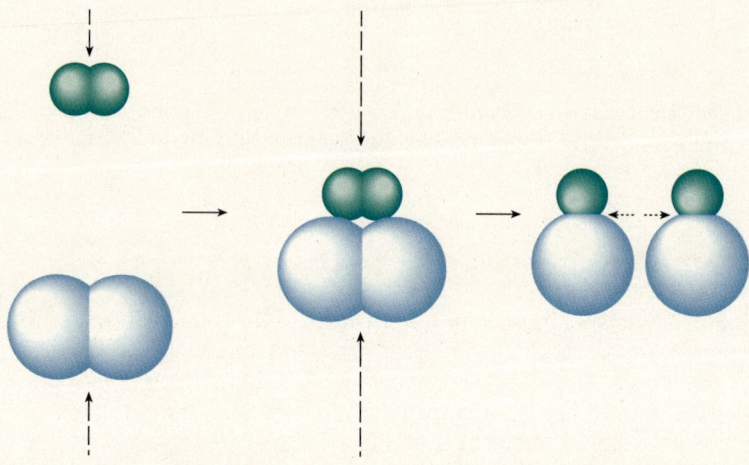

◉ **14.8** Kollision zwischen einem Molekül A$_2$ und einem Molekül X$_2$ unter Reaktion zu zwei Molekülen AX

Reaktionsgeschwindigkeit ist proportional zur Zahl der Kollisionen pro Zeiteinheit.

Wie sich mit Hilfe der kinetischen Gastheorie nachrechnen läßt, ist die Zahl der Kollisionen in einem Gas enorm groß. Bei Raumtemperatur und 101 kPa erfolgen in einem Liter Gasvolumen etwa 10^{31} Kollisionen pro Sekunde. Wenn jede Kollision zwischen einem A_2- und einem X_2-Molekül zu einer Reaktion führen würde, wäre die Gesamtreaktion in weniger als einer Sekunde beendet. Die meisten Reaktionen verlaufen wesentlich langsamer. Im allgemeinen führt nur ein kleiner Bruchteil der stattfindenden Kollisionen tatsächlich zu Reaktionen; wir nennen sie **effektive Kollisionen**.

Wenn eine Kollision nicht effektiv ist, so kann das zwei Gründe haben. Zum einen können die Moleküle eine ungeeignete Lage zueinander haben (◙ 14.9). Zum anderen sind viele Kollisionen nicht heftig genug, um einen Bruch der Bindungen zu bewirken; die Moleküle prallen unverändert voneinander ab. Für eine effektive Kollision muß die Summe der Bewegungsenergien der Moleküle einen Mindestwert übersteigen.

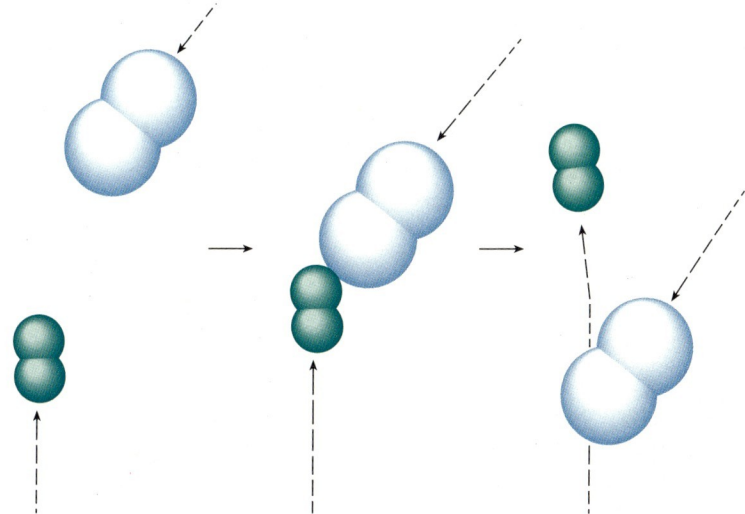

◙ 14.9 Kollision zwischen einem Molekül A_2 und einem Molekül X_2 ohne Reaktion

Die Temperaturabhängigkeit der Reaktionsgeschwindigkeit bestätigt diese Betrachtungsweise. Bei allen chemischen Reaktionen nimmt die Reaktionsgeschwindigkeit mit steigender Temperatur zu. Dies gilt für exotherme wie für endotherme Reaktionen. Eine Temperaturerhöhung um 10°C bewirkt häufig eine Geschwindigkeitssteigerung auf das zwei- bis vierfache. Die schnellere Bewegung bei höherer Temperatur bringt eine größere Zahl von Kollisionen mit sich. Dieser Faktor kann jedoch die Steigerung der Reaktionsgeschwindigkeit nicht erklären. Eine Temperaturerhöhung von 25°C auf 35°C verursacht nur eine Erhöhung der Zahl der Kollisionen um etwa 2%. Offensichtlich muß die Zahl der effektiven Kollisionen bei höherer Temperatur größer sein.

Eine Betrachtung von ◙ 14.10 läßt erkennen, warum bei höherer Temperatur mehr Stöße zu einer Reaktion führen. Es sind zwei Verteilungs-

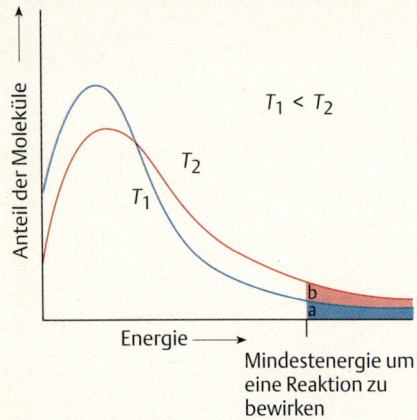

14.10 Molekulare Energieverteilung bei zwei Temperaturen T_1 und T_2

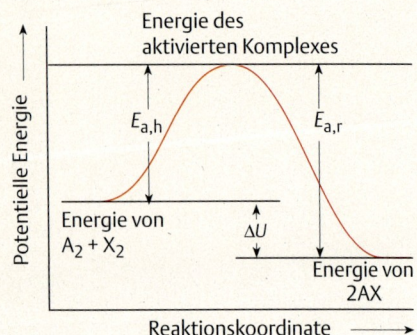

14.11 Diagramm der potentiellen Energie für eine Reaktion
$A_2 + X_2 \rightleftarrows [A_2X_2] \rightarrow 2\,AX$
$\Delta U = E_{a,h} - E_{a,r}$

kurven für die Molekülenergie abgebildet, eine für eine Temperatur T_1 und eine für eine höhere Temperatur T_2. Nur Kollisionen von Molekülen, deren Energie gleich oder größer als ein Minimalwert ist, können zu einer Reaktion führen. Die Zahl der Moleküle deren Energie gleich oder größer als die Minimumenergie ist, ist proportional zur Fläche a für die Temperatur T_1 und proportional zur Fläche $a + b$ für die Temperatur T_2. Obwohl die Kurve für T_2 nur ein wenig in Richtung auf höhere Energien verschoben ist, erhöht sich die Zahl der energiereichen Moleküle erheblich und entsprechend größer ist die Zahl der effektiven Kollisionen. Die Erhöhung der Zahl der Kollisionen ist nur von untergeordneter Bedeutung. Der mathematische Zusammenhang zwischen Reaktionsgeschwindigkeit und Temperatur wird im Abschnitt 14.7 (S. 257) behandelt.

Theorie des Übergangszustands

Die Energieanforderungen für eine effektive Kollision werden in etwas anderer Art in der Theorie des Übergangszustandes betrachtet. Wir nehmen als Beispiel wieder die Reaktion zwischen A_2 und X_2. Bei einer sanften Kollision stoßen sich die Ladungen der Elektronenwolken beider Moleküle soweit ab, daß es nie zu einem genügend engen Kontakt kommt, der die Knüpfung einer A—X-Bindung ermöglicht. Bei einer effektiven Kollision zwischen energiereichen Molekülen A_2 und X_2 wird dagegen die Bildung eines kurzlebigen **aktivierten Komplexes** A_2X_2 angenommen. Der Komplex A_2X_2 kann sich unter Bildung von zwei Molekülen AX oder unter Rückbildung eines A_2- und eines X_2-Moleküls spalten.

Der aktivierte Komplex, meist in eckigen oder auch in geschweiften Klammern angegeben, ist kein isolierbares Molekül. Es handelt sich um einen instabilen Verband von Atomen, der nur für einen kurzen Augenblick existiert. Er wird auch als **Übergangszustand** bezeichnet. Im aktivierten Komplex ist die A—A- und die X—X-Bindung geschwächt und die A—X-Bindungen sind partiell gebildet. Es handelt sich um einen Zustand mit einer relativ hohen potentiellen Energie.

14.11 zeigt ein Energiediagramm für die Reaktion zwischen A_2 und X_2. Das Diagramm zeigt, wie sich die Energie der beteiligten Substanzen im Verlaufe der Reaktion ändert. Die „Reaktionskoordinate" zeigt an, wie weit die Bildung der Reaktionsprodukte aus den Reaktanden fortgeschritten ist.

Die Differenz zwischen der potentiellen Energie der Reaktanden (Summe der inneren Energien von A_2 und X_2) und der potentiellen Energie des aktivierten Komplexes A_2X_2 wird die **Aktivierungsenergie** ($E_{a,h}$) genannt. Bei jeder Kollision zwischen einem Molekül A_2 und einem Molekül X_2 bleibt die Gesamtenergie der Moleküle gleich, aber kinetische Energie und potentielle Energie können ineinander umgewandelt werden. Bei einer erfolgreichen Kollision wird ein Teil der kinetischen Energie von schnellen Molekülen A_2 und X_2 dazu verwendet, die Aktivierungsenergie aufzubringen, um den aktivierten Komplex zu bilden. Wenn sich der aktivierte Komplex unter Rückbildung der Moleküle A_2 und X_2 spaltet, so wird die Aktivierungsenergie $E_{a,h}$ wieder frei in Form von kinetischer Energie der Moleküle A_2 und X_2. In diesem Fall findet keine Reaktion statt. Wenn sich der Komplex in zwei Moleküle AX spaltet, so wird die Energie $E_{a,r}$ (**14.11**) in Form von kinetischer Energie der AX-Moleküle frei. Die

14.4 Einstufige Reaktionen

Differenz zwischen der aufgenommenen Energie $E_{a,h}$ und der abgegebenen Energie $E_{a,r}$ entspricht der bei der Reaktion umgesetzten Energie ΔU:

$$\Delta U = E_{a,h} - E_{a,r}$$

Wenn $E_{a,r}$ größer ist als $E_{a,h}$, dann ist die Reaktionsenergie ΔU negativ, d.h. Energie wird freigesetzt.

Die Aktivierungsenergie ist eine Energiebarriere zwischen den Reaktanden und den Reaktionsprodukten. Auch wenn die innere Energie der Reaktanden höher ist als die der Produkte, muß das System erst den Aktivierungsberg überwinden, bevor es den Zustand niedrigerer Energie erreichen kann. Wenn Moleküle A_2 und X_2 mit relativ kleiner kinetischer Energie zusammenstoßen, so reicht die Energie nicht aus, um den aktivierten Komplex zu bilden; die Abstoßung zwischen den Elektronenwolken verhindert eine ausreichende Annäherung. In diesem Fall reicht die Energie der Moleküle nur dazu aus, den Aktivierungsberg ein Stück weit zu erklimmen. Dann stoßen sich die Moleküle wieder ab, sie „rollen" den Aktivierungsberg wieder herab und fliegen unverändert auseinander.

Nehmen wir an, die in ◘ 14.11 dargestellte Reaktion sei reversibel. Die Rückreaktion kann interpretiert werden, wenn wir das Diagramm von rechts nach links verfolgen. Die Aktivierungsenergie der Rückreaktion ist $E_{a,r}$ und die freigesetzte Energie bei der Bildung der Produkte (in diesem Fall A_2 und X_2) entspricht der Aktivierungsenergie der Hinreaktion, $E_{a,h}$. Die Reaktionsenergie, $\Delta U = E_{a,r} - E_{a,h}$ ist in diesem Fall positiv, die Reaktion ist endotherm.

Zwei Diagramme für die potentielle Energie sind in ◘ 14.12 gezeigt; eines für eine exotherme, eines für eine endotherme, einstufige Reaktion. Die exotherme Reaktion zwischen den Stickstoffoxiden N_2O und NO kann durch das nebenstehende Schema veranschaulicht werden. Im aktivierten Komplex ist die N−O-Bindung des N_2O geschwächt und gedehnt und eine neue Bindung, zwischen dem O-Atom und den N-Atomen des NO, ist partiell gebildet.

Der endotherme Zerfall von Nitrosylchlorid (ONCl) gemäß ◘ 14.12b verläuft über den nebenstehend formulierten aktivierten Komplex, bei dem die N−Cl-Bindungen beider ONCl-Moleküle dabei sind aufzubrechen, während sich die neue Cl−Cl-Bindung zu bilden beginnt.

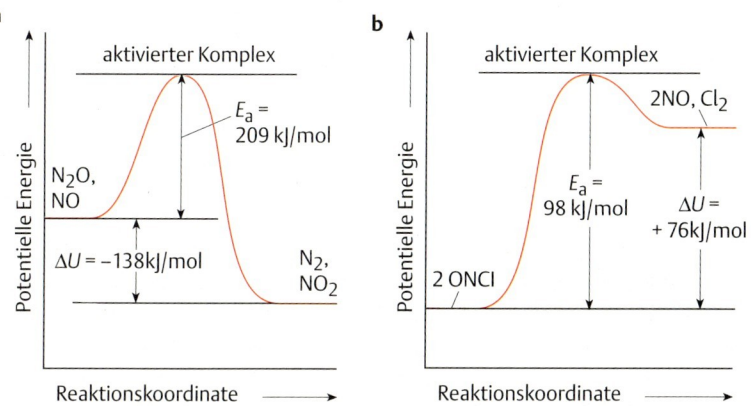

◘ 14.12 Diagramme der potentiellen Energie für zwei einstufige Reaktionen.
a exotherme Reaktion **b** endotherme Reaktion

14.5 Geschwindigkeitsgesetze für einstufige Reaktionen

An einem einzelnen Reaktionsschritt kann ein einzelnes Reaktanden-Molekül oder es können zwei oder mehr Moleküle beteiligt sein. Bei einer Reaktion, die in einem Schritt abläuft, ist die Zahl der beteiligten Reaktanden-Moleküle maßgeblich für die Reaktionsordnung. Die Koeffizienten der Reaktionsgleichung erscheinen als Exponenten im Geschwindigkeitsgesetz. Wenn zum Beispiel ein Molekül A und zwei Moleküle X in einem Schritt miteinander reagieren, so ist die Reaktionsgeschwindigkeit proportional zum Produkt aus der Konzentration von A, $c(A)$, und dem Quadrat der Konzentration von X, $c^2(X)$. Die Reaktion ist insgesamt 3. Ordnung. *Diese Art Beziehung gilt nur für einstufige Reaktionen*, d. h. für Reaktionen, die in einem Schritt ablaufen; sie gilt nicht, wenn die Reaktion in einer Folge von Einzelschritten abläuft. Bei einstufigen Reaktionen treten folgende Fälle auf:

A + 2X → Produkte
$v = k \cdot c(A) \cdot c^2(X)$

1. **Einmolekulare Reaktionsschritte.** Wenn jeweils nur ein Reaktanden-Molekül am Reaktionsgeschehen beteiligt ist, ist die Reaktion 1. Ordnung. Dieser Reaktionstyp tritt beim Zerfall oder bei der Umlagerung von energiereichen Molekülen auf. Die Reaktionsgeschwindigkeit ist der Konzentration des Reaktanden A proportional.

einmolekularer Reaktionsschritt
(Reaktion 1. Ordnung)
A → Produkte
$v = k \cdot c(A)$

2. **Zweimolekulare Reaktionsschritte.** Wir unterscheiden zwei Fälle. Der erste Fall betrifft die Reaktion zwischen unterschiedlichen Molekülen A und X, die durch Kollisionen zwischen diesen Molekülen stattfindet. Die Reaktionsgeschwindigkeit ist der Zahl der A-X-Kollisionen pro Zeiteinheit proportional. Bei Verdoppelung der Konzentration der A-Moleküle verdoppelt sich die Reaktionsgeschwindigkeit, da die Zahl der A-X-Stöße pro Zeiteinheit verdoppelt wird. Die Reaktionsgeschwindigkeit ist der Konzentration von A proportional. Desgleichen ist sie der Konzentration von X proportional. Die Reaktionsgeschwindigkeit ist somit 1. Ordnung bezüglich A und 1. Ordnung bezüglich X und insgesamt 2. Ordnung.

zweimolekulare Reaktionsschritte
(Reaktion 2. Ordnung)
A + X → Produkte
$v = k \cdot c(A) \cdot c(X)$

2A → Produkte
$v = k \cdot c^2(A)$

Der zweite Fall bezieht sich auf die Reaktion, die durch Kollisionen von je zwei A-Molekülen abläuft. Nehmen wir an, es befinden sich n Moleküle A in einem Behälter. Die Zahl der Kollisionen eines einzelnen Moleküls A pro Zeiteinheit ist proportional zu $n-1$, der Zahl der übrigen Moleküle. Die Gesamtzahl der Kollisionen pro Zeiteinheit ist proportional zu $\frac{1}{2}n(n-1)$; durch den Faktor $\frac{1}{2}$ wird dafür Sorge getragen, daß jeder Stoß nur ein Mal gezählt wird (Kollision von Molekül 1 mit Molekül 2 ist identisch mit der Kollision von Molekül 2 mit Molekül 1). Da n groß ist, ist $\frac{1}{2}n(n-1)$ praktisch gleich $\frac{1}{2}n^2$. Da die Reaktionsgeschwindigkeit der Zahl der Kollisionen pro Zeiteinheit proportional ist, und n proportional zur Konzentration von A ist, ist die Reaktionsgeschwindigkeit proportional zum Quadrat der Konzentration von A.

dreimolekulare Reaktionsschritte
(Reaktion 3. Ordnung)
A + X + Z → Produkte
$v = k \cdot c(A) \cdot c(X) \cdot c(Z)$

2A + X → Produkte
$v = k \cdot c^2(A) \cdot c(X)$

3A → Produkte
$v = k \cdot c^3(A)$

3. **Dreimolekulare Reaktionsschritte.** Ein Reaktionsschritt, an dem drei Reaktandenmoleküle beteiligt sind, kann zwischen einem A-, einem X- und einem Z-Molekül, zwischen zwei A-Molekülen und einem X-Molekül oder zwischen drei A-Molekülen erfolgen. Solche Reaktionsschritte sind allerdings selten, denn sie erfordern das gleichzeitige Zusammentreffen von drei Molekülen. Dreierstöße kommen wesentlich seltener als Zweierstöße vor. Viererstöße sind noch unwahrscheinlicher und werden bei der Erklärung chemischer Reaktionsabläufe nie berücksichtigt.

Die drei beschriebenen Arten von Reaktionsschritten sind die einzigen Typen, deren Auftreten bei einem Reaktionsmechanismus angenommen wird.

14.6 Reaktionsmechanismen

Das Geschwindigkeitsgesetz für eine Reaktion muß experimentell bestimmt werden. Zu seiner Erklärung überlegt man sich einen Reaktionsmechanismus, der dem Geschwindigkeitsgesetz gerecht wird, unter Berücksichtigung von weiterem eventuell vorhandenem Datenmaterial, wie zum Beispiel der Nachweis des Auftretens eines Zwischenproduktes. Da das tatsächliche molekulare Reaktionsgeschehen nicht beobachtet werden kann, ist ein Reaktionsmechanismus eine Hypothese.

Von den beiden Schritten der Reaktion zwischen NO und Fluor nimmt man an, daß der erste wesentlich langsamer abläuft als der zweite. Im ersten Schritt werden die F-Atome langsam gebildet; kaum sind sie entstanden, werden sie im zweiten Schritt schnell verbraucht. Der erste Schritt ist der „Flaschenhals" der Reaktion, die Gesamtreaktion kann nicht schneller ablaufen als dieser Schritt. Da er die Gesamtgeschwindigkeit kontrolliert, nennt man ihn den **geschwindigkeitsbestimmenden** Schritt. Die Gesamtgeschwindigkeit entspricht der Geschwindigkeit des ersten Schritts, $v = v_1$ und $k = k_1$.

Gesamtreaktion:
$2\,NO + F_2 \rightarrow 2\,ONF$
$v = k \cdot c(NO) \cdot c(F_2)$

erster Schritt (langsam):
$NO + F_2 \rightarrow ONF + F$
$v_1 = k_1 \cdot c(NO) \cdot c(F_2)$

zweiter Schritt (schnell):
$NO + F \rightarrow ONF$
$v_2 = k_2 \cdot c(NO) \cdot c(F)$

Einer Reaktionsgleichung kann man nicht entnehmen, ob die Reaktion in einem Schritt oder über mehrere Stufen abläuft. Zwei ähnliche Reaktionen mögen dies illustrieren. Die Reaktion von Brommethan (H_3CBr) mit OH^--Ionen unter Bildung von Methanol (H_3COH) ist zweiter Ordnung. Ein einstufiger Reaktionsmechanismus ist mit dem Geschwindigkeitsgesetz vereinbar.

$H_3C-Br + OH^- \rightarrow H_3C-OH + Br^-$
$v = k \cdot c(H_3CBr) \cdot c(OH^-)$

Man nimmt an, daß bei dieser Reaktion das OH^--Ion das H_3CBr-Molekül von der Seite angreift, die dem Brom-Atom gegenüber liegt. In dem Maße, wie sich das OH^--Ion dem C-Atom nähert, löst sich die C—Br-Bindung und schließlich wird das Br^--Ion abgestoßen. Im Übergangszustand ist die C—O-Bindung partiell gebildet, die C—Br-Bindung gelockert.

S_N2-Mechanismus:

$$H-O^- + \underset{H}{\overset{H}{H-C-Br}} \rightleftharpoons \left\{H-O\cdots\underset{H}{\overset{H\ H}{C}}\cdots Br\right\}^- \longrightarrow \underset{H}{\overset{H}{H-O-C-H}} + Br^-$$

Das OH^--Ion ist *nucleophil*, d.h. es wird von Atomkernen angezogen; bei der Reaktion wird das Brom-Atom des Brommethans durch eine OH^--Gruppe substituiert. Einen Reaktionsmechanismus dieser Art nennt man einen S_N2-Mechanismus: eine **nucleophile Substitutionsreaktion zweiter Ordnung.**

Die ganz ähnliche Reaktion von *tertiär*-Butylbromid, $(H_3C)_3CBr$, mit OH^--Ionen ist nur erster Ordnung. Die Annäherung des OH^--Ions an das zentrale C-Atom wird durch die CH_3-Gruppen verhindert. Man nimmt in diesem Fall einen zweistufigen Mechanismus an, bei dem im ersten Schritt das $(H_3C)_3CBr$-Molekül zu Ionen dissoziiert; dieser Schritt ist geschwin-

S_N-1-Mechanismus:

$OH^- + (H_3C)_3C-Br \rightarrow (H_3C)_3C-OH + Br^-$
$v = k \cdot c((H_3C)_3CBr)$

erster Schritt (langsam)
$(H_3C)_3C-Br \rightarrow (H_3C)_3C^+ + Br^-$
$v_1 = k_1 \cdot c((H_3C)_3CBr)$

zweiter Schritt (schnell)
$(H_3C)_3C^+ + OH^- \rightarrow (H_3C)_3C-OH$
$v_2 = k_2 \cdot c((H_3C)_3C^+) \cdot c(OH^-)$

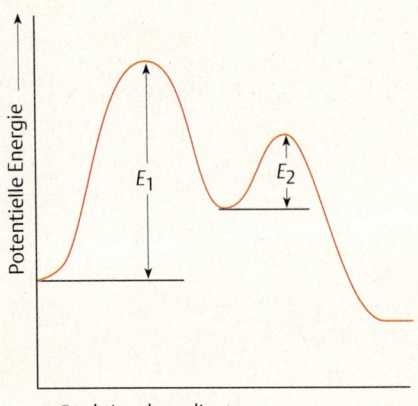

○ 14.13 Energiediagramm für einen zweistufigen Reaktionsmechanismus, bei dem der 1. Schritt geschwindigkeitsbestimmend ist

Gesamtreaktion:
$H_3COH + H^+ + Br^- \rightarrow H_3CBr + H_2O$
$v = k \cdot c(H_3COH) \cdot c(H^+) \cdot c(Br^-)$

Schritt 1:
$H_3COH + H^+ \rightarrow H_3COH_2^+$
$v_1 = k_1 \cdot c(H_3COH) \cdot c(H^+)$

Schritt 2:
$H_3COH_2^+ \rightarrow H_3COH + H^+$
$v_2 = k_2 \cdot c(H_3COH_2^+)$

Schritt 3 (der langsamste):
$Br^- + H_3COH_2^+ \rightarrow H_3CBr + H_2O$
$v_3 = k_3 \cdot c(H_3COH_2^+) \cdot c(Br^-)$

digkeitsbestimmend, und dementsprechend entspricht das Geschwindigkeitsgesetz demjenigen des ersten Schrittes, $v = v_1$, $k = k_1$. Man nennt diesen Reaktionsmechanismus einen S_N1-Mechanismus: eine **nucleophile Substitutionsreaktion erster Ordnung**.

Jeder Schritt einer mehrstufigen Reaktion hat einen Übergangszustand und eine Aktivierungsenergie. Eine zweistufige Reaktion, bei welcher der erste Schritt geschwindigkeitsbestimmend ist, so wie im letzten Beispiel, hat ein Energieprofil wie in ○ 14.13. Die Aktivierungsenergie E_1 des ersten Schrittes ist in diesem Fall größer als die des zweiten Schrittes, E_2. Die Gesamtreaktionsgeschwindigkeit wird davon bestimmt, wie schnell die reagierenden Moleküle die erste Aktivierungsbarriere überwinden.

Die Reaktion von Methanol (H_3COH) mit Bromwasserstoff-Säure bietet ein Beispiel für einen mehrstufigen Reaktionsmechanismus, bei dem der erste Schritt nicht geschwindigkeitsbestimmend ist. Die Exponenten im Geschwindigkeitsgesetz entsprechen den Koeffizienten der Reaktionsgleichung (siehe Formelschema in der Randspalte, links unten). Ein Reaktionsmechanismus mit Dreierstößen wäre damit vereinbar. Man nimmt jedoch an, daß die Reaktion über mehrere Stufen abläuft und bei keiner ein Dreierstoß vorkommt. Im ersten Schritt wird ein Zwischenprodukt, $H_3COH_2^+$, gebildet; dieses kann wieder zu H_3COH und H^+ zerfallen (Schritt 2) oder mit Br^- das Reaktionsprodukt bilden (Schritt 3). Der dritte Schritt ist der langsamste, er bestimmt die Gesamtgeschwindigkeit:

$$v = v_3 = k_3 \cdot c(H_3COH_2^+) \cdot c(Br^-)$$

In diesem Ausdruck kommt die unbekannte Konzentration des Zwischenproduktes vor. Um sie zu eliminieren, nehmen wir an, daß sich die Konzentration des Zwischenproduktes nach einiger Zeit auf einen konstanten Wert einstellt, d.h. das Zwischenprodukt entsteht so schnell wie es verbraucht wird. Seine Bildungsgeschwindigkeit ist durch v_1 gegeben; verbraucht wird es in den Schritten 2 und 3 mit der gleichen Geschwindigkeit v_1, d.h.

$$v_1 = k_2 \cdot c(H_3COH_2^+) + k_3 \cdot c(H_3COH_2^+) \cdot c(Br^-)$$

Weil Schritt 3 wesentlich langsamer als Schritt 2 abläuft, gilt $k_3 \ll k_2$ und das Glied $k_3 \cdot c(H_3COH_2^+) \cdot c(Br^-)$ kann vernachlässigt werden:

$$v_1 = k_1 \cdot c(H_3COH) \cdot c(H^+) = k_2 \cdot c(H_3COH_2^+)$$

$$c(H_3COH_2^+) = \frac{k_1}{k_2} \cdot c(H_3COH) \cdot c(H^+)$$

Durch Substitution in das Geschwindigkeitsgesetz für den ersten Schritt erhalten wir

$$v = v_3 = \frac{k_1 \cdot k_3}{k_2} \cdot c(H_3COH) \cdot c(H^+) \cdot c(Br^-)$$

Mit $k = k_1 \cdot k_3 / k_2$ entspricht das dem experimentell gefundenen Geschwindigkeitsgesetz.

Das Energieprofil für eine dreistufige Reaktion der geschilderten Art entspricht ◉ 14.14. Die zugehörigen Aktivierungsenergien E_1, E_2 und E_3 sind markiert.

Die Reaktion zwischen H_2-Gas und Br_2-Dampf bei 200 °C bietet ein Beispiel für den Reaktionsmechanismus einer **Kettenreaktion**. Bei ihrem Ablauf spielen vier Teilreaktionen eine Rolle:

1. Der *Kettenstart*, ausgelöst durch die Spaltung einiger Br_2-Moleküle in Br-Atome.
2. Die *Kettenfortpflanzung*, bei der ein Br-Atom mit einem H_2-Molekül reagiert, wobei ein Molekül des Reaktionsproduktes, HBr, und ein H-Atom entstehen; das H-Atom reagiert mit einem Br_2-Molekül, wobei ein weiteres Molekül HBr und ein Br-Atom entstehen; das Br-Atom reagiert wieder mit einem H_2-Molekül usw. Der Zyklus dieser beiden Schritte wiederholt sich vielfach. Die sehr reaktiven H- und Br-Atome, die als Zwischenprodukte auftreten, halten den Kettenablauf aufrecht; man nennt sie die Kettenträger.
3. Der *Kettenrückschritt* tritt ein, wenn ein H-Atom mit einem HBr-Molekül kollidiert; dabei wird ein Molekül des Produkts (HBr) aufgebraucht und ein Molekül des Reaktanden H_2 zurückgebildet. Hierdurch verlangsamt sich die Gesamtreaktion, der Ablauf der Kettenreaktion wird dabei jedoch nicht unterbrochen, da ein Kettenträger (Br-Atom) gebildet wird.
4. Der *Kettenabbruch* erfolgt, wenn zwei Kettenträger zusammentreffen und ein Molekül H_2, Br_2 oder HBr bilden; diese Reaktion erfolgt vor allem an der Gefäßwand, die dabei die Reaktionsenergie aufnimmt.

In ähnlicher Weise läuft die Reaktion von H_2(g) mit Cl_2(g) ab. Das Gemisch dieser Gase kann bei Raumtemperatur beliebig lange *im Dunkeln* aufbewahrt werden. Sowie blaues Licht eingestrahlt wird, kommt es zu einer heftigen Explosion (das Gemisch wird deshalb Chlorknallgas genannt). Das Licht löst den Kettenstart aus, wenn einzelne Chlor-Moleküle ein Lichtquant absorbieren und daraufhin in Atome dissoziieren. Auch die Reaktion von H_2 mit Br_2 wird durch Licht gestartet; sie verläuft aber insgesamt wesentlich langsamer.

Da die beschriebene Kettenreation über Atome, d.h. über Radikale (Teilchen mit ungepaarten Elektronen) abläuft, spricht man hier auch von einem *Radikalkettenmechanismus*. Auch für die explosionsartig verlaufende Reaktion von H_2 mit O_2 wird ein solcher Mechanismus postuliert, ebenso wie für zahlreiche andere Reaktionen. Kettenreaktionen laufen im allgemeinen sehr schnell ab, da fast jede Kollision im Kettenfortpflanzungszyklus eine effektive Kollision ist. Sehr schnell ablaufende, stark exotherme Reaktionen nennt man Explosionen.

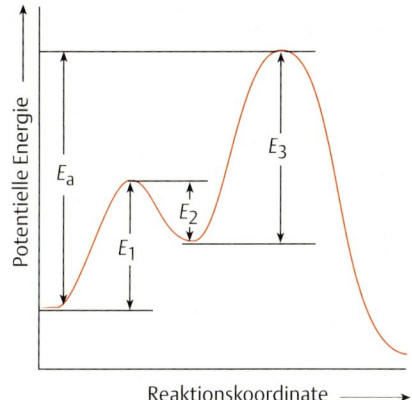

◉ **14.14** Energiediagramm für einen dreistufigen Reaktionsmechanismus, bei dem der 3. Schritt geschwindigkeitsbestimmend ist und der 2. Schritt die Umkehrung des 1. Schritts ist

Kettenreaktion

1. Kettenstart
$Br_2 \rightarrow 2\,Br$

2. Kettenfortpflanzung
$Br + H_2 \rightarrow HBr + H$
$H + Br_2 \rightarrow HBr + Br$

3. Kettenrückschritt
$H + HBr \rightarrow H_2 + Br$

4. Kettenabbruch
$2\,Br \rightarrow Br_2$
$2\,H \rightarrow H_2$
$H + Br \rightarrow HBr$

$2\,H_2 + O_2 \longrightarrow 2\,H_2O$

Innerhalb bestimmter Grenzen für die Mengenverhältnisse sind *alle* Gemische von leicht brennbaren Substanzen mit Sauerstoff oder Luft **explosiv**!

14.7 Temperaturabhängigkeit der Reaktionsgeschwindigkeit

Die Geschwindigkeitskonstante k ändert sich mit der Temperatur gemäß der **Arrhenius-Gleichung**. In ihr ist A eine Konstante, die für die jeweilige Reaktion charakteristisch ist, E_a ist die Aktivierungsenergie, R ist die ideale Gaskonstante und T die absolute Temperatur. Die Gleichung wurde 1889 von *Svante Arrhenius* hergeleitet.

Arrhenius-Gleichung:
$$k = A \cdot e^{-E_a/RT} \qquad (14.9)$$

Bei einer einstufigen Reaktion entspricht der Faktor $e^{-E_a/RT}$ dem Bruchteil der Moleküle, deren Energie hoch genug ist, um die Aktivierungsbarriere zu überwinden (vgl. 14.11, S. 252). Mit der Konstanten A werden weitere Faktoren berücksichtigt, wie die notwendige gegenseitige geometrische Ausrichtung der Moleküle. Die Arrhenius-Gleichung gilt nicht exakt, ist aber im allgemeinen eine gute Näherung.

Die Arrhenius-Gleichung gilt auch für mehrstufige Reaktionen. Bei einer Reaktion, die dem Verlauf von 14.13 folgt, sind die Arrhenius-Parameter A und E_a die gleichen wie für den ersten Schritt (A_1 und E_1), da der erste Schritt geschwindigkeitsbestimmend ist. Bei den meisten mehrstufigen Reaktionen sind A und E_a jedoch aus den Werten der Einzelschritte zusammengesetzt. Zum Beispiel gelten für die dreistufige Reaktion von H_3COH mit HBr (S. 256 und 14.14) wegen der Beziehung $k = k_1 k_3 / k_2$ die nebenstehenden Beziehungen. Wenn wir das Ergebnis für E_a mit 14.14 vergleichen, erkennen wir, daß die Aktivierungsenergie E_a für die Gesamtenergie der Höhe der Energiebarriere des dritten Schrittes gegenüber der Energie der Reaktanden entspricht.

$$k = \frac{k_1 \cdot k_3}{k_2}$$
$$= \frac{A_1 \cdot e^{-E_1/RT} \cdot A_3 \cdot e^{-E_3/RT}}{A_2 \cdot e^{-E_2/RT}}$$
$$= \frac{A_1 \cdot A_3}{A_2} \cdot e^{-(E_1+E_3-E_2)/RT}$$
$$A = \frac{A_1 \cdot A_3}{A_2}$$
$$E_a = E_1 + E_3 - E_2$$

Durch Logarithmieren der Arrhenius-Gleichung (14.9) kommen wir zur Gleichung (14.10), in der $\ln k$ in linearer Beziehung zu $1/T$ steht. Eine Auftragung von $\ln k$ gegen $1/T$ ergibt eine Gerade mit der Steigung $-E_a/R$ und dem Ordinatenabschnitt $\ln A$ (14.15). Wenn k-Werte bei verschiedenen Temperaturen bestimmt und in dieser Art aufgetragen werden, so kann die Aktivierungsenergie E_a der Reaktion aus der Steigung der Geraden bestimmt werden. Die Werte für E_a und A können auch aus den Geschwindigkeitskonstanten k_1 und k_2 für zwei verschiedene Temperaturen T_1 und T_2 berechnet werden (14.7).

$$\ln k = \ln A - \frac{E_a}{R} \cdot \frac{1}{T} \quad (14.10)$$

Berechnung der Aktivierungsenergie E_a aus k_1 und k_2 für zwei Temperaturen T_1 und T_2:

$$\ln k_2 = \ln A - \frac{E_a}{RT_2} \qquad \ln k_1 = \ln A - \frac{E_a}{RT_1}$$

Subtraktion:

$$\ln k_2 - \ln k_1 = -\frac{E_a}{RT_2} + \frac{E_a}{RT_1}$$

$$\ln \left(\frac{k_2}{k_1}\right) = \frac{E_a}{R}\left(\frac{1}{T_1} - \frac{1}{T_2}\right) \quad (14.11)$$

$$E_a = R \cdot \frac{T_1 \cdot T_2}{T_2 - T_1} \cdot \ln\left(\frac{k_2}{k_1}\right) \quad (14.12)$$

■ **Beispiel 14.7**

Für die Reaktion $2\,NOCl(g) \rightarrow 2\,NO(g) + Cl_2(g)$ gilt das Geschwindigkeitsgesetz

$$v(Cl_2) = k \cdot c^2(NOCl)$$

Bei $T_1 = 300$ K ist $k_1 = 2{,}6 \cdot 10^{-8}$ L/(mol·s) und bei $T_2 = 400$ K ist $k_2 = 4{,}9 \cdot 10^{-4}$ L/(mol·s).

a) Wie groß ist die Aktivierungsenergie?
b) Wie groß ist k bei 500 K?

zu **a)** Nach Gleichung (14.12) gilt:

$$E_a = R \cdot \frac{T_1 \cdot T_2}{T_2 - T_1} \cdot \ln\left(\frac{k_2}{k_1}\right)$$

$$= 8{,}31\,\text{J/(mol·K)} \cdot \frac{300 \cdot 400\,\text{K}^2}{400 - 300\,\text{K}} \cdot \ln\left(\frac{4{,}9 \cdot 10^{-4}\,\text{L/(mol·s)}}{2{,}6 \cdot 10^{-8}\,\text{L/(mol·s)}}\right)$$

$$= 98{,}2 \cdot 10^3\,\text{J/mol} = 98{,}2\,\text{kJ/mol}$$

zu **b)** Wir setzen $T_2 = 500$ K und nennen die unbekannte Geschwindigkeitskonstante k_2. Nach Gleichung (14.11) gilt:

$$\ln \frac{k_2}{2{,}6 \cdot 10^{-8}\,\text{L/(mol·s)}} = \frac{9{,}82 \cdot 10^4\,\text{J/mol}}{8{,}31\,\text{J/(mol·K)}}\left(\frac{1}{300\,\text{K}} - \frac{1}{500\,\text{K}}\right) = 15{,}8$$

$$k_2 = 2{,}6 \cdot 10^{-8}\,\text{L/(mol·s)} \cdot e^{15{,}8} = 0{,}19\,\text{L/(mol·s)}$$

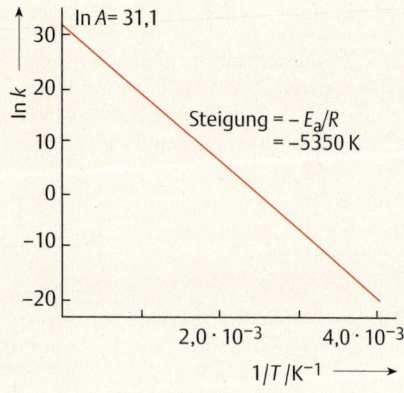

14.15 Auftragung von $\ln k$ gegen $1/T$ für die Reaktion
$2\,N_2O_5(g) \rightarrow 4\,NO_2(g) + O_2(g)$

Weil k exponentiell von T abhängt, bedingt eine kleine Änderung von T eine relativ große Änderung für k und damit eine große Änderung der Reaktionsgeschwindigkeit. Für die Reaktion von 14.7 bewirkt eine Temperaturerhöhung um 100 K folgende Effekte:

von 300 auf 400 K: 18 800fache Geschwindigkeitserhöhung

von 400 auf 500 K: 367fache Geschwindigkeitserhöhung

Man erkennt: Der Temperatureffekt ist erheblich und er ist bei niedrigen Temperaturen größer.

Die üblichen Aktivierungsenergien für viele Reaktionen liegen im Bereich von 60 bis 250 kJ/mol. Das sind Werte in der gleichen Größenordnung wie Bindungsenergien. Eine Temperaturerhöhung um 10 °C, von 300 auf 310 K, erhöht die Reaktionsgeschwindigkeit zweifach, wenn E_a = 60 kJ/mol ist und 25fach, wenn E_a = 250 kJ/mol ist.

14.8 Katalyse

Ein **Katalysator** ist ein Stoff, dessen Anwesenheit die Geschwindigkeit einer Reaktion erhöht, ohne daß er selbst verbraucht wird; er kann nach der Reaktion zurückerhalten werden. Sauerstoff kann durch Erhitzen von Kaliumchlorat (KClO$_3$) hergestellt werden. Wenn eine kleine Menge Mangandioxid (MnO$_2$) zugesetzt wird, erfolgt die Reaktion wesentlich schneller, und sie erfolgt schon bei niedrigerer Temperatur mit ausreichender Geschwindigkeit. Das Mangandioxid wirkt als Katalysator; nach der Reaktion ist es immer noch vorhanden. In der Reaktionsgleichung schreiben wir den Katalysator in Klammern über den Reaktionspfeil.

Damit ein Katalysator wirken kann, muß er in das Reaktionsgeschehen eingreifen. Eine katalysierte Reaktion verläuft auf einem anderen Weg, d. h. mit einem anderen Mechanismus als die unkatalysierte Reaktion. Nehmen wir an, eine unkatalysierte Reaktion verlaufe über die Kollisionen von Molekülen A und X unter Bildung von AX. Die katalysierte Reaktion kann über einen zweistufigen Mechanismus ablaufen, bei dem zunächst A eine Verbindung AKat mit dem Katalysator (Kat) eingeht und dann AKat mit X reagiert, wobei der Katalysator zurückerhalten wird. Dieser kann dann erneut mit A reagieren, und deshalb ist eine kleine Menge des Katalysators ausreichend.

Der Katalysator eröffnet einen neuen Weg für den Ablauf der Reaktion, bei dem insgesamt die Aktivierungsenergie niedriger ist als ohne die Anwesenheit des Katalysators (14.16). Die niedrigere Aktivierungsenergie bedingt die höhere Reaktionsgeschwindigkeit. 14.16 zeigt uns außerdem:

1. Die Reaktionsenergie ΔU wird durch den Katalysator nicht geändert.
2. Bei einer reversiblen Reaktion wird auch die Rückreaktion gleichermaßen katalysiert; die Aktivierungsenergie für die Rückreaktion ($E_{a,r}$) wird um den gleichen Betrag gesenkt wie die Aktivierungsenergie der Hinreaktion ($E_{a,h}$).

$$2\,KClO_3(s) \xrightarrow[\text{Wärme}]{(MnO_2)} 2\,KCl(l) + 3\,O_2(g)$$

Unkatalysierte Reaktion:

A + X → AX

Katalysierte Reaktion:

A + Kat → AKat
AKat + X → AX + Kat

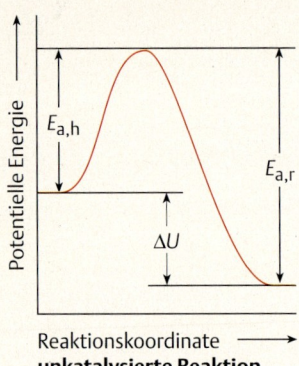

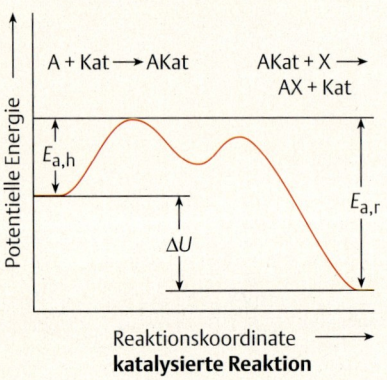

14.16 Energiediagramme für den Ablauf einer Reaktion ohne und mit Katalysator

N_2O-Zersetzung ohne Katalysator:

$N_2O(g) \rightarrow N_2(g) + O(g)$
$O(g) + N_2O(g) \rightarrow N_2(g) + O_2(g)$

$2 N_2O(g) \rightarrow 2 N_2(g) + O_2(g)$

mit Cl_2 als Katalysator:

$Cl_2(g) \rightarrow 2 Cl(g)$
$N_2O(g) + Cl(g) \rightarrow N_2(g) + ClO(g) \quad \times 2$
$2 ClO(g) \rightarrow Cl_2(g) + O_2(g)$

$2 N_2O(g) \xrightarrow{(Cl_2)} 2 N_2(g) + O_2(g)$

N_2O-Zersetzung mit Au als Katalysator

$N_2O(g) \xrightarrow{(Au)} N_2O(\text{auf Au}) \quad \times 2$
$N_2O(\text{auf Au}) \rightarrow N_2(g) + O(\text{auf Au}) \quad \times 2$
$2 O(\text{auf Au}) \rightarrow O_2(g)$

$2 N_2O(g) \xrightarrow{(Au)} 2 N_2(g) + O_2(g)$

Bei der **homogenen Katalyse** ist der Katalysator in der gleichen Phase anwesend wie die Reaktanden. Ein Beispiel für eine homogene Katalyse ist der Effekt, den Chlorgas auf die Zersetzung von Distickstoffoxid hat. Distickstoffoxid, N_2O, ist ein bei Raumtemperatur recht reaktionsträges Gas, aber bei 600 °C zersetzt es sich zu Stickstoff und Sauerstoff. Für die unkatalysierte Reaktion nimmt man einen Reaktionsmechanismus an, bei dem durch Kollisionen zwischen N_2O-Molekülen zunächst N_2-Moleküle und O-Atome entstehen, die dann mit weiterem N_2O reagieren (siehe Formelschema in der Randspalte). Die Aktivierungsenergie beträgt 240 kJ/mol.

Eine Spur Chlorgas beschleunigt die Reaktion. Bei der Reaktionstemperatur, und vor allem im Licht, spalten sich einige Cl_2-Moleküle zu Cl-Atomen. Diese reagieren leicht mit den N_2O-Molekülen. Im letzten Schritt wird der Katalysator (Cl_2) zurückgebildet; die Reaktionsprodukte (2 N_2 und O_2) sind die gleichen wie in der unkatalysierten Reaktion. Die Aktivierungsenergie in Anwesenheit von Chlor beträgt 140 kJ/mol und ist damit bedeutend geringer als ohne Katalysator.

Bei der **heterogenen Katalyse** liegen Katalysator und Reaktanden in verschiedenen Phasen vor. Der Katalysator ist in der Regel fest und die Reaktanden-Moleküle werden an seiner Oberfläche *adsorbiert*. Unter **Adsorption** versteht man das Haftenbleiben von Molekülen an der Oberfläche eines Feststoffes. Aktivkohle wird zum Beispiel in Gasmasken verwendet, weil schädliche Gase an ihrer Oberfläche haften bleiben. Bei der *physikalischen Adsorption* werden die Moleküle durch London-Kräfte an der Oberfläche festgehalten.

Bei der heterogenen Katalyse findet in der Regel eine *chemische* Adsorption oder **Chemisorption** statt, bei der die adsorbierten Moleküle durch chemische Bindungen an die Oberfläche gebunden werden. Durch das Eingehen solcher Bindungen wird die Verteilung der Elektronen im chemisorbierten Molekül verändert; manche Molekülbindungen können geschwächt oder sogar aufgebrochen werden. Von Wasserstoff-Molekülen glaubt man zum Beispiel, daß sie in Form von Wasserstoff-Atomen an der Oberfläche von Platin, Palladium, Nickel und anderen Metallen adsorbiert werden. Die chemisorbierte Schicht von Atomen oder Molekülen auf der Oberfläche des Katalysators tritt als Zwischenprodukt bei einer oberflächenkatalysierten Reaktion auf.

Die Zersetzung von Distickstoffoxid (N_2O) wird durch Gold katalysiert. Der angenommene Reaktionsmechanismus ist in 14.17 illustriert. Die Reaktionsschritte sind:

1. Chemisorption von $N_2O(g)$ auf der Gold-Oberfläche, wobei die N−O-Bindung geschwächt wird.
2. Bruch der N−O-Bindung und Abgang des N_2-Moleküls.
3. Vereinigung von O-Atomen auf der Gold-Oberfläche zu O_2-Molekülen, die dann in die Gasphase entweichen.

Die Aktivierungsenergie der goldkatalysierten N_2O-Zersetzung liegt bei 120 kJ/mol und ist somit geringer als für die unkatalysierte (240 kJ/mol) oder chlorkatalysierte (140 kJ/mol) Reaktion. Bei der Katalyse durch Gold ist der zweite Reaktionsschritt geschwindigkeitsbestimmend. Die Reaktionsgeschwindigkeit dieses Schrittes ist proportional zum Anteil der Goldoberfläche, die mit chemisorbiertem N_2O belegt ist, und dieser Anteil ist proportional zum Druck des $N_2O(g)$. Wenn der Druck gering ist, ist nur

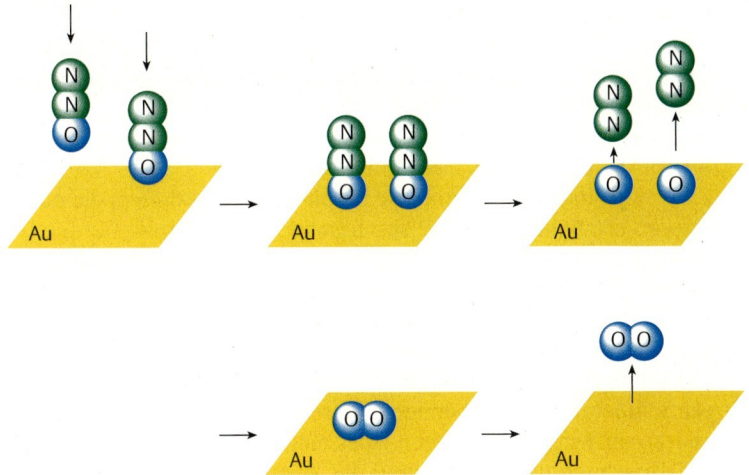

14.17 Angenommene Reaktionsschritte bei der Zersetzung von N_2O an Gold zu N_2 und O_2

ein Bruchteil der Oberfläche belegt. Die Reaktionsgeschwindigkeit ist dann proportional zum N_2O-Druck und damit zur N_2O-Konzentration; die Zersetzung ist eine Reaktion erster Ordnung: $v = k \cdot c(N_2O)$.

Bei hohem N_2O-Druck wird die Goldoberfläche vollständig belegt; der Anteil der belegten Oberfläche ist 1 und die Reaktionsgeschwindigkeit ist unabhängig von der Konzentration des N_2O; die Zersetzung ist dann eine Reaktion nullter Ordnung: $v = k$.

Die Elektronenstruktur und die Anordnung der Atome an der Oberfläche des Katalysators bestimmen seine Aktivität. Gitterfehler und Unregelmäßigkeiten können aktive Zentren sein. Zusatzstoffe, *Promotoren* genannt, können die Oberfläche verändern und die katalytische Wirksamkeit steigern. Bei der Synthese von Ammoniak (NH_3) dient Eisen als Katalysator, dessen Wirksamkeit durch Zusatz von Spuren Kalium oder Vanadium erhöht wird.

$$N_2(g) + 3 H_2(g) \xrightarrow{(Fe)} 2 NH_3(g)$$

Katalysatorgifte sind Substanzen, die die Wirksamkeit eines Katalysators unterbinden. Zum Beispiel können kleine Mengen Arsen die katalytische Wirkung von Platin bei der Herstellung von Schwefeltrioxid (SO_3) aus Schwefeldioxid (SO_2) zum Erliegen bringen; vermutlich bildet sich Platinarsenid auf der Platinoberfläche. Im allgemeinen ist die Wirksamkeit von Katalysatoren sehr spezifisch. Ausgehend von bestimmten Reaktanden kann ein Katalysator die Bildung bestimmter Produkte bewirken, während mit einem anderen Katalysator ganz andere Produkte entstehen. Zum Beispiel kann man aus Kohlenmonoxid und Wasserstoff eine Vielzahl verschiedener Produkte synthetisieren, je nach Katalysator und Reaktionsbedingungen. Mit Kobalt oder Nickel als Katalysator entsteht ein Gemisch von Kohlenwasserstoffen, darunter Methan (CH_4). Mit einer Mischung von Zinkoxid und Chrom(III)-oxid als Katalysator entsteht dagegen Methanol (H_3COH).

$$2 SO_2(g) + O_2(g) \xrightarrow{(Pt)} 2 SO_3(g)$$

$$CO(g) + 3 H_2(g) \xrightarrow{(Ni)} CH_4(g) + H_2O(g)$$

$$CO(g) + 2 H_2(g) \xrightarrow{(ZnO/Cr_2O_3)} H_3COH(g)$$

Zur Reinigung von Automobil-Abgasen dient ein Katalysator aus einer Platin-Rhodium-Legierung. Durch unvollständige Verbrennung des Benzins enthalten die Abgase Kohlenmonoxid; außerdem ist Stickstoffmonoxid vorhanden, das bei den hohen Temperaturen zum Zeitpunkt der

$$2\,CO(g) + 2\,NO(g) \xrightarrow{(Pt/Rh)} 2\,CO_2(g) + N_2(g)$$

Verbrennung aus Luftstickstoff und -sauerstoff entsteht. Der Katalysator fördert die Reaktion zwischen Stickstoffoxid und Kohlenmonoxid zu Kohlendioxid und Stickstoff. Weil der Katalysator durch Blei vergiftet wird, bleibt seine Wirkung nur erhalten, wenn unverbleites Benzin benutzt wird. Damit das richtige stöchiometrische CO/NO-Verhältnis vorhanden ist, wird das Kraftstoff/Luft-Verhältnis elektronisch geregelt.

Zahlreiche industrielle Prozesse beruhen auf Reaktionen, die durch Katalysatoren ermöglicht werden. Von besonderer Bedeutung für alle Lebewesen sind biochemische Katalysatoren, die **Enzyme** genannt werden. Dabei handelt es sich um außerordentlich kompliziert aufgebaute Verbindungen, die chemische Vorgänge im Organismus katalysieren, zum Beispiel bei der Verdauung, Atmung, und beim Aufbau von Zellen. Im Organismus läuft eine große Zahl komplexer chemischer Reaktionen bei einer relativ niedrigen Temperatur ab. Sie können nur ablaufen, weil Tausende von Enzymen daran mitwirken, von denen jedes eine ganz spezifische Funktion hat. Die Erforschung des Aufbaus und der Wirkungsweise von Enzymen dient der Aufgabe, die Mechanismen und Ursachen von Krankheiten herauszufinden.

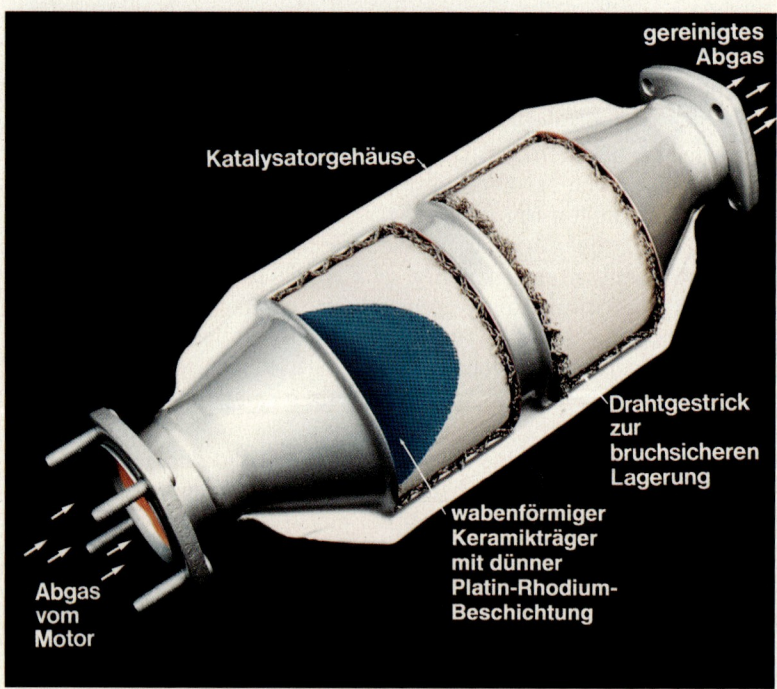

👁 14.18 Innenansicht eines Abgaskatalysators für Automobile. *Degussa AG*

14.9 Übungsaufgaben

(Lösungen s. S. 674)

14.1 Für eine Reaktion, bei der A und X zu Z reagieren, wurden die folgenden Daten aus drei Experimenten erhalten.
a) Wie lautet das Geschwindigkeitsgesetz für die Reaktion?
b) Wie groß ist die Geschwindigkeitskonstante k?

$c(A)$ /mol·L^{-1}	$c(X)$ /mol·L^{-1}	Bildungsgeschwindigkeit von Z /mol·L^{-1} s^{-1}
0,30	0,15	$7,0 \cdot 10^{-4}$
0,60	0,30	$2,8 \cdot 10^{-3}$
0,30	0,30	$1,4 \cdot 10^{-3}$

14.2 Führen Sie die gleiche Berechnung wie in Aufgabe 14.1 für folgende Werte durch:

$c(A)$ /mol·L^{-1}	$c(X)$ /mol·L^{-1}	Bildungsgeschwindigkeit von Z /mol·L^{-1} s^{-1}
0,030	0,030	$0,30 \cdot 10^{-4}$
0,060	0,060	$1,20 \cdot 10^{-4}$
0,060	0,090	$2,70 \cdot 10^{-4}$

14.3 Für die Reaktion A → X + Z lautet das Geschwindigkeitsgesetz

$$v(A) = k \cdot c^x(A)$$

Der Zahlenwert von k sei 0,100, die Konzentration von A sei $c(A) = 0,050$ mol/L. In welchen Einheiten ist k anzugeben und wie groß ist die Reaktionsgeschwindigkeit, wenn die Reaktion nach
a) der nullten,
b) der ersten,
c) der zweiten Ordnung abläuft?

14.4 Die Reaktionsgeschwindigkeit der Reaktion A → X + Z hängt nur von $c(A)$ ab. Die Reaktionsgeschwindigkeit beträgt $v(A) = -0,0080$ mol/(Ls) wenn $c(A) = 0,20$ mol/L. Wie groß ist k, wenn die Reaktion nach
a) der nullten,
b) der ersten,
c) der zweiten Ordnung abläuft?

14.5 Die Reaktion

$$2\,NO\,(g) + Cl_2\,(g) \rightarrow 2\,ONCl\,(g)$$

ist zweiter Ordnung bezüglich NO (g), erster Ordnung bezüglich Cl$_2$ (g) und insgesamt dritter Ordnung. Vergleichen Sie die Anfangsgeschwindigkeit in einem Gemisch von 0,02 mol NO (g) und 0,02 mol Cl$_2$ (g) in einem 1-L-Behälter mit:
a) der Reaktionsgeschwindigkeit, wenn die Hälfte des NO verbraucht ist,
b) der Reaktionsgeschwindigkeit, wenn die Hälfte des Cl$_2$ verbraucht ist,
c) der Reaktionsgeschwindigkeit, wenn zwei Drittel des NO verbraucht sind,
d) der Anfangsgeschwindigkeit eines Gemisches aus 0,04 mol NO (g) und 0,02 mol Cl$_2$ (g) im gleichen Gefäß,
e) der Anfangsgeschwindigkeit eines Gemisches aus 0,02 mol NO (g) und 0,02 mol Cl$_2$ (g) in einem 0,5-L-Gefäß.

14.6 Die einstufige Reaktion

$$NO_2Cl\,(g) + NO\,(g) \rightarrow NO_2\,(g) + ONCl\,(g)$$

ist reversibel. $E_{a,h} = 28,9$ kJ/mol; $E_{a,r} = 41,8$ kJ/mol. Zeichnen Sie ein Energiediagramm für den Reaktionsablauf. Wie groß ist ΔU?

14.7 Die Reaktion

$$C_2H_5Cl\,(g) \rightarrow C_2H_4\,(g) + HCl\,(g)$$

verläuft nach der ersten Ordnung mit $k = 1,60 \cdot 10^{-6}$ s^{-1} bei 650 K. Die Anfangskonzentration sei $c(C_2H_5Cl) = 0,165$ mol/L
a) Wie groß ist $c(C_2H_5Cl)$ nach 125 Stunden?
b) Nach wieviel Stunden ist $c(C_2H_5Cl) = 0,100$ mol/L?
c) nach wieviel Stunden sind 75,0 % des C$_2$H$_5$Cl zersetzt?
d) Wie groß ist die Halbwertszeit des C$_2$H$_5$Cl (g)?

14.8 Für die Reaktion aus Aufgabe 14.7 ist $k = 3,5 \cdot 10^{-8}$ s^{-1} bei 600 K. Wie groß ist die Aktivierungsenergie?

14.9 Die Reaktion

$$2\,NO_2(g) \rightarrow 2\,NO(g) + O_2(g)$$

verläuft nach der zweiten Ordnung mit $k = 0{,}755$ L/(mol·s) bei 603 K. Die Anfangskonzentration sei $c(NO_2) = 0{,}00650$ mol/L.
a) Wie groß ist $c(NO_2)$ nach 125 s?
b) Nach wieviel Sekunden ist $c(NO_2) = 0{,}00100$ mol/L?
c) Welche Halbwertszeit gilt für die Zersetzung des Stickstoffdioxids?

14.10 Die Zersetzung von N_2O_5 gemäß

$$2\,N_2O_5(g) \rightarrow 4\,NO_2(g) + O_2(g)$$

verläuft nach der ersten Ordnung. Die Halbwertszeit beträgt 21,8 min bei 45 °C. Wie groß ist die Geschwindigkeitskonstante bei dieser Temperatur?

14.11 Die Zersetzung von Cyclobutan gemäß

$$C_4H_8(g) \rightarrow 2\,C_2H_4(g)$$

verläuft nach der ersten Ordnung. Die Halbwertszeit beträgt 1,57 h bei 700 K. Wie groß ist die Geschwindigkeitskonstante bei dieser Temperatur?

14.12 Für die Zersetzung von $SO_2Cl_2(g)$ bei 320 °C gemäß

$$SO_2Cl_2(g) \rightarrow SO_2(g) + Cl_2(g)$$

wurden die folgenden Werte gemessen. Ermitteln Sie die Reaktionsordnung graphisch.

t /min	$c(SO_2Cl_2)$ /mol·L^{-1}
0	0,0450
100	0,0394
200	0,0345
300	0,0302
500	0,0233
700	0,0179

14.13 Für die Zersetzung von $Cl_2O_7(g)$ bei 100 °C gemäß

$$2\,Cl_2O_7(g) \rightarrow 2\,Cl_2(g) + 7\,O_2(g)$$

wurden die folgenden Werte gemessen. Ermitteln Sie die Reaktionsordnung graphisch.

t /min	$c(Cl_2O_7)$ /mmol·L^{-1}
0	60,0
15,5	48,2
25,0	42,1
50,0	29,5
60,0	25,6
72,5	21,4

14.14 Bei Temperaturen über 200 °C verläuft die Reaktion

$$2\,ICl(g) + H_2(g) \rightarrow I_2(g) + 2\,HCl(g)$$

nach der ersten Ordnung bezüglich ICl und nach der ersten Ordnung bezüglich H_2. Schlagen Sie einen zweistufigen Reaktionsmechanismus vor, bei dem der erste Schritt geschwindigkeitsbestimmend ist.

14.15 Die Reaktion

$$2\,NO_2Cl(g) \rightarrow 2\,NO_2(g) + Cl_2(g)$$

verläuft nach der ersten Ordnung. Schlagen Sie einen zweistufigen Reaktionsmechanismus vor, bei dem der erste Schritt geschwindigkeitsbestimmend ist.

14.16 Das Geschwindigkeitsgesetz für die Reaktion

$$2\,NO(g) + O_2(g) \rightarrow 2\,NO_2(g)$$

ist zweiter Ordnung bezüglich $NO(g)$ und erster Ordnung bezüglich $O_2(g)$. Folgende Reaktionsfolge wird angenommen:

$$NO + O_2 \xrightarrow{k_1} NO_3$$
$$NO_3 \xrightarrow{k_2} NO + O_2$$
$$NO_3 + NO \xrightarrow{k_3} 2\,NO_2$$

Der dritte Schritt ist geschwindigkeitsbestimmend. Nehmen Sie an, daß sich $c(NO_3)$ nach kurzer Zeit auf einen konstanten Wert einstellt. Zeigen Sie, wie der Reaktionsmechanismus zum Geschwindigkeitsgesetz führt.

14.17 Das Geschwindigkeitsgesetz für die Reaktion

$$N_2O_5(g) + NO(g) \rightarrow 3\,NO_2(g)$$

lautet:

$$v(N_2O_5) = -\frac{k_1 \cdot k_3 \cdot c(N_2O_5) \cdot c(NO)}{k_2 \cdot c(NO_2) + k_3 \cdot c(NO)}$$

Folgende Reaktionsfolge wird angenommen:

$$N_2O_5 \xrightarrow{k_1} NO_2 + NO_3$$
$$NO_2 + NO_3 \xrightarrow{k_2} N_2O_5$$
$$NO + NO_3 \xrightarrow{k_3} 2\,NO_2$$

Nehmen Sie an, daß sich $c(NO_3)$ nach kurzer Zeit auf einen konstanten Wert einstellt. Zeigen Sie, wie dieser Reaktionsmechanismus zum Geschwindigkeitsgesetz führt.

14.9 Übungsaufgaben

14.18 Für die Reaktion

$NO_2Cl(g) + NO(g) \rightarrow NO_2(g) + ONCl(g)$

ist $A = 8{,}3 \cdot 10^8$ und $E_a = 28{,}9$ kJ/mol. Die Reaktion ist erster Ordnung bezüglich NO_2Cl und erster Ordnung bezüglich NO. Wie groß ist die Geschwindigkeitskonstante bei 500 K?

14.19 Für die Reaktion

$NO(g) + N_2O(g) \rightarrow NO_2(g) + N_2(g)$

ist $A = 2{,}5 \cdot 10^{11}$ und $E_a = 209$ kJ/mol. Die Reaktion ist erster Ordnung bezüglich NO und erster Ordnung bezüglich N_2O. Wie groß ist k bei 1000 K?

14.20 Die Reaktion

$2\,NO \rightarrow N_2(g) + O_2(g)$

ist zweiter Ordnung mit $k = 0{,}143$ L/(mol · s) bei 1400 K und $k = 0{,}659$ L/(mol · s) bei 1500 K. Wie groß ist die Aktivierungsenergie?

14.21 Die Reaktion

$HI(g) + CH_3I(g) \rightarrow CH_4(g) + I_2(g)$

ist erster Ordnung bezüglich HI und bezüglich CH_3I und insgesamt zweiter Ordnung. Bei 430 K ist $k = 1{,}7 \cdot 10^{-5}$ L/(mol · s) und bei 450 K ist $k = 9{,}6 \cdot 10^{-5}$ L/(mol · s). Wie groß ist die Aktivierungsenergie?

14.22 Die Reaktion

$C_2H_4(g) + H_2(g) \rightarrow C_2H_6(g)$

ist erster Ordnung bezüglich C_2H_4, erster Ordnung bezüglich H_2 und insgesamt zweiter Ordnung. Die Aktivierungsenergie beträgt 181 kJ/mol und die Geschwindigkeitskonstante ist $1{,}3 \cdot 10^{-3}$ L/(mol · s) bei 700 K. Wie groß ist k bei 730 K?

14.23 Die Reaktion

$C_2H_5Br(g) \rightarrow C_2H_4(g) + HBr(g)$

verläuft nach der ersten Ordnung mit $k = 2{,}0 \cdot 10^{-5}\,s^{-1}$ bei 650 K. Die Aktivierungsenergie beträgt 226 kJ/mol. Bei welcher Temperatur ist $k = 6{,}0 \cdot 10^{-5}\,s^{-1}$?

14.24 Eine Reaktion ist bei 400 K in 1,50 min und bei 430 K in 0,50 min zu 50% abgelaufen. Wie groß ist die Aktivierungsenergie der Reaktion?

14.25 Wie groß ist die Aktivierungsenergie einer Reaktion, deren Geschwindigkeit sich verzehnfacht, wenn die Temperatur von 300 auf 310 K erhöht wird?

15 Das chemische Gleichgewicht

Zusammenfassung. Vermischt man Substanzen, die miteinander eine reversible chemische Reaktion eingehen, so stellt sich ein dynamischer *Gleichgewichtszustand* ein. In diesem Zustand verläuft die Hinreaktion genauso schnell wie die Rückreaktion, und die Konzentrationen aller beteiligten Substanzen bleiben konstant. Die Konzentrationen stehen zueinander in einem Verhältnis, welches durch das *Massenwirkungsgesetz* erfaßt wird. Für die allgemeine Reaktion

$$a\text{A} + e\text{E} \rightleftarrows x\text{X} + z\text{Z}$$

lautet das Massenwirkungsgesetz

$$\frac{c^x(\text{X}) \cdot c^z(\text{Z})}{c^a(\text{A}) \cdot c^e(\text{E})} = K$$

Die *Gleichgewichtskonstante* K ist temperaturabhängig; sie ist aber unabhängig von den anwesenden Stoffmengen, vom Druck oder von der An- oder Abwesenheit eines Katalysators. Wenn K einen großen Zahlenwert hat, so liegt das Gleichgewicht auf der rechten Seite der Reaktionsgleichung, d.h. es läuft weitgehend die Hinreaktion ab, die Rückreaktion dagegen nur in geringerem Maße. Wenn K klein ist, ist es umgekehrt, das Gleichgewicht liegt dann auf der linken Seite.

Der *Reaktionsquotient* Q entspricht dem Ausdruck für K, wenn beliebige Konzentrationen vorliegen. Ein Gleichgewichtszustand liegt vor, wenn $Q = K$; wenn $Q < K$, so läuft die Reaktion von links nach rechts ab, bis sich das Gleichgewicht eingestellt hat, und wenn $Q > K$, so läuft die Reaktion von rechts nach links ab. Ein Gleichgewicht zwischen Substanzen in verschiedenen Phasen wird *heterogenes Gleichgewicht* genannt. Im entsprechenden Ausdruck für das Massenwirkungsgesetz erscheinen keine Konzentrationswerte für reine Feststoffe oder reine Flüssigkeiten.

Bei Gleichgewichten, an denen Gase beteiligt sind, können im Massenwirkungsgesetz Partialdrücke anstelle von Stoffmengenkonzentrationen eingesetzt werden. Zur Kennzeichnung der Gleichgewichtskonstanten verwendet man das Symbol K_c, wenn das Massenwirkungsgesetz mit Stoffmengenkonzentrationen, und K_p, wenn es mit Partialdrücken formuliert wird. Zwischen den Konstanten K_c und K_p besteht die Beziehung

$$K_p = K_c(RT)^{\Delta n}$$

wobei Δn die Differenz zwischen den Molzahlen der Gase auf der rechten und der linken Seite der Reaktionsgleichung ist.

Das *Prinzip des kleinsten Zwanges* ermöglicht Vorhersagen darüber, wie sich ein Gleichgewicht verlagert, wenn ein äußerer Zwang darauf ausgeübt wird: Das System weicht dem Zwang aus. Wenn der Zwang in einer *Konzentrationserhöhung* einer der beteiligten Substanzen besteht, so verlagert

Schlüsselworte (s. Glossar)

Chemisches Gleichgewicht
Gleichgewichtskonstante (K_c, K_p)
Massenwirkungsgesetz
heterogenes Gleichgewicht

Reaktionsquotient
Prinzip des kleinsten Zwanges

15.1 Reversible Reaktionen und chemisches Gleichgewicht *269*
15.2 Die Gleichgewichtskonstante K_c *270*
15.3 Die Gleichgewichtskonstante K_p *274*
15.4 Das Prinzip des kleinsten Zwanges *275*
15.5 Übungsaufgaben *278*

sich das Gleichgewicht unter Verbrauch der betreffenden Substanz; bei *Konzentrationsverringerung* einer Substanz verlagert sich das Gleichgewicht unter Bildung der Substanz. *Druckerhöhung* verlagert das Gleichgewicht auf die Seite, bei der die geringere Stoffmenge von Gasen vorliegt. *Temperaturerhöhung* verschiebt das Gleichgewicht in die Richtung, in welche die endotherme Reaktion abläuft, indem sich die Gleichgewichtskonstante entsprechend ändert. Ein Katalysator beschleunigt die Einstellung des Gleichgewichts, aber nicht seine Lage.

Unter geeigneten Bedingungen reagiert Stickstoff mit Wasserstoff unter Bildung von Ammoniak. Andererseits zersetzt sich Ammoniak bei ausreichend hohen Temperaturen wieder zu Stickstoff und Wasserstoff. Die Reaktion ist reversibel, sie kann in beiden Richtungen verlaufen. Um dies in einer Gleichung zum Ausdruck zu bringen, verwenden wir den Doppelpfeil ⇌.

Alle reversiblen Prozesse tendieren zum Erreichen eines Gleichgewichtszustands. Bei einer chemischen Reaktion wird der Gleichgewichtszustand erreicht, wenn die Reaktion in der einen Richtung (Hinreaktion) genauso schnell abläuft wie in der umgekehrten Richtung (Rückreaktion).

Einzelreaktionen:
$N_2(g) + 3 H_2(g) \rightarrow 2 NH_3(g)$
$2 NH_3(g) \rightarrow N_2(g) + 3 H_2(g)$

Zusammengefaßt:
$N_2(g) + 3 H_2(g) \rightleftarrows 2 NH_3(g)$

15.1 Reversible Reaktionen und chemisches Gleichgewicht

Betrachten wir die reversible Reaktion

$A_2(g) + X_2(g) \rightleftarrows 2 AX(g)$

Nehmen wir an, wir vermischen A_2 und X_2 in einem Behälter. Sie werden reagieren und AX bilden. In dem Maße, wie diese Hinreaktion abläuft, werden sich die Konzentrationen von A_2 und von X_2 verringern (◉ 15.1), und dementsprechend wird die Reaktionsgeschwindigkeit abnehmen. Zu Beginn des Versuchs kann die Rückreaktion nicht stattfinden, da kein AX vorhanden ist. In dem Maße, wie während der Hinreaktion AX gebildet wird, setzt die Rückreaktion jedoch ein; sie verläuft anfangs langsam, da die AX-Konzentration noch klein ist, und wird dann allmählich schneller.

Nach einiger Zeit hat die Geschwindigkeit der Hinreaktion so weit abgenommen und die der Rückreaktion so weit zugenommen, daß beide gleich schnell verlaufen. Zu diesem Zeitpunkt hat sich das **chemische Gleichgewicht** eingestellt: Zwei entgegengesetzte Vorgänge laufen gleich schnell ab.

Im Gleichgewichtszustand bleiben die Konzentrationen aller beteiligten Substanzen konstant. Die Konzentration von AX bleibt konstant, weil es durch die Hinreaktion genauso schnell gebildet wird, wie es durch die Rückreaktion wieder verbraucht wird; entsprechendes gilt für A_2 und X_2. Es handelt sich um ein *dynamisches Gleichgewicht*. Nach wie vor wird AX ständig gebildet und verbraucht, die Konstanz der Konzentration bedeutet nicht, daß die Einzelprozesse zum Stillstand gekommen sind. In ◉ 15.1 ist der Zeitpunkt des Erreichens des Gleichgewichts mit t_G bezeichnet.

Nehmen wir an, sowohl die Hin- wie die Rückreaktion verlaufen in einem Schritt. Dann können wir die entsprechenden Geschwindigkeitsgesetze formulieren. Im Gleichgewichtszustand ist die Geschwindigkeit der Hinreaktion, v_h, genauso groß wie diejenige der Rückreaktion, v_r. Durch Gleichsetzung der beiden Geschwindigkeitsgleichungen (15.1) und (15.2) erhalten wir eine neue Gleichung. Indem wir $k_h/k_r = K$ setzen, erhalten wir Gleichung (15.3), die es gestattet, Aussagen über die Konzentrationsverhältnisse im Gleichgewichtszustand zu machen. Die Größe K nennen wir die **Gleichgewichtskonstante**.

Der Zahlenwert der Gleichgewichtskonstanten K ist temperaturabhängig. Bei einer gegebenen Temperatur stellen sie die Konzentrationen von A_2, X_2 und AX bei Erreichen des Gleichgewichtszustands auf Werte

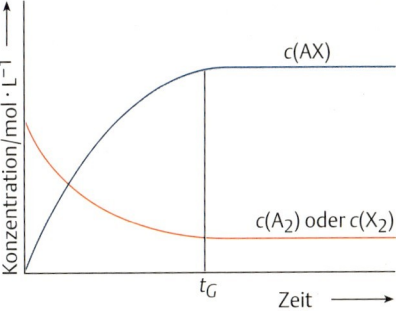

◉ 15.1 Verlauf der Konzentrationen der beteiligten Substanzen für die Reaktion
$A_2 + X_2 \rightleftarrows 2 AX$
Das Gleichgewicht hat sich zur Zeit t_G eingestellt.

Hinreaktion:
$v_h = k_h \cdot c(A_2) \cdot c(X_2)$ (15.1)

Rückreaktion:
$v_r = k_r \cdot c^2(AX)$ (15.2)

Gleichgewicht:
$v_h = v_r$
$k_h \cdot c(A_2) \cdot c(X_2) = k_r \cdot c^2(AX)$

$$\frac{c^2(AX)}{c(A_2) \cdot c(X_2)} = \frac{k_h}{k_r} = K \quad (15.3)$$

Allgemeine Formulierung des Massenwirkungsgesetzes

$$a\text{A} + b\text{B} \rightleftharpoons x\text{X} + z\text{Z} \quad (15.4)$$

$$\frac{c^x(\text{X}) \cdot c^z(\text{Z})}{c^a(\text{A}) \cdot c^b(\text{B})} = \quad (15.5)$$

Beispiel:
$$4\text{HCl(g)} + \text{O}_2\text{(g)} \rightleftharpoons 2\text{H}_2\text{O(g)} + 2\text{Cl}_2\text{(g)}$$

$$\frac{c^2(\text{H}_2\text{O}) \cdot c^2(\text{Cl}_2)}{c^4(\text{HCl}) \cdot c(\text{O}_2)} = K$$

Beispiel für eine mehrstufige Reaktion:

$$\text{NO}_2\text{Cl} \underset{k_1'}{\overset{k_1}{\rightleftharpoons}} \text{NO}_2 + \text{Cl}$$

$$\text{NO}_2\text{Cl} + \text{Cl} \underset{k_2'}{\overset{k_2}{\rightleftharpoons}} \text{NO}_2 + \text{Cl}_2$$

$$\overline{2\,\text{NO}_2\text{Cl} \quad\rightleftharpoons\quad 2\,\text{NO}_2 + \text{Cl}_2}$$

$$\frac{c(\text{NO}_2) \cdot c(\text{Cl})}{c(\text{NO}_2\text{Cl})} = \frac{k_1}{k_1'} = K_1$$

$$\frac{c(\text{NO}_2) \cdot c(\text{Cl}_2)}{c(\text{NO}_2\text{Cl}) \cdot c(\text{Cl})} = \frac{k_2}{k_2'} = K_2$$

$$K_1 \cdot K_2 = \frac{c(\text{NO}_2) \cdot c(\text{Cl})}{c(\text{NO}_2\text{Cl})} \cdot \frac{c(\text{NO}_2) \cdot c(\text{Cl}_2)}{c(\text{NO}_2\text{Cl}) \cdot c(\text{Cl})}$$

$$= \frac{c^2(\text{NO}_2) \cdot c(\text{Cl}_2)}{c^2(\text{NO}_2\text{Cl})} = K$$

$$K = K_1 \cdot K_2$$

$$\text{H}_2\text{(g)} + \text{I}_2\text{(g)} \rightleftharpoons 2\,\text{HI(g)}$$

ein, mit denen Gleichung (15.3) erfüllt ist. Bei einer anderen Temperatur hat K einen anderen Zahlenwert und andere Konzentrationen stellen sich ein.

Gleichung (15.3) ist ein Beispiel für das **Massenwirkungsgesetz**. Für eine allgemeine chemische Reaktion (15.4) gilt die allgemeine Formulierung (15.5) des Massenwirkungsgesetzes. Durch Kovention werden die Konzentrationen der Substanzen auf der rechten Seite der Reaktionsgleichung in den Zähler geschrieben, die der linken Seite in den Nenner. Als Beispiel ist die Formulierung des Massenwirkungsgesetzes für die Reaktion von HCl mit O_2 angegeben. Wenn die Reaktionsgleichung in der umgekehrten Reihenfolge formuliert wird ($x\text{X} + z\text{Z} \rightleftharpoons a\text{A} + b\text{B}$), so werden Zähler und Nenner in Gleichung (15.5) vertauscht; die zugehörige Gleichgewichtskonstante hat dann den Zahlenwert $K' = 1/K$.

Bei der Herleitung des Massenwirkungsgesetzes hatten wir für die Hin- und für die Rückreaktion einstufige Reaktionen angenommen. Das Massenwirkungsgesetz gilt aber allgemein auch für beliebige mehrstufige Reaktionen, sofern sie reversibel sind. Nehmen wir als Beispiel die Zersetzungsreaktion von NO_2Cl zu NO_2 und Cl_2, die in zwei Schritten abläuft. Da die Gesamtreaktion reversibel ist, müssen auch die Einzelschritte reversibel sein. Wenn das Gesamtsystem im Gleichgewicht ist, müssen auch die einzelnen Reaktionsschritte im Gleichgewicht sein, und für jeden von ihnen kann das Massenwirkungsgesetz formuliert werden. Wie die nebenstehende Rechnung zeigt, ergibt sich die Reaktionsgleichung durch Addition der Reaktionsgleichungen der einzelnen Schritte. Die dazugehörige Gleichgewichtskonstante K ergibt sich aus dem Produkt der Gleichgewichtskonstanten K_1 und K_2 der Einzelschritte. Diese Aussage gilt allgemein:

Für eine Bruttoreaktion, deren Reaktionsgleichung als Summe der Reaktionsgleichungen von Einzelreaktionen (oder Reaktionsschritten) angegeben werden kann, ist die Gleichgewichtskonstante gleich dem Produkt der Gleichgewichtskonstanten für die Einzelreaktionen (oder Schritte).

15.2 Die Gleichgewichtskonstante K_c

Bei der Formulierung des Massenwirkungsgesetzes sind Stoffmengenkonzentrationen einzusetzen (mol/L) und deshalb wird die zugehörige Gleichgewichtskonstante zuweilen mit K_c bezeichnet. Der Zahlenwert von K_c muß für eine gegebene Reaktion und Temperatur experimentell ermittelt werden.

Man kann von einem beliebigen Gemisch der beteiligten Stoffe ausgehen; man kann die Substanzen einsetzen, die auf der linken Seite oder die auf der rechten Seite der Reaktionsgleichung stehen, oder man kann eine Kombination davon nehmen. Die in 15.1 aufgelisteten Versuchsergebnisse für die nebenstehende Reaktion wurden durch verschiedene Versuchsansätze erhalten:

1. Reines HI wurde eingesetzt
2. H_2 und I_2 wurden vermischt
3. H_2 und HI wurden vermischt
4. H_2, I_2 und HI wurden vermischt

15.2 Die Gleichgewichtskonstante K_c

Nachdem sich das Gleichgewicht eingestellt hat, sind die Konzentrationen bei jedem der vier Versuche verschieden. Setzt man die Werte in das Massenwirkungsgesetz ein, ergibt sich aber in allen Fällen der gleiche Wert für K_c (s.a. 15.1–15.4).

15.1 Beispiele für Gleichgewichtssysteme für die Reaktion
$H_2(g) + I_2(g) \rightleftarrows 2HI(g)$ bei 425 °C

Versuch	Anfangskonzentrationen /mol·L^{-1}			Gleichgewichtskonzentrationen /mol·L^{-1}			Gleichgewichtskonstante $K_c = \dfrac{c^2(HI)}{c(H_2) \cdot c(I_2)}$
	$c(H_2)$	$c(I_2)$	$c(HI)$	$c(H_2)$	$c(I_2)$	$c(HI)$	
1.	0	0	0,0150	0,00160	0,00160	0,0118	54,4
2.	0,00932	0,00805	0	0,00257	0,00130	0,0135	54,5
3.	0,00104	0	0,0145	0,00224	0,00120	0,0121	54,5
4.	0,00375	0,00375	0,00375	0,00120	0,00120	0,00886	54,5

Beispiel 15.1

1,00 mol ONCl(g) wurde bei 500 K in ein 1-L-Gefäß eingebracht. Es stellt sich ein Gleichgewicht

$$2\,ONCl(g) \rightleftarrows 2\,NO(g) + Cl_2(g)$$

ein, wenn ein Stoffmengenanteil von 9,0 % des ONCl dissoziiert sind. Wie groß ist K_c bei 500 K?

Wenn vom ONCl 9,0 % dissoziiert sind, verbleiben davon nur noch 0,91 mol, während 0,09 mol zerfallen sind. Aus den 0,09 mol ONCl ist nach der Reaktionsgleichung die gleiche Stoffmenge, nämlich 0,09 mol NO entstanden, während halb so viel Cl_2, d.h. 0,045 mol entstanden sind.

$$K_c = \frac{c^2(NO) \cdot c(Cl_2)}{c^2(ONCl)} = \frac{0,09^2\,mol^2/L^2 \cdot 0,045\,mol/L}{0,91^2\,mol^2/L^2} = 4,4 \cdot 10^{-4}\,mol/L$$

Beispiel 15.2

Für die Reaktion

$$N_2O_4(g) \rightleftarrows 2\,NO_2(g)$$

wurden bei 25 °C folgende Konzentrationen für ein im Gleichgewicht befindliches Gemisch gefunden:

$c(N_2O_4) = 4,27 \cdot 10^{-2}\,mol/L$
$c(NO_2) = 1,41 \cdot 10^{-2}\,mol/L$

Wie groß ist K_c bei 25 °C?

$$K_c = \frac{c^2(NO_2)}{c(N_2O_4)} = \frac{(1,41 \cdot 10^{-2})^2\,mol^2/L^2}{4,27 \cdot 10^{-2}\,mol/L} = 4,66 \cdot 10^{-3}\,mol/L$$

Beispiel 15.3

In einem Volumen von 1 L befindet sich HI(g); es wird bei 425 °C bis zur Gleichgewichtseinstellung belassen.

$$H_2(g) + I_2(g) \rightleftarrows 2\,HI(g)$$

Welche Konzentrationen von $H_2(g)$ und $I_2(g)$ befinden sich im Gleichgewicht mit 0,50 mol/L HI(g)?

Nach der Reaktionsgleichung entstehen $H_2(g)$ und $I_2(g)$ in gleichen Stoffmengen, daher gilt:

$$c(H_2) = c(I_2)$$

$$K_c = \frac{c^2(HI)}{c(H_2) \cdot c(I_2)} = \frac{c^2(HI)}{c^2(H_2)} = 54{,}5 \qquad \text{(vgl. 15.1)}$$

$$c^2(H_2) = \frac{c^2(HI)}{54{,}5} = \frac{0{,}50^2\ \text{mol}^2/\text{L}^2}{54{,}5}$$

$$c(H_2) = c(I_2) = 0{,}068\ \text{mol/L}$$

Beispiel 15.4

Für die Reaktion

$$H_2(g) + CO_2(g) \rightleftarrows H_2O(g) + CO(g)$$

ist $K_c = 0{,}771$ bei 750 °C. Wenn 0,010 mol H_2 und 0,010 mol CO_2 in einem Gefäß von einem Liter bei 750 °C vermischt werden, welche Konzentrationen stellen sich dann im Gleichgewichtszustand ein?

Für jedes H_2-Molekül, das verbraucht wird, wird ein CO_2-Molekül verbraucht und je ein Molekül H_2O und CO gebildet. Nennen wir die Anfangskonzentrationen $c_0(H_2)$ und $c_0(CO_2)$, dann gilt im Gleichgewichtszustand:

$$c(H_2O) = c(CO)$$
$$c(H_2) = c_0(H_2) - c(H_2O)$$
$$c(CO_2) = c_0(CO_2) - c(H_2O)$$

Wegen der gleichen Anfangskonzentrationen gilt $c(H_2) = c(CO_2)$.

$$K_c = \frac{c(H_2O) \cdot c(CO)}{c(H_2) \cdot c(CO_2)} = \frac{c^2(H_2O)}{[c_0(H_2) - c(H_2O)]^2} = 0{,}771$$

$$= \frac{c^2(H_2O)}{[0{,}010\ \text{mol/L} - c(H_2O)]^2} = 0{,}771$$

$$c(H_2O) = \sqrt{0{,}771 \cdot [0{,}010\ \text{mol/L} - c(H_2O)]^2} = 0{,}878\,[0{,}010\ \text{mol/L} - c(H_2O)]$$

$$c(H_2O) = c(CO) = \frac{0{,}00878\ \text{mol/L}}{1 + 0{,}878} = 0{,}00468\ \text{mol/L}$$

$$c(H_2) = c(CO_2) = 0{,}010\ \text{mol/L} - 0{,}00468\ \text{mol/L} = 0{,}0053\ \text{mol/L}$$

Bei den voranstehenden Beispielen wurden immer Stoffmengenkonzentrationen von Gasen verwendet. Das Massenwirkungsgesetz ist aber ebenso gültig, wenn Stoffmengenkonzentrationen von gelösten Stoffen eingesetzt werden. Entsprechende Anwendungen werden wir in Kapitel 17 und 18 kennenlernen.

15.2 Die Gleichgewichtskonstante K_c

Der Zahlenwert der Gleichgewichtskonstante vermittelt einen Eindruck von der Lage des Gleichgewichts. Da die Konzentrationen der Substanzen auf der rechten Seite der Reaktionsgleichung im Massenwirkungsgesetz in den Zähler kommen, bedeutet ein großer Zahlenwert von K_c ein Gleichgewicht mit hohen Konzentrationen dieser Substanzen. Man sagt, das Gleichgewicht „liegt auf der rechten Seite" der Reaktionsgleichung. Für die Bildung von Phosgen, $COCl_2$, aus Kohlenmonoxid und Chlor bei 100 °C ist $K_c = 4{,}57 \cdot 10^9$ L/mol; das Gleichgewicht liegt rechts, d. h. $c(COCl_2)$ ist groß und $c(CO)$ und $c(Cl_2)$ sind klein. Bei 100 °C setzen sich CO und Cl_2 fast vollständig zu $COCl_2$ um. Für die Reaktion von N_2 mit O_2 bei 1700 °C ist $K_c = 3{,}52 \cdot 10^{-4}$; das Gleichgewicht liegt links, der NO-Anteil ist gering.

Das Massenwirkungsgesetz gestattet die **Voraussage über die Richtung**, in der eine Reaktion ablaufen wird. Nehmen wir an, wir haben bei 250 °C ein Gemisch von 0,100 mol $PCl_5(g)$, 0,0500 mol $PCl_3(g)$ und 0,0300 mol $Cl_2(g)$ in einem Einliter-Gefäß. In welche Richtung wird eine Reaktion ablaufen? Wenn sich das System im Gleichgewicht befindet, ist der Ausdruck des Massenwirkungsgesetzes $K_c = 0{,}0415$ mol/L; wenn kein Gleichgewicht vorliegt, erhalten wir beim Einsetzen der verwendeten Konzentrationen in den Ausdruck einen Quotienten Q, den **Reaktionsquotienten**, wobei $Q \neq K_c$. In unserem Beispiel ergibt sich $Q = 0{,}0150$ mol/L, d. h. $Q < K_c$, es liegt kein Gleichgewicht vor. Die Reaktion wird von links nach rechts ablaufen, damit die Konzentrationen der Substanzen im Zähler von Q (rechte Seite der Reaktionsgleichung) zunehmen und die Konzentrationen der Substanzen im Nenner von Q (linke Seite der Reaktionsgleichung) abnehmen. Dadurch wird Q größer, und zwar solange bis $Q = K_c$ erfüllt ist und das Gleichgewicht erreicht ist (vgl. 15.5).

$CO(g) + Cl_2(g) \rightleftarrows COCl_2(g)$

$$K_c = \frac{c(COCl_2)}{c(CO) \cdot c(Cl_2)} = 4{,}57 \cdot 10^9 \text{ L/mol}$$

$N_2(g) + O_2(g) \rightleftarrows 2\,NO(g)$

$$K_c = \frac{c^2(NO)}{c(N_2) \cdot c(O_2)} = 3{,}52 \cdot 10^{-4}$$

$PCl_5(g) \rightleftarrows PCl_3(g) + Cl_2(g)$

$$K_c = \frac{c(PCl_3) \cdot c(Cl_2)}{c(PCl_5)}$$

$= 0{,}0415$ mol/l bei 250 °C

Reaktionsquotient aus den Anfangskonzentrationen:

$$Q = \frac{c(PCl_3) \cdot c(Cl_2)}{c(PCl_5)}$$
$$= \frac{0{,}0500 \text{ mol/L} \cdot 0{,}0300 \text{ mol/L}}{0{,}100 \text{ mol/L}}$$
$$= 0{,}0150 \text{ mol/L}$$

Allgemein gilt:
Wenn $Q < K_c$, so wird die Reaktion von links nach rechts ablaufen.
Wenn $Q = K_c$, so befindet sich das System im Gleichgewicht.
Wenn $Q > K_c$, so wird die Reaktion von rechts nach links ablaufen.

Beispiel 15.5

Für die Reaktion

$$2\,SO_2(g) + O_2(g) \rightleftarrows 2\,SO_3(g)$$

ist $K_c = 36{,}9$ L/mol bei 827 °C. In welche Richtung läuft die Reaktion, wenn sich 0,050 mol $SO_2(g)$, 0,030 mol $O_2(g)$ und 0,125 mol $SO_3(g)$ bei 827 °C in einem Volumen von 1 L befinden?

$$Q = \frac{c^2(SO_3)}{c^2(SO_2) \cdot c(O_2)} = \frac{0{,}125^2 \text{ mol}^2/\text{L}^2}{0{,}050^2 \text{ mol}^2/\text{L}^2 \cdot 0{,}030 \text{ mol/L}} = 208 \text{ L/mol}$$

Da $Q > K_2$, wird die Reaktion von rechts nach links verlaufen, SO_3 wird zerfallen.

Heterogene Gleichgewichte

Wenn Substanzen, die in verschiedenen Phasen vorliegen, sich miteinander im Gleichgewicht befinden, so spricht man von einem **heterogenen Gleichgewicht**. Die Konzentration in einem reinen Feststoff oder in einer reinen Flüssigkeit ist konstant, wenn Druck und Temperatur konstant sind. Bei einem heterogenen Gleichgewicht werden die Konzentrationen von Feststoffen und Flüssigkeiten deshalb in die Konstante K_c einbezogen und nicht explizit im Massenwirkungsgesetz aufgeführt. Bei der Zersetzung von $CaCO_3(s)$ zu $CaO(s)$ und $CO_2(g)$ sind die konstanten Konzentrationen von $CaCO_3$ und CaO in K_c enthalten. Infolgedessen ist die Gleichgewichtskonstante gleich der CO_2-Konzentration im Gleichgewichtszustand, d.h. bei gegebener Temperatur stellt sich über dem Gemisch der beiden Festkörper eine definierte CO_2-Konzentration ein. Für die Reaktion von Eisen mit Wasserdampf ergibt sich ein konstantes Verhältnis zwischen der Wasserstoff- und der Wasserdampfkonzentration im Gasraum.

$CaCO_3(s) \rightleftarrows CaO(s) + CO_2(g)$
$K_c = c(CO_2)$

$3\,Fe(s) + 4\,H_2O(g) \rightleftarrows Fe_3O_4(s) + 4\,H_2(g)$
$K_c = \dfrac{c^4(H_2)}{c^4(H_2O)}$

15.3 Die Gleichgewichtskonstante K_p

Der Partialdruck eines Gases ist proportional zu seiner Stoffmengenkonzentration. Für Gase kann das Massenwirkungsgesetz deshalb auch unter Verwendung von Partialdrücken anstelle von Stoffmengenkonzentrationen formuliert werden (siehe nebenstehende Beispiele). Die Gleichgewichtskonstante hat dann allerdings einen anderen Zahlenwert; wir nennen sie K_p.

Allgemeine Formulierung für das Massenwirkungsgesetz, wenn alle beteiligten Stoffe Gase sind:

$CaCO_3(s) \rightleftarrows CaO(s) + CO_2(g)$
$K_p = p(CO_2)$

$N_2(g) + 3\,H_2(g) \rightleftarrows 2\,NH_3(g)$
$K_p = \dfrac{p^2(NH_3)}{p(N_2) \cdot p^3(H_2)}$

$$aA(g) + eE(g) \rightleftarrows xX(g) + zZ(g)$$

$$K_p = \frac{p^x(X) \cdot p^z(Z)}{p^a(A) \cdot p^e(E)} \tag{15.6}$$

Zwischen den Gleichgewichtskonstanten K_c und K_p gibt es einen einfachen Zusammenhang. Wenn wir die Gültigkeit des idealen Gasgesetzes annehmen, so gilt

$$p = \frac{n}{V} \cdot RT = cRT \tag{15.7}$$

Setzen wir den Wert für p aus Gleichung (15.7) in Gleichung (15.6) ein, so folgt:

$$K_p = \frac{c^x(X) \cdot c^z(Z)}{c^a(A) \cdot c^e(E)} \cdot (RT)^{x+z-a-e}$$

$$= K_c \cdot (RT)^{x+z-a-e} = K_c \cdot (RT)^{\Delta n}$$

Da $x + z$ die Summe der Molzahlen auf der rechten Seite der Reaktionsgleichung und $a + e$ die Summe der Molzahlen auf der linken Seite ist, ist (RT) mit der Differenz $\Delta n = x + z - a - e$ dieser Molzahlsummen zu potenzieren. Siehe ▣ 15.6–15.8.

Beispiele für den Zusammenhang zwischen K_p und K_c:

$PCl_5(g) \rightleftarrows PCl_3(g) + Cl_2(g)$
$\Delta n = 1 \qquad K_p = K_c RT$

$CO(g) + Cl_2 \rightleftarrows COCl_2(g)$
$\Delta n = -1 \qquad K_p = \dfrac{K_c}{RT}$

$H_2(g) + I_2(g) \rightleftarrows 2\,HI(g)$
$\Delta n = 0 \qquad K_p = K_c$

Beispiel 15.6

Für die Reaktion

$$2\,SO_3(g) \rightleftharpoons 2\,SO_2(g) + O_2(g)$$

ist $K_c = 0{,}0271$ mol/L bei 1100 K. Wie groß ist K_p bei dieser Temperatur?

Auf der rechten Seite der Reaktionsgleichung stehen zusammen 3 mol Gas, links sind es 2.

$\Delta n = 1$
$K_p = K_c RT = 0{,}0271$ mol/L $\cdot$ 8,314 kPa $\cdot$ L/(mol $\cdot$ K) $\cdot$ 1100 K = 248 kPa

Beispiel 15.7

Für die Reaktion

$$N_2(g) + 3\,H_2(g) \rightleftharpoons 2\,NH_3(g)$$

ist $K_p = 1{,}46 \cdot 10^{-9}$ kPa^{-2} bei 500°C. Wie groß ist K_c bei dieser Temperatur?

Auf der rechten Seite der Reaktionsgleichung stehen 2 mol Gas, links sind es 4.

$\Delta n = -2$
$K_p = K_c (RT)^{-2}$
$K_c = K_p (RT)^2 = 1{,}46 \cdot 10^{-9}$ kPa$^{-2} \cdot [8{,}314$ kPa $\cdot$ L/(mol K) $\cdot$ 773 K$]^2$
$ = 6{,}03 \cdot 10^{-2}$ L^2/mol^2

Beispiel 15.8

Für das Gleichgewicht

$C(s) + CO_2(g) \rightleftharpoons 2\,CO(g)$

ist $K_p = 1{,}697 \cdot 10^4$ kPa bei 1000°C. Welcher ist der Partialdruck von CO(g) in einem Gleichgewichtssystem mit $p(CO_2) = 10{,}0$ kPa?

$K_p = \dfrac{p^2(CO)}{p(CO_2)} = 1{,}697 \cdot 10^4$ kPa

$p^2(CO) = 1{,}697 \cdot 10^4$ kPa $\cdot p(CO_2) = 1{,}697 \cdot 10^4$ kPa $\cdot 10{,}0$ kPa
$ = 1{,}697 \cdot 10^5$ kPa^2
$p(CO) = 412$ kPa

15.4 Das Prinzip des kleinsten Zwanges

Das 1884 von Le Chatelier formulierte Prinzip des kleinsten Zwanges hatten wir bereits im Abschnitt 12.5 (S. 201) kennengelernt. Danach weicht ein im Gleichgewicht befindliches System einem Zwang aus, und es stellt sich ein neues Gleichgewicht ein. Jede Änderung der Bedingungen ist ein solcher Zwang. Das Prinzip ist sehr leicht anwendbar.

Konzentrationsänderungen. Wird die Konzentration einer Substanz *erhöht*, so wird sich das Gleichgewicht so verlagern, daß die betreffende Substanz verbraucht wird und sich deren Konzentration wieder *er-*

Henri Le Chatelier, 1850–1936

$H_2(g) + I_2(g) \rightleftarrows 2HI(g)$

niedrigt. Wenn sich $H_2(g)$ und $I_2(g)$ im Gleichgewicht mit $HI(g)$ befinden und wir die H_2-Konzentration durch Zusatz von Wasserstoff erhöhen, so weicht das System aus, indem mehr Iodwasserstoff gebildet wird. Dabei wird Wasserstoff verbraucht. Wenn sich das Gleichgewicht wieder eingestellt hat, so wird die HI-Konzentration größer sein als zu Beginn. Man sagt, das Gleichgewicht hat sich nach rechts verlagert oder verschoben. Zusatz von Iodwasserstoff verschiebt das Gleichgewicht nach links, unter Verbrauch von HI; nach Wiedereinstellung des Gleichgewichts werden die Konzentrationen von H_2 und I_2 größer sein.

Auch die Entfernung einer Substanz aus dem Gleichgewichtssystem verlagert das Gleichgewicht. Bei Wegnahme von HI verlagert es sich nach rechts unter Bildung von weiterem Iodwasserstoff und Verbrauch von H_2 und I_2.

Durch die fortwährende Entfernung eines Produktes kann eine Gleichgewichtsreaktion zum vollständigen Ablauf in eine Richtung gebracht werden. Zum Beispiel kann die Umwandlung von $CaCO_3(s)$ zu $CaO(s)$ bei erhöhter Temperatur vollständig durchgeführt werden, wenn das entstehende CO_2-Gas laufend entfernt wird.

$CaCO_3(s) \rightleftarrows CaO(s) + CO_2(g)$

Druckänderungen. Bei der Reaktion

$$2SO_2(g) + O_2(g) \rightleftarrows 2SO_3(g)$$

werden bei der Hinreaktion 2 mol Gas ($2SO_3$) gebildet, während 3 mol Gas ($2SO_2 + 1O_2$) verbraucht werden. Wenn die Hinreaktion in einem geschlossenen Gefäß abläuft, verringert sich deshalb der Druck. Wenn sich das System im Gleichgewicht befindet und der Druck erhöht wird, weicht es aus, indem sich das Gleichgewicht nach rechts verlagert. Bei Erniedrigung des Drucks verschiebt sich das Gleichgewicht nach links. Auf Reaktionen von Gasen mit $\Delta n = 0$ haben Druckänderungen keinen Einfluß.

Reaktionen, an denen nur Flüssigkeiten oder Feststoffe beteiligt sind, werden im allgemeinen nur geringfügig von gewöhnlichen Druckänderungen beeinflußt. Große Druckänderungen können allerdings erhebliche Gleichgewichtsverschiebungen bewirken. Die Lage des Gleichgewichts

$$H_2O(s) \rightleftarrows H_2O(l)$$

kann nach rechts verlagert werden, wenn Druck ausgeübt wird, weil eine gegebene Wassermenge ein kleineres Volumen beansprucht als die gleiche Menge Eis (vgl. Abschn. 11.**10**, S. 178).

Ammoniak-Synthese:

$N_2(g) + 3H_2(g) \rightleftarrows 2NH_3(g)$
$\Delta H = -92{,}4\,kJ/mol$

Der Druck wirkt sich vor allem bei Reaktionen von Gasen aus, sofern $\Delta n \neq 0$. Dies hat zum Beispiel praktische Bedeutung bei der Herstellung von Ammoniak, bei der aus 4 mol Gas ($N_2 + 3H_2$) 2 mol NH_3 entstehen ($\Delta n = -2$). Erhöhung des Druckes verschiebt das Gleichgewicht nach rechts, wodurch höhere Ausbeuten erzielt werden.

Bei heterogenen Gleichgewichten vergleicht man die Molzahlen der *Gase* auf jeder Seite der Gleichung. So wird das Gleichgewicht

$$3Fe(s) + 4H_2O(g) \rightleftarrows Fe_3O_4(s) + 4H_2(g)$$

nicht vom Druck beeinflußt, da auf beiden Seiten der Gleichung gleiche Molzahlen für die Gase stehen.

Temperaturänderungen. Die Ammoniak-Synthese ist eine *exotherme* Reaktion, $\Delta H = -92{,}4$ kJ/mol; die zugehörige Rückreaktion ist endotherm. Zuführung von Wärme durch Erhöhung der Temperatur übt einen Zwang aus, dem durch Verbrauch von Wärme ausgewichen wird; die endotherme Rückreaktion läuft ab, das Gleichgewicht verlagert sich nach links. Bei Temperaturerniedrigung verschiebt sich das Gleichgewicht nach rechts, das System gibt Wärme ab. Hohe Ausbeuten an NH_3 werden somit erreicht, wenn die Temperatur möglichst niedrig ist. Ungünstigerweise läuft die Reaktion bei niedrigen Temperaturen extrem langsam ab, bis zur Einstellung des Gleichgewichts wären Millionen von Jahren notwendig. Die technische Ammoniak-Synthese wird bei Temperaturen um 500 °C und hohen Drücken in Anwesenheit eines Katalysators durchgeführt.

Die Beeinflussung der Gleichgewichtslage durch die Temperatur erfolgt über die Temperaturabhängigkeit der Gleichgewichtskonstanten. 15.2 gibt einige Zahlen für zwei Gleichgewichte wieder. Bei der exothermen Reaktion von N_2 und H_2 zu NH_3 bewirkt eine Temperaturerhöhung eine Verkleinerung der Gleichgewichtskonstanten. Dies bedeutet eine kleinere Gleichgewichtskonzentration für NH_3, und eine größere für N_2 und H_2. Bei der endothermen Reaktion

$$CO_2 + H_2 \rightleftarrows CO + H_2O$$

wird die Gleichgewichtskonstante größer, wenn die Temperatur steigt; die Konzentrationen auf der rechten Seite der Reaktionsgleichung werden größer. Eine Temperaturerhöhung begünstigt immer den endothermen Vorgang, Temperaturerniedrigung den exothermen Vorgang.

Katalysatorwirkung. Die Anwesenheit eines Katalysators hat keinerlei Einfluß auf die Lage eines chemischen Gleichgewichts, da er die Hin- und die Rückreaktion gleichermaßen begünstigt (Abschn. 14.8, S. 259). In Anwesenheit eines Katalysators wird sich das Gleichgewicht jedoch schneller einstellen.

15.2 Änderung von Gleichgewichtskonstanten mit der Temperatur

Exotherme Hinreaktion
$N_2(g) + 3\,H_2(g) \rightleftarrows 2\,NH_3(g)$
$\Delta H^0 = -92{,}4$ kJ/mol

Temperatur /°C	$K_c = \dfrac{c^2(NH_3)}{c(N_2) \cdot c^3(H_2)}$
300	9,6
400	0,50
500	0,060
600	0,014

Endotherme Hinreaktion
$CO_2(g) + H_2(g) \rightleftarrows CO(g) + H_2O(g)$
$\Delta H^0 = +41{,}2$ kJ/mol

Temperatur /°C	$K_c = K_p = \dfrac{p(CO) \cdot p(H_2O)}{p(CO_2) \cdot p(H_2)}$
700	0,63
800	0,93
900	1,29
1000	1,66

15.5 Übungsaufgaben

(Lösungen s. S. 674)

15.1 Formulieren Sie das Massenwirkungsgesetz für folgende Reaktionen mit Gleichgewichtskonstanten K_c:
a) $2\,H_2S(g) + CH_4(g) \rightleftarrows CS_2(g) + 4\,H_2(g)$
b) $2\,Pb_3O_4(s) \rightleftarrows 6\,PbO(s) + O_2(g)$
c) $C(s) + CO_2(g) \rightleftarrows 2\,CO(g)$
d) $Ni(s) + 4\,CO(g) \rightleftarrows Ni(CO)_4(g)$
e) $2\,Ag_2O(s) \rightleftarrows 4\,Ag(s) + O_2(g)$
f) $4\,NH_3(g) + 5\,O_2(g) \rightleftarrows 4\,NO(g) + 6\,H_2O(g)$

15.2 Nach welcher Seite verschieben sich die Gleichgewichte von Aufgabe 15.1 bei Druckerhöhung?

15.3 Formulieren Sie das Massenwirkungsgesetz für die Reaktionen von Aufgabe 15.1 bezüglich K_p. Geben Sie jeweils den Zusammenhang von K_c und K_p an.

15.4 Für die Reaktion

$$N_2(g) + O_2(g) \rightleftarrows 2\,NO(g)$$

ist $K_c = 4{,}08 \cdot 10^{-4}$ bei 2000 K und $3{,}60 \cdot 10^{-3}$ bei 2500 K. Ist die Reaktion von links nach rechts exo- oder endotherm?

15.5 Für die Reaktion

$$NiO(s) + CO(g) \rightleftarrows Ni(s) + CO_2(g)$$

ist $K_c = 4{,}54 \cdot 10^3$ bei 936 K und $1{,}58 \cdot 10^3$ bei 1125 K.
a) Ist die Reaktion exo- oder endotherm?
Wie wird das Gleichgewicht beeinflußt, wenn:
b) Die Temperatur gesenkt wird?
c) Der Druck erniedrigt wird?
d) NiO(s) zugesetzt wird?
e) CO entfernt wird?
f) CO_2 entfernt wird?

15.6 Die Reaktion

$$CH_4(g) + 2\,H_2S(g) \rightleftarrows CS_2(g) + 4\,H_2(g)$$

ist von links nach rechts exotherm. Wie wird das Gleichgewicht verlagert, wenn:
a) Die Temperatur erhöht wird?
b) $H_2S(g)$ zugesetzt wird?
c) $CS_2(g)$ entfernt wird?
d) Der Druck erhöht wird?
e) Ein Katalysator eingebracht wird?

15.7 Die Reaktion

$$C(s) + CO_2(g) \rightleftarrows 2\,CO(g)$$

ist von links nach rechts endotherm. Wie wird das Gleichgewicht beeinflußt wenn:
a) $CO_2(g)$ zugesetzt wird?
b) C(s) weggenommen wird?
c) Die Temperatur erhöht wird?
d) Der Druck verringert wird?

15.8 Für das Gleichgewicht

$$4\,HCl(g) + O_2(g) \rightleftarrows 2\,Cl_2(g) + 2\,H_2O(g)$$

ist $K_c = 889$ L/mol bei 480 °C
a) Wenn 0,030 mol HCl(g), 0,020 mol O_2(g), 0,080 mol Cl_2(g) und 0,070 mol H_2O(g) in einem 1-L-Gefäß vermischt werden, in welche Richtung wird die Reaktion verlaufen?
b) In welche Richtung wird sich das Gleichgewicht verlagern, wenn anschließend der Druck vermindert wird?
c) Wie groß ist K_p bei 480 °C?

15.9 In welche Richtung verläuft die Reaktion von Aufgabe 15.4, wenn 0,060 mol N_2(g), 0,075 mol O_2(g) und 0,00025 mol NO(g) in einem 1-L-Gefäß bei 2000 °C vermischt werden?

15.10 Berechnen Sie K_c für das Gleichgewicht

$$H_2(g) + I_2(g) \rightleftarrows 2\,HI(g)$$

aus den Gleichgewichtskonzentrationen $c(H_2) = 0{,}0064$ mol/L, $c(I_2) = 0{,}0016$ mol/L, $c(HI) = 0{,}0250$ mol/L bei 395 °C.

15.11 0,074 mol PCl_5(g) wurden in ein 1-L-Gefäß eingebracht. Nachdem sich bei einer bestimmten Temperatur das Gleichgewicht

$$PCl_5(g) \rightleftarrows PCl_3(g) + Cl_2(g)$$

eingestellt hat, ist $c(PCl_3) = 0{,}050$ mol/L.
a) Welche sind die Gleichgewichtskonzentrationen von Cl_2(g) und PCl_5(g)?
b) Wie groß ist K_c?

15.5 Übungsaufgaben

15.12 Wenn 0,060 mol SO_3(g) in einem 1-L-Gefäß auf 1000 K erwärmt werden, dissoziieren 36,7% des SO_3 gemäß

$$2SO_3(g) \rightleftarrows 2SO_2(g) + O_2(g)$$

a) Wie groß sind die Gleichgewichtskonzentrationen der drei beteiligten Substanzen?
b) Wie groß sind K_c und K_p bei 1000 K?

15.13 Für das Gleichgewicht

$$CO(g) + 2H_2(g) \rightleftarrows H_3COH(g)$$

ist K_c = 10,2 L²/mol² bei 225 °C.
a) Wenn c(CO) = 0,075 mol/L und $c(H_2)$ = 0,060 mol/L sind, wie groß ist dann die H_3COH-Konzentration?
b) Wie groß ist K_p bei 225 °C?

15.14 Für das Gleichgewicht

$$H_2O(g) + CO(g) \rightleftarrows H_2(g) + CO_2(g)$$

ist K_c = 1,30 bei 750 °C. Wenn 0,600 mol H_2O(g) und 0,600 mol CO(g) bei 750 °C in einem 1-L-Gefäß gemischt werden, welche Konzentrationen stellen sich dann für die vier Substanzen ein?

15.15 Für das Gleichgewicht

$$2IBr(g) \rightleftarrows I_2(g) + Br_2(g)$$

ist K_c = 8,5 · 10⁻³ bei 150 °C. Wenn 0,060 mol IBr(g) in 1 L Volumen auf 150 °C erwärmt werden, welche Konzentrationen stellen sich dann für die drei Substanzen ein? Wie groß ist K_p bei 150 °C?

15.16 Für das Gleichgewicht

$$Br_2(g) + Cl_2(g) \rightleftarrows 2BrCl(g)$$

ist K_c = 7,0 bei 400 K. Wenn je 0,045 mol Br_2, Cl_2 und BrCl in einem Volumen von 1 L vermischt werden, welche Konzentrationen stellen sich dann bei 400 K ein?

15.17 Für das Gleichgewicht

$$FeO(s) + CO(g) \rightleftarrows Fe(s) + CO_2(g)$$

ist K_c = 0,403 bei 1000 °C.
a) Wenn 0,0500 mol CO(g) und überschüssiges FeO in einem Volumen von 1 L bei 1000 °C gehalten werden, welche Konzentrationen von CO(g) und CO_2(g) stellen sich dann ein?
b) Welche Masse Fe(s) ist im Gleichgewicht vorhanden?

15.18 Fester Kohlenstoff wird in ein Gefäß eingebracht, in dem sich Wasserstoff bei 101,3 kPa und 1000 °C befindet. Nach Einstellung des Gleichgewichts

$$C(s) + 2H_2(g) \rightleftarrows CH_4(g)$$

beträgt der Partialdruck des CH_4 14,0 kPa.
a) Wie groß ist der Partialdruck des H_2 im Gleichgewichtszustand?
b) Wie groß ist K_p bei 1000 °C?

15.19 Festes Ammoniumhydrogensulfid (NH_4SH) wurde bei 24 °C in ein evakuiertes Gefäß eingebracht. Nach Einstellung des Gleichgewichts

$$NH_4SH(s) \rightleftarrows NH_3(g) + H_2S(g)$$

ist der Gesamtdruck im Gefäß 62,2 kPa. Wie groß ist K_p bei 24 °C?

15.20 Beim Erhitzen von Quecksilber(II)-oxid (HgO) auf 450 °C in einem evakuierten Gefäß stellt sich das Gleichgewicht

$$2HgO(s) \rightleftarrows 2Hg(g) + O_2(g)$$

mit einem Gesamtdruck von 108,4 kPa ein. Wie groß ist K_p bei 450 °C?

15.21 Ein Gemisch von je 1,000 mol CO(g) und H_2O(g) in einem 10-Liter-Gefäß wird auf 800 K erwärmt. Im Gleichgewichtszustand

$$CO(g) + H_2O(g) \rightleftarrows CO_2(g) + H_2(g)$$

sind je 0,665 mol CO_2(g) und H_2(g) anwesend. Wie groß sind K_c und K_p bei 800 K?

15.22 Bei einem Gesamtdruck von 101,3 kPa und 585 K ist ONCl(g) zu 56,4% dissoziiert gemäß

$$2ONCl(g) \rightleftarrows 2NO(g) + Cl_2(g)$$

a) Wenn vor der Dissoziation 1,000 mol ONCl(g) vorhanden war, wieviel mol ONCl(g), NO(g) und Cl_2(g) sind dann im Gleichgewichtszustand vorhanden?
b) Wieviel mol Gas sind insgesamt im Gleichgewichtszustand vorhanden?
c) Wie groß sind die Partialdrücke der drei Gase? Wie groß sind K_p und K_c bei 585 K?

15.23 Für das Gleichgewicht

$$N_2(g) + O_2(g) \rightleftarrows 2NO(g)$$

ist K_p = 2,5 · 10⁻³ bei 2400 K. In Luft betragen die Partialdrücke $p(N_2)$ = 79,1 kPa und $p(O_2)$ = 21,2 kPa. Welcher Partialdruck stellt sich für NO ein, wenn Luft 2400 K heiß ist?

16 Säuren und Basen

Zusammenfassung. Nach der *Arrhenius-Theorie* bildet eine *Säure* H^+(aq)-Ionen, eine *Base* OH^-(aq)-Ionen in wäßriger Lösung. Die Reaktion zwischen einer Säure und einer Base, bei der Wasser entsteht, heißt *Neutralisation*.

Nach dem *Brønstedt-Lowry-Konzept* ist eine Säure eine Verbindung, die Protonen abgibt, die von einer Base aufgenommen werden. Bei der Abgabe von Protonen wird aus der Säure ihre *konjugierte Base*; aus der Protonen aufnehmenden Base wird ihre *konjugierte Säure*. Die Säure-Base-Reaktion spielt sich zwischen zwei konjugierten Säure-Base-Paaren ab:

Säure 1 + Base 2 ⇌ Säure 2 + Base 1

Die *Säurestärke* und die *Basenstärke* zeigen an, wie groß die Tendenz zur Abgabe bzw. Aufnahme von Protonen ist. Je stärker eine Säure ist, desto schwächer ist ihre konjugierte Base. Eine Säure-Base-Reaktion verläuft immer in Richtung von der stärkeren Säure und Base zur schwächeren konjugierten Base bzw. Säure.

Die Säurestärke von kovalent aufgebauten Wasserstoff-Verbindungen wird von zwei Faktoren beeinflußt: der Elektronegativität und der Größe des Atoms, an das das Wasserstoff-Atom gebunden ist. Wasserstoff-Verbindungen von Elementen einer Periode sind um so stärker sauer, je elektronegativer das Element ist. Wasserstoff-Verbindungen von Elementen einer Gruppe des Periodensystems sind um so stärker sauer, je größer das Atom des Elements ist. Die Stärke von Oxosäuren HO—Z nimmt mit der Elektronegativität von Z zu. Bei Oxosäuren vom Typ $(HO)_m ZO_n$ nimmt die Säurestärke mit dem Wert von n zu.

Im *Lewis-Konzept* kommt es auf die Bildung einer kovalenten Bindung zwischen Basen- und Säure-Teilchen an. Eine *Base* (eine *nucleophile* Substanz) stellt das Elektronenpaar zur Bildung der kovalenten Bindung zur Verfügung, die *Säure* (eine *elektrophile* Substanz) wirkt als Elektronenpaarakzeptor. Mit der Lewis-Theorie werden nucleophile und elektrophile Verdrängungsreaktionen beschrieben.

Lösungsmittelbezogene Säuren und *Basen* entsprechen dem Arrhenius-Konzept in bezug auf andere Lösungsmittel als Wasser. Eine Säure bildet das charakteristische Kation des Lösungsmittels, eine Base das charakteristische Anion. Bei der Neutralisation ist das Lösungsmittel eines der Reaktionsprodukte.

Schlüsselworte (s. Glossar)

Arrhenius-Säure
Arrhenius-Base
Neutralisation

Brønstedt-Säure
Brønstedt-Base
Konjugiertes Säure-Base-Paar
Amphotere Substanzen

Nivellierender Effekt
Säurestärke

Lewis-Säure
Lewis-Base
Nucleophile und elektrophile Verdrängungsreaktionen

Lösungsmittelbezogene Säuren und Basen

16 Säuren und Basen

16.1 Das Arrhenius-Konzept 282
16.2 Das Brønsted-Lowry-Konzept 282
16.3 Die Stärke von Brønsted-Säuren und -Basen 283
16.4 Säurestärke und Molekülstruktur 285
16.5 Das Lewis-Konzept 287
16.6 Lösungsmittelbezogene Säuren und Basen 289
16.7 Übungsaufgaben 291

Arrhenius-Säure:
bildet in Wasser H^+(aq)-Ionen

Arrhenius-Base:
bildet in Wasser OH^-(aq)-Ionen

Neutralisation:
H^+(aq) + OH^-(aq) → H_2O

In früheren Zeiten verstand man unter einer Säure einen Stoff, dessen wäßrige Lösung sauer schmeckt und der bei bestimmten Pflanzenfarbstoffen eine bestimmte Farbe erzeugt (zum Beispiel Blaukraut oder Lackmus rot werden läßt). Eine Base war ein Stoff, dessen Lösung bitter schmeckt, sich seifig anfühlt, Lackmus blau werden läßt und die Wirkung von Säuren aufhebt. Im Laufe der Zeit wurden exaktere Definitionen geprägt und die Eigenschaften von Säuren und Basen in Zusammenhang mit deren Zusammensetzung und Struktur gebracht. Wir werden uns in diesem Kapitel mit vier Konzepten für Säuren und Basen befassen. Jedes davon kann je nach den Umständen mit Vorteil angewandt werden.

16.1 Das Arrhenius-Konzept

Als Svante Arrhenius 1887 seine „chemische Theorie der Elektrolyte" veröffentlichte, schlug er vor, daß Elektrolyte in wäßriger Lösung zu Ionen dissoziieren. Hierauf basierend wurde eine *Säure* als ein Stoff definiert, der in wäßriger Lösung Ionen H^+(aq) bildet, während eine *Base* Ionen OH^-(aq) bildet. Die Stärke einer Säure oder Base hängt davon ab, in welchem Ausmaß die Verbindung in Wasser dissoziiert. Eine starke Säure oder Base dissoziiert vollständig. Die Neutralisationsreaktion ist die Reaktion von H^+-Ionen mit OH^--Ionen zu Wasser. Das Arrhenius-Konzept betrachtet nur Ionen in wäßriger Lösung. Es wurde im Abschnitt 13.4 (S. 229) vorgestellt.

Oxide können in das Schema eingefügt werden (Abschn. 13.5, S. 231). Oxide, die mit Wasser Säuren bilden, werden *Säureanhydride* genannt. Oxide, die in wäßriger Lösung Hydroxide bilden, sind basische Oxide. Durch Reaktion von Säuren oder Säureanhydriden mit Basen oder basischen Oxiden entstehen Salze.

Ein schwerwiegender Nachteil des Arrhenius-Konzeptes ist seine Beschränkung auf wäßrige Lösungen. Später entwickelte Säure-Base-Konzepte sind allgemeiner anwendbar.

16.2 Das Brønsted-Lowry-Konzept

1923 haben Johannes Brønsted und Thomas Lowry unabhängig voneinander ein weiter gefaßtes Konzept für Säuren und Basen entwickelt. Danach ist eine **Säure** eine Substanz, die Protonen abgeben kann, ein **Protonen-Donator**. Eine **Base** kann Protonen aufnehmen, sie ist ein **Protonen-Akzeptor**. Hiernach besteht eine Säure-Base-Reaktion in der Übergabe von Protonen der Säure an die Base. Säuren und Basen können aus Molekülen oder Ionen bestehen.

Bei der Reaktion

$$CH_3CO_2H(aq) + H_2O \rightarrow H_3O^+(aq) + CH_3CO_2^-(aq)$$

Brønsted-Säure: Protonen-Donator

Brønsted-Base: Protonen-Akzeptor

spielt Essigsäure (CH_3CO_2H) die Rolle der Säure; das Essigsäure-Molekül gibt ein Proton an das Wasser-Molekül ab, das die Funktion der Base übernimmt. Die Reaktion ist reversibel, es stellt sich ein Gleichgewicht ein. Bei der Rückreaktion gibt das H_3O^+-Ion ein Proton an das Acetat-Ion ($CH_3CO_2^-$) ab; das H_3O^+-Ion wirkt als Säure, das Acetat-Ion als Base. Im

Ganzen sind somit zwei Säuren, CH_3CO_2H und H_3O^+, sowie zwei Basen, H_2O und $CH_3CO_2^-$, am Reaktionsgeschehen beteiligt. Die Reaktion kann als ein Wetteifern der beiden Basen um das Proton aufgefaßt werden.

Bei der Hinreaktion nimmt die Base H_2O ein Proton auf und wird zur Säure H_3O^+, bei der Rückreaktion gibt die Säure H_3O^+ ein Proton ab und wird zur Base H_2O. Ein solches Paar, das durch Aufnahme und Verlust eines Protons zusammengehört, nennt man ein **konjugiertes** (oder korrespondierendes) **Säure-Base-Paar**. Entsprechend bilden CH_3CO_2H und $CH_3CO_2^-$ ein zweites konjugiertes Säure-Base-Paar. Im System Essigsäure und Wasser stehen somit zwei konjugierte Säure-Base-Paare miteinander im Gleichgewicht.

Es gibt viele Moleküle und Ionen, die sowohl als Säuren wie auch als Basen auftreten können. In der Reaktion mit Essigsäure tritt Wasser als Base auf. Gegenüber Ammoniak verhält es sich dagegen als Säure. Dabei ist das OH^--Ion die konjugierte Base zur Säure H_2O. Ammoniak ist gegen Wasser eine Base. Substanzen, die sowohl als Säuren als auch als Basen auftreten können, nennt man **amphoter** (oder amphiprotisch); in ▦ 16.1 sind einige aufgeführt.

H_2O ist die konjugierte Base zu H_3O^+
H_3O^+ ist die konjugierte Säure zu H_2O
CH_3CO_2H ist die konjugierte Säure zu $CH_3CO_2^-$
$CH_3CO_2^-$ ist die konjugierte Base zu CH_3CO_2H

$CH_3CO_2H\,(aq) + H_2O \rightleftarrows$
Säure 1 　　　　Base 2

　　　　　　$CH_3CO_2^-\,(aq) + H_3O^+\,(aq)$
　　　　　　　Base 1　　　　Säure 2

$H_2O + NH_3\,(aq) \rightleftarrows NH_4^+\,(aq) + OH^-\,(aq)$
Säure 1　Base 2　　　Säure 2　　Base 1

▦ 16.1　Einige amphotere Substanzen

amphotere Spezies	Säure-Base-Paar	
	Säure	Base
H_2O	H_2O	OH^-
	H_3O^+	H_2O
NH_3	NH_3	NH_2^-
	NH_4^+	NH_3
HSO_4^-	HSO_4^-	SO_4^{2-}
	H_2SO_4	HSO_4^-
HPO_4^{2-}	HPO_4^{2-}	PO_4^{3-}
	$H_2PO_4^-$	HPO_4^{2-}

Die Arrheniussche Neutralisationsreaktion ist im Sinne der Brønsted-Definition so zu interpretieren:
Die konjugierte Säure und die konjugierte Base des amphoteren Lösungsmittels H_2O bilden miteinander H_2O.

Neutralisation:

$H_3O^+\,(aq) + OH^-\,(aq) \rightarrow H_2O + H_2O$
Säure 1　　　Base 2　　　　Säure 2　Base 1

16.3 Die Stärke von Brønsted-Säuren und -Basen

Im Sinne der Brønsted-Theorie ist die Säurestärke die Tendenz, Protonen abzugeben, und die Basenstärke ist die Tendenz, Protonen aufzunehmen. HCl und H_2O werden praktisch vollständig zu H_3O^+ und Cl^- umgesetzt. Wir müssen daraus schließen, daß HCl eine stärkere Säure als H_3O^+ ist, denn es hat eine größere Tendenz, seine Protonen abzugeben; das Gleichgewicht liegt völlig auf der rechten Seite. H_2O ist eine stärkere Base als Cl^-, denn im Konkurrenzkampf um die Protonen schaffen die Wasser-Moleküle es, alle Protonen festzuhalten. Zur starken Säure HCl gehört eine schwache konjugierte Base Cl^-.

$HCl\,(aq) + H_2O \rightleftarrows H_3O^+\,(aq) + Cl^-\,(aq)$
Säure 1　Base 2　　Säure 2　　　Base 1

Wegen der Tendenz einer starken Säure, Protonen abzugeben, ist ihre konjugierte Base notwendigerweise eine schwache Base mit geringer Tendenz, Protonen zu halten.

Je stärker eine Säure, desto schwächer ist ihre konjugierte Base. Umgekehrt gilt, *je stärker eine Base, desto schwächer ist ihre konjugierte Säure.*

Essigsäure mit $c(CH_3CO_2H) = 1$ mol/L ist bei 25 °C zu 0,42 % ionisiert. Das Gleichgewicht des Reaktion mit Wasser liegt weit links. Die Lage des Gleichgewichts zeigt uns, daß das Acetat-Ion ($CH_3CO_2^-$) im Konkurrenzkampf um die Protonen erfolgreicher ist als H_2O; im Gleichgewichtszustand liegen mehr CH_3CO_2H-Moleküle als H_3O^+-Ionen vor. Das $CH_3CO_2^-$-Ion ist stärker basisch als das H_2O-Molekül und das H_3O^+-Ion ist stärker sauer als das CH_3CO_2H-Molekül.

Einen weiteren Schluß kann man ziehen: Die Lage des Gleichgewichts begünstigt jeweils die Bildung der schwächeren Säure und der schwächeren Base. Bei der Reaktion von HCl mit H_2O sind die Konzentrationen der Ionen H_3O^+ und Cl^- groß; in der Essigsäure-Lösung sind die Konzentrationen von H_3O^+ und $CH_3CO_2^-$ klein.

In ◼ 16.2 sind einige Säuren nach abnehmender Säurestärke aufgeführt. Perchlorsäure, $HClO_4$, ist die stärkste aufgeführte Säure; ihre korrespondierende Base, das Perchlorat-Ion, ClO_4^-, ist die schwächste Base. Das Amid-Ion, NH_2^-, ist die stärkste Base in der Tabelle, die korrespondierende Säure, NH_3, ist die schwächste Säure.

Die Reaktionen von Wasser mit den ersten drei in ◼ 16.2 genannten Säuren laufen praktisch vollständig ab. Jede dieser drei Säuren ist stärker sauer als H_3O^+, und das Gleichgewicht liegt immer zugunsten der schwächeren Säure. Wäßrige Lösungen von $HClO_4$, HCl und HNO_3 gleicher Konzentration zeigen die gleiche Säurestärke. Die sauren Eigenschaften der Lösung gehen auf das H_3O^+-Ion zurück. Wasser hat einen *nivellierenden Effekt* auf Säuren, die stärker sauer als das H_3O^+-Ion sind. Die stärkste Säure, die in Wasser existieren kann, ist die zu H_2O konjugierte Säure, nämlich H_3O^+. Säuren, die schwächer sauer sind als H_3O^+, werden nicht nivelliert. Säuren wie Essigsäure, Phosphorsäure (H_3PO_4) und Schwefelwasserstoff (H_2S) können in Wasser in sehr unterschiedlichem Maß dissoziieren.

Wasser nivelliert auch Basen. Die stärkste Base, die in Wasser existieren kann, ist die zu H_2O konjugierte Base, das Hydroxid-Ion OH^-. Basen, die wie NH_2^- stärker basisch sind als OH^-, nehmen in wäßriger Lösung Protonen auf unter Bildung von OH^--Ionen; diese Reaktionen laufen praktisch vollständig ab. Die Basizität von sehr starken Basen wird auf das Niveau des OH^--Ions herabgesetzt.

Der nivellierende Effekt wird auch in anderen Lösungsmitteln beobachtet. In flüssigem Ammoniak ist die stärkste mögliche Säure die konjugierte Säure zu Ammoniak, nämlich das Ammonium-Ion, NH_4^+. Essigsäure (die in Wasser nur unvollständig dissoziiert) dissoziiert in flüssigem Ammoniak vollständig, denn Essigsäure ist eine stärkere Säure als NH_4^+.

Die stärkste Base, die in flüssigem Ammoniak existieren kann, ist die konjugierte Base zu NH_3, nämlich das Amid-Ion, NH_2^-. Das Hydrid-Ion, H^-, reagiert in flüssigem Ammoniak vollständig zu Wasserstoff und dem Amid-Ion. Diese Reaktion ist zwar gleichzeitig eine Redox-Reaktion (Komproportionierung von H(+I) und H(−I) zu H_2), aber sie zeigt, daß das H^--Ion

$CH_3CO_2H\,(aq) + H_2O \rightleftarrows$
$\qquad H_3O^+\,(aq) + CH_3CO_2^-\,(aq)$

◼ **16.2** Relative Stärken von einigen konjugierten Säure-Base-Paaren

Säure		Base
$HClO_4$	$\xrightarrow{100\% \text{ in } H_2O}$	ClO_4^-
HCl	$\xrightarrow{100\% \text{ in } H_2O}$	Cl^-
HNO_3	$\xrightarrow{100\% \text{ in } H_2O}$	NO_3^-
H_3O^+		H_2O
H_3PO_4		$H_2PO_4^-$
CH_3CO_2H		$CH_3CO_2^-$
H_2CO_3		HCO_3^-
H_2S		HS^-
NH_4^+		NH_3
HCN		CN^-
HCO_3^-		CO_3^{2-}
HS^-		S^{2-}
H_2O		OH^-
NH_3	$\xleftarrow{100\% \text{ in } H_2O}$	NH_2^-

(zunehmende Säurestärke ↑ links; zunehmende Basenstärke ↓ rechts)

$HClO_4\,(aq) + H_2O \rightarrow H_3O^+\,(aq) + ClO_4^-\,(aq)$
$HCl\,(aq)\ \ + H_2O \rightarrow H_3O^+\,(aq) + Cl^-\,(aq)$
$HNO_3\,(aq) + H_2O \rightarrow H_3O^+\,(aq) + NO_3^-\,(aq)$

$H_2O + NH_2^-\,(aq) \rightarrow NH_3\,(aq) + OH^-\,(aq)$

$CH_3CO_2H + NH_3 \rightarrow NH_4^+ + CH_3CO_2^-$

$NH_3 + H^- \rightarrow H_2 + NH_2^-$

stärker basisch als das NH_2^--Ion ist; in wäßriger Lösung, in der diese beiden Basen nivelliert werden, wäre das nicht feststellbar.

16.4 Säurestärke und Molekülstruktur

Um die Beziehungen zwischen Molekülstruktur und Säurestärke zu untersuchen, teilen wir die Säuren in zwei Gruppen ein: Säuren, in denen Wasserstoff-Atome nicht an Sauerstoff-Atome gebunden sind, und in Oxosäuren.

Säuren, in denen Wasserstoff-Atome nicht an Sauerstoff-Atome gebunden sind

Einige binäre Wasserstoff-Verbindungen wie zum Beispiel Chlorwasserstoff (HCl) und Schwefelwasserstoff (H_2S) sind Säuren. Zwei Faktoren beeinflussen ihre Säurestärke: die Elektronegativität und die Atomgröße des Elements, mit dem der Wasserstoff verbunden ist. Der erste Faktor wird deutlich, wenn man Wasserstoff-Verbindungen der Elemente einer Periode vergleicht. Der zweite Faktor ist von Bedeutung, wenn Vergleiche innerhalb einer Gruppe des Periodensystems angestellt werden.

Wasserstoff-Verbindungen von Elementen einer Periode. Die Säurestärke der binären Wasserstoff-Verbindungen von Elementen einer Periode nimmt von links nach rechts im Periodensystem in dem Maße zu, wie die Elektronegativitäten der Elemente zunehmen. Ein Atom eines stark elektronegativen Elements entzieht dem Wasserstoff-Atom die Elektronen stärker und erleichtert seine Abspaltung als Proton. Entsprechend der Zunahme der Elektronegativitäten in der Reihenfolge N < O < F nimmt die Säurestärke der Wasserstoff-Verbindungen zu:

$$NH_3 < H_2O < HF$$

Gegenüber Wasser ist NH_3 eine Base, HF eine Säure. Entsprechendes gilt für die Elemente der dritten Periode. Die Elektronegativitäten nehmen in der Reihenfolge P < S < Cl zu, die Säurestärke in der Reihenfolge $PH_3 < H_2S <$ HCl. PH_3 reagiert nicht mit Wasser, H_2S ist eine schwache, HCl eine starke Säure.

Wasserstoff-Verbindungen von Elementen einer Gruppe. Die Säurestärke der binären Wasserstoff-Verbindungen von Elementen einer Gruppe des Periodensystems nimmt mit der Atomgröße des Elements zu. Für die Wasserstoff-Verbindungen der Elemente der 6. und 7. Hauptgruppe nimmt die Säurestärke wie folgt zu:

$$H_2O < H_2S < H_2Se < H_2Te$$
$$HF < HCl < HBr < HI$$

(Die Zunahme HCl < HBr < HI ist in wäßriger Lösung wegen des nivellierenden Effekts von Wasser nicht feststellbar.) Die Reihenfolge ist entgegengesetzt als nach den Elektronegativitäten zu erwarten. Der zweite die Säurestärke beeinflussende Faktor, die Atomgröße, ist von größerer Bedeutung als die Elektronegativität. Ein H^+-Ion läßt sich leichter von einem großen als von einem kleinen Atom abtrennen. Bei einem großen Atom ist die Valenzelektronenwolke auf einen größeren Raum verteilt und das H$^+$-Ion deshalb weniger fest eingebunden.

Beim Vergleich der Wasserstoff-Verbindungen von Elementen einer Periode sind die kleinen Unterschiede in den Atomgrößen unbedeutend. In einer Gruppe des Periodensystems nehmen die Atomgrößen von den leichten zu den schweren Elementen dagegen erheblich zu. Fluor hat einen Kovalenzradius von 71 pm, Iod einen von 133 pm; Fluorwasserstoff ist eine schwache Säure, Iodwasserstoff eine starke Säure. Die Elektronegativitäten von Kohlenstoff, Schwefel und Iod sind annähernd gleich. Der Kovalenzradius für C ist 77 pm, für S 103 pm, für I 133 pm. In dieser Reihenfolge nimmt die Säurestärke der Wasserstoff-Verbindungen zu: CH$_4$ dissoziiert überhaupt nicht in Wasser, H$_2$S ist eine schwache Säure, HI eine starke Säure.

Oxosäuren

In Oxosäuren liegt die Baugruppe

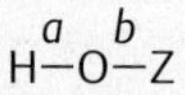

$$\overset{a}{\text{H}-\text{O}}\overset{b}{-\text{Z}}$$

vor. Das Wasserstoff-Atom ist an ein Sauerstoff-Atom gebunden; dieses hat (fast) immer die gleiche Größe. Die Säurestärke wird in erster Linie von der Elektronegativität des Atoms Z abhängen.

Wenn Z ein Metall-Atom mit geringer Elektronegativität ist, wird das mit b bezeichnete Elektronenpaar zum Sauerstoff-Atom gehören. Die Verbindung ist ein ionisch aufgebautes Hydroxid wie zum Beispiel Natriumhydroxid: Na$^+$OH$^-$.

Wenn Z ein Nichtmetall-Atom mit hoher Elektronegativität ist, ist die Bindung b eine kovalente Bindung, die weniger leicht spaltbar ist. Das Z-Atom teilt sich ein Elektronenpaar mit dem Sauerstoff-Atom und beansprucht somit eines seiner Elektronen; selbst wenn das Sauerstoff-Atom das elektronegativere Atom ist, ist seine Elektronendichte etwas verringert. Dies wirkt sich auf die Bindung a aus. Das O-Atom übt einen Elektronenzug auf die Elektronen der H—O-Bindung aus und erleichtert die Abspaltung des H$^+$-Ions. Hypochlorige Säure (HOCl) ist ein Beispiel.

Je elektronegativer das Z-Atom ist, desto mehr werden der H—O-Bindung Elektronen entzogen und desto leichter läßt sich das H$^+$-Ion abspalten. In der Reihe

HOI < HOBr < HOCl

nimmt die Elektronegativität des Z-Atoms und die Säurestärke zu.

An das Z-Atom können weitere Sauerstoff-Atome gebunden sein, zum Beispiel

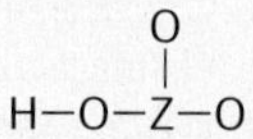

$$\text{H}-\text{O}-\overset{\overset{\text{O}}{|}}{\text{Z}}-\text{O}$$

Die zusätzlichen O-Atome entziehen dem Z-Atom Elektronendichte und machen es positiver. Damit zieht es seinerseits stärker die Elektronen des O-Atoms, das mit dem H-Atom verbunden ist, zu sich. Dieses O-Atom beansprucht dadurch die Elektronen der O—H-Bindung stärker für sich und erleichtert die Abspaltung des H$^+$-Ions. Je mehr O-Atome an das Z-Atom gebunden sind, desto stärker ist der Effekt, desto saurer ist die Verbindung. Der Effekt ist deutlich an der Reihe der Oxochlorsäuren abzulesen.

Die Abstufung der Säurestärken bei den Oxochlorsäuren kann auch auf der Basis der Formalladungen am Chlor-Atom interpretiert werden. Je größer die Formalladung, desto stärker werden die Elektronenpaare in Richtung des Chlor-Atoms gezogen und desto größer ist die Säurestärke. Parallel zu den Formalladungen nimmt die Oxidationszahl des Chlor-Atoms zu. Die Oxidationszahl ist aber kein zuverlässiger Indikator für die Säurestärke, wie das Beispiel der Oxosäuren des Phosphors zeigt. Sie sind alle gleichermaßen mittelstarke Säuren, obwohl die Oxidationszahlen +I, +III und +V eine Zunahme der Säurestärke von H_3PO_2 nach H_3PO_4 erwarten lassen könnte. Die Oxidationszahlen geben hier keinen Anhaltspunkt, wohl aber die Formalladung am Phosphor-Atom, die in allen Fällen +1 ist.

Allgemein kann man bei Oxosäuren die Säurestärke aus der Zahl der O-Atome abschätzen, die an das Z-Atom, jedoch nicht an ein H-Atom gebunden sind: H—O—NO$_2$ (Salpetersäure) ist stärker sauer als H—O—NO (salpetrige Säure); (H—O—)$_2$SO$_2$ (Schwefelsäure) ist stärker sauer als (H—O—)$_2$SO (schweflige Säure). Säuren der allgemeinen Formel (HO)$_m$ZO$_n$ können nach dem Wert von n gemäß dem nebenstehenden Schema eingeteilt werden. Dabei ist die Unterscheidung zwischen starken und sehr starken Säuren für wäßrige Lösungen unerheblich wegen des nivellierenden Effektes des Wassers; beide Kategorien spalten ihr erstes Proton in Wasser vollständig ab.

Der Effekt von elektronenanziehenden Gruppen läßt sich auch bei organischen Säuren verfolgen. Ethanol (H$_3$C—CH$_2$—OH) spaltet in wäßriger Lösung kein Proton ab. Durch Einführung eines zweiten Sauerstoff-Atoms kommen wir zur Essigsäure (CH$_3$CO$_2$H); das H-Atom der OH-Gruppe ist sauer. Viele organische Säuren gehören zur Gruppe der Carbonsäuren, in denen die Carboxy-Gruppe (—COOH) vorkommt; die meisten sind schwache bis mittelstarke Säuren und gehören zur Kategorie mit $n = 1$.

Carbonsäuren haben die allgemeine Formel R—COOH, wobei R ein variabler Rest von Atomen ist. Änderungen im Aufbau von R können die Säurestärke beeinflussen. Wenn in der Essigsäure ein oder mehr der an das C-Atom gebundenen H-Atome durch elektronegative Atome (zum Beispiel Cl) ersetzt werden, nimmt die Säurestärke zu. Trichloressigsäure ist bedeutend stärker sauer als Essigsäure.

Zunehmende Säurestärke:

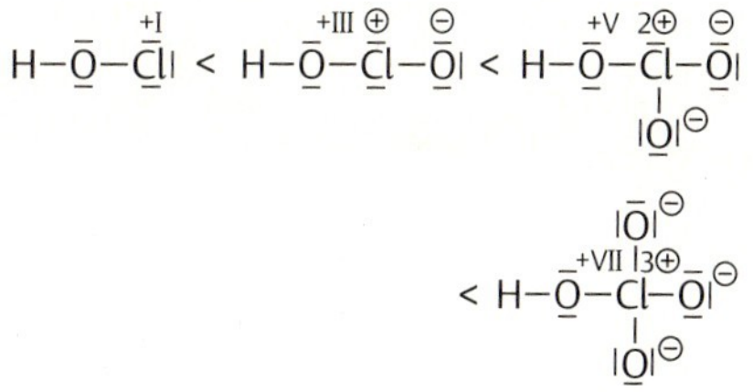

Etwa gleiche Säurestärke:

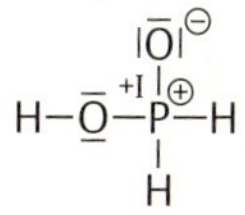

Hypophosphorige Säure

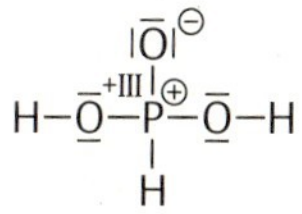

Phosphorige Säure

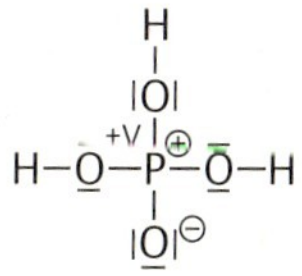

Phosphorsäure

Säurestärke für Säuren der allgemeinen Formel (HO)$_m$ZO$_n$

$n = 0$ schwache Säuren: HOCl, (HO)$_3$B, (HO)$_4$Si

$n = 1$ mittelstarke Säuren: HOClO, HONO, (HO)$_2$SO, (HO)$_3$PO

$n = 2$ starke Säuren: HOClO$_2$, HONO$_2$, (HO)$_2$SO$_2$

$n = 3$ sehr starke Säuren: HOClO$_3$, HOIO$_3$

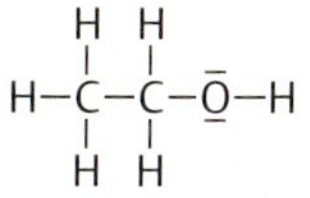

Ethanol

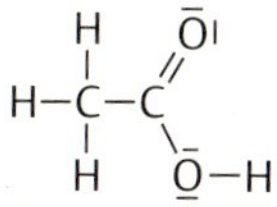

Essigsäure

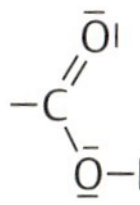

Carboxy-Gruppe

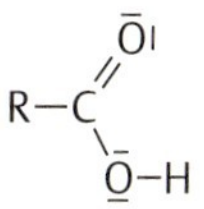

Carbonsäure

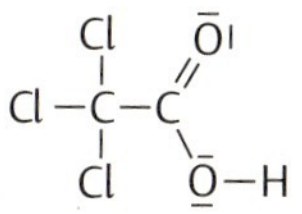

Trichloressigsäure

16.5 Das Lewis-Konzept

Bei genauer Betrachtung wird der Begriff der Base durch das Brønsted-Konzept wesentlich mehr erweitert als der Begriff der Säure. Eine Base im Sinne von Brønsted ist ein Molekül oder Ion, das über ein nichtbindendes (einsames) Elektronenpaar verfügt, an welches ein H$^+$-Ion (Proton) angelagert werden kann, und eine Säure ist eine Substanz, die der Base das H$^+$-Ion zur Verfügung stellen kann. Wenn ein Molekül oder Ion sein

Lewis-Säure: Elektronenpaar-Akzeptor

Lewis-Base: Elektronenpaar-Donator

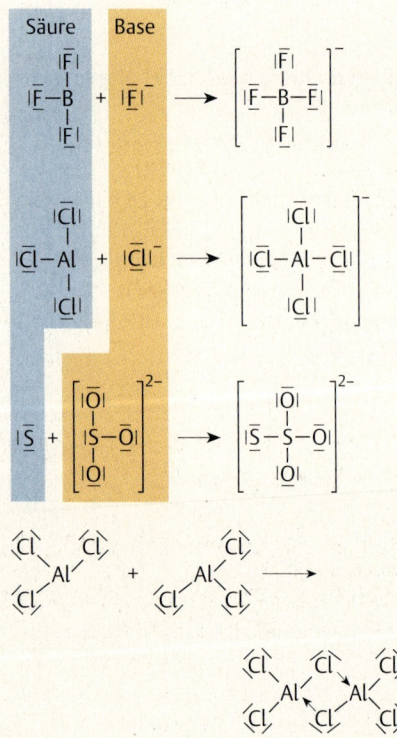

Säure	Base		
SiF_4	$+\ 2\,F^-$	$\rightarrow$	SiF_6^{2-}
$SnCl_4$	$+\ 2\,Cl^-$	$\rightarrow$	$SnCl_6^{2-}$
PF_5	$+\ F^-$	$\rightarrow$	PF_6^-

Elektronenpaar mit einem H$^+$-Ion teilen kann, so kann es dieses Elektronenpaar ebensogut mit anderen Spezies teilen.

Gilbert N. Lewis hat 1923 einen erweiterten Säure-Base-Begriff eingeführt, der unabhängig vom H$^+$-Ion ist. Das Konzept wurde allerdings erst ab 1938 ausgearbeitet. Nach Lewis verfügt ein Teilchen (Molekül oder Ion) einer **Base** über ein einsames Elektronenpaar, mit dem eine kovalente Bindung zu einem anderen Atom, Molekül oder Ion geknüpft werden kann. Ein Teilchen einer **Säure** kann sich an das Elektronenpaar eines Basen-Teilchens unter Bildung einer kovalenten Bindung anlagern. Die Betonung liegt auf der Bildung der kovalenten Bindung zwischen Säure- und Base-Teilchen, wobei das Elektronenpaar für die Bindung jeweils von der Base zur Verfügung gestellt wird: die Base wirkt als *Elektronenpaar-Donator*, die Säure als *Elektronenpaar-Akzeptor*.

Ein Beispiel einer Säure-Base-Reaktion, die von keinem anderen Säure-Base-Konzept als solche erfaßt wird, ist die Reaktion von Bortrifluorid (BF$_3$) mit einer Base. Viele Lewis-Säuren können mit Basen in der gleichen Art wie Brønsted-Säuren unter Verwendung geeigneter Indikatoren titriert werden.

Eine Substanz, die nach Brønsted eine Base ist, ist auch eine Base im Lewis-Konzept. Bei den Säuren umfaßt die Lewis-Definition dagegen eine wesentlich größere Zahl von Substanzen. Ein Molekül einer Lewis-Säure muß ein unbesetztes Orbital haben (eine „Elektronenlücke"), das mit dem Elektronenpaar der Base besetzt werden kann. Das Proton ist nur ein Beispiel für eine Lewis-Säure.

Zu den **Lewis-Säuren** sind folgende Spezies zu zählen:

1. Moleküle oder Atome mit unvollständigem Elektronenoktett, zum Beispiel BF$_3$, AlCl$_3$, S-Atom.
   Aluminiumchlorid reagiert wie ein monomeres (d. h. nicht assoziiertes) Molekül AlCl$_3$. Reines Aluminiumchlorid ist (im Dampf oder in Lösung) dimer, d. h. zwei Moleküle Aluminiumchlorid sind zu einem Molekül Al$_2$Cl$_6$ assoziiert. Die Bildung des Dimeren ist eine Lewis-Säure-Base-Reaktion zwischen zwei AlCl$_3$-Molekülen: Ein Chlor-Atom von jedem AlCl$_3$-Molekül stellt dem Aluminium-Atom des anderen Moleküls ein Elektronenpaar zur Verfügung (in nebenstehender Formel durch Pfeile symbolisiert).

2. Viele einfache Kationen sind als Lewis-Säuren aufzufassen, zum Beispiel:

   Säure   Base
   $Cu^{2+} + 4\,|NH_3 \rightarrow [Cu(-NH_3)_4]^{2+}$
   $Fe^{3+} + 6\,|C\equiv N|^- \rightarrow [Fe(-C\equiv N|)_6]^{3-}$

3. Die Atome mancher Metalle können als Lewis-Säuren auftreten, zum Beispiel bei der Bildung von Metall-Carbonyl-Verbindungen wie Nickeltetracarbonyl, das durch Reaktion des Metalls mit Kohlenmonoxid entsteht:

   $Ni + 4\,|C\equiv O| \rightarrow Ni(-C\equiv O|)_4$

4. Verbindungen von Elementen, deren Valenzschale über das Elektronenoktett hinaus aufgeweitet werden kann, wirken bei Reaktionen mit Oktettaufweitung als Lewis-Säuren, zum Beispiel SiF$_4$, SnCl$_4$ und

PF_5; durch Reaktion mit Basen wie F^-- oder Cl^--Ionen kommen sie zu 12 Valenzelektronen.

5. In manchen Verbindungen sind bestimmte Atome saure Zentren, weil daran gebundene elektronegative Atome die Elektronendichte verringern. Das Schwefel-Atom im SO_2-Molekül reagiert zum Beispiel mit einem OH^--Ion, weil der Elektronenzug der O-Atome einen gewissen Elektronenmangel am Schwefel-Atom induziert. Ähnlich ist es beim CO_2. Auch Siliciumdioxid (SiO_2) reagiert mit Oxiden zu Silicaten (SiO_3^{2-}-Ionen), wenn auch erst bei höheren Temperaturen, bedingt durch die stabile Netzwerk-Struktur des festen Siliciumdioxids. Die Reaktion von Metalloxiden mit sauren Oxiden wie SiO_2, Al_2O_3 oder B_2O_3 ist technisch von Bedeutung zur Herstellung von Gläsern, Zement, keramischen Materialien u.a.

Arrhenius- und Brønsted-Säure-Base-Reaktionen können im Sinne von Lewis interpretiert werden, wobei das H^+-Ion die Rolle der Säure spielt. Nach Arrhenius und Brønsted ist eine Säure eine Substanz, die Protonen zur Verfügung stellt. Nach Lewis ist das Proton selbst die Säure.

Eine Brønsted-Säure-Base-Reaktion ist nach dem Lewis-Konzept eine Reaktion, bei der eine Base durch eine andere verdrängt wird. Bei der Reaktion

$$HCl + H_2O \rightarrow H_3O^+ + Cl^-$$

wird die an das Proton gebundene schwache Base Cl^- durch die stärkere Base H_2O verdrängt. Eine Base stellt einem Atomkern ein Elektronenpaar zur Verfügung; diese Eigenschaft wird als **nucleophil** bezeichnet (griechisch: „kernliebend"). H_2O ist stärker nucleophil als Cl^-. Eine Basenverdrängung ist eine nucleophile Verdrängungsreaktion.

Zu den nucleophilen Verdrängungsreaktionen gehören auch Reaktionen, die nicht zu den Brønsted-Säure-Base-Reaktionen zählen. Die Bildung des $Cu(NH_3)_4^{2+}$-Ions ist eine Lewis-Säure-Base-Reaktion. Tatsächlich wird die Reaktion in wäßriger Lösung ausgeführt und stellt genaugenommen die Verdrängung der Base H_2O im Komplex $Cu(OH_2)_4^{2+}$ durch die stärkere Base NH_3 dar.

$$Cu(OH_2)_4^{2+} + 4NH_3 \rightarrow Cu(NH_3)_4^{2+} + 4H_2O$$

Lewis-Säuren sind Elektronenpaar-Akzeptoren; sie sind **elektrophil** (griechisch „elektronenliebend"). In einer elektrophilen Verdrängungsreaktion wird eine Lewis-Säure durch eine andere verdrängt. Diese Art Reaktion kommt seltener als die nucleophile Verdrängungsreaktion vor. Ein Beispiel ist die Reaktion von Nitrosylchlorid mit Aluminiumchlorid; wenn $NOCl$ als Kombination der Lewis-Säure NO^+ und der Lewis-Base Cl^- angesehen wird, dann ist die Reaktion mit Aluminiumchlorid eine elektrophile Verdrängungsreaktion, bei der die Säure $AlCl_3$ die schwächere Säure NO^+ vom Cl^- verdrängt.

$$NOCl + AlCl_3 \rightarrow NO^+ + AlCl_4^-$$

16.6 Lösungsmittelbezogene Säuren und Basen

Das auf Wasser bezogene Säure-Base-Konzept von Arrhenius kann auf andere Lösungsmittel erweitert werden. Eine auf ein **Lösungsmittel bezogene Säure** ist eine Substanz, die in der Lösung das charakteristische Kation des Lösungsmittels bildet; eine **Base** bildet das charakteristische Anion des Lösungsmittels. Bei der Reaktion einer Säure mit einer Base, der Neutralisation, entsteht das Lösungsmittel als eines der Reaktionsprodukte. Auf Lösungsmittel bezogene Säure-Base-Systeme können für zahlreiche Lösungsmittel angegeben werden (🔲 16.3); Wasser ist ein Beispiel dafür.

🔲 16.3 Einige Lösungsmittelsysteme

Lösungs-mittel	saures Ion	basisches Ion	typische Säure	typische Base
H_2O	H_3O^+	OH^-	HCl	$NaOH$
NH_3	NH_4^+	NH_2^-	NH_4Cl	$NaNH_2$
H_2NOH	H_3NOH^+	$HNOH^-$	$[H_3NOH]Cl$	$K[HNOH]$
CH_3CO_2H	$CH_3CO_2H_2^+$	$CH_3CO_2^-$	HCl	CH_3CO_2Na
SO_2	SO^{2+}	SO_3^{2-}	$SOCl_2$	Cs_2SO_3
N_2O_4	NO^+	NO_3^-	$NOCl$	$AgNO_3$
$COCl_2$	$COCl^+$	Cl^-	$[COCl]AlCl_4$	$CaCl_2$

Nach dem Wasser ist flüssiger Ammoniak (Siedepunkt –33 °C) das am besten untersuchte Lösungsmittelsystem. Wegen vieler Ähnlichkeiten zum Wasser spricht man von einem wasserähnlichen Lösungsmittel. Das Ammoniak-Molekül ist polar, NH_3-Moleküle assoziieren über Wasserstoff-Brücken. Flüssiger Ammoniak ist ein gutes Lösungsmittel für Ionenverbindungen und andere polare Verbindungen und wirkt ionisierend auf viele Elektrolyte. Viele Verbindungen bilden Ammoniakate, die den Hydraten entsprechen (z. B. $BaBr_2 \cdot 8NH_3$, $CaCl_2 \cdot 6NH_3$). Gelöste Ionen sind solvatisiert. Während Lösungen von Elektrolyten in Ammoniak den elektrischen Strom gut leiten, ist reiner flüssiger Ammoniak, wie reines Wasser, ein schlechter Leiter.
Ammoniak dissoziiert in sehr geringem Maße:

$$2NH_3 \rightleftarrows NH_4^+ + NH_2^-$$

Die Reaktion entspricht völlig der Eigendissoziation des Wassers

$$2H_2O \rightleftarrows H_3O^+ + OH^-$$

Säure in flüssigem NH_3: bildet NH_4^+-Ionen
Base: bildet NH_2^--Ionen
Neutralisation: $NH_4^+ + NH_2^- \rightarrow 2NH_3$

$2Na(s) + 2NH_4^+ \rightarrow 2Na^+ + H_2(g)$
$\qquad\qquad\qquad + 2NH_3(l)$
$Zn(OH)_2(s) + 2OH^- \rightarrow [Zn(OH)_4]^{2-}$
$\qquad\qquad$ (in wäßriger Lösung)
$Zn(NH_2)_2(s) + 2NH_2^- \rightarrow [Zn(NH_2)_4]^{2-}$
$\qquad\qquad$ (in NH_3-Lösung)

und ist verantwortlich für die elektrischen Eigenschaften.
Jede Verbindung, die in Ammoniak gelöst Ammonium-Ionen (NH_4^+) bildet, ist eine Säure; jede Verbindung, die Amid-Ionen (NH_2^-) bildet, ist eine Base. Die Neutralisations-Reaktion ist die Umkehrung der Eigendissoziation. Säure-Base-Reaktionen können mit Indikatoren verfolgt werden. Zum Beispiel färbt sich Phenolphthalein in flüssigem Ammoniak rot, wenn Kaliumamid (KNH_2) darin gelöst wird; nach Neutralisation mit Ammoniumchlorid schlägt es nach farblos um.
Das Ammonium-Ion in flüssigem Ammoniak entspricht auch in anderer Hinsicht dem Oxonium-Ion in Wasser. So wie Metalle mit H_3O^+-Ionen in Wasser unter Wasserstoffentwicklung reagieren, tun sie es auch mit NH_4^+-Ionen in flüssigem Ammoniak. Die Reaktionen des Amid-Ions entsprechen denen des Hydroxid-Ions.

16.7 Übungsaufgaben

(Lösungen s. S. 675)

16.1 Ammoniumchlorid (NH₄Cl) reagiert mit Natriumamid (NaNH₂) in flüssigem Ammoniak zu Natriumchlorid und Ammoniak. Interpretieren Sie die Reaktion im Sinne der Brønsted-, Lewis- und der lösungsmittelbezogenen Säure-Base-Theorie. Nennen Sie jeweils die beteiligten Säuren und Basen.

16.2 Wie ist Wasser nach dem Arrhenius-, dem Brønsted-Lowry- und dem Lewis-Konzept zu klassifizieren? Formulieren Sie entsprechende Reaktionsgleichungen.

16.3 Welche ist die konjugierte Base von:
a) H_3PO_4 d) HS^-
b) $H_2PO_4^-$ e) H_2SO_4
c) NH_3 f) HCO_3^-

16.4 Welche ist die konjugierte Säure von:
a) H_2O d) $H_2AsO_4^-$
b) HS^- e) F^-
c) NH_3 f) NO_2^-

16.5 Identifizieren Sie alle Brønsted-Säuren und -Basen:
a) $NH_3 + HCl \rightleftarrows NH_4^+ + Cl^-$
b) $HSO_4^- + CN^- \rightleftarrows HCN + SO_4^{2-}$
c) $H_2PO_4^- + CO_3^{2-} \rightleftarrows HPO_4^{2-} + HCO_3^-$
d) $H_3O^+ + HS^- \rightleftarrows H_2S + H_2O$
e) $N_2H_4 + HSO_4^- \rightleftarrows N_2H_5^+ + SO_4^{2-}$
f) $H_2O + NH_2^- \rightleftarrows NH_3 + OH^-$

16.6 Formulieren Sie Reaktionsgleichungen, um das Verhalten folgender Substanzen als Brønsted-Säuren zu illustrieren:
a) H_2O d) NH_4^+
b) HF e) $HOCl$
c) HSO_3^-

16.7 Formulieren Sie Reaktionsgleichungen, um das Verhalten folgender Substanzen als Brønsted-Basen zu illustrieren:
a) OH^- d) HCO_3^-
b) N^{3-} e) O^{2-}
c) H_2O f) SO_4^{2-}

16.8 Folgende Gleichgewichte liegen alle auf der rechten Seite. Stellen Sie eine Liste aller vorkommenden Brønsted-Säuren nach abnehmender Säurestärke auf. Stellen Sie eine entsprechende Liste für die Brønsted-Basen auf.
a) $H_3O^+ + H_2PO_4^- \rightleftarrows H_3PO_4 + H_2O$
b) $HCN + OH^- \rightleftarrows H_2O + CN^-$
c) $H_3PO_4 + CN^- \rightleftarrows HCN + H_2PO_4^-$
d) $H_2O + NH_2^- \rightleftarrows NH_3 + OH^-$

16.9 Stellen Sie wie in Aufgabe 16.8 zwei Listen für folgende rechts liegenden Gleichgewichte auf:
a) $HCO_3^- + OH^- \rightleftarrows H_2O + CO_3^{2-}$
b) $CH_3CO_2H + HS^- \rightleftarrows H_2S + CH_3CO_2^-$
c) $H_2S + CO_3^{2-} \rightleftarrows HCO_3^- + HS^-$
d) $HSO_4^- + CH_3CO_2^- \rightleftarrows CH_3CO_2H + SO_4^{2-}$

16.10 Für welche der folgenden Kombinationen ist ein erheblicher Reaktionsablauf (über 50%) nach den Listen von Aufgabe 16.8 zu erwarten?
a) $H_3O^+ + CN^- \rightarrow$
b) $NH_3 + CN^- \rightarrow$
c) $HCN + H_2PO_4^- \rightarrow$
d) $H_3PO_4 + NH_2^- \rightarrow$

16.11 Für welche der folgenden Kombinationen ist ein erheblicher Reaktionsablauf (>50%) nach den Listen von Aufgabe 16.9 zu erwarten?
a) $HCO_3^- + CH_3CO_2^- \rightarrow$
b) $HSO_4^- + HS^- \rightarrow$
c) $CH_3CO_2H + CO_3^{2-} \rightarrow$
d) $H_2S + CH_3CO_2^- \rightarrow$

16.12 Ordnen Sie nach abnehmender Säurestärke:
a) AsH_3, H_2Se, HBr
b) H_2S, H_2Se, H_2Te

16.13 Welche ist von den folgenden Paaren jeweils die stärkere Säure?
a) H_3PO_4, H_3AsO_4 e) H_2Se, HBr
b) H_3AsO_3, H_3AsO_4 f) H_2SO_4, H_2SeO_4
c) H_2SO_4, H_2SO_3 g) $HClO_3$, HIO_3
d) H_3BO_3, H_2CO_3

16.14 Welche ist von den folgenden Paaren jeweils die stärkere Base?
a) P^{3-}, S^{2-} e) Br^-, F^-
b) PH_3, NH_3 f) SO_4^{2-}, PO_4^{3-}
c) SiO_3^{2-}, SO_3^{2-} g) HSO_3^-, HSO_4^-
d) NO_2^-, NO_3^-

16.15 Zeichnen Sie die Lewis-Formeln (einschließlich Formalladungen) für Selensäure, H_2SeO_4, und Tellursäure, $Te(OH)_6$. Welche ist die stärkere Säure?

16.16 Interpretieren Sie folgende Reaktionen im Sinne der Lewis-Theorie:
a) $AuCN + CN^- \rightarrow Au(CN)_2^-$
b) $F^- + HF \rightarrow FHF^-$
c) $S + S^{2-} \rightarrow S_2^{2-}$
d) $CS_2 + SH^- \rightarrow S_2CSH^-$
e) $Fe + 5\,CO \rightarrow Fe(CO)_5$
f) $SeF_4 + F^- \rightarrow SeF_5^-$

16.17 Geben Sie für die folgenden Lewis-Verdrängungsreaktionen die Art der Verdrängung an und welche Spezies verdrängend wirkt und welche verdrängt wird:
a) $H_3CI + OH^- \rightarrow H_3COH + I^-$
b) $S^{2-} + H_2O \rightarrow HS^- + OH^-$
c) $Br_2 + FeBr_3 \rightarrow Br^+ + FeBr_4^-$
d) $NH_4^+ + OH^- \rightarrow NH_3 + H_2O$
e) $HONO_2 + H^+ \rightarrow NO_2^+ + H_2O$
f) $H_3CCl + AlCl_3 \rightarrow H_3C^+ + AlCl_4^-$

17 Säure-Base-Gleichgewichte

Zusammenfassung. Wasser dissoziiert in geringem Maß zu H^+(aq)- und OH^-(aq)-Ionen. Die Gleichgewichtskonstante

$$c(H^+) \cdot c(OH^-) = K_W$$

ist das *Ionenprodukt* des Wassers; bei 25 °C ist $K_W = 10^{-14}$ mol²/L². Die Konzentration $c(H_2O)$ des Wassers ist dabei in K_W einbezogen, da sie als konstant betrachtet werden kann. Für den *pH-Wert* gilt $pH = -\log c(H^+)$. Eine Lösung mit $pH = 7$ ist neutral, mit $pH < 7$ ist sie sauer, mit $pH > 7$ ist sie basisch.

Wäßrige Lösungen von *schwachen Elektrolyten* enthalten gelöste Moleküle im Gleichgewicht mit Ionen. Anwendung des Massenwirkungsgesetzes auf die Dissoziation von schwachen Säuren ergibt die *Säuredissoziationskonstante* K_S; die *Basenkonstante* K_B ist die Gleichgewichtskonstante für die Reaktion einer schwachen Base mit Wasser. K_S und K_B stehen in Beziehung zueinander: $K_S \cdot K_B = K_W$. Der *Dissoziationsgrad* entspricht dem Anteil der Moleküle, die zu Ionen dissoziiert sind. Für Berechnungen in konzentrierteren Lösungen müssen an Stelle der Stoffmengenkonzentrationen c die *Aktivitäten* a verwendet werden, $a = f \cdot c$; der *Aktivitätskoeffizient* f liegt meist zwischen 0 und 1 und weicht von 1 um so mehr ab, je konzentrierter die Lösung ist.

Indikatoren ändern ihre Farbe in Lösung in Abhängigkeit vom *pH*-Wert. Sie sind selbst schwache Säuren.

Eine *Pufferlösung* enthält eine schwache Säure *und* ihre konjugierte Base. Sie ändert ihren *pH*-Wert nur geringfügig bei Zugabe einer begrenzten Säure- oder Basenmenge. Der *pH*-Wert einer Pufferlösung kann mit der *Henderson-Hasselbalch-Gleichung* berechnet werden:

$$pH = pK_S - \log [c(HA)/c(A^-)]$$

Mehrprotonige Säuren dissoziieren schrittweise. Für jeden Schritt gibt es eine eigene Dissoziationskonstante. Die Konzentrationen aller Teilchen in der Lösung können damit berechnet werden. Für eine gesättigte Lösung von Schwefelwasserstoff (H_2S) bei 25 °C gilt $c(S^{2-}) = 1{,}1 \cdot 10^{-22}/c^2(H^+)$ mol/L.

Lösungen von *Salzen schwacher Säuren* oder *schwacher Basen* sind sauer bzw. basisch. Das Anion einer schwachen Säure ist deren konjugierte Base, das Kation einer schwachen Base ist deren konjugierte Säure. Kationen und Anionen starker Basen bzw. Säuren beeinflussen den *pH*-Wert nicht.

Eine *Titrationskurve* zeigt die *pH*-Änderung in Abhängigkeit der zugegebenen Basen- oder Säuremengen bei einer Säure-Base-Titration. Beim Erreichen des *Äquivalenzpunktes* ändert sich der *pH*-Wert sehr schnell; damit wird der Äquivalenzpunkt erkannt. Bei der Titration einer schwachen Säure mit einer starken Base oder einer schwachen Base mit einer starken Säure kann der Äquivalenzpunkt nur erkannt werden, wenn der Indikator passend gewählt wurde.

Schlüsselworte (s. Glossar)

Ionenprodukt des Wassers
pH-Wert
pOH-Wert

Säuredissoziationskonstante K_S
pK-Wert
Dissoziationsgrad
Basenkonstante K_B

Aktivität
Aktivitätskoeffizient
Indikator

Pufferlösung
Henderson-Hasselbalch-Gleichung
Titrationskurve
Äquivalenzpunkt

- 17.1 Das Ionenprodukt des Wassers, pH-Wert 294
- 17.2 Schwache Elektrolyte 296
- 17.3 Indikatoren 301
- 17.4 Pufferlösungen 302
- 17.5 Mehrprotonige Säuren 306
- 17.6 Salze schwacher Säuren und Basen 309
- 17.7 Säure-Base-Titrationen 311
- 17.8 Übungsaufgaben 315

Die Prinzipien des chemischen Gleichgewichts gelten auch für Systeme von Molekülen und Ionen in wäßriger Lösung. Wir betrachten zunächst Gleichgewichte, an denen Säuren und Basen beteiligt sind.

17.1 Das Ionenprodukt des Wassers. pH-Wert

Auf die Eigendissoziation des Wassers läßt sich das Massenwirkungsgesetz anwenden:

$$2H_2O \rightleftarrows H_3O^+ + OH^- \qquad \frac{c(H_3O^+) \cdot c(OH^-)}{c^2(H_2O)} = K$$

Das Gleichgewicht liegt weitgehend auf der linken Seite, K hat einen sehr kleinen Zahlenwert. In reinem Wasser wie auch in verdünnten Lösungen kann die Konzentration der Wasser-Moleküle als konstant angesehen werden; ein Liter Wasser enthält:

$$c(H_2O) = 1000 \text{ g}/(18 \text{ g} \cdot \text{mol}^{-1}) = 55{,}55 \text{ mol}$$

Da $c(H_2O)$ konstant ist, kann es in die Gleichgewichtskonstante einbezogen werden. Der Einfachheit halber verwenden wir außerdem die übliche Bezeichnung $c(H^+)$ an Stelle von $c(H_3O^+)$:

$$c(H^+) \cdot c(OH^-) = K \cdot c^2(H_2O)$$
$$c(H^+) \cdot c(OH^-) = K_W \qquad (17.1)$$

Ionenprodukt des Wassers:
$K_W = c(H^+) \cdot c(OH^-)$
$= 1{,}0 \cdot 10^{-14} \text{ mol}^2/\text{L}^2$ (bei 25 °C)

Gleichung (17.1) ist das **Ionenprodukt** des Wassers. Bei 25 °C hat es den Zahlenwert $K_W = 1{,}0 \cdot 10^{-14}$ mol²/L². In *reinem* Wasser entstehen H⁺(aq)- und OH⁻(aq)-Ionen zu gleichen Teilen, $c(H^+) = c(OH^-)$; es gilt deshalb

$$c^2(H^+) = 1{,}0 \cdot 10^{-14} \text{ mol}^2/\text{L}^2$$
$$c(H^+) = 1{,}0 \cdot 10^{-7} \text{ mol/L}$$

Wird eine Säure in Wasser gelöst, so ist die H⁺(aq)-Konzentration größer als 10^{-7} mol/L und die OH⁻(aq)-Konzentration, entsprechend Gleichung (17.1), kleiner als 10^{-7} mol/L. Wir sprechen von einer sauren Lösung. Umgekehrt ist in einer basischen Lösung $c(OH^-) > 10^{-7}$ und $c(H^+) < 10^{-7}$ mol/L.

Um nicht immer mit Potenzzahlen umgehen zu müssen, ist es zweckmäßig, logarithmische Größen einzuführen. Wir definieren den **pH-Wert** und den **pOH-Wert** als den negativen Zehnerlogarithmus von $c(H^+)$ bzw. $c(OH^-)$:

pH- und pOH-Wert:
$pH = -\log c(H^+)$
$pOH = -\log c(OH^-)$
$pH + pOH = pK_W = -\log K_W = 14$
$c(H^+)$ und $c(OH^-)$ in mol/L

$$pH = -\log c(H^+)$$
$$pOH = -\log c(OH^-)$$

Für reines Wasser ist $pH = 7$; Lösungen, die einen pH-Wert von 7 haben, nennen wir *neutral*. In *sauren* Lösungen ist der pH-Wert kleiner als 7; in *basischen* Lösungen gilt $pH > 7$. Eine pH-Wert-Erniedrigung um eine Einheit bedeutet eine Verzehnfachung von $c(H^+)$. Die Zusammenhänge sind in 🗓 17.1 zusammengefaßt.

17.1 Das Ionenprodukt des Wassers. pH-Wert

17.1 Die pH-Skala für Lösungen mit Konzentrationen bis 1 mol/L

pH	$c(H^+)$ /mol·L^{-1}	$c(OH^-)$ /mol·L^{-1}	
14	10^{-14}	10^0	
13	10^{-13}	10^{-1}	
12	10^{-12}	10^{-2}	
11	10^{-11}	10^{-3}	zunehmend
10	10^{-10}	10^{-4}	basisch
9	10^{-9}	10^{-5}	
8	10^{-8}	10^{-6}	
7	10^{-7}	10^{-7}	neutral
6	10^{-6}	10^{-8}	
5	10^{-5}	10^{-9}	
4	10^{-4}	10^{-10}	zunehmend
3	10^{-3}	10^{-11}	sauer
2	10^{-2}	10^{-12}	
1	10^{-1}	10^{-13}	
0	10^0	10^{-14}	

Beispiel 17.1

Wie groß sind $c(H^+)$, $c(OH^-)$, pH und pOH für Salzsäure mit 0,02 mol/L HCl? Da HCl ein starker Elektrolyt ist, entspricht die Konzentration der H^+(aq)-Ionen der eingesetzten HCl-Konzentration. Der Anteil der H^+(aq)-Ionen, die aus dem Wasser stammen, kann dagegen vernachlässigt werden.

$$c(H^+) = 0{,}02 \text{ mol/L} = 2{,}0 \cdot 10^{-2} \text{ mol/L}$$
$$pH = -\log(2{,}0 \cdot 10^{-2}) = -\log 2{,}0 - \log 10^{-2} = -0{,}30 + 2 = 1{,}7$$
$$c(OH^-) = \frac{K_W}{c(H^+)} = \frac{10^{-14}}{2{,}0 \cdot 10^{-2}} = 5{,}0 \cdot 10^{-13} \text{ mol/L}$$
$$pOH = 14 - pH = 12{,}3$$

Beispiel 17.2

Welchen pH-Wert hat eine Lösung von 0,0005 mol NaOH pro Liter?

$$c(OH^-) = 0{,}0005 = 5{,}0 \cdot 10^{-4} \text{ mol/L}$$
$$pOH = -\log(5{,}0 \cdot 10^{-4}) = 3{,}3$$
$$pH = 14 - pOH = 10{,}7$$

Beispiel 17.3

Wie groß ist $c(H^+)$ in einer Lösung mit pH = 10,6?

$$-\log c(H^+) = 10{,}6$$
$$c(H^+) = 10^{-10{,}6} \text{ mol/L} = 2{,}5 \cdot 10^{-11} \text{ mol/L}$$

Logarithmisch formuliert, lautet das Ionenprodukt (17.1) des Wassers:

$$pH + pOH = pK_W = 14 \tag{17.2}$$

wobei auch für die Konstante K_W der negative Logarithmus verwendet wurde: $pK_W = -\log K_W$. Siehe ▪ 17.1–17.3.

17.2 Schwache Elektrolyte

Starke Elektrolyte sind in wäßriger Lösung vollständig dissoziiert. Eine Lösung von Calciumchlorid in Wasser mit $c(CaCl_2) = 0{,}01$ mol/L enthält zum Beispiel Ca^{2+}-Ionen mit $c(Ca^{2+}) = 0{,}01$ mol/L und Cl^--Ionen mit $c(Cl^-) = 0{,}02$ mol/L, aber keine $CaCl_2$-Moleküle. Schwache Elektrolyte sind in wäßriger Lösung dagegen unvollständig dissoziiert. Gelöste Moleküle stehen im Gleichgewicht mit Ionen.

Für die Dissoziation von Essigsäure in wäßriger Lösung läßt sich das Massenwirkungsgesetz wie nebenstehend formulieren. In verdünnten Lösungen kann die Konzentration des Wassers als konstant angesehen werden. Die Stoffmenge H_2O, die zur Bildung von H_3O^+-Ionen benötigt wird, ist sehr klein im Vergleich zur Stoffmenge des vorhandenen Wassers; für Essigsäure mit $c(CH_3CO_2H) = 0{,}1$ mol/L werden etwa 0,001 mol/L Wasser zur Bildung der H_3O^+-Ionen benötigt, während Wasser etwa 55,5 mol/L Wasser enthält. Wir beziehen die konstante Größe $c(H_2O)$ in die Gleichgewichtskonstante ein, die wir mit K_S bezeichnen und **Säuredissoziationskonstante** (kurz: Dissoziationskonstante) nennen. Der Einfachheit halber verwenden wir wieder die Bezeichnung $c(H^+)$ an Stelle von $c(H_3O^+)$; das

Dissoziation von Essigsäure:

$CH_3CO_2H + H_2O \rightleftarrows H_3O^+ + CH_3CO_2^-$

$$\frac{c(H_3O^+) \cdot c(CH_3CO_2^-)}{c(CH_3CO_2H) \cdot c(H_2O)} = K$$

mit $c(H_2O) = $ konst. und $c(H^+) = c(H_3O^+)$:

$$\frac{c(H^+) \cdot c(CH_3CO_2^-)}{c(CH_3CO_2H)} = K \cdot c(H_2O)$$
$$= K_S \tag{17.3}$$

Dies entspricht der vereinfachten Reaktionsgleichung

$CH_3CO_2H \rightleftarrows H^+ + CH_3CO_2^-$

▪ **Beispiel 17.4**

In wäßriger Lösung bei 25 °C ist Essigsäure bei einer Gesamtkonzentration von 0,1000 mol/L zu 1,34 % dissoziiert. Wie groß ist die Dissoziationskonstante K_S von Essigsäure?

$$c_0(CH_3CO_2H) = c(CH_3CO_2H) + c(CH_3CO_2^-) = 0{,}1000 \text{ mol/L}$$

$$\alpha = \frac{c(CH_3CO_2^-)}{c_0(CH_3CO_2H)} = 0{,}0134$$

$$c(CH_3CO_2^-) = 0{,}0134 \cdot 0{,}1000 \text{ mol/L} = 0{,}00134 \text{ mol/L}$$

$$c(CH_3CO_2H) = c_0(CH_3CO_2H) - c(CH_3CO_2^-)$$
$$= 0{,}1000 \text{ mol/L} - 0{,}00134 \text{ mol/L} = 0{,}09866 \text{ mol/L}$$

Nach der Reaktionsgleichung

$$CH_3CO_2H \rightleftarrows CH_3CO_2^- + H^+$$

entstehen H^+- und $CH_3CO_2^-$-Ionen in der gleichen Menge:

$$c(H^+) = c(CH_3CO_2^-)$$

$$K_S = \frac{c(H^+) \cdot (CH_3CO_2^-)}{c(CH_3CO_2H)} = \frac{c^2(CH_3CO_2^-)}{c(CH_3CO_2H)} = \frac{0{,}00134^2 \text{ mol}^2/\text{L}^2}{0{,}09866 \text{ mol/L}}$$

$$= 1{,}8 \cdot 10^{-5} \text{ mol/L}$$

$$pK_S = -\log K_S = 4{,}74$$

so formulierte Massenwirkungsgesetz entspricht einer vereinfachten Reaktionsgleichung, in der das Wasser nicht vorkommt. Bei Säuredissoziationsgleichgewichten stehen konventionsgemäß die H^+- (oder H_3O^+) Ionen auf der rechten Seite der Reaktionsgleichung und somit im Zähler des Massenwirkungsgesetzes.

Der **Dissoziationsgrad** α eines schwachen Elektrolyten in wäßriger Lösung ist der Bruchteil der gesamten Stoffmenge des Elektrolyten, der in Ionen dissoziiert ist. Der Dissoziationsgrad wird häufig in Prozent angegeben (■ 17.**4**).

Mit Hilfe des Massenwirkungsgesetzes lassen sich die Konzentrationen der beteiligten Teilchenspezies berechnen. Wenn c_0 Mol Essigsäure pro Liter in Wasser gelöst sind und davon x Mol pro Liter dissoziieren, dann enthält die Lösung

$$c(CH_3CO_2H) = c_0 - x \text{ mol/L}$$

an undissoziierter Essigsäure und

$$c(H^+) = c(CH_3CO_2^-) = x \text{ mol/L}$$

der bei der Dissoziation entstehenden Ionen H^+ und $CH_3CO_2^-$ (nach der Reaktionsgleichung entstehen diese im Verhältnis 1 : 1). Wenn wir diese Größen in das Massenwirkungsgesetz einsetzen, erhalten wir:

$$\frac{c(H^+) \cdot c(CH_3CO_2^-)}{c(CH_3CO_2H)} = \frac{x^2}{c_0 - x} = K_S \tag{17.5}$$

$$x^2 + K_S x - K_S \cdot c_0 = 0 \tag{17.6}$$

$$x = c(H^+) = -\tfrac{1}{2} K_S + \sqrt{\tfrac{1}{4} K_S^2 + K_S c_0} \tag{17.7}$$

Von den beiden Lösungen der quadratischen Gleichung (17.**6**) ist die mit negativem Vorzeichen vor der Wurzel physikalisch unsinnig und wurde in Gleichung (17.**7**) nicht berücksichtigt (eine Konzentration kann nicht negativ sein).

Bei schwachen Säuren ist K_S klein, und für Gleichung (17.**7**) kann man dann näherungsweise setzen

$$x = c(H^+) \approx \sqrt{K_S \cdot c_0} \tag{17.8}$$

$$pH \approx \tfrac{1}{2}(pK_S - \log c_0) \tag{17.9}$$

Dabei wurde $pK_S = -\log K_S$ gesetzt.

Zu diesem Ergebnis kann man auch ohne Lösung der quadratischen Gleichung (17.**6**) kommen, wenn man in Gleichung (17.**5**) $c_0 - x \approx c_0$ setzt; dies ist gerechtfertigt, denn wegen der geringen Dissoziation gilt $c_0 \gg x$. Wie gut die Näherung (17.**8**) mit der exakteren Lösung (17.**7**) übereinstimmt, zeigt das Beispiel der Essigsäure. Für eine eingesetzte Konzentration von $c_0 = 1{,}0$ mol/L und mit dem Zahlenwert $K_S = 1{,}8 \cdot 10^{-5}$ mol/L (vgl. ■ 17.**4**) ergibt sich $x = 4{,}23 \cdot 10^{-3}$ mol/L nach Gleichung (17.**7**) und $x = 4{,}24 \cdot 10^{-3}$ mol/L nach Gleichung (17.**8**). In ■ 17.**2** sind die Ionenkonzentrationen und Dissoziationsgrade für Essigsäure bei verschiedenen Gesamtkonzentrationen aufgeführt. Weitere Beispiele s. ■ 17.**5** und 17.**6**.

Dissoziationsgrad von Essigsäure:

$$\alpha = \frac{c(CH_3CO_2^-)}{c_0(CH_3CO_2H)}$$

$$= \frac{c(CH_3CO_2^-)}{c(CH_3CO_2H) + c(CH_3CO_2^-)} \tag{17.4}$$

mit $c_0(CH_3CO_2H)$
$= c(CH_3CO_2H) + c(CH_3CO_2^-)$
$=$ Gesamtstoffmengenkonzentration des schwachen Elektrolyten

pH-Wert einer schwachen Säure
$pH \approx \tfrac{1}{2}(pK_S - \log c_0)$

17.2 Ionenkonzentrationen und Dissoziationsgrade für Lösungen von Essigsäure bei 25 °C

Gesamtkonzentration $c_0(CH_3CO_2H)$ /mol·L^{-1}	$c(H^+) = c(CH_3CO_2^-)$ /mol·L^{-1}	pH	Dissoziationsgrad α (%)
1,00	0,00426	2,37	0,426
0,100	0,00134	2,87	1,34
0,0100	0,000418	3,83	4,18
0,00100	0,000126	3,90	12,6

■ **Beispiel 17.5**

Welche ist die Konzentration aller Teilchen in einer Lösung von salpetriger Säure mit $c_0(HNO_2) = 0{,}10$ mol/L bei 25 °C? Welchen pH-Wert hat die Lösung? $K_S = 4{,}5 \cdot 10^{-4}$ mol/L

$$HNO_2 \rightleftarrows H^+ + NO_2^-$$

Nach Gleichung (17.7) ist

$$c(H^+) = -\tfrac{1}{2} \cdot 4{,}5 \cdot 10^{-4} + \sqrt{\tfrac{1}{4} \cdot 4{,}5^2 \cdot 10^{-8} + 4{,}5 \cdot 10^{-4} \cdot 0{,}10} = 6{,}5 \cdot 10^{-3} \text{ mol/L}$$
$$pH = 2{,}19$$
$$c(NO_2^-) = c(H^+) = 6{,}5 \cdot 10^{-3} \text{ mol/L}$$
$$c(HNO_2) = c_0(HNO_2) - c(NO_2^-) = 0{,}094 \text{ mol/L}$$

Nach der Näherung (17.8) ergibt sich:

$$c(H^+) \approx \sqrt{4{,}5 \cdot 10^{-4} \cdot 0{,}1} \text{ mol/L} \approx 6{,}7 \cdot 10^{-3} \text{ mol/L}$$
$$pH \approx 2{,}17$$

■ **Beispiel 17.6**

Die Lösung einer schwachen Säure HX mit 0,10 mol/L hat einen pH-Wert von 3,30. Wie groß ist die Dissoziationskonstante von HX?

$$c(H^+) = 10^{-3{,}30} \text{ mol/L} \qquad c_0(HX) = 0{,}10 \text{ mol/L}$$

Nach Näherung (17.8) ist:

$$K_S = \frac{c^2(H^+)}{c_0(HX)} = \frac{10^{-6{,}60} \text{ mol}^2/\text{L}^2}{10^{-1} \text{ mol/L}} = 10^{-5{,}60} \text{ mol/L} = 2{,}5 \cdot 10^{-6} \text{ mol/L}$$
$$pK_S = 5{,}60$$

Basenkonstante von Ammoniak:

$$NH_3 + H_2O \rightleftarrows NH_4^+ + OH^-$$

$$\frac{c(NH_4^+) \cdot c(OH^-)}{c(NH_3) \cdot c(H_2O)} = K$$

mit $c(H_2O)$ = konst.:

$$\frac{c(NH_4^+) \cdot c(OH^-)}{c(NH_3)} = K \cdot c(H_2O) = K_B \quad (17.10)$$

$pK_B = -\log K_B$

In wäßrigen Lösungen von schwachen Basen stellt sich ein Gleichgewicht ein, an dem OH$^-$-Ionen beteiligt sind. Die zugehörige Gleichgewichtskonstante K_B nennen wir die **Basenkonstante**. Wie nebenstehend am Beispiel der schwachen Base Ammoniak gezeigt, kann bei der Formulierung des Massenwirkungsgesetzes die Wasser-Konzentration $c(H_2O)$ als konstant angesehen werden; sie wird in die Konstante K_B einbezogen.

Zur Berechnung des pH-Werts der Lösung einer schwachen Base kann man analog vorgehen, wie bei schwachen Säuren. Im Falle des Ammoniaks entstehen bei der Reaktion mit Wasser die NH_4^+- und die OH^--Ionen in gleicher Menge: $x = c(NH_4^+) = c(OH^-)$, während die NH_3-Konzentration auf $c(NH_3) = c_0 - x$ abnimmt (c_0 = Anfangskonzentration). Setzen wir die Größen x und $c_0 - x$ in Gleichung (17.10) ein, so erhalten wir eine Gleichung, die völlig der Gleichung (17.5) entspricht:

$$\frac{x^2}{c_0 - x} = K_B$$

Sie hat die Lösung

$$x = c(OH^-) = -\tfrac{1}{2}K_B + \sqrt{\tfrac{1}{4}K_B^2 + K_B c_0} \qquad (17.11)$$

oder näherungsweise

$$x = c(OH^-) \approx \sqrt{K_B c_0} \qquad (17.12)$$

$$pOH \approx \tfrac{1}{2}(pK_B - \log c_0) \qquad (17.13)$$

pOH-Wert einer schwachen Base

$pOH \approx \tfrac{1}{2}(pK_B - \log c_0)$

Zwischen der Basenkonstanten K_B einer Base und der Säuredissoziationskonstanten K_S ihrer konjugierten Säure besteht ein einfacher Zusammenhang. Wenn HA eine beliebige Säure und A^- ihre konjugierte Base ist, so gilt:

Säuredissoziation:

$HA \rightleftarrows H^+ + A^-$

$$\frac{c(H^+) \cdot c(A^-)}{c(HA)} = K_S$$

Basenreaktion:

$A^- + H_2O \rightleftarrows HA + OH^-$

$$\frac{c(HA) \cdot c(OH^-)}{c(A^-)} = K_B$$

$$K_S \cdot K_B = \frac{c(H^+) \cdot c(A^-)}{c(HA)} \cdot \frac{c(HA) \cdot c(OH^-)}{c(A^-)} = K_W = 10^{-14} \qquad (17.14)$$

$$pK_S + pK_B = pK_W = 14 \qquad (17.15)$$

$pK_S + pK_B = pK_W = 14$

■ **Beispiel 17.7**

Welchen pH-Wert hat eine Lösung von 0,10 mol Natriumacetat pro Liter? Das Acetat-Ion ist eine schwache Base, die mit Wasser reagiert:

$CH_3CO_2^- + H_2O \rightleftarrows CH_3CO_2H + OH^-$

Aus dem pK_S-Wert der konjugierten Säure (Essigsäure) berechnen wir mit Hilfe von Gleichung (17.15) den pK_B-Wert (vgl. ■ 17.4, S. 296):

$pK_B = 14 - pK_S = 14 - 4{,}74 = 9{,}26$

Mit Gleichung (17.13) erhalten wir:

$pOH \approx \tfrac{1}{2}(pK_B - \log c_0) = \tfrac{1}{2}(9{,}26 - \log 0{,}10) = 5{,}13$

$pH \ \ = 14 - pOH \approx 8{,}87$

Mit Hilfe von Gleichung (17.**8**) oder (17.**9**) kann man die Konzentration der H⁺(aq)-Ionen bzw. den pH-Wert für Lösungen von schwachen Säuren mit hinreichender Genauigkeit berechnen. Entsprechend kann Gleichung (17.**12**) oder (17.**13**) für Lösungen schwacher Basen angewandt werden. Wenn $K_S > 10^{-4}$ bzw. $K_B > 10^{-4}$ ist, sollte Gleichung (17.**7**) bzw. (17.**11**) verwendet werden; die Näherungen (17.**8**) und (17.**9**) bzw. (17.**12**) und (17.**13**) sind dann weniger gut erfüllt. Vgl. ■ 17.**7**.

Genauere Berechnungen (mehr als zwei signifikante Stellen bei den Konzentrationen) sind nicht sinnvoll, weil bei Lösungen von Ionen das Massenwirkungsgesetz selbst nicht exakt erfüllt ist. Wegen ihrer Ladungen beeinflussen die Ionen sich gegenseitig, und zwar um so stärker, je höher die Gesamtionenkonzentration in der Lösung ist (vgl. Abschn. 12.**12**, S. 215); bei der Herleitung des Massenwirkungsgesetzes wurden solche Wechselwirkungen nicht berücksichtigt. Die Anziehungskräfte zwischen entgegengesetzt geladenen Ionen wirken sich so aus, als wäre die Zahl der dissoziierten Moleküle in der Lösung geringer. Um das Massenwirkungsgesetz auch bei größeren Konzentrationen anwenden zu können, kann man die Konzentration $c(X)$ von jedem Stoff X jeweils mit einem Korrekturfaktor $f(X)$, dem **Aktivitätskoeffizienten**, multiplizieren:

❗ Aktivitätskoeffizient $= f(X) = \dfrac{a(X)}{c(X)}$

$$a(X) = f(X) \cdot c(X)$$

Anstelle der Konzentration $c(X)$ wird dann jeweils die **Aktivität** $a(X)$ in das Massenwirkungsgesetz eingesetzt. Die Aktivitätskoeffizienten $f(X)$ haben in der Regel Zahlenwerte zwischen 0 und 1; sie sind um so kleiner, je größer die Gesamtkonzentration der Ionen in der Lösung (einschließlich an der Reaktion unbeteiligter Ionen) ist und je größer die Ionenladung der Teilchen X ist. Je verdünnter eine Lösung ist, um so näher liegen die Aktivitätskoeffizienten bei 1, um so besser ist das Massenwirkungsgesetz bei Verwendung von Konzentrationswerten erfüllt. Bei schwachen Elektrolyten kann das Massenwirkungsgesetz ohne Berücksichtigung von Aktivitätskoeffizienten bis zu Konzentrationen von 0,1 mol/L angewandt werden. Im folgenden werden wir weiterhin mit Konzentrationen rechnen.

Die Konstanten K_S und K_B sind ein Maß für die Säure- bzw. Basenstärke. Je größer der Zahlenwert, desto stärker ist die Säure bzw. Base. Wegen der Beziehung (17.**14**) (S. 299) gilt: je größer K_S für eine Säure ist, desto kleiner muß K_B für die konjugierte Base sein. Die in Abschn. 16.**3** (S. 284) gemachte Feststellung, je stärker eine Säure, desto schwächer ihre konjugierte Base, kommt in Gleichung (17.**14**) quantitativ zum Ausdruck.

In ⌶ 17.**3** sind einige schwache Säuren und Basen aufgeführt. Für schwache Säuren ist $pK_S > 3,5$, für starke Säuren ist $pK_S < -0,35$; dazwischen liegen die mittelstarken Säuren. Wegen des Zusammenhangs zwischen pK_S- und pK_B-Wert werden häufig nur pK_S- und keine pK_B-Werte tabelliert. Der pK_S-Wert einer schwachen oder mittelstarken Säure kann aus dem gemessenen pH-Wert einer Lösung bekannter Konzentrationen berechnet werden (vgl. ■ 17.**6**, S. 298).

17.3 Einige Säuredissoziationskonstanten und Basenkonstanten bei 25 °C

Säuren			K_S	pK_S
Chlorige Säure	$HClO_2$	$\rightleftarrows H^+ + ClO_2^-$	$1{,}1 \cdot 10^{-2}$	2,0
Flußsäure	HF	$\rightleftarrows H^+ + F^-$	$6{,}7 \cdot 10^{-4}$	3,2
Salpetrige Säure	HNO_2	$\rightleftarrows H^+ + NO_2^-$	$4{,}5 \cdot 10^{-4}$	3,4
Ameisensäure	HCO_2H	$\rightleftarrows H^+ + HCO_2^-$	$1{,}8 \cdot 10^{-4}$	3,7
Cyansäure	$HOCN$	$\rightleftarrows H^+ + OCN^-$	$1{,}2 \cdot 10^{-4}$	3,9
Benzoesäure	$C_6H_5CO_2H$	$\rightleftarrows H^+ + C_6H_5CO_2^-$	$6{,}0 \cdot 10^{-5}$	4,2
Stickstoffwasserstoffsäure	HN_3	$\rightleftarrows H^+ + N_3^-$	$1{,}9 \cdot 10^{-5}$	4,7
Essigsäure	CH_3CO_2H	$\rightleftarrows H^+ + CH_3CO_2^-$	$1{,}8 \cdot 10^{-5}$	4,7
Hypochlorige Säure	$HOCl$	$\rightleftarrows H^+ + OCl^-$	$3{,}2 \cdot 10^{-8}$	7,5
Hypobromige Säure	$HOBr$	$\rightleftarrows H^+ + OBr^-$	$2{,}1 \cdot 10^{-9}$	8,7
Blausäure	HCN	$\rightleftarrows H^+ + CN^-$	$4{,}0 \cdot 10^{-10}$	9,4

Basen			K_B	pK_B
Dimethylamin	$(H_3C)_2NH + H_2O$	$\rightleftarrows (H_3C)_2NH_2^+ + OH^-$	$3{,}7 \cdot 10^{-4}$	3,4
Methylamin	$H_3CNH_2 + H_2O$	$\rightleftarrows H_3CNH_3^+ + OH^-$	$5{,}4 \cdot 10^{-4}$	3,3
Trimethylamin	$(H_3C)_3N + H_2O$	$\rightleftarrows (H_3C)_3NH^+ + OH^-$	$6{,}5 \cdot 10^{-5}$	4,2
Ammoniak	$NH_3 + H_2O$	$\rightleftarrows NH_4^+ + OH^-$	$1{,}8 \cdot 10^{-5}$	4,7
Hydrazin	$N_2H_4 + H_2O$	$\rightleftarrows N_2H_5^+ + OH^-$	$9{,}8 \cdot 10^{-7}$	6,0
Pyridin	$C_5H_5N + H_2O$	$\rightleftarrows C_5H_5NH^+ + OH^-$	$1{,}5 \cdot 10^{-9}$	8,8
Anilin	$H_5C_6NH_2 + H_2O$	$\rightleftarrows H_5C_6NH_3^+ + OH^-$	$4{,}3 \cdot 10^{-10}$	9,3

17.3 Indikatoren

Indikatoren sind organische Farbstoffe, deren Farbe in Lösung vom pH-Wert abhängt. Methylorange ist zum Beispiel rot in einer Lösung bei pH < 3,1 und gelb bei pH > 4,5; im Bereich zwischen pH = 3,1 und pH = 4,5 zeigt die Lösung eine Mischfarbe zwischen rot und gelb. Es gibt zahlreiche andere Indikatoren, deren Farbe in unterschiedlichen pH-Bereichen umschlägt. In **17.4** sind einige aufgeführt.

Der pH-Wert einer Lösung kann auf elektrochemischem Weg mit einem pH-Meter gemessen werden (Abschn. 20.**9**, S. 365). Schneller (aber weniger genau) kann man den pH-Wert mit Hilfe von Indikatoren ermitteln. Wenn in einer Probe einer Lösung Thymolblau gelb und in einer anderen Probe der gleichen Lösung Methylorange rot ist, dann liegt der pH-Wert der Lösung zwischen 2,8 und 3,1. Mit einer genügend großen Sammlung von Indikatoren kann so der pH-Wert auf eine Stelle nach dem Komma bestimmt werden. Ein Universalindikator ist eine Mischung mehrerer Indikatoren, die je nach pH-Wert einen bestimmten Farbton hat; der Vergleich mit einer Farbskala zeigt den pH-Wert an.

17 Säure-Base-Gleichgewichte

17.4 Einige Indikatoren

Indikator	Farbe bei niedrigerem pH-Wert	pH-Umschlag-bereich	Farbe bei höherem pH-Wert
Thymolblau	rot	1,2–2,8	gelb
Methylorange	rot	3,1–4,5	gelb
Bromkresolgrün	gelb	3,8–5,5	blau
Methylrot	rot	4,2–6,3	gelb
Lackmus	rot	5,0–8,0	blau
Bromthymolblau	gelb	6,0–7,6	blau
Thymolblau	gelb	8,0–9,6	blau
Phenolphthalein	farblos	8,3–10,0	rot
Alizaringelb	gelb	10,0–12,1	blauviolett

Indikatorgleichgewicht
(die angegebenen Farben und Zahlen gelten für Lackmus):

$$HInd \rightleftarrows H^+ + Ind^-$$
rot blau

$$\frac{c(H^+) \cdot c(Ind^-)}{c(HInd)} = K_S = 10^{-7} \text{ mol/L}$$

$$\frac{c(Ind^-)}{c(HInd)} = \frac{10^{-7}}{c(H^+)}$$

bei pH = 5:
blau → $\frac{c(Ind^-)}{c(HInd)} = \frac{10^{-7}}{10^{-5}} = \frac{1}{100}$
rot →

Die Lösung erscheint rot.

bei pH = 8:
blau → $\frac{c(Ind^-)}{c(HInd)} = \frac{10^{-7}}{10^{-8}} = 10$
rot →

Die Lösung erscheint blau.

Indikatoren sind schwache Säuren. Dank ihrer intensiven Farbe werden nur wenige Tropfen einer verdünnten Indikatorlösung benötigt; der Zusatz des Indikators zur Probenlösung beeinflußt deshalb deren pH-Wert nicht signifikant.

Ein undissoziiertes Indikator-Molekül **HInd** hat eine andere Farbe als seine konjugierte Base **Ind⁻**. Das Lackmus-Molekül ist zum Beispiel rot, seine konjugierte Base ist blau. Nach dem Prinzip des kleinsten Zwangs drängt eine hohe H^+-Ionenkonzentration das Gleichgewicht nach links, man beobachtet die rote Farbe der Lackmus-Moleküle **HInd**. Zusatz einer Base verringert die H^+-Ionenkonzentration, das Gleichgewicht verlagert sich nach rechts, die blaue Farbe der Lackmus-Anionen **Ind⁻** erscheint.

Die Dissoziationskonstante von Lackmus liegt bei 10^{-7}. Damit ergibt sich für pH = 5 eine hundertfach größere Konzentration für das rote **HInd** gegenüber dem blauen **Ind⁻**; die Lösung erscheint rot. Bei pH = 8 ist die **Ind⁻**-Konzentration zehnmal größer als die **HInd**-Konzentration; weil die blaue **Ind⁻**-Farbe erheblich intensiver als die rote **HInd**-Farbe ist, reicht ein zehnfacher Überschuss an **Ind⁻** gegenüber **HInd** um die Lösung blau erscheinen zu lassen. Bei pH = 7 ist $c(HInd) = c(Ind^-)$ und die Lösung zeigt eine Mischfarbe (Purpur).

Der pH-Bereich, in dem die Farbe eines Indikators umschlägt, liegt demnach immer beim pK_S-Wert der schwachen Säure **HInd**; Lackmus schlägt im Bereich um pH = pK_S = 7 um.

17.4 Pufferlösungen

Zuweilen benötigt man Lösungen, die einen definierten pH-Wert haben, der sich über längere Zeit konstant hält. Während es leicht ist, durch geeignete Wahl der Konzentration einer Säure oder Base eine Lösung mit dem gewünschten pH-Wert herzustellen, ist es schwierig, diesen pH-Wert konstant zu halten. An der Luft nimmt die Lösung Kohlendioxid (ein Säureanhydrid) auf und wird stärker sauer; wenn die Lösung in einem Glasgefäß aufbewahrt wird, können basische Verunreinigungen aus dem Glas ausgelaugt werden. **Pufferlösungen** zeigen diese Probleme nicht: sie halten den pH-Wert weitgehend konstant, auch wenn Säuren oder Basen in begrenzter Menge zugesetzt werden.

Eine Pufferlösung enthält eine relativ hohe Konzentration einer schwachen Säure *und* ihrer konjugierten Base. Nehmen wir als Beispiel eine Essigsäure-Acetat-Pufferlösung, die x mol/L Essigsäure und x mol/L Acetat (als Natriumacetat) enthält:

$$CH_3CO_2H \rightleftarrows H^+ + CH_3CO_2^-$$

$$\frac{c(H^+) \cdot c(CH_3CO_2^-)}{c(CH_3CO_2H)} = c(H^+) \cdot \frac{x \text{ mol/L}}{x \text{ mol/L}}$$

$$= K_S = 1{,}8 \cdot 10^{-5} \text{ mol/L}$$

$$pH = pK_S = -\log(1{,}8 \cdot 10^{-5}) = 4{,}74$$

Für eine Lösung, die eine schwache Säure und ihre konjugierte Base im Stoffmengenverhältnis 1 : 1 enthält, gilt immer: $pH = pK_S$.

In unserem Beispiel sind in der Lösung die Konzentrationen von Essigsäure und Acetat erheblich größer als die der H^+-Ionen (etwa 50 000mal mehr). Setzen wir der Lösung in begrenztem Maß H^+-Ionen zu, so werden sie mit dem großen Vorrat an Acetat-Ionen zu Essigsäure reagieren. Setzen wir eine begrenzte Menge an OH^--Ionen zu, so werden sie mit der vorhandenen Essigsäure reagieren. Die zugesetzten H^+- oder OH^--Ionen verschwinden somit, der pH-Wert hält sich weitgehend konstant.

Pufferlösungen halten bei Zusatz von Säuren oder Basen den pH-Wert nicht ganz exakt konstant und sie vertragen nur den Zusatz einer begrenzten Säure- oder Basenmenge. Eine Pufferlösung, die x mol der schwachen Säure und x mol ihrer konjugierten Base enthält, hält den pH-Wert im Bereich $pH = pK_S \pm 0{,}1$ stabil, wenn maximal $0{,}115 \cdot x$ mol Säure oder Base zugesetzt werden. Bei Zusatz von $0{,}5\,x$ mol Säure oder Base ändert sich der pH-Wert um 0,5. Wie konstant der pH-Wert sich hält, illustriert ◾ 17.**8** (S. 304).

Pufferlösungen, deren pH-Wert im basischen Bereich liegt, werden nach dem gleichen Rezept hergestellt. Man verwendet ein konjugiertes Säure-Base-Paar, dessen Säure einen pK_S-Wert über 7 hat. Die Pufferlösung aus Ammoniak und Ammoniumchlorid ist ein Beispiel. Für Ammoniak ist $pK_B = 4{,}74$; damit ist für die konjugierte Säure (NH_4^+) $pK_S = 14 - pK_B = 9{,}26$. Eine Pufferlösung, die gleiche Stoffmengen NH_3 und NH_4Cl enthält, hat somit einen pH-Wert von 9,26.

Benötigt man eine Pufferlösung, deren pH-Wert vom pK_S-Wert der schwachen Säure etwas abweicht, so kann man die schwache Säure und ihre konjugierte Base in einem anderen Stoffmengenverhältnis als 1 : 1 einsetzen. Betrachten wir eine Pufferlösung, die aus einer Säure HA und ihrer konjugierten Base A^- hergestellt wird, dann gilt:

$$HA \rightleftarrows H^+ + A^-$$

$$\frac{c(H^+) \cdot c(A^-)}{c(HA)} = K_S$$

$$c(H^+) = K_S \cdot \frac{c(HA)}{c(A^-)}$$

$$pH = pK_S - \log \frac{c(HA)}{c(A^-)} \qquad (17.16)$$

❗ Für eine Lösung, die eine schwache Säure und ihre konjugierte Base im Stoffmengenverhältnis 1 : 1 enthält, gilt immer: $pH = pK_S$.

Beispiel 17.8

Eine Pufferlösung enthalte 1,00 mol/L Essigsäure und 1,00 mol/L Natriumacetat. Sie hat einen pH-Wert von pH = pK_S = 4,742. Welchen pH-Wert hat sie nach Zusatz von

a) 0,01 mol/L HCl
b) 0,1 mol/L HCl
c) 0,01 mol/L NaOH

$$CH_3CO_2H \rightleftarrows H^+ + CH_3CO_2^-$$

Konzentration	$c(CH_3CO_2H)$ /mol · L^{-1}	$c(CH_3CO_2^-)$ /mol · L^{-1}
Pufferlösung:	1,00	1,00
Nach Zusatz von x mol/L H$^+$:	1,00 + x	1,00 − x
Nach Zusatz von y mol/L OH$^-$:	1,00 − y	1,00 + y

$$\frac{c(H^+) \cdot c(CH_3CO_2^-)}{c(CH_3CO_2H)} = K_S$$

$$c(H^+) = K_S \cdot \frac{c(CH_3CO_2H)}{c(CH_3CO_2^-)}$$

$$pH = pK_S - \log \frac{c(CH_3CO_2H)}{c(CH_3CO_2^-)}$$

zu **a)** Zusatz von x = 0,01 mol/L H$^+$:

$$pH = 4{,}742 - \log \frac{1{,}01 \text{ mol/L}}{0{,}99 \text{ mol/L}} = 4{,}733$$

Der pH-Wert ändert sich um 0,009 Einheiten. Ein entsprechender Zusatz von H$^+$ zu reinem Wasser würde den pH-Wert um 5,00 Einheiten von pH = 7,00 auf pH = 2,00 ändern.

zu **b)** Zusatz von x = 0,1 mol/L H$^+$:

$$pH = 4{,}742 - \log \frac{1{,}1 \text{ mol/L}}{0{,}9 \text{ mol/L}} = 4{,}655$$

Der pH-Wert ändert sich um 0,087 Einheiten. Ein entsprechender Zusatz von H$^+$-Ionen zu Wasser würde den pH-Wert von 7,00 auf 1,00 senken.

zu **c)** Zusatz von y = 0,01 mol/L OH$^-$:

$$pH = 4{,}742 - \log \frac{0{,}99 \text{ mol/L}}{1{,}01 \text{ mol/L}} = 4{,}751$$

Ein entsprechender Zusatz von OH$^-$-Ionen zu Wasser würde den pH-Wert von 7,00 auf 12,00 erhöhen.

Gleichung (17.16) wird die **Henderson-Hasselbalch-Gleichung** genannt. Damit die Pufferlösung wirksam ist, sollte das eingesetzte Stoffmengenverhältnis $c(HA)/c(A^-)$ im Bereich zwischen 1/10 und 10/1 liegen. Man kann so Pufferlösungen herstellen, deren pH-Wert maximal eine Einheit vom pK_S-Wert der schwachen Säure HA abweicht (▪ 17.9 und 17.10). Die im ▪ 17.8 durchgeführten Rechnungen sind ebenfalls Anwendungen der Henderson-Hasselbalch-Gleichung.

Henderson-Hasselbalch-Gleichung:

$$pH = pK_S - \log \frac{c(HA)}{c(A^-)} \qquad (17.16)$$

▪ Beispiel 17.9

Aus Cyansäure (HOCN) und Kaliumcyanat (KOCN) soll eine Pufferlösung mit pH = 3,50 hergestellt werden. Welches Stoffmengenverhältnis wird benötigt? pK_S(HOCN) = 3,92.

Nach Gleichung (17.16) gilt:

$$pH = pK_S - \log \frac{c(HOCN)}{c(NCO^-)}$$

$$\log \frac{c(HOCN)}{c(NCO^-)} = pK_S - pH = 3,92 - 3,50 = 0,42$$

$$\frac{c(HOCN)}{c(NCO^-)} = 2,63$$

▪ Beispiel 17.10

Welchen pH-Wert hat eine Lösung, die aus 100 mL Salzsäure mit $c(HCl)$ = 0,15 mol/L und 200 mL einer Lösung von Anilin ($H_5C_6NH_2$) mit c(Anilin) = 0,20 mol/L hergestellt wurde?

Eingesetzte Stoffmengen:

$$n(HCl) = c(HCl) \cdot V(HCl) = 0,15 \text{ mol/L} \cdot 0,100 \text{ L} = 0,015 \text{ mol}$$

$$n(H_5C_6NH_2) = c(H_5C_6NH_2) \cdot V(H_5C_6NH_2) = 0,20 \text{ mol/L} \cdot 0,200 \text{ L}$$
$$= 0,040 \text{ mol}$$

Ein Mol Anilin reagiert mit einem Mol H^+:

$$H_5C_6NH_2 + H^+ \rightarrow H_5C_6NH_3^+$$

Stoffmengen vor der Reaktion:

$$n(H_5C_6NH_2) = 0,040 \text{ mol} \qquad n(H^+) = 0,015 \text{ mol}$$

Stoffmengen nach der Reaktion:

$$n(H_5C_6NH_2) = 0,025 \text{ mol} \qquad n(H_5C_6NH_3^+) = 0,015 \text{ mol}$$

In den 300 mL der Lösung sind die Konzentrationen:

$$c(H_5C_6NH_2) = n(H_5C_6NH_2)/V = 0,025 \text{ mol}/0,3 \text{ L} = 0,083 \text{ mol/L}$$
$$c(H_5C_6NH_3^+) = 0,015 \text{ mol}/0,3 \text{ L} = 0,050 \text{ mol/L}$$
$$pK_S(H_5C_6NH_3^+) = 14 - pK_B(H_5C_6NH_2) = 14 - 9,34 = 4,66$$

Nach Gleichung (17.16) ist:

$$pH = pK_S - \log \frac{c(H_5C_6NH_3^+)}{c(H_5C_6NH_2)} = 4,66 - \log \frac{0,050 \text{ mol/L}}{0,083 \text{ mol/L}} = 4,88$$

Phosphorsäure:

$H_3PO_4 \rightleftarrows H^+ + H_2PO_4^-$

$$\frac{c(H^+) \cdot c(H_2PO_4^-)}{c(H_3PO_4)} = K_{S1}$$
$$= 7{,}5 \cdot 10^{-3} \text{ mol/L}$$

$H_2PO_4^- \rightleftarrows H^+ + HPO_4^{2-}$

$$\frac{c(H^+) \cdot c(HPO_4^{2-})}{c(H_2PO_4^-)} = K_{S2}$$
$$= 6{,}2 \cdot 10^{-8} \text{ mol/L}$$

$HPO_4^{2-} \rightleftarrows H^+ + PO_4^{3-}$

$$\frac{c(H^+) \cdot c(PO_4^{3-})}{c(HPO_4^{2-})} = K_{S3} = 1 \cdot 10^{-12} \text{ mol/L}$$

Pufferlösungen spielen eine wichtige Rolle bei vielen technischen Prozessen, zum Beispiel beim Galvanisieren, Gerben von Leder, bei der Herstellung von photographischem Material oder von Farbstoffen. Das Wachstum von Bakterien hängt sehr stark vom pH-Wert des Kulturmediums ab. In der analytischen Chemie müssen oft genaue pH-Bedingungen eingehalten werden. Menschliches Blut wird durch ein Puffersystem aus Hydrogencarbonat, Phosphat und Proteinen auf einem pH-Wert von 7,4 gehalten.

17.5 Mehrprotonige Säuren

Mehrprotonige Säuren enthalten mehr als ein dissoziierbares Wasserstoff-Atom pro Molekül. Beispiele sind Schwefelsäure (H_2SO_4), Oxalsäure ($H_2C_2O_4$), Phosphorsäure (H_3PO_4) und Arsensäure (H_3AsO_4). Mehrprotonige Säuren dissoziieren schrittweise, und jeder Schritt hat seine eigene Dissoziationskonstante (mit K_{S1}, K_{S2} usw. bezeichnet).

Wie nebenstehend formuliert, dissoziiert Phosphorsäure in drei Schritten. Die Abfolge der Zahlenwerte wie bei der Phosphorsäure ist typisch für alle mehrprotonigen Säuren:

$$K_{S1} > K_{S2} > K_{S3}$$

Darin kommt zum Ausdruck, wie leicht die Protonen abgespalten werden können. Das erste Proton wird am leichtesten abgegeben. Die Abtrennung des zweiten Protons von dem negativ geladenen $H_2PO_4^-$-Ion geht weniger leicht, und noch schwieriger ist die Abtrennung des dritten Protons vom doppelt negativ geladenen HPO_4^{2-}-Ion (■ 17.11).

■ **Beispiel 17.11**

Wie groß sind die Konzentrationen $c(H^+)$, $c(H_2PO_4^-)$, $c(HPO_4^{2-})$, $c(PO_4^{3-})$ und $c(H_3PO_4)$ in einer Lösung mit 0,10 mol/L Gesamtkonzentration?

Die H^+-Ionen stammen in erster Linie vom ersten Dissoziationsschritt. Der Anteil der H^+-Ionen aus den anderen Dissoziationsschritten und der aus der Eigendissoziation des Wassers ist dagegen vernachlässigbar. Außerdem wird die Konzentration der $H_2PO_4^-$-Ionen, die beim ersten Schritt entsteht, kaum nennenswert durch den zweiten Schritt vermindert. Man kann somit ansetzen:

$$H_3PO_4 \rightleftarrows H^+ + H_2PO_4^-$$
$$0{,}10 - x \quad x \quad x \text{ mol/L}$$

Analog zur Rechnung der Gleichungen (17.5)–(17.7) (S. 297) erhalten wir:

$$c(H^+) = c(H_2PO_4^-) = -\tfrac{1}{2}K_{S1} + \sqrt{\tfrac{1}{4}K_{S1}^2 + K_{S1} \cdot c_0}$$
$$= -\tfrac{1}{2} \cdot 7{,}5 \cdot 10^{-3} + \sqrt{\tfrac{1}{4} \cdot 7{,}5^2 \cdot 10^{-6} + 7{,}5 \cdot 10^{-3} \cdot 0{,}1} \text{ mol/L}$$
$$= 2{,}4 \cdot 10^{-2} \text{ mol/L}$$

$$c(H_3PO_4) = 0{,}1 - c(H^+) = 7{,}6 \cdot 10^{-2} \text{ mol/L}$$

Damit sind die Werte zur Berechnung des zweiten Dissoziationsschritts gegeben:

$$H_2PO_4^- \rightleftarrows H^+ + HPO_4^{2-} \qquad \frac{c(H^+) \cdot c(HPO_4^{2-})}{c(H_2PO_4^-)} = K_{S2}$$

$$c(HPO_4^{2-}) = K_{S2} \cdot \frac{c(H_2PO_4^-)}{c(H^+)} = K_{S2} = 6{,}2 \cdot 10^{-8} \text{ mol/L}$$

Jede Lösung von *reiner* Phosphorsäure hat eine HPO_4^{2-}-Konzentration, die dem K_{S2}-Wert entspricht. Für den dritten Dissoziationsschritt gilt:

$$HPO_4^{2-} \rightleftarrows H^+ + PO_4^{3-} \qquad \frac{c(H^+) \cdot c(PO_4^{3-})}{c(HPO_4^{2-})} = K_{S3}$$

$$c(PO_4^{3-}) = K_{S3} \frac{c(HPO_4^{2-})}{c(H^+)} = 1 \cdot 10^{-12} \cdot \frac{6{,}2 \cdot 10^{-8}}{2{,}4 \cdot 10^{-2}} \text{ mol/L} = 2{,}6 \cdot 10^{-18} \text{ mol/L}$$

Man kennt keine mehrprotonige Säure, von der in wäßriger Lösung alle Protonen vollständig dissoziiert sind. Bei Schwefelsäure verläuft der erste Dissoziationsschritt vollständig, der zweite nicht.

Wäßrige Lösungen von Kohlendioxid reagieren sauer. Kohlendioxid reagiert mit Wasser zu Kohlensäure (H_2CO_3). Diese ist jedoch instabil; fast das gesamte Kohlendioxid in der Lösung liegt in Form von CO_2-Molekülen vor. Wir formulieren den ersten Dissoziationsschritt deshalb wie folgt:

Schwefelsäure:

$H_2SO_4 \rightarrow H^+ + HSO_4^-$ (vollständig dissoziiert)

$HSO_4^- \rightleftarrows H^+ + SO_4^{2-}$

$$\frac{c(H^+) \cdot c(SO_4^{2-})}{c(HSO_4^-)} = K_{S2} = 1{,}3 \cdot 10^{-2} \text{ mol/L}$$

$$CO_2 + H_2O \rightleftarrows H^+ + HCO_3^-$$

$$\frac{c(H^+) \cdot c(HCO_3^-)}{c(CO_2)} = K_{S1} = 4{,}2 \cdot 10^{-7} \text{ mol/L}$$

$$HCO_3^- \rightleftarrows H^+ + CO_3^{2-}$$

$$\frac{c(H^+) \cdot c(CO_3^{2-})}{c(HCO_3^-)} = K_{S2} = 4{,}8 \cdot 10^{-11} \text{ mol/L}$$

17.5 Dissoziationskonstanten für einige mehrprotonige Säuren in wäßriger Lösung

Schwefelwasserstoff	$H_2S \rightleftarrows H^+ + HS^-$	$K_{S1} = 1{,}1 \cdot 10^{-7}$
	$HS^- \rightleftarrows H^+ + S^{2-}$	$K_{S2} = 1{,}0 \cdot 10^{-14}$
Schweflige Säure	$SO_2 + H_2O \rightleftarrows H^+ + HSO_3^-$	$K_{S1} = 1{,}3 \cdot 10^{-2}$
	$HSO_3^{2-} \rightleftarrows H^+ + SO_3^{2-}$	$K_{S2} = 5{,}6 \cdot 10^{-8}$
Schwefelsäure	$H_2SO_4 \rightleftarrows H^+ + HSO_4^-$	vollständig dissoz.
	$HSO_4^- \rightleftarrows H^+ + SO_4^{2-}$	$K_{S2} = 1{,}3 \cdot 10^{-2}$
Phosphorige Säure (zweiprotonig)	$H_3PO_3 \rightleftarrows H^+ + H_2PO_3^-$	$K_{S1} = 1{,}6 \cdot 10^{-2}$
	$H_2PO_3^- \rightleftarrows H^+ + HPO_3^{2-}$	$K_{S2} = 7 \cdot 10^{-7}$
Phosphorsäure	$H_3PO_4 \rightleftarrows H^+ + H_2PO_4^-$	$K_{S1} = 7{,}5 \cdot 10^{-3}$
	$H_2PO_4^- \rightleftarrows H^+ + HPO_4^{2-}$	$K_{S2} = 6{,}2 \cdot 10^{-8}$
	$HPO_4^{2-} \rightleftarrows H^+ + PO_4^{3-}$	$K_{S3} = 1 \cdot 10^{-12}$
Arsensäure	$H_3AsO_4 \rightleftarrows H^+ + H_2AsO_4^-$	$K_{S1} = 2{,}5 \cdot 10^{-4}$
	$H_2AsO_4^- \rightleftarrows H^+ + HAsO_4^{2-}$	$K_{S2} = 5{,}6 \cdot 10^{-8}$
	$HAsO_4^{2-} \rightleftarrows H^+ + AsO_4^{3-}$	$K_{S3} = 3 \cdot 10^{-13}$
Kohlensäure	$CO_2 + H_2O \rightleftarrows H^+ + HCO_3^-$	$K_{S1} = 4{,}2 \cdot 10^{-7}$
	$HCO_3^- \rightleftarrows H^+ + CO_3^{2-}$	$K_{S2} = 4{,}8 \cdot 10^{-11}$
Oxalsäure	$H_2C_2O_4 \rightleftarrows H^+ + HC_2O_4^-$	$K_{S1} = 5{,}9 \cdot 10^{-2}$
	$HC_2O_4^- \rightleftarrows H^+ + C_2O_4^{2-}$	$K_{S2} = 6{,}4 \cdot 10^{-5}$

Das gleiche gilt für Lösungen von Schwefeldioxid in Wasser. Die Lösungen reagieren sauer, aber schweflige Säure (H_2SO_3) ist instabil und nicht isolierbar. Das Gleichgewicht wird deshalb analog wie beim Kohlendioxid formuliert. Einige Dissoziationskonstanten für mehrprotonige Säuren sind in 🗐 17.5 aufgeführt.

Das Produkt der Dissoziationskonstanten für die beiden Schritte der Dissoziation von Schwefelwasserstoff (H_2S) ist:

$$\frac{c(H^+) \cdot c(HS^-)}{c(H_2S)} \cdot \frac{c(H^+) \cdot c(S^{2-})}{c(HS^-)} = K_{S1} \cdot K_{S2}$$

$$= \frac{c^2(H^+) \cdot c(S^{2-})}{c(H_2S)} = 1{,}1 \cdot 10^{-7} \cdot 1{,}0 \cdot 10^{-14} \text{ mol}^2/\text{L}^2$$

$$= 1{,}1 \cdot 10^{-21} \text{ mol}^2/\text{L}^2 \tag{17.17}$$

Dieser Ausdruck entspricht der Bruttoreaktion

$$H_2S \rightleftarrows 2H^+ + S^{2-}$$

bedeutet jedoch nicht, daß ein H_2S-Molekül gleichzeitig beide Protonen abgibt und daß doppelt so viel H^+-Ionen wie Sulfid-Ionen in der Lösung vorhanden sind. Die Konzentration der H^+-Ionen ist erheblich größer, weil die Mehrzahl der H_2S-Moleküle nur bis zur Stufe des HS^- dissoziiert und nur ein kleiner Teil davon weiterdissoziiert (🗐 17.12).

🗐 Beispiel 17.12

Wie groß sind die Konzentrationen $c(H^+)$, $c(H_2S)$, $c(HS^-)$ und $c(S^{2-})$ in einer Lösung von $c(H_2S) = 0{,}1$ mol/L?

Da $K_{S1} = 1{,}1 \cdot 10^{-7}$ ist, wird die Menge H_2S kaum nennenswert durch die Dissoziation vermindert. Der zweite Dissoziationsschritt trägt nicht signifikant zur H^+-Ionenkonzentration bei. Man kann somit ansetzen:

$$H_2S \rightleftarrows H^+ + HS^-$$
$$c(H_2S) = c_0(H_2S) = 0{,}1 \text{ mol/L} \qquad c(H^+) = c(HS^-)$$

Wir können Gleichung (17.8, S. 297) anwenden:

$$c(H^+) = c(HS^-) = \sqrt{K_{S1} \cdot c_0(H_2S)} = \sqrt{1{,}1 \cdot 10^{-7} \cdot 0{,}1} \text{ mol/L} = 1{,}0 \cdot 10^{-4} \text{ mol/L}$$

Für den zweiten Dissoziationsschritt gilt:

$$HS^- \rightleftarrows H^+ + S^{2-} \qquad \frac{c(H^+) \cdot c(S^{2-})}{c(HS^-)} = K_{S2}$$

$$c(S^{2-}) = K_{S2} \cdot \frac{c(HS^-)}{c(H^+)} = K_{S2} = 1{,}0 \cdot 10^{-14} \text{ mol/L}$$

In jeder H_2S-Lösung, die keine Ionen eines anderen Elektrolyten enthält, ist $c(S^{2-}) = K_{S2}$.

Die Sättigungskonzentration von Schwefelwasserstoff in Wasser bei 25 °C beträgt 0,1 mol/L. Setzen wir diesen Wert für $c(H_2S)$ in Gleichung (17.17) ein, so erhalten wir:

$$\frac{c^2(H^+) \cdot c(S^{2-})}{0{,}1 \text{ mol/L}} = 1{,}1 \cdot 10^{-21} \text{mol}^2/\text{L}^2$$

$$c(S^{2-}) = \frac{1{,}1 \cdot 10^{-22}}{c^2(H^+)} \qquad (17.18)$$

Mit Gleichung (17.18) kann man die Sulfid-Ionenkonzentration in einer gesättigten H$_2$S-Lösung in Abhängigkeit vom pH-Wert berechnen (■ 17.13).

■ **Beispiel 17.13**

Wie groß ist die S^{2-}-Ionen-Konzentration einer gesättigten H$_2$S-Lösung, deren pH-Wert durch Zusatz von Salzsäure auf pH = 2,0 gebracht wurde?
Nach Gleichung (17.18) ist

$$c(S^{2-}) = \frac{1{,}1 \cdot 10^{-22}}{c^2(H^+)} = \frac{1{,}1 \cdot 10^{-22}}{10^{-4}} \text{ mol/L} - 1{,}1 \cdot 10^{-18} \text{ mol/L}$$

Der Zusatz von H$^+$-Ionen hat das Gleichgewicht zuungunsten der S^{2-}-Ionen verschoben (vgl. ■ 17.12). Die H$^+$-Konzentration steuert über die chemischen Gleichgewichte die S^{2-}-Konzentration. Wegen des Zusatzes von H$^+$-Ionen aus einer anderen Quelle als dem H$_2$S selbst ist $c(S^{2-}) \ne K_{S2}$.

17.6 Salze schwacher Säuren und Basen

Wäßrige Lösungen von Salzen wie Natriumchlorid oder Kaliumnitrat sind neutral. Lösungen von Salzen wie Natriumacetat, Natriumnitrit (NaNO$_2$), Ammoniumchlorid oder Aluminiumsulfat reagieren jedoch sauer oder basisch. Allgemein kann man feststellen:
1. Anionen, die sich von schwachen Säuren ableiten (z. B. CH$_3$CO$_2^-$ oder NO$_2^-$) verhalten sich in Lösung basisch.
2. Kationen, die sich von schwachen Basen ableiten (z. B. NH$_4^+$ oder Al^{3+}) verhalten sich in Lösung sauer.

Die Ursache hierfür kennen wir aus Abschnitt 17.2 (S. 300). Je schwächer eine Säure ist, desto stärker ist ihre konjugierte Base; diese ist identisch mit dem Anion in Salzen, die sich von der Säure ableiten. Die konjugierte Base der Essigsäure, das Acetat-Ion, ist basisch genug, um mit Wasser unter Bildung von OH$^-$-Ionen zu reagieren (vgl. ■ 17.7, S. 299). Diese Reaktion mit Wasser wird im älteren Schrifttum *Hydrolyse* genannt (heute versteht man unter Hydrolyse die Spaltung kovalenter Bindungen durch Reaktion mit Wasser). Entsprechendes gilt für Kationen, die sich von schwachen Basen ableiten. Das NH$_4^+$-Ion ist die konjugierte Säure der schwachen Base NH$_3$. Lösungen von Ammonium-Salzen reagieren sauer (■ 17.14 S. 310).

Die Anionen starker Säuren, zum Beispiel Cl$^-$ (konjugierte Base von HCl), sind so schwach basisch, daß sie nicht mit Wasser reagieren; anders gesagt, H$_2$O ist eine stärkere Base als Cl$^-$. Solche Ionen beeinflussen den pH-Wert nicht. Entsprechend sind die Kationen starker Basen zu schwach sauer, d.h. schwächer sauer als Wasser, und ohne Wirkung auf den pH-Wert; zu ihnen zählen die Ionen Li$^+$, Na$^+$, K$^+$, Rb$^+$, Cs$^+$, Ca^{2+}, Sr^{2+} und Ba^{2+}.

◼ **Beispiel 17.14**

Welchen pH-Wert hat eine Lösung von Ammoniumchlorid mit $c(NH_4Cl)$ = 0,30 mol/L?

$$NH_4^+ \rightleftarrows H^+ + NH_3$$
$$pK_S(NH_4^+) = 14 - pK_B(NH_3) = 14 - 4{,}7 = 9{,}3$$

Nach Gleichung (17.9, S. 297) ist

$$pH = \tfrac{1}{2}(9{,}3 - \log 0{,}30) = 4{,}9$$

Nur solche Ionen, die durch Reaktion mit Wasser einen schwachen Elektrolyten bilden können, wirken sich auf den pH-Wert aus.

Die Anionen von mehrprotonigen Säuren reagieren in mehreren Schritten mit Wasser, zum Beispiel:

$$S^{2-} + H_2O \rightleftarrows HS^- + OH^- \quad K_{B1} = K_W/K_{S2} = 1{,}0$$
$$HS^- + H_2O \rightleftarrows H_2S + OH^- \quad K_{B2} = K_W/K_{S1} = 9{,}1 \cdot 10^{-8}$$

Die konjugierte Säure zum S^{2-}-Ion ist das HS^--Ion; die Basenkonstante K_{B1} ergibt sich deshalb aus der Säuredissoziationskonstante des HS^--Ions, d.h. aus K_{S2} des H_2S. Da $K_{B1} \gg K_{B2}$, kann der Anteil der OH^--Ionen aus dem zweiten Reaktionsschritt gegenüber dem Anteil aus dem ersten Schritt vernachlässigt werden (◼ 17.15).

◼ **Beispiel 17.15**

Welchen pH-Wert hat eine Lösung von 0,10 mol Na_2S pro Liter?

$$S^{2-} + H_2O \rightarrow HS^- + OH^-$$

Der K_S-Wert der korrespondierenden Säure HS^- ist $1{,}0 \cdot 10^{-14}$ (◼ 17.5, S. 307).

$$K_B = K_W/K_S = 1{,}0 \cdot 10^{-14}/10^{-14} = 1{,}0$$

Gleichung (17.13, S. 299) ist in diesem Fall nicht genau genug ($K_B \gg 10^{-4}$), wir verwenden Gleichung (17.11):

$$c(OH^-) = -\tfrac{1}{2} \cdot 1{,}0 + \sqrt{\tfrac{1}{4} \cdot 1{,}0^2 + 1{,}0 \cdot 0{,}1}\ \text{mol/L} = 0{,}09\ \text{mol/L}$$
$$pOH = 1{,}04$$
$$pH = 14 - pOH = 12{,}96$$

Viele in Wasser gelöste Metall-Kationen verhalten sich sauer. Als Säure wirkt das hydratisierte Metall-Ion; die an das Metall-Ion koordinierten Wassermoleküle können Protonen abspalten, zum Beispiel:

$$[Fe(OH_2)_6]^{3+} \rightleftarrows [Fe(OH)(OH_2)_5]^{2+} + H^+$$

Solche Reaktionen werden häufig ohne Berücksichtigung des koordinierten Wassers formuliert:

$$Fe^{3+}(aq) + H_2O \rightleftarrows FeOH^{2+}(aq) + H^+(aq)$$

Meistens sind noch zahlreiche weitere Reaktionsschritte beteiligt, mit weiteren Ionen, die am Gleichgewicht beteiligt sind, zum Beispiel $[Fe(OH)_2(OH_2)_4]^+$ oder $[Fe_2(OH)_2(OH_2)_8]^{4+}$. Dadurch wird die mathematische Behandlung erschwert; außerdem sind die einzelnen Gleichgewichtsreaktionen oder ihre Gleichgewichtskonstanten häufig nicht bekannt.

Im Kasten in der Randspalte sind allgemeine Regeln angegeben, die eine Voraussage darüber ermöglichen, ob eine Salz-Lösung sauer oder basisch reagiert. Danach hat die Lösung von Ammoniumacetat ($NH_4CH_3CO_2$) pH = 7, weil die Säure im System (NH_4^+ als konjugierte Säure der schwachen Base NH_3) und die Base ($CH_3CO_2^-$ als konjugierte Base der schwachen Säure CH_3CO_2H) gleich stark sind ($pK_S(NH_4^+) = 9,3$; $pK_B(CH_3CO_2^-) = 9,3$).

Eine Lösung von Ammoniumcyanid (NH_4CN) ist basisch; das CN^--Ion ist stärker basisch als das NH_4^+-Ion sauer ist. Anders gesagt: NH_4CN ist das Salz aus NH_3 und HCN, und NH_3 ist stärker basisch ($K_B = 1,8 \cdot 10^{-5}$) als HCN sauer ist ($K_S = 4,0 \cdot 10^{-10}$).

Hydrogensalze, wie zum Beispiel

NaHS NaH_2PO_4 Na_2HPO_4 $NaHCO_3$

können sowohl als Säuren wie als Basen reagieren. Hier hängt der pH-Wert davon ab, ob der K_S-Wert für die Säuredissoziation oder der K_B-Wert für die Reaktion als Base größer ist. Siehe Beispiele NaH_2PO_4 und Na_2HPO_4 in der Randspalte.

17.7 Säure-Base-Titrationen

Titration einer starken Säure mit einer starken Base

Betrachten wir die Titration einer Probe von 50,0 mL Salzsäure, zu der aus einer Bürette allmählich Natronlauge zugegeben wird. Die Konzentrationen seien

c(HCl) = 0,100 mol/L = 0,100 mmol/mL
c(NaOH) = 0,100 mol/L = 0,100 mmol/mL

Vor Zugabe der Natronlauge haben wir in der Salzsäure $c(H^+) = 0,100$ mol/L und somit pH = 1. In 50,0 mL der Salzsäure ist eine Stoffmenge von H^+-Ionen $n(H^+) = c(H^+) \cdot V = 0,100 \cdot 50,0 = 5,00$ mmol enthalten. Bei Zugabe einer bestimmten Menge Natronlauge wird ein entsprechender Teil der H^+-Ionen durch die zugegebenen OH^--Ionen neutralisiert, es verbleibt eine kleinere Menge H^+-Ionen in einem vergrößerten Gesamtvolumen der Lösung; der pH-Wert nimmt zu. Dies erfolgt so lange, bis der Äquivalenzpunkt erreicht ist. Beim **Äquivalenzpunkt** enthält die Lösung Na^+- und Cl^--Ionen in gleicher Menge, d. h. es ist eine Kochsalzlösung; vorhandene H^+-Ionen stammen von der Eigendissoziation des Wassers: pH = 7. Bei Zugabe weiterer Natronlauge erhält die Lösung überschüssige OH^--Ionen, die Lösung wird basisch. Die jeweiligen Stoffmengen sind in ⊟ 17.**6** aufgeführt.

Mit den Werten aus ⊟ 17.**6** erhält man den in ⊙ 17.**1** gezeigten Graphen. Im Bereich um den Äquivalenzpunkt zeigt die Kurve einen steilen Anstieg des pH-Werts. Die ersten 49,9 mL Natronlauge bringen einen pH-Anstieg um drei Einheiten, die nächsten 0,2 mL jedoch von sechs Einheiten.

Regeln zur generellen Voraussage über den sauren oder basischen Charakter von Salz-Lösungen

1. **Salze von starken Basen mit starken Säuren** beeinflussen den pH-Wert nicht; die Lösung hat pH = 7.
   Beispiele:
   NaCl KNO_3 $Ba(ClO_3)_2$

2. **Salze von starken Basen mit schwachen Säuren** ergeben basische Lösungen, pH > 7.
   Beispiele:
   KNO_2 $Ca(CH_3CO_2)_2$ NaCN

3. **Salze von schwachen Basen mit starken Säuren** ergeben saure Lösungen, pH < 7.
   Beispiele:
   NH_4NO_3 $FeBr_2$ $AlCl_3$

4. **Salze von schwachen Basen mit schwachen Säuren** wie z.B. Ammoniumacetat, NH_4CN, $Cu(NO_3)_2$ können saure oder basische Lösungen ergeben. Der pH-Wert hängt davon ab, ob der saure Charakter des Kations oder der basische Charakter des Anions überwiegt.

Lösung von NaH_2PO_4:

$H_2PO_4^- \rightleftarrows H^+ + HPO_4^{2-}$ $K_{S2} = 6,2 \cdot 10^{-8}$
$H_2PO_4^- + H_2O \rightleftarrows H_3PO_4 + OH^-$
$K_{B3} = 10^{-14}/K_{S1} = 1,3 \cdot 10^{-12}$

Da $K_{S2} > K_{B3}$ werden mehr H^+-Ionen gebildet, die Lösung ist sauer.

Lösung von Na_2HPO_4:

$HPO_4^{2-} \rightleftarrows H^+ + PO_4^{3-}$ $K_{S3} = 1 \cdot 10^{-12}$
$HPO_4^{2-} + H_2O \rightleftarrows H_2PO_4^- + OH^-$
$K_{B2} = 10^{-14}/K_{S2} = 1,6 \cdot 10^{-7}$

$K_{S3} < K_{B2}$, die OH^--Ionen überwiegen, pH > 7.

◨ 17.6 Stoffmengen und H⁺-Ionenkonzentration bei der Titration von 50,0 mL Salzsäure, $c(HCl) = 0{,}100$ mol/L, mit Natronlauge, $c(OH^-) = 0{,}100$ mol/L

zugegebene Menge NaOH $n(OH^-)$ /mL	verbliebene Menge H⁺-Ionen $n(H^+)$ /mmol	überschüssige Menge OH⁻-Ionen $n(OH^-)$ /mmol	Lösungs- volumen V /mL	$c(H^+) = n(H^+)/V$ /mmol·mL⁻¹	pH
0,0	0,00	5,00	–	50,0	$1{,}00 \cdot 10^{-1}$	1,00
10,0	1,00	4,00	–	60,0	$6{,}67 \cdot 10^{-2}$	1,18
20,0	2,00	3,00	–	70,0	$4{,}29 \cdot 10^{-2}$	1,37
30,0	3,00	2,00	–	80,0	$2{,}50 \cdot 10^{-2}$	1,60
40,0	4,00	1,00	–	90,0	$1{,}11 \cdot 10^{-2}$	1,95
49,0	4,90	0,10	–	99,0	$1{,}01 \cdot 10^{-3}$	3,00
49,9	4,99	0,01	–	99,9	$1{,}00 \cdot 10^{-4}$	4,00
50,0	5,00	$1{,}00 \cdot 10^{-5}$*	$1{,}00 \cdot 10^{-5}$*	100,0	$1{,}00 \cdot 10^{-7}$	7,00
50,1	5,01	–	0,01	100,1	$1{,}00 \cdot 10^{-10}$	10,00
51,0	5,10	–	0,10	101,0	$1{,}01 \cdot 10^{-11}$	11,00
60,0	6,00	–	1,00	110,0	$1{,}10 \cdot 10^{-12}$	11,96
70,0	7,00	–	2,00	120,0	$6{,}00 \cdot 10^{-13}$	12,22
80,0	8,00	–	3,00	130,0	$4{,}33 \cdot 10^{-13}$	12,36
90,0	9,00	–	4,00	140,0	$3{,}50 \cdot 10^{-13}$	12,46
100,0	10,00	–	5,00	150,0	$3{,}00 \cdot 10^{-13}$	12,52

* aus der Eigendissoziation des Wassers

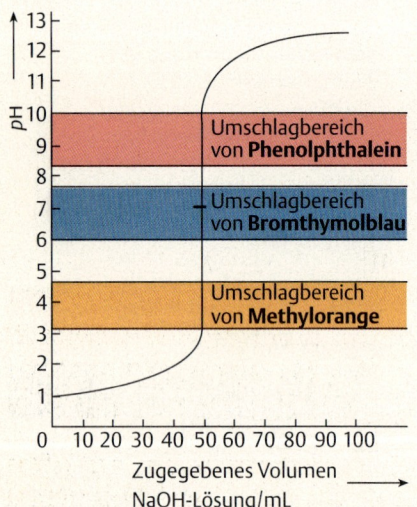

◎ 17.1 Titrationskurve für die Titration von 50,0 mL HCl (0,100 mol/L) mit NaOH (0,100 mol/L)

Zur Bestimmung des Äquivalenzpunktes kann man den pH-Wert während der Titration mit einem pH-Meter messen und die Titrationskurve aufzeichnen; der Wendepunkt der Kurve entspricht dem Äquivalenzpunkt. Einfacher ist es, der Lösung einige Tropfen Indikator-Lösung zuzusetzen. Für drei Indikatoren sind die Umschlagbereiche in ◎ 17.1 eingetragen. Jeder von ihnen ist zur Anzeige des Äquivalenzpunktes geeignet, denn jeder schlägt im Bereich des steilen Kurvenverlaufs um: beim Erreichen des Äquivalenzpunktes genügt ein Tropfen der Natronlauge um den Farbumschlag zu bewirken.

Titration einer schwachen Säure mit einer starken Base

Wir betrachten jetzt die Titration einer Probe von 50,0 mL Essigsäure mit Natronlauge. Beide Lösungen mögen wieder die gleichen Konzentrationen von 0,100 mol/L haben.

Vor der Zugabe der Natronlauge haben wir reine Essigsäure mit $c_0(CH_3CO_2H) = 0{,}100$ mol/L. Gemäß Gleichung (17.**9**) (S. 297) und ◨ 17.7 hat die Lösung einen pH-Wert von 2,87. Durch Zugabe der Natronlauge werden die Essigsäure-Moleküle in Acetat-Ionen überführt. Solange noch nicht alle Essigsäure verbraucht ist, sind Essigsäure-Moleküle und Acetat-Ionen in der Lösung vorhanden. Es handelt sich um eine Pufferlösung, deren pH-Wert wir mit Gleichung (17.**16**) (S. 303) berechnen können. Haben wir 10,0 mL Natronlauge zugegeben, so ist ein Fünftel der ursprünglichen Essigsäure in Acetat umgewandelt worden, vier Fünftel sind noch vorhanden. Das Konzentrationsverhältnis $c(CH_3CO_2H)/c(CH_3CO_2^-)$ ist 4 : 1. Damit ist

$$pH = pK_S - \log \frac{c(CH_3CO_2H)}{c(CH_3CO_2^-)} = 4{,}74 - \log \tfrac{4}{1} = 4{,}14$$

Beim Erreichen des Äquivalenzpunktes ist die gesamte Essigsäure exakt neutralisiert, es liegt eine reine Natriumacetat-Lösung vor, d. h. die Lösung einer reinen schwachen Base. In ihr sind 5,00 mmol Acetat-Ionen in 100 mL Lösung enthalten:

$$c(CH_3CO_2^-) = \frac{5{,}00\,\text{mmol}}{100\,\text{mL}} = 0{,}0500\ \text{mmol/mL}$$

Über Gleichung (17.13) (S. 299) berechnen wir den pH-Wert:

$$pOH = \tfrac{1}{2}(pK_B - \log c(CH_3CO_2^-)) = \tfrac{1}{2}(9{,}26 - \log 0{,}0500) = 5{,}28$$
$$pH = 14 - pOH = 8{,}72$$

Im Äquivalenzpunkt ist die Lösung dementsprechend nicht neutral. Zugabe von weiterer Natronlauge bringt eine entsprechende Erhöhung der OH⁻-Ionenkonzentration, die nun den pH-Wert bestimmt; die Berechnung erfolgt wie bei der Titration von Salzsäure mit Natronlauge.

In 🖻 17.7 sind Zahlenwerte für die Titration aufgeführt, 👁 17.2 zeigt die entsprechende Titrationskurve. Im Vergleich zur Titration von Salzsäure liegen alle pH-Werte vor Erreichen des Äquivalenzpunkts höher und im

🖻 **17.7** Stoffmengen und pH-Werte bei der Titration von 50,0 mL Essigsäure, $c(CH_3CO_2H) = 0{,}100\ \text{mol/L}$, mit Natronlauge, $c(OH^-) = 0{,}100\ \text{mol/L}$

zugegebene Menge NaOH /mL	Stoffmengen-verhältnis $c(CH_3CO_2H)/c(CH_3CO_2^-)$	überschüssige Menge OH⁻-Ionen $n(OH^-)$/mmol	pH
0,0	–	–	2,87
10,0	4/1	–	4,14
20,0	3/2	–	4,56
25,0	1/1	–	4,74
30,0	2/3	–	4,92
40,0	1/4	–	5,34
49,0	1/49	–	6,44
49,9	1/499	–	7,45
50,0	–	–	8,72
50,1	–	0,01	10,00
51,0	–	0,10	11,00
60,0	–	1,00	11,96
70,0	–	2,00	12,22
100,0	–	5,00	12,52

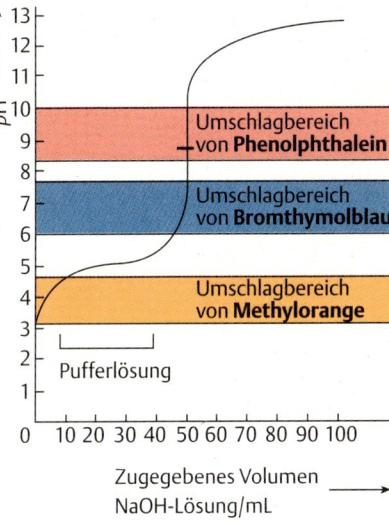

👁 **17.2** Titrationskurve für die Titration von 50,0 mL Essigsäure (0,100 mol/L) mit Natronlauge (0,100 mol/L)

Äquivalenzpunkt ist $pH > 7$. Der Bereich des steilen Anstiegs des pH-Werts ist schmaler. Wie ◉ 17.2 uns zeigt, ist weder Methylorange noch Bromthymolblau als Indikator geeignet. Bromthymolblau würde bereits nach Zugabe von 47,3 mL Natronlauge umzuschlagen beginnen, es wäre kein scharfer Farbumschlag von einem Tropfen Natronlauge zum nächsten erkennbar. Dagegen ist Phenolphthalein als Indikator geeignet.

Titration einer schwachen Base mit einer starken Säure

Die Berechnung des pH-Verlaufs erfolgt im Prinzip genauso wie im vorigen Fall. ◉ 17.3 zeigt die Titrationskurve für die Titration von Ammoniak mit Salzsäure. In diesem Fall ist Methylorange ein geeigneter Indikator.

Bei der Titration einer schwachen Säure mit einer schwachen Base zeigt die Titrationskurve keinen steilen Anstieg für den pH-Wert (◉ 17.4). Für diese Art Titration läßt sich kein geeigneter Indikator finden. Titrationen zwischen schwachen Elektrolyten finden keine Anwendung.

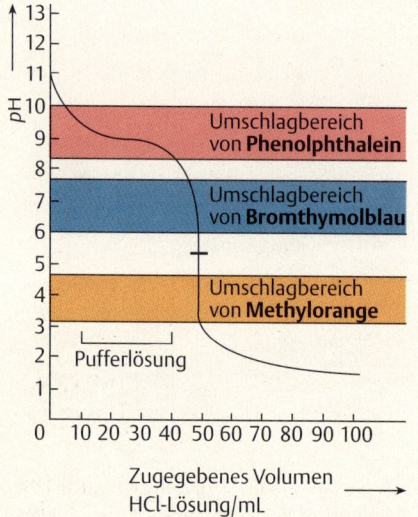

◉ **17.3** Titrationskurve für die Titration von 50,0 mL Ammoniak-Lösung (0,100 mol/L) mit Salzsäure (0,100 mol/L)

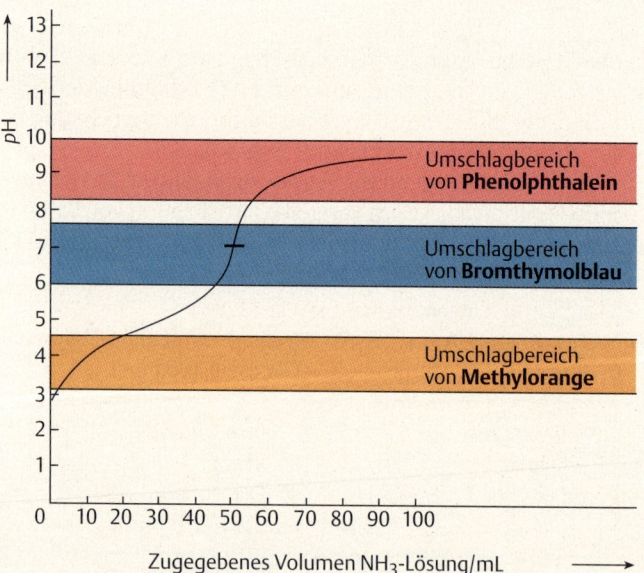

◉ **17.4** Titrationskurve für die Titration von 50,0 mL Essigsäure (0,100 mol/L) mit Ammoniak-Lösung (0,100 mol/L)

17.8 Übungsaufgaben

(Lösungen s. S. 676)

Zahlenwerte für Dissoziations- und Basenkonstanten s. ▭ 17.3 (S. 301), 17.5 (S. 307) oder Anhang B (S. 661)

17.1 Wie groß sind die Konzentrationen $c(H^+)$ und $c(OH^-)$ in folgenden Lösungen:
a) 0,015 mol/L HNO_3
b) 0,0025 mol/L $Ba(OH)_2$
c) 0,00030 mol/L HCl
d) 0,016 mol/L $Ca(OH)_2$?

17.2 Welchen pH-Wert haben Lösungen mit:
a) $c(H^+) = 7{,}3 \cdot 10^{-5}$ mol/L
b) $c(H^+) = 0{,}084$ mol/L
c) $c(H^+) = 3{,}9 \cdot 10^{-8}$ mol/L
d) $c(OH^-) = 3{,}3 \cdot 10^{-4}$ mol/L
e) $c(OH^-) = 0{,}042$ mol/L

17.3 Wie groß sind $c(H^+)$ und $c(OH^-)$ wenn:
a) pH = 1,23
b) pH = 10,92
c) pOH = 4,32
d) pOH = 12,34
e) pOH = 0,16

17.4 Die Lösung einer schwachen Säure HX mit $c_0(HX) = 0{,}26$ mol/L hat einen pH-Wert von 2,86. Wie groß ist die Säuredissoziationskonstante K_S?

17.5 Die Lösung einer schwachen Base Bs mit $c(Bs) = 0{,}44$ mol/L hat einen pH-Wert von 11,12. Wie groß ist die Basenkonstante K_B?

17.6 Welchen pH-Wert hat eine Lösung von 0,30 mol NH_3 pro Liter?

17.7 Welchen pH-Wert hat eine Lösung von 0,12 mol Cyansäure (HOCN) pro Liter?

17.8 Wieviel mol Chlorige Säure ($HClO_2$) benötigt man um 500 mL einer Lösung mit pH = 2,60 herzustellen?

17.9 Propansäure ($C_2H_5CO_2H$, eine einprotonige Säure) ist bei einer Konzentration von 0,25 mol/L zu 0,72% dissoziiert. Wie groß ist die Säuredissoziationskonstante?

17.10 Dichloressigsäure (Cl_2HCCO_2H), eine einprotonige Säure, ist bei einer Konzentration von 0,20 mol/L zu 33% dissoziiert. Wie groß ist die Säuredissoziationskonstante?

17.11 In einer Lösung von Benzylamin ($C_6H_5CH_2NH_2$) mit einer Konzentration von 0,25 mol/L ist $c(OH^-) = 2{,}4 \cdot 10^{-3}$ mol/L. Wie groß ist die Basenkonstante?

17.12 In einer Lösung von Cyanessigsäure ($NCCH_2CO_2H$) mit einer Konzentration von 0,300 mol/L ist $c(H^+) = 0{,}032$ mol/L. Wie groß ist K_S?

17.13 Für Milchsäure ist $K_S = 1{,}5 \cdot 10^{-4}$ mol/L
a) Wie groß ist $c(H^+)$, wenn 0,16 mol/L Milchsäure in Lösung sind?
b) Wieviel Prozent der Milchsäure sind dissoziiert?

17.14 a) Wie groß ist $c(H^+)$ in einer Lösung von 0,25 mol/L Benzoesäure?
b) Wieviel % davon sind dissoziiert?

17.15 Wie groß sind die Konzentrationen von $N_2H_5^+$, OH^- und N_2H_4 (Hydrazin) in einer Lösung von 0,15 mol/L Hydrazin?

17.16 Wie groß sind die Konzentrationen von Anilin ($H_5C_6NH_2$), OH^- und $H_5C_6NH_3^+$ in einer Lösung von 0,40 mol/L Anilin?

17.17 Eine Säure HX ist bei $c_0(HX) = 0{,}15$ mol/L zu 1,2% dissoziiert. Wieviel % sind bei $c_0(HX) = 0{,}030$ mol/L dissoziiert?

17.18 Eine Säure HA ist bei $c_0(HA) = 0{,}15$ mol/L zu 0,10% dissoziiert. Bei welcher Konzentration ist sie zu 1,0% dissoziiert?

17.19 a) Welche Konzentration $c(HClO_2)$ ist mit $c(H^+) = 0{,}030$ mol/L im Gleichgewicht in einer Lösung von reiner chloriger Säure?
b) Welche Stoffmenge $HClO_2$ wird benötigt, um 1,0 L dieser Lösung herzustellen?

17.20 In einer wäßrigen Lösung von Ammoniak ist $c(OH^-) = 1{,}8 \cdot 10^{-3}$ mol/L. Wie groß ist die NH_3-Konzentration?

17.21 In einer wäßrigen Lösung von Trimethylamin, $N(CH_3)_3$, ist $c(OH^-) = 6{,}0 \cdot 10^{-3}$ mol/L. Wie groß ist die Konzentration des Trimethylamins?

17.22 Wie groß sind $c(H^+)$, $c(N_3^-)$, $c(HN_3)$ in einer Lösung, wenn 0,23 mol Natriumazid (NaN_3) und 0,10 mol HCl in einem Gesamtlösungsvolumen von 1,0 L vermischt werden?

17.23 Wie groß sind $c(H^+)$, $c(HCO_2^-)$ und $c(HCO_2H)$, wenn 0,22 mol Natriumformiat (HCO_2Na) und 0,15 mol HCl in einem Gesamtlösungsvolumen von 1,0 L vermischt werden?

17.24 Für Hydroxylamin ist $K_B = 1{,}1 \cdot 10^{-8}$ mol/L:
$HONH_2(aq) + H_2O \rightleftharpoons HONH_3^+(aq) + OH^-(aq)$
Wie groß sind $c(OH^-)$, $c(HONH_3^+)$, und $c(HONH_2)$ wenn 0,20 mol $HONH_3^+Cl^-$ und 0,35 mol NaOH in einem Gesamtlösungsvolumen von 1,0 L vermischt wurden?

17.25 Wie groß sind $c(NH_3)$, $c(NH_4^+)$ und $c(OH^-)$ wenn 150 mL NH_4Cl mit $c(NH_4Cl) = 0{,}45$ mol/L und 300 mL NaOH mit $c(NaOH) = 0{,}30$ mol/L zusammengegeben werden?

17.26 Wie groß sind $c(H^+)$, $c(ClO_2^-)$ und $c(HClO_2)$ in einer Lösung von 0,26 mol/L Chloriger Säure?

17.27 Zu einer Lösung von 0,035 mol/L Salpetriger Säure (HNO_2) werden 0,010 mol Natriumnitrit ($NaNO_2$) gegeben; die Lösung hat ein Volumen von 100 mL
a) Welchen pH-Wert hat die Lösung?
b) Zu wieviel % ist HNO_2 dissoziiert?

17.28 0,010 mol Natriumformiat (HCO_2Na) und 0,0025 mol Ameisensäure (HCO_2H) werden mit Wasser auf ein Lösungsvolumen von 100 mL gebracht. Welchen pH-Wert hat die Lösung?

17.29 Aus 0,028 mol einer schwachen Säure HX und 0,0070 mol NaX wurde eine Lösung mit einem Volumen von 200 mL hergestellt. Die Lösung hat pH = 3,66. Wie groß ist die Dissoziationskonstante K_S von HX?

17.30 Aus $3{,}0 \cdot 10^{-3}$ mol einer schwachen Säure HX und $6{,}0 \cdot 10^{-4}$ mol NaX wurde eine Lösung mit pH = 4,80 hergestellt. Wie groß ist K_S von HX?

17.31 Eine Lösung, die 0,10 mol/L Hydrazin (N_2H_4) und eine unbekannte Menge Hydraziniumchlorid ($N_2H_5^+Cl^-$) enthält, hat einen pH-Wert von 7,15. Welche ist die Konzentration des Hydraziniumchlorids?

17.32 0,060 mol einer schwachen Säure HX wurden auf ein Volumen von 250 mL verdünnt; die Lösung hat pH = 2,89. Welchen pH-Wert hat die Lösung, nachdem 0,030 mol festes NaX darin aufgelöst wurden? Nehmen Sie an, daß der NaX-Zusatz das Volumen der Lösung nicht signifikant ändert.

17.33 Welche Stoffmenge Natriumhypochlorit (NaOCl) muß einer Lösung von 200 mL Hypochloriger Säure mit $c(HOCl) = 0{,}22$ mol/L zugesetzt werden, damit eine Pufferlösung mit pH = 6,75 entsteht? Nehmen Sie an, daß der NaOCl-Zusatz das Volumen der Lösung nicht signifikant ändert.

17.34 Welche Konzentrationen benötigt man, um eine Ammoniak/Ammoniumsalz-Pufferlösung mit pH = 9,50 herzustellen?

17.35 Welche Konzentrationen benötigt man, um eine Benzoesäure/Benzoat-Pufferlösung mit pH = 5,00 herzustellen?

17.36 Wie groß sind die Konzentrationen $c(H^+)$, $c(HCO_3^-)$, $c(CO_3^{2-})$ und $c(CO_2)$ in einer gesättigten Lösung von CO_2 (0,034 mol/L Gesamtkonzentration)? Welchen pH-Wert hat die Lösung?

17.37 Wie groß sind $c(H^+)$, $c(H_2AsO_4^-)$, $c(HAsO_4^{2-})$, $c(AsO_4^{3-})$ und $c(H_3AsO_4)$ in einer Lösung von 0,30 mol/L Arsensäure?

17.38 Salzsäure mit 0,15 mol/L HCl wird mit H_2S gesättigt. Wie groß sind $c(S^{2-})$ und $c(HS^-)$?

17.39 Auf welchen pH-Wert muß eine gesättigte H_2S-Lösung gebracht werden, damit $c(S^{2-}) = 3{,}0 \cdot 10^{-17}$ mol/L ist?

17.40 Welchen pH-Wert haben folgende Lösungen?
a) 0,15 mol/L Natriumnitrit ($NaNO_2$)
b) 0,10 mol/L Natriumbenzoat ($H_5C_6CO_2Na$)
c) 0,20 mol/L Aniliniumchlorid ($C_6H_5NH_3^+Cl^-$)
d) 0,13 mol/L Hydraziniumchlorid ($N_2H_5^+Cl^-$)

17.41 Eine Lösung von Natriumbenzoat hat pH = 9,00. Wie groß ist die Konzentration?

17.42 Eine Lösung von 0,15 mol/L NaX hat pH = 9,77. Wie groß ist K_S der schwachen Säure HX?

17.43 Berechnen Sie die pH-Werte für die Titrationskurve der Titration von 30,0 mL Benzoesäure (0,100 mol/L) mit Natronlauge (0,100 mol/L) nach Zugabe von:
a) 10,0 mL Natronlauge
b) 30,0 mL Natronlauge
c) 40,0 mL Natronlauge

17.44 Berechnen Sie die pH-Werte für die Titrationskurve der Titration von 25,0 mL Ammoniak (0,100 mol/L) mit Salzsäure (0,100 mol/L) nach Zugabe von:
a) 10,0 mL Salzsäure
b) 25,0 mL Salzsäure
c) 35,0 mL Salzsäure

17.45 Bei der Titration von 25,0 mL einer schwachen Säure HX mit Natronlauge, $c(OH^-) = 0{,}250$ mol/L, ist pH = 4,50, nachdem 5,00 mL der Natronlauge zugegeben wurden. Der Äquivalenzpunkt wird nach Zugabe von 34,5 mL der Natronlauge erreicht. Wie groß ist K_S für die Säure HX?

18 Löslichkeitsprodukt und Komplex-Gleichgewichte

Schlüsselworte (s. Glossar)

Löslichkeitsprodukt
Salzeffekt
Ionenprodukt
Gleichionige Zusätze

Komplex
Komplexbildungskonstante (Stabilitätskonstante)
Komplexzerfallskonstante (Dissoziationskonstante)
Amphotere Hydroxide

Zusammenfassung. Das Gleichgewicht zwischen einer *schwerlöslichen Verbindung* und einer gesättigten wäßrigen Lösung wird durch die entsprechende Gleichgewichtskonstante, dem *Löslichkeitsprodukt L* erfaßt. Aus der Löslichkeit einer Verbindung kann L bestimmt werden. Der Zahlenwert von L gibt eine quantitative Aussage über die Löslichkeit. In Analogie zur Formulierung des Löslichkeitsprodukts kann mit den Konzentrationen der Ionen bzw. mit deren Aktivitäten in der Lösung ein *Ionenprodukt* formuliert werden. Wenn das Ionenprodukt kleiner als L ist, ist die Lösung ungesättigt. Wenn es größer als L ist, so kommt es zur Ausfällung, solange bis das Gleichgewicht erreicht ist und das Ionenprodukt gleich L ist.

Gleichionige Zusätze beeinflussen die Lösungsgleichgewichte, indem sie die Löslichkeit einer Verbindung verringern. Zusätze, welche in der Lösung für eine Konzentrationsverringerung der an der Fällungsreaktion beteiligten Ionen sorgen, können die Fällung verhindern.

Die *Fällung von Sulfiden* kann durch Einstellung des pH-Wertes kontrolliert werden. Je saurer die Lösung, desto geringer ist die S^{2-}-Konzentration. Nur Sulfide mit sehr kleinem Löslichkeitsprodukt können aus saurer Lösung ausgefällt werden.

Komplexe stehen im Gleichgewicht mit ihren Komponenten. Komplexbildung und Komplexzerfall verlaufen häufig in mehreren Stufen. Das Produkt der Gleichgewichtskonstanten der einzelnen Dissoziationsschritte ergibt die *Dissoziations-* oder *Komplexzerfallskonstante*. Ihr Kehrwert ist die *Stabilitäts-* oder *Komplexbildungskonstante*.

Schwerlösliche Verbindungen können häufig durch Bildung von Komplexen in Lösung gebracht werden. Schwerlösliche amphotere Hydroxide gehen sowohl bei Zusatz von Säure wie auch von Base in Lösung; mit OH^--Ionen bilden sie lösliche Hydroxo-Komplexe.

18 Löslichkeitsprodukt und Komplex-Gleichgewichte

18.1 Das Löslichkeitsprodukt 318
18.2 Fällungsreaktionen 320
18.3 Fällung von Sulfiden 323
18.4 Komplexgleichgewichte 324
18.5 Übungsaufgaben 328

18.1 Das Löslichkeitsprodukt

Viele Substanzen sind in Wasser zumindest geringfügig löslich. Wenn eine schwerlösliche Verbindung mit Wasser in Kontakt gebracht wird, so stellt sich nach einiger Zeit ein Gleichgewicht ein, bei dem die Geschwindigkeit der Auflösung und die Geschwindigkeit der Wiederausscheidung gleich groß sind. Die Lösung ist dann gesättigt. Zum Beispiel existiert ein Gleichgewicht zwischen festem Silberchlorid und einer gesättigten Lösung von Silberchlorid, auf das wir das Massenwirkungsgesetz anwenden können:

$$AgCl(s) \rightleftarrows Ag^+(aq) + Cl^-(aq) \qquad \frac{c(Ag^+) \cdot c(Cl^-)}{c(AgCl)} = K$$

Da die Konzentration im reinen Feststoff konstant ist, können wir $c(AgCl)$ in die Gleichgewichtskonstante einbeziehen:

$$c(Ag^+) \cdot c(Cl^-) = K \cdot c(AgCl) = L$$

Die Konstante L wird das **Löslichkeitsprodukt** genannt. Die Ionenkonzentrationen $c(Ag^+)$ und $c(Cl^-)$ sind die Konzentrationen in der gesättigten Lösung bei gegebener Temperatur. Da die Löslichkeit meist von der Temperatur abhängt, ändert sich der Zahlenwert für L mit der Temperatur. Eine Tabelle von Löslichkeitsprodukten bei 25 °C findet sich im Anhang B.

Der Wert des Löslichkeitsprodukts L einer Verbindung kann aus seiner Löslichkeit bestimmt werden (▪ 18.**1** und 18.**2**) und die Löslichkeit kann aus L berechnet werden (▪ 18.**3**).

▪ **Beispiel 18.1**

Bei 25 °C lösen sich 0,00188 g AgCl in 1 L Wasser. Wie groß ist das Löslichkeitsprodukt von AgCl?

In 1 L lösen sich:

$$n(AgCl) = \frac{m(AgCl)}{M(AgCl)} = \frac{0{,}00188\ g}{143\ g/mol} = 1{,}31 \cdot 10^{-5}\ mol$$

Bei der Auflösung von 1 mol AgCl gehen 1 mol Ag$^+$(aq)-Ionen und 1 mol Cl$^-$(aq)-Ionen in Lösung:

$$c(Ag^+) = c(Cl^-) = 1{,}31 \cdot 10^{-5}\ mol/L$$
$$L = c(Ag^+) \cdot c(Cl^-) = (1{,}31 \cdot 10^{-5})^2 = 1{,}7 \cdot 10^{-10}\ mol^2/L^2$$

▪ **Beispiel 18.2**

Bei 25 °C lösen sich $7{,}8 \cdot 10^{-5}$ mol Silberchromat in 1 L Wasser. Wie groß ist das Löslichkeitsprodukt von Ag_2CrO_4?

Für jedes Mol Ag_2CrO_4, das in Lösung geht, werden 2 mol Ag$^+$(aq) und 1 mol CrO_4^{2-}(aq) erhalten:

$$Ag_2CrO_4(s) \rightleftarrows 2\,Ag^+(aq) + CrO_4^{2-}(aq)$$
$$c(Ag^+) = 2 \cdot c(CrO_4^{2-}) = 2 \cdot 7{,}8 \cdot 10^{-5}\ mol/L$$
$$L = c^2(Ag^+) \cdot c(CrO_4^{2-}) = (2 \cdot 7{,}8 \cdot 10^{-5})^2 \cdot 7{,}8 \cdot 10^{-5}\ mol^3/L^3$$
$$= 1{,}9 \cdot 10^{-12}\ mol^3/L^3$$

■ **Beispiel 18.3**

Für Calciumfluorid ist $L = 3{,}9 \cdot 10^{-11}$ mol^3/L^3 bei 25 °C. Wie groß sind die Konzentrationen der Ca^{2+}- und der F$^-$-Ionen in der gesättigten Lösung? Wieviel Gramm CaF$_2$ lösen sich in 100 mL Wasser bei 25 °C?

$$CaF_2(s) \rightleftarrows Ca^{2+}(aq) + 2F^-(aq)$$
$$c(F^-) = 2c(Ca^{2+})$$
$$L = c(Ca^{2+}) \cdot c^2(F^-) = c(Ca^{2+}) \cdot 2^2 \cdot c^2(Ca^{2+})$$
$$= 4c^3(Ca^{2+}) = 3{,}9 \cdot 10^{-11} \text{ mol}^3/\text{L}^3$$
$$c(Ca^{2+}) = 2{,}1 \cdot 10^{-4} \text{ mol/L}$$
$$c(F^-) = 4{,}2 \cdot 10^{-4} \text{ mol/L}$$

Es gehen $2{,}1 \cdot 10^{-4}$ mol/L CaF$_2$ in Lösung:

$$c(CaF_2) = 2{,}1 \cdot 10^{-4} \text{ mol/L}$$

In 100 mL lösen sich:

$$n(CaF_2) = c(CaF_2) \cdot V = 2{,}1 \cdot 10^{-4} \text{ mol/L} \cdot 0{,}1 \text{ L} = 2{,}1 \cdot 10^{-5} \text{ mol}$$
$$m(CaF_2) = n(CaF_2) \cdot M(CaF_2) = 2{,}1 \cdot 10^{-5} \text{ mol} \cdot 78 \text{ g/mol} = 1{,}6 \text{ mg}$$

Bei Salzen mit mehr als zwei Ionen pro Formeleinheit müssen, wie in Beispiel ■ 18.2 und 18.3, die Konzentrationen potentiert werden, unter Verwendung der Koeffizienten der Reaktionsgleichung:

$$Mg(OH)_2(s) \rightleftarrows Mg^{2+} + 2OH^- \qquad L = c(Mg^{2+}) \cdot c^2(OH^-)$$
$$Bi_2S_3(s) \rightleftarrows 2Bi^{3+} + 3S^{2-} \qquad L = c^2(Bi^{3+}) \cdot c^3(S^{2-})$$
$$Hg_2Cl_2(s) \rightleftarrows Hg_2^{2+} + 2Cl^- \qquad L = c(Hg_2^{2+}) \cdot c^2(Cl^-)$$

Die Löslichkeit mancher Salze ist in Wasser größer als nach den Löslichkeitsprodukten zu erwarten. Bariumcarbonat ist ein Beispiel:

$$BaCO_3(s) \rightleftarrows Ba^{2+}(aq) + CO_3^{2-}(aq)$$

Das Carbonat-Ion ist jedoch basisch und reagiert mit Wasser:

$$CO_3^{2-}(aq) + H_2O \rightleftarrows HCO_3^-(aq) + OH^-(aq)$$

Dadurch wird die CO_3^{2-}-Konzentration vermindert und das Auflösungsgleichgewicht wird nach rechts verschoben; es geht mehr Bariumcarbonat in Lösung. Die Berechnung der Löslichkeit auf der Basis des L-Werts für Bariumcarbonat ergibt die CO_3^{2-}-Konzentration, die im Gleichgewicht in der Lösung vorhanden sein muß. Weil ein Teil der CO_3^{2-}-Ionen zu HCO_3^--Ionen weiterreagiert, muß sich eine entsprechend größere Menge Bariumcarbonat lösen. In manchen Fällen können beide Ionen mit dem Wasser reagieren (z. B. bei PbS).

Der **Salzeffekt** ist ein weiterer Faktor, der bei der Berechnung von Löslichkeiten zu falschen Werten führen kann. Der Zusatz eines anderen Elektrolyten kann die Löslichkeit eines Salzes erhöhen. Silberchlorid ist zum Beispiel etwa 20 % besser löslich, wenn 0,02 mol/L KNO$_3$ anwesend sind. Die K$^+$- und NO$_3^-$-Ionen umgeben die Cl$^-$- bzw. Ag$^+$-Ionen in der Lösung und schirmen sie ab; ihre Tendenz, sich zu AgCl(s) zu vereinen, ist

---

■ **Löslichkeitsprodukt**
$$A_aX_x \rightleftarrows aA^{x+} + xX^{a-}$$
$$L = c^a(A^{x+}) \cdot c^x(X^{a-})$$

abgeschwächt. Will man in solchen Fällen korrekte Berechnungen durchführen, so dürfen die Aktivitätskoeffizienten nicht vernachlässigt werden (Abschn. 17.**2**, S. 300).

18.2 Fällungsreaktionen

Der Zahlenwert des Löslichkeitsprodukts L ist eine quantitative Aussage über die Löslichkeit einer Verbindung. Das Produkt der Ionenkonzentrationen in der Lösung, so wie im Ausdruck des Löslichkeitsprodukts berechnet, ist das **Ionenprodukt** der Lösung. Für eine gesättigte Lösung ist das Ionenprodukt gleich L, es kann aber auch größer oder kleiner sein, wenn die Lösung nicht im Gleichgewicht mit ungelöster Substanz steht. Wir unterscheiden drei Fälle:

1. **Das Ionenprodukt ist kleiner als L.** Die Lösung ist nicht gesättigt. Weitere Substanz kann gelöst werden bis der Wert von L erreicht ist.
2. **Das Ionenprodukt ist gleich L.** Die Lösung ist gesättigt; sie steht mit ungelöster Substanz im Gleichgewicht.
3. **Das Ionenprodukt ist größer als L** („das Löslichkeitsprodukt ist überschritten"). Die Lösung ist übersättigt. Es herrscht kein Gleichgewicht, es kommt zur Fällung, bis der Wert von L erreicht ist.

Beispiel 18.4

Kommt es zur Fällung, wenn 10 mL einer Lösung von Silbernitrat, $c(AgNO_3) = 0{,}010$ mol/L, mit 10 mL einer Kochsalzlösung, $c(NaCl) = 0{,}00010$ mol/L, vermischt werden?

$$L = 1{,}7 \cdot 10^{-10} \text{ mol}^2/\text{L}^2.$$

Nach dem Vermischen hat die Lösung ein Volumen von 20 mL, die Konzentrationen der Ionen in der Mischung werden durch die Volumenvergrößerung halbiert. Ionenprodukt:

$$c(Ag^+) \cdot c(Cl^-) = 5{,}0 \cdot 10^{-3} \text{ mol/L} \cdot 5{,}0 \cdot 10^{-5} \text{ mol/L}$$
$$= 2{,}5 \cdot 10^{-7} \text{ mol}^2/\text{L}^2 > L$$

Das Ionenprodukt überschreitet den Wert von L, es kommt zur Fällung von AgCl.

Beispiel 18.5

Wird $Mg(OH)_2$ ausgefällt, wenn in einer Lösung von Magnesiumnitrat, $c(Mg(NO_3)_2) = 0{,}0010$ mol/L, der pH-Wert auf 9,0 eingestellt wird?

$$L(Mg(OH)_2) = 8{,}9 \cdot 10^{-12} \text{ mol}^3/\text{L}^3$$

Bei $pH = 9{,}0$ ist $pOH = 5{,}0$ und $c(OH^-) = 10^{-5}$ mol/L.
Ionenprodukt:

$$c(Mg^{2+}) \cdot c^2(OH^-) = 1{,}0 \cdot 10^{-3} \text{ mol/L} \cdot 10^{-10} \text{ mol}^2/\text{L}^2$$
$$= 1{,}0 \cdot 10^{-13} \text{ mol}^3/\text{L}^3 < L$$

Das Löslichkeitsprodukt wird nicht erreicht, es kommt zu keiner Fällung.

Gleichionige Zusätze beeinflussen die Löslichkeitsgleichgewichte. Betrachten wir das Beispiel:

$$BaSO_4(s) \rightleftarrows Ba^{2+}(aq) + SO_4^{2-}(aq)$$

Werden der Lösung SO_4^{2-}-Ionen in Form von Natriumsulfat zugesetzt, so wird das Gleichgewicht nach links verlagert. Bariumsulfat wird sich ausscheiden, die Ba^{2+}-Konzentration nimmt ab. Weil sich ein Gleichgewicht einstellt, bei dem das Produkt $c(Ba^{2+}) \cdot c(SO_4^{2-})$ konstant bleibt, muß bei Vergrößerung von $c(SO_4^{2-})$ eine Verringerung von $c(Ba^{2+})$ eintreten.

Zur quantitativen Bestimmung des Ba^{2+}-Gehalts einer Lösung kann man Bariumsulfat ausfällen, abfiltrieren, trocknen und auswiegen. Damit eine möglichst geringe Restmenge Ba^{2+}-Ionen in Lösung bleibt, wird zur Fällung ein Überschuß von Sulfat-Ionen zugegeben (s. 18.6).

▪ **Beispiel 18.6**

Welche Löslichkeit hat Bariumsulfat in einer Lösung von Natriumsulfat, $c(Na_2SO_4) = 0{,}050$ mol/L?

$L = 1{,}5 \cdot 10^{-9}$ mol^2/L^2 bei 25 °C.

Die SO_4^{2-}-Menge aus dem $BaSO_4$ kann gegenüber $c(SO_4^{2-})$ der Lösung vernachlässigt werden.

$$\begin{aligned} c(Ba^{2+}) \cdot c(SO_4^{2-}) &= L \\ c(Ba^{2+}) \cdot 0{,}050 \text{ mol/L} &= 1{,}5 \cdot 10^{-9} \text{ mol}^2/\text{L}^2 \\ c(Ba^{2+}) &= 3{,}0 \cdot 10^{-8} \text{ mol/L} \end{aligned}$$

$c(Ba^{2+})$ in der Lösung entspricht der Stoffmenge $BaSO_4$, die pro Liter in Lösung geht. Die Löslichkeit ist auf $3{,}0 \cdot 10^{-8}$ mol/L verringert; in reinem Wasser lösen sich $3{,}9 \cdot 10^{-5}$ mol/L.

Will man eine Fällung verhindern, so muß dafür gesorgt werden, daß das Ionenprodukt unter dem Wert von L bleibt, indem die Konzentration einer der beteiligten Ionenarten klein gehalten wird. Soll zum Beispiel die Fällung von Magnesiumhydroxid aus einer Mg^{2+}-Lösung vermieden werden, so muß die OH^--Ionenkonzentration begrenzt werden. Dies kann durch Zusatz von Ammonium-Ionen erreicht werden (18.7).

▪ **Beispiel 18.7**

Welche NH_4^+-Ionenkonzentration muß durch Zusatz von NH_4Cl erreicht werden, damit aus einer Lösung mit $c(Mg^{2+}) = 0{,}050$ mol/L und $c(NH_3) = 0{,}050$ mol/L kein $Mg(OH)_2$ ausfällt?

$$Mg(OH)_2(s) \rightleftarrows Mg^{2+}(aq) + 2\,OH^-(aq) \quad L(Mg(OH)_2) = 8{,}9 \cdot 10^{-12} \text{ mol}^3/\text{L}^3$$
$$NH_4^+ + OH^- \rightleftarrows NH_3 + H_2O \qquad\qquad K_B(NH_3) = 1{,}8 \cdot 10^{-5} \text{ mol/L}$$

Die maximale OH^--Ionenkonzentration folgt aus dem Löslichkeitsprodukt:

$$c(Mg^{2+}) \cdot c^2(OH^-) = 8{,}9 \cdot 10^{-12} \text{ mol}^3/\text{L}^3$$

$$c^2(\text{OH}^-) = \frac{8{,}9 \cdot 10^{-12}\,\text{mol}^3/\text{L}^3}{0{,}050\,\text{mol/L}}$$

$$c(\text{OH}^-) = 1{,}3 \cdot 10^{-5}\,\text{mol/L}$$

Aus dem Basengleichgewicht des NH_3 können wir die NH_4^+-Ionenkonzentration berechnen, die die OH^--Ionenkonzentration auf diesem Wert hält:

$$\frac{c(\text{NH}_4^+) \cdot c(\text{OH}^-)}{c(\text{NH}_3)} = 1{,}8 \cdot 10^{-5}\,\text{mol/L}$$

$$c(\text{NH}_4^+) = \frac{1{,}8 \cdot 10^{-5}\,\text{mol/L} \cdot 0{,}050\,\text{mol/L}}{1{,}3 \cdot 10^{-5}\,\text{mol/L}} = 6{,}9 \cdot 10^{-2}\,\text{mol/L}$$

$c(\text{NH}_4^+) = 0{,}069\,\text{mol/L}$ ist die Minimumkonzentration, die vorhanden sein muß.

Eine Lösung kann mehrere Ionenarten enthalten, die mit einer weiteren Ionenart, die der Lösung zugesetzt wird, Fällungsreaktionen eingehen. Zum Beispiel kann eine Lösung Cl^-- und CrO_4^{2-}-Ionen enthalten, die beide mit Ag^+-Ionen schwerlösliche Verbindungen bilden. Werden der Lösung Ag^+-Ionen zugesetzt, so scheidet sich zuerst die weniger lösliche Verbindung aus; ab einem bestimmten Punkt beginnt auch die löslichere Verbindung zusammen mit der weniger löslichen Verbindung auszufallen (s. ■ 18.8).

■ Beispiel 18.8

Eine Lösung enthalte jeweils 0,10 mol/L Cl^-- und CrO_4^{2-}-Ionen. Fällt bei Zugabe von Ag^+-Ionen (als AgNO_3) zuerst AgCl oder Ag_2CrO_4 aus?

$$L(\text{AgCl}) = 1{,}7 \cdot 10^{-10}\,\text{mol}^2/\text{L}^2 \qquad L(\text{Ag}_2\text{CrO}_4) = 1{,}9 \cdot 10^{-12}\,\text{mol}^3/\text{L}^3$$

Die Fällung setzt ein, wenn das jeweilige Ionenprodukt gerade das Löslichkeitsprodukt überschreitet. Wir berechnen, bei welcher Ag^+-Konzentration dies der Fall ist:

$\text{AgCl(s)} \rightleftarrows \text{Ag}^+(\text{aq}) + \text{Cl}^-(\text{aq})$ | $\text{Ag}_2\text{CrO}_4(\text{s}) \rightleftarrows 2\,\text{Ag}^+(\text{aq}) + \text{CrO}_4^{2-}(\text{aq})$

$c(\text{Ag}^+) \cdot c(\text{Cl}^-) = 1{,}7 \cdot 10^{-10}\,\text{mol}^2/\text{L}^2$ | $c^2(\text{Ag}^+) \cdot c(\text{CrO}_4^{2-}) = 1{,}9 \cdot 10^{-12}\,\text{mol}^3/\text{L}^3$

mit $c(\text{Cl}^-) = 0{,}10\,\text{mol/L}$: | mit $c(\text{CrO}_4^{2-}) = 0{,}10\,\text{mol/L}$:

$$c(\text{Ag}^+) = \frac{1{,}7 \cdot 10^{-10}\,\text{mol}^2/\text{L}^2}{0{,}10\,\text{mol/L}} \quad\Big|\quad c^2(\text{Ag}^+) = \frac{1{,}9 \cdot 10^{-12}\,\text{mol}^3/\text{L}^3}{0{,}10\,\text{mol/L}}$$

$c(\text{Ag}^+) = 1{,}7 \cdot 10^{-9}\,\text{mol/L}$ | $c(\text{Ag}^+) = 4{,}4 \cdot 10^{-6}\,\text{mol/L}$

AgCl fällt zuerst aus, da für dessen Fällung die kleinere Ag^+-Konzentration ausreicht.

Wie groß ist $c(\text{Cl}^-)$, wenn Ag_2CrO_4 auszufallen beginnt?
Die Ag_2CrO_4-Fällung setzt ein, wenn $c(\text{Ag}^+) = 4{,}4 \cdot 10^{-6}\,\text{mol/L}$. Es gilt dann:

$$c(\text{Ag}^+) \cdot c(\text{Cl}^-) = 4{,}4 \cdot 10^{-6}\,\text{mol/L} \cdot c(\text{Cl}^-) = 1{,}7 \cdot 10^{-10}\,\text{mol}^2/\text{L}^2$$

$$c(\text{Cl}^-) = \frac{1{,}7 \cdot 10^{-10}}{4{,}4 \cdot 10^{-6}}\,\text{mol/L} = 3{,}9 \cdot 10^{-5}\,\text{mol/L}$$

Erst wenn die Cl^--Konzentration auf $3{,}9 \cdot 10^{-5}\,\text{mol/L}$ gesunken ist, beginnt die Fällung von Ag_2CrO_4. Von der anfangs vorhandenen Cl^--Menge sind dann nur noch 0,039% in Lösung.

Chromat-Ionen dienen als Indikator bei der Fällungstitration von Chlorid-Ionen. Die Cl⁻-Menge in einer Lösung kann durch Titration mit einer AgNO₃-Lösung bestimmt werden, wenn der Lösung eine kleine Menge Kaliumchromat zugesetzt wird. Während der Titration fällt zunächst weißes AgCl aus. Wenn der braunrote Niederschlag von Ag₂CrO₄ erscheint, ist die Ausfällung des Chlorids im wesentlichen beendet.

18.3 Fällung von Sulfiden

Die Konzentration von Sulfid-Ionen in einer sauren, mit H_2S gesättigten Lösung ist extrem gering. Sie läßt sich mit Hilfe von Gleichung (17.18) (S. 309) berechnen. Bei $pH = 0$ sind in 100 mL Lösung etwa sieben S^{2-}-Ionen vorhanden. Trotzdem kommt es sofort zur Fällung von Blei(II)-sulfid, wenn einer solchen Lösung Pb^{2+}-Ionen zugesetzt werden. Es erscheint unwahrscheinlich, daß das Bleisulfid durch direkte Reaktion aus Pb^{2+}- und S^{2-}-Ionen entsteht. Wahrscheinlich bildet sich zunächst ein Hydrogensulfid, das sich dann zum Sulfid zersetzt:

$$Pb^{2+}(aq) + 2HS^-(aq) \rightleftharpoons Pb(SH)_2(s) \rightleftharpoons PbS(s) + H_2S(aq)$$

Die HS^--Konzentration ist in der Lösung erheblich größer als die S^{2-}-Konzentration. Ähnliche Reaktionsabläufe sind bei den Fällungen von Hydroxiden und Oxiden bekannt. Eine Gleichgewichtskonstante ist unabhängig vom Reaktionsmechanismus (vgl. Abschn. 15.1, S. 270). Solange das System im Gleichgewicht ist, gilt das Löslichkeitsprodukt, gleichgültig auf welchem Weg der Niederschlag entsteht. Mit Hilfe der L-Werte können wir deshalb entsprechende Berechnungen anstellen.

■ Beispiel 18.9

In eine Lösung mit $pH = 0{,}5$, $c(Pb^{2+}) = 0{,}050$ mol/L und $c(Fe^{2+}) = 0{,}050$ mol/L wird H_2S-Gas bis zur Sättigung eingeleitet. Fallen PbS und FeS aus?

$$L(PbS) = 7 \cdot 10^{-29} \text{ mol}^2/L^2 \qquad L(FeS) = 4 \cdot 10^{-19} \text{ mol}^2/L^2$$

Nach Gleichung (17.18) (S. 309) gilt für eine gesättigte H_2S-Lösung bei 25 °C:

$$c(S^{2-}) = \frac{1{,}1 \cdot 10^{-22}}{c^2(H^+)}$$

Bei $pH = 0{,}5$ ist $c(H^+) = 0{,}3$ mol/L und

$$c(S^{2-}) = \frac{1{,}1 \cdot 10^{-22}}{0{,}3^2} = 1{,}2 \cdot 10^{-21} \text{ mol/L}$$

Mit $c(M^{2+}) = 0{,}050$ mol/L (M^{2+} gleich Pb^{2+} oder Fe^{2+}) ist das Ionenprodukt:

$$c(M^{2+}) \cdot c(S^{2-}) = 0{,}050 \text{ mol/L} \cdot 1{,}2 \cdot 10^{-21} \text{ mol/L} = 6{,}0 \cdot 10^{-23} \text{ mol}^2/L^2$$

Für PbS ist das Ionenprodukt größer als L, PbS fällt aus. Für FeS ist es jedoch kleiner, FeS fällt nicht aus.

Beispiel 18.10

Welchen pH-Wert muß eine mit H_2S gesättigte Lösung haben, die Ni^{2+}-Ionen mit 0,05 mol/L enthält, damit kein Nickel(II)-sulfid ausfällt?

$$L(NiS) = 3 \cdot 10^{-21} \text{ mol}^2/L^2$$
$$c(Ni^{2+}) \cdot c(S^{2-}) = 3 \cdot 10^{-21} \text{ mol}^2/L^2$$
$$c(S^{2-}) = \frac{3 \cdot 10^{-21}}{0,05} \text{ mol/L} = 6 \cdot 10^{-20} \text{ mol/L}$$

Damit kein NiS ausfällt, darf $c(S^{2-})$ maximal $6 \cdot 10^{-20}$ mol/L betragen. Nach Gleichung (17.18) (S. 309) ist die zugehörige H^+-Konzentration:

$$c^2(H^+) = \frac{1,1 \cdot 10^{-22}}{c(S^{2-})} = \frac{1,1 \cdot 10^{-22}}{6 \cdot 10^{-20}} \text{ mol}^2/L^2$$
$$c(H^+) = 0,04 \text{ mol/L}$$
$$pH = 1,4$$

Wenn $pH < 1,4$ bleibt die Fällung von NiS aus.

Die Beispiele 18.9 und 18.10 zeigen einen Weg, der in der chemischen Analyse zur Trennung von Metall-Ionen dient. In saurer Lösung ($pH = 0,5$) können bestimmte Ionen mit H_2S als Sulfide ausgefällt werden (SnS, PbS, As_2S_3, Sb_2S_3, Bi_2S_3, CuS, CdS, HgS), während andere Ionen in Lösung bleiben.

18.4 Komplexgleichgewichte

Beispiele für Komplexliganden:

$H_3N{-}H$ $|\bar{O}{-}H$ $|\bar{O}{-}H^-$ $|\bar{C}\bar{l}|^-$ $|C{\equiv}N|^-$

Beispiel für eine Komplexbildung:
$Fe^{2+} + 6\,CN^- \rightarrow [Fe(CN)_6]^{4-}$

Beispiele für Komplexe:
$[Ag(NH_3)_2]^+$ $[Cu(NH_3)_4]^{2+}$
$[Fe(CN)_6]^{3-}$ $[Fe(CN)_6]^{4-}$
$[CdCl_4]^{2-}$ $[Cu(OH_2)_4]^{2+}$
$[Zn(OH)_4]^{2-}$

Komplexverbindungen werden in Kapitel 28 (S. 509) eingehender behandelt. Wir betrachten hier Gleichgewichtsreaktionen, an denen Komplexverbindungen in wäßriger Lösung beteiligt sind. In einer Komplexverbindung (kurz: Komplex) sind *Liganden* an ein *Zentralatom* koordiniert, d. h. angelagert. Das Zentralatom (oder -ion) wirkt als Lewis-Säure; es stammt häufig von einem Nebengruppenelement. Die Liganden können Anionen oder Moleküle sein, die als Lewis-Basen wirken; sie müssen über ein einsames Elektronenpaar verfügen. Die Ionenladung eines Komplexes ergibt sich als Summe der Ladungen des Zentralatoms und der Liganden wie im nebenstehenden Beispiel.

Hydratisierte Kationen in wäßriger Lösung sind in der Regel als Komplexverbindungen anzusehen; eine definierte Anzahl von Wasser-Molekülen ist an das Kation gebunden. Die Zahl ist nicht immer genau bekannt. Die Bildung anderer Komplexe in wäßriger Lösung erfolgt durch Austausch von Wasser-Liganden gegen andere Liganden, z. B.:

$$[Cu(OH_2)_6]^{2+} + 4\,NH_3 \rightleftarrows [Cu(OH_2)_2(NH_3)_4]^{2+} + 4\,H_2O$$

Einfachheitshalber wird das koordinierte Wasser häufig nicht angegeben:

$$Cu^{2+} + 4\,NH_3 \rightleftarrows [Cu(NH_3)_4]^{2+}$$

Bildung und Zerfall eines Komplexes verlaufen stufenweise. Die Dissoziation des $[Ag(NH_3)_2]^+$-Ions verläuft zum Beispiel in zwei Stufen, für jede kann eine Dissoziationskonstante angegeben werden:

$$[Ag(NH_3)_2]^+ \rightleftarrows [Ag(NH_3)]^+ + NH_3$$

$$\frac{c([Ag(NH_3)]^+) \cdot c(NH_3)}{c([Ag(NH_3)_2]^+)} = K_{D1} = 1{,}4 \cdot 10^{-4} \text{ mol/L}$$

$$[Ag(NH_3)]^+ \rightleftarrows Ag^+ + NH_3$$

$$\frac{c(Ag^+) \cdot c(NH_3)}{c([Ag(NH_3)]^+)} = K_{D2} = 4{,}3 \cdot 10^{-4} \text{ mol/L}$$

Die Gleichgewichtskonstante K_D für die Bruttoreaktion ist gleich dem Produkt der einzelnen Dissoziationskonstanten. Sie wird **Komplexzerfallskonstante** oder (Komplex-)**Dissoziationskonstante** genannt:

$$[Ag(NH_3)_2]^+ \rightleftarrows Ag^+ + 2\, NH_3$$

$$\frac{c([Ag(NH_3)]^+) \cdot c(NH_3)}{c([Ag(NH_3)_2]^+)} \cdot \frac{c(Ag^+) \cdot c(NH_3)}{c([Ag(NH_3)]^+)}$$

$$= \frac{c(Ag^+) \cdot c^2(NH_3)}{c([Ag(NH_3)_2]^+)} = K_{D1} \cdot K_{D2} = K_D$$

$$= 1{,}4 \cdot 10^{-4} \cdot 4{,}3 \cdot 10^{-4}$$

$$= 6{,}0 \cdot 10^{-8} \text{ mol}^2/\text{L}^2$$

◼ Beispiel 18.11

Eine Silbernitrat-Lösung mit $c(AgNO_3) = 0{,}010$ mol/L wird mit Ammoniak auf $c(NH_3) = 0{,}50$ mol/L gebracht, wobei der Komplex $[Ag(NH_3)_2]^+$ entsteht. Welche Konzentration von Ag^+(aq)-Ionen verbleibt in der Lösung? Wieviel Prozent der gesamten Silbermenge liegt als Ag^+(aq) vor?

$$Ag^+ + 2\, NH_3 \rightleftarrows [Ag(NH_3)_2]^+$$

$$\frac{c[(Ag(NH_3)_2)^+]}{c(Ag^+) \cdot c^2(NH_3)} = K_K = 1/K_D = 1{,}67 \cdot 10^7 \text{ L}^2/\text{mol}^2$$

Da ein großer Überschuß an NH_3 verwendet wurde und wegen des großen Zahlenwertes der Komplexbildungskonstanten muß $c(Ag^+)$ sehr klein sein, d.h. fast die gesamte Ag^+-Menge wird in den Komplex überführt. Wir können deshalb

$$c([Ag(NH_3)_2]^+) = 0{,}010 \text{ mol/L}$$

setzen. 0,020 mol/L des Ammoniaks werden bei der Komplexbildung verbraucht, es verbleiben

$$c(NH_3) = 0{,}50 - 0{,}020 = 0{,}48 \text{ mol/L}$$

Damit ist:

$$c(Ag^+) = \frac{c([Ag(NH_3)_2]^+)}{K_K \cdot c^2(NH_3)} = K_D \cdot \frac{c([Ag(NH_3)_2]^+)}{c^2(NH_3)}$$

$$= 6{,}0 \cdot 10^{-8} \cdot \frac{0{,}01}{0{,}48^2} \text{ mol/L} = 2{,}6 \cdot 10^{-9} \text{ mol/L}$$

Das sind $100 \cdot 2{,}6 \cdot 10^{-9}/0{,}01\, \% = 2{,}6 \cdot 10^{-5}\, \%$ der gesamten Silbermenge.

Formuliert man die Reaktionsgleichungen in umgekehrter Richtung, so sind die entsprechenden Gleichgewichtskonstanten die Kehrwerte der Dissoziationskonstanten; sie werden **Komplexbildungskonstanten** oder **Stabilitätskonstanten** genannt, $K_K = 1/K_D$.

Für viele Komplexe sind die Gleichgewichtskonstanten der Einzelschritte der Dissoziation nicht bekannt, auch wenn die Dissoziationskonstante der Bruttoreaktion bekannt ist. Einige Werte sind im Anhang B (S. 661) aufgeführt.

Viele schwerlösliche Verbindungen können durch Bildung von Komplexen in Lösung gebracht werden. AgCl geht zum Beispiel in Anwesenheit von Ammoniak in Lösung. Durch die Bildung des Komplexes $[Ag(NH_3)_2]^+$ wird die Konzentration von Ag^+ (aq)-Ionen stark verringert. Das Ionenprodukt $c(Ag^+) \cdot c(Cl^-)$ ist dann kleiner als das Löslichkeitsprodukt (☐ 18.12).

☐ **Beispiel 18.12**

Wie groß ist die Löslichkeit von Silberchlorid in Ammoniak-Lösung, $c(NH_3) = 0{,}10$ mol/L?

$$AgCl(s) \rightleftharpoons Ag^+(aq) + Cl^-(aq) \qquad c(Ag^+) \cdot c(Cl^-) = L$$

$$Ag^+(aq) + 2\,NH_3(aq) \rightleftharpoons [Ag(NH_3)_2]^+(aq) \qquad \frac{c([Ag(NH_3)_2]^+)}{c(Ag^+) \cdot c^2(NH_3)} = K_K$$

$$AgCl(s) + 2\,NH_3(aq) \rightleftharpoons [Ag(NH_3)_2]^+(aq) + Cl^-(aq)$$

$$\frac{c([Ag(NH_3)_2]^+) \cdot c(Cl^-)}{c^2(NH_3)} = K_K L$$

Gelöste $[Ag(NH_3)_2]^+$- und Cl^--Ionen entstehen in gleicher Anzahl, $c([Ag(NH_3)_2]^+) = c(Cl^-)$. Pro Mol gelöstes Cl^- werden zwei Mol NH_3 verbraucht, die NH_3-Konzentration verringert sich deshalb auf

$$c(NH_3) = 0{,}10 \text{ mol/L} - 2\,c(Cl^-)$$

$$\frac{c^2(Cl^-)}{[0{,}10 \text{ mol/L} - 2\,c(Cl^-)]^2} = K_K \cdot L = 1{,}67 \cdot 10^7 \cdot 1{,}7 \cdot 10^{-10}$$

$$\frac{c(Cl^-)}{0{,}10 \text{ mol/L} - 2\,c(Cl^-)} = 5{,}3 \cdot 10^{-2}$$

$$c(Cl^-) = 4{,}8 \cdot 10^{-3} \text{ mol/L}$$

Es gehen somit $4{,}8 \cdot 10^{-3}$ mol/L AgCl in Lösung. In reinem Wasser lösen sich nur $1{,}3 \cdot 10^{-5}$ mol/L (vgl. ☐ 18.1).

Viele Metallhydroxide sind in Wasser schwer löslich. Durch Bildung geeigneter Komplexe kann ihre Ausfällung verhindert werden. Wenn eine saure Lösung, die Al^{3+}- und Zn^{2+}-Ionen enthält, durch Zusatz von Ammoniak auf $pH = 9$ gebracht wird, scheidet sich schwerlösliches Aluminiumhydroxid aus. Zinkhydroxid, das ebenfalls schwerlöslich ist, fällt jedoch nicht aus, weil die Zn^{2+}-Konzentration in der Lösung durch Komplexbildung stark vermindert wird:

$$Al^{3+}(aq) + 3\,OH^-(aq) \rightarrow Al(OH)_3(s)$$
$$Zn^{2+}(aq) + 4\,NH_3(aq) \rightarrow [Zn(NH_3)_4]^{2+}(aq)$$

Wird die saure Lösung nicht mit Ammoniak, sondern mit Natronlauge allmählich basisch gestellt, so scheidet sich zunächst (bei Erreichen eines pH-Werts im Bereich zwischen 4 und 7) sowohl Aluminiumhydroxid wie auch Zinkhydroxid aus. Wenn nach weiterer Zugabe von OH^--Ionen die Lösung stark basisch geworden ist, gehen beide Hydroxide unter Bildung von Hydroxo-Komplexen wieder in Lösung:

$$Zn^{2+}(aq) \underset{-2OH^-}{\overset{+2OH^-}{\rightleftarrows}} Zn(OH)_2(s) \underset{-2OH^-}{\overset{+2OH^-}{\rightleftarrows}} [Zn(OH)_4]^{2-}(aq)$$

$$Al^{3+}(aq) \underset{-3OH^-}{\overset{+3OH^-}{\rightleftarrows}} Al(OH)_3(s) \underset{-OH^-}{\overset{+OH^-}{\rightleftarrows}} [Al(OH)_4]^-(aq)$$

Die Vorgänge sind reversibel. Je nach Konzentration der OH^--Ionen in der Lösung liegt das Gleichgewicht links (saure Lösung), in der Mitte oder rechts (stark basische Lösung). Die Reaktionen verlaufen schrittweise über die nebenstehend angegebenen Zwischenstufen.

$Zn^{2+}(aq) + OH^- \rightleftarrows [Zn(OH)]^+(aq)$
$[Zn(OH)]^+(aq) + OH^- \rightleftarrows Zn(OH)_2(s)$
$Zn(OH)_2(s) + OH^- \rightleftarrows [Zn(OH)_3]^-(aq)$
$[Zn(OH)_3]^-(aq) + OH^- \rightleftarrows [Zn(OH)_4]^{2-}(aq)$

Im Sinne der Brønsted-Theorie handelt es sich um Säure-Base-Reaktionen, bei denen die hydratisierten Kationen als Säuren auftreten:

$$[Zn(OH_2)_6]^{2+} + OH^- \rightleftarrows [Zn(OH)(OH_2)_5]^+ + H_2O$$

Hydroxide, die wie Zink- und Aluminiumhydroxid sowohl mit Säuren wie mit Basen in Lösung gehen, nennt man **amphotere Hydroxide**. Dabei können sehr komplizierte Gleichgewichtssysteme beteiligt sein und die dabei auftretenden Ionensorten sind nicht in allen Fällen bekannt. Die Oxide, die durch Wasserabspaltung aus amphoteren Hydroxiden entstehen können, verhalten sich ebenfalls amphoter.

$ZnO(s) + 2H^+ \rightarrow Zn^{2+}(aq) + H_2O$
$ZnO(s) + 2OH^- + H_2O \rightarrow [Zn(OH)_4]^{2-}(aq)$

Amphotere Hydroxide sind in der analytischen Chemie von Bedeutung. Zum Beispiel kann man Mg^{2+}- und Zn^{2+}-Ionen durch Zusatz einer starken Base trennen. $Mg(OH)_2$, das nicht amphoter ist, fällt aus, $[Zn(OH)_4]^{2-}$ bleibt in Lösung.

$Mg^{2+}(aq) + 2OH^- \rightarrow Mg(OH)_2(s)$
$Zn^{2+}(aq) + 4OH^- \rightarrow [Zn(OH)_4]^{2-}(aq)$

Zur Gewinnung von Aluminium wird ein reines Aluminiumoxid benötigt. Als Erz dient Bauxit, das zu einem wesentlichen Teil aus Aluminiumoxidhydroxid, AlO(OH), besteht. Zur Abtrennung von Verunreinigungen wird es mit Natronlauge gelöst. Beim Verdünnen der Lösung (Verringerung der OH^--Konzentration) scheidet sich aus der Tetrahydroxoaluminat-Lösung reines Aluminiumhydroxid aus, das dann weiterverarbeitet wird.

$AlO(OH)(s) + OH^- + H_2O \rightarrow$
$ [Al(OH)_4]^-(aq)$
$\xrightarrow{(+ H_2O)} Al(OH)_3(s) + OH^-(aq)$

18.5 Übungsaufgaben

(Lösungen s. S. 677)

Zahlenwerte für Löslichkeitsprodukte und Gleichgewichtskonstanten s. Anhang B (S. 661)

18.1 Formulieren Sie das Löslichkeitsprodukt für:
a) Bi_2S_3 d) $AgIO_3$
b) $PbCrO_4$ e) $Cr(OH)_3$
c) $Ag_2C_2O_4$ f) $Ba_3(PO_4)_2$

18.2 Bei 25 °C lösen sich $1{,}7 \cdot 10^{-5}$ mol/L $Cd(OH)_2$. Wie groß ist L?

18.3 Bei 25 °C lösen sich $5{,}2 \cdot 10^{-6}$ mol/L $Ce(OH)_3$. Wie groß ist L?

18.4 Eine bei 25 °C gesättigte Lösung von $Ba(IO_3)_2$ enthält $5{,}5 \cdot 10^{-4}$ mol/L IO_3^--Ionen. Wie groß ist L?

18.5 Eine bei 25 °C gesättigte Lösung von $Pb(IO_3)_2$ enthält $4{,}0 \cdot 10^{-5}$ mol/L Pb^{2+}-Ionen. Wie groß ist L?

18.6 Berechnen Sie mit Hilfe des Löslichkeitsproduktes jeweils ob
a) Ag_2CO_3 oder $CuCO_3$
b) Ag_2S oder CuS
besser löslich ist.

18.7 Berechnen Sie die Löslichkeit von
a) SrF_2
b) $Ag_2C_2O_4$

18.8 Welche Stoffmenge $Ni(OH)_2$ löst sich pro Liter Natronlauge bei $pH = 12{,}34$?

18.9 Welche Stoffmenge $Cu(OH)_2$ löst sich pro Liter Natronlauge bei $pH = 8{,}23$?

18.10 Wieviel Mol BaF_2 lösen sich in 250 mL einer Lösung von Natriumfluorid mit $c(NaF) = 0{,}12$ mol/L?

18.11 Wieviel Mol $PbBr_2$ lösen sich in 150 mL einer Lösung von NaBr mit $c(NaBr) = 0{,}25$ mol/L?

18.12 Welche Konzentrationen von Na^+, $C_2O_4^{2-}$, Ba^{2+} und Cl^- verbleiben in einer Lösung, wenn 100 mL mit $c(Na_2C_2O_4) = 0{,}20$ mol/L und 150 mL mit $c(BaCl_2) = 0{,}25$ mol/L vermischt werden?

18.13 Welche F^--Konzentration ist notwendig, damit aus einer gesättigten $SrSO_4$-Lösung SrF_2 auszufallen beginnt?

18.14 Welche SO_4^{2-}-Konzentration ist notwendig, damit aus einer gesättigten BaF_2-Lösung $BaSO_4$ auszufallen beginnt?

18.15 Welche Mindestkonzentration an NH_4^+-Ionen ist notwendig, damit die Fällung von $Fe(OH)_2$ aus einer Lösung mit 0,02 mol/L Fe^{2+} und 0,02 mol/L NH_3 verhindert wird?

18.16 Eine Lösung enthält 0,09 mol/L Mg^{2+} und 0,33 mol/L NH_4^+. Mit welcher Mindestkonzentration von Ammoniak fällt $Mg(OH)_2$ aus?

18.17 Kommt es zur Fällung von $PbCl_2$, wenn 20 mL mit $c(Pb(NO_3)_2) = 0{,}015$ mol/L und 50 mL mit $c(NaCl) = 0{,}020$ mol/L vermischt werden?

18.18 Kommt es zur Fällung von MgF_2, wenn 30 mL mit $c(Mg(NO_3)_2) = 0{,}040$ mol/L und 70 mL mit $c(NaF) = 0{,}020$ mol/L vermischt werden?

18.19 Kommt es zur Fällung von $CaSO_4$, wenn 25 mL mit $c(CaCl_2) = 0{,}050$ mol/L und 50 mL mit $c(Na_2SO_4) = 0{,}020$ mol/L vermischt werden?

18.20 Eine Lösung enthält 0,15 mol/L Pb^{2+} und 0,20 mol/L Ag^+.
a) Fällt $PbSO_4$ oder Ag_2SO_4 zuerst aus, wenn der Lösung allmählich Na_2SO_4 zugesetzt wird? (Vernachlässigen Sie Volumenveränderungen)
b) Wenn weiter Na_2SO_4 zugesetzt wird bis das zweite Kation auch auszufallen beginnt, welche Konzentration verbleibt vom ersten Kation?

18.21 Eine Lösung mit $pH = 0{,}5$ enthält 0,15 mol/L Ni^{2+}, 0,10 mol/L Co^{2+}- und 0,50 mol/L Cd^{2+}. Wenn die Lösung mit H_2S gesättigt wird, fällt dann NiS, CoS oder CdS aus?

18.22 Welche Mindest-H^+-Konzentration verhindert die Fällung von MnS, wenn eine Lösung mit $c(Mn^{2+}) = 0{,}25$ mol/L mit H_2S gesättigt wird?

18.23 In 100 mL einer gesättigten H_2S-Lösung befindet sich ein Bodenkörper von 5,0 g ZnS. Bis zu welchem pH-Wert muß die Lösung angesäuert werden, damit das Zinksulfid vollständig in Lösung geht? (Vernachlässigen Sie die Volumenänderung bei der Auflösung).

18.24 Eine Lösung, die je 0,20 mol/L Ni^{2+} und Cd^{2+} enthält, wird mit H_2S gesättigt. Welchen pH-Wert muß die Lösung haben, damit möglichst viel CdS, aber kein NiS ausfällt?

18.25 Führen Sie die gleiche Berechnung wie in Aufgabe 18.24 für eine Lösung von je 0,20 mol/L Pb^{2+} und Zn^{2+} durch.

18.26 Eine Lösung mit 0,20 mol/L Pb^{2+} und $pH = 0{,}70$ wird mit H_2S gesättigt. Welche Restkonzentration $c(Pb^{2+})$ verbleibt in der Lösung nach der Fällung des PbS? Beachten Sie, daß bei der Fällung H^+-Ionen aus dem H_2S freigesetzt werden.

18.27 Welche Stoffmengen AgCl, AgBr bzw. AgI lösen sich in Ammoniak-Lösung, $c(NH_3) = 0{,}50$ mol/L?

18.28 0,010 mol/L $AgNO_3$ und 0,50 mol/L NH_3 werden in Wasser gelöst, Lösungsvolumen 1 L. Cl^--Ionen werden bis zur Konzentration $c(Cl^-) = 0{,}010$ mol/L zugesetzt. Fällt AgCl aus?

19 Grundlagen der chemischen Thermodynamik

Schlüsselworte (s. Glossar)

1. Hauptsatz der Thermodynamik
Innere Energie
Zustandsfunktionen
System und Umgebung

Reaktionsenthalpie
Enthalpie

2. Hauptsatz der Thermodynamik
Entropie
Spontaner Prozeß

Freie Reaktionsenthalpie
Freie Enthalpie
Freie Standard-Enthalpie
Absolute Standard-Entropie

3. Hauptsatz der Thermodynamik

Zusammenfassung. Nach dem *1. Hauptsatz der Thermodynamik* oder dem Gesetz der Erhaltung der Energie ist die Abgabe oder Aufnahme von Energie durch ein System mit einer Änderung ΔU seiner inneren Energie U verbunden. Wenn eine chemische Reaktion bei *konstantem Volumen* in einem Bombenkalorimeter durchgeführt wird, entspricht die umgesetzte Wärme der *Reaktionsenergie* ΔU. Wird die Reaktion bei konstantem Druck durchgeführt, so wird die mechanische Arbeit $p\Delta V$ (die Volumenarbeit) geleistet; die umgesetzte Wärme ist dann die *Reaktionsenthalpie*

$$\Delta H = \Delta U + p\Delta V$$

Die thermodynamische Funktion *Enthalpie* wird durch die Gleichung

$$H = U + pV$$

definiert. Für Reaktionen, bei denen Gase beteiligt sind, ist

$$\Delta H = \Delta U + \Delta n RT$$

Nach dem *2. Hauptsatz der Thermodynamik* laufen nur solche Vorgänge freiwillig ab, bei denen die *Entropie S zunimmt*. Die thermodynamische Funktion Entropie ist ein Maß für die Unordnung. Die *gesamte* Entropieänderung, diejenige des Systems ebenso wie die der Umgebung, muß berücksichtigt werden. Die *freie Reaktionsenthalpie* ΔG liefert ein Kriterium für den freiwilligen Ablauf eines Vorgangs. Für Reaktionen bei konstantem Druck und konstanter Temperatur zeigt ein negativer Wert für

$$\Delta G = \Delta H - T\Delta S$$

daß die Reaktion freiwillig abläuft. Im Gleichgewichtszustand ist $\Delta G = 0$. Eine *freie Standard-Reaktionsenthalpie* ΔG^0 kann aus tabellierten Werten für *freie Standard-Bildungsenthalpien* ΔG_f^0 berechnet werden.

Nach dem *3. Hauptsatz der Thermodynamik* ist die Entropie einer perfekten kristallinen Substanz bei 0 K gleich Null. *Absolute Standardentropien* S^0 können aus Daten der Wärmekapazität berechnet werden. Eine *Standard-Reaktionsentropie* ΔS^0 kann aus tabellierten S^0-Werten berechnet werden. ΔG^0-Werte können aus tabellierten ΔH_f^0 und ΔS^0-Werten ermittelt werden.

Zwischen der freien Standard-Reaktionsenthalpie und der Gleichgewichtskonstanten besteht die Beziehung

$$\Delta G^0 = -RT \ln K$$

Aus ΔG^0-Werten kann berechnet werden, wie vollständig eine Reaktion abläuft und wie die Gleichgewichtslage ist. Die *Temperaturabhängigkeit* einer Gleichgewichtskonstanten ist durch folgende Gleichung gegeben:

$$\ln (K_2/K_1) = (\Delta H^0/R)(1/T_1 - 1/T_2)$$

- 19.1 Der 1. Hauptsatz der Thermodynamik *332*
- 19.2 Enthalpie *333*
- 19.3 Der 2. Hauptsatz der Thermodynamik *335*
- 19.4 Die freie Enthalpie *337*
- 19.5 Freie Standard-Enthalpien *339*
- 19.6 Absolute Entropien *340*
- 19.7 Gleichgewicht und freie Reaktionsenthalpie *342*
- 19.8 Temperaturabhängigkeit von Gleichgewichtskonstanten *345*
- 19.9 Übungsaufgaben *346*

Die **Thermodynamik** ist die Lehre der Energieänderungen im Verlaufe von physikalischen und chemischen Vorgängen. Die Gesetze der Thermodynamik ermöglichen die Voraussage, ob eine bestimmte chemische Reaktion unter gegebenen Bedingungen ablaufen kann. Sie sagen allerdings nichts darüber aus, wie schnell die Reaktion ablaufen wird. Manche Reaktion, die aus thermodynamischen Gründen freiwillig ablaufen sollte, verläuft extrem langsam. Zum Beispiel ist Graphit unter normalen Bedingungen die stabile Form des Kohlenstoffs: er ist *thermodynamisch stabil*. Diamant sollte sich freiwillig in Graphit umwandeln. Die Umwandlung ist jedoch so extrem langsam, daß sie bei normalen Temperaturen nicht beobachtet wird; Diamant ist *metastabil* oder *kinetisch stabil*.

19.1 Der 1. Hauptsatz der Thermodynamik

Ende des 18. und Anfang des 19. Jahrhunderts wurden die Beziehungen zwischen Wärme und Arbeit von vielen Forschern untersucht. Hier nahm die Thermodynamik ihren Ursprung. 1840 hatte Germain Hess den Hess-Satz formuliert (vgl. Abschn. 5.**5**, S. 53), 1842 erkannte Julius Robert Mayer die Äquivalenz verschiedener Energieformen und 1847 stellte Hermann von Helmholtz den ersten Hauptsatz der Thermodynamik in seiner allgemein gültigen Form auf.

Der **1. Hauptsatz der Thermodynamik** ist das **Gesetz der Erhaltung der Energie**:

Energie kann von einer Form in eine andere umgewandelt werden, sie kann aber weder erzeugt noch vernichtet werden.

Die Gesamtenergie im Universum ist konstant. Arbeit und Wärme sind zwei verschiedene Erscheinungsformen einer allgemeinen Größe, der Energie.

Bei der Anwendung der Thermodynamik betrachtet man häufig die Vorgänge, die sich in einem abgegrenzten Bereich abspielen. Alles, was sich innerhalb dieses Bereiches befindet, nennt man ein **System**; alles außerhalb davon ist die **Umgebung**. Ein Gemisch chemischer Verbindungen kann zum Beispiel ein System sein; der Behälter und alles andere herum ist die Umgebung des Systems.

Ein System hat eine **innere Energie** U, welche die Summe aller möglichen Energieformen im System ist. Wesentliche Beiträge zur inneren Energie liefern die Anziehungs- und Abstoßungskräfte zwischen Atomen, Molekülen, Ionen und subatomaren Teilchen im System sowie die kinetische Energie der Teilchen.

Nach dem 1. Hauptsatz der Thermodynamik ist die innere Energie eines *abgeschlossenen Systems* konstant. Der tatsächliche Wert von U eines Systems ist nicht bekannt oder berechenbar. Die Thermodynamik befaßt sich nur mit den *Änderungen* der inneren Energie; diese sind meßbar.

Der **Zustand** eines Systems kann durch Angabe der Zustandsgrößen wie Temperatur, Druck oder Zusammensetzung erfaßt werden. Die innere Energie eines Systems hängt von seinem Zustand ab, sie ist aber unabhängig davon, auf welchem Weg dieser Zustand erreicht wurde. Die innere Energie ist deshalb eine **Zustandsfunktion**. Helium, das bei 100 K und 100 kPa ein Volumen von 1 L einnimmt, hat einen damit spezifizierten Zustand und eine bestimmte innere Energie U_1. Bei 200 K und 50 kPa

Hermann von Helmholtz, 1821–1894

nimmt es ein Volumen von 4 L ein; es hat einen anderen Zustand und eine andere innere Energie U_2.

Der Unterschied der inneren Energien von zwei Zuständen, ΔU, ist demnach ebenfalls eine konstante Größe und unabhängig davon, auf welchem Weg das System vom Zustand 1 zum Zustand 2 kommt. Es ist völlig gleichgültig, ob das Helium zuerst erhitzt und dann sein Druck vermindert wird oder ob zuerst der Druck vermindert und dann die Temperatur erhöht wird; es ist auch gleichgültig, ob die Änderungen in mehreren Schritten vollzogen werden. Bei chemischen Reaktionen ist ΔU die Reaktionsenergie: die gesamte, bei der Reaktion mit der Umgebung ausgetauschte Energie.

Nehmen wir ein System in einem Anfangszustand und mit einem Anfangswert U_1 für die innere Energie. Wenn das System Wärme mit einem Betrag Q aus der Umgebung aufnimmt, wird das System danach die innere Energie $U_1 + Q$ haben. Wenn das System nun einen Teil seiner inneren Energie dazu verwendet, Arbeit W gegenüber seiner Umgebung zu leisten, nimmt seine innere Energie wieder ab. Seine innere Energie im Endzustand ist

$$U_2 = U_1 + Q - W$$

Die Energiedifferenz zwischen Anfangs- und Endzustand ist dann $\Delta U = Q - W$.

Bei Umgang mit Energiewerten ist auf die nebenstehenden Vorzeichenkonventionen zu achten.

> $\Delta U = U_2 - U_1$

> Innere Anfangsenergie: U_1
> Innere Endenergie nach Aufnahme von Wärme Q und Abgabe von Arbeit W:
> $U_2 = U_1 + Q - W$
>
> Energiedifferenz
> $\Delta U = U_2 - U_1 = Q - W$ (19.1)
>
> $Q > 0$: das System nimmt Wärme auf
> $Q < 0$: das System gibt Wärme ab
> $W > 0$: das System leistet Arbeit
> $W < 0$: auf das System wird Arbeit ausgeübt
> $\Delta U > 0$: die innere Energie des Systems nimmt zu, es nimmt Energie auf
> $\Delta U < 0$: die innere Energie des Systems nimmt ab, es gibt Energie ab

19.2 Enthalpie

Wenn bei Ablauf einer chemischen Reaktion mechanische Arbeit beteiligt ist, so wird diese im allgemeinen in Form von *Volumenarbeit* geleistet. Wenn bei einer Reaktion Gase entstehen, so dehnt sich das System vom Anfangsvolumen V_1 auf das Endvolumen V_2 aus und leistet die Arbeit

$$W = p\Delta V = p(V_2 - V_1)$$

gegen den Druck p der Atmosphäre (vgl. Abschn. 5.4, S. 50).

Ein Prozeß, der bei konstantem Volumen (in einem geschlossenen Gefäß) abläuft, leistet keine mechanische Arbeit: $p\Delta V = 0$. Änderungen der inneren Energie müssen durch Abgabe oder Aufnahme anderer Energieformen erfolgen. Bei chemischen Prozessen ist das meist Wärme; die gesamte Reaktionsenergie wird dann in Form von Wärme aufgenommen oder abgegeben.

Chemische Reaktionen werden meistens bei konstantem Druck (in einem offenen Gefäß) durchgeführt. In diesem Fall ist bei jeder Volumenänderung mechanische Arbeit $W = p\Delta V$ beteiligt. Wenn bei der Reaktion die innere Energie um den Betrag ΔU zunimmt, indem dem System die Wärmemenge Q zugeführt wird und gleichzeitig die Arbeit $p\Delta V$ geleistet wird, dann gilt Gleichung (19.1). Setzen wir $\Delta H = Q$ und stellen um, so erhalten wir Gleichung (19.2). ΔH nennen wir die *Reaktionsenthalpie*.

So wie die Reaktionsenergie $\Delta U = U_2 - U_1$ als Differenz der inneren Energien des End- und Anfangszustands zu verstehen ist, können wir die Reaktionsenthalpie als Differenz zwischen zwei Enthalpiewerten H_2 und H_1 des End- und Anfangszustands auffassen. Die Enthalpie H ist wie die

> **Reaktionsenthalpie:**
> $\Delta H = \Delta U + p\Delta V$ (19.2)
>
> **Enthalpie:**
> $H = U + pV$ (19.3)
> $\Delta H = H_2 - H_1$

innere Energie U eine thermodynamische Funktion. Sie ist ebenfalls eine Funktion des Zustands und unabhängig vom Weg, auf dem der Zustand erreicht wird.

In einem Bombenkalorimeter (Abschn. 5.3, S. 49) wird die Reaktion bei konstantem Volumen durchgeführt; die umgesetzte Wärmemenge entspricht der Reaktionsenergie ΔU. Normalerweise werden Reaktionen bei konstantem Druck durchgeführt und die umgesetzte Wärmemenge entspricht der Reaktionsenthalpie ΔH. Der Unterschied zwischen beiden kann aus der Volumenänderung ΔV berechnet werden.

$$pV_2 = n_2RT$$
$$pV_1 = n_1RT$$
$$\overline{p(V_2 - V_1) = (n_2 - n_1)RT}$$
$$p\Delta V = \Delta nRT$$

Wenn an der Reaktion nur Feststoffe und Flüssigkeiten beteiligt sind, so sind die Volumenänderungen meist so gering, daß sie vernachlässigt werden können. Wenn Gase beteiligt sind, kann das Volumen der Reaktanden, V_1, und das der Reaktionsprodukte, V_2, sehr verschieden sein. Wenn n_1 die Anzahl Mole gasförmiger Reaktanden, n_2 die Anzahl Mole gasförmiger Produkte und $\Delta n = n_2 - n_1$ ist, dann ergibt sich Gleichung (19.4) bei konstantem Druck und konstanter Temperatur. Unter diesen Bedingungen ist ΔH unabhängig vom Betrag des Druckes. Wie die Beispiele 19.1 bis 19.3 zeigen, sind die Unterschiede zwischen ΔU und ΔH in der Regel relativ klein.

$$\Delta H = \Delta U + \Delta nRT \qquad (19.4)$$

Beispiel 19.1

Die Verbrennungswärme von $CH_4(g)$ bei konstantem Volumen wurde mit einem Bombenkalorimeter bei 25 °C zu $\Delta U = -885{,}4$ kJ/mol bestimmt. Wie groß ist ΔH?

$$CH_4(g) + 2O_2(g) \rightarrow CO_2(g) + 2H_2O(l) \qquad \Delta U = -885{,}4 \text{ kJ/mol}$$
$$n_1 = 3 \text{ mol} \qquad n_2 = 1 \text{ mol}$$

$$\Delta H = \Delta U + \Delta nRT$$
$$= -885{,}4 \text{ kJ/mol} + (1 - 3 \text{ mol}) \cdot 8{,}314 \cdot 10^{-3} \text{ kJ/(mol K)} \cdot 298{,}2 \text{ K}$$
$$= -885{,}4 - 5{,}0 \text{ kJ/mol} = -890{,}4 \text{ kJ/mol}$$

Beispiel 19.2

Wie groß sind ΔH^0 und ΔU^0 für die Reaktion

$$OF_2(g) + H_2O(g) \rightarrow O_2(g) + 2HF(g)?$$

Die Standard-Bildungsenthalpien sind: für $OF_2(g)$ $+23{,}0$ kJ/mol; $H_2O(g)$ $-241{,}8$ kJ/mol; $HF(g)$ $-268{,}6$ kJ/mol.

ΔH^0 wird aus den Standard-Bildungsenthalpien berechnet (vgl. Abschn 5.6, S. 54):

$$\Delta H^0 = 2\Delta H_f^0(HF) - \Delta H_f^0(OF_2) - \Delta H_f^0(H_2O)$$
$$= 2(-268{,}6) - 23{,}0 + 241{,}8 \text{ kJ/mol} = -318{,}4 \text{ kJ/mol}$$

Die Standard-Reaktionsenergie ΔU^0 wird aus der Standard-Reaktionsenthalpie ΔH^0 mit Gleichung (19.4) berechnet:

$$\Delta U^0 = \Delta H^0 - \Delta nRT$$
$$= -318{,}4 \text{ kJ/mol} - [1 \text{ mol} \cdot 8{,}314 \cdot 10^{-3} \text{ kJ/(mol K)} \cdot 298{,}2 \text{ K}]$$
$$= -318{,}4 - 2{,}5 \text{ kJ/mol} = -320{,}9 \text{ kJ/mol}$$

Beispiel 19.3

Für die Reaktion

$$B_2H_6(g) + 3\,O_2(g) \rightarrow B_2O_3(s) + 3\,H_2O(l)$$

ist $\Delta U^0 = -2143{,}2$ kJ/mol. Wie groß ist ΔH^0?
Wie groß ist die Standard-Bildungsenthalpie ΔH_f^0 für $B_2H_6(g)$?

$\Delta H_f^0(B_2O_3, s) = -1264{,}0$ kJ/mol $\qquad \Delta H_f^0(H_2O, l) = -285{,}9$ kJ/mol

$\Delta n = -4$ mol
$\Delta H^0 = \Delta U^0 + \Delta n RT$
$ = -2143{,}2$ kJ/mol $- [4$ mol $\cdot 8{,}314 \cdot 10^{-3}$ kJ/(mol K) $\cdot 298{,}2$ K$]$
$ = -2143{,}2 - 9{,}91$ kJ/mol
$ = -2153{,}1$ kJ/mol

$\Delta H^0 = \Delta H_f^0(B_2O_3) + 3\,\Delta H_f^0(H_2O) - \Delta H_f^0(B_2H_6)$
$-2153{,}1$ kJ/mol $= -1264{,}0 - 3 \cdot 285{,}9$ kJ/mol $- \Delta H_f^0(B_2H_6)$

$\Delta H_f^0(B_2H_6) = +31{,}4$ kJ/mol

19.3 Der 2. Hauptsatz der Thermodynamik

Der 1. Hauptsatz der Thermodynamik macht für chemische oder physikalische Vorgänge nur eine Aussage: die Energie muß erhalten bleiben. Er sagt nichts darüber aus, ob ein Vorgang auch freiwillig ablaufen wird. Eine Aussage hierüber ist mit Hilfe des 2. Hauptsatzes der Thermodynamik möglich, der auf Sadi Carnot (1824) zurückgeht und von Rudolf Clausius und William Thomson weiter ausgebaut wurde. Ein Prozeß, der freiwillig abläuft, nennt man auch einen *spontanen* Prozeß.

Von zentraler Bedeutung für den 2. Hauptsatz ist eine thermodynamische Funktion S, die wir **Entropie** nennen. Die Entropie kann als ein Maß für die Unordnung in einem System gedeutet werden. Je geringer die Ordnung in einem System ist, desto größer ist seine Entropie. Der **2. Hauptsatz der Thermodynamik** läßt sich folgendermaßen formulieren:

> *Bei einer spontanen Zustandsänderung vergrößert sich die Entropie. Freiwillig stellt sich somit immer nur ein Zustand mit geringerer Ordnung ein.*

Die Vermischung von zwei idealen Gasen ist ein Beispiel für eine spontane Zustandsänderung. Wenn zwei Gefäße, in denen sich zwei verschiedene Gase bei gleichem Druck befinden, miteinander verbunden werden, so vermischen sich die Gase spontan (◉ 19.1). Warum vermischen sich die Gase freiwillig? Der 1. Hauptsatz macht hierüber keinerlei Aussage. Während sich die Gase vermischen, bleiben das Gesamtvolumen, der Druck und die Temperatur konstant. Bei idealen Gasen gibt es auch keine intermolekularen Kräfte; weder die innere Energie noch die Enthalpie werden verändert.

Beim Vermischen der Gase wird ein Zustand höherer Entropie erreicht. Anfangs herrscht eine größere Ordnung: Gas 1 links, Gas 2 rechts. Am Schluß sind die Moleküle statistisch völlig durchmischt. Aus der Erfahrung des Alltags verwundert es nicht, daß zwei Gase sich vermischen.

Nicolas Léonard Sadi Carnot, 1796–1832

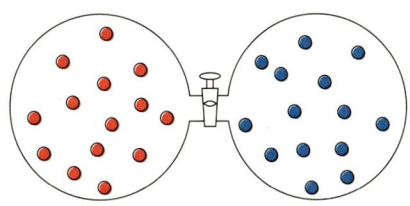

vor der Vermischung

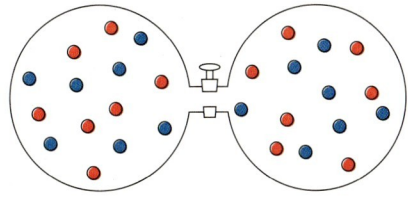

nach der Vermischung

◉ **19.1** Zwei Gase vermischen sich spontan

Der gegenteilige Vorgang, eine spontane Entmischung der Gase, wäre höchst unwahrscheinlich.

Für eine gegebene Substanz hat der feste, kristalline Zustand die höchste Ordnung und die geringste Entropie. Der gasförmige Zustand hat die höchste Entropie. Der flüssige Zustand liegt dazwischen. Wenn eine Substanz schmilzt oder verdampft, nimmt ihre Entropie zu. Wenn sie kondensiert oder kristallisiert, nimmt ihre Entropie ab. Warum sollte eine Substanz bei Temperaturen unterhalb ihres Gefrierpunktes spontan gefrieren, wenn diese Zustandsänderung mit einer Entropieabnahme verbunden ist?

Alle mit einer Zustandsänderung verbundenen Entropieeffekte müssen berücksichtigt werden. Wenn sich zwei ideale Gase vermischen, dann gibt es keinen Stoff- oder Energieaustausch mit der Umgebung. Der einzige Entropieeffekt ist die Entropiezunahme in dem abgeschlossenen System. In der Regel verlaufen chemische Reaktionen oder physikalische Zustandsänderungen jedoch nicht unabhängig von ihrer Umgebung. Die Gesamtänderung der Entropie ΔS_{ges} ist die Summe der Entropieänderungen des Systems ΔS_{Sys} und der Umgebung ΔS_{Umg}:

$$\Delta S_{ges} = \Delta S_{Sys} + \Delta S_{Umg} \qquad (19.5)$$

Wenn eine Flüssigkeit gefriert, wird die Schmelzenthalpie freigesetzt und von der Umgebung aufgenommen. Diese Energie vermehrt die statistische Bewegung der Moleküle und damit die Entropie der Umgebung. Das Gefrieren einer Flüssigkeit unterhalb ihres Gefrierpunktes erfolgt, weil die Entropiezunahme in der Umgebung größer ist als die Entropieabnahme in der gefrierenden Flüssigkeit. Ob ein Vorgang freiwillig abläuft, hängt immer davon ab, ob die Entropie insgesamt zunimmt.

In 19.1 finden sich Angaben zum Gefrieren von Wasser. Die Bedeutung der Maßeinheiten für ΔS wird uns in späteren Abschnitten beschäftigen. Wir betrachten zunächst nur die Zahlenwerte. Bei $-1\,°C$ gefriert Wasser spontan, ΔS_{ges} ist positiv. Bei $+1\,°C$ ist ΔS_{ges} negativ, Wasser dieser Temperatur gefriert nicht; im Gegenteil, der umgekehrte Prozeß, das Schmelzen von Eis läuft spontan ab (für den Schmelzvorgang sind die Vorzeichen der ΔS-Werte umzukehren). Bei $0\,°C$ ist $\Delta S_{ges} = 0$, weder das Schmelzen noch das Gefrieren läuft spontan ab. Bei dieser Temperatur stehen Eis und Wasser im Gleichgewicht miteinander, insgesamt tritt keine Veränderung ein. Man kann den Gefrier- oder Schmelzvorgang bei $0\,°C$ in Gang bringen, wenn man Wärme entzieht oder zuführt, aber keiner dieser Vorgänge wird von sich aus ablaufen.

Die Zunahme der Gesamtentropie kann als Kriterium für das freiwillige Ablaufen eines Vorgangs dienen. In dem Maß, wie spontane Vorgänge ablaufen, nimmt die Entropie des Universums ständig zu. Rudolf Clausius hat die ersten beiden Hauptsätze der Thermodynamik so zusammengefaßt: „Die Energie des Universums ist konstant; die Entropie des Universums strebt einem Maximum zu". Daß die Entropie ständig zunimmt, hängt eng damit zusammen, daß auch die Zeit immer nur zunimmt; könnte die Zeit rückwärts laufen, so könnte die Gesamtentropie abnehmen. Ein Gasgemisch könnte sich entmischen, so wie es bei einem rückwärts laufenden Kinofilm über die Vermischung zweier Gase zu sehen ist.

Die Entropie ist ebenso wie die innere Energie und die Enthalpie eine Zustandsfunktion. Die Entropie oder Unordnung eines Systems hat

19.1 Entropieänderungen für die Transformation Wasser → Eis bei 101,3 kPa

Temp. /°C	ΔS_{Sys}	ΔS_{Umg}	ΔS_{ges}
	/J · mol^{-1} K^{-1}		
+1	−22,13	+22,05	−0,08
0	−21,99	+21,99	0
−1	−21,85	+21,93	+0,08

bei gegebenem Zustand einen definierten Wert. Deshalb hat auch ΔS bei Zustandsänderungen einen definierten Wert, der nur vom Anfangs- und Endzustand abhängt, nicht aber vom Weg zwischen ihnen.

Mit thermodynamischen Überlegungen kann man feststellen, welche Vorgänge ablaufen können, sie sagen jedoch nichts darüber, wie schnell dies geschieht. Nach der Theorie sollte Kohlenstoff bei 25 °C und Atmosphärendruck mit Sauerstoff reagieren; tatsächlich kann man jedoch Gemische davon über lange Zeiträume unverändert aufbewahren, da die Reaktion unter diesen Bedingungen unmeßbar langsam abläuft. Die Thermodynamik kann eindeutig voraussagen, welche Vorgänge *nicht* stattfinden werden und sie kann zeigen, wie Bedingungen zu ändern sind, um eine Reaktion in die gewünschte Richtung zu lenken.

J. Willard Gibbs, 1839–1903

19.4 Die freie Enthalpie

Für eine Reaktion, die bei konstanter Temperatur und konstantem Druck ausgeführt wird, kann die Entropieänderung der Umgebung ΔS_{Umg} nach Gleichung (19.6) berechnet werden. Die Entropieänderung der Umgebung kommt durch den Austausch von Wärme mit der Umgebung zustande, bedingt durch die Reaktionsenthalpie ΔH. Wärme, die vom Reaktionssystem *abgegeben* wird, wird von der Umgebung *aufgenommen*, deshalb muß ΔS_{Umg} das umgekehrte Vorzeichen von ΔH haben. Je größer der Betrag von ΔH, desto mehr Unordnung wird in der Umgebung erzeugt, desto größer ist ΔS_{Umg}.

Andererseits ist die Entropieänderung in der Umgebung umgekehrt proportional zur absoluten Temperatur, bei welcher der Vorgang stattfindet. Zuführung einer bestimmten Wärmemenge bringt bei tiefer Temperatur (wenn eine relativ große Ordnung herrscht) eine größere *Änderung* der Unordnung mit sich, als die Zuführung der gleichen Wärmemenge bei hoher Temperatur (wenn von vornherein eine relativ große Unordnung herrscht). Die Maßeinheit für die Entropie ist J/K.

Wenn wir in Gleichung (19.5) ΔS_{Umg} durch $-\Delta H/T$ ersetzen und ΔS anstelle von ΔS_{Sys} für die Entropieänderung im System schreiben, erhalten wir Gleichung (19.7). Mit der Definition einer neuen Größe $\Delta G = -T\Delta S_{ges}$ erhalten wir schließlich die Gleichung (19.9).

Die in Gleichung (19.9) definierte Größe ΔG nennen wir die **freie Reaktionsenthalpie**. So wie ΔH und ΔS als Differenzen $\Delta H = H_2 - H_1$ und $\Delta S = S_2 - S_1$ der thermodynamischen Funktionen H und S zwischen End- und Anfangszustand aufgefaßt werden können, können wir $\Delta G = G_2 - G_1$ als Differenz zweier Werte auffassen. Wir definieren mit Gleichung (19.10) die **freie Enthalpie** G, auch Gibbssche freie Enthalpie genannt, nach J. Willard Gibbs, der die Anwendung der Thermodynamik auf chemische Systeme entwickelt hat.

So wie die thermodynamischen Funktionen H und S, ist auch G eine Zustandsfunktion. Der Wert von ΔG für einen Vorgang hängt nur vom Anfangs- und Endzustand des Systems ab und nicht vom Weg, auf dem diese Zustände erreicht werden. Nach dem 2. Hauptsatz der Thermodynamik verläuft ein Prozeß freiwillig, wenn die Entropie insgesamt zunimmt, d. h. wenn $\Delta S_{ges} > 0$. Mit $\Delta G = -T\Delta S_{ges}$ gemäß Gleichung (19.8) gilt deshalb für eine bei konstanter Temperatur und konstantem Druck durchgeführte Reaktion:

Definition der ausgetauschten Entropie:

$$\Delta S_{Umg} = -\frac{\Delta H}{T} \qquad (19.6)$$

Substitution von (19.6) in (19.5):

$$\Delta S_{ges} = \Delta S - \frac{\Delta H}{T}$$

$$T\Delta S_{ges} = T\Delta S - \Delta H \qquad (19.7)$$

Mit
$$\Delta G = -T\Delta S_{ges} \qquad (19.8)$$
ergibt sich die

freie Reaktionsenthalpie:
$$\Delta G = \Delta H - T\Delta S \qquad (19.9)$$

Freie Enthalpie:
$$G = H - TS \qquad (19.10)$$

1. **Wenn $\Delta G < 0$, läuft die Reaktion freiwillig ab.**
2. **Wenn $\Delta G = 0$, ist das System im Gleichgewicht.**
3. **Wenn $\Delta G > 0$, läuft die Reaktion nicht freiwillig ab.**
   In umgekehrter Richtung verläuft sie jedoch freiwillig.

Alle Größen in der fundamental wichtigen Gleichung (19.9), $\Delta G = \Delta H - T\Delta S$, beziehen sich auf Änderungen im System. Durch die Verwendung der freien Enthalpie erübrigt sich die Notwendigkeit, Änderungen der Umgebung zu betrachten. Alle Glieder der Gleichung, ΔG, ΔH und $T\Delta S$ sind Energiegrößen.

Mit der freien Reaktionsenthalpie werden zwei Faktoren berücksichtigt, die die Freiwilligkeit des Ablaufs einer Reaktion bestimmen:

1. **Bei einer Reaktion wird ein Energieminimum angestrebt.** Wenn das System Energie an die Umgebung abgibt, ist der Wert für ΔH negativ; er trägt zu einem negativen Wert für ΔG bei.
2. **Bei einer Reaktion wird ein Maximum an Unordnung angestrebt.** Ein positiver Wert für ΔS, d.h. eine Zunahme der Unordnung im System, trägt wegen des Terms $-T\Delta S$ zu einem negativen Wert für ΔG bei.

> Für Reaktionen, die bei konstantem Volumen durchgeführt werden (geschlossenes Reaktionsgefäß), ist die mit der Umgebung ausgetauschte Wärme gleich der Reaktionsenergie ΔU und $\Delta S_{Umg} = -\Delta U/T$. In diesem Fall tritt an die Stelle der freien Reaktionsenthalpie die **freie Reaktionsenergie** $\Delta F = \Delta U - T\Delta S$
>
> Alle Aussagen über ΔG, die für Systeme bei konstantem Druck gelten, gelten analog für ΔF für Systeme bei konstantem Volumen.

19.2 Thermodynamische Daten für einige chemische Reaktionen bei 25 °C und 101,3 kPa (Werte in kJ/mol)

			ΔH	$-(T\Delta S)$	$= \Delta G$
a)	$H_2(g) + Br_2(l)$	$\rightarrow 2\,HBr(g)$	$-72{,}47$	$-(+34{,}02)$	$= -106{,}49$
b)	$2\,H_2(g) + O_2(g)$	$\rightarrow 2\,H_2O(l)$	$-571{,}70$	$-(-97{,}28)$	$= -474{,}42$
c)	$Br_2(l) + Cl_2(g)$	$\rightarrow 2\,BrCl(g)$	$+29{,}37$	$-(+31{,}17)$	$= -1{,}80$
d)	$2\,Ag_2O(s)$	$\rightarrow 4\,Ag(s) + O_2(g)$	$+61{,}17$	$-(+39{,}50)$	$= +21{,}67$

Eine exotherme Reaktion ($\Delta H < 0$) mit einem positiven ΔS-Wert verläuft immer freiwillig (Beispiel a in 19.2). Ein großer negativer Wert für ΔH kann auch eine ungünstige Entropieänderung überkompensieren, wenn trotz eines negativen ΔS-Werts ΔG negativ ist (Beispiel b in 19.2). Umgekehrt kann ein großer positiver Wert für $T\Delta S$ gegenüber einer ungünstigen Reaktionsenthalpie überwiegen (Beispiel c in 19.2).

Bei 25 °C und 101,3 kPa ist der Betrag von ΔH meistens erheblich größer als der von $T\Delta S$. Unter diesen Bedingungen verlaufen exotherme Reaktionen freiwillig, unabhängig von der Entropieänderung im System. Mit steigender Temperatur nimmt die Bedeutung von $T\Delta S$ zu. In der Regel ändern sich ΔH und ΔS nur wenig mit der Temperatur, während im Produkt $T\Delta S$ die Temperatur selbst vorkommt. Bei hohen Temperaturen kann der Term $T\Delta S$ im Ausdruck für ΔG dominieren. Im Beispiel d von 19.2 sind ΔH und ΔS beide positiv. Bei 25 °C ist ΔH größer als $T\Delta S$, ΔG ist positiv, die Reaktion läuft nicht ab. Bei 300 °C ist $T\Delta S = +75{,}95$ kJ und für ΔG ergibt sich ein negativer Wert, die Reaktion läuft ab (unter der Annahme, daß sich ΔH und ΔS nicht mit der Temperatur ändern, was weitgehend erfüllt ist).

Die Werte in 19.2 beziehen sich auf die Differenzen der freien Enthalpien zwischen Produkten und Reaktanden bei 25 °C und 101,3 kPa.

In einigen Fällen (insbesondere bei Reaktion c) läuft die Reaktion jedoch nicht vollständig ab, weil sich ein Gleichgewichtszustand einstellt, dessen freie Enthalpie niedriger liegt als die der Produkte. Aus den Daten können deshalb keine Schlüsse darüber gezogen werden, wie vollständig eine Reaktion abläuft. Hierzu bedarf es der Betrachtung von Gleichgewichtszuständen (Abschn. 19.7, S. 342).

☐ 19.3 gibt eine Übersicht, unter welchen Bedingungen eine Reaktion freiwillig abläuft.

☐ 19.3 Einfluß der Vorzeichen von ΔH und ΔS auf den freiwilligen Ablauf einer Reaktion

ΔH	ΔS	$\Delta G = \Delta H - T\Delta S$	Reaktion läuft
−	+	−	stets freiwillig ab
+	−	+	nicht freiwillig ab
−	−	− bei niedrigem T + bei hohem T	bei niedrigen Temperaturen freiwillig, bei hohen Temperaturen nicht
+	+	+ bei niedrigem T − bei hohem T	bei hohen Temperaturen freiwillig, bei niedrigen Temperaturen nicht

19.5 Freie Standard-Enthalpien

Eine freie Standard-Reaktionsenthalpie, die wir mit dem Symbol ΔG^0 bezeichnen, ist die freie Reaktionsenthalpie für einen Vorgang, der bei Normdruck (101,3 kPa) stattfindet und bei dem Reaktanden im Standardzustand in Produkte im Standardzustand verwandelt werden. Der Wert ΔG^0 für eine Reaktion kann aus freien Standard-Bildungsenthalpien berechnet werden, in der gleichen Art wie ΔH^0-Werte aus den Standard-Bildungsenthalpien (Abschn. 5.6, S. 54). Tabellierte Werte gelten meist für 25 °C.

☐ **Beispiel 19.4**

Wie groß ist ΔG^0 für die Reaktion

$$2\,NO(g) + O_2(g) \rightarrow 2\,NO_2(g)?$$

$$\begin{aligned}\Delta G^0 &= 2\Delta G_f^0(NO_2) - 2\Delta G_f^0(NO)\\ &= 2 \cdot 51{,}84 - 2 \cdot 86{,}69 \text{ kJ/mol}\\ &= -69{,}70 \text{ kJ/mol}\end{aligned}$$

Die **freie Standard-Bildungsenthalpie** ΔG_f^0 für eine Verbindung ist als die freie Reaktionsenthalpie definiert, wenn 1 mol der Verbindung aus den Elementen in ihren Standardzuständen entsteht. Nach dieser Definition ist die freie Standard-Bildungsenthalpie für jedes Element in seinem

Standard-Zustand gleich Null. Der Wert ΔG^0 für eine Reaktion ist gleich der Summe der ΔG_f^0-Werte der Produkte minus der Summe der ΔG_f^0-Werte der Reaktanden (19.4, S. 339). Einige Werte sind in 19.4 angegeben.

19.4 Freie Standard-Bildungsenthalpien für einige Verbindungen bei 25 °C

Verbindung	ΔG_f^0 /kJ·mol^{-1}	Verbindung	ΔG_f^0 /kJ·mol^{-1}
AgCl(s)	−109,70	Fe$_2$O$_3$(s)	−741,0
Al$_2$O$_3$(s)	−1576,41	HBr(g)	−53,22
BaCO$_3$(s)	−1138,9	HCl(g)	−95,27
BaO(s)	−528,4	HF(g)	−270,7
CaCO$_3$(s)	−1128,76	HI(g)	+1,30
CaO(s)	−604,2	H$_2$O(g)	−228,61
Ca(OH)$_2$(s)	−896,76	H$_2$O(l)	−237,19
CH$_4$(g)	−50,79	H$_2$S(g)	−33,0
C$_2$H$_2$(g)	+209,20	NaCl(s)	−384,05
C$_2$H$_4$(g)	+68,12	NH$_3$(g)	−16,7
C$_2$H$_6$(g)	−32,89	NO(g)	+86,69
C$_6$H$_6$(l) (Benzol)	+129,66	NO$_2$(g)	+51,84
CO(g)	−137,28	SO$_2$(g)	−300,37
CO$_2$(g)	−394,38	ZnO(s)	−318,19

19.6 Absolute Entropien

Zufuhr von Wärme erhöht die molekulare Unordnung in einer Substanz. Die Entropie einer Substanz nimmt mit der Temperatur zu. Die Entropie einer perfekten kristallinen Substanz beim absoluten Nullpunkt kann als Null angenommen werden. Diese Aussage wird zuweilen auch als der **3. Hauptsatz der Thermodynamik** bezeichnet und wurde 1906 von Walther Nernst formuliert. Die Entropie eines Gases, einer gefrorenen Lösung oder eines Kristalls mit Baufehlern ist auch bei 0 K nicht gleich Null.

Auf der Basis des 3. Hauptsatzes können absolute Entropien aus Werten der Wärmekapazität berechnet werden. Die **absolute Standard-Entropie** S^0 einer Substanz ist die Entropie der Substanz in ihrem Standardzustand bei 101,3 kPa. In 19.5 sind einige Werte für 25 °C aufgeführt. Die **Standard-Reaktionsentropie** ΔS^0 einer Reaktion ist gleich der Summe der absoluten Entropien der Produkte minus der Summe der absoluten Entropien der Reaktanden. Man beachte, daß die absolute Entropie eines Elements nicht gleich Null ist und daß die absolute Entropie einer Verbindung nicht der Entropieänderung bei der Bildung der Verbindung aus den Elementen entspricht.

Beispiel 19.5

Wie groß ist die Standard-Reaktionsentropie ΔS^0 und die freie Standard-Bildungsenthalpie ΔG_f^0 für die Bildung von einem Mol HgO(s) aus den Elementen? ΔH_f^0(HgO) = −90,7 kJ/mol; S^0-Werte siehe 19.5.

$$\text{Hg(l)} + \tfrac{1}{2}\text{O}_2\text{(g)} \rightarrow \text{HgO(s)}$$

$$\Delta S^0 = S^0(\text{HgO}) - S^0(\text{Hg}) - \tfrac{1}{2} S^0(\text{O}_2)$$
$$= 72{,}0 - 77{,}4 - \tfrac{1}{2} \cdot 205{,}0 \text{ J/(mol K)} = -107{,}9 \text{ J/(mol K)}$$

$$\Delta G_f^0 = \Delta H_f^0 - T\Delta S^0$$
$$= -90{,}7 \text{ kJ/mol} - (298{,}2 \text{ K})(-0{,}1079 \text{ kJ/(mol K)}) = -58{,}5 \text{ kJ/mol}$$

Viele Probleme können durch die Verwendung von ΔS^0-Werten (berechnet aus S^0-Werten, 19.5), ΔH_f^0-Werten (5.1, S. 55) und ΔG_f^0-Werten (19.4) gelöst werden (19.6). Eine Reihe von typischen Aufgaben kann näherungsweise gelöst werden, wenn man annimmt, daß die Werte für ΔH und ΔS unabhängig von der Temperatur sind. Diese Annahme ist in der Regel gut erfüllt (19.7).

Abgesehen von der Berechnung aus ΔH^0 und ΔS^0-Werten können ΔG^0-Werte auch auf zwei andere Arten bestimmt werden, nämlich aus Gleichgewichtskonstanten (nächster Abschnitt) und aus elektrochemischen Messungen (Abschn. 20.8, S. 363). Die Ergebnisse aus den drei Bestimmungsmethoden stimmen völlig überein.

Beispiel 19.6

Für die Reaktion

$$\text{NH}_4\text{Cl}(s) \rightarrow \text{NH}_3(g) + \text{HCl}(g)$$

ist $\Delta S^0 = 285$ J/(mol K), $\Delta H^0 = 177$ kJ/mol und $\Delta G^0 = 91{,}9$ kJ/mol bei 25 °C. Verläuft die Reaktion freiwillig bei 25 °C? Wie groß ist ΔG^0 bei 500 °C (unter der Annahme, daß ΔH und ΔS temperaturunabhängig sind)? Verläuft die Reaktion freiwillig bei 500 °C?

Da ΔG^0 bei 25 °C positiv ist, läuft die Reaktion bei dieser Temperatur nicht ab (die umgekehrte Reaktion liefe ab).

Bei 500 °C (773 K) gilt:

$$\Delta G_{773}^0 = \Delta H^0 - T\Delta S^0$$
$$= 177 \text{ kJ/mol} - 773 \text{ K} \cdot 0{,}285 \text{ kJ/(mol K)}$$
$$= -43 \text{ kJ/mol}$$

Bei 500 °C läuft die Reaktion ab. Dies Ergebnis ist typisch für endotherme Zersetzungsreaktionen; sie laufen bei höheren Temperaturen ab.

Beispiel 19.7

Für die Verdampfung von Methanol

$$\text{H}_3\text{COH}(l) \rightleftharpoons \text{H}_3\text{COH}(g)$$

ist $\Delta H^0 = 37{,}4$ kJ/mol und $\Delta S^0 = 111$ J/(mol K) bei 25 °C und 101,3 kPa. Das System ist im Gleichgewicht, wenn $\Delta G^0 = 0$; die zugehörige Temperatur entspricht dem normalen Siedepunkt von Methanol. Welcher ist der normale Siedepunkt von Methanol? ΔH^0 und ΔS^0 seien als temperaturunabhängig angenommen.

$$\Delta G^0 = \Delta H^0 - T\Delta S^0 = 0$$
$$37{,}4 \text{ kJ/mol} - T \cdot 0{,}111 \text{ kJ/(mol K)} = 0$$

$$T = \frac{37{,}4 \text{ kJ/mol}}{0{,}111 \text{ kJ/(mol K)}} = 337 \text{ K}$$

Der normale Siedepunkt ist demnach 337 − 273 = 64 °C. Der tatsächliche Wert ist 64,96 °C. Die geringe Abweichung rührt daher, daß sich ΔH^0 und ΔS^0 geringfügig mit der Temperatur ändern.

19.5 Absolute Entropien für einige Verbindungen bei 25 °C und 101,3 kPa

Substanz	$S^0 / \text{J} \cdot \text{mol}^{-1} \text{K}^{-1}$	Substanz	$S^0 / \text{J} \cdot \text{mol}^{-1} \text{K}^{-1}$
Ag(s)	42,72	HCl(g)	186,7
AgCl(s)	96,11	HF(g)	173,5
Al(s)	28,3	HI(g)	206,3
Al_2O_3(s)	51,00	Hg(l)	77,4
Br_2(l)	152,3	HgO(s)	72,0
C (Graphit)	5,69	H_2O(g)	188,7
Ca(s)	41,6	H_2O(l)	69,96
$CaCO_3$(s)	92,9	H_2S(g)	205,6
CaO(s)	39,8	I_2(s)	116,7
$Ca(OH)_2$(s)	76,1	La(s)	57,3
CH_4(g)	186,2	Li(s)	28,0
C_2H_2(g)	200,8	N_2(g)	191,5
C_2H_4(g)	219,5	Na(s)	51,0
C_2H_6(g)	229,5	NaCl(s)	72,38
Cl_2(g)	223,0	NH_3(g)	192,5
CO(g)	197,9	NO(g)	210,6
CO_2(g)	213,6	NO_2(g)	240,5
F_2(g)	203,3	O_2(g)	205,03
Fe(s)	27,2	S (rhombisch)	31,9
Fe_2O_3(s)	90,0	SO_2(g)	248,5
H_2(g)	130,6	Zn(s)	41,6
HBr(g)	198,5	ZnO(s)	43,9

19.7 Gleichgewicht und freie Reaktionsenthalpie

Die freie Enthalpie G einer Substanz in einem beliebigen Zustand hängt mit der freien Standard-Enthalpie G^0 über Gleichung (19.11) zusammen. Dabei ist a die Aktivität der Substanz, d. h. ihre effektive Konzentration. Die Aktivität einer reinen Substanz im Standardzustand ist $a = 1$, und $G = G^0$. Der Standardzustand für ein ideales Gas ist sein Zustand bei 101,3 kPa; wenn das Gas einen Druck von 50,65 kPa hat, ist seine Aktivität 0,5. Für einen gelösten Stoff ist sein Standardzustand eine Lösung mit einer Konzentration von 1 mol/L, wenn man von Abweichungen vom idealen Verhalten absieht; Abweichungen vom idealen Verhalten können mit Aktivitätskoeffizienten korrigiert werden (s. S. 300). Der Standardzustand eines reinen Feststoffs oder einer reinen Flüssigkeit ist sein Zustand unter Normdruck (101,3 kPa).

19.7 Gleichgewicht und freie Reaktionsenthalpie

Die Änderung der freien Enthalpie im Verlaufe einer Reaktion kann mit Gleichung (19.11) berechnet werden, wobei an die Stelle von a ein Reaktionsquotient tritt, wie wir ihn vom Massenwirkungsgesetz kennen. Das logarithmische Glied in Gleichung (19.11) ist ein Korrekturglied, um aus dem Wert ΔG^0 den Wert ΔG unter den jeweiligen Zustandsbedingungen zu berechnen.

Für die Reaktion

$$aA + eE \rightleftarrows xX + zZ$$

ist die freie Reaktionsenthalpie

$$\Delta G = \Delta G^0 + RT \ln \frac{a^x(X) \cdot a^z(Z)}{a^a(A) \cdot a^e(E)} \quad (19.13)$$

Im Gleichgewichtszustand ist $\Delta G = 0$:

$$0 = \Delta G^0 + RT \ln \frac{a^x(X) \cdot a^z(Z)}{a^a(A) \cdot a^e(E)}$$

$$\Delta G^0 = -RT \ln K \quad (K = \text{Gleichgewichtskonstante}) \quad (19.14)$$

Bei 25 °C (298,15 K) gilt:

$$\Delta G^0 = -[8{,}314 \cdot 10^{-3} \text{ kJ/(mol K)} \cdot 298{,}15 \text{ K}] \cdot \ln K$$
$$= -2{,}479 \cdot \ln K \text{ kJ/mol} \quad (19.15)$$

$$G = G^0 + RT \ln a \quad (19.11)$$

Aktivität a eines idealen Gases beim Druck p kPa:

$$a = \frac{p}{101{,}3 \text{ kPa}} \quad (19.12)$$

Aktivität einer Lösung der Konzentration c mol/L:
$a = f \cdot c$
f = Aktivitätskoeffizient (vgl. S. 300)

■ **Beispiel 19.8**

Wie groß ist K_p bei 25 °C für die Reaktion

$$2 SO_2(g) + O_2(g) \rightleftarrows 2 SO_3(g)?$$

$\Delta G_f^0(SO_2) = -300{,}4$ kJ/mol; $\Delta G_f^0(SO_3) = -370{,}4$ kJ/mol

$\Delta G^0 = 2 \Delta G_f^0(SO_3) - 2 \Delta G_f^0(SO_2)$
$= 2 \cdot (-370{,}4) - 2 \cdot (-300{,}4)$ kJ/mol $= -140{,}0$ kJ/mol

Mit Gleichung (19.15):

$\Delta G^0 = -2{,}479 \ln K$

$\ln K = \dfrac{-140{,}0 \text{ kJ/mol}}{2{,}479 \text{ kJ/mol}} = 56{,}47$

$\dfrac{a^2(SO_3)}{a^2(SO_2) \cdot a(O_2)} = K = e^{56{,}47} = 3{,}36 \cdot 10^{24}$

Die erhaltenen Zahlenwerte für die Gleichgewichtskonstanten bei Rechnungen dieser Art hängen von der Definition der Standardzustände ab, die ihrerseits in den Aktivitätswerten Eingang finden. Will man in der Gleichgewichtskonstanten Partialdrücke in kPa angeben, so ist nach Gleichung (19.12) von Aktivitäten auf Partialdrücke umzurechnen:

$$\frac{p^2(SO_3)/(101{,}3\ kPa)^2}{[p^2(SO_2)/(101{,}3\ kPa)^2]\ [p(O_2)/(101{,}3\ kPa)]} = K$$

$$K_p = \frac{p^2(SO_3)}{p^2(SO_2) \cdot p(O_2)} = \frac{K}{101{,}3\ kPa} = \frac{3{,}36 \cdot 10^{24}}{101{,}3\ kPa} = 3{,}32 \cdot 10^{22}\ kPa^{-1}$$

Bei 25 °C ist für die Reaktion

$$N_2O_4(g) \rightleftarrows 2\,NO_2(g) \qquad \Delta G^0 = 5{,}40\ kJ/mol$$

Wegen des positiven ΔG^0-Wertes könnte man annehmen, daß die Reaktion nicht nach rechts abläuft. Dies trifft jedoch nicht zu. Wenn wir mit Gleichung (19.14) und (19.12) die Gleichgewichtskonstante bei 25 °C berechnen, ergibt sich

$$\frac{p^2(NO_2)}{p(N_2O_4)} = K_p = 11{,}5\ kPa$$

Im Gleichgewicht ist N_2O_4 somit teilweise dissoziiert. In ◉ 19.2 ist die freie Reaktionsenthalpie bei 25 °C und 101,3 kPa gegen den Anteil des dissoziierten N_2O_4 aufgetragen. Der Punkt A entspricht der freien Standard-Enthalpie von 1 mol N_2O_4, Punkt B derjenigen von 2 mol NO_2. Punkte auf der Kurve dazwischen geben freie Enthalpien von Gemischen aus N_2O_4 und NO_2 wieder. Absolutwerte der freien Enthalpien sind nicht bekannt, deshalb ist auf der Ordinate keine Zahlenskala angegeben. Die Differenzen der freien Enthalpien können jedoch berechnet werden und die Kurve stellt diese richtig dar.

Im Punkt E hat die Kurve ein Minimum; bei der zugehörigen Zusammensetzung, nämlich wenn 16,6 % des N_2O_4 dissoziiert sind, herrscht Gleichgewicht. Die Differenz der freien Standardenthalpie von 2 mol NO_2 (Punkt B) und der von 1 mol N_2O_4 (Punkt A) entspricht dem Wert $\Delta G^0 = +5{,}40$ kJ/mol für die Reaktion. Für den Übergang von 1 mol N_2O_4 (Punkt A) zum Gleichgewichtsgemisch (Punkt E) ist jedoch $\Delta G = -0{,}84$ kJ/mol; N_2O_4 wird also spontan dissoziieren bis sich das Gleichgewicht eingestellt hat.

Nach dem Diagramm kann das Gleichgewicht von beiden Seiten erreicht werden. Für die Bildung des Gleichgewichtsgemisches (Punkt E) aus 2 mol NO_2 (Punkt B) ist $\Delta G = -6{,}24$ kJ/mol. Negative ΔG-Werte, ausgehend von Punkt A oder Punkt B, zeigen, daß sich das Gleichgewicht von beiden Seiten her freiwillig einstellt.

Aussagen über den freiwilligen Ablauf einer Reaktion auf der Basis von ΔG^0-Werten erfordern Sorgfalt. Gleichgewichtskonstanten K für verschiedene Werte von ΔG^0 sind in ▥ 19.6 zusammengestellt. Ein großer *negativer* Wert von ΔG^0 ergibt einen sehr großen Zahlenwert für K; die Reaktion läuft praktisch vollständig von links nach rechts ab. Bei einem großen *positiven* Wert für ΔG^0 ist K extrem klein, die Reaktion läuft praktisch vollständig von rechts nach links ab. Bei kleinen Beträgen von ΔG^0 liegt das Gleichgewicht weder weit links noch weit rechts, die Reaktion verläuft in keiner Richtung vollständig ab.

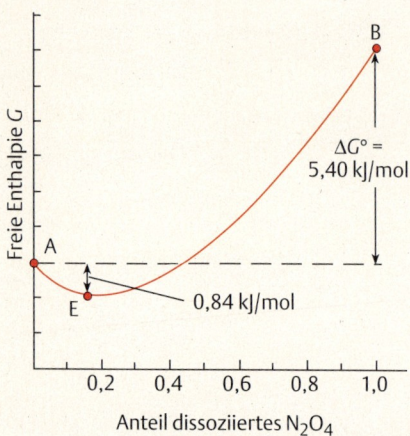

◉ 19.2 Freie Enthalpie eines Systems, in dem die äquivalente Menge zu 1 mol N_2O_4 als Gleichgewichtsgemisch

$N_2O_4(g) \rightleftarrows 2\,NO_2(g)$

vorliegt (25 °C und 101,3 kPa)

▥ 19.6 Werte für die Gleichgewichtskonstante K bei verschiedenen Werten von ΔG^0 gemäß Gleichung (19.14) bei 25 °C

ΔG^0 /kJ mol^{-1}	K
−200	$1{,}1 \cdot 10^{35}$
−100	$3{,}3 \cdot 10^{17}$
−50	$5{,}7 \cdot 10^{8}$
−25	$2{,}4 \cdot 10^{4}$
−5	7,5
0	1,0
5	0,13
25	$4{,}2 \cdot 10^{-5}$
50	$1{,}7 \cdot 10^{-9}$
100	$3{,}0 \cdot 10^{-18}$
200	$9{,}3 \cdot 10^{-36}$

19.8 Temperaturabhängigkeit von Gleichgewichtskonstanten

Aus Gleichung (19.14) kann man eine Beziehung ableiten, aus welcher die Temperaturabhängigkeit der Gleichgewichtskonstanten K folgt. Wir nehmen dabei an, daß sich ΔH^0 und ΔS^0 mit der Temperatur nicht ändern. Bei einer Temperatur T_1 möge die Gleichgewichtskonstante K_1 und die freie Reaktionsenthalpie ΔG_1 sein. Desgleichen mögen K_2 und ΔG_2 die Werte bei einer anderen Temperatur T_2 sein. Aus Gleichung (19.9, S. 337) und (19.14) folgt:

$$\Delta H^0 - T_1 \Delta S^0 = -RT_1 \ln K_1 \qquad \Delta H^0 - T_2 \Delta S^0 = -RT_2 \ln K_2$$

$$\Delta S^0 = R \ln K_1 + \frac{\Delta H^0}{T_1} \qquad \Delta S^0 = R \ln K_2 + \frac{\Delta H^0}{T_2}$$

$$R \ln K_1 + \frac{\Delta H^0}{T_1} = R \ln K_2 + \frac{\Delta H^0}{T_2}$$

$$R \ln K_2 - R \ln K_1 = \frac{\Delta H^0}{T_1} - \frac{\Delta H^0}{T_2}$$

$$\ln \frac{K_2}{K_1} = \frac{\Delta H^0}{R}\left(\frac{1}{T_1} - \frac{1}{T_2}\right) \qquad (19.16)$$

Weil ΔH^0 und ΔS^0 nicht völlig unabhängig von der Temperatur sind, ist Gleichung (19.16) nur näherungsweise erfüllt. Wenn der betrachtete Temperaturbereich nicht zu groß ist, erhält man jedoch zuverlässige Ergebnisse bei Verwendung eines Mittelwerts für ΔH^0 (■ 19.9). Gleichung (19.16) hat Ähnlichkeit zur Clausius-Clapeyron-Gleichung (S. 175), welche eine Beziehung zwischen Dampfdruck und Temperatur herstellt; der Dampfdruck ist eine Art Gleichgewichtskonstante für das Verdampfungsgleichgewicht.

Gleichung 19.16 ist ein quantitativer Ausdruck für das Prinzip des kleinsten Zwanges. Wenn $T_2 > T_1$, dann ist die Differenz $1/T_1 - 1/T_2$ positiv. Ist ΔH negativ, so ist die rechte Seite der Gleichung negativ und damit muß $K_1 > K_2$ sein. Für eine exotherme Reaktion ($\Delta H < 0$) ist somit bei der niedrigeren Temperatur T_1 die Gleichgewichtskonstante K_1 größer: das Gleichgewicht liegt weiter rechts, je niedriger die Temperatur ist.

■ Beispiel 19.9

Für die Rektion

$$CO_2(g) + H_2(g) \rightleftarrows CO(g) + H_2O(g)$$

ist $K_p = 0{,}63$ bei 700 °C und $K_p = 1{,}66$ bei 1000 °C.
a) Welchen Wert hat ΔH im betrachteten Temperaturbereich?
b) Wie groß ist K_p bei 800 °C?

a) $T_1 = 973$ K, $K_1 = 0{,}63$; $T_2 = 1273$ K, $K_2 = 1{,}66$

Nach Gleichung (19.16) gilt:

$$\ln \frac{1{,}66}{0{,}63} = \frac{\Delta H^0}{R}\left(\frac{1}{973 \text{ K}} - \frac{1}{1273 \text{ K}}\right)$$

$$\Delta H^0 = \frac{\ln \frac{1{,}66}{0{,}63} \cdot 8{,}314 \text{ J/(mol K)}}{\frac{1}{973 \text{ K}} - \frac{1}{1273 \text{ K}}}$$

$$\Delta H^0 = 3{,}33 \cdot 10^4 \text{ J/mol}$$

b) $T_1 = 973$ K; $K_1 = 0{,}63$; $T_2 = 1073$ K

$$\ln \frac{K_2}{0{,}63} = \frac{3{,}33 \cdot 10^4 \text{ J/mol}}{8{,}314 \text{ J/(mol K)}} \left(\frac{1}{973 \text{ K}} - \frac{1}{1073 \text{ K}} \right)$$

$$= 0{,}383$$

$$\frac{K_2}{0{,}63} = 1{,}47$$

$$K_2 = 0{,}92$$

19.9 Übungsaufgaben

(Lösungen s. S. 677)

19.1 Was ist der Unterschied zwischen innerer Energie und Enthalpie?

19.2 Bei einer Verbrennung von 1,000 g Ethanol, H_5C_2OH(l), in einem Bombenkalorimeter werden bei 25 °C 29,62 kJ Wärme freigesetzt. Die Reaktionsprodukte sind CO_2(g) und H_2O(l).
a) Wie groß ist die Reaktionsenergie?
b) Wie groß ist die Standard-Reaktionsenthalpie für die Verbrennung von Ethanol?

19.3 Bei der Verbrennung von Octan, C_8H_{18}(l), zu CO_2(g) und H_2O(l) bei 25 °C ist $\Delta H^0 = -5470{,}71$ kJ/mol. Wie groß ist die Reaktionsenergie?

19.4 Bei der Verbrennung von Ethen, C_2H_4(g), zu CO_2(g) und H_2O(l) bei 25 °C ist $\Delta H^0 = -1410{,}8$ kJ/mol. Wie groß ist die Reaktionsenergie?

19.5 Für die Reaktion

$3 NO_2$(g) + H_2O(l) → $2 HNO_3$(l) + NO(g)

ist $\Delta H^0 = -71{,}53$ kJ/mol. Wie groß ist ΔU^0?

19.6 Bei der Reaktion

Ca_3P_2(s) + $6 H_2O$(l) → $3 Ca(OH)_2$(s) + $2 PH_3$(g)

ist $\Delta H_0 = -721{,}70$ kJ/mol. Wie groß ist ΔU^0?

19.7 Bei der Reaktion

CaNCN(s) + $3 H_2O$(l) → $CaCO_3$(s) + $2 NH_3$(g)

ist $\Delta U^0 = -261{,}75$ kJ/mol. Verwenden Sie Werte aus 5.1 (S. 55) zur Berechnung der Bildungsenthalpie von Calciumcyanamid, CaNCN(s).

19.8 Berechnen Sie ΔG^0 mit Hilfe von Werten aus 19.4 (S. 340) für folgende hypothetische Reaktionen:

a) SO_2(g) + H_2(g) → H_2S(g) + O_2(g)
b) SO_2(g) + $3 H_2$(g) → H_2S(g) + $2 H_2O$(l)

Welche der beiden Reaktionen sollte bei 25 °C ablaufen?

19.9 Kann folgende Reaktion bei 25 °C ablaufen?

SF_6(g) + 8 HI(g) → H_2S(g) + 6 HF(g) + $4 I_2$(s)

Verwenden Sie Werte aus 19.4 (S. 340) und den Wert $\Delta G_f^0(SF_6, g) = -992$ kJ/mol.

19.10 Werden BF_3(g) und BCl_3(l) bei 25 °C mit Wasser gemäß folgender Gleichung reagieren (X = F oder Cl)?

BX_3 + $3 H_2O$(l) → H_3BO_3(aq) + 3 HX(aq)

$\Delta G_f^0(H_3BO_3, \text{aq}) = -963{,}32$ kJ/mol
$\Delta G_f(HF, \text{aq}) = -276{,}48$ kJ/mol
$\Delta G_f^0(HCl, \text{aq}) = -131{,}17$ kJ/mol
$\Delta G_f^0(H_2O, \text{l}) = -237{,}19$ kJ/mol
$\Delta G_f^0(BF_3, \text{g}) = -1093{,}28$ kJ/mol
$\Delta G_f^0(BCl_3, \text{l}) = -379{,}07$ kJ/mol

19.11 a) Bildet sich Sauerstofffluorid, $OF_2(g)$, spontan aus den Elementen bei 25 °C?
b) Kann sich $OF_2(g)$ aus Fluor und Ozon (O_3) nach folgender Reaktion bilden?

$$3F_2(g) + O_3(g) \rightarrow 3OF_2(g)$$

$\Delta G_f^0 (OF_2, g) = 40{,}6$ kJ/mol
$\Delta G_f^0 (O_3, g) = 163{,}43$ kJ/mol.

19.12 Für die Reaktion

$$HCO_2H(l) \rightarrow CO(g) + H_2O(l)$$

ist $\Delta H^0 = 15{,}79$ kJ/mol und $\Delta S^0 = 215{,}27$ J/(mol K). Wie groß ist ΔG^0? Zersetzt sich Ameisensäure (HCO_2H) spontan bei 25 °C?

19.13 Für die Reaktion

$$2CHCl_3(l) + O_2(g) \rightarrow 2COCl_2(g) + 2HCl(g)$$

ist $\Delta H^0 = -366$ kJ/mol und $\Delta S^0 = 340$ J/(mol K). Wie groß ist ΔG^0? Verläuft die Bildung des giftigen Gases Phosgen ($COCl_2$) aus Chloroform ($CHCl_3$) freiwillig bei 25 °C?

19.14 Für die Reaktion

$$C_2H_4(g) + H_2(g) \rightarrow C_2H_6(g)$$

ist $\Delta H^0 = -136{,}98$ kJ/mol
a) Berechnen Sie ΔG^0 mit Hilfe von Werten aus 📖 19.4 (S. 340)
b) Welcher Wert für ΔS^0 ergibt sich aus ΔG^0 und ΔH^0?
c) Welcher Wert für ΔS^0 ergibt sich aus den Werten von 📖 19.5 (S. 342)?

19.15 Wie groß ist die freie Standard-Bildungsenthalpie für $PH_3(g)$?

$\Delta H_f^0 (PH_3, g) = 9{,}25$ kJ/mol
$S^0 (PH_3, g) = 210{,}0$ J/(mol K)
$S^0 (P_4, s) = 177{,}6$ J/(mol K)
$S^0 (H_2, g) = 130{,}6$ J/(mol K)

19.16 Graphit ist der Standardzustand für Kohlenstoff; S^0(Graphit) = 5,694 J/(mol K). Für Diamant ist $\Delta H_f^0 = 1{,}895$ kJ/mol und $\Delta G_f^0 = 2{,}866$ kJ/mol. Wie groß ist die absolute Entropie S^0 für Diamant? In welcher Kohlenstoff-Modifikation ist die Ordnung größer?

19.17 Für die Reaktion

$$PCl_5(g) \rightarrow PCl_3(g) + Cl_2(g)$$

ist bei 25 °C $\Delta H^0 = 92{,}5$ kJ/mol und $\Delta S^0 = 182$ J/(mol K).
a) Wie groß ist ΔG^0 bei 25 °C? Läuft die Reaktion spontan ab?
b) Wie groß ist ΔG bei 300 °C? Läuft die Reaktion bei dieser Temperatur spontan ab? (Nehmen Sie an, daß ΔH und ΔS temperaturunabhängig seien).

19.18 Für die Reaktion

$$CaCO_3(s) \rightarrow CaO(s) + CO_2(g)$$

ist bei 25 °C $\Delta H^0 = 178$ kJ/mol und $\Delta S^0 = 160$ J/(mol K).
a) Wie groß ist ΔG^0 bei 25 °C? Läuft die Reaktion spontan ab?
b) Wie groß ist ΔG^0 bei 1000 °C? Läuft die Reaktion bei 1000 °C spontan ab? (Nehmen Sie an, daß ΔH und ΔS temperaturunabhängig seien).

19.19 Für die Verdampfung von Ammoniak, $NH_3(l)$, ist $\Delta H = 23{,}3$ kJ/mol und $\Delta S = 97{,}2$ J/(mol K). Welcher ist der normale Siedepunkt von Ammoniak?

19.20 Welcher ist der normale Siedepunkt von n-Hexan, $C_6H_{14}(l)$? Für die Verdampfung ist $\Delta H = 29{,}6$ kJ/mol und $\Delta S = 86{,}5$ J/(mol K).

19.21 Berechnen Sie die absolute Entropie S^0 für $SO_2Cl_2(l)$ mit Hilfe der Reaktion

$$SO_2(g) + Cl_2(g) \rightarrow SO_2Cl_2(l)$$

$\Delta H_f^0 (SO_2Cl_2, l) = -389{,}1$ kJ/mol
$\Delta G_f^0 (SO_2Cl_2, l) = -313{,}8$ kJ/mol

Die Werte für SO_2 und Cl_2 finden sich in 📖 5.1 (S. 55), 19.4 (S. 340) und 19.5 (S. 342).

19.22 Für die Verdampfung von Brom, $Br_2(l) \rightarrow Br_2(g)$, ist $\Delta G^0 = 3{,}14$ kJ/mol bei 25 °C. Die absoluten Entropien bei 25 °C sind $S^0(Br_2, g) = 245{,}3$ J/(mol K) und $S^0(Br, l) = 152{,}3$ J/(mol K)

a) Wie groß ist die Verdampfungsenthalpie bei 25 °C?
b) Wie groß ist K_p bei 25 °C?
c) Welchen Dampfdruck hat Brom bei 25 °C?

19.23 Für $ZnCO_3(s)$ ist $\Delta G_f^0 = -731{,}36$ kJ/mol. Verwenden Sie Werte aus 📖 19.4 (S. 340) um K_p für die Reaktion

$$ZnCO_3(s) \rightleftarrows ZnO(s) + CO_2(g)$$

zu bestimmen.

19.24 Für $SO_3(g)$ ist $\Delta G_f^0 = -370{,}37$ kJ/mol. Verwenden Sie Werte aus 19.4, um K_p für die Reaktion

$$SO_2(g) + NO_2(g) \rightleftarrows SO_3(g) + NO(g)$$

zu bestimmen.

19.25 Für Harnstoff, $OC(NH_2)_2(s)$, ist $\Delta G_f^0 = -197{,}15$ kJ/mol. Verwenden Sie Werte aus 19.4, um K_p für die Reaktion

$$CO_2(g) + 2\,NH_3(g) \rightleftarrows OC(NH_2)_2(s) + H_2O(g)$$

zu bestimmen.

19.26 Für das Gleichgewicht

$$CH_3CO_2H(aq) \rightleftarrows H^+(aq) + CH_3CO_2^-(aq)$$

ist $K_s = 1{,}8 \cdot 10^{-5}$ mol/L bei 25 °C. Wie groß ist ΔG^0?

19.27 Für die Reaktion

$$N_2(g) + O_2(g) \rightleftarrows 2\,NO(g)$$

ist $K_p = 4{,}08 \cdot 10^{-4}$ bei 2000 K und $K_p = 3{,}60 \cdot 10^{-3}$ bei 2500 K.

a) Wie groß ist ΔH^0 im betrachteten Temperaturbereich?

b) Wie groß ist K_p bei 2250 K?

19.28 Für die Reaktion

$$NiO(s) + CO(g) \rightleftarrows Ni(s) + CO_2(g)$$

ist $K_p = 4{,}54 \cdot 10^{-4}$ bei 936 K und $K_p = 1{,}58 \cdot 10^{-3}$ bei 1125 K.

a) Wie groß ist ΔH^0 im betrachteten Temperaturbereich?

b) Wie groß ist K_p bei 1050 K?

19.29 Für die Reaktion

$$N_2(g) + 3\,H_2(g) \rightleftarrows 2\,NH_3(g)$$

ist $K_p = 1{,}56 \cdot 10^{-8}$ kPa^{-2} und $\Delta H^0 = -32{,}6$ kJ/mol bei 400 °C. Wie groß ist K_p bei 450 °C?

20 Elektrochemie

Zusammenfassung. Ein *elektrischer Strom* ist ein Fluß von elektrischer Ladung. In Metallen sind Elektronen die *Ladungsträger*, bei der elektrolytischen Leitung sind es Ionen, die sich in Schmelzen oder Lösungen von Salzen bewegen. In einer elektrochemischen Zelle wandern die Kationen zur Kathode und die Anionen zur Anode. An den Elektroden finden chemische Reaktionen statt: An der *Kathode* werden die Kationen *reduziert*, an der *Anode* erfolgt Oxidation der *Anionen*.

Bei der *Elektrolyse* nutzt man die genannten Vorgänge, um bestimmte chemische Umwandlungen zu erzielen. Die umgesetzten Stoffmengen hängen von der Elektrizitätsmenge ab, die durch die Elektrolysezelle fließt. Die elektrische Ladung von einem Mol Elektronen beträgt $F = 96485\,C$ und wird die *Faraday-Konstante* genannt. Die Stöchiometrie von elektrochemischen Reaktionen ergibt sich aus chemischen Reaktionen in der Zelle und den dabei umgesetzten elektrischen Ladungen.

In einer *galvanischen Zelle* werden Redoxreaktionen zur Erzeugung von elektrischem Strom ausgenutzt. Die Halbreaktion der Oxidation und die Halbreaktion der Reduktion laufen an verschiedenen Elektroden ab und die Elektronenübertragung erfolgt über den äußeren Stromkreis. Die *elektromotorische Kraft* (EMK, ΔE) der Zelle wird in Volt gemessen und ist ein Maß für die Tendenz zum Ablauf der Zellenreaktion; sie steht in Beziehung zur *freien Reaktionsenthalpie*:

$$\Delta G = -nF\Delta E$$

Die elektromotorische Kraft einer Zelle kann als Differenz von zwei Halbzellenpotentialen angesehen werden. Die Halbzellenpotentiale oder *Reduktionspotentiale* werden auf einer Skala gemessen, für deren Nullpunkt das Potential der *Norm-Wasserstoffelektrode* festgelegt wurde. *Normalpotentiale* E^0 sind die Halbzellenpotentiale, wenn alle beteiligten Spezies im Standardzustand vorliegen. Die nach zunehmenden Werten geordnete Tabelle der Normalpotentiale wird die *Spannungsreihe* genannt. Je positiver das Normalpotential eines Metalls ist, desto edler ist es. Mit Hilfe der Normalpotentiale können Potentiale von galvanischen Elementen berechnet werden, können die Stärken von Oxidations- und Reduktionsmitteln bewertet werden, können Voraussagen gemacht werden, ob eine Redoxreaktion freiwillig abläuft, und es können Gleichgewichtskonstanten berechnet werden, weil

$$\Delta E^0 = (RT/nF) \ln K.$$

Die elektromotorische Kraft einer galvanischen Zelle hängt von der Temperatur und den Konzentrationen der beteiligten Stoffe ab. Die *Nernst-*

Schlüsselworte (s. Glossar)

Elektrolytische Leitung
Elektrode
Anode
Kathode

Elektrolyse
Faraday-Gesetz
Silbercoulombmeter

Galvanische Zelle
Daniell-Element
Halbzelle
Salzbrücke

Elektromotorische Kraft
Normalpotential
Norm-Wasserstoffelektrode

Reduktionspotential
Spannungsreihe
Edle und unedle Metalle

Nernst-Gleichung
Konzentrationskette

Potentiometrische Titration
Bezugselektrode

Lokalelement
Überspannung

Brennstoffzelle

Gleichung dient zur Berechnung der Potentiale, wenn keine Standardbedingungen vorliegen:

$$\Delta E = \Delta E_0 + (2{,}303\, RT/nF)\log[\text{Ox}]/[\text{Red}]$$

wobei [Ox] und [Red] die Produkte der Aktivitäten der Stoffe auf der Seite der Reaktions-Halbgleichung der oxidierten bzw. der reduzierten Spezies sind. Wegen der Konzentrationsabhängigkeit der Reduktionspotentiale können *Konzentrationsketten* aufgebaut werden, in denen die Halbzellen von der gleichen Art sind, aber unterschiedliche Konzentrationen haben. Bei einem pH-Meter wird das Potential einer Elektrode gemessen, deren Potential von $c(\text{H}^+)$ abhängt. Bei der *potentiometrischen Titration* wird die Konzentration einer Ionensorte mit Hilfe einer Elektrode ermittelt, deren Potential von dieser Konzentration abhängt. Unter Berücksichtigung möglicher *Überspannungen* kann man mit Hilfe von Normalpotentialen voraussagen, welche Reaktionen bei der Elektrolyse ablaufen. Zur Elektrolyse muß eine Spannung angelegt werden, die dem Zellenpotential entgegengesetzt und im Betrag größer als dieses ist.

Die *Korrosion* von Eisen ist ein elektrochemischer Prozeß. An einer Stelle der Oberfläche, dem anodischen Bereich, wird Eisen oxidiert, während an einer anderen Stelle, dem kathodischen Bereich, Sauerstoff zu OH^--Ionen reduziert wird. Im Kontakt mit einem edleren Metall bildet sich ein *Lokalelement*, das eine Beschleunigung der Korrosion bewirkt. Der Kontakt mit einem unedleren Metall verhindert die Korrosion des Eisens; zum Schutz von Eisengegenständen dienen deshalb *Opferanoden* aus unedlen Metallen.

Das *Leclanché-Element*, die *Zn/HgO-Zelle*, der *Bleiakkumulator* und die *Nickel-Cadmium-Batterie* sind galvanische Elemente für den praktischen Gebrauch. *Brennstoffzellen* dienen zur direkten Umwandlung von Verbrennungsenergie in elektrische Energie.

Alle chemischen Reaktionen sind im Prinzip elektrischer Natur, da Elektronen an allen Arten von chemischen Bindungen beteiligt sind. Unter Elektrochemie versteht man jedoch in erster Linie die Lehre von Oxidations-Reduktions-Vorgängen. Von besonderer Bedeutung sind dabei die Zusammenhänge zwischen chemischen Prozessen und der elektrischen Energie. Mit Hilfe von chemischen Reaktionen kann in **galvanischen Zellen** elektrische Energie gewonnen werden. Umgekehrt kann bei der **Elektrolyse** elektrische Energie dazu dienen, chemische Umwandlungen hervorzurufen. Durch das Studium elektrochemischer Prozesse wird das Verständnis von Redox-Systemen vertieft.

20.1	Elektrischer Strom *351*
20.2	Elektrolytische Leitung *351*
20.3	Elektrolyse *353*
20.4	Stöchiometrie bei der Elektrolyse *354*
20.5	Galvanische Zellen *356*
20.6	Die elektromotorische Kraft *357*
20.7	Elektrodenpotentiale *359*
20.8	Freie Reaktionsenthalpie und elektromotorische Kraft *363*
20.9	Konzentrationsabhängigkeit des Potentials *365*
20.10	Potentiometrische Titration *369*
20.11	Elektrodenpotentiale und Elektrolyse *370*
20.12	Korrosion von Eisen *371*
20.13	Galvanische Zellen für den praktischen Gebrauch *372*
20.14	Brennstoffzellen *373*
20.15	Übungsaufgaben *374*

20.1 Elektrischer Strom

Ein elektrischer Strom ist ein Fluß von elektrischer Ladung. In Metallen sind Elektronen die Träger des elektrischen Stromes; man spricht von **metallischen Leitern**. In Metallen hält sich eine bewegliche Wolke von Elektronen, das Elektronengas, zwischen den weitgehend fixierten Positionen von positiven Metall-Ionen auf (Abschn. 27.1; S. 469). Werden an einem Ende eines Metalldrahtes Elektronen hineingedrückt, so schieben diese die Elektronen im Draht vor sich her und am anderen Ende des Drahtes treten Elektronen aus. Elektrische Neutralität bleibt gewahrt, denn die Zahl der pro Zeiteinheit eintretenden und austretenden Elektronen ist gleich. Der Elektronenfluß hat eine gewisse Ähnlichkeit zur Strömung einer Flüssigkeit.

Der „Druck" mit dem die Elektronen in den Draht gezwungen werden, wird elektrische Spannung oder **elektrisches Potential** genannt; es wird in Volt (V) gemessen. Die Einheit für die elektrische *Ladung* („Ladungsmenge", „Elektrizitätsmenge") ist das **Coulomb** (C). Die *Stromstärke* wird in **Ampère** (A) gemessen; 1 Ampère entspricht dem Fluß von 1 Coulomb pro Sekunde. Um eine Ladung von 1 Coulomb gegen ein Potential von 1 Volt zu bewegen, muß eine Energie von 1 Joule aufgebracht werden: $1 J = 1 V \cdot C$.

Metalle setzen dem Stromfluß einen Widerstand entgegen, der wahrscheinlich mit den Schwingungen der Metall-Ionen um ihre Gitterpunkte zusammenhängt; die schwingenden Ionen behindern die Elektronen in ihrer Bewegung. Bei steigender Temperatur nimmt die thermische Schwingung zu und mit ihr der elektrische Widerstand. Je größer der Widerstand, desto höher ist das benötigte Potential, um eine bestimmte Stromstärke aufrechtzuerhalten. Nach dem Ohmschen Gesetz ist $E = R \cdot I$ wenn E das Potential, R der Widerstand und I die Stromstärke ist. Der *Widerstand* wird in **Ohm** (Ω) gemessen; $1 \Omega = 1 V/A$. Die *Leitfähigkeit* ist der Kehrwert des Widerstands; sie wird in **Siemens** (S) gemessen; $1 S = 1 \Omega^{-1}$.

Elektrische Maßeinheiten:
Für das Potential E: Volt (V)
Stromstärke I: Ampère (A)
Ladung: Coulomb (C)
Widerstand R: Ohm (Ω)
Leitfähigkeit: Siemens (S)
Beziehungen zwischen elektrischen Maßeinheiten:
$1 A = 1 C/s$
$1 \Omega = 1 V/A$
$1 S = 1 \Omega^{-1}$
$1 J = 1 VC$

20.2 Elektrolytische Leitung

Beim elektrischen Stromfluß durch Elektrolyte wird die Ladung durch Ionen getragen. Der Strom kann nur fließen, wenn sich die Ionen bewegen können. Die elektrolytische Leitung erfolgt deshalb in erster Linie in Lösungen von Elektrolyten oder in geschmolzenen Salzen. Dabei treten stets chemische Veränderungen der beteiligten Ionen auf.

352 20 Elektrochemie

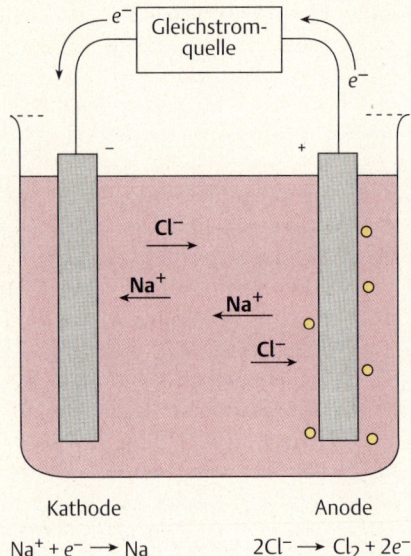

Kathode Anode
$Na^+ + e^- \rightarrow Na$ $2Cl^- \rightarrow Cl_2 + 2e^-$

20.1 Versuchsanordnung zur Elektrolyse von geschmolzenem Natriumchlorid

Kathoden-Prozeß: **Anoden-Prozeß:**
$Na^+ + e^- \rightarrow Na$ $Cl^- \rightarrow Cl + e^-$
                                $2\,Cl \rightarrow Cl_2$

Gesamtvorgang:

$2\,NaCl\,(l) \xrightarrow{\text{Elektrolyse}} 2\,Na\,(l) + Cl_2\,(g)$

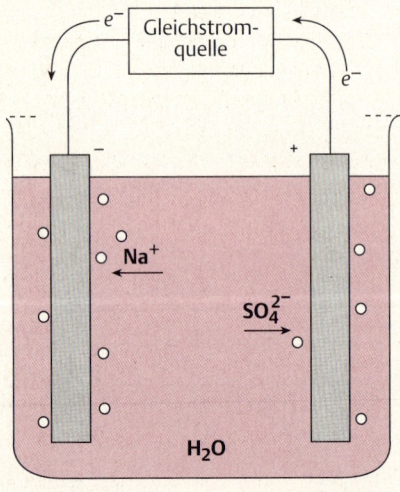

Kathode Anode
$2e^- + 2H_2O \rightarrow$ $2H_2O \rightarrow O_2(g)$
$H_2(g) + 2OH^-$ $+ 4H^+ + 4e^-$

20.2 Versuchsanordnung zur Elektrolyse einer wäßrigen Na_2SO_4-Lösung

Betrachten wir die Vorgänge am Beispiel des Stromflusses durch eine Schmelze von Natriumchlorid (■ 20.1). In die Schmelze tauchen zwei inerte Elektroden (d. h. Elektroden, die selbst keine Veränderung erfahren). Eine Spannungsquelle drückt Elektronen in die linke Elektrode, die deshalb als negativ geladen angesehen werden kann und **Kathode** genannt wird. Aus der rechten, positiven Elektrode, der **Anode**, werden Elektronen abgezogen. Im elektrischen Feld zwischen den Elektroden werden die positiven Na^+-Ionen (Kationen) von der negativ geladenen Kathode angezogen und die negativen Cl^--Ionen (Anionen) werden von der positiv geladenen Anode angezogen. Bei der elektrolytischen Leitung bewegen sich die Ionen in zwei entgegengesetzte Richtungen; die Kationen wandern zur Kathode, die Anionen zur Anode.

Damit der Ladungstransport über die Grenzfläche zwischen Kathode und Elektrolyt erfolgen kann, muß eine chemische Spezies im Elektrolyten Elektronen aus der Kathode übernehmen und somit reduziert werden. An der Anode muß eine andere Spezies Elektronen abgeben und somit oxidiert werden. In unserem Beispiel nehmen die Na^+-Ionen an der Kathode Elektronen auf und werden zu Natrium-Atomen reduziert. Chlorid-Ionen werden an der Anode zu Chlor-Atomen oxidiert; die Chlor-Atome vereinigen sich dann zu Cl_2-Molekülen. Die Begriffskonventionen sind in ▭ 20.1 zusammengefaßt. Der Gesamtvorgang wird **Elektrolyse** genannt.

Bei der technischen Herstellung von Natrium-Metall wird dem Natriumchlorid eine bestimmte Menge Calciumchlorid zugemischt, um eine niedrigere Schmelztemperatur von etwa 600 °C zu erreichen. Bei dieser Temperatur ist Natrium flüssig; da es eine geringere Dichte als die Elektrolytschmelze hat, schwimmt es im Bereich der Kathode auf und fließt dort über eine Rinne ab. An der Anode entweicht Chlorgas.

Der Fluß der negativen Ladung in ■ 20.1 ist folgender. Elektronen werden von der Spannungsquelle in die Kathode gepumpt, wo sie von Na^+-Ionen übernommen werden, die von dieser Elektrode angezogen werden. Cl^--Ionen bewegen sich zur Anode und geben dort Elektronen ab, die von der Spannungsquelle abgezogen werden. Da die Na^+-Ionen zu Na-Metall und die Cl^--Ionen zu Chlorgas umgesetzt werden, kann der Vorgang nur so lange anhalten, bis der Vorrat an Na^+- und Cl^--Ionen erschöpft ist, d.h. bis alles Natriumchlorid in seine Elemente zerlegt worden ist.

Die elektrolytische Leitung hängt von der Beweglichkeit der Ionen ab. Faktoren, welche die Beweglichkeit behindern, verursachen eine Erhöhung des elektrischen Widerstands. Zu diesen Faktoren gehören interionische Anziehungskräfte, Solvatation von Ionen und die Viskosität der Flüssigkeit. Da eine Temperaturerhöhung diesen Faktoren entgegenwirkt, nimmt der Widerstand mit steigender Temperatur ab.

▭ 20.1 Konventionen zu Elektrodenprozessen

	Kathode	Anode
angezogene Ionen	Kationen	Anionen
Richtung des Elektronenflusses	in die Zelle	aus der Zelle
Halbreaktion	Reduktion	Oxidation
Pole bei Elektrolyse	−	+
Pole bei galvanischer Zelle	+	−

Die Elektrolytflüssigkeit bleibt jederzeit elektrisch neutral. Die gesamte positive Ladung der Kationen ist stets genauso groß wie die gesamte negative Ladung der Anionen.

20.3 Elektrolyse

Durch Elektrolyse von geschmolzenem Natriumchlorid werden metallisches Natrium und Chlorgas technisch hergestellt. Auf die gleiche Art werden andere reaktionsfähige Metalle wie Kalium und Calcium hergestellt. Diese Metalle kann man nicht durch Elektrolyse von Salzen in wäßriger Lösung erhalten, weil Wasser an den Elektrodenprozessen beteiligt ist.

Bei der Elektrolyse einer wäßrigen Lösung von Natriumsulfat wandern die Na^+-Ionen zur Kathode und die SO_4^{2-}-Ionen zur Anode (● 20.2). In sehr geringer Konzentration sind in der Lösung außerdem H_3O^+- und OH^--Ionen aus der Eigendissoziation des Wassers vorhanden. Trotz ihrer geringen Konzentration lassen sich diese Ionen leichter entladen. An der Kathode werden nicht die Na^+-Ionen, sondern die H_3O^+-Ionen (kurz: H^+-Ionen) entladen; es scheidet sich Wasserstoffgas ab. Die H^+-Ionen werden durch weitere Dissoziation von Wasser im Bereich der Kathode nachgeliefert, wobei außerdem OH^--Ionen entstehen, die dann in Richtung der Anode wandern.

Die Oxidation der SO_4^{2-}-Ionen an der Anode findet nicht ohne weiteres statt. Vielmehr werden die OH^--Ionen des Wassers oxidiert, wobei Sauerstoff entsteht. Durch weitere Dissoziation von Wasser im Bereich der Anode werden OH^--Ionen nachgeliefert, wobei außerdem H^+-Ionen entstehen, die in Richtung zur Kathode wandern. Die zur Kathode wandernden H^+-Ionen und die zur Anode wandernden OH^--Ionen neutralisieren sich unter Bildung von Wasser. Insgesamt wird nur Wasser in seine Elemente zerlegt, in Wasserstoff, der sich an der Kathode abscheidet, und Sauerstoff, der sich an der Anode abscheidet.

Bei der Elektrolyse einer wäßrigen Lösung von NaCl wird das Anion des Elektrolyten entladen, das Kation jedoch nicht. An der Kathode werden H^+-Ionen entladen, Wasserstoff wird abgeschieden und außerdem bilden sich OH^--Ionen. An der Anode werden die Cl^--Ionen entladen und Chlorgas scheidet sich ab. Die Na^+-Ionen bleiben unverändert in der Lösung. In dem Maß, wie die Cl^--Ionen aus der Lösung entfernt werden, bilden sich die OH^--Ionen, und am Schluß enthält die Lösung nur noch Na^+- und OH^--Ionen. Durch Eindampfen der Lösung wird festes Natriumhydroxid erhalten. Der Prozeß dient zur technischen Herstellung von Wasserstoff, Chlor und Natriumhydroxid.

Bei der Elektrolyse einer wäßrigen Kupfer(II)-sulfat-Lösung zwischen inerten Elektroden (siehe rechte Hälfte von ● 20.4, S. 355) erfolgt der Ladungstransport in der Lösung durch Cu^{2+}- und SO_4^{2-}-Ionen, von denen jedoch nur die Kationen entladen werden. Der Anodenprozeß ist der gleiche wie bei der Natriumsulfat-Lösung. Bei der Elektrolyse einer Kupfer(II)-chlorid-Lösung werden sowohl die Kationen wie die Anionen des Kupferchlorids entladen. Es wird Kupfermetall und Chlorgas abgeschieden.

Die Elektroden selbst können auch an Elektrodenreaktionen beteiligt sein. Bei der Elektrolyse einer wäßrigen $CuSO_4$-Lösung zwischen Kupferelektroden (● 20.3) werden an der Kathode die Cu^{2+}-Ionen zu Kupfermetall reduziert. Von den drei möglichen Anodenreaktionen

Elektrolyse einer Na_2SO_4-Lösung

Kathoden-Prozeß:

$H_2O \rightleftarrows H^+ + OH^-$ 2×
$2H^+ + 2e^- \rightarrow H_2(g)$

$\overline{2H_2O + 2e^- \rightarrow H_2(g) + 2OH^-}$

Anoden-Prozeß:

$H_2O \rightleftarrows H^+ + OH^-$ 2×
$2OH^- \rightarrow \frac{1}{2}O_2(g) + H_2O + 2e^-$

$\overline{H_2O \rightarrow \frac{1}{2}O_2(g) + 2H^+ + 2e^-}$

Gesamtreaktion an Kathode und Anode:

Kathode $2H_2O + 2e^- \rightarrow H_2(g) + 2OH^-$
Anode $H_2O \rightarrow \frac{1}{2}O_2(g) + 2H^+ + 2e^-$

$\overline{H_2O \rightarrow H_2(g) + \frac{1}{2}O_2(g)}$

Elektrolyse einer NaCl-Lösung

Kathoden-Prozeß:

$H_2O \rightleftarrows H^+ + OH^-$ 2×
$2H^+ + 2e^- \rightarrow H_2(g)$

$\overline{2H_2O + 2e^- \rightarrow H_2(g) + 2OH^-}$

Anoden-Prozeß:

$2Cl^- \rightarrow Cl_2(g) + 2e^-$

Gesamtreaktion:

$2H_2O + 2Na^+ + 2Cl^- \rightarrow$
    $H_2(g) + Cl_2(g) + 2Na^+ + 2OH^-$

Elektrolyse einer $CuSO_4$-Lösung

Anode $H_2O \rightarrow \frac{1}{2}O_2(g) + 2H^+ + 2e^-$
Kathode $2e^- + Cu^{2+} \rightarrow Cu(s)$

$\overline{Cu^{2+} + H_2O \rightarrow Cu(s) + \frac{1}{2}O_2(g) + 2H^+}$

Elektrolyse einer $CuCl_2$-Lösung

Anode $2Cl^- \rightarrow Cl_2(g) + 2e^-$
Kathode $2e^- + Cu^{2+} \rightarrow Cu(s)$

$\overline{Cu^{2+} + 2Cl^- \rightarrow Cu(s) + Cl_2(g)}$

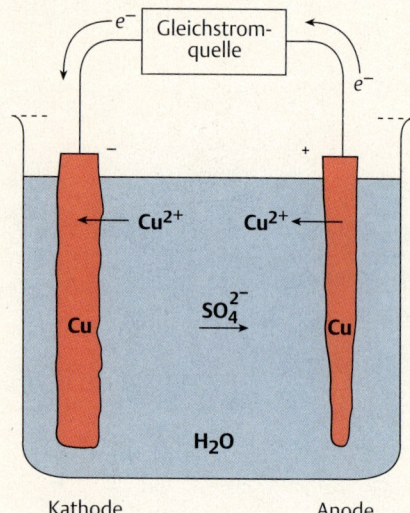

$2SO_4^{2-} \rightarrow S_2O_8^{2-} + 2e^-$

$H_2O \rightarrow \frac{1}{2}O_2(g) + 2H^+ + 2e^-$

$Cu(s) \rightarrow Cu^{2+} + 2e^-$

läuft die letztere ab. Das Kupfer der Anode wird oxidiert und geht in Form von Cu^{2+}-Ionen in Lösung. Im ganzen geht somit Kupfer der Anode in Lösung, während an der Kathode Kupfer abgeschieden wird. Der Vorgang wird bei der elektrolytischen Raffination von Rohkupfer aus der Verarbeitung von Kupfererzen angewandt. Das Rohkupfer (Cu-Gehalt ca. 95%) dient als Anode; die in Lösung gegangenen Cu^{2+}-Ionen werden durch die Lösung zur Kathode transportiert, wo sich reines Kupfer abscheidet. Silber wird auf die gleiche Art gereinigt. Zur elektrolytischen Abscheidung von Silberüberzügen auf andere Metalle („galvanisches Versilbern") dienen Silberanoden; die Kathode ist der zu versilbernde Gegenstand.

20.4 Stöchiometrie bei der Elektrolyse

Die quantitativen Zusammenhänge bei der Elektrolyse wurden erstmals 1832 und 1833 von Michael Faraday beschrieben. Zu deren Verständnis betrachten wir die Halbreaktionen, die an den Elektroden stattfinden. Bei der Reaktion von Na^+-Ionen an der Kathode in einer NaCl-Schmelze wird ein Elektron pro Na^+-Ion benötigt, um ein Na-Atom zu erhalten. Um ein Mol Natrium-Metall abzuscheiden, wird ein Mol Elektronen benötigt. Die elektrische Ladung von einem Mol Elektronen beträgt $F = 96485$ Coulomb; man nennt diese Zahl die **Faraday-Konstante** (häufig wird mit dem aufgerundeten Wert von 96500 C gerechnet).

Während an der Kathode ein Mol Elektronen zugeführt wird, wird an der Anode ein Mol Elektronen abgezogen; ein Mol Cl^--Ionen wird entladen, wobei ein halbes Mol Cl_2-Moleküle gebildet wird.

Allgemein gilt: Werden 96485 Coulomb durch die Elektrolysezelle geleitet, so wird an jeder Elektrode die Stoffmenge von 1 Äquivalent umgesetzt *(Faraday-Gesetz)*.

Bei der anodischen Oxidation von OH^--Ionen gilt zum Beispiel: 4 mol OH^--Ionen reagieren unter Bildung von 1 mol O_2-Gas und 2 mol H_2O, wenn eine Elektrizitätsmenge von $4F$ durch die Elektrolysezelle geleitet wird (20.1 und 20.2).

Abb. 20.3 Elektrolyse von wäßriger Kupfer(II)-sulfat-Lösung zwischen Kupferelektroden

Faraday-Konstante:
$F = 96485$ C/mol
$= 6{,}022 \cdot 10^{23}$ mol$^{-1} \cdot 1{,}6022 \cdot 10^{-19}$ C
= Avogadro-Zahl mal Elementarladung

Faraday-Gesetz:
$$m = \frac{M}{z} \cdot \frac{L}{F}$$

m = abgeschiedene Masse
$\frac{M}{z}$ = molare Äquivalentmasse
L = Elektrizitätsmenge

$4OH^- \rightarrow O_2(g) + 2H_2O + 4e^-$
$L = n(O_2) \cdot z \cdot F = n(O_2) \cdot 4 \cdot 96485$ C
$n(O_2)$ = abgeschiedene Stoffmenge O_2

Beispiel 20.1

Wieviel Kupfer scheidet sich ab, wenn ein Strom von 0,750 A 10 Minuten lang durch eine wäßrige $CuSO_4$-Lösung geleitet wird?

Die Elektrizitätsmenge L ergibt sich aus der Stromstärke I und der Zeit t:

$$L = I \cdot t = 0{,}750 \text{ A} \cdot 600 \text{ s} = 450 \text{ C}$$

An der Kathode werden $z = 2$ mol Elektronen zur Entladung von 1 mol Cu^{2+}-Ionen benötigt. Mit einer Elektrizitätsmenge von 96485 C wird die molare Äquivalentmasse Kupfer, $M(\frac{1}{2}Cu) = \frac{1}{2} \cdot 63{,}5$ g/mol, abgeschieden; mit 450 C sind es:

$$m(Cu) = M(\tfrac{1}{2}Cu) \cdot \frac{L}{F} = \tfrac{1}{2} \cdot 63{,}5 \text{ g/mol} \cdot \frac{450 \text{ C}}{96485 \text{ C/mol}} = 0{,}148 \text{ g}$$

20.4 Stöchiometrie bei der Elektrolyse

■ Beispiel 20.2

a) Welches Volumen O_2(g) wird bei dem Versuch von ■ 20.1 unter Normbedingungen erhalten?
b) Wenn die Lösung in der Elektrolysezelle ein Volumen von 100 mL hat, wie groß ist dann die H^+(aq)-Konzentration am Ende der Elektrolyse? Es sei angenommen, daß sich das Volumen der Lösung nicht ändert und daß die Anodenreaktion folgende ist:

$$2H_2O \rightarrow 4H^+(aq) + O_2(g) + 4e^-$$

a) Zum Abscheiden von 1 mol O_2 werden $z = 4$ mol Elektronen benötigt. Das molare Äquivalentvolumen bei Normbedingungen ist deshalb $V_m(\frac{1}{4}O_2) = \frac{1}{4} \cdot 22{,}4$ L/mol.

$$V(O_2) = \frac{L}{F} \cdot V_m(\tfrac{1}{4}O_2) = \frac{450\,C}{96\,485\,C/mol} \cdot \frac{22{,}4\,L/mol}{4} = 0{,}0261\,L$$

b) Nach der Reaktionsgleichung entsteht 1 mol H^+-Ionen pro Mol Elektronen.

$$n(H^+) = \frac{L}{F} = \frac{450\,C}{96\,485\,C/mol} = 0{,}00466\,mol$$

In den 100 mL Lösung ist somit

$$c(H^+) = \frac{0{,}00466\,mol}{0{,}1\,L} = 0{,}0466\,mol/L$$

Michael Faraday, 1791 – 1867

■ 20.4 zeigt zwei in Serie geschaltete Elektrolysezellen. Der elektrische Strom fließt nacheinander durch die beiden Zellen. Wenn in der einen Zelle Silbernitrat elektrolysiert wird, scheidet sich metallisches Silber an der Kathode ab: $Ag^+ + e^- \rightarrow Ag(s)$. Wiegt man die Kathode vor und

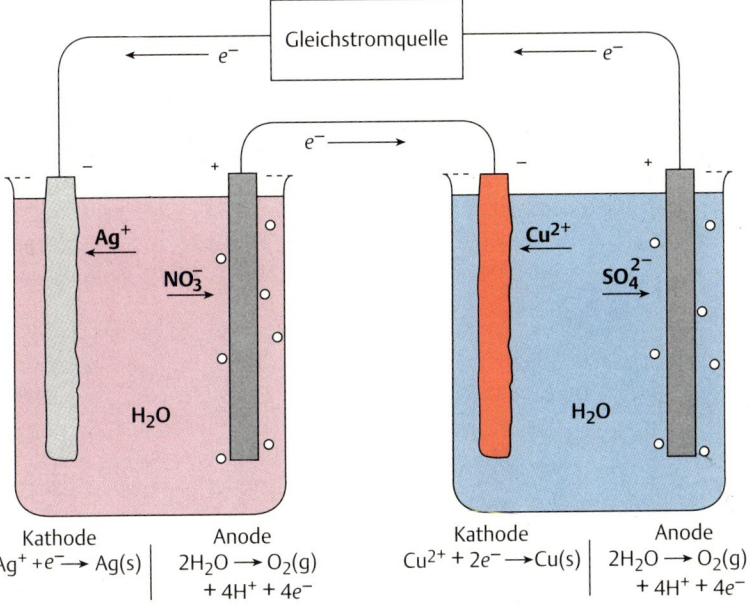

■ 20.4 Silber-Coulombmeter, in Serie geschaltet mit einer Elektrolysezelle

nach dem Versuch aus, so kann man die abgeschiedene Silbermenge und damit die durchgeflossene Elektrizitätsmenge ermitteln. Bei Durchfluß von 96 485 Coulomb scheidet sich 1 Äquivalent Silber, d.h. $M(\frac{1}{1}Ag)$ = 107,868 g/mol Silber ab; für ein Coulomb sind es:

$$\frac{107{,}868 \text{ g/mol}}{96\,485 \text{ C/mol}} = 1{,}118 \text{ mg/C}$$

Durch beide Zellen fließt die gleiche Elektrizitätsmenge. Durch Einbau eines in Serie geschalteten **Silber-Coulombmeters** kann man die bei der Elektrolyse verbrauchte Elektrizitätsmenge bestimmen (20.3).

■ Beispiel 20.3

Welche Kupfermasse wird bei der Elektrolyse von $CuSO_4$ abgeschieden, wenn gleichzeitig 1,00 g Ag in einem in Serie geschalteten Silber-Coulombmeter abgeschieden werden? Wie lange dauert der Vorgang, wenn die Stromstärke 1,60 A beträgt?

$$L = \frac{m(Ag)}{1{,}118 \text{ mg/C}} = \frac{1000 \text{ mg}}{1{,}118 \text{ mg/C}} = 894{,}5 \text{ C}$$

$$m(Cu) = M(\tfrac{1}{2}Cu) \cdot \frac{L}{F} = \tfrac{1}{2} \cdot 63{,}5 \text{ g/mol} \cdot \frac{894{,}5 \text{ C}}{96\,485 \text{ C/mol}} = 0{,}294 \text{ g}$$

$$t = \frac{L}{I} = \frac{894{,}5 \text{ C}}{1{,}60 \text{ A}} = 559{,}1 \text{ s} = 9{,}32 \text{ min}$$

Luigi Galvani, 1737–1775

Alessandro Volta, 1745–1827

Daniell-Element

Halbreaktionen:

$Zn(s) \rightarrow Zn^{2+}(aq) + 2e^-$
$2e^- + Cu^{2+}(aq) \rightarrow Cu(s)$

Gesamtreaktion:
$Zn(s) + Cu^{2+}(aq) \rightarrow Zn^{2+}(aq) + Cu(s)$

20.5 Galvanische Zellen

Eine Zelle, die als elektrische Stromquelle dient, wird **galvanische Zelle** oder voltaische Zelle oder galvanisches Element genannt. Luigi Galvani (1780) und Alessandro Volta (1800) waren die ersten, die mit der Umwandlung von chemischer in elektrische Energie experimentiert haben.

Die Reaktion von Zink-Metall mit Kupfer(II)-Ionen in wäßriger Lösung ist ein Beispiel für eine spontane Reaktion, bei der Elektronen übertragen werden. Man kann sich die Reaktion nicht nur in zwei Halbreaktionen zerlegt denken, sondern man kann die Halbreaktionen tatsächlich räumlich getrennt an den Elektroden einer galvanischen Zelle ablaufen lassen.

Bei der in 20.5 gezeigten Versuchsanordnung wird diese Reaktion ausgenutzt, um einen elektrischen Strom zu erzeugen. Die Halbzelle auf der linken Seite besteht aus einer Zink-Elektrode, die in eine $ZnSO_4$-Lösung taucht. Die rechte Halbzelle besteht aus einer Kupfer-Elektrode in einer $CuSO_4$-Lösung. Die beiden Halbzellen sind durch eine poröse Wand getrennt, die eine Vermischung der Lösungen verhindert, aber den Durchtritt von Ionen gestattet. Diese spezielle galvanische Zelle wird auch Daniell-Zelle oder Daniell-Element genannt.

Wenn die beiden Elektroden über einen Draht elektrisch leitend miteinander verbunden werden, fließen Elektronen von der Zink-Elektrode zur Kupfer-Elektrode. An der Zink-Elektrode wird Zink-Metall zu Zink-

Ionen oxidiert. Die dabei entstehenden Elektronen verlassen die galvanische Zelle durch diese Elektrode, die deshalb auch Minuspol oder Anode genannt wird (an der Anode findet immer die Oxidation statt; vgl. ◨ 20.1, S. 352). Die Elektronen fließen durch den Draht zur Kupfer-Elektrode, wo sie die Reduktion von Kupfer(II)-Ionen zu Kupfer-Metall bewirken. Kupfer scheidet sich auf dieser Elektrode ab, durch welche die Elektronen in die galvanische Zelle einfließen und die Pluspol oder Kathode genannt wird.

Außerhalb der Zelle fließen die Elektronen vom Minus- zum Pluspol. Innerhalb der Zelle erfolgt der Stromfluß durch Ionenbewegung, und zwar müssen die Anionen (SO_4^{2-}) von der Kathode zur Anode und die Kationen in umgekehrter Richtung wandern. Von der Anode werden Zn^{2+}-Ionen an die Lösung abgegeben, Elektronen bleiben im Metall zurück. Zum Ausgleich der zusätzlichen positiven Ladung im Bereich um die Anode müssen SO_4^{2-}-Ionen in Richtung Anode wandern; gleichzeitig wandern die Zn^{2+}-Ionen in Richtung Kathode. An der Kathode werden Cu^{2+}-Ionen aus der Lösung entfernt, indem sie Elektronen aus der Elektrode aufnehmen. Cu^{2+}-Ionen aus der Lösung bewegen sich in Richtung Kathode und ersetzen die verbrauchten Cu^{2+}-Ionen; anderenfalls entstünde ein Überschuß von Sulfat-Ionen um die Kathode.

Die poröse Trennwand verhindert die mechanische Vermischung der Lösungen. Wenn die Cu^{2+}-Ionen in Kontakt mit der Zink-Elektrode kämen, käme es zur direkten Übertragung von Elektronen und kein Strom würde durch den äußeren Draht fließen. Bei der normalen Funktionsweise der Zelle tritt diese Art von Kurzschluß nicht auf, da sich die Cu^{2+}-Ionen von der Zink-Elektrode wegbewegen.

Die Zelle würde auch funktionieren, wenn im Anodenraum ein anderer Elektrolyt als $ZnSO_4$ und wenn ein anderes Metall als Kupfer als Kathode dienen würde. Es müssen solche Ersatzstoffe gewählt werden, die im Anodenraum nicht mit der Zink-Elektrode und die im Kathodenraum nicht mit den Cu^{2+}-Ionen reagieren.

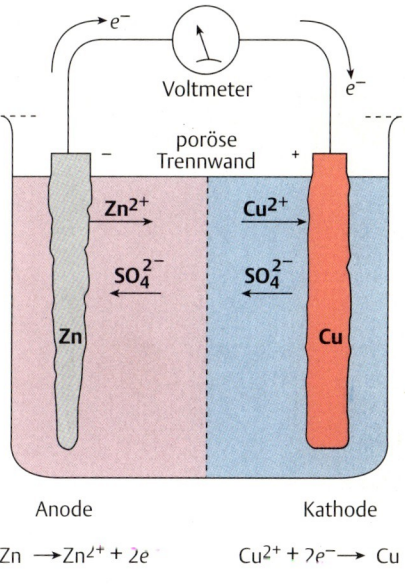

○ 20.5 Aufbau des Daniell-Elements

20.6 Die elektromotorische Kraft

Wenn im Daniell-Element $ZnSO_4$- und $CuSO_4$-Lösungen mit je 1 mol/L verwendet werden, kann die Zelle durch folgende Kurzschreibweise symbolisiert werden:

$$Zn(s)|Zn^{2+}(1\,mol/L)|Cu^{2+}(1\,mol/L)|Cu(s)$$

Dabei stellen die senkrechten Striche Phasengrenzen dar. Konventionsgemäß wird die Anode als erste genannt, alle anderen Komponenten folgen in der Reihenfolge, wie sie auf dem Weg von Anode zu Kathode anzutreffen sind.

Das elektrische Potential einer galvanischen Zelle nennt man **elektromotorische Kraft** (kurz: EMK), sie wird in Volt angegeben. Je größer die Tendenz zum Ablaufen der chemischen Reaktion in der Zelle ist, desto größer ist ihre elektromotorische Kraft. Sie hängt von den beteiligten Substanzen, ihren Konzentrationen und von der Temperatur ab.

Die **Standard-EMK** ΔE^0 bezieht sich auf die elektromotorische Kraft einer Zelle, in der alle Reaktanden und Produkte in ihren Standardzuständen vorliegen. ΔE^0-Werte werden üblicherweise für 25 °C angegeben. Der

John Frederic Daniell, 1790–1845

Aktivität eines gelösten Stoffes:

$a = f \cdot c$; c in mol/L

$f \leq 1$; für verdünnte Lösungen $f \approx 1$

Aktivität eines Gases mit Partialdruck p:

$$a = \frac{f}{101{,}3 \text{ kPa}} \cdot p; \quad p \text{ in kPa}$$

für ideale Gase $f = 1$

Standardzustand eines Feststoffs oder einer Flüssigkeit ist der reine Feststoff oder die reine Flüssigkeit. Der Standardzustand eines Gases oder eines gelösten Stoffes ist ein definierter Zustand mit einer Aktivität von 1. Abweichungen vom idealen Verhalten aufgrund von intermolekularen oder interionischen Wechselwirkungen werden durch Korrekturfaktoren, den Aktivitätskoeffizienten f berücksichtigt; siehe nebenstehende Beziehungen (vgl. auch S. 300 und 343). Im folgenden werden wir Abweichungen vom idealen Verhalten nicht weiter berücksichtigen.

Um die elektromotorische Kraft ΔE einer Zelle zuverlässig zu messen, muß die elektrische Spannung der Zelle ihren maximal möglichen Wert aufweisen. Wenn während der Messung ein nennenswerter elektrischer Strom fließt, so mißt man eine geringere Spannung wegen des inneren Widerstands in der Zelle und weil es zu Konzentrationsänderungen durch die Elektrodenreaktionen kommt. Um eine Messung ohne nennenswerten Stromfluß durchzuführen, bedient man sich eines Potentiometers. Dieses verfügt über eine veränderbare Spannungsquelle und über ein Instrument, um diese Spannung zu messen. Die Spannung des Potentiometers wird entgegen der Spannung der galvanischen Zelle geschaltet und so lange variiert, bis beide Potentiale übereinstimmen und kein Strom mehr fließt. Der so erhaltene Meßwert entspricht der **reversiblen EMK** der Zelle. Die EMK des Standard-Daniell-Elements beträgt 1,10 V.

Die von einer galvanischen Zelle abgegebene elektrische Energie errechnet sich aus der elektromotorischen Kraft der Zelle mal der abgegebenen Elektrizitätsmenge (vgl. Abschn. 20.**1**, S. 351). Wenn in einem Daniell-Element ein Mol Zink und ein Mol Kupfer(II)-Ionen reagieren, wird eine Elektrizitätsmenge von $2F$ abgegeben, da jedes Zink-Atom zwei Elektronen abgibt, die von je einem Cu^{2+}-Ion aufgenommen werden. Die dabei *erzeugte* elektrische Energie W beträgt

$$W = L \cdot \Delta E = 2F \cdot \Delta E = 2 \cdot 96485 \text{ C/mol} \cdot 1{,}10 \text{ V}$$
$$= 212 \cdot 10^3 \text{ CV/mol} = 212 \text{ kJ/mol}$$

Bei der vorstehenden Berechnung wurde die reversible EMK ΔE^0 des Standard-Daniell-Elements verwendet. Der errechnete Wert von 212 kJ/mol ist die maximale Arbeit, die mit einer Zelle dieser Art geleistet werden kann. Die maximale Arbeit, die mit einer chemischen Reaktion bei konstanter Temperatur und konstantem Druck geleistet werden kann, entspricht der *Abnahme* der freien Enthalpie des Systems (vgl. Abschn. 19.**4**, S. 337). Für das Standard-Daniell-Element ist somit $\Delta G = -212$ kJ/mol. Allgemein gilt

$$\Delta G = -nF\Delta E \tag{20.1}$$

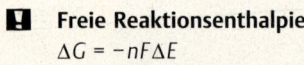

Freie Reaktionsenthalpie
$\Delta G = -nF\Delta E$

Dabei ist n die Anzahl Mol von Elektronen, die bei der Reaktion umgesetzt werden, F die Faraday-Konstante und ΔE die elektromotorische Kraft. Wenn die Reaktionsenthalpie mit einer Standard-EMK ΔE^0 berechnet wird, erhält sie das Symbol ΔG^0.

Die freie Reaktionsenthalpie ΔG zeigt an, in welchem Maß eine Reaktion bestrebt ist abzulaufen. Wenn Arbeit geleistet werden muß, um eine Reaktion zu vollziehen, so läuft sie nicht freiwillig ab. Nur wenn die freie Enthalpie des Systems abnimmt, d. h. wenn $\Delta G < 0$, läuft eine Reaktion freiwillig ab. Da $\Delta G = -nF\Delta E$, kann ein galvanisches Element nur dann elektrische Energie abgeben, wenn ΔE positiv ist.

Wenn die Reaktion unter Volumenvergrößerung abläuft, so muß das System Arbeit gegen den Atmosphärendruck leisten. Diese Arbeit steht anderweitig nicht zur Verfügung, sie muß aufgebracht werden, wenn die Reaktion bei konstantem Druck ablaufen soll. Die Volumenarbeit wird bei der potentiometrischen Messung einer galvanischen Zelle nicht erfaßt; nur die freie Reaktionsenthalpie, nicht die freie Reaktionsenergie ist als elektrische Energie verfügbar.

20.7 Elektrodenpotentiale

Die Vorgänge an einer Elektrode kann man sich folgendermaßen vorstellen. Wenn ein Zink-Stab in eine Lösung taucht, so gehen einzelne Zink-Ionen in Lösung, wobei die zugehörigen Valenzelektronen im Metallstab verbleiben. Zwischen den positiv geladenen Ionen in der Lösung und dem negativ geladenen Metallstab baut sich ein elektrisches Potential auf, das der weiteren Auflösung von Zink-Ionen entgegenwirkt. Einzelne Zink-Ionen werden wieder von der Kathode aufgenommen. Wenn die Anzahl der pro Zeiteinheit in Lösung gehenden und die aus der Lösung an das Metall zurückkehrenden Ionen übereinstimmt, hat sich an der Elektrode ein Gleichgewicht eingestellt und zwischen Metallstab und Lösung besteht ein definiertes Potential. Die Gleichgewichtslage und damit das Potential hängt von der Konzentration der Zn^{2+}-Ionen in der Lösung und von der Temperatur ab.

Der Überschuß von Elektronen im Zink-Stab bewirkt einen „Elektronendruck", durch einen angeschlossenen Draht können die Elektronen abgeleitet werden. An einer Kupfer-Elektrode spielt sich der gleiche Vorgang ab; Kupfer ist jedoch weniger leicht oxidierbar; die Zahl der in Lösung gehenden Cu^{2+}-Ionen ist geringer, im Metall ist der Elektronenüberschuß und damit der „Elektronendruck" geringer. Wird die Zink-Elektrode mit der Kupfer-Elektrode elektrisch leitend verbunden, so fließen Elektronen von der Seite des höheren zur Seite des niedrigeren „Elektronendrucks", d.h. vom Zink- zum Kupfer-Stab. Das vermehrte Angebot von Elektronen im Kupfer-Stab zieht Cu^{2+}-Ionen aus der Lösung an, die sich am Kupfer-Stab abscheiden.

Das Potential zwischen Metallstab und Lösung ist ein quantitatives Maß für den „Elektronendruck" im Metallstab. Sein absoluter Wert kann nicht gemessen werden, weil dazu eine zweite Halbzelle notwendig ist, deren Potential auch nicht bekannt ist. Man kann jedoch das relative Potential zu einer Referenzelektrode messen.

Als Referenzelektrode dient die **Norm-Wasserstoff-Elektrode**. Sie besteht aus Wasserstoffgas, das bei einem Druck von 101,3 kPa eine Platin-Elektrode umspült, die in eine Säure-Lösung mit einer H^+ (aq)-Ionenaktivität von $a(H^+) = 1$ eingetaucht ist. In ◘ 20.6 ist eine Norm-Wasserstoff-Elektrode über eine Salzbrücke mit einer Standard-Kupfer-Elektrode verbunden. Eine Salzbrücke ist ein Rohr, das mit einer konzentrierten Salzlösung gefüllt ist (meist KCl), die die Stromleitung zwischen den Halbzellen besorgt aber ein Vermischen der Lösungen der Halbzellen verhindert (Vermischung von Ionen erfolgt allenfalls an den Eintauchstellen der Salzbrücke). Die Zelle in ◘ 20.6 kann wie folgt symbolisiert werden:

$Pt\,|\,H_2\,|\,H^+\,\|\,Cu^{2+}\,|\,Cu$

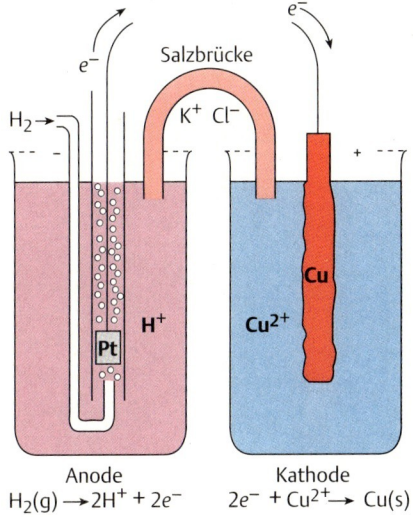

◘ 20.6 Galvanisches Element aus einer Norm-Wasserstoff-Elektrode und einer $Cu^{2+}\,|\,Cu$-Elektrode

Der Doppelstrich kennzeichnet die Salzbrücke. Die Wasserstoff-Elektrode ist die Anode, die Kupfer-Elektrode ist die Kathode, die elektromotorische Kraft beträgt 0,34 V.

Für die Norm-Wasserstoff-Elektrode hat man willkürlich das Elektrodenpotential E^0 = 0,00 Volt festgelegt. Die elektromotorische Kraft einer Standard-Elektrode gegen die Norm-Wasserstoff-Elektrode nennt man **Normalpotential**, es wird mit dem Symbol E^0 bezeichnet. Das Normalpotential der $Cu^{2+}|Cu$-Elektrode ist E^0 = +0,34 V. Das Vorzeichen zeigt an, daß die Kupfer-Elektrode der Pluspol (Kathode) im Vergleich zur Wasserstoff-Elektrode ist. Ein *positives* Vorzeichen bezieht sich somit auf eine Elektrode, bei der im Vergleich zur Norm-Wasserstoff-Elektrode eine *Reduktion* ($Cu^{2+} \rightarrow Cu$) freiwillig abläuft.

Um ein Normalpotential zu messen, ist es nicht notwendig, das Potential gegen eine Norm-Wasserstoff-Elektrode zu messen. Das Normalpotential einer $Ni^{2+}|Ni$-Elektrode kann zum Beispiel durch Messung gegen eine Kupfer-Elektrode ermittelt werden. Diese Zelle hat eine elektromotorische Kraft von 0,59 V, wobei die Nickel-Elektrode die Anode (Minuspol) ist. Die Nickel-Elektrode hat somit ein um 0,59 V negativeres Potential als die Kupfer-Elektrode.

$$E^0(Ni^{2+}|Ni) = E^0(Cu^{2+}|Cu) - 0,59 \text{ V}$$
$$= 0,34 - 0,59 \text{ V}$$
$$= -0,25 \text{ V}$$

In ⌸ 20.2 sind einige Normalpotentiale aufgeführt; weitere Werte sind im Anhang A (S. 660) angegeben. Die Tabelle ist nach zunehmendem positiven Elektrodenpotential geordnet; man nennt sie die **elektrochemische Spannungsreihe**.

◉ 20.7 illustriert die Spannungsreihe für einige Elektroden. Die elektromotorische Kraft einer beliebigen galvanischen Zelle aus zwei Standard-Elektroden ergibt sich aus der Differenz der zugehörigen Normalpotentiale. Für das Daniell-Element beträgt die EMK

$$E^0(Cu^{2+}|Cu) - E^0(Zn^{2+}|Zn) = 0,34 - (-0,76) \text{ V} = 1,10 \text{ V}$$

Für eine Zelle aus einer $Ag^+|Ag$- und einer $Ni^{2+}|Ni$-Elektrode ergibt sich

$$E^0(Ag^+|Ag) - E^0(Ni^{2+}|Ni) = 0,799 - (-0,25) \text{ V} = 1,049 \text{ V}$$

wobei die Elektrode mit dem positiveren Potential, nämlich die Silber-Elektrode, der Pluspol ist. Um das richtige Vorzeichen für die elektromotorische Kraft ΔE zu erhalten, gilt $\Delta E = E^0$(Kathode) $- E^0$(Anode). Während die Zelle elektrischen Strom abgibt, läuft an der Kathode die Halbreaktion ab, die in ⌸ 20.2 von links nach rechts formuliert ist (Reduktion); an der Anode läuft die Reaktion in umgekehrter Richtung, von rechts nach links, ab (Oxidation).

Wie das Beispiel der Wasserstoff-Elektrode zeigt, können auch mit Nichtmetallen Potentiale gemessen werden. Bei der Wasserstoff-Elektrode setzt sich Wasserstoffgas zu H^+(aq)-Ionen um, die Elektronen werden von dem umspülten Platin übernommen, das selbst nicht an der Reaktion beteiligt ist. In ähnlicher Weise können auch Potentiale anderer Spezies gemessen werden, zum Beispiel für die Reaktion $e^- + Fe^{3+}$(aq) $\rightarrow Fe^{2+}$(aq), wobei ein in die Lösung tauchender Platin-Draht die Elektronen abgibt oder übernimmt.

Das Vorzeichen für das Normalpotential bezieht sich immer auf den Reduktionsprozeß, somit auf die in ⌸ 20.2 angegebenen Vorgänge für den Reaktionsablauf von links nach rechts. Man spricht deshalb auch von **Re-

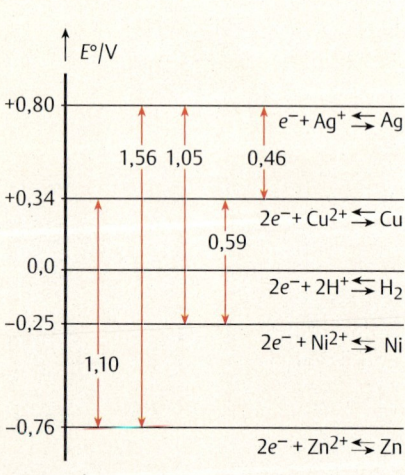

◉ 20.7 Schematische Darstellung der Spannungsreihe für einige Standard-Elektroden und Angabe der EMK einiger galvanischer Zellen

T 20.2 Die elektrochemische Spannungsreihe (Normalpotentiale bei 25 °C)

Halbreaktion		E^0/V
$e^- + Li^+$	$\rightleftarrows Li$	−3,045
$e^- + K^+$	$\rightleftarrows K$	−2,925
$2e^- + Ba^{2+}$	$\rightleftarrows Ba$	−2,906
$2e^- + Ca^{2+}$	$\rightleftarrows Ca$	−2,866
$e^- + Na^+$	$\rightleftarrows Na$	−2,714
$2e^- + Mg^{2+}$	$\rightleftarrows Mg$	−2,363
$3e^- + Al^{3+}$	$\rightleftarrows Al$	−1,662
$2e^- + 2H_2O$	$\rightleftarrows H_2 + 2OH^-$	−0,82806
$2e^- + Zn^{2+}$	$\rightleftarrows Zn$	−0,7628
$3e^- + Cr^{3+}$	$\rightleftarrows Cr$	−0,744
$2e^- + Fe^{2+}$	$\rightleftarrows Fe$	−0,4402
$2e^- + Cd^{2+}$	$\rightleftarrows Cd$	−0,4029
$2e^- + Ni^{2+}$	$\rightleftarrows Ni$	−0,250
$2e^- + Sn^{2+}$	$\rightleftarrows Sn$	−0,136
$2e^- + Pb^{2+}$	$\rightleftarrows Pb$	−0,126
$2e^- + 2H^+$	$\rightleftarrows H_2$	0
$2e^- + Cu^{2+}$	$\rightleftarrows Cu$	+0,337
$e^- + Cu^+$	$\rightleftarrows Cu$	+0,521
$2e^- + I_2$	$\rightleftarrows 2I^-$	+0,5355
$e^- + Fe^{3+}$	$\rightleftarrows Fe^{2+}$	+0,771
$e^- + Ag^+$	$\rightleftarrows Ag$	+0,7991
$2e^- + Br_2$	$\rightleftarrows 2Br^-$	+1,0652
$4e^- + 4H^+ + O_2$	$\rightleftarrows 2H_2O$	+1,229
$6e^- + 14H^+ + Cr_2O_7^{2-}$	$\rightleftarrows 2Cr^{3+} + 7H_2O$	+1,33
$2e^- + Cl_2$	$\rightleftarrows 2Cl^-$	+1,3595
$5e^- + 8H^+ + MnO_4^-$	$\rightleftarrows Mn^{2+} + 4H_2O$	+1,51
$2e^- + F_2$	$\rightleftarrows 2F^-$	+2,87

duktionspotentialen. In einer galvanischen Zelle läuft aber immer auch ein Oxidationsprozeß ab. Will man die Reaktionsgleichung der Gesamtreaktion als Summe zweier Halbreaktionen formulieren, so ist die an der Anode ablaufende Halbreaktion in umgekehrter Reihenfolge anzugeben (in **T 20.2** von rechts nach links); das zugehörige Normalpotential berücksichtigen wir mit umgekehrtem Vorzeichen, d.h. mit dem Wert $-E^0$ (Anode). Addition der Werte ergibt dann die EMK, zum Beispiel:

Kathode:	$2e^- + Cu^{2+} \rightarrow Cu(s)$	$E^0 = +0{,}34$ V
Anode:	$Zn(s) \rightarrow Zn^{2+} + 2e^-$	$-E^0 = +0{,}76$ V
Gesamtreaktion:	$Zn(s) + Cu^{2+} \rightarrow Cu(s) + Zn^{2+}$	
	EMK $= \Delta E^0 = E^0$(Kathode) $+ (-E^0$(Anode)$) = 1{,}10$ V	

Mit Hilfe von Normalpotentialen kann man Aussagen über den Ablauf von Redoxreaktionen auch außerhalb von elektrochemischen Zellen machen. Ein *Oxidationsmittel* nimmt Elektronen auf und wird selbst reduziert. Je positiver das zugehörige Normalpotential ist, desto stärker oxidierend wirkt es. Das stärkste in ◨ 20.2 aufgeführte Oxidationsmittel ist $F_2(g)$, denn der größte angegebene E^0-Wert gilt für das Redoxpaar

$$F_2(g) + 2e^- \rightleftarrows 2F^-(aq) \qquad E^0 = +2{,}87\,V$$

Weitere starke Oxidationsmittel in der Reihenfolge abnehmender Oxidationswirkung sind MnO_4^-, Cl_2 und $Cr_2O_7^{2-}$ in saurer Lösung.

Ein *Reduktionsmittel* gibt Elektronen ab und wird selbst oxidiert. Je negativer das zugehörige Normalpotential ist, desto stärker reduzierend wirkt es. Die stärksten Reduktionsmittel in ◨ 20.2 sind die Metalle Lithium, Kalium, Barium, Calcium und Natrium.

Ob eine Redoxreaktion zwischen gegebenen Substanzen ablaufen wird, kann mit Hilfe der Normalpotentiale entschieden werden. Wenn alle beteiligten Substanzen mit der Aktivität 1 anwesend sind, zeigen die Normalpotentiale an, ob die Reaktion ablaufen wird. Nur dann, wenn die elektromotorische Kraft der Gesamtreaktion positiv ist, kommt es zur Reaktion; anders gesagt: das Normalpotential, das zum Oxidationsmittel gehört, muß positiver sein als dasjenige, das zum Reduktionsmittel gehört. Die H^+-Ionen einer Säure mit $H^+(aq)$-Ionenaktivität von 1 können nur solche Metalle oxidieren, deren Normalpotential negativ ist; wir nennen sie unedle Metalle. Edle Metalle mit $E^0 > 0$ werden von Säuren nicht angegriffen; zu ihnen gehören Kupfer, Silber, Gold, Quecksilber und Platin (◨ 20.4).

◨ **Beispiel 20.4**

Werden folgende Reaktionen freiwillig ablaufen, wenn alle beteiligten Stoffe mit Einheitsaktivität anwesend sind?

a) $Cl_2(g) + 2I^-(aq) \rightarrow 2Cl^-(aq) + I_2(s)$

Für die Halbreaktionen gilt:

Reduktion: $\quad 2e^- + Cl_2(g) \rightarrow 2Cl^-(aq) \qquad E^0 = +1{,}36\,V$

Oxidation: $\quad 2I^-(aq) \rightarrow 2e^- + I_2(s) \qquad -E^0 = -0{,}54\,V$

$$\text{EMK} = +0{,}82\,V$$

Die EMK ist positiv, die Reaktion läuft ab. Chlor ist ein stärkeres Oxidationsmittel als Iod, d.h.

$$E^0(Cl_2|Cl^-) > E^0(I_2|I^-)$$

b) $2Ag(s) + 2H^+(aq) \rightarrow 2Ag^+(aq) + H_2(g)$

Für die Halbreaktionen gilt:

Reduktion: $\quad 2e^- + 2H^+(aq) \rightarrow H_2(g) \qquad E^0 = 0{,}00\,V$

Oxidation: $\quad 2Ag(s) \rightarrow 2Ag^+ + 2e^- \qquad -E^0 = -0{,}80\,V$

$$\text{EMK} = -0{,}80\,V$$

Die EMK ist negativ, die Reaktion läuft nicht freiwillig ab. Die entgegengesetzte Reaktion (Reduktion von Ag^+ mit H_2) würde ablaufen.

Die Verwendung von Normalpotentialen, um den Verlauf einer chemischen Reaktion vorauszusagen, erfordert die Beachtung verschiedener Faktoren. Weil E konzentrationsabhängig ist, können vermeintlich nicht begünstigte Reaktionen durch Änderung der Konzentrationen trotzdem ablaufen. Einige theoretisch mögliche Reaktionen verlaufen so langsam, daß sie keine Bedeutung haben.

Weiterhin müssen alle in Frage kommenden Halbreaktionen beachtet werden. Aufgrund der Normalpotentiale

$$3e^- + Fe^{3+} \rightleftarrows Fe \quad E^0 = -0{,}036 \text{ V}$$
$$\text{und} \quad 2e^- + 2H^+ \rightleftarrows H_2 \quad E^0 = 0{,}000 \text{ V}$$

könnte man erwarten, daß bei der Reaktion von Eisen mit H^+-Ionen Wasserstoff und Fe^{3+}-Ionen entstehen. Tatsächlich kommt es nur zur Bildung von Fe^{2+}-Ionen; die Weiteroxidation von Fe^{2+} zu Fe^{3+} findet nicht statt, wie man den Werten der Normalpotentiale entnehmen kann:

$$2e^- + Fe^{2+} \rightleftarrows Fe \quad E^0 = -0{,}440 \text{ V}$$
$$e^- + Fe^{3+} \rightleftarrows Fe^{2+} \quad E^0 = +0{,}771 \text{ V}$$

In manchen Fällen ist ein bestimmter Oxidationszustand eines Elements instabil gegen Disproportionierung. Die Normalpotentiale zwischen Kupfer und seinen Ionen bieten ein Beispiel. In wäßriger Lösung disproportionieren Cu^+-Ionen zu Kupfer-Metall und Cu^{2+}-Ionen. Das Normalpotential für $Cu^+ + e^- \rightarrow Cu$ ist positiver als das für $Cu^{2+} + e^- \rightarrow Cu^+$; wenn Cu^+ zu Cu reduziert wird, wirkt es stärker oxidierend als wenn Cu^{2+} zu Cu^+ reduziert wird, d. h. Cu^+, das zu Cu reduziert wird, kann Cu^+ zu Cu^{2+} oxidieren. Gegen Disproportionierung instabile Teilchen haben ein höheres Normalpotential für den Schritt, der zu ihrer Reduktion führt als für den, der zur Reduktion ihrer oxidierten Form führt. Fe^{2+}-Ionen neigen nicht zum Disproportionieren, wie an den oben angegebenen Potentialen erkennbar ist.

Normalpotentiale beim Eisen

$$Fe^{3+} \xrightarrow{+0{,}771 \text{ V}} Fe^{2+} \xrightarrow{-0{,}440 \text{ V}} Fe$$

$$\tfrac{1}{3}(2 \cdot (-0{,}440) + 0{,}771) = -0{,}036 \text{ V}$$

Bezüglich der Berechnung von $E^0(Fe^{3+}|Fe)$ s. 20.6 (S. 364)

Normalpotentiale beim Kupfer

$$Cu^{2+} \xrightarrow{+0{,}153 \text{ V}} Cu^+ \xrightarrow{+0{,}521 \text{ V}} Cu$$

$$\tfrac{1}{2}(0{,}521 + 0{,}153) = +0{,}337 \text{ V}$$

Sie führen zu Disproportionierung von Cu^+:
$2\,Cu^+(aq) \rightarrow Cu(s) + Cu^{2+}(aq)$

20.8 Freie Reaktionsenthalpie und elektromotorische Kraft

Die reversible elektromotorische Kraft ΔE^0 einer galvanischen Zelle ist ein Maß für die freie Reaktionsenthalpie. Man kann deshalb mit Hilfe von Normalpotentialen ΔG^0- und ΔS^0-Werte berechnen (20.5)

$$\Delta G^0 = -nF\Delta E^0$$

Beispiel 20.5

Wie groß ist ΔG^0 und ΔS^0 für die Reaktion

$$2\,Ag(s) + Cl_2(g) \rightarrow 2\,AgCl(s)? \qquad \Delta H^0 = -254{,}0 \text{ kJ/mol}$$

Mit Hilfe der Normalpotentiale (siehe Anhang A; S. 660) berechnen wir:

$$\begin{array}{ll}
2\,Ag(s) + 2\,Cl^-(aq) \rightarrow 2\,AgCl(s) + 2e^- & -E^0 = -0{,}222 \text{ V} \\
2e^- + Cl_2(g) \rightarrow 2\,Cl^-(aq) & E^0 = 1{,}359 \text{ V} \\
\hline
2\,Ag(s) + Cl_2(g) \rightarrow 2\,AgCl(s) & \Delta E^0 = 1{,}137 \text{ V}
\end{array}$$

$$\begin{aligned}
\Delta G^0 = -nF\Delta E^0 &= -2 \cdot 96485 \text{ C/mol} \cdot 1{,}137 \text{ V} \\
&= -219400 \text{ VC/mol} = -219{,}4 \text{ kJ/mol}
\end{aligned}$$

($n = 2$, es werden 2 mol Elektronen übertragen)

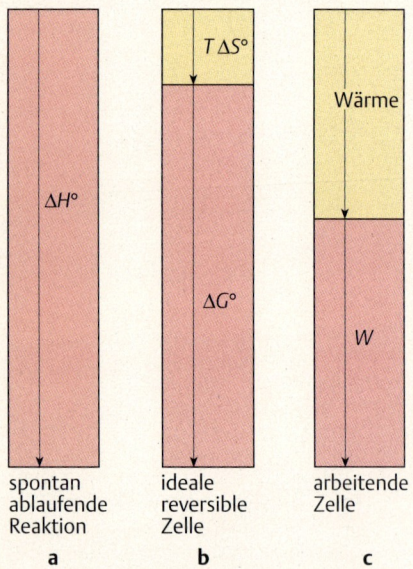

20.8 Beziehungen zwischen thermodynamischen Funktionen bei der Reaktion
$2\,Ag(s) + Cl_2(g) \rightarrow 2\,AgCl(s)$
bei 25 °C und 101,3 kPa

$$\Delta G^0 = \Delta H^0 - T\Delta S^0$$

$$\Delta S^0 = \frac{\Delta H^0 - \Delta G^0}{T} = \frac{-254{,}0 + 219{,}4 \text{ kJ/mol}}{298 \text{ K}}$$

$$= -0{,}116 \text{ kJ/(mol K)} = -116 \text{ J/(mol K)}$$

Da ΔS^0 negativ ist, nimmt die Ordnung im System zu. Dies ist verständlich, da Gas verbraucht wird und ein Feststoff entsteht.

Die Ergebnisse von Beispiel 20.5 sind in 20.8 veranschaulicht. Wenn die Reaktion außerhalb einer galvanischen Zelle abläuft, wird die gesamte Reaktionsenthalpie ΔH^0 in Form von Wärme abgegeben (20.8a). Im Falle einer idealen, reversibel funktionierenden Zelle wird das Maximum an verwertbarer Arbeit (ΔG^0) in Form von elektrischer Energie erhalten und Wärme vom Betrag

$$T\Delta S^0 = \Delta H^0 - \Delta G^0$$

wird abgegeben. Mit der idealen, reversiblen Zelle kann tatsächlich jedoch keine Arbeit geleistet werden. Bei der Messung ihrer elektromotorischen Kraft wird eine äußere Gegenspannung angelegt, so daß kein elektrischer Strom fließt. In einer arbeitenden Zelle muß ein Strom fließen und durch den inneren Widerstand in der Zelle wird ein Teil der elektrischen Energie in Wärme umgewandelt. Die tatsächlich zur Verfügung stehende elektrische Energie W ist deshalb kleiner als maximal möglich und ein größerer Wärmebetrag als $T\Delta S^0$ wird abgegeben.

Die freie Reaktionsenthalpie ΔG^0 gibt uns einen Schlüssel, wie aus zwei E^0-Werten ein dritter berechnet werden kann. So ergibt sich das Normalpotential der Reaktion

$$3e^- + Fe^{3+} \rightarrow Fe$$

nicht aus der Summe der Normalpotentiale von

$$2e^- + Fe^{2+} \rightarrow Fe \qquad E^0 = -0{,}440 \text{ V}$$
$$\text{und} \quad e^- + Fe^{3+} \rightarrow Fe^{2+} \qquad E^0 = +0{,}771 \text{ V}.$$

Die additiven Größen sind nicht die Potentiale, sondern die freien Reaktionsenthalpien. Siehe 20.6.

Beispiel 20.6

Wie groß ist E^0 für die Halbreaktion

$$3e^- + Fe^{3+} \rightarrow Fe?$$

	E^0/V	$\Delta G^0 = -nFE^0$
$2e^- + Fe^{2+} \rightarrow Fe$	−0,440	$2 \cdot 0{,}440 \cdot F$
$e^- + Fe^{3+} \rightarrow Fe^{2+}$	+0,771	$-1 \cdot 0{,}771 \cdot F$
$3e^- + Fe^{3+} \rightarrow Fe$		$+0{,}109 \cdot F$

$$E^0(Fe^{3+}|Fe) = -\frac{\Delta G^0}{nF} = -\frac{0{,}109\,F}{3F}$$
$$= -0{,}036 \text{ V}$$

Normalpotentiale können zur Berechnung von Gleichgewichtskonstanten dienen. Gemäß Gleichung (19.**14**) (S. 343) gilt:

$$\Delta G^0 = -RT \ln K$$

Wenn wir von natürlichen auf dekadische Logarithmen umrechnen, gilt:

$$\Delta G^0 = -nF\Delta E^0 = -2{,}303\, RT \log K \tag{20.2}$$

$$\Delta E^0 = \frac{2{,}303\, RT}{nF} \log K \tag{20.3}$$

Setzen wir die Zahlenwerte für R und F ein und nehmen $T = 298{,}15$ K (25 °C), dann ist:

$$\Delta E^0 = \frac{0{,}05916}{n} \log K \quad \text{Volt} \tag{20.4}$$

■ **Beispiel 20.7**

Wie groß ist die Gleichgewichtskonstante K für folgende Reaktion bei 25 °C?

$$Fe^{2+}(aq) + Ag^+(aq) \rightleftarrows Fe^{3+}(aq) + Ag(s)$$

$$K = \frac{c(Fe^{3+})}{c(Fe^{2+}) \cdot c(Ag^+)}$$

Halbreaktionen:

$$\begin{array}{ll} Fe^{2+} \rightarrow Fe^{3+} + e^- & -E^0 = -0{,}771 \text{ V} \\ e^- + Ag^+ \rightarrow Ag(s) & E^0 = +0{,}799 \text{ V} \\ \hline n = 1 & \Delta E^0 = +0{,}028 \text{ V} \end{array}$$

$$\Delta E^0 = \frac{0{,}0592 \text{ V}}{1} \log K$$

$$\log K = \frac{0{,}028 \text{ V}}{0{,}0592 \text{ V}} = 0{,}47$$

$$K = 3{,}0$$

20.9 Konzentrationsabhängigkeit des Potentials

In Abschnitt 19.7 (Gleichung 19.**13**, S. 343) hatten wir die nebenstehende Gleichung (20.**5**) behandelt, wobei ΔG die freie Reaktionsenthalpie, ΔG^0 die freie Standard-Reaktionsenthalpie, R die Gaskonstante und T die absolute Temperatur ist. Der Reaktionsquotient Q enthält die Aktivitäten der an der Reaktion beteiligten Substanzen in der Formulierungsweise wie im Massenwirkungsgesetz. Wie immer ist die Aktivität eines reinen Feststoffs gleich 1 und die eines idealen Gases ergibt sich aus dessen Partialdruck nach $a(\text{Gas}) = p(\text{Gas})/(101{,}3 \text{ kPa})$ wenn p in kPa angegeben ist. Für einen gelösten Stoff werden wir annehmen, daß seine Aktivität dem Zahlenwert seiner Stoffmengenkonzentration in mol/L entspricht.

$$\Delta G = \Delta G^0 + RT \ln Q \tag{20.5}$$

$$Q = \frac{a^x(X) \cdot a^z(Z)}{a^a(A) \cdot a^e(E)}$$

für die Reaktion
$$aA + eE \rightarrow xX + zZ$$

Mit $\Delta G = -nF\Delta E$ und $\Delta G^0 = -nF\Delta E^0$ erhalten wir aus Gleichung (20.**5**):

$$-nF\Delta E = -nF\Delta E^0 + RT \ln Q$$

$$\Delta E = \Delta E^0 - \frac{RT}{nF} \ln Q$$

Umrechnung auf dekadische Logarithmen:

$$\Delta E = \Delta E^0 - \frac{2{,}303\,RT}{nF} \log Q \qquad (20.6)$$

Setzen wir die Zahlenwerte $R = 8{,}3145$ J/(mol K), $F = 96\,485$ C/mol und $T = 298{,}15$ K ein, so erhalten wir die für 25 °C gültige Gleichung:

$$\Delta E = \Delta E^0 - \frac{0{,}05916}{n} \log Q \text{ Volt} \qquad (20.7)$$

Die Gleichungen (20.**6**) und (20.**7**) sind zwei Formen der **Nernst-Gleichung**, die 1889 von Walther Nernst abgeleitet wurde. Wenn alle beteiligten Stoffe mit Aktivität gleich 1 vorliegen (Standardzustand), dann ist $\log Q = 0$ und $\Delta E = \Delta E^0$. Mit der Nernst-Gleichung kann die elektromotorische Kraft einer beliebigen Zelle berechnet werden, wenn die beteiligten Stoffe nicht in ihren Standardzuständen vorliegen (◼ 20.**8** und 20.**9**).

Walther Nernst, 1864–1941

◼ **Beispiel 20.8**

Welche elektromotorische Kraft hat die Zelle

Ni | Ni^{2+} (0,01 mol/L) ‖ Cl$^-$ (0,2 mol/L) | Cl$_2$ (101,3 kPa) | Pt?

| Ni | → Ni^{2+} + 2e^- | $-E^0$ = 0,25 V |
| 2e^- + Cl$_2$ | → 2 Cl$^-$ | E^0 = 1,36 V |

Ni + Cl$_2$ → Ni^{2+} + 2 Cl$^-$ ΔE^0 = 1,61 V

$n = 2$ $\quad a(Cl_2) = p(Cl_2)/(101{,}3\text{ kPa}) = 1$

Nach Gleichung (20.**7**) ist:

$$\Delta E = \Delta E_0 - \frac{0{,}0592}{2} \log \frac{a(Ni^{2+}) \cdot a^2(Cl^-)}{a(Cl_2)} \text{ V}$$

$$= 1{,}61 - \frac{0{,}0592}{2} \log \frac{0{,}01 \cdot 0{,}2^2}{1} \text{ V} = 1{,}71 \text{ V}$$

◼ **Beispiel 20.9**

Welche elektromotorische Kraft hat die Zelle

Sn | Sn^{2+} (1,0 mol/L) ‖ Pb^{2+} (0,001 mol/L) | Pb?

| Sn → Sn^{2+} + 2e^- | $-E^0$ = 0,136 V |
| 2e^- + Pb^{2+} → Pb | E^0 = −0,126 V |

Sn + Pb^{2+} → Sn^{2+} + Pb ΔE^0 = +0,010 V

Nach Gleichung (20.7) ist:

$$\Delta E = \Delta E^0 - \frac{0{,}0592}{2} \log \frac{c(\text{Sn}^{2+})}{c(\text{Pb}^{2+})}$$

$$= 0{,}010 - \frac{0{,}0592}{2} \log \frac{1{,}0}{0{,}001} \text{ V} = -0{,}079 \text{ V}$$

Ein negativer Wert für ΔE zeigt uns, daß die Reaktion nicht abläuft. Im Gegenteil, die Gegenreaktion tritt ein, die Zelle ist anders herum anzugeben:

Pb|Pb^{2+} (0,001 mol/L) ∥ Sn^{2+} (1,0 mol/L)|Sn $\Delta E = +0{,}079$ V

Das Beispiel zeigt uns, wie Konzentrationseffekte manchmal die Polung der Zelle gegenüber der Zelle unter Standardbedingungen umkehren können.

Das Reduktionspotential einer beliebigen *Halbreaktion* ergibt sich, wenn die Aktivitäten der an der Halbreaktion beteiligten Spezies und E anstelle von ΔE in die Nernst-Gleichung eingesetzt werden. Für die Halbreaktion

$$\text{M}^{n+} + n\, e^- \rightarrow \text{M(s)}$$

eines beliebigen Metalls M lautet Gleichung (20.7) zum Beispiel:

$$E = E^0 - \frac{0{,}0592}{n} \log \frac{1}{a(\text{M}^{n+})} \text{ Volt}$$

$$E \approx E^0 + \frac{0{,}0592}{n} \log c(\text{M}^{n+}) \text{ Volt} \tag{20.8}$$

Gleichung (20.8) ist eine häufig verwendete Form der Nernst-Gleichung zur Berechnung des Elektrodenpotentials von Metallelektroden bei 25 °C; $c(\text{M}^{n+})$ muß in mol/L angegeben werden (◼ 20.10).

◼ **Beispiel 20.10**

Wie groß ist das Elektrodenpotential einer Zn^{2+}|Zn-Elektrode bei 25 °C, wenn $c(\text{Zn}^{2+}) = 0{,}1$ mol/L?

Nach Gleichung (20.8) ist:

$$E = E^0 + \frac{0{,}0592}{n} \log c(\text{Zn}^{2+}) \text{ V} = -0{,}76 + \frac{0{,}0592}{2} \log 0{,}1 \text{ V} = -0{,}79 \text{ V}$$

Bei der Berechnung des Reduktionspotentials für eine beliebige Halbreaktion mit Hilfe von Gleichung (20.6) oder (20.7) ist auf das Vorzeichen vor dem logarithmischen Glied zu achten. Das negative Vorzeichen gilt, wenn in der Halbreaktionsgleichung die reduzierte Spezies auf der rechten Seite steht und das Produkt der Aktivitäten der Stoffe auf dieser Seite der Gleichung somit im Zähler des Reaktionsquotienten Q steht. Häufig findet man die Nernst-Gleichung folgendermaßen formuliert, mit positivem Vorzeichen vor dem logarithmischen Glied und dem Kehrwert für Q:

$$E = E^0 + \frac{0{,}0592}{n} \log \frac{[\text{Ox}]}{[\text{Red}]} \text{ Volt} \tag{20.9}$$

Formen der Nernst-Gleichung

allgemeine Form:

$$\Delta E = \Delta E^0 - \frac{2{,}303\, RT}{nF} \log Q$$

bei 25 °C:

$$\Delta E = \Delta E^0 - \frac{0{,}05916}{n} \log Q \quad \text{Volt}$$

für Halbreaktionen bei 25 °C:

$$E = E^0 + \frac{0{,}0592}{n} \log \frac{[\text{Ox}]}{[\text{Red}]} \quad \text{Volt}$$

für eine Metallelektrode bei 25 °C:

$$E \approx E^0 + \frac{0{,}0592}{n} \log c(\text{M}^{n+}) \quad \text{Volt}$$

[Ox] und [Red] stehen für die Produkte aus den Aktivitäten der Stoffe auf der Seite der Halbreaktionsgleichung mit der oxidierten bzw. der reduzierten Spezies. Für die Halbreaktion

$$2\,H^+ + 2\,e^- \rightleftarrows H_2$$

ist zum Beispiel H^+ die oxidierte und H_2 die reduzierte Spezies. Für diese Halbreaktion lautet Gleichung (20.**9**):

$$E = E^0 + \frac{0{,}0592}{2} \log \frac{a^2(H^+)}{a(H_2)}$$

Immer wenn an einer Halbreaktion H^+- oder OH^--Ionen beteiligt sind, ist das Reduktionspotential pH-abhängig. Häufig (nicht immer) ergibt sich: Oxidationsmittel sind in saurer, Reduktionsmittel sind in basischer Lösung stärker wirksam (■ 20.**11**).

■ **Beispiel 20.11**

Wie groß ist das Reduktionspotential einer Permanganat-Lösung mit $c(MnO_4^-) = 0{,}1$ mol/L, die Mn^{2+}-Ionen mit $c(Mn^{2+}) = 10^{-3}$ mol/L enthält, bei pH = 1 und bei pH = 5?

Halbreaktion:

$$MnO_4^- + 8\,H^+ + 5\,e^- \rightleftarrows Mn^{2+} \qquad E^0 = 1{,}51\text{ V}$$

Nach Gleichung (20.**9**) ist (wenn man Aktivitäten gleich Stoffmengenkonzentrationen setzt):

$$E = 1{,}51 + \frac{0{,}0592}{5} \log \frac{c(MnO_4^-) \cdot c^8(H^+)}{c(Mn^{2+})}\text{ V}$$

Bei pH = 1, $c(H^+) = 10^{-1}$ mol/L:

$$E = 1{,}51 + \frac{0{,}0592}{5} \log \frac{10^{-1} \cdot 10^{-8}}{10^{-3}}\text{ V} = 1{,}44\text{ V}$$

Bei pH = 5, $c(H^+) = 10^{-5}$ mol/L:

$$E = 1{,}51 + \frac{0{,}0592}{5} \log \frac{10^{-1} \cdot 10^{-40}}{10^{-3}}\text{ V} = 1{,}06\text{ V}$$

Weil in der Reaktionsgleichung der Halbreaktion $8\,H^+$-Ionen auf der Seite der oxidierten Spezies stehen, ist das Potential in starkem Maße pH-abhängig. Während Cl^--Ionen bei pH = 1 leicht durch MnO_4^- oxidiert werden können ($E^0(Cl_2|Cl^-) = 1{,}36$ V), ist das bei pH = 5 nicht der Fall.

Die pH-Abhängigkeit von Reduktionspotentialen, an denen H^+-Ionen mitwirken, kann zur elektrochemischen pH-Wertmessung ausgenutzt werden (potentiometrische pH-Bestimmung, pH-Meter). Bei solchen Messungen wird eine Bezugselektrode benötigt, deren Potential unabhängig von den Bedingungen in der Lösung ist, sowie eine Elektrode, deren Potential pH-abhängig ist. Als pH-abhängige Elektrode kann die Wasserstoff-Elektrode dienen, meistens wird jedoch die bequemer handzuhabende

Glaselektrode verwendet. Sie besteht aus einer kleinen, dünnwandigen Glaskugel, in der sich eine Pufferlösung mit einem bestimmten pH-Wert befindet. Die H$^+$-Ionen dieser Lösung diffundieren in eine Oberflächenschicht auf der Innenseite der Glaskugel ein. Taucht man die Glaselektrode in die zu messende Lösung ein, so diffundieren H$^+$-Ionen auch in die Außenseite der Glaskugel ein, und zwar in einem Maße, das von der H$^+$-Ionenkonzentration abhängt. Dadurch baut sich zwischen beiden Seiten der Glasmembran ein pH-abhängiges Potential auf (⊙ 20.9). Das gemessene Potential hängt von der Konstruktion der Glaselektrode und vom Potential der Bezugselektrode ab. In der Regel zeigt die Skala des Geräts pH-Einheiten an Stelle von Volt an. Zur Eichung dienen Pufferlösungen mit bekanntem pH-Wert.

Eine Bezugselektrode mit definiertem, konstantem Potential ist zum Beispiel die Silber-Silberchlorid-Elektrode (⊙ 20.9). Sie besteht aus einem Silberdraht, der in eine KCl-Lösung mit $c(KCl) = 0{,}1$ mol/L taucht; außerdem ist festes Silberchlorid anwesend. Über das Löslichkeitsprodukt des AgCl und die definierte Cl$^-$-Konzentration der KCl-Lösung stellt sich eine definierte Ag$^+$-Konzentration ein, so daß ein definiertes Elektrodenpotential von $E(Ag^+|Ag) = 0{,}2814$ V resultiert.

Konzentrationsketten sind galvanische Zellen, die aus zwei Halbzellen der gleichen Zusammensetzung, aber mit unterschiedlicher Konzentration bestehen. Für die Meßkette

$$Cu\,|\,Cu^{2+}\,(0{,}01\text{ mol/L}) \,\|\, Cu^{2+}\,(0{,}1\text{ mol/L})\,|\,Cu$$

berechnen wir zum Beispiel mit Gleichung (20.7):

$$\Delta E = 0{,}0 - \frac{0{,}0592}{2} \log \frac{0{,}01}{0{,}1} \text{ V} = 0{,}0296 \text{ V}$$

Der Wert für ΔE^0 dieser Zelle ist gleich Null, da auf beiden Seiten die gleichen Elektroden vorhanden sind. Die Reaktion in der Zelle ist die Oxidation von Kupfer auf der Seite geringerer Cu^{2+}-Konzentration (Anode); die Elektronen fließen über den äußeren Stromkreis zur Elektrode mit der höheren Cu^{2+}-Konzentration, wo diese reduziert und abgeschieden werden (Kathode). Im Endeffekt nimmt die Cu^{2+}-Konzentration im Anodenbereich zu und im Kathodenbereich ab. Wenn die Konzentrationen gleich groß geworden sind, kommt die Reaktion zum Stillstand, und es wird ein Zellenpotential von Null erreicht.

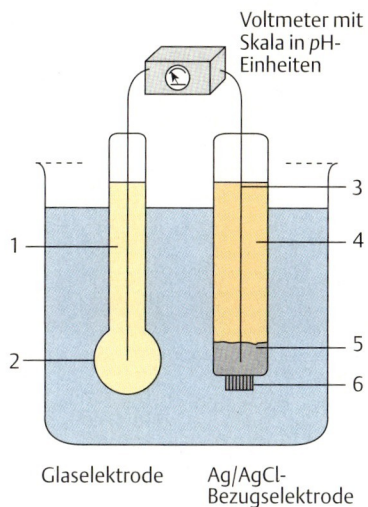

1 Lösung mit definiertem pH-Wert
2 dünnwandige Glaskugel
3 Ag-Draht
4 KCl-Lösung $c\,(Cl^-) = 0{,}1$ mol/L
5 AgCl(s)
6 poröse Trennwand

⊙ 20.9 Versuchsaufbau zur pH-Messung mit einer Glaselektrode und einer Ag|AgCl-Bezugselektrode

20.10 Potentiometrische Titration

Bei einer potentiometrischen Titration dient eine elektrochemische Potentialmessung zur Bestimmung des Äquivalenzpunktes. Ein Beispiel ist eine Säure-Base-Titration, bei welcher der pH-Wert mit einem pH-Meter verfolgt wird und die Titrationskurve registriert wird (vgl. Abschn. 17.7, S. 311). Mit geeigneten Elektroden kann man auch die Konzentrationen anderer Ionensorten in der Lösung verfolgen. Ein Beispiel bietet die quantitative Bestimmung von Ag$^+$-Ionen durch Titration mit einer Cl$^-$-Ionenlösung bekannter Konzentration. Nehmen wir an, die Ag$^+$-Lösung enthalte 10,0 mmol Ag$^+$ in 100 mL Lösung und wir lassen allmählich eine Cl$^-$-Lö-

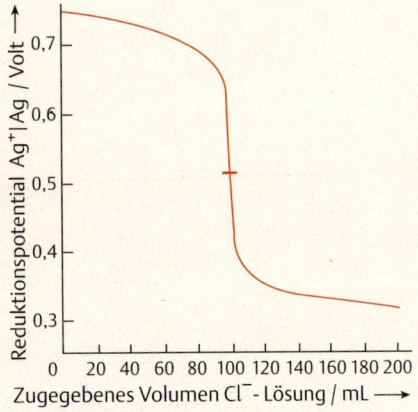

20.10 Titrationskurve für die potentiometrische Titration von 100 mL Ag$^+$-Lösung, c_0(Ag$^+$) = 0,1 mol/L mit Cl$^-$-Lösung, c(Cl$^-$) = 0,1 mol/L

sung aus der Bürette hinzufließen, c(Cl$^-$) = 0,1 mol/L. In dem Maße wie AgCl ausfällt, verringert sich die Ag$^+$-Konzentration und damit das Potential an einer Elektrode aus Ag-Metall. Wenn der Äquivalenzpunkt erreicht ist, d.h. die zugegebene Cl$^-$-Menge genau der Ag$^+$-Menge entspricht, ist c(Ag$^+$) = c(Cl$^-$) und c(Ag$^+$) ergibt sich aus dem Löslichkeitsprodukt von AgCl. Mit überschüssigen Cl$^-$-Ionen nimmt c(Ag$^+$) weiter ab; in 20.3 sind einige Werte angegeben, 20.10 zeigt die Titrationskurve. Bei der Messung wird noch eine Bezugselektrode mit konstantem Potential benötigt.

20.3 Werte zur Titration von 10,0 mmol Ag$^+$ in 100 mL Lösung mit einer Cl$^-$-Lösung, c(Cl$^-$) = 0,1 mol
$L = c$(Ag$^+$) · c(Cl$^-$) = 1,7 · 10^{-10} mol^2/L^2
Ab dem Äquivalenzpunkt ergibt sich c(Ag$^+$) aus dem Löslichkeitsprodukt und der Konzentration der überschüssigen Cl$^-$-Ionen.

Volumen zugegebene Cl$^-$-Lösung /mL	Lösungsvolumen V /mL	n(Cl$^-$) /mmol	c(Cl$^-$) /mmol/mL	n(Ag$^+$) /mmol	c(Ag$^+$) /mmol/mL	$E = 0{,}80 + 0{,}059 \cdot \log c(\text{Ag}^+)$ /Volt
0	100	–	–	10,0	0,1	0,74
50	150	–	–	5,0	0,033	0,71
90	190	–	–	1,0	5,3 · 10^{-3}	0,67
99	199	–	–	0,1	5,0 · 10^{-4}	0,61
100	200	–	1,3 · 10^{-5}	–	1,3 · 10^{-5}	0,51
101	201	0,1	5,0 · 10^{-4}	–	3,4 · 10^{-7}	0,42
110	210	1,0	4,8 · 10^{-3}	–	3,6 · 10^{-8}	0,36
200	300	10,0	3,3 · 10^{-2}	–	5,1 · 10^{-9}	0,31

20.11 Elektrodenpotentiale und Elektrolyse

Die aus den Elektrodenpotentialen berechnete elektromotorische Kraft einer galvanischen Zelle entspricht dem maximalen Potential dieser Zelle. Bei der Elektrolyse läuft der umgekehrte chemische Prozeß ab; dazu muß dem Potential der Zelle ein äußeres Potential entgegengesetzt werden, das mindestens so groß wie die elektromotorische Kraft der Zelle ist.

Betrachten wir das Beispiel der Elektrolyse einer wäßrigen CuCl$_2$-Lösung. Es sind zwei Kathodenreaktionen möglich, die Abscheidung von Kupfer oder die von Wasserstoff. Unter Berücksichtigung der OH$^-$-Ionenkonzentration von c(OH$^-$) = 10^{-7} mol/L ergibt sich mit der Nernst-Gleichung der nebenstehende E-Wert für die Wasserstoff-Abscheidung. An der Kathode scheidet sich Kupfer ab, das positivere Reduktionspotential zeigt uns, daß Cu^{2+} leichter als Wasser reduzierbar ist.

An der Anode kann sich Cl$_2$(g) oder O$_2$(g) abscheiden. Da die Spezies mit dem negativeren Potential leichter oxidierbar ist, sollte sich Sauerstoff abscheiden. Tatsächlich wird jedoch Chlor abgeschieden.

Häufig wird zur Elektrolyse ein höheres Potential benötigt als aus den Reduktionspotentialen berechnet; man spricht von einer **Überspannung**. Als Ursache für die Überspannung wird ein langsamer Reaktions-

Kathode:

$2e^- + $ Cu^{2+}(aq) $\rightleftarrows$ Cu(s) $E^0 = 0{,}34$ V
$2e^- + $ H$_2$O $\rightleftarrows$ H$_2$(g) + 2OH$^-$(aq)
$E = -0{,}41$ V

Anode:

2Cl$^-$(aq) $\rightleftarrows$ Cl$_2$(g) + $2e^-$
$-E^0 = -1{,}36$ V
$E^0 = 1{,}36$ V
2H$_2$O $\rightleftarrows$ O$_2$(g) + 4H$^+$(aq) + $4e^-$
$-E = -0{,}82$ V
$E = 0{,}82$ V
für c(H$^+$) = 10^{-7} mol/L

ablauf an den Elektroden angenommen; erst durch Erhöhung der angelegten Spannung läuft die Reaktion mit nennenswerter Geschwindigkeit ab. Bei der Abscheidung von Metallen sind die Überspannungen meist gering, aber zur Abscheidung von Wasserstoffgas oder Sauerstoffgas sind sie oft erheblich. Im Falle der Elektrolyse einer $CuCl_2$-Lösung ist die Überspannung für die Chlor-Abscheidung geringer als die für die Sauerstoff-Abscheidung, es wird Chlor anstelle von Sauerstoff gebildet.

Die Mindestspannung zur Durchführung der Elektrolyse ist die Differenz der beiden Elektrodenpotentiale,

$$\Delta E = E^0(Cu^{2+}|Cu) - E^0(Cl_2|Cl^-)$$
$$= 0{,}34 - 1{,}36 = -1{,}02 \text{ V}$$

Das negative Vorzeichen soll anzeigen, daß die angelegte Spannung der EMK entgegengesetzt ist. Tatsächlich muß eine größere Spannung angelegt werden, um die Überspannung und den inneren Widerstand der Zelle zu überwinden.

Bei Veränderung der Konzentrationen in der Lösung können unterschiedliche Reaktionsprodukte bei der Elektrolyse auftreten. Zum Beispiel wird bei der Elektrolyse von *verdünnten* wäßrigen Lösungen von Chloriden Sauerstoff und nicht Chlor an der Anode abgeschieden. Außerdem können sekundäre Reaktionen stattfinden. Wenn zum Beispiel Chlor in basischer Lösung abgeschieden wird, können sich ClO^- und ClO_3^- durch Reaktion von Cl_2 mit OH^--Ionen bilden.

20.12 Korrosion von Eisen

Bei der Korrosion von Eisen spielen elektrochemische Vorgänge eine wesentliche Rolle. Eisen rostet in Anwesenheit von Wasser und Sauerstoff. An einer Stelle der Oberfläche findet Oxidation von Eisen zu Fe^{2+}-Ionen statt. An einer anderen Stelle der Oberfläche wird Sauerstoff unter Bildung von OH^--Ionen reduziert.

Im ganzen ist das ein kleines galvanisches Element, dessen Elektroden über das Eisen kurzgeschlossen sind; die Elektronen fließen durch das Eisen vom anodischen zum kathodischen Bereich. Die gebildeten Fe^{2+}- und OH^--Ionen bewegen sich durch das Wasser und bilden bei ihrer Begegnung $Fe(OH)_2$. Feuchtes Eisen(II)-hydroxid ist in Anwesenheit von Sauerstoff nicht stabil, es wird zu wasserhaltigem Eisen(III)-oxid, $Fe_2O_3 \cdot x\,H_2O$, d.h. zu Rost oxidiert.

Die kathodischen Bereiche sind diejenigen, die der Feuchtigkeit und Luft am meisten exponiert sind. Der eigentliche „Rostfraß" erfolgt an den anodischen Bereichen, wo Fe^{2+}-Ionen in Lösung gehen. Die Rostbildung findet zwischen den anodischen und kathodischen Bereichen statt. Wenn zum Beispiel ein lackierter Eisengegenstand rostet, findet die Kathodenreaktion dort statt, wo die Lackschicht beschädigt ist und Feuchtigkeit und Luft Zutritt haben. Die anodischen Bereiche können unter dem Lack liegen, der dadurch seine Unterlage verliert und abblättert.

Salzwasser beschleunigt die Korrosion, weil die Ionen im Wasser dessen Leitfähigkeit erhöhen und den Stromfluß in den galvanischen Minizellen fördern. Außerdem scheinen Cl^--Ionen die Elektrodenreaktionen katalytisch zu beschleunigen.

Anodenreaktion:
$Fe(s) \rightarrow Fe^{2+}(aq) + 2e^-$

Kathodenreaktion:
$O_2(g) + 2H_2O + 4e^- \rightarrow 4OH^-(aq)$

$Fe^{2+}(aq) + 2OH^-(aq) \rightarrow Fe(OH)_2(s)$
$2Fe(OH)_2 + \frac{1}{2}O_2 \rightarrow Fe_2O_3 + 2H_2O$

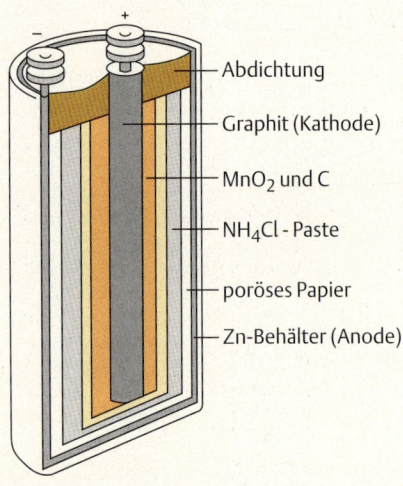

⊙ 20.11 Das Leclanché-Element

Zur Verhinderung der Korrosion dienen Schutzüberzüge wie Schmierfett, Lack oder andere Metalle, die den Zutritt von Luft und Feuchtigkeit zum Eisen verhindern. Metallüberzüge werden durch Elektrolyse aufgebracht (z.B. Cr, Ni, Cu) oder durch Eintauchen des Objekts in geschmolzenes Metall (z.B. Zn, Sn).

Überzüge aus Zink schützen das Eisen selbst dann, wenn die Zinkschicht verletzt ist. In diesem Fall dient das unedlere Zink als Anode, Zink und nicht Eisen wird oxidiert. Das umgekehrte gilt für Zinnüberzüge (Weißblech, z.B. bei Konservenbüchsen); wenn der Zinnüberzug verletzt ist, wirkt das Eisen als Anode und korrodiert schneller. Generell wird die Korrosion gefördert, wenn Eisen elektrisch leitend mit einem edleren Metall in Kontakt ist; die galvanischen Minizellen heißen *Lokalelemente*.

Zum Schutz von Eisengegenständen im Erdreich (Rohrleitungen, Tanks) verwendet man „Opferanoden" aus unedlen Metallen wie Magnesium oder Zink. Die Opferanode wird neben dem Eisenobjekt vergraben und elektrisch leitend damit verbunden. Das unedle Metall wirkt als Anode und wird oxidiert, während das Eisen intakt bleibt. Die Opferanode verbraucht sich dabei und muß von Zeit zu Zeit ersetzt werden.

Man kann der Korrosion auch durch Unterdrückung der Kathodenreaktion entgegenwirken. In stark basischer Lösung wird das Gleichgewicht der Kathodenreaktion so weit nach links verlagert, daß die Korrosion unterbleibt. Durch Zusatz einer Base kann man so in einem geschlossenen Kreislauf die Rohrleitung vor dem Rosten bewahren.

20.13 Galvanische Zellen für den praktischen Gebrauch

Als Taschenlampenbatterien benutzt man sogenannte *Trockenelemente*. Das *Leclanché-Element* (⊙ 20.11) besteht aus einem als Anode wirkenden Zinkbehälter, der mit einer feuchten Paste aus Ammoniumchlorid und Zinkchlorid gefüllt ist. Als Kathode dient ein Graphitstab, der mit Mangan(IV)-oxid umhüllt ist. Die Elektrodenvorgänge sind kompliziert, können aber durch die nebenstehend angegebenen Reaktionen in etwa erfaßt werden. Das Leclanché-Element liefert eine Spannung von 1,25 bis 1,50 V.

Für kleine Apparate wie zum Beispiel Hörapparate oder Uhren dient ein Trockenelement, das aus einem Zinkbehälter als Anode, einem Graphitstab als Kathode und einer feuchten Mischung aus Quecksilber(II)-oxid und Kaliumhydroxid als Elektrolyten besteht. Ein poröses Papier trennt das HgO von der Zink-Anode. Das Zellenpotential liegt bei 1,35 V.

Der **Blei-Akkumulator** besteht aus einer Blei-Anode und als Kathode wirkt ein Gitter aus Blei, das mit Blei(IV)-oxid beschichtet ist. Als Elektrolyt dient Schwefelsäure. Das Zellenpotential beträgt etwa 2 V; in einer Batterie mit 12 V sind sechs Zellen in Serie geschaltet. Die Elektrodenreaktionen im Blei-Akkumulator können durch Anlegen einer äußeren Gegenspannung umgekehrt werden, so daß der Akkumulator wieder geladen werden kann. Während der Akkumulator Strom abgibt, wird Schwefelsäure verbraucht, weshalb man aus der Schwefelsäurekonzentration auf den Ladungszustand schließen kann; die Konzentration läßt sich leicht durch eine Dichtemessung („Spindeln" mit einem Aräometer) feststellen.

Die *Nickel-Cadmium-Zelle* kann ebenfalls wieder geladen werden. Sie hat eine größere Lebensdauer als ein Blei-Akkumulator, ist aber teurer in der Herstellung. Sie hat ein Potential von etwa 1,4 V.

Leclanché-Element
Anode:
$Zn \rightarrow Zn^{2+} + 2e^-$

Kathode:
$2e^- + 2MnO_2 + 2NH_4^+$
$\rightarrow Mn_2O_3 \cdot H_2O + 2NH_3$

Zn-HgO-Zelle
Anode:
$Zn + 2OH^- \rightarrow Zn(OH)_2 + 2e^-$

Kathode:
$2e^- + HgO + H_2O \rightarrow Hg + 2OH^-$

Blei-Akkumulator
Anode:
$Pb(s) + SO_4^{2-} \rightarrow PbSO_4(s) + 2e^-$

Kathode:
$2e^- + PbO_2(s) + SO_4^{2-} + 4H^+ \rightarrow$
$PbSO_4(s) + 2H_2O$

Ni-Cd-Zelle
Anode:
$Cd(s) + 2OH^- \rightarrow Cd(OH)_2 + 2e^-$

Kathode:
$e^- + NiOOH(s) + H_2O \rightarrow$
$Ni(OH)_2(s) + OH^-$

Viel Hoffnung wurde in letzter Zeit in die Entwicklung der *Natrium-Schwefel-Batterie* gesetzt. Sie speichert bei gleichem Gewicht fünfmal so viel Energie wie ein Blei-Akkumulator und hat eine längere Lebensdauer. Umgekehrt als bei anderen galvanischen Zellen, sind die Elektroden flüssig und der Elektrolyt fest (◙ 20.12). Die Anode besteht aus geschmolzenem Natrium, die Kathode aus geschmolzenem Schwefel, dem zur Erhöhung der Leitfähigkeit Graphit-Pulver zugesetzt ist. Der trennende Elektrolyt ist festes, natriumhaltiges β-Aluminiumoxid (Zusammensetzung ca. $NaAl_{11}O_{17}$), welches ein Na^+-Ionenleiter ist, d.h. die Na^+-Ionen sind darin beweglich. Während der Stromabgabe wird Natrium zu Na^+ oxidiert und Schwefel zu Polysulfid-Ionen (S_x^{2-}) reduziert (vgl. S. 415); die Na^+-Ionen passieren die Elektrolytschicht, so daß sich während der Entladung flüssiges Natriumpolysulfid (Na_2S_x) auf der Kathodenseite ansammelt. Um Natrium, Schwefel und Natriumpolysulfid flüssig zu halten, ist eine Betriebstemperatur von 300–350 °C notwendig. Dies ist ein Nachteil, ebenso wie die relativ langen Ladezeiten (15–20 Stunden).

20.14 Brennstoffzellen

Bei der Gewinnung von elektrischer Energie durch Verbrennung von Kohle, Öl oder Erdgas dient die Verbrennungswärme zur Erzeugung von Dampf. Der Dampf treibt eine Turbine, die wiederum einen elektrischen Generator treibt. Insgesamt werden dabei nur 30 bis 40 % der Verbrennungswärme in elektrische Energie umgewandelt.

In Brennstoffzellen wird die Verbrennungsenergie von Brennstoffen wie Wasserstoff, Kohlenmonoxid oder Methan direkt in elektrische Energie umgewandelt. Theoretisch sollten 100 % der freien Reaktionsenthalpie ΔG als elektrische Energie erhältlich sein, weshalb viel Forschungsarbeit für die Entwicklung wirksamer Brennstoffzellen aufgewandt wird. Bis jetzt sind erst Wirkungsgrade von 60 bis 70 % erreicht worden, das ist aber bereits doppelt so viel wie bei Wärmekraftwerken. Bei einer typischen Brennstoffzelle wird Wasserstoff und Sauerstoff durch je eine poröse Kohle-Elektrode in eine wäßrige Natriumhydroxid- oder Kaliumhydroxid-Lösung geleitet. Die Gase werden kontinuierlich zugeführt und unter Bildung von Wasser verbraucht, das bei der Betriebstemperatur verdampft.

Vorerst sind Brennstoffzellen noch zu teuer und nicht genügend betriebssicher, obwohl sie in der Raumfahrt bereits zum Einsatz gekommen sind. Es müssen noch Elektrodenkatalysatoren entwickelt werden, um die Elektrodenreaktionen zu beschleunigen. Außerdem müssen Möglichkeiten zur Senkung der Betriebstemperatur gefunden werden; auch die Korrosionsprobleme mit Elektrolyten wie Kaliumhydroxid harren noch einer Lösung.

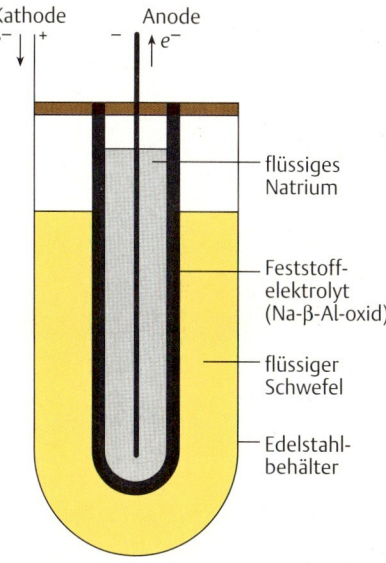

Anode: $Na \rightarrow Na^+ + e^-$

Kathode: $2e^- + xS \rightarrow S_x^{2-}$

◙ **20.12** Aufbau einer Natrium-Schwefel-Batterie

Brennstoffzelle

$C|H_2(g)|OH^-|O_2(g)|C$

Anode:

$2H_2(g) + 4OH^- \rightarrow 4H_2O + 4e^-$

Kathode:

$4e^- + O_2(g) + 2H_2O \rightarrow 4OH^-$

Gesamtreaktion:

$2H_2(g) + O_2(g) \rightarrow 2H_2O(l)$

20.15 Übungsaufgaben

(Lösungen s. S. 678)

Zahlenwerte für Normalpotentiale s. Anhang A (S. 660)

20.1 Formulieren Sie die Halbreaktionen für die Elektrodenvorgänge an inerten Elektroden bei der Elektrolyse von:
a) Na_2SO_4 (aq)
b) NaCl (aq)
c) $CuCl_2$ (aq)
d) $CuSO_4$ (aq)

20.2 Formulieren Sie die Halbreaktionen für die Elektrodenvorgänge bei der Elektrolyse von $AgNO_3$ (aq) zwischen Silber-Elektroden.

20.3 Berechnen Sie, welche Metallmassen bei folgenden Elektrolysereaktionen abgeschieden werden:
a) Ni aus Ni^{2+} (aq)-Lösung, 1,25 A, 30,0 min
b) Bi aus BiO^+ (aq)-Lösung, 2,50 A, 45,0 min
c) Ag aus Ag^+ (aq)-Lösung, 3,75 A, 125 min

20.4 Wieviele Minuten braucht man zur Abscheidung von:
a) 6,00 g Cd aus Cd^{2+} (aq)-Lösung, 6,00 A
b) 5,00 g In aus In^{3+} (aq)-Lösung, 1,50 A

20.5 Bei der Elektrolyse einer sauren Pb^{2+}-Lösung wird PbO_2 (s) an der *Anode* abgeschieden.
a) Formulieren Sie die Anoden-Reaktion
b) Wieviel Gramm PbO_2 scheiden sich bei einer Stromstärke von 0,750 A in 25,0 min ab?
c) Wie lange dauert die Abscheidung von allem Blei als PbO_2, wenn die Lösung 2,50 g Pb^{2+} enthält und die Stromstärke 0,750 A beträgt?

20.6
a) Wieviel Coulomb sind durch ein Silber-Coulombmeter geflossen, wenn 0,872 g Ag abgeschieden wurden?
b) Wie groß war die Stromstärke, wenn die Abscheidung in 15,0 min erfolgt ist?

20.7 Welches Volumen an Chlorgas (Normbedingungen) erhält man bei der Elektrolyse von geschmolzenem $MgCl_2$, wenn gleichzeitig 6,50 g Mg abgeschieden werden?

20.8 Welches Volumen an Chlorgas (Normbedingungen) erhält man bei der Elektrolyse von 500 mL einer NaCl-Lösung, wenn gleichzeitig 6,00 L H_2 (Normbedingungen) erhalten werden? Wie groß ist die Stoffmengenkonzentration der OH^--Ionen danach? (nehmen Sie ein unverändertes Lösungsvolumen an).

20.9 125 mL einer Lösung mit c ($CuCl_2$) = 0,750 mol/L werden mit 3,50 A 45,0 min lang elektrolysiert. Welche Cu^{2+}- und Cl^--Ionenkonzentrationen sind am Ende vorhanden? (nehmen Sie ein unverändertes Lösungsvolumen an).

20.10 Zur Gewinnung von Aluminium wird Aluminiumoxid (Al_2O_3) in einer Schmelze elektrolysiert. Die Elektrodenreaktionen sind:

Anode: $C + 2O^{2-} \rightarrow CO_2 + 4e^-$
Kathode: $3e^- + Al^{3+} \rightarrow Al$

Die Anode besteht aus Kohlenstoff und wird durch die Anodenreaktion verbraucht.
a) Welche Kohlenstoffmasse wird verbraucht, während sich 1,00 kg Al abscheidet?
b) Wie lange dauert es, bis das Aluminium zur Herstellung einer Getränkedose (5,00 g) abgeschieden ist, wenn bei einer Stromstärke von 50 000 A gearbeitet wird und die Ausbeute 90,0 % beträgt?

20.11
a) Wie groß ist ΔE^0 für die Zelle

$Mg | Mg^{2+} \| Sn^{2+} | Sn$?

b) Formulieren Sie die Zellenreaktionen
c) Welche Elektrode ist der Pluspol?

20.12 Verfahren Sie wie in Aufgabe 20.11 für die Zelle

$Ni | Ni^{2+} \| Cu^{2+} | Cu$

20.13
a) Formulieren Sie die Elektrodenreaktionen für die Zelle, in welcher die Gesamtreaktion

Cl_2 (g) $+ 2I^-$ (aq) $\rightarrow 2Cl^-$ (aq) $+ I_2$ (s)

abläuft.
b) Wie groß ist ΔE^0?
c) Welche Elektrode ist die Kathode?

20.14 Für die Zelle

$U | U^{3+} \| Ag^+ | Ag$

ist ΔE^0 = +2,588 V. Wie groß ist $E^0 (U^{3+} | U)$?

20.15 Für die Zelle

$Cu | Cu^{2+} \| Pd^{2+} | Pd$

ist ΔE^0 = +0,650 V. Wie groß ist $E^0 (Pd^{2+} | Pd)$?

20.16 Wählen Sie aus der Liste mit den Normalpotentialen im Anhang A eine geeignete Substanz aus, um jeweils eine der folgenden Reaktionen durchzuführen. Nehmen Sie für alle gelösten Stoffe eine Konzentration von 1 mol/L an.
  a) Oxidation Fe → Fe^{2+}, jedoch keine Oxidation Tl → Tl^+
  b) Oxidation Mn^{2+} → MnO_4^-, jedoch nicht MnO_2 → MnO_4^-
  c) Oxidation Mn^{2+} → MnO_2, jedoch nicht Cr^{3+} → $Cr_2O_7^{2-}$
  d) Reduktion Fe^{2+} → Fe, jedoch keine Reduktion Mn^{2+} → Mn
  e) Reduktion PbO_2 → Pb^{2+}, jedoch nicht MnO_2 → Mn^{2+}
  f) Reduktion I_2 → I^-, jedoch nicht Cu^{2+} → Cu

20.17 Vervollständigen Sie die folgenden Gleichungen und sagen Sie voraus, ob die Reaktionen in saurer Lösung stattfinden. Nehmen Sie für alle beteiligten Stoffe Einheitsaktivitäten an.
  a) $H_2O_2 + Cu^{2+}$ → Cu + O_2
  b) $H_2O_2 + Ag^+$ → Ag + O_2
  c) $PbO_2 + Cl^-$ → $Pb^{2+} + Cl_2$
  d) $Ag^+ + Fe^{2+}$ → Ag + Fe^{3+}
  e) Au + Cl_2 → $Au^{3+} + Cl^-$
  f) $I^- + NO_3^-$ → I_2 + NO
  g) $Mn^{2+} + Cr_2O_7^{2-}$ → $MnO_4^- + Cr^{3+}$
  h) $H_2SO_3 + H_2S$ → S
  i) $MnO_4^- + Mn^{2+}$ → MnO_2
  j) Hg + Hg^{2+} → Hg_2^{2+}
  k) Mn^{2+} → MnO_2 + Mn

20.18 Folgendes Schema von Normalpotentialen gilt in saurer Lösung:

$$In^{3+} \xrightarrow{-0{,}434\,V} In^+ \xrightarrow{-0{,}147\,V} In$$
$$\xrightarrow{-0{,}338\,V}$$

  a) Ist das In^+-Ion stabil gegen Disproportionierung?
  b) Welches Ion wird gebildet, wenn In-Metall mit H^+(aq) reagiert?
  c) Reagiert Indium mit Chlor? Welches ist das Produkt?

20.19 Beantworten Sie die gleichen Fragen wie in Aufgabe 20.18 für Thallium anstelle von Indium.

$$Tl^{3+} \xrightarrow{+1{,}25\,V} Tl^+ \xrightarrow{-0{,}34\,V} Tl$$
$$\xrightarrow{+0{,}72\,V}$$

20.20 Gegeben / Gesucht
  a) $E^0(Ti^{3+}|Ti^{2+}) = -0{,}369\,V$; $E^0(Ti^{2+}|Ti) = -1{,}628\,V$; gesucht: $E^0(Ti^{3+}|Ti)$
  b) $E^0(Co^{2+}|Co) = -0{,}277\,V$; $E^0(Co^{3+}|Co) = +0{,}418\,V$; gesucht: $E^0(Co^{3+}|Co^{2+})$
  c) $E^0(Au^+|Au) = +1{,}691\,V$; $E^0(Au^{3+}|Au) = +1{,}495\,V$; gesucht: $E^0(Au^{3+}|Au^+)$
  d) $E^0(Eu^{3+}|Eu) = -2{,}407\,V$; $E^0(Eu^{3+}|Eu^{2+}) = -0{,}429\,V$; gesucht: $E^0(Eu^{2+}|Eu)$

Geben Sie für jeden Fall an, ob das Ion mit der mittleren Oxidationszahl in wäßriger Lösung disproportioniert, ob das Metall mit H^+(aq) reagiert und falls es das tut, welches Ion dann entsteht.

20.21 Gegeben:
$$PbSO_4 + 2e^- \rightleftarrows Pb + SO_4^{2-} \quad E^0 = -0{,}359\,V$$
$$Pb^{2+} + 2e^- \rightleftarrows Pb \quad E^0 = -0{,}126\,V$$

  a) Formulieren Sie die Gesamtreaktion für die Zelle mit diesen Halbreaktionen
  b) Notieren Sie die Anordnung der Zelle
  c) Berechnen Sie ΔE^0 der Zelle
  d) Berechnen Sie ΔG^0 für die Zellenreaktion

20.22 Gegeben:
$$AgI + e^- \rightleftarrows Ag + I^- \quad E^0 = -0{,}152\,V$$
$$Ag^+ + e^- \rightleftarrows Ag \quad E^0 = +0{,}799\,V$$

  a) Formulieren Sie die Gesamtreaktion für die Zelle mit diesen Halbreaktionen
  b) Notieren Sie die Anordnung der Zelle
  c) Berechnen Sie ΔE^0 der Zelle
  d) Berechnen Sie ΔG^0 für die Zellenreaktion

20.23 Entwerfen Sie eine Zelle für die Reaktion
$$H^+ + OH^- \rightarrow H_2O$$
Berechnen Sie ΔE^0 für die Zelle und ΔG^0 für die Reaktion.

20.24 Entwerfen Sie eine Zelle für die Reaktion
$$2H_2 + O_2 \rightarrow 2H_2O$$
in saurer Lösung. Berechnen Sie ΔE^0 für die Zelle und ΔG^0 für die Reaktion.

20.25 a) Berechnen Sie die elektromotorische Kraft der Standard-Zelle für die Reaktion
$$Cl_2(g) + 2Br^-(aq) \rightarrow 2Cl^-(aq) + Br_2(l)$$
  b) Wie groß ist ΔG^0 für die Reaktion?
  c) Wie groß ist ΔS^0 wenn $\Delta H^0 = -93{,}09$ kJ/mol?

20.26 Gegeben:

$XeF_2(aq) + 2H^+(aq) + 2e^- \rightarrow Xe(g) + 2HF(aq)$
$\Delta E^0 = +2,64\,V$

a) Berechnen Sie ΔG^0 für die Reaktion

$XeF_2(aq) + H_2(g) \rightarrow Xe(g) + 2HF(aq)$

b) Die freie Standard-Bildungsenthalpie für HF(aq) ist $\Delta G_f^0 = -276,48\,kJ/mol$. Wie groß ist ΔG_f^0 für $XeF_2(aq)$?

20.27 Berechnen Sie mit Hilfe der Normalpotentiale die Gleichgewichtskonstanten für folgende Reaktionen:
a) $Ni(s) + Sn^{2+}(aq) \rightleftarrows Ni^{2+}(aq) + Sn(s)$
b) $Cl_2(g) + H_2O \rightleftarrows H^+(aq) + Cl^-(aq) + HOCl(aq)$
c) $4H^+(aq) + 4Br^-(aq) + O_2(g) \rightleftarrows 2Br_2(l) + 2H_2O$

20.28 Berechnen Sie die elektromotorische Kraft für die Zellen, die aus den folgend angegebenen Halbzellen bestehen. Formulieren Sie jeweils die Gesamtreaktion und geben Sie an, welche Elektrode der Pluspol ist.
a) $Mg|Mg^{2+}$ (0,050 mol/L) und $Ni|Ni^{2+}$ (1,50 mol/L)
b) $Cd|Cd^{2+}$ (0,060 mol/L) und $Ag|Ag^+$ (2,50 mol/L)
c) $Zn|Zn^{2+}$ (0,050 mol/L) und Cl_2 (127 kPa)$|Cl^-$ (0,050 mol/L)

20.29 Wie groß ist $c(Cd^{2+})$ in der Zelle

$Zn|Zn^{2+}$ (0,090 mol/L) $\|$ $Cd^{2+}|Cd$

wenn die elektromotorische Kraft der Zelle 0,400 V beträgt?

20.30 Wie groß ist $c(Ag^+)$ in der Zelle

$Cu|Cu^{2+}$ (3,50 mol/L) $\|$ $Ag^+|Ag$

wenn die EMK der Zelle 0,350 V beträgt?

20.31 a) Läuft folgende Reaktion ab, wenn die Konzentration aller gelösten Substanzen 1,0 mol/L beträgt?

$MnO_2(s) + 4H^+(aq) + 2Cl^-(aq) \rightarrow$
$Mn^{2+}(aq) + 2H_2O + Cl_2(g)$

b) Läuft die Reaktion ab, wenn $c(H^+) = 10,0$ mol/L und $c(Cl^-) = 10,0$ mol/L?

20.32 Für die Halbreaktion

$Cr_2O_7^{2-} + 14H^+ + 6e^- \rightarrow 2Cr^{3+} + 7H_2O$

ist $E^0 = +1,33\,V$. Wie groß ist das Reduktionspotential, wenn der pH-Wert auf 1 gebracht wird? (alle anderen Ionenkonzentrationen sollen bei 1 mol/L bleiben).

20.33 Wie ändert sich das Elektrodenpotential für die Halbreaktion

$M^{2+} + 2e^- \rightleftarrows M$,

wenn die Metallionenkonzentration
a) verdoppelt wird?
b) halbiert wird?

20.34 a) Wie groß ist ΔE^0 für die Zelle

$Sn|Sn^{2+} \| Pb^{2+}|Pb$?

b) Während des Betriebs nimmt in der Zelle $c(Sn^{2+})$ zu und $c(Pb^{2+})$ ab. Wie groß sind die Konzentrationen wenn die elektromotorische Kraft der Zelle den Wert Null erreicht? Nehmen Sie an, daß beide Halbzellen das gleiche Volumen haben.

20.35 Eine Zelle besteht aus zwei $H^+|H_2$-Halbzellen, eine mit $c(H^+) = 0,025$ mol/L, die andere mit $c(H^+) = 5,00$ mol/L. In beiden Halbzellen ist $p(H_2) = 101,3\,kPa$.
a) Welche Vorgänge finden in der Zelle statt?
b) Wie groß ist die elektromotorische Kraft?
c) Wie groß ist die EMK, wenn an der Anode $p(H_2) = 202,6\,kPa$ und an der Kathode $p(H_2) = 10,13\,kPa$ ist?

20.36 Eine Zelle besteht aus zwei $Ga|Ga^{3+}$-Halbzellen, eine mit $c(Ga^{3+}) = 2,00$ mol/L, die andere mit $c(Ga^{3+}) = 0,300$ mol/L.
a) Welche Vorgänge finden in der Zelle statt?
b) Wie groß ist die elektromotorische Kraft?
c) Welche Elektrode ist der Minuspol?

21 Wasserstoff

Zusammenfassung. Wasserstoff ist ein Gas mit sehr niedrigem Schmelz- und Siedepunkt und von geringer Dichte. Er wird technisch durch „Steam Reforming" aus CH_4 und Wasserdampf, aus Koks und Wasserdampf (Wassergas), oder aus Eisen und Wasserdampf hergestellt. Als Nebenprodukt fällt er beim „Cracken" von Erdöl und bei der Elektrolyse von wäßriger Natriumchlorid-Lösung an. Die Gewinnung durch Elektrolyse von Wasser ist kostspielig, liefert aber sehr reinen Wasserstoff.

Im Labormaßstab wird Wasserstoff durch Reaktionen von unedlen Metallen mit Säuren, Wasser oder Basen hergestellt.

Wegen der relativ hohen H—H-Bindungsenergie erfordern Reaktionen des Wasserstoffs meist höhere Temperaturen. Mit Alkali- und Erdalkalimetallen (außer Be) bilden sich *salzartige Hydride*, in denen das Hydrid-Ion H^- vorkommt. Mit einer Reihe von Übergangsmetallen werden *Einlagerungshydride* mit metallischen Eigenschaften gebildet. In *Wasserstoff-Verbindungen der Nichtmetalle* sind die H-Atome *kovalent* gebunden. Wasserstoff reagiert mit vielen Nichtmetallen, wobei unter anderem Halogenwasserstoffe HX (X = Halogen), Wasser, H_2S, NH_3 oder Kohlenwasserstoffe entstehen. In diesen Verbindungen sind die H-Atome die elektropositiveren Partner. In den Ionen $[BH_4]^-$ und $[AlH_4]^-$ sind sie dagegen die elektronegativeren Partner; diese Ionen sind starke Reduktionsmittel.

Viele Metalloxide können mit Wasserstoff zu den Metallen reduziert werden. *Naszierender Wasserstoff* ist frisch entstehender Wasserstoff, der noch nicht aus H_2-Molekülen besteht und besonders reaktiv ist. Aus Kohlenmonoxid und Wasserstoff wird unter Druck, hoher Temperatur und bei Anwesenheit eines Katalysators Methanol (H_3COH) hergestellt. Wasserstoff wird in vielfältiger Weise als Brennstoff und in der chemischen Synthese eingesetzt.

Schlüsselworte (s. Glossar)

Steam Reforming
Wassergas
Kohlenoxid Konvertierung
Cracken

Hydrid-Ion
Einlagerungshydrid
Knallgas
Naszierender Wasserstoff

Haber-Bosch-Verfahren
Kohlehydrierung (Bergius-Verfahren)

21 Wasserstoff

- 21.1 Vorkommen und physikalische Eigenschaften *378*
- 21.2 Herstellung von Wasserstoff *379*
- 21.3 Chemische Eigenschaften des Wasserstoffs *380*
- 21.4 Technische Verwendung von Wasserstoff *382*
- 21.5 Übungsaufgaben *383*

Wasserstoff nimmt im Periodensystem der Elemente eine Sonderstellung ein. Das Wasserstoff-Atom hat nur ein Valenzelektron und ist somit mit den Elementen der 1. Hauptgruppe zu vergleichen; andererseits fehlt dem Wasserstoff-Atom gerade ein Elektron, um die Edelgaskonfiguration des Helium-Atoms zu erreichen und ist somit mit den Elementen der 7. Hauptgruppe vergleichbar. Wasserstoff unterscheidet sich in seinen chemischen Eigenschaften deutlich sowohl von den Elementen der 1. wie der 7. Hauptgruppe. Er ist elektronegativer als die ersteren aber weniger elektronegativ als die letzteren. Ein wesentlicher Grund für die Sonderstellung des Wasserstoffs ist sein kleiner Atomradius.

21.1 Vorkommen und physikalische Eigenschaften

Etwa 15 % aller Atome im Bereich der Erdoberfläche (Erdreich, Ozeane und Atmosphäre) sind Wasserstoff-Atome. Wegen der geringen Masse des Wasserstoff-Atoms beträgt der Massenanteil des Wasserstoffs jedoch nur etwa 0,9 %. Im Weltall ist Wasserstoff mit Abstand das häufigste Element; die Sonne besteht zu 50 % ihrer Masse aus Wasserstoff.

Auf der Erde kommt Wasserstoff fast ausschließlich in gebundener Form vor, und zwar hauptsächlich im Wasser. Daneben ist Wasserstoff ein Bestandteil in Kohlenwasserstoffen (Erdöl und Erdgas) und in den organischen Verbindungen der belebten Natur. Als H_2 kommt er nur im Erdgas und in vulkanischen Gasen in unbedeutender Menge vor.

Wasserstoff besteht aus H_2-Molekülen. Das Molekül ist unpolar; die sehr schwachen intermolekularen Anziehungskräfte kommen in den niedrigen Werten für den normalen Siedepunkt (−252,7 °C), Schmelzpunkt (−259,1 °C) und der kritischen Temperatur (−240 °C bei 1310 kPa) zum Ausdruck. Wasserstoff ist ein farb-, geruch- und geschmackloses Gas, das in Wasser praktisch unlöslich ist; bei Raumtemperatur und 101,3 kPa lösen sich nur 2 mL Wasserstoffgas in 1 L Wasser. Seine Dichte ist sehr gering; unter Normbedingungen hat das Gas eine Dichte von 0,0899 g/L (Dichte von Luft zum Vergleich: 1,30 g/L). Wegen ihrer geringen Masse bewegen sich die H_2-Moleküle im Gas sehr schnell (vgl. Abschn. 10.**7**, S. 154; 10.**8**, S. 156), daher hat Wasserstoff ein großes Diffusionsvermögen und eine relativ große Wärmeleitfähigkeit.

Drei Isotope des Wasserstoffs sind bekannt. Am häufigsten ist das Isotop ^1_1H, das 99,985 % des natürlich vorkommenden Wasserstoffs ausmacht. Das Isotop ^2_1H wird Deuterium oder schwerer Wasserstoff genannt und wird auch mit dem Symbol D bezeichnet; sein Anteil im natürlichen Wasserstoff beträgt 0,015 %. Das Isotop ^3_1H heißt Tritium (Symbol T) und ist radioaktiv (Halbwertszeit 12,35 Jahre); es kann künstlich hergestellt werden und kommt in Spuren (10^{-15} %) in der Natur vor, wo es in der Atmosphäre durch die Einwirkung der kosmischen Strahlung auf Luft entsteht.

Wasserstoff (H_2)

Sdp.: −252,7 °C bei 101,3 kPa
Smp.: −259,1 °C

Isotope vom Wasserstoff:

^1_1H ^2_1H (Deuterium)
  ^3_1H (Tritium)

21.2 Herstellung von Wasserstoff

Technische Herstellungsverfahren

Wasserstoff wird in großen Mengen in der chemischen Industrie eingesetzt. Die wichtigsten technischen Verfahren zu seiner Gewinnung sind die folgenden.

„**Steam Reforming**" ist ein Prozeß zur Herstellung großer Wasserstoffmengen aus Kohlenwasserstoffen, vor allem aus dem im Erdgas enthaltenen Methan (CH_4). Es wird mit Wasserdampf bei etwa 900 °C über einen Nickel-Katalysator geleitet, wobei im wesentlichen Kohlenmonoxid und Wasserstoff entstehen. Das Kohlenmonoxid wird mit weiterem Wasserdampf bei 450 °C an einem Katalysator durch „*Kohlenoxid-Konvertierung*" zu weiterem Wasserstoff und Kohlendioxid umgesetzt. Das Kohlendioxid kann aus dem Gasgemisch unter Druck mit kaltem Wasser oder mit der Lösung einer schwachen Base (zum Beispiel Diethanolamin, $HN(CH_2-CH_2-OH)_2$) ausgewaschen werden; das Kohlendioxid ist löslich, Wasserstoff nicht.

„**Wassergas**". Koks besteht im wesentlichen aus Kohlenstoff; er wird durch „Verkokung" von Steinkohle erhalten, indem diese unter Luftausschluß erhitzt wird, wobei sich organische Bestandteile verflüchtigen. Koks und Wasserdampf reagieren bei hohen Temperaturen (800–1000 °C) zu „Wassergas", einer Mischung aus Kohlenmonoxid und Wasserstoff. Da sowohl Kohlenmonoxid wie Wasserstoff brennbar sind, kann Wassergas als Brennstoff dienen. Wenn Wassergas als Quelle für Wasserstoff dienen soll, muß das Kohlenmonoxid entfernt werden; dies erfolgt hauptsächlich durch die Kohlenoxid-Konvertierung und Auswaschen des entstandenen Kohlendioxids. Restgehalte von CO und CO_2 können bei tiefer Temperatur ausgefroren werden.

Die benötigte Energie für die endotherme Bildung des Wassergases wird durch Verbrennung eines Teils des Kokses erhalten. Dazu wird abwechselnd Luft und Wasserdampf über den Koks geleitet; im ersten Fall verbrennt der Koks und heizt sich auf („Heißblasen"), im zweiten Fall tritt die Bildung des Wassergases ein, wobei sich der Koks abkühlt („Kaltblasen").

Eisen und Wasserdampf. Eisen reagiert mit Wasserdampf bei Temperaturen über 650 °C unter Bildung von Wasserstoff.

„**Cracken**". Bei der Raffination von Erdöl werden Kohlenwasserstoffe bei höheren Temperaturen in kleinere Moleküle zerlegt (vgl. Abschn. 29.1, S. 537). Dabei kann Wasserstoff als Nebenprodukt auftreten.

Elektrolyse einer Natriumchlorid-Lösung. Zur Gewinnung von Natriumhydroxid werden konzentrierte wäßrige Lösungen von Natriumchlorid elektrolysiert. Dabei sind Wasserstoff und Chlor Nebenprodukte.

Elektrolyse von Wasser. Wasser, dem zur Erhöhung der elektrischen Leitfähigkeit etwas Schwefelsäure oder Natriumhydroxid zugesetzt wurde, kann durch Elektrolyse in die Elemente zerlegt werden. Der so erhaltene Wasserstoff ist sehr rein und wird zum Beispiel in der Nahrungsmittelindustrie eingesetzt (z.B. „Fetthärtung" durch katalytische Hydrierung von Pflanzenölen). Wegen des hohen Preises der elektrischen Energie ist so erhaltener Wasserstoff relativ teuer.

Steam Reforming:

$$CH_4(g) + H_2O(g) \xrightarrow[900\,°C]{(Ni)} CO(g) + 3H_2(g)$$

Kohlenoxid-Konvertierung:

$$CO(g) + H_2O(g) \xrightarrow[450\,°C]{(Co_3O_4)} CO_2(g) + H_2(g)$$

Wassergas:

$$H_2O(g) + C(s) \rightarrow CO(g) + H_2(g)$$
$$\Delta H = 131{,}4\,\text{kJ/mol}$$

$$Fe(s) + H_2O(g) \rightarrow FeO(s) + H_2(g)$$

Elektrolyse von NaCl-Lösung:

$$2Na^+(aq) + 2Cl^-(aq) + 2H_2O \rightarrow$$
$$2Na^+(aq) + 2OH^-(aq) + H_2(g) + Cl_2(g)$$

Elektrolyse von Wasser:

$$2H_2O(l) \rightarrow 2H_2(g) + O_2(g)$$

Laboratoriumsmethoden

Metall + Säure. Unedle Metalle reagieren mit Säuren unter Bildung von Wasserstoff. Bei einem pH-Wert von Null, d.h. $c(H^+) = 1$ mol/L, reagieren alle Metalle mit negativem Normalpotential mit Säuren. Manche Metalle, wie zum Beispiel Blei, reagieren allerdings recht langsam, andere wiederum sehr heftig (z.B. Ca, Sr, Ba, Na, K). Die Reaktionen von Salzsäure oder Schwefelsäure mit Magnesium, Zink oder Eisen lassen sich gut handhaben.

$$Zn(s) + 2H^+ \rightarrow Zn^{2+}(aq) + H_2(g)$$
$$Fe(s) + 2H^+ \rightarrow Fe^{2+}(aq) + H_2(g)$$

Metall + Wasser. Bei pH = 7 ist das Reduktionspotential für die Reaktion

$$2e^- + 2H^+(aq) \rightarrow H_2(g) \qquad E = -0{,}41\,\text{V}$$

Für Metalle mit negativerem Reduktionspotential ist Wasser sauer genug, um die Reaktion zu ermöglichen. Viele Metalle (zum Beispiel Aluminium) sind allerdings auf der Oberfläche von einer Oxidschicht umhüllt und reagieren dann nicht, in anderen Fällen verläuft die Reaktion sehr langsam. Die Alkalimetalle sowie die Erdalkalimetalle Calcium, Strontium und Barium reagieren bei Raumtemperatur lebhaft mit Wasser.

$$2Na(s) + 2H_2O \rightarrow 2Na^+(aq) + 2OH^-(aq) + H_2(g)$$
$$Ca(s) + 2H_2O \rightarrow Ca^{2+}(aq) + 2OH^-(aq) + H_2(g)$$

Metall + Base. Manche Metalle sind so unedel, daß sie selbst in basischer Lösung Wasser zu Wasserstoff reduzieren können. Vor allem, wenn dabei ein komplexes Anion entsteht, sind diese Reaktionen möglich. Aluminium und Zink reagieren so, auch Silicium reagiert mit Basen.

$$2Al(s) + 2OH^-(aq) + 6H_2O \rightarrow 3H_2(g) + 2Al(OH)_4^-(aq)$$
Tetrahydroxoaluminat

$$Zn(s) + 2OH^-(aq) + 2H_2O \rightarrow H_2(g) + Zn(OH)_4^{2-}(aq)$$
Tetrahydroxozinkat

$$Si(s) + 4OH^-(aq) \rightarrow 2H_2(g) + SiO_4^{4-}(aq)$$
(Ortho-)Silicat

Wasserstoff kann auch gut aus Metallhydriden und Wasser hergestellt werden. Diese Reaktion wird im nächsten Abschnitt behandelt.

21.3 Chemische Eigenschaften des Wasserstoffs

Die Bindungsenergie der H—H-Bindung beträgt 431 kJ/mol. Bei den Reaktionen des Wasserstoffs muß die Bindung aufgebrochen werden, um neue Bindungen knüpfen zu können. Da die Bindungsenergie relativ hoch ist, finden die meisten Reaktionen des Wasserstoffs erst bei höheren Temperaturen statt.

Mit Alkali- und Erdkalimetallen, d.h. mit Elementen der 1. und 2. Hauptgruppe, ausgenommen Beryllium, bildet Wasserstoff **salzartige Hydride**. Das Hydrid-Ion H$^-$ in diesen Verbindungen ist isoelektronisch zum Helium; es erreicht diese stabile Elektronenkonfiguration durch die Aufnahme eines Elektrons von einem Metall-Atom. Da die Elektronenaffinität des Wasserstoffs nicht besonders groß ist (−73 kJ/mol), reagiert Wasserstoff unter Bildung von Hydrid-Ionen nur mit den elektropositivsten Metallen. Die Verbindungen haben die typischen Strukturen von Ionen-Verbindungen:

$$2Na(s) + H_2(g) \rightarrow 2NaH(s)$$
Natriumhydrid
$$Ca(s) + H_2(g) \rightarrow CaH_2(s)$$
Calciumhydrid

1. NaCl-Typ: LiH, NaH, KH, RbH, CsH
2. Rutil-Typ: MgH$_2$
3. CaF$_2$-Typ (bei höheren Temp.): CaH$_2$, SrH$_2$, BaH$_2$

Mit Wasser reagieren diese Hydride unter Bildung von Wasserstoff (H$_2$).

$$H^- + H_2O \rightarrow H_2(g) + OH^-(aq)$$

Mit den Übergangsmetallen der 3. bis 5. Nebengruppe und mit Chrom, Nickel und Palladium bildet Wasserstoff **Einlagerungsverbindungen**. Diese sind nichtstöchiometrische Verbindungen; ihre Zusammensetzung hängt von den Herstellungsbedingungen ab. Palladium kann zum Beispiel ein Gasvolumen von Wasserstoff aufnehmen, das bis zu 900mal größer ist als sein eigenes Volumen. In ihren Eigenschaften sind die Einlagerungshydride den Metallen ähnlich, zum Beispiel leiten sie den elektrischen Strom. Der Name Einlagerungsverbindung bringt zum Ausdruck, daß die Wasserstoff-Atome in die Lücken der Metallatompackung eingelagert werden, und zwar werden in erster Linie die Tetraederlücken (s. S. 188) in der dichtesten Kugelpackung von Metallatomen besetzt.

Die genannten Metalle und einige ihrer Legierungen nehmen ebenso wie Magnesium den Wasserstoff bis zu einer Grenzzusammensetzung kontinuierlich auf (dazu kann Druck notwendig sein). Beim Erwärmen wird der Wasserstoff wieder abgegeben. Deshalb gibt es Untersuchungen, solche Metalle als Speichermedium für Wasserstoff zu verwenden. Das Verfahren ist noch nicht technisch ausgereift.

Die Bindungsverhältnisse sind als metallisch anzusehen, wobei in einem gewissen Ausmaß Elektronenpaarung auftritt. Die Übergangsmetalle haben in der Regel ungepaarte Elektronen und sind paramagnetisch. Bei der Aufnahme von Wasserstoff nimmt der Paramagnetismus ab, und somit müssen sich Elektronen des Wasserstoffs mit Elektronen des Metalls paaren. Der Wasserstoff wird nicht in Form von H_2-Molekülen eingelagert, sondern unter Spaltung der H—H-Bindungen. Damit steht die katalytische Wirksamkeit der Übergangsmetalle (vor allem Ni, Pd und Pt) bei Hydrierungsreaktionen im Einklang.

In den **Wasserstoff-Verbindungen der Nichtmetalle** sind die Wasserstoff-Atome kovalent gebunden. Mit Halogenen reagiert Wasserstoff unter Bildung der farblosen, gasförmigen Halogenwasserstoffe, die aus polaren Molekülen bestehen. Die Reaktion mit Fluor oder Chlor erfolgt bei Raumtemperatur oder darunter, die Reaktion mit Brom oder Iod erfordert höhere Temperaturen (400–600 °C; näheres siehe S. 257, 270 f., 392).

$$H_2(g) + Cl_2(g) \rightarrow 2\,HCl(g)$$

Die Reaktion von Wasserstoff mit Sauerstoff ist stark exotherm und wird zur Erzeugung hoher Temperaturen (ca. 2800 °C) mit einem geeigneten Brenner genutzt. Gemische von Wasserstoff und Sauerstoff explodieren bei Zündung sehr heftig („Knallgas"). Die Reaktion von Wasserstoff mit Schwefel erfordert höhere Temperaturen; bei 600 °C reagiert Schwefeldampf an einem Katalysator unter Bildung von Schwefelwasserstoff.

$$2\,H_2(g) + O_2(g) \rightarrow 2\,H_2O(g)$$

$$H_2(g) + S(g) \xrightarrow{(MoS_2)} H_2S(g)$$

Die Reaktion von Wasserstoff mit Stickstoff erfordert einen hohen Druck, hohe Temperatur und die Anwesenheit eines Katalysators (*Haber-Bosch-Verfahren*, vgl. Abschn. 25.**6**, S. 430). Ähnliche Bedingungen sind auch für die Reaktion mit fein verteiltem Kohlenstoff zur Herstellung von Kohlenwasserstoffen notwendig (*„Kohlehydrierung", Bergius-Verfahren*).

$$2\,H_2(g) + C(s) \rightarrow CH_4(g)$$

Wasserstoff, der bei der Reaktion eines Metalls mit einer Säure oder bei der Elektrolyse frisch gebildet wird, besteht zunächst aus H-Atomen und ist deshalb wesentlich reaktiver als H_2. Durch Einwirkung des so erhaltenen „naszierenden" Wasserstoffs („in statu nascendi" = „im Zustand des Geborenwerdens") auf Verbindungen von Arsen oder Antimon entsteht gasförmiges AsH_3 bzw. SbH_3.

$$As^{3+}(aq) + 6\,H(g) \rightarrow AsH_3(g) + 3\,H^+(aq)$$

Wasserstoff wirkt gegenüber vielen Substanzen als Reduktionsmittel. Metalloxide können mit Wasserstoff zu den Metallen reduziert werden. Einige Metalle (z. B. Mo, W) werden auf diesem Weg technisch hergestellt. Das Verfahren ist kostspielig und wird nur angewandt, wenn es keine kostengünstigere Alternative gibt.

$$CuO(s) + H_2(g) \rightarrow Cu(s) + H_2O(g)$$
$$WO_3(s) + 3\,H_2(g) \rightarrow W(s) + 3\,H_2O(g)$$

Wenn die Reaktivität des Wasserstoffs nicht groß genug ist, helfen häufig Hydrierungs-Katalysatoren, vor allem die Metalle Nickel, Palladium und Platin. Zum Beispiel reagiert Kohlenmonoxid mit Wasserstoff unter

$$CO(g) + 2H_2(g) \rightarrow H_3COH(g)$$
Methanol

Druck bei hohen Temperaturen in Anwesenheit eines Katalysators unter Bildung von Methanol.

In den Wasserstoff-Verbindungen der Nichtmetalle liegen polare, kovalente Bindungen vor, in denen das Wasserstoff-Atom der elektropositivere Partner ist. Wegen der hohen Ionisierungsenergie des Wasserstoff-Atoms (1312 kJ/mol) und des großen Verhältnisses Ladung/Radius für das Proton existieren keine freien H^+-Ionen in chemischen Systemen. Auch in Säuren ist das Wasserstoff-Atom kovalent gebunden, bei der Dissoziation wird das Proton von einem Wasser-Molekül ($\rightarrow H_3O^+$) oder einer anderen Base übernommen und kovalent gebunden.

$$4\,NaH + B(OCH_3)_3 \longrightarrow Na[BH_4] + 3\,NaOCH_3$$

$$4\,LiH + AlCl_3 \longrightarrow Li[AlH_4] + 3\,LiCl$$

$$Na + Al + 2\,H_2 \xrightarrow[150\,bar]{150\,°C} Na[AlH_4]$$

$$Na^+ \begin{bmatrix} H \\ | \\ H-B-H \\ | \\ H \end{bmatrix}^- \longrightarrow Li^+ \begin{bmatrix} H \\ | \\ H-Al-H \\ | \\ H \end{bmatrix}^-$$

Natrium-tetrahydroborat   Lithium-tetrahydroaluminat

Beryllium, Bor und Aluminium bilden mit Wasserstoff Verbindungen, in denen die H-Atome kovalent gebunden sind, aber die Rolle des elektronegativeren Partners übernehmen. Diese Verbindungen verhalten sich in mancher Hinsicht ähnlich wie die ionischen Hydride; sie reagieren zum Beispiel mit Säuren unter Bildung von H_2 und sie haben stark reduzierende Eigenschaften. Für chemische Synthesen nützliche Verbindungen sind die Tetrahydroborate (Boranate) und Tetrahydroaluminate (Alanate). Sie werden aus Alkalimetallhydriden in Lösung in Diethylether hergestellt. $Na[AlH_4]$ kann auch aus den Elementen unter Druck erhalten werden.

21.4 Technische Verwendung von Wasserstoff

Wasserstoff wird in erster Linie für folgende Zwecke gebraucht:
1. Herstellung von Ammoniak aus Stickstoff und Wasserstoff (Haber-Bosch-Verfahren).
2. Herstellung von reinem Chlorwasserstoff aus Chlor und Wasserstoff.
3. Synthese von Methanol aus Kohlenmonoxid und Wasserstoff.
4. Synthese weiterer Substanzen in der chemischen Industrie, zum Beispiel Wasserstoffperoxid (H_2O_2), Iodwasserstoff, zahlreiche organische Verbindungen.
5. Bei der Raffination von Erdöl (s. Abschn. 29.1, S. 537).
6. Hydrierung von Pflanzenölen zur Gewinnung von Fetten (Margarine; s. Kap. 30.3, S. 590).
7. Als Reduktionsmittel bei der Gewinnung bestimmter Metalle (Mo, W, Re).
8. Als Brennstoff zum Schweißen und für andere Zwecke, bei denen eine heiße Flamme benötigt wird.
9. Als Treibstoff für Raketen und in Zukunft vielleicht auch für Flugzeuge (flüssiger Wasserstoff).

21.5 Übungsaufgaben

(Lösungen s. S. 679)

21.1 Durch welche Reaktionen kann Wasserstoff aus Wasser gewonnen werden?

21.2 Formulieren Sie die Reaktionen von Wasserstoff mit:
- a) Na(s)
- b) Ca(s)
- c) Cl_2(g)
- d) N_2(g)
- e) Cu_2O(s)
- f) CO

21.3 Worin unterscheiden sich salzartige Hydride von Einlagerungshydriden?

21.4 Welche Masse H_2 wird bei folgenden Reaktionen erhalten?
- a) 6,00 g Na(s) mit überschüssigem Wasser
- b) 6,00 g NaH mit überschüssigem Wasser
- c) 6,00 g Li[AlH_4] mit überschüssigem Wasser {weiteres Produkt: Li[Al(OH)$_4$](aq)}.

21.5 Die Auftriebskraft eines mit Wasserstoff gefüllten Ballons entspricht der Differenz zwischen der Luftmasse und der Wasserstoffmasse, die im Volumen des Ballons Platz hat. Berechnen Sie die Masse von 22,4 L bei Normbedingungen; Luft besteht zu 78,1 Volumen-% aus N_2(g), 20,9 Vol.-% O_2 und 1,0 Vol.-% Ar. Welche Last kann ein mit Wasserstoff gefüllter Ballon mit einem Volumen von 80 m^3 bei Normbedingungen tragen?

21.6 Vergleichen Sie die Reaktionen von CaH_2 und von HCl mit Wasser.

22 Halogene

Schlüsselworte (s. Glossar)

Interhalogen-Verbindung
Polyhalogenid

Halogenwasserstoff
Halogeno-Komplex

Reduzierende Chlorierung

Hypohalogenit
Halogenat
Perhalogenat

Zusammenfassung. Die Halogene bestehen aus zweiatomigen Molekülen; F_2 und Cl_2 sind Gase, Br_2 ist flüssig, I_2 fest. In der jeweiligen Periode ist das Halogen das reaktionsfähigste Nichtmetall. Die *oxidierende Wirkung* nimmt mit der Größe der Atome ab. Fluor kann Chlor aus Chloriden, Chlor kann Brom aus Bromiden und Brom kann Iod aus Iodiden freisetzen.

Die *technische Herstellung* von Fluor erfolgt durch Elektrolyse einer Lösung von Kaliumfluorid in flüssigem Fluorwasserstoff, die von Chlor durch Elektrolyse einer wäßrigen Natriumchlorid-Lösung oder -Schmelze. Brom und Iod werden aus Bromid- bzw. Iodid-Lösung durch Oxidation mit Chlor hergestellt. Im Laboratorium lassen sich Chlor, Brom und Iod durch Einwirkung von Oxidationsmitteln auf die sauren Lösungen der Halogenide erhalten.

Interhalogen-Verbindungen bestehen aus zwei verschiedenen Halogenen und können die Zusammensetzung XX', XX'$_3$, XF$_5$ oder IF$_7$ haben. Halogene bilden mit Halogeniden *Polyhalogenide*, z.B. I_3^-.

Halogenwasserstoffe können durch Synthese aus den Elementen hergestellt werden. HF und HCl sind auch durch Reaktion von CaF_2 bzw. NaCl mit heißer, konzentrierter Schwefelsäure zugänglich, HBr und HI entstehen aus NaBr bzw. NaI und Phosphorsäure. In wäßriger Lösung ist HF eine schwache Säure, HCl, HBr und HI sind starke Säuren.

Zur *Synthese von Halogeniden* gibt es mehrere Verfahren: Synthese aus den Elementen, Reaktion von Halogenwasserstoff mit Metall, Metalloxid, -hydroxid oder -carbonat, Umhalogenierung und die reduzierende Chlorierung von Metalloxiden mit Chlor und Kohlenstoff.

Der *Bindungscharakter* in Halogeniden reicht von ionisch bis kovalent. Viele Halogenide mit kovalenten Bindungen sind Lewis-Säuren und bilden anionische Halogeno-Komplexe; diese Halogenide werden durch Wasser zersetzt (Hydrolyse).

Das chemische Verhalten der *Oxosäuren der Halogene* und ihrer Salze läßt sich aus dem Diagramm der Normalpotentiale ableiten. Hypochlorit (ClO^-) entsteht durch Disproportionierung von Chlor in basischer Lösung, in der Wärme disproportioniert das Hypochlorit zu Chlorat (ClO_3^-) und Chlorid. Alle Halogenate sind Oxidationsmittel.

22.1 Eigenschaften der Halogene 386
22.2 Vorkommen und Herstellung der Halogene 388
22.3 Interhalogenverbindungen 390
22.4 Halogenwasserstoffe 392
22.5 Halogenide 393
22.6 Oxosäuren der Halogene 394
22.7 Verwendungen der Halogene 399
22.8 Übungsaufgaben 400

Die Elemente der 7. Hauptgruppe des Periodensystems werden **Halogene** genannt: Fluor, Chlor, Brom, Iod und Astat. Der Name Halogen stammt aus dem Griechischen und bedeutet „Salzbildner". Mit Ausnahme des Astats sind sie in der Natur weit verbreitet. Astat kommt nur in Spuren als Produkt des radioaktiven Zerfalls von Actinium, Thorium und Uran vor. Es ist selbst radioaktiv und zerfällt in kurzer Zeit. Die spärlichen Kenntnisse über die Eigenschaften des Astats wurden mit künstlich hergestellten Mengen des Elements erhalten (vgl. Abschn. 31.**8**, S. 625). Im folgenden werden wir uns nicht mit diesem Element befassen.

22.1 Eigenschaften der Halogene

Gemeinsames Merkmal der Halogen-Atome ist ihre Elektronenkonfiguration mit zwei *s*- und fünf *p*-Elektronen in der Valenzschale. Einem Halogen-Atom fehlt genau ein Elektron, um die Edelgaskonfiguration des im Periodensystem folgenden Edelgases zu erreichen. Ein Halogen-Atom hat deshalb eine große Tendenz, ein Elektron aufzunehmen, sei es unter Bildung eines einfach geladenen Anions, sei es unter Ausbildung einer kovalenten Bindung. Gegen viele Substanzen wirken Halogene oxidierend. Ausgenommen beim Fluor kennt man jedoch auch Verbindungen, in denen den Halogen-Atomen positive Oxidationszahlen zukommen.

Beim Einatmen von gasförmigen Halogenen kommt es zu einer starken Reizung der Schleimhäute, die bei längerer Einwirkung lebensgefährlich ist. Da Mikroorganismen abgetötet werden, wird Chlor zur Desinfektion von Trinkwasser und Iod (in gelöster Form) zur Desinfektion von Wunden eingesetzt.

Einige physikalische Eigenschaften der Halogene sind in 🗔 22.1 aufgeführt. Das Symbol X steht für ein beliebiges Halogen. Man erkennt folgendes:

Aggregatzustand. Unter normalen Bedingungen bestehen die Halogene aus zweiatomigen Molekülen mit einer kovalenten Einfachbindung

🗔 22.1 Physikalische Eigenschaften der Halogene

	F_2	Cl_2	Br_2	I_2
Farbe	blaßgelb	grüngelb	rotbraun	I_2(g) violett I_2(s) schwarz
Schmelzpunkt /°C	−220	−101	−7	+114
Siedepunkt /°C	−188	−34	+59	+185
Kovalenzradius /pm	72	99	114	133
Ionenradius (X^-) /pm	133	181	196	220
Erste Ionisierungsenergie /kJ · mol^{-1}	$1{,}68 \cdot 10^3$	$1{,}25 \cdot 10^3$	$1{,}14 \cdot 10^3$	$1{,}01 \cdot 10^3$
Elektronegativität	4,0	3,2	3,0	2,7
Bindungsenergie /kJ · mol^{-1}	159	243	193	151
Normalpotential /V $2e^- + X_2 \rightleftarrows 2X^-$	+2,87	+1,36	+1,07	+0,54
Löslichkeit in Wasser bei 25 °C, 101,3 kPa /mol · L^{-1}	—	0,092	0,214	0,001

zwischen den Atomen. Im festen und flüssigen Zustand werden die Moleküle durch London-Kräfte aneinandergehalten. Das I_2-Molekül ist das größte von den Halogen-Molekülen, es hat die größte Elektronenzahl und ist am leichtesten polarisierbar. Dementsprechend sind die intermolekularen Anziehungskräfte zwischen den Iod-Molekülen am größten. Die Schmelz- und Siedepunkte steigen vom Fluor bis zum Iod an. Bei Raumtemperatur und Normaldruck ist Iod fest, Brom flüssig und Chlor und Fluor sind gasförmig; Iod und noch mehr Brom haben unter diesen Bedingungen einen merklichen Dampfdruck.

Ionisierungsenergie. Innerhalb der Gruppe nimmt die Ionisierungsenergie vom Fluor zum Iod ab. Die Ionisierungsenergien sind relativ hoch; innerhalb einer Periode hat nur das jeweilige Edelgas eine höhere Ionisierungsenergie. Die Tendenz zur Bildung von positiv geladenen Ionen ist dementsprechend gering (Ionen I_2^+, Br_2^+, Cl_2^+ sind allerdings bekannt).

Elektronegativität. Innerhalb einer Periode ist das Halogen jeweils das reaktionsfähigste Nichtmetall. Fluor hat die höchste Elektronegativität aller Elemente und es ist eines der stärksten bekannten Oxidationsmittel. Die Elektronegativität nimmt innerhalb der Gruppe in der Reihe

$$F > Cl > Br > I$$

ab, und in der gleichen Reihenfolge nimmt die oxidierende Wirkung ab.

Bindungsenergie. Die Bindungsenergie der Moleküle nimmt in der Reihe

$$Cl_2 > Br_2 > I_2$$

ab, da mit zunehmender Atomgröße kovalente Bindungen schwächer werden. Die Bindungsenergie des F_2-Moleküls fällt aus der Reihe, sie ist fast so klein wie im I_2-Molekül. Als Ursache wird hierfür die abstoßende Wirkung zwischen den nichtbindenden Elektronenpaaren der relativ dichten Elektronenwolken der kleinen Fluor-Atome angesehen.

Ansonsten ist die Bindung eines Atoms eines beliebigen Elements mit einem Fluor-Atom immer stärker als die Bindung mit einem anderen Halogen-Atom. Die große Reaktionsfähigkeit von Fluor gegenüber anderen Elementen ist eine Folge der relativ geringen Bindungsenergie im F_2-Molekül, gekoppelt mit der hohen Bindungsenergie der bei der Reaktion neu gebildeten Bindungen.

Normalpotentiale. Die $X_2|X^-$-Normalpotentiale folgen der gleichen Reihenfolge wie die Elektronegativitäten. Fluor ist das stärkste, Iod das schwächste Oxidationsmittel. Das $F_2|F^-$-Normalpotential ist nicht in wäßriger Lösung meßbar, sondern muß aus anderen Daten berechnet werden, da Fluor mit Wasser reagiert (Oxidation zu Sauerstoff).

Die Abfolge der oxidierenden Wirkung der Halogene kann bei Verdrängungsreaktionen beobachtet werden. Fluor kann Chlor, Brom und Iod aus Chloriden, Bromiden bzw. Iodiden verdrängen; Chlor kann Brom und Iod aus Bromiden bzw. Iodiden verdrängen; Brom kann Iod aus Iodiden verdrängen.

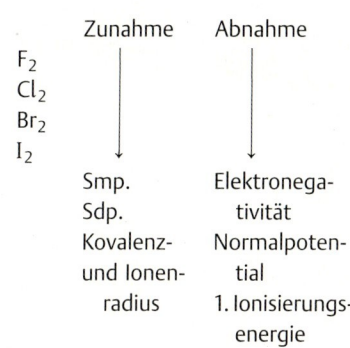

Zunahme | Abnahme
F_2 |
Cl_2 |
Br_2 |
I_2 |
↓ | ↓
Smp. | Elektronegativität
Sdp. |
Kovalenz- und Ionenradius | Normalpotential
 | 1. Ionisierungsenergie

Bindungsenergien /kJ · mol^{-1}:
HF   565
HCl 431
HBr 364
HI   297

$F_2(g) + 2\,NaCl(s) \rightarrow 2\,NaF(s) + Cl_2(g)$
$Cl_2(g) + 2\,Br^-(aq) \rightarrow 2\,Cl^-(aq) + Br_2(l)$
$Br_2(l) + 2\,I^-(aq) \rightarrow 2\,Br^-(aq) + I_2(s)$

22.2 Vorkommen und Herstellung der Halogene

Wegen ihrer Reaktionsfähigkeit kommen die Halogene in der Natur nur in Form von Verbindungen vor, und zwar hauptsächlich als Halogenide. Die wichtigsten Vorkommen sind in 22.2 aufgeführt.

22.2 Vorkommen der Halogene

Element	Häufigkeit in der Erdkruste einschließlich der Ozeane /cg/g	Verbindungen (Mineralien)
Fluor	$6{,}5 \cdot 10^{-2}$	CaF_2 (Flußspat, Fluorit) (11.13, S. 179) $Na_3[AlF_6]$ (Kryolith) $Ca_5(PO_4)_3F$ (Fluorapatit)
Chlor	$5{,}5 \cdot 10^{-2}$	Cl^- (gelöst in Meerwasser und in Solen) $NaCl$ (Steinsalz) (7.8, S. 102) KCl (Sylvin) $KMgCl_3 \cdot 6 H_2O$ (Carnallit)
Brom	$1{,}6 \cdot 10^{-4}$	Br^- (gelöst in Meerwasser und in Solen) als Begleiter in Chlor-Mineralien Massenverhältnis Cl/Br 200 bis 700 zu 1
Iod	$3{,}0 \cdot 10^{-5}$	I^- (gelöst in Meerwasser und in Solen) $Ca(IO_3)_2$ (als Beimengung <1% im Chilesalpeter, $NaNO_3$)

Fluor-Gewinnung:

$CaF_2(s) + H_2SO_4(l) \rightarrow CaSO_4(s) + 2 HF(g)$

Elektrolyse:
Kathode: $e^- + 2 HF \rightarrow \tfrac{1}{2} H_2 + HF_2^-$
Anode: $HF_2^- \rightarrow \tfrac{1}{2} F_2 + HF + e^-$

$HF \rightarrow \tfrac{1}{2} H_2 + \tfrac{1}{2} F_2$

Zur **technischen Gewinnung** der Elemente dienen folgende Verfahren:

Fluor. Da es kein chemisches Oxidationsmittel gibt, das stark genug oxidierend wirkt, um Fluorid-Ionen zu Fluor zu oxidieren, muß ein elektrochemisches Verfahren angewandt werden. Da Wasser leichter als das Fluorid-Ion oxidierbar ist, kommt nur die Elektrolyse in wasserfreiem Medium in Betracht. Die praktische Durchführung der Elektrolyse erfolgt mit einer Lösung von Kaliumfluorid in wasserfreiem, flüssigen Fluorwasserstoff. Reiner Fluorwasserstoff leitet den elektrischen Strom nicht gut genug. Bei der Auflösung von Kaliumfluorid in Fluorwasserstoff entstehen HF_2^--Ionen, die zusammen mit den K^+-Ionen als Ladungsträger dienen. Im Hydrogendifluorid-Ion ist ein F^--Ion über eine Wasserstoff-Brücke $F^- \cdots H-F$ an ein HF-Molekül gebunden; diese Wasserstoff-Brücke ist eine relativ starke Bindung. Je nach Menge des gelösten KF sind auch noch höher aggregierte Hydrogenfluoride anwesend ($H_2F_3^-$, $H_3F_4^-$, usw.). Der für die Elektrolyse benötigte Fluorwasserstoff wird aus Flußspat (CaF_2) und Schwefelsäure hergestellt.

Chlor. Die Hauptmenge des Chlors wird bei der Elektrolyse von wäßriger Natriumchlorid-Lösung erhalten, wobei als weitere Produkte Natriumhydroxid und Wasserstoff anfallen. Die praktische Durchführung dieser „Chloralkali-Elektrolyse" erfolgt nach dem *Diaphragma-Verfahren*, dem *Membran-Verfahren* oder nach dem *Amalgam-Verfahren* (22.1). Bei ersterem sind Anoden- und Kathodenraum durch ein poröses Diaphragma getrennt. Die Trennung ist notwendig, damit das an der Anode gebildete

Chlor nicht mit dem Wasserstoff und den OH⁻-Ionen in Kontakt kommt, die an der Kathode gebildet werden; mit OH⁻-Ionen würde das Chlor unter Bildung von Cl⁻ und OCl⁻ reagieren (vgl. S. 397).

Eine noch bessere Trennung wird beim Amalgam-Verfahren erreicht. Bei diesem dient Quecksilber als Kathode, an dem die Wasserstoff-Abscheidung eine hohe Überspannung erfordert (vgl. Abschn. 20.11, S. 370); deshalb scheidet sich nicht Wasserstoff, sondern Natrium ab, das sich im Quecksilber löst (Quecksilber-Legierungen werden Amalgame genannt). Das Quecksilber wird umgepumpt; bei Kontakt mit Wasser an einem Graphit-Katalysator reagiert das gelöste Natrium unter Bildung von NaOH(aq) und Wasserstoff. Beim Diaphragma-Verfahren läßt sich ein Restgehalt von Chlorid-Ionen im Natriumhydroxid nicht vermeiden; dieser Nachteil entfällt beim Amalgam-Verfahren, von dem man aber wegen der großen beteiligten Quecksilbermengen allmählich abkommt.

Als Nebenprodukt tritt Chlor auch bei der Schmelzelektrolyse von wasserfreiem NaCl, CaCl₂ und MgCl₂ auf, die zur Gewinnung der Metalle Natrium, Calcium und Magnesium durchgeführt wird.

Amalgam-Verfahren

Anode: $Cl^- \rightarrow \frac{1}{2}Cl_2 + e^-$

Hg-Kathode: $e^- + Na^+ \rightarrow Na(Hg)$

$Na(Hg) + H_2O$
$\rightarrow \frac{1}{2}H_2(g) + Na^+(aq) + OH^-(aq)$

○ 22.1 Zellen zur Elektrolyse von Natriumchlorid-Lösungen
Oben: Diaphragma-Verfahren
Unten: Amalgam-Verfahren

$$Cl_2(g) + 2Br^-(aq) \rightarrow 2Cl^-(aq) + Br_2(l)$$

Iod-Gewinnung:

aus Solen:
$$Cl_2(g) + 2I^-(aq) \rightarrow 2Cl^-(aq) + I_2(s)$$

aus Iodat:
$$2IO_3^-(aq) + 5SO_2(g) + 4H_2O \rightarrow$$
$$I_2(s) + 5SO_4^{2-}(aq) + 8H^+(aq)$$

$$MnO_2(s) + 4H^+(aq) + 2Cl^-(aq) \rightarrow$$
$$Mn^{2+}(aq) + Cl_2(g) + 2H_2O$$

$$2MnO_4^-(aq) + 16H^+(aq) + 10Br^-(aq) \rightarrow$$
$$2Mn^{2+}(aq) + 5Br_2(l) + 8H_2O$$

$$Cr_2O_7^{2-}(aq) + 14H^+(aq) + 6I^-(aq) \rightarrow$$
$$2Cr^{3+}(aq) + 3I_2(s) + 7H_2O$$

Brom. Die Herstellung von Brom erfolgt aus dem gelösten Bromid, das im Meerwasser, in Solequellen, in Salzseen (Totes Meer) und in den Endlaugen der Aufarbeitung von Kalisalzen (KCl) vorkommt. Als Oxidationsmittel dient Chlor; das Brom wird mit Wasserdampf aus der Lösung ausgetrieben.

Iod. Iod ist weit verbreitet, tritt aber nur in kleinen Konzentrationen auf. In Solen, die bei Erdölbohrungen austreten, ist es als Iodid enthalten und wird daraus durch Oxidation mit Chlor erhalten. Aus dem Iodat, das als Verunreinigung im Chilesalpeter vorkommt, wird es durch Reduktion mit Schwefeldioxid gewonnen.

Zur **Herstellung der Halogene im Labormaßstab** werden in der Regel wäßrige Lösungen der Halogenwasserstoffe oder saure Lösungen von Natriumhalogeniden mit einem Oxidationsmittel zur Reaktion gebracht. Nur Fluor läßt sich so nicht herstellen, es ist nur auf elektrochemischem Wege erhältlich.

Mit Hilfe der Tabelle der Normalpotentiale (s. ▭ 22.1, S. 386) können wir abschätzen, welche Oxidationsmittel geeignet sind. Um Chlorid-Ionen zu oxidieren, sollte das Redoxpaar des Oxidationsmittels ein positiveres Normalpotential als $E^0 = +1,36$ V haben; zur Oxidation von Bromid-Ionen reicht ein Wert von 1,07 V, und für Iodid-Ionen 0,54 V. Das Normalpotential alleine ist allerdings nicht maßgeblich, da es sich auf Halbzellen im Standardzustand bezieht. So ist zum Beispiel MnO_2 imstande, Chlorid-Ionen zu oxidieren, obwohl das Normalpotential nur 1,23 V beträgt, vorausgesetzt eine konzentrierte Lösung von HCl wird in der Wärme eingesetzt. Oxidationsmittel, die meist zur Anwendung kommen, sind $KMnO_4$, $K_2Cr_2O_7$, PbO_2 und MnO_2.

22.3 Interhalogen-Verbindungen

Einige Reaktionen der Halogene sind in ▭ 22.3 zusammengestellt. Die Halogene können miteinander unter Bildung von Interhalogen-Verbindungen reagieren, und zwar mit folgenden Zusammensetzungen:

Typ: XX' ClF, BrF, IF, BrCl, ICl, IBr
XX'_3 ClF_3, BrF_3, ICl_3, IF_3
XX'_5 ClF_5, BrF_5, IF_5
XX'_7 IF_7

Welche Verbindung beim Vermischen von zwei Halogenen entsteht, hängt von den eingesetzten relativen Stoffmengen und von den Reaktionsbedingungen ab (Temperatur, Lösungsmittel, Katalysator, Druck).

Bis auf Iodtrichlorid sind alle Verbindungen vom Typ XX'_n mit $n > 1$ Fluoride, in denen Fluor-Atome an ein Cl-, Br- bzw. I-Atom gebunden sind. Die Stabilität dieser Verbindungen nimmt mit zunehmender Größe des Zentralatoms zu. Dementsprechend konnte weder ClF_7 noch BrF_7 bisher hergestellt werden, wohl aber IF_7. ClF_5 zersetzt sich leicht zu ClF_3 und F_2, während BrF_5 und IF_5 auch bei 400 °C noch stabil sind. Alle diese Verbindungen sind stark oxidierend wirkende Fluorierungsmittel.

Die Iodhalogenide IX sind niedrig schmelzende Festkörper, die übrigen Verbindungen XX' sind Gase. Sie neigen alle zum Zerfall in die Elemente (am stabilsten ist ClF, am instabilsten IF).

Alle höheren Interhalogen-Verbindungen verletzen die Oktettregel. Ihre Strukturen können mit der Elektronenpaar-Abstoßungstheorie verstanden werden (Abschn. 9.2, S. 126). Bei den Verbindungen XF$_3$ ist das X-Atom von fünf Valenzelektronenpaaren umgeben, von denen zwei nichtbindend sind; die letzteren nehmen zwei äquatoriale Positionen einer trigonalen Bipyramide ein, so daß die Molekülstruktur T-förmig ist (◉ 22.2). Die Pentafluoride haben eine quadratisch-pyramidale Struktur, da das Zentralatom über fünf bindende und ein nichtbindendes Valenzelektronenpaar verfügt. Die abstoßende Wirkung der nichtbindenden Elektronenpaare bringt eine leichte Verzerrung von den idealen Polyedern mit sich. Im IF$_7$ hat das Iod-Atom sieben Valenzelektronenpaare; seine Struktur ist pentagonal-bipyramidal.

Polyhalogenid-Ionen entstehen bei der Reaktion eines Halogens mit dem Halogenid des gleichen Elements (ausgenommen beim Fluor). Vor allem das Triiodid-Ion I$_3^-$ ist von Bedeutung, das sich aus einem Iod-Molekül und einem Iodid-Ion bildet. I$_2$ ist in Wasser nur sehr wenig löslich; sowie jedoch Iodid-Ionen anwesend sind, geht es unter Bildung des Triiodids in Lösung. Es handelt sich um eine Gleichgewichtsreaktion; mit Hilfe organischer Lösungsmittel, in denen Iod mit violetter Farbe gut löslich ist (z. B. CCl$_4$), läßt sich das I$_2$ aus wäßrigen Triiodid-Lösungen wieder herauslösen. Im Einklang mit der Elektronenpaar-Abstoßungstheorie hat das I$_3^-$-Ion eine lineare Struktur.

$$I_2 \text{ (s)} + I^- \text{ (aq)} \rightleftharpoons I_3^- \text{ (aq)}$$

$|\underline{\text{I}}{-}\underline{\text{I}}{-}\underline{\text{I}}|^-$

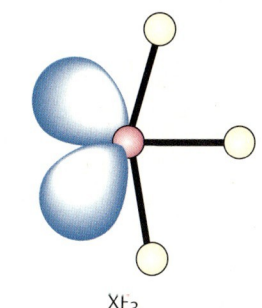

XF$_3$

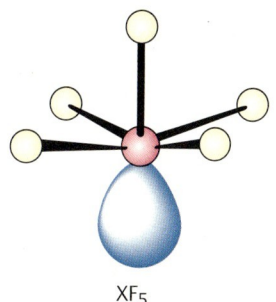

XF$_5$

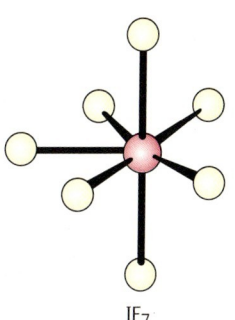

IF$_7$

◉ **22.2** Molekül-Strukturen der Halogenfluoride XF$_3$, XF$_5$ und IF$_7$

⊡ **22.3** Einige Reaktionen der Halogene.
X$_2$ = F$_2$, Cl$_2$, Br$_2$ oder I$_2$
M = Metall

Reaktion	Bemerkungen
$nX_2 + 2M \rightarrow 2MX_n$	F$_2$ und Cl$_2$ reagieren mit fast allen Metallen; Br$_2$ und I$_2$ mit allen Metallen außer einigen Edelmetallen
$X_2 + H_2 \rightarrow 2HX$	–
$3X_2 + \frac{1}{2}P_4 \rightarrow 2PX_3$	Ähnliche Reaktionen auch mit As, Sb und Bi
$5X_2 + \frac{1}{2}P_4 \rightarrow 2PX_5$	Bei Überschuß von X$_2$, jedoch nicht mit I$_2$. AsF$_5$, SbCl$_5$ und BiF$_5$ entstehen analog
$X_2 + \frac{1}{4}S_8 \rightarrow S_2X_2$	Mit Cl$_2$ und Br$_2$
$X_2 + H_2O \rightleftharpoons H^+ + X^- + HOX$	Nicht mit F$_2$
$2X_2 + 2H_2O \rightarrow 4H^+ + 4X^- + O_2$	Lebhaft mit F$_2$; mit Cl$_2$ und Br$_2$ langsam im Sonnenlicht
$X_2 + H_2S \rightarrow 2HX + \frac{1}{8}S_8$	–
$X_2 + CO \rightarrow OCX_2$	Cl$_2$, Br$_2$ bei Belichtung
$X_2 + SO_2 \rightarrow SO_2X_2$	F$_2$, Cl$_2$ bei Belichtung oder mit Katalysator (Aktivkohle)
$X_2 + 2X'^- \rightarrow X'_2 + 2X^-$	Reduktionspotential X$_2$ > X$'_2$
$XX' + X'^- \rightarrow XX'_2^-$	Reduktionspotential X$_2 \leq$ X$'_2$
$X_2 + X'_2 \rightarrow 2XX'$	Ausgenommen IF

22.4 Halogenwasserstoffe

$$H_2(g) + X_2(g) \rightarrow 2\,HX(g)$$

Jeder Halogenwasserstoff kann durch direkte Vereinigung von Wasserstoff mit dem entsprechenden Halogen hergestellt werden. Fluor reagiert sofort bei Kontakt mit Wasserstoff. Die Reaktion mit Chlor muß photochemisch oder durch Erwärmung gestartet werden und ist stark exotherm; Gemische von Wasserstoff und Chlor sind explosiv („Chlorknallgas"). Die Reaktion läuft nach einem Radikalkettenmechanismus ab (vgl. S. 257). Brom reagiert weniger heftig und im Falle des Iods läuft die Reaktion nicht vollständig ab (vgl. Abschn. 15.**2**, S. 270).

$$CaF_2(s) + H_2SO_4(l) \rightarrow CaSO_4(s) + 2\,HF(g)$$

$$NaCl(s) + H_2SO_4(l) \xrightarrow{20\,°C} NaHSO_4(s) + HCl(g)$$

$$NaCl(s) + NaHSO_4(l) \xrightarrow{500\,°C} Na_2SO_4(s) + HCl(g)$$

$$R-H + Cl_2 \rightarrow R-Cl + HCl$$
R = organischer Rest, z.B. CH_3

Aus den Elementen synthetisierte Halogenwasserstoffe sind sehr rein. Preiswerter ist die Gewinnung von Fluor- und Chlorwasserstoff aus dem in der Natur vorkommenden Calciumfluorid bzw. Natriumchlorid mit Schwefelsäure; die Methode wird technisch durchgeführt, die Produkte sind aber weniger rein. Die Reaktionen sind Beispiele für die Freisetzung einer flüchtigen Säure mit einer nichtflüchtigen Säure; Schwefelsäure hat einen hohen Siedepunkt, während die Halogenwasserstoffe gasförmig entweichen, wodurch das Gleichgewicht nach rechts verlagert wird. Größere Mengen Chlorwasserstoff fallen auch als Nebenprodukt bei der Synthese organischer Chlor-Verbindungen an (vgl. Abschn. 29.**5**, S. 541 und 29.**6**, S. 545).

$$2\,NaBr(s) + 2\,H_2SO_4(l) \rightarrow Br_2(g) + SO_2(g) + Na_2SO_4(s) + 2\,H_2O(g)$$

$$NaBr(s) + H_3PO_4(l) \rightarrow HBr(g) + NaH_2PO_4(s)$$

$$NaI(s) + H_3PO_4(l) \rightarrow HI(g) + NaH_2PO_4(s)$$

$$PX_3 + 3\,H_2O \rightarrow 3\,HX(g) + H_3PO_3(aq)$$

Bromwasserstoff und Iodwasserstoff können nicht durch Einwirkung von Schwefelsäure auf Bromide bzw. Iodide hergestellt werden, weil konzentrierte Schwefelsäure diese Anionen zu den Halogenen oxidiert; das Iodid wird noch leichter als das Bromid oxidiert. Anstelle von Schwefelsäure kann man Phosphorsäure verwenden, die ebenfalls schwerflüchtig ist, aber nicht oxidierend wirkt.

Die Hydrolyse von Phosphortrihalogeniden ist ein weiterer Weg zur Herstellung von Halogenwasserstoffen, mit dem auch Brom- und Iodwasserstoff gut erhältlich sind.

Sdp. /°C bei 101,3 kPa:
HF   +19,5
HCl −85
HBr −67
HI   −35

Die Halogenwasserstoffe sind bei Raumtemperatur farblose Gase. Die Siedepunkte von HCl, HBr und HI liegen erheblich niedriger als der von HF (+19,5 °C). Ursache sind relativ starke Wasserstoff-Brücken im flüssigen Fluorwasserstoff; selbst im gasförmigen Zustand sind die Moleküle noch assoziiert. Knapp über dem Siedepunkt besteht der Dampf aus ringförmigen Aggregaten $(HF)_6$, bei höheren Temperaturen ist der Assoziationsgrad geringer.

$$HF(aq) \rightleftarrows H^+(aq) + F^-(aq)$$
$$F^-(aq) + HF(aq) \rightleftarrows HF_2^-(aq)$$

Hydrogendifluorid-Ion (linear):
$$[\underline{|F}-H\cdots\underline{|F|}]^- \rightleftarrows [\underline{|F|}\cdots H-\underline{F|}]^-$$

Alle Halogenwasserstoffe sind sehr gut löslich in Wasser. Die Lösungen heißen: Flußsäure, Salzsäure, Bromwasserstoffsäure und Iodwasserstoffsäure. Die H—F-Bindung ist stärker als die übrigen H—X-Bindungen; HF ist in wäßriger Lösung eine schwache Säure, während HCl, HBr und HI vollständig dissoziiert sind (bezüglich der Säurestärke s. Abschn. 16.**4**, S. 285). Die bei der Dissoziation von HF entstehenden F^--Ionen lagern sich über Wasserstoff-Brücken an HF-Moleküle an; je nach Konzentration enthalten die Lösungen die Ionen HF_2^-, $H_2F_3^-$ usw.

$$SiO_2(s) + 6\,HF(aq) \rightarrow 2\,H^+(aq) + SiF_6^{2-}(aq) + 2\,H_2O$$

in der Wärme oder mit gasförmigem HF:
$$SiO_2(s) + 4\,HF(aq\ oder\ g) \rightarrow SiF_4(g) + 2\,H_2O(g)$$

Flußsäure und Fluorwasserstoff haben die bemerkenswerte Eigenschaft, Quarz (SiO_2) und Glas, das aus Quarz hergestellt wird, anzugreifen. Die Reaktion dient zum Ätzen von Glas. Flußsäure kann deshalb nicht in Glasflaschen aufbewahrt werden (man verwendet Kunststoffflaschen).

Beim Einatmen von Halogenwasserstoffen werden die Schleimhäute angegriffen. Ebenso wirken ihre wäßrigen Lösungen ätzend auf Zellgewebe. Insbesondere Flußsäure verursacht schmerzhafte und schlecht heilende Verätzungen auf der Haut (Störung des Ca^{2+}-Stoffwechsels in den Zellen durch Ausfällung von CaF_2).

22.5 Halogenide

Halogenide sind von allen Elementen mit Ausnahme der Edelgase Helium, Neon und Argon bekannt. Zu ihrer Synthese stehen verschieden Verfahren zur Auswahl:

1. Direkte Synthese aus den Elementen.
2. Reaktionen von Halogenwasserstoffen (gasförmig oder in Lösung) mit unedlen Metallen.
3. Reaktionen von Halogenwasserstoffen (gasförmig oder in Lösung) mit Metalloxiden, -hydroxiden oder -carbonaten.
4. Umhalogenierungen, d.h. Umwandlung eines Halogenids in ein anderes.
5. Viele Chloride können aus Oxiden durch „reduzierende Chlorierung" erhalten werden; dabei wird ein Oxid in Anwesenheit von Kohlenstoff mit Chlor umgesetzt.

Die Bindungsverhältnisse in Halogeniden sind ebenso vielfältig wie ihre physikalischen Eigenschaften. Halogenide von Metallen mit niedriger Ionisierungsenergie sind aus Ionen aufgebaut und haben dementsprechend hohe Schmelz- und Siedepunkte. Metalle mit höherer Ionisierungsenergie bilden, vor allem mit Brom und Iod, Halogenide mit hohen kovalenten Bindungsanteilen. Diese Verbindungen haben ebenso wie die Halogenide der Nichtmetalle relativ niedrige Schmelz- und Siedepunkte.

Im allgemeinen sind die Halogenide der Alkali- und Erdalkalimetalle (ausgenommen Beryllium) und der Lanthanoiden überwiegend ionisch aufgebaut. In den Halogeniden der übrigen Metalle liegen polare kovalente Bindungen vor. In der Reihe der Halogenide von Metallen einer Periode nimmt der ionische Charakter in dem Maß ab, wie die Oxidationszahl des Metalls zunimmt und die Atomgröße abnimmt. Die elektrische Leitfähigkeit einer Verbindung im flüssigen Zustand spiegelt ihren ionischen Charakter wider. Die Äquivalentleitfähigkeiten der Schmelzen von Chloriden der vierten Periode sind in ◨ 22.3 aufgetragen. Die Kationen K^+, Ca^{2+}, Sc^{3+} und Ti^{4+} sind isoelektronisch. Kaliumchlorid besteht aus Ionen und seine Schmelze hat die höchste Leitfähigkeit; Titantetrachlorid besteht aus $TiCl_4$-Molekülen mit kovalenten Bindungen und ist eine nichtleitende Flüssigkeit.

Bei Metallen, die in mehreren Oxidationsstufen auftreten können, haben die Halogenide mit der höchsten Oxidationszahl des Metalls den am stärksten ausgeprägten kovalenten Bindungscharakter. In den folgenden Paaren ist die jeweils zweitgenannte Verbindung flüssig und besteht aus Molekülen (Schmelzpunkte in Klammern):

$SnCl_2$ (246 °C) $SnCl_4$ (−33 °C)
$PbCl_2$ (501 °C) $PbCl_4$ (−15 °C)
$SbCl_3$ (73 °C) $SbCl_5$ (3 °C)

Beispiele für Halogenid-Synthesen

Direkte Synthese:
$Fe + \frac{3}{2} Cl_2 \rightarrow FeCl_3$
$S + 3F_2 \rightarrow SF_6$

Metall + Halogenwasserstoff:
$Fe(s) + 2HCl(g) \rightarrow FeCl_2 + H_2$

Oxid, Hydroxid oder Carbonat + Halogenwasserstoff:
$As_2O_3 + 6HF \rightarrow 2AsF_3 + 3H_2O$
$Ca(OH)_2 + 2HCl \rightarrow CaCl_2 + 2H_2O$
$K_2CO_3 + 2HBr \rightarrow 2KBr + CO_2 + H_2O$

Umhalogenierung:
$SnCl_4 + 4HF \rightarrow SnF_4 + 4HCl$
$3PCl_5 + 5AsF_3 \rightarrow 3PF_5 + 5AsCl_3$

Reduzierende Chlorierung:
$TiO_2 + 2C + 2Cl_2 \rightarrow TiCl_4 + 2CO$

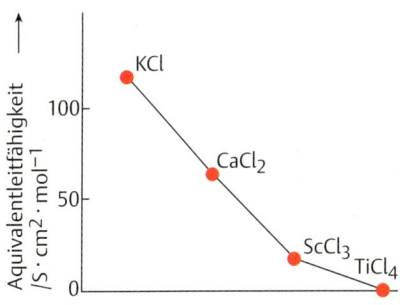

◨ 22.3 Äquivalentleitfähigkeiten einiger flüssiger Chloride nahe bei ihren Schmelzpunkten

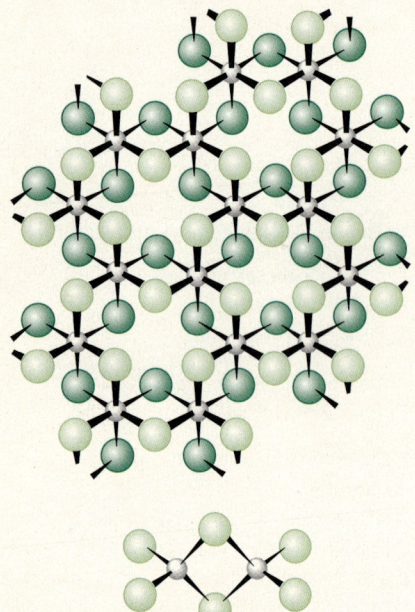

● 22.4 Oben: Schichtenstruktur im festen Aluminiumchlorid; ähnliche Schichten findet man bei zahlreichen anderen Trihalogeniden im festen Zustand (z. B. FeCl$_3$, CrBr$_3$, BiI$_3$).
Unten: Struktur der Moleküle Al$_2$X$_6$ (Al$_2$Cl$_6$ in Lösung und in der Gasphase; Al$_2$Br$_6$ und Al$_2$I$_6$ auch im festen Zustand)

Hydrolysereaktionen:
PCl$_3$(l) + 3 H$_2$O → H$_3$PO$_3$(aq) + 3 HCl(aq)
PCl$_5$(s) + 4 H$_2$O → H$_3$PO$_4$(aq) + 5 HCl(aq)
TiCl$_4$(l) + 2 H$_2$O → TiO$_2$(s) + 4 HCl(aq)

Im Einklang mit den Elektronegativitäten nimmt der ionische Charakter in der Reihenfolge

Fluorid > Chlorid > Bromid > Iodid

ab. Die Aluminiumhalogenide bieten hierfür ein Beispiel. Aluminiumfluorid ist aus Ionen aufgebaut. Im Aluminiumchlorid sind erhebliche kovalente Bindungsanteile vorhanden; es kristallisiert mit einer Schichtenstruktur (● 22.4); die Schichten werden durch polare kovalente Bindungen zusammengehalten, zwischen den Schichten wirken London-Kräfte. Aluminiumbromid und -iodid bestehen aus Molekülen Al$_2$Br$_6$ bzw. Al$_2$I$_6$ (● 22.4). Die Assoziation von AlX$_3$-Molekülen zu Al$_2$X$_6$-Molekülen oder zu Schichten kann als Lewis-Säure-Base-Reaktion aufgefaßt werden: ein einsames Elektronenpaar eines Halogen-Atoms lagert sich an das Elektronenpaarakzeptor-Atom Al des Nachbarmoleküls an.

Bezüglich ihrer Löslichkeit in Wasser unterscheiden sich Fluoride deutlich von Chloriden, Bromiden und Iodiden. Lithiumfluorid, die Fluoride der Erdalkalimetalle und der Lanthanoiden, sowie Aluminiumfluorid sind schwerlöslich, während die übrigen Halogenide dieser Metalle löslich sind. Die meisten Chloride, Bromide und Iodide sind wasserlöslich; zu den schwerlöslichen Verbindungen dieser Halogenide zählen die Silber(I)-, Quecksilber(I)-, Blei(II)-, Kupfer(I)- und Thallium(I)-Salze. Silberfluorid ist dagegen löslich.

Viele Halogenide mit teilweise oder überwiegend kovalentem Bindungscharakter sind Lewis-Säuren. Diese Verbindungen sind hydrolyseempfindlich, bei Kontakt mit Wasser reagieren sie unter Bildung von Halogenwasserstoff. Der erste Reaktionsschritt der Hydrolyse ist eine Anlagerung eines Wasser-Moleküls (Lewis-Base) an die Lewis-Säure; das Wasser-Molekül wird dadurch stärker sauer und spaltet seine Protonen leichter ab, zum Beispiel:

$$PCl_5 + |\overset{-}{O}-H \longrightarrow Cl_5\overset{-}{P}-\overset{+}{O}-H \longrightarrow Cl_3P=O\rangle + 2\,HCl$$
$$H H$$

Die Wirkung als Lewis-Säure kommt auch in der Fähigkeit zum Ausdruck, Halogenid-Ionen anzulagern. Dabei entstehen anionische Halogeno-Komplexe, zum Beispiel:

BF$_3$ + F$^-$ → BF$_4^-$ AlCl$_3$ + Cl$^-$ → AlCl$_4^-$
SiF$_4$ + 2 F$^-$ → SiF$_6^{2-}$ TiCl$_4$ + 2 Cl$^-$ → TiCl$_6^{2-}$
PF$_5$ + F$^-$ → PF$_6^-$ SbCl$_5$ + Cl$^-$ → SbCl$_6^-$

22.6 Oxosäuren der Halogene

Die Oxosäuren der Halogene sind in ▭ 22.4 aufgeführt. Vom Fluor kennt man nur die Hypofluorige Säure, HOF, eine sehr instabile Substanz. Die Säuren des Chlors und ihre Salze haben die größte Bedeutung in dieser Verbindungsklasse.

In der Randspalte auf der nächsten Seite sind die Valenzstrichformeln für die Oxosäuren des Chlors angegeben. Durch Abspaltung von H$^+$-Ionen kommt man zu den zugehörigen Anionen. Die angegebenen Dop-

22.6 Oxosäuren der Halogene

22.4 Oxohalogensäuren

Oxidations-zahl des Halogens[a]	Zusammensetzung				Name der Säure	Name des Anions
+I	HOF	HOCl	HOBr	HOI	Hypohalogenige S.	Hypohalogenit
+III	–	HClO$_2$	–	–	Halogenige S.	Halogenit
+V	–	HClO$_3$	HBrO$_3$	HIO$_3$	Halogensäure	Halogenat
+VII	–	HClO$_4$	HBrO$_4$	HIO$_4$ H$_4$I$_2$O$_9$ H$_5$IO$_6$	Perhalogen-säure	Perhalogenat

[a] ausgenommen bei Fluor

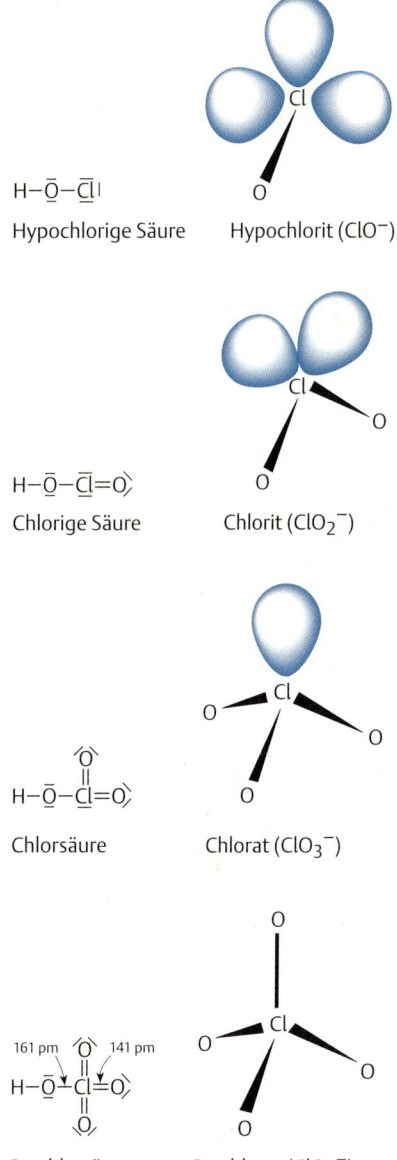

pelbindungen sind als $p\pi$-$d\pi$-Bindungen zu verstehen (vgl. Abschn. 9.**6**, S. 141). Man könnte auch Lewis-Formeln ohne Doppelbindungen formulieren, bei denen die Oktettregel erfüllt wäre; es würden dann aber Formalladungen auftauchen, bei HClO$_4$ zum Beispiel eine Formalladung von 3+ am Chlor-Atom. Die Formulierung von Doppelbindungen ist auch aufgrund der gemessenen interatomaren Abstände gerechtfertigt; die entsprechenden Bindungen sind kürzer als die Cl—O-Bindung zur OH-Gruppe. Neben jeder Valenzstrichformel ist die räumliche Gestalt des zugehörigen Anions einschließlich der einsamen Elektronenpaare am Chlor-Atom abgebildet.

Die Brom- und Iod-Verbindungen haben die gleichen Strukturen wie die entsprechenden Chlor-Verbindungen. Im H$_5$IO$_6$-Molekül bilden die Sauerstoff-Atome von fünf OH-Gruppen und ein einzelnes O-Atom ein Oktaeder um das Iod-Atom.

Die Normalpotentiale für die Redoxreaktionen zwischen den verschiedenen Verbindungen von Chlor, Brom und Iod in saurer und basischer Lösung sind in **22.5** (S. 396) zusammengestellt. HClO$_4$, HBrO$_4$, HClO$_3$ und HIO$_3$ sind starke Säuren, die übrigen Säuren sind jedoch in wäßriger Lösung nur partiell dissoziiert. Deshalb sind in **22.5** für die saure Lösung die Formeln der undissoziierten schwachen Säuren angegeben (bezüglich der Säurestärken s. Abschn. 16.**4**, S. 286).

Vieles über die Chemie dieser Verbindungen kann aus dem Diagramm der Normalpotentiale abgelesen werden. Man beachte jedoch, daß die E^0-Werte bei 25 °C gelten, wenn alle beteiligten Stoffe in ihren Standardzuständen vorliegen. Temperatur- und Konzentrationsänderungen beeinflussen die Reduktionspotentiale. Außerdem sagen die Potentiale nichts über die Reaktionsgeschwindigkeiten aus; einige Reaktionen sollten nach den Werten ihrer elektromotorischen Kraft stattfinden, verlaufen jedoch zu langsam, um von Bedeutung zu sein. So sollten einige Oxohalogen-Verbindungen Wasser (in saurer Lösung) bzw. OH$^-$-Ionen (in basischer Lösung) zu Sauerstoff oxidieren können, tatsächlich erfolgen diese Reaktionen jedoch so langsam, daß alle Oxohalogen-Verbindungen in wäßriger Lösung haltbar sind.

Ein gemeinsames Charakteristikum für alle Oxohalogen-Verbindungen ist ihre Fähigkeit, als Oxidationsmittel zu wirken; alle E^0-Werte sind positiv. Allgemein sind alle diese Verbindungen in saurer Lösung stärkere Oxidationsmittel als in basischer Lösung.

Saure Lösung

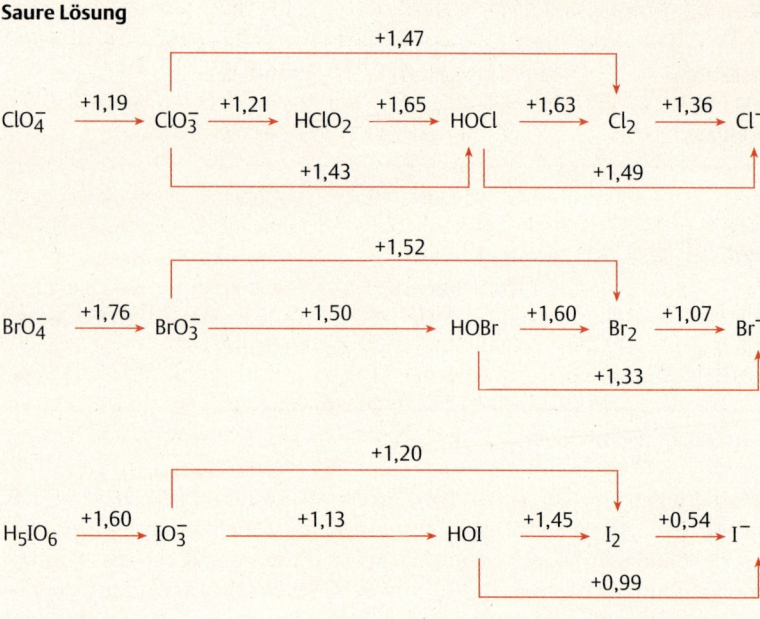

Basische Lösung

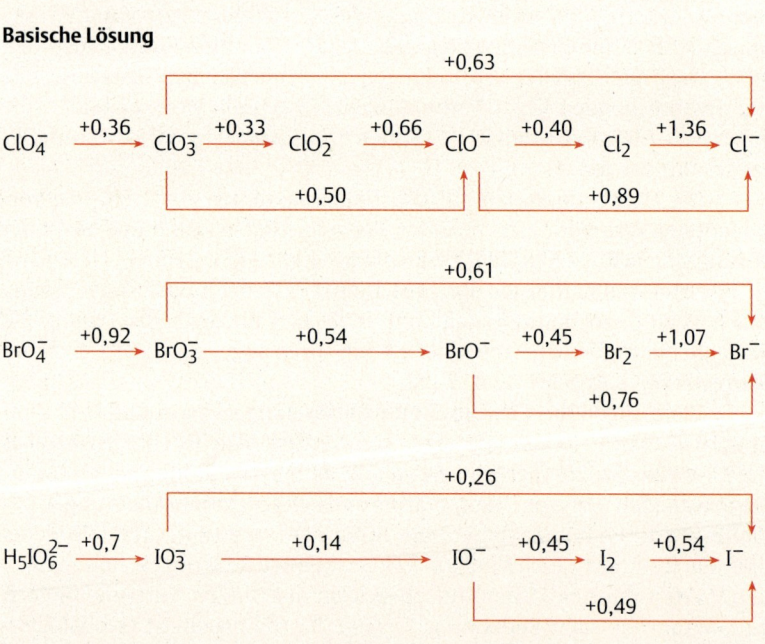

◉ 22.5 Normalpotentiale E^0 für Chlor, Brom, Iod und ihre Verbindungen (Volt)

Viele der Verbindungen sind gegen Disproportionierung instabil. Für welche dies gilt, kann dem Diagramm in ◉ 22.5 entnommen werden. In basischer Lösung gilt zum Beispiel:

$$ClO^- \xrightarrow{+0{,}40\,V} Cl_2 \xrightarrow{+1{,}36\,V} Cl^-$$

Da + 1,36 V positiver als 0,40 V sind, wird Cl_2 disproportionieren. Nach den E^0-Werten sollten HOCl, HOBr, HOI, $HClO_2$ und ClO_3^- in saurer Lösung disproportionieren. In basischer Lösung sollten alle in ◯ 22.5 aufgeführten Spezies disproportionieren, ausgenommen ClO_4^-, BrO_4^-, BrO_3^-, $H_3IO_6^{2-}$, IO_3^- und die Halogenid-Ionen.

Hypohalogenige (oder Unterhalogenige) Säuren und Hypohalogenite

Die Hypohalogenigen Säuren HOX sind die schwächsten Oxosäuren der Halogene. Sie existieren in Lösung, können aber nicht in reiner Form isoliert werden. Cl_2, Br_2 und I_2 sind in Wasser etwas löslich (▭ 22.1, S. 386); in der Lösung stellt sich jeweils ein Gleichgewicht mit einer geringen Konzentration der Hypohalogenigen Säure ein. Die elektromotorische Kraft für den Reaktionsablauf ist negativ, das Gleichgewicht liegt jeweils weitgehend auf der linken Seite. Bei 25 °C gesättigte Lösungen der Halogene enthalten:

$X_2 + H_2O \rightleftarrows H^+(aq) + X^-(aq) + HOX(aq)$

$3 \cdot 10^{-2}$ mol/L HOCl
$1 \cdot 10^{-3}$ mol/L HOBr
$6 \cdot 10^{-6}$ mol/L HOI

Das Gleichgewicht läßt sich durch Zusatz von festem Ag_2O oder HgO nach rechts verschieben. Mit diesen Oxiden werden dem System die Halogenid-Ionen durch Ausfällung entzogen.
  Leitet man Chlorgas nicht in eine Aufschlämmung von Quecksilberoxid in Wasser ein, sondern über festes Quecksilberoxid, so erhält man das Anhydrid der Hypochlorigen Säure, das Dichloroxid Cl_2O. Es ist ein gelbbraunes Gas, das sich beim Erhitzen explosionsartig zersetzt und das sich mit Wasser zu Hypochloriger Säure umsetzt. Wesentlich instabiler ist das Dibromoxid, Br_2O. Stabiler ist das Sauerstoffdifluorid, OF_2, das bei Einwirkung von Fluor auf wäßrige Natriumhydroxid-Lösung entsteht. OF_2 ist ein starkes Oxidationsmittel, das sich in Wasser etwas löst, ohne dabei HOF zu bilden.
  In basischer Lösung sind die Halogene Cl_2, Br_2 und I_2 gegen Disproportionierung instabil, sie reagieren schnell zu einer Lösung von Halogenid und Hypohalogenit. Die Hypohalogenite disproportionieren ihrerseits zu Halogenaten und Halogeniden; diese Reaktion verläuft bei OCl^- und OBr^- bei Temperaturen um 0 °C jedoch nur langsam, so daß ihre Herstellung so möglich ist. Das Hypoiodit disproportioniert dagegen auch bei niedrigen Temperaturen schnell.
  Zur technischen Herstellung von Natriumhypochlorit wird eine kalte Lösung von Natriumchlorid elektrolysiert. Die Durchführung erfolgt wie bei der Herstellung von Chlor, jedoch sorgt man für eine gute Durchmischung des an der Anode gebildeten Chlors mit den an der Kathode gebildeten Hydroxid-Ionen.
  Hypohalogenige Säuren und Hypohalogenite sind wirkungsvolle Oxidationsmittel, vor allem in saurer Lösung. Sie kommen wegen dieser Eigenschaft zum Einsatz; Hypochlorit-Lösungen dienen zum Bleichen von Textilien und bei der Papierherstellung (Zerstörung organischer Farbstoffe durch Oxidation) und werden als Desinfektionsmittel verwendet. Bei der

$2X_2 + Ag_2O(s) + H_2O \rightarrow 2AgX(s) + 2HOX(aq)$

$4X_2 + 3HgO(s) + 2H_2O \rightarrow Hg_3OX_4(s) + 4HOX(aq)$

$4Cl_2(g) + 3HgO(s) \rightarrow Hg_3OCl_4(s) + 2Cl_2O(g)$

$Cl_2 + 2OH^- \rightarrow OCl^- + Cl^- + H_2O$

Hypochlorit-Synthese durch Elektrolyse von *kalter* NaCl-Lösung:
Anode: $2Cl^- \rightarrow Cl_2 + 2e^-$
Kathode: $2e^- + 2H_2O \rightarrow 2OH^- + H_2$
           $Cl_2 + 2OH^- \rightarrow OCl^- + Cl^- + H_2O$

Gesamtreaktion: $Cl^- + H_2O \rightarrow OCl^- + H_2$

$Ca(OH)_2(s) + Cl_2(g)$
$\rightarrow CaCl(OCl)(s) + H_2O$

Umsetzung von Chlor mit Calciumhydroxid entsteht Calcium-chlorid-hypochlorit, CaCl(OCl), genannt „Chlorkalk"; bei der Einwirkung von Säuren (z. B. Kohlendioxid aus der Luft) gibt es in Umkehrung seiner Bildungsreaktion Chlor ab. Chlorkalk dient zur Desinfektion von Wasser in Schwimmbädern, von Abwässern und von Fäkalien.

Hypohalogenige Säuren und Hypohalogenite zersetzen sich in Lösung nicht nur durch Disproportionierung, sondern auch durch Abspaltung von Sauerstoff. Diese Reaktion verläuft langsam; sie wird durch Metallionen katalysiert.

Chlorige Säure und Chlorite

Nur vom Chlor kennt man eine Säure der Zusammensetzung HXO_2. Die Verbindung ist in reiner Form nicht isolierbar und selbst ihre wäßrige Lösung zersetzt sich schnell. Chlorige Säure ist eine schwache Säure, jedoch stärker als Hypochlorige Säure. Nach den Reduktionspotentialen könnte man denken, daß in basischer Lösung das Chlorit-Ion durch Disproportionierung von OCl^- entstehen könnte; tatsächlich ist jedoch die Disproportionierung von OCl^- zu ClO_3^- und Cl^- günstiger.

$6\,OCl^- \begin{cases} \not\rightarrow 3\,ClO_2^- + 3\,Cl^- \\ \rightarrow 2\,ClO_3^- + 4\,Cl^- \end{cases}$

In basischer Lösung sind Chlorite einigermaßen stabil. $NaClO_2$ wird durch Einleiten von gasförmigem ClO_2 in eine basische Lösung von Wasserstoffperoxid (H_2O_2) hergestellt. Es dient zum Bleichen von Textilien. Das ClO_2 ist ein reaktives, explosives Gas, dessen Molekül eine ungerade Elektronenzahl hat. Es wird durch Reduktion von Chlorat-Lösungen mit Schwefeldioxid gewonnen.

$2\,ClO_3^-(aq) + SO_2(g) \rightarrow 2\,ClO_2(g) + SO_4^{2-}(aq)$

$2\,ClO_2(g) + H_2O_2(aq) + 2\,OH^-(aq) \rightarrow 2\,ClO_2^-(aq) + O_2(g) + 2\,H_2O$

Feste Schwermetallchlorite sind explosiv, ebenso wie Gemische von Chloriten mit brennbaren Substanzen.

Halogensäuren und Halogenate

Die bereits erwähnte Disproportionierung von Hypohalogeniten zu Halogenaten läuft in warmen, konzentrierten Lösungen ab. Wenn ein Halogen in eine warme Alkalimetallhydroxid-Lösung eingeleitet wird, entsteht deshalb eine Lösung von Halogenat und Halogenid. Die technische Herstellung von Natriumchlorat erfolgt genauso wie die Hypochlorit-Herstellung, d. h. durch Elektrolyse einer konzentrierten NaCl-Lösung unter guter Durchmischung, damit das an der Anode gebildete Chlor mit dem an der Kathode gebildetem Hydroxid reagiert; der einzige Unterschied liegt in der höheren Temperatur. Aus der konzentrierten Lösung kristallisiert Natriumchlorat aus, da es weniger löslich als Natriumchlorid ist.

$3\,XO^- \rightarrow XO_3^- + 2\,X^-$

$3\,X_2 + 6\,OH^-(aq) \xrightarrow{Wärme}$
$5\,X^-(aq) + XO_3^-(aq) + 3\,H_2O$

Die Lösung einer Halogensäure erhält man durch Zugabe von Schwefelsäure zur Lösung des Bariumhalogenats, wobei schwerlösliches $BaSO_4$ ausfällt.

Chlorat-Synthese durch Elektrolyse von *warmer* NaCl-Lösung:
Anode: $2\,Cl^- \rightarrow Cl_2 + 2\,e^-$ 3×
Kathode: $2\,e^- + 2\,H_2O \rightarrow 2\,OH^- + H_2$ 3×
$3\,Cl_2 + 6\,OH^- \rightarrow 5\,Cl^- + ClO_3^- + 3\,H_2O$

Gesamtreaktion: $Cl^- + 3\,H_2O \rightarrow ClO_3^- + 3\,H_2$

$Ba^{2+}(aq) + 2\,XO_3^-(aq) + 2\,H^+(aq) + SO_4^{2-}(aq)$
$\rightarrow BaSO_4(s) + 2\,H^+(aq) + 2\,XO_3^-(aq)$

$HClO_3$ und $HBrO_3$ können aus der wäßrigen Lösung nicht isoliert werden, sie zersetzen sich dabei. HIO_3 kann dagegen als farbloser Feststoff erhalten werden. Alle drei Halogensäuren sind starke Säuren. Sowohl die Säuren als auch die Halogenate sind starke Oxidationsmittel. Gemische von Chloraten mit leicht oxidierbaren Stoffen sind explosiv. Kaliumchlorat ist neben Schwefel oder Antimonsulfid und einem Bindemittel ein Bestandteil in den Köpfen von Zündhölzern.

Feste Chlorate zersetzen sich beim Erhitzen. Bei hohen Temperaturen, insbesondere bei Anwesenheit eines Katalysators wie MnO₂, spalten sie Sauerstoff ab. Bei mäßigen Temperaturen und in Abwesenheit eines Katalysators disproportionieren sie zu Perchlorat und Chlorid.

$$2\,KClO_3(s) \xrightarrow{(MnO_2)} 2\,KCl(s) + 3\,O_2(g)$$

$$4\,KClO_3(s) \longrightarrow 3\,KClO_4(s) + KCl(s)$$

Perhalogensäuren und Perhalogenate

Perchlorate werden durch kontrolliertes Erwärmen von Chloraten oder durch Elektrolyse von kalten Chlorat-Lösungen hergestellt. Durch Einwirkung von Schwefelsäure auf ein Perchlorat kann Perchlorsäure freigesetzt und abdestilliert werden. Reine Perchlorsäure ist eine explosive Flüssigkeit. Sie gehört zu den stärksten bekannten Säuren und ist ein starkes Oxidationsmittel. Mit Wasser bildet sie die kristalline Verbindung $H_3O^+ClO_4^-$ („HClO₄·H₂O"), die isotyp zu $NH_4^+ClO_4^-$ ist (isotyp = mit der gleichen Kristallstruktur). Konzentrierte Perchlorsäure-Lösungen reagieren heftig, oft explosionsartig, mit organischen Verbindungen. Durch Wasserentzug mit Phosphor(V)-oxid entsteht das Anhydrid der Perchlorsäure, das Dichlorheptoxid Cl_2O_7; es ist eine explosive Flüssigkeit.

Perbromate werden durch Oxidation von Bromaten mit XeF₂ in alkalischer Lösung hergestellt. Mehrere Periodsäuren sind bekannt; die wichtigste ist die Orthoperiodsäure H_5IO_6 oder $(HO)_5IO$. Periodate werden durch Oxidation von Iodaten mit Chlor erhalten. Salze mit den Anionen IO_4^-, IO_6^{5-}, $I_2O_9^{4-}$ und $I_2O_{10}^{6-}$ sind herstellbar.

22.7 Verwendung der Halogene

Zu den wichtigsten Anwendungen der Halogene und ihrer Verbindungen gehören:

Fluor. Von Bedeutung sind synthetischer Kryolith und Fluor-Kohlenstoff-Verbindungen. Die natürlichen Vorkommen von Kryolith, Na_3AlF_6, reichen nicht aus, um den Bedarf für die elektrolytische Gewinnung von Aluminium aus Aluminiumoxid zu decken (vgl. Abschn. 27.**6**, S. 482). Kohlenstofffluoride (fluorierte Kohlenwasserstoffe) zeichnen sich durch eine besondere Reaktionsträgheit aus. Verbindungen wie Dichlordifluormethan (CCl_2F_2; „Frigene") dienten als Kühlmedien in Kühlgeräten und als Treibmittel in Sprühdosen (vgl. Abschn. 29.**7**, S. 547); für Kühlgeräte wird neuerdings 1,1,1,2-Tetrafluorethan ($F_3C–CH_2F$) bevorzugt. Polytetrafluorethen (polymerisiertes $F_2C=CF_2$, „Teflon"; vgl. Abschn. 29.**16**, S. 573) ist ein Kunststoff, der chemisch besonders widerstandsfähig ist. Flüssige Kohlenstofffluoride dienen als chemisch widerstandsfähige Schmiermittel. Mit elementarem Fluor wird Uranhexafluorid (UF_6) hergestellt, das zur Trennung der Isotope ^{235}U und ^{238}U dient (vgl. Abschn. 31.**9**, S. 630 und 10.**8**, S. 157).

Gut bekannt, aber von geringerer Bedeutung ist der Einsatz von Fluoriden (hauptsächlich Natriumfluorid) als Zusatz zu Trinkwasser oder Zahnpasta, um dem Zahnverfall zu begegnen (nur kleine Fluorid-Konzentrationen sind zulässig, anderenfalls wirken Fluoride giftig).

Chlor. Eine große Zahl von Chlor-Verbindungen wird technisch hergestellt. Die meisten sind organische Verbindungen, zu deren Synthese man von Chlor oder Chlorwasserstoff ausgeht. Sie dienen zum Beispiel als

Kunststoffe, Pflanzenschutzmittel, Lösungsmittel, Medikamente, Farbstoffe oder Kühlmittel. Große Mengen HCl kommen bei der Erdölaufbereitung, Metallurgie, Metallreinigung, Nahrungsmittelverarbeitung und Herstellung von anorganischen Chloriden zum Einsatz. Metallchloride werden auch mit elementarem Chlor hergestellt, das außerdem zum Bleichen von Papier und Textilien und zur Desinfektion von Wasser dient.

Brom. Ein großer Teil des Broms kommt (noch) als 1,2-Dibromethan (BrH_2C-CH_2Br) im bleihaltigen Benzin zum Einsatz. Es sorgt im Zylinder für die Bildung von Blei(II)-bromid, das bei den Verbrennungstemperaturen flüchtig ist und in die Abgase gelangt. Organische Brom-Verbindungen sind Zwischenprodukte bei der Synthese von Farbstoffen, pharmazeutischen Produkten und Pflanzenschutzmitteln. Kaliumbromid findet medizinische Anwendung. Silberbromid ist die lichtempfindliche Substanz in photographischen Filmen.

Iod. Iod und seine Verbindungen haben weit geringere Bedeutung als die übrigen Halogene und Halogen-Verbindungen. Zu den Anwendungen gehört die Herstellung pharmazeutischer Produkte, Farbstoffe und Silberiodid für photographische Zwecke.

22.8 Übungsaufgaben

(Lösungen s. S. 679)

22.1 Formulieren Sie die Reaktionsgleichungen für die Synthese von:
a) F_2 aus CaF_2
b) Cl_2 aus NaCl
c) Br_2 aus Meerwasser
d) I_2 aus $Ca(IO_3)_2$
e) HBr aus PBr_3

22.2 Formulieren Sie die Reaktionsgleichungen für die Synthese von Chlor aus Cl^- (aq) mit
a) MnO_2(s)
b) PbO_2(s)
c) MnO_4^-(aq)
d) $Cr_2O_7^{2-}$(aq)

Kann man mit den analogen Reaktionen auch F_2, Br_2 und I_2 herstellen (Begründung)?

22.3 Formulieren Sie die Reaktionsgleichungen für die Reaktionen von HF(aq) mit:
a) SiO_2
b) Na_2CO_3
c) KF
d) CaO

22.4 Formulieren Sie Reaktionsgleichungen für die Reaktionen von Cl_2(g) mit:
a) H_2(g)
b) Zn(s)
c) P_4(s)
d) S_8(s)
e) H_2S(g)
f) CO(g)
g) SO_2(g)
h) I^-(aq)
i) H_2O

22.5 Bei welcher Verbindung der folgenden Paare hat die Bindung einen größeren ionischen Charakter?
a) BeF_2 oder $BeBr_2$
b) $FeCl_2$ oder $FeCl_3$
c) MgI_2 oder SrI_2
d) $ScCl_3$ oder PCl_3
e) $SrCl_2$ oder YCl_3

22.6 Iodtrichlorid ist dimer, d. h. es hat die Molekularformel $(ICl_3)_2$. Leiten Sie die Molekülstruktur mit Hilfe der Valenzelektronenpaar-Abstoßungstheorie ab.

22.7 Durch Reaktion von Iodtrichlorid mit Cl^--Ionen entsteht das ICl_4^--Ion. Welche Struktur hat dieses Ion?

22.8 Erklären Sie die Struktur des I_3^--Ions mit der Valenzelektronenpaar-Abstoßungstheorie.

22.9 Flüssiges Bromtrifluorid dissoziiert in geringem Maße gemäß $2 BrF_3 \rightleftarrows BrF_2^+ + BrF_4^-$.
Welche Strukturen haben diese Ionen?

22.10 Eine wäßrige NaCl-Lösung wird eine Stunde lang mit einem Strom von 1000 A elektrolysiert. Nehmen Sie eine Stromausbeute von 75 % an. Wieviel Gramm Cl_2, NaOCl oder $NaClO_3$ können erhalten werden? Wie sind die Bedingungen zu wählen, damit jeweils nur eine dieser Substanzen entsteht?

23 Die Edelgase

Zusammenfassung. Die Edelgase zeichnen sich durch ihre geringe chemische Reaktionsbereitschaft aus, die ein Ausdruck für die besondere Stabilität ihrer Elektronenkonfiguration ist. Von Helium, Neon und Argon sind bislang keine Verbindungen bekannt, und vom Krypton nur sehr wenige (z. B. KrF_2). Die am besten charakterisierten Edelgasverbindungen sind die Xenonfluoride XeF_2, XeF_4 und XeF_6, Xenonoxide (XeO_3 und XeO_4), Xenonoxidtetrafluorid ($XeOF_4$) und die Perxenate mit dem XeO_6^{4-}-Ion. Helium wird aus Erdgasquellen, Neon, Argon, Krypton und Xenon aus Luft gewonnen. Argon findet vor allem als Schutzgas Verwendung. Helium dient als Kühlmittel für tiefste Temperaturen.

- 23.1 Vorkommen und Gewinnung der Edelgase 402
- 23.2 Eigenschaften der Edelgase 402
- 23.3 Verwendung der Edelgase 403

Das herausragende Merkmal der Edelgase ist ihre chemische Reaktionsträgheit. Bis 1962 war keine echte Verbindung dieser Elemente bekannt, inzwischen sind jedoch über 30 Verbindungen hergestellt worden.

23.1 Vorkommen und Gewinnung der Edelgase

Alle Edelgase sind Bestandteile der Luft (s. 23.1), wobei der Volumenanteil des Argons 99,8 % des Edelgasanteils ausmacht. Neon, Argon, Krypton und Xenon werden als Nebenprodukte bei der fraktionierten Destillation von flüssiger Luft gewonnen (vgl. Abschn. 24.2, S. 407).

Helium entsteht laufend im Erdinneren durch radioaktive Zerfallsprozesse aus Uran und anderen radioaktiven Elementen und findet sich deshalb in manchen Erdgasen, vor allem in Nordamerika (bis 8 % He-Anteil). Es wird daraus gewonnen, indem die übrigen Gase bis zu ihrer Kondensation abgekühlt werden und nur das Helium gasförmig bleibt. Helium ist ein wesentlicher Bestandteil der Sonne.

Radon ist ein Produkt des radioaktiven Zerfalls von Radium, das seinerseits durch den radioaktiven Zerfall von Uran und Thorium entsteht. Es treten mehrere Isotope des Radons auf, die alle selbst radioaktiv sind; die längste Halbwertszeit (3,82 Tage) hat das Isotop ^{222}Rn, das durch den Zerfall von ^{226}Ra entsteht (vgl. Abschn. 31.7, S. 623). Durch seine ständige Bildung ist Radon in kleiner Menge im Erdreich enthalten und wird von dort an die Luft abgegeben. In geschlossenen Räumen ist der Radon-Gehalt der Luft größer als in freier Atmosphäre, weil es aus dem Erdreich auch in Häuser eindringt und durch den Zerfall radioaktiver Elemente entsteht, die spurenweise in Baumaterialien enthalten sind.

23.1 Einige physikalische Eigenschaften der Edelgase

	Smp. /°C	Sdp. /°C	Ionisierungsenergie /kJ mol^{-1}	Volumenanteil in Luft[a] /Vol.-%
Helium	−272,2[b]	−268,9	2,37 · 10^3	5 · 10^{-4}
Neon	−248,6	−245,9	2,08 · 10^3	2 · 10^{-3}
Argon	−189,3	−185,8	1,52 · 10^3	0,934
Krypton	−157	−152,9	1,35 · 10^3	1 · 10^{-4}
Xenon	−112	−107,1	1,17 · 10^3	9 · 10^{-6}
Radon	−71	−61,8	1,04 · 10^3	ca. 6 · 10^{-18}[c]

[a] Trockene Luft auf Höhe des Meeresspiegels
[b] Unter 2,6 MPa Druck (Helium kann nur unter Druck zum Gefrieren gebracht werden)
[c] Regional verschieden

23.2 Eigenschaften der Edelgase

Die stabile Elektronenkonfiguration der Edelgase spiegelt sich in ihren Eigenschaften wider. Die Atome zeigen kein Bestreben, sich mit anderen Atomen zu verbinden. Die Elemente kommen als monoatomare, farblose Gase vor. In jeder Periode hat das Edelgas die höchste Ionisierungsenergie (vgl. ◉ 7.4, S. 98). Die niedrigen Schmelz- und Siedepunkte (◻ 23.1) zeigen die schwachen Anziehungskräfte zwischen den Atomen an, die nur London-Kräfte sind. Mit zunehmender Ordnungszahl werden die Elektronen der äußersten Schale weniger stark gebunden. Dementsprechend nimmt die Ionisierungsenergie vom Helium zum Radon ab. Die zunehmende Größe der Elektronenwolke erklärt die Zunahme der London-Kräfte und damit die Zunahme der Schmelz- und Siedepunkte vom Helium zum Radon. Helium hat den niedrigsten Schmelz- und Siedepunkt aller bekannten Stoffe (Sdp.: 4,2 K).

Die Ionisierungsenergie von Xenon ist annähernd die gleiche wie die von Sauerstoff. Da Verbindungen mit dem Ion O_2^+ ebenso wie das Sauerstofffluorid OF_2 bekannt sind, sollten auch Verbindungen des Xenons möglich sein; basierend auf dieser Idee konnte Neil Bartlett im Juni 1962 die erste Edelgasverbindung herstellen. Zwei anderen Arbeitsgruppen gelang im Juli bzw. September 1962 die Herstellung von Xenonfluoriden, welche die am besten charakterisierten Edelgasverbindungen sind: XeF_2, XeF_4 und XeF_6. Sie können durch direkte Synthese aus den Elementen erhalten werden, wobei die Reaktionsbedingungen, insbesondere das eingesetzte Xe : F_2-Verhältnis bestimmen, welches Produkt bevorzugt entsteht. Die Xenonfluoride sind farblose, kristalline Verbindungen (◻ 23.2).

Sauerstoff-Verbindungen des Xenons entstehen durch Hydrolyse der Fluoride. Leitet man Ozon (O_3) durch eine alkalische Lösung von XeO_3, so entsteht das Perxenat-Ion XeO_6^{4-}, in dem Xenon die Oxidationszahl VIII hat. Die zugehörige Säure (H_4XeO_6) ist nicht bekannt, aber ihr Anhydrid, das Xenon(VIII)-oxid XeO_4; es entsteht aus Bariumperxenat durch Einwirkung von kalter Schwefelsäure.

Die Reaktivität der Edelgase nimmt vom Radon zum Helium ab. Radon sollte das reaktivste sein; der radioaktive Zerfall erschwert die Erforschung seiner Chemie, und es ist noch nicht viel mehr bekannt, als seine Fähigkeit, sich mit Fluor zu verbinden. Krypton ist weniger reaktiv als Xenon, aber einige Verbindungen konnten hergestellt werden, von denen vor allem das Krypton(II)-fluorid (KrF_2) zu nennen ist; es entsteht bei tiefer Temperatur wenn eine elektrische Entladung auf ein Kr/F_2-Gemisch einwirkt.

Die Strukturen der Edelgasverbindungen lassen sich mit der Valenzelektronenpaar-Abstoßungstheorie verstehen (◉ 23.1).

23.3 Verwendung der Edelgase

Das häufigste und damit preiswerteste Edelgas, Argon, wird immer dann eingesetzt, wenn eine chemisch völlig indifferente Atmosphäre benötigt wird. Glühlampen werden mit Argon gefüllt; das Gas reagiert nicht mit dem heißen Glühdraht und erlaubt eine höhere Glühtemperatur als in einer evakuierten Birne wegen der dann geringeren Verdampfung des Metalls. Beim Schweißen wird durch eine Argon-Atmosphäre das Verbrennen der Metalle verhindert; ohne das Schutzgas könnte zum Beispiel Aluminium nicht geschweißt werden. Die elektrische Entladung durch ein Edelgas regt dieses zum Leuchten an. Diese Erscheinung macht man sich bei der Lichtreklame zunutze.

◻ 23.2 Eigenschaften einiger Xenon-Verbindungen

		Smp. /°C
XeF_2	farblose Kristalle	129
XeF_4	farblose Kristalle	117
XeF_6	farblose Kristalle	50
$XeOF_4$	farblose Flüssigkeit	−46
XeO_3	farblose Kristalle	—
XeO_4	farbloses Gas	—
$Na_4XeO_6 \cdot 8H_2O$	farblose Kristalle	—

$XeF_6(s) + H_2O \rightarrow XeOF_4(l) + 2HF(g)$
$XeOF_4(l) + 2H_2O \rightarrow XeO_3(aq) + 4HF(aq)$
$3XeO_3(aq) + 12OH^-(aq) + O_3(g) \rightarrow$
$\qquad 3XeO_6^{4-}(aq) + 6H_2O$
$Ba_2XeO_6(s) + 2H_2SO_4(l) \rightarrow$
$\qquad 2BaSO_4 + XeO_4(g) + 2H_2O$

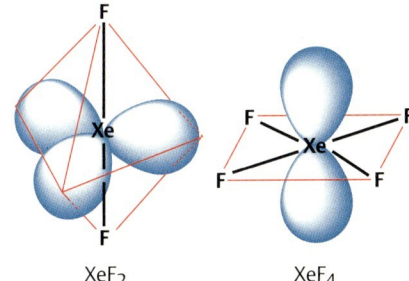

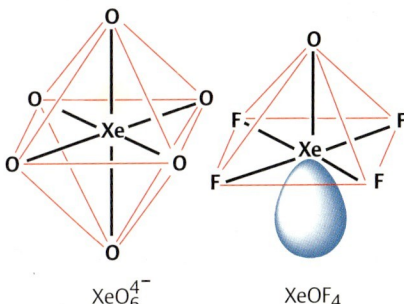

◉ 23.1 Strukturen einiger Xenon-Verbindungen

Die Dichte von Helium beträgt nur 14 % der Dichte von Luft. Es dient deshalb zum Füllen von Ballons; Wasserstoff hat zwar eine noch geringere Dichte, ist aber wegen seiner leichten Brennbarkeit gefährlich. Zum Erreichen tiefster Temperaturen ist Helium unersetzbar. Flüssiges Helium dient als Kühlmittel bei der Erforschung der Eigenschaften von Materie nahe am absoluten Nullpunkt. Manche Metalle zeigen bei diesen Temperaturen die Erscheinung der *Supraleitung*: Sie besitzen keinen elektrischen Widerstand mehr. Elektromagnete für höchste magnetische Feldstärken werden aus supraleitenden Metallen (z.B. Nb/Ti-Legierung) hergestellt und in einem Bad aus flüssigem Helium bei 4 K betrieben.

Radon wird medizinisch als Quelle für α-Strahlen bei der Krebsbehandlung eingesetzt.

24 Die Elemente der 6. Hauptgruppe

Schlüsselworte (s. Glossar)

Chalkogen
Allotropie
Polymorphie

Frasch-Verfahren
Claus-Prozeß
Kontakt-Verfahren

Peroxosäuren

Zusammenfassung. *Sauerstoff*, das häufigste Element auf der Erde, wird durch *fraktionierte Destillation von flüssiger Luft* und in kleiner Menge durch Elektrolyse von Wasser gewonnen. Im Labor erhält man Sauerstoff durch *thermische Zersetzung* bestimmter Sauerstoff-Verbindungen (Oxide mancher Edelmetalle, Peroxide, Chlorate).

Sauerstoff bildet vier verschiedene Anionen:

Oxid-Ion O^{2-} Peroxid-Ion O_2^{2-}
Hyperoxid-Ion O_2^- Ozonid-Ion O_3^-

Alle *Metalle* mit Ausnahme einiger Edelmetalle reagieren mit Sauerstoff. Alle *Nichtmetalle* außer den Edelgasen und den Halogenen reagieren direkt mit Sauerstoff. Bei den meisten Reaktionen von Sauerstoff mit *Verbindungen* entstehen die gleichen Produkte wie bei den Reaktionen mit den Elementen, die in der Verbindung enthalten sind. Sauerstoff tritt in zwei *allotropen Modifikationen* auf: O_2 und O_3 (Ozon). Ozon ist ein starkes Oxidationsmittel, das aus O_2 in elektrischen Entladungen oder bei Einwirkung von ultravioletter Strahlung entsteht.

Schwefel und Selen kommen in mehreren kristallinen und amorphen Modifikationen vor. *Schwefel* wird aus unterirdischen Lagerstätten nach dem *Frasch-Verfahren* gefördert. Aus Schwefelwasserstoff, der bei der Aufarbeitung von Kohle, Erdöl und Erdgas anfällt, wird Schwefel nach dem *Claus-Prozeß* gewonnen. Hauptquelle für *Selen* und *Tellur* ist der Anodenschlamm der elektrolytischen Kupferraffination. Die Verbindungen H_2S, H_2Se und H_2Te sind giftige Gase, die aus den Elementen oder durch Einwirkung von Säuren auf Sulfide, Selenide bzw. Telluride erhältlich sind. Sie sind schwache Säuren.

Wichtige Verbindungen, in denen der Schwefel in der Oxidationsstufe +IV auftritt, sind *Schwefeldioxid* (SO_2), *Schweflige Säure* (H_2SO_3) und die *Sulfite*. Vom Selen und Tellur gibt es entsprechende Verbindungen. H_2SO_3 ist ebenso wie H_2TeO_3 nicht als reine Substanz isolierbar. Die wichtigsten Verbindungen mit Schwefel der Oxidationszahl +VI sind *Schwefeltrioxid* (SO_3), *Schwefelsäure* (H_2SO_4) und die *Sulfate*. Schwefelsäure, die technisch nach dem *Kontaktverfahren* hergestellt wird, findet vielfältige Anwendung. Selen und Tellur bilden in der Oxidationsstufe +VI ebenfalls Oxide und Oxosäuren. Weitere Schwefelsäuren sind die *Dischwefelsäure*, die *Peroxomono-* und die *Peroxodischwefelsäure*. Im *Thiosulfat-Ion* ($S_2O_3^{2-}$) sind zwei unterschiedliche Schwefel-Atome enthalten.

- 24.1 Allgemeine Eigenschaften der Chalkogene 406
- 24.2 Vorkommen und Gewinnung von Sauerstoff 407
- 24.3 Reaktionen des Sauerstoffs 408
- 24.4 Verwendung von Sauerstoff 411
- 24.5 Ozon 411
- 24.6 Schwefel, Selen und Tellur 412
- 24.7 Vorkommen und Gewinnung von Schwefel, Selen und Tellur 413
- 24.8 Wasserstoff-Verbindungen von Schwefel, Selen und Tellur 414
- 24.9 Schwefel-, Selen- und Tellur-Verbindungen in der Oxidationsstufe +IV 416
- 24.10 Schwefel-, Selen- und Tellur-Verbindungen in der Oxidationsstufe +VI 417
- 24.11 Verwendung von Schwefel, Selen und Tellur 420
- 24.12 Übungsaufgaben 421

Zur 6. Hauptgruppe des Periodensystems gehören die Elemente Sauerstoff, Schwefel, Selen, Tellur und Polonium. Sie werden auch **Chalkogene** genannt. Sauerstoff unterscheidet sich in seinen Eigenschaften deutlich von den übrigen Elementen dieser Gruppe. Polonium ist ein Produkt des radioaktiven Zerfalls von Radium. Es ist selbst ebenfalls radioaktiv; das am leichtesten zugängliche Isotop, ^{210}Po, hat nur eine Halbwertszeit von 138,4 Tagen. Wegen seiner Instabilität hat Polonium keine Bedeutung und seine Eigenschaften sind wenig erforscht.

24.1 Allgemeine Eigenschaften der Chalkogene

Einem Chalkogen-Atom fehlen zwei Elektronen, um die Elektronenkonfiguration des nächsten Edelgases zu erreichen. Es hat daher eine Tendenz, zwei Elektronen aufzunehmen. Mit elektropositiven Elementen werden Ionenverbindungen gebildet, zum Beispiel Na_2S mit dem Anion S^{2-}. Eine edelgasähnliche Konfiguration kann auch durch die Ausbildung von zwei kovalenten Bindungen erreicht werden, zum Beispiel im H_2Se.

Einige Eigenschaften der Elemente sind in ▫ 24.1 zusammengestellt. Jedes Chalkogen ist ein weniger reaktives Nichtmetall als das Halogen der gleichen Periode. Die Elektronegativitäten nehmen mit zunehmender Ordnungszahl ab. Sauerstoff ist nach Fluor das elektronegativste Element; Schwefel hat etwa die gleiche Elektronegativität wie Iod. Dementsprechend sind die Bindungen in den Oxiden der meisten Elemente als überwiegend ionisch anzusehen, während bei den Sulfiden, Seleniden und Telluriden nur diejenigen mit den elektropositiven Elementen der ersten und zweiten Hauptgruppe Ionenverbindungen sind.

▫ **24.1** Einige Eigenschaften der Chalkogene

	Sauer-stoff	Schwefel	Selen	Tellur
Farbe	farblos	gelb	rot oder grau	grau
Molekülformel	O_2	S_8-Ring	Se_8-Ring oder Se_x-Kette	Te_x-Kette
Schmelzpunkt /°C	−218,4	119 (β-S_8)	217	450
Siedepunkt /°C	−182,9	444,6	688	990
Kovalenzradius /pm	74	104	117	137
X^{2-}-Ionenradius /pm	140	184	198	221
Erste Ionisierungs-energie /kJ · mol^{-1}	1312	1004	946	870
Elektronegativität	3,4	2,6	2,6	2,1
Bindungsenergie der Einfachbindung /kJmol^{-1}	138	213	184	138
E^0 zur Reduktion des Elements zu H_2X in saurer Lösung /V	1,23	0,14	−0,40	−0,72

Chemisch verhalten sich die Chalkogene überwiegend wie Nichtmetalle. Bei den schwereren Elementen zeigen sich jedoch gewisse metallische Eigenschaften. Wie zu erwarten, nimmt der metallische Charakter mit der Ordnungszahl, der zunehmenden Atomgröße und der abnehmenden Ionisierungsenergie zu. Polonium ist als Metall anzusehen; in wäßriger Lösung scheint es Kationen bilden zu können, während die Oxidationszahl −II (z. B. im H_2Po) instabil ist. Elementares Tellur verhält sich ähnlich wie ein Metall, seine Verbindungen entsprechen aber mehr denen eines Nichtmetalls. Tellur-Kationen sind nur mit Anionen von starken Säuren bekannt. Festes elementares Selen bildet eine nichtmetallische und eine halbmetallische Modifikation.

Vom Schwefel, Selen und Tellur gibt es Verbindungen mit positiven Oxidationszahlen. Vor allem die Oxidationszahlen +IV und +VI sind von Bedeutung. Beim Sauerstoff spielen positive Oxidationszahlen nur bei wenigen Verbindungen mit Fluor eine Rolle.

Die in 24.1 angegebenen Normalpotentiale geben einen Eindruck der oxidierenden Eigenschaften der Elemente. Sauerstoff ist ein starkes Oxidationsmittel, aber diese Eigenschaft nimmt zum Tellur hin auffällig stark ab. H_2Se und H_2Te sind bereits stärkere *Reduktionsmittel* als Wasserstoff. Man vergleiche auch die Normalpotentiale mit denjenigen, die für die Halogene in 22.1 aufgeführt sind.

24.2 Vorkommen und Gewinnung von Sauerstoff

Sauerstoff ist in dem uns zugänglichen Bereich der Erde das häufigste aller Elemente (vgl. 1.1, S. 6). In der Luft ist elementarer Sauerstoff zu etwa 21,0 Volumen-% oder 23,2 Massen-% enthalten. Die meisten Minerale enthalten gebundenen Sauerstoff. Siliciumdioxid, SiO_2, ist der Hauptbestandteil im Sand und findet sich in vielen anderen Mineralien. Silicate sind Verbindungen aus Sauerstoff, Silicium und Metallen; zu ihnen gehören zahlreiche Mineralien, die den Großteil des Erdreichs ausmachen. Weitere sauerstoffhaltige Mineralien sind bestimmte Oxide, Sulfate und Carbonate. Sauerstoff ist Bestandteil der Verbindungen der belebten Natur; der menschliche Körper besteht zu über 60 % aus gebundenem Sauerstoff.

Drei Sauerstoff-Isotope kommen in der Natur vor:

^{16}O (99,759 %) ^{17}O (0,037 %) ^{18}O (0,204 %)

Luft ist ein Gasgemisch. Seine Zusammensetzung hängt von der Höhenlage und, in geringerem Maße, von der Ortslage ab. Die Analyse der Zusammensetzung von Luft erfolgt, nachdem Feuchtigkeit und Schwebestoffe (wie Staub, Pollen und Sporen) entfernt wurden. In 24.2 sind einige Bestandteile der Luft mit ihren Volumenanteilen auf Höhe des Meeresspiegels angegeben.

Über 99 % des technisch produzierten Sauerstoffs werden durch fraktionierte Destillation von flüssiger Luft gewonnen. Flüssige Luft wird nach dem *Linde-Verfahren* aus trockener Luft, aus der das Kohlendioxid entfernt wurde, erhalten. Bei dem Verfahren wird der Joule-Thomson-Effekt ausgenutzt (s. Abschn. 10.10, S. 160). Stickstoff hat einen niedrigeren Siedepunkt (−196 °C) als Sauerstoff (−183 °C). Durch die fraktionierte Destillation und mit einigen zusätzlichen Abtrennungsmethoden können auch die Edelgase von Stickstoff und Sauerstoff abgetrennt werden.

24.2 Zusammensetzung von reiner, trockener Luft

	Volumenanteil /cL · L^{-1}
N_2	78,08
O_2	20,95
Ar	0,933
CO_2	0,036
Ne	0,0018
He	$5 \cdot 10^{-4}$
CH_4	$2 \cdot 10^{-4}$
Kr	$1 \cdot 10^{-4}$
N_2O	$5 \cdot 10^{-5}$
H_2	$5 \cdot 10^{-5}$
CO	$2 \cdot 10^{-5}$
Xe	$8 \cdot 10^{-6}$
O_3	$1 \cdot 10^{-6}$
NH_3	$1 \cdot 10^{-6}$
NO_2	$1 \cdot 10^{-7}$
SO_2	$2 \cdot 10^{-8}$
H_2S	$2 \cdot 10^{-8}$

Carl von Linde, 1842–1934

$2\,HgO(s) \xrightarrow{\Delta} 2\,Hg(l) + O_2(g)$

(das Symbol Δ über dem Reaktionspfeil bedeutet Reaktion bei Erwärmung)

$2\,Na_2O_2(s) \xrightarrow{\Delta} 2\,Na_2O(s) + O_2(g)$

$2\,BaO_2(s) \xrightarrow{\Delta} 2\,BaO(s) + O_2(g)$

$2\,H_2O_2(l) \xrightarrow{(Kat.)} 2\,H_2O(l) + O_2(g)$

$2\,NaNO_3(s) \xrightarrow{\Delta} 2\,NaNO_2(s) + O_2(g)$

$2\,KClO_3(s) \xrightarrow[(MnO_2)]{\Delta} 2\,KCl(s) + 3\,O_2(g)$

Carl Wilhelm Scheele (1742–1786); Entdecker des Sauerstoffs, Stickstoffs und Chlors

$Cs(s) + O_2(g) \rightarrow CsO_2(s)$
$2\,Na(s) + O_2(g) \rightarrow Na_2O_2(s)$
$4\,Li(s) + O_2(g) \rightarrow 2\,Li_2O(s)$

In kleinerer Menge wird Sauerstoff in sehr reiner Form, aber relativ kostspielig, durch die Elektrolyse von Wasser erhalten.

Zur Herstellung von Sauerstoff im Laboratorium werden bestimmte Sauerstoff-Verbindungen thermisch zersetzt:

Oxide. Silberoxid (Ag_2O) und Quecksilberoxid (HgO) zersetzen sich beim Erhitzen in die Elemente.

Peroxide. Peroxide wie Natriumperoxid (Na_2O_2) oder Bariumperoxid (BaO_2), die das Ion O_2^{2-} enthalten, spalten bei Erwärmung Sauerstoff ab. Wasserstoffperoxid (H_2O_2) zersetzt sich bereits bei Raumtemperatur in Anwesenheit von Katalysatoren.

Nitrate und Chlorate. Nitrate der Alkalimetalle spalten beim Erhitzen einen Teil ihres Sauerstoffs ab und bilden Nitrite. Kaliumchlorat verliert beim Erhitzen seinen gesamten Sauerstoff; MnO_2 dient dabei als Katalysator.

24.3 Reaktionen des Sauerstoffs

Sauerstoff wirkt auf viele Stoffe als Oxidationsmittel, bei Raumtemperatur verlaufen die meisten Reaktionen jedoch außerordentlich langsam. Die Ursache hierfür ist die hohe Bindungsenergie im O_2-Molekül (494 kJ/mol); Reaktionen, bei denen die Bindung im O_2-Molekül aufgebrochen werden muß, finden in der Regel nur bei hohen Temperaturen statt. Viele dieser Reaktionen sind stark exotherm und laufen von selbst ab, nachdem sie durch anfängliches Erhitzen in Gang gesetzt wurden ("Verbrennung"). Im Gegensatz zu den Reaktionen von gasförmigem Sauerstoff reagiert in Wasser gelöster Sauerstoff oft viel schneller; dies spielt zum Beispiel bei den Atmungsvorgängen im Organismus und bei der Korrosion von Eisen eine Rolle. Bei 20 °C und 101,3 kPa lösen sich 30,5 mL Sauerstoffgas in 1 L Wasser.

Sauerstoff bildet vier verschiedene Anionen: das Hyperoxid- (früher Superoxid genannt), das Peroxid-, das Oxid- und das Ozonid-Ion. Für die zwei ersten sind die Molekülorbital-Diagramme in ◘ 24.1 gezeigt. Das **Hyperoxid-Ion** O_2^- kann man als ein O_2-Molekül auffassen, das ein zusätzliches Elektron in ein $\pi^*\,2p$-Orbital aufgenommen hat; dadurch verringert sich die Zahl der ungepaarten Elektronen auf 1 und die Bindungsordnung auf $1\frac{1}{2}$. Das **Peroxid-Ion** O_2^{2-} verfügt in den π^*-2p-Orbitalen über zwei Elektronen mehr als das O_2-Molekül; die Bindungsordnung beträgt nur noch 1 und das Ion ist diamagnetisch. Das **Oxid-Ion** O^{2-} ist isoelektronisch zum Neon und diamagnetisch. Das **Ozonid-Ion** O_3^- hat ein ungepaartes Elektron und ist paramagnetisch; es entsteht bei Reaktionen von Ozon (O_3, Abschn. 24.5, S. 411) mit KO_2, KOH, RbOH oder CsOH.

Alle Metalle, ausgenommen einige Edelmetalle (z.B. Ag, Au, Rh), reagieren mit Sauerstoff. Von allen Metallen sind Oxide bekannt, einige müssen allerdings auf indirektem Weg hergestellt werden. Cäsium, Rubidium und Kalium reagieren mit Sauerstoff bei Normaldruck unter Bildung von Hyperoxiden. Bei der Reaktion mit Natrium entsteht das Peroxid. Lithium reagiert mit Sauerstoff zum normalen Oxid Li_2O, da das kleine Li^+-Ion mit den größeren O_2^{2-}- oder O_2^--Ionen kein stabiles Kristallgitter bilden kann.

Ausgenommen Barium, mit dem sich das Peroxid BaO_2 bildet, führt die Reaktion aller übrigen Metalle mit Sauerstoff zur Bildung von normalen Oxiden. In fein verteilter Form verbrennen manche Metalle, zum Beispiel

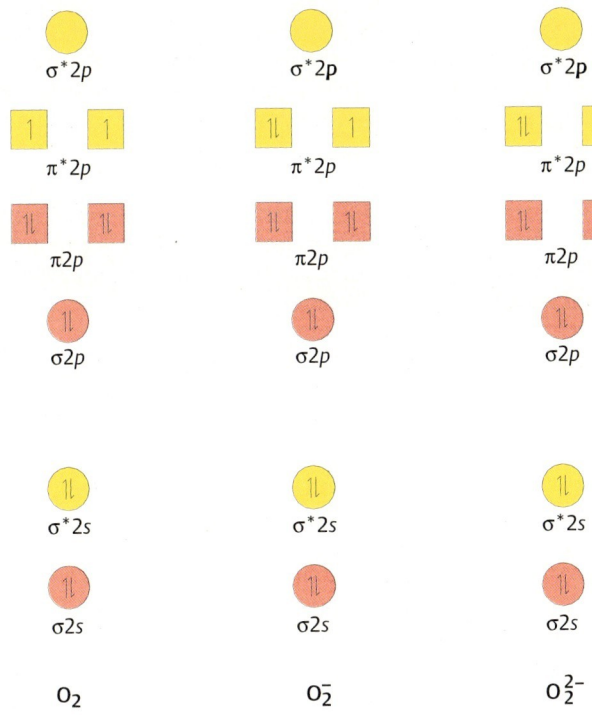

○ 24.1 Molekülorbital-Diagramm für das

Sauerstoff-Molekül	Hyperoxid-Ion	Peroxid-Ion
2 ungepaarte Elektronen	1 ungepaartes Elektron	kein ungepaartes Elektron
Bindungsordnung 2	Bindungsordnung $1\frac{1}{2}$	Bindungsordnung 1
O-O-Abstand 121 pm	O-O-Abstand 128 pm	O-O-Abstand 149 pm

Magnesium oder Aluminium, sehr lebhaft. Die Reaktion mit Quecksilber ist reversibel.

Bei Metallen, die in mehreren Oxidationsstufen auftreten können, hängt die Zusammensetzung des gebildeten Oxids im allgemeinen von der Menge des Sauerstoffs und des Metalls und von den Reaktionsbedingungen ab. So reagiert Eisen mit Sauerstoff bei niedrigem Sauerstoffdruck und Temperaturen über 600 °C unter Bildung von FeO; fein verteiltes Eisen, das an Luft erhitzt wird, bildet bei 500 °C Fe_3O_4 und bei Temperaturen über 500 °C Fe_2O_3. Rost ist hydratisiertes Fe_2O_3.

Mit Ausnahme der Edelgase und der Halogene reagieren alle Nichtmetalle mit Sauerstoff. Oxide der Halogene und der schweren Edelgase sind aber auf indirektem Wege zugänglich. Bei den Reaktionen von Phosphor und Kohlenstoff mit Sauerstoff hängt die Zusammensetzung der Produkte von der Menge des angebotenen Sauerstoffs ab. Bei begrenzter Sauerstoffzufuhr bilden sich die Oxide mit niedrigerer Oxidationszahl, P_4O_6 bzw. CO, bei reichlichem Sauerstoffangebot wird die höchstmögliche Oxidationszahl erreicht.

Bei der Verbrennung von Schwefel entsteht Schwefeldioxid; dieses kann in Anwesenheit eines Katalysators zu Schwefeltrioxid weiterverbrannt werden (vgl. Abschn. 24.**10**, S. 417).

Die Reaktion von Stickstoff mit Sauerstoff ist eine der wenigen Verbrennungsreaktionen, die endotherm ist. Sie läuft nur bei hohen Tempe-

$2 Mg(s) + O_2(g) \rightarrow 2 MgO(s)$
$2 Al(s) + 3 O_2(g) \rightarrow 2 Al_2O_3(s)$
$2 Hg(l) + O_2(g) \rightleftarrows 2 HgO(s)$

$2 Fe(s) + O_2(g) \rightarrow FeO(s)$
$3 Fe(s) + 2 O_2(g) \xrightarrow{500°} Fe_3O_4(s)$
$4 Fe(s) + 3 O_2(g) \xrightarrow{> 500°} 2 Fe_2O_3(s)$

$2 C(s) + O_2(g) \rightarrow 2 CO(g)$
$C(s) + O_2(g) \rightarrow CO_2(g)$
$P_4(s) + 3 O_2(g) \rightarrow P_4O_6(s)$
$P_4(s) + 5 O_2(g) \rightarrow P_4O_{10}(s)$

$\frac{1}{8} S_8(s) + O_2(g) \rightarrow SO_2(g)$
$SO_2(g) + \frac{1}{2} O_2(g) \xrightarrow{(V_2O_5)} SO_3(g)$

$N_2(g) + O_2(g) \xrightarrow{\text{hohe Temp.}} 2NO(g)$

$2NO(g) + O_2(g) \xrightarrow{20\,°C} 2NO_2(g)$

$2CO(g) + O_2(g) \rightarrow 2CO_2(g)$
$2Cu_2O(s) + O_2(g) \rightarrow 4CuO(s)$

$2H_2S(g) + 3O_2(g) \rightarrow 2H_2O(g) + 2SO_2(g)$
$CS_2(l) + 3O_2(g) \rightarrow CO_2(g) + 2SO_2(g)$
$CH_4(g) + 2O_2(g) \rightarrow CO_2(g) + 2H_2O(g)$
$2ZnS(s) + 3O_2(g) \rightarrow 2ZnO(s) + 2SO_2(g)$

H_2O_2-Synthesen

Anthrachinon-Verfahren:

$C_{14}H_8O_2 + H_2 \rightarrow C_{14}H_8(OH)_2$
$C_{14}H_8(OH)_2 + O_2 \rightarrow C_{14}H_8O_2 + H_2O_2$
_____
$H_2 + O_2 \rightarrow H_2O_2$

aus Bariumperoxid:

$BaO_2(s) + 2H^+(aq) + SO_4^{2-}(aq) \rightarrow$
$\qquad\qquad\qquad H_2O_2(aq) + BaSO_4(s)$

$2H_2O_2(l) \rightarrow 2H_2O + O_2(g)$

raturen in begrenztem Maße ab (vgl. Abschn. 25.**8**, S. 434). Das gebildete Stickstoffmonoxid, NO, reagiert aber bei Raumtemperatur mit Sauerstoff spontan zu NO_2 weiter.

Außer Schwefeldioxid und Stickstoffmonoxid können auch andere niedere Oxide mit Sauerstoff in höhere Oxide überführt werden, zum Beispiel Kohlenmonoxid und Kupfer(I)-oxid.

Viele Verbindungen verbrennen zu den gleichen Produkten, die auch entstehen würden, wenn die darin enthaltenen Elemente direkt verbrannt würden. Zu den technisch wichtigen Verbrennungsprozessen gehört die Verbrennung von Kohlenwasserstoffen, z.B. Methan, CH_4, wobei $H_2O(g)$, $CO(g)$ und $CO_2(g)$ entstehen. Die Reaktion von Metallsulfiden mit Sauerstoff unter Bildung von Metalloxiden und Schwefeldioxid wird „Rösten" genannt; sie ist bei der Aufarbeitung von Erzen von Bedeutung (Abschn. 27.**5**, S. 477).

Wasserstoff verbindet sich mit Sauerstoff in stark exothermer Reaktion zu Wasserdampf. Auf indirektem Wege können die Elemente zu einer weiteren Verbindung, dem **Wasserstoffperoxid**, H_2O_2, vereint werden. Bei der technischen Gewinnung von Wasserstoffperoxid nach dem *Anthrachinon-Verfahren* wird Anthrachinon, $C_{14}H_8O_2$, mit Wasserstoff zu Anthrahydrochinon, $C_{14}H_8(OH)_2$, umgesetzt. Dieses reagiert mit Sauerstoff zu Wasserstoffperoxid unter gleichzeitiger Rückbildung von Anthrachinon (vgl. Abschn. 29.**9**, S. 553). Wasserstoffperoxid entsteht auch bei der Behandlung von Peroxiden mit Säuren und bei der Hydrolyse von Peroxodisulfat (S. 420).

Wasserstoffperoxid ist eine farblose Flüssigkeit, die bei 150,2 °C siedet und bei −0,4 °C gefriert. Es zersetzt sich in exothermer Reaktion zu Wasser und Sauerstoff. Beim Erhitzen von reinem Wasserstoffperoxid kann die Zersetzung explosionsartig verlaufen, weshalb Wasserstoffperoxid nur als wäßrige Lösung im Handel ist („Perhydrol" mit 30–35% H_2O_2). Bei Raumtemperatur ist die Zerfallsgeschwindigkeit sehr gering; in Anwesenheit von Katalysatoren tritt dagegen ein schneller Zerfall ein. Als Katalysatoren wirken unter anderem Platin, MnO_2, Fe^{3+} (aq), I^- (aq), OH^- (aq) sowie im Organismus das Enzym Katalase.

Die im H_2O_2 vorhandene Peroxid-Gruppe $-O-O-$ kommt kovalent gebunden auch in anderen Verbindungen vor, zum Beispiel im Peroxidisulfat-Ion, $[O_3S-O-O-SO_3]^{2-}$. Wasserstoffperoxid ist eine sehr schwache Säure; durch Neutralisation mit Natriumhydroxid kann Natriumhydroperoxid NaO_2H entstehen. Dieses bildet sich auch bei der Hydrolyse von Natriumperoxid:

$Na_2O_2 + H_2O \rightarrow 2\,Na^+(aq) + HO_2^- + OH^-$

Wasserstoffperoxid wird sowohl im Laboratorium wie auch industriell als Oxidationsmittel eingesetzt; es hat den Vorteil, keine belastenden Abfallstoffe zu hinterlassen.

24.4 Verwendung von Sauerstoff

Wegen seiner Eigenschaft, Verbrennungsvorgänge und die Atmung zu unterhalten, findet Sauerstoff vielfältige Anwendung. Bei Verwendung von reinem Sauerstoff oder von mit Sauerstoff angereicherter Luft verlaufen die Reaktionen schneller und oft mit besseren Ausbeuten als bei Verwendung von Luft. Sauerstoff kommt komprimiert in blau angestrichenen Stahlflaschen in den Handel. Er wird vor allem für folgende Zwecke eingesetzt:

1. Stahlgewinnung
2. Herstellung von bestimmten Metallen
3. Herstellung bestimmter Sauerstoff-Verbindungen wie Natriumperoxid und einiger organischer Verbindungen
4. Zusammen mit Wasserstoff als Raketentreibstoff
5. Zum Schweißen (meist Verbrennung von Acetylen, C_2H_2)
6. Behandlung von Abwässern
7. Als Atmungsgas (vermischt mit Stickstoff oder Helium) in der Medizin, Luft- und Raumfahrt und für Taucher und Unterseeboote

24.5 Ozon

Das Auftreten eines Elements in verschiedenen Formen im gleichen Aggregatzustand nennt man **Allotropie**. Eine Reihe von Elementen zeigt diese Erscheinung, zum Beispiel Bor, Kohlenstoff, Phosphor und Schwefel. Neben der normalen Form als O_2-Molekül bildet Sauerstoff noch eine *allotrope Modifikation*, die aus dreiatomigen Molekülen O_3 besteht und Ozon genannt wird.

Ozon ist diamagnetisch und besteht aus gewinkelten Molekülen. Die beiden Bindungsabstände sind gleich, ihre Länge (128 pm) liegt zwischen der Länge einer Doppelbindung (121 pm) und einer Einfachbindung (148 pm). Die Bindungsverhältnisse können durch die nebenstehenden mesomeren Grenzformeln zum Ausdruck gebracht werden.

Ozon ist ein blaßblaues, sehr giftiges Gas mit einem charakteristischen Geruch. Sein Siedepunkt von $-112\,°C$ liegt höher als der von normalem Sauerstoff $(-183\,°C)$; das tiefblaue flüssige Ozon ist explosiv. Ozon ist in Wasser etwas besser löslich als Sauerstoff.

Zur Herstellung von Ozon erzeugt man in einem Sauerstoff-Gasstrom eine „stille" elektrische Entladung, indem zwischen zwei Elektroden eine Hochspannung angelegt wird. Durch die Zufuhr von elektrischer Energie werden O_2-Moleküle in O-Atome gespalten, die dann mit weiteren O_2-Molekülen reagieren. Die O_2-Spaltung kann auch durch ultraviolettes Licht bewirkt werden; dieser Vorgang findet unter dem Einfluß der Sonnenstrahlung ständig in höheren Schichten der Atmosphäre statt. Aus diesem Grunde enthält die Atmosphäre Ozon, mit einer Maximalkonzentration in etwa 20 bis 25 km Höhe (abhängig von der geographischen Breite und Jahreszeit). Da Ozon ultraviolettes Licht absorbiert, wirkt die Ozonschicht in der Stratosphäre als Filter für die Sonnenstrahlung und bewahrt uns vor Schäden durch eine zu intensive UV-Strahlung (die z. B. Hautkrebs auslösen kann). Die Rolle des Ozons in der Atmosphäre wird in Abschnitt 25.**9** (S. 437) behandelt.

$$\frac{1}{2}O_2(g) \rightarrow O(g) \quad \Delta H = +247 \text{ kJ/mol}$$
$$O(g) + O_2(g) \rightarrow O_3(g) \quad \Delta H = -105 \text{ kJ/mol}$$
$$\frac{3}{2}O_2(g) \rightarrow O_3(g) \quad \Delta H_f^0 = +142 \text{ kJ/mol}$$

Ozon ist energiereicher als normaler Sauerstoff. Es zerfällt in Umkehrung seiner Bildungsreaktion; der Zerfall verläuft in verdünntem Zustand relativ langsam, während reines Ozon explosionsartig zerfallen kann (vor allem in Anwesenheit von Katalysatoren). Ozon wirkt stark oxidierend und reagiert mit vielen Stoffen unter Bedingungen, bei denen O_2 noch nicht reagiert.

24.6 Schwefel, Selen und Tellur

Alle drei Elemente können in mehreren allotropen Modifikationen auftreten.

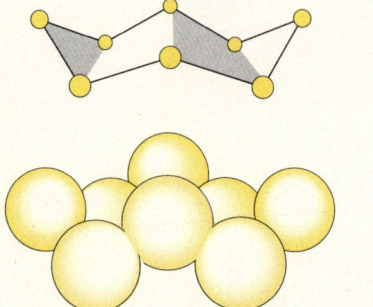

○ 24.2 Die Struktur des S_8-Moleküls

α-S_8 Smp.: 114,5 °C
β-S_8 Smp.: 119,6 °C

Unter Normbedingungen kristallisiert **Schwefel** in gelben, rhombischen Kristallen (α-Schwefel), die aus S_8-Molekülen aufgebaut sind. In den Molekülen sind acht Schwefel-Atome durch kovalente Einfachbindungen zu einem gewellten Ring verknüpft („Kronenform", ○ 24.2). Die S—S—S-Bindungswinkel betragen etwa 105°.

Der Schwefel ist unlöslich in Wasser, aber in manchen organischen Lösungsmitteln wie zum Beispiel Kohlendisulfid (CS_2) löslich. Auch in der Lösung liegen S_8-Moleküle vor. In chemischen Reaktionsgleichungen sollte elementarer Schwefel mit S_8 bezeichnet werden, häufig wird jedoch einfach nur das Symbol S geschrieben, wodurch die Gleichungen einfacher werden.

Beim Erwärmen von α-Schwefel wandelt er sich bei 95,6 °C langsam und reversibel in β-Schwefel um, dessen Kristalle monokline Symmetrie besitzen. Er besteht aus den gleichen S_8-Molekülen, die jedoch im Kristall in anderer Art gepackt sind. Das Auftreten verschiedener kristalliner *Modifikationen* des gleichen Stoffes nennt man **Polymorphie** (vgl. S. 189). β-Schwefel schmilzt bei 119,6 °C zu einer gelben, niedrigviskosen Flüssigkeit. Beim schnellen Erhitzen von α-Schwefel wird der Umwandlung zu β-Schwefel nicht genug Zeit gelassen; der oberhalb von 95,6 °C metastabile α-Schwefel schmilzt bei 114,5 °C.

Flüssiger Schwefel besteht bei Temperaturen bis etwa 200 °C überwiegend aus S_8-Molekülen, die jedoch mit Schwefel-Ringen anderer Größe (S_6, S_7, S_9, S_{10}, S_{12}, S_{18} u. a.) sowie mit hochmolekularen Ketten S_x (μ-Schwefel, $x = 10^3$ bis 10^6) im Gleichgewicht stehen. Ab etwa 150 °C nimmt der Anteil des hochmolekularen Schwefels stark zu, wodurch die Viskosität der Flüssigkeit stark zunimmt und bei 187 °C ein Maximum erreicht; gleichzeitig vertieft sich die Farbe nach rotbraun. Bei höheren Temperaturen nehmen die mittlere Kettenlänge der S_x-Moleküle und die Viskosität wieder ab. Wird die etwa 200 °C heiße Schmelze durch Eingießen in kaltes Wasser abgeschreckt, so erhält man gummiartigen, plastischen Schwefel. Es handelt sich dabei um eine unterkühlte Flüssigkeit, die aus langen Kettenmolekülen besteht; bei Raumtemperatur tritt allmählich Umwandlung zu S_8 auf und es entsteht wieder kristallines Schwefelpulver. Schwefel siedet bei 444,6 °C. Der Dampf besteht aus Molekülen S_8, S_7, S_6, S_5, S_4, S_3 und S_2, wobei der Anteil der kleinen Moleküle bei steigender Temperatur zunimmt. S_2 ist, wie O_2, paramagnetisch.

Vom **Selen** sind mehrere Modifikationen bekannt, die aus ringförmigen Se_8-Molekülen bestehen. Sie sind rot und leiten den elektrischen Strom nicht. Beim Abschrecken einer Selen-Schmelze entsteht glasartiges, schwarzes Selen; beim Erwärmen wird es gummiartig wie der plastische

Schwefel. Die bei Raumtemperatur stabile Modifikation des Selens ist grau und bildet metallisch glänzende Kristalle, die leicht der Länge nach zu Fasern gespalten werden können. Dieses graue („metallische") Selen besteht aus spiralförmigen, langen Ketten von Selen-Atomen, die im Kristall parallel gebündelt sind. Es ist ein schlechter elektrischer Leiter (Halbleiter), die Leitfähigkeit nimmt aber unter Lichteinfluß etwa tausendfach zu.

Tellur hat ein silberweißes, metallisches Aussehen, ist aber ein schlechter elektrischer Leiter. Es besteht wie das graue Selen aus spiralförmigen, langen Kettenmolekülen. Man kennt auch eine schwarze, amorphe Form von Tellur, aber keine Modifikation, die aus Te_8-Molekülen besteht.

Vom **Polonium** sind zwei Modifikationen bekannt. Bei Raumtemperatur bildet es ein einfaches, kubisch-primitives Kristallgitter (◉ 11.**18**, S. 181), das sonst nur sehr selten auftritt.

24.7 Vorkommen und Gewinnung von Schwefel, Selen und Tellur

Die wichtigsten Vorkommen von Schwefel, Selen und Tellur sind in ▭ 24.**3** aufgeführt. Schwefel wird aus unterirdischen Lagerstätten gewonnen, die elementaren Schwefel im Gemisch mit Gestein enthalten. Der Schwefel wird nach dem **Frasch-Verfahren** zutage gefördert (◉ 24.**3**). Dabei wird der Schwefel unterirdisch aufgeschmolzen, indem Wasser mit einer Temperatur von etwa 170 °C unter Druck in die Lagerstätte gepreßt wird. Mit heißer Druckluft wird der flüssige Schwefel zusammen mit dem Wasser an die Oberfläche gefördert. Der so erhaltene Schwefel ist zu etwa 99,5 % rein; er kann durch Destillation weiter gereinigt werden.

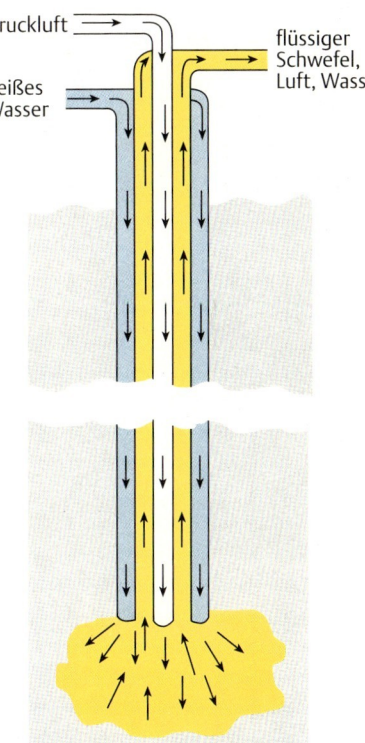

◉ 24.**3** Das Frasch-Verfahren

▭ 24.**3** Vorkommen von Schwefel, Selen und Tellur

	Anteil in der Erdkruste [cg/g]	Vorkommen
Schwefel	0,05	Elementar
		In zahlreichen Sulfiden, z. B. FeS_2 (Pyrit), PbS (Bleiglanz), ZnS (Zinkblende, Sphalerit), $CuFeS_2$ (Kupferkies, Chalkopyrit)
		In Sulfaten, vor allem $CaSO_4 \cdot 2 H_2O$ (Gips) und $CaSO_4$ (Anhydrit), $MgSO_4 \cdot H_2O$ (Kieserit), $MgSO_4 \cdot 7 H_2O$ (Bittersalz), $BaSO_4$ (Schwerspat)
		In Kohle als FeS_2 und in Form organischer Verbindungen. Im Erdöl in Form organischer Verbindungen. Im Erdgas als H_2S. In vulkanischen Gasen (H_2S, SO_2)
		Als Bestandteil von Proteinen im Pflanzen- und Tierreich
Selen	$9 \cdot 10^{-6}$	In Sulfiden in kleiner Menge in Form von Seleniden
		In seltenen Mineralien: PbSe, Cu_2Se, Ag_2Se
Tellur	$2 \cdot 10^{-7}$	In Sulfiden spurenweise in Form von Telluriden
		In seltenen Mineralien: PbTe, Cu_2Te, Ag_2Te, Au_2Te, $AuTe_2$

Von Bedeutung ist die Gewinnung von Schwefel aus Schwefelwasserstoff, der bei der Verkokung von Kohle im Kokereigas und bei der „Entschwefelung" von Erdöl anfällt (vgl. Abschn. 29.**1**, S. 538) und der auch im Erdgas und im „Wassergas" (Abschn. 21.**2**, S. 379) enthalten ist. Die Überführung von Schwefelwasserstoff in Schwefel erfolgt vor allem durch den **Claus-Prozeß**. Dabei wird ein Teil des Schwefelwasserstoffes zu Schwefeldioxid verbrannt, das dann mit weiterem Schwefelwasserstoff an einem Katalysator umgesetzt wird:

1. $2H_2S(g) + 3O_2(g) \longrightarrow 2SO_2(g) + 2H_2O(g)$
2. $4H_2S(g) + 2SO_2(g) \xrightarrow{(AlO(OH))} \frac{3}{4}S_8(g) + 4H_2O(g)$

$\overline{6H_2S + 3O_2 \longrightarrow \frac{3}{4}S_8 + 6H_2O}$

Die wichtigste Quelle für Selen und Tellur ist der Anodenschlamm, der bei der elektrolytischen Raffination von Kupfer anfällt (s. Abschn. 27.**7**, S. 484). Die Elemente stammen aus dem sulfidischen Kupfererz (meist Kupferkies, $CuFeS_2$).

24.8 Wasserstoff-Verbindungen von Schwefel, Selen und Tellur

Einige Reaktionen von Schwefel, Selen und Tellur sind in ▫ 24.**4** zusammengefaßt. Die Wasserstoff-Verbindungen H_2S, H_2Se und H_2Te können durch direkte Synthese aus den Elementen bei höherer Temperatur dargestellt werden; so entsteht Schwefelwasserstoff aus Wasserstoff und Schwefeldampf bei 600 °C in Anwesenheit eines Katalysators. Bequemer ist die Synthese aus einem Sulfid, Selenid bzw. Tellurid durch Einwirkung einer starken Säure. Schwefelwasserstoff wird häufig aus Eisen(II)-sulfid und Salzsäure hergestellt; das Eisensulfid erhält man durch Erhitzen eines Gemisches von Eisen-Pulver und Schwefel.

$FeS(s) + 2H^+(aq) \rightarrow Fe^{2+}(aq) + H_2S(g)$

In technischem Maßstab fällt Schwefelwasserstoff in großen Mengen bei der Entschwefelung von Erdöl an, außerdem ist es im Erdgas und im Kokereigas enthalten. Die Abtrennung von anderen Gasen erfolgt durch Absorption in einer kalten Lösung einer schwachen Base (z. B. Ethanolamin, $H_2N-CH_2-CH_2-OH$); beim Erhitzen der Lösung wird der Schwefelwasserstoff wieder freigesetzt.

$HO-CH_2-CH_2-NH_2(aq) + H_2S(g)$
$\underset{\text{Wärme}}{\overset{\text{Kälte}}{\rightleftarrows}} HO-CH_2-CH_2-NH_3^+(aq)$
$+ HS^-(aq)$

Schwefelwasserstoff, Selenwasserstoff und Tellurwasserstoff sind farblose, sehr giftige und unangenehm riechende Gase (H_2S: Geruch fauler Eier; H_2Se: Geruch von faulem Rettich). Sie bestehen wie Wasser aus einfachen, gewinkelten Molekülen.

H–S–H 92°   H–Se–H 91°   H–Te–H 90°

Schwefelwasserstoff ist brennbar; je nach der Menge des angebotenen Sauerstoffs entsteht entweder Schwefel oder Schwefeldioxid neben Wasserdampf. Bei der Verbrennung von Selen- oder Tellurwasserstoff entsteht Wasserdampf und Selen bzw. Tellur.

H_2S, H_2Se und H_2Te sind in Wasser mäßig gut löslich. Sie sind schwache Säuren in der wäßrigen Lösung. Die Säurestärke nimmt wie bei den Halogenwasserstoffen mit zunehmender Ordnungszahl des Elements zu, d. h. in der Reihenfolge

$H_2S(aq) \rightleftarrows H^+(aq) + HS^-(aq)$
$HS^-(aq) \rightleftarrows H^+(aq) + S^{2-}(aq)$

$H_2S < H_2Se < H_2Te$

24.8 Wasserstoff-Verbindungen von Schwefel, Selen und Tellur

24.4 Einige Reaktionen von Schwefel, Selen und Tellur

Reaktionen des Schwefels	Bemerkungen
$nS + mM \rightarrow M_mS_n$	Ähnlich wie Schwefel reagieren Selen und Tellur mit zahlreichen Metallen (nicht Edelmetalle)
$nS + S^{2-} \rightarrow S_{n+1}^{2-}$	S: $n = 1 - 7$; Se: $n = 1 - 10$; Te: $n = 1 - 6$
$S + H_2 \rightarrow H_2S$	H_2S bei 600 °C (Katalysator); H_2Se bei > 400 °C; H_2Te bei 650 °C
$S + O_2 \rightarrow SO_2$	Reaktionsfähigkeit S > Se > Te
$S + 3F_2 \rightarrow SF_6$	SeF_6, TeF_6 genauso, Fluor-Überschuß
$S + 2F_2 \rightarrow SF_4$	SeF_4 genauso. TeF_4 wird indirekt hergestellt (TeF_6 + Te)
$2S + X_2 \rightarrow S_2X_2$	X = Cl oder Br. Se_2X_2 genauso
$S + 2X_2 \rightarrow SX_4$	SCl_4, $SeCl_4$ und $TeCl_4$ mit überschüssigem Chlor; SCl_4 nur bei tiefer Temperatur; $SeBr_4$, $TeBr_4$ mit überschüssigem Br_2; TeI_4 mit überschüssigem Iod
$S_2Cl_2 + Cl_2 \rightarrow 2SCl_2$	Nur SCl_2; SBr_2 ist unbekannt
$S + 4HNO_3 \rightarrow SO_2 + 4NO_2 + 2H_2O$	Heiße, konzentrierte Salpetersäure; mit S entstehen Gemische von SO_2 und SO_4^{2-}; mit Selen entsteht H_2SeO_3; mit Tellur entsteht $2TeO_2 \cdot HNO_3$

Die Säuren sind zweiprotonig. Das Verhalten der wäßrigen Lösung von Schwefelwasserstoff wurde in Abschnitt 17.**5** (S. 308–309), behandelt.

Die Sulfide der Alkali- und Erdalkalimetalle sowie Ammoniumsulfid sind wasserlöslich. Manche Metallsulfide wie Aluminiumsulfid werden durch Wasser unter Bildung von schwerlöslichen Hydroxiden zersetzt. Die übrigen Metallsulfide sind in Wasser unlöslich.

$$Al_2S_3(s) + 6H_2O \rightarrow 2Al(OH)_3(s) + 3H_2S(g)$$

Die Fällung von Sulfiden unter verschiedenen Bedingungen wird zur Trennung und Identifizierung von gelösten Kationen genutzt (Abschn. 18.**3**, S. 323). Zum Nachweis des Sulfid-Ions kann man der Probe eine Säure zusetzen und dadurch H_2S-Gas erzeugen; hält man ein feuchtes, mit gelösten Pb^{2+}-Ionen (Blei(II)-acetat) getränktes Filtrierpapier in das Gas, so bildet sich schwarzes, schwerlösliches Blei(II)-sulfid.

$$Pb^{2+}(aq) + H_2S(g) \rightarrow PbS(s) + 2H^+(aq)$$
schwarz

Schwefel löst sich in Sulfid-Lösungen unter Bildung von Polysulfid-Ionen S_n^{2-}. Polyselenide und Polytelluride entstehen analog. Polysulfide von S_2^{2-}- bis S_8^{2-}-Ionen sind identifiziert worden. Polyselenide und Polytelluride sind bis Se_{11}^{2-} bzw. Te_7^{2-} bekannt. In einem Polysulfid-Ion bilden die Schwefel-Atome eine Kette. Die Struktur des Disulfid-Ions (S_2^{2-}) entspricht dem Peroxid-Ion (Abschn. 24.**3**, S. 408). Das Mineral Pyrit besteht aus Eisen(II)-disulfid, FeS_2.

$[\langle S{\frown}S{\frown}S{\frown}S\rangle]^{2-}$ $[\overline{|S}-\overline{S}|]^{2-}$
Tetrasulfid-Ion Disulfid-Ion

Wenn Polysulfid-Lösungen bei Raumtemperatur mit einer Säure versetzt werden, so entsteht Schwefelwasserstoff und Schwefel. Bei vorsichtiger Behandlung eines Polysulfids mit konzentrierter Salzsäure bei –15 °C kann man jedoch Disulfan (H_2S_2), Trisulfan (H_2S_3) und in kleiner Menge höhere Polysulfane (bis H_2S_8) erhalten. Die Polysulfane (Polyschwefelwasserstoffe) sind instabile, ölige Flüssigkeiten, die leicht zu Schwefelwasserstoff und Schwefel zerfallen.

$$S_n^{2-} + H^+ \rightarrow H_2S_n \rightarrow H_2S + (n-1)S$$

24.9 Schwefel-, Selen- und Tellurverbindungen in der Oxidationsstufe +IV

Schwefeldioxid entsteht bei der Verbrennung von Schwefel oder von Schwefel-Verbindungen. Die Verbrennung von Schwefel wird in großtechnischem Maßstab durchgeführt. SO_2 wird auch beim Rösten von sulfidischen Erzen (z. B. ZnS, PbS, Cu_2S, FeS_2) in Luft erhalten (Abschn. 27.**5**, S. 477).

$$\tfrac{1}{8}S_8(s) + O_2(g) \longrightarrow SO_2(g)$$
$$2\,ZnS(s) + 3\,O_2(g) \longrightarrow 2\,ZnO(s) + 2\,SO_2(g)$$

Schwefeldioxid ist ein farbloses, giftiges, stechend riechendes Gas. Es besteht aus gewinkelten Molekülen (Bindungswinkel 119,5°). Die relativ kurzen S—O-Abstände (143 pm) zeigen die Anwesenheit von Doppelbindungen an. Aufgrund der unterschiedlichen Elektronegativität von S und O und der gewinkelten Molekülstruktur ist das Molekül polar. Dementsprechend läßt sich SO_2 relativ leicht verflüssigen; beim Normdruck liegt der Siedepunkt bei $-10\,°C$ und bei $20\,°C$ reicht ein Druck von etwa 300 kPa, um das Gas zu verflüssigen. Flüssiges SO_2 ist ein gutes Lösungsmittel für viele Stoffe.

Schwefeldioxid ist in Wasser mäßig gut löslich. Die Lösung enthält eine kleine (nicht bekannte) Konzentration von Schwefliger Säure, H_2SO_3. Die reine Verbindung H_2SO_3 ist instabil und kann nicht isoliert werden. Schweflige Säure ist eine mittelstarke zweiprotonige Säure.

$$SO_2(aq) + H_2O \rightleftarrows H_2SO_3(aq)$$
$$\rightleftarrows H^+(aq) + HSO_3^-(aq)$$
$$\text{Hydrogensulfit}$$

kurz:
$$SO_2(aq) + H_2O \rightleftarrows H^+(aq) + HSO_3^-(aq)$$

zweite Dissoziationsstufe:
$$HSO_3^-(aq) \rightleftarrows H^+(aq) + SO_3^{2-}(aq)$$
$$\text{Sulfit}$$

Salze der Schwefligen Säure sind isolierbar. Es gibt die „normalen" Salze wie zum Beispiel Natriumsulfit (Na_2SO_3) und die Hydrogensulfite (saure Salze, Bisulfite), zum Beispiel Natriumhydrogensulfit ($NaHSO_3$). Sulfite entstehen, wenn SO_2-Gas in die Lösung eines Hydroxids eingeleitet wird. Wenn die Gaseinleitung fortgesetzt wird, werden Hydrogensulfite erhalten (diese Reaktion spielt beim nachfolgend genannten Wellmann-Lord-Verfahren eine Rolle).

$$2\,OH^-(aq) + SO_2(g) \longrightarrow SO_3^{2-}(aq) + H_2O$$
$$H_2O + SO_3^{2-}(aq) + SO_2(g) \longrightarrow 2\,HSO_3^-(aq)$$

Da Schweflige Säure instabil ist, wird bei Zusatz einer Säure zu einem Sulfit oder Hydrogensulfit SO_2-Gas freigesetzt. Dies ist eine bequeme Methode, um im Labor SO_2 herzustellen.

$$SO_3^{2-}(aq) + 2\,H^+(aq) \longrightarrow SO_2(g) + H_2O$$

Schwefeldioxid, Schweflige Säure und Sulfite können gegenüber starken Reduktionsmitteln wie zum Beispiel naszierendem Wasserstoff als Oxidationsmittel wirken. Wichtiger und häufiger sind jedoch Reaktionen, bei denen sie als Reduktionsmittel auftreten, wobei sie selbst zu Sulfat, SO_4^{2-}, oxidiert werden. Bereits beim Stehen an Luft werden Lösungen von Sulfiten allmählich zu Sulfaten oxidiert. Oxidationsmittel wie Permanganat, Dichromat, Chlor, Brom und Iod werden schnell reduziert.

$$2\,SO_3^{2-}(aq) + O_2(g) \longrightarrow 2\,SO_4^{2-}(aq)$$
$$5\,SO_3^{2-}(aq) + 2\,MnO_4^- + 6\,H^+(aq) \longrightarrow$$
$$5\,SO_4^{2-}(aq) + 2\,Mn^{2+}(aq) + 3\,H_2O$$

Als unerwünschtes Nebenprodukt entsteht Schwefeldioxid bei der Verbrennung von Kohle und Erdölprodukten. Zur Verringerung der SO_2-Konzentration in den Rauchgasen der Kohleverbrennung kann die Kohle vor der Verbrennung mit Kalk ($CaCO_3$) vermischt werden; bei der Verbrennung entsteht dann $CaSO_4$, das in die Asche gelangt. Günstiger ist die Rauchgas-Entschwefelung, bei der verwertbare Produkte anfallen. Dies geschieht überwiegend durch Einsprühen einer wäßrigen Suspension von Kalk in den Abgasstrom. Dabei entsteht Gips ($CaSO_2 \cdot 2\,H_2O$), der in der Bauindustrie Absatz findet, aber zum Teil auch deponiert werden muß.

Entfernung von SO_2 aus Rauchgas

Durch beigemischtes Calciumcarbonat während der Verbrennung:
$$CaCO_3(s) \longrightarrow CaO(s) + CO_2(g)$$
$$2\,CaO(s) + 2\,SO_2(g) + O_2(g) \longrightarrow 2\,CaSO_4(s)$$

Durch Herauswaschen mit $CaCO_3$-Suspension:
$$SO_2(g) + H_2O \longrightarrow H^+(aq) + HSO_3^-(aq)$$
$$HSO_3^-(aq) + \tfrac{1}{2}O_2(g) \longrightarrow SO_4^{2-}(aq) + H^+(aq)$$
$$2\,H^+(aq) + CaCO_3(s) \longrightarrow$$
$$Ca^{2+}(aq) + CO_2(g) + H_2O$$
$$Ca^{2+}(aq) + SO_4^{2-}(aq) \longrightarrow CaSO_4 \cdot 2\,H_2O(s)$$

Beim *Wellmann-Lord-Verfahren* wird SO_2 mit einer Natriumsulfit-Lösung unter Bildung von Natriumhydrogensulfit herausgewaschen; durch Erhitzen der Lösung wird das SO_2 wieder freigesetzt. Daraus wird dann Schwefelsäure hergestellt oder durch Umsetzung mit Schwefelwasserstoff (wie beim Claus-Prozeß) elementarer Schwefel gewonnen.

Von den *Thionylhalogeniden* SOX$_2$ (X = F, Cl oder Br) hat das **Thionylchlorid** Bedeutung als Chlorierungsmittel. Es ist eine farblose Flüssigkeit, die aus SO$_2$ und PCl$_5$ oder (im technischen Maßstab) aus SCl$_2$ und SO$_3$ hergestellt werden kann. Mit Verbindungen, die OH-Gruppen enthalten, reagiert es unter Austausch der OH-Gruppe gegen ein Chlor-Atom; daneben entstehen SO$_2$ und HCl, die als Gase leicht aus dem Reaktionsgemisch entfernt werden können. Auch mit Wasser reagiert es entsprechend.

Selendioxid und **Tellurdioxid** werden bei der Reaktion der Elemente mit Sauerstoff erhalten. Sie werden jedoch meist durch Erhitzen des Reaktionsprodukts der Oxidation von Selen bzw. Tellur mit konzentrierter Salpetersäure hergestellt (vgl. 24.4, S. 415). Sowohl SeO$_2$ wie TeO$_2$ sind weiße Feststoffe.

Selenige Säure, H$_2$SeO$_3$, entsteht, wenn das gut lösliche SeO$_2$ in Wasser gelöst wird. Sie ist eine zweiprotonige Säure, die etwas schwächer als Schweflige Säure ist. Durch Eindampfen der Lösung kann die reine Verbindung erhalten werden. Tellurdioxid ist nur wenig löslich in Wasser und reine H$_2$TeO$_3$ ist unbekannt. In alkalischen Lösungen lösen sich SeO$_2$ und TeO$_2$ unter Bildung von Seleniten bzw. Telluriten.

Selen- und Tellur-Verbindungen der Oxidationszahl +IV sind stärkere Oxidationsmittel und schlechtere Reduktionsmittel als die entsprechenden Schwefel-Verbindungen. SeO$_2$ wird bei bestimmten Synthesereaktionen als Oxidationsmittel eingesetzt.

Thionylchlorid

Synthese:
$$SO_2(g) + PCl_5(s) \rightarrow SOCl_2(l) + POCl_3(l)$$

Technische Synthese:
$$SCl_2 + SO_3 \rightarrow SOCl_2 + SO_2$$

Beispiel für eine Chlorierung mit Thionylchlorid:

$$H_3C-C(=O)-OH \text{ (l)} + SOCl_2 \text{ (l)} \rightarrow$$

$$H_3C-C(=O)-Cl \text{ (l)} + SO_2(g) + 2HCl(g)$$

Hydrolyse:
$$SOCl_2(l) + H_2O \rightarrow SO_2(g) + 2HCl(g)$$

24.10 Schwefel-, Selen- und Tellurverbindungen in der Oxidationsstufe +VI

Schwefeltrioxid entsteht durch Oxidation von Schwefeldioxid mit Luftsauerstoff. Da die Reaktion exotherm ist, liegt das Gleichgewicht

$$2SO_2(g) + O_2(g) \rightleftharpoons 2SO_3(g) \quad \Delta H = -198 \text{ kJ/mol}$$

bei sehr hohen Temperaturen auf der linken Seite (Prinzip des kleinsten Zwanges). Die Synthese von SO$_3$ ist nur bei nicht allzu hohen Temperaturen möglich (400–700 °C). Bei diesen Temperaturen verläuft die Reaktion nur in Anwesenheit eines Katalysators schnell genug (Vanadium(V)-oxid oder Platinschwamm).

Schwefeltrioxid ist eine flüchtige Verbindung (Sdp. 44,8 °C; Smp. 16,9 °C). Im Dampfzustand und im flüssigen Zustand besteht es aus planaren SO$_3$-Molekülen, die mit trimeren Molekülen (SO$_3$)$_3$ im Gleichgewicht stehen. Die kurzen SO-Bindungsabstände (143 pm) im SO$_3$-Molekül zeigen das Vorliegen von Doppelbindungen an ($p\pi$-$d\pi$-Bindungen). Beim Abkühlen erstarrt Schwefeltrioxid zu farblosen Kristallen, die aus ringförmigen Molekülen (SO$_3$)$_3$ bestehen. In Anwesenheit von Spuren von Wasser kristallisiert faserförmiges Schwefeltrioxid, welches aus langen, kettenförmigen Molekülen besteht, die an den Enden OH-Gruppen tragen, HO−(SO$_3$)$_n$−H; genau genommen handelt es sich um eine Polyschwefelsäure.

Schwefeltrioxid ist eine sehr reaktionsfähige und stark oxidierend wirkende Substanz. Es ist das Anhydrid der Schwefelsäure; mit Wasser reagiert es heftig unter Bildung der Säure und mit Oxiden bildet es Sulfate (vgl. Abschn. 13.**5**, S. 232).

SO$_3$

(SO$_3$)$_3$

HO−(SO$_3$)$_n$−H

$n \approx 10^5$

Schwefelsäure, H_2SO_4, ist eine der wichtigsten industriell hergestellten Chemikalien. Die Synthese erfolgt nach dem **Kontaktverfahren**, bei dem zunächst Schwefeldioxid hergestellt wird (meist durch Verbrennung von flüssigem Schwefel). Das SO_2 wird, wie oben beschrieben, an einem Katalysator ("Kontakt") zu SO_3 weiteroxidiert. Weil die direkte Reaktion von SO_3 mit Wasser nicht problemlos durchführbar ist, wird das SO_3 in Schwefelsäure eingeleitet, wobei sich Dischwefelsäure ($H_2S_2O_7$) bildet. Durch Zusatz von Wasser wird dann Schwefelsäure der gewünschten Konzentration erhalten.

$$SO_3(g) + H_2SO_4(l) \rightarrow H_2S_2O_7(l)$$
$$H_2S_2O_7(l) + H_2O \rightarrow 2\,H_2SO_4(l)$$

Schwefelsäure ist eine ölige Flüssigkeit, die bei 10,4 °C gefriert. Bei 280 °C beginnt sie zu sieden, wobei sie sich unter Abgabe von SO_3 teilweise zersetzt bis sie eine Konzentration von 98,3 % erreicht; bei dieser Konzentration siedet sie ohne weitere Zersetzung bei 338 °C. Beim Erhitzen des Dampfes auf über 450 °C zersetzt sich Schwefelsäure vollständig zu SO_3 und H_2O.

Wenn man Schwefelsäure in Wasser einfließen läßt, so kommt es zu einer beträchtlichen Wärmeentwicklung. Schwefelsäure hat eine große Affinität zu Wasser und bildet damit eine Reihe von Hydraten:

$$H_2SO_4 \cdot H_2O = H_3O^+ HSO_4^-$$
$$H_2SO_4 \cdot 2\,H_2O = (H_3O^+)_2 SO_4^{2-}$$
$$H_2SO_4 \cdot 4\,H_2O = (H_5O_2^+)_2 SO_4^{2-}$$

Schwefelsäure ist hygroskopisch, d. h. wasseranziehend, und kann deshalb als Trockenmittel eingesetzt werden. Gase, die nicht mit H_2SO_4 reagieren, werden getrocknet, wenn sie durch Schwefelsäure hindurchgeleitet werden. Die wasserentziehende Wirkung kommt auch in der Reaktion mit Kohlenhydraten zum Ausdruck, die zu deren Verkohlung führt.

$$C_{12}H_{22}O_{11}(s) \xrightarrow{H_2SO_4} 12\,C(s) + 11\,H_2O$$
Rohrzucker

In wäßriger Lösung dissoziiert Schwefelsäure in zwei Schritten. Bezüglich der ersten Dissoziationsstufe ist Schwefelsäure ein starker Elektrolyt. In der zweiten Stufe verläuft die Dissoziation unvollständig. Zwei Reihen von Salzen leiten sich von der Säure ab: normale Salze mit dem Sulfat-Anion SO_4^{2-} und saure Salze mit dem Hydrogensulfat-Anion HSO_4^-. Die meisten Sulfate sind wasserlöslich. Ausnahmen sind Bariumsulfat ($BaSO_4$), Strontiumsulfat ($SrSO_4$), Blei(II)-sulfat ($PbSO_4$) und Quecksilber(I)-sulfat (Hg_2SO_4), die schwerlöslich sind; Calciumsulfat ($CaSO_4$) und Silbersulfat (Ag_2SO_4) sind nur wenig löslich. Die Fällung von weißem $BaSO_4$ dient als Nachweisreaktion für das Sulfat-Ion.

$$H_2SO_4 \rightarrow H^+(aq) + HSO_4^-(aq)$$
$$HSO_4^-(aq) \rightleftarrows H^+(aq) + SO_4^{2-}(aq)$$

Im Schwefelsäure-Molekül sind zwei SO-Bindungen kürzer als die anderen beiden (143 bzw. 154 pm). Die Bindungsverhältnisse können dementsprechend durch die nebenstehende Formel wiedergegeben werden. Im tetraedrisch gebauten Sulfat-Ion sind alle vier Bindungen gleich, wobei die Bindungslänge von 151 pm zwischen den beiden Werten des H_2SO_4-Moleküls liegt; man kann die Verhältnisse mit Hilfe von mesomeren Grenzformeln zum Ausdruck bringen. Im $HOSO_3^-$-Ion sind drei Bindungen 147 pm lang, eine ist 156 pm lang.

Wegen ihres relativ hohen Siedepunktes kann man mit Schwefelsäure flüchtigere Säuren aus ihren Salzen freisetzen. Die Herstellung von HF und HCl aus CaF_2 bzw. NaCl sind Beispiele (Abschn. 22.4, S. 392).

Verdünnte Schwefelsäure ist bei Raumtemperatur nur ein schwaches Oxidationsmittel (vgl. das relativ niedrige Normalpotential, ⌐ 24.5). Heiße, konzentrierte Schwefelsäure wirkt stärker oxidierend; die oxidierende Wirkung auf Bromide und Iodide wurde bereits im Abschnitt 22.4 (S. 392) vermerkt. Auch Nichtmetalle wie Kohlenstoff werden von heißer, konzentrierter Schwefelsäure oxidiert. Unedle Metalle werden von verdünnter Schwefelsäure, wie von anderen Säuren auch, unter Wasserstoff-Entwicklung oxidiert. Konzentrierte Schwefelsäure greift auch edlere Metalle wie Kupfer und Silber an (nicht Gold und Platin), wobei kein Wasserstoff gebildet wird, sondern H_2SO_4 zu SO_2 reduziert wird.

$$C(s) + 2H_2SO_4(l) \rightarrow CO_2(g) + 2SO_2(g) + 2H_2O(g)$$

$$Cu(s) + 2H_2SO_4(l) \rightarrow CuSO_4(s) + SO_2(g) + 2H_2O(g)$$

24.5 Normalpotentiale für Schwefel-, Selen- und Tellursäure

$2e^- + 4H^+ + SO_4^{2-}$	$\rightleftarrows$	$SO_2 + 2H_2O$	$E^0 = +0{,}17$ V
$2e^- + 4H^+ + SeO_4^{2-}$	$\rightleftarrows$	$H_2SeO_3 + H_2O$	$E^0 = +1{,}15$ V
$2e^- + 2H^+ + H_6TeO_6$	$\rightleftarrows$	$TeO_2 + 4H_2O$	$E^0 = +1{,}02$ V

Selensäure, H_2SeO_4, wird durch Oxidation von Seleniger Säure erhalten; dazu ist ein starkes Oxidationsmittel wie Chlor oder Chlorsäure notwendig. Selenate entstehen bei der Oxidation von Seleniten. Selentrioxid, das Anhydrid der Selensäure, ist nicht besonders stabil und zersetzt sich oberhalb von 185 °C zu SeO_2 und O_2; es ist eine sehr hygroskopische, stark oxidierende Substanz, die durch Einwirkung von SO_3 auf Kaliumselenat (K_2SeO_4) herstellbar ist. Die Selensäure ist der Schwefelsäure sehr ähnlich. Sie hat einen Schmelzpunkt von 60 °C und ist sehr hygroskopisch. In wäßriger Lösung wirkt sie bezüglich ihrer ersten Dissoziationsstufe als starke Säure. In ihrem Oxidationsvermögen übertrifft sie die Schwefelsäure (vgl. 24.5). Hydrogenselenate und Selenate entsprechen den Sulfaten; das Selenat-Ion ist tetraedrisch.

Tellursäure wird durch die Einwirkung starker Oxidationsmittel auf elementares Tellur erhalten. Anders als H_2SO_4 und H_2SeO_4 hat sie die Zusammensetzung H_6TeO_6. Eine Verbindung der Zusammensetzung H_2TeO_4 ist bislang unbekannt, aber Salze mit entsprechender Formel existieren. Das Tellur-Atom ist, ähnlich wie das Iod-Atom, relativ groß, so daß sechs Sauerstoff-Atome daran gebunden werden können. Tellursäure verhält sich anders als Schwefelsäure. Sie ist in wäßriger Lösung eine schwache, zweiprotonige Säure. Beim Erhitzen auf 350 °C wird Wasser abgespalten und Tellurtrioxid entsteht; dieses ist wenig löslich in Wasser, reagiert aber mit starken Basen zu Telluraten.

Tellursäure

Es gibt einige weitere Säuren des Schwefels, in denen dem Schwefel die Oxidationszahl +VI zukommt. Die **Dischwefelsäure** ($H_2S_2O_7$; auch Pyroschwefelsäure genannt), wurde bereits als Reaktionsprodukt aus SO_3 und H_2SO_4 erwähnt. Das Disulfat-Ion ($S_2O_7^{2-}$) hat die Struktur von zwei SO_4-Tetraedern, die ein gemeinsames O-Atom besitzen. Dischwefelsäure wirkt stärker oxidierend und stärker dehydratisierend als Schwefelsäure. Disulfate entstehen beim Erhitzen von Hydrogensulfaten auf 150–200 °C.

Dischwefelsäure

$$2\,KHSO_4(s) \xrightarrow{\Delta} K_2S_2O_7(s) + H_2O(g)$$

Eine Peroxosäure enthält in ihrem Molekül eine Peroxo-Gruppe −O−O−. Man kennt zwei Peroxosäuren des Schwefels: **Peroxomonoschwefelsäure**, H_2SO_5, und **Peroxodischwefelsäure**, $H_2S_2O_8$. Im Peroxodisulfat-Ion ($S_2O_8^{2-}$) sind zwei SO_4-Tetraeder über eine O−O-Bindung miteinander verknüpft.

Peroxomonoschwefelsäure

Peroxodischwefelsäure wird durch Elektrolyse von konzentrierten Lösungen von Schwefelsäure (50 bis 70%) bei 5 bis 10 °C und hoher Stromdichte hergestellt. An der Anode werden die Hydrogensulfat-Ionen zu Per-

Peroxodischwefelsäure

Anodische Oxidation von H_2SO_4:
$2 HSO_4^- \rightarrow S_2O_8^{2-} + 2 H^+ + 2 e^-$

Hydrolyse von $H_2S_2O_8$
$H_2S_2O_8 + H_2O \rightarrow H_2SO_5 + H_2SO_4$
$H_2SO_5 + H_2O \rightarrow H_2SO_4 + H_2O_2$

$2 e^- + S_2O_8^{2-} \rightleftarrows 2 SO_4^{2-} \qquad E^0 = +2{,}01$ V

Thiosulfat-Ion

Thiosulfat-Synthese:
$SO_3^{2-}(aq) + \tfrac{1}{8} S_8(s) \rightarrow S_2O_3^{2-}(aq)$

Thiosulfat-Zersetzung in saurer Lösung:
$S_2O_3^{2-}(aq) + 2 H^+(aq) \rightarrow$
$\qquad \tfrac{1}{8} S_8(s) + SO_2(g) + H_2O$

Reaktion mit „radioaktiv markiertem" Schwefel:
$SO_3^{2-}(aq) + \tfrac{1}{8}\,^{35}S_8(s) \rightarrow\,^{35}SSO_3^{2-}(aq)$
$^{35}SSO_3^{2-}(aq) + 2 H^+(aq) \rightarrow$
$\qquad \tfrac{1}{8}\,^{35}S_8(s) + SO_2(g) + H_2O$

Oxidation des Thiosulfat-Ions:
$2\,S_2O_3^{2-}(aq) + I_2(aq) \rightarrow$
$\qquad S_4O_6^{2-}(aq) + 2 I^-(aq)$

Dithionat-Ion

Trithionat-Ion

Tetrathionat-Ion

oxodisulfat-Ionen oxidiert. Während das Peroxodisulfat-Ion in wäßriger Lösung recht beständig ist, wird die Säure schnell hydrolisiert. Dabei entsteht Peroxomonoschwefelsäure; diese unterliegt in langsamer Reaktion einer weiteren Hydrolysereaktion unter Bildung von Schwefelsäure und Wasserstoffperoxid.

Sowohl H_2SO_5 wie auch $H_2S_2O_8$ lassen sich als kristalline Substanzen mit niedrigen Schmelzpunkten isolieren. Die Peroxodischwefelsäure ist in der ersten Dissoziationsstufe eine starke Säure. Das $S_2O_8^{2-}$-Ion gehört zu den stärksten bekannten Oxidationsmitteln; die Oxidationsreaktionen verlaufen allerdings langsam, werden aber meist durch Ag^+-Ionen katalysiert.

Zu einer weiteren Art S-haltiger Anionen gehört das **Thiosulfat-Ion**, $S_2O_3^{2-}$. Es kann als ein Sulfat-Ion angesehen werden, in dem ein Sauerstoff-Atom durch ein Schwefel-Atom ersetzt ist. Das Präfix *Thio-* wird häufig verwendet, um Spezies zu bezeichnen, die man sich durch Ersatz eines O-Atoms gegen ein S-Atom entstanden denken kann (weiteres Beispiel: NCO^- Cyanat-Ion, NCS^- Thiocyanat-Ion). Thiosulfate können in wäßriger Lösung aus Sulfiten durch Reaktion mit Schwefel hergestellt werden. Die zugehörige Säure ist nicht stabil. Beim Ansäuern einer Thiosulfat-Lösung tritt Zersetzung zu Schwefel und Schwefeldioxid ein.

Die beiden Schwefel-Atome im Thiosulfat-Ion sind nicht äquivalent. Man kann dies zeigen, wenn bei der Synthese des Thiosulfats radioaktiver Schwefel (^{35}S) eingesetzt wird. Wenn das so erhaltene Thiosulfat mit Säure zersetzt wird, findet sich die gesamte Radioaktivität im ausgeschiedenen Schwefel. Dementsprechend wird dem zentralen Schwefel-Atom die Oxidationszahl +VI und dem koordinierten Schwefel-Atom die Oxidationszahl –II zugewiesen.

Natriumthiosulfat ($Na_2S_2O_3 \cdot 5 H_2O$) findet als „Fixiersalz" Verwendung beim photographischen Entwicklungsprozeß. Es dient dazu, nach dem Entwickeln restliches (lichtempfindliches) AgBr aus dem Film herauszulösen, da Ag^+-Ionen sich mit Thiosulfat-Ionen zu einem Komplex mit einer sehr hohen Komplexbildungskonstanten verbinden.

Das Thiosulfat-Ion kann leicht zum Tetrathionat-Ion, $S_4O_6^{2-}$, oxidiert werden. Dieses ist so wie das Peroxodisulfat-Ion aufgebaut, jedoch mit einer Disulfid-Gruppe $-S-S-$ an Stelle der Peroxo-Gruppe $(-O-O-)$. Es gibt weitere Ionen mit dem gleichen Bauprinzip, aber mit unterschiedlicher Zahl von Schwefel-Atomen. Sie haben die allgemeine Formel $[O_3S-S_{n-2}-SO_3]^{2-}$ und heißen Dithionat ($n = 2$), Trithionat ($n = 3$) usw.

24.11 Verwendung von Schwefel, Selen und Tellur

Schwefel. Über 80 % des produzierten Schwefels werden zur Herstellung von Schwefelsäure eingesetzt. Schwefelsäure ist die Substanz mit den größten Produktionsmengen in der chemischen Industrie. Der Schwefelsäure-Bedarf eines Landes spiegelt sein wirtschaftliches Wohlergehen und seinen Lebensstandard wider.

Schwefelsäure wird für zahlreiche industrielle Prozesse benötigt: zur Herstellung von anderen Chemikalien, Düngemitteln, Pigmenten, Eisen, Stahl und bei der Erdölraffination. Sie dient als Elektrolyt in Bleiakkumulatoren.

Elementarer Schwefel wird bei der Vulkanisation von Kautschuk und bei der Herstellung von Farben, Pigmenten, Papier, Fungiziden, Insektiziden und pharmazeutischen Produkten eingesetzt.

Selen dient zur Herstellung von Photozellen, welche einen elektrischen Strom abgeben, dessen Stromstärke proportional zum einfallenden Licht ist. Wegen der photoelektrischen Eigenschaften des grauen Selens kommt es auch in Photokopiergeräten zum Einsatz. Selen wird zur Produktion von Farbgläsern, Pigmenten, Legierungen, Stahl, Oxidationsinhibitoren für Schmieröle und bei der Vulkanisation von Kautschuk verwendet.

Tellur findet vergleichsweise wenig Verwendung. Wie Selen wirkt es bei der Vulkanisation von Kautschuk und wird bei der Herstellung von Glas, Keramik, Legierungen und Emaillepigmenten verwendet.

24.12 Übungsaufgaben

(Lösungen s. S. 680)

Sauerstoff

24.1 Stellen Sie eine Liste auf, wie Sauerstoff in der Natur vorkommt.

24.2 Formulieren Sie die Gleichungen für die Herstellung von Sauerstoff aus:
a) $HgO(s)$ c) $H_2O_2(aq)$ e) $KClO_3(s)$
b) $Na_2O_2(s)$ d) $NaNO_3(s)$ f) H_2O

24.3 Formulieren Sie die Gleichungen für die Reaktionen von O_2 mit:
a) $K(s)$ d) $Mg(s)$ g) $P_4(s)$
b) $Na(s)$ e) $Ba(s)$ h) $N_2(g)$
c) $Li(s)$ f) $C(s)$

24.4 Formulieren Sie die Reaktionsgleichungen für die vollständigen Verbrennungsprozesse von:
a) $ZnS(s)$ c) $C_5H_{12}(l)$
b) $H_5C_2OH(l)$ d) $C_6H_6(l)$

24.5 Man kennt Verbindungen, die das Dioxygen-Kation O_2^+ enthalten. Zeichnen Sie das Molekülorbital-Diagramm für das O_2^+-Ion. Welche Bindungsordnung hat das Ion? Wieviel ungepaarte Elektronen sind vorhanden?

24.6 Die Reaktionsprodukte bei der Verbrennung eines Kohlenwasserstoffes hängen von der angebotenen Sauerstoffmenge ab. Formulieren Sie die Reaktionsgleichungen für die Verbrennung von Methan, $CH_4(g)$, bei der
a) $CO(g)$ b) $CO_2(g)$
entsteht.

Selen, Schwefel, Tellur

24.7 Was würde geschehen, wenn beim Frasch-Prozeß das eingepumpte Wasser die falsche Temperatur hat, nämlich
a) 100°C?   b) 250°C?

24.8 Formulieren Sie die Gleichungen für die Reaktionen von Schwefel mit:
a) $O_2(g)$ d) $Fe(s)$ g) $HNO_3(l)$
b) S^{2-} (aq)   e) $F_2(g)$
c) SO_3^{2-} (aq)   f) $Cl_2(g)$

24.9 Formulieren Sie die Gleichungen für die Reaktionen von Wasser mit:
a) $SO_2(g)$ c) $Al_2S_3(s)$ e) $H_2SO_5(l)$
b) $SO_3(g)$ d) $SeO_2(s)$ f) $H_2S_2O_7(l)$

24.10 Zeichnen Sie die Konstitutionsformeln und geben Sie die Gestalt an für:
a) H_2S e) S_3^{2-} i) SF_6
b) SO_2 f) $S_4O_6^{2-}$ j) SOF_2
c) SO_3^{2-} g) $H_2S_2O_7$
d) HSO_4^- h) SF_4

24.11 Warum kann SF_4 hergestellt werden, aber OF_4 nicht?

24.12 Welches ist der Unterschied in der Bedeutung der Präfixe *Per-* und *Peroxo-* bei der Bezeichnung von Säuren?

24.13 Chloroschwefelsäure (Chlorsulfonsäure, $HOSO_2Cl$) ist das Produkt der Reaktion von SO_3 mit HCl. H_2SO_5 und $H_2S_2O_8$ können durch Reaktion von einem Mol H_2O_2 mit einem bzw. zwei Mol Chloroschwefelsäure hergestellt werden. Formulieren Sie die Reaktionsgleichungen.

25 Die Elemente der 5. Hauptgruppe

Zusammenfassung. Die 5. Hauptgruppe des Periodensystems umfaßt die *Nichtmetalle* Stickstoff und Phosphor, die *Halbmetalle* Arsen und Antimon und das *Metall* Bismut. Die Elemente haben unterschiedliche Strukturen. Der *weiße Phosphor* besteht aus P_4-*Molekülen*, der *rote Phosphor* ist *amorph* und *polymer*, der *violette Phosphor* hat eine komplizierte *polymere Struktur* und der *schwarze Phosphor* eine *Schichtstruktur*. Arsen, Antimon und Bismut bilden ebenfalls *Schichtenstrukturen*, wobei zum Bismut hin eine zunehmende Wechselwirkung zwischen den Schichten zu verzeichnen ist.

In der Natur wird Stickstoff über den Stickstoffzyklus ständig der Luft entzogen und wieder zugeführt. *Stickstoff* wird durch *fraktionierte Destillation* von *flüssiger Luft* gewonnen. *Phosphor* wird durch Erhitzen von *Phosphat-Mineralien, Sand* und *Koks* erhalten. Arsen, Antimon und Bismut sind durch Reduktion der Oxide mit Kohlenstoff zugänglich.

Ionische Nitride mit dem N^{3-}-Ion reagieren leicht mit Wasser unter Bildung von NH_3. *Einlagerungsnitride*, in denen die N-Atome in die Oktaederlücken einer Metallstruktur eingelagert sind, sind chemisch resistent, sehr hart und haben hohe Schmelzpunkte. In Nitriden von Nichtmetallen sind kovalente Bindungen vorhanden. *Phosphide* sind die entsprechenden Verbindungen des Phosphors. *Ammoniak* wird großtechnisch nach dem *Haber-Bosch-Verfahren* hergestellt. Weitere Wasserstoff-Verbindungen des Stickstoffs sind *Hydrazin* (N_2H_4) und *Stickstoffwasserstoffsäure* (HN_3). *Phosphan* (PH_3) entsteht bei der Hydrolyse von Phosphiden.

Von allen Elementen der 5. Hauptgruppe gibt es *Trihalogenide*, außerdem *Pentafluoride* und PCl_5, PBr_5 und $SbCl_5$. Die Pentahalogenide sind starke Lewis-Säuren. Phosphoroxidhalogenide haben die allgemeine Formel POX_3 (X = F, Cl, Br). Stickstoff bildet Oxide mit jeder Oxidationszahl für den Stickstoff von +I bis +V. Die wichtigste Oxosäure des Stickstoffs ist *Salpetersäure* (HNO_3). Sie wird nach dem *Ostwald-Verfahren* hergestellt, bei dem NH_3 katalytisch zu NO oxidiert wird. Salpetersäure ist ein starkes Oxidationsmittel. *Salpetrige Säure* (HNO_2), die instabil gegen Disproportionierung ist, entsteht beim Ansäuern einer kalten Lösung eines Nitrits.

Neben SO_2 sind NO und NO_2 unerwünschte Nebenprodukte bei Verbrennungsprozessen; sie wirken bei der photochemischen Entstehung von Ozon in der Atmosphäre mit. Dieses führt dann zusammen mit Kohlenwasserstoffen zur Bildung von *photochemischem Smog*. Dagegen ist Ozon in der Stratosphäre als Filter für die UV-Strahlung der Sonne erwünscht; es wird dort photochemisch unter Mitwirkung von Chlor-Atomen abgebaut.

In den Phosphoroxiden P_4O_6 und P_4O_{10} hat Phosphor die Oxidationszahl +III bzw. +V. Phosphor(III)-oxid und Phosphor(V)-oxid sind die Anhydride der *Phosphorigen Säure* (H_3PO_3) und der *Phosphorsäure* (H_3PO_4). Phosphate sind ebenso wie Ammoniumsalze und Nitrate wichtige Bestandteile von Düngemitteln. In den *Polyphosphorsäuren* sind mehrere P-Atome über O-Atome miteinander verknüpft. *Phosphorige Säure* ist eine zweiprotonige, *Unterphosphorige Säure* (H_3PO_2) eine einprotonige Säure. Arsen, Antimon und Bismut bilden Oxide mit der Oxidationszahl +III und +V der Elemente.

Schlüsselworte (s. Glossar)

Schichtenstruktur

Stickstoff-Fixierung

Haber-Bosch-Verfahren
Raschig-Verfahren
Ostwald-Verfahren

Photochemischer Smog

Isomere
Polyphosphorsäuren
Düngemittel

25.1 Allgemeine Eigenschaften 424
25.2 Die Elementstrukturen von Phosphor, Arsen, Antimon und Bismut 426
25.3 Der Stickstoffzyklus 427
25.4 Vorkommen und Herstellung der Elemente der 5. Hauptgruppe 427
25.5 Nitride und Phosphide 429
25.6 Wasserstoff-Verbindungen 430
25.7 Halogen-Verbindungen 432
25.8 Oxide und Oxosäuren des Stickstoffs 434
25.9 Luftverschmutzung 437
25.10 Oxide und Oxosäuren des Phosphors 440
25.11 Oxide und Oxosäuren von Arsen, Antimon und Bismut 443
25.12 Verwendung der Elemente der 5. Hauptgruppe 444
25.13 Übungsaufgaben 445

Zur 5. Hauptgruppe des Periodensystems gehören die Elemente Stickstoff, Phosphor, Arsen, Antimon und Bismut. Sie unterscheiden sich untereinander stärker als die Elemente der 7. oder der 6. Hauptgruppe.

25.1 Allgemeine Eigenschaften

Innerhalb einer Hauptgruppe des Periodensystems nimmt der metallische Charakter der Elemente mit zunehmender Ordnungszahl zu. Diese Tendenz ist bei den Elementen der 5. Hauptgruppe besonders stark ausgeprägt. Die 1. Ionisierungsenergie dieser Elemente (■ 25.1) entspricht beim Stickstoff den typischen Werten für Nichtmetalle und geht bis zum Bismut auf einen Wert zurück, der für ein Metall charakteristisch ist. Stickstoff und Phosphor werden als Nichtmetalle angesehen, Arsen und Antimon werden als Halbmetalle bezeichnet und Bismut als Metall.

Den Elementen fehlen drei Elektronen, um die Edelgaskonfiguration zu erreichen. Man kann deshalb die Bildung von dreifach negativ geladenen Ionen erwarten. Stickstoff bildet mit bestimmten reaktiven Metallen Ionenverbindungen, die das Nitrid-Ion N^{3-} enthalten. Phosphor bildet weniger bereitwillig das Phosphid-Ion P^{3-}. Die übrigen Elemente zeigen keine besondere Neigung, vergleichbare Ionen zu bilden, obwohl eine Vielzahl von Arseniden, Antimoniden und Bismutiden bekannt ist; diese Verbindungen haben jedoch metallische Eigenschaften oder sie sind Halbleiter mit erheblichen kovalenten Bindungsanteilen.

Die Abgabe von Elektronen unter Bildung von Kationen, die für Metalle charakteristisch ist, wird bei den schwereren Elementen dieser

■ 25.1 Einige Eigenschaften der Elemente der 5. Hauptgruppe

	Stickstoff	Phosphor	Arsen	Antimon	Bismut
Farbe	farblos	weiß; rot; schwarz	metallisch grau; gelb	metallisch grau	metallisch rötlich
Molekülformel	N_2	P_4 (weiß) P_n (rot, schwarz)	As_n (metall.) As_4 (gelb)	Sb_n	Bi_n
Schmelzpunkt /°C	−210	44 (weiß)	814 (36 bar)	630,5	271
Siedepunkt /°C	−196	280	633 (Subl.)	1325	1560
Kovalenzradius /pm	74	110	121	141	152
Ionenradius /pm	146 (N^{3-})	185 (P^{3-})		76 (Sb^{3+})	103 (Bi^{3+})
Erste Ionisierungsenergie /kJ mol^{-1}	1399	1061	965	830	772
Elektronegativität	3,0	2,2	2,2	2,1	2,0

Gruppe beobachtet. Wegen zu hoher Ionisierungsenergien können jedoch nicht alle fünf Valenzelektronen abgegeben werden. Dementsprechend gibt es keine Ionen mit der Ladung 5+; die Oxidationszahl +V wird nur mit kovalenten Bindungen erreicht. Auch in den Verbindungen, in denen die Elemente in der Oxidationszahl +III auftreten, liegen in der Regel kovalente Bindungen vor. Antimon und Bismut können jedoch durch Abgabe ihrer p-Elektronen die Ionen Sb^{3+} und Bi^{3+} bilden, die in der Valenzschale die Elektronenkonfiguration s^2 haben. Die Verbindungen $Sb_2(SO_4)_3$, BiF_3 und $Bi(ClO_4)_3 \cdot 5H_2O$ werden als Ionenverbindungen angesehen. Die Ionen Sb^{3+} und Bi^{3+} reagieren mit Wasser und bilden Antimonyl- bzw. Bismutyl-Ionen SbO^+ und BiO^+ sowie hydratisierte Formen dieser Ionen, z. B. $Bi(OH)_2^+$. Stickstoff, Phosphor und Arsen bilden keine einfachen Kationen.

$$Bi^{3+}(aq) + H_2O \rightleftarrows BiO^+(aq) + 2H^+(aq)$$

Der saure Charakter der Oxide der Elemente der 5. Hauptgruppe nimmt in dem Maße ab, wie der metallische Charakter des Elements zunimmt. Von den Oxiden mit der Oxidationszahl +III des Elements sind N_2O_3, P_4O_6 und As_4O_6 saure Oxide; sie lösen sich in Wasser unter Bildung von Säuren, und mit Basen bilden sie Salze dieser Säuren. Sb_2O_3 verhält sich amphoter; es löst sich sowohl in Salzsäure wie in Natronlauge. Das entsprechende Bismutoxid verhält sich ausgesprochen basisch; Bi_2O_3 reagiert nicht mit Basen, aber in Säuren löst es sich unter Bildung von Bismut-Salzen.

Alle Oxide mit der Oxidationszahl +V des Elements sind sauer, der Säurecharakter nimmt aber vom N_2O_5 zum Bi_2O_5 ab. Die Stabilität von Verbindungen mit der Oxidationszahl +V nimmt mit der Ordnungszahl ab. Bi_2O_5 ist eine instabile Substanz, die bisher nicht in reinem Zustand erhalten werden konnte und die beim Erwärmen Sauerstoff abspaltet.

Generell unterscheiden sich die Eigenschaften des ersten Elements in einer Gruppe des Periodensystems deutlich von denen der übrigen Elemente der Gruppe. Dieser Unterschied ist in der 5. Hauptgruppe besonders augenfällig; Stickstoff fällt in vieler Hinsicht aus dem Rahmen, verglichen zu den anderen Elementen der Gruppe.

Elementarer Stickstoff ist auffällig reaktionsträge, was mit der hohen Bindungsenergie im N_2-Molekül zusammenhängt. Nach dem Orbitalmodell werden die beiden N-Atome durch eine σ- und zwei π-Bindungen zusammengehalten, die Bindungsordnung beträgt 3. Zur Spaltung des N_2-Moleküls muß der hohe Energiebetrag von 941 kJ/mol aufgebracht werden.

$|N\equiv N|$

Da ein Stickstoff-Atom in seiner Valenzschale ($n = 2$) nicht über d-Orbitale verfügt, kann es maximal vier kovalente Bindungen eingehen, wie zum Beispiel im Ammonium-Ion, NH_4^+. Die Valenzschalen der übrigen Elemente der 5. Hauptgruppe verfügen über unbesetzte d-Orbitale, die zur Ausbildung von kovalenten Bindungen herangezogen werden können. Phosphor, Arsen, Antimon und Bismut bilden Verbindungen mit bis zu sechs kovalenten Bindungen, zum Beispiel PF_5, PCl_6^-, AsF_6^-, $SbCl_6^-$, BiF_6^-.

Die Oxidationsstufen $-III$, $+III$ und $+V$ kommen bei Verbindungen von allen Elementen dieser Gruppe am häufigsten vor. Die Bedeutung der Oxidationszahlen $-III$ und $+V$ nimmt vom Stickstoff zum Bismut ab. Vom Stickstoff kennt man Verbindungen mit jeder Oxidationszahl von $-III$ bis $+V$. Stickstoff-Atome gehen leicht Mehrfachbindungen ein (z. B. im Cyanid-Ion, $|C\equiv N|^-$). Beim Phosphor ist die Tendenz zur Bildung von Mehrfachbindungen wesentlich geringer, sie treten jedoch in manchen Verbindungen auf ($p\pi$-$d\pi$-Bindungen). Bei Arsen, Antimon und Bismut spielen Mehrfachbindungen kaum eine Rolle.

Struktur des P₄-Moleküls im weißen Phosphor

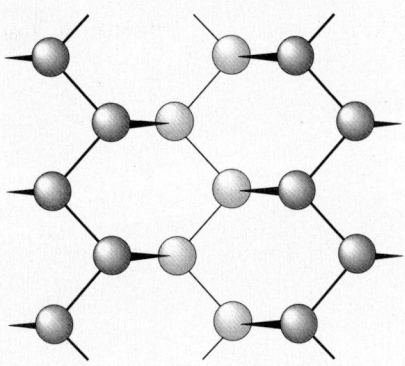

◉ 25.1 Ausschnitt aus einer Schicht des schwarzen Phosphors

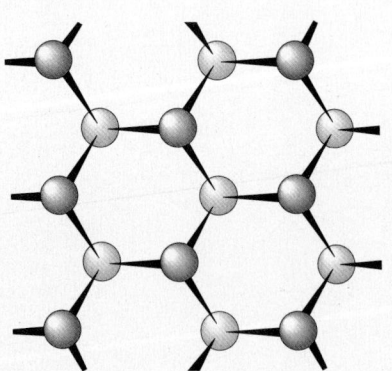

◉ 25.2 Ausschnitt aus einer Schicht des grauen Arsens

25.2 Die Elementstrukturen von Phosphor, Arsen, Antimon und Bismut

Phosphor, Arsen und Antimon treten in mehreren Modifikationen auf.

Weißer Phosphor ist ein wachsartiger Festkörper, der bei der Kondensation von Phosphor-Dampf entsteht. Er besteht auf P_4-Molekülen mit einer Tetraeder-Struktur; jedes Atom hat ein nichtbindendes Elektronenpaar und kommt zu einem Elektronenoktett durch Ausbildung von je drei kovalenten Bindungen.

Weißer Phosphor ist in einigen unpolaren Lösungsmitteln löslich (z. B. in Benzol oder Kohlenstoffdisulfid). In der Lösung liegen P_4-Moleküle vor. Die gleichen P_4-Moleküle treten auch im Dampf auf. Bei Temperaturen über 800 °C zerfallen die Moleküle teilweise zu P_2-Molekülen, die den gleichen Aufbau wie Stickstoff-Moleküle haben, $|P\equiv P|$.

Weißer Phosphor ist die reaktionsfähigste Modifikation des Elements. Er ist sehr giftig. In fein verteilter Form oder bei gelindem Erwärmen entzündet er sich; um eine spontane Entzündung zu verhindern, wird er unter Wasser aufbewahrt.

Roter Phosphor (violett-rot aussehend) entsteht, wenn weißer Phosphor unter Luftausschluß auf etwa 250 °C erhitzt wird. Dabei brechen Bindungen der P_4-Moleküle auf und neue Bindungen werden geknüpft, wobei ein unregelmäßiges Netzwerk von Atomen entsteht. Roter Phosphor ist somit polymer und amorph. Er ist unlöslich in allen gängigen Lösungsmitteln, ist nicht giftig und wesentlich weniger reaktionsfähig als weißer Phosphor.

Wenn roter Phosphor längere Zeit (1 bis 2 Wochen) auf über 550 °C gehalten wird, so ordnen sich seine Atome allmählich zu einem Kristallverband. Es entsteht der **violette Phosphor** („Hittorfscher Phosphor"), der eine komplizierte, polymere Struktur hat. Jedes Phosphor-Atom ist darin an drei andere Phosphor-Atome kovalent gebunden.

Schwarzer Phosphor ist weniger leicht zugänglich. Er entsteht aus weißem Phosphor unter hohem Druck oder wenn flüssiger Phosphor in Anwesenheit von Quecksilber als Katalysator langsam kristallisiert. Im schwarzen Phosphor sind die Atome zu gewellten Schichten verbunden (◉ **25.1**), die parallel übereinander gestapelt sind. Die Abstände zwischen benachbarten Phosphor-Atomen aus verschiedenen Schichten sind erheblich größer als diejenigen zwischen Phosphor-Atomen innerhalb der Schicht. Innerhalb der Schicht sind die Atome durch kovalente Bindungen miteinander verbunden, während der Zusammenhalt zwischen den Schichten nur durch relativ schwache London-Kräfte bewirkt wird. Dieser Aufbau äußert sich in den Eigenschaften; schwarzer Phosphor hat eine schuppige Konsistenz. Der schwarze Phosphor ist unlöslich und die am wenigsten reaktive Modifikation des Elements.

Vom Arsen kann man durch Abschrecken von Arsen-Dampf mit flüssigem Stickstoff eine gelbe Modifikation erhalten, die wie der weiße Phosphor aus As_4-Molekülen besteht und in Kohlenstoffdisulfid löslich ist. Es handelt sich um eine instabile Modifikation, die sich schnell in das stabile, graue Arsen umwandelt. **Graues Arsen** hat eine Schichtenstruktur, wobei der Aufbau der Schicht anders als im schwarzen Phosphor ist (◉ 25.2). Die gleiche Art von Schichten findet man auch in den Strukturen von Antimon und Bismut. Die kürzesten Abstände zwischen Atomen in einer Schicht und zwischen Atomen verschiedener Schichten werden vom Arsen zum Bismut immer ähnlicher; ein Bismut-Atom ist von sechs nächsten Atomen umgeben, drei innerhalb der Schicht, und drei aus der nächsten Schicht, die nur 15 % weiter entfernt sind. Die Bindungsverhältnisse kann man als Zwischenzustand zwischen kovalenter und metallischer Bindung (Abschn. 27.**1**, S. 469) ansehen. Graues Arsen, Antimon und Bismut sind spröde, haben metallischen Glanz und leiten den elektrischen Strom.

25.3 Der Stickstoffzyklus

Stickstoff wird ständig durch mehrere natürliche und künstliche Vorgänge der Luft entnommen und ihr wieder zugeführt. Die Gesamtheit dieser Vorgänge machen den Stickstoffzyklus aus.

Stickstoff ist Bestandteil aller tierischen und pflanzlichen Eiweißstoffe. Da der elementare Stickstoff ziemlich reaktionsträge ist, können lebende Zellen ihn nicht direkt assimilieren und zur Synthese von Eiweißstoffen verwerten. Der Luftstickstoff kann jedoch durch verschiedene Prozesse der *Stickstoff-Fixierung* in Verbindungen umgewandelt werden, die von Pflanzen aufgenommen werden können.

Bei Gewittern kommt es in Blitzentladungen zur Reaktion von Luftstickstoff mit Luftsauerstoff unter Bildung von Stickstoffmonoxid. Dieses reagiert mit weiterem Sauerstoff zu Stickstoffdioxid, das mit Wasser Salpetersäure bildet. Die Salpetersäure gelangt mit dem Regenwasser in das Erdreich, wo sie nach Neutralisation, zum Beispiel mit Kalk ($CaCO_3$), in Nitrate überführt wird. Diese können von Pflanzen aufgenommen werden.

$$N_2(g) + O_2(g) \rightarrow 2\,NO(g)$$
$$2\,NO(g) + O_2(g) \rightarrow 2\,NO_2(g)$$
$$3\,NO_2(g) + H_2O(l) \rightarrow 2\,HNO_3(l) + NO(g)$$

Manche Bodenbakterien sowie die „Stickstoffbakterien", die in den Wurzelknollen von Leguminosen leben (z. B. Erbsen, Bohnen, auch Klee), fixieren Luftstickstoff zu Verbindungen, die von Pflanzen genutzt werden können. Zur Erhöhung des verwertbaren Stickstoffs im Boden dienen Düngemittel. Stickstoffhaltige Düngemittel werden aus Ammoniak hergestellt, der seinerseits durch einen technischen Prozeß aus Stickstoff und Wasserstoff hergestellt wird (Haber-Bosch-Synthese, S. 430).

Pflanzen nehmen die wasserlöslichen Stickstoff-Verbindungen (Ammoniumsalze, Nitrate) aus dem Boden auf und verwenden sie zur Synthese von pflanzlichen Eiweißstoffen. Tiere nehmen das pflanzliche Eiweiß mit der Nahrung auf und wandeln es in tierische Eiweißstoffe um.

Eiweißstoffe werden im tierischen Organismus auch abgebaut, der Stickstoff wird dann in Form von Harnstoff, $OC(NH_2)_2$, ausgeschieden. Dieser kann als Düngemittel genutzt werden. Bei der Verwesung von toten Pflanzen und Tierkörpern entsteht unter anderem Stickstoff, der in die Luft zurückkehrt.

25.4 Vorkommen und Herstellung der Elemente der 5. Hauptgruppe

🗎 25.**2** gibt eine Übersicht über die wichtigsten Vorkommen der Elemente der 5. Hauptgruppe in der Natur. Stickstoff wird zusammen mit Sauerstoff und den Edelgasen bei der fraktionierten Destillation von flüssiger Luft erhalten (s. Abschn. 10.**10**, S. 159 und 24.**2**, S. 407). Er kommt in flüssiger Form (zu Kühlzwecken) oder als komprimiertes Gas in grün angestrichenen Stahlflaschen in den Handel. Für den Laboratoriumsbedarf kann Stick-

25.2 Vorkommen der Elemente der 5. Hauptgruppe

	Anteil in der Erdkruste (cg/g)	Vorkommen
Stickstoff	0,0046 (0,03 bei Einschluß der Atmosphäre)	N_2 (Luft); $NaNO_3$ (Chile-Salpeter) Eiweißstoffe der Tier- und Pflanzenwelt
Phosphor	0,12	$Ca_3(PO_4)_2$ (Phosphorit); $Ca_5(PO_4)_3(OH, F, Cl)$ (Apatit)
Arsen	$5 \cdot 10^{-4}$	FeAsS (Arsenopyrit, Arsenkies); As_4S_4 (Realgar); As_2S_3 (Auripigment); As_4O_6 (Arsenolith); elementares As („Scherbenkobalt"); in Erzen von Sn, Pb, Co, Ni, Cu, Ag, Au, Zn
Antimon	$5 \cdot 10^{-5}$	Sb_2S_3 (Grauspießglanz); Sb_4O_6 (Senarmontit); als Bestandteil in Erzen von Pb, Cu, Ag, Hg
Bismut	$1 \cdot 10^{-5}$	Bi_2S_3 (Bismutglanz); Bi_2O_3 (Bismutocker); in Erzen von Sn, Pb, Co, Ni, Cu, Ag, Au

$NH_4^+ (aq) + NO_2^- (aq) \rightarrow N_2 (g) + 2 H_2O$

$2 NaN_3 (s) \xrightarrow{\Delta} 2 Na (l) + 3 N_2 (g)$

$Ba(N_3)_2 \xrightarrow{\Delta} 2 Ba (s) + 3 N_2 (g)$

$2 Ca_3(PO_4)_2 (s) + 6 SiO_2 (s) + 10 C (s) \rightarrow 6 CaSiO_3 (l) + 10 CO (g) + P_4 (g)$

Sulfid-Rösten:
$2 Sb_2S_3 (s) + 9 O_2 (g) \rightarrow Sb_4O_6 (g) + 6 SO_2 (g)$
Reduktion:
$Bi_2O_3 (s) + 3 C (s) \rightarrow 2 Bi (s) + 3 CO (g)$
$FeAsS (s) \xrightarrow{\Delta} FeS (s) + As (g)$

stoff durch Erwärmen einer gesättigten wäßrigen Lösung von Ammoniumchlorid (NH_4Cl) und Natriumnitrit ($NaNO_2$) hergestellt werden. Sehr reiner Stickstoff entsteht bei der thermischen Zersetzung von Natriumazid (NaN_3) oder Bariumazid ($Ba(N_3)_2$). Die großen Stickstoff-Mengen, die bei der Synthese von Ammoniak zum Einsatz kommen, werden aus der Luft gewonnen, indem der Luftsauerstoff auf chemischem Wege entfernt wird (s. S. 430).

Phosphor wird technisch aus Phosphat-Mineralien hergestellt. Diese werden in einem elektrisch beheizten Ofen mit Sand (SiO_2) und Koks bei etwa 1500 °C umgesetzt. Bei der stark endothermen Reaktion entsteht Calciumsilicat, das in flüssiger Form als Schlacke am Boden des Ofens abgezogen wird. Die gasförmigen Produkte P_4 und CO werden durch Wasser geleitet, wo sich der Phosphor als weißer Feststoff abscheidet.

Arsen, Antimon und Bismut werden durch Reduktion ihrer Oxide mit Kohlenstoff (Koks oder Holzkohle) bei höheren Temperaturen erhalten. Die Oxide fallen im Flugstaub bei der Aufarbeitung von bestimmten Metallerzen, vor allem Blei- und Kupfererzen, an. Außerdem werden die Oxide durch Rösten der sulfidischen Erze wie z. B. As_2S_3 und Sb_2S_3 an Luft erhalten. Arsen wird auch durch direktes Erhitzen von Arsenopyrit (FeAsS) unter Luftausschluß gewonnen. Arsen, Antimon und Bismut kommen in der Natur gelegentlich elementar („gediegen") vor, aber nur im Falle des Bismuts sind solche Erze abbauwürdig.

25.5 Nitride und Phosphide

Bei höheren Temperaturen reagiert Stickstoff mit einer Reihe von Metallen. Mit Lithium entsteht Lithiumnitrid Li_3N, mit den Metallen Be, Mg, Ca, Sr, Ba, Zn und Cd entstehen Nitride der Zusammensetzung M_3N_2 (M = Metall). Diese **ionischen Nitride** enthalten das Nitrid-Ion N^{3-}. Mit Wasser reagieren sie unter Bildung von Ammoniak.

$$3\,Ca\,(s) + N_2\,(g) \rightarrow Ca_3N_2\,(s)$$

$$Ca_3N_2\,(s) + 6\,H_2O \rightarrow \\ 3\,Ca^{2+}\,(aq) + 6\,OH^-\,(aq) + 2\,NH_3\,(g)$$

Einlagerungsnitride bilden sich bei hohen Temperaturen aus Stickstoff oder Ammoniak mit pulverförmigen Übergangsmetallen. Bei den Einlagerungsnitriden bilden die Metall-Atome eine dichte Kugelpackung, in deren Oktaederlücken die Stickstoff-Atome eingelagert sind. Häufig ist nur ein Teil der Lücken besetzt, so daß keine exakte Zusammensetzung eingehalten wird; idealisierte Zusammensetzungen sind MN und M_2N. Einlagerungsnitride haben metallische Eigenschaften; sie leiten den elektrischen Strom, sind sehr hart, haben extrem hohe Schmelzpunkte und sind chemisch außerordentlich reaktionsträge.

Zu den **Nitriden mit kovalenten Bindungen** gehören die Verbindungen

S_4N_4 P_3N_5 Si_3N_4 Sn_3N_4 BN AlN

Manche dieser Verbindungen bestehen aus Molekülen, zum Beispiel S_4N_4. Andere bilden Raumnetzstrukturen. Bornitrid entsteht aus den Elementen bei hoher Temperatur. Die Zahl der Valenzelektronen von einem Bor- und einem Stickstoff-Atom (3 bzw. 5) ist genauso groß wie die von zwei Kohlenstoff-Atomen. Die Verbindung BN kann man deshalb als isoelektronisch zum Kohlenstoff ansehen. Tatsächlich tritt Bornitrid in zwei Modifikationen auf, deren Strukturen den Strukturen der Kohlenstoff-Modifikationen Graphit und Diamant entsprechen; die diamantartige Modifikation ist dem Diamant sehr ähnlich und annähernd so hart wie dieser (Verwendung als Schleifmittel). Man spricht von *3,5-Verbindungen* bei Verbindungen, die wie BN, aus einem Element der dritten und einem Element der 5. Hauptgruppe bestehen und solche Eigenschaften haben, die dem dazwischen stehenden Element der 4. Hauptgruppe entsprechen.

Zahlreiche Metalle reagieren mit Phosphor unter Bildung von Phosphiden. Mit Alkali- und Erdalkalimetallen entstehen zum Beispiel Phosphide der Zusammensetzung

Li_3P Na_3P K_3P
M_3P_2 (M = Be, Mg, Ca, Sr, Ba)

in denen das P^{3-}-Ion vorkommt. Es gibt aber noch eine große Zahl weiterer Phosphide mit zum Teil komplizierten Strukturen, in denen die Phosphor-Atome teilweise kovalent miteinander verbunden sind (ähnlich wie bei den Polysulfiden, vgl. S. 415). Phosphide der Alkali- und Erdalkalimetalle reagieren mit Wasser, wobei Phosphan (PH_3) entsteht.

$$Ca_3P_2\,(s) + 6\,H_2O \rightarrow \\ 3\,Ca^{2+}\,(aq) + 6\,OH^-\,(aq) + 2\,PH_3\,(g)$$

Die Phosphide der Elemente der 3. Hauptgruppe (z. B. BP, AlP, GaP) bilden Raumnetzstrukturen mit kovalenten Bindungen, ähnlich wie beim Silicium; wie Silicium sind sie Halbleiter.

Metalle reagieren auch mit Arsen, Antimon und, in geringerem Maße, mit Bismut; dabei entstehen Arsenide, Antimonide und Bismutide. Galliumarsenid (GaAs) ist eine 3,5-Verbindung mit Ähnlichkeiten zum Ger-

25.6 Wasserstoff-Verbindungen

Ammoniak (NH_3) ist eine Verbindung, die technisch in großem Maßstab hergestellt wird. Die Synthese erfolgt nach dem **Haber-Bosch-Verfahren** durch direkte Vereinigung der Elemente. Die Reaktion wird bei hohem Druck (10 bis 100 MPa) bei 400 bis 550 °C in Anwesenheit eines Katalysators durchgeführt. Als Katalysator dient fein verteiltes Eisen mit Zusätzen kleiner Mengen von K_2O und Al_2O_3.

$$N_2(g) + 3H_2(g) \rightleftarrows 2NH_3(g)$$

Die Ausgangsstoffe H_2 und N_2 werden durch technisch aufwendige Prozesse unmittelbar vor der Ammoniak-Synthese gewonnen. Bei einer Synthesemethode wird *Wassergas* (H_2 + CO) und *Generatorgas* (2 N_2 + CO) verwendet (vgl. Abschn. 21.2, S. 379); beide Gase werden abwechselnd im gleichen Reaktionsbehälter hergestellt. Beim Durchleiten von Luft durch Koks verbrennt dieser zu CO und heizt sich auf, Generatorgas entsteht; dann wird Wasserdampf durchgeleitet und in endothermer Reaktion entsteht Wassergas, der Koks kühlt sich ab. Das CO der Gase wird durch *Konvertierung* mit Wasserdampf zu H_2 und CO_2 umgesetzt, das CO_2 wird dann herausgelöst (vgl. Abschn. 21.2).

Generatorgas:
$$\underbrace{4N_2(g) + O_2(g)}_{Luft} + 2C(s) \rightarrow 4N_2(g) + 2CO(g)$$

Wassergas:
$$H_2O(g) + C(s) \rightarrow H_2(g) + CO(g)$$

Bei einer zweiten Synthesemethode wird das *Steam-Reforming* angewandt, um den Wasserstoff aus Methan (CH_4) und Wasserdampf zu erhalten (Abschn. 21.2). Das Gasgemisch aus dieser Reaktion enthält neben H_2 und CO noch etwa 9 % CH_4. In einem „Sekundär-Reformer" wird dieses Methan bei hoher Temperatur an einem Nickel-Katalysator mit eingespeister Luft umgesetzt. Die Reaktion wird so gesteuert, daß dabei die für die Ammoniak-Synthese notwendige Menge Stickstoff in das Gasgemisch gelangt.

„Primäres Steam-Reforming":
$$CH_4(g) + H_2O(g) \xrightarrow[900\,°C]{(Ni)} CO(g) + 3H_2(g)$$

„Sekundär-Reforming":
$$2CH_4(g) + 4N_2(g) + O_2(g) \xrightarrow[1100\,°C]{(Ni)} 2CO + 4H_2 + 4N_2$$

Auch in diesem Fall wird das CO durch Konvertierung in CO_2 überführt.

Im Laboratorium stellt man Ammoniak durch Hydrolyse eines Nitrids oder aus einem Ammoniumsalz durch Zusatz von Natronlauge oder einer anderen starken Base dar.

$$NH_4^+(aq) + OH^-(aq) \rightarrow NH_3(g) + H_2O$$

Ammoniak ist ein farbloses Gas mit einem stechenden, charakteristischen Geruch, das bei Konzentrationen von mehr als 100 ppm in der Atemluft die Schleimhäute angreift. Beim Abkühlen auf −33,4 °C kondensiert es sich zu einer wasserähnlichen Flüssigkeit, die ein gutes Lösungsmittel ist (vgl. Abschn. 16.6, S. 290). Ammoniak besteht aus trigonal-pyramidalen Molekülen, die im flüssigen und festen Zustand über Wasserstoff-Brücken assoziiert sind.

In Wasser ist Ammoniak sehr gut löslich; bei 20 °C und Normdruck lösen sich etwa 700 L NH_3-Gas in 1 L Wasser. Die Lösung ist schwach basisch. Sowohl in Lösung wie auch als Gas reagiert Ammoniak mit Säuren, wobei Ammonium-Salze entstehen. Beim trockenen Erhitzen von Ammonium-Salzen verflüchtigen sie sich durch Zerfall zu Ammoniak und Säure.

$$NH_3(aq) + H_2O \rightleftarrows NH_4^+(aq) + OH^-(aq)$$

$$NH_3(g) + HCl(g) \rightarrow NH_4Cl(s)$$

Mit Alkalimetallen reagiert Ammoniak in Anwesenheit eines Katalysators oder bei erhöhter Temperatur unter Wasserstoff-Entwicklung. Dabei entstehen Amide, zum Beispiel Natriumamid ($NaNH_2$), die das Amid-Ion (NH_2^-) enthalten (s. a. Abschn. 27.8, S. 487). Amide sind sehr starke Basen.

$$2Na(l) + 2NH_3(g) \rightarrow 2NaNH_2(s) + H_2$$
Natriumamid

$$\left[H-\overset{\frown}{N}-H \right]^- \quad \text{Amid-Ion}$$

In reinem Sauerstoff verbrennt Ammoniak, dabei entsteht Stickstoff und Wasserdampf. An der Luft ist Ammoniak entzündbar, brennt aber nicht weiter. Wird die Verbrennung an einem Platin-Katalysator durchgeführt, so entsteht nicht Stickstoff, sondern Stickstoffmonoxid (s. S. 434).

Hydrazin, N_2H_4, kann als Derivat des Ammoniaks aufgefaßt werden, in dem ein H-Atom durch eine NH_2-Gruppe ersetzt ist. Es wird durch Oxidation von NH_3 mit NaOCl in wäßriger Lösung hergestellt (**Raschig-Verfahren**). Reines Hydrazin ist eine farblose, wasserähnliche Flüssigkeit, die beim Erhitzen explosionsartig zu NH_3 und N_2 disproportionieren kann. Die wäßrige Lösung ist dagegen beständig. Hydrazin wirkt krebserregend.

Verglichen zu Ammoniak ist Hydrazin weniger basisch, es kann aber ein oder zwei Protonen anlagern und Hydrazinium(1+)- und Hydrazinium(2+)-Ionen bilden. Hydrazin ist ein starkes Reduktionsmittel; es hat den Vorteil, als Oxidationsprodukte nur Stikstoff und Wasser zu hinterlassen.

Hydroxylamin, H_2NOH, kann ebenfalls als Derivat des Ammoniaks aufgefaßt werden. Es kann durch Reduktion von Salpetriger Säure mit Schwefliger Säure hergestellt werden. Wie Hydrazin ist es weniger basisch als Ammoniak, aber Salze mit dem Hydroxylammonium-Ion $[H_3NOH]^+$ sind bekannt. Es ist ebenfalls ein starkes Reduktionsmittel, bei dessen Oxidation Stickstoff entsteht.

Stickstoffwasserstoffsäure, HN_3, ist eine weitere Stickstoff-Wasserstoff-Verbindung. Im HN_3-Molekül sind drei Stickstoff-Atome in gestrecker Anordnung, aber mit zwei ungleichen N—N-Bindungsabständen vorhanden. Die Bindung vom mittleren N-Atom zum N-Atom, das an das H-Atom gebunden ist, ist länger (124 pm) als die andere Bindung (113 pm). Man hat demnach die nebenstehenden mesomeren Grenzformeln zu formulieren.

Stickstoffwasserstoffsäure ist eine schwache Säure, die in wäßriger Lösung aus ihren Salzen, den *Aziden*, durch Zusatz von Schwefelsäure erhältlich ist. Reine HN_3 ist eine flüchtige, sehr giftige und explosive Flüssigkeit. Die Azide der Alkalimetalle sind nicht explosiv, Schwermetallazide sind dagegen sehr brisant. Blei(II)-azid, $Pb(N_3)_2$, wird als Initialzünder verwendet, d. h. zur Einleitung der Explosion von Sprengstoffen und Munition.

Natriumazid, NaN_3, wird aus Natriumamid und Distickstoffoxid hergestellt. In wäßriger Lösung verhält sich das Azid-Ion in vieler Hinsicht ähnlich wie das Chlorid-Ion; man spricht deshalb von einem *Pseudohalogenid*.

Phosphan (PH_3, Phosphorwasserstoff) ist ein sehr giftiges, unangenehm riechendes, farbloses Gas, das bei der Hydrolyse von Phosphiden entsteht. Es bildet sich auch bei der Reaktion von weißem Phosphor mit konzentrierten Alkalihydroxid-Lösungen.

Das PH_3-Molekül ist wie das NH_3-Molekül pyramidal. Es bildet jedoch keine Wasserstoff-Brücken aus und assoziiert deshalb nicht im flüssigen Zustand. Phosphan ist wesentlich schwächer basisch als Ammoniak. Phosphonium-Salze, z. B. Phosphoniumiodid $PH_4^+I^-$, das aus trockenem PH_3 (g) und HI (g) zugänglich ist, sind instabil; sie zersetzen sich bei relativ niedrigen Temperaturen unter Rückbildung von PH_3 und Säure.

Arsan (AsH_3, Arsenwasserstoff), **Stiban** (SbH_3, Antimonwasserstoff) und **Bismutan** (BiH_3, Bismutwasserstoff) sind sehr giftige Gase, die bei der Hydrolyse von Arseniden, Antimoniden oder Bismutiden entstehen (z. B. Na_3As, Zn_3Sb_2 oder Mg_3Bi_2). Die Ausbeuten nehmen vom Arsan zum

$$4NH_3(g) + 3O_2(g) \rightarrow 2N_2(g) + 6H_2O(g)$$

$$2NH_3(aq) + OCl^-(aq) \rightarrow N_2H_4(aq) + H_2O + Cl^-(aq)$$

Hydrazin

Hydrazin

$$2NaNH_2(s) + N_2O(g) \rightarrow NaN_3(s) + NH_3(g) + NaOH(s)$$

$$P_4(s) + 3OH^-(aq) + 3H_2O \rightarrow PH_3(g) + 3H_2PO_2^-(aq)$$

Hypophosphit

25.7 Halogen-Verbindungen

Die wichtigsten Halogen-Verbindungen von Elementen der 5. Hauptgruppe sind die Trihalogenide und die Pentahalogenide. Die **Trihalogenide** sind von allen Elementen der 5. Hauptgruppe mit allen Halogenen (außer Astat) bekannt. Stickstofftriiodid kann allerdings nur als Ammoniakat $NI_3 \cdot NH_3$ und $NI_3 \cdot 3\,NH_3$ isoliert werden. Die Stickstofftrihalogenide entstehen bei der Einwirkung von Fluor auf NH_3-Gas (NF_3), von Chlor auf saure Ammonium-Salzlösungen (NCl_3) bzw. von Iod auf konzentrierte, wäßrige Ammoniak-Lösung ($NI_3 \cdot NH_3$) oder flüssigen Ammoniak ($NI_3 \cdot 3\,NH_3$).

$$NH_3(g) + 3\,F_2(g) \rightarrow NF_3(g) + 3\,HF(g)$$

Stickstofftrifluorid ist ein farbloses, reaktionsträges Gas, das anders als Ammoniak nicht wasserlöslich ist und keine basischen Eigenschaften hat (vgl. S. 168). Im Gegensatz zum NF_3 sind die übrigen Stickstofftrihalogenide instabile, explosive Substanzen. Da sowohl Ammoniak wie die Halogene gängige Laborchemikalien sind, muß man sich der Gefahren bewußt sein, die bei deren Vermischung lauern. $NI_3 \cdot NH_3$ fällt zum Beispiel als schwerlösliche, braun-schwarze Verbindung aus wäßrigen NH_3-Lösungen bei Zusatz von Iod aus; im trockenen Zustand explodiert es bei der leichtesten Berührung.

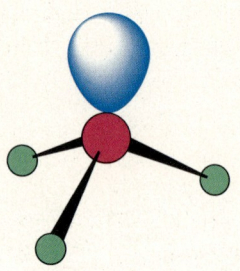

◉ **25.3** Molekülstruktur der monomeren Trihalogenide von Elementen der 5. Hauptgruppe

Die Trichloride, Tribromide und Triiodide von Phosphor, Arsen, Antimon und Bismut werden durch direkte Vereinigung der jeweiligen Elemente hergestellt. Im Falle von PCl_3, PBr_3 und $SbCl_3$ muß dabei ein Halogen-Überschuß vermieden werden, da sich sonst die Pentahalogenide bilden. PF_3 kann aus PCl_3 und AsF_3 erhalten werden; die übrigen Trifluoride sind am bequemsten durch Reaktion der Oxide mit HF zugänglich.

$$P_4(s) + 6\,Cl_2(g) \rightarrow 4\,PCl_3(l)$$

$$PCl_3(l) + AsF_3(l) \rightarrow PF_3(g) + AsCl_3(l)$$

$$As_2O_3(s) + 6\,HF(l) \xrightarrow{(H_2SO_4)} 2\,AsF_3(l) + 3\,H_2O$$

Bismuttrifluorid ist als Ionenverbindung anzusehen. Dagegen liegen in allen anderen Trihalogeniden kovalente Bindungen vor. Im Gaszustand bestehen sie aus trigonal-pyramidalen Molekülen (◉ 25.3). Diese Struktur wird auch im flüssigen und festen Zustand beibehalten, ausgenommen beim BiI_3, welches eine Schichtenstruktur ähnlich wie festes $AlCl_3$ bildet (◉ 22.4, S. 394); AsI_3 und SbI_3 bilden ebensolche Schichten, jedoch mit je drei kurzen und drei langen Bindungen pro As- bzw. Sb-Atom, so daß die Moleküle noch ansatzweise erkennbar sind.

PF_3 ist ein sehr giftiges Gas. Die übrigen Trihalogenide von Phosphor, Arsen und Antimon sind bei Raumtemperatur flüssig (PCl_3, PBr_3, AsF_3, $AsCl_3$) oder bilden leicht schmelzbare Festkörper. Die Schmelzpunkte der Bismuttrihalogenide liegen vergleichsweise hoch. Die Trihalogenide von P, As, Sb und Bi hydrolisieren mehr oder weniger schnell:

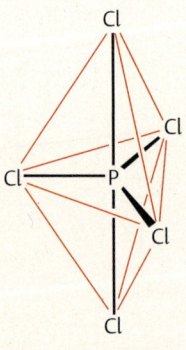

◉ **25.4** Struktur des PCl_5-Moleküls im Gaszustand

$PCl_3(l) + 3 H_2O \rightarrow H_3PO_3(aq) + 3 H^+(aq) + 3 Cl^-(aq)$
$AsCl_3(l) + 3 H_2O \rightarrow H_3AsO_3(aq) + 3 H^+(aq) + 3 Cl^-(aq)$
$SbCl_3(s) + H_2O \rightarrow SbOCl(s) + 2 H^+(aq) + 2 Cl^-(aq)$
$BiCl_3(s) + H_2O \rightarrow BiOCl(s) + 2 H^+(aq) + 2 Cl^-(aq)$

Die **Pentahalogenide** sind nicht von allen Elementen der 5. Hauptgruppe herstellbar. Da Stickstoff-Atome nicht über *d*-Orbitale in der Valenzschale verfügen, können sie maximal vier kovalente Bindungen eingehen; dementsprechend existieren keine Stickstoffpentahalogenide, auch wenn es in Form des NF_4^+-Ions eine Halogen-Verbindung mit Stickstoff in der Oxidationsstufe +V gibt. Von den übrigen Elementen der 5. Hauptgruppe sind die nebenstehend aufgeführten Pentahalogenide bekannt. Sie können aus den Elementen bei Verwendung eines Halogen-Überschusses oder durch Reaktion des Halogens mit dem jeweiligen Trihalogenid hergestellt werden.

Im flüssigen und gasförmigen Zustand bestehen die Pentahalogenide aus trigonal-bipyramidalen Molekülen (◉ 25.**4**). Auch festes $SbCl_5$ besteht aus solchen Molekülen. Festes Phosphorpentachlorid und -bromid bilden dagegen Ionengitter, die aus tetraedrischen PCl_4^+- und oktaedrischen PCl_6^-- bzw. aus PBr_4^+- und Br^--Ionen bestehen (◉ 25.**5**). Offenbar lassen sich keine sechs Brom-Atome um ein Phosphor-Atom anordnen, da sich kein PBr_6^--Ion bildet.

Alle Pentahalogenide sind Lewis-Säuren. Sie lagern leicht Halogenid-Ionen an, wobei Hexahalogeno-Anionen entstehen. Ebenso reagieren sie mit anderen Basen, insbesondere auch mit Wasser. Bei der Hydrolyse von Phosphorpentahalogeniden entstehen zunächst Phosphoroxid-halogenide POX_3 (X = F, Cl, Br); mit weiterem Wasser entsteht dann Phosphorsäure. Die Phosphoroxidhalogenide (Phosphorylhalogenide) werden durch die genannte Reaktion (mit der berechneten Wassermenge) oder durch Oxidation des Trihalogenids mit Sauerstoff hergestellt. Ein Phosphoroxidhalogenid-Molekül hat die Struktur eines verzerrten Tetraeders.

Phosphorchloride, insbesondere Phosphorpentachlorid, werden bei vielen Synthesen als Chlorierungsmittel eingesetzt (s. z.B. Abschn. 29.**12**, S. 561). AsF_3 und SbF_3 dienen als Fluorierungsmittel (vgl. obengenannte Synthese von PF_3; siehe auch Abschn. 22.**5**, S. 393 und Abschn. 29.**7**, S. 547).

Eine Reihe von gemischten Trihalogeniden (z.B. NF_2Cl, $PFBr_2$, $SbBrI_2$) und von gemischten Pentahalogeniden (z.B. PCl_2F_3, $SbCl_4F$) ist beschrieben worden. Außerdem gibt es Halogenide der allgemeinen Formel E_2X_4: N_2F_4, P_2Cl_4, P_2I_4 und As_2I_4. Sie haben Molekülstrukturen, die der Hydrazin-Struktur entsprechen.

Isomere sind Substanzen mit gleicher Zusammensetzung, aber unterschiedlichem räumlichen Aufbau der Moleküle. Vom Distickstoffdifluorid (Difluordiazen) existieren zwei Isomere. Die π-Bindung zwischen den beiden N-Atomen verhindert die Drehbarkeit um die N—N-Achse. Beim *cis*-Isomeren befinden sich beide Fluor-Atome auf der gleichen Seite neben der N=N-Gruppe, beim *trans*-Isomeren befinden sie sich auf gegenüberliegenden Seiten. Beide Moleküle sind planar. In diesem Fall haben beide Moleküle die gleiche *Konstitution*, d.h. die Sequenz der Verknüpfung der Atome ist die gleiche, aber sie haben eine unterschiedliche *Konfiguration*, d.h. ihre geometrische Gestalt ist verschieden. Isomere mit unterschiedlicher Konfiguration bei gleicher Konstitution nennt man *Stereoisomere*.

Bekannte **Pentahalogenide** von Elementen der 5. Hauptgruppe:

PF_5 PCl_5 PBr_5
AsF_5 $AsCl_5^*$
SbF_5 $SbCl_5$
BiF_5

* nur bei tiefen Temperaturen

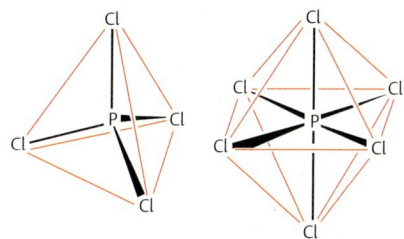

◉ 25.5   Struktur der Ionen PCl_4^+ und PCl_6^- im festen Phosphorpentachlorid

$SbF_5 + F^- \rightarrow SbF_6^-$
$PCl_5(s) + H_2O \rightarrow POCl_3(l) + 2 HCl(g)$
$POCl_3(l) + 3 H_2O \rightarrow$
    $H_3PO_4(aq) + 3 H^+(aq) + 3 Cl^-(aq)$
$2 PCl_3(l) + O_2(g) \rightarrow 2 POCl_3(l)$

$$\underset{\underset{Cl}{|}}{Cl}-\overset{\overset{O}{\|}}{P}-Cl$$

Phosphoroxidchlorid

cis-   trans-
Difluordiazen

25.8 Oxide und Oxosäuren des Stickstoffs

Vom Stickstoff gibt es Oxide für jede Oxidationszahl von +I bis +V.

Oxidationszahl +I. Distickstoffoxid, auch Lachgas genannt, N_2O, wird durch vorsichtiges Erhitzen von geschmolzenem Ammoniumnitrat bei 200°C hergestellt. Bei Temperaturen über 300°C kann die Zersetzung des Ammoniumnitrats explosionsartig ablaufen.

$$NH_4NO_3(l) \rightarrow N_2O(g) + 2H_2O(g)$$

Die Bindungsverhältnisse im linearen N_2O-Molekül können durch die nebenstehenden mesomeren Grenzformeln wiedergegeben werden. N_2O ist ein farbloses, wenig reaktives Gas. Bei etwa 500°C zersetzt es sich in die Elemente, weshalb es die Verbrennung unterhalten kann; es kann jedoch nicht die Atmung unterhalten. In geringen Mengen eingeatmet, ruft es einen Rauschzustand hervor. Medizinisch wird es im Gemisch mit Sauerstoff als Narkosemittel verwendet, außerdem dient es als Treibgas in Sprühflaschen für Schlagsahne. Die in der Randspalte formulierte Bildung von N_2O aus Ammoniumnitrat, welches auch als Düngemittel Verwendung findet, läuft auch im Ackerboden ab und führt zu entsprechenden Emissionen.

Oxidationszahl +II. Stickstoffmonoxid, NO, entsteht bei sehr hohen Temperaturen aus den Elementen. Die Reaktion ist endotherm und wird daher durch hohe Temperaturen begünstigt, aber selbst bei 3000°C liegt die Ausbeute erst bei etwa 4%. Zur erfolgreichen Synthese nach dieser Reaktion muß das heiße Gas abgeschreckt werden, um den Zerfall in die Elemente zu verhindern. Die früher im elektrischen Lichtbogen technisch durchgeführte Reaktion ist vom Ostwald-Verfahren abgelöst worden. Die Reaktion spielt aber in der Natur eine Rolle, da NO auf diese Weise in Gewittern entsteht (vgl. Abschn. 25.**3**, S. 427, sowie S. 438). Als unerwünschte Nebenreaktion tritt sie immer dann auf, wenn Verbrennungsprozesse mit Luft bei hoher Temperatur ablaufen, zum Beispiel in Gasbrennern, Flugzeugturbinen oder Automobilmotoren (vgl. S. 438).

$$N_2(g) + O_2(g) \rightleftarrows 2NO(g)$$
$$\Delta H = +90{,}4 \text{ kJ/mol}$$

Bei der technischen Synthese von NO nach dem Ostwald-Verfahren wird Ammoniak mit Luft an einem Platin-Rhodium-Netz bei 700–1000°C katalytisch verbrannt.

$$4NH_3(g) + 5O_2(g) \xrightarrow[850°C]{(Pt/Rh)} 4NO(g) + 6H_2O(g)$$

Im NO-Molekül ist eine ungerade Zahl von Elektronen vorhanden, ein Elektron muß somit ungepaart sein; aus diesem Grunde ist NO paramagnetisch. Die Elektronenstruktur kann durch nebenstehende mesomere Grenzformeln wiedergegeben werden. Eine bessere Beschreibung der Bindungsverhältnisse ist durch die Molekülorbital-Theorie möglich; danach ergibt sich eine Bindungsordnung von $2\frac{1}{2}$, wobei ein einzelnes Elektron ein π^*-Orbital besetzt (vgl. ◙ 9.**17**, S. 139). Bei Abgabe dieses Elektrons aus dem antibindenden Orbital resultiert eine Bindungsordnung von 3. Tatsächlich ist die Bindungslänge im Nitrosyl-Ion, NO^+, mit 106 pm kürzer als in NO-Molekül (114 pm). Eine Reihe von ionisch aufgebauten Nitrosyl-Verbindungen ist bekannt, z.B. $NO^+HSO_4^-$, $NO^+ClO_4^-$, $NO^+SbCl_6^-$, $NO^+BF_4^-$.

Während Verbindungen mit ungerader Elektronenzahl im Molekül häufig sehr reaktiv und intensiv farbig sind, ist Sitckstoffmonoxid ein nur mäßig reaktionsfähiges und farbloses Gas. Es zeigt bei Raumtemperatur kaum eine Tendenz, sich zu N_2O_2-Molekülen zu dimerisieren und dadurch eine Elektronenpaarung zu erreichen. Erst bei tiefen Temperaturen findet diese Assoziation statt. NO kondensiert sich bei –152°C zu einer farblosen Flüssigkeit, die durch Spuren von N_2O_3 meist blau gefärbt ist.

25.8 Oxide und Oxosäuren des Stickstoffs

In Kontakt mit Sauerstoff reagiert NO bei Raumtemperatur sofort zu braunem NO_2. Da es eine exotherme Reaktion ist, verlagert sich das Gleichgewicht bei höheren Temperaturen zugunsten des NO; oberhalb von 650 °C zerfällt NO_2 praktisch vollständig zu NO und O_2.

NO und das daraus entstehende NO_2 wirken toxisch. Trotzdem wird NO auch im Organismus gebildet, wo es biochemische Funktionen im Immunsystem und als Neurotransmitter übernimmt (s. Abschn. 30.4, S. 592).

Oxidationszahl +III. Distickstofftrioxid, N_2O_3, bildet sich als blaue Flüssigkeit wenn ein äquimolares Gemisch von NO und NO_2 auf –20 °C abgekühlt wird. Die Verbindung ist unter normalen Bedingungen instabil und zerfällt in Umkehrung der Bildungsreaktion. Sowohl NO wie NO_2 sind Verbindungen mit ungerader Elektronenzahl; bei der Bildung von N_2O_3 werden die Elektronen in einer N—N-Bindung gepaart. Distickstofftrioxid ist das Anhydrid der Salpetrigen Säure (HNO_2) und löst sich in Alkalimetallhydroxid-Lösungen unter Bildung des Nitrit-Ions, NO_2^-.

Oxidationszahl +IV. Das monomere Stickstoffdioxid, NO_2, existiert in einem Gleichgewicht mit seinem Dimeren, dem Distickstofftetroxid, N_2O_4. Stickstoffdioxid ist ein braunes, sehr giftiges und korrodierend wirkendes Gas. Es hat eine ungerade Elektronenzahl und ist paramagnetisch. Das Dimere, in welchem die Elektronen gepaart sind, ist diamagnetisch und farblos. Je höher die Temperatur, desto mehr liegt das Gleichgewicht auf der Seite des NO_2. Bei 135 °C besteht das Gas zu etwa 99% aus NO_2. Beim Abkühlen kondensiert es bei 21 °C zu einer braunen Flüssigkeit, deren Farbe sich bei weiterer Abkühlung immer mehr aufhellt. Beim Schmelzpunkt (–11 °C) liegt der Großteil als N_2O_4 vor.

Das NO_2-Molekül ist gewinkelt. Bei der Dimerisierung werden zwei NO_2-Moleküle über eine N—N-Bindung miteinander verknüpft.

NO_2 wird durch die Reaktion von Stickstoffmonoxid mit Sauerstoff hergestellt. Im Laboratorium kann man es bequem durch thermische Zersetzung von Blei(II)-nitrat herstellen. NO_2 ist ein Oxidationsmittel, das die Verbrennung unterhält.

Oxidationszahl +V. Distickstoffpentoxid, N_2O_5, ist das Anhydrid der Salpetersäure; aus ihr wird es durch Dehydratisierung mittels Phosphor(V)-oxid hergestellt.

N_2O_5 ist eine farblose, kristalline Substanz, die bei 32,5 °C sublimiert. Der Dampf besteht aus planaren N_2O_5-Molekülen, die jedoch nicht sehr stabil sind und zu NO_2 und Sauerstoff zerfallen. Im festen Zustand ist die Verbindung dagegen ionisch aus Nitryl-Ionen NO_2^+ und Nitrat-Ionen NO_3^- aufgebaut. Das Nitryl-Ion ist linear und isoelektronisch zum CO_2-Molekül und zum N_3^--Ion. Das NO_2^+-Ion tritt auch als Zwischenprodukt bei bestimmten Reaktionen der Salpetersäure in Anwesenheit von Schwefelsäure auf. Andere ionische Nitryl-Verbindungen sind bekannt, zum Beispiel $NO_2^+ClO_4^-$, $NO_2^+BF_4^-$, $NO_2^+PF_6^-$.

Salpetersäure ist die wichtigste Oxosäure des Stickstoffs; in ihr hat der Stickstoff die Oxidationszahl +V. Salpetersäure wird technisch über das **Ostwald-Verfahren** hergestellt. Das durch die Ammoniak-Verbrennung gewonnene NO (s. S. 434) verbindet sich während der Abkühlung mit Sauerstoff zu NO_2. Dieses Gas wird zusammen mit überschüssigem Sauerstoff durch Rieseltürme geleitet, in denen es mit Wasser reagiert. Dabei disproportioniert das NO_2 zu Salpetersäure und NO; der überschüssige Sauerstoff oxidiert das NO sofort wieder zu NO_2, das wie zuvor mit

$$2NO(g) + O_2(g) \rightleftarrows 2NO_2(g)$$
$$\Delta H = -114 \text{ kJ/mol}$$

$$NO(g) + NO_2(g) \rightleftarrows N_2O_3(l)$$

$$2NO_2 \rightleftarrows N_2O_4$$

$$2Pb(NO_3)_2(s) \xrightarrow{\Delta} 2PbO(s) + 4NO_2(g) + O_2(g)$$

$$4HNO_3(l) + P_4O_{10}(s) \rightarrow 4HPO_3(s) + 2N_2O_5(g)$$

$$[O=\overset{+}{N}=O]^+ NO_3^-$$

Wilhelm Ostwald, 1853–1932

NaNO$_3$(s) + H$_2$SO$_4$(l) →
$\qquad$ NaHSO$_4$(s) + HNO$_3$(g)

Verdünnte Salpetersäure:

3 Cu(s) + 8 H$^+$(aq) + 2 NO$_3^-$(aq) →
$\qquad$ 3 Cu^{2+}(aq) + 2 NO(g) + 4 H$_2$O

Konzentrierte Salpetersäure:

Cu(s) + 4 H$^+$(aq) + 2 NO$_3^-$(aq) →
$\qquad$ Cu^{2+}(aq) + 2 NO$_2$(g) + 2 H$_2$O

dem Wasser reagiert. Letzlich wird so das gesamte NO in Salpetersäure überführt:

$$2\,NO(g) + O_2(g) \rightarrow 2\,NO_2(g) \qquad \times \tfrac{3}{2}$$
$$3\,NO_2(g) + H_2O \rightarrow 2\,H^+(aq) + 2\,NO_3^-(aq) + NO$$
$$\overline{2\,NO(g) + \tfrac{3}{2}O_2 + H_2O \rightarrow 2\,H^+(aq) + 2\,NO_3^-(aq)}$$

Das Produkt aus dem Ostwald-Verfahren ist eine 69%ige Salpetersäure-Lösung („konzentrierte Salpetersäure"; azeotropes Gemisch). Konzentriertere Lösungen können durch Destillation in Anwesenheit von wasserentziehenden Mitteln (Schwefelsäure, P$_4$O$_{10}$) erhalten werden.

Reine Salpetersäure ist eine farblose Flüssigkeit, die bei 83 °C siedet. Beim Stehen im Licht zersetzt sie sich teilweise unter Bildung von NO$_2$, das sich mit roter Farbe löst („rote rauchende Salpetersäure"). Im Labor kann reine Salpetersäure durch Erhitzen von Natriumnitrat mit konzentrierter Schwefelsäure hergestellt werden. Auf diesem Weg wird sie in geringer Menge auch technisch aus Chilesalpeter (NaNO$_3$) hergestellt.

Das Salpetersäure-Molekül ist planar, ebenso wie das Nitrat-Ion, NO$_3^-$, welches das Anion in den Salzen der Salpetersäure ist. Die Bindungsverhältnisse können durch die nebenstehenden mesomeren Grenzformeln beschrieben werden.

Salpetersäure ist nicht nur eine starke Säure, sondern auch ein kräftiges Oxidationsmittel. Sie oxidiert die Mehrzahl der Nichtmetalle, wobei vielfach die Oxide oder Oxosäuren in den höchsten Oxidationszuständen entstehen. Alle Metalle mit Ausnahme von einigen Edelmetallen wie Gold und Platin werden oxidiert. Auch Kupfer, Silber und Quecksilber, die von anderen Säuren nicht angegriffen werden, lösen sich in Salpetersäure.

Bei Oxidationsreaktionen mit Salpetersäure entsteht in der Regel kein Wasserstoff. Die Salpetersäure wird vielmehr zu verschiedenen Stickstoff-Verbindungen reduziert, in denen der Stickstoff eine niedrigere Oxidationszahl hat (s. ⊡ 25.3). Um welche Verbindung es sich handelt, hängt von der Konzentration der Säure, der Temperatur und der Natur des zu oxidierenden Stoffes ab. Meist wird ein Gemisch mehrerer Produkte erhalten, aber häufig ist Stickstoffmonoxid das Hauptprodukt, wenn verdünnte Salpetersäure eingesetzt wird und Stickstoffdioxid, wenn konzentrierte Salpetersäure verwendet wird. Mit starken Reduktionsmitteln kann Reduktion bis zum Ammonium-Ion (NH$_4^+$) erfolgen (z. B. bei der Reaktion von Zink mit verdünnter Salpetersäure).

⊡ 25.3 Normalpotentiale für Reduktionsreaktionen des Nitrat-Ions

Halbreaktion	E^0 /V
$e^- + 2\,H^+ + NO_3^- \rightleftarrows NO_2 + H_2O$	+0,80
$8e^- + 10\,H^+ + NO_3^- \rightleftarrows NH_4^+ + 3\,H_2O$	+0,88
$2e^- + 3\,H^+ + NO_3^- \rightleftarrows HNO_2 + H_2O$	+0,94
$3e^- + 4\,H^+ + NO_3^- \rightleftarrows NO + 2\,H_2O$	+0,96
$8e^- + 10\,H^+ + 2\,NO_3^- \rightleftarrows N_2O + 5\,H_2O$	+1,12
$10e^- + 6\,H^+ + 2\,NO_3^- \rightleftarrows N_2 + 6\,H_2O$	+1,25

Die Halbreaktionen zur Reduktion des Nitrat-Ions in saurer Lösung (◨ 25.3) lassen eine starke pH-Abhängigkeit des Reduktionspotentials erkennen. Tatsächlich hat verdünnte Salpetersäure ($c < 2$ mol/L) kaum eine höhere Oxidationskraft als Salzsäure gleicher Konzentration. In basischer Lösung sind Nitrate nur schwache Oxidationsmittel.

Königswasser wirkt noch stärker oxidierend als Salpetersäure und greift auch Gold und Platin an. Es handelt sich um ein Gemisch aus konzentrierter Salpetersäure und konzentrierter Salzsäure im Molverhältnis 1 : 3. Seine Oxidationskraft ist auf die Entwicklung von naszierendem Chlor zurückzuführen, das neben Nitrosylchlorid (NOCl) entsteht.

Salpetrige Säure, HNO_2, ist die Oxosäure, in der Stickstoff die Oxidationszahl +III hat. Sie ist instabil gegen Disproportionierung, insbesondere in der Wärme. Aus diesem Grund läßt sich reine HNO_2 nicht isolieren. Wäßrige Lösungen werden durch Zusatz einer starken Säure (z. B. Salzsäure) zu einer *kalten* wäßrigen Lösung eines Nitrits (z. B. $NaNO_2$) hergestellt. Die Lösungen werden unmittelbar verwendet, ohne daß man versucht, die Salpetrige Säure abzutrennen. Lösungen von Salpetriger Säure entstehen auch beim Einleiten von NO und NO_2 in Wasser; das Gemisch NO + NO_2 verhält sich wie das Anhydrid der Salpetrigen Säure (N_2O_3). Salpetrige Säure ist eine schwache Säure, die sowohl als Reduktionsmittel wie als Oxidationsmittel wirken kann.

Nitrite stellt man durch Einleiten eines äquimolaren Gemisches von NO und NO_2 in Alkalimetallhydroxid-Lösungen her. Sie entstehen auch, wenn Alkalimetallnitrate thermisch zersetzt oder in Gegenwart eines Reduktionsmittels wie Blei, Eisen oder Koks erhitzt werden. Das Nitrit-Ion ist gewinkelt und isoelektronisch zum Ozon-Molekül. Im Gegensatz zur Salpetrigen Säure sind basische Nitrit-Lösungen stabil gegen Disprotonierung.

Königswasser:
$$4H^+ (aq) + NO_3^- (aq) + 3 Cl^- (aq) \rightarrow$$
$$2Cl(g) + NOCl(aq) + 2H_2O$$

$$3HNO_2 (aq) \rightarrow$$
$$H^+ (aq) + NO_3^- (aq) + 2NO(g) + H_2O$$

$$H^+ (aq) + NO_2^- (aq) \rightarrow HNO_2 (aq)$$

$$NO(g) + NO_2(g) + H_2O \rightleftarrows 2HNO_2(aq)$$

$$NO(g) + NO_2(g) + 2OH^- (aq) \rightarrow$$
$$2NO_2^- (aq) + H_2O$$

$$KNO_3(l) \xrightarrow{\Delta} KNO_2(l) + \tfrac{1}{2}O_2(g)$$
$$NaNO_3(l) + C(s) \rightarrow NaNO_2(l) + CO(g)$$

25.9 Luftverschmutzung

Die moderne Zivilisation bringt in zunehmendem Maß schädlich wirkende Stoffe in die Atmosphäre. Den Stickstoffoxiden kommt dabei eine besondere Rolle zu. Die der Menge nach überwiegenden Belastungsstoffe sind:

1. **Kohlendioxid.** Es galt lange Zeit als harmlos, zumal es ohnedies Bestandteil der Atmosphäre ist und von Pflanzen zur Photosynthese benötigt wird. Durch das weltweit zunehmende Verbrennen von Kohle, Erdöl und Erdgas und durch das Brandroden von Waldflächen nimmt der Kohlendioxid-Gehalt in der Atmosphäre ständig zu (◨ 25.6). Kohlendioxid absorbiert einen Teil der Infrarotstrahlung, die von der Erde in das Weltall abgestrahlt wird, wodurch eine Erwärmung der Atmosphäre befürchtet wird. Ausmaß und Folgen dieses Treibhauseffektes lassen sich noch nicht abschätzen (das am stärksten wirksame Treibhausgas, ohne das die Erde unbewohnbar kalt wäre, ist Wasserdampf).
2. **Kohlenmonoxid** entsteht bei der unvollständigen Verbrennung von Kohle und Kohlenwasserstoffen. Automobilmotoren sind die Hauptquelle dieses Schadstoffes.
Kohlenmonoxid ist giftig, weil es sich mit dem Hämoglobin des Blutes verbindet und dadurch den Sauerstofftransport durch das Blut

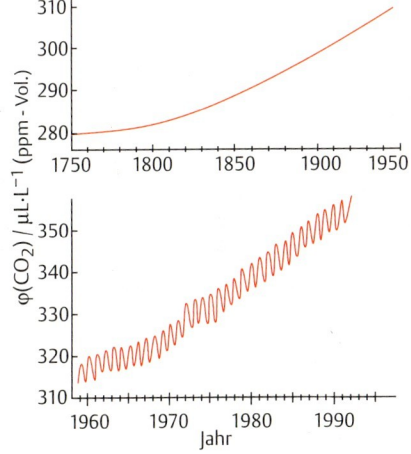

◨ 25.6 Anstieg des Kohlendioxid-Gehalts der Atmosphäre seit 1750. Werte bis 1958 sind aus Eisbohrungen in der Antarktis ermittelt, ab 1958 direkte Messungen. Die jahreszeitlichen Schwankungen spiegeln die Photosynthese der ausgedehnten Wälder in der Nordhalbkugel wider.

Ein Kraftfahrzeug, das nach der europäischen Norm als „schadstoffarm" gilt, darf bis zu 2,72 g CO pro gefahrenen Kilometer abgeben. Wenn es diese CO-Menge abgibt und 7 L Benzin pro 100 km verbraucht, macht die erzeugte CO-Masse 5,5% der verbrannten Benzinmasse aus und das Abgas enthält ca. 0,3 Volumen-% CO.

Europäische Abgasnorm für Kraftfahrzeuge in g/km nach einem festgelegten Fahrzyklus (Richtlinie 91/441 EWG)

CO	2,72	NO_x + CH_y	0,97
Partikel	0,14		

NO_x = NO + NO_2
CH_y = Kohlenwasserstoffe

---

unterbindet (Abschn. 28.1, S.514). Sonst ist CO jedoch nicht sehr reaktionsfähig. Unter Mitwirkung von OH-Radikalen wird es in der Luft relativ rasch in Kohlendioxid verwandelt.

3. **Schwefeldioxid** entsteht bei der Verbrennung von Kohle und Erdölderivaten sowie bei der Aufarbeitung (Rösten) von sulfidischen Erzen. Die Hauptquelle ist die Verbrennung von Kohle in Kraftwerken. Kohle enthält meist zwischen 0,5 und 2% Schwefel (manchmal bis zu 8%). Daneben gelangen auch große Mengen von Schwefeldioxid aus natürlichen Quellen in die Atmosphäre (durch Oxidationsprozesse in Sümpfen, Ozeanen usw. sowie durch Vulkanismus). Mit Wasser bildet SO_2 schweflige Säure, die durch Luftsauerstoff allmählich zu Schwefelsäure oxidiert wird. Diese Säuren sind Bestandteile des „sauren Regens" und des sauren Smogs.

Schwefeldioxid stellt in mancher Hinsicht die ernsteste Belastung der Atmosphäre dar. Es ist ein Atemgift und schädigt die Vegetation. Schweflige Säure und Schwefelsäure greifen ebenfalls Pflanzen an, führen zur Versauerung von Gewässern, korrodieren Metalle und erodieren Marmor und Kalk. Alte Monumente, die sich über Jahrhunderte gehalten haben, zerfallen in der neueren Zeit durch solche Einflüsse.

Bemühungen, den Schwefeldioxid-Ausstoß in die Atmosphäre zu verringern, richten sich bei Erdgas und Erdöl-Produkten auf die Beseitigung der darin enthaltenen Schwefel-Verbindungen. Die im Erdöl enthaltenen organischen Schwefel-Verbindungen werden mit Wasserstoff zu H_2S umgesetzt (s. Crack-Prozeß, Abschn. 29.1, S. 537); dieses wird ebenso wie das H_2S aus dem Erdgas zu Schwefel verarbeitet (S. 414). Wesentlich schwieriger ist die Entfernung von Schwefel aus Kohle, weshalb hier die Beseitigung des SO_2 aus den Rauchgasen praktiziert wird (S. 416).

4. **Stickstoffmonoxid** entsteht in Luft bei hohen Temperaturen aus Stickstoff und Sauerstoff und ist deshalb in Verbrennungsgasen enthalten, vor allem bei hohen Brenntemperaturen. Bei tieferen Temperaturen setzt es sich dann mit Sauerstoff zu **Stickstoffdioxid** um. Das anthropogene (durch Menschen erzeugte) NO und NO_2 stammt hauptsächlich aus den Verbrennungsgasen von Automobilmotoren. Stickstoffoxide entstehen in erheblichen Mengen auch auf natürlichem Wege, insbesondere durch mikrobielle Tätigkeit und in Gewittern (an vielen Orten in tropischen Zonen der Erde treten Gewitter an 100 Tagen im Jahr auf).

NO und NO_2 sind normalerweise in kleinen Konzentrationen in der Luft vorhanden und nehmen am Stickstoffkreislauf teil. NO_2 ist erheblich giftiger als NO. Im allgemeinen sind ihre Konzentrationen so gering, daß keine *direkten* ernsthaften Effekte resultieren. Wenn sie mit dem Regenwasser ins Erdreich gelangen, können Nitrate entstehen, die eine düngende Wirkung haben (das kann ein Vorteil auf nährstoffarmen, nicht künstlich gedüngten Böden sein). Die Bedeutung der Stickstoffoxide als umweltbelastende Stoffe liegt in ihrer Funktion bei der Bildung anderer, ernsterer Schadstoffe (siehe nächste Absätze).

5. **Ozon** ist in der Stratosphäre eine wichtiger und erwünschter Stoff, weil es als Filter für die ultraviolette Strahlung der Sonne dient. In der Troposphäre ist Ozon dagegen ein Schadstoff. Hier hängt seine

Bildung und sein Zerfall direkt mit den Konzentrationen von NO und NO$_2$ und mit der Sonneneinstrahlung zusammen. Stickstoffdioxid zerfällt im Sonnenlicht zu NO und O-Atomen, die ihrerseits mit Sauerstoff zu Ozon reagieren. Andererseits reagiert NO mit Ozon unter Bildung von NO$_2$. Abbau und Erzeugung von Ozon hängen deshalb vom Nachschub an NO und von der Sonneneinstrahlung ab. In Anwesenheit von NO wird Ozon nachts oder bei trübem Wetter abgebaut; dies geschieht vorwiegend in städtischen Gebieten und entlang von Autobahnen, wo NO ständig nachgeliefert wird. Fern von NO-Quellen, zum Beispiel in Waldgebieten, zerfällt Ozon dagegen nur langsam. Im Sonnenlicht kommt es zur Anreicherung von Ozon; es stellt sich ein Gleichgewicht mit der nebenstehend angegebenen Ozon-Konzentration ein. Die Ozonbildung wird verstärkt, wenn zusätzlich Kohlenwasserstoffe anwesend sind, da diese im Sonnenlicht ebenfalls zur Vermehrung des NO$_2$ beitragen.

Ozon greift durch seine stark oxidierende Wirkung Zellmembranen an und zerstört bestimmte Stoffwechselprodukte wie Fettsäuren. Bei Pflanzen kommt es zur Störung der Photosynthese und zu Schäden an den Blättern. Auf Menschen wirkt Ozon als Reizgas für die Atemwege. Kautschuk und bestimmte Kunststoffe verspröden. Durch Reaktionen mit Kohlenwasserstoffen entstehen weitere Schadstoffe (siehe nächster Absatz).

6. **Kohlenwasserstoffe** sind Verbindungen, die Kohlenstoff und Wasserstoff enthalten. Sie sind Bestandteile im Erdöl, im Erdgas und in der Kohle. Sie gelangen bei der Erdölförderung und -aufarbeitung, durch Verdampfen aus Vorrats- und Transportbehältern und durch unvollständige Verbrennung in die Atmosphäre. Unverbrannte Kohlenwasserstoffe in Automobilabgasen liefern einen wesentlichen Beitrag. Bestimmte Kohlenwasserstoffe werden auch durch natürliche Vorgänge an die Atmosphäre abgegeben; dazu gehören vor allem Methan (CH$_4$), das bei Fäulnisprozessen entsteht und von Reisfeldern, Rindern und Termiten emmittiert wird, sowie die Duftstoffe der Pflanzenwelt (Terpene, Isoprene; vgl. Abschn. 30.**1**, S. 583). Global emittieren Bäume ca. 20 mal mehr Kohlenwasserstoffe als Kraftfahrzeuge).

Manche Kohlenwasserstoffe wirken krebserregend, zum Beispiel das im Benzin enthaltene Benzol. Die Hauptgefahr der atmosphärischen Kohlenwasserstoffe liegt jedoch in Schadstoffen, die sich in der Luft aus ihnen bilden. Das in Anwesenheit von Stickstoffoxiden im Sonnenlicht gebildete Ozon reagiert mit manchen Kohlenwasserstoffen (vor allem mit Alkenen) unter Bildung von sauerstoffhaltigen organischen Verbindungen. Hinzu kommen Produkte, die unter der Mitwirkung von OH-Radikalen entstehen. OH-Radikale (Hydroxyl-Radikale) entstehen im Sonnenlicht unter anderem aus Wasserdampf und Ozon; sie sind außerordentlich reaktiv. OH-Radikale wirken erheblich an der Selbstreinigung der Atmosphäre mit, indem sie zum Beispiel Kohlenmonoxid wirkungsvoll beseitigen. Sie reagieren aber auch mit Kohlenwasserstoffen unter Bildung von Alkyl-Radikalen, die mit Sauerstoff zu Peroxid-Radikalen weiterreagieren (in den nebenstehenden Formeln wurden alle schnell weiterreagierenden Radikale mit einem Punkt versehen). Die Peroxid-Radikale oxidieren NO zu NO$_2$, was seinerseits zu vermehrter Ozon-Bildung führt.

$$NO_2 \xrightarrow{h\nu} NO + O$$
$$O + O_2 \longrightarrow O_3$$
$$NO + O_3 \longrightarrow NO_2 + O_2$$

Gleichgewichtskonzentration:
$$c(O_3) = K \frac{c(NO_2)}{c(NO)} \cdot \text{Lichtintensität}$$

$$O_3 \xrightarrow{h\nu} O_2 + O^*$$
$$O^* + H_2O \longrightarrow 2 \cdot OH$$
(O^* = angeregtes Sauerstoff-Atom)

$$\cdot OH + CO \longrightarrow H\cdot + CO_2$$
$$\cdot OH + RH \longrightarrow R\cdot + H_2O$$
(R = Alkyl-Rest, z.B. H_3C-CH_2-)

$$\cdot H + O_2 \longrightarrow H-O-O\cdot$$
$$\cdot R + O_2 \longrightarrow R-O-O\cdot$$
Alkylperoxid-Radikal

$$HO-O\cdot + NO \longrightarrow NO_2 + \cdot OH$$
$$RO-O\cdot + NO \longrightarrow NO_2 + \cdot OR$$
$$H_3C-CH_2-O\cdot + O_2 \longrightarrow$$
$$H_2O\cdot + H_3C-CHO$$
Acetaldehyd

$$\underset{\text{Peroxiacetylnitrat (PAN)}}{H_3C-\overset{\overset{O}{\|}}{C}-O-O-NO_2}$$

Außerdem reagieren Peroxid-Radikale mit NO_2, wobei unter anderem Peroxiacetylnitrat (PAN) entsteht. Letzteres ist ein aggressiver Reizstoff, der zusammen mit Formaldehyd (HCHO), Acetaldehyd (CH_3CHO), NO_2, Ozon und anderen Verbindungen den photochemischen Smog ausmachen.

7. **Halogenkohlenwasserstoffe** enthalten Halogen-Atome, die an Kohlenstoff-Atome gebunden sind. Chlormethan (CH_3Cl) ist ein Chlorkohlenwasserstoff, der durch biochemische Reaktionen im Meerwasser entsteht und von dort in erheblichen Mengen emittiert wird. Synthetische Halogenkohlenwasserstoffe werden als Lösungsmittel benutzt (z.B. Trichlorethen, $ClHC=CCl_2$ und Trichlorethan, H_3C-CCl_3, in der Textilreinigung). Fluorchlorkohlenwasserstoffe (FCKW), vor allem $CFCl_3$ und CF_2Cl_2 dienten (und dienen in vielen Ländern immer noch) als Treibmittel in Sprühdosen und bei der Herstellung von Hartschaumstoffen sowie als Kühlmittel in Kühlaggregaten. Ihre Dämpfe gelangen in die Atmosphäre, wo sie durch die ultraviolette Strahlung der Sonne vor allem in höheren Schichten der Atmosphäre zersetzt werden. Dabei werden Chlor-Atome abgespalten, die insbesondere den Zerfall von Ozon katalysieren. Das „Ozonloch", das sich im Oktober in der Stratosphäre über der Antarktis bildet, beruht hierauf: die Strahlung der nach der Antarktis-Nacht aufgehenden Sonne setzt Chlor-Atome frei, ist aber nicht intensiv genug, um die Neubildung von Ozon gleichermaßen zu induzieren. Ein Teil des freigesetzten Chlors entsteht in einer photochemischen, katalytischen Reaktion an der Oberfläche von salpetersäurehaltigen Eiskristallen, die nur bei den tiefen Temperaturen ($< -80\,°C$) in Wolken über der Antarktis vorkommen. Als Ersatz für die Fluorchlorkohlenwasserstoffe werden in Spraydosen neuerdings leicht verflüssigbare Kohlenwasserstoffe (Propan, Butan) oder Dimethylether verwendet, die allerdings brennbar sind. In Kühlaggregaten kommt jetzt vorwiegend Tetrafluorethan (F_3C-CH_2F) zum Einsatz, das in der Atmosphäre wesentlich schneller zersetzt wird und als chlorfreie Verbindung den geschilderten Ozonabbau nicht auslösen kann. Ob die Freisetzung von Tetrafluorethan irgendwelche anderen unerwünschten Langzeitwirkungen zur Folge haben wird, wird sich womöglich erst wieder herausstellen, wenn es zu einer Umkehr zu spät ist. Als Ersatzstoffe für die als Lösungsmittel dienenden Halogenkohlenwasserstoffe werden in Zukunft wahrscheinlich Benzin, Alkohole und andere brennbare Lösungsmittel eingesetzt werden; die Brennbarkeit und die Bildung explosiver Gemische aus den Lösungsmitteldämpfen mit Luft bereiten jedoch Probleme. Zunehmend werden auch Rezepturen mit wäßrigen Lösungen oder Emulsionen als Ersatz für Lösungsmittel ausgearbeitet.

Reaktionsfolge beim **Ozon-Abbau** in der Stratosphäre (stark vereinfacht):

$$CF_2Cl_2 \xrightarrow{h\nu} \cdot CF_2Cl + Cl\cdot$$

Katalytischer Zyklus:

$$O_3 + Cl\cdot \longrightarrow O_2 + \cdot OCl \quad 2\times$$
$$2\cdot OCl \longrightarrow Cl_2O_2$$
$$Cl_2O_2 \xrightarrow{h\nu} ClO_2\cdot + Cl\cdot$$
$$ClO_2\cdot \longrightarrow O_2 + Cl\cdot$$
$$\overline{2O_3 \longrightarrow 3O_2}$$

25.10 Oxide und Oxosäuren des Phosphors

In den zwei wichtigsten Phosphoroxiden hat der Phosphor die Oxidationszahl +III bzw. +V. Phosphor(III)-oxid, P_4O_6, wird zuweilen Phosphortrioxid genannt; der Name rührt aus Zeiten her, als nur die empirische Formel (P_2O_3) bekannt war. Es ist eine farblose, bei 24 °C schmelzende Substanz, die bei der Verbrennung von weißem Phosphor unter vermindertem Sauerstoff-Partialdruck entsteht. Die Struktur des P$_4$O$_6$-Moleküls kann man vom P$_4$-Tetraeder ableiten, wenn jede der sechs Tetraederkanten von einem O-Atom überbrückt wird (◉ 25.7).

Phosphor(V)-oxid, P$_4$O$_{10}$, wird häufig Phosphorpentoxid genannt (basierend auf der empirischen Formel P$_2$O$_5$). Es ist das Reaktionsprodukt der Verbrennung von Phosphor (beliebige Modifikation) bei reichlicher Luftzufuhr. Das Oxid ist ein weißes Pulver, das bei 360 °C sublimiert. Die Molekülstruktur (◉ 25.7) leitet sich von der P$_4$O$_6$-Struktur ab, wenn an jedes P-Atom ein weiteres O-Atom gebunden wird.

Phosphor(V)-oxid ist stark hygroskopisch und ein sehr wirksames Trockenmittel. Je nach Reaktionsbedingungen und der zugesetzten Menge Wasser werden viele verschiedene Phosphorsäuren enthalten. Von größter Bedeutung ist die **Orthophosphorsäure**, H$_3$PO$_4$, meist einfach Phosphorsäure genannt, die bei der vollständigen Hydrolyse des Oxids entsteht:

$$P_4O_{10} + 6H_2O \rightarrow 4H_3PO_4$$

Auf diesem Wege wird eine sehr reine Phosphorsäure technisch hergestellt („thermische Phosphorsäure"). Weniger rein, aber preiswerter ist die „Aufschlußphosphorsäure", die direkt aus Phosphat-Mineralien durch „Aufschluß" mit Schwefelsäure gewonnen wird:

$$Ca_3(PO_4)_2(s) + 3H_2SO_4(l) \rightarrow 2H_3PO_4(l) + 3CaSO_4(s)$$

Orthophosphorsäure ist eine farblose, kristalline Verbindung. Sie kommt in der Regel als 85%ige Lösung in den Handel. Im Phosphorsäure-Molekül ist eine PO-Bindung etwas kürzer als die übrigen, weshalb sie als Doppelbindung formuliert wird ($p\pi$-$d\pi$-Bindung). Im H$_3$PO$_4$-Molekül und den sich davon ableitenden Ionen sind die O-Atome tetraedrisch um das Phosphor-Atom angeordnet (◉ 25.8).

Phosphorsäure ist eine dreiprotonige Säure, die in der ersten Dissoziationsstufe mittelstark ist. Sie ist kein wirkungsvolles Oxidationsmittel. Drei Reihen von Salzen leiten sich von Phosphorsäure ab:

Dihydrogenphosphate (primäre Phosphate), z. B. NaH$_2$PO$_4$
(Mono-)Hydrogenphosphate (sekundäre Phosphate), z. B. Na$_2$HPO$_4$
Phosphate (tertiäre Phosphate), z. B. Na$_3$PO$_4$

Phosphate sind wichtige Bestandteile in Düngemitteln. Phosphat-Mineralien sind zu schwerlöslich in Wasser und können nicht direkt zu diesem Zweck verwendet werden. Das besser lösliche Calciumdihydrogenphosphat ist für Düngezwecke geeignet; es wird aus Phosphat-Mineralien durch Reaktion mit Säuren erhalten. Die Mischung aus Ca(H$_2$PO$_4$)$_2$ und CaSO$_4$ wird „Superphosphat" genannt. Ein besseres Düngemittel ist das calciumsulfatfreie „Tripelsuperphosphat", das durch Reaktion mit Phosphorsäure hergestellt wird.

$$Ca_3(PO_4)_2(s) + 2H_2SO_4(l) \rightarrow Ca(H_2PO_4)_2(s) + 2CaSO_4(s)$$
Superphosphat

$$Ca_3(PO_4)_2(s) + 4H_3PO_4(l) \rightarrow 3Ca(H_2PO_4)_2(s)$$
Tripelsuperphosphat

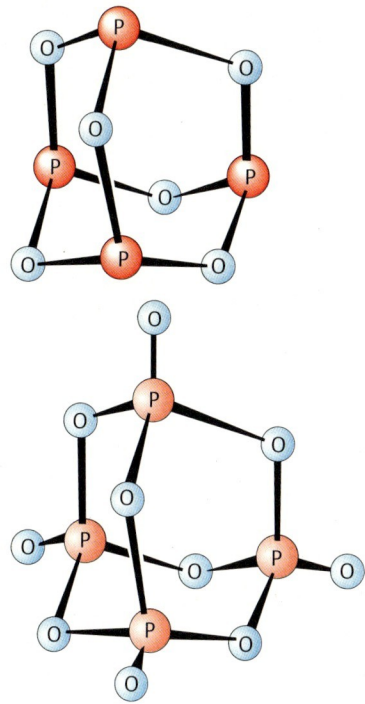

◉ 25.7 Molekülstrukturen von P$_4$O$_6$ und von P$_4$O$_{10}$

$$H_3PO_4(aq) \rightleftarrows H^+(aq) + H_2PO_4^-(aq)$$
$$H_2PO_4^-(aq) \rightleftarrows H^+(aq) + HPO_4^{2-}(aq)$$
$$HPO_4^{2-}(aq) \rightleftarrows H^+(aq) + PO_4^{3-}(aq)$$

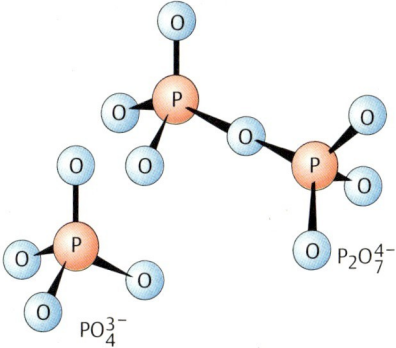

◉ 25.8 Struktur des Phosphat- und des Diphosphat-Ions

Diphosphorsäure $H_4P_2O_7$
(Pyrophosphorsäure)

Triphosphorsäure $H_5P_3O_{10}$

Trimetaphosphorsäure $(HPO_3)_3$

Tetrametaphosphorsäure $(HPO_3)_4$

$P_4O_{10}(s) + 4 H_2O \rightarrow 2 H_4P_2O_7(s)$
       Diphosphorsäure

$P_4O_{10}(s) + 2 H_2O \xrightarrow{0\,°C} H_4P_4O_{12}(s)$
       Tetrametaphosphorsäure

$2 H_3PO_4(l) \xrightarrow{215\,°C} H_4P_2O_7(l) + H_2O(g)$
       Diphosphorsäure

$n H_3PO_4(l) \xrightarrow{325\,°C} (HPO_3)_n(l) + n H_2O(g)$
       Polymetaphosphorsäure

$2 Na_2HPO_4(s) + NaH_2PO_4(s) \xrightarrow{400\,°C}$
$Na_5P_3O_{10}(s) + 2 H_2O(g)$

$P_4O_6(s) + 6 H_2O \rightarrow 4 H_3PO_3(aq)$
$PCl_3(l) + 3 H_2O \rightarrow$
$\quad H_3PO_3(aq) + 3 H^+(aq) + 3 Cl^-(aq)$

$P_4(s) + 3 OH^-(aq) + 3 H_2O \rightarrow$
$\quad PH_3(g) + 3 H_2PO_2^-(aq)$

$Ba^{2+}(aq) + 2 H_2PO_2^-(aq) + 2 H^+ + SO_4^{2-}(aq)$
$\quad \rightarrow BaSO_4(s) + 2 H_3PO_2(aq)$

Da auch Nitrate wichtige Bestandteile von Düngemitteln sind, erhält man ein sehr wirkungsvolles Düngemittel bei der Behandlung von Phosphat-Mineralien mit Salpetersäure („Nitrophosphat"). Wirkungsvoll sind auch Ammoniumdihydrogenphosphat, $NH_4H_2PO_4$, und Diammoniumhydrogenphosphat, $(NH_4)_2HPO_4$, die aus Phosphorsäure und Ammoniak hergestellt werden. Von allen phosphorhaltigen Endprodukten der chemischen Industrie ist $(NH_4)_2HPO_4$ dasjenige mit den größten Produktionsmengen.

$Ca_3(PO_4)_2(s) + 4 HNO_3(l) \rightarrow Ca(H_2PO_4)_2(s) + 2 Ca(NO_3)_2(s)$
              Nitrophosphat

$H_3PO_4 \xrightarrow{+NH_3} NH_4H_2PO_4 \xrightarrow{+NH_3} (NH_2)_2HPO_4$

Kondensierte Phosphorsäuren oder **Polyphosphorsäuren** enthalten mehr als ein P-Atom pro Molekül. Diphosphorsäure und Triphosphorsäure sind Vertreter von Säuren der allgemeinen Formel

$H_{n+2}P_nO_{3n+1}$

Sie haben eine Kettenstruktur aus PO_4-Tetraedern, die über gemeinsame O-Atome verknüpft sind (◨ 25.8). Mit zunehmendem Wert für n nähert sich die genannte allgemeine Formel der Zusammensetzung $(HPO_3)_n$; diese Formel wird für hochmolekulare, langkettige Polyphosphorsäuren angegeben, die Polymetaphosphorsäuren genannt werden. **Metaphosphorsäuren** $(HPO_3)_n$ mit Werten von $n = 3$ bis $n = 7$ haben Ringstruktur.

Polyphosphorsäuren können durch kontrollierte Zugabe von Wasser zu P_4O_{10} oder durch Wasserabspaltung („Kondensation") beim Erhitzen von H_3PO_4 erhalten werden. Beim Stehen mit Wasser wandeln sich alle kondensierten Phosphorsäuren wieder in H_3PO_4 um. Von technischer Bedeutung ist die Herstellung von Natriumpolyphosphaten, vor allem Pentanatriumtriphosphat $(Na_5P_3O_{10})$, durch Erhitzen von Natriumdihydrogen- und Dinatriumhydrogenphosphat. Natriumpolyphosphate finden vielfach Anwendung, zum Beispiel zur Metallreinigung, in Waschmitteln und bei der Lebensmittelherstellung. Bestimmte Phosphate, Diphosphate und Triphosphate sind von essentieller Bedeutung bei biochemischen Prozessen (vgl. Abschn. 30.6 und 30.7, S. 597 und 603).

Phosphorige Säure, H_3PO_3, ist eine Oxosäure, in der Phosphor mit der Oxidationszahl +III vorliegt. Sie kann aus P_4O_6 und kaltem Wasser oder durch Hydrolyse von PCl_3 hergestellt werden. Auch kondensierte phosphorige Säuren sind herstellbar.

Obwohl das H_3PO_3-Molekül über drei Wasserstoff-Atome verfügt, handelt es sich um eine zweiprotonige Säure, die besser als $HPO(OH)_2$ zu formulieren ist. Die Salze NaH_2PO_3 und Na_2HPO_3 sind bekannt, aber eine Verbindung Na_3PO_3 läßt sich nicht herstellen.

In der **Unterphosphorigen Säure** (Hypophosphorige Säure, H_3PO_2) hat Phosphor die Oxidationszahl +I. Lösungen ihrer Salze entstehen, wenn weißer Phosphor mit Alkalimetallhydroxid-Lösungen gekocht wird. Die Säure selbst ist aus Bariumhypophosphit und Schwefelsäure zugänglich. Sie bildet farblose Kristalle und ist nur eine einprotonige Säure.

Die Zahl der Protonen, die von Phosphorsäure (3), Phosphoriger Säure (2) und Unterphosphoriger Säure (1) abgegeben werden können, hängen mit ihren Molekularstrukturen zusammen (siehe nebenstehende Formeln). Nur H-Atome, die an O-Atome gebunden sind, haben sauren Charakter; diejenigen, die an das Phosphor-Atom gebunden sind, dissoziieren nicht in wäßriger Lösung.

Alle Normalpotentiale für Redoxreaktionen zwischen Phosphorsäuren, P_4 und PH_3 haben negative Werte. Die Phosphorsäuren haben demnach keine nennenswerten oxidierenden Eigenschaften. H_3PO_3, H_3PO_2 und ihre Salze sind starke Reduktionsmittel und werden leicht zu Phosphorsäure bzw. Phosphat-Ionen oxidiert. Mit Ausnahme des HPO_3^{2-}-Ions in basischer Lösung neigen alle Spezies von mittleren Oxidationszahlen zum Disproportionieren; PH_3 ist eines der Produkte der Disproportionierungsreaktionen.

25.11 Oxide und Oxosäuren von Arsen, Antimon und Bismut

Beim Erhitzen von Arsen, Antimon oder Bismut an Luft bilden sich die Oxide mit der Oxidationszahl +III des Elements: As_4O_6, Sb_4O_6 und Bi_2O_3. Der allgemeinen Tendenz im Periodensystem entsprechend, nimmt die Basizität der Oxide in der angegebenen Reihenfolge zu.

As_4O_6 („Arsenik") ist das sauerste der drei Oxide. Seine wäßrige Lösung reagiert schwach sauer wegen der Bildung von Arseniger Säure, H_3AsO_3, die in reiner Form nicht isolierbar ist. Beim Lösen von Arsen(III)-oxid in Lösungen von Basen werden Arsenite erhalten (mit den Anionen $H_2AsO_3^-$, $HAsO_3^{2-}$ oder AsO_3^{3-}). Arsen(III)-oxid besteht aus As_4O_6-Molekülen, die genauso wie P_4O_6-Moleküle aufgebaut sind. Man kennt auch eine polymere Modifikation mit Schichtenstruktur („Claudetit"). Arsen(III)-oxid und andere Arsen-Verbindungen wirken stark giftig.

Antimon(III)-oxid (Sb_4O_6) ist amphoter. Es löst sich nicht in Wasser, aber sowohl in Säuren wie in Basen. Dabei entstehen Lösungen von Sb^{3+}- oder SbO^+-Salzen bzw. von Antimoniten mit dem Anion $Sb(OH)_4^-$.

Bismut(III)-oxid zeigt nur basische Eigenschaften. Es löst sich nicht in Wasser oder Lösungen von Basen, aber in Säuren (Bildung von Bi^{3+}- oder BiO^+-Salzen). Bei Zusatz von OH^- (aq) zur Lösung eines Bi^{3+}-Salzes fällt $Bi(OH)_3$ aus; es ist das einzige echte Hydroxid eines Elements der 5. Hauptgruppe.

Arsen(V)- und Antimon(V)-oxid haben polymere Strukturen. Durch Oxidation von Arsen(III)-oxid mit Salpetersäure wird Arsensäure erhalten, die als $H_3AsO_4 \cdot \frac{1}{2} H_2O$ isoliert werden kann; durch Erhitzen kann sie zu As_2O_5 dehydratisiert werden. As_2O_5 ist auch aus As oder As_2O_3 und Sauerstoff unter Druck zugänglich; Sauerstoff unter Druck ist ebenfalls notwendig, um Sb_2O_5 herzustellen. Die Oxide haben keine basischen Eigenschaften. Arsensäure ist eine dreiprotonige Säure, die in vieler Hinsicht der Phosphorsäure ähnlich ist, jedoch oxidierende Eigenschaften hat; auch die Arsenate sind den entsprechenden Phosphaten ähnlich. Antimonate sind dagegen anders aufgebaut, ihr Anion ist das Hexahydroxoantimonat $Sb(OH)_6^-$, das isoelektronisch zur Tellursäure $Te(OH)_6$ ist. $NaSb(OH)_6$ ist eines der wenigen schwerlöslichen Natrium-Salze.

Bismut(V)-oxid ist bislang nicht in reiner Form hergestellt worden; es ist instabil und spaltet leicht Sauerstoff ab.

25.12 Verwendung der Elemente der 5. Hauptgruppe

Justus von Liebig (1803–1873); Begründer der Agrikulturchemie und Wegbereiter der Organischen Chemie

Stickstoff. Elementarer Stickstoff wird in erster Linie für die Ammoniak-Synthese benötigt. Da Stickstoff ziemlich reaktionsträge ist, wird er als Inertgas benutzt, wenn eine sauerstofffreie Atmosphäre benötigt wird. Dies ist bei vielen chemischen und metallurgischen Prozessen der Fall. Auch bei der Verarbeitung und Verpackung von Nahrungsmitteln (z. B. Kaffee) muß oft Sauerstoff ausgeschlossen werden, damit diese nicht verderben. Flüssiger Stickstoff dient als Kühlmittel für tiefe Temperaturen bei chemischen und physikalischen Prozessen und zur Herstellung und beim Transport von tiefgefrorenen Nahrungsmitteln.

Nitride, die sehr hohe Schmelzpunkte haben, sehr hart, chemisch widerstandsfähig und elektrisch leitend sind, kommen aufgrund dieser Eigenschaften zum Einsatz. Sie dienen als Hochtemperatur-Werkstoffe (z. B. Tiegel), Schleifmittel und Schneidewerkzeuge.

Die Hauptmenge des erzeugten Ammoniaks wird zu Salpetersäure und zu Düngemitteln weiterverarbeitet. Düngemittel enthalten verschiedene Ammonium-Salze und Nitrate, insbesondere

NH_4NO_3 $(NH_4)_2SO_4$ $NH_4H_2PO_4$
$(NH_4)_2HPO_4$ KNO_3

Auch wäßrige Ammoniak-Lösung wird direkt als Düngemittel eingesetzt. Aus Ammoniak wird auch Hydrazin hergestellt, das als Reduktionsmittel in der chemischen Industrie und bei der Kunststoffherstellung von Bedeutung ist. Weitere Verbindungen, zu deren Synthese Ammoniak benötigt wird, sind Harnstoff ($OC(NH_2)_2$, als Düngemittel und zur Kunstharzherstellung) sowie zahlreiche organische Verbindungen (Farbstoffe, Medikamente u. a.). Bei der Synthese von Natriumcarbonat nach dem Solvay-Verfahren wird Ammoniak benötigt (Abschn. 27.**8**, S. 488).

Salpetersäure wird zur Herstellung von Nitraten, vor allem für Düngemittel, und von Sprengstoffen benötigt. Sprengstoffe, wie Nitroglycerin und Trinitrotoluol (TNT), werden aus bestimmten organischen Substanzen durch Reaktion mit Salpetersäure erhalten (Abschn. 29.**9**, S. 552). Auch Ammoniumnitrat wird als Sprengstoff verwendet.

Phosphor. Elementarer Phosphor wird überwiegend zur Herstellung von Phosphor(V)-oxid, von reiner Phosphorsäure und von Phosphaten verwendet. In kleinerer Menge dient es zur Herstellung von Streichhölzern und Feuerwerkskörpern. Metallphosphide und Phosphor werden bei der Stahlgewinnung benötigt.

Die Hauptmenge von Phosphor(V)-oxid wird zu Phosphorsäure und deren Derivaten weiterverarbeitet. Das Oxid selbst dient als Trocknungsmittel und zur Wasserabspaltung bei Reaktionen der oganischen Chemie.

Die bedeutendste Produktklasse, die aus Phosphorsäure hergestellt wird, sind Düngemittel. Die Säure wird in der Nahrungsmittelverarbeitung und bei der Metallbehandlung („Phosphatieren" von Eisen als Korrosionsschutz) eingesetzt.

Phosphate kommen als Düngemittel, in Wasch- und Reinigungsmitteln, als Futterzusatzstoffe, in Medikamenten und in der Nahrungsmittelverarbeitung zur Anwendung. Ammoniumphosphat dient als Flammschutzmittel für Textilien. Phosphortrichlorid ist Ausgangsstoff zur Synthese von Pflanzenschutzmitteln und von $POCl_3$, das ebenfalls zu Pflanzenschutzmitteln weiterverarbeitet wird. Phosphor(V)-sulfid (P_4S_{10}) dient dem gleichen Zweck. Phosphorpentachlorid wird als Chlorierungsmittel in der organischen Chemie verwendet.

Arsen, Antimon und Bismut und ihre Verbindungen haben eine wesentlich geringere Bedeutung. Mit den Elementen werden eine Reihe von Legierungen hergestellt. Antimon und Bismut dehnen sich beim Erstarren der Schmelze aus und dringen in alle Ritzen einer Form ein; deshalb eignen sich ihre Legierungen als „Letternmetall" zur Herstellung von Lettern für den Buchdruck. Niedrigschmelzende Antimon- und Bismut-Legierungen dienen als Verschlüsse für Springkleranlagen und von Sicherheitsventilen für Kessel, als Lötmetall und für elektrische Sicherungen. Arsen dient zur Härtung in Kupfer- und Blei-Legierungen. Arsen(III)- und Antimon(III)-oxid dienen als „Läuterungsmittel" bei der Glasherstellung (sie beschleunigen die Freisetzung von Gasblasen in der Glasschmelze). Manche Arsen-Verbindungen werden in Giften zur Bekämpfung von Insekten und Nagetieren verwendet. Galliumarsenid ist ein Halbleiter mit zunehmender Bedeutung.

25.13 Übungsaufgaben

(Lösungen s. S. 680)

25.1 Warum existieren N_2 und O_2 in der Luft nebeneinander anstelle von NO?

25.2 1,2-Diaminoethan ($H_2N-CH_2-CH_2-NH_2$) hat einen Siedepunkt von 117 °C und Propylamin ($H_3C-CH_2-CH_2-NH_2$) einen von 49 °C. Wie kann man den Unterschied der Siedepunkte erklären, obwohl beide Verbindungen etwa die gleiche Molekülgestalt und -masse haben?

25.3 Warum ist der Siedepunkt von NH_3 hoch im Vergleich zu den Siedepunkten von PH_3, AsH_3 und SbH_3?

25.4 Formulieren Sie die Gleichungen für die Reaktionen von Salpetersäure mit:
a) Cu   c) P_4O_{10} e) $Ca(OH)_2$
b) Zn   d) NH_3

25.5 Formulieren Sie die Reaktionsgleichungen für die thermische Zersetzung von:
a) NH_4NO_3 c) $Pb(NO_3)_2$ e) NO_2
b) $NaNO_3$ d) NaN_3

25.6 Formulieren Sie die Gleichungen für die Reaktionen von HCl mit:
a) N_2H_4 c) $NaNO_2$ e) HNO_3
b) H_2NOH d) NH_3

25.7 Erstellen Sie eine Liste der Stickstoffoxide mit deren Konstitutionsformeln und je einer Reaktionsgleichung zu ihrer Herstellung

25.8 Geben Sie Verbindungen an, die isoelektronisch sind zum:
a) NO^+-Ion   b) NO_2^+-Ion   c) NO_2^--Ion

25.9 In einem Düngemittel darf der Anteil von reinem Ammoniumnitrat in Deutschland nicht größer als 80% sein. Warum kann ein höherer NH_4NO_3-Gehalt gefährlich sein?

25.10 Zeichnen Sie die Valenzstrichformeln (gegebenenfalls mesomere Grenzstrukturen) für:
a) N_2F_4 c) trans-N_2F_2 e) HN_3
b) cis-N_2F_2 d) NO_3^- f) ONCl

25.11 Formulieren Sie die Gleichungen für die Reaktionen von Wasser mit:
a) PCl_3 d) $H_4P_2O_7$ g) $SbCl_3$
b) PCl_5 e) P_4O_6 h) As_2O_5
c) Ca_3P_2 f) PH_4I

25.12 Zeichnen Sie Konstitutionsformeln für:
a) PCl_4^+ c) $Sb(OH)_6^-$ e) AsF_6^-
b) $SbCl_5$ d) Sb_4O_6

25.13 Welche sind die Säureanhydride von:
a) $H_4P_2O_7$ b) H_3PO_3 c) H_3AsO_4

25.14 Formulieren Sie die Gleichungen für die Reaktion von Sauerstoff mit:
a) As   b) P_4 c) Sb_2S_3

26 Kohlenstoff, Silicium und Bor

Zusammenfassung. Von den Elementen der 4. Hauptgruppe sind *Kohlenstoff* und *Silicium Nichtmetalle*, obwohl Silicium sich in seinen physikalischen Eigenschaften wie ein Halbmetall verhält. Kohlenstoff bildet eine außerordentlich große Zahl von Verbindungen, weil C-Atome in beliebiger Vielfalt zu Ketten und Ringen zusammengeknüpft werden können und außerdem Mehrfachbindungen eingehen können. *Diamant* hat eine Raumnetzstruktur, *Graphit* eine Schichtenstruktur; die Strukturen erklären die Eigenschaften dieser Kohlenstoff-Modifikationen. *Fullerene* bestehen aus käfigartigen Molekülen aus C-Atomen; das wichtigste ist das Buckminsterfulleren, C_{60}. Die Strukturen von Silicium und Germanium entsprechen der des Diamants. Kohlenstoff in verschiedenen Formen findet vielfältige Anwendung. Zur Herstellung von Halbleitern wird reinstes Silicium benötigt.

Einlagerungscarbide haben sehr hohe Schmelzpunkte und sind chemisch widerstandsfähig. *Salzartige Carbide* und *Silicide* reagieren mit Wasser unter Bildung von Kohlenwasserstoffen bzw. Silanen. *Silane* (Si_nH_{2n+2}) entsprechen den *Alkanen* (C_nH_{2n+2}).

Je nach Temperatur und angebotener Sauerstoffmenge verbrennt Kohlenstoff zu *Kohlenmonoxid* oder *Kohlendioxid*. Das *Boudouard-Gleichgewicht*

$$C + CO_2 \rightleftarrows 2\,CO$$

liegt bei 400 °C auf der linken, bei 1000 °C auf der rechten Seite. Während CO und CO_2 aus Molekülen bestehende Gase sind, bildet *Siliciumdioxid* eine Raumnetzstruktur; es kommt in mehreren Modifikationen vor. Die *Kieselsäure* H_4SiO_4 ist nur in sehr verdünnter Lösung stabil; durch Kondensationsreaktionen bildet sich daraus Kieselgel. *Silicate* kommen mit einer großen Strukturvielfalt als Minerale vor. Man unterscheidet Insel-, Ring-, Ketten-, Band-, Schicht- und Gerüstsilicate. *Cyanide* sind die Salze der Blausäure (HCN); Cyanide, Cyanate und Thiocyanate sind *Pseudohalogenide*.

Bor ist das einzige Nichtmetall der 3. Hauptgruppe. Es hat eine einmalige Struktur, in der *ikosaedrische B_{12}-Gruppen* vorkommen. Mit Metallen bildet Bor *Boride*, mit Stickstoff Bornitrid (BN) und mit Halogenen Trihalogenide. Die *Trihalogenide* sind starke Lewis-Säuren. Borsäure, $B(OH)_3$, ist eine schwache, einprotonige Säure. *Borate* können vielfältige Strukturen haben, manche davon kommen in der Natur vor. Beim Erhitzen von Borsäure entsteht Metaborsäure (HBO_2) und schließlich Boroxid (B_2O_3). In *Boranen* treten wie im elementaren Bor *Mehrzentrenbindungen* auf. Die meisten Borane entsprechen einer der Formeln B_nH_{n+4} oder B_nH_{n+6}; das einfachste ist das Diboran, B_2H_6.

Schlüsselworte (s. Glossar)

Diamant
Graphit
Fulleren

Boudouard-Gleichgewicht
Sauerstoff-Kohlendioxid-Zyklus
Photosynthese

Carbonyl

Silan
Alumosilicat
Ionenaustauscher

Pseudohalogenid

Boran
Mehrzentrenbindung

26 Kohlenstoff, Silicium und Bor

26.1 Allgemeine Eigenschaften der Elemente der 4. Hauptgruppe 448
26.2 Die Strukturen der Elemente der 4. Hauptgruppe 450
26.3 Vorkommen, Gewinnung und Verwendung von Kohlenstoff und Silicium 452
26.4 Carbide, Silicide und Silane 453
26.5 Oxide und Oxosäuren des Kohlenstoffs 455
26.6 Siliciumdioxid und Silicate 456
26.7 Schwefel- und Stickstoff-Verbindungen des Kohlenstoffs 459
26.8 Allgemeine Eigenschaften der Elemente der 3. Hauptgruppe 460
26.9 Elementares Bor 461
26.10 Bor-Verbindungen 462
26.11 Borane (Borhydride) 464
26.12 Übungsaufgaben 465

Die 4. Hauptgruppe des Periodensystems umfaßt die Elemente Kohlenstoff, Silicium, Germanium, Zinn und Blei. Die Zahl der Kohlenstoff-Verbindungen übersteigt bei weitem die Zahl der Verbindungen von jedem anderen Element, ausgenommen Wasserstoff. Es sind etwa zehnmal mehr Kohlenstoff-Verbindungen als kohlenstofffreie Verbindungen bekannt. Die Chemie der Kohlenstoff-Verbindungen, die meist auch Wasserstoff enthalten, ist Gegenstand der organischen Chemie (Kapitel 29 und 30). Die Chemie von Zinn und Blei wird im Abschnitt 27.**11** (S. 495) behandelt.

26.1 Allgemeine Eigenschaften der Elemente der 4. Hauptgruppe

Der Übergang vom nichtmetallischen zum metallischen Charakter bei zunehmender Ordnungszahl, der bei den Elementen der 5. Hauptgruppe zu verzeichnen ist, tritt auch in der 4. Hauptgruppe auf. Kohlenstoff ist ein Nichtmetall (wenn auch Graphit ein elektrischer Leiter ist). In seinen chemischen Eigenschaften verhält sich Silicium wie ein Nichtmetall; die physikalischen Eigenschaften des Elements entsprechen dagegen eher denen eines Halbmetalls. Germanium ist ein Halbmetall; es ist einem Metall ähnlicher als einem Nichtmetall. Zinn und Blei sind Metalle, obwohl es in chemischer Hinsicht noch einige Parallelen zu den Nichtmetallen gibt (die Oxide und Hydroxide sind zum Beispiel amphoter).

Im elementaren Kohlenstoff werden die Atome in einem ausgedehnten Netzwerk durch kovalente Bindungen zusammengehalten (s. Abschn. 26.**2**, S. 450). Um diese Bindungen aufzubrechen, ist ein großer Energiebetrag aufzuwenden; Kohlenstoff hat deshalb den höchsten Schmelz- und Siedepunkt der Elemente in dieser Gruppe (26.1). Beim Übergang zu den schwereren Elementen nimmt der kovalente Charakter der Bindungen ab und die für Metalle typischen Bindungskräfte (s. Abschn. 27.1, S. 469) gewinnen an Bedeutung. Parallel dazu nehmen die Schmelz- und Siedepunkte vom Kohlenstoff zum Blei hin ab, die elektrische Leitfähigkeit nimmt zu (26.1).

Die Elektronegativitäten der Elemente der 4. Hauptgruppe sind nicht besonders hoch (26.1). Die Bildung von vierfach negativ geladenen Anionen mit Edelgaskonfiguration ist nicht ohne weiteres möglich (siehe jedoch Abschn. 26.**4**, S. 453). Andererseits sind die Ionisierungsenergien zur Abspaltung von allen vier Valenzelektronen außerordentlich hoch (26.1), so daß auch keine Kationen mit vier positiven Ladungen gebildet werden können. Germanium, Zinn und Blei können jedoch zweifach positive Kationen mit der Elektronenkonfiguration s^2 in der Valenzschale bilden. Von den entsprechenden Verbindungen sind allerdings nur einige wenige mit Pb^{2+} als Ionenverbindungen anzusehen (z.B. PbF_2, $PbCl_2$); in den Zinn(II)- und Germanium(II)-Verbindungen überwiegt der kovalente Charakter der Bindungen. Germanium(II)-Verbindungen sind ziemlich instabil gegen Disproportionierung.

In der Mehrzahl der Verbindungen der Elemente der 4. Hauptgruppe liegen kovalente Bindungen vor. Durch die Bildung von vier kovalenten Bindungen wird eine Elektronenkonfiguration erreicht, die der des folgenden Edelgases entspricht. Im Falle des Kohlenstoffs ist damit die Maximalzahl der möglichen kovalenten Bindungen ausgeschöpft. Bei den übrigen

26.1 Allgemeine Eigenschaften der Elemente der 4. Hauptgruppe

26.1 Einige Eigenschaften der Elemente der 4. Hauptgruppe

	Kohlenstoff[a]	Silicium	Germanium	Zinn[b]	Blei
Schmelzpunkt /°C	3750[c,e]	1420	959	232	327
Siedepunkt /°C	3370[d,e]	2355	2700	2260	1751
Kovalenzradius /pm	77	117	122	141	154
Ionisierungsenergie /kJ · mol^{-1}					
erste	1090	782	782	704	714
zweite	2350	1570	1530	1400	1450
dritte	4620	3230	3290	2940	3090
vierte	6220	4350	4390	3800	4060
Elektronegativität	2,6	1,9	2,0	2,0	2,3
elektrische Leitfähigkeit /S · cm^{-1}	ca. 10^{-15}	ca. 0,02	ca. 0,02	$9,1 \cdot 10^4$	$5,0 \cdot 10^4$

[a] Diamant [b] β-Zinn [c] bei 12,7 MPa [d] Sublimationspunkt
[e] Graphit (Diamant wandelt sich bei ∼1500 °C in Graphit um)

Elementen können jedoch noch *d*-Orbitale in Anspruch genommen werden und mehr als vier kovalente Bindungen sind möglich. Die Ionen

SiF_6^{2-} $SnBr_6^{2-}$ $PbCl_6^{2-}$
$GeCl_6^{2-}$ $Sn(OH)_6^{2-}$

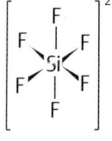

haben eine oktaedrische Struktur.

Kohlenstoff zeichnet sich durch seine besondere Fähigkeit aus, Verbindungen zu bilden, in denen viele Kohlenstoff-Atome miteinander zu Ketten oder Ringen verbunden sind. Auch andere Elemente besitzen diese Fähigkeit, jedoch in weit geringerem Maße. Die Vielzahl der organischen Verbindungen geht auf diese Eigenschaft des Kohlenstoffs zurück.

Die Tendenz, Atome des gleichen Elements direkt miteinander zu verknüpfen, nimmt in der 4. Hauptgruppe mit zunehmender Ordnungszahl deutlich ab. Die Hydride mit der allgemeinen Zusammensetzung E_nH_{2n+2} illustrieren diese Tendenz (E steht für ein beliebiges Element der 4. Hauptgruppe). Im Falle des Kohlenstoffs scheint es keine Grenzen zu geben, wie viele Kohlenstoff-Atome zu Ketten verknüpft werden können; die Zahl der bekannten Kohlenwasserstoffe ist außerordentlich groß. Abgesehen von einigen polymeren Siliciumhydriden sind Si_6H_{14}, Ge_9H_{20}, Sn_2H_6 und PbH_4 die kompliziertesten Hydride der übrigen Elemente. Die Bindungsenergie für eine C—C-Einfachbindung (347 kJ/mol) ist erheblich größer als die für eine Si—Si- (226 kJ/mol), Ge—Ge- (188 kJ/mol) oder Sn—Sn-Bindung (151 kJ/mol).

Außerdem ist eine C—C-Bindung etwa so stark wie die Bindung von einem C-Atom mit einem Atom eines anderen Elements. Typische Werte für Bindungsenergien sind:

C—C 347 kJ/mol   C—O 335 kJ/mol
C—H 414 kJ/mol   C—Cl 326 kJ/mol

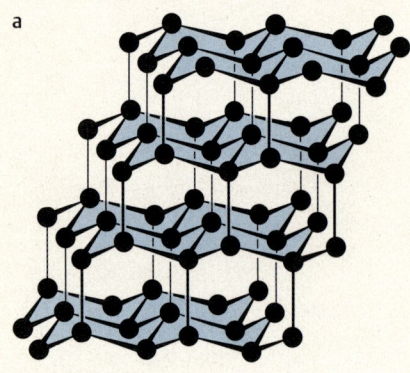

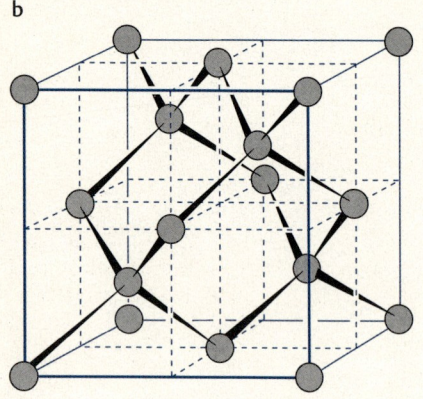

26.1
a Ausschnitt aus der Struktur von Diamant
b Elementarzelle von Diamant

Dagegen ist eine Si—Si-Bindung deutlich schwächer als die Bindung eines Si-Atoms mit einem Atom von manchem anderen Element, wie die folgenden Bindungsenergien erkennen lassen:

Si—Si 226 kJ/mol   Si—O 368 kJ/mol
Si—H 328 kJ/mol   Si—Cl 391 kJ/mol

Silicium hat somit eine größere Tendenz dazu, sich mit anderen Elementen zu verbinden als Verbindungen mit Si—Si-Bindungen zu bilden.

Eine weitere Eigenschaft des Kohlenstoffs, die bei den anderen Elementen der 4. Hauptgruppe nur sehr gering ausgeprägt ist, ist die Fähigkeit, Mehrfachbindungen einzugehen. Folgende Atomgruppen kommen häufig vor:

$$\begin{array}{ccccc} \diagdown\!\!\diagup & & & \diagdown & \diagdown \\ C\!=\!C & -C\!\equiv\!C- & -C\!\equiv\!N & C\!=\!O & C\!=\!S \\ \diagup\!\!\diagdown & & & \diagup & \diagup \end{array}$$

26.2 Die Strukturen der Elemente der 4. Hauptgruppe

Elementarer Kohlenstoff tritt in den kristallinen Modifikationen Diamant und Graphit auf. **Diamant** besteht aus einer dreidimensionalen Raumnetzstruktur, in der jedes Kohlenstoff-Atom mit vier anderen Kohlenstoff-Atomen kovalent verknüpft ist (◉ 26.1). Den Kohlenstoff-Atomen kann die Hybridisierung sp^3 zugeschrieben werden; sämtliche Valenzelektronen sind an kovalenten Bindungen beteiligt. Dementsprechend ist Diamant extrem hart, sehr stabil, hat einen sehr hohen Schmelzpunkt und leitet den elektrischen Strom nicht.

Das Netzwerk der Kohlenstoff-Atome im Diamant kann als ein System von dreidimensional verknüpften, gewellten Sechsecken beschrieben werden (◉ 26.1a); die Sechsecke sind von der gleichen Art wie in der Verbindung Cyclohexan (C_6H_{12}) in der sogenannten Sesselkonformation (Abschn. 29.1, S. 536). Insgesamt ist die Struktur kubisch; die Elementarzelle ist kubisch-flächenzentriert, mit C-Atomen in den Ecken und den Flächenmitten sowie in den Mitten von vier der acht Achtelwürfel der Zelle (◉ 26.1b). Die Struktur ist die gleiche wie die von Zinkblende, ZnS, wenn alle Zn- und S-Atome durch C-Atome ersetzt werden (Abschn. 11.15, ◉ 11.31; S. 189).

Während Diamant ein hartes, farbloses und transparentes Material ist, ist **Graphit** ein weicher, schwarzer Festkörper mit einem gewissen metallischen Glanz. Ein Graphit-Kristall ist aus ebenen Schichten aufgebaut, in denen regelmäßige Sechsecke aus Kohlenstoff-Atomen in der Art einer Bienenwabe verknüpft sind (◉ 26.2). Die parallel gestapelten Schichten werden nur durch relativ schwache London-Kräfte zusammengehalten. Der kürzeste Abstand zwischen Kohlenstoff-Atomen aus zwei benachbarten Schichten beträgt 335 pm, während miteinander verbundene Kohlenstoff-Atome innerhalb einer Schicht nur 141,5 pm weit voneinander entfernt sind. Die Schichten lassen sich leicht gegenseitig verschieben; deshalb ist Graphit weich und als Schmiermittel verwendbar. Graphit hat eine geringere Dichte als Diamant.

In einer Schicht im Graphit ist jedes Kohlenstoff-Atom an drei andere Kohlenstoff-Atome gebunden, und alle Bindungen sind völlig gleichartig.

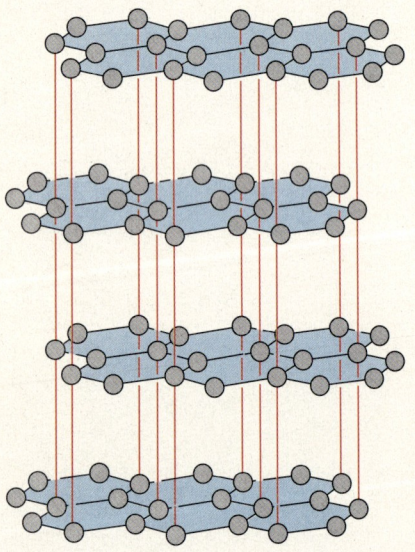

◉ **26.2** Anordnung der Atome in einem Graphit-Kristall

Die C—C-Bindungslänge im Graphit (141,5 pm) ist kürzer als im Diamant (154 pm) und zeigt einen Mehrfachbindungsanteil an. Die Bindungsverhältnisse in der Schicht können durch mesomere Grenzformeln wiedergegeben werden (◉ 26.3), wobei jeder Bindung eine Bindungsordnung von $1\frac{1}{3}$ zukommt.

Im Modell der Orbitale bildet jedes C-Atom im Graphit drei σ-Bindungen mit drei C-Atomen unter Verwendung von sp^2-Hybridorbitalen. Dem Winkel von 120° zwischen diesen Hybridorbitalen entsprechend, resultiert die planare Schicht von Sechsecken. Zu den σ-Bindungen trägt jedes C-Atom drei Valenzelektronen bei. Das vierte Valenzelektron ist daran nicht beteiligt; es gehört zu einem p-Orbital, das senkrecht zur Schicht orientiert ist (◉ 26.4 oben). Das p-Orbital eines C-Atoms überlappt mit den p-Orbitalen der drei ihm nächsten C-Atome. Insgesamt entsteht dabei ein ausgedehntes π-Bindungssystem, das sich über die gesamte Schicht erstreckt, und zu dem jedes C-Atom mit einem Elektron beiträgt (◉ 26.4 unten). Da man keine jeweils zwischen zwei C-Atomen lokalisierten π-Bindungen ausmachen kann (was einer der mesomeren Grenzformeln entsprechen würde), spricht man von einem delokalisierten π-Bindungssystem. In dem π-Bindungssystem sind die Elektronen verschiebbar. Dementsprechend ist Graphit ein elektrischer Leiter. Die Leitfähigkeit ist *anisotrop*, d.h. ungleich in unterschiedlichen Richtungen: parallel zu den Schichten ist die Leitfähigkeit groß, senkrecht dazu ist sie gering.

Je nach den Herstellungsbedingungen kann Kohlenstoff mehr oder weniger gut graphitartig kristallin sein. Manche Koksarten („Retortenkoks", „Petrolkoks"), Pyrokohlenstoff und Aktivkohlen sind mikrokristallin. In anderen Koksarten und im Ruß ist die Graphitstruktur stark gestört; kleinere Bruchstücke von Graphitschichten sind regellos orientiert, wobei an den Kanten der Schichtstücke Wasserstoff-Atome oder OH-Gruppen gebunden sein können.

Fullerene sind Modifikationen des Kohlenstoffs, die aus käfigartigen Molekülen bestehen. Obwohl sie in jeder rußenden Flamme vorkommen, ist erst seit 1990 ein brauchbares Syntheseverfahren bekannt: Kohlenstoff aus Graphit-Elektroden wird mit einem elektrischen Lichtbogen in einer kontrollierten Helium-Atmosphäre verdampft; der Dampf wird sofort an einer gekühlten Fläche kondensiert. Das Kondensat besteht in der Hauptsache aus C_{60}-Molekülen, außerdem sind C_{70} und in geringerer Menge noch größere Moleküle vorhanden. C_{60}, genannt *Buckminsterfulleren*, ist in Benzol mit magentaroter Farbe löslich und kann daraus kristallisiert werden. Das C_{60}-Molekül hat die Gestalt eines Fußballs mit einem Muster aus 12 Fünf- und 20 Sechsecken (◉ 26.5). Der C_{70}-Käfig hat 12 Fünf- und 25 Sechsecke mit einer länglichen Form. Die Bindungen in Fulleren-Molekülen sind ähnlich wie beim Graphit: sp^2-Hybridorbitale bilden je drei σ-Bindungen pro C-Atom auf der Oberfläche des Käfigs, und zusätzlich ist ein delokalisiertes π-Bindungssystem vorhanden.

Silicium tritt mit der gleichen Struktur wie Diamant auf. Eine graphitartige Modifikation ist nicht bekannt. Kristallines Silicium ist grau glänzend und ein elektrischer Halbleiter. Die Bindungen im Silicium sind weniger stark als im Diamant und Bindungselektronen können thermisch angeregt werden, so daß sie im Kristall beweglich werden (Übergang der Elektronen in ein Leitfähigkeitsband; näheres s. Abschn. 27.**2**, S. 472).

Germanium hat ebenfalls Diamant-Struktur und ist ein Halbleiter.
Zinn hat bei Temperaturen über 13 °C eine Metallstruktur (weißes Zinn

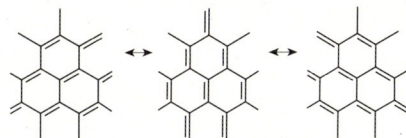

◉ 26.3 Mesomere Grenzformeln für einen Ausschnitt aus einer Graphit-Schicht. Jede Ecke symbolisiert ein C-Atom

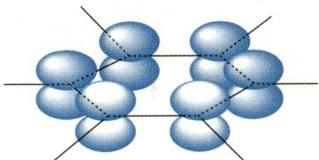

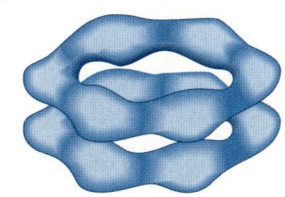

◉ 26.4 Schematische Darstellung der Bildung des delokalisierten π-Bindungssystems in einem Graphit-Fragment (schwarze Linien repräsentieren σ-Bindungen)

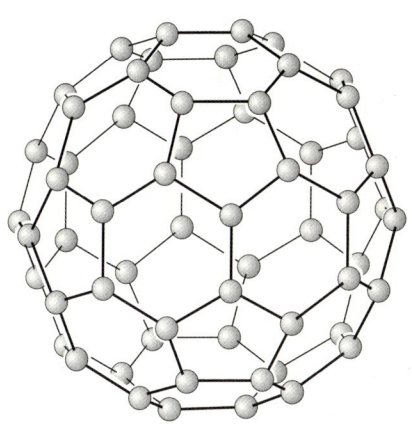

◉ 26.5 Anordnung der Atome im Buckminsterfulleren-Molekül C_{60}

oder β-Zinn), unterhalb von 13 °C wandelt es sich sehr langsam in eine halbmetallische Modifikation mit Diamant-Struktur um (graues Zinn, α-Zinn). Zinngegenstände können deshalb bei anhaltender Kälte im Winter zu einem grauen Staub von α-Zinn zerfallen. **Blei** kristallisiert mit der für Metalle typischen, kubisch-dichtesten Kugelpackung.

26.3 Vorkommen, Gewinnung und Verwendung von Kohlenstoff und Silicium

Kohlenstoff hat einen Massenanteil von etwa 0,03 % in der Erdkruste. Zusätzlich enthält die Atmosphäre etwa 0,036 Volumen-% Kohlendioxid, welches auch im Meerwasser gelöst (0,005 Massen-%) vorkommt. Kohlenstoff ist wesentlicher Bestandteil der organischen Verbindungen im Pflanzen- und Tierreich. Elementarer Kohlenstoff kommt als Graphit und als Diamant sowie stark verunreinigt in Form von verschiedenen Kohlesorten vor; man unterscheidet zwischen Anthrazit (> 90 % C), Steinkohle (75 – 90 % C) und Braunkohle (< 75 % C). Kohlenwasserstoffe sind Verbindungen aus Kohlenstoff und Wasserstoff, die im Erdöl und Erdgas enthalten sind. Im Mineralreich (Lithosphäre) findet sich Kohlenstoff in Form von Carbonaten wie zum Beispiel:

Kalkstein $CaCO_3$	Witherit $BaCO_3$
Marmor $CaCO_3$	Siderit $FeCO_3$
Dolomit $CaMg(CO_3)_2$	Malachit $Cu_2CO_3(OH)_2$

Die Gesamtmasse des Kohlenstoffs auf der Erde macht etwa 10^{12} kg in der Tierwelt, 10^{18} kg in der Pflanzenwelt und organischen Materie in Böden, über 10^{15} kg in der Atmosphäre, 10^{18} kg im Meerwasser und über 10^{19} kg in der Lithosphäre aus.

Zu etwa 98 % reiner Kohlenstoff wird in Form von **Koks** aus Steinkohle und aus den Rückständen der Erdölraffination gewonnen. Dies geschieht durch Erhitzen unter Luftausschluß, wobei sich die in der Kohle enthaltenen organischen Verbindungen verflüchtigen und das Kokereigas und den Steinkohlenteer bilden (vgl. Abschn. 29.**4**, S. 541). Künstlicher Graphit wird durch ein- bis dreiwöchiges Erhitzen von Koks auf 2600 – 3000 °C in inerter Atmosphäre hergestellt; Silicium dient als Katalysator. Bei der hohen Temperatur wird erreicht, daß der Kohlenstoff besser kristallisiert. Natürlicher und künstlicher Graphit findet vielfache Anwendung als Material für Elektroden (Elektrolyse, Elektroöfen in der Stahlindustrie u. a.), für Bürsten in Elektromotoren, für chemische Apparate und für Metallgießformen.

Pyrokohlenstoff ist ein weiterer temperaturbeständiger Werkstoff, der durch Zersetzung von Kohlenwasserstoffen bei hohen Temperaturen unter Luftausschluß erhalten wird. Ähnlich erfolgt auch die Herstellung von **Kohlenstoff-Fasern**, indem unter Zug stehende Fasern aus organischen Verbindungen erhitzt werden. In den Fasern sind die Ebenen der Graphit-Struktur parallel zur Faser ausgerichtet, so daß die kovalente Verknüpfung der C-Atome in Faserrichtung verläuft und die Fasern eine hervorragende Zugfestigkeit und Elastizität aufweisen. In Kunststoff eingelagerte Kohlenstoff-Fasern dienen zur Herstellung von mechanisch stark beanspruchten Gegenständen wie Tennisschlägern und Turbinenschaufeln für Flugzeuge.

Aktivkohle ist ein sehr poröser Kohlenstoff mit einer außerordentlich großen Oberfläche. Sie entsteht beim Erhitzen von Holz, Torf und anderen organischen Materialien unter Luftausschluß im Beisein von Phosphorsäure oder Zinkchlorid. Diese Zusätze sorgen für die Bildung zahlreicher Poren. Wegen ihrer großen Oberfläche vermag Aktivkohle andere Stoffe physikalisch zu adsorbieren (vgl. S. 260) und dient deshalb zur Entfernung von Verunreinigungen aus Lösungen und als Filtermaterial in Gasmasken.

Ruß wird technisch durch unvollständige Verbrennung (begrenzter Luftzutritt) von Erdöl, Erdgas oder Acetylen hergestellt. Die Hauptmenge wird als Füllstoff im Gummi für Autoreifen verarbeitet. Außerdem dient er als Pigment in Lacken, Tinten und Druckerschwärze.

Silicium ist nach Sauerstoff das zweithäufigste Element in der Erdkruste (Massenanteil ca. 26%). Es kommt nur in gebundener Form im Mineralreich vor. Siliciumdioxid, SiO_2, ist der Bestandteil von Sand, Quarz und einigen damit verwandten Mineralien. Silicate bilden eine enorme Vielzahl von Mineralien (s. Abschn. 26.**6**, S. 456).

Silicium wird technisch durch Reduktion von Quarz mit Koks bei Temperaturen über 2000 °C im elektrischen Ofen (elektrischer Lichtbogen zwischen Graphitelektroden) hergestellt. Die eingesetzte Koksmenge muß genau berechnet werden; mit einem Überschuß von Kohlenstoff entsteht nicht Silicium, sondern Siliciumcarbid (SiC). Im Laboratoriumsmaßstab kann man Silicium durch Reduktion von SiO_2 mit Magnesium oder Aluminium herstellen.

Silicium ist der Grundstoff der Halbleitertechnik, aus dem Transistoren, integrierte Schaltkreise und Solarzellen hergestellt werden (Abschn. 27.**2**, S. 472). Für diese Zwecke wird Silicium mit höchster Reinheit benötigt (weniger als 1 ppb an Verunreinigungen); es wird aus Rohsilicium in einer Reihe von Schritten gewonnen. Zuerst wird das Silicium mit Chlorwasserstoff zu Trichlorsilan ($HSiCl_3$) umgesetzt. Trichlorsilan ist eine Flüssigkeit (Sdp. 32 °C), die durch Destillation gereinigt wird und dann mit Wasserstoff zu reinem Silicium reduziert wird. Eine weitere Reinigung erfolgt durch Zonenschmelzen (◉ 27.**14**, S. 485). Bei diesem Prozeß wird eine schmale Zone eines Siliciumstabs aufgeschmolzen, wobei die Schmelze in Kontakt zu den beiden festen Enden des Stabs bleibt. Die geschmolzene Zone läßt man durch Bewegung der elektrischen Heizvorrichtung langsam von einem zum anderen Ende des Stabs wandern. Aus der Schmelze kristallisiert reinstes Silicium, während die Verunreinigungen in der geschmolzenen Zone gelöst bleiben und sich am Schluß in einem Ende des Stabs befinden; diese Ende wird abgesägt und nicht verwertet. Der erhaltene Siliciumstab besteht aus einem einzigen Kristall.

Herstellung von Silicium

$SiO_2(l) + 2C(s) \longrightarrow Si(l) + 2CO(g)$

$SiO_2(s) + 2Mg(s) \longrightarrow Si(l) + 2MgO(s)$
$3SiO_2(s) + 4Al(s) \longrightarrow 3Si(l) + 2Al_2O_3(s)$

Reinigung von Silicium

$Si(s) + 3HCl(g) \xrightarrow{300°C} HSiCl_3(g) + H_2(g)$

$HSiCl_3(g) + H_2(g) \xrightarrow{1000°C} Si(s) + 3HCl(g)$

26.4 Carbide, Silicide und Silane

Zahlreiche Carbide sind bekannt. Sie werden durch Erhitzen eines Metalls oder Metalloxids mit Kohlenstoff, Kohlenmonoxid oder einem Kohlenwasserstoff hergestellt.

Salzartige Carbide bestehen aus Metall-Kationen und Anionen, die nur Kohlenstoff enthalten. Die Metalle der ersten und zweiten Hauptgruppe und der ersten, zweiten und dritten Nebengruppe bilden eine Art von Carbiden, die Acetylide genannt werden, weil sie das Acetylid-Ion C_2^{2-} ent-

$[|C\equiv C|]^{2-}$ $H-C\equiv C-H$
Acetylid-Ion   Acetylen (Ethin)

$CaO(s) + 3C(s) \rightarrow CaC_2(s) + CO(g)$

$CaC_2(s) + 2H_2O \rightarrow$
$\qquad Ca^{2+}(aq) + 2OH^-(aq) + C_2H_2(g)$

halten. Bei der Hydrolyse von Acetyliden entsteht Acetylen, C_2H_2 (vgl. Abschn. 29.3, S. 539); die Hydrolyse von Calciumacetylid (Calciumcarbid) dient zur technischen Herstellung von Acetylen.

Berylliumcarbid, Be_2C, und Aluminiumcarbid, Al_4C_3, werden auch Methanide genannt, weil bei ihrer Hydrolyse Methan (CH_4) entsteht. Aufgrund ihrer Kristallstrukturen kann auf einen ionischen Aufbau mit dem Methanid-Ion C^{4-} geschlossen werden. So hat Be_2C die Antifluorit-Struktur (◉ 11.34, S. 191) mit Koordinationszahl 8 für die C-Atome. Wegen der hohen Ionenladungen erscheint eine rein ionische Bindung allerdings unwahrscheinlich.

$Al_4C_3(s) + 12H_2O \rightarrow$
$\qquad 4Al(OH)_3(s) + 3CH_4(g)$

Einlagerungscarbide werden von den Nebengruppenmetallen gebildet. Ihre Strukturen leiten sich jeweils von einer dichtesten Packung von Metall-Atomen ab, bei der Kohlenstoff-Atome in einen Teil der Oktaederlücken oder in alle Oktaederlücken eingelagert sind. Im letzteren Fall ist die Zusammensetzung MC (M = Metall), zum Beispiel:

$\qquad$ TiC $\quad$ ZrC $\quad$ NbC $\quad$ MoC $\quad$ WC

Wenn die Hälfte der Oktaederlücken besetzt ist, ist die Zusammensetzung M_2C, zum Beispiel:

$\qquad V_2C \quad Nb_2C \quad Mo_2C \quad W_2C$

Diese Carbide gehören zu den Verbindungen mit den höchsten bekannten Schmelzpunkten (3000–4000 °C), sie haben metallisches Aussehen, sind sehr hart, elektrisch leitend und chemisch sehr widerstandsfähig. Sie werden zur Herstellung von Schneidwerkzeugen verwendet (vor allem TaC und WC). Metallreichere Carbide wie Fe_3C, Co_3C und Ni_3C sind reaktionsfähiger; mit Säuren reagieren sie unter Bildung von H_2, CH_4 und C_2H_6. Fe_3C (Cementit) ist ein wichtiger Bestandteil im Stahl.

In den Carbiden SiC und $B_{13}C_2$ sind alle Atome kovalent miteinander verbunden. Diese Verbindungen sind sehr hart und auch bei hohen Temperaturen chemisch widerstandsfähig. Sie werden aus den Oxiden SiO_2 bzw. B_2O_3 durch Reaktion mit Koks im elektrischen Ofen hergestellt. SiC („Carborund") und $B_{13}C_2$, das fast so hart wie Diamant ist, werden für Schleifgeräte verwendet. Die Struktur von Siliciumcarbid entspricht der Struktur von Diamant, in dem jedes zweite C-Atom durch ein Si-Atom ersetzt wurde (Zinkblende-Typ, vgl. Abschn. 11.15, S. 189).

Silicium löst sich in den Schmelzen der meisten Metalle, wobei in vielen Fällen definierte Verbindungen, die **Silicide**, gebildet werden; Beispiele sind

$\qquad Mg_2Si \quad CaSi \quad CaSi_2 \quad Ba_3Si_4 \quad FeSi$

$Mg_2Si(s) + 2H_2O \rightarrow$
$\qquad 2Mg(OH)_2(s) + SiH_4(g)$

Obwohl die Bindungen zwischen den Metall- und Silicium-Atomen sicherlich nicht als reine Ionen-Bindungen anzusehen sind, verhalten sich viele Silicide salzartig, indem sie mit Wasser und mit Säuren unter Bildung von Silanen (Siliciumhydriden) reagieren. Im Mg_2Si liegt formal ein Si^{4-}-Ion vor; es hat Antifluorit-Struktur. Im CaSi, dessen Anion formal Si^{2-} ist, sind Silicium-Atome kovalent zu Ketten wie im polymeren Schwefel verknüpft; Si^{2-}-Ion und S-Atom sind isoelektronisch. Im $CaSi_2$, dessen Anion formal

Si⁻ ist, bilden die Si-Atome Schichten wie im grauen Arsen, die Elektronenkonfiguration des Si⁻ entspricht der des Arsens.

Silane sind Verbindungen der allgemeinen Zusammensetzung Si_nH_{2n+2}; Verbindungen mit $n = 1$ bis $n = 6$ sind bekannt. In ihren Molekularstrukturen entsprechen sie den Alkanen, d. h. den Kohlenwasserstoffen mit der allgemeinen Formel C_nH_{2n+2} (◉ 26.**6**). Anders als bei den Alkanen scheint die Zahl der Si-Atome, die in einem Silan aneinandergebunden sein können, wegen der relativen Schwäche der Si—Si-Bindung begrenzt zu sein (vgl. S. 450). Silane sind wesentlich reaktiver als Alkane; sie sind an Luft selbstentzündlich:

$$2Si_2H_6(g) + 7O_2(g) \rightarrow 4SiO_2(s) + 6H_2O(g)$$

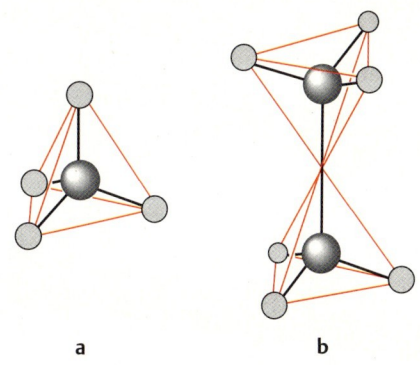

◉ 26.**6** Anordnung der Atome in
a Methan (CH_4) und Silan (SiH_4)
b Ethan (C_2H_6) und Disilan (Si_2H_6)

26.5 Oxide und Oxosäuren des Kohlenstoffs

Kohlenmonoxid ist das Reaktionsprodukt der Verbrennung von Kohle bei hoher Temperatur (ca. 1000 °C) und begrenzter Zufuhr von Sauerstoff. Es entsteht auch durch die Reaktion von Kohlendioxid mit Kohle bei hoher Temperatur; bei niedrigerer Temperatur zerfällt es in Umkehrung dieser Reaktion wieder zu C und CO_2. Bei 1000 °C und darüber liegt das Gleichgewicht auf der Seite des CO, bei 400 °C und darunter liegt es auf der Seite von C und CO_2; bei etwa 680 °C sind CO und CO_2 zu gleichen Teilen vorhanden. Dieses Gleichgewicht spielt bei technischen Prozessen, zum Beispiel im Hochofen bei der Eisengewinnung, eine wichtige Rolle; es wird *Boudouard-Gleichgewicht* genannt. Bei Raumtemperatur ist Kohlenmonoxid demnach thermodynamisch instabil, es sollte zu C und CO_2 disproportionieren. Tatsächlich ist CO bei Raumtemperatur metastabil, weil die Reaktionsgeschwindigkeit zu gering ist. Kohlenmonoxid ist auch ein Bestandteil im Wassergas (Abschn. 21.**2**, S. 379).

Kohlenmonoxid ist ein farb- und geruchloses, giftiges Gas, das sich in Wasser nur geringfügig löst. Seine physikalischen Eigenschaften entsprechen weitgehend denjenigen des Stickstoffs. Das CO-Molekül ist isoelektronisch mit dem N_2-Molekül.

An Luft brennt Kohlenmonoxid in einer stark exothermen Reaktion; es kann deshalb als Brennstoff verwendet werden. Bei Lichteinstrahlung reagiert CO mit Halogenen unter Bildung von Carbonylhalogeniden OCX_2. Von diesen hat das Chlorid, $OCCl_2$ (Phosgen, Carbonyldichlorid), Bedeutung für die chemische Synthese (Abschn. 29.**12**, S. 561 und 29.**13**, S. 566–567). Mit Schwefeldampf entsteht bei hohen Temperaturen Carbonylsulfid, OCS (Kohlenoxidsulfid).

Kohlenmonoxid wird bei der Gewinnung von Metallen aus Metalloxiden als Reduktionsmittel eingesetzt. Unter Katalysatoreinwirkung durchgeführte Reaktionen von Kohlenmonoxid mit Wasserstoff haben technische Bedeutung zur Synthese von Kohlenwasserstoffen und von Methanol (Abschn. 29.**9**, S. 552).

Bestimmte Metalle und Verbindungen von Nebengruppenelementen reagieren mit CO, wobei Metallcarbonyle entstehen. Beispiele sind

$Ni(CO)_4$	$Fe(CO)_5$	$Cr(CO)_6$
Tetracarbonyl-nickel	Pentacarbonyl-eisen	Hexacarbonyl-chrom

$$2C(s) + O_2(g) \rightarrow 2CO(g)$$

Boudouard-Gleichgewicht

$$C(s) + CO_2(g) \rightleftarrows 2CO(g)$$
$$\Delta H = +173 \text{ kJ/mol}$$

$$^\ominus|C\equiv O|^\oplus$$

$$2CO(g) + O_2(g) \rightarrow 2CO_2(g)$$
$$\Delta H = -566 \text{ kJ/mol}$$

$$CO(g) + Cl_2(g) \xrightarrow{h\nu} OCCl_2(g)$$

$$Fe_2O_3(s) + 3CO(g) \rightarrow 2Fe(l) + 3CO_2(g)$$

$CaCO_3(s) + 2H^+(aq) \rightarrow$
$\quad Ca^{2+}(aq) + CO_2(g) + H_2O$

$CaCO_3(s) \xrightarrow{\Delta} CaO(s) + CO_2(g)$

$\langle O=C=O \rangle$

$CaCO_3(s) + CO_2(g) + H_2O \rightleftarrows$
$\quad Ca^{2+}(aq) + 2HCO_3^-(aq)$

$CO_2(aq) + H_2O \rightleftarrows H^+(aq) + HCO_3^-(aq)$
langsame Gleichgewichtseinstellung

$HCO_3^-(aq) \rightleftarrows H^+(aq) + CO_3^{2-}(aq)$
schnelle Gleichgewichtseinstellung

Obwohl CO keine basischen Eigenschaften im Sinne von Brønsted hat (das Molekül läßt sich nicht protonieren), kann es als Lewis-Base wirken und mit Metall-Atomen und -Ionen Komplexe bilden. Auf dieser Eigenschaft beruht auch seine Giftigkeit (Abschn. 28.1, S. 514).

Kohlendioxid ist das Reaktionsprodukt der vollständigen Verbrennung von Kohlenstoff und Kohlenstoff-Verbindungen. Es entsteht auch bei der Zersetzung von Carbonaten bei Zusatz von Säuren oder bei deren Erhitzung.

Kohlendioxid ist ein farb- und geruchloses Gas. Beim Abkühlen unter Normdruck wird es bei −78 °C fest, ohne vorher flüssig zu werden; unter Druck läßt es sich leicht verflüssigen (vgl. S. 179). Das Molekül ist linear und unpolar; es ist isoelektronisch zum NO_2^+- und N_3^--Ion.

Im **Sauerstoff-Kohlendioxid-Zyklus** wird durch die Atmung von Mensch und Tier, der Verbrennung von Brennstoffen und dem Zerfall von organischer Materie bei Fäulnisvorgängen der Atmosphäre ständig Sauerstoff entzogen und Kohlendioxid zugeführt. Der umgekehrte Prozeß läuft bei der **Photosynthese** ab. Pflanzen entnehmen der Luft Kohlendioxid und bauen damit Kohlenhydrate auf, wobei Sauerstoff an die Luft abgegeben wird. Die Photosynthese wird durch das Blattgrün (Chlorophyll) katalysiert und Sonnenlicht liefert die dazu notwendige Energie. Die Löslichkeit von Kohlendioxid im Meerwasser und das geochemische Gleichgewicht zwischen CO_2, H_2O und Kalkstein ($CaCO_3$) haben ebenfalls Einfluß auf den CO_2-Gehalt in der Luft. Durch das weltweit zunehmende Ausmaß der Verbrennung von Kohle und Kohlenwasserstoffen und durch das Brandroden und Abholzen von Waldflächen (wobei durch Fäulnis der gebundene Kohlenstoff als CO_2 abgegeben wird, ohne erneut gebunden zu werden wie in einem intakten Wald) nimmt der Kohlendioxid-Gehalt in der Atmosphäre ständig zu (25.6, S. 437). Derzeit ist der Volumenanteil des Kohlendioxids in der Luft etwa 355 ppm (0,0355 Vol-%) und ist damit etwa 15 % größer als vor hundert Jahren; er nimmt zur Zeit jährlich um mehr als 1 ppm zu.

Kohlendioxid ist in Wasser mäßig löslich. Es ist das Säureanhydrid der **Kohlensäure**, H_2CO_3. Die Säure läßt sich nicht als reine Substanz isolieren. Lösungen von Kohlendioxid in Wasser enthalten im wesentlichen gelöste CO_2-Moleküle; weniger als 1 % davon setzt sich zu H_2CO_3 um. Kohlensäure ist eine schwache, zweiprotonige Säure. Die Ionisierungsgleichgewichte werden am besten wie nebenstehend formuliert.

Zwei Reihen von Salzen werden gebildet: *Carbonate*, z. B. Na_2CO_3 und $CaCO_3$, sowie *Hydrogencarbonate*, z. B. $NaHCO_3$ und $Ca(HCO_3)_2$. Die Struktur des Carbonat-Ions wurde auf S. 120 und 140 behandelt (9.20). Zur Synthese von Natriumcarbonat („Soda") s. Abschn. 27.8 (S. 488).

26.6 Siliciumdioxid und Silicate

Siliciummonoxid, SiO, ist eine instabile Verbindung, die nur als Gas bei sehr hohen Temperaturen existenzfähig ist; beim Abkühlen disproportioniert sie zu SiO_2 und Si (vgl. Boudouard-Gleichgewicht, S. 455). **Siliciumdioxid**, SiO_2 besteht, anders als CO_2, nicht aus Molekülen, sondern bildet stabile, nichtflüchtige Kristalle mit einem dreidimensionalen Raumnetz von kovalenten Bindungen. Es bildet eine Reihe von polymorphen Modifikationen, die sich bei bestimmten Temperaturen langsam ineinander umwandeln. Bei Normdruck ist bis 867 °C Quarz die stabile Modifikation (mit zwei Varianten, α-Quarz bis 573 °C, β-Quarz über 573 °C). Wegen der geringen Umwandlungsgeschwindigkeiten finden sich auch die Hochtemperatur-Modifikationen Tridymit und Cristobalit in der Natur, ebenso wie einige nur bei hohem Druck stabile Modifikationen. Die verbreitetste Form in der Natur ist Quarz mit einer Reihe von Erscheinungsformen je nach Kristallgröße und Verunreinigungen (z. B. Bergkristall, Rauchquarz, Sand, Achat, Onyx, Chalcedon, Kieselgur).

Kristalline Modifikationen des SiO_2:

bis   573 °C   α-Quarz
bis   867 °C   β-Quarz
bis 1470 °C   Tridymit
bis 1710 °C   Cristobalit

In SiO_2-Kristallen ist jedes Silicium-Atom an vier Sauerstoff-Atome gebunden und jedes Sauerstoff-Atom verbindet zwei Silicium-Atome. Man kann es als Gerüst von SiO_4-Tetraedern beschreiben, wobei jede Tetraederecke zwei Tetraedern gemeinsam angehört. Cristobalit hat die einfachste Struktur: die Silicium-Atome sind wie im Diamant angeordnet und auf halbem Weg zwischen je zwei Si-Atomen befindet sich ein O-Atom.

Siliciumdioxid ist in sehr geringem Maße in Wasser löslich; die Lösung enthält *Monokieselsäure* (Orthokieselsäure, H_4SiO_4). Alle natürlichen Gewässer enthalten diese sehr schwache Säure in geringer Menge (ca. 10 mg/L). Nur sehr verdünnte Lösungen sind stabil.

$$SiO_2(s) + 2H_2O \rightleftarrows H_4SiO_4(aq)$$

Beim Ansäuern einer Lösung eines wasserlöslichen Monosilicats (z. B. Na_4SiO_4) entsteht H_4SiO_4 in größerer Konzentration. Durch alsbald erfolgende intermolekulare Abspaltung von Wasser bildet sich über die Dikieselsäure, $H_6Si_2O_7$, und Polykieselsäuren das Kieselgel (Silicagel), welches sich als gallertartige Masse ausscheidet:

$$SiO_4^{4-}(aq) + 4H^+(aq) \rightarrow$$
$$H_4SiO_4(aq) \rightarrow SiO_2 \cdot aq$$
$$\text{Kieselgel}$$

Getrocknetes Kieselgel ist eine amorphe Form von SiO_2 mit einem ungeordnet verknäuelten Netzwerk, bei dem noch einzelne OH-Gruppen vorhanden sind und wechselnde Mengen von Wasser eingelagert sind; die Formulierung $SiO_2 \cdot aq$ soll dies zum Ausdruck bringen. Kieselgel ist sehr porös und hat ähnlich wie Aktivkohle ein hohes Adsorptionsvermögen. Es findet Verwendung zur Adsorption von unerwünschten Dämpfen und als regenerierbares Trocknungsmittel (aufgenommenes Wasser wird beim Erhitzen wieder abgegeben).

Silicate sind die Salze der Monokieselsäure und der Polykieselsäuren. Silicate entstehen beim Zusammenschmelzen von SiO_2 mit Metalloxiden, -hydroxiden oder -carbonaten. Einige Silicate von Alkalimetallen sind wasserlöslich.

$$2Na_2CO_3(l) + SiO_2(s) \rightarrow$$
$$Na_4SiO_4(l) + 2CO_2(g)$$

$$CaO(s) + SiO_2(s) \rightarrow CaSiO_3(l)$$

Eine große Zahl von Silicaten unterschiedlicher Art kommt in der Natur vor. Das einfachste Anion ist das tetraedrisch gebaute Monosilicat-

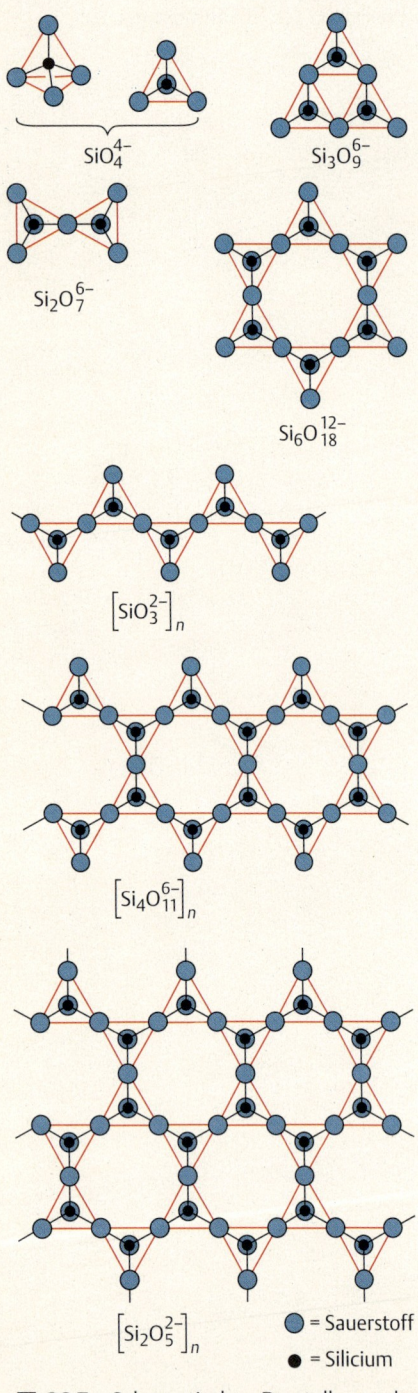

26.7 Schematische Darstellung der Atomanordnung in Silicat-Ionen

Ion SiO_4^{4-}. In den Anionen anderer Silicate sind SiO_4-Tetraeder über gemeinsame O-Atome, sogenannte Brückenatome, verknüpft (◉ 26.7).

In ▭ 26.2 sind einige Beispiele für natürlich vorkommende Silicate aufgeführt. Bei manchen Silicaten treten zusätzlich zum Silicat-Ion noch OH^--Ionen auf. Die Struktur eines Silicat-Ions spiegelt sich in den Eigenschaften wider. Tonmineralien wie Kaolinit sind Schichtsilicate; sie können wechselnde Mengen Wasser zwischen den Schichten aufnehmen und dabei aufquellen.

Einzelne Silicium-Atome in einem Silicat-Ion können durch Aluminium-Atome ersetzt sein. Solche Silicate nennt man Alumosilicate oder Aluminosilicate. Da ein Aluminium-Atom ein Valenzelektron weniger als ein Silicium-Atom einbringt, muß das Alumosilicat-Ion zur Wahrung der Elektronenstruktur pro Aluminium-Atom eine zusätzliche negative Ladung haben. Glimmer sind Alumosilicate mit Schichtstruktur (▭ 26.2).

Wenn jeweils alle vier Sauerstoff-Atome der SiO_4-Tetraeder als Brückenatome auftreten, resultiert das dreidimensionale Gerüst einer SiO_2-Struktur. Wenn einzelne Si-Atome in dem Gerüst durch Al-Atome ersetzt sind, haben wir ein Alumosilicat mit Gerüststruktur. Pro Aluminium-Atom hat das Gerüst eine negative Ionenladung (▭ 26.2).

Ionenaustauscher sind Verbindungen mit Gerüststruktur, deren Gerüst Ionenladungen trägt. In Hohlräumen oder Kanälen im Gerüst befinden sich die Gegenionen, die beweglich sind. Zeolithe sind Alumosilicate mit dieser Eigenschaft, die als Minerale vorkommen und auch synthetisch hergestellt werden; außerdem werden Ionenaustauscher auf der Basis von Kunststoffen hergestellt. Bei einem Kationenaustauscher ist die Gerüst-

▭ 26.2 Typen von Silicaten

Typ	Formel des Anions	Beispiele für Mineralien
Inselsilicate	SiO_4^{4-}	Olivin $(Mg, Fe)_2[SiO_4]$; Granat $Mg_3Al_2[SiO_4]_3$; Zirkon $Zr[SiO_4]$
Gruppensilicate	$Si_2O_7^{6-}$	Thortveitit $Sc_2[Si_2O_7]$
Ringsilicate	$Si_3O_9^{6-}$	α-Wollastonit $Ca_3[Si_3O_9]$
	$Si_6O_{18}^{12-}$	Beryll $Be_3Al_2[Si_6O_{18}]$
Kettensilicate	$(SiO_3^{2-})_n$	Pyroxene, z.B. Enstatit $Mg[SiO_3]$
Bandsilicate	$(Si_4O_{11}^{6-})_n$	Amphibole, z.B. Tremolit $Mg_5Ca_2(OH)_2[Si_4O_{11}]_2$
Schichtsilicate	$(Si_2O_5^{2-})_n$	Kaolinit $Al_2(OH)_4[Si_2O_5]$; Talk $Mg_3(OH)_2[Si_2O_5]_2$
	$(AlSi_3O_{10}^{5-})_n$	Glimmer, z.B. Muskovit $KAl_2(OH)_2[AlSi_3O_{10}]$
Gerüstsilicate	$(AlSi_3O_8^-)_n$	Feldspäte, z.B. Orthoklas $K[AlSi_3O_8]$
	$(AlSiO_4^-)_n$	Feldspäte, z.B. Anorthit $Ca[AlSiO_4]_2$
	$(AlSi_2O_6^-)_n$	Zeolithe, z.B. Chabasit $Na_{2-2x}Ca_x[AlSi_2O_6]_2 \cdot 6\,H_2O$

struktur anionisch und die beweglichen Ionen sind Kationen, bei einem Anionenaustauscher ist es umgekehrt. Mit Ionenaustauschern werden unerwünschte Ionen aus Wasser entfernt. Zum Beispiel können Ca^{2+}-Ionen mit einem Kationenaustauscher entfernt werden, der Na^+-Ionen enthält. Der Ionenaustauscher gibt Na^+-Ionen ab und nimmt Ca^{2+}-Ionen auf. Wenn der Vorrat der Na^+-Ionen erschöpft ist, wird der Ionenaustauscher mit einer Natriumchlorid-Lösung regeneriert ist, wobei die Ca^{2+}-Ionen wieder freigesetzt werden. Mit Hilfe von zwei hintereinander in einem Wasserstrom befindlichen Ionenaustauschern können sämtliche störende Ionen aus dem Wasser entfernt werden. Der mit H^+-Ionen beladene Kationenaustauscher nimmt alle Kationen auf und gibt H^+-Ionen ab, der mit OH^--Ionen beladene Anionenaustauscher hält die Anionen zurück und gibt OH^--Ionen ab. Die H^+- und OH^--Ionen vereinigen sich zu Wasser.

Moderne Waschmittel enthalten synthetische Zeolithe an Stelle von Polyphosphaten ($Na_5P_3O_{10}$, S. 442), um die Ca^{2+}-Ionen aus dem Wasser zu binden. Dadurch wird die unerwünschte düngende Wirkung der Phosphate in Abwässern vermieden. Zeolithe, die sich in Flüssen absetzen, binden allerdings auch Schwermetall-Ionen und können so zu einer allmählichen Anreicherung von Schwermetallen in Flußsedimenten beitragen.

Silicat-Gläser sind synthetische, nichtkristalline Silicate, die durch Zusammenschmelzen von SiO_2 mit Metalloxiden und Carbonaten hergestellt werden. Normales Glas wird aus Na_2CO_3, $CaCO_3$ und SiO_2 im Verhältnis 1 : 1 : 6 hergestellt. Durch Variation der Zusammensetzung und Zusatz anderer kationischer und anionischer Komponenten (z. B. K_2CO_3, PbO bzw. B_2O_3, Al_2O_3) können die Eigenschaften der Gläser variiert werden. Farbige Gläser entstehen bei Zusatz bestimmter Metalloxide (z. B. FeO grün, Fe_2O_3 braun, CoO blau). Zu allgemeinen Eigenschaften von Gläsern s. S. 176–177.

26.7 Schwefel- und Stickstoff-Verbindungen des Kohlenstoffs

Kohlendisulfid (Schwefelkohlenstoff) ist eine flüchtige Flüssigkeit, die aus Schwefeldampf und Koks oder aus Schwefeldampf und Methan (Erdgas) hergestellt wird. Seine Molekularstruktur entspricht derjenigen von CO_2. Es ist ein gutes Lösungsmittel für unpolare Substanzen. Seine Anwendbarkeit wird durch seine Giftigkeit und seine leichte Entzündbarkeit beschränkt. Es wird zur Produktion von Kunstseide („Viskoseseide") und von Tetrachlormethan (CCl_4, Abschn. 29.7, S. 547) eingesetzt. Mit Sulfiden bildet CS_2 Trithiocarbonate (CS_3^{2-}), aus denen durch Zusatz von Säure die Trithiokohlensäure (H_2CS_3) als isolierbare, aber leicht zerfallende Verbindung erhältlich ist.

Cyanwasserstoff, HCN, wird katalytisch bei hoher Temperatur aus Methan und Ammoniak hergestellt. Es ist eine sehr flüchtige und sehr giftige Flüssigkeit (Sdp. 26 °C), die bei der Produktion von Kunststoffen Bedeutung hat. HCN ist eine schwache Säure, die gut löslich in Wasser ist; die Lösung heißt *Blausäure*. Durch Neutralisation der Säure kommt man zu den Cyaniden, die ebenfalls sehr giftig sind. Das Cyanid-Ion ist isoelektronisch zum N_2- und CO-Molekül.

In Lösung zeigen Cyanide viele Ähnlichkeiten zu den Halogeniden. Wie beim Azid-Ion (Abschn. 25.6, S. 431) spricht man deshalb von einem

$$CH_4(g) + 4S \xrightarrow[600\,°C]{(Al_2O_3)} CS_2 + 2H_2S$$

$$\langle S=C=S \rangle$$

$$CS_2 + S^{2-} \rightarrow CS_3^{2-}$$

$$CH_4(g) + NH_3(g) \xrightarrow[1200\,°C]{(Pt)} HCN(g) + 3H_2(g)$$

oder

$$2CH_4(g) + 2NH_3(g) + 3O_2(g)$$
$$\xrightarrow[1100\,°C]{(Pt/Rh)} 2HCN(g) + 6H_2O(g)$$

H—C≡N| |C≡N|⁻
           Cyanid-Ion

Pseudohalogenid. Das Cyanid-Ion hat eine starke Tendenz, sich an Metallionen anzulagern und Komplexe zu bilden, zum Beispiel:

$[Cr(CN)_6]^{3-}$	Hexacyanochromat(III)-Ion
$[Fe(CN)_6]^{4-}$	Hexacyanoferrat(II)-Ion
$[Fe(CN)_6]^{3-}$	Hexacyanoferrat(III)-Ion
$[Ni(CN)_4]^{2-}$	Tetracyanoniccolat(II)-Ion
$[Ag(CN)_2]^{-}$	Dicyanoargentat(I)-Ion
$[Hg(CN)_4]^{2-}$	Tetracyanomercurat(II)-Ion

In Lösung wird das Cyanid-Ion durch milde Oxidationsmittel zum Cyanat-Ion OCN^- oxidiert. Die entsprechende Säure (Cyansäure, HOCN) ist in wäßriger Lösung nicht stabil und zerfällt zu CO_2 und NH_3. Das Cyanat-Ion ist isoelektronisch zum CO_2- und N_2O-Molekül sowie zum N_3^--Ion. Einen entsprechenden Aufbau hat auch das Thiocyanat-Ion, SCN^-, das durch Zusammenschmelzen eines Alkalimetallcyanids mit Schwefel entsteht. Beide, Cyanat und Thiocyanat, werden ebenfalls zu den Pseudohalogeniden gezählt.

Cu^{2+}-Ionen oxidieren Cyanid-Ionen zum Dicyan $(CN)_2$, einem sehr giftigen Gas. Bei seiner Verbrennung mit Sauerstoff können sehr heiße Flammentemperaturen erreicht werden (bis 4800 °C).

$$[\overline{\underline{O}}=C=\overline{\underline{N}}^{\ominus} \longleftrightarrow {}^{\ominus}|\overline{\underline{O}}-C\equiv N|]^-$$
Cyanat-Ion

$$[|\overline{\underline{S}}^{\ominus}-C\equiv N|]^-$$
Thiocyanat-Ion

$$2\,Cu^{2+}\,(aq) + 10\,CN^-\,(aq) \rightarrow 2\,Cu(CN)_4^{3-}\,(aq) + (CN)_2\,(g)$$

$$|N\equiv C-C\equiv N|$$
Dicyan

26.8 Allgemeine Eigenschaften der Elemente der 3. Hauptgruppe

Von den Elementen der 3. Hauptgruppe, Bor, Aluminium, Gallium, Indium und Thallium ist nur das Bor ein Nichtmetall.

Einige Eigenschaften der Elemente der 3. Hauptgruppe sind in ▪ 26.3 zusammengestellt. Das Bor-Atom ist erheblich kleiner als die Atome der übrigen Elemente der Gruppe. Hiermit hängt der krasse Unterschied in den Eigenschaften von Bor einerseits und den übrigen Elementen dieser Gruppe andererseits zusammen. Allgemein haben Metalle im ele-

▪ 26.3 Einige Eigenschaften der Elemente der 3. Hauptgruppe

	Bor	Aluminium	Gallium	Indium	Thallium
Schmelzpunkt /°C	2050	660	30	157	304
Siedepunkt /°C	4050	2467	2400	2100	1457
Atomradius im elementaren Zustand /pm	80	143	135	167	170
Ionenradius, M^{3+} /pm	–	52	62	81	89
Ionisierungsenergie /kJ · mol^{-1}					
erste	801	579	579	560	589
zweite	2422	1814	1978	1814	1959
dritte	3657	2740	2953	2692	2866
Normalpotential $E^0(M^{3+}|M)$ /V	–	−1,67	−0,52	−0,34	+0,72

mentaren Zustand Atomradien, die über 120 pm liegen, und Nichtmetalle solche unter 120 pm.

Keines der Elemente der 3. Hauptgruppe zeigt die geringste Neigung, einfache Anionen zu bilden. Der häufigste Oxidationszustand ist +III, wie für die Valenzelektronenkonfiguration s^2p^1 zu erwarten. Die Ionisierungsenergien für Bor sind wegen der geringen Atomgröße relativ hoch, so daß B^{3+}-Ionen nie gebildet werden; die Energie zur Abspaltung von drei Elektronen kann weder durch Gitterenergie noch durch Hydratationsenthalpie aufgebracht werden. In Bor-Verbindungen sind die Atome kovalent gebunden. Bei den Verbindungen der übrigen Elemente, in denen diesen die Oxidationszahl +III zukommt, liegen kovalente Bindungen oder Ionenbindungen vor.

Gallium, Indium und Thallium können auch mit der Oxidationszahl +I auftreten (Elektronenkonfiguration der äußersten Schale s^2). Die Bedeutung der niedrigeren Oxidationszahl nimmt mit der Ordnungszahl zu. Der Oxidationszustand +I ist beim Gallium von untergeordneter Bedeutung, Ga(III)-Verbindungen sind stabiler; beim Thallium ist es umgekehrt. Verbindungen mit dem Tl^+-Ion sind den Verbindungen der Alkalimetalle ähnlich.

Die Oxide und Hydroxide zeigen den üblichen Gang eines abnehmenden Säurecharakters bei zunehmender Ordnungszahl des Elements. B_2O_3 und Borsäure, $B(OH)_3$, sind sauer, die Aluminium- und Gallium-Verbindungen sind amphoter und In_2O_3 und Tl_2O_3 sind basisch. Die chemischen Eigenschaften der metallischen Elemente Aluminium, Gallium, Indium und Thallium werden in Abschnitt 27.10 (S. 493) besprochen.

26.9 Elementares Bor

Bor kommt in der Natur nur in Verbindungen vor; es hat einen Massenanteil von $3 \cdot 10^{-4}\%$ in der Erdkruste. Die wichtigsten Mineralien sind:

Kernit	$Na_2[B_4O_5(OH)_4] \cdot 2H_2O$	$(Na_2B_4O_7 \cdot 4H_2O)$
Borax	$Na_2[B_4O_5(OH)_4] \cdot 8H_2O$	$(Na_2B_4O_7 \cdot 10H_2O)$
Colemanit	$Ca[B_3O_4(OH)_3] \cdot H_2O$	$(Ca_2B_6O_{11} \cdot 5H_2O)$
Ulexit	$NaCa[B_5O_6(OH)_6] \cdot 5H_2O$	$(NaCaB_5O_9 \cdot 8H_2O)$

Kristallines Bor erhält man durch Reduktion von Bortrichlorid oder Bortribromid mit Wasserstoff an einem glühenden Wolframdraht (1500°C). Die schwarzen Kristalle scheiden sich an dem Draht ab. Sie sind sehr hart, glänzen metallisch, haben aber nur eine geringe elektrische Leitfähigkeit. Diese Eigenschaften erinnern an diejenigen von Halbmetallen, die eine durch kovalente Bindungen zusammengehaltene Gerüststruktur haben.

Bor ist polymorph. Charakteristische Baugruppe in allen Bor-Modifikationen ist das B_{12}-Ikosaeder, ein regelmäßiger Körper mit 12 Ecken und 20 dreieckigen Flächen (◉ 26.8). Im α-rhomboedrischen Bor sind die Ikosaeder ähnlich wie in einer kubisch-dichtesten Kugelpackung angeordnet; jedes Bor-Atom ist an Bindungen innerhalb seines Ikosaeders und an einer Bindung zu einem benachbarten Ikosaeder beteiligt. Die Verknüpfung der Ikosaeder in den anderen Bor-Modifikationen ist komplizierter.

In Kristallen von Metallen stehen nicht genug Elektronen zur Verfügung, um kovalente Bindungen zwischen benachbarten Metall-Atomen

$2BCl_3 + 3H_2 \rightarrow 2B + 6HCl$

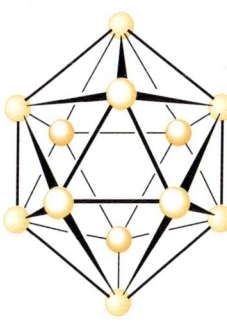

◉ 26.8 Anordnung der Atome in einem B_{12}-Ikosaeder

26 Kohlenstoff, Silicium und Bor

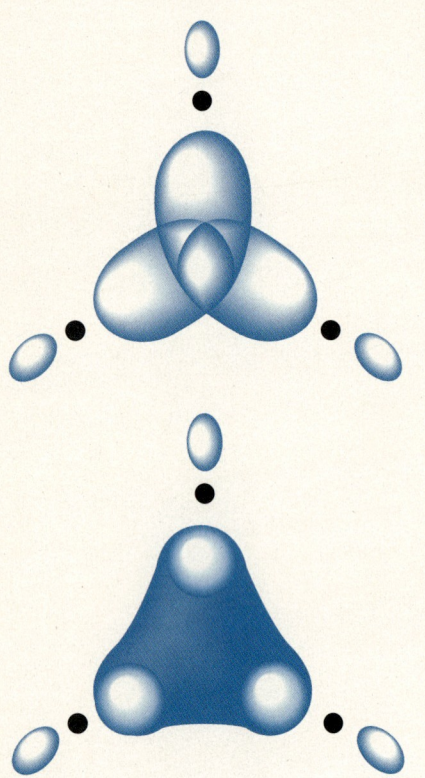

○ 26.9 Schematische Wiedergabe einer Dreizentrenbindung zwischen drei Bor-Atomen

auszubilden; die Valenzelektronen stehen dem Kristall als ganzes in Form eines „Elektronengases" zur Verfügung (Abschn. 27.1, S. 469). Auch beim Bor reicht die Zahl der Valenzelektronen nicht aus, um den Zusammenhalt des Kristalls mit normalen kovalenten Bindungen zu ermöglichen. Die hohe Ionisierungsenergie läßt aber auch die Abgabe der Valenzelektronen an ein metallisches Elektronengas nicht zu. Unter diesen Voraussetzungen ergeben sich für das Bor Bindungsverhältnisse, die einmalig unter allen Elementen sind.

Die Bindungsverhältnisse werden mit **Mehrzentrenbindungen** erklärt. In einer normalen kovalenten Bindung werden zwei Atome durch ein gemeinsames Elektronenpaar zusammengehalten; diese Art Zweizentrenbindung ist auch für einen Teil der Bindungen anzunehmen, die zwischen Atomen verschiedener Ikosaeder im α-rhomboedrischen Bor vorhanden sind. In einer *Dreizentrenbindung* überlappen sich die Orbitale von drei Atomen; die Atome werden durch ein Molekülorbital zusammengehalten, das mit einem Elektronenpaar besetzt ist und an dem drei Atome beteiligt sind (○ 26.9). Verschiedene Typen von Drei- und Mehrzentrenbindungen werden postuliert (siehe auch die BHB-Bindung, Abschn. 26.11, S. 464). Mehrzentrenbindungen sorgen für den Zusammenhalt im B_{12}-Ikosaeder.

26.10 Bor-Verbindungen

Bei sehr hohen Temperaturen (2000 °C) reagiert Bor mit vielen Metallen unter Bildung von **Boriden**. Es handelt sich um sehr harte, chemisch widerstandsfähige und metallisch leitende Verbindungen mit einer großen Variationsbreite in der Zusammensetzung, zum Beispiel:

M_2B	MB	MB_2
MB_4	MB_6	MB_{12}

Manche sind Einlagerungsverbindungen, in anderen sind Ketten, Doppelketten, Oktaeder oder Schichten von Bor-Atomen vorhanden. Anders als die übrigen Boride hydrolisiert MgB_2, wobei ein Gemisch von Borhydriden entsteht.

Bei hohen Temperaturen reagiert Bor mit Stickstoff oder Ammoniak, dabei entsteht Bornitrid, BN. Diese 3,5-Verbindung ist isoelektronisch mit Kohlenstoff und hat eine Schichtenstruktur wie Graphit mit einander abwechselnden B- und N-Atomen (vgl. Abschn. 25.5, S. 429). Unter hohem Druck wird diese Modifikation in eine andere Modifikation umgewandelt, deren Struktur dem Diamant entspricht und die fast so hart wie Diamant ist.

Mit Halogenen reagiert Bor bei hohen Temperaturen unter Bildung von **Trihalogeniden**. Technisch wird BF_3 aus B_2O_3, Calciumfluorid und Schwefelsäure hergestellt; aus letzteren entsteht zunächst Fluorwasserstoff, der unter der wasserentziehenden Wirkung der Schwefelsäure mit dem Boroxid reagiert. Bortrichlorid wird durch reduzierende Chlorierung (Abschn. 22.5, S. 393) aus Boroxid, Kohle und Chlor hergestellt.

BF_3 und BCl_3 sind Gase, BBr_3 ist flüssig, BI_3 ist fest. Die Moleküle der Trihalogenide sind dreieckig-planar. Das Bor-Atom hat kein Elektronenoktett und ist daher begierig, mit Elektronenpaar-Donatoren (Lewis-

$$B_2O_3(s) + 6HF \xrightarrow{(H_2SO_4)} 2BF_3(g) + 3H_2O$$

$$B_2O_3(s) + 3C(s) + 3Cl_2(g) \rightarrow 2BCl_3(g) + 3CO(g)$$

$$H_3N| + BF_3 \longrightarrow H_3N-BF_3$$

$$H_2\overset{..}{O}| + BF_3 \longrightarrow H_2\overset{..}{O}-BF_3$$

Basen) zu reagieren. Die Borhalogenide sind starke Lewis-Säuren, die in dieser Funktion eine Rolle in der synthetischen Chemie spielen.

Beim Ansäuern einer wäßrigen Borat-Lösung kristallisiert die in Wasser nur mäßig lösliche **Borsäure** $B(OH)_3$ aus. Sie bildet weiche, schuppige Kristalle, die aus ebenen Schichten bestehen, in denen die $B(OH)_3$-Moleküle über Wasserstoff-Brücken zusammengehalten werden (◐ 26.10). Borsäure und Borate sind toxisch. In wäßriger Lösung wirkt Borsäure als schwache, einprotonige Säure; in verdünnter Lösung wird die Ionisierung durch folgende Gleichung wiedergegeben:

$$H_2O - B(OH)_3(aq) \rightleftarrows H^+(aq) + B(OH)_4^-(aq)$$

Das tetraedrisch gebaute Tetrahydroxoborat-Ion $B(OH_4)^-$ kommt nur in verdünnten oder in stark basischen Lösungen vor. Bei pH-Werten unter 12 kommt es in konzentrierten Lösungen zu Kondensationsreaktionen, bei denen unter Wasserabspaltung Polyborat-Ionen entstehen. Polyborat-Ionen treten auch in den natürlich vorkommenden Borat-Mineralien auf (vgl. S. 461). In den Polyborat-Ionen können BO_4-Tetraeder und BO_3-Dreiecke vorkommen, die über gemeinsame O-Atome verknüpft sind; die Vielfalt der Strukturmöglichkeiten ist noch größer als bei den Silicaten.

$[B_3O_3(OH)_5]^{2-}$ $[B_4O_5(OH)_4]^{2-}$ $[B_3O_4(OH)_3^{2-}]_n$ (polymer)

Tetrafluoroborat, tetraedrisch, isoelektronisch zu CF_4

◐ **26.10** Anordnung der Atome in einer Schicht eines Borsäure-Kristalls. Farbige Linien symbolisieren Wasserstoff-Brücken

Beim Erhitzen von Borsäure auf 170 °C wird Wasser abgespalten und Metaborsäure (HBO_2) entsteht. Bei Zusatz von Wasser bildet sich $B(OH)_3$ zurück. Obwohl eine große Zahl von strukturell unterschiedlichen Boraten bekannt ist, kennt man in reiner Form nur die genannten zwei Säuren (Metaborsäure bildet mehrere Modifikationen mit unterschiedlicher Molekularstruktur).

Aus Metaborsäure bildet sich beim Erhitzen Dibortrioxid (B_2O_3), das auch beim Verbrennen von Bor in Luft entsteht. Es ist hygroskopisch und reagiert mit Wasser zu Borsäure. B_2O_3, das schwierig zu kristallisieren ist, wird in der Regel als glasartige Substanz erhalten.

Zahlreiche Verbindungen, in denen Bor- und Stickstoff-Atome in gleicher Anzahl vorhanden sind, zeigen Ähnlichkeit zu organischen Verbindungen. Ein Beispiel ist das Borazin ($B_3N_3H_3$), das in seiner Molekülstruktur und in seinen physikalischen Eigenschaften weitgehend dem isoelektronischen Benzol (C_6H_6) entspricht.

Borazin (Borazol) BN-Bindungslänge 144 pm

Benzol CC-Bindungslänge 140 pm

26.11 Borane (Borhydride)

Borane nennt man die Hydride des Bors, die vor allem von Alfred Stock und N. Lipscomb erforscht wurden. Die Mehrzahl von ihnen entspricht einer der allgemeinen Formeln

B_nH_{n+4} $n = 2, 5, 6, 8, 10, 12, 14, 16, 18$
B_nH_{n+6} $n = 4, 5, 6, 8, 9, 10, 13, 14, 20$

Ein paar weitere Borane haben andere Zusammensetzungen. Das einfachste Borhydrid ist Diboran, B_2H_6. Das Molekül BH_3 ist nicht faßbar, wird aber als Zwischenprodukt bei einigen Reaktionen angenommen.

Diboran ist ein farbloses, giftiges, unangenehm riechendes und leicht entzündliches Gas. Es ist selbstentzündlich, wenn es Spuren von höheren Boranen (z. B. B_5H_9) enthält, die sich in Kontakt mit Luft spontan entzünden. Die Synthese von Diboran kann durch Reaktion von Lithiumhydrid mit BF_3 oder von Lithiumtetrahydroaluminat, $LiAlH_4$ mit BCl_3 in Diethylether erfolgen.

$6 LiH + 8 BF_3 \rightarrow 6 Li[BF_4] + B_2H_6$
$3 Li[AlH_4] + 4 BCl_3 \rightarrow 3 Li[AlCl_4] + 2 B_2H_6$

$2 B_2H_6 \xrightarrow{120\,°C} B_4H_{10} + H_2$
$5 B_2H_6 \xrightarrow{160\,°C} B_{10}H_{14} + 8 H_2$

Höhere Borane entstehen beim Erhitzen von Diboran unter verschiedenen Bedingungen. Mit Wasser reagieren alle Borane mehr oder weniger schnell unter Bildung von Borsäure und Wasserstoff.

👁 26.11 zeigt die Molekülstruktur von Diboran. Jedes Bor-Atom ist mit zwei Wasserstoff-Atomen über die üblichen kovalenten Zweizentrenbindungen verknüpft („terminale Wasserstoff-Atome"). Die beiden BH_2-Fragmente werden über zwei verbrückende H-Atome mittels zwei BHB-Dreizentrenbindungen zusammengehalten. Die Bor-Atome und die terminalen H-Atome liegen in einer Ebene, die verbrückenden H-Atome liegen über und unter dieser Ebene.

Für jedes Bor-Atom im B_2H_6-Molekül kann man einen Satz von vier tetraedrisch orientierten sp^3-Hybridorbitalen annehmen. Mit je zwei sp^3-Orbitalen werden die normalen Zweizentrenbindungen zu den terminalen H-Atomen geknüpft. Jede Dreizentrenbindung kommt durch Überlappung von je einem sp^3-Orbital von den beiden Bor-Atomen und dem s-Orbital des Wasserstoff-Atoms zustande (👁 26.11). Von den insgesamt zwölf verfügbaren Valenzelektronen (sechs aus den beiden B-Atomen und sechs aus den sechs H-Atomen) werden vier Elektronenpaare für die terminalen B—H-Bindungen benötigt, die übrigen zwei Elektronenpaare besetzen je eines der Dreizentren-Molekülorbitale. Der Bindungsabstand zwischen einem Bor-Atom und einem terminalen H-Atom ist kürzer als derjenige zwischen einem Bor-Atom und einem verbrückenden H-Atom, wodurch eine stärkere Bindung für das terminale H-Atom zum Ausdruck kommt.

Die höheren Borane haben komplizierte Strukturen, bei denen BBB- und BHB-Dreizentrenbindungen sowie BH- und BB-Zweizentrenbindungen vorkommen. Die Atomgerüste in den Molekülen von einigen höheren Boranen entsprechen Fragmenten aus dem B_{12}-Ikosaeder, wie es im elementaren Bor vorkommt.

Durch Anlagerung von Hydrid-Ionen oder Abspaltung von Protonen können aus den Boranen Boranate (Hydridoborate, Hydroborate) erhalten werden. Das wichtigste ist das Tetrahydroborat mit dem tetraedrischen BH_4^--Ion, das isoelektronisch zum CH_4-Molekül ist. Es ist durch Reaktion von Lithiumhydrid mit B_2H_6 oder BF_3 herstellbar.

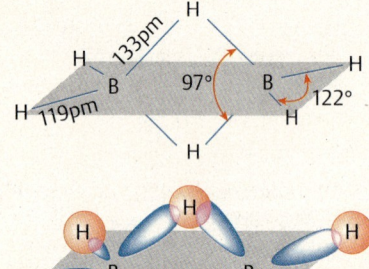
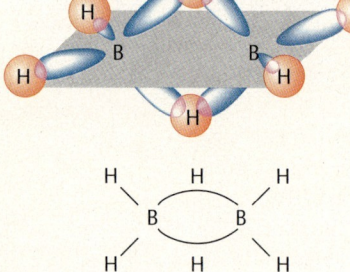

👁 **26.11**
Oben: Struktur des Diboran-Moleküls
Mitte: vereinfachte Wiedergabe der sich überlappenden Orbitale
Unten: in Valenzstrichformeln übliche Schreibweise; jede Linie symbolisiert ein Elektronenpaar

$2 LiH + B_2H_6 \rightarrow 2 Li[BH_4]$
$4 LiH + BF_3 \rightarrow Li[BH_4] + 3 LiF$

Lithiumtetrahydroborat und generell alle Alkalimetallboranate sind ionisch aufgebaut und dienen als starke Reduktionsmittel. Zahlreiche weitere Hydridoborate sind bekannt, zum Beispiel $B_3H_8^-$, $B_{10}H_{13}^-$ und $B_{12}H_{12}^{2-}$. Die Bor-Atome im $B_{12}H_{12}^{2-}$-Ion bilden ein reguläres Ikosaeder.

26.12 Übungsaufgaben

(Lösungen s. S. 682)

26.1 Warum neigt Kohlenstoff viel mehr als andere Elemente zur Bildung von Bindungen unter gleichen Atomen?

26.2 Klassifizieren Sie folgende Carbide:
a) TaC   c) Al_4C_3 e) V_2C
b) SrC_2 d) SiC
Welche davon sind gute elektrische Leiter?

26.3 Zeichnen Sie die Elementarzelle von Diamant. Heben Sie einen der Sechsringe hervor, der in der Struktur vorkommt.

26.4 Benennen Sie:
a) HCN(g)   d) KOCN   g) Na_2CO_3
b) HCN(aq)   e) KSCN
c) KCN   f) $NaHCO_3$

26.5 Formulieren Sie die Gleichungen für die Reaktionen von CO(g) mit:
a) Cl_2 c) O_2 e) Ni
b) S   d) FeO

26.6 Formulieren Sie die Gleichungen für die Reaktionen von Wasser mit:
a) CaC_2 c) CO_2
b) Al_4C_3 d) $CaCO_3$ und CO_2

26.7 Formulieren Sie die Gleichungen für folgende Reaktionen:
a) $CaCO_3(s)$ und $SiO_2(s)$ beim Erhitzen
b) $CaCO_3(s)$ beim Erhitzen
c) $CaCO_3(s)$ und $H^+(aq)$

26.8 Zeichnen Sie die Valenzstrichformeln für:
a) CO   d) CS_2 g) Si_2H_6
b) CN^- e) C_2H_2 h) $[B_4O_5(OH)_4]^{2-}$
c) OCN^- f) CS_3^{2-}

26.9 Vergleichen Sie die Verbindungen CF_4, SiF_4 und BF_3 bezüglich ihrer Reaktivität gegenüber F^- und H_2O. Worauf beruhen die Unterschiede?

26.10 Formulieren Sie die Gleichungen für folgende Reaktionen:
a) B_2O_3 und Mg beim Erhitzen
b) BBr_3 und H_2 beim Erhitzen
c) B und N_2 beim Erhitzen
d) B_2O_3 und H_2O
e) $B(OH)_3$ und OH^-(aq)
f) $B(OH)_3$ beim mäßigen Erhitzen
g) $B(OH)_3$ beim starken Erhitzen
h) LiH und B_2H_6

26.11 Im Ion $B_4H_7^-$ bilden die B-Atome eine trigonale Pyramide und an jedes B-Atom ist ein terminales H-Atom gebunden. Ein Bor-Atom ist nur an normalen Zweizentrenbindungen beteiligt, davon drei zu den anderen drei Bor-Atomen. Machen Sie einen Strukturvorschlag mit Hilfe von BHB-Dreizentrenbindungen. Beachten Sie die Gesamtzahl der Elektronen und die Oktettregel.

27 Metalle

Zusammenfassung. Die *Bänder-Theorie* beschreibt die Bindungsverhältnisse in Metallen mit Hilfe von energetisch dicht beieinander liegenden Molekülorbitalen, die sich durch die gesamte Struktur des Metalls ausdehnen. Partiell besetzte Bänder oder besetzte Bänder, die sich mit unbesetzten Bändern überschneiden, erklären die *elektrische Leitfähigkeit* der Metalle. Bei *Isolatoren* ist eine große verbotene Zone zwischen einem vollbesetzten und einem leeren Band vorhanden, bei *Halbleitern* wie Silicium und Germanium ist die verbotene Zone kleiner. Durch *Dotierung* mit bestimmten Verunreinigungen können die elektrischen Eigenschaften von Silicium oder Germanium beeinflußt werden. Dotierung mit einem Element der 3. Hauptgruppe führt zu einem *p*-Leiter, Dotierung mit einem Element der 5. Hauptgruppe zu einem *n*-Leiter. Verformbarkeit, Glanz, elektrische Leitfähigkeit und Wärmeleitfähigkeit sind charakteristische Eigenschaften von Metallen.

Metallurgie ist die Lehre der Gewinnung von Metallen aus Erzen. Zu den metallurgischen Prozessen gehört die *Aufbereitung von Erzen*, die *Reduktion* zum Metall und dessen *Raffination*. Bei der Aufbereitung wird das interessierende Mineral aus dem Erz mit physikalischen oder chemischen Methoden angereichert. Dazu gehören die *Flotation*, die *magnetische Trennung*, das *Seigern* und die *Laugung*. Außerdem kann das Mineral in eine zur weiteren Verarbeitung geeignete Form gebracht werden, wie zum Beispiel beim Rösten von Sulfiden.

Bei der *Reduktion* wird das freie Metall erhalten. Vielfach erfolgt die Reduktion bei hoher Temperatur. Zur Entfernung von Gangart (anhaftendes Gestein) dienen Zuschläge, mit denen *Schlacke* entsteht. Einige Metalle können allein durch Erhitzen schon reduziert werden (z. B. Quecksilber); im Falle der Kupfer- und Blei-Gewinnung wird die *Röstreaktion* von Sulfiden durchgeführt, bei der das Metall und SO_2 entstehen. Kohle ist ein vielbenutztes Reduktionsmittel, um Metalle aus Oxiden zu gewinnen (z. B. Fe, Co, Ni, Zn, Cd, Sn, Sb). Die Eisen-Gewinnung erfolgt im Hochofen, in dem Kohlenmonoxid das eigentliche Reduktionsmittel ist. Beim *Goldschmidt-Verfahren* wird ein Metalloxid (z. B. Cr_2O_3) mit Aluminium reduziert. Metallhalogenide (z. B. $TiCl_4$) werden mit Natrium, Magnesium oder Calcium nach dem *Kroll-Verfahren* reduziert. Wasserstoff ist das Reduktionsmittel zur Gewinnung bestimmter Metalle (z. B. Mo, W), die bei der Reduktion mit Kohlenstoff Carbide bilden würden. Metalle der 1. und 2. Hauptgruppe und Aluminium werden durch Elektrolyse aus Salzschmelzen hergestellt.

Die *Raffination* dient zur Reinigung des Metalls, außerdem können bestimmte Substanzen zum Erzielen bestimmter Eigenschaften zugesetzt werden. Zu den Raffinationsprozessen gehören: *Seigern, Destillation,* der *Parkes-Prozeß,* das *Zonenschmelzen,* die *elektrolytische Raffination* und das *van Arkel-de-Boer-Verfahren.* Das letztere ist ein Beispiel für eine *chemische Transportreaktion,* die auch beim *Mond-Verfahren* zur Reinigung von Nickel angewandt

Schlüsselworte (s. Glossar)

Bänder-Theorie
Valenzband
Leitfähigkeitsband
Verbotene Energiezone
Elektrische Leitfähigkeit

Isolator
Halbleiter
Dotierung

Metallurgie
Erz
Gangart

Erzanreicherung
Raffination
Flotation
Seigern
Bayer-Verfahren
Laugung
Cyanid-Laugerei

Schlacke
Rösten von Erzen
Röstreaktion

Hochofen
Direkt-Reduktionsverfahren
Herdfrisch-Verfahren
Windfrisch-Verfahren

Thermit-Verfahren
   (Goldschmidt-Verfahren)
Kroll-Prozeß

Downs-Zelle
Hall-Héroult-Prozeß
Parkes-Verfahren
Van Arkel-de Boer-Verfahren

Chemische Transportreaktion
Mond-Verfahren
Zonenschmelzen

Alkalimetalle
Solvay-Verfahren
Erdalkalimetalle

Übergangsmetalle
Edelmetalle
Pigment

Lanthanoide (seltene Erden)
Lanthanoiden-Kontraktion

wird. Roheisen wird nach dem *Herdfrischverfahren* oder dem *Windfrischverfahren* in Stahl umgewandelt.

Die *Alkalimetalle* sind die Elemente der 1. Hauptgruppe. Sie sind weich, haben geringe Dichten und niedrige Schmelz- und Siedepunkte. Sie sind sehr reaktionsfähige Reduktionsmittel. Wichtige Natrium-Verbindungen sind Natriumhydroxid und Natriumcarbonat (Soda); Natriumcarbonat wird nach dem *Solvay-Verfahren* hergestellt. Die *Erdalkalimetalle* sind die Elemente der 2. Hauptgruppe. Sie sind ebenfalls sehr reaktionsfähig. Ihre Dichten, Schmelz- und Siedepunkte liegen höher als bei den Alkalimetallen. Durch „Brennen" von Kalkstein ($CaCO_3$) wird Calciumoxid gewonnen, aus dem mit Wasser Calciumhydroxid entsteht; Calciumhydroxid ist die billigste Base. Kalkstein löst sich unter Mitwirkung von Kohlendioxid als Calciumhydrogencarbonat in Gewässern, wodurch „hartes Wasser" entsteht.

Die *Metalle der 3. Hauptgruppe* haben relativ niedrige Schmelzpunkte und sind mäßig reaktiv. In ihren Verbindungen treten sie vor allem mit der Oxidationszahl +III auf, bei den schwereren spielt auch die Oxidationszahl +I eine Rolle. In den meisten ihrer Verbindungen liegen kovalente Bindungen vor.

In der *4. Hauptgruppe* ist Germanium ein Halbleiter, Zinn und Blei sind Metalle. Sie treten mit den Oxidationszahlen +II und +IV auf.

Die *Übergangsmetalle* zeigen eine große Vielfalt von Eigenschaften. Sowohl die *ns*- als auch die $(n-1)d$-Elektronen beteiligen sich an den Bindungen. Die meisten Übergangsmetalle können in mehreren Oxidationsstufen auftreten; bei den Elementen bis zur 7. Nebengruppe (4. Periode) bzw. bis zur 8. Nebengruppe (5. und 6. Periode) ist die höchstmögliche Oxidationszahl gleich der Gruppennummer. Gegen Ende der Perioden der Übergangsmetalle finden sich die Edelmetalle in der 5. und 6. Periode. Andere Metalle sind reaktionsfähiger und werden zum Beispiel durch verdünnte Säuren oxidiert. Als Folge der *Lanthanoiden-Kontraktion* sind die Nebengruppenelemente der 5. und 6. Periode einander sehr ähnlich.

Die *Lanthanoiden* fallen durch die große Ähnlichkeit ihrer Eigenschaften auf. Es sind sehr reaktionsfähige Metalle, die in ihren Verbindungen überwiegend in der Oxidationszahl +III auftreten.

27.1 Die metallische Bindung

Mehrere physikalische und chemische Eigenschaften sind charakteristisch für Metalle und werden zur entsprechenden Klassifizierung der Elemente herangezogen. Metalle haben eine große elektrische Leitfähigkeit, große Wärmeleitfähigkeit, metallischen Glanz, und sie sind bei Krafteinwirkung verformbar, ohne daß es zum Bruch kommt. Die Elemente neigen zur Bildung von Kationen durch Abgabe von Elektronen und ihre Oxide und Hydroxide sind basisch.

Mehr als drei Viertel aller bekannten Elemente sind Metalle. Die Stufenlinie im Periodensystem markiert ungefähr die Grenze zwischen Metallen und Nichtmetallen. Die Nichtmetalle stehen in der oberen rechten Ecke des Periodensystems (s. Ausklapptafel im hinteren Buchdeckel). Die Grenze ist nicht scharf; die Elemente in ihrer Nähe sind weder typische Metalle noch typische Nichtmetalle, ihre Eigenschaften liegen zwischen den Extremen.

27.1	Die metallische Bindung 469
27.2	Halbleiter 472
27.3	Physikalische Eigenschaften von Metallen 472
27.4	Vorkommen von Metallen 474
27.5	Metallurgie: Aufarbeitung von Erzen 475
27.6	Metallurgie: Reduktion 477
27.7	Metallurgie: Raffination 483
27.8	Die Alkalimetalle 485
27.9	Die Erdalkalimetalle 488
27.10	Die Metalle der 3. Hauptgruppe 493
27.11	Die Metalle der 4. Hauptgruppe 495
27.12	Die Übergangsmetalle 497
27.13	Die Lanthanoiden 504
27.14	Übungsaufgaben 506

27.1 Die metallische Bindung

Metall-Atome haben relativ niedrige Ionisierungsenergien und Elektronegativitäten; sie geben ihre Außenelektronen relativ leicht ab. Im Kristall eines Metalls sind positive Ionen zusammengepackt, während die von den Atomen abgegebenen Elektronen ein **Elektronengas** bilden und sich frei durch den ganzen Kristall bewegen können. Das negativ geladene Elektronengas hält die positiven Ionen zusammen.

Die **Bändertheorie** beschreibt diese Art von Bindung mit Hilfe von Molekülorbitalen, die sich durch den ganzen Kristall ausdehnen. Der Grundgedanke sei am Beispiel des Lithiums erläutert. Im Li_2-Molekül überlappen sich die $2s$-Orbitale der beiden Atome und zwei Molekülorbitale entstehen, ein bindendes $\sigma 2s$- und ein antibindendes $\sigma^* 2s$-Orbital (vgl. Abschn. 9.**4**, S. 133 sowie ▣ 9.**3**, S. 138). Im Grundzustand des Li_2-Moleküls ist nur das $\sigma 2s$-Orbital mit zwei Elektronen besetzt; das antibindende Orbital bleibt unbesetzt.

Die $2s$-Orbitale von zwei getrennten Lithium-Atomen haben die gleiche Energie, sie sind entartet. Beim Zusammenfügen der zwei Atome wird die Entartung aufgehoben, ein Orbital niedrigerer und eines höherer Energie entsteht; man sagt, das Energieniveau wird aufgespalten. Beim Zusammenfügen von drei Lithium-Atomen entstehen drei Molekülorbitale, ein energieärmeres (bindend), eines mit unveränderter Energie (nichtbindend) und eines mit höherer Energie (antibindend). Würde man diesem Li_3-Molekül ein Elektron wegnehmen, dann würden die verbleibenden zwei Valenzelektronen das bindende Orbital besetzen; die Bindung im Li_3^+-Ion wäre eine Dreizentren-Zweielektronen-Bindung von der gleichen Art wie bei den Bor-Verbindungen (Abschn. 26.**9**, S. 462, und 26.**11**, S. 464). In einem Li_4-Molekül kommt es zur Aufspaltung auf vier Energieniveaus. Je mehr Atome zusammengefügt werden, desto mehr getrennte, aber immer dichter beieinanderliegende Energieniveaus entstehen (◉ 27.**1**). *Die Gesamtzahl der Molekülorbitale bleibt immer genauso groß wie die Zahl der Atomorbitale, die zu ihrer Entstehung beitragen.* Die Molekülorbitale sind delokalisiert, d.h. sie gehören dem Gesamtverband aller Atome gemeinsam an.

Selbst in einem kleinen Lithium-Kristall befindet sich eine riesige Anzahl von Atomen, und dementsprechend groß ist die Zahl der deloka-

◉ 27.**1** Entstehung eines Bandes durch die Wechselwirkung der $2s$-Orbitale von Lithium-Atomen

lisierten Molekülorbitale. Sie sind nicht entartet, d. h. jedes Molekülorbital hat sein eigenes Energieniveau. Wegen der riesigen Anzahl der Energieniveaus liegen diese extrem dicht beieinander. Die Gesamtheit dieser Molekülorbitale nennt man ein **Band**. Die Energieniveaus im unteren Teil des Bandes gehören zu Orbitalen mit bindendem Charakter; die im oberen Teil wirken antibindend, wenn sie mit Elektronen besetzt sind.

Das 2s-Elektron in einem Lithium-Atom ist ein Valenzelektron, und das 2s-Band des Lithiums (◉ 27.1) nennt man deshalb auch das **Valenzband**. Da jedes Lithium-Atom ein Valenzelektron in das Band einbringt, ist die Zahl der Elektronen im 2s-Band des Lithiums genauso groß wie die Zahl der Molekülorbitale in diesem Band. Auch für die Molekülorbitale in einem Band gilt, wie für jedes Orbital, das Pauli-Prinzip; jedes Orbital kann mit *zwei* Elektronen von entgegengesetztem Spin besetzt werden. Die Zahl der Elektronen, die im 2s-Band des Lithiums untergebracht werden kann, ist demnach doppelt so groß wie die Zahl der vorhandenen Elektronen; das Valenzband ist nur zur Hälfte besetzt. Die Besetzung der bindenden Molekülorbitale in der unteren Hälfte des Bandes ohne Besetzung der antibindenden Orbitale in der oberen Hälfte sorgt für den Zusammenhalt der Lithium-Atome.

Die Energieunterschiede zwischen den Energieniveaus in einem Band sind so gering, daß den Elektronen selbst bei tiefsten Temperaturen genug Energie zur Verfügung steht, um von einem Niveau auf ein anderes zu springen, sofern das zugehörige Orbital nicht schon mit zwei Elektronen besetzt ist. Da ein Molekülorbital den wahrscheinlichen Aufenthaltsort eines Elektrons beschreibt, bedeutet das mühelose Springen von einem Orbital auf ein anderes, daß die Elektronen im Kristall frei beweglich sind und somit den elektrischen Strom leiten können.

Im Falle des Lithiums ist noch das Band zu berücksichtigen, das sich von den 2p-Orbitalen ableitet. Ein einzelnes Lithium-Atom verfügt über drei unbesetzte 2p-Orbitale, deren Energieniveau nahe beim 2s-Niveau liegt. Im metallischen Lithium überschneidet sich das 2p-Band mit dem 2s-Band (◉ 27.2). Elektronen aus dem 2s-Band können sich deshalb auch durch das unbesetzte 2p-Band bewegen.

Wenn sich die Bänder nicht überschneiden würden, könnte Beryllium keinen elektrischen Strom leiten. Die Elektronenkonfiguration des Berylliums ist $1s^2 2s^2$ und infolgedessen ist das 2s-Band (das Valenzband) des Berylliums voll besetzt. Weil sich das 2s-Band mit dem unbesetzten 2p-Band überschneidet, können Elektronen in das letztere überwechseln und den elektrischen Strom leiten. Das 2p-Band wird deshalb auch Leitungsband genannt; ein **Leitungsband** ist ein unbesetztes Band.

In ◉ 27.2 ist ein weiteres Band gezeigt, das durch die Wechselwirkung der 1s-Orbitale des Lithiums zustande kommt. Da das 1s-Orbital im Lithium-Atom mit zwei Elektronen voll besetzt ist, ist auch das 1s-Band voll besetzt. Seine Elektronen tragen nicht zur Bindung im Kristall bei. Die Zahl der besetzten bindenden Molekülorbitale dieses Bandes (untere Hälfte der Energieniveaus) ist gleich groß wie die Zahl der besetzten antibindenden Molekülorbitale (obere Hälfte der Energieniveaus). Außerdem befinden sich die Elektronen nahe an den Li-Atomkernen und sind Bestandteil der positiven Ionen im Kristall; aus diesem Grund ist auch die Wechselwirkung zwischen den 1s-Orbitalen verschiedener Atome geringer (geringere Aufspaltung der Energieniveaus) und das Band ist schmaler. Das 1s-Band überschneidet sich mit keinem anderen Band. Es ist vom 2s-Band

◉ 27.2 Überschneidung des 2s- und des 2p-Bandes im metallischen Lithium

durch eine *verbotene Energiezone* (auch Energie-„gap" genannt) getrennt. Kein Elektron in einem Lithium-Kristall kann eine Energie im Bereich der verbotenen Zone haben.

Eine hohe Beweglichkeit der Elektronen ist immer dann gegeben, wenn ein Band nur teilweise besetzt ist oder wenn sich ein vollbesetztes Band mit einem leeren Band überschneidet. Der Übergang eines Elektrons von einem Energieniveau auf ein anderes innerhalb eines Bandes erfordert nur eine sehr geringe Anregungsenergie, die durch die thermische Energie immer verfügbar ist. Bei Einstrahlung von Licht werden Elektronen um einen Betrag angeregt, welcher der Energie des Lichtquants entspricht; jeder beliebige Energiebetrag kommt dafür in Betracht, solange er Anregungen innerhalb des Bandes bewirkt. Wenn ein angeregtes Elektron auf ein niedrigeres Energieniveau zurückfällt, wird Licht abgestrahlt. Elektronenübergänge dieser Art sind für den metallischen Glanz verantwortlich.

Die frei beweglichen Elektronen erklären nicht nur die hohe elektrische Leitfähigkeit, sondern auch die hohe Wärmeleitfähigkeit von Metallen. Die Elektronen absorbieren Wärme in Form von kinetischer Energie und leiten sie schnell in alle Teile des Metalls.

Energiebänder-Diagramme für elektrische Leiter, Isolatoren und Halbleiter sind in ◉ 27.3 gezeigt. Im Diagramm für einen **Leiter** ist das Valenzband nur teilweise besetzt oder/und es überschneidet sich mit einem Leitungsband. Diese Bänder sind von einem noch höher liegenden Leitungsband (aus Orbitalen der dritten Schale im Lithium) durch eine verbotene Zone getrennt.

Im Falle des **Isolators** ist das Valenzband voll besetzt und durch eine verbotene Zone weit von einem Leitungsband getrennt. Elektronen können sich nur bewegen, wenn ihnen genug Energie zugeführt wird, um die breite verbotene Zone zu überspringen und so in das Leitungsband gelangen. Wegen der hohen erforderlichen Energie finden solche Elektronenanregungen normalerweise nicht statt. Die elektrische Leitfähigkeit ist sehr gering.

Ein **Halbleiter** hat eine geringe elektrische Leitfähigkeit, die jedoch höher als bei einem Isolator ist. Mit steigender Temperatur nimmt die Leitfähigkeit deutlich zu. Bei einem Halbleiter ist das Valenzband voll besetzt. Die verbotene Zone ist schmal genug, um die Anregung von Elektronen aus dem Valenzband in das Leitungsband durch thermische Energie zu ermöglichen (◉ 27.3). Nach der Anregung verbleiben unbesetzte Orbitale im Valenzband, die es anderen Elektronen des Valenzbandes ermöglichen, sich zu bewegen. Die elektrische Leitung findet sowohl im Valenzband als auch im Leitungsband statt.

Die elektrische Leitfähigkeit von Metallen ist nicht von der thermischen Anregung der Elektronen abhängig. Während die Leitfähigkeit eines Halbleiters mit steigender Temperatur zunimmt, nimmt die eines Metalls ab. Vermutlich behindert die stärkere thermische Schwingung der Metall-Ionen im Kristall die Beweglichkeit der Elektronen.

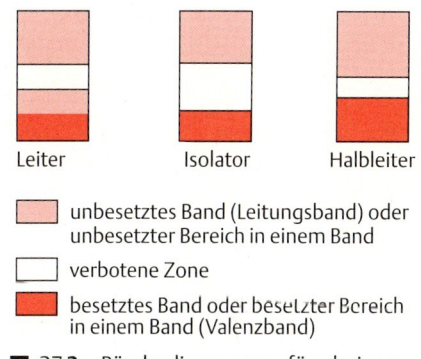

◉ 27.3 Bänderdiagramme für drei verschiedene Typen von Festkörpern

27.2 Halbleiter

Reines Silicium und Germanium sind Halbleiter. Beide kristallisieren im Strukturtyp des Diamants, in dem jedes Atom an vier andere gebunden ist (◉ 26.1, S. 450). Bei Raumtemperatur haben sowohl Silicium als auch Germanium nur eine geringe elektrische Leitfähigkeit, da alle Valenzelektronen an den Bindungen des Kristalls beteiligt sind. Die Gesamtheit dieser Bindungen stellt das vollbesetzte Valenzband dar. Bei höheren Temperaturen werden einzelne Elektronen aus den Bindungen herausgerissen und in ein Leitungsband angeregt, wodurch die Leitfähigkeit zunimmt.

Der gezielte Einbau von Spuren bestimmter Verunreinigungen in einen Silicium- oder Germanium-Kristall steigert dessen Leitfähigkeit. Wenn zum Beispiel ein Bor-Atom pro 10^6 Silicium-Atome in reines Silicium eingebaut wird, steigt die Leitfähigkeit um den Faktor 200000 von $4 \cdot 10^{-6}\,\text{S} \cdot \text{cm}^{-1}$ auf $0{,}8\,\text{S} \cdot \text{cm}^{-1}$ bei Raumtemperatur. Ein Silicium-Atom hat vier Valenzelektronen, ein Bor-Atom hat nur drei. Wenn ein Bor-Atom im Kristall den Platz eines Silicium-Atoms einnimmt, so fehlt ein Elektron; eines der Bindungsorbitale kann nur mit einem Elektron besetzt werden, ein „Elektronenloch" entsteht. Das Loch kann mit einem Elektron einer benachbarten Bindung besetzt werden, wobei aber in dieser Bindung ein Loch entsteht. Auf diese Weise können sich Elektronen durch den Kristall bewegen; die Löcher bewegen sich in der entgegengesetzten Richtung. Die Löcher sind nichts anderes als unbesetzte und somit für die elektrische Leitung zur Verfügung stehende Energieniveaus im Bereich des Valenzbandes.

Einen Halbleiter, bei dem Löcher die Elektronenbewegung ermöglichen, nennt man einen ***p*-Halbleiter**; das *p* steht für positiv. Die Bezeichnung ist etwas irreführend, da der Kristall nur aus neutralen Atomen aufgebaut ist und elektrisch völlig neutral ist. Ein Elektronenmangel herrscht nur bezüglich der vollständigen Besetzung aller Bindungsorbitale, es ist nie ein Überschuß an positiver Ladung vorhanden. Die gleiche Wirkung wie mit Bor-Atomen kann auch mit anderen Elementen der 3. Hauptgruppe (Al, Ga oder In) erreicht werden. Die beschriebene, gezielte Verunreinigung von Silicium oder Germanium nennt man **Dotierung**.

Durch Dotierung von Silicium oder Germanium mit Spuren von Elementen der 5. Hauptgruppe (P, As, Sb oder Bi) kommt man zu einem ***n*-Halbleiter**; das *n* steht für negativ. In diesem Falle hat jedes Dotierungsatom fünf Valenzelektronen – eines mehr als für die Bindungen im Kristall benötigt wird. Das überschüssige Elektron muß vom Leitungsband aufgenommen werden und ist im Kristall frei beweglich. Ein *n*-Halbleiter ist nur bezüglich der Erfordernisse der Bindungen negativ; die Substanz selbst ist neutral.

27.3 Physikalische Eigenschaften von Metallen

Die Dichten der Metalle sind sehr unterschiedlich. Von allen bei Raumtemperatur festen Elementen hat Lithium die geringste und Osmium die höchste Dichte. Die Mehrzahl der Metalle hat realtiv hohe Dichten im Vergleich zu den Nichtmetallen. Die Elemente der 1. und 2. Hauptgruppe sind Ausnahmen zu dieser allgemeinen Feststellung. Die dichteste Packung der Atome in den Kristallstrukturen der meisten Metalle erklärt ihre relativ hohe Dichte.

27.3 Physikalische Eigenschaften von Metallen

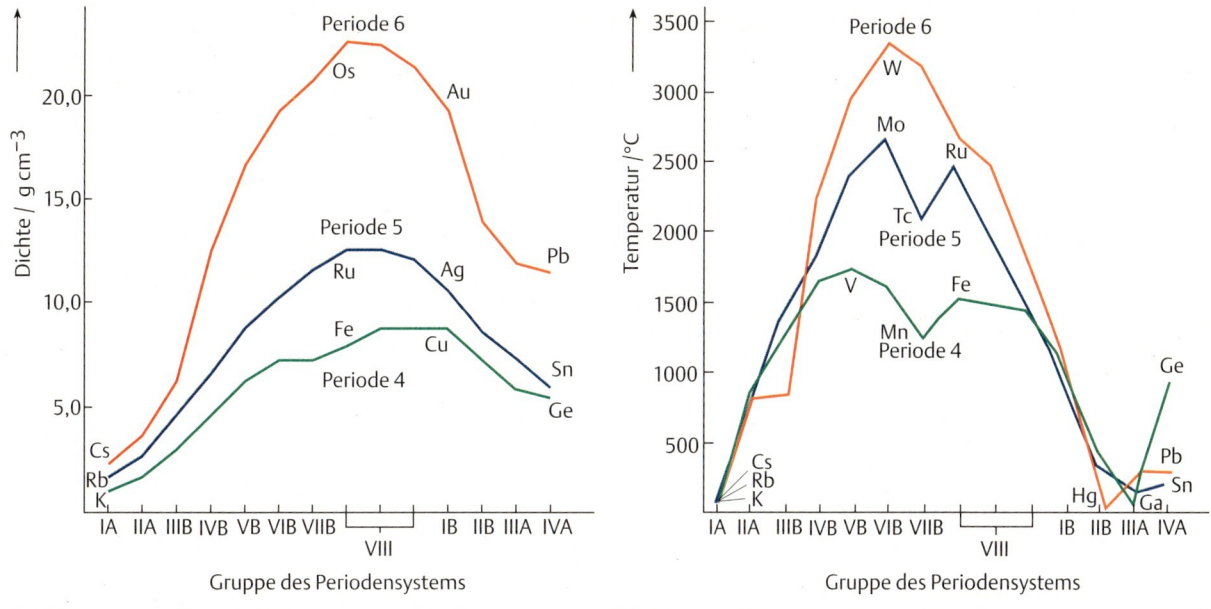

○ 27.4 Dichten der Metalle der 4., 5. und 6. Periode

○ 27.5 Die Schmelzpunkte der Metalle der 4., 5. und 6. Periode

In ○ 27.4 sind die Dichten der Metalle der 4., 5. und 6. Periode gegen die Gruppennummer aufgetragen. Jede Kurve erreicht ihr Maximum etwa bei der 8. Nebengruppe (Eisen, Ruthenium, Osmium). Dieser Kurvenverlauf spiegelt den Gang der Atomradien wider. Die Atomradien erreichen in jeder Periode ein Minimum bei dem Element mit der jeweils höchsten Dichte. Die Metalle der 1. Hauptgruppe haben die größten Atomradien und die geringsten Atommassen in ihrer Periode; diese Faktoren und ihre Kristallstrukturen verleihen ihnen vergleichsweise niedrige Dichten. Unter dem Atomradius in einem Metall verstehen wir den halben Abstand zwischen den Mittelpunkten benachbarter Atome im Kristall.

Die Schmelzpunkte der Metalle zeigen in Abhängigkeit der Gruppennummer einen ähnlichen Gang in jeder Periode (○ 27.5). Auch hier fällt das Maximum etwa in der Mitte der Kurven auf. Kurven für die Siedepunkte, Schmelzenthalpien, Verdampfungsenthalpien und Härten zeigen ebenfalls etwa den gleichen Verlauf. Die Stärke der metallischen Bindung muß demnach in jeder Periode etwa in der Mitte der Reihe der Nebengruppenelemente ein Maximum erreichen, d. h. wenn etwa 5 bis 6 Valenzelektronen pro Atom vorhanden sind.

Zur Erklärung des Maximums der Stärke der metallischen Bindung bei 5 bis 6 Valenzelektronen pro Atom betrachten wir die zugehörigen Bänder. ○ 27.6 zeigt in schematisierter Form die Bänder, die sich aus den Orbitalen der Valenzschale der Atome der 4. Periode ergeben. Wegen einer starken Wechselwirkung zwischen den 4s-Orbitalen ist das 4s-Band besonders breit. Maximal können zwei Elektronen pro Atom im s-Band und 10 Elektronen pro Atom im d-Band untergebracht werden. In der Reihe der Elemente

K—Ca—Sc—Ti—V—Cr

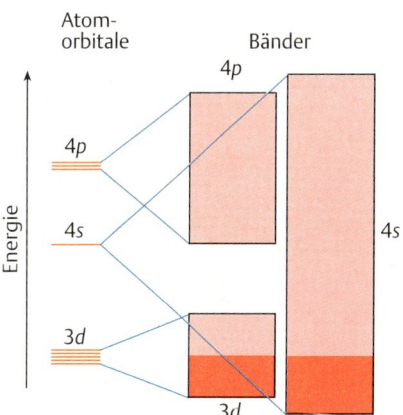

○ 27.6 Bänder bei Elementen der 4. Periode. Dunkle Farbe markiert den besetzten Bereich bei 6 Valenzelektronen pro Atom (im 3d-Band sind die einzelnen Energieniveaus erheblich dichter gedrängt als im 4s-Band, es kann 5mal so viele Elektronen aufnehmen).

kommt von Element zu Element ein Valenzelektron pro Atom hinzu, das ein bindendes Orbital in der unteren Hälfte des 4s- oder 3d-Bands besetzt. Die Bindungsstärke nimmt zu. Ab dem 7. Valenzelektron müssen antibindende Orbitale in der oberen Hälfte des 3d-Bands besetzt werden, womit die Bindungen wieder geschwächt werden.

Die charakteristischsten Eigenschaften der Metalle sind ihre Verformbarkeit, ihr Glanz, die Wärmeleitfähigkeit und die elektrische Leitfähigkeit. Typische Werte für die Leitfähigkeit sind:

Metalle: 10^6 bis 10^8 S/m
Halbleiter: 10^{-3} bis 10^3 S/m
Isolatoren: 10^{-10} bis 10^{-8} S/m

In 🖻 27.1 sind elektrische Leitfähigkeiten für einige Metalle aufgeführt. Besonders gute Leiter sind die Metalle der 1. Nebengruppe (Kupfer, Silber, Gold). Periodische Tendenzen sind kaum erkennbar. Im allgemeinen entspricht der Gang der Wärmeleitfähigkeiten dem der elektrischen Leitfähigkeiten.

> Der Kehrwert $1/R$ des elektrischen Widerstandes R ist das elektrische Leitvermögen; es wird in Siemens (S) gemessen; $1\,S = 1\,\Omega^{-1}$. Das Leitvermögen eines Drahtes ist proportional zu seinem Querschnitt a und umgekehrt proportional zu seiner Länge l:
>
> $1/R = k \cdot a/l$
>
> Die Größe k ist eine stoffspezifische Konstante, die *Leitfähigkeit*. Wenn a in m^2 und l in m gemessen wird, ist die Einheit für k S/m.

🖻 **27.1** Elektrische Leitfähigkeiten der Metalle bei 0 °C in MS/m

Li 11,8	Be 18											
Na 23	Mg 25									Al 40		
K 15,9	Ca 23	Sc 1,9	Ti 1,2	V 0,6	Cr 6,5	Mn 20	Fe 11,2	Co 16	Ni 16	Cu 65	Ga 2,2	
Rb 8,6	Sr 3,3	Y 1,7	Zr 2,4	Nb 4,4	Mo 23	Tc 5,6	Ru 8,5	Rh 22	Pd 10	Ag 66	In 12	Sn 10	Sb 2,8
Cs 5,6	Ba 1,7	La 1,7	Hf 3,4	Ta 7,2	W 20	Re 5,3	Os 11	Ir 20	Pt 10	Au 49	Tl 7,1	Pb 5,2	Bi 1

Metalle lassen sich gut verformen. Die Bindungsverhältnisse in einem Metall lassen diese Eigenschaft verstehen. Wenn unter einer Krafteinwirkung die Metall-Ionen in einem Metall aneinandergleiten, bleiben sie ständig im Elektronengas eingebettet, die Bindungskräfte bleiben erhalten. Metalle stehen damit im Gegensatz zu Ionenkristallen und zu kovalent gebundenen Gerüststrukturen (Abschn. 11.**11**, S. 179; s. 11.**15**, S. 180).

27.4 Vorkommen von Metallen

Ein Erz ist ein natürlich vorkommendes Material, aus dem ein Metall mit vertretbarem Aufwand gewonnen werden kann. Die wichtigsten Typen von Erzen und zugehörige Beispiele sind in 🖻 27.**2** zusammengestellt. Einige Edelmetalle kommen in der Natur gediegen, d.h. elementar vor; für einige von ihnen sind diese Vorkommen die bedeutendsten Quellen (Ag, Au, Pd, Pt, Rh, Ir, Ru, Os). Die größte Masse der verarbeiteten Erze sind

27.2 Vorkommen von Metallen

Gediegen	**Ru, Os, Rh, Ir, Pd, Pt**, Cu, **Ag, Au**, As, Sb, Bi
Oxide	**AlOOH**, Al$_2$O$_3$, TiO$_2$, **FeTiO$_3$, FeCr$_2$O$_4$, FeWO$_4$, Fe(Nb, Ta)O$_3$**, MnO$_2$, **Fe$_2$O$_3$, Fe$_3$O$_4$**, Cu$_2$O, ZnO, **SnO$_2$**, U$_3$O$_8$
Carbonate	**MgCO$_3$**, MgCa(CO$_3$)$_2$, **CaCO$_3$, SrCO$_3$**, BaCO$_3$, FeCO$_3$, Cu$_2$CO$_3$(OH)$_2$, Cu$_3$(CO$_3$)$_2$(OH)$_2$, **ZnCO$_3$, (La, Ce, Pr...)CO$_3$F**
Sulfide	Cu$_2$S, CuS, **CuFeS$_2$**, Ag$_2$S, **ZnS**, CdS, **HgS, VS$_2$, MoS$_2$**, FeS$_2$, NiS, **PbS, Sb$_2$S$_3$, Bi$_2$S$_3$**
Halogenide	**NaCl, KCl**, KMgCl$_3$ · 6H$_2$O, AgCl; NaCl und MgCl$_2$ im Meerwasser
Sulfate	CaSO$_4$ · 2H$_2$O, SrSO$_4$, **BaSO$_4$**, PbSO$_4$
Phosphate	**YPO$_4$**, (La, Ce, Pr...)PO$_4$
Silicate	**Be$_3$Al$_2$Si$_6$O$_{18}$, Sc$_2$Si$_2$O$_7$, ZrSiO$_4$, LiAlSi$_2$O$_6$**

Fett gedruckt: Mineralien, die zur Gewinnung der betreffenden Metalle von Bedeutung sind

Oxide, gefolgt von Sulfiden, die in der Regel durch Rösten zunächst ebenfalls in Oxide überführt werden. Auch aus Carbonaten gewinnt man durch thermische Zersetzung zunächst Oxide.

Silicate sind besonders häufige Mineralien. Die Gewinnung eines Metalls aus einem Silicat ist jedoch sehr aufwendig und kostspielig. Nur seltene Elemente, für die es keine anderen Erze in ausreichender Menge gibt, werden aus Silicaten gewonnen. Phosphate sind im allgemeinen selten.

Etliche Metalle kommen als Begleiter von anderen Metallen in Erzen vor und fallen bei der Aufarbeitung als Nebenprodukte an. Cadmium wird zum Beispiel als Nebenprodukt bei der Zinkgewinnung erhalten.

Erze enthalten in der Regel unterschiedliche Mengen von „Gangart", d.h. von unerwünschten Mineralien und Gesteinen wie Quarz, Ton oder Granit. Die Konzentration des erwünschten Metalls muß groß genug sein, um seine Gewinnung chemisch, verfahrenstechnisch und mit vertretbaren Kosten zu ermöglichen. Erze mit niedriger Konzentration werden nur verarbeitet, wenn dies durch ein einfaches und preisgünstiges Verfahren möglich ist oder wenn das Metall selten und wertvoll ist. Die erforderliche Mindestkonzentration schwankt stark von Metall zu Metall. Ein Aluminium- oder Eisen-Erz muß mindestens 30% des Metalls enthalten; bei einem Kupfer-Erz können es weniger als 1% sein.

27.5 Metallurgie: Aufbereitung von Erzen

Metallurgie oder Hüttenkunde ist die Lehre der Gewinnung von Metallen aus ihren Erzen. Zu den metallurgischen Prozessen gehören:
1. Die **Aufbereitung von Erzen**, bei der die gewünschte Komponente des Erzes angereichert wird, bestimmte Begleitstoffe abgesondert werden und/oder das Mineral in eine geeignete Form zur weiteren Verarbeitung gebracht wird.

2. Die **Reduktion**, bei der das Metall zum Element reduziert wird.
3. Die **Raffination**, bei der das Metall gereinigt wird und gegebenenfalls mit Zusätzen versehen wird, um ihm bestimmte Eigenschaften zu verleihen.

Die Verfahren zur Durchführung der einzelnen Prozeßschritte variieren von Metall zu Metall.

Als erster Schritt nach dem Abbau des Erzes muß in vielen Fällen der Großteil der Gangart entfernt werden. Solche Anreicherungsprozesse werden meist mit zerkleinertem und eventuell gemahlenem Erz durchgeführt; sie können physikalischer oder chemischer Art sein.

Physikalische Trennverfahren nutzen die unterschiedlichen physikalischen Eigenschaften von Gangart und Mineralien aus. Das Goldwaschen ist ein Beispiel, bei dem die leichteren Gesteinspartikel von den schwereren Goldpartikeln getrennt werden. Das zerkleinerte Erz wird in einem Wasserstrom auf einer geneigten Ebene geschüttelt; das Gold setzt sich ab, während das Gestein vom Wasserstrom mitgerissen wird. Zu diesem Verfahren gibt es einige Varianten.

Flotation ist ein Anreicherungsverfahren, das bei vielen Erzen angewandt wird, insbesondere bei Kupfer-, Zink- und Bleierzen. Das fein zerriebene Erz wird mit einem „Sammler" und Wasser in großen Behältern gemischt. Der Sammler ist ein Tensid (vgl. S. 590), d. h. eine Verbindung mit einem langen hydrophoben Rest (Kohlenwasserstoffkette), der an eine polare Gruppe gebunden ist, welche sich an das Mineral adsorbiert. Das Mineral wird von dem Sammler benetzt, das dadurch eine wasserabstoßende Hülle bekommt. Nur die Gangart wird vom Wasser benetzt. Unter kräftigem Rühren wird Luft von unten in das Gefäß eingeblasen, wobei ein Schaum entsteht, der die Mineralpartikeln an die Oberfläche trägt, wo sie abgeschöpft werden.

Das Mineral Magnetit (Fe_3O_4) wird aufgrund seiner **magnetischen Eigenschaften** von der Gangart abgetrennt. Aus dem zerkleinerten Erz wird der Magnetit mit Elektromagneten herausgezogen.

Gediegen vorkommende Metalle wie Kupfer und Bismut können durch **Seigern** von der Gangart befreit werden. Das Erz wird über den Schmelzpunkt des Metalls erhitzt, das dann abfließt.

Gold und Silber lösen sich in Quecksilber zu Legierungen, die **Amalgame** genannt werden. Das Erz wird mit Quecksilber behandelt, das flüssige Amalgam wird gesammelt; nach Abdestillieren des Quecksilbers bleibt das Gold bzw. Silber zurück.

Elektrostatische Trennverfahren spielen bei der Aufbereitung von Kalisalzen eine Rolle. Im zerkleinerten Salzgemisch laden sich die verschiedenen Mineralien unter einer elektrischen Koronarentladung unterschiedlich stark elektrostatisch auf und werden in einem elektrischen Feld getrennt (s. Abschn. 1.**3** und ◙ 1.**3**, S. 9).

Chemische Trennverfahren beruhen auf den unterschiedlichen chemischen Eigenschaften der Bestandteile eines Erzes. Ein wichtiges Beispiel ist das **Bayer-Verfahren**, um reines Aluminiumoxid aus Bauxit-Erz zu erhalten. Bauxit enthält neben Aluminiumhydroxid, $Al(OH)_3$ (Mineral Hydrargillit) und Aluminiumoxidhydroxid, $AlO(OH)$ (Minerale Böhmit und Diaspor) bis zu 30 % Fe_2O_3 und SiO_2. Da Aluminiumhydroxid amphoter ist, kann es unter Druck mit einer heißen Lösung von Natriumhydroxid in Lösung gebracht werden. Beim Abkühlen und Verdünnung der Lösung ver-

$$Al(OH)_3(s) + OH^-(aq) \underset{60\,°C}{\overset{170\,°C}{\rightleftharpoons}} Al(OH)_4^-(aq)$$

$$2\,Al(OH)_3(s) \xrightarrow{1200\,°C} Al_2O_3(s) + 3\,H_2O(g)$$

schiebt sich das Gleichgewicht auf die Seite des Hydroxids, das ausfällt. Reines Aluminiumoxid wird durch Glühen des Hydroxids erhalten.

Zur Gewinnung von Magnesium aus Meerwasser (0,13 % Mg^{2+}) wird Magnesiumhydroxid durch Zugabe von Calciumhydroxid ausgefällt. Das Calciumhydroxid wird aus Calciumoxid hergestellt, welches durch Erhitzen („Brennen") von Kalk (am Meer in Form von Austernschalen) erhalten wird. Das Magnesiumhydroxid wird mit Salzsäure zu einer Magnesiumchlorid-Lösung umgesetzt; diese wird eingedampft, um das Magnesiumchlorid auszukristallisieren, das zur Elektrolyse benötigt wird.

$$CaCO_3(s) \xrightarrow{\Delta} CaO(s) + CO_2(g)$$
$$CaO(s) + H_2O \rightarrow Ca^{2+}(aq) + 2\,OH^-(aq)$$
$$Mg^{2+}(aq) + Ca^{2+}(aq) + 2\,OH^-(aq) \rightarrow$$
$$Mg(OH)_2(s) + Ca^{2+}(aq)$$

Die interessierende Komponente mancher Erze kann durch **Laugung** herausgetrennt werden. Kupfercarbonat- und Kupferoxid-Erze mit niedrigem Kupfer-Gehalt können mit Schwefelsäure ausgelaugt werden. Die erhaltenen Kupfer(II)-sulfat-Lösungen können unmittelbar elektrolysiert werden.

Laugung:

$$CuCO_3(s) + 2\,H^+(aq) \rightarrow$$
$$Cu^{2+}(aq) + CO_2(g) + H_2O$$

Mit Silber- und Golderzen wird die „*Cyanidlaugerei*" durchgeführt, bei der mit einer Natriumcyanid-Lösung in Anwesenheit von Luft die Metalle als Dicyano-Komplexe in Lösung gebracht werden.

$$4\,Ag(s) + 8\,CN^-(aq) + O_2(g) + 2\,H_2O \rightarrow$$
$$4[Ag(CN)_2]^-(aq) + 4\,OH^-(aq)$$
$$Ag_2S(s) + 4\,CN^-(aq) \rightarrow$$
$$2[Ag(CN)_2]^-(aq) + S^{2-}(aq)$$
$$AgCl(s) + 2\,CN^-(aq) \rightarrow$$
$$[Ag(CN)_2]^-(aq) + Cl^-(aq)$$

Nach ihrer Anreicherung werden die meisten Sulfid- und Carbonat-Erze an Luft geröstet und dadurch in die Oxide umgewandelt. Die Metalle lassen sich in der Regel leichter aus Oxiden als aus Sulfiden oder Carbonaten gewinnen. In manchen Fällen kann das Metall jedoch durch direktes Erhitzen des Sulfids erhalten werden, zum Beispiel Arsen aus Arsenopyrit (FeAsS; Abschn. 25.4, S. 428) oder Quecksilber aus Quecksilber(II)-sulfid (s. nächster Abschnitt).

$$2\,ZnS(s) + 3\,O_2(g) \rightarrow 2\,ZnO(s) + 2\,SO_2(g)$$
$$PbCO_3(s) \rightarrow PbO(s) + CO_2(g)$$

27.6 Metallurgie: Reduktion

Der größte Teil der Metalle wird durch Reduktionsprozesse bei hoher Temperatur gewonnen, bei denen das Metall in flüssiger Form anfällt. In der Regel werden dem angereicherten Erz Zuschläge zugesetzt, welche mit der nach der Anreicherung verbliebenen Gangart die **Schlacke** bilden. Wenn die Gangart aus SiO_2 besteht, verwendet man zum Beispiel Kalkstein ($CaCO_3$) als Zuschlag; beide reagieren miteinander zu Calciumsilicat-Schlacke. Die Schlacke ist unter den Reaktionsbedingungen flüssig und schwimmt im allgemeinen auf dem geschmolzenen Metall.

$$CaCO_3(s) \rightarrow CaO(s) + CO_2(g)$$
$$CaO(s) + SiO_2(s) \rightarrow CaSiO_3(l)$$
$$\text{Schlacke}$$

Als Reduktionsmittel wird der preiswerteste verfügbare Stoff verwendet, mit dem ein Metall von ausreichender Reinheit gewinnbar ist. Für manche Erze von edleren Metallen, zum Beispiel Quecksilber-, Kupfer- oder Bleisulfid, ist kein Zusatz eines Reduktionsmittels erforderlich. Quecksilber entsteht unmittelbar beim Rösten von Zinnober (HgS). Der Quecksilberdampf wird kondensiert und erfordert keine weitere Reinigung.

$$HgS(s) + O_2(g) \rightarrow Hg(g) + SO_2(g)$$

Kupfer wird hauptsächlich aus Kupferkies ($CuFeS_2$, Chalkopyrit), gewonnen. Aus dem Erz durch Flotation angereichertes „Kupferkonzentrat" wird zunächst vorgeröstet, wobei bevorzugt der Eisen-Anteil zum Oxid umgesetzt wird. Das „Verblasen" mit Zuschlägen (Sand, Kalk) im Flammenofen dient dazu, das Eisen in eine Eisensilicat-Schlacke zu verwandeln, die abfließt. Der verbleibende „Kupferstein" besteht im wesentlichen aus Kupfer(I)-sulfid (Cu_2S). Das Kupfer wird mit etwa 99% Reinheit durch „Röstreaktion" erhalten, indem Luft durch den geschmolzenen Kupferstein geblasen wird.

Röstreaktion

$$2\,Cu_2S(l) + 3\,O_2(g) \rightarrow 2\,Cu_2O(l) + 2\,SO_2(g)$$
$$2\,Cu_2O(l) + Cu_2S(l) \rightarrow 6\,Cu(l) + SO_2(g)$$
$$\overline{Cu_2S(l) + O_2(g) \rightarrow 2\,Cu(l) + SO_2(g)}$$

◉ **27.7** Reaktor zur Bleigewinnung durch Röstreaktion. Werkfoto *Lurgi GmbH* einer Anlage der *Berzelius Metallhütten GmbH*

$$2\,PbS(s) + 3\,O_2 \rightarrow 2\,PbO(s) + 2\,SO_2(g)$$
$$PbS(s) + 2\,PbO(s) \rightarrow 3\,Pb(l) + SO_2(g)$$

Ähnlich erfolgt die Gewinnung von Blei. Ein Teil des Bleisulfids (PbS, Bleiglanz) wird mit Luft zu Blei(II)-oxid geröstet. Mit diesem und mit zusätzlichem Bleisulfid wird die Röstreaktion durchgeführt (◉ 27.7).

Zum Teil wird Blei auch durch Reduktion von Blei(II)-oxid mit Koks gewonnen; zu diesem Zweck wird zuvor das ganze Bleisulfid zu Blei(II)-oxid geröstet.

Kohlenstoff ist ein besonders wichtiges Reduktionsmittel zur Metallgewinnung aus den Oxiden. Außer Blei werden Eisen, Cobalt, Nickel, Zink, Cadmium, Zinn, Antimon und Bismut so gewonnen. Die Oxide kommen entweder in den Erzen vor oder werden durch Rösten erhalten.

Bei den Reduktionsprozessen mit Kohlenstoff bei hohen Temperaturen laufen eine Reihe von Reaktionen ab. Vielfach wird das Metall nicht direkt vom Kohlenstoff, sondern durch Kohlenmonoxid reduziert. Sowohl das Mineral wie auch Koks sind nicht ohne weiteres schmelzbar, der Kontakt zwischen beiden ist gering, und die Reaktion läuft langsam ab. Ein Gas kann sich dagegen gut mit dem Feststoff durchmischen. Das Kohlenmonoxid entsteht aus Koks durch Einblasen von Luft; es wird bei der Reduktion des Metalls zu Kohlendioxid oxidiert, das seinerseits wieder vom Koks zu Kohlenmonoxid reduziert wird (vgl. Boudouard-Gleichgewicht, Abschn. 26.5, S. 455).

$$2\,C(s) + O_2(g) \rightarrow 2\,CO(g)$$
$$MO(s) + CO(g) \rightarrow M(l) + CO_2(g)$$
$$CO_2(g) + C(s) \rightarrow 2\,CO(g)$$
(M = Metall)

Die Gewinnung von Eisen, dem wichtigsten Gebrauchsmetall, erfolgt im Hochofen, der kontinuierlich in Betrieb ist (◉ 27.8). Das Erz, im Falle des Eisens meist keine besondere Aufbereitung erfordert, wird mit Koks und Kalkstein von oben eingefüllt. Von unten wird Heißluft

("Wind") eingeblasen, die den Koks zu Kohlenmonoxid verbrennt; die freiwerdende Wärme sorgt für eine Temperatur von etwa 1500 °C in diesem Bereich des Hochofens.

Das aufsteigende Kohlenmonoxid reduziert das Eisenoxid (meist Fe_2O_3) stufenweise. In höheren Teilen des Hochofens, wo die Temperatur geringer ist, wird Fe_3O_4 gebildet. Das abwärts rutschende Fe_3O_4 wird in einer tiefer liegenden, heißeren Zone zu FeO weiter reduziert. In einer noch heißeren Zone erfolgt schließlich die Reduktion zu Eisen. In den mittleren Zonen zerfällt das Kohlenmonoxid teilweise zu Kohlenstoff und Kohlendioxid und fein verteilter Kohlenstoff scheidet sich ab (Boudouard-Gleichgewicht); dieser bewirkt zu einem kleineren Teil eine direkte Reduktion des Eisenoxids und wird zum Teil im flüssigen Eisen gelöst.

$$3\,Fe_2O_3(s) + CO(g) \rightarrow 2\,Fe_3O_4(s) + CO_2(g)$$
$$Fe_3O_4(s) + CO(g) \rightarrow 3\,FeO(s) + CO_2(g)$$
$$FeO(s) + CO(g) \rightarrow Fe(l) + CO_2(g)$$

Das flüssige Eisen sammelt sich am Boden des Hochofens. Die Schlacke, die sich aus dem Kalk und der Gangart gebildet hat, schwimmt flüssig auf dem Eisen und schützt dieses vor Oxidation durch den Wind. Schlacke und Eisen werden von Zeit zu Zeit „abgestochen". Das oben entweichende „Gichtgas" enthält Kohlenmonoxid und wird als Brennstoff zum Vorheizen des Windes verwendet.

Das Roheisen aus dem Hochofen enthält bis zu 4% Kohlenstoff, 2% Silicium, etwas Phosphor und Spuren Schwefel. Bei der Stahlherstellung (s. S. 484) werden diese Bestandteile entfernt oder ihre Konzentrationen auf gewünschte Werte eingestellt; außerdem werden andere Metalle zugesetzt. Ein bestimmter Kohlenstoff-Gehalt im Stahl ist erwünscht.

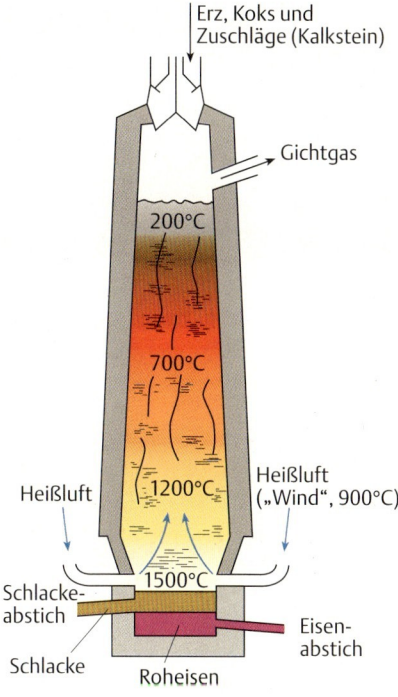

27.8 Schematisches Diagramm eines Hochofens

27.9 Anlage zur Direkt-Reduktion von Eisenerz in Saudi-Arabien. Werkfoto *Lurgi GmbH*

Ein neueres Verfahren zur Gewinnung von Eisen ist das **Direkt-Reduktions-Verfahren**. Aus Erdgas wird durch „Reforming" ein Gemisch von Kohlenmonoxid und Wasserstoff erzeugt (vgl. S. 379), mit dem das Eisenoxid direkt zu einem festen Eisen-Schwamm reduziert wird (⚙ 27.**9**).

Bei der Reduktion von Oxiden der Metalle der 4. bis 7. Nebengruppe mit Kohlenstoff entstehen Carbide, die chemisch sehr resistent sind. Wenn diese Metalle als Legierungsbestandteile bei der Stahlherstellung verwendet werden, stört der Kohlenstoff-Anteil nicht. Zu Legierungszwecken werden „Ferrolegierungen" eingesetzt, die neben Kohlenstoff Eisen enthalten. Ferrochrom wird zum Beispiel direkt aus Chromeisenstein (Chromit, $FeCr_2O_4$) durch Reduktion mit Koks hergestellt; es besteht zu etwa 70% aus Cr, 4 bis 10% C und 20% Fe.

Zur Gewinnung der reinen Metalle Ti, Zr, Hf, V, Nb, Ta, Cr, Mo, W, Mn und Re ist die Reduktion mit Kohlenstoff ungeeignet. Als Reduktionsmittel kommen unedle Metalle (Na, Mg, Ca, Al) zum Einsatz. Da diese Metalle selbst erst produziert werden müssen, sind die entsprechenden Verfahren kostspieliger als die Reduktion mit Kohlenstoff.

Die Reduktion eines Oxids mit Aluminium wird **Goldschmidt-, Thermit-** oder **aluminothermisches** Verfahren genannt. Aluminium ist ein sehr wirkungsvolles Reduktionsmittel für Oxide, da Aluminiumoxid eine sehr hohe Bildungsenthalpie hat. Die Reaktionen sind stark exotherm und führen zu den flüssigen Metallen. Vor allem Chrom und Mangan werden so produziert. Bei bestimmten Schweißverfahren wird flüssiges Eisen aus der Reaktion von Eisen(III)-oxid und Aluminium verwendet. Weitere Oxide, die mit unedlen Metallen reduziert werden, sind:

$$Cr_2O_3(s) + 2\,Al(s) \rightarrow 2\,Cr(l) + Al_2O_3(l)$$
$$3\,Mn_3O_4(s) + 8\,Al(s) \rightarrow 9\,Mn(l) + 4\,Al_2O_3(l)$$

BaO	mit Al	V_2O_5	mit Ca oder Al
Ta_2O_5	mit Na	MoO_3	mit Al
WO_3	mit Al	ThO_2	mit Ca

Für manche Metalle ist die Reduktion der Halogenide mit Natrium, Magnesium oder Calcium geeigneter. Zur Gewinnung von Titan nach dem **Kroll-Prozeß** wird Titantetrachlorid aus Titandioxid, Kohle und Chlor hergestellt (vgl. Abschn. 22.**5**, S. 393). Titantetrachlorid ist flüssig und kann durch Destillation gereinigt werden. Reines Titantetrachlorid wird in flüssiges Natrium oder Magnesium bei etwa 700°C unter einer Argon-Atmosphäre eingeleitet (das Argon verhindert die Oxidation des Produkts).

$$TiCl_4(g) + 2\,Mg(l) \rightarrow Ti(s) + 2\,MgCl_2(l)$$

Weitere Halogenide, die mit unedlen Metallen reduziert werden, sind:

$LaCl_3 \quad ZrCl_4 \quad K_2TaF_7 \quad UF_4$

Mit unedlen Metallen können edlere Metalle auch aus wäßriger Lösung abgeschieden werden. Die bei der Cyanidlaugerei erhaltenen Lösungen werden zur Reduktion des Silbers bzw. Goldes mit Zink behandelt. Nach dem gleichen Prinzip kann Silber auch aus den Fixierlösungen der photographischen Entwicklung zurückgewonnen werden; erschöpfte Fixierlösungen enthalten den Thiosulfat-Komplex $[Ag(S_2O_3)_2]^{3-}$.

$$2\,[Ag(CN)_2]^-(aq) + Zn(s) \rightarrow 2\,Ag(s) + [Zn(CN)_4]^{2-}(aq)$$

Ein weiteres Reduktionsmittel zur Gewinnung von Metallen, die nicht durch Reduktion mit Kohlenstoff zugänglich sind, ist **Wasserstoff**. Germanium, Molybdän, Wolfram und Rhenium werden so aus den Oxiden bei hohen Temperaturen hergestellt. Die Metalle fallen dabei pulverförmig

$$GeO_2(s) + 2\,H_2(g) \rightarrow Ge(s) + 2\,H_2O(g)$$
$$MoO_3(s) + 3\,H_2(g) \rightarrow Mo(s) + 3\,H_2O(g)$$
$$WO_3(s) + 3\,H_2(g) \rightarrow W(s) + 3\,H_2O(g)$$

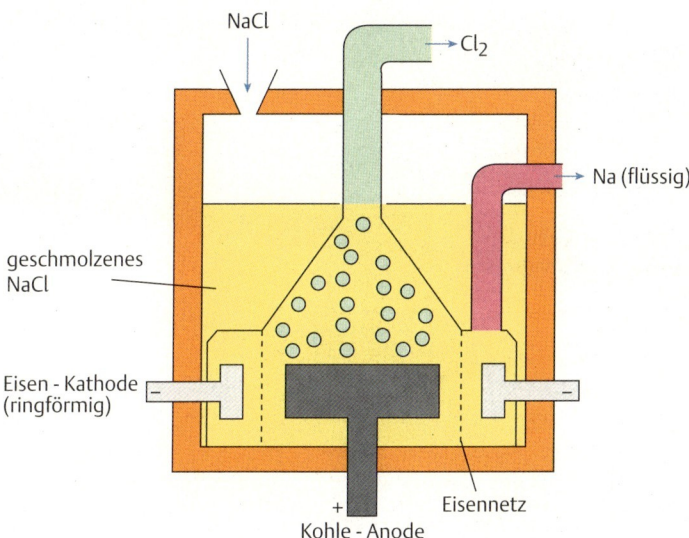

◉ **27.10** Schematisches Diagramm einer Downs-Zelle für die Schmelzflußelektrolyse von Natriumchlorid
Anode: $2\,Cl^- \rightarrow Cl_2(g) + 2\,e^-$
Kathode: $e^- + Na^+ \rightarrow Na(l)$

an. Germanium wird eingeschmolzen, Molybdän und Wolfram haben jedoch sehr hohe Schmelzpunkte; sie werden gepreßt und gesintert (Zusammenbacken des Pulvers bei hoher Temperatur). Wasserstoff ist nicht als Reduktionsmittel für Metalle geeignet, die unerwünschte Hydride bilden.

Unedle Metalle werden durch **Elektrolyse** geschmolzener Salze gewonnen. Natrium, Magnesium und andere Alkali- und Erdalkalimetalle scheiden sich bei der Elektrolyse von Schmelzen der Chloride ab. Die Elektrolyse von Natriumchlorid erfolgt in einer *Downs-Zelle* (◉ **27.10**), deren Auslegung die Vermischung der Reaktionsprodukte Natrium und Chlor ver-

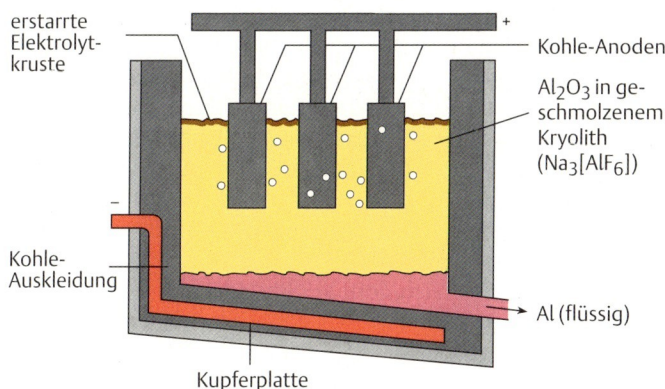

◉ **27.11** Schematisches Diagramm einer Elektrolysezelle für die Aluminium-Gewinnung
Anode: $C(s) + 2\,O^{2-} \rightarrow CO_2(g) + 4\,e^-$
Kathode: $3\,e^- + Al^{3+} \rightarrow Al(l)$

◉ 27.**12**   Aluminium-Gewinnung durch Schmelzflußelektrolyse. Das flüssige Aluminium wird mit Unterdruck aus den Elektrolysezellen abgesaugt. *ALCAN Ltd.*, Werk in Grande Baie, Kanada.

hindert; flüssiges Natrium hat eine geringere Dichte als die Natriumchlorid-Schmelze und steigt durch ein Überlaufrohr auf.

Die Schmelzflußelektrolyse zur Produktion von Aluminium wird mit gereinigtem Aluminiumoxid durchgeführt, das in geschmolzenem Kryolith ($Na_3[AlF_6]$) bei 950 °C gelöst wird (**Hall-Héroult-Prozeß**, ◉ 27.**11**). Als Kathode dient die Gefäßwand, die mit Kohle ausgekleidet ist. An der Anode scheidet sich naszierender Sauerstoff ab, der mit den Kohleelektroden reagiert. Die abbrennenden Anoden müssen nachgeführt und von Zeit zu Zeit erneuert werden. Die Verbrennungswärme der Anoden trägt zur Heizung der Schmelze bei. Das flüssige Aluminium scheidet sich am Boden der Zelle ab, wo es vor Oxidation durch Luft geschützt ist und von Zeit zu Zeit abgesaugt wird (◉ 27.**12**).

Manche Metalle lassen sich auch aus wäßriger Lösung elektrolytisch abscheiden. Sehr reines Zink wird durch Elektrolyse von Zinksulfat-Lösungen hergestellt (◉ 27.**13**). Trotz des höheren Normalpotentials wird bei Verwendung reiner Lösungen kein Wasserstoff abgeschieden, weil dessen Abscheidung an Zink eine hohe Überspannung erfordert. Das Zinksulfat wird aus Zinkoxid und Schwefelsäure, das Zinkoxid durch Rösten des Sulfids erhalten. Die Schwefelsäure wird aus dem Schwefeldioxid gewonnen, das beim Röstprozeß frei wird.

Aus wäßrigen Lösungen werden auch Chrom, Cobalt, Kupfer, Cadmium, Gallium, Indium und Thallium elektrolytisch hergestellt. Elektrolytisch abgeschiedene Metalle erfordern in der Regel keine weitere Reinigung.

⊙ **27.13** Elektrolysezellen zur Produktion von Zink. Kathoden werden mit einem Kran aus dem Bad gezogen. Werkfoto *Lurgi GmbH* einer Anlage der *Ruhrzink GmbH*
Anode: $2 H_2O \rightarrow O_2(g) + 4H^+(aq) + 4e^-$
Kathode: $2e^- + Zn^{2+}(aq) \rightarrow Zn(s)$

27.7 Metallurgie: Raffination

Nach ihrer Reduktion enthalten die meisten Metalle noch störende Verunreinigungen; deren Entfernung nennt man Raffination. Raffinationsverfahren sind von Metall zu Metall sehr verschieden und für ein bestimmtes Metall hängt das Verfahren von der beabsichtigten Anwendung des Produkts ab. Außer der Entfernung von Begleitstoffen, die sich nachteilig auf die Eigenschaften des Metalls auswirken, kann der Raffinationsprozeß den Zusatz bestimmter Stoffe beinhalten, um bestimmte Eigenschaften zu erzielen. Manche Raffinationsverfahren sind so ausgelegt, daß wertvolle Begleitstoffe wie Gold, Silber oder Platin mitgewonnen werden.

Rohzinn, -blei und -bismut werden durch **Seigern** gereinigt. Dazu werden Barren des unreinen Materials auf das obere Ende einer schiefen Ebene gebracht, die auf einer Temperatur knapp über dem Schmelzpunkt des Metalls gehalten wird. Das Metall schmilzt und fließt unter Zurücklassung der Verunreinigungen ab. Metalle mit relativ niedrigen Siedepunkten wie Zink und Quecksilber werden durch Destillation gereinigt.

Das **Parkes-Verfahren** zum Reinigen von Blei („Parkesieren") ist gleichzeitig ein Verfahren zur Silber-Gewinnung, das im Rohblei zu etwa 1% enthalten ist. Dem geschmolzenen Blei werden 1–2% Zink zugesetzt. Silber ist in flüssigem Zink besser löslich als in Blei; Zink und Blei sind nicht mischbar. Das Silber reichert sich deshalb im Zink an, das auf dem Blei schwimmt. Beim Abkühlen erstarrt zuerst das Zink und wird abgetrennt. Das Silber wird isoliert, indem die Silber-Zink-Legierung wieder geschmolzen und das Zink abdestilliert wird; es wird dann erneut eingesetzt.

Beim **van-Arkel-de-Boer-Verfahren** wird die unterschiedliche Lage eines chemischen Gleichgewichts in Abhängigkeit von der Temperatur ausgenutzt. Das Verfahren dient zur Reinigung von Titan, Zirconium und Hafnium. Unreines Zirconium wird mit einer kleinen Menge Iod in einem geschlossenen, evakuierten Gefäß auf 200 °C gehalten, wobei sich gasförmiges Zirconiumtetraiodid bildet. An einem Glühdraht, der auf 1300 °C geheizt wird, zersetzt sich das Zirconiumtetraiodid wieder und reines Zirconium scheidet sich auf dem Draht ab. Das freigesetzte Iod kehrt in den Prozeß zurück. Das Verfahren ist kostspielig und dient nur zur Herstellung von begrenzten Mengen sehr reiner Metalle für spezielle Anwendungen.

$$Zr(s) + 2I_2(g) \underset{1300°C}{\overset{200°C}{\rightleftharpoons}} ZrI_4(g)$$

Das van-Arkel-de-Boer-Verfahren ist ein Beispiel für eine **chemische Transportreaktion**. Das Metall wird durch das Iod von einem Teil des Gefäßes zu einem anderen transportiert. Transportreaktionen sind immer dann durchführbar, wenn sich die Lage eines chemischen Gleichgewichts bei zwei verschiedenen Temperaturen unterscheidet und wenn das Transportmittel (Iod) und alle Verbindungen auf der rechten Seite der Reaktionsgleichung gasförmig sind. Ein anderes Beispiel für eine chemische Transportreaktion ist das **Mond-Verfahren** zur Reinigung von Nickel. Nickel reagiert bei 80 °C mit Kohlenmonoxid zu gasförmigem Tetracarbonylnickel, $Ni(CO)_4$, das an einem anderen Ort bei 180 °C wieder zersetzt wird; das Kohlenmonoxid kehrt in den Prozeß zurück.

$$Ni(s) + 4CO(g) \underset{180°C}{\overset{80°C}{\rightleftharpoons}} Ni(CO)_4(g)$$

Hohe Reinheiten werden bei Metallen auch durch das **Zonenschmelzen** erzielt. Um einen Stab des unreinen Metalls wird eine ringförmige Heizvorrichtung angeordnet (◨ 27.**14**). Die Heizvorrichtung, die langsam an dem Stab entlang geführt wird, schmilzt eine Zone des Stabs auf. Dort wo die flüssige Zone aus der Heizzone austritt, kristallisiert das reine Metall. Verunreinigungen bleiben in der geschmolzenen Zone gelöst und wandern mit der Heizvorrichtung bis zum Ende des Stabes, das dann abgesägt und verworfen wird. Ein Stab kann wiederholte Male dem Vorgang unterworfen werden. Hochreines Silicium und Germanium für Halbleiterzwecke werden nach diesem Verfahren hergestellt (Abschn. 26.**3**, S. 453).

Die **elektrolytische Raffination** dient zur Reinigung von einer Reihe von Metallen wie Chrom, Nickel, Kupfer, Silber, Gold, Zink und Blei. Platten des unreinen Metalls werden als Anode benutzt und als Elektrolyt wird die Lösung eines Salzes des betreffenden Metalls verwendet. Das reine Metall scheidet sich an der Kathode ab (vgl. Abschn. 20.**3**, S. 353; ◨ 20.**3**, S. 354). Zur Raffination von Kupfer wird Kupfer(II)-sulfat als Elektrolyt eingesetzt.

Anode: $Cu(s) \rightarrow Cu^{2+}(aq) + 2e^-$
Kathode: $2e^- + Cu^{2+}(aq) \rightarrow Cu(s)$

Die unedleren Metalle in der Kupfer-Anode, zum Beispiel Eisen, werden oxidiert und gehen als Ionen in die Lösung, werden aber an der Kathode nicht abgeschieden; sie verbleiben in der Lösung. Edlere Metalle wie Silber, Gold und Platin werden nicht oxidiert. In dem Maße, wie die Kupfer-Anode in Lösung geht, setzen sie sich als „Anodenschlamm" am Boden der Zelle ab und werden daraus isoliert.

Die Raffination von Roheisen zu Stahl erfolgt nach zwei bedeutenden Verfahren. Die Hauptverunreinigungen im Roheisen sind Kohlenstoff, Silicium, Phosphor und Schwefel. Diese Verunreinigungen werden bei der Raffination oxidiert. Kohlenmonoxid und Kohlendioxid entweichen als Gase und die Oxide von Silicium, Phosphor und Schwefel werden mit Calciumoxid verschlackt. Das Calciumoxid entsteht aus Kalkstein ($CaCO_3$), der als Zuschlag zugesetzt wird.

$CaO(s) + SiO_2(s) \rightarrow CaSiO_3(l)$
Schlacke

Beim **Herdfrischverfahren** (Siemens-Martin-Verfahren) werden Roheisen, Eisenschrott, Eisen(III)-oxid und Kalkstein in einem flachen Ofen erhitzt, der mit Calcium- oder Magnesiumoxid gefüttert ist. Flammengase aus heißer Luft und brennendem Heizgas werden auf die geschmolzene Beschickung gerichtet. Die Verunreinigungen werden durch das Eisen(III)-oxid und die heiße Luft oxidiert. Die Erzeugung von einer Partie Stahl dauert etwa 8 bis 10 Stunden, so daß die Qualität des Produkts gut kontrollierbar ist. Legierungsmetalle (z.B. V, Cr, Mo, W, Mn, Ni) können vor dem Ausgießen des kippbaren Ofens zugesetzt werden.

Die Hauptmenge des Stahls wird nach dem **Windfrischverfahren** erzeugt. Flüssiges Roheisen, Eisenschrott und gemahlenes Calciumcarbonat werden in einen Konverter eingebracht, der mit basischen Oxiden ausgekleidet ist. Die Verunreinigungen werden mit reinem Sauerstoff oxidiert, der unter einem Druck von 10 bis 12 bar auf die Oberfläche durch eine „Sauerstofflanze" geblasen wird. Der Sauerstoffstrom und die Verbrennungsgase sorgen für die Durchmischung. Die Reaktionen laufen schnell und stark exotherm ab, so daß keine zusätzliche Heizung erforderlich ist, um die Beschickung flüssig zu halten. Der Prozeß dauert etwa 20 bis 50 Minuten und liefert ein hochwertiges Produkt.

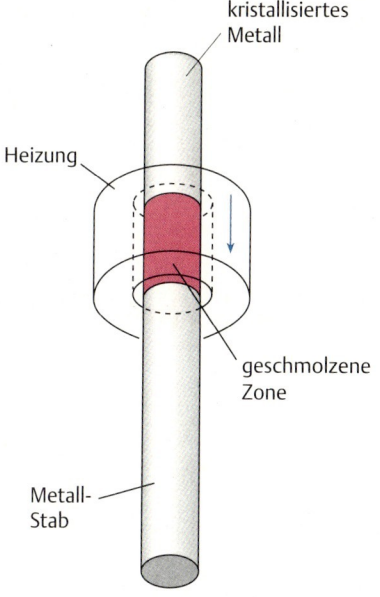

◉ 27.14 Schematisches Diagramm des Zonenschmelzverfahrens

27.8 Die Alkalimetalle

Die Alkalimetalle sind die Elemente der 1. Hauptgruppe des Periodensystems. Sie sind die reaktionsfähigsten aller Metalle und kommen dementsprechend nicht gediegen vor. Sie können alle durch Schmelzflußelektrolyse trockener Salze gewonnen werden. Das Element Francium ($Z=87$) entsteht bei bestimmten natürlichen radioaktiven Zerfallsprozessen. Alle Francium-Isotope sind radioaktiv mit kurzen Halbwertszeiten, das Element ist extrem selten.

Mit Ausnahme von Cäsium, das einen leichten goldenen Schimmer hat, sind die Alkalimetalle silberglänzende Metalle. Sie sind relativ weich und können mit einem Messer geschnitten werden, und sie haben niedrige Schmelz- und Siedepunkte (🖿 27.3). Härte, Schmelz- und Siedepunkt neh-

🖿 27.3 Einige Eigenschaften der Alkalimetalle

	Lithium	Natrium	Kalium	Rubidium	Cäsium
Schmelzpunkt /°C	179	97,5	63,7	39,0	28,5
Siedepunkt /°C	1336	880	760	686	670
Dichte /g·cm^{-3}	0,53	0,97	0,86	1,53	1,90
Atomradius[a] /pm	152	186	227	248	265
Ionenradius M$^+$ /pm	76	102	138	152	167
Ionisierungsenergie /kJmol^{-1}					
erste	520	496	419	403	376
zweite	7296	4563	3069	2640	2258
Normalpotential /V					
M$^+$ ⇌ M	−3,05	−2,71	−2,93	−2,93	−2,92

[a] Im Metall

men mit zunehmender Ordnungszahl ab. Die Metalle sind gute elektrische Leiter und Wärmeleiter. Ihre Dichten sind gering, wie ein Vergleich der Zahlen in ⊡ 27.3 mit den Werten für die 1. Periode der Übergangsmetalle zeigt (2,5 g/cm³ für $_{21}$Sc bis 8,9 g/cm³ für $_{30}$Cu).

Bei Lichteinstrahlung emittieren die Alkalimetalle Elektronen (*photoelektrischer Effekt*). Cäsium, das die geringste Ionisierungsenergie hat und deshalb am leichtesten Elektronen abgibt, wird zur Herstellung von Photozellen verwendet, die Lichtsignale in elektrische Signale umwandeln.

Die Elektronenkonfiguration entspricht der des im Periodensystem jeweils vorausgehenden Edelgases plus zusätzlich ein einzelnes *s*-Valenzelektron. Das Valenzelektron wird leicht abgegeben, wobei ein einfach positives Kation mit Edelgaskonfiguration entsteht. Wegen der Leichtigkeit, mit der die Alkalimetalle Elektronen abgeben, sind sie sehr starke Reduktionsmittel.

Die zweite Ionisierungsenergie ist so viel höher als die erste, daß nur die Oxidationsstufe + I bei diesen Metallen beobachtet wird. Alle Verbindungen der Alkalimetalle sind ionisch aufgebaut, mit Ausnahme einiger weniger Verbindungen wie die lithiumorganischen Verbindungen (Abschn. 29.**8**, S. 549).

Allgemein nimmt die Reaktivität mit der Ordnungszahl zu und läuft damit parallel zur Abnahme der Ionisierungsenergie. In den meisten Fällen zeigt Cäsium somit die größte Reaktivität und Lithium die geringste. Diese Abstufung der Reaktivitäten entspricht den Erwartungen, da in einem kleinen Atom das Valenzelektron näher am Atomkern und somit fester gebunden ist. Kalium reagiert zum Beispiel heftiger als Natrium mit Wasser unter Entwicklung von Wasserstoff.

In jeder Periode hat das Element der 1. Hauptgruppe den größten Atom- und Ionen-Radius. Zusammen mit ihrer geringen Ionenladung hat die relative Größe der Alkalimetall-Ionen eine nur geringe polarisierende Wirkung auf andere Teilchen zur Folge; deshalb bilden sie Ionen-Verbindungen und haben nur eine geringe Tendenz zur Bildung von Komplexen. Die Hydroxide der Alkalimetalle sind starke Elektrolyte. Alkalimetall-Verbindungen sind in der Regel leicht löslich in Wasser, wobei Lithiumhydroxid, -carbonat, -phosphat und -fluorid deutlich schlechter löslich sind als die Salze der übrigen Alkalimetalle. Zu den wenigen schwerlöslichen Verbindungen gehören Natriumhexahydroxoantimonat(V), $Na[Sb(OH)_6]$, und die Kalium-, Rubidium- und Cäsium-Salze mit den Anionen ClO_4^-, $[Co(NO_2)_6]^{3-}$ und $PtCl_6^{2-}$.

Das Ammonium-Ion hat eine Größe, die zwischen derjenigen der Ionen K^+ und Rb^+ liegt. Ammonium-Salze haben Löslichkeiten, die denjenigen dieser Alkalimetalle entsprechen. Der Ionenradius des Thalliums(I)-Ions (Tl^+) ist dem des Rb^+-Ions ähnlich. Thallium(I)-Verbindungen zeigen ähnliche Löslichkeiten wie die entsprechenden Rubidium-Verbindungen, und TlOH ist ein starker Elektrolyt.

Einige Reaktionen der Alkalimetalle sind in ⊡ 27.**4** zusammengefaßt. Während Lithium sich im großen und ganzen ähnlich wie die übrigen Elemente verhält, so gibt es doch einige Abweichungen, die mit der geringen Größe des Li^+-Ions zusammenhängen. Das erste Element in jeder Gruppe des Periodensystems weicht in seinen Eigenschaften immer etwas von den übrigen Elementen der Gruppe ab. Dabei sind gewisse Ähnlichkeiten zu dem im Periodensystem diagonal liegenden Element in der näch-

27.4 Reaktionen der Alkalimetalle

		Bemerkungen
$2M + X_2$	$\rightarrow 2MX$	$X = F, Cl, Br, I$
$4Li + O_2$	$\rightarrow 2Li_2O$	⎱
$2Na + O_2$	$\rightarrow Na_2O_2$	⎰ s. Abschn. 24.**3** (S. 408)
$M + O_2$	$\rightarrow MO_2$	$M = K, Rb, Cs$
$2M + S$	$\rightarrow M_2S$	auch mit Se, Te
$6Li + N_2$	$\rightarrow 2Li_3N$	nur Li
$12M + P_4$	$\rightarrow 4M_3P$	auch mit As, Sb; außerdem zahlreiche weitere Phosphide, Arsenide und Antimonide
$2M + 2C$	$\rightarrow M_2C_2$	$M = Li, Na$
$2M + H_2$	$\rightarrow 2MH$	
$2M + 2H_2O$	$\rightarrow 2MOH + H_2$	Raumtemperatur
$2M + 2H^+$	$\rightarrow 2M^+ + H_2$	heftige Reaktion
$M + NH_3(l)$	$\rightarrow M^+ + e^-(NH_3)$	blaue Lösung mit solvatisierten Elektronen
$2M + 2NH_3$	$\rightarrow 2MNH_2 + H_2$	flüssiges NH_3 in Anwesenheit von Katalysatoren (z.B. Fe); gasförmiges NH_3 erhitzt

M = beliebiges Alkalimetall, wenn nicht anders angegeben

sten Gruppe zu verzeichnen (Schrägbeziehung). So ist das Lithium in mancher Hinsicht dem Magnesium ähnlich.

Lithium ähnelt mehr dem Magnesium und weniger den übrigen Alkalimetallen in folgenden Eigenschaften. Lithiumcarbonat, -fluorid und -phosphat sind sehr schlecht löslich in Wasser. Bei der Verbrennung an Luft bildet Lithium das normale Oxid Li_2O und kein Peroxid oder Hyperoxid. Lithium-Ionen werden stärker hydratisiert als andere Alkalimetall-Ionen. Lithium reagiert direkt mit Stickstoff unter Bildung eines Nitrids. Lithiumhydroxid, Lithiumcarbonat und Lithiumnitrat zersetzen sich in der Hitze unter Bildung von Lithiumoxid. Dagegen entstehen bei der thermischen Zersetzung der Nitrate der anderen Alkalimetalle Nitrite, und die Hydroxide und Carbonate von Natrium, Kalium, Rubidium und Cäsium sind thermisch stabil.

Alkalimetalle haben die bemerkenswerte Eigenschaft, sich in flüssigem Ammoniak mit blauer Farbe zu lösen. Die Lösungen leiten den elektrischen Strom und wirken stark reduzierend. Man nimmt an, daß sie Alkalimetall-Ionen und „solvatisierte Elektronen" enthalten, d.h. Elektronen, die von Ammoniak-Molekülen umgeben sind. In Anwesenheit von Katalysatoren zersetzen sich die Lösungen unter Wasserstoff-Entwicklung und Bildung von Amid-Ionen, NH_2^- (vgl. **27.4**).

Viele Millionen Tonnen Natriumhydroxid werden jährlich durch Elektrolyse von wäßriger Natriumchlorid-Lösung hergestellt (vgl. Abschn. 20.**3**, S. 353, Abschn. 22.**2**, S. 388 und 22.**1**, S. 389). Die Hauptmenge davon wird in der chemischen Industrie eingesetzt. Es gibt zahlreiche weitere Anwendungsgebiete, zu denen der Aufschluß von Bauxit gehört (s. S. 476); große Abnehmer sind die Zellstoffindustrie und die Hersteller von Reinigungsmitteln.

Schrägbeziehungen

Li　Be　B
　＼　＼　＼
　　Mg　Al　Si

$$4LiNO_3(s) \xrightarrow{\Delta} 2Li_2O(s) + 4NO_2(g) + O_2(g)$$

$$2NaNO_3(s) \xrightarrow{\Delta} 2NaNO_2(s) + O_2(g)$$

Von ähnlicher Größenordnung ist die Produktion von Natriumcarbonat (Na_2CO_3; Soda). Ein Teil davon wird (vor allem in Nordamerika) aus dem Mineral Trona ($Na_2CO_3 \cdot NaHCO_3 \cdot 2H_2O$) gewonnen, ein Teil wird synthetisch nach dem Solvay-Verfahren hergestellt. Beim **Solvay-Verfahren** wird die relative Schwerlöslichkeit von Natriumhydrogencarbonat ($NaHCO_3$) ausgenutzt. In einer gesättigten Natriumchlorid-Lösung wird zuerst Ammoniak gelöst, dann wird Kohlendioxid eingeleitet, wobei sich Hydrogencarbonat bildet, das als $NaHCO_3$ ausfällt. Dieses wird durch Erhitzen in Na_2CO_3 überführt („Calcinieren"). Zur Rückgewinnung des Ammoniaks wird die Lösung mit Calciumhydroxid versetzt, das durch Zersetzung von Kalkstein hergestellt wird. Als Abfallprodukt fällt Calciumchlorid-Lösung an.

Reaktionsschritte beim Solvay-Verfahren:

$$Na^+(aq) + Cl^-(aq) + NH_3(aq) + CO_2(g) + H_2O \longrightarrow NaHCO_3(s) + NH_4^+(aq) + Cl^-(aq) \quad \times 2$$

$$2\,NaHCO_3(s) \xrightarrow{\Delta} Na_2CO_3(s) + H_2O(g) + CO_2(g)$$

$$CaCO_3(s) \xrightarrow{\Delta} CaO(s) + CO_2(g)$$

$$CaO(s) + H_2O \longrightarrow Ca(OH)_2(s)$$

$$Ca(OH)_2(s) + 2\,NH_4^+(aq) + 2\,Cl^-(aq) \longrightarrow Ca^{2+}(aq) + 2\,Cl^-(aq) + 2\,NH_3(g) + 2\,H_2O$$

Gesamtreaktion: $\quad 2\,NaCl + CaCO_3 \longrightarrow Na_2CO_3 + CaCl_2$

Natriumcarbonat wird in erster Linie zur Herstellung von Glas (Abschn. 26.**6**, S. 459) benötigt, außerdem zur Herstellung von Natriumphosphaten und -silicaten und von Waschmitteln und Seifen (Abschn. 30.**3**, S. 590). Weitere wichtige Natrium-Verbindungen sind Natriumsulfat (für die Waschmittel- und Zellstoffherstellung) und Natriumborate (zur Herstellung von Glas und Keramik, Waschmitteln, Hilfsstoffe für die Metallurgie u. a.).

Kalium-Verbindungen werden hauptsächlich als Düngemittel eingesetzt, und zwar als Kaliumchlorid, das nach Trennung von anderen Salzen direkt aus Salzlagerstätten gewonnen wird, und als Kaliumsulfat und Kaliumnitrat.

27.9 Die Erdalkalimetalle

Die Erdalkalimetalle sind die Elemente der 2. Hauptgruppe des Periodensystems. Sie sind sehr elektropositiv und sind nach den Alkalimetallen die reaktivsten Metalle. Sie kommen nicht frei in der Natur vor und werden überwiegend durch Schmelzflußelektrolyse aus den Chloriden hergestellt. Radium ist ein seltenes Element, das nur als Zerfallsprodukt radioaktiver Elemente auftritt und von dem alle Isotope selbst radioaktiv sind.

Wegen der höheren Kernladung hat ein Atom eines Erdalkalimetalls einen kleineren Radius als dasjenige des Alkalimetalls der gleichen Periode. Da es außerdem zwei (statt nur einem) Valenzelektronen besitzt, ist die Bindung im Metall fester; dies äußert sich in den höheren Schmelz- und Siedepunkten, Dichten und Härten der Erdalkalimetalle im Vergleich zu den Alkalimetallen (27.**5**). Beryllium ist hart genug, um Glas zu ritzen und hat eine gewisse Sprödigkeit; die schwereren Elemente sind weniger spröde. Die Metalle sind silberglänzend und gute elektrische Leiter.

27.5 Einige Eigenschaften der Erdalkalimetalle

	Beryllium	Magnesium	Calcium	Strontium	Barium
Schmelzpunkt /°C	1278	649	839	769	725
Siedepunkt /°C	ca. 3000	1107	1494	1384	1640
Dichte /g cm^{-3}	1,86	1,75	1,55	2,6	3,59
Atomradius[a] /pm	111	160	197	215	217
Ionenradius M^{2+} /pm	(45)	72	100	118	135
Ionisierungsenergie /kJ·mol^{-1}					
erste	899	738	590	540	503
zweite	1757	1450	1145	1059	960
Normalpotential /V					
M^{2+} ⇌ M	−1,85	−2,36	−2,87	−2,89	−2,91

[a] Im Metall

Ein Atom eines Elements der 2. Hauptgruppe hat zwei Valenzelektronen mehr als das im Periodensystem vorausgehende Edelgas. Durch Abgabe der beiden Valenzelektronen entstehen Ionen mit Edelgaskonfiguration, die außerdem isoelektronisch zu den jeweiligen Alkalimetall-Ionen sind.

Im Vergleich zu den Ionen der Alkalimetalle sind diejenigen der Erdalkalimetalle kleiner und haben ein erheblich größeres Verhältnis von Ionenladung zu Ionenradius. Dies hat mehrere Konsequenzen. Die Hydratationsenthalpie eines Erdalkalimetall-Ions ist etwa fünfmal größer als diejenige des Alkalimetalls, das ihm im Periodensystem vorausgeht. In den Verbindungen der Elemente mit den kleinsten Atomen der Gruppe, Beryllium und Magnesium, haben die Bindungen einen nennenswerten kovalenten Anteil, da die Kationen dieser Metalle stark polarisierend auf Anionen wirken. Beim Beryllium, dessen Kation besonders klein ist, ist die Tendenz zur Bildung von kovalenten Bindungen besonders groß; in allen Verbindungen dieses Elements, selbst mit den elektronegativsten Elementen, liegen Bindungen mit kovalenten Anteilen vor. Beryllium hat von den Elementen der Gruppe die größten Tendenzen zur Bildung von Komplex-Ionen wie zum Beispiel

$$[Be(OH_2)_4]^{2+} \quad [Be(NH_3)_4]^{2+} \quad [BeF_4]^{2-} \quad [Be(OH)_4]^{2-}$$

Berylliumhydroxid ist das einzige amphotere Hydroxid eines Erdalkalimetalls.

Der kovalente Bindungscharakter in den Berylliumhalogeniden zeigt sich in der schlechten elektrolytischen Leitfähigkeit der geschmolzenen Verbindungen. Bei der Schmelzflußelektrolyse von Berylliumchlorid zur Herstellung von Beryllium wird Natriumchlorid zugesetzt. Im Gaszustand sind BeCl$_2$-Moleküle linear. Im festen Berylliumchlorid sind die Beryllium-Atome tetraedrisch von vier Chlor-Atomen umgeben. Diese geometrische Anordnung findet man auch sonst in den Komplex-Ionen des Berylliums. Festes Berylliumchlorid ist polymer; die Assoziation vom monomeren zum polymeren Berylliumchlorid kann man als Lewis-Säure-Basenreaktion auf-

BeCl$_2$-Struktur im festen Zustand

27.6 Einige Reaktionen der Erdalkalimetalle

			Bemerkungen
$M + X_2$	$\rightarrow$	MX_2	$X = F, Cl, Br, I$
$2M + O_2$	$\rightarrow$	$2MO$	Ba bildet auch BaO_2
$M + S$	$\rightarrow$	MS	Ebenso mit Se und Te
$3M + N_2$	$\rightarrow$	M_3N_2	Bei hohen Temperaturen
$6M + P_4$	$\rightarrow$	$2M_3P_2$	Bei hohen Temperaturen; außerdem zahlreiche weitere Phosphide unterschiedlicher Zusammensetzung
$M + 2C$	$\rightarrow$	MC_2	Alle außer Be, das Be_2C bildet; hohe Temperaturen
$M + H_2$	$\rightarrow$	MH_2	$M = Ca, Sr, Ba$ bei hohen Temperaturen; Mg mit H_2 unter Druck
$M + 2H_2O$	$\rightarrow$	$M(OH)_2 + H_2$	$M = Ca, Sr, Ba$, Raumtemperatur
$Mg + H_2O$	$\rightarrow$	$MgO + H_2$	Dampf. Keine Reaktion mit Be
$M + 2H^+$	$\rightarrow$	$M^{2+} + H_2$	
$Be + 2OH^- + 2H_2O$	$\rightarrow$	$[Be(OH)_4]^{2-} + H_2$	Nur Be
$M + 2NH_3$	$\rightarrow$	$M(NH_2)_2 + H_2$	$M = Ca, Sr, Ba$; flüssiges NH_3 im Beisein von Katalysatoren
$3M + 2NH_3$	$\rightarrow$	$M_3N_2 + 3H_2$	NH_3-Gas, hohe Temperaturen

M = Beliebiges Erdalkalimetall

fassen: Das Be-Atom wirkt als Lewis-Säure, die Cl-Atome der zwei benachbarten $BeCl_2$-Einheiten wirken als Lewis-Basen, die sich mit ihren Elektronenpaaren anlagern.

Wegen der unterschiedlichen Kernladung und Atomgröße sind die Ionisierungsenergien der Erdalkalimetalle größer als die der Alkalimetalle. Ebenso sind jedoch die Hydratationsenergien größer. Infolgedessen liegen die Normalpotentiale beider Elementgruppen in der gleichen Größenordnung.

Die Hydratationsenergie ist am größten für das Be^{2+}-Ion und am kleinsten für das Ba^{2+}-Ion. Da aber die Normalpotentiale parallel zu den Ionisierungsenergien zurückgehen, ist Barium das stärkste und Beryllium das schwächste Reduktionsmittel der Gruppe. Die Reaktionsfähigkeit zeigt sich in den Reaktionen der Metalle mit Wasser. Beryllium reagiert selbst bei Rotglut nicht. Magnesium reagiert mit kochendem Wasser oder Dampf. Calcium, Strontium und Barium reagieren lebhaft mit kaltem Wasser. Einige Reaktionen der Erdalkalimetalle sind in 27.6 zusammengefaßt.

Im Gegensatz zu den Salzen der Alkalimetalle sind etliche Verbindungen der Erdalkalimetalle nur wenig löslich in Wasser. Einige Löslichkeitsprodukte sind in 27.7 angegeben. Die Löslichkeit eines Salzes hängt von seiner Gitterenergie (bei der Auflösung aufzubringende Energie) und von der Hydratationsenthalpie der Ionen (freigesetzte Energie) ab. Beim Vergleich der Löslichkeiten von Salzen mit den gleichen Anionen kann man die Hydratationsenthalpie des Anions außer acht lassen, da sich die Unterschiede aus den anderen beiden Faktoren ergeben.

$MX(s) \rightarrow M^{2+}(g) + X^{2-}(g)$
ΔH = Gitterenergie > 0

$M^{2+}(g) \rightarrow M^{2+}(aq)$
$X^{2-}(g) \rightarrow X^{2-}(aq)$ ΔH = Hydratationsenthalpie < 0

27.7 Löslichkeitsprodukte einiger Salze von Erdalkalimetallen

	OH$^-$	SO$_4^{2-}$	CO$_3^{2-}$	C$_2$O$_4^{2-}$	F$^-$	CrO$_4^{2-}$
Be^{2+}	$1{,}6 \cdot 10^{-26}$	–	–	–	–	–
Mg^{2+}	$8{,}9 \cdot 10^{-12}$	–	10^{-5}	$8{,}6 \cdot 10^{-5}$	$8 \cdot 10^{-8}$	–
Ca^{2+}	$1{,}3 \cdot 10^{-6}$	$2{,}4 \cdot 10^{-5}$	$4{,}7 \cdot 10^{-9}$	$1{,}3 \cdot 10^{-9}$	$3{,}1 \cdot 10^{-11}$	$7{,}1 \cdot 10^{-4}$
Sr^{2+}	$3{,}2 \cdot 10^{-4}$	$7{,}6 \cdot 10^{-7}$	$7 \cdot 10^{-10}$	$5{,}6 \cdot 10^{-8}$	$7{,}9 \cdot 10^{-10}$	$3{,}6 \cdot 10^{-5}$
Ba^{2+}	$5{,}0 \cdot 10^{-3}$	$1{,}5 \cdot 10^{-9}$	$1{,}6 \cdot 10^{-9}$	$1{,}5 \cdot 10^{-8}$	$2{,}4 \cdot 10^{-5}$	$8{,}5 \cdot 10^{-11}$

Die Löslichkeit der Erdalkalimetall-Sulfate nimmt mit zunehmender Kationengröße ab; Berylliumsulfat ist leichtlöslich, Bariumsulfat ist schwerlöslich. Die Gitterenergien der Sulfate ändern sich nur wenig in der Reihe von BeSO$_4$ bis BaSO$_4$, da das Sulfat-Ion bedeutend größer als die Kationen ist. Der Gang der Löslichkeiten der Sulfate läuft somit parallel zu den Hydratationsenthalpien der Kationen.

Bei den Hydroxiden ist die Reihenfolge der Löslichkeiten umgekehrt als bei den Sulfaten; Berylliumhydroxid hat die geringste Löslichkeit, Bariumhydroxid die größte. Bei den Hydroxiden ist die Gitterenergie von der Kationengröße abhängig. Die Kräfte im Kristall nehmen mit zunehmender Kationengröße ab. Offensichtlich überwiegt in diesem Falle der Einfluß der Gitterenergie.

Löslichkeiten lassen sich nicht immer so einfach interpretieren. Bei der vorstehenden Betrachtung wurden Entropieeffekte nicht berücksichtigt. Außerdem können die Summen der Gitterenergien und der Hydratationsenthalpien einen unregelmäßigen Gang zeigen, auch wenn die einzelnen Größen einer regelmäßigen Abstufung folgen.

Die Gitterenergien der Oxide der Erdalkalimetalle nehmen vom Berylliumoxid zum Bariumoxid ab. Diese Abfolge spiegelt sich in den Reaktionen der Oxide mit Wasser wider. Berylliumoxid ist unlöslich und reagiert nicht mit Wasser. Magnesiumoxid reagiert langsam mit Wasser; geglühtes Magnesiumoxid reagiert nicht. Calcium-, Strontium- und Bariumoxid reagieren leicht und bilden die Hydroxide. BeO und MgO haben sehr hohe Schmelzpunkte (über 2500 °C); insbesondere geglühtes Magnesiumoxid dient zur Herstellung von feuerfesten Steinen und Geräten („Sintermagnesia").

$$MO + H_2O \rightarrow M(OH)_2$$

Die Carbonate sind um so stabiler, je größer das Kation ist. Berylliumcarbonat ist sehr instabil und läßt sich nur unter CO$_2$-Atmosphäre halten, vermutlich wegen der höheren Stabilität von Berylliumoxid gegenüber Berylliumcarbonat. Der CO$_2$-Partialdruck im Zersetzungsgleichgewicht erreicht Atmosphärendruck bei

$$MCO_3(s) \rightleftarrows MO(s) + CO_2(g)$$

| 540 °C für MgCO$_3$ | 1268 °C für SrCO$_3$ |
| 908 °C für CaCO$_3$ | 1420 °C für BaCO$_3$ |

Die thermische Zersetzung von Calciumcarbonat („Kalkbrennen") wird im technischen Maßstab durchgeführt. Aus dem erhaltenen Calciumoxid („gebrannter Kalk") wird durch Zusatz von Wasser Calciumhydroxid hergestellt („gelöschter Kalk"). Sowohl Calciumoxid wie Calciumhydroxid finden vielfach Anwendung. Calciumoxid dient zum Beispiel zur Herstellung von Calciumcarbid (Abschn. 26.**4**, S. 454) und als basisches Ofenfutter bei der

$$CaCO_3 \xrightarrow{\Delta} CaO + CO_2$$
gebrannter Kalk

$$CaO + H_2O \rightarrow Ca(OH)_2$$
gelöschter Kalk

$$Ca(OH)_2(s) + CO_2(g) \rightarrow CaCO_3(s) + H_2O(l)$$

$$CaCO_3(s) + CO_2(aq) + H_2O \rightleftarrows Ca^{2+}(aq) + 2\,HCO_3^-(aq)$$

$$[Be(OH_2)_4]^{2+} \rightleftarrows [Be(OH_2)_3(OH)]^+ + H^+(aq)$$

Stahlgewinnung (s. S. 485). Calciumhydroxid ist die billigste Base und kommt wegen dieser Eigenschaften zum Einsatz. Mit Sand und etwas Wasser angerührtes Calciumhydroxid wurde in früheren Zeiten als Mörtel verwendet; durch Reaktion mit Kohlendioxid aus der Luft bildet sich Calciumcarbonat, dessen ineinander verfilzte Kristalle das Mauerwerk zusammenhalten.

Während die Carbonate der Erdalkalimetalle schwerlöslich sind, lösen sich die Hydrogencarbonate. Dies spielt bei der Bildung des „harten Wassers" in der Natur eine Rolle. Kohlendioxid aus der Luft löst sich in Gewässern und reagiert mit Kalkgestein, das als Hydrogencarbonat in Lösung geht. Die relativ hohen Ca^{2+}-Konzentrationen, die so in das Wasser gelangen können, stören oft bei der Verwendung des Wassers, zum Beispiel weil sie die Wirkung von Seife mindern (vgl. Abschn. 30.**3**, S. 590). Bei Temperaturen über 70 °C oder beim Verdampfen des Wassers verlagert sich das nebenstehende Gleichgewicht wieder nach links. Dies führt zur Bildung von Tropfsteinen in Höhlen und zur Abscheidung von Kesselstein beim Kochen von Wasser. Zur Entfernung von störenden Ca^{2+}-Ionen aus Brauchwasser verwendet man Ionenaustauscher (S. 458).

Wegen der Tendenz der Erdalkalimetall-Ionen zur Hydratisierung nehmen einige der festen Verbindungen leicht „Hydratwasser" auf. $Mg(ClO_4)_2$, $CaCl_2$, $CaSO_4$ und $Ba(ClO_4)_2$ werden als Trocknungsmittel verwendet. Das Hydrat $CaSO_4 \cdot 2\,H_2O$ (Gips) spaltet bei 120 °C einen Teil des Wassers ab und geht in Calciumsulfat-Hemihydrat ($CaSO_4 \cdot \frac{1}{2} H_2O$, gebrannter Gips) über; beim Verrühren mit Wasser wird dieses wieder aufgenommen und Gips kristallisiert zu einer festen Masse aus verfilzten Kriställchen.

Das Hydrat des Beryllium-Ions hat saure Eigenschaften, Lösungen von Beryllium-Salzen reagieren deshalb sauer. Berylliumhydroxid ist amphoter. Dagegen liegen die nur mäßig gut löslichen Hydroxide von Calcium, Strontium und Barium in wäßriger Lösung vollständig ionisiert vor; die Lösungen reagieren basisch.

Wegen der besonders geringen Größe des Be-Atoms und Be^{2+}-Ions fällt Beryllium mehr noch als Lithium aus der Reihe im Vergleich zu den übrigen Elementen ihrer Gruppe. Die Schrägbeziehung zwischen Beryllium und Aluminium ist besonders augenfällig. Da das höher geladene Al^{3+}-Ion größer als das Be^{2+}-Ion ist, sind beide Ionen von etwa gleich starken elektrischen Feldern umgeben. Zu den Ähnlichkeiten gehören die Normalpotentiale, das amphotere Verhalten von $Be(OH)_2$ und $Al(OH)_3$, die Eigenschaften der Halogenide als Lewis-Säuren und die hohen Schmelzpunkte der Oxide.

Beryllium, Magnesium und Aluminium oxidieren sich oberflächlich an der Luft. Die festhaftende Schicht des schwerlöslichen Oxids schützt das Metall vor dem Angriff durch Wasser und selbst durch konzentrierte Salpetersäure. Nicht oxidierende Säuren (auch verdünnte Salpetersäure) lösen die Oxidschicht auf und greifen die Metalle an. Nur dank der Oxidschicht sind die Metalle als Werkstoffe verwendbar. Beryllium findet allerdings nur begrenzt Anwendung, da es sehr selten ist und Beryllium-Staub und Beryllium-Verbindungen sehr toxisch sind.

27.10 Die Metalle der 3. Hauptgruppe

Allgemeine Eigenschaften der Elemente der 3. Hauptgruppe wurden in Abschn. 26.**8** (S. 460) behandelt, einige Zahlenwerte dazu finden sich dort in 🗔 26.**3**.

Aluminium ist mit einem Massenanteil von etwa 8 % das häufigste Metall in der Erdkruste. Es wird durch Elektrolyse von Aluminiumoxid in einer Kryolith-Schmelze ($Na_3[AlF_6]$) hergestellt (Hall-Héroult-Verfahren, s. S. 481 f.). Gallium, Indium und Thallium sind in der Natur weit verbreitet, jedoch nur in Spurenmengen. Gallium fällt als Nebenprodukt bei der Aluminium-Gewinnung an, da Bauxit bis zu 0,01 % Gallium enthält. Indium und Thallium sind in Sulfid-Erzen (ZnS, PbS) in kleiner Menge enthalten und werden aus dem Flugstaub gewonnen, der beim Rösten der Sulfide entsteht. Die reinen Metalle können durch Elektrolyse aus wäßriger Lösung abgeschieden werden. Sie sind weich, silberglänzend und haben relativ niedrige Schmelzpunkte (🗔 26.**3**, S. 460). Gallium schmilzt in der Hand; mit einem Schmelzpunkt von 30 °C und einem Siedepunkt von 2400 °C ist es über einen ungewöhnlich großen Temperaturbereich flüssig und eignet sich deshalb zur Füllung von Thermometern.

Die Metalle sind ziemlich reaktionsfähig (🗔 27.**8**). Aluminium-Pulver ist mit großer Wärmeentwicklung brennbar. Aluminium, Gallium und Indium (nicht Thallium) überziehen sich mit einer schützenden Oxidschicht und reagieren deshalb nicht mit Salpetersäure. Nichtoxidierende Säuren und starke Basen lösen die Oxidschicht und greifen die Metalle an. Ebenso korrodiert Aluminium an Luft sehr schnell, wenn sich aus anderen Gründen keine geschlossene Oxidschicht bilden kann. Dies ist zum Beispiel dann der Fall, wenn Aluminium mit Quecksilber oder Quecksilber-Verbindungen (die vom Aluminium zu Quecksilber reduziert werden) in Kontakt kommt, wobei sich oberflächlich Aluminiumamalgam (Al-Hg-Legierung) bildet; das Quecksilber an der Oberfläche verhindert die Ausbildung der geschlossenen Oxidschicht, außerdem wirkt es als Kathode eines Lokalelementes (vgl. Abschn. 20.**12**, S. 372).

> Aufgrund der rasch ablaufenden Korrosion von Aluminium, das mit Quecksilber in Kontakt gekommen ist, ist die Mitnahme von Quecksilber und Quecksilber-Verbindungen in Flugzeugen verboten.

🗔 27.**8** Reaktionen von Aluminium, Gallium, Indium und Thallium

	Bemerkungen
$2M + 3X_2 \rightarrow 2MX_3$	X = F, Cl, Br, I; mit Tl TlF_3, TlCl, TlBr und TlI; $TlCl_3$ und $TlBr_3$ indirekt herstellbar
$4M + 3O_2 \rightarrow 2M_2O_3$	Hohe Temperaturen; mit Tl auch Tl_2O
$2M + 3S \rightarrow M_2S_3$	Hohe Temperaturen; mit Tl auch Tl_2S; genauso mit Se und Te
$2Al + N_2 \rightarrow 2AlN$	Nur Al; GaN und InN sind indirekt herstellbar
$2M + 6H^+ \rightarrow 2M^{3+} + 3H_2$	M = Al, Ga, In; mit Tl $\rightarrow Tl^+$
$2M + 2OH^- + 6H_2O \rightarrow 2[M(OH)_4]^- + 3H_2$	M = Al und Ga

Wie bei der Elektronenkonfiguration ns^2np^1 zu erwarten, ist +III die wichtigste Oxidationszahl. In der Mehrzahl der Verbindungen mit den Elementen in der Oxidationszahl +III liegen kovalente Bindungen vor. In wäßriger Lösung treten M^{3+}-Ionen auf, die durch Hydratation stabilisiert sind; die Hydratationsenthalpien sind hoch.

Die Sulfate, Nitrate und Halogenide sind leicht löslich in Wasser, wobei die Lösungen sauer reagieren. Wegen der Säurestärke der hydratisierten Ionen sind Salze von schwachen Säuren wie Carbonate, Sulfide, Cyanide und Acetate in wäßriger Lösung nicht existenzfähig; sie werden durch die Reaktion mit Wasser vollständig zersetzt. Auch Komplexe mit Ammoniak sind nicht in Wasser haltbar.

Die Hydroxide $M(OH)_3$ sind unlöslich in Wasser. Aluminium- und Galliumhydroxid sind amphoter.

$$[M(OH_2)_6]^{3+} \rightarrow [M(OH_2)_5(OH)]^{2+} + H^+ (aq)$$
$$[M(OH_2)_6]^{3+} + NH_3 \rightarrow [M(OH_2)_5OH]^{2+} + NH_4^+$$
$$2[M(OH_2)_6]^{3+} + 3S^{2-} \rightarrow 2M(OH)_3(s) + 3H_2S + 6H_2O$$
$$Al^{3+}(aq) \underset{-3OH^-}{\overset{+3OH^-}{\rightleftharpoons}} Al(OH)_3(s) \underset{-OH^-}{\overset{+OH^-}{\rightleftharpoons}} [Al(OH)_4]^-(aq)$$

Aluminiumoxid (Al_2O_3) ist ebenfalls unlöslich in Wasser. Es tritt in mehreren Modifikationen auf, von denen das α-Al_2O_3 als Mineral Korund vorkommt. Synthetisch wird es durch Glühen von Aluminiumhydroxid oder durch Verbrennen von Aluminium hergestellt. Korund ist ein wertvoller Werkstoff, der wegen seiner großen Härte als Schleifmaterial und wegen seiner chemischen Widerstandsfähigkeit und seines hohen Schmelzpunktes (2045 °C) als Gefäßmaterial bei hohen Temperaturen eingesetzt wird.

Aluminiumsulfat bildet eine Reihe von gut kristallisierenden Doppelsalzen der Zusammensetzung $A[Al(SO_4)_2] \cdot 12 H_2O$, die Alaune. A steht dabei für ein Alkalimetall-Ion oder ein anderes einwertiges Kation, ausgenommen Li^+, das zu klein ist. Anstelle von Al^{3+} können auch andere M^{3+}-Spezies treten.

Alaune: $A[Al(SO_4)_2] \cdot 12 H_2O$
allgemein: $A[M(SO_4)_2] \cdot 12 H_2O$
A = Na, K, Rb, Cs, NH_4, Ag, Tl
M = Ga, In, Ti, Cr, Mn, Fe, Co, Rh und Ir
(alle in der Oxidationsstufe +III)

Die Trichloride, -bromide und -iodide der Elemente der 3. Hauptgruppe sind starke Lewis-Säuren. Aluminiumchlorid wird häufig bei Reaktionen eingesetzt, die eine Lewis-Säure als Katalysator benötigen (z.B. bei der Friedel-Crafts-Reaktion, Abschn. 29.6, S. 544). Im Dampfzustand und in Lösung in organischen Lösungsmitteln assoziiert Aluminiumchlorid zu dimeren Molekülen, in denen die Al-Atome tetraedrisch von Chlor-Atomen umgeben sind. Im festen Zustand geht die Assoziation noch weiter; festes Aluminiumchlorid hat eine Schichtenstruktur mit Aluminium-Atomen der Koordinationszahl 6 (◯ 22.4, S. 394). Die dimere Molekülstruktur tritt auch bei den Trihalogeniden von Gallium und Indium auf (ausgenommen Fluoride).

Hydride in der Art wie bei den Borhydriden werden von Aluminium, Gallium, Indium und Thallium nicht gebildet. Im Aluminiumhydrid, AlH_3, liegen jedoch AlHAl-Dreizentrenbindungen wie im B_2H_6 vor (Abschn. 26.11, S. 464). Jedes Wasserstoff-Atom im AlH_3 ist an einer Dreizentrenbindung beteiligt und jedes Aluminium-Atom ist von sechs Wasserstoff-Atomen oktraedrisch umgeben. GaH_3 ist eine Flüssigkeit, die bereits bei Raumtemperatur in die Elemente zerfällt, InH_3 ist zu instabil, um isoliert zu werden. Die gleiche Stabilitätsabfolge gilt für die Tetrahydro-Anionen, die in der Reihe

$$[BH_4]^- > [AlH_4]^- > [GaH_4]^- > [InH_4]^- > [TlH_4]^-$$

abnimmt. Natriumtetrahydroaluminat (Natriumalanat, $Na[AlH_4]$) wird technisch aus Natrium, Aluminium und Wasserstoff unter Druck hergestellt; ebenso wie $Li[AlH_4]$, ist es ein starkes Reduktionsmittel, das zur Synthese von vielen Wasserstoff-Verbindungen dient (vgl. Abschn. 21.3, S. 382).

Mit zunehmender Ordnungszahl nimmt in der 3. Hauptgruppe die Bedeutung der Oxidationszahl +I zu. Das np^1-Elektron läßt sich bei den schweren Elementen leichter abspalten als die ns^2-Elektronen. Der entsprechende Effekt ist auch bei den Elementen der 4. und 5. Hauptgruppe zu verzeichnen. Die geringe Reaktionsbereitschaft von Quecksilber, das vor dem Thallium im Periodensystem steht, wird ebenfalls dem reaktionsträgen $6s^2$-Elektronenpaar zugeschrieben.

Beim Aluminium spielt die Oxidationszahl +I keine Rolle. Gallium und Indium bilden bei höheren Temperaturen Verbindungen wie Ga_2O, GaI, In_2O, $InCl$ oder $InBr$. Stabiler sind die Verbindungen, in denen nur die Hälfte des Galliums bzw. Indiums in der Oxidationsstufe +I vorliegt: die „Dihalogenide" haben einen Aufbau von der Art $Ga^+[GaCl_4]^-$. Die Ionen Ga^+ und In^+ sind in wäßriger Lösung nicht stabil.

Beim Thallium ist die Oxidationsstufe +I die wichtigere. In wäßriger Lösung ist das Tl^+-Ion stabiler als das Tl^{3+}-Ion; Tl^{3+}-Ionen wirken als starkes Oxidationsmittel. Thallium(I)-oxid (Tl_2O) löst sich in Wasser, wobei das lösliche Hydroxid $TlOH$ entsteht, das eine ähnlich starke Base wie die Alkalimetallhydroxide ist. Im übrigen zeigt das Tl^+-Ion Ähnlichkeiten zum Ag^+-Ion (wie bei den Silber-Salzen sind das Chlorid, Bromid, Iodid, Sulfid und Chromat schwerlöslich; Sulfat, Nitrat und Fluorid sind löslich). Thallium-Verbindungen sind sehr toxisch.

27.11 Die Metalle der 4. Hauptgruppe

Von den Elementen der 4. Hauptgruppe werden Zinn und Blei zu den Metallen gezählt. Germanium ist ein Halbmetall, das viele Ähnlichkeiten zum Silicium aufweist und wie dieses in der Halbleitertechnik von Bedeutung ist. Die allgemeinen Eigenschaften der Elemente dieser Gruppe wurden im Abschn. 26.1 (S. 448) behandelt, und 26.1 enthält einige Angaben dazu. Die Metalle finden sich nicht häufig in der Natur; Germanium ist ein seltenes Element. Zinn und Blei haben relativ niedrige Schmelzpunkte. Blei ist besonders weich.

Die Metalle sind mäßig reaktionsfähig (27.9). Obwohl Zinn und Blei etwa das gleiche Normalpotential zeigen ($M^{2+} + 2e^- \rightarrow M$,

27.9 Reaktionen von Germanium, Zinn und Blei

	Bemerkungen
$M + 2X_2 \rightarrow MX_4$ $Pb + X_2 \rightarrow PbX_2$	X = F, Cl, Br, I; M = Ge, Sn
$M + O_2 \rightarrow MO_2$ $2Pb + O_2 \rightarrow 2PbO$	M = Ge, Sn; hohe Temperatur
$M + 2S \rightarrow MS_2$ $Pb + S \rightarrow PbS$	M = Ge, Sn; hohe Temperatur
$M + 2H^+ \rightarrow M^{2+} + H_2$	M = Sn, Pb
$3M + 4H^+ + 4NO_3^- \rightarrow 3MO_2 + 4NO + 2H_2O$	M = Ge, Sn
$3Pb + 8H^+ + 2NO_3^- \rightarrow 3Pb^{2+} + 2NO + 4H_2O$	–
$M + OH^- + 2H_2O \rightarrow M(OH)_3^- + H_2$	M = Sn, Pb; sehr langsam

Blei(IV)-Verbindungen
PbO$_2$ Pb(CH$_3$CO$_2$)$_4$ PbF$_4$
Pb$_3$O$_4$ PbCl$_4$

Pb(OH)$_3^-$ (aq) + OCl$^-$ (aq) →
  PbO$_2$(s) + Cl$^-$ (aq) + OH$^-$ (aq) + H$_2$O

2e$^-$ + 4H$^+$ + PbO$_2$ → Pb^{2+} + 2H$_2$O
E^0 = +1,46 V

Na$_2$O(l) + SnO$_2$(s) → Na$_2$SnO$_3$(l)
Na$_2$SnO$_3$(s) + 3H$_2$O →
  2Na$^+$ (aq) + [Sn(OH)$_6$]$^{2-}$ (aq)

PbO$_2$(s) + 2OH$^-$ (aq) + 2H$_2$O →
  [Pb(OH)$_6$]$^{2-}$ (aq)

[M(OH)$_6$]$^{2-}$ (aq) + 2H$^+$ (aq) →
  MO$_2$(s) + 4H$_2$O
  (M = Sn, Pb)

PbO(s) + OH$^-$ (aq) + H$_2$O →
  [Pb(OH)$_3$]$^-$ (aq)

2e$^-$ + [Sn(OH)$_6$]$^{2-}$ ⇌ [Sn(OH)$_3$]$^-$ + 3OH$^-$
E^0 = −0,93

2 SnS$_2$(s) + 2 S^{2-} (aq) → Sn$_2$S$_6^{4-}$ (aq)

$$\left[\begin{array}{c} S \\ S \end{array} Sn \begin{array}{c} S \\ S \end{array} Sn \begin{array}{c} S \\ S \end{array}\right]^{4-}$$

$E^0 \approx -0{,}13$ V), erscheint Blei etwas reaktionsträger, weil es durch schwerlösliche Oberflächenschichten geschützt wird. So wird die Reaktion von Blei mit Schwefel- oder Salzsäure durch die Bildung von schwerlöslichem Blei(II)-sulfat bzw. -chlorid auf der Oberfläche unterdrückt.

Wegen der Valenzelektronen-Konfiguration ns^2np^2 werden zwei Oxidationsstufen beobachtet: +II und +IV. Die Bedeutung der Oxidationszahl +IV ist beim Blei am geringsten, nur wenige Blei(IV)-Verbindungen spielen eine Rolle. Dagegen ist die Oxidationszahl +II beim Germanium relativ instabil und in wäßriger Lösung nicht haltbar. Beim Zinn sind beide Oxidationszahlen von Bedeutung. In den meisten Verbindungen der Oxidationszahl +II und +IV herrschen kovalente Bindungen vor, auch wenn PbF$_2$ als Ionenverbindung anzusehen ist.

Alle Elemente der 4. Hauptgruppe bilden Dioxide; SnO$_2$ kommt in der Natur vor (Kassiterit oder Zinnstein, wichtigstes Zinn-Mineral). Während sich GeO$_2$ und SnO$_2$ bei der Reaktion der Elemente mit Sauerstoff bilden, verbrennt Blei nur zu PbO (Bleiglätte). PbO$_2$ kann durch Oxidation von PbO oder anderen Blei(II)-Verbindungen mit starken Oxidationsmitteln in basischer Lösung hergestellt werden. Es wirkt selbst stark oxidierend und ist im Gegensatz zu GeO$_2$ und SnO$_2$ thermisch instabil. Beim Erwärmen spaltet PbO$_2$ Sauerstoff ab, wobei Pb$_3$O$_4$ (Mennige) und bei stärkerem Erhitzen Blei(II)-oxid entsteht. Pb$_3$O$_4$ ist als Verbindung anzusehen, in der Blei in zwei Oxidationsstufen vorkommt und die als Pb$_2^{II}$Pb^{IV}O$_4$ formuliert werden kann.

Stannate entstehen beim Zusammenschmelzen von SnO$_2$ mit Alkali- oder Erdalkalimetalloxiden. Mit Wasser bilden sich daraus Hexahydroxostannate mit dem Anion [Sn(OH)$_6$]$^{2-}$. Das entsprechende Hexahydroxoplumbat entsteht bei der Reaktion von PbO$_2$ mit heißer, konzentrierter Kalilauge. Die Tetrahydroxide M(OH)$_4$ sind unbekannt; beim Ansäuern einer [M(OH)$_6$]$^{2-}$-Lösung fallen die Dioxide aus.

Zusatz von OH$^-$-Ionen zu einer wäßrigen Sn^{2+}- oder Pb^{2+}-Lösung führt zur Ausfällung der Hydroxide Sn(OH)$_2$ bzw. Pb(OH)$_2$. Wenn sie erhitzt werden, entstehen daraus die Oxide SnO bzw. PbO. Diese Oxide und Hydroxide verhalten sich amphoter. In basischer Lösung entstehen Trihydroxostannite bzw. -plumbite. Auch vom Germanium kennt man entsprechende Germanite. Das Trihydroxostannit-Ion, [Sn(OH)$_3$]$^-$, wirkt stark reduzierend. Die wäßrigen Lösungen von Sn^{2+}- und Pb^{2+}-Verbindungen reagieren sauer; um die Ausfällung von „basischen Salzen" wie z. B. Sn(OH)Cl zu verhindern, werden Zinn(II)-Lösungen in der Regel Säuren zugesetzt.

Die Disulfide GeS$_2$ und SnS$_2$ lassen sich aus den Elementen durch Reaktion mit Schwefel herstellen, PbS$_2$ läßt sich dagegen nicht herstellen. Analog zur Reaktion der Dioxide mit Basen reagieren die Disulfide mit Alkalimetallsulfiden oder Ammoniumsulfid in wäßriger Lösung und bilden Thio-Anionen. Das oft als SnS$_3^{2-}$ formulierte Thio-Anion ist dimer und hat die gleiche Struktur wie das isoelektronische Indium(III)-chlorid In$_2$Cl$_6$.

Die Sulfide SnS und PbS können aus wäßrigen Lösungen von Zinn(II)- bzw. Blei(II)-Verbindungen durch Reaktion mit H$_2$S ausgefällt werden. Blei(II)-sulfid entsteht auch durch direkte Vereinigung der Elemente. Es kommt in der Natur als Mineral „Bleiglanz" vor, welches das wichtigste Bleierz ist. Diese Sulfide lösen sich nicht in Lösungen von Alkalimetallsulfiden.

Mit Ausnahme von Blei(IV)-bromid und -iodid sind alle Tetrahalogenide der Elemente der 4. Hauptgruppe bekannt. Wegen des starken Oxidationsvermögens von Blei in der Oxidationsstufe +IV kann dieses nicht neben Brom und Iod in der Oxidationsstufe −I existieren. Auch $PbCl_4$ ist zersetzlich, beim Erhitzen auf 100 °C zerfällt es explosionsartig. Die Tetrachloride, -bromide und -iodide bestehen aus tetraedrischen Molekülen; sie lassen sich leicht verflüchtigen. Mit Wasser erleiden sie Hydrolyse, wobei wasserhaltige Dioxide entstehen.

Alle Dihalogenide von Germanium, Zinn und Blei sind bekannt, von denen die ersteren jedoch nicht besonders stabil sind. Die Blei(II)-halogenide entstehen durch direkte Reaktion der Elemente. Da sie in Wasser schwerlöslich sind, können sie auch aus wäßrigen Pb^{2+}-Lösungen durch Zusatz von Halogenid-Ionen ausgefällt werden. Während bei der Reaktion von Zinn mit Chlor Zinntetrachlorid entsteht, erhält man bei der Reaktion mit dem schwächeren Oxidationsmittel HCl (als Gas oder in Form von Salzsäure) nur Zinn(II)-chlorid.

$$Sn(s) + 2\,HCl(g) \rightarrow SnCl_2(s) + H_2(g)$$

Alle Dihalogenide sind weniger flüchtig als die entsprechenden Tetrahalogenide, was einen höheren Ionencharakter anzeigt. Alle Halogenide sind Lewis-Säuren, wobei die Tetrahalogenide wesentlich stärkere Lewis-Säuren sind. Durch Reaktion mit Halogenid-Ionen entstehen komplexe Anionen. Wegen der Bildung solcher Ionen gehen die in Wasser schwerlöslichen Blei(II)-halogenide in Anwesenheit überschüssiger Halogenid-Ionen in Lösung.

$$MCl_2(s) + Cl^-(aq) \rightarrow MCl_3^-(aq)$$
$$MCl_4(l) + 2\,Cl^-(solv) \rightarrow MCl_6^{2-}(solv)$$
$$M = Ge, Sn, Pb$$

Während Germanium einige Hydride der allgemeinen Formel Ge_nH_{2n+2} bildet, kennt man vom Zinn und Blei nur die Hydride Stannan (SnH_4) und Plumban (PbH_4). Plumban ist sehr instabil und zerfällt bereits bei 0 °C in die Elemente; Stannan zersetzt sich bei etwa 150 °C.

Metallisches Zinn wird zum Rostschutz von Eisen verwendet („Weißblech"); um das Eisen mit Zinn zu überziehen, wird es in geschmolzenes Zinn getaucht. Wegen der relativ geringen Toxizität eignet sich Weißblech zur Herstellung von Konservendosen. Legierungen aus Zinn und Blei dienen zum Löten. SnO_2 wird als Pigment zur Herstellung von weißem Emaille verwendet. Blei ist relativ korrosionsbeständig und gut formbar, es dient zur Herstellung von Behältern und Rohren für aggressive Flüssigkeiten. Bleiblech wird zum Strahlenschutz gegen Röntgen- und γ-Strahlen eingesetzt. Außerdem dient Blei zur Herstellung von Akkumulatoren (Abschn. 20.**13**, S. 372). Tetraethylblei [$(H_5C_2)_4Pb$] wird (noch) dem Benzin zugesetzt, um dessen Klopffestigkeit zu erhöhen.

27.12 Die Übergangsmetalle

Die Übergangsmetalle sind die Elemente der Nebengruppen des Periodensystems. Nach einer neuen, bis jetzt nicht allgemein akzeptierten Regelung der IUPAC (Internationale Union für reine und angewandte Chemie) sind das die Gruppen 3 bis 12; nach der herkömmlichen, nach wie vor gebräuchlichen Zählweise beginnen die Nebengruppen mit der 3. Nebengruppe. Nach der 8. Nebengruppe, in der eigentlich drei Gruppen zusammengefaßt sind, folgt die 1. und 2. Nebengruppe, dann die 3. Hauptgruppe. Diese Numerierung spiegelt die chemischen Eigenschaften der Elemente wider.

Im allgemeinen handelt es sich um Metalle mit hohen Schmelzpunkten, hohen Siedepunkten und hohen Verdampfungswärmen. Die Elemente

■ 27.11 Postulierte Elektronenkonfigurationen der Valenz-Unterschalen bei den Übergangsmetallen

Sc	$3d^1\ 4s^2$	Y	$4d^1\ 5s^2$	La	$5d^1\ 6s^2$
Ti	$3d^2\ 4s^2$	Zr	$4d^2\ 5s^2$	Hf	$5d^2\ 6s^2$
V	$3d^3\ 4s^2$	Nb	$4d^4\ 5s^1$	Ta	$5d^3\ 6s^2$
Cr	$3d^5\ 4s^1$	Mo	$4d^5\ 5s^1$	W	$5d^4\ 6s^2$
Mn	$3d^5\ 4s^2$	Tc	$4d^6\ 5s^1$	Re	$5d^5\ 6s^2$
Fe	$3d^6\ 4s^2$	Ru	$4d^7\ 5s^1$	Os	$5d^6\ 6s^2$
Co	$3d^7\ 4s^2$	Rh	$4d^8\ 5s^1$	Ir	$5d^7\ 6s^2$
Ni	$3d^8\ 4s^2$	Pd	$4d^{10}$	Pt	$5d^9\ 6s^1$
Cu	$3d^{10}\ 4s^1$	Ag	$4d^{10}\ 5s^1$	Au	$5d^{10}\ 6s^1$
Zn	$3d^{10}\ 4s^2$	Cd	$4d^{10}\ 5s^2$	Hg	$5d^{10}\ 6s^2$

der 2. Nebengruppe, Zink, Cadmium und Quecksilber, sind Ausnahmen; Quecksilber ist bei Raumtemperatur flüssig, Zink und Cadmium haben relativ niedrige Schmelzpunkte und alle drei sind relativ leicht verdampfbar (sie werden durch Destillation gereinigt). Die Übergangsmetalle sind überwiegend gute elektrische Leiter; vor allem die Elemente der 1. Nebengruppe sind hier hervorzuheben (vgl. ■ 27.1, S. 474).

Die Metalle und ihre Legierungen finden vielfache Anwendung, da sie sehr unterschiedliche Ansprüche bezüglich ihrer mechanischen, sonstigen physikalischen und chemischen Eigenschaften erfüllen können (z.B. elektrische und magnetische Eigenschaften, Reflexionvermögen, Korrosionsbeständigkeit u.a.). Ebenso finden viele ihrer Verbindungen Anwendung, zum Beispiel als Pigmente (ein Pigment ist ein farbiger, feinteiliger Feststoff, der in Lacken und Farben suspendiert ist). Übersicht: ■ 27.10.

Das besondere Merkmal der Übergangsmetalle ist die schrittweise Besetzung von d- bzw. f-Orbitalen, wenn man in einer Periode von Element zu Element geht. Es werden Orbitale der d-Unterschale besetzt, deren Hauptquantenzahl eine Einheit geringer ist als die der äußersten Schale des betreffenden Atoms (■ 27.11). Bei den Lanthanoiden und Actinoiden werden innere f-Orbitale besetzt (s. S. 504).

In ihren chemischen Eigenschaften zeigen die Übergangsmetalle eine große Vielfalt. Viele Verbindungen sind farbig und viele sind paramagnetisch. Da die d-Orbitale mit Hauptquantenzahl ($n-1$) den s-Orbitalen mit Hauptquantenzahl n energetisch nahe liegen, sind die ns- und $(n-1)d$-Elektronen an der Verbindungsbildung beteiligt. Ausgenommen Zink und die Elemente der 3. Nebengruppe, treten die Nebengruppenelemente in ihren Verbindungen mit mehr als einer Oxidationsstufe auf. Die höchste Oxidationszahl und die größte Vielfalt an Oxidationszahlen findet man in der 4. Periode beim Mangan (7. Nebengruppe) und in der 5. und 6. Periode beim Ruthenium und Osmium (8. Nebengruppe). Für diese drei Elemente und für alle innerhalb einer Periode ihnen vorausgehenden Elemente ist die höchstmögliche Oxidationszahl jeweils gleich der Gruppennummer, und diese ist gleich der Gesamtzahl der ns- und $(n-1)d$-Elektronen (■ 17.12). Die höchstmöglichen Oxidationszahlen werden vor allem in Verbindungen mit sehr elektronegativen Elementen erreicht: Fluor, Sauerstoff, Chlor.

Nach dem Element mit der höchstmöglichen Oxidationszahl der jeweiligen Periode verringert sich die Anzahl der möglichen Oxidationszahlen, und die höchste Oxidationszahl ist jeweils nur schwierig zu erreichen und ziemlich instabil. Bei den Elementen mit abgeschlossener d-Unterschale (1. und 2. Nebengruppe, vgl. ■ 27.11) sind nur noch niedrige Oxidationszahlen stabil, nur das oder die s-Elektronen werden bei der Oxidation des Elements abgegeben. Bei Kupfer, Silber und Gold ist die Oxidationszahl $+$I von Bedeutung, bei Kupfer auch $+$II. Zink, Cadmium und Quecksilber treten in der Oxidationszahl $+$II auf, beim Quecksilber ist außerdem die Oxidationszahl $+$I zu nennen, und zwar beim Hg_2^{2+}-Ion. Dieses ist eine Besonderheit; die beiden Quecksilber-Atome sind über eine kovalente Bindung miteinander verknüpft. Dies folgt aus Strukturuntersuchungen mit der Röntgenbeugung und aus dem Diamagnetismus von Hg_2^{2+}-Verbindungen; ein Hg^+-Ion hätte ein ungepaartes Elektron und wäre paramagnetisch.

Innerhalb einer Gruppe nimmt die Bedeutung der höheren Oxidationszahlen mit steigender Ordnungszahl zu. Dies läßt sich mit der Zu-

Tabelle 27.10 Einige Verwendungszwecke der Übergangsmetalle

als Metalle	Verwendung	Verbindungen	Verwendung
Y/Co-, Sm/Co-Legierungen	Permanentmagnete	Y_2O_2S (Eu-dotiert)	roter Leuchtstoff in Fernsehröhren
Ce	Feuersteine	Y_2O_3 (Tb-dotiert)	blauer und grüner Leuchtstoff in Fernsehröhren
Ln[a]	Stahl	Ln_2O_3	Einfärben von Glas
		UO_2	Kernreaktorbrennstoff
Ti	Flugzeug- und Raketenbau, Stahl	TiO_2	Weißpigment
		$BaTiO_3$	Dielektrikum für Kondensatoren
Zr	Reaktorbau, Stahl	ZrO_2	Hochleistungskeramik
V, Nb, Ta	Stahl		
Ta	Chirurgische Instrumente		
Cr	Stahl, Rostschutzüberzug, Turbinenbau	Cr_2O_3	Grünpigment, Einfärben von Glas (grün)
		CrO_2	Magnetbänder
		$PbCrO_4$	Gelbpigment
		$K_2Cr_2O_7$	Oxidationsmittel
		$CrSO_4(OH)$	Gerbung von Leder
Mo	Stahl	MoS_2	Schmiermittel
W	Glühdrähte, Stahl	WC	Schneidwerkzeuge
Mn	Stahl	$KMnO_4$	Oxidationsmittel
		MnO_2	Trockenbatterien
Fe	Werkstoff, Stahl, Magnete	Fe_2O_3	Rotbraun-Pigment, Einfärben von Glas (braun), Magnetbänder
		Fe_3O_4	Schwarzpigment
		$FeO(OH)$	Gelbpigment
		$K[Fe_2(CN)_6]$	Blaupigment
Co	Legierungen	CoO	Einfärben von Glas (blau)
Ni	Stahl, Legierungen, Batterien, Rostschutzüberzüge, Münzen, Katalysator		
Rh	Spiegel		
Pd	Katalysator	$PdCl_2$	Katalysator
Pt	Katalysator, chemische Geräte, Schmuck	cis-$Pt(NH_3)_2Cl_2$	Krebstherapie
Cu	Elektrische Leitungen, Werkstoff, Legierungen		
Ag	Spiegel, Besteck, Schmuck, Zahnfüllungen	AgBr	Photographische Filme
Au	Elektrische Kontakte, Schmuck, Zahnfüllungen		
Zn	Rostschutzüberzug, Batterien, Legierungen	ZnS	Leuchtstoff in Kathodenstrahlröhren
Cd	Rostschutzüberzug, Batterien	CdS	Gelbpigment
Hg	Thermometerfüllung, Zahnfüllungen NaCl-Elektrolyse		

[a] Ln: Lanthanoid
Stahl: C-haltige Legierungen aus Eisen mit verschiedenen Metallen, z.B. mit Chrom und Vanadium für Werkzeuge; rostfreier Stahl (V2A-Stahl): 20% Cr und 8% Ni

Tab. 27.12 Oxidationszahlen in Verbindungen von Übergangsmetallen (seltenere oder instabile Oxidationszahlen stehen in Klammern)

Sc	Ti	V	Cr	Mn	Fe	Co	Ni	Cu	Zn
		(−3)							
			(−2)	(−2)	(−2)				
		(−1)	(−1)	(−1)	(−1)	(−1)	(−1)		
		(0)	0	0	0	0	0		
	(+1)	(+1)	(+1)	(+1)	(+1)	(+1)	(+1)	+1	
	(+2)	(+2)	+2	+2	+2	+2	+2	+2	+2
+3	+3	+3	+3	+3	+3	+3	(+3)	(+3)	
	+4	+4	(+4)	+4	(+4)	(+4)	(+4)		
		+5	(+5)	(+5)	(+5)				
			+6	(+6)	(+6)				
				+7					

Y	Zr	Nb	Mo	Tc	Ru	Rh	Pd	Ag	Cd
			(−3)						
		(−2)			(−2)				
	(−1)	(−1)	(−1)			(−1)			
		0	0	(0)	(0)	(0)			
	(+1)	(+1)	(+1)	(+1)	(+1)	(+1)		+1	(+1)
	(+2)	(+2)	(+2)	(+2)	+2	(+2)	+2	(+2)	+2
+3	(+3)	(+3)	+3	(+3)	+3	+3	(+3)	(+3)	
	+4	(+4)	+4	+4	+4	+4	+4		
		+5	+5	+5	(+5)	(+5)			
			+6	(+6)	(+6)	(+6)			
				+7	(+7)				
					(+8)				

La	Hf	Ta	W	Re	Os	Ir	Pt	Au	Hg
				(−3)					
		(−2)			(−2)				
		(−1)	(−1)	(−1)		(−1)			
			0	0	(0)	(0)	(0)		
	(+1)	(+1)		(+1)	(+1)	(+1)		+1	+1
	(+2)	(+2)	(+2)	(+2)	(+2)	+2			+2
+3	(+3)	(+3)	(+3)	+3	(+3)	+3		+3	
	+4	(+4)	+4	+4	+4	+4	+4		
		+5	+5	+5	(+5)	(+5)	(+5)	(+5)	
			+6	(+6)	+6	(+6)	(+6)		
				+7					
					+8				

nahme der Atomgröße erklären, welche die d-Elektronen leichter zur Verbindungsbildung verfügbar macht. So ist zum Beispiel die Oxidationszahl +II für manche Elemente der 4. Periode charakteristisch, während bei den schwereren Elementen die Oxidationszahl +II weniger stabil ist. Beim Eisen sind zum Beispiel die Oxidationszahlen +II und +III am wichtigsten, beim Osmium sind es die Oxidationszahlen +IV, +VI und +VIII.

Seine höchste Oxidationszahl erreicht das Mangan im Permanganat-Ion (MnO_4^-). Dieses ist ein starkes Oxidationsmittel. Mangan ist das leichteste Element seiner Gruppe. Die entsprechende Verbindung des schwersten Elements der Gruppe, das Perrhenat-Ion (ReO_4^-) ist ein deutlich schwächeres Oxidationsmittel. Ähnliches gilt in der 6. Nebengruppe: das Chromat-Ion (CrO_4^{2-}) wirkt stark oxidierend, während das Molybdat- und Wolframat-Ion (MoO_4^{2-}, WO_4^{2-}) jeweils kein besonderes Oxidationsmittel ist.

Mit der Zunahme der Oxidationszahl eines Elements werden seine Oxide stärker sauer. So zeigt Chrom(II)-oxid (CrO) nur basische Eigenschaften und löst sich in Säuren unter Bildung von Cr^{2+}-Ionen; Cr_2O_3 ist amphoter und bildet in saurer Lösung Cr^{3+}-Ionen und in basischer Lösung Hydroxochromit-Ionen $[Cr(OH)_4]^-$; Chrom(VI)-oxid verhält sich als rein saures Oxid, das mit Basen Chromate (CrO_4^{2-}) und Dichromate ($Cr_2O_7^{2-}$) bildet.

Die Atom- und Ionenradien der Nebengruppenelemente sind im allgemeinen kleiner als diejenigen der Hauptgruppenelemente der gleichen Periode. Da bei den Atomen von Nebengruppenelementen von Element zu Element ein Elektron in eine innere d-Unterschale hinzukommt, wirkt sich die Zunahme der Kernladung stärker aus als in einer äußeren Schale. Weil Ionen von Nebengruppenelementen relativ klein sind, haben sie vergleichsweise große Ladungsdichten. Geringe Größe und die Verfügbarkeit von d-Orbitalen für Bindungszwecke erklären die ausgeprägte Tendenz der Übergangsmetalle, stabile Komplexe zu bilden (Kapitel 28, S. 509).

Unter den Übergangsmetallen findet man Ähnlichkeiten sowohl innerhalb der Gruppen als auch innerhalb der Perioden. Ionen mit der gleichen Ladung haben in einer Periode ähnliche Größe (27.13) und verhalten sich ähnlich; zum Beispiel bilden alle Elemente von Chrom bis Zink

27.13 Atom- und Ionenradien der Übergangsmetalle /pm

		Sc	Ti	V	Cr	Mn	Fe	Co	Ni	Cu	Zn
Ionenradius	M^{2+}	–	86	79	80	83	78	75	69	73	74
	M^{3+}	75	67	64	62	65	65	61	60	–	–
Atomradius		162	146	134	128	137	126	125	125	128	134

	Y	Zr	Nb	Mo	Tc	Ru	Rh	Pd	Ag	Cd
Atomradius	180	160	146	139	135	134	134	137	144	151

	La	Hf	Ta	W	Re	Os	Ir	Pt	Au	Hg
Atomradius	187	158	146	139	137	135	136	139	144	151

Die Atomadien gelten für die Metalle im festen Zustand
Die Ionenradien gelten für high-spin-Komplexe (S. 524)

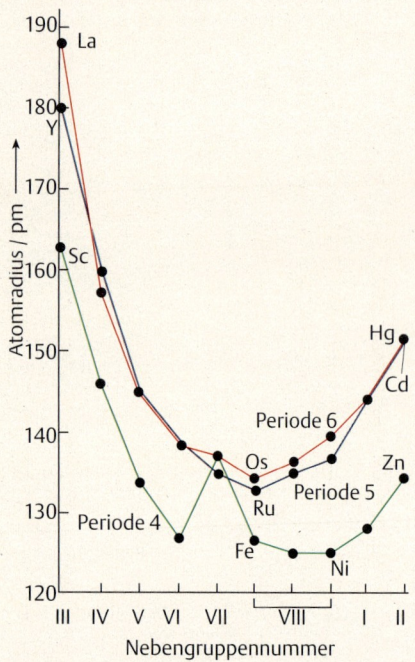

27.15 Atomradien der Nebengruppenelemente im metallischen Zustand

Verbindungen MO, MS und MCl$_2$, von denen die Oxide und Sulfide alle in Wasser schwerlöslich sind, während die Chloride gut löslich sind. Besonders ausgeprägt sind die Ähnlichkeiten zwischen den im Periodensystem benachbarten Elementen Fe/Co/Ni, Ru/Rh/Pd sowie Os/Ir/Pt. Deshalb werden diese Elemente in einer Gruppe, der 8. Nebengruppe, zusammengefaßt.

In der 6. Periode stehen am Anfang der Reihe der Übergangsmetalle die Lanthanoiden, auch seltene Erden genannt. Bei den Atomen der Lanthanoiden kommt von Element zu Element ein Elektron in die 4f-Unterschale hinzu, ohne nennenswerte Beeinflussung der Unterschalen 5s, 5p, 5d und 6s. Gleichzeitig erhöht sich die Kernladung von Element zu Element. Sie hat eine Abnahme der Atom- und Ionenradien in der Reihe der Lanthanoiden zur Folge, die unter dem Namen die **Lanthanoiden-Kontraktion** bekannt ist (27.16).

Die Lanthanoiden-Kontraktion wirkt sich sehr deutlich auf die Eigenschaften der Übergangsmetalle aus, die den Lanthanoiden in der sechsten Periode folgen. Als Folge der Lanthanoiden-Kontraktion haben die Atome dieser Elemente annähernd die gleiche Größe wie die entsprechenden Elemente in der 5. Periode (vgl. 27.15 und 27.13). Anders als sonst in den Gruppen des Periodensystems, nimmt die Atomgröße hier nicht mit der Ordnungszahl zu. In jeder Gruppe zeigt sich deshalb jeweils eine große Ähnlichkeit in den Eigenschaften des Elements der 5. und der 6. Periode, während die Eigenschaften des Elements der 4. Periode davon abweichen.

Obwohl zwischen dem Zirconium (Z = 40) und dem Hafnium (Z = 72) 32 Elemente stehen, sind diese beiden Elemente einander außerordentlich ähnlich. Hafnium kommt in der Natur immer als Begleiter des Zirconiums vor, von dem es sich so wenig unterscheidet, daß es erst im Jahre 1923 entdeckt wurde. Auch bei dem im Periodensystem folgenden Elementpaar Niob/Tantal sind die Eigenschaften nur geringfügig verschieden.

27.14 Einige Normalpotentiale für die Übergangsmetalle /Volt

	Sc	Ti	V	Cr	Mn	Fe	Co	Ni	Cu	Zn
$M^+\|M$	–	–	–	–	–	–	–	–	+0,52	–
$M^{2+}\|M$	–	–1,63	–1,19	–0,91	–1,18	–0,44	–0,28	–0,25	+0,34	–0,76
$M^{3+}\|M$	–2,08	–1,21	–0,88	–0,74	–0,28	–0,04	+0,42	–	–	–

	Y	Zr	Nb	Mo	Tc	Ru	Rh	Pd	Ag	Cd
$M^+\|M$	–	–	–	–	–	–	+0,6	–	+0,80	–
$M^{2+}\|M$	–	–	–	–	+0,4	+0,45	+0,6	+0,99	–	–0,40
$M^{3+}\|M$	–2,37	–	–1,1	–0,2	–	–	+0,8	–	–	–

	La	Hf	Ta	W	Re	Os	Ir	Pt	Au	Hg
$M^+\|M$	–	–	–	–	–	–	–	–	+1,69	+0,79
$M^{2+}\|M$	–	–	–	–	–	+0,85	–	+1,2	–	+0,85
$M^{3+}\|M$	–2,52	–	–	–0,11	+0,3	–	+1,15	–	+1,5	–

In ⌸ 27.14 sind einige Normalpotentiale für die Übergangsmetalle aufgeführt. Für die schwereren Elemente sind die Werte nicht besonders wichtig, da sie sich auf die seltener auftretenden niedrigen Oxidationszahlen beziehen. Sie dienen uns aber dazu, gewisse Tendenzen zu erkennen.

Viele der Metalle reagieren mit verdünnten Säuren sowie mit Wasserdampf unter Freisetzung von Wasserstoff. Einige der Metalle sind jedoch schlechte Reduktionsmittel, nämlich Quecksilber, die Elemente der 1. Nebengruppe (die „Münzmetalle" Kupfer, Silber und Gold) und die sechs Elemente der 8. Nebengruppe in der 5. und 6. Periode (die „Platinmetalle" Ruthenium, Rhodium, Palladium sowie Osmium, Iridium, Platin). Die Bezeichnung Edelmetalle wird auf die Elemente Silber, Gold und die Platinmetalle bezogen.

Die Elemente geringer Reaktivität häufen sich gegen Ende der Übergangsmetall-Reihen, vor allem in der 5. und 6. Periode. Allgemein nimmt der elektropositive Charakter (oder die reduzierende Wirkung der Metalle) entlang der Perioden und innerhalb der Gruppen zu den schweren Elementen hin ab; die Tendenz innerhalb der Gruppen ist genau umgekehrt wie bei der 1. und 2. Hauptgruppe. Mit zunehmender Kernladung und abnehmender Atomgröße innerhalb einer Periode werden die Elektronen fester an die Atome gebunden. Anders als bei den Hauptgruppenelementen ist innerhalb einer Gruppe die Zunahme der Kernladung nicht generell mit einer Zunahme der Atomgröße verknüpft. Bei den Elementen, die in der 6. Periode den Lanthanoiden folgen, sind die Atome ungewöhnlich klein und die Elektronen besonders fest gebunden. Mit Ausnahme von Lanthan und Hafnium befindet sich das am geringsten elektropositive Element jeder Gruppe in der 6. Periode.

Obwohl die Normalpotentiale anzeigen, ob eine Reaktion aus thermodynamischen Gründen ablaufen sollte, sind die Reaktionsgeschwindigkeiten für manche Reaktionen extrem klein. So ist Chrom zum Beispiel ein mäßig starkes Reduktionsmittel, das mit Säuren wie Salzsäure unter Wasserstoff-Entwicklung reagiert. Chrom reagiert jedoch nicht mit dem stärkeren Oxidationsmittel Salpetersäure. Man spricht von einer „Passivierung" des Metalls. Die Erscheinung der Passivierung, die bei vielen Übergangsmetallen zu beobachten ist, wird noch nicht vollständig verstanden. Vielfach wird eine dünne, undurchlässige und fest haftende Oxidschicht auf der Oberfläche am Schutz des Metalls beteiligt sein.

Die Produkte einiger Reaktionen der Übergangsmetalle der 4. Periode, welche die häufigsten dieser Elemente sind, sind in ⌸ 27.15 aufgeführt.

27.13 Die Lanthanoiden

Die angenommenen Elektronenkonfigurationen für die Lanthanoiden sind in ⌸ 27.16 aufgeführt. Das bei jedem Element neu hinzukommende Elektron besetzt ein 4f-Orbital, somit in der 3. Schale von außen. Hiermit hängen einige der Besonderheiten in der Chemie dieser Elemente zusammen. An den Zahlen für die Atom- und Ionenradien in ⌸ 27.16 kann man die Lanthanoiden-Kontraktion verfolgen.

Herausragendes Merkmal in der Chemie der Lanthanoiden ist ihre Ähnlichkeit untereinander. Die 4f-Orbitale liegen tief im Innern der Atome und nehmen wenig Einfluß auf die chemischen Eigenschaften, im Gegen-

27.15 Produkte einiger Reaktionen der Übergangsmetalle der 4. Periode

	Sc	Ti	V	Cr	Mn
O_2	Sc_2O_3	TiO_2	V_2O_5, VO_2	Cr_2O_3	Mn_3O_4
X_2	ScX_3	TiX_4	VF_5, VCl_4, VBr_3, VI_3	CrX_3 bzw. CrI_2	MnX_2
S	Sc_2S_3	TiS_2	V_2S_5, VS_2	CrS	MnS
N_2	ScN	TiN	VN	CrN	Mn_3N_2
HCl(aq)	Sc^{3+} + H_2	Ti^{3+} + H_2	–	Cr^{2+} + H_2	Mn^{2+} + H_2
H_2O	$Sc(OH)_3$ + H_2	TiO_2 + H_2[a]	–	Cr_2O_3 + H_2[a]	$Mn(OH)_2$ + H_2
NaOH(aq)	–	–	–	$Cr(OH)_6^{3-}$ + H_2	–

	Fe	Co	Ni	Cu	Zn
O_2	Fe_3O_4, Fe_2O_3	Co_3O_4	NiO	Cu_2O, CuO	ZnO
X_2	FeX_3 bzw. FeI_2	CoX_2	NiX_2	CuX_2 bzw. CuI	ZnX_2
S	FeS	CoS	NiS	Cu_2S	ZnS
N_2	–	–	–	–	–
HCl(aq)	Fe^{2+} + H_2	Co^{2+} + H_2	Ni^{2+} + H_2	–	Zn^{2+} + H_2
H_2O	Fe_3O_4 + H_2[a]	CoO + H_2[a]	NiO + H_2[a]	–	ZnO + H_2[a]
NaOH(aq)	–	–	–	–	$[Zn(OH)_4]^{2-}$ + H_2

[a] Reaktion mit Wasserdampf

27.16 Einige Eigenschaften der Lanthanoide

	Z	Postulierte Elektronenkonfiguration der Unterschale	Oxidationszahlen	Farbe M^{3+}	Atomradius[a] /pm	Ionenradius M^{3+} /pm	$E°$ $3e^-$ + M^{3+} → M /Volt
La	57	$5d^1 6s^2$	+3	farblos	187	103	–2,52
Ce	58	$4f^2 6s^2$	+3, +4	farblos	182	101	–2,48
Pr	59	$4f^3 6s^2$	+3, +4	gelbgrün	182	99	–2,46
Nd	60	$4f^4 6s^2$	+2, +3, +4	violett	181	98	–2,43
Pm	61	$4f^5 6s^2$	+3	rosa	181	97	–2,42
Sm	62	$4f^6 6s^2$	+2, +3	gelb	180	96	–2,41
Eu	63	$4f^7 6s^2$	+2, +3	fast farblos	204	95	–2,41
Gd	64	$4f^7 5d^1 6s^2$	+3	farblos	179	94	–2,40
Tb	65	$4f^9 6s^2$	+3, +4	fast farblos	178	92	–2,39
Dy	66	$4f^{10} 6s^2$	+3, +4	gelbgrün	177	91	–2,35
Ho	67	$4f^{11} 6s^2$	+3	gelb	176	90	–2,32
Er	68	$4f^{12} 6s^2$	+3	rosa	175	89	–2,30
Tm	69	$4f^{13} 6s^2$	+2, +3	grün	174	88	–2,28
Yb	70	$4f^{14} 6s^2$	+2, +3	farblos	193	87	–2,27
Lu	71	$4f^{14} 5d^1 6s^2$	+3	farblos	174	86	–2,26

[a] Im Metall

satz zu den *d*-Orbitalen bei anderen Nebengruppenelementen. Charakteristisch für die Lanthanoiden ist die Oxidationszahl +III. Bei einigen der Elemente treten jedoch auch andere Oxidationszahlen auf (🗐 27.16). Die Bildung von M^{3+}-Ionen erfolgt durch Abgabe der beiden 6*s*-Elektronen und eines 4*f*- bzw. (wenn vorhanden) eines 5*d*-Elektrons. Die Konfigurationen f^0, f^7 (halbbesetzte Unterschale) und f^{14} (vollbesetzte Unterschale) haben bevorzugte Stabilitäten. So sind die Ionen

$$La^{3+} (f^0) \qquad Gd^{3+} (f^7) \qquad Lu^{3+} (f^{14})$$

die einzigen Ionen dieser drei Elemente. Die stabilsten Ionen mit einer anderen Oxidationszahl als +III sind

$$Eu^{2+} (f^7) \qquad Yb^{2+} (f^{14}) \qquad Ce^{4+} (f^0) \qquad Tb^{4+} (f^7)$$

Das Ce^{4+}-Ion ist ein gutes Oxidationsmittel, das Eu^{2+}-Ion ein Reduktionsmittel.

Wegen ihrer chemischen Ähnlichkeit kommen die Elemente gemeinsam in der Natur vor. Sie sind keineswegs so selten wie der Name „seltene Erden" vermuten läßt; den größten Anteil hat das Cer, welches häufiger als Arsen oder Blei vorkommt. Promethium ist ein radioaktives Element (das längstlebige Isotop hat eine Halbwertszeit von 17,7 Jahren), das in der Natur nur in geringsten Spuren vorkommt. Die Trennung der Elemente ist ungewöhnlich schwierig. Sie wird in Anwesenheit von Komplexbildnern mit Hilfe von Ionenaustauschern durchgeführt. Während die Lösung der Lanthanoid-Ionen durch eine mit dem Ionenaustauscher gefüllte Säule fließt, stellen sich Gleichgewichte zwischen Lösung und Ionenaustauscher ein, die dafür sorgen, daß die einzelnen Ionen unterschiedlich schnell hindurchfließen.

Die Lanthanoiden sind silberweiße, reaktionsfähige Metalle. Sie haben alle fast das gleiche Normalpotential (🗐 27.16), dessen Wert sie als unedle Metalle ausweist. Einige Reaktionen sind in 🗐 27.17 angegeben. Die in Wasser schwerlöslichen Oxide M_2O_3 und Hydroxide $M(OH)_3$ lösen sich in Säuren, jedoch nicht in Basen und sind somit nicht amphoter. In Wasser schwerlöslich sind auch die Fluoride, Oxalate, Carbonate und Phosphate. Unter Druck reagieren die Metalle und einige ihrer Legierungen mit Wasserstoff, wobei sich nichtstöchiometrisch zusammengesetzte Hydride bilden. Soweit ihre Elektronenkonfigurationen von f^0, f^7 oder f^{14} abweichen, sind die Ionen farbig (🗐 27.16; Verwendung zum Färben von

🗐 27.17 Einige Reaktionen der Lanthanoide

Reaktion	Bemerkungen
$2M + 3X_2 \rightarrow 2MX_3$	X = F, Cl, Br, I; Ce reagiert mit F_2 zu CeF_4
$4M + 3O_2 \rightarrow 2M_2O_3$	Ce reagiert zu CeO_2
$2M + 3S \rightarrow M_2S_3$	nicht mit Eu; entsprechende Reaktionen mit Se
$2M + N_2 \rightarrow 2MN$	hohe Temperaturen; ähnliche Reaktionen mit P_4, As, Sb und Bi
$2M + 6H^+ \rightarrow 2M^{3+} + 3H_2$	
$2M + 6H_2O \rightarrow 2M(OH)_3 + 3H_2$	langsam mit kaltem Wasser

M = beliebiges Lanthanoid

Gläsern, vor allem mit Praseodym(III)- und Neodym(III)-oxid. Im mittleren Bereich der Gruppe der Lanthanoiden verfügen die Atome über besonders viele ungepaarte Elektronen, weshalb einige von ihnen oder ihrer Verbindungen für magnetische Werkstoffe interessant sind.

27.14 Übungsaufgaben

(Lösungen s. S. 682)

Metallische Eigenschaften

27.1 Wie erklärt die Bänder-Theorie den Glanz, die elektrische Leitung und die Wärmeleitung von Metallen?

27.2 Warum nimmt beim Erhitzen die elektrische Leitfähigkeit eines Metalls ab, die eines Halbleiters zu?

27.3 Ist eine metallische Bindung eine Mehrzentrenbindung?

27.4 Galliumarsenid (GaAs) ist ein Halbleiter. Wie kann man erreichen, daß Galliumarsenid als *p*- oder als *n*-Leiter wirkt, ohne daß man mit fremden Elementen dotiert?

Metallurgie

27.5 Geben Sie Mineralien an (Formel), in denen folgende Metalle vorkommen: Al, Sn, Ti, Na, Zn, Pb, Ca, Cu, Ag.

27.6 Warum ist es nicht überraschend, daß folgende Metalle in folgender Art in der Natur zu finden sind?
a) gediegenes Gold   c) Na im Meerwasser
b) Barium als Sulfat   d) Nickel als Sulfid

27.7 Welche Erztypen werden geröstet? Formulieren Sie die Reaktionsgleichung für je ein Beispiel.

27.8 Warum können bestimmte Metalle nicht durch Reduktion mit Kohlenstoff gewonnen werden? Welche Reduktionsmittel kommen in Betracht?

27.9 Definieren Sie die Begriffe:
a) Erz   c) Alaun   e) Schlacke
b) Gangart   d) Amalgam

27.10 Geben Sie mit chemischen Gleichungen an, wie Magnesium aus Meerwasser gewonnen wird.

27.11 Formulieren Sie Gleichungen für die Thermit-Reduktion von:
a) UO_3 b) V_2O_5 c) WO_3 d) Fe_2O_3

27.12 Welche Metalle werden durch Schmelzflußelektrolyse von Salzen gewonnen? Welche werden durch Elektrolyse aus wäßriger Lösung gewonnen?

27.13 Vergleichen Sie die metallurgischen Prozesse zur Gewinnung von Kupfer aus:
a) $CuCO_3$-Erzen   b) $CuFeS_2$-Erzen

27.14 Was ist Anodenschlamm? Warum bildet er sich?

27.15 Wie kann man Silber aus einem Erz erhalten, das nur einen geringen Silber-Gehalt hat?

27.16 In einer Halogenglühlampe wird ein Wolframdraht auf ca. 3000 °C erhitzt. Der Draht befindet sich in der Mitte eines Rohres aus Quarzglas, das eine Temperatur von ca. 500 °C hat. Der Zusatz von einer kleinen Menge Iod sorgt über eine chemische Transportreaktion dafür, daß Metall, welches vom Draht verdampft und sich an der Glaswand niederschlägt, als WI_4 wieder zum Draht zurücktransportiert wird. Erklären Sie die Vorgänge und geben Sie die Reaktionsgleichung an.

Hauptgruppenmetalle

27.17 Formulieren Sie die Gleichungen für die Reaktionen von Natrium mit:
a) H_2 b) O_2 c) S   d) H_2O e) NH_3

27.18 Nach den Ionisierungsenergien ist Cäsium das reaktivste Element der ersten Hauptgruppe. Nach den Normalpotentialen ist Lithium das reaktivste Element der ersten Hauptgruppe. Wie ist der Unterschied zu erklären?

27.19 Wie kommt es, daß die chemischen Eigenschaften von Lithium und seinen Verbindungen von denen der übrigen Alkalimetalle abweichen?

27.20 Formulieren Sie Gleichungen für die Reaktionen von Calcium mit:
a) H_2 b) N_2 c) O_2 d) C   e) H_2O

27.21 Formulieren Sie Gleichungen für die Reaktionen von Aluminium mit:
a) Cl_2 b) HCl(g)   c) O_2 d) OH^-(aq)   e) H^+(aq)

27.22 Nach seinem Normalpotential zu urteilen, sollte Aluminium mit Wasser reagieren. Warum tritt die Reaktion nicht ein? Kann man Natronlauge in einem Aluminiumgefäß aufbewahren?

27.23 Warum kann man Aluminiumsulfid (Al_2S_3) nicht aus wäßrigen Al^{3+}-Lösungen ausfällen?

27.24 Formulieren Sie Gleichungen für die Reaktionen von Zinn mit:
- a) Cl_2
- b) O_2
- c) S
- d) H^+(aq)
- e) OH^-(aq)
- f) HNO_3

27.25 Vervollständigen Sie die Gleichungen:
- a) PbO_2(s) → (schwaches Erwärmen)
- b) PbO_2(s) → (starkes Erhitzen)
- c) PbO(s) + H_2O + OH^-(aq) →
- d) SnS(s) + S^{2-}(aq) →
- e) SnS_2(s) + S^{2-}(aq) →
- f) $PbCl_2$(s) + Cl^-(aq) →
- g) SnF_4(s) + F^-(aq) →

Übergangsmetalle

27.26 Formulieren Sie Gleichungen und vergleichen Sie die Reaktionen von Chrom, Eisen und Zink mit:
- a) Cl_2
- b) O_2
- c) S
- d) H_2O
- e) H^+(aq)
- f) OH^-(aq)

27.27 Formulieren Sie Gleichungen für die Reaktionen von CrO, Cr_2O_3 und CrO_3 mit H^+(aq) und mit OH^-(aq).

27.28 Aus welchen Gründen sind die Edelmetalle wenig reaktionsfähig?

27.29 Warum sind die Lanthanoiden einander so ähnlich?

27.30 Warum sind Metalle wie Eisen, Cobalt, Samarium Europium oder Verbindungen von ihnen für magnetische Werkstoffe interessant?

28 Komplex-Verbindungen

Zusammenfassung. Eine *Komplex-Verbindung* ist aus einem Zentralatom und mehreren *Liganden* aufgebaut. Liganden können Moleküle oder Ionen sein, die im freien Zustand über wenigstens ein Elektronenpaar verfügen, das dem Zentralatom unter Bildung einer kovalenten Bindung zur Verfügung gestellt werden kann. Die *Koordinationszahl* des Zentralatoms ist die Zahl der direkt daran gebundenen Atome. Komplexe mit Koordinationszahlen von 2 bis 12 sind bekannt; am häufigsten kommen die Koordinationszahlen 2, 4 und 6 vor. Das *Koordinationspolyeder* entsteht, wenn man sich die an das Zentralatom gebundene Atome durch Linien verbunden denkt. In der Regel ist das Koordinationspolyeder ein *Oktaeder* bei Koordinationszahl 6 und ein *Tetraeder* oder ein *Quadrat* bei Koordinationszahl 4; Komplexe mit Koordinationszahl 2 sind *linear*. *Chelat-Komplexe* werden mit Liganden gebildet, die mehr als eine Koordinationsstelle am Zentralatom einnehmen können.

Labile Komplexe erfahren schnelle Austauschreaktionen der Liganden. *Inerte* Komplexe tauschen Liganden nicht oder nur langsam aus. Durch Komplex-Bildung kann eine bestimmte Oxidationszahl des Zentralatoms stabilisiert werden.

Isomere sind Verbindungen mit der gleichen Summenformel, aber mit unterschiedlicher Anordnung der Atome; sie unterscheiden sich in ihren physikalischen und chemischen Eigenschaften. Bei *Konstitutionsisomeren* sind die Atome unterschiedlich miteinander verknüpft; sie können *Ionisations-*, *Hydrat-*, *Koordinations-* und *Bindungsisomere* sein. *Stereoisomere* unterscheiden sich in der Geometrie ihrer Moleküle; sie können *Diastereoisomere*, z. B. *cis-trans*-Isomere, oder *Enantiomere* sein.

Die modernen Theorien zur Bindung in Komplexen leiten sich von der *Kristallfeld-Theorie* ab. Diese nimmt elektrostatische Anziehungskräfte zwischen dem zentralen Metall-Ion und den negativen Ladungen der Elektronenpaare der Liganden an. Das von den Liganden erzeugte elektrische Feld verursacht Aufspaltungen der Energieniveaus der *d*-Orbitale des Metall-Ions.

Nach der *Molekülorbital-Theorie* werden bindende, nichtbindende und antibindende Molekülorbitale angenommen. Bezüglich der Verteilung der *d*-Elektronen des zentralen Metall-Ions kommen beide Theorien zur gleichen Aussage.

In oktaedrischen Komplexen haben zwei *d*-Orbitale höhere Energie als die anderen drei. Diese Aufspaltung der Orbitalenergien ermöglicht das Auftreten von *high-spin-* und *low-spin-Komplexen*, die sich in der Anzahl der ungepaarten Elektronen unterscheiden. In high-spin-Komplexen ist die Aufspaltung gering, so daß weniger Energie aufzubringen ist, um *d*-Elektronen in energetisch höhere Orbitale zu bringen, als um Elektronen in energetisch niedrigeren Orbitalen zu paaren. Bei low-spin-Komplexen, bei denen die Aufspaltung groß ist, ist es umgekehrt. Liganden können in Abhängigkeit des Energiebetrags der *d*-Orbital-Aufspaltung, die sie verursachen, in eine *spektrochemische Serie* eingeordnet werden.

Schlüsselworte (s. Glossar)

Zentralatom (Zentralion)
Ligand
Koordinationspolyeder
Koordinationszahl

Mehrzähniger Ligand
Chelat-Komplex
Ammin-Ligand
Porphyrin
Kronenether
Kryptand

Inerter Komplex
Labiler Komplex

Isomere
Konstitutionsisomere
Ionisationsisomere
Hydratisomere
Koordinationsisomere
Bindungsisomere
Stereoisomere (Konfigurationsisomere)
Diastereo(iso)mere
***cis-trans*-Isomere**

Enantiomere
chirales Molekül oder Ion
Racemform (Racemat)

Kristallfeld-Theorie
t_{2g}**-Orbitale**
e_g**-Orbitale**
Ligandenfeld-Theorie
Molekülorbital-Theorie

High-spin-Komplex
Low-spin-Komplex
Spinpaarungsenergie
Spektrometrische Serie

28 Komplex-Verbindungen

28.1 Struktur von Komplex-Verbindungen *510*
28.2 Stabilität von Komplexen *515*
28.3 Nomenklatur von Komplexen *516*
28.4 Isomerie *516*
28.5 Die Bindungsverhältnisse in Komplexen *519*
28.6 Übungsaufgaben *526*

Bis zum Ende des 19. Jahrhunderts hatten Chemiker Schwierigkeiten zu verstehen, wie „Verbindungen höherer Ordnung" aufgebaut sein können. Die Bildung einer stabilen Verbindung wie $CoCl_3 \cdot 6NH_3$ erschien verwirrend, insbesondere da das einfache Kobalt(III)-chlorid ($CoCl_3$) instabil ist. 1893 schlug Alfred Werner eine Theorie vor, um die Verhältnisse bei Verbindungen dieser Art zu erfassen. Werner schrieb für die Cobalt-Verbindung die Formel $[Co(NH_3)_6]Cl_3$. Er nahm an, daß sechs Ammoniak-Moleküle symmetrisch um das zentrale Cobalt-Atom „koordiniert" sind und durch „Nebenvalenzen" des Cobalt-Atoms festgehalten werden, während die Bindungen zu den Chlor-Atomen über „Hauptvalenzen" erfolgen. Werner verbrachte über zwanzig Jahre mit der Herstellung und Untersuchung von Koordinationsverbindungen, um seine Theorie auszubauen und zu untermauern. Moderne Anschauungen haben Werners Theorie erweitert, aber im wesentlichen nicht verändert.

Aus der Untersuchung von Komplexverbindungen sind viele praktische Anwendungen erwachsen. Dazu gehören Fortschritte auf Gebieten wie der Metallurgie, analytischen Chemie, Biochemie, Wasseraufbereitung, Färbung von Textilien, Elektrochemie und Bakereologie. Außerdem wurde unser Verständnis über die chemische Bindung, bestimmte physikalische Eigenschaften (z. B. Farbigkeit und magnetisches Verhalten von Verbindungen), Mineralien und Stoffwechselvorgänge im Organismus erweitert.

Alfred Werner, 1866 – 1919

Beispiele für Liganden:

$|\overline{\underline{Cl}}|^-$ $|C≡N|^-$ $|\overline{\underline{O}}-H$ $H-\overline{N}-H$
                                              $|$ $|$
                                              H H

28.1 Struktur von Komplex-Verbindungen

Ein Komplex-Ion oder Komplex-Molekül, häufig einfach Komplex genannt, besteht aus einem Metall-Ion oder -Atom als **Zentralatom**, an welches mehrere Moleküle oder Ionen, die **Liganden**, angelagert sind. Ein *freier* Ligand verfügt über wenigstens ein Elektronenpaar, das er dem Zentralatom zur Verfügung stellen kann. Meistens handelt es sich um nichtbindende („einsame" oder „freie") Elektronenpaare. Wenn sich ein Ligand mit dem Zentralatom verbindet, stellt er ein oder mehrere dieser Elektronenpaare zur Knüpfung der Bindung zur Verfügung. Ein Ligand wirkt somit als Lewis-Base und das Zentralatom als Lewis-Säure. Die Art der Bindung zwischen Zentralatom und Ligand kann allerdings unterschiedlich sein und zwischen überwiegend kovalent bis überwiegend ionisch liegen (Abschn. 28.**5**, S. 519).

Die gebundenen („koordinierten") Liganden bilden die *erste Koordinationssphäre* um das Zentralatom. In Formeln wird das Zentralatom zusammen mit der ersten Koordinationssphäre in eckige Klammern geschrieben, zum Beispiel:

$K_3[Fe(CN)_6]$ oder $[Cu(NH_3)_4]Cl_2$

Die Liganden sind in einer regelmäßigen geometrischen Art um das Zentralatom angeordnet (◉ 28.**1**). Die Anzahl der *direkt* an das Zentralatom gebundene Atom nennt man die **Koordinationszahl** des Zentraltoms. Das **Koordinationspolyeder** ist der Raumkörper, der entsteht, wenn man sich die Mittelpunkte der direkt an das Zentralatom gebundenen Atome durch Linien miteinander verbunden denkt.

Die Ladung eines Komplexes ergibt sich aus der Summe der Ladungen des Zentralatoms und der einzelnen Liganden. In den Platin(IV)-Komplexen

$[Pt(NH_3)_5Cl]^{3+}$ $[Pt(NH_3)_2Cl_4]$ $[PtCl_6]^{2-}$

denkt man sich den Aufbau aus einem Pt^{4+}-Ion, Cl^--Ionen und ungeladenen NH_3-Molekülen.

In 🖻 28.1 ist eine Reihe von Platin(IV)-Komplexen aufgeführt. An erster Stelle steht das Chlorid des $[Pt(NH_3)_6]^{4+}$-Ions, gefolgt von Komplexen, in denen ein Ammoniak-Molekül nach dem anderen in der Koordinationssphäre durch ein Chlorid-Ion ersetzt ist. Die koordinierten Ammoniak-Moleküle und Chlorid-Ionen sind fest an das Platin-Atom gebunden und werden in wäßriger Lösung nicht abgespalten. Die übrigen Chlorid-Ionen, die nicht an das Platin-Atom koordiniert sind, gehen als Cl^--Ionen in Lösung. Wäßrige Lösungen der drei in der Tabelle zuletzt aufgeführten Verbindungen ergeben bei Zusatz von Silbernitrat keine Fällung von Silberchlorid, während bei den übrigen Silberchlorid in Mengen proportional zu $\frac{4}{4}$, $\frac{3}{4}$, $\frac{2}{4}$ und $\frac{1}{4}$ des gesamten Chlor-Gehalts ausfällt. Aus der elektrischen Leitfähigkeit der Lösungen ergibt sich die Anzahl der pro Formeleinheit gelösten Ionen in Übereinstimmung mit den in 🖻 28.1 angegebenen Zahlen.

🖻 28.1 Einige Platin(IV)-Komplexverbindungen

	molare Leitfähigkeit* in $S \cdot cm^2/mol$ bei $c = 0{,}001$ mol/L	Zahl der Ionen pro Formeleinheit	Zahl der Cl^--Ionen pro Formeleinheit
$[Pt(NH_3)_6]Cl_4$	523	5	4
$[Pt(NH_3)_5Cl]Cl_3$	404	4	3
$[Pt(NH_3)_4Cl_2]Cl_2$	228	3	2
$[Pt(NH_3)_3Cl_3]Cl$	97	2	1
$[Pt(NH_3)_2Cl_4]$	0	0	0
$K[Pt(NH_3)Cl_5]$	108	2	0
$K_2[PtCl_6]$	256	3	0

* bei 25 °C

Im allgemeinen werden die stabilsten Komplexe aus Metall-Ionen mit hoher positiver Ladung und kleinem Ionenradius gebildet. Die Übergangsmetalle und die ihnen im Periodensystem unmittelbar folgenden Elemente (vor allem in der 3. und 4. Hauptgruppe) haben eine ausgeprägte Tendenz zur Bildung von Komplexen. Dagegen ist die Zahl der bekannten Komplexe von Lanthanoiden, Alkalimetallen und Erdalkalimetallen (ausgenommen Beryllium) vergleichsweise gering. An den Bindungen in Komplexen der Übergangsmetalle sind *d*-Orbitale des Zentralatoms beteiligt.

Komplexe mit Koordinationszahlen für das Zentralatom von zwei bis zwölf sind bekannt. Bei der Mehrzahl der Komplexe ist die Koordinationszahl zwei, vier oder sechs (🖻 28.1). Die Koordinationszahl sechs kommt bei weitem am häufigsten vor.

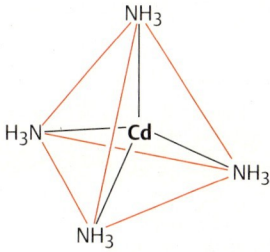

a $[Ag(NH_3)_2]^+$

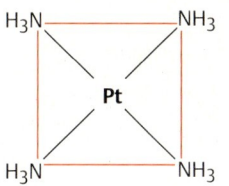

b $[Cd(NH_3)_4]^{2+}$

c $[Pt(NH_3)_4]^{2+}$

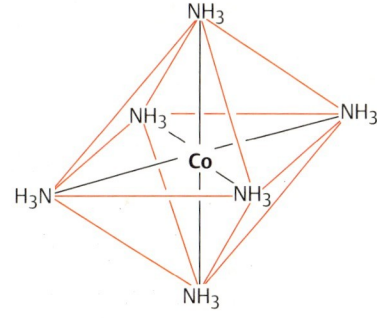

d $[Co(NH_3)_6]^{3+}$

🖻 28.1 Häufig auftretende Koordinationspolyeder bei Komplexverbindungen:
a linear
b tetraedrisch
c quadratisch-planar
d oktaedrisch

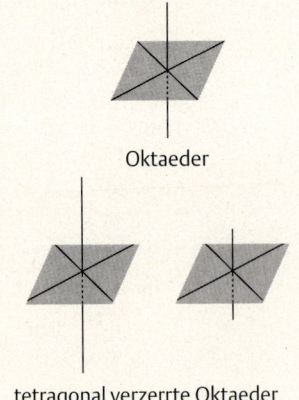

Oktaeder

tetragonal verzerrte Oktaeder

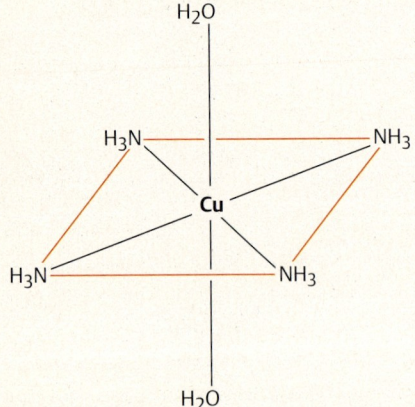

Abb. 28.2 Konfiguration des $[Cu(NH_3)_4(OH_2)_2]^{2+}$-Ions

Das Koordinationspolyeder bei Komplexen mit der Koordinationszahl *sechs* ist ein *Oktaeder*. Die nebenstehende, bei oktaedrischer Anordnung häufig verwendete Darstellung ist eine zweckmäßige Art, um einen dreidimensionalen Eindruck zu vermitteln. Aus dieser Darstellungsweise ist kein Unterschied für die Bindungen in der vertikalen Achse und den übrigen Bindungen abzuleiten; in der Regel sind *alle* sechs Bindungen gleichwertig. Von der exakt oktaedrischen Geometrie kann es allerdings auch Abweichungen geben. Bei der tetragonalen Verzerrung ist das Oktaeder in Richtung einer Achse gedehnt oder gestaucht.

Komplexe mit der Koordinationszahl *vier* des Zentralatoms können *tetraedrisch* oder *quadratisch-planar* aufgebaut sein. Die quadratisch-planare Anordnung findet man bei Palladium(II)-, Platin(II)- und Gold(III)- sowie bei einigen Nickel(II)- und Kupfer(II)-Komplexen. Beispiele sind:

$[Ni(CN)_4]^{2-}$ $[PdCl_4]^{2-}$ $[Cu(NH_3)_4]^{2+}$
$[Pt(NH_3)_4]^{2+}$ $[AuCl_4]^{-}$

In wäßrigen Lösungen des $[Cu(NH_3)_4]^{2+}$-Ions werden noch zwei Wasser-Moleküle koordiniert (● 28.2); dadurch wird aus der quadratisch-planaren Anordnung ein tetragonal gedehntes Oktaeder.

Bei Koordinationszahl vier tritt die tetraedrische Struktur häufiger als die quadratisch-planare auf. Sie tritt insbesondere dann bei Komplexen von Haupt- und Nebengruppenelementen auf, wenn den Atomen oder Ionen genau acht Elektronen bis zur Konfiguration des nächsten Edelgases im Periodensystem fehlen, zum Beispiel bei

Be(II)   Al(III)   Ni(0)   Cu(I)   Zn(II)
          Ga(III)   Ag(I)   Cd(II)
                              Au(I)   Hg(II)

Beispiele sind die Komplexe

$[BeF_4]^{2-}$ $[Ni(CO)_4]$ $[Cu(CN)_4]^{3-}$ $[ZnCl_4]^{2-}$
$[AlCl_4]^{-}$ $[Cd(CN)_4]^{2-}$

Durch die Anlagerung von vier Liganden kommen die Zentralatome in diesen Fällen zur Konfiguration des nächsten Edelgases. Die Atome der Nebengruppenelemente haben dann 18 Elektronen in ihrer Valenzschale (die *d*-Elektronen mitgezählt).

Viele Komplexe von Nebengruppenelementen erfüllen die **18-Elektronen-Regel**: mit den von den Liganden zur Verfügung gestellten Elektronenpaaren wird eine Zahl von 18 Elektronen in der Valenzschale des Zentralatoms erreicht. Die geometrische Anordnung solcher Komplexe entspricht den Voraussagen der Elektronenpaar-Abstoßungs-Theorie. Zur 18-Elektronen-Regel gibt es zahlreiche Ausnahmen; auf ihren theoretischen Hintergrund gehen wir in Abschnitt 28.5 (S. 519) ein.

Linear aufgebaute Komplexe mit Koordinationszahl *zwei* sind seltener als die bisher genannten. Zu ihnen gehören einige Komplexe von

Cu(I)   Ag(I)   Au(I)   Hg(II)

wie zum Beispiel

$[CuCl_2]^{-}$ $[Ag(NH_3)_2]^{+}$ $[Au(CN)_2]^{-}$ $[Hg(CN)_2]$

Bei diesen Komplexen ist die 18-Elektronen-Regel nicht erfüllt.

28.1 Struktur von Komplex-Verbindungen

Im allgemeinen findet man für ein Metall mehr als nur eine Koordinationszahl in seinen Komplexen. Kobalt(III) bildet nur oktaedrische Komplexe, aber Aluminium(III) bildet zum Beispiel tetraedrische und oktaedrische Komplexe, Kupfer(I) bildet lineare und tetraedrische Komplexe, Nickel(II) bildet quadratisch-planare, tetraedrische und oktaedrische Komplexe.

Viele Komplexverbindungen von Übergangsmetallen sind farbig, zum Beispiel

$[Co(NH_3)_6]^{3+}$	gelb
$[Co(NH_3)_5(OH_2)]^{3+}$	rosa
$[Co(NH_3)_5Cl]^{2+}$	violett
$[Co(OH_2)_6]^{3+}$	lila
$[Co(NH_3)_4Cl_2]^+$	eine violette und eine grüne Form

Die bisher genannten Liganden können mit dem Zentralatom jeweils nur eine Bindung eingehen. Will man dies hervorheben, so spricht man von **einzähnigen** Liganden. Manche Liganden können mehr als eine Koordinationstelle am Zentralatom einnehmen. Liganden, die sich mit zwei verschiedenen Atomen ihres Moleküls oder Ions an das Zentralatom binden, werden **zweizähnig** genannt.

Das Carbonat- und das Oxalat-Ion binden sich jeweils über zwei ihrer Sauerstoff-Atome an das Zentralatom. 1,2-Diaminoethan (meistens Ethylendiamin genannt und häufig *en* abgekürzt) koordiniert sich über die beiden Stickstoff-Atome. Zweizähnige Liganden bilden mit dem Zentralatom ringförmige Strukturen. Solche Komplexe werden **Chelat-Komplexe** genannt (griechisch *chele* = Krebsschere). Bevorzugt werden fünf- oder sechsgliedrige Ringe gebildet.

Man kann **mehrzähnige** Liganden herstellen, die sich an 2, 3, 4, 5 oder 6 Positionen des Zentralatoms koordinieren. Chelat-Komplexe sind allgemein stabiler als Komplexe von einzähnigen Liganden. So kann der sechszähnige Ligand Ethylendiamin-tetraacetat (EDTA) einen sehr stabilen Komplex mit dem Calcium-Ion bilden — einem Ion, das sonst eine besonders geringe Neigung zur Komplexbildung zeigt (◉ 28.3).

Beispiele für **zweizähnige Liganden**

Carbonat-Ion   Oxalat-Ion   1,2-Diaminoethan (Ethylendiamin)

EDTA

Die Häm-Gruppe im Hämoglobin ist ein Chelat-Komplex des Fe^{2+}-Ions und das Chlorophyll ist ein Chelat-Komplex des Mg^{2+}-Ions. In beiden Fällen ist das Metall-Ion an einen vierzähnigen Liganden gebunden, der sich vom Porphin ableitet (◉ 28.4, S. 514). In der Häm-Gruppe und im Chlorophyll sind einige Wasserstoff-Atome des Porphins durch andere Atomgruppen substituiert; substituierte Porphine werden Porphyrine genannt.

Das Eisen-Atom im Hämoglobin ist oktaedrisch koordiniert. Vier Koordinationsstellen entfallen auf die planare Häm-Gruppe, mit der fünften

◉ 28.3 Ethylendiamin-tetraacetat-Komplex von Ca^{2+} ($[Ca(EDTA)]^{2-}$)

Hämoglobin + O₂ ⇌
    Oxyhämoglobin + H₂O

wird die Häm-Gruppe an ein Protein-Molekül gebunden und in der sechsten Position wird entweder ein Molekül Wasser (Hämoglobin) oder ein Molekül O_2 (Oxyhämoglobin) gebunden. Die Koordination an der sechsten Position ist reversibel und hängt vom Sauerstoff-Partialdruck ab. Hämoglobin nimmt in der Lunge Sauerstoff auf und gibt es im Körper wieder ab, wo es zur Oxidation von Nahrungsstoffen verwendet wird. Hämoglobin reagiert auch mit Kohlenmonoxid und mit Cyanid-Ionen, wobei Komplexe entstehen, die stabiler als Oxyhämoglobin sind; aus diesem Grunde wirken Kohlenmonoxid und Cyanide toxisch.

Chlorophyll, ein Porphyrin mit Mg^{2+}, ist der grüne Farbstoff in Blättern, der als Katalysator bei der Photosynthese dient. Die Energie, die zum Aufbau von Kohlenhydraten aus Kohlendioxid und Wasser benötigt wird, stammt vom Sonnenlicht. Chlorophyll leitet den Prozeß ein, indem es ein Lichtquant absorbiert.

Kronenether sind cyclische Polyether, d.h. sie bestehen aus Molekülen, in denen Kohlenstoff- und Sauerstoff-Atome einen Ring bilden. Sie werden in der Art 15-Krone-5 benannt; das bedeutet, 15 Atome bilden den Ring, von denen fünf Sauerstoff-Atome sind. In der Mitte des Moleküls befindet sich ein Loch, das von den Sauerstoff-Atomen umschlossen wird und in dem je nach Kronengröße Metall-Ionen bestimmter Größe festgehalten werden können. Selbst Alkalimetall-Ionen, die kaum zur Komplexbildung neigen, werden eingebaut. Zum Beispiel passen K^+-Ionen in das 18-Krone-6-Molekül (◉ 28.5). Auf der Außenseite des Ringes befinden sich nur unpolare CH_2-Gruppen; dies kann man ausnutzen, um Salze in unpolaren Lösungsmitteln zu lösen. So kann man Kaliumhydroxid oder Kaliumpermanganat, die in Kohlenwasserstoffen unlöslich sind, durch Zugabe von Kronenethern in Lösung bekommen. Auch wenn das Loch im Kronenether-Molekül nicht die passende Größe hat, kommt es zur Komplexbildung; 12-Krone-4, die für Na^+-Ionen zu klein ist, bildet damit zum Beispiel einen Komplex, in dem zwei Kronenether-Moleküle ein Na^+-Ion umhüllen. Noch fester als in Kronenether-Molekülen werden Ionen in **Kryptanden**-Molekülen eingeschlossen (griechisch *kryptos* = verborgen). Kryptanden bestehen aus käfigartigen Molekülen, in deren Inneren ein Hohlraum von zwei Stickstoff- und mehreren Sauerstoff-Atomen umgeben ist (◉ 28.5). Diese Atome sind meistens über CH_2-CH_2-Gruppen miteinander verbunden. Die Bezeichnung [2.2.2]-Kryptand gibt an, daß zwischen den beiden N-Atomen drei Mal je zwei O-Atome vorhanden sind. Die Komplexe

◉ 28.4 Metall-Porphin-Komplex (M = Metall-Ion)

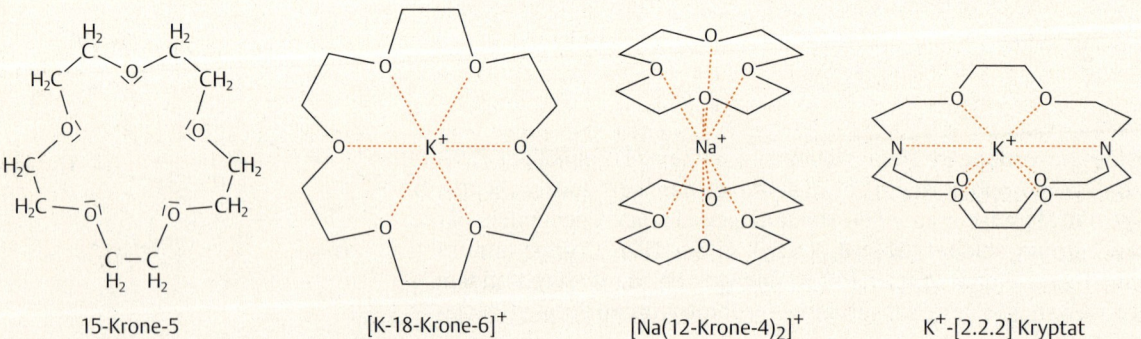

◉ 28.5 Beispiele für einen Kronenether und für Kronenether- und Kryptanden-Komplexe. In den drei rechten Bildern ist an jeder Ecke des Linienzuges eine CH_2-Gruppe zu denken

mit Metall-Ionen werden Kryptate genannt. Verbindung von der Art der Kronenether-Komplexe und Kryptate haben in neuerer Zeit unter dem Sammelbegriff *supramolekulare Chemie* viel Beachtung gefunden. Sie spielen bei vielerlei biochemischen Vorgängen eine wichtige Rolle, zum Beispiel bei Kationen-Transport-Prozessen in Proteinen.

28.2 Stabilität von Komplexen

Labile Komplexe gehen Reaktionen ein, bei denen es zu einem schnellen Austausch von Liganden kommt. Dagegen gibt es andere Komplexe, die an solchen Substitutionsreaktionen nicht oder nur langsam teilnehmen. Hier ist zwischen thermodynamischer und kinetischer Stabilität zu unterscheiden. Die *thermodynamische Stabilität* kommt in der Komplexzerfallskonstanten (Gleichgewichtskonstante) zum Ausdruck. So ist der Komplex $[Co(NH_3)_6]^{3+}$ in wäßriger Lösung thermodynamisch sehr stabil, seine Zerfallskonstante ist sehr klein ($K \approx 10^{-34}$). In saurer Lösung ist dieser Komplex dagegen thermodynamisch instabil ($K \approx 10^{22}$). Trotzdem ist er auch in saurer Lösung wochenlang existenzfähig; der Ligandenaustausch verläuft sehr langsam und der Komplex ist somit *kinetisch stabil*. Ein kinetisch stabiler Komplex wird auch *inert* oder *metastabil* genannt.

$$[Co(NH_3)_6]^{3+} + 6\,H_2O \rightleftarrows$$
$$[Co(OH_2)_6]^{3+} + 6\,NH_3$$
$$K \approx 10^{-34}$$

$$[Co(NH_3)_6]^{3+} + 6\,H_3O^+ \rightleftarrows$$
$$[Co(OH_2)_6]^{3+} + 6\,NH_4^+$$
$$K \approx 10^{22}$$

Ein Großteil der oktaedrischen Komplexe von Übergangsmetallen der 4. Periode, ausgenommen Chrom(III)- und Cobalt(III)-Komplexe, ist labil, d.h. sowohl kinetisch wie thermodynamisch instabil. Bei ihnen stellen sich Gleichgewichte von Ligandenaustauschreaktionen sehr schnell ein. Komplexe von Cobalt(III) wurden mehr als alle anderen untersucht, weil sie metastabil sind und Ligandenaustauschreaktionen langsam genug ablaufen.

Die Komplexbildung verändert häufig das Verhalten von Metall-Ionen bei Reduktions- und Oxidationsreaktionen. Einen Eindruck geben die Normalpotentiale verschiedener Zink(II)-Komplexe. Die Komplexzerfallskonstanten spiegeln für die nebenstehenden Gleichgewichte die zunehmende Stabilität gegen Reduktion wider. Die Zerfallskonstante für $[Zn(NH_3)_4]^{2+}$ liegt bei 10^{-10}, die für $[Zn(CN)_4]^{2-}$ bei 10^{-18}.

$$2e^- + Zn^{2+}(aq) \rightleftarrows Zn(s) \quad E° = -0{,}76\,V$$
$$2e^- + [Zn(NH_3)_4]^{2+} \rightleftarrows Zn(s) + 4\,NH_3$$
$$E° = -1{,}04\,V$$
$$2e^- + [Zn(CN)_4]^{2-} \rightleftarrows Zn(s) + 4\,CN^-$$
$$E° = -1{,}26\,V$$

Durch Komplex-Bildung kann in manchen Fällen ein Metall in einer sonst unbekannten oder selten vorkommenden Oxidationsstufe stabilisiert werden. Ein klassisches Beispiel sind die Komplexe von Cobalt(III). In wäßriger Lösung ist das Co^{3+}-Ion ein sehr starkes Oxidationsmittel, das Wasser zu Sauerstoff oxidieren kann und deshalb nicht lange in Wasser existenzfähig ist ($E° = +1{,}81\,V$). Mit Ammoniak als Komplexligand ist Cobalt(III) wesentlich stabiler gegen Reduktion. Das $[Co(NH_3)_6]^{3+}$-Ion ist in Wasser haltbar und kann Wasser nicht oxidieren ($E° = +0{,}11\,V$); im Gegenteil: Die umgekehrte Reaktion, nämlich Durchleiten von Luft durch eine Cobalt(II)-Lösung, dient zur Herstellung von Cobalt(III)-Komplexen. Die Komplexzerfallskonstanten von $[Co(NH_3)_6]^{3+}$ und $[Co(NH_3)_6]^{2+}$ liegen bei 10^{-34} bzw. 10^{-5}.

$$e^- + [Co(OH_2)_6]^{3+} \rightleftarrows [Co(OH_2)_6]^{2+}$$
$$E° = +1{,}81\,V$$

$$e^- + [Co(NH_3)_6]^{3+} \rightleftarrows [Co(NH_3)_6]^{2+}$$
$$E° = +0{,}11\,V$$

Komplexbildung kann ein Metall-Kation daran hindern, zu disproportionieren. Zum Beispiel ist das Cu^+-Ion in wäßriger Lösung instabil. Der Ammin-Komplex $[Cu(NH_3)_2]^+$ ist jedoch gegen Disproportionierung stabil.

$$2\,Cu^+(aq) \rightarrow Cu^{2+}(aq) + Cu(s)$$

28.3 Nomenklatur von Komplexen

Tausende von Komplexen sind bekannt und ihre Zahl nimmt ständig zu. Zu ihrer Bezeichnung ist deshalb eine systematische Nomenklatur notwendig. Im folgenden werden die wichtigsten Regeln zusammengefaßt.

1. Bei salzartigen Komplex-Verbindungen wird das Kation zuerst genannt, unabhängig davon, ob es ein Komplex-Ion ist oder nicht.
2. In einem Komplex werden die Liganden an erster Stelle und das Zentralatom an letzter Stelle genannt. Die Liganden werden in alphabetischer Reihenfolge genannt. Die Anzahl der Liganden einer bestimmten Art wird durch ein vorangestelltes griechisches Zahlwort bezeichnet: di (für zwei), tri (drei), tetra (vier), penta (fünf), hexa (sechs). Diese Präfixe werden bei der alphabetischen Einordnung nicht berücksichtigt; die Bezeichnung dichloro- wird alphabetisch unter c, nicht unter d, eingeordnet. Wenn die Zahlworte Bestandteil des Namens eines Liganden sind, werden sie bei der alphabetischen Einordnung berücksichtigt; zum Beispiel wird der Ligand Dimethylamin, $(H_3C)_2NH$, unter d eingeordnet. Namen für komplizierte Liganden werden in Klammern gesetzt und ihre Anzahl wird durch vorgesetzte griechische Multiplikativzahlen bis, tris, tetrakis, pentakis, hexakis usw. angegeben.
3. Anionische Liganden erhalten die Endung -o; in manchen Fällen werden abgekürzte Namen für die Liganden verwendet (z. B. Oxo-). Beispiele:

F^-	Fluoro	S^{2-}	Thio	NO_3^-	Nitrato
Cl^-	Chloro	CO_3^{2-}	Carbonato	NO_2^-	Nitro oder Nitrito
Br^-	Bromo	CN^-	Cyano	SO_4^{2-}	Sulfato
I^-	Iodo	NCO^-	Cyanato	$S_2O_3^{2-}$	Thiosulfato
OH^-	Hydroxo	NCS^-	Thiocyanato	H^-	Hydrido oder Hydro
O^{2-}	Oxo	$C_2O_4^{2-}$	Oxalato		

4. Die Namen von neutralen Liganden werden im allgemeinen nicht geändert und erhalten keine Endung. Ausnahmen:

H_2O Aquo NH_3 Ammin   CO Carbonyl   NO Nitrosyl

5. Wenn der ganze Komplex ein Anion ist, erhält er die Endung -at und für das Zentralatom wird der lateinische Name verwendet. Wenn der Komplex neutral oder kationisch ist, wird der unveränderte deutsche Name des Zentralatoms verwendet.
6. Die Oxidationszahl des Zentralatoms wird als römische Zahl in Klammern nach dem Namen des Komplexes angezeigt; im Falle der Oxidationszahl Null wird eine arabische Null verwendet.

Beispiele für die **Nomenklatur** von Komplex-Verbindungen:

$[Ag(NH_3)_2]Cl$	Diamminsilber(I)-chlorid
$[Co(NH_3)_3Cl_3]$	Triammintrichloro-cobalt(III)
$K_4[Fe(CN)_6]$	Kalium-hexacyano-ferrat(II)
$[Ni(CO)_4]$	Tetracarbonyl-nickel(0)
$[Cu(en)_2]SO_4$	Bis(ethylendiamin)-kupfer(II)-sulfat
$[Pt(NH_3)_4][PtCl_6]$	Tetramminplatin(II)-hexachloro-platinat(IV)
$[CoCl(NH_3)_4(H_2O)]Cl_2$	Tetramminaquo-chlorocobalt(III)-chlorid

28.4 Isomerie

Zwei Verbindungen mit gleicher Summenformel, aber unterschiedlichem Aufbau nennt man **Isomere**. Solche Verbindungen unterscheiden sich in ihren chemischen und physikalischen Eigenschaften. Wir unterscheiden verschiedene Arten von Isomeren.

Bei **Konstitutionsisomeren** haben die Atome nicht alle die gleichen Bindungspartner. Bei Komplexen gibt es dafür mehrere Möglichkeiten. Eine Art von Konstitutionsisomeren sind **Ionisationsisomere**, die wir am nebenstehenden Beispiel von Cobalt-Komplexen kennenlernen wollen. Leitfähigkeitsmessungen zeigen für beide Verbindungen die Anwesenheit von je zwei Ionen pro Formeleinheit in der wäßrigen Lösung.

Bei Verbindung **a** ist das Sulfat-Ion Teil der Koordinationssphäre und das Bromid-Ion nicht Bestandteil des Komplex-Ions. Bei Zusatz einer Silbernitrat-Lösung fällt sofort Silberbromid aus, aber bei Zusatz von Barium-Ionen fällt kein Bariumsulfat aus. Bei Verbindung **b** ist es umgekehrt; Zusatz von Barium-Ionen ergibt eine Bariumsulfat-Fällung, aber Zusatz von Silber-Ionen keine Silberbromid-Fällung. Die Komplex-Ionen unseres Beispiels haben unterschiedliche Ionenladungen: 1+ bei **a** und 2+ bei **b**.

Hydratisomerie ist ein Spezialfall der Ionisationsisomerie, bei dem Wasser-Moleküle als Liganden beteiligt sind. Die nebenstehenden Chrom-Komplexe bieten uns ein Beispiel. Ein Mol von jeder der drei Verbindungen enthält sechs Mol Wasser. Im Falle **a** sind sechs Wasser-Moleküle an das Chrom-Atom koordiniert, im Fall **b** sind es fünf und im Fall **c** vier. Die nicht koordinierten Wasser-Moleküle nehmen getrennte Positionen im Kristall ein und werden leicht abgegeben, wenn Verbindungen **b** oder **c** einem Trockenmittel ausgesetzt werden. Das koordinierte Wasser läßt sich dagegen nicht so leicht entfernen. Weitere Unterschiede betreffen die Leitfähigkeit in Lösung (vier, drei bzw. zwei Ionen pro Formeleinheit) und die Menge Silberchlorid, die sich bei Zusatz von Silber-Ionen ausscheidet.

Koordinationsisomerie ist eine weitere Art von Konstitutionsisomerie, die dann auftreten kann, wenn in einer Verbindung verschiedene Koordinationszentren vorhanden sind. Siehe nebenstehende Beispiele.

Bindungsisomere können auftreten, wenn ein Ligand auf zweierlei Arten an das Zentralatom gebunden werden kann. Das Nitrit-Ion (NO_2^-) kann zum Beispiel über ein Sauerstoff-Atom (Nitrito-Ligand) oder über das N-Atom (Nitro-Ligand) gebunden werden. Weitere Liganden, die zu Bindungsisomeren Anlaß geben können, sind:

CN^- gebunden über das C- oder das N-Atom als $-CN$ (Cyano) bzw. $-NC$ (Isocyano)

SCN^- gebunden über das S- oder das N-Atom als $-S-CN$ (Thiocyanato) bzw. $-N=C=S$ (Isothiocyanato)

Stereoisomere oder Konfigurationsisomere gehören zu einer zweiten Kategorie von Isomeren. Bei ihnen haben alle Atome die gleichen Bindungspartner, sie unterscheiden sich aber in ihrer räumlichen Anordnung. Eine Art von Stereoisomerie ist die **Diastereoisomerie** (kurz Diastereomie, auch geometrische Isomerie genannt), die uns bei Komplexen vor allem als *cis-trans*-Isomerie begegnet.

Ein Beispiel bietet das *cis*- und das *trans*-Isomere vom quadratischplanaren Diammindichloroplatin(II) (◪ 28.6). Beim *cis*-Isomeren befinden sich die Chlor-Atome an benachbarten Ecken des Koordinationsquadrats, während sie beim *trans*-Isomeren gegenüberliegende Ecken einnehmen.

Bei tetraedrischen Komplexen sind *cis-trans*-Isomere nicht möglich, da im Tetraeder alle Eckpunkte zueinander gleichartig angeordnet sind. Dagegen sind bei oktaedrischen Komplexen zahlreiche Stereoisomere bekannt. In ◪ 28.7 (S. 518) ist als Beispiel das *cis*- und das *trans*-Isomere vom Tetrammindichlorocobaltat(III)-Ion gezeigt.

Ionisationsisomere

[Co(NH$_3$)$_5$(SO$_4$)]Br   [Co(NH$_3$)$_5$Br]SO$_4$
a rot   **b** violett

[Pt(NH$_3$)$_4$Cl$_2$]Br$_2$ [Pt(NH$_3$)$_4$Br$_2$]Cl$_2$
freie Br$^-$-Ionen   freie Cl$^-$-Ionen

Hydratisomere

[Cr(OH$_2$)$_6$]Cl$_3$ [Cr(OH$_2$)$_5$Cl]Cl$_2 \cdot$ H$_2$O
a violett   **b** grün

[Cr(OH$_2$)$_4$Cl$_2$]Cl $\cdot$ 2 H$_2$O
c grün

Koordinationsisomere

[Cr(NH$_3$)$_6$][Cr(NCS)$_6$]
[Cr(NH$_3$)$_4$(NCS)$_2$][Cr(NH$_3$)$_2$(NCS)$_4$]

[Cu(NH$_3$)$_4$][PtCl$_4$]
[Pt(NH$_3$)$_4$][CuCl$_4$]

[$\overset{+II}{Pt}$(NH$_3$)$_4$][$\overset{+IV}{Pt}$Cl$_6$]   Tetramminplatin(II)-hexachloroplatinat(IV)

[$\overset{+IV}{Pt}$(NH$_3$)$_4$Cl$_2$][$\overset{+II}{Pt}$Cl$_4$]   Tetrammindichloroplatin(IV)-tetrachloroplatinat(II)

Bindungsisomere

[Co(NH$_3$)$_5$(NO$_2$)]Cl$_2$ gelb
Pentamminnitrocobalt(III)-chlorid

[Co(NH$_3$)$_5$(O—NO)]Cl$_2$ rot
Pentamminnitritocobalt(III)-chlorid

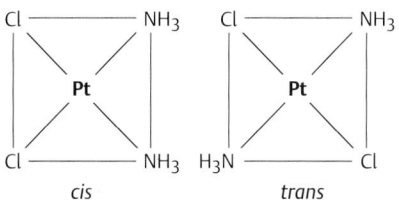

◪ 28.6 Isomere von Diammindichloroplatin(II)

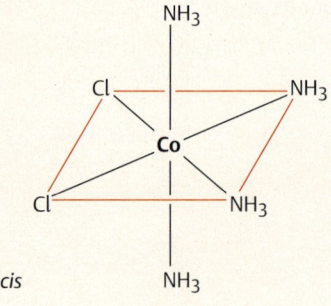

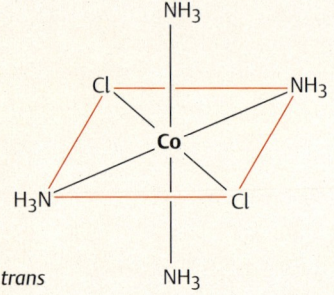

◉ **28.7** Isomere vom Tetramindichlorocobalt(III)-Ion

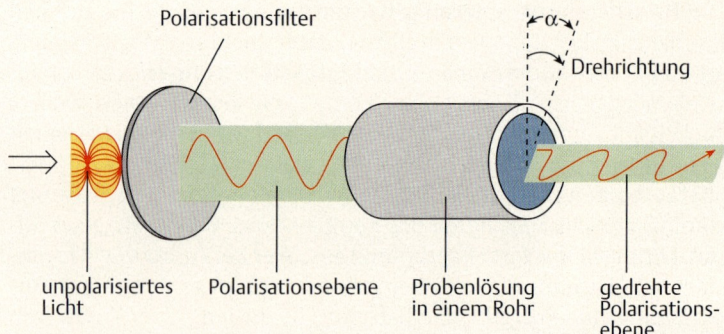

◉ **28.8** Drehung der Ebene von linear polarisiertem Licht. Die Polarisationsebene wird beim Durchgang des Lichtes durch die Lösung eines Enantiomeren um einen Winkel α gedreht. Im gezeigten Beispiel erfolgt die Drehung nach links (gegen den Uhrzeigersinn).

Eine zweite Art von Stereoisomerie ist die **Enantiomerie** (optische Isomerie, Spiegelbild-Isomerie). Moleküle oder Ionen können trotz eines gleichartigen Aufbaus verschieden sein, indem sie sich so unterscheiden, wie eine rechte Hand von einer linken Hand. Zwei Hände sind nicht deckungsgleich, man kann aber die eine Hand als Spiegelbild der anderen ansehen. Moleküle oder Ionen, von denen es zwei nicht deckungsgleiche, aber spiegelbildliche Formen gibt, nennt man **chiral** oder dissymmetrisch; die beiden Formen nennt man **Enantiomere**.

Enantiomere haben identische physikalische Eigenschaften mit Ausnahme von ihrem Verhalten gegenüber polarisiertem Licht. Licht, das ein Polarisationsfilter passiert hat, besteht aus Wellen, die nur in einer Ebene schwingen. Beim Durchtritt von polarisiertem Licht durch die Lösung von einem Enantiomeren wird die Polarisationsebene des Lichtes gedreht. Das eine Enantiomere, die *Dextro*-Form, dreht die Ebene im Uhrzeigersinn (rechts herum; dextro = lateinisch rechts); das andere Enantiomere, die *Laevo*-Form, dreht die Ebene um den gleichen Betrag links herum (gegen den Uhrzeigersinn) (s. ◉ 28.8).

Wegen dieses Verhaltens wurden Enantiomere früher auch *optische Antipoden* genannt. Ein äquimolares Gemisch von Enantiomeren wird **Racemform** (oder racemisches Gemisch, Racemat) genannt. Da sie aus gleich vielen rechts- wie linksdrehenden Molekülen besteht, hat sie keinen Effekt auf polarisiertes Licht (sie ist „optisch inaktiv").

Vom Tris(1,2-diaminoethan)cobalt(III)-Ion gibt es zwei Enantiomere. Wie in ◉ 28.9 erkennbar, sind die beiden Enantiomeren nicht deckungsgleich.

Die beiden beschriebenen Arten von Stereoisomerie, *cis-trans*-Isomerie und optische Isomerie, kommen beim Dichlorobis(1,2-diaminoethan)cobalt(III) vor (◉ 28.10). Das *trans*-Isomere ist optisch inaktiv; das Ion ist achiral, d. h. mit seinem Spiegelbild deckungsgleich. Die *cis*-Anordnung ist dagegen chiral, so daß davon zwei Enantiomere existieren. Die *trans*-Form ist ein Diastereoisomeres von jedem der beiden Enantiomeren. Bezüglich einer weitergehenden Betrachtung der Enantiomerie siehe Abschnitt 29.17 (S. 574).

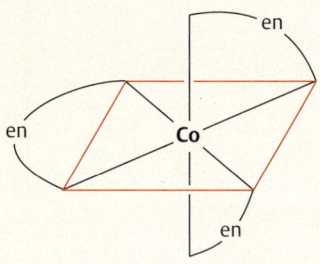

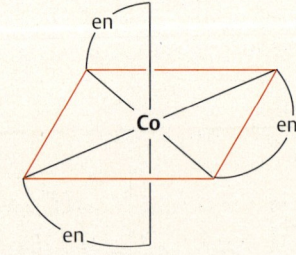

◉ **28.9** Die beiden Enantiomeren des Tris(1,2-diaminoethan)cobalt(III)-Ions

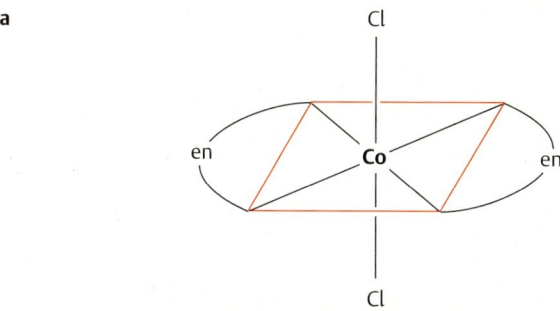
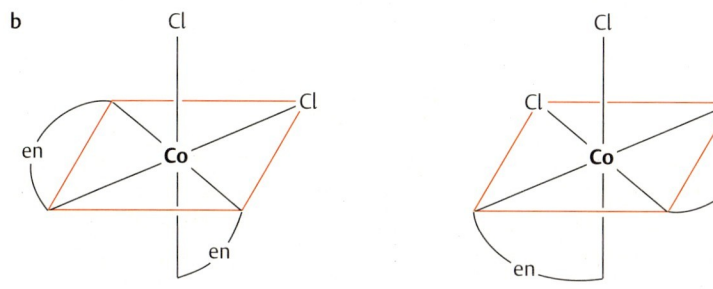

28.10 Isomere des Dichlorobis(1,2-diaminoethan)cobalt(III)-Ions
a *trans*-Isomeres
b Enantiomere *cis*-Formen

28.5 Die Bindungsverhältnisse in Komplexen

Die erste Theorie zur Erklärung der Bindungsverhältnisse in Komplexen nahm einfach an, daß Liganden Elektronenpaare zur Verfügung stellen, um Bindungen mit dem Zentralatom einzugehen. Solche Bindungen wurden koordinative Bindungen genannt. Aus der Weiterentwicklung dieses Konzepts erwuchs die Valenzbindungstheorie. Dabei werden für das Zentralatom unbesetzte Hybridorbitale angenommen (zum Beispiel sechs d^2sp^3-Hybridorbitale bei einem oktaedrischen Komplex); die Liganden stellen die Elektronenpaare zur Besetzung dieser Hybridorbitale zur Verfügung, wobei kovalente Bindungen entstehen. Die Valenzbindungstheorie paßt gut zu einer Reihe von experimentellen Beobachtungen, kann aber bestimmte andere nicht erklären. Insbesondere kann sie die Anzahl der ungepaarten Elektronen bei manchen Komplexen nicht erklären, außerdem macht sie keinerlei Aussagen zu den Farben von Komplexen.

Moderne Theorien zur Bindung in Komplexen wurden von der **Kristallfeld-Theorie** abgeleitet. In ihrer einfachsten Form nimmt sie elektrostatische Wechselwirkungen zwischen der positiven Ladung des zentralen Metall-Ions und den negativen Ladungen der Elektronenpaare der Liganden an. Ein wichtiger Aspekt ist dabei der Effekt, den das elektrische Feld der Liganden auf die d-Orbitale des zentralen Metall-Ions bewirkt.

Die Außenelektronen von Übergangsmetall-Ionen sind d-Elektronen (vgl. 28.2). In einem isolierten Übergangsmetall-Ion sind alle fünf d-

28.2 Elektronenkonfiguration einiger Übergangsmetall-Ionen

Elektronen-konfiguration	Beispiele
$3s^23p^63d^1$	Ti^{3+}
$3s^23p^63d^2$	V^{3+}
$3s^23p^63d^3$	Cr^{3+}, V^{2+}
$3s^23p^63d^4$	Cr^{2+}, Mn^{3+}
$3s^23p^63d^5$	Mn^{2+}, Fe^{3+}
$3s^23p^63d^6$	Fe^{2+}, Co^{3+}
$3s^23p^63d^7$	Co^{2+}
$3s^23p^63d^8$	Ni^{2+}
$3s^23p^63d^9$	Cu^{2+}

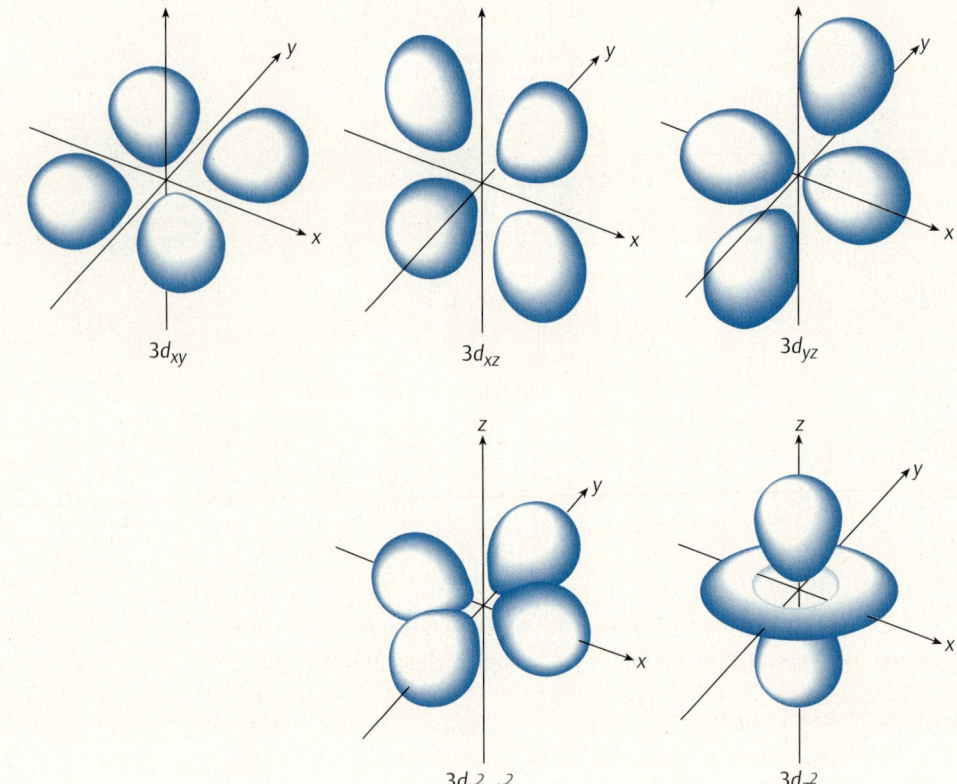

● 28.11 Grenzflächendarstellung für die d-Orbitale

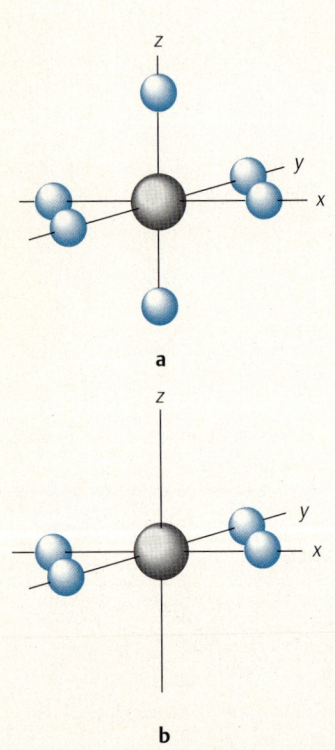

● 28.12 Anordnung der Liganden
a in einem oktaedrischen
b in einem quadratisch-planaren Komplex relativ zu einem Satz von kartesischen Koordinatenachsen

Orbitale entartet, d.h. sie haben die gleiche Energie. Die Orbitale sind jedoch nicht mehr alle energetisch gleich, wenn sie unter dem Einfluß des elektrischen Felds von umgebenden Liganden stehen.

Betrachten wir die Orientierung der d-Orbitale (● 28.11) relativ zur Anordnung der sechs Liganden in einem oktaedrischen Komplex (● 28.12a). Die Orbitale d_{z^2} und $d_{x^2-y^2}$ weisen mit den Bereichen höchster Elektronendichte in Richtung auf die Liganden, während es bei den Orbitalen d_{xy}, d_{xz} und d_{yz} die Richtung zwischen den Liganden ist. Es ergeben sich zwei Sätze von d-Orbitalen:

1. die Orbitale d_{xy}, d_{xz} und d_{yz}, im oktaedrischen Komplex als **t_{2g}-Orbitale** bezeichnet, sind untereinander äquivalent, aber verschieden von
2. den Orbitalen d_{z^2} und $d_{x^2-y^2}$, die ihrerseits untereinander äquivalent sind (**e_g-Orbitale**)

Die Symbole t_{2g} und e_g bringen zum Ausdruck, daß es sich um dreifach bzw. zweifach entartete Orbitale handelt (t = tripel-entartet, e = entartet).

Es ist nicht sofort ersichtlich, daß ein d_{z^2}-Orbital einem $d_{x^2-y^2}$-Orbital völlig gleichwertig ist. Ein d_{z^2}-Orbital kann als Linearkombination von zwei Orbitalen $d_{z^2-y^2}$ und $d_{z^2-x^2}$ angesehen werden, welche die gleiche Gestalt wie das $d_{x^2-y^2}$-Orbital haben, aber anders orientiert sind (● 28.13). Da die Zahl der d-Orbitale auf fünf begrenzt ist, können die Orbitale $d_{z^2-y^2}$ und $d_{z^2-x^2}$ nicht unabhängig voneinander sein.

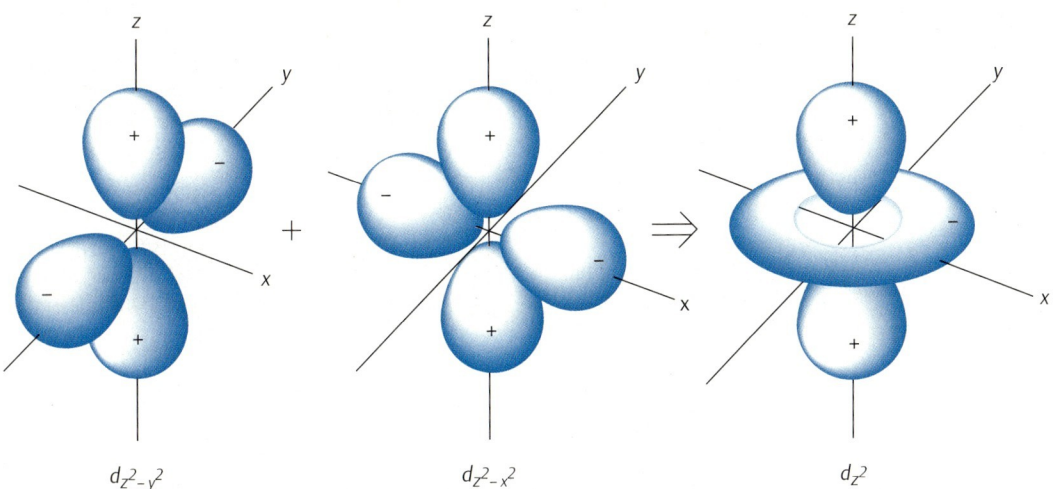

28.13 Diagramme, die veranschaulichen, daß die Linearkombination (Überlagerung) der Wellenfunktionen von einem $d_{z^2-y^2}$- und einem $d_{z^2-x^2}$-Orbital ein d_{z^2}-Orbital ergibt. Die Vorzeichen bezeichnen das Vorzeichen der Wellenfunktion im jeweiligen Bereich.

In der Kristallfeld-Theorie wird ein elektrisches Feld angenommen, das von den negativen Enden der dipolaren Liganden-Moleküle oder von den als Liganden wirkenden Anionen um das zentrale Metall-Ion erzeugt wird. Ein Elektron in einem d-Orbital des Metall-Ions, das auf die Liganden ausgerichtet ist, hat wegen der elektrostatischen Abstoßung eine höhere Energie als ein Elektron in einem Orbital, das zwischen den Liganden ausgerichtet ist. Demnach haben in einem oktaedrischen Komplex die e_g-Orbitale höhere Energien als die t_{2g}-Orbitale. Die Differenz zwischen den Energien der e_g- und der t_{2g}-Orbitale in einem oktaedrischen Komplex wird mit Δ_o bezeichnet.

In einem quadratisch-planaren Komplex (● 28.12b) sind viererlei Wechselwirkungen zwischen Liganden und d-Orbitalen zu berücksichtigen. Das $d_{x^2-y^2}$-Orbital ist auf die Liganden ausgerichtet und hat die höchste Orbitalenergie. Das d_{xy}-Orbital liegt in der Ebene der Liganden, ist aber zwischen diese ausgerichtet; seine Energie liegt unter der des $d_{x^2-y^2}$-Orbitals. Die Elektronendichte des d_{z^2}-Orbitals ist hauptsächlich entlang der z-Achse konzentriert, aber der Ring in der xy-Ebene, auf den etwa ein Drittel der Elektronendichte kommt, steht in Wechselwirkung zu den Liganden. Das d_{z^2}-Orbital hat die nächst niedrigere Orbitalenergie. Die Orbitale d_{xz} und d_{yz} sind entartet; sie werden vom elektrischen Feld der Liganden am wenigsten beeinflußt, da ihre Elektronendichte aus der Ebene der Liganden hinausweist. Sie haben die niedrigste Energie.

Die Aufspaltung der Orbitalenergien der d-Orbitale in einem tetraedrischen Komplex kann man sich durch Betrachtung von ● 28.14 überlegen. Die tetraedrisch angeordneten Liganden kann man sich in vier der acht Ecken eines Würfels denken; die Würfelflächen stehen senkrecht zu den Koordinatenachsen. Die Orbitale d_{xy}, d_{xz} und d_{yz} sind auf die Kantenmitten des Würfels ausgerichtet, während die Orbitale d_{z^2} und $d_{x^2-y^2}$ auf die Flächenmitten ausgerichtet sind. Der Abstand von einer Würfelecke zu einer Flächenmitte ist größer als der zu einer Kantenmitte. Infolgedessen werden Elektronen in den drei Orbitalen d_{xy}, d_{xz} und d_{yz} stärker von

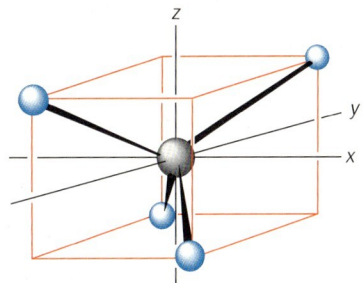

28.14 Die Verteilung von vier tetraedrisch angeordneten Liganden relativ zu einem kartesischen Koordinatensystem

den Liganden abgestoßen. Diese drei Orbitale werden im tetraedrischen Komplex mit t_2 bezeichnet (ohne Index g für gerade, der nur bei zentrosymmetrischen Komplexen geschrieben wird). Die Energien der t_2-Orbitale liegen höher als die der anderen beiden Orbitale, die mit e bezeichnet werden. Die energetische Abfolge von e- und t-Orbitalen ist im tetraedrischen Komplex somit umgekehrt wie im oktaedrischen Komplex. Die Differenz der Orbitalenergien im tetraedrischen Komplex wird mit Δ_t bezeichnet; sie ist etwa halb so groß wie Δ_o bei gleichem Zentral-Ion und gleichen Liganden.

Die Aufspaltung der Energieniveaus der d-Orbitale in tetraedrischen, oktaedrischen und quadratisch-planaren Komplexen ist in ◉ 28.15 wiedergegeben. Ein Nachteil der Kristallfeld-Theorie ist ihre einseitige Betrachtung von elektrostatischen Wechselwirkungen, ohne Berücksichtigung des kovalenten Charakters der Bindungen. In einer erweiterten Fassung der Theorie, der **Ligandenfeld-Theorie**, werden kovalente Bindungsanteile berücksichtigt. Ähnlich wie bei der Elektronenpaar-Abstoßungs-Theorie (Abschn. 9.**2**, S. 126) wird die gegenseitige Abstoßung zwischen bindenden Elektronenpaaren und den zusätzlich vorhandenen d-Elektronen betrachtet. Noch umfassender ist die **Molekülorbital-Theorie**. Sie beschreibt die Bindungen durch das Auftreten von bindenden, nichtbindenden und antibindenden Molekülorbitalen. Alle Theorien kommen jedoch zum gleichen Schluß bezüglich der Aufspaltung der Energieniveaus und der Verteilung der d-Elektronen im zentralen Metall-Ion. Auf die Bedeutung der Aufspaltungen gehen wir weiter unten ein.

Nach der Molekülorbital-Theorie kommt es in einem oktaedrischen Komplex zur Überlappung von je einem Orbital der sechs Liganden mit dem $4s$-Orbital, den drei $4p$-Orbitalen und dem $3d_{z^2}$ und dem $3d_{x^2-y^2}$-Orbital des Zentralatoms, wobei sechs bindende und sechs antibindende Molekülorbitale entstehen. Die t_{2g}-Orbitale d_{xy}, d_{xz} und d_{yz} beteiligen sich

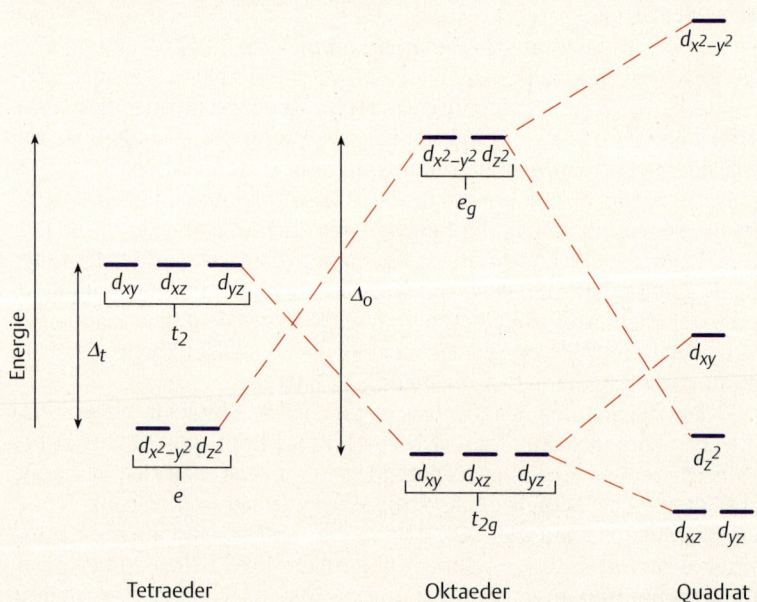

◉ **28.15** Die energetische Aufspaltung von d-Orbitalen durch drei verschiedene Ligandenfelder unterschiedlicher Geometrie

an keinen σ-Orbitalen und verhalten sich nichtbindend (weder bindend noch antibindend; die t_{2g}-Orbitale können jedoch an π-Bindungen mitwirken). Ein Molekülorbital-Diagramm für einen oktaedrischen Komplex ohne Berücksichtigung von π-Bindungen ist in ◉ 28.16 gezeigt.

Wenn zwei Atomorbitale unterschiedlicher Energie miteinander in Wechselwirkung treten, so entspricht der Charakter des entstehenden bindenden Molekülorbitals überwiegend demjenigen des Atomorbitals mit der niedrigeren Energie, und das antibindende Molekülorbital entspricht mehr dem Atomorbital mit der höheren Energie. In einem oktaedrischen Komplex entsprechen die bindenden Orbitale überwiegend den Orbitalen der Liganden. Die antibindenden Orbitale ähneln mehr den Orbitalen des Metall-Atoms. Die nichtbindenden t_{2g}-Orbitale können als reine Metall-Atomorbitale angesehen werden.

In einem oktaedrischen Komplex werden die bindenden Molekülorbitale vollständig von den sechs Elektronenpaaren besetzt, welche die Liganden einbringen. Die Valenzelektronen des Zentralatoms besetzen die nichtbindenden t_{2g}- und die antibindenden e_g-Orbitale. Die Energiedifferenz zwischen diesen beiden Orbitalsätzen ist Δ_o. Die vier übrigen antibindenden Orbitale werden im Grundzustand bei keinem Komplex besetzt.

Die Schlußfolgerung dieser Betrachtungsweise entspricht weitgehend den Aussagen der Kristallfeld-Theorie. In einem oktaedrischen Komplex kann man sich die fünffache Entartung der d-Orbitale des freien Metall-Atoms aufgespalten denken, und zwar in einen dreifach entarteten Satz von Orbitalen, t_{2g}, und einen energetisch höherliegenden zweifach entarteten Satz von Orbitalen, e_g. Der in ◉ 28.16 farbig hervorgehobene Teil mit den Molekülorbitalen, die von den d-Elektronen des Metall-Atoms besetzt werden, entspricht dem Diagramm gemäß der Kristallfeld-Theorie (◉ 28.15).

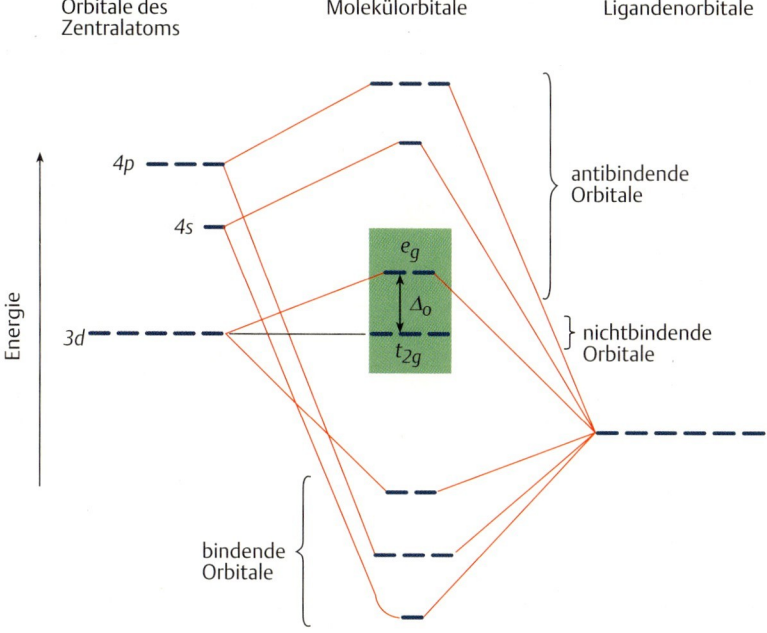

◉ 28.16 Molekülorbital-Diagramm für einen oktaedrischen Komplex ohne π-Bindungen

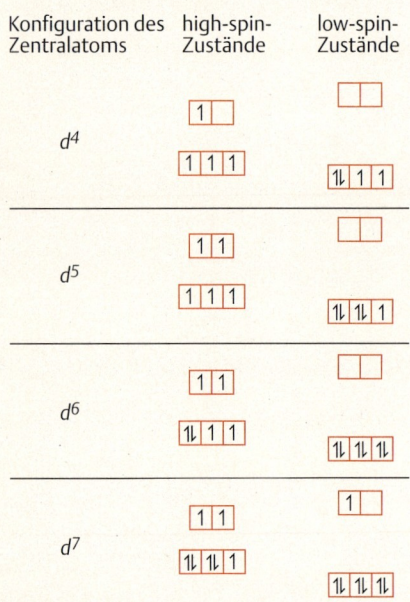

28.17 Verteilung der Elektronen in oktaedrischen high-spin- und low-spin-Komplexen für d^4-, d^5-, d^6- und d^7-Metall-Ionen

High-spin-Komplex:
$\Delta_o < P$

Low-spin-Komplex:
$\Delta_o > P$

Die 6 bindenden und 3 nichtbindenden Orbitale ergeben zusammen 9 Orbitale, die von 18 Elektronen besetzt werden können. Wenn dies der Fall ist, d.h. bei einem d^6-Ion (6 d-Elektronen), ist die 18-Elektronen-Regel erfüllt. Wir erkennen auch, warum die Regel oft nicht erfüllt wird: ob die nichtbindenden t_{2g}-Orbitale besetzt sind oder nicht, macht kaum einen Unterschied aus. Die Besetzung der antibindenen e_g-Orbitale führt zu einer Verminderung der Stabilität. Diese Stabilitätsverminderung ist oft gering genug, um toleriert zu werden; sie erklärt aber, warum zum Beispiel oktaedrische Cobalt(II)-Komplexe (d^7) weniger stabil sind als Cobalt(III)-Komplexe (d^6) und warum oktaedrische Komplexe bei den Elementen am Ende des d-Blocks relativ selten sind.

Die Anwendung der Molekülorbital-Theorie auf tetraedrische oder quadratisch-planare Komplexe ist etwas komplizierter. Auch in diesen Fällen kommt man zu Energieterm-Aufspaltungen, die den Diagrammen von ◉ 28.15 entsprechen.

Für oktaedrische Komplexe eines gegebenen Metall-Ions hängt der Betrag des Aufspaltungsparameters Δ_o von den Liganden ab. Für die Elektronenkonfiguration bestimmter Komplexe ist der Wert von Δ_o maßgeblich.

Bei oktaedrischen Komplexen von Übergangsmetall-Ionen mit einem, zwei oder drei d-Elektronen (d^1-, d^2 oder d^3-Ionen) kommt je nur eine Elektronenkonfiguration in Betracht, unabhängig vom Betrag von Δ_o. Die d-Elektronen besetzen die t_{2g}-Orbitale einzeln mit parallelem Spin. Dagegen haben Komplexe von Metall-Ionen mit vier, fünf, sechs oder sieben d-Elektronen jeweils zwei mögliche Elektronenkonfigurationen zur Auswahl (◉ 28.17).

Im Falle eines oktaedrischen Komplexes eines d^4-Ions kann das 4. Elektron eines der energetisch höher liegenden e_g-Orbitale besetzen oder es kann sich mit einem der schon vorhandenen drei Elektronen in einem t_{2g}-Orbital paaren. Im ersten Fall ergibt sich eine Konfiguration mit vier ungepaarten Elektronen; man spricht von einem **high-spin**-Zustand. Im zweiten Fall sind nur zwei ungepaarte Elektronen vorhanden, man spricht von einem **low-spin**-Zustand. Welche der beiden Konfigurationen angenommen wird, hängt davon ab, welche energetisch günstiger ist.

Um zwei Elektronen mit entgegengesetztem Spin auf das gleiche Orbital zu bringen, muß deren gegenseitige Abstoßung überwunden werden: es muß ein gewisser Energiebetrag, die **Spinpaarungsenergie** P, aufgebracht werden (wegen der Spinpaarungsenergie werden entartete Orbitale immer zunächst einfach besetzt: Hund-Regel). Wenn Δ_o kleiner als P ist, ist es günstiger, wenn das 4. Elektron eines der e_g-Orbitale besetzt und keine Spinpaarung auftritt. Umgekehrt ist es günstiger, Elektronen zu paaren und die e_g-Orbitale unbesetzt zu lassen, wenn Δ_o größer als P ist.

Ob ein high-spin- oder ein low-spin-Komplex entsteht, hängt somit von der relativen Größe der Energiebeträge Δ_o und P ab. Der Wert für P liegt im allgemeinen in der Größenordnung von 200 kJ/mol und hängt vom Metall-Ion ab. Der Wert Δ_o ist von Komplex zu Komplex verschieden und hängt wesentlich von der Natur der Liganden ab.

Die Schlußfolgerung gilt auch für Komplexe von d^5-, d^6- und d^7-Ionen. Für Komplexe von d^8-Ionen gibt es keine Wahl zwischen high- und low-spin-Zustand; die einzige in Betracht kommende Konfiguration hat sechs gepaarte Elektronen in den t_{2g}-Orbitalen und zwei ungepaarte Elektronen in den e_g-Orbitalen. Entsprechend gibt es auch für Komplexe von d^9- und d^{10}-Ionen je nur eine mögliche Konfiguration.

Werte für Δ_o können durch Messung der Absorptionsspektren der Komplexe erhalten werden. Im Falle des Komplexes $[Ti(OH_2)_6]^{3+}$ ist im Grundzustand nur ein Elektron in einem der t_{2g}-Orbitale vorhanden. Durch Zufuhr von Energie, die dem Betrag von Δ_o entspricht, kann das Elektron angeregt werden und in ein e_g-Orbital überwechseln. Anregungen dieser Art können durch Absorption von Licht zustande kommen. Das $[Ti(OH_2)_6]^{3+}$ zeigt ein Maximum der Lichtabsorption bei einer Wellenlänge von 490 nm; das entspricht einem Wert Δ_o = 243 kJ/mol. Das absorbierte Licht ist blau, es wird aber auch noch grünes Licht absorbiert. Rotes und violettes Licht werden nicht absorbiert, was dem Komplex seine rot-violette Farbe verleiht.

Im allgemeinen ergibt der Austausch von Liganden an einem gegebenen Metall-Ion eine Änderung der Energiedifferenz Δ_o und damit veränderte Bedingungen für die Lichtabsorption. In vielen Fällen beobachtet man auffällige Farbänderungen, wenn Liganden eines Komplexes durch andere ersetzt werden.

In der **spektrochemischen Serie** werden die Liganden nach der Größe des von ihnen verursachten Δ_o-Wertes eingereiht. Bei der experimentellen Untersuchung der Spektren vieler Komplexe hat sich herausgestellt, daß die gleiche Reihenfolge bei Komplexen aller Übergangsmetalle im allgemeinen eingehalten wird; nur zwischen Liganden, die in der Serie nahe beieinanderstehen, gibt es gelegentlich Umkehrungen in der Reihenfolge. Die Spektrochemische Serie für häufig verwendete Liganden ist nebenstehend aufgeführt.

Halogenid-Ionen verursachen in der Regel nur geringe Aufspaltungen der d-Orbitalterme, und Halogeno-Komplexe haben meist high-spin-Konfiguration. Das Cyanid-Ion, das am anderen Ende der Serie steht, induziert von allen aufgeführten Liganden die größten Δ_o-Werte. Cyano-Komplexe haben meist low-spin-Konfiguration.

Ein gegebener Ligand bringt aber nicht immer Komplexe der gleichen spin-Art mit sich. Zum Beispiel hat das Hexamminaeisen(II)-Ion eine high-spin-Konfiguration, aber das isoelektronische Hexammincobalt(III)-Ion eine low-spin-Konfiguration.

Für jedes Metall-Ion gibt es einen Punkt in der Serie, bei dem der Wechsel von high-spin-erzeugenden zu low-spin-erzeugenden Liganden eintritt. Zum Beispiel sind Cobalt(II)-Komplexe mit Ammoniak oder 1,2-Diaminoethan high-spin-Komplexe und solche mit Nitrit- oder Cyanid-Ionen low-spin-Komplexe. Die Stelle, an der in der Serie der Wechsel von high-spin- nach low-spin-erzeugenden Komplexen erfolgt, hängt von der Spinpaarungsenergie P des Metall-Ions und vom Wert Δ_o des betreffenden Komplexes ab.

Bei tetraedrischen Komplexen haben die zwei e-Orbitale niedrigere Orbitalenergien als die drei t_2-Orbitale (◉ 28.**15**, S. 522). Für Komplexe mit d^1- und d^2-Ionen kommt jeweils nur eine Elektronenkonfiguration mit einfach besetzten e-Orbitalen in Betracht. Für ein d^3-Ion (◉ 28.**18a**) ist ebenso wie für ein d^4-, d^5- oder d^6-Ion jeweils ein high-spin- und ein low-spin-Zustand denkbar. Tatsächlich kennt man jedoch bei tetraedrischen Komplexen nur high-spin-Komplexe.

In einem tetraedrischen Komplex ist die Energiedifferenz Δ_t zwischen den t_2- und e-Orbitalen relativ gering, nämlich etwa halb so groß

Spektrochemische Serie:
$I^- < Br^- < Cl^- < F^- < OH^- < C_2O_4^-$
$\quad < H_2O < NH_3 < en < NO_2^- < H^-$
$\quad < CN^-$

◉ 28.**18** Verteilung der d-Elektronen in high-spin- und low-spin-Zuständen:
a in einem tetraedrischen Komplex eines d^3-Ions
b in einem quadratisch-planaren Komplex eines d^8-Ions

wie Δ_o. Deshalb gilt für alle tetraedrischen Komplexe $\Delta_t < P$. Wenn eine Alternative besteht, ist der Komplex mit ungepaarten Elektronen deshalb immer günstiger.

Quadratisch-planare Komplexe treten bei d^8-Ionen auf. Für diese ist ein high-spin- und ein low-spin-Zustand denkbar (◐ 28.**18b**). Tatsächlich kennt man nur quadratische Komplexe mit low-spin-Konfiguration; da alle Elektronen gepaart sind, sind diese Komplexe diamagnetisch. Der Energieunterschied zwischen dem energetisch höchsten Orbital und dem energetisch darunter liegenden Orbital ist zu groß um eine high-spin-Konfiguration zu ermöglichen. Für quadratische Komplexe von d^7-Ionen gilt das gleiche; sie unterscheiden sich nur darin, daß im höchsten besetzten Orbital nur ein Elektron vorhanden ist.

28.6 Übungsaufgaben

(Lösungen s. S. 684)

28.1 Welche Oxidationszahl hat das Zentralatom in folgenden Komplexen?
a) $[Co(NO_2)_6]^{3-}$ d) $[Co(NH_3)_4Br_2]^+$ g) $[Ni(CO)_4]$
b) $[Au(CN)_4]^-$ e) $[Co(en)Cl_4]^{2-}$ h) $[PdCl_6]^{2-}$
c) $[V(CO)_6]$ f) $[Fe(H_2O)_2Cl_4]^-$

28.2 Welche Ionenladung hat ein Komplex aus:
a) Ag^+ und $2\,NH_3$ d) Pt^{4+}, $3\,H_2O$ und $3\,Br^-$
b) Co^{2+} und $3\,C_2O_4^{2-}$ e) Hg^{2+} und $4\,Cl^-$
c) Au^+ und $2\,CN^-$ f) Cr und $6\,CO$

28.3 Geben Sie die Formeln für folgende Verbindungen an:
a) Zink-hexachloroplatinat(IV)
b) Kalium-tetracyanoniccolat(0)
c) Tetramminchloronitrocobalt(III)-sulfat
d) Kalium-tetrabromoaurat(III)
e) Natrium-tetracyanodioxorhenat(V)
f) Tetramminplatin(II)-ammintrichloroplatinat(II)
g) Tetrammindithiocyanatochrom(III)-diammintetrathiocyanatochromat(III)
h) Natrium-dithiosulfatoargentat(I)
i) Kalium-aquopentachlororhodat(III)
j) Tetramminkupfer(II)-hexachlorochromat(III)

28.4 Geben Sie die Namen für folgende Komplexe an:
a) $K_4[Ni(CN)_4]$ f) $[Co(NO)(CO)_3]$
b) $K_2[Ni(CN)_4]$ g) $[Co(en)_2(SCN)Cl]Cl$
c) $(NH_4)_2[Fe(H_2O)Cl_5]$ h) $[Co(NH_3)_6][Co(NO_2)_6]_3$
d) $[Cu(NH_3)_4][PtCl_4]$ i) $Na[Au(CN)_2]$
e) $[Ir(NH_3)_5(ONO)]Cl_2$

28.5 Berechnen Sie die Komplexzerfallskonstante für das $[Al(OH)_4]^-$-Ion aus folgenden Daten:

$3\,e^- + [Al(OH)_4]^- \rightleftarrows Al + 4\,OH^-$ $E^o = -2{,}330\,V$
$3\,e^- + Al^{3+} \rightleftarrows Al$ $E^o = -1{,}662\,V$

28.6 Bei Zusatz einer Lösung von Kaliumhexacyanoferrat(II) zu Fe^{3+} (aq) fällt ein Niederschlag von Kaliumeisen(III)-hexacyanoferrat(II) aus, genannt Berliner Blau. Der gleiche Niederschlag entsteht bei Zusatz einer Lösung von Kaliumhexacyanoferrat(III) zu Fe^{2+} (aq). Welche Formel hat Berliner Blau?

28.7 Zwei Verbindungen haben die gleiche empirische Formel $Co(NH_3)_3(H_2O)_2ClBr_2$.
In einem Exsikkator verliert ein Mol der Verbindung A leicht ein Mol Wasser, Verbindung B jedoch nicht. Die elektrische Leitfähigkeit einer wäßrigen Lösung von A entspricht einer Verbindung mit zwei Ionen pro Formeleinheit; die Leitfähigkeit einer Lösung von B entspricht einer Verbindung mit drei Ionen pro Formeleinheit. Zusatz einer Lösung von Silbernitrat fällt aus einer Lösung von 1 mol A 1 mol Silberbromid aus, aus einer Lösung von 1 mol B 2 mol Silberbromid.
a) Welche Formeln haben A und B?
b) Um welche Art von Isomeren handelt es sich?

28.8 Geben Sie Formeln an für:
a) ein Ionisierungsisomeres von $[Co(NH_3)_5(NO_3)]SO_4$
b) ein Bindungsisomeres von $[Mo(CO)_5(SCN)]$
c) ein Koordinationsisomeres von $[Pt(NH_3)_4][PtCl_4]$
d) ein Hydratisomeres von $[Co(en)_2(H_2O)_2]Br_3$

28.9 Geben Sie alle möglichen Isomeren für $[Pt(NH_3)_4][PtCl_6]$ an.

28.10 Zeichnen Sie Strukturbilder für die vier Stereoisomeren von $[Pt(en)(NO_2)_2Cl_2]$.

28.11 Zeichnen Sie Strukturbilder für alle Stereoisomeren der folgenden Verbindungen. Py steht für Pyridin (C_5H_5N), einem einzähnigen Liganden.
 a) $[Pt(NH_3)(Py)ClBr]$, quadratisch
 b) $[Pt(NH_3)(Py)Cl_2]$, quadratisch
 c) $[Pt(Py)_2Cl_2]$, quadratisch
 d) $[Co(Py)_2Cl_2]$, tetraedrisch

28.12 Zeichnen Sie Strukturbilder für alle Stereoisomeren der folgenden oktaedrischen Komplexe. Geben Sie an, welche Diastereomere und welche Enantiomere sind.
 a) $[Cr(NH_3)_2(NCS)_4]^-$
 b) $[Co(NH_3)_3(NO_2)_3]$
 c) $[Co(en)(NH_3)_2Cl_2]^+$
 d) $[Co(en)Cl_4]^-$
 e) $[Co(en)_2ClBr]^+$
 f) $[Cr(NH_3)_2(C_2O_4)_2]^-$
 g) $[Cr(C_2O_4)_3]^{3-}$

28.13 Der Komplex $[Ni(CN)_4]^{2-}$ ist quadratisch und der Komplex $[NiCl_4]^{2-}$ ist tetraedrisch. Nehmen Sie ⊙ 28.**18** zu Hilfe, um anzugeben, wie viele ungepaarte Elektronen jeder der Komplexe hat.

28.14 Die oktaedrischen Komplexe $[Fe(CN)_6]^{3-}$ und $[FeF_6]^{3-}$ haben ein bzw. fünf ungepaarte Elektronen. Wie kann man das erklären?

28.15 Für den high-spin-Komplex $[Mn(OH_2)_6]^{3+}$ ist $\Delta_o \approx 250$ kJ/mol. Für den low-spin-Komplex $[Mn(CN)_6]^{3-}$ ist $\Delta_o \approx 460$ kJ/mol.
 a) Welche Aussage kann man über die Spinpaarungsenergie P für Mn^{3+} machen?
 b) Müßte $[Mn(C_2O_4)_3]^{3-}$ ein high- oder low-spin-Komplex sein?

28.16 Die Spinpaarungsenergie P für das Fe^{2+}-Ion beträgt etwa 210 kJ/mol. Die Δ_o-Werte für $[Fe(OH_2)_6]^{2+}$ und $[Fe(CN)_6]^{4-}$ sind etwa 120 bzw. 390 kJ/mol.
 a) Handelt es sich um high- oder low-spin Komplexe?
 b) Zeichnen Sie ein d-Orbital-Aufspaltungsdiagramm für beide.

28.17 Zeichnen Sie d-Orbital-Aufspaltungsdiagramme für oktaedrische high-spin- und low-spin-Komplexe von:
 a) Zn^{2+} c) Cr^{3+} e) Fe^{3+} g) Cu^+
 b) Cr^{2+} d) Fe^{2+} f) Ni^{2+} h) Cu^{2+}

28.18 Zeichnen Sie d-Orbital-Aufspaltungsdiagramme für $[Co(NH_3)_6]^{2+}$ und $[Co(NH_3)_6]^{3+}$. Die zugehörigen Δ_o-Werte sind 120 bzw. 270 kJ/mol. Die Spinpaarungsenergie ist etwa 270 kJ/mol für Co^{2+} und 210 kJ/mol für Co^{3+}.

29 Organische Chemie

Zusammenfassung. *Kohlenwasserstoffe* sind Verbindungen, die nur aus Kohlenstoff und Wasserstoff bestehen. In *Alkanen* (*Paraffine*) sind alle C—C-Bindungen Einfachbindungen. Offenkettige Alkane haben die allgemeine Formel C_nH_{2n+2}; *Cycloalkane* mit der allgemeinen Formel C_nH_{2n} sind zu einem Ring geschlossen. Die Zahl der *Konstitutionsisomeren* nimmt mit zunehmender Anzahl von C-Atomen stark zu. *Konformationsisomere* unterscheiden sich in der Art, wie Atomgruppen um C—C-Bindungen gegenseitig verdreht sind. Ein *Alken-Molekül* (*Olefin-Molekül*) enthält eine C=C-Doppelbindung und hat die allgemeine Formel C_nH_{2n}. Bei Alkenen können *Stereoisomere* (*cis-trans*-Isomere) auftreten. Ein *Alkin-Molekül* enthält eine C≡C-Dreifachbindung und hat die allgemeine Formel C_nH_{2n-2}. Die Strukturen von *Arenen* (aromatische Kohlenwasserstoffe) leiten sich vom Benzol (C_6H_6) ab. Im Benzol-Molekül sind sechs C-Atome ringförmig durch σ-Bindungen und durch ein delokalisiertes π-Bindungssystem verknüpft.

Alkane, Alkene und Arene werden bei der *Raffination von Erdöl* gewonnen. Im Steinkohlenteer, der bei der Verkokung von Steinkohle anfällt, sind zahlreiche aromatische Kohlenwasserstoffe enthalten.

Der Ersatz eines Wasserstoff-Atoms in einem Kohlenwasserstoff-Molekül durch ein anderes Atom oder durch eine Atomgruppe wird *Substitutionsreaktion* genannt. Bei Alkanen verlaufen viele Substitutionsreaktionen über einen *radikalischen Reaktionsmechanismus*. *Additionsreaktionen* sind charakteristisch für Alkene und Alkine. Wenn sie nach dem Mechanismus der *elektrophilen Addition* verlaufen, erfüllen sie die *Markovnikov-Regel*, nach welcher sich das Produkt der Addition an ein unsymmetrisches Reagenz voraussagen läßt. Die *Diels-Alder*-Synthese ist eine Additionsreaktion eines Alkens oder Alkins mit einem 1,3-Dien, bei der eine cyclische Verbindung entsteht. Die *elektrophile Substitutionsreaktion* ist charakteristisch für Arene. Die Position eines neuen Substituenten am Benzol-Ring wird dabei von bereits vorhandenen Substituenten über den *induktiven* (I) und den *mesomeren* (M) Effekt gesteuert.

In *Halogenalkanen* sind Wasserstoff-Atome eines Alkans durch Halogen-Atome substituiert. Die Halogen-Atome lassen sich durch *nucleophile Substitutionsreaktionen* (S_N1- und S_N2-Reaktionen) gegen andere Atomgruppen (z. B. OH-Gruppen) austauschen.

In *metallorganischen* Verbindungen sind Metall-Atome kovalent mit Kohlenstoff-Atomen verbunden. Vor allem Organolithium- und Organomagnesium-Verbindungen sind für Synthesereaktionen wertvoll. *Grignard-Verbindungen* (R—MgX) entstehen aus Halogenalkanen und Magnesium; sie reagieren leicht mit polaren Verbindungen. *π-Komplexe* sind Verbindungen, in denen ein Alken oder ein aromatischer Kohlenwasserstoff über seine π-Elektronen an ein Übergangsmetallatom gebunden ist.

Ein *Alkohol* ist ein Derivat eines Alkans, in dem ein Wasserstoff-Atom durch eine Hydroxy-Gruppe substituiert ist. Ein Molekül eines *mehrwertigen*

Schlüsselworte (s. Glossar)

Kohlenwasserstoffe
Alkane
Homologe Reihe
Alkyl-Gruppe

Konstitutionsisomere
primäres, sekundäres, tertiäres C-Atom
Isomerisierung
Crack-Prozeß

Cycloalkane

Bicyclische Verbindungen
Spirane
Kondensierte Ringsysteme
Konformation
Konformationsisomere (Konformere)
Boot- und Sessel-Form
Newman Projektion

Alken
Dien
Polyen
isolierte, konjugierte, kumulierte Doppelbindungen

Alkin
Aren (aromatischer Kohlenwasserstoff)
Aryl-Gruppe
Dehydrierende Cyclisierung

Funktionelle Gruppe
Radikalische Substitution
Homolyse

Additionsreaktion
Elektrophile Additionsreaktion
Markovnikov-Regel
Regioselektive Reaktion

Elektrophile Substitution
Induktiver Effekt
Mesomerer Effekt

Nucleophile Substitution
Sterische Hinderung
Eliminierungsreaktion

Grignard-Verbindung
π-Komplex

Alkohole (primäre, sekundäre, tertiäre)
Alkoholische Gärung
Phenol

Ether
Williamson-Synthese

Carbonyl-Verbindung
Aldehyd
Keton

Aldol-Addition
Wittig-Reaktion
Tautomerie

Carbonsäure
Acyl-Gruppe
Carboxy-Gruppe

Carbonsäurenitril
Carbonsäureester
Verseifung
Claisen-Kondensation

Amin
Carbonsäure-amid
Zwitter-Ion (Betain)
Urethan

Azo-Verbindung
Dioazonium-Ion

Heterocyclische Verbindung
Heteroaren

Makromolekül
Monomere

Polymerisation
Polyaddition
Polykondensation

Chirales Molekül
Cahn-Ingold-Prelog-Regel

Alkohols enthält mehrere Hydroxy-Gruppen. Alkohole können durch nucleophile Substitutionsreaktionen aus Halogenalkanen gewonnen werden. Meist sind jedoch andere Synthesereaktionen wichtiger, zum Beispiel die *alkoholische Gärung* für Ethanol und die katalytische Hydrierung von Kohlenmonoxid für Methanol. Ein Aren, in dem eine Hydroxy-Gruppe an ein Kohlenstoff-Atom des Benzol-Rings gebunden ist, nennt man *Phenol*. Ein *Ether* hat die allgemeine Formel R^1-O-R^2 (R^1, R^2: Alkyl- oder Aryl-Rest). Ether können aus Alkoholen durch Abspaltung von Wasser hergestellt werden. Aldehyde ($R-CH=O$) und *Ketone* (R^1R^2CO) sind *Carbonyl-Verbindungen*. Sie entstehen bei der Oxidation von primären bzw. sekundären Alkoholen. Die Doppelbindung der Carbonyl-Gruppe geht leicht Additionsreaktionen ein, zum Beispiel mit Wasserstoff, Cyanwasserstoff, Aminen oder Grignard-Verbindungen. Bei der *Wittig-Reaktion* wird ein Methylentriphenylphosphoran [$(H_5C_6)_3P=CH_2$] an eine Carbonyl-Verbindung addiert, als Produkt wird ein Alken erhalten. Bei der *Aldol-Addition* geht eine Carbonyl-Verbindung eine Additionsreaktion mit sich selbst ein. 1,3-Diketone zeigen die Erscheinung der *Keto-Enol-Tautomerie*.

Carbonsäuren ($R-COOH$) können durch Oxidation von Aldehyden, primären Alkoholen, Alkanen oder Alkenen hergestellt werden. Durch Wasser-Abspaltung erhält man daraus *Carbonsäureanhydride* ($R-CO-O-CO-R$). Durch Substitution der OH-Gruppe in der Carboxy-Gruppe durch ein Chlor-Atom entstehen *Carbonsäurechloride* (*Acylchloride*, $R-CO-Cl$). Sie eignen sich zur Einführung der Acyl-Gruppe ($RCO-$), z.B. bei der *Friedel-Crafts-Reaktion*. *Carbonsäureester* ($R^1-CO-OR^2$) entstehen aus Carbonsäuren oder Acylchloriden mit Alkoholen. In *Hydroxy-carbonsäuren* ist eine zusätzliche Hydroxy-Gruppe an die Kohlenstoff-Atomkette einer Carbonsäure gebunden; sie sind bei biochemischen Prozessen von Bedeutung. Acetessigester ($H_3C-CO-COOC_2H_5$), ein Oxocarbonsäureester, ist die Ausgangsverbindung für zahlreiche Synthesen.

Amine sind Derivate des Ammoniaks, in denen ein, zwei oder drei H-Atome des NH_3-Moleküls durch Alkyl- oder Aryl-Gruppen ersetzt sind. Sie sind schwache Basen. Sie können durch Reaktion von Ammoniak mit Halogenalkanen oder durch Hydrierung von Carbonsäurenitrilen ($R-CN$) gewonnen werden. Anilin ($H_5C_6-NH_2$) ist ein aromatisches Amin, das durch Reduktion von Nitrobenzol ($H_5C_6-NO_2$) hergestellt wird. *Carbonsäureamide* ($R-CO-NH_2$, Acylamine) werden aus Carbonsäure-halogeniden, -estern oder -anhydriden und Ammoniak hergestellt. Durch Wasser-Abspaltung gehen sie in Carbonsäurenitrile über. Ein *Urethan* (Carbamidsäureester, $R^1O-CO-NH-R^2$) ist gleichzeitig Säureamid und Ester; es entsteht durch Reaktion von einem Alkylisocyanat ($R-N=C=O$) mit einem Alkohol.

Aromatische Amine reagieren mit salpetriger Säure zu *Diazonium-Salzen*, z.B. Benzoldiazoniumchlorid ($H_5C_6-N_2^+Cl^-$). Sie spalten leicht Stickstoff ab, wobei sehr reaktive Aryl-Kationen (z.B. $C_6H_5^+$) entstehen, die mit jeder angebotenen Lewis-Base weiterreagieren. Man kann so zahlreiche substituierte aromatische Verbindungen synthetisieren. Diazonium-Salze können auch ohne Abspaltung von Stickstoff mit Phenolen oder aromatischen Aminen reagieren; dabei entstehen *Azo-Verbindungen* ($R^1-N=N-R^2$; R^1, R^2 = Aryl-Reste), die als Farbstoffe Bedeutung haben.

Heterocyclische Verbindungen bestehen aus ringförmigen Molekülen, die außer Kohlenstoff-Atomen auch Atome anderer Elemente enthalten. Pyridin, ein Heteroaren, ist ein Beispiel.

Polymere bestehen aus *Makromolekülen*; das sind Moleküle mit hoher Molekülmasse, die durch *Polymerisation, Polykondensation* oder *Polyaddition* aus kleineren Molekülen, den *Monomeren*, entstehen. Die Polymerisation eines Alkens kann durch Radikale, Lewis-Säuren oder Lewis-Basen ausgelöst werden. Ein *Polyester* entsteht durch Polykondensation aus einem zweiwertigen Alkohol und einer Dicarbonsäure; ein *Polyamid* entsteht durch Polykondensation aus einem Diamin und einer Dicarbonsäure. *Polyurethane* entstehen durch Polyaddition aus Diisocyanaten und Diolen. Als Kunststoffe finden Polymere vielfältige Anwendung.

Bei *Konstitutionsisomeren* sind die Atome unterschiedlich miteinander verknüpft. *Stereoisomere* unterscheiden sich bei gleicher Konstitution durch ihre *Konfiguration*, d.h. durch die geometrische Anordnung ihrer Atome. Stereoisomere können *Diastereomere* oder *Enantiomere* sein. Enantiomere treten bei *chiralen* Molekülen auf. Moleküle mit einem asymmetrisch substituierten Kohlenstoff-Atom sind chiral. Zur Bezeichnung der Enantiomeren dient die *Cahn-Ingold-Prelog-Nomenklatur*. Reaktionen, bei denen eine chirale Verbindung entsteht, sind *stereospezifisch*.

Konstitution
Konfiguration
Stereoisomere
Diastereomere

Enantiomere
Asymmetrisch substituiertes C-Atom
Racem-Form
Stereospezifische Reaktion

29 Organische Chemie

- 29.1 Alkane 532
- 29.2 Alkene 538
- 29.3 Alkine 539
- 29.4 Arene 540
- 29.5 Reaktionen der Kohlenwasserstoffe. Radikalische Substitution. Addition 541
- 29.6 Reaktionen der Arene. Elektrophile Substitution 544
- 29.7 Halogenalkane. Nucleophile Substitution. Eliminierungsreaktionen 547
- 29.8 Metallorganische Verbindungen 549
- 29.9 Alkohole und Phenole 550
- 29.10 Ether 553
- 29.11 Carbonyl-Verbindungen 554
- 29.12 Carbonsäuren und ihre Derivate 558
- 29.13 Amine und Carbonsäureamide 565
- 29.14 Azo- und Diazo-Verbindungen 567
- 29.15 Heterocyclische Verbindungen 569
- 29.16 Makromolekulare Chemie 570
- 29.17 Stereochemie organischer Verbindungen 574
- 29.18 Übungsaufgaben 578

Der von Berzelius (1807) geprägte Begriff „organische Chemie" brachte den Glauben zum Ausdruck, Stoffe tierischen und pflanzlichen Ursprungs seien prinzipiell andersartig als solche der unbelebten Natur. Daß organische Substanzen nur von Lebewesen synthetisiert werden können, wurde von Wöhler (1828) widerlegt. Inzwischen hat man nicht nur eine große Zahl von organischen Naturstoffen künstlich hergestellt, sondern auch zahllose verwandte Verbindungen, die in der Natur nicht vorkommen. All diese Verbindungen enthalten Kohlenstoff. Unter organischer Chemie versteht man daher heute die Chemie der Kohlenstoff-Verbindungen. Allerdings werden einige traditionell als anorganisch klassifizierte Kohlenstoff-Verbindungen wie Kohlenmonoxid, Kohlendioxid, Carbonate, Cyanide und Carbide weiterhin nicht der organischen Chemie zugerechnet, und man kann organische Chemie vielleicht besser als die Chemie der Kohlenwasserstoffe und ihrer Derivate auffassen. Kohlenwasserstoffe sind Verbindungen, die nur Kohlenstoff und Wasserstoff enthalten.

Vom Kohlenstoff kennt man weit über eine Million Verbindungen und somit mehr, als von allen anderen Elementen zusammengenommen, ausgenommen Wasserstoff. Die Sonderstellung des Kohlenstoffs hat mehrere Gründe: jedes Kohlenstoff-Atom kann sich an bis zu vier sehr stabilen kovalenten C—C-Einfachbindungen beteiligen, so daß komplizierte Ketten, Ringe und Gerüste aus C-Atomen aufgebaut werden können; zusätzlich können C=C-Doppel- und C≡C-Dreifachbindungen gebildet werden; auch mit zahlreichen anderen Elementen können stabile kovalente Bindungen geknüpft werden.

Jöns Jakob von Berzelius, 1779–1848

Friedrich Wöhler, 1800–1882 (Ausschnitt aus einem Gemälde von Kardorff)

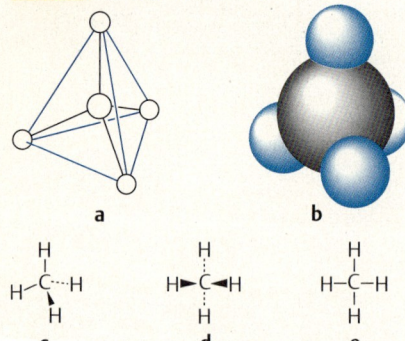

29.1 Fünf Darstellungen des Methan-Moleküls. In Bild **a** sind die Bindungslängen, verglichen mit den Atomgrößen, übertrieben lang gezeichnet. In Bild **c** und **d** deuten die punktierten Linien Bindungen an, die hinter die Papierebene weisen und keilförmig gezeichnete Bindungen zeigen nach vorn aus der Papierebene heraus (Keilstrichformeln). Projiziert man die in **d** hinter und vor der Papierebene liegenden H-Atome in die Ebene, so erhält man die vielgebrauchte Projektionsformel **e**

29.1 Alkane

Alkane, auch Paraffine oder gesättigte Kohlenwasserstoffe genannt, bestehen nur aus Kohlenstoff und Wasserstoff und besitzen keine Mehrfachbindungen. Jedes Kohlenstoff-Atom ist mit vier anderen Atomen verknüpft, die sich in den Ecken eines Tetraeders befinden, dessen Mittelpunkt durch das Kohlenstoff-Atom eingenommen wird. Der einfachste Vertreter ist Methan, CH_4. Es hat einen exakt tetraedrischen Aufbau mit vier gleichen C—H-Bindungen (Länge 109 pm), und jeder H—C—H-Winkel entspricht dem Tetraederwinkel von 109,47° (109° 28′) (**29.1**).

Durch Einfügen von CH$_2$-Gruppen (Methylen-Gruppen) in die C—H-Bindungen des Methans kann man zu beliebig langen, kettenförmigen Molekülen der allgemeinen Summenformel C$_n$H$_{2n+2}$ kommen. Sie bilden eine **homologe** Reihe, deren einfachste Vertreter die folgenden sind:

```
   H  H            H  H  H           H  H  H  H
   |  |            |  |  |           |  |  |  |
H—C—C—H       H—C—C—C—H        H—C—C—C—C—H
   |  |            |  |  |           |  |  |  |
   H  H            H  H  H           H  H  H  H

   Ethan           Propan              Butan
```

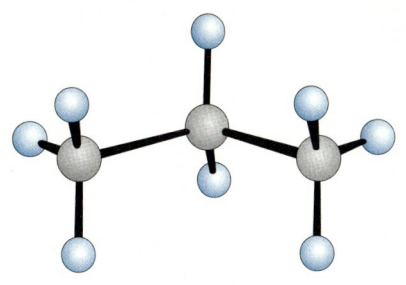

⊙ 29.2 Darstellung der räumlichen Gestalt des Propan-Moleküls

Diese Verbindungen werden als geradkettige oder *normal*-Alkane (n-Alkane) bezeichnet, obwohl ihre tatsächliche Gestalt keineswegs geradlinig ist, da die Bindungswinkel immer bei etwa 109° liegen (⊙ 29.2). Die C—C-Bindungen sind wie im Diamant 154 pm lang.

Es gibt nur je eine Verbindung der Summenformel CH$_4$, C$_2$H$_6$ und C$_3$H$_8$. Für C$_4$H$_{10}$ gibt es zwei **Konstitutionsisomere**: bei gleicher Summenformel gibt es zwei Verbindungen mit unterschiedlicher Konstitution, d. h. mit unterschiedlicher Verknüpfung der Kohlenstoff-Atome miteinander. Die Konstitutionsisomeren unterscheiden sich in ihren physikalischen und chemischen Eigenschaften:

H$_3$C—CH$_2$—CH$_2$—CH$_3$ Sdp. −0,5°C
Butan
(*normal*- oder *n*-Butan)

H$_3$C—CH—CH$_3$
      |
      CH$_3$ Sdp. −12°C
2-Methylpropan
(*iso*- oder *i*-Butan)

Die Zahl der möglichen Konstitutionsisomeren steigt mit zunehmender Zahl der C-Atome rasch an. ⊡ 29.1 gibt einen Überblick über einige Eigenschaften von geradkettigen Alkanen und über die Anzahl der möglichen Konstitutionsisomeren.

Für die Verbindungen der Summenformel C$_5$H$_{12}$ gibt es drei Konstitutionsisomere:

H$_3$C—CH$_2$—CH$_2$—CH$_2$—CH$_3$
Pentan
(*n*-Pentan)
Sdp. 36°C

H$_3$C—CH—CH$_2$—CH$_3$
      |
      CH$_3$
2-Methylbutan
(*i*- Pentan)
Sdp. 28°C

H$_3$C—C(CH$_3$)$_2$—CH$_3$ (H$_3$C—C(CH$_3$)(CH$_3$)—CH$_3$)
2,2-Dimethylpropan
(Neopentan)
Sdp. 9°C

(Die Zweien können hier auch weggelassen werden, da die Bezeichnung trotzdem eindeutig bleibt.)

⊡ 29.1 Einige physikalische Eigenschaften geradkettiger Alkane (*n*-Alkane) und die Anzahl der möglichen Konstitutionsisomeren. Die Siedepunkte der verzweigten Isomeren sind immer niedriger als die der *n*-Alkane.

Name	Formel	Smp. /°C	Sdp. /°C	Dichte der Flüssigkeit* /g · cm^{-3}	Anzahl der Konstitutionsisomeren
Methan	CH$_4$	−183	−161	0,42	1
Ethan	C$_2$H$_6$	−183	−89	0,55	1
Propan	C$_3$H$_8$	−188	−42	0,58	1
Butan	C$_4$H$_{10}$	−138	−0,5	0,60	2
Pentan	C$_5$H$_{12}$	−130	+36	0,63	3
Hexan	C$_6$H$_{14}$	−95	69	0,66	5
Heptan	C$_7$H$_{16}$	−91	98	0,68	9
Octan	C$_8$H$_{18}$	−57	126	0,70	18
Nonan	C$_9$H$_{20}$	−54	151	0,72	35
Decan	C$_{10}$H$_{22}$	−30	174	0,73	75
Dodecan	C$_{12}$H$_{26}$	−10	216	0,75	355
Hexadecan	C$_{16}$H$_{34}$	+18	287	0,77	10359
Heptadecan	C$_{17}$H$_{36}$	+22	302	0,78	24894

* Beim Siedepunkt bzw. bei 20°C

29.2 Einfache Alkyl-Reste

Formel	Name	Abkürzung in Formeln
CH_3	Methyl	Me
C_2H_5	Ethyl	Et
C_3H_7	Propyl	Pr*
$CH(CH_3)_2$	i-Propyl (iso-Propyl)	i-Pr*
C_4H_9	Butyl	Bu
$CH_2-CH(CH_3)_2$	2-Methyl-propyl (i-Butyl)	(i-Bu)**
$CH(CH_3)-C_2H_5$	1-Methyl-propyl (sec-Butyl)	(sec-Bu)
$C(CH_3)_3$	t-Butyl (tertiär-Butyl)	t-Bu
C_nH_{2n+1} beliebiger Rest	Alkyl	R

* Die Abkürzung Pr für Propyl ist insofern unglücklich, als Pr das offizielle Symbol für das Element Praseodym ist.

** unglückliche Bezeichnung, da sie stets zu Verwechslungen führt mit sec-Butyl

Je nachdem, ob ein Kohlenstoff-Atom an ein, zwei, drei oder vier weitere Kohlenstoff-Atome gebunden ist, unterscheidet man zwischen *primären*, *sekundären*, *tertiären* und *quartären* C-Atomen.

Nomenklatur. Ab C_5H_{12} werden die Namen der Alkane aus den griechischen Zahlwörtern durch Anfügen der Endung -*an* gebildet. Ein Alkan, dem ein H-Atom fehlt, wird *Alkyl*-Rest genannt; der jeweilige Name richtet sich nach dem Namen des zugehörigen Alkans unter Verwendung der Endung -*yl* anstelle von -*an*. 29.2 führt einige häufig vorkommende Alkyl-Reste auf.

Zur Benennung eines verzweigten Alkans geht man vom Namen des längsten unverzweigten Molekülteils aus, dessen C-Atom durchnumeriert werden; die Nummern dienen zur Bezeichnung der Verzweigungsatome. Die Namen der daran gebundenen Alkyl-Reste werden in alphabetischer Reihenfolge vorangestellt. Sind mehrere gleiche Alkyl-Reste vorhanden, so wird dies durch ein griechisches Zahlwort angegeben, zum Beispiel:

2,2-Dimethyl-3-ethylpentan   2,2,4-Trimethylpentan

Cycloalkane haben die allgemeine Summenformel C_nH_{2n}. Bei ihnen ist die Kette der Kohlenstoff-Atome zu einem Ring geschlossen. *Nomenklatur*: Dem Namen des offenkettigen Alkans mit gleicher Anzahl von C-Atomen wird das Präfix *Cyclo*- vorangestellt.

Cycloalkane haben ähnliche Eigenschaften wie die Alkane, mit Ausnahme des Cyclopropans und des Cyclobutans, die relativ leicht Reaktionen unter Ringöffnung eingehen. Ursache hierfür ist die Ringspannung, die sich ergibt, weil die Bindungswinkel im drei- bzw. viergliedrigen Ring auf Werte gezwungen werden, die erheblich unter dem Idealwert des vierbindigen Kohlenstoff-Atoms liegen; die Situation ist ähnlich wie beim P_4-Molekül. Der Cyclopropan-Ring kann zum Beispiel mit Wasserstoff in Gegenwart eines Nickel-Katalysators aufgebrochen werden unter Bildung von Propan.

Die Wasserstoff-Atome der Cycloalkane können durch Alkyl-Gruppen substituiert sein. Außerdem können mehrere Cycloalkan-Ringe zusammengeknüpft sein, wobei man folgende Fälle unterscheidet:

1. Bei *Spiranen* besitzen zwei Ringe ein gemeinsames C-Atom.
2. *Bicyclische* Ringsysteme besitzen zwei gemeinsame C-Atome. Wenn die beiden gemeinsamen Atome direkt miteinander verbunden sind, spricht man auch von *kondensierten* oder *annelierten* Ringsystemen. Darüberhinaus sind noch kompliziertere *polycyclische* Ringsysteme möglich.

Cyclopropan   Cyclobutan   Cyclopentan

Spiro[4.4]nonan (ein Spiran)   kurz:

Bicyclo[4.4.0]decan (Decalin) (ein anneliertes Ringsystem)   kurz:

Bicyclo[2.2.1]heptan (Norbornan) (ein bicyclisches Ringsystem)   kurz:

Nomenklatur: Spirane erhalten das Präfix *Spiro*-, gefolgt von der Anzahl der C-Atome jedes Ringes (ohne das gemeinsame C-Atom) in eckigen Klammern, gefolgt vom Namen des Alkans mit der gleichen Gesamtzahl an C-Atomen. Bicyclische Ringsysteme erhalten das Präfix *Bicyclo*-, es folgen in eckigen Klammern drei Ziffern zur Bezeichnung der jeweiligen Anzahl der C-Atome zwischen den Brückenkopfatomen nach abnehmender Größe, gefolgt vom Namen des Alkans mit der gleichen Gesamtzahl an C-Atomen.

Konformation der Alkane und Cycloalkane

Die beiden Methyl-Gruppen im Ethan-Molekül können um die C—C-Bindung gegenseitig verdreht werden. Die räumliche Anordnung im Ethan-Molekül in bezug auf die Verdrehung der Methyl-Gruppen bezeichnet man als **Konformation**. Moleküle mit unterschiedlicher Konformation sind *Konformationsisomere* oder *Konformere*. Die Konformation, bei der die H-Atome der einen CH_3-Gruppe den Lücken zwischen den H-Atomen der anderen CH_3-Gruppe genau gegenüberstehen, ist energetisch begünstigt; man nennt sie die *gestaffelte* Konformation (englisch: *staggered* conformation). Die Konformation, bei der die H-Atome der beiden CH_3-Gruppen einander genau gegenüberstehen, heißt *ekliptisch* (englisch: *eclipsed*); sie ist etwa 13 kJ/mol energiereicher als die gestaffelte Anordnung (◎ 29.3). Um von einer gestaffelten Konformation zur nächsten gestaffelten Konformation zu kommen (gegenseitige Verdrehung der CH_3-Gruppen um 120°) muß daher eine Aktivierungsenergie von 13 kJ/mol überwunden werden; die normale thermische Energie (bei 20 °C) reicht hierzu aus. Weil diese Rotation um die C—C-Bindung bei Raumtemperatur ständig stattfindet, spricht man mitunter von einer freien Drehbarkeit um die C—C-Bindung, obwohl in Wirklichkeit die Rotation behindert ist und die Mehrzahl der Ethan-Moleküle in der gestaffelten Konformation vorliegt.

Auch bei anderen Alkanen wird die gestaffelte Konformation immer bevorzugt, es gibt dafür jedoch mehrere Möglichkeiten. Die günstigste davon ist diejenige, bei der die größten Atomgruppen möglichst weit voneinander entfernt sind, d. h. einen Diederwinkel von 180° bilden (◎ 29.4).

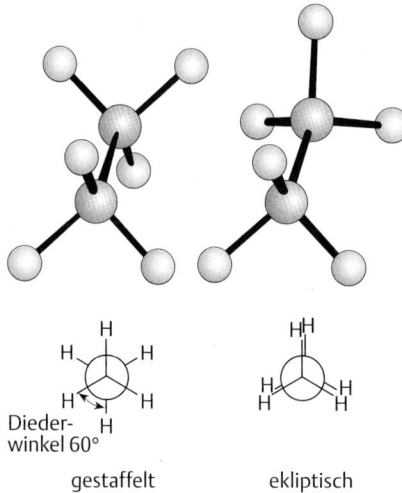

◎ **29.3** Die gestaffelte und die ekliptische Konformation des Ethans. Untere Reihe: Newman-Projektionsformeln (Blick entlang der C—C-Bindung), bei denen der für die Konformationen charakteristische Diederwinkel erkennbar ist (Diederwinkel = Winkel zwischen zwei Ebenen, hier C—C und C—C)

	gestaffelt	teilweise verdeckt	windschief (gauche)	ekliptisch
Diederwinkel:	180°	120°	60°	0°
Relative Energie:	0	15	4	22 kJ/mol

◎ **29.4** Konformationen beim Butan. Die gestaffelte Konformation ist energetisch bevorzugt

Der Ring des Cyclopentan-Moleküls ist nicht exakt planar, obwohl die Winkel im Fünfeck (108°) fast dem idealen C—C—C-Bindungswinkel von 109,47° entsprechen. Bei einem planaren Cyclopentan-Molekül stünden alle H-Atome ekliptisch zueinander; um dieser ungünstigen Situation auszuweichen, wird eine CH_2-Gruppe etwas aus der Ebene herausgedreht und es resultiert die sogenannte Briefumschlag-Konformation (englisch: *envelope conformation*), bei der sich vier C-Atome in einer Ebene befinden, das fünfte jedoch nicht. Durch ständiges Umklappen wechseln sich die herausgedrehten CH_2-Gruppen ab.

Cyclopentan

Ein spannungsfreier Cyclohexan-Ring kann nicht eben sein, da in einem ebenen, sechsgliedrigen Ring die Bindungswinkel 120° betragen müßten. Das Cyclohexan-Molekül kann entweder eine *Sessel*-Konformation, eine *Twist*-Konformation oder eine *Boot*- (oder *Wannen*-)Konformation annehmen. Die Sessel-Form ist von allen dreien die stabilste Konformation, nur bei ihr stehen alle Atomgruppen genau gestaffelt zueinander (● 29.5). Durch Verdrehung um die C−C-Bindungen können die Konformationen ineinander überführt werden. Außerdem kann eine Sessel-Konformation in eine zweite Sessel-Konformation übergehen, wobei alle H-Atome aus axialen Positionen in äquatoriale Positionen überführt werden und umgekehrt. Dieser Platzwechsel spielt dann eine Rolle, wenn ein oder mehrere Substituenten an den Cyclohexan-Ring gebunden sind (● 29.5). Die bevorzugte und damit im chemischen Gleichgewicht überwiegende

● **29.5** Sessel-, Twist- und Boot-Konformation des Cyclohexans. Für die am Sesselring gebundenen Atome gibt es je sechs *axiale* (a) und sechs *äquatoriale* (e) Positionen, die durch Umklappen des Rings ineinander überführt werden. Die Blickrichtung der Newman-Projektionen verläuft parallel zu der jeweils stark hervorgehobenen Bindung. R steht für einen beliebigen Substituenten wie z. B. die Methyl-Gruppe

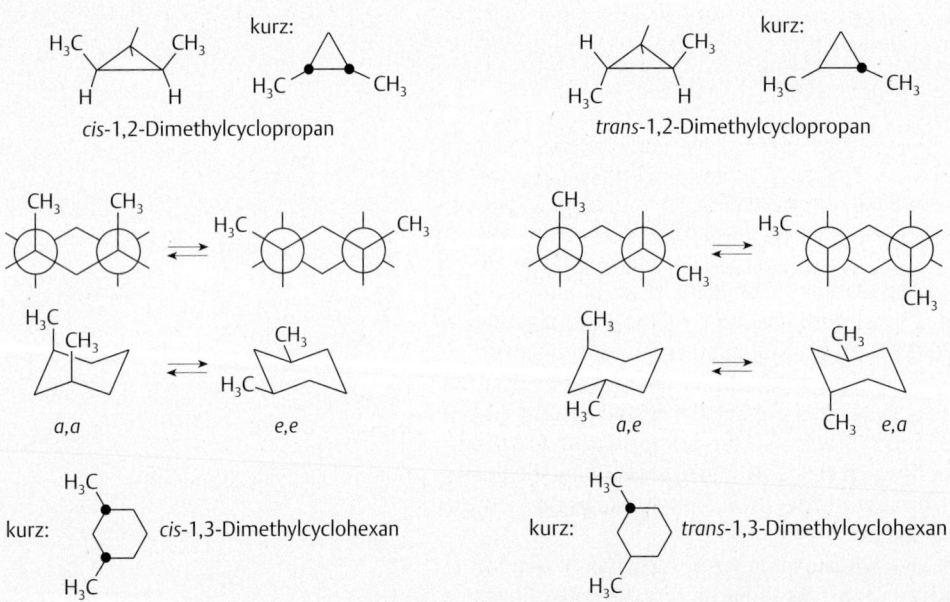

● **29.6** Stereoisomere von 1,2-Dimethylcyclopropan (oben) und von 1,3-Dimethylcyclohexan (Mitte und unten). Bei den *cis*-Isomeren stehen die Substituenten auf der gleichen Seite, bei den *trans*-Isomeren auf der entgegengesetzten Seite des Ringgerüsts. In den Kurzformeln werden zum Beobachter weisende Substituenten durch einen Punkt hervorgehoben.

Konformation ist die Sessel-Konformation mit dem größten Substituenten in äquatorialer Position.

Bei den Cycloalkanen sind nicht nur Konstitutionsisomere möglich, indem sich Substituenten an verschiedenen Ringatomen befinden können. Zusätzlich treten auch noch Stereoisomere auf, weil die Substituenten Positionen auf verschiedenen Seiten des Ringes einnehmen können (◉ 29.6). Auch bei kondensierten Ringsystemen gibt es deshalb Stereoisomere (◉ 29.7). Stereoisomere Verbindungen sind allgemein solche, die sich bei gleicher Konstitutionsformel durch ihren räumlichen Aufbau unterscheiden; sie besitzen unterschiedliche physikalische und chemische Eigenschaften. Bei den Formeln in ◉ 29.6 und 29.7 sind die C- und H-Atome der Cyclohexan-Ringe nicht ausgeschrieben; bei dieser üblichen Schreibweise steht jede Ringecke für ein C-Atom, die H-Atome muß man sich dazudenken.

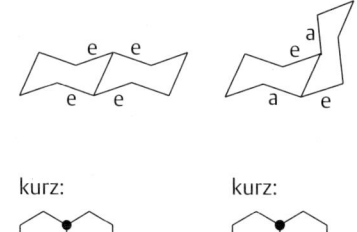

◉ 29.7 Stereoisomere von Verbindungen mit kondensierten Ringen am Beispiel des Decalins ($C_{10}H_{18}$, Bicyclo[4.4.0]decan, Decahydronaphthalin).

Gewinnung von Alkanen und Cycloalkanen

Erdöl ist ein Gemisch zahlreicher Alkane und Cycloalkane sowie weiterer Verbindungen (Benzol, organische Schwefel-Verbindungen u. a.); seine Zusammensetzung ist je nach Herkunft sehr verschieden. Die Trennung erfolgt durch fraktionierte Destillation (Erdölraffination), wobei die in ▫ 29.3 genannten Fraktionen unterschieden werden. Weil die dabei erhaltenen Mengenanteile der verschiedenen Fraktionen nicht dem Bedarf entsprechen, folgen der Destillation chemische Umwandlungsprozesse. Die in hohem Anteil vorhandenen höheren Kohlenwasserstoffe werden durch *Crack*-Prozesse in niedrigere Kohlenwasserstoffe umgewandelt. Dabei werden je nach Bedingungen Gemische aus Alkanen, Alkenen und Arenen erhalten. Soll der Anteil an Alkanen hoch sein, so muß noch Wasserstoff zugeführt werden (*Hydrocracking*); die Reaktion erfolgt unter Druck bei Temperaturen um 500 °C an Katalysatoren (Platin, Zeolith).

$$C_NH_{2N+2} + H_2 \rightarrow C_nH_{2n+2} + C_mH_{2m+2}$$
$$N = m + n$$

▫ 29.3 Erdölfraktionen

Fraktion	Siedebereich /°C	Zahl der C-Atome der Bestandteile	Verwendung
Gas	<20	C_1–C_4	Brennstoff; chem. Synthesegas
Petrolether	20 – 90	C_5–C_7	Lösungsmittel
Ligroin	90 – 120	C_7, C_8	Lösungsmittel
Benzin	100 – 200	C_7–C_{12}	Motortreibstoff
Kerosin	200 – 315	C_{12}–C_{16}	Flugbenzin
Diesel-, Heizöl	250 – 375	C_{15}–C_{18}	Motortreibstoff, Brennstoff
Schmieröl und -fett	> 350	C_{16}–C_{20}	Schmiermittel
Paraffinwachs	Smp. 50 – 60	C_{20}–C_{30}	Kerzen
Asphalt, Bitumen	nichtflüchtig, hochviskos		Straßenbau
Rückstand	fest		Festbrennstoff

Gleichzeitig werden die organischen Schwefel-Verbindungen zu Schwefelwasserstoff umgesetzt, das zu elementarem Schwefel weiterverarbeitet wird (vgl. Abschn. 24.7, S. 414). Niedrige Kohlenwasserstoffe werden unter dem katalytischen Einfluß von Säuren (z. B. H_2SO_4, HF) oder Lewis-Säuren (z. B. BF_3, $AlCl_3$) zu höheren Kohlenwasserstoffen umgesetzt (Alkylierungsprozeß). Durch *Isomerisierung* an Katalysatoren werden geradkettige Alkane zu verzweigten Alkanen umgewandelt, weil letztere als Treibstoffe besser geeignet sind. Sie besitzen eine höhere Klopffestigkeit, d. h. sie entzünden sich nicht vorzeitig bei der Kompression des Benzin-Luft-Gemisches im Motor. Durch eine Reihe weiterer Einzelprozesse werden gezielt bestimmte Kohlenwasserstoffe gewonnen, die ihrerseits Ausgangsstoffe zur Synthese zahlreicher Produkte sind (Kunststoffe, Gummi, Textilien, Detergentien u.a.).

Eigenschaften der Alkane

Alkane sind Musterbeispiele von nahezu unpolaren Verbindungen. Sie sind mit polaren Verbindungen nicht oder nur geringfügig mischbar; sie lösen sich nicht in Wasser und vermögen ionische Verbindungen nicht aufzulösen. Abgesehen von der leichten Brennbarkeit der flüchtigen Alkane sind sie chemisch recht reaktionsträge.

29.2 Alkene

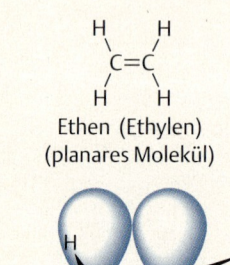

Ethen (Ethylen)
(planares Molekül)

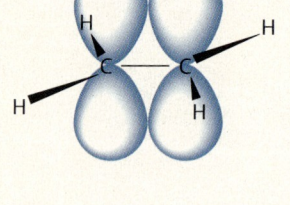

Alkene, auch Olefine genannt, gehören zu den ungesättigten Kohlenwasserstoffen. Sie besitzen eine C=C-Doppelbindung. Der einfachste Vertreter ist das Ethen (auch Ethylen genannt).

Zur Beschreibung der Bindungsverhältnisse s. Abschn. 9.5 (S.139) und ◉ 9.19a (S. 140). Durch die π-Bindung kommt es zu einer Verkürzung der C=C-Bindung auf 133 pm, verglichen zur C—C-Bindung im Ethan (154 pm). Die π-Bindung ist weniger stark als die σ-Bindung: die C—C-Bindungsenergie im Ethan beträgt etwa 340 kJ/mol, die C=C-Bindungsenergie im Ethen 610 kJ/mol, also nur 270 kJ/mol mehr. Die π-Bindung gestattet keine Drehbarkeit um die C=C-Bindung; alle Atome des Ethen-Moleküls liegen in einer Ebene.

Alkene haben die generelle Summenformel C_nH_{2n}. Sie werden wie die Alkane mit gleicher Anzahl von C-Atomen benannt, jedoch mit der Endung *-en* anstelle von *-an*. Wenn notwendig, wird die Position der Doppelbindung bezeichnet, indem die Nummer des C-Atoms, an dem die Doppelbindung beginnt, angegeben wird; mit der Numerierung wird auf der Seite der Kette begonnen, welche die niedrigste Nummer ergibt.

Ein Rest, der durch Abspaltung eines Wasserstoff-Atoms aus einem Alken entsteht, wird mit der Endung *-enyl* bezeichnet. Die beiden wichtigsten Alkenyl-Reste sind jedoch bekannter unter den Namen Vinyl und Allyl anstelle von Ethenyl und 2-Propenyl.

Am Beispiel von 1- und 2-Buten erkennen wir eine neue Möglichkeit für das Auftreten von Konstitutionsisomeren, die sich durch die Position der Doppelbindung unterscheiden und deshalb manchmal auch Positionsisomere genannt werden. Wie bei den Alkanen kann es auch Isomere durch

Verzweigung der Ketten geben; ihre Namen werden vom Namen des längsten Kettenstücks, das die Doppelbindung enthält, abgeleitet.

Weil die π-Bindung die Drehbarkeit um die C=C-Bindung verhindert, kommt es bei substituierten Alkenen zu einer weiteren Art von Stereoisomerie, weil es nicht gleichgültig ist, auf welcher Seite der π-Bindung sich die Substituenten befinden. Diese Isomere werden als cis-trans- oder nach neueren Richtlinien als (Z)-(E)-Isomere bezeichnet.

Bei Alkenen mit mehreren verschiedenen Substituenten verwendet man zur Unterscheidung die Präfixe (E)- (für entgegen) und (Z)- (für zusammen), wobei die gegenseitige Position relativ zur C=C-Bindung von denjenigen beiden Substituenten betrachtet wird, welchen die höchste Priorität nach den *Cahn-Ingold-Prelog*-Regeln (s. S. 575) zukommt.

$H_3C-CH=CH-CH_2-CH_3$
2-Penten

$H_3C-\underset{\underset{CH_3}{|}}{C}=CH-CH_3$
2-Methyl-2-buten

(E)- 1-Chlor-2-methyl-1-buten
(Z)- 1-Chlor-2-methyl-1-buten

Am C-Atom 1 hat Cl Priorität vor H (höhere Ordnungszahl), am C-Atom 2 geht C_2H_5 vor CH_3 (höhere Ordnungszahl in der zweiten Sphäre: $-CH_2-CH_3$ geht vor $-CH_2H$)

(Z)-2-Buten, cis-2-Buten
Sdp. 3,7 °C

(E)-2-Buten, trans-2-Buten
Sdp. 1,0 °C

Diene und **Polyene** sind Kohlenwasserstoffe mit zwei bzw. mehreren C=C-Doppelbindungen. Dabei wird zwischen *kumulierten, konjugierten* und *isolierten* Doppelbindungen unterschieden, je nachdem, ob sich zwischen zwei Doppelbindungen keine, eine bzw. mehrere C−C-Bindungen befinden. Die Anzahl der Doppelbindungen wird durch ein griechisches Zahlwort vor der Endung *-en* angegeben.

Alkene werden ebenso wie die Alkane beim Crack-Prozeß aus Erdöl hergestellt, vor allem beim thermischen Cracking bei hoher Temperatur (≈ 800 °C) ohne Katalysator.

$H_2C=C=CH_2$
Propadien (Allen)
kumuliert

$H_2C=CH-CH=CH_2$
1,3-Butadien
konjugiert

$H_2C=CH-CH_2-CH=CH_2$
1,4-Pentadien
isoliert

$C_NH_{2N+2} \rightarrow C_nH_{2n} + C_mH_{2m} + H_2$
$N = m + n$

29.3 Alkine

Kohlenwasserstoffe mit einer C≡C-Dreifachbindung werden Alkine genannt; sie haben die allgemeine Summenformel C_nH_{2n-2}. Sie bilden zusammen mit den Alkenen die Gruppe der ungesättigten Kohlenwasserstoffe. Das erste Glied der homologen Reihe ist das Ethin oder Acetylen.

Bezüglich der Bindungsverhältnisse im Acetylen s. Abschnitt 9.**5** (S. 139) und ◨ 9.**19 b** (S. 140). Die C≡C-Dreifachbindung ist mit 121 pm kürzer als die C=C-Doppelbindung (133 pm). Die Bindungsenergie der Dreifachbindung liegt bei 830 kJ/mol (verglichen zu 340 kJ für eine C−C-Einfachbindung). Die einzelnen π-Bindungen sind somit schwächer als die σ-Bindung.

Alkine werden analog zu den Alkenen benannt, erhalten jedoch die Endung *-in*. Es sind wiederum Konstitutionsisomere möglich, jedoch keine *cis-trans*-Isomere weil die Gruppe

$X-C≡C-X$ (X = beliebiger Substituent)

linear ist. Kumulierte Dreifachbindungen sind nicht möglich, Dreifachbindungen können aber zu anderen Dreifachbindungen oder zu Doppelbindungen konjugiert sein.

$H-C≡C-H$
Ethin (Acetylen)
(linear; s. ◨ 9.**19** b, S. 140)

$HC≡C-C≡CH$
Butadiin (Diacetylen)

$HC≡C-CH=CH_2$
Butenin

$HC{\equiv}CH + NH_2^- \rightarrow HC{\equiv}C|^- + NH_3$

Anders als bei Alkanen und Alkenen, haben die H-Atome an C≡C-Bindungen schwach sauren Charakter und können mit starken Basen, zum Beispiel mit Amid-Ionen (als $NaNH_2$ eingesetzt), abgespalten werden. Die entstehenden Anionen werden Acetylide (Ethindiide, Alkinide, manchmal auch Carbide) genannt. Durch Einwirkung von Säuren auf Acetylide werden die Alkine rückgebildet; Wasser ist sauer genug dafür. Die entsprechende Reaktion von Calciumacetylid (Calciumcarbid, CaC_2) mit Wasser ist eine wichtige Synthesereaktion für Ethin (s. Abschn. 26.4, S. 454).

29.4 Arene

Verbindungen, die das Molekülgerüst des Benzols, C_6H_6, enthalten, werden als Arene oder aromatische Verbindungen bezeichnet. Der letztere Name geht auf einige in Pflanzen vorkommende Benzol-Derivate zurück, die „aromatisch" riechen. Arene besitzen jedoch meist keinen besonders angenehmen Geruch. Im Benzol, auch Benzen genannt, sind sechs Kohlenstoff-Atome zu einem Sechseck, dem „Benzolring", zusammengeknüpft. Das gesamte Molekül ist planar, alle Bindungswinkel betragen 120° (◉ 29.8). Die C—C-Bindungen sind 139 pm lang und liegen damit zwischen den Werten für die C—C-Einfachbindung (154 pm) und der C=C-Doppelbindung (133 ppm). Die elektronische Struktur des Benzols kann durch zwei mesomere Grenzformeln beschrieben werden. Durch diese Formulierung kommt korrekt zum Ausdruck, daß alle sechs C—C-Bindungen im Ring gleich sind und ihre Bindungsordnung zwischen der einer Einfach- und einer Doppelbindung liegt.

Zur Beschreibung des Elektronenzustands mit Hilfe von Orbitalen verwenden wir sp^2-Hybridorbitale für die C-Atome, mit denen σ-Bindungen zu je zwei Kohlenstoff-Atomen und einem Wasserstoff-Atom geknüpft werden. An jedem Kohlenstoff-Atom verbleibt ein p-Orbital, das senkrecht zur Molekülebene orientiert ist. Jedes p-Orbital überlappt mit den beiden jeweils benachbarten p-Orbitalen und insgesamt resultiert ein Orbitalsystem mit *delokalisierten π-Elektronen*, das den ganzen Ring umfaßt, mit Bereichen von Ladungsdichte über und unter der Ringebene (◉ 29.9). Die sechs π-Elektronen sind gleichmäßig um den ganzen Ring verteilt, so daß alle C—C-Bindungen völlig gleichartig sind. Dieses delokalisierte π-Elektronensystem ist, ähnlich wie beim Graphit (Abschn. 26.2, S. 451), besonders stabil und bewirkt die typischen Eigenschaften der Arene. In seiner chemischen Reaktivität unterscheidet sich Benzol deutlich von den Alkenen und Alkinen.

Die Beschreibung der Bindungsverhältnisse im Benzol mit zwei äquivalenten mesomeren Grenzformeln ist gleichwertig zur Molekülorbitalbeschreibung mit dem delokalisierten 6π-Bindungssystem. Um nicht immer beide Grenzformeln schreiben zu müssen, wird oft nur eine davon formuliert (oder man schreibt als Formel ein regelmäßiges Sechseck mit einem eingeschriebenen Kreis, der die sechs delokalisierten π-Elektronen symbolisiert; s. obere Reihe in der Randspalte auf der nächsten Seite). Es ist üblich, weder die C- noch die H-Atome auszuschreiben. In den Formeln für Benzol-Derivate, wie zum Beispiel Methylbenzol, wird unterstellt, daß der Substituent ein H-Atom ersetzt.

Denkt man sich vom Benzol-Molekül ein H-Atom entfernt, so kommt man zur *Phenyl*-Gruppe —C_6H_5 (oft mit Ph abgekürzt). Allgemein nennt

◉ 29.8 Geometrie des Benzol-Moleküls

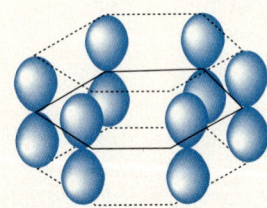

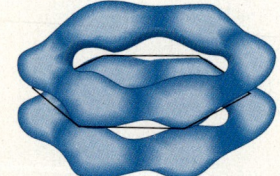

◉ 29.9 Das π-Bindungssystem des Benzols; σ-Bindungen sind durch schwarze Striche angedeutet

man Reste, die durch Entfernen eines H-Atoms vom Benzol-Ring eines Arens resultieren, *Aryl-Reste* (zuweilen mit Ar abgekürzt, obwohl das Symbol Ar eigentlich für das Element Argon reserviert ist).

Für ein zweifach substituiertes Benzol gibt es drei Konstitutionsisomere. Die relative Position der beiden Substituenten wird durch die Präfixe 1,2- (oder *ortho-*, kurz *o-*), 1,3- (*meta-*, kurz *m-*) und 1,4- (*para-*, kurz *p-*) angegeben. Sind mehr als zwei Substituenten vorhanden, so werden ihre Positionen immer mit Nummern bezeichnet.

Ähnlich wie bei den Cycloalkanen, können auch bei Arenen kondensierte Ringsysteme vorkommen. Die wichtigsten Vertreter sind das Naphthalin, das Anthracen und das Phenanthren. Vom Anthracen und Phenanthren ist nachfolgend jeweils nur eine von mehreren mesomeren Grenzformeln wiedergegeben. Die angegebenen Nummern werden zur Bezeichnung der Positionen von Substituenten verwendet. An den C-Atomen, welche die Ringe miteinander verknüpfen, ist kein H-Atom gebunden.

Naphthalin, $C_{10}H_8$

Anthracen, $C_{14}H_{10}$ Phenanthren, $C_{14}H_{10}$

Zur **Gewinnung von Arenen** geht man von Alkanen oder Cycloalkanen aus, die ihrerseits aus Erdöl gewonnen werden. Benzol kann zum Beispiel aus Hexan durch *dehydrierende Cyclisierung* erhalten werden.

Eine Vielzahl von Arenen findet sich im Steinkohlenteer, aus dem sie durch Destillation gewonnen werden können. Steinkohlenteer ist ein Nebenprodukt der Verkokung von Steinkohle. Bei der Verkokung wird Steinkohle unter Luftausschluß auf 650 bis 800 °C erhitzt, wobei die in der Kohle enthaltenen organischen Substanzen in Arene umgewandelt werden und herausdestillieren und den Teer bilden, während ziemlich reiner Kohlenstoff als Koks zurückbleibt. Koks wird vor allem für die Eisenverhüttung benötigt.

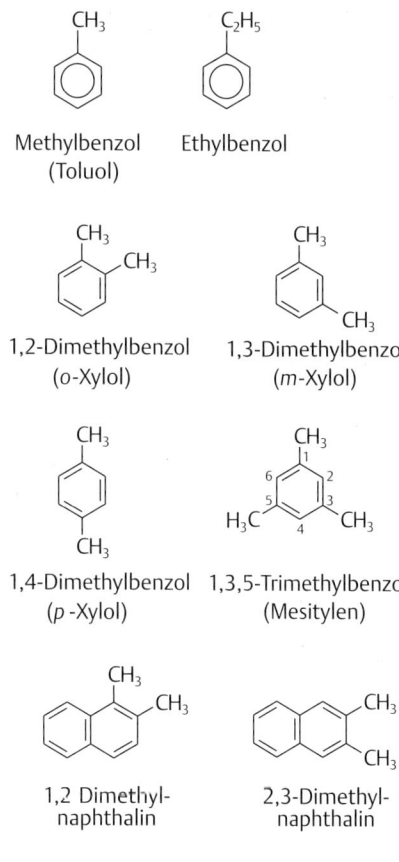

Methylbenzol (Toluol)   Ethylbenzol

1,2-Dimethylbenzol (*o*-Xylol)   1,3-Dimethylbenzol (*m*-Xylol)

1,4-Dimethylbenzol (*p*-Xylol)   1,3,5-Trimethylbenzol (Mesitylen)

1,2 Dimethylnaphthalin   2,3-Dimethylnaphthalin

Dehydrierende Cyclisierung von Hexan:

29.5 Reaktionen der Kohlenwasserstoffe. Radikalische Substitution. Addition

Jeder Kohlenwasserstoff verbrennt mit einem Überschuß von Sauerstoff zu Kohlendioxid und Wasserdampf. Die Reaktion ist stark exotherm, weshalb Kohlenwasserstoffe beliebte Brennstoffe sind.

Der Ersatz eines Wasserstoff-Atoms in einem Kohlenwasserstoff-Molekül durch ein anderes Atom oder durch eine Atomgruppe wird **Substitutionsreaktion** genannt. Die an Stelle des Wasserstoff-Atoms tretende Gruppe nennt man **Substituent** oder **funktionelle Gruppe**.

Alkane reagieren mit Chlor oder Brom bei Bestrahlung mit Sonnenlicht oder mit ultraviolettem Licht nach dem Mechanismus einer **Radikal-**

$CH_4 + 2\,O_2 \rightarrow CO_2 + 2\,H_2O$

Radikal-Kettenreaktion

Kettenstart:

$$Cl_2 \xrightarrow{h\nu} 2\,Cl^\bullet$$

Kettenfortpflanzung:

$$Cl^\bullet + CH_4 \rightarrow {}^\bullet CH_3 + HCl$$
$${}^\bullet CH_3 + Cl_2 \rightarrow H_3C-Cl + Cl^\bullet$$

Kettenabbruch:

$${}^\bullet CH_3 + {}^\bullet Cl \rightarrow H_3C-Cl$$
$$Cl^\bullet + {}^\bullet Cl \rightarrow Cl-Cl$$
$${}^\bullet CH_3 + {}^\bullet CH_3 \rightarrow H_3C-CH_3$$

Gesamtreaktion:

$$CH_4 + Cl_2 \rightarrow CH_3Cl + HCl$$
Chlormethan
(Methylchlorid)

Weiterreaktion:

$$CH_3Cl + Cl_2 \rightarrow CH_2Cl_2 + HCl$$
$$CH_2Cl_2 + Cl_2 \rightarrow CHCl_3 + HCl$$
$$CHCl_3 + Cl_2 \rightarrow CCl_4 + HCl$$

Addition von symmetrischen Reagenzien:

$$H_2C=CH_2 + Br_2 \rightarrow Br-CH_2-CH_2-Br$$
1,2-Dibromethan

Cyclohexen + $H_2 \xrightarrow{(Pt)}$ Cyclohexan

$$H_3C-C\equiv CH + 2\,Cl_2 \rightarrow H_3C-CCl_2-CHCl_2$$
Propin   1,1,2,2-Tetrachlorpropan

Kettenreaktion (vgl. Abschn. 14.**6**, S. 257). Die Kettenreaktion wird durch ein Lichtquant ausgelöst, das ein Halogen-Molekül in seine Atome spaltet. Die sich anschließende Kettenfortpflanzungsreaktion verläuft abwechselnd über die sehr reaktionsfähigen und daher schnell weiterreagierenden Methyl-Radikale $^\bullet CH_3$ und über Chlor-Atome ($^\bullet Cl$); der Punkt symbolisiert die Anwesenheit eines ungepaarten Elektrons. Die Reaktionskette verläuft so lange, bis eine Kettenabbruchreaktion eintritt, bei welcher die Radikale verschwinden, indem sich jeweils zwei Radikale zu einem Molekül kombinieren. Kettenabbruchreaktionen finden allerdings in der Gasphase nur selten statt, weil die dabei freiwerdende Energie abgeführt werden muß, und dazu ist die gleichzeitige Kollision mit einem dritten Teilchen notwendig, das diese Energie (als kinetische Energie) übernimmt. Kann die Energie nicht abgegeben werden, so zerfällt das gebildete Molekül wieder in Radikale. Weil die gleichzeitige Kollision dreier Teilchen selten vorkommt, treten Kettenabbruchreaktionen nicht häufig ein und die Reaktanden werden deshalb schnell umgesetzt und verbraucht. Am häufigsten treten Abbruchreaktionen an der Gefäßwand ein, welche die Reaktionsenergie dann aufnimmt.

Das entstandene Chlormethan (Methylchlorid) kann in der gleichen Weise weiterreagieren. Als Reaktionsprodukte treten deshalb auch Dichlormethan (Methylenchlorid, CH_2Cl_2), Trichlormethan (Chloroform, $CHCl_3$) und Tetrachlormethan (Tetrachlorkohlenstoff, CCl_4) auf. Höhere Alkane reagieren mit Halogenen auf die gleiche Art, wobei Gemische verschiedener mono- und polysubstituierter isomerer Halogenalkane entstehen. Zur gezielten Herstellung eines bestimmten Halogenalkans sind daher andere Reaktionen besser geeignet.

Die geschilderte Reaktion ist ein typisches Beispiel für einen **radikalischen Reaktionsmechanismus** (S_R-Mechanismus). Reaktionen, die über Radikale verlaufen, kommen dann in Gang, wenn eine Bindung zwischen zwei Atomen *homolytisch* gespalten wird (*Homolyse*), d. h. wenn jedes der beiden Atome eines der beiden Bindungselektronen behält. Homolytische Spaltungen und damit radikalische Reaktionsmechanismen treten in der Regel bei hohen Temperaturen oder bei Einstrahlung von ausreichend energiereichem (d. h. kurzwelligem, vornehmlich ultraviolettem) Licht auf.

Additionsreaktionen sind charakteristisch für ungesättigte Kohlenwasserstoffe. Sie verlaufen unter Aufhebung einer π-Bindung und Neubildung zweier σ-Bindungen. Beispiele sind die Addition von Brom an Ethen, bei der 1,2-Dibromethan entsteht, von Wasserstoff an Cyclohexen unter Bildung von Cyclohexan oder von Chlor an Propin zu 1,1,2,2-Tetrachlorpropan. Br_2, H_2 und Cl_2 sind *symmetrische Reagenzien*; an jedem Ende der Mehrfachbindung wird ein gleichartiges Atom addiert. Bei der Addition von *unsymmetrischen Reagenzien* wie HBr, HCl oder H_2O werden an jedem Ende der Mehrfachbindung unterschiedliche Teile des Reagenzmoleküls addiert.

Bei der Addition von HBr an Propen werden zwei Produkte mit unterschiedlichen Ausbeuten erhalten: 1-Brompropan mit 10% und 2-Brompropan mit 90% Ausbeute. Diese Reaktion ist ein Beispiel für die Gültigkeit der **Markovnikov-Regel** (1870): Ist an die beiden C-Atome der Mehrfachbindung eine unterschiedliche Anzahl von H-Atomen gebunden, so wird der elektropositivere Teil des Addenden (in unseren Beispielen

29.5 Reaktionen der Kohlenwasserstoffe. Radikalische Substitution. Addition

das H-Atom) an das wasserstoffreichere C-Atom addiert. Die beiden unteren Reaktionen in der Randspalte sind weitere Beispiele.

Die Markovnikov-Regel läßt sich durch den Mechanismus der **elektrophilen Addition** erklären. Vom HBr-Molekül greift das elektrophile Proton (eine Lewis-Säure) die π-Elektronen der Doppelbindung an. Dabei entsteht zunächst ein *Carbenium-Ion* (Carbokation) als reaktive Zwischenstufe; im Falle des Propens gibt es dafür zwei Möglichkeiten:

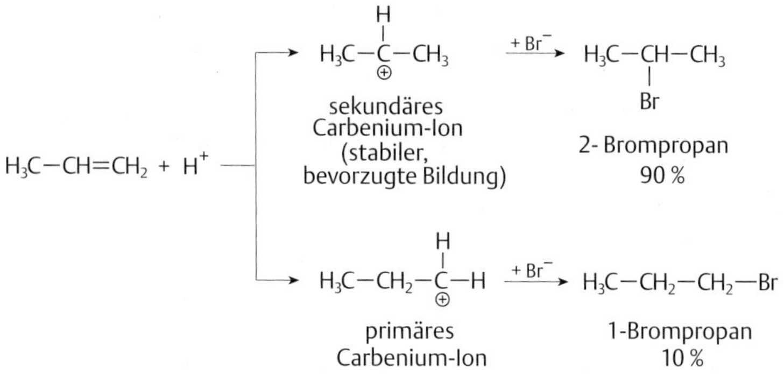

$$H_3C-CH=CH_2 + H^+ \longrightarrow$$

oben: $H_3C-\overset{\oplus}{\underset{H}{C}}-CH_3$ sekundäres Carbenium-Ion (stabiler, bevorzugte Bildung) $\xrightarrow{+Br^-}$ $H_3C-\underset{Br}{CH}-CH_3$ 2-Brompropan 90 %

unten: $H_3C-CH_2-\overset{\oplus}{\underset{H}{C}}-H$ primäres Carbenium-Ion $\xrightarrow{+Br^-}$ $H_3C-CH_2-CH_2-Br$ 1-Brompropan 10 %

Addition von unsymmetrischen Reagenzien:

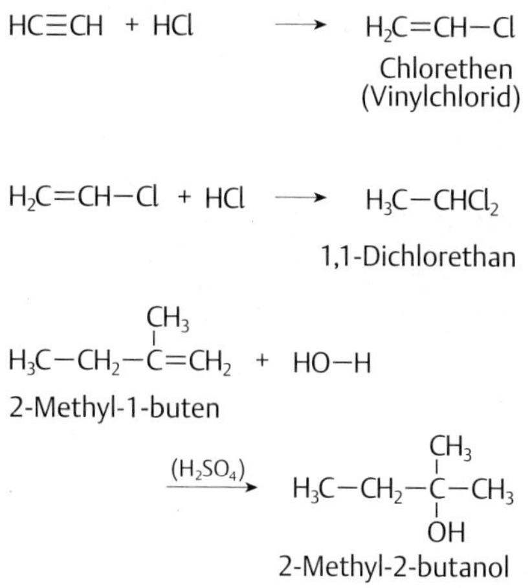

$HC\equiv CH + HCl \longrightarrow H_2C=CH-Cl$
Chlorethen (Vinylchlorid)

$H_2C=CH-Cl + HCl \longrightarrow H_3C-CHCl_2$
1,1-Dichlorethan

$H_3C-CH_2-\underset{\underset{}{CH_3}}{C}=CH_2 + HO-H$
2-Methyl-1-buten

$\xrightarrow{(H_2SO_4)}$ $H_3C-CH_2-\underset{OH}{\overset{CH_3}{\underset{|}{\overset{|}{C}}}}-CH_3$
2-Methyl-2-butanol

Die Stabilität von Carbenium-Ionen nimmt in folgender Reihenfolge ab:

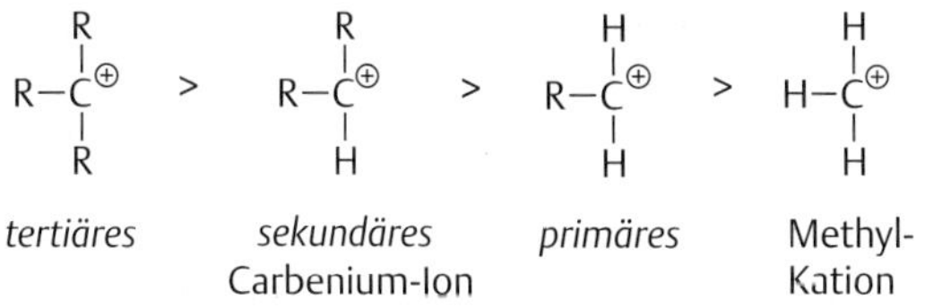

$R-\overset{R}{\underset{R}{\overset{|}{C}}}\oplus$ > $R-\overset{R}{\underset{H}{\overset{|}{C}}}\oplus$ > $R-\overset{H}{\underset{H}{\overset{|}{C}}}\oplus$ > $H-\overset{H}{\underset{H}{\overset{|}{C}}}\oplus$

tertiäres sekundäres primäres Methyl-
 Carbenium-Ion Kation

Dabei ist R ein beliebiger Alkyl-Rest. Ursache für diese Stabilitätsreihenfolge ist die leichtere Polarisierbarkeit der C—C-Bindung gegenüber der C—H-Bindung. Der am positivisierten C-Atom herrschende Elektronenmangel wird teilweise ausgeglichen, indem die bindenden Elektronenpaare der C—C-Bindungen stärker zu diesem Atom hingezogen werden (induktiver oder *I*-Effekt).

Der genannten Stabilitätsreihenfolge entsprechend wird bei der Reaktion von Propen mit Bromwasserstoff das sekundäre Carbenium-Ion bevorzugt gebildet. Carbenium-Ionen sind sehr reaktive Lewis-Säuren, die nur kurzzeitig existieren und schnell Bromid-Ionen (Lewis-Base) unter Bildung der Endprodukte anlagern. Wegen der bevorzugten Bildung des sekundären Carbenium-Ions entsteht überwiegend 2-Brompropan und nur wenig 1-Brompropan. Reaktionen, bei denen von zwei (oder mehreren) möglichen konstitutionsisomeren Produkten überwiegend nur eines gebildet wird, nennt man *regioselektiv*.

Die Addition von Halogenwasserstoffen an Alkene und Alkine ist eine Methode, um gezielt bestimmte Halogenalkane herzustellen.

Bei der Additionsreaktion an ein konjugiertes Dien tritt neben der 1,2-*Addition* (Addition an zwei benachbarte C-Atome) auch eine 1,4-*Addition* auf. Auch dies läßt sich durch das intermediäre Auftreten von Carbenium-Ionen erklären:

Otto Diels, 1876–1954

Kurt Alder, 1902–1958

Beispiel einer Diels-Alder-Synthese:

$$\text{1,3-Butadien} + \text{Maleinsäureanhydrid (Dienophil)} \longrightarrow$$

1,3-Butadien (1,3-Dien) · Maleinsäureanhydrid (Dienophil)

$$H_2C=CH-CH=CH_2 + Br_2 \longrightarrow H_2C\overset{\cdot\cdot}{=}CH-CH=CH_2$$
Butadien
$$\underset{Br}{\overset{|}{Br}}$$ Elektrophiler Angriff von Br_2 an die π-Bindung

$$[\overset{1}{Br}-\overset{2}{CH_2}-\overset{3}{CH}=\overset{4\oplus}{CH}-CH_2 \longleftrightarrow \overset{1}{Br}-\overset{2\oplus}{CH_2}-\overset{3}{CH}-CH=\overset{4}{CH_2}]^+ Br^-$$
Carbenium-Ion

$Br-CH_2-CH=CH-CH_2-Br$ $Br-CH_2-CH-CH=CH_2$
                                                           |
                                                          Br

1,4-Dibrom-2-buten (1,4-Addukt)   3,4-Dibrom-1-buten (1,2-Addukt)

Das intermediär gebildete Carbenium-Ion kann das Bromid-Ion entweder in 2- oder 4-Stellung addieren, so daß ein Gemisch aus zwei Produkten erhalten wird. Das Mengenverhältnis, in dem die Produkte gebildet werden, hängt von den Reaktionsbedingungen ab. Bei tiefer Temperatur entsteht meist überwiegend das schneller gebildete 1,2-Addukt (*kinetische Kontrolle* der Reaktion), während bei höherer Temperatur das thermodynamisch stabilere 1,4-Addukt überwiegt (*thermodynamische Kontrolle* der Reaktion). (Die Bezeichnung 3,4-Dibrom-1-buten für das 1,2-Addukt folgt aus den Nomenklatur-Regeln, wonach die Zählung an der Doppelbindung beginnt.)

Die *Diels-Alder-Synthese* ist eine besondere Art von 1,4-Additionsreaktion eines 1,3-Diens, bei der ein zweites Alken oder ein Alkin addiert wird. In diesem „Dienophil" muß die Mehrfachbindung durch benachbarte polare Substituenten aktiviert sein. Geeignete Dienophile sind zum Beispiel Maleinsäureanhydrid (s. S. 560) oder Derivate der Butindisäure (Acetylendicarbonsäure, $HOOC-C\equiv C-COOH$). Mit Hilfe der Diels-Alder-Synthese können Moleküle mit Ringstruktur aufgebaut werden.

Eine andere typische Reaktion von Alkenen und Alkinen ist die Polymerisation, die in Abschnitt 29.16 (S. 570) besprochen wird.

29.6 Reaktionen von Arenen. Elektrophile Substitution

Arene verhalten sich nicht wie ungesättigte Kohlenwasserstoffe, sie gehen im allgemeinen weder Additions- noch Polymerisationsreaktionen ein. Für sie ist die *elektrophile Substitution* die charakteristische Reaktion (S_E-Reaktion). Der einzuführende Substituent muß als elektrophile Gruppe (d. h. als Lewis-Säure) das π-Elektronensystem des Benzol-Rings (das als Lewis-Base wirkt) angreifen können; da das stabile, delokalisierte π-Elektronensystem dabei gestört wird, gelingt dies nur mit stark elektrophilen Gruppen. Sie werden meist durch Zusatz von Lewis-Säuren wie BF_3, $AlCl_3$, $FeBr_3$ oder H^+ (aus Schwefelsäure) zu geeigneten Reagenzien erzeugt, zum Beispiel:

$HNO_3 + 2H_2SO_4 \rightarrow NO_2^+ + H_3O^+ + 2HSO_4^-$
$SO_3 + H_2SO_4 \rightarrow HSO_3^+ + HSO_4^-$
$Br_2 + FeBr_3 \rightarrow Br^+ + [FeBr_4]^-$
$H_3CCl + AlCl_3 \rightarrow H_3C^+ + [AlCl_4]^-$

Die kationischen Lewis-Säuren wie NO_2^+, HSO_3^+, Br^+ oder H_3C^+, die nur als kurzlebige, sehr reaktionsfähige Zwischenstufen auftreten, sind stark elektrophil und werden im folgenden mit E^+ bezeichnet. Sie greifen den Benzolring an und bilden zunächst in reversibler Reaktion einen Elektronenpaar-Donator/Elektronenpaar-Akzeptor-Komplex (EPD/EPA- oder π-Komplex genannt), bei dem das elektrophile Teilchen E^+ relativ locker an das π-Elektronensystem des Benzolringes gebunden ist. Durch Anlagerung von E^+ an ein bestimmtes Ring-Kohlenstoff-Atom entsteht dann als weitere Zwischenstufe das sogenannte Benzenium- oder Phenonium-Ion (auch σ-Komplex genannt). In diesem kationischen Komplex ist ein Ring-Kohlenstoff-Atom an zwei Gruppen (E und H) außerhalb des Ringes gebunden. Das Benzenium-Ion ist mit drei mesomeren Grenzformeln zu formulieren, d.h. es hat ein delokalisiertes 4π-Bindungssystem und seine positive Ladung ist delokalisiert. Dies verleiht ihm eine gewisse Stabilität. Das 6π-Bindungssystem des Benzols ist jedoch stabiler und wird durch Abgabe eines Protons zurückgebildet. Das Proton wird vom Anion aufgenommen, das zu Beginn bei der Erzeugung der kationischen elektrophilen Gruppe E^+ gebildet wurde. Da die ursprünglich eingesetzten Lewis-Säuren dabei zurückgebildet werden, spielen sie letztlich die Rolle von Katalysatoren:

$HSO_4^- + H^+ \rightarrow H_2SO_4$
$[FeBr_4]^- + H^+ \rightarrow HBr + FeBr_3$
$[AlCl_4]^- + H^+ \rightarrow HCl + AlCl_3$

Von besonderer Bedeutung sind die *elektrophile Nitrierung, Sulfonierung* und *Halogenierung* sowie die *Friedel-Crafts-Reaktionen*, die zur Einführung von Alkyl- und Acyl-(CO—R)-Resten dienen und meist mit Hilfe eines Aluminiumhalogenids durchgeführt werden.

Wenn am Benzolring ein zweiter Substituent eingeführt werden soll, so hängt es von der Natur des schon vorhandenen Substituenten ab, in welche Stellung am Benzolring die neu eintretende Gruppe dirigiert wird. Substituenten *1. Ordnung*, zu denen die Halogen-Atome gehören, dirigieren die neue Gruppe in die *ortho-* und *para-*Stellung; man erhält ein Gemisch aus dem 1,2- und 1,4-Isomeren. Substituenten *2. Ordnung* wie die Nitro-Gruppe dirigieren den Zweitsubstituenten in *meta-*Stellung. In ◨ 29.4 (S. 546) ist die dirigierende Wirkung verschiedener Substituenten zusammengestellt (vgl. auch Randspalte S. 546, oben).

Substituenten 1. Ordnung erhöhen die Elektronendichte im Benzolring, während Substituenten 2. Ordnung die Elektronendichte erniedrigen. Sie tun dies über zwei Effekte. Für den **induktiven Effekt** (*I*-Effekt) ist die Elektronegativität des Substituenten ausschlaggebend. Elektronegative Gruppen wie Halogen-Atome, Hydroxy- und SO_3H-Gruppen polarisieren die σ-Bindung zum Ring-Kohlenstoff-Atom, indem sie das Bindungselektronenpaar zu sich ziehen; dadurch wird die Elektronendichte am Kohlenstoff-Atom verringert [(−*I*)-Effekt]. Die umgekehrte Bindungspolarisation, genannt (+*I*)-Effekt, tritt mit elektropositiveren Substituenten ein. Da ein sp^2-hybridisiertes C-Atom etwas elektronegativer ist als ein sp^3-hy-

Mechanismus der elektrophilen aromatischen Substitution:

EPD/EPA-Komplex
(π-Komplex)

Benzenium- oder Phenonium-Ion
(σ-Komplex)

Substituiertes Aren

Nitrierung:

$\bigcirc + HNO_3 \xrightarrow{(H_2SO_4)}$ Nitrobenzol $+ H_2O$

Sulfonierung:

$\bigcirc + SO_3 \xrightarrow{(H_2SO_4)}$ Benzolsulfonsäure (Sulfobenzol)

Halogenierung:

$\bigcirc + Br_2 \xrightarrow{(FeBr_3)}$ Brombenzol $+ HBr$

Friedel-Crafts-Alkylierung:

$\bigcirc + H_3CCl \xrightarrow{(AlCl_3)}$ Toluol (Methylbenzol) $+ HCl$

Ein **Chlor-Substituent** dirigiert den neuen Substituenten in die 2- (*ortho*-) und 4- (*para*-)Stellung:

Cl—C₆H₅ + HNO₃ $\xrightarrow[-H_2O]{(H_2SO_4)}$ 1-Chlor-2-nitrobenzol + 1-Chlor-4-nitrobenzol

Die **Nitro-Gruppe** dirigiert den neuen Substituenten in die 3- (*meta*-)Stellung:

O₂N—C₆H₅ + Cl₂ $\xrightarrow[-HCl]{(FeCl_3)}$ 1-Chlor-3-nitrobenzol

29.4 Dirigierende Wirkung verschiedener funktioneller Gruppen bei der elektrophilen Zweitsubstitution von monosubstituierten aromatischen Verbindungen

ortho- und *para*-dirigierend (in Stellung 2 und 4)

—F, —Cl, —Br, —I, —R, —OH, —OR, —NH₂, —NHR, —NR₂

meta-dirigierend (in Stellung 3)

—$\overset{\oplus}{N}H_3$, —NO₂, —C≡N, —SO₃H, —CHO, —CO—R, —COOH, —COOR, —CO—NH₂

bridisiertes, üben Alkyl-Gruppen einen (+*I*)-Effekt aus (neben der Elektronegativität spielt auch die Polarisierbarkeit der σ-Bindung eine Rolle; vgl. Stabilität der Carbenium-Ionen, S. 543).

Der **mesomere Effekt** (oder Konjugationseffekt, *M*-Effekt) wirkt über das π-Elektronensystem, indem π-Elektronen oder nichtbindende Elektronenpaare des Substituenten mit den π-Elektronen des Benzolrings in Wechselwirkung treten. Je nachdem, ob der Substituent π-Elektronen zur Verfügung stellt oder an sich zieht, unterscheidet man zwischen einem (+*M*)- und einem (−*M*)-Effekt. Der induktive Effekt wird vom mesomeren Effekt überlagert, wobei der letztere im allgemeinen die größere Bedeutung hat. Gruppen wie —$\overline{\underline{O}}$H oder —$\overline{N}$H₂, die nichtbindende Elektronenpaare an das π-Elektronensystem abgeben können (+*M*-Effekt), erhöhen die Elektronendichte im Benzol-Ring, obwohl ihr induktiver Effekt in entgegengesetzter Richtung wirkt.

Die elektronenziehende oder elektronenabgebende Wirkung eines Substituenten wirkt sich unterschiedlich auf die C-Atome in *ortho*- und *para*-Stellung einerseits und auf die C-Atome in *meta*-Stellung andererseits aus. Dies läßt sich gut an folgenden mesomeren Grenzformeln erkennen:

(+*M*)-Effekt:

[Mesomere Grenzformeln von Phenol]

(−*M*)-Effekt:

[Mesomere Grenzformeln von Nitrobenzol]

Die drei rechten Grenzformeln spielen zwar im Grundzustand des Moleküls keine besondere Rolle, trotzdem zeigen sie, daß sowohl Elektronenschub wie Elektronenzug die Elektronendichte an den *ortho*- und *para*-Stellungen erhöhen bzw. erniedrigen, während die *meta*-Stellung davon kaum betroffen sind. Wird eine elektrophile Gruppe E⁺ an eines der Kohlenstoff-Atome gebunden, so ist die entstehende Zwischenstufe stabiler, wenn dies an einem möglichst negativierten Ringatom geschieht. Im Falle des (+*M*)-Effekts trifft dies für die Kohlenstoff-Atome in *ortho*- und *para*-

29.7 Halogenalkane. Nucleophile Substitution. Eliminierungsreaktionen

Stellung zu; im Falle des (–M)-Effekts führt die Bindung von E$^+$ an den Kohlenstoff-Atomen in *ortho*- und *para*-Stellung hingegen zu einer instabileren Zwischenstufe, hier ist die Bindung an ein Kohlenstoff-Atom in *meta*-Stellung günstiger.

29.7 Halogenalkane. Nucleophile Substitution. Eliminierungsreaktionen

Wie in Abschnitt 29.**5** (S. 541) besprochen, können Halogenalkane aus Alkanen durch radikalische Substitutionsreaktionen oder aus ungesättigten Kohlenwasserstoffen durch Addition von Halogen oder Halogenwasserstoff hergestellt werden; vor allem Chlor- und Bromalkane werden so hergestellt. Eine weitere Synthesemöglichkeit, mit der sich insbesondere auch Iodalkane erhalten lassen, ist der Austausch der Hydroxy-Gruppe eines Alkohols durch das Halogen-Atom eines Halogenwasserstoffs.

$$R-OH + HX \rightarrow R-X + H_2O$$
Alkohol \quad\quad\quad Halogenalkan

Diese Reaktion entspricht formal der Neutralisationsreaktion von Metallhydroxiden (Basen) mit Halogenwasserstoffsäuren, sie verläuft jedoch wesentlich langsamer, weil die OH-Gruppe eines Alkohols nicht als OH$^-$-Ion vorliegt, sondern kovalent an ein Kohlenstoff-Atom gebunden ist. Der Zusatz einer Brönsted-Säure (z. B. Schwefelsäure) sorgt für eine Gleichgewichtseinstellung zugunsten des Halogenalkans.

Für bestimmte Halogenkohlenwasserstoffe gibt es außerdem spezielle Syntheseverfahren. Zum Beispiel wird Tetrachlormethan aus Chlor und Kohlenstoffdisulfid erhalten. Letzterer wird wiederum aus Methan und Schwefeldampf gewonnen (vgl. Abschn. 26.**7**, S. 459). Fluoralkane werden aus Chloralkanen durch Reaktion mit Fluorwasserstoff in Anwesenheit von Antimonpentachlorid erhalten.

$$CH_4 + 4\,S \xrightarrow{600\,°C} S=C=S + 2\,H_2S$$
Kohlenstoffdisulfid
(Schwefelkohlenstoff)
(Sdp. 46 °C)

$$CS_2 + 3\,Cl_2 \rightarrow CCl_4 + S_2Cl_2$$
Tetrachlormethan

$$HF + SbCl_5 \rightarrow SbCl_4F + HCl \quad 2\times$$
$$CCl_4 + 2\,SbCl_4F \rightarrow CF_2Cl_2 + 2\,SbCl_5$$
$$\overline{2\,HF + CCl_4 \rightarrow CF_2Cl_2 + 2\,HCl}$$

Halogenalkane, vor allem Chloralkane wie Dichlormethan (Methylenchlorid, CH$_2$Cl$_2$, Sdp. 40 °C), Trichlormethan (Chloroform, Sdp. 61 °C), Tetrachlormethan (Tetrachlorkohlenstoff, Sdp. 77 °C) und 1,1,1-Trichlorethan (Methylchloroform, Cl$_3$C–CH$_3$, Sdp. 74 °C) sind gute Lösungsmittel und werden als solche vielfach verwendet. Es sind allerdings Bemühungen im Gange, ihren Einsatz so weit wie möglich einzuschränken, da einige von ihnen krebserregend sind und weil sie das Sauerstoff-Ozon-Gleichgewicht in der Stratosphäre stören (s. Abschn. 25.**9**, S. 440). Wegen ihrer Flüchtigkeit geraten ihre Dämpfe in die Atmosphäre, und unter dem Einfluß der ultravioletten Strahlung der Sonne tritt Spaltung der C–Cl-Bindung zu sehr reaktionsfähigen Radikalen ein. Insbesondere können die sonst ungiftigen, gasförmigen Chlorfluorkohlenwasserstoffe (FCKW) umweltschädigend wirken. Vor allem das Dichlordifluormethan (CF$_2$Cl$_2$, Sdp. –30 °C) wurde als Treibmittel in Sprühdosen und als Kühlmittel in Kühlaggregaten verwendet; aus letzteren kann es bei der Verschrottung der Geräte in die Atmosphäre gelangen. Als Ersatz in Kühlaggregaten wird jetzt 1,1,1,2-Tetrafluorethan (F$_3$C–CH$_2$F) bevorzugt; auch Propan und Butan kommen zum Einsatz.

Photochemische Spaltung eines Halogenalkans:

$$CCl_4 \xrightarrow{h\nu} \cdot CCl_3 + \cdot Cl$$

Von Bedeutung sind die Halogenalkane (hauptsächlich Brom- und Chloralkane) vor allem für die synthetische Chemie. Neben der Friedel-Crafts-Reaktion zur Synthese von Alkylarenen (vgl. S. 545) spielen die **nucleophilen Substitutionsreaktionen** eine wichtige Rolle. Dabei wird die polare Bindung zwischen dem Kohlenstoff-Atom und dem elektronegativeren Substituenten X gelöst. Das Bindungselektronenpaar verbleibt bei

29 Organische Chemie

Nucleophile Substitution:

Nu⁻ + R—X → Nu—R + X⁻

Nu⁻ = nucleophile Gruppe (Lewis-Base)
X⁻ = Abgangsgruppe (nucleofuge Gruppe)

S_N2-Mechanismus:

HO⁻ + CH₃—Br ⇌ [HO···C···Br]^δ⁻ ⇌ HO—CH₃ + Br⁻

Brommethan — aktivierter Komplex
(Methylbromid)

S_N1-Mechanismus:

(CH₃)₃C—Br → (CH₃)₃C⁺ + Br⁻

t-Butylbromid — Trimethyl-
(2-Brom-2- carbenium-Ion
methylpropan) (Zwischenstufe)

(CH₃)₃C⁺ + OH⁻ →
(CH₃)₃C—OH + HO—C(CH₃)₃

2-Methyl-2-propanol
(t-Butanol)

der als Anion X⁻ austretenden Gruppe X, während mit einem einsamen Elektronenpaar der eintretenden nucleophilen Gruppe Nu⁻ eine neue Bindung geknüpft wird. Die obengenannte Synthese eines Halogenalkans aus einem Alkohol und einem Halogenwasserstoff ist ein Beispiel für eine nucleophile Substitution. In der Regel handelt es sich um reversible Gleichgewichtsreaktionen, die durch die Wahl der Konzentrationen der beteiligten Stoffe in die gewünschte Richtung gelenkt werden können (z. B. durch eine hohe Konzentration an nucleophilem Reagenz oder durch fortlaufende Entfernung des Reaktionsprodukts durch Destillation).

Für den Mechanismus dieser Reaktion gibt es zwei Grenzfälle:

1. **S_N2-Reaktion.** Als Beispiel nehmen wir die Reaktion von Bromethan mit Hydroxid-Ionen. Das nucleophile Hydroxid-Ion, eine Lewis-Base, greift das Kohlenstoff-Atom an und verdrängt das Bromid-Ion (ebenfalls eine Lewis-Base). Das Hydroxid-Ion greift auf der zum Brom-Atom rückwärtigen Seite an. In dem Maße, wie es sich dem Kohlenstoff-Atom nähert, beginnt sich eine kovalente Bindung zwischen dem O- und dem C-Atom auszubilden. Gleichzeitig wird die C—Br-Bindung geschwächt bis das Bromid-Ion abgespalten ist. Im aktivierten Komplex sind beide nucleophilen Gruppen partiell an das Kohlenstoff-Atom gebunden. Die geometrische Anordnung der H-Atome wird bei der Reaktion invertiert indem die H-Atome so ähnlich umklappen wie ein Schirm in stürmischem Wind. Die Bezeichnung S_N2 steht für *nucleophile Substitution 2. Ordnung*; der geschwindigkeitsbestimmende Schritt, die Bildung des aktivierten Komplexes, ist bimolekular (vgl. Abschn. 14.**6**, S. 255).

2. **S_N1-Reaktion.** Im Falle von tertiären Halogenalkanen wie t-Butylbromid verhindern die drei Alkyl-Gruppen aufgrund ihrer räumlichen Ausdehnung den Angriff des Hydroxid-Ions von der dem Brom-Atom gegenüberliegenden Seite. Eine solche, durch den Platzbedarf der Substituenten bedingte Reaktionsbehinderung nennt man *sterische Hinderung*. In diesem Fall ist der erste Reaktionsschritt die Abspaltung eines Bromid-Ions unter Bildung eines Carbenium-Ions als Zwischenstufe. Dessen Bildung wird dadurch begünstigt, daß es sich um ein relativ stabiles tertiäres Carbenium-Ion handelt (vgl. S. 543). Darüberhinaus wird der S_N1-Mechanismus durch polare Lösungsmittel begünstigt, da diese durch Solvatation das Carbenium-Ion zusätzlich stabilisieren können. Der erste Reaktionsschritt ist monomolekular, und da er der langsamste und somit geschwindigkeitsbestimmende Schritt ist, verläuft die Gesamtreaktion nach einem Geschwindigkeitsgesetz 1. Ordnung (vgl. Abschn. 14.**6**, S. 255). Als starke Lewis-Säure lagert das Trimethylcarbenium-Ion schnell das nucleophile Hydroxid-Ion an. Da das Carbenium-Ion planar ist, kann die Anlagerung des Hydroxid-Ions von beiden Seiten erfolgen. Vergleichen zur ursprünglichen Anordnung der Methyl-Gruppen in der tertiären Alkyl-Gruppe können die Methyl-Gruppen nach der Reaktion die gleiche Orientierung haben wie vorher, oder sie können umgeklappt sein. Dieser Aspekt ist bei chiralen Molekülen von Bedeutung (Abschn. 29.**17**, S. 574).

Eliminierungsreaktionen verlaufen ähnlich wie nucleophile Substitutionsreaktionen. Beide Reaktionstypen stehen oft in Konkurrenz miteinander. An Stelle der Anlagerung der nucleophilen Gruppe kann diese nämlich auch die Ablösung eines Protons bewirken. Im Falle von tertiären Halogenalkanen ist bei der Eliminierung der erste Reaktionsschritt der gleiche wie bei der S_N1-Reaktion, d.h. die monomolekulare Heterolyse zum Carbenium-Ion. Als Beispiel diene nochmals die Reaktion von t-Butylbromid mit Hydroxid-Ionen.

Der Reaktionsablauf in der nebenstehend formulierten Art wird E_1-**Mechanismus** genannt. Beim E_2-**Mechanismus** verläuft dagegen wie beim S_N2-Mechanismus die Bindungsbildung und -spaltung synchron; in dem Maße, wie die nucleophile Gruppe (Hydroxid-Ion) sich nähert, wird der vorhandene Substituent (Bromid-Ion) abgespalten. Im Unterschied zur S_N2-Substitution reagiert die nucleophile Gruppe jedoch nicht mit dem C-Atom, das die Austrittsgruppe trägt, sondern mit einem Wasserstoff-Atom.

Wie in den geschilderten Beispielen stammt das abgespaltene Proton meistens vom benachbarten, dem β-C-Atom. In diesem Fall spricht man von einer β-**Eliminierung** und das Reaktionsprodukt ist ein Alken. Im Ergebnis ist die β-Eliminierung das Gegenstück zur Additionsreaktion.

29.8 Metallorganische Verbindungen

Halogenalkane können mit sehr reaktionsfähigen Metallen wie Natrium oder Kalium explosionsartig reagieren (→ NaCl, KCl). Die oft praktizierte Methode, Wasserreste aus Lösungsmitteln mit Natrium zu entfernen („Trocknen" von Lösungsmitteln), darf deshalb bei Halogenalkanen **nie** angewandt werden. Weniger heftig und gut kontrollierbar sind dagegen die Reaktionen von Halogenalkanen mit Lithium und Magnesium, bei denen organische Verbindungen dieser Metalle entstehen:

R—X + 2 Li(s) → RLi + LiX(s)   X: Cl, Br oder I, meistens Cl
R—X + Mg(s) → RMgX   X: Cl, Br oder I, meistens Br

Diese Umsetzungen können mit Halogenalkanen und mit Halogenarenen durchgeführt werden. Die Organomagnesium-Verbindungen sind nach ihrem Entdecker unter dem Namen **Grignard-Verbindungen** bekannt; sie werden in der Regel in einem Ether (vgl. Abschn. 29.**10**, S. 553) als Lösungsmittel hergestellt und sind darin löslich. Die Alkyl- bzw. Aryl-Gruppe ist kovalent an das Magnesium-Atom gebunden, an dem zusätzlich zwei Ether-Moleküle koordiniert sind.

Die Lithium-Verbindungen werden in Diethylether oder besser in Alkanen als Lösungsmittel hergestellt. Die reinen Verbindungen sind bei Raumtemperatur zum Teil flüssig. Viele der Lithium-Verbindungen sind tetramer, d.h. sie bestehen aus vier RLi-Einheiten; dabei nehmen die vier Li-Atome und vier C-Atome abwechselnd die Ecken eines verzerrten Würfels ein. Dieses Molekülgerüst wird durch Mehrzentrenbindungen zusammengehalten.

Beim Umgang mit lithium- und magnesiumorganischen Verbindungen muß Feuchtigkeit und Sauerstoff sorgfältig ausgeschlossen werden, da sonst sofort Hydrolyse bzw. Oxidation eintritt.

Victor Grignard, 1871–1934

2 RMgX + 2 H$_2$O
$\quad\quad\quad$ → 2 RH + Mg(OH)$_2$ + MgX$_2$
RLi + H$_2$O → RH + LiOH
RMgX + O$_2$ → R—O—O—MgX
$\quad\quad\quad\xrightarrow{+\,R-MgX}$ 2 RO—MgX

$$H_3C-\overset{\delta\ominus}{C}H_2-\overset{\delta\oplus}{M}gBr + H^+ (aq) \rightarrow$$
$$H_3C-CH_3 (g) + Mg^{2+} (aq) + Br^- (aq)$$

$$H_3C-MgBr + H_3C-Br \rightarrow$$
$$H_3C-CH_3 + MgBr_2$$
$$H_5C_6-CH_2-Cl + H_5C_6-CH_2Li \rightarrow$$
$$H_5C_6-CH_2-CH_2-C_6H_5 + LiCl$$

$$SbCl_3 + 3 H_5C_6Li \rightarrow (H_5C_6)_3Sb + 3 LiCl$$
$$PCl_3 + 3 H_5C_6MgCl \rightarrow$$
$$(H_5C_6)_3P + 3 MgCl_2$$
$$SnCl_4 + 4 H_3CMgI \rightarrow$$
$$(H_3C)_4Sn + 2 MgCl_2 + 2 MgI_2$$

$$2 Na^+C_5H_5^- + FeCl_2 \rightarrow Fe(C_5H_5)_2 + 2 NaCl$$

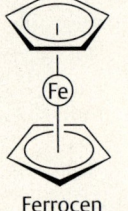

Ferrocen

$$\begin{bmatrix} Cl & Cl \\ & Pt & \\ Cl & Cl \end{bmatrix}^{2-} + H_2C=CH_2 \longrightarrow$$

$$\begin{bmatrix} Cl & Cl \\ & Pt-CH_2 \\ Cl & CH_2 \end{bmatrix}^- + Cl^-$$

Grignard- und Organolithium-Verbindungen sind wegen ihrer hohen Reaktivität wertvolle Reagenzien in der chemischen Synthese. Das Metall-Atom ist in diesen Verbindungen immer das elektropositivste Atom. Bei Reaktionen mit dipolaren Verbindungen verbindet sich deren negativere Gruppe mit dem Metall-Atom, die positivere Gruppe mit dem organischen Rest. Mit Säuren (einschließlich Wasser) entstehen deshalb immer Kohlenwasserstoffe. Zur Reaktion mit Carbonyl-Verbindungen s. S. 556.

Wird bei der Synthese der Organolithium- oder -magnesium-Verbindungen ein Überschuß an Halogenalkanen eingesetzt, so kann es zur Bildung höherer Alkane kommen. Diese Reaktion ist zur Synthese höherer Alkane geeignet.

Im gleichen Sinne verlaufen auch die Reaktionen mit den Halogeniden zahlreicher anderer Elemente, bei denen Alkyl- oder Aryl-Verbindungen dieser Elemente erhalten werden. Mit diesen Reaktionen sind organische Derivate vieler Metalle zugänglich.

Butyllithium (H_9C_4Li) und Triphenylphosphan [$(H_5C_6)_3P$] sind für die Wittig-Reaktion von Bedeutung (S. 557).

Eine andere Art von metallorganischen Verbindungen ist vom Cyclopentadien aus zugänglich. Cyclopentadien reagiert mit Natrium unter Wasserstoff-Entwicklung zum Natriumcyclopentadienid, dessen Anion wie Benzol ein Bindungssystem mit 6π-Elektronen hat und daher zu den aromatischen Verbindungen gezählt werden kann:

Natriumcyclopentadienid reagiert mit Übergangsmetallhalogeniden zu π-Komplexen. Das sind Verbindungen, in denen die organischen Liganden über ihre π-Elektronen an das Metall-Atom gebunden sind. Ein $C_5H_5^-$-Ligand tritt dabei über seine 6π-Elektronen mit den Orbitalen des Metall-Atoms in Wechselwirkung. Eine besonders stabile Verbindung ist das Ferrocen, $Fe(C_5H_5)_2$; es ist eine diamagnetische, kristalline Verbindung, die bis über 500 °C erhitzt werden kann ohne sich zu zersetzen.

Auch andere aromatische Verbindungen sowie Alkene und Alkine können über ihre π-Elektronen an Übergangsmetall-Atome gebunden werden. Die älteste bekannte Verbindung dieser Art enthält das Ion [$(C_2H_4)Cl_3Pt$]$^-$, das beim Einleiten von Ethen in eine wäßrige $K_2[PtCl_4]$-Lösung entsteht. Komplexe dieser Art spielen eine Rolle bei Reaktionen von Alkenen, die durch Übergangsmetall-Verbindungen katalysiert werden.

29.9 Alkohole und Phenole

Alkohole sind Derivate der Kohlenwasserstoffe, bei denen ein Wasserstoff-Atom durch eine Hydroxy-Gruppe, $-OH$, ersetzt ist. Die Hydroxy-Gruppe ist eine der wichtigsten funktionellen Gruppen und verleiht einer organischen Verbindung die charakteristischen chemischen und physikalischen Eigenschaften eines Alkohols.

Alkohole werden nach dem Kohlenwasserstoff mit der längsten unverzweigten Kette, an der die Hydroxy-Gruppe gebunden ist, benannt. An den Namen des Kohlenwasserstoffs wird die Endung -*ol* gehängt. Mit einer

Zahl wird angegeben, an welchem Kohlenstoff-Atom sich die Hydroxy-Gruppe befindet, wobei dem C-Atom mit der OH-Gruppe die niedrigste mögliche Nummer gegeben wird. Je nach der Anzahl der weiteren Kohlenstoff-Atome, die an das Kohlenstoff-Atom mit der OH-Gruppe gebunden sind, unterscheidet man *primäre, sekundäre* und *tertiäre* Alkohole. Sind zwei, drei oder mehr Hydroxy-Gruppen vorhanden, so wird der Endung *-ol* das entsprechende griechische Zahlwort *di-, tri-* usw. vorangestellt.

Je nach der Anzahl der OH-Gruppen spricht man auch von ein-, zwei-, drei- oder mehrwertigen Alkoholen. Dabei gilt die *Erlenmeyer-Regel*: an ein und dasselbe Kohlenstoff-Atom kann maximal nur eine OH-Gruppe gebunden sein. Versucht man zwei OH-Gruppen an das gleiche Kohlenstoff-Atom zu binden, so kommt es zur Abspaltung von Wasser und es entsteht eine Carbonyl-Verbindung (vgl. Abschn. 29.**11**, S. 554).

29.5 Namen und physikalische Eigenschaften einiger Alkohole

Name	Formel	Smp./°C	Sdp./°C	Löslichkeit in Wasser*
Methanol (Methylalkohol)	H_3C-OH	−98	65	unbegrenzt
Ethanol (Ethylalkohol)	H_5C_2-OH	−115	78	unbegrenzt
1-Propanol (Propylalkohol)	H_7C_3-OH	−127	97	unbegrenzt
2-Propanol (Isopropanol)	$(H_3C)_2CH-OH$	−89	82	unbegrenzt
1-Butanol (Butylalkohol)	H_9C_4-OH	−90	117	7,9 cg/g
2-Methyl-2-propanol (*t*-Butanol)	$(H_3C)_3C-OH$	+26	82	unbegrenzt
1-Pentanol	$H_3C-(CH_2)_4-OH$	−78	138	2,4 cg/g
1-Hexanol	$H_3C-(CH_2)_5-OH$	−52	157	0,7 cg/g
Cyclohexanol	$H_{11}C_6-OH$	+25	161	3,6 cg/g
1,2-Ethandiol (Glykol)	$HO-(CH_2)_2-OH$	−13	198	unbegrenzt
1,2,3-Propantriol (Glycerin)	$HO-CH_2-CH(OH)-CH_2-OH$	+18	290	unbegrenzt

* bei 20 °C

Alkohole kann man auch als Derivate des Wassers auffassen, bei dem ein Wasserstoff-Atom durch eine Alkyl-Gruppe ersetzt wurde. Wie beim Wasser kommt es zur intermolekularen Assoziation der Alkohol-Moleküle über Wasserstoff-Brücken. Aus diesem Grunde liegen die Schmelz- und Siedepunkte der Alkohole höher als diejenigen der Alkane mit entsprechender Molmasse (29.**5**). Mit der Zahl der Hydroxy-Gruppen im Molekül steigen auch die Siedepunkte. Außerdem zeigt sich die verstärkte Assoziation von mehrwertigen Alkoholen in einer höheren Viskosität. Die niedrigeren Alkohole sind in jedem Verhältnis mit Wasser mischbar, unter anderem bedingt durch intermolekulare Wasserstoff-Brücken zwischen Wasser- und Alkohol-Molekülen. Mit zunehmender Länge der Alkyl-Gruppen nimmt jedoch die Ähnlichkeit zu den Alkanen zu und höhere Alkohole sind nur wenig löslich in Wasser.

Wie Wasser verhalten sich Alkohole gegenüber starken Brönsted-Säuren und -Basen amphoter. Alkohole sind weniger sauer und weniger basisch als Wasser und dementsprechend sind die konjugierten Säuren ($R-OH_2^+$) und Basen (RO^-) stärker sauer als H_3O^+ bzw. stärker basisch

$H_3C-CH_2-CH_2-CH_2-CH_2-OH$
1-Pentanol
(primärer Alkohol)

$H_3C-CH_2-CH_2-CH-CH_3$
          |
          OH
2-Pentanol
(sekundärer Alkohol)

$H_3C-\underset{OH}{\underset{|}{CH}}-\underset{}{\overset{CH_3}{\overset{|}{CH}}}-CH_3$ $H_3C-\underset{OH}{\underset{|}{\overset{CH_3}{\overset{|}{C}}}}-CH_2-CH_3$

3-Methyl-2-butanol   2-Methyl-2-butanol
(sekundärer Alkohol) (tertiärer Alkohol)

$HO-CH_2-CH_2-OH$
1,2-Ethandiol
(Glykol, Ethylenglykol,
zweiwertiger Alkohol)

$HO-CH_2-CH-CH_2-OH$
              |
              OH
1,2,3-Propantriol
(Glycerin, Glycerol,
dreiwertiger Alkohol)

$R-OH + H_2SO_4 \rightarrow R-OH_2^+ + HSO_4^-$
$R-OH + NH_2^- \rightarrow R-O^- + NH_3$
$2 H_5C_2-OH + 2 Na \rightarrow 2 H_5C_2-O^- Na^+ + H_2$

Methanol-Synthese:

$CO + 2 H_2 \xrightarrow[400°C, 20 MPa]{(ZnO/Cr_2O_3)} H_3COH$

Alkoholische Gärung:

$C_6H_{12}O_6 \xrightarrow[\text{in Hefe}]{(Zymase)} 2 H_5C_2OH + 2 CO_2$

Ethanol-Synthese:

$H_2C=CH_2 + H_2SO_4 \rightarrow H_5C_2-O-SO_3H$
$H_5C_2-O-SO_3H + H_2O \rightarrow H_5C_2-OH + H_2SO_4$

Isopropanol-Synthese:

$H_3C-CH=CH_2 + H_2SO_4 \rightarrow$

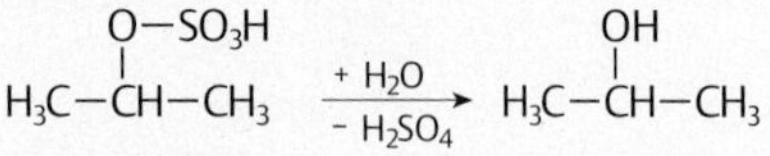

$H_3C-\underset{\underset{H}{|}}{C}H-CH_3 \text{ (O-SO}_3\text{H)} \xrightarrow[-H_2SO_4]{+H_2O} H_3C-\underset{\underset{H}{|}}{C}H-CH_3 \text{ (OH)}$

Glykol-Synthese:

$H_2C=CH_2 + \frac{1}{2}O_2 \xrightarrow[270°C]{(Ag)}$

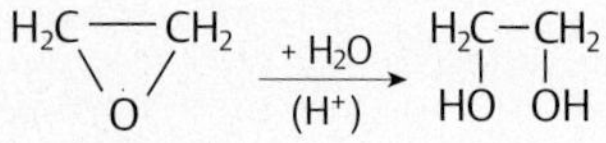

Oxiran $\xrightarrow[(H^+)]{+H_2O}$ HO-CH$_2$-CH$_2$-OH

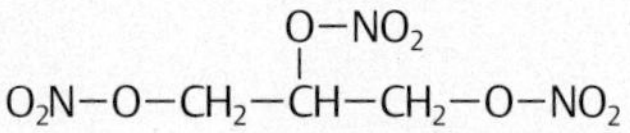

$O_2N-O-CH_2-\underset{\underset{O-NO_2}{|}}{C}H-CH_2-O-NO_2$
Nitroglycerin

Phenol (OH on benzene ring)

1-Naphthol (1-Hydroxynaphthalin)

Phenol-Synthese:

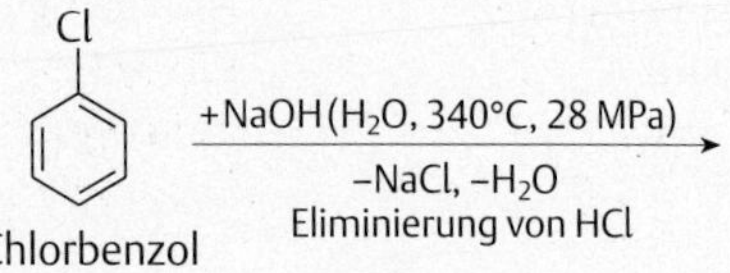

Chlorbenzol $\xrightarrow[\text{−NaCl, −H}_2\text{O}]{+\text{NaOH (H}_2\text{O, 340°C, 28 MPa)}}$ Eliminierung von HCl

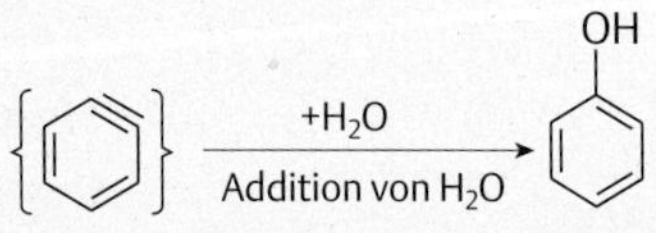

1,2-Dehydrobenzol $\xrightarrow[\text{Addition von H}_2\text{O}]{+H_2O}$ Phenol

als HO$^-$. Die Anionen H$_3$CO$^-$ (Methanolat), H$_5$C$_2$−O$^-$ (Ethanolat) und allgemein RO$^-$ (Alkanolat) werden am einfachsten durch die Reaktion des Alkohols mit einem Alkalimetall erhalten; diese Reaktion entspricht derjenigen der Alkalimetalle mit Wasser, verläuft aber weniger heftig.

Herstellung von Alkoholen. Alkohole können durch nucleophile Substitution aus Halogenalkanen hergestellt werden (s. S. 548), wichtiger sind jedoch andere Syntheseverfahren.

Methanol wird hauptsächlich durch katalytische Hydrierung von Kohlenmonoxid erhalten. Methanol ist sehr giftig, seine Einnahme führt zu Erblindung. Weniger giftig ist Ethanol, der in alkoholischen Getränken enthalten ist und bei der „alkoholischen Gärung" aus Traubenzucker (Glucose) oder Fruchtzucker (Fructose) in Gegenwart von Hefe entsteht (vgl. Abschn. 30.**2**, S. 588). Die Abtrennung des so erhaltenen Ethanols kann durch Destillation erfolgen, dabei wird ein azeotropes Gemisch aus 96% Ethanol und 4% Wasser erhalten (Sdp. 78,17 °C; vgl. Abschn. 12.**10**, S. 213). Technisch wird Ethanol auch aus Ethen, das seinerseits aus den Crackgasen des Erdöls gewonnen wird, durch säurekatalysierte Addition von Wasser synthetisiert. Die Reaktion erfolgt in zwei Stufen mit Hilfe von Schwefelsäure. Bei der entsprechenden Reaktion mit Propen wird 2-Propanol (Isopropanol) erhalten (Makrovnikov-Regel, s. S. 542).

Auch 1,2-Ethandiol (Glykol) wird aus Ethen über die Zwischenstufe von Oxiran (Ethylenoxid) hergestellt. Propantriol (Glycerin) wird aus tierischen und pflanzlichen Fetten gewonnen (s. Abschn. 30.**3**, S. 589).

Alkohole finden vielfach Verwendung als Lösungsmittel und spielen als Ausgangsstoffe zur Synthese zahlreicher organischer Verbindungen eine wichtige Rolle. 1,2-Ethandiol (Glykol) wird als Frostschutzmittel für Kühlwasser eingesetzt, 1,2,3-Propantriol (Glycerin) als Zusatzstoff für Kosmetika und vor allem zur Herstellung von Sprengstoffen („Nitroglycerin" = Salpetersäuretriester des Glycerins).

Phenole nennt man die Hydroxy-Derivate der Arene. Im Gegensatz zu den Alkoholen reagieren ihre wäßrigen Lösungen schwach sauer. Die höhere Acidität von Phenol wird der höheren Stabilität des Phenolat-Ions zugeschrieben, in welchem die negative Ladung auf das π-Bindungssystem des aromatischen Rings delokalisiert wird:

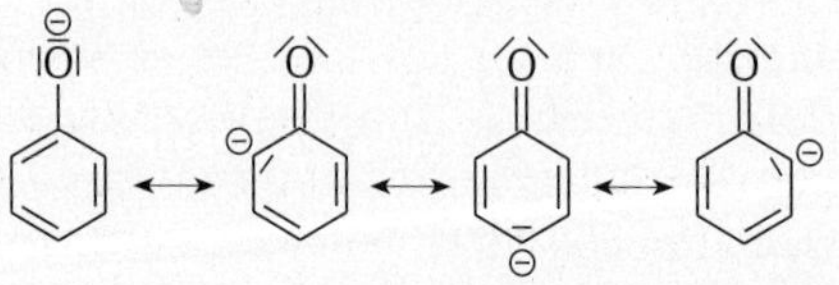

Soweit es nur die Reaktionen der Hydroxy-Gruppe betrifft, sind Phenole den Alkoholen ähnlich. Wenn aber der Benzolring mitbetroffen ist, so verhalten sie sich anders. So lassen sich Phenole sehr leicht am Benzol-Ring elektrophil substituieren (z. B. Synthese von 2- und 4-Nitrophenol aus Phenol und Salpetersäure). Technisch wird Phenol aus Chlorbenzol und Natronlauge unter drastischen Reaktionsbedingungen gewonnen. Anders als die entsprechende Substitutionsreaktion eines Halogenalkans zu einem Alkohol (S. 548), handelt es sich hier nicht um eine einfache nucleophile Substitution; die Reaktion verläuft vielmehr nach einem Eliminierungs-Additions-Mechanismus. Auch 1,2-Dihydroxybenzol (Brenzcatechin) kann entsprechend aus 2-Chlorphenol erhalten werden.

Von den zweiwertigen Phenolen ist das 1,4-Dihydroxybenzol (Hydrochinon) das wichtigste. Es wird durch Reduktion aus 1,4-Benzochinon mit Schwefeldioxid erhalten. Hydrochinon ist leicht wieder zum 1,4-Benzochinon oxidierbar, d.h. es wirkt als Reduktionsmittel und wird wegen dieser Eigenschaft als Entwickler in der Photographie verwendet (Reduktion von Silberbromid zu Silber-Metall). Ähnlich ist das Verhalten von 9,10-Dihydroxyanthracen, das ebenfalls leicht zum 9,10-Anthrachinon oxidierbar ist; bei der Oxidation mit Sauerstoff wird dieser zu Wasserstoffperoxid reduziert:

Hydrochinon-Synthese:

1,4-Benzochinon + SO_2 + $2\,OH^-$ → Hydrochinon (1,4-Dihydroxybenzol) + SO_4^{2-}

9,10-Dihydroxyanthracen (9,10-Antrahydrochinon) + O_2 → 9,10-Anthrachinon + H_2O_2

Diese Reaktion dient zur technischen Herstellung von Wasserstoffperoxid (vgl. Abschn. 24.3, S. 410). Mit Wasserstoff kann das 9,10-Anthrachinon wieder zum 9,10-Dihydroxyanthracen reduziert und erneut eingesetzt werden.

29.10 Ether

Behandelt man Ethanol mit Schwefelsäure bei 130 bis 140 °C, so kommt es zur Abspaltung von einem Molekül Wasser aus zwei Molekülen Ethanol, und Diethylether wird gebildet. Bei höherer Temperatur entsteht dagegen überwiegend Ethen durch β-Eliminierung von Wasser aus einem Molekül Ethanol.

Ether haben die allgemeine Formel R−O−R. Sie können als Derivate des Wassers betrachtet werden, in dem beide Wasserstoff-Atome durch Alkyl- oder Aryl-Reste ersetzt sind. Die beiden Gruppen R können verschieden sein. Allgemein können Ether aus Halogenalkanen durch nucleophile Substitution mit Alkanolaten erhalten werden *(Williamson-Synthese)*.

Anders als Alkohol-Moleküle können Ether-Moleküle nicht über Wasserstoff-Brücken assoziieren. Dementsprechend haben Ether wesentlich tiefere Siedepunkte als die Alkohole gleicher Summenformel. Ethanol und Dimethylether sind Konstitutionsisomere, deren Eigenschaften sich deutlich unterscheiden, weil sie unterschiedliche funktionelle Gruppen haben (funktionelle Gruppenisomerie). Ether sind weniger reaktiv als Alkohole. Sie sind mit Wasser kaum mischbar.

Diethylether ist ein gutes, preiswertes, leicht abdestillierbares und deshalb im chemischen Labor oft benutztes Lösungsmittel. Er ist sehr flüchtig (Sdp. 35 °C) und sehr leicht entzündlich. Mischungen von Etherdämpfen mit Luft sind, wie alle Mischungen von brennbaren Gasen mit Luft, explosiv. Diese Eigenschaften führen immer wieder zu Bränden und Unfällen. Eine weitere Gefahr liegt in der Eigenschaft von Dialkylethern mit α-ständigen H-Atomen, beim Stehen mit Luftsauerstoff in einer durch Licht induzierten Reaktion Hydroperoxide zu bilden. Diese Hydroperoxide sind explosiv; da sie wenig flüchtig sind, reichern sie sich beim Abdestillieren des Ethers im Destillationsrückstand an und explodieren dann.

$H_5C_2-OH + HO-C_2H_5 \xrightarrow[135\,°C]{(H_2SO_4)} H_5C_2-O-C_2H_5 + H_2O$
Diethylether

Bei höherer Temperatur:

$H_3C-CH_2-OH \xrightarrow[170\,°C]{(H_2SO_4)} H_2C=CH_2 + H_2O$
Ethen

Beispiel für die Williamson-Synthese:

$H_5C_2-O^- + I-C_3H_7 \xrightarrow{S_N2}$
Ethanolat   1-Iodpropan

$H_5C_2-O-C_3H_7 + I^-$
Ethylpropylether
(1-Ethoxy-propan)

H_5C_2-OH $H_3C-O-CH_3$
(C_2H_6O)   (C_2H_6O)
Ethanol   Dimethylether
Sdp. 78 °C   Sdp. −25 °C

$H_3C-CH_2-O-C_2H_5 + O_2 \xrightarrow{h\nu}$

$\underset{\underset{O-OH}{|}}{H_3C-CH-O-C_2H_5}$

1-Ethoxyethylhydroperoxid

29.11 Carbonyl-Verbindungen

Ein Kohlenstoff-Atom kann mit einem Sauerstoff-Atom eine Doppelbindung eingehen und die *Carbonyl-Gruppe* bilden. Sauerstoff-Atom, Kohlenstoff-Atom und die an das Kohlenstoff-Atom gebundenen Atome liegen in einer Ebene, die Bindungswinkel liegen bei 120°. Die Carbonyl-Doppelbindung ist deutlich reaktiver als die C=C-Doppelbindung in Alkenen, denn wegen der hohen Elektronegativität des Sauerstoff-Atoms hat sie eine ausgeprägte Dipolarität. Die positive und negative Partialladung am Kohlenstoff- bzw. Sauerstoff-Atom führt dazu, daß elektrophile Gruppen immer am Sauerstoff-Atom und nucleophile Gruppen immer am Kohlenstoff-Atom der Carbonyl-Gruppe angreifen.

Wenn mindestens ein Wasserstoff-Atom an die Carbonyl-Gruppe gebunden ist, nennt man die Verbindung einen **Aldehyd**. Zur systematischen Benennung von Aldehyden erhalten die Namen der zugrundeliegenden Kohlenwasserstoffe die Endung *-al*; zur Bezeichnung der Position von Substituenten werden die Kohlenstoff-Atome ab dem Carbonylkohlenstoff-Atom (C-1) numeriert. Mit der Nachsilbe *-carbaldehyd* und der Vorsilbe *Formyl-* kann die Aldehyd-Gruppe als funktionelle Gruppe besonders gekennzeichnet werden.

In einem **Keton** ist die Carbonyl-Gruppe an zwei Alkyl- oder Aryl-Gruppen gebunden, die voneinander verschieden sein können. Der Name eines Ketons erhält die Endung *-on* oder das Sauerstoff-Atom wird als Substituent betrachtet und mit *Oxo-* bezeichnet. Zahlen dienen zur Bezeichnung der Position der Carbonyl-Gruppe und von Substituenten, wobei entlang der längsten Kette gezählt wird, welche die Carbonyl-Gruppe enthält; diese erhält die niedrigste mögliche Zahl.

Aldehyde entstehen bei der Oxidation von *primären* Alkoholen unter milden Bedingungen. Ein geeignetes Oxidationsmittel ist Natriumdichromat gelöst in verdünnter Schwefelsäure. Für Reaktion dieser Art wird häufig eine vereinfachte Schreibweise für die Reaktionsgleichung benutzt, bei der das Oxidationsmittel auf den Reaktionspfeil geschrieben wird und nur der organische Reaktand und das Produkt angezeigt werden.

Bei den Reaktionen muß dafür Sorge getragen werden, daß die leicht eintretende Weiteroxidation des gebildeten Aldehyds zur Carbonsäure verhindert wird (vgl. Abschn. 29.**12**, S. 559). Dies kann durch rasches Abdestillieren des meist leichtflüchtigen Aldehyds aus dem Reaktionsgemisch erreicht werden.

Die Oxidation des Alkohols kann auch mit Luftsauerstoff in der Gasphase am Kupfer-Kontakt durchgeführt werden. Diese Oxidation findet selbst in Abwesenheit von Sauerstoff statt. In diesem Fall wird ein Wasserstoff-Molekül vom Alkohol-Molekül abgespalten. Der Vorgang wird *Dehydrierung* genannt (daher auch der Name Aldehyd: *Al*cohol *dehyd*rogenatus). Die Gefahr der Weiteroxidation des Aldehyds ist dabei nicht gegeben.

Aldehyd-Synthesen

Durch Oxidation mit Dichromat:

$$3\ H_3C-CH_2-OH + Cr_2O_7^{2-} + 8\ H^+$$
$$\longrightarrow 3\ H_3C-CHO + 2\ Cr^{3+} + 7\ H_2O$$

Kurzschreibweise

$$H_3C-CH_2-OH \xrightarrow{Cr_2O_7^{2-}/H^+} H_3C-CHO$$

Durch Oxidation mit Luftsauerstoff:

$$R-CH_2-OH + \tfrac{1}{2} O_2 \xrightarrow[550°C]{(Cu)} R-CHO + H_2O$$

Durch Dehydrierung:

$$R-CH_2-OH \xrightarrow[280°C]{(Cu)} R-CHO + H_2$$

Führt man die entsprechenden Oxidationsreaktionen mit *sekundären* Alkoholen durch, so entstehen Ketone. Tertiäre Alkohole lassen sich nicht ohne Zerstörung des Kohlenstoff-Gerüsts des Moleküls oxidieren.

Zur Synthese aromatischer Ketone s. S. 561 (Friedel-Crafts-Acylierung). Spezielle Ketone sind durch Claisen-Kondensation und Folgereaktionen zugänglich (s. S. 564).

Reaktionen der Carbonyl-Verbindungen sind vor allem Additionsreaktionen, die mit vielen Reagenzien leicht durchführbar sind. Auch Wasserstoff kann in Anwesenheit eines Nickel- oder Platin-Katalysators addiert werden; dabei entstehen in Umkehrung der obengenannten Synthesereaktionen primäre bzw. sekundäre Alkohole:

$$R-CHO + H_2 \xrightarrow{(Pt)} R-CH_2-OH$$

$$R-CO-R + H_2 \xrightarrow{(Pt)} R-CH(OH)-R$$

Bei der Addition von unsymmetrischen Reagenzien (wie z. B. Cyanwasserstoff) addiert sich der positivere Teil (das Proton) an das Sauerstoff-Atom und der negativere Teil (Cyanid-Ion) an das Kohlenstoff-Atom der Carbonyl-Gruppe. Der Reaktionsmechanismus ist als nucleophiler Angriff der anionischen Lewis-Base (CN^--Ion) an das positivierte Kohlenstoff-Atom des Ketons zu verstehen, gefolgt von der Anlagerung eines Protons. Cyanhydrine (2-Hydroxycarbonsäurenitrile) sind Zwischenprodukte bei der Synthese bestimmter Carbonsäuren (s. S. 562).

Verbindungen mit NH_2-Gruppen, nämlich Amine $R-NH_2$, Hydroxylamin $HO-NH_2$ und Hydrazin-Derivate $R-NH-NH_2$, addieren sich in Anwesenheit von Säuren ebenfalls an Aldehyde und Ketone. Dabei greift das einsame Elektronenpaar am Stickstoff-Atom das Carbonylkohlenstoff-Atom nucleophil an, nachdem die Carbonyl-Gruppe durch Protonierung am Sauerstoff-Atom aktiviert wurde. Das primär entstehende Additionsprodukt ist jedoch nicht stabil, es spaltet ein Wasser-Molekül ab:

Imin: R^3 gleich H; Oxim: R^3 gleich OH; Hydrazon: R^3 gleich $NH-R^4$

Wegen der Abspaltung von Wasser spricht man von einer Kondensationsreaktion. Je nach den eingesetzten Verbindungen erhält man Imine, Oxime oder Hydrazone.

Keton-Synthesen:

$$H_5C_2-CH(OH)-CH_3 \xrightarrow{Cr_2O_7^{2-}/H^+} H_5C_2-CO-CH_3$$

$$H_3C-CH(OH)-CH_3 + \tfrac{1}{2} O_2 \xrightarrow[550°C]{(Cu)} H_3C-CO-CH_3 + H_2O$$

$$H_3C-CH(OH)-CH_3 \xrightarrow[250°C]{(Cu)} H_3C-CO-CH_3 + H_2$$

$$HCN \rightleftharpoons H^+ + CN^-$$

ein Cyanhydrin
(2-Hydroxycarbonsäurenitril)

Additionsreaktionen von Carbonyl-Verbindungen

$$H-C\equiv N + \underset{R^2}{\overset{R^1}{C}}=O \longrightarrow NC-\underset{R^2}{\overset{R^1}{\underset{|}{\overset{|}{C}}}}-OH \quad \text{ein Cyanhydrin (2-Hydroxycarbonitril)}$$

$$R^3-NH_2 + O=\underset{H}{\overset{R^1}{C}} \longrightarrow R^3-N=\underset{H}{\overset{R^1}{C}} + H_2O \quad \text{ein Aldimin}$$
primäres Amin — Aldehyd

$$R^3-NH_2 + O=\underset{R^2}{\overset{R^1}{C}} \longrightarrow R^3-N=\underset{R^2}{\overset{R^1}{C}} + H_2O \quad \text{ein Ketimin}$$
Keton

$$HO-NH_2 + O=\underset{H}{\overset{R^1}{C}} \longrightarrow HO-N=\underset{H}{\overset{R^1}{C}} + H_2O \quad \text{ein Aldoxim}$$
Hydroxylamin

$$HO-NH_2 + O=\underset{R^2}{\overset{R^1}{C}} \longrightarrow HO-N=\underset{R^2}{\overset{R^1}{C}} + H_2O \quad \text{ein Ketoxim}$$

$$R^3-NH-NH_2 + O=\underset{H}{\overset{R^1}{C}} \longrightarrow R^3-NH-N=\underset{H}{\overset{R^1}{C}} + H_2O \quad \text{ein Aldehydrazon}$$
substituiertes Hydrazin

$$R^3-NH-NH_2 + O=\underset{R^2}{\overset{R^1}{C}} \longrightarrow R^3-NH-N=\underset{R^2}{\overset{R^1}{C}} + H_2O \quad \text{ein Ketonhydrazon}$$

R^1, R^2: Alkyl, Aryl
R^3: H, Alkyl, Aryl, spezielle Substituenten

Reaktionen von Carbonyl-Verbindungen mit Grignard-Verbindungen

$$H_2C=O + R^3-MgX \longrightarrow R^3-CH_2-O-MgX$$
$$\xrightarrow[-MgX_2]{+HX} R^3-CH_2-OH$$

$$R^1-\underset{H}{\overset{O}{C}} + R^3-MgX \longrightarrow \underset{R^3}{\overset{R^1}{CH}}-O-MgX$$
$$\xrightarrow[-MgX_2]{+HX} \underset{R^3}{\overset{R^1}{CH}}-OH$$

$$R^1-\underset{R^2}{\overset{O}{C}} + R^3-MgX \longrightarrow \underset{R^2\ R^3}{\overset{R^1\ O-MgX}{C}}$$
$$\xrightarrow[-MgX_2]{+HX} \underset{R^2\ R^3}{\overset{R^1\ OH}{C}}$$

R^1, R^2, R^3 = gleiche oder verschiedene Alkyl- oder Aryl-Gruppen

Eine wichtige Additionsreaktion der Carbonyl-Verbindungen erfolgt mit Grignard-Verbindungen R—MgX (R = Alkyl, Aryl; X = Halogen; vgl. Abschn. 29.**8**, S. 549). Das Magnesium-Atom ist das elektropositivste Atom in der Grignard-Verbindung, es wird an das Sauerstoff-Atom gebunden, während der Rest R an das Kohlenstoff-Atom der Carbonyl-Gruppe gebunden wird. Das primär entstehende Additionsprodukt wird leicht mit Wasser oder verdünnten Säuren zersetzt.

Das Endprodukt der Reaktion eines Aldehys mit einer Grignard-Verbindung ist ein sekundärer Alkohol. Verwendet man Formaldehyd, so erhält man einen primären Alkohol. Mit Ketonen entstehen tertiäre Alkohole. Bei allen diesen Reaktionen werden unter Reduktion der Carbonyl-Verbindungen zu Alkoholen neue C—C-Bindungen geknüpft. Man spricht deshalb auch von einer *aufbauenden Reduktion*. Die erhaltenen Alkohole können zu neuen Carbonyl-Verbindungen oxidiert, durch β-Eliminierung von Wasser in Alkene überführt oder durch andere Reaktionen zu weiteren Produkten umgesetzt werden. Durch eine Folge solcher Reaktionen können so kompliziertere Verbindungen aufgebaut werden.

Eine Additionsreaktion von Carbonyl-Verbindungen, die zur Synthese von Alkenen dient, ist die **Wittig-Reaktion**. Zunächst wird ein Methylentriphenylphosphoran (Wittig-Reagenz) in zwei Schritten hergestellt, das dann an eine Carbonyl-Gruppe addiert wird. Im Methylentriphenylphosphoran ist das Phosphor-Atom elektropositiver als das Kohlenstoff-Atom der Methylen-Gruppe, es kommt deshalb zur Knüpfung einer neuen C−C-Bindung, während sich das Phosphor-Atom mit dem Sauerstoff-Atom der Carbonyl-Gruppe verbindet. Nach Abspaltung von Triphenylphosphanoxid erhält man ein neues Alken.

Georg Wittig, 1897 – 1987

Wittig Reaktion:

$$R^3-CH_2-Br + P(C_6H_5)_3 \xrightarrow{S_N2} [R^3-CH_2-P(C_6H_5)_3]^+ \, Br^-$$

Bromalkan   Triphenylphosphan   Alkyltriphenylphosphonium-bromid

$$[R^3-CH_2-P(C_6H_5)_3]^+ + H_9C_4Li \longrightarrow R^3-CH=P(C_6H_5)_3 + C_4H_{10} + Li^+$$

Alkylmethylentriphenylphosphoran (Wittig-Reagenz)   Butan

$$\overset{\delta\ominus}{O}=\underset{R^1\;\;\;\;R^2}{\overset{\delta\oplus}{C}} + \overset{\delta\oplus}{\underset{H\;\;\;\delta\ominus R^3}{P(C_6H_5)_3}}=C \longrightarrow R^1-\underset{R^2\;\;H}{\overset{O-P(C_6H_5)_3}{C-C}}-R^3$$

$$\longrightarrow \underset{R^2\;\;\;\;H}{\overset{R^1\;\;\;\;R^3}{C=C}} + O=P(C_6H_5)_3$$

Alken   Triphenylphosphanoxid

Die **Aldoladdition** ist eine Reaktion, bei der ein Aldehyd oder Keton eine Additionsreaktion mit sich selbst eingeht:

$$H_3C-\overset{O}{\underset{H}{C}} \xrightarrow[-H_2O]{+OH^-} \left[H_2\overset{\ominus}{C}-\overset{\overline{O}|}{\underset{H}{C}} \longleftrightarrow H_2C=\overset{\overline{O}|^\ominus}{\underset{H}{C}} \right]^-$$

$$H_3C-\overset{\overline{O}|}{\underset{H}{C}} + H_2\overset{\ominus}{C}-\overset{\overline{O}|}{\underset{H}{C}} \longrightarrow H_3C-\overset{|\overline{O}|^\ominus}{CH}-CH_2-\overset{O}{\underset{H}{C}} \xrightarrow[-OH^-]{+H_2O} H_3C-\overset{OH}{CH}-CH_2-\overset{O}{\underset{H}{C}}$$

3-Hydroxybutanal
ein Aldol
(*Ald*ehydalkoh*ol*)

Diese Reaktion wird sowohl durch Basen (nach dem vorstehenden Mechanismus) als auch durch Säuren katalysiert. Sie ist außer in der synthetischen organischen Chemie auch bei biochemischen Prozessen von Bedeutung.

Keto-Enol-Tautomerie
beim 2,4-Pentandion (Acetylaceton)

$H_3C-\underset{O}{C}-\underset{H_2}{C}-\underset{O}{C}-CH_3$

Keto-Form (20%)

⇌

Enol-Form (80%)

Enolat-Anion des 2,4-Pentandions

Aldehyd-Gruppe —[Oxidation]→ Carboxy-Gruppe

$R-\underset{OH}{\overset{O}{C}} + H_2O \rightleftharpoons$ Carboxylat-Ion $+ H_3O^+$

Diketone verfügen über zwei Carbonyl-Gruppen. Unter ihnen nehmen die 1,3-Diketone eine Sonderstellung ein; 1,3-Diketone enthalten eine CH_2-Gruppe zwischen den Carbonyl-Gruppen. Sie zeigen die Erscheinung der *Keto-Enol-Tautomerie*. Allgemein versteht man unter **Tautomerie** das Auftreten zweier konstitutionsisomerer Verbindungen, die sich nur durch die Stellung eines Wasserstoff-Atoms unterscheiden. Im Falle der Keto-Enol-Tautomerie ist das eine Isomere ein Keton, das andere ein ungesättigter Alkohol, d. h. ein Alkenol (Enol). Die beiden Isomeren stehen miteinander in einem temperatur- und lösungsmittelabhängigen Gleichgewicht. Die Enol-Form wird durch die Ausbildung der Wasserstoff-Brücke begünstigt. Die Hydroxy-Gruppe ist stärker sauer als in normalen Alkoholen. Im Enolat-Anion ist die negative Ladung delokalisiert. Enolate bilden mit zahlreichen Metall-Ionen stabile Chelat-Komplexe (vgl. Abschn. 28.1, S. 513).

29.12 Carbonsäuren und ihre Derivate

Die Oxidation einer Aldehyd-Gruppe führt zu einer Carboxy-Gruppe, $-COOH$. Verbindungen, welche die Carboxy-Gruppe enthalten, sind schwache Säuren und werden Carbonsäuren genannt. Die Dissoziationskonstanten einiger Vertreter sind in 29.6 aufgeführt.

Bei der Deprotonierung einer Carbonsäure entsteht ein Carboxylat-Ion, in dem die negative Ladung delokalisiert ist. Diese Delokalisierung stabilisiert das Carboxylat-Ion relativ zur Carbonsäure; damit hängt die Acidität der Carbonsäuren zusammen.

29.6 Eigenschaften einiger Carbonsäuren
[weitere Carbonsäuren sind in 30.1 (S. 589) genannt]

Name	Formel	Smp. /°C	Sdp. /°C	K_S (25 °C)[a]
Methansäure (Ameisensäure)	HCOOH	8	101	$1{,}8 \cdot 10^{-4}$
Ethansäure (Essigsäure)	$H_3C-COOH$	17	118	$1{,}8 \cdot 10^{-5}$
Propansäure (Propionsäure)	H_5C_2-COOH	−21	141	$1{,}4 \cdot 10^{-5}$
Butansäure (Buttersäure)	H_7C_3-COOH	−5	164	$1{,}5 \cdot 10^{-5}$
Pentansäure (Valeriansäure)	H_9C_4-COOH	−35	186	$1{,}5 \cdot 10^{-5}$
Ethandisäure (Oxalsäure)	HOOC−COOH	190[b]	–	$5{,}9 \cdot 10^{-2}$
Propandisäure (Malonsäure)	$HOOC-CH_2-COOH$	135[b]	–	$1{,}5 \cdot 10^{-3}$
Butandisäure (Bernsteinsäure)	$HOOC-(CH_2)_2-COOH$	185	235[b]	$6{,}9 \cdot 10^{-5}$
Pentandisäure (Glutarsäure)	$HOOC-(CH_2)_3-COOH$	99	303[b]	$4{,}6 \cdot 10^{-5}$
Hexandisäure (Adipinsäure)	$HOOC-(CH_2)_4-COOH$	153	337	$3{,}7 \cdot 10^{-5}$
Carboxybenzol (Benzoesäure)	H_5C_6-COOH	122	249	$6{,}5 \cdot 10^{-5}$
1,2-Dicarboxybenzol (o-Phthalsäure)	$C_6H_4(COOH)_2$	227[b]	–	$1{,}3 \cdot 10^{-3}$

[a] Bei Dicarbonsäuren ist K_S nur für die erste Dissoziationsstufe angegeben
[b] Unter Zersetzung oder Umwandlung zum Anhydrid

Im festen Zustand, bei den niedermolekularen Vertretern auch im Dampfzustand, sind Carbonsäure-Moleküle über intermolekulare Wasserstoff-Brücken zu dimeren, d. h. aus zwei Bauteilen bestehenden Aggregaten assoziiert.

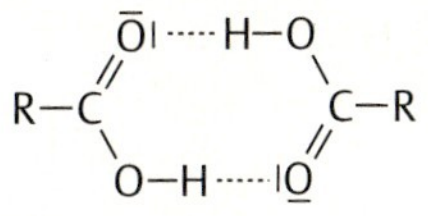

Bei der systematischen Nomenklatur erfolgt die Benennung nach dem Kohlenwasserstoff mit gleicher Anzahl von Kohlenstoff-Atomen durch Anhängen des Worts *-säure*. Sind mehrere Carboxy-Gruppen vorhanden, so wird ihre Anzahl durch ein griechisches Zahlwort bezeichnet. Meistens werden die Carbonsäuren allerdings mit ihren Trivialnamen benannt (vgl. 29.**6**). Zur Bezeichnung der Position von Substituenten werden die C-Atome ab dem C-Atom der Carboxy-Gruppe numeriert. Hängt die Carboxy-Gruppe an einem ringförmigen Molekülgerüst, so kann das Wort -carbonsäure an den Kohlenwasserstoffnamen angefügt werden oder das Präfix Carboxy- vorangestellt werden; das C-Atom der Carboxy-Gruppe wird dann bei der Numerierung der C-Atome nicht mitgezählt.

3-Methylbutansäure

2-Hydroxypropansäure (Milchsäure)

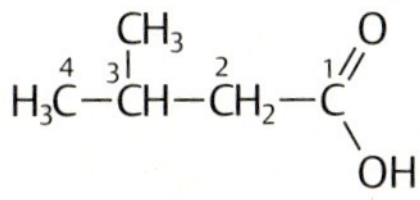

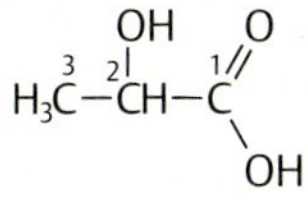

Die Herstellung von Carbonsäuren durch Oxidation von primären Alkoholen oder von Aldehyden wird häufig mit einem Dichromat oder Permanganat durchgeführt. Essigsäure wird durch enzymatische (biochemische) Oxidation von Ethanol oder durch Oxidation von Acetaldehyd mit Luftsauerstoff hergestellt. Bei Alkyl-arenen wird unter oxidierenden Bedingungen in der Alkyl-Kette eine Carboxy-Gruppe gebildet. Dabei wird der aromatische Ring wegen seiner besonderen Stabilität intakt gelassen.

Toluol Benzoesäure

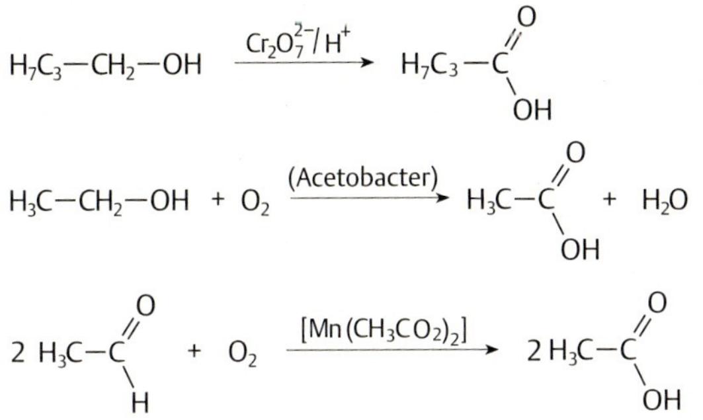

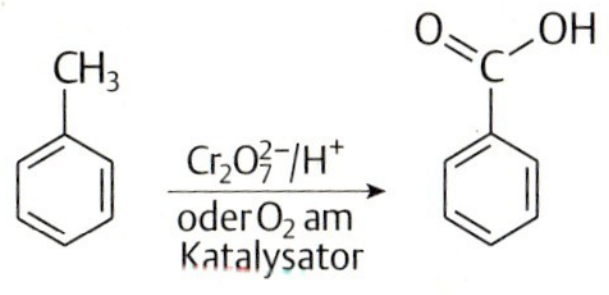

Bei der Oxidation von ungesättigten Kohlenwasserstoffen entstehen je nach Reaktionsbedingungen unterschiedliche Produkte. Verdünnte wäßrige Permanganat-Lösung oxidiert Alkene zu 1,2-Diolen (Glykolen). Unter drastischeren Reaktionsbedingungen (höhere Konzentration und Temperatur) wird die Kohlenstoffkette aufgebrochen unter Bildung von Carbonsäuren. Auch Alkine reagieren auf diese Weise.

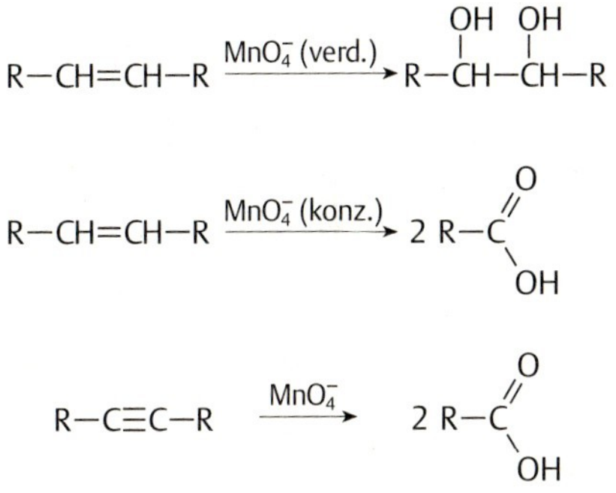

Anstelle der Oxidationsreaktionen ist die Gewinnug von Carbonsäuren auch durch Reduktion von Kohlendioxid mit Grignard-Verbindungen möglich. Die Reaktion entspricht der Addition von Grignard-Verbindungen an Ketone:

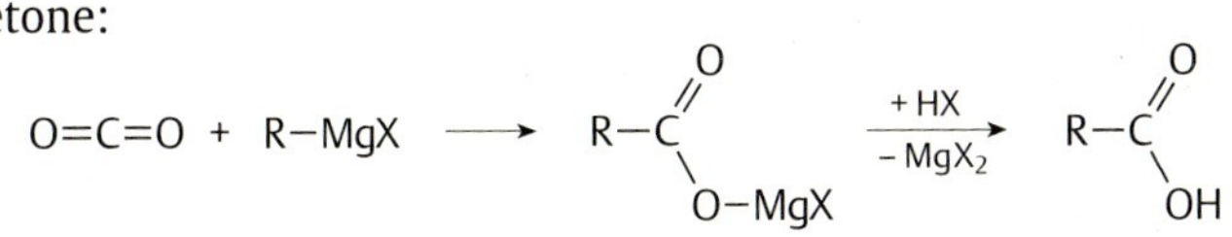

Ameisensäure (Methansäure) wird aus Kohlenmonoxid und Natriumhydroxid unter Druck gewonnen. Umgekehrt zersetzt sich Ameisensäure bei Behandlung mit konzentrierter Schwefelsäure (Labormethode zur Herstellung von Kohlenmonoxid). Im Gegensatz zu den anderen Car-

Natriumformiat Ameisensäure

$$HCOOH \xrightarrow{(H_2SO_4)} H_2O + CO$$

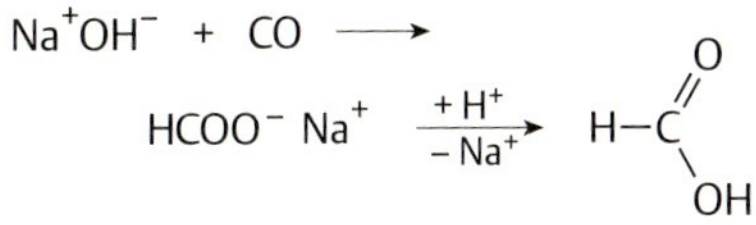

$H_5C_2-Br + CN^- \rightarrow H_5C_2-CN + Br^-$
Propansäurenitril
(Propionitril)

Saure Nitril-Hydrolyse:

$R-C\equiv N + H^+ + 2 H_2O \rightarrow R-COOH + NH_4^+$

$N\equiv C-C\equiv N + 2 H^+ + 4 H_2O \rightarrow$ Oxalsäure $+ 2 NH_4^+$
Dicyan

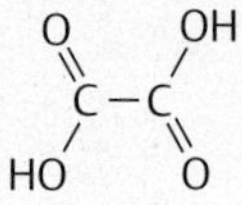

Basische Nitril-Hydrolyse:

$R-CN + OH^- + H_2O \rightarrow R-COO^- + NH_3$

Reaktionen von Carbonsäureanhydriden mit Wasser:

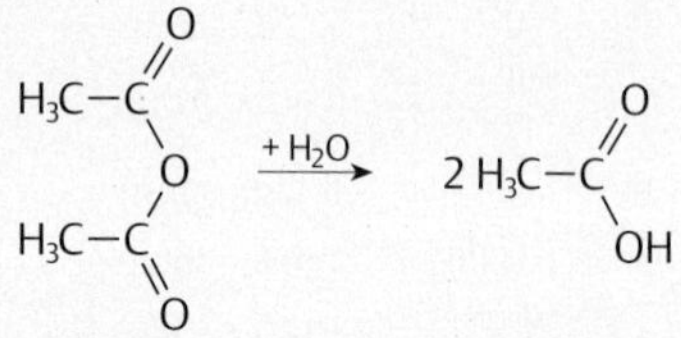

Essigsäureanhydrid (Acetanhydrid) $\xrightarrow{+H_2O}$ 2 Essigsäure

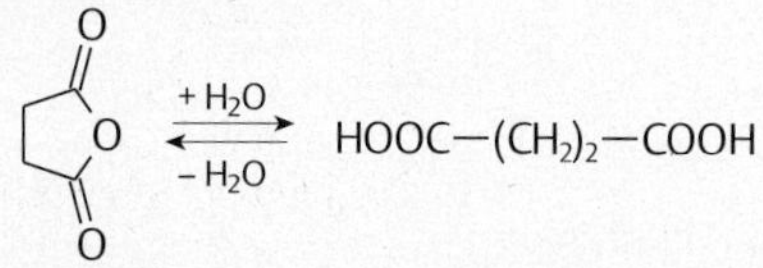

Bernsteinsäureanhydrid $\xrightleftharpoons[-H_2O]{+H_2O}$ HOOC—(CH$_2$)$_2$—COOH Bernsteinsäure

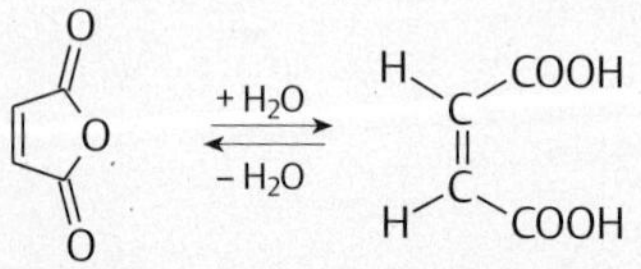

Maleinsäureanhydrid $\xrightleftharpoons[-H_2O]{+H_2O}$ Maleinsäure

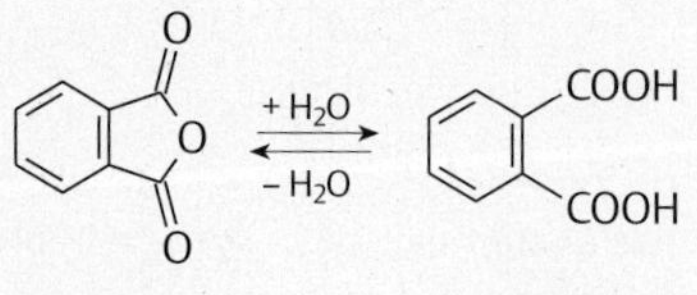

Phthalsäureanhydrid $\xrightleftharpoons[-H_2O]{+H_2O}$ Phthalsäure

bonsäuren ist Ameisensäure leicht zu Kohlendioxid und Wasser oxidierbar. Die Salze der Ameisensäure, mit dem Anion HCOO$^-$, werden Formiate genannt.

Organische Cyanide (Alkylcyanide) der allgemeinen Formel R—CN werden **Nitrile** (Carbonsäurenitrile) genannt. Sie können durch nucleophile Substitution von Halogenalkanen mit Cyanid-Ionen hergestellt werden. Nitrile hydrolysieren in stark saurer oder basischer Lösung zu Carbonsäuren bzw. deren Salzen. Auch Dicarbonsäuren können aus Dintrilen hergestellt werden.

Umgekehrt entstehen Nitrile aus Carbonsäuren und Ammoniak unter wasserentziehenden Bedingungen:

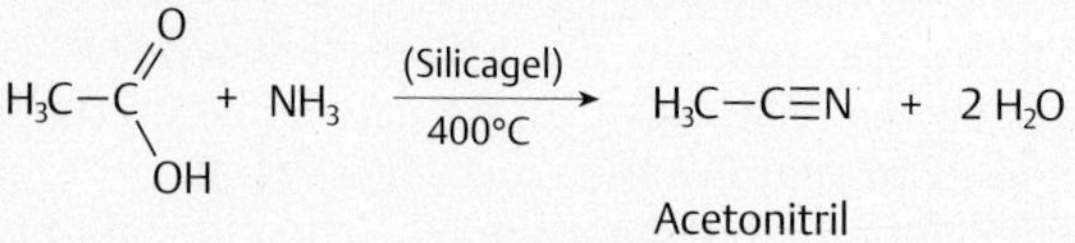

$H_3C-COOH + NH_3 \xrightarrow[400°C]{(Silicagel)} H_3C-C\equiv N + 2 H_2O$
Acetonitril

Wegen dieser Reaktion werden Nitrile als Derivate der Carbonsäuren angesehen und erhalten Namen, die sich von diesen ableiten.

Carbonsäureanhydride sind Verbindungen, die durch Abspaltung von Wasser aus Carbonsäuren entstehen und die mit Wasser wieder zu Carbonsäuren reagieren. Dicarbonsäuren mit zwei oder drei Kohlenstoff-Atomen zwischen den beiden Carboxy-Gruppen wie zum Beispiel Bernsteinsäure oder Maleinsäure bilden cyclische Anhydride. Carbonsäureanhydride reagieren auch mit Alkoholen, Ammoniak und Aminen:

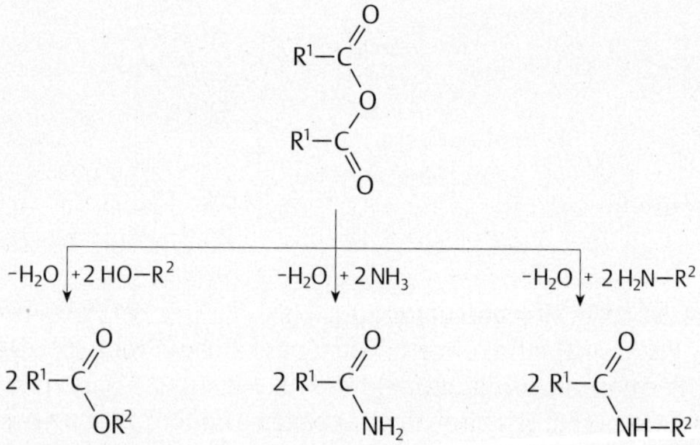

(R^1—CO)$_2$O

$\xrightarrow{-H_2O, +2 HO-R^2}$ 2 R^1—COOR^2 Carbonsäureester

$\xrightarrow{-H_2O, +2 NH_3}$ 2 R^1—CONH$_2$ Carbonsäureamid

$\xrightarrow{-H_2O, +2 H_2N-R^2}$ 2 R^1—CONH—R^2 N-substituiertes Carbonsäureamid

Essigsäureanhydrid wird auf diese Weise vielfach zur Einführung der *Acetyl-Gruppe* H$_3$C—CO— in organische Verbindungen eingesetzt. Die Acetyl-Gruppe ist ein Bestandteil in zahlreichen Pharmazeutica, Farbstoffen und anderen Verbindungen. Der Rest R—CO— einer beliebigen Carbonsäure wird *Acyl-Gruppe* genannt.

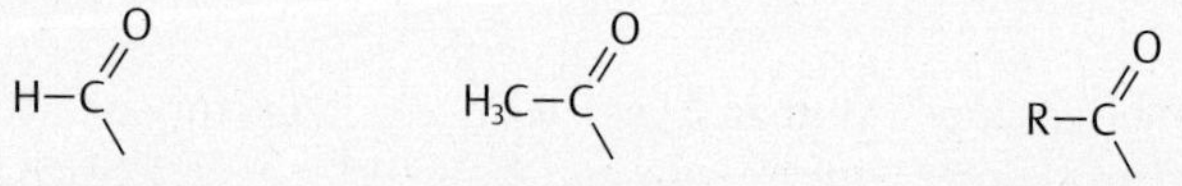

H—CO— Formyl-Gruppe

H$_3$C—CO— Acetyl-Gruppe

R—CO— Acyl-Gruppe

Zur Einführung von Acyl-Gruppen eignen sich auch die *Carbonsäurechloride* (Acylchloride), die aus Carbonsäuren oder ihren Salzen mit Phosphor(V)-chlorid oder Thionylchlorid hergestellt werden können:

$$H_3C-COOH + PCl_5 \longrightarrow H_3C-COCl + POCl_3 + HCl$$

$$3\,[H_3C-COO]^- Na^+ + PCl_5 \longrightarrow 3\,H_3C-COCl + 2\,NaCl + NaPO_3$$

$$H_3C-COOH + SOCl_2 \longrightarrow H_3C-COCl + SO_2 + HCl$$

Reaktion von Acylchloriden

$$R^1-COCl \xrightarrow[-HCl]{+H_2O} R^1-COOH \quad \text{Carbonsäure}$$

$$R^1-COCl \xrightarrow[-HCl]{+HO-R^2} R^1-COOR^2 \quad \text{Carbonsäureester}$$

$$R^1-COCl \xrightarrow[-R^2NH_3Cl]{+2\,H_2N-R^2} R^1-CONH-R^2 \quad \text{N-substituiertes Carbonsäureamid}$$

Carbonsäurechloride reagieren genauso wie Carbonsäureanhydride mit Wasser, Alkoholen, Ammoniak, primären und sekundären Aminen zu den gleichen Produkten. Außerdem kann man Acyl-Gruppen mit Hilfe einer **Friedel-Crafts-Reaktion** (vgl. Abschn. 29.6, S. 545) in Arene einführen und so aromatische Ketone herstellen:

$$C_6H_6 + H_3C-COCl \xrightarrow[-HCl]{(AlCl_3)} C_6H_5-CO-CH_3$$

Methylphenylketon
(Acetophenon, Acetylbenzol)

Ein besonderes Carbonsäurechlorid ist das Kohlensäuredichlorid (Carbonylchlorid, COCl$_2$). Es ist unter dem Namen Phosgen bekannt und wird aus Kohlenmonoxid und Chlor photochemisch oder an einem Katalysator synthetisiert. Wie alle Carbonsäurechloride reagiert es mit Wasser, wenn auch relativ langsam. Phosgen ist ein farbloses, erstickend riechendes und sehr giftiges Gas (Sdp. 8 °C), das vielfache Anwendungen in der synthetischen Chemie findet.

$$CO + Cl_2 \xrightarrow{\text{(Aktivkohle oder } h\nu\text{)}} O=CCl_2$$

Phosgen
(Kohlensäuredichlorid)

$$Cl_2CO + H_2O \longrightarrow CO_2 + 2\,HCl$$

Ein **Carbonsäureester** ist das Produkt der Reaktion eines Alkohols mit einem Carbonsäureanhydrid oder einem Acylhalogenid. Carbonsäureester entstehen auch aus Carbonsäuren und Alkoholen; dabei handelt es sich um eine Gleichgewichtsreaktion, die durch Säuren katalysiert wird. Die zugesetzte Säure beschleunigt die Reaktion durch Protonierung des Carbonylsauerstoff-Atoms:

$$R-COOH + HO-C_2H_5 \underset{}{\overset{(H^+)}{\rightleftharpoons}} R-COO-C_2H_5 + H_2O$$

Essigsäureethylester
(Ethylacetat)

$$R^1-C(=O)OH \underset{-H^+}{\overset{+H^+}{\rightleftharpoons}} R^1-C^{\oplus}(OH)(OH) \underset{-R^2-OH}{\overset{+R^2-OH}{\rightleftharpoons}} R^1-C(OH)(OH)(O^{\oplus}HR^2)$$

$$\rightleftharpoons R^1-C(OH)(OR^2)(O^{\oplus}H_2) \underset{+H_2O}{\overset{-H_2O}{\rightleftharpoons}} R^1-C^{\oplus}(OH)(OR^2) \underset{+H^+}{\overset{-H^+}{\rightleftharpoons}} R-C(=O)OR^2$$

Carbonsäureester-Verseifung:

$$R^1-\overset{\displaystyle O}{\underset{\displaystyle OR^2}{C}} + OH^- \longrightarrow R^1-\overset{\displaystyle |\bar{O}|^\ominus}{\underset{\displaystyle OR^2}{C}}-OH$$

$$\longrightarrow \left[R^1-\overset{\displaystyle O}{\underset{\displaystyle |\underline{O}|^\ominus}{C}} \right] + R^2-OH$$

Durch geeignete Reaktionsbedingungen kann die Lage des Gleichgewichts in die gewünschte Richtung (Ester-Bildung oder Ester-Spaltung) gelenkt werden.

Die Spaltung eines Carbonsäureesters in Alkohol und Carboxylat ist auch durch alkalische Hydrolyse möglich. Diese Reaktion wird auch *Verseifung* genannt, weil bei der alkalischen Hydrolyse von Fetten (Glycerintriester höherer Carbonsäuren, vgl. Abschn. 30.**3**, S. 589) Seifen (Alkalimetall-Salze höherer Carbonsäuren) entstehen.

Die niedermolekularen Carbonsäureester sind Flüssigkeiten von fruchtartigem Geruch und kommen häufig als Aromastoffe in Früchten vor. Essigsäureethylester ist ein gutes Lösungsmittel.

In **Hydroxycarbonsäuren** ist neben der OH-Gruppe der Carboxy-Gruppe eine weitere OH-Gruppe an einem der Kohlenstoff-Atome einer Carbonsäure gebunden. Anstelle der Positionsbezeichnung der Hydroxy-Gruppe durch die Nummer des substituierten C-Atoms werden oft auch griechische Buchstaben benutzt, wobei das Atom C-2 den Buchstaben α erhält: α-Hydroxy-propionsäure = 2-Hydroxy-propansäure (Milchsäure). Viele Hydroxycarbonsäuren kommen in der Natur vor und spielen bei biochemischen Prozessen eine Rolle. Dies gilt insbesondere auch für einige Hydroxydicarbonsäuren und -tricarbonsäuren.

$HO-CH_2-COOH$
Hydroxyessigsäure
(Glykolsäure)

$H_3C-\underset{\displaystyle OH}{\overset{\displaystyle |}{CH}}-COOH$
2-Hydroxypropansäure
(α-Hydroxypropionsäure,
Milchsäure; Salze: Lactate)

$\begin{array}{c} COOH \\ | \\ HC-OH \\ | \\ CH_2 \\ | \\ COOH \end{array}$
Äpfelsäure

$\begin{array}{c} COOH \\ | \\ HC-OH \\ | \\ HC-OH \\ | \\ COOH \end{array}$
Weinsäure
(Traubensäure)

$\begin{array}{c} COOH \\ | \\ CH_2 \\ | \\ HO-C-COOH \\ | \\ CH_2 \\ | \\ COOH \end{array}$
Citronensäure

$R-\underset{\displaystyle OH}{\overset{\displaystyle |}{CH}}-C\equiv N + 2\,H_2O + H^+$
2-Hydroxy-
carbonsäurenitril
(Cyanhydrin)

$\longrightarrow R-\underset{\displaystyle OH}{\overset{\displaystyle |}{CH}}-\overset{\displaystyle O}{\underset{\displaystyle OH}{C}} + NH_4^+$
2-Hydroxyalkansäure
(α-Hydroxycarbonsäure)

2-Hydroxycarbonsäuren können durch Hydrolyse von 2-Hydroxycarbonsäurenitrilen (Cyanhydrinen, vgl. S. 555) hergestellt werden. Milchsäure entsteht bei der Vergärung von Lactose (Milchzucker) und wird technisch durch eine ähnliche biochemische Reaktion hergestellt. Aus Stärke (aus Kartoffeln oder Getreide) wird zunächst Maltose (Malzzucker) mittels des Enzyms (biochemischer Katalysator) Diastase erzeugt, die Maltose wird dann in Gegenwart geeigneter Bakterien (*bacillus delbrückii*) zu Milchsäure vergoren.

$C_{12}H_{22}O_{11} + H_2O \rightarrow 4\,H_3C-\underset{\displaystyle}{\overset{\displaystyle OH}{\underset{\displaystyle |}{CH}}}-COOH$
Maltose   Milchsäure (2-Hydroxypropansäure)

Hydroxycarbonsäuren spalten beim Erhitzen Wasser ab, wobei sie sich je nach Stellung der Hydroxy-Gruppe unterschiedlich verhalten. Bei 2-Hydroxyalkansäuren entsteht aus zwei Säure-Molekülen ein Molekül eines cyclischen Carbonsäureesters (**Lactid**). 3-Hydroxyalkansäuren spalten intramolekular Wasser ab unter Bildung von 2-Alkensäuren. 4- und 5-Hydroxyalkansäuren spalten intramolekular Wasser ab unter Bildung von cyclischen Carbonsäureestern, den **Lactonen**.

29.12 Carbonsäuren und ihre Derivate

[Milchsäure + Milchsäure → ein Lactid (3,6-Dimethyl-2,5-dioxo-1,4-dioxan), $-2\,H_2O$]

[4-Hydroxybutansäure (γ-Hydroxybuttersäure) → 4-Butanolid (γ-Butyrolacton), $-H_2O$]

[3-Hydroxypropansäure → Propensäure (Acrylsäure), $-H_2O$]

[5-Hydroxypentansäure (δ-Hydroxyvaleriansäure) → 5-Pentanolid (δ-Valerolacton), $-H_2O$]

Unter den aromatischen Hydroxycarbonsäuren ist die Salicylsäure (2-Hydroxy-benzoesäure) von Bedeutung. Ihr Natrium-Salz kann aus Natriumphenolat durch direkte Carboxylierung, d. h. Einfügung von Kohlendioxid, hergestellt werden (*Kolbe-Schmitt-Synthese*):

[Natriumphenolat + CO_2 →(130°C / 500 kPa) Natriumsalicylat]

Acetylsalicylsäure (Aspirin, 2-Acetoxybenzoesäure)

Der Essigsäureester der Salicylsäure, die Acetylsalicylsäure, ist unter dem Handelsnamen Aspirin bekannt.

Die wichtigsten **Oxocarbonsäuren** (Ketocarbonsäuren) sind die Brenztraubensäure und die Acetessigsäure. Die Acetessigsäure selbst ist allerdings instabil und zerfällt leicht durch Decarboxylierung (Kohlendioxid-Abspaltung) zu Aceton:

Brenztraubensäure (2-Oxopropansäure; Salze: Pyruvate)

Acetessigsäure (3-Oxobutansäure)

[$H_3C-CO-CH_2-COOH \rightarrow H_3C-CO-CH_3 + CO_2$]

Dagegen sind die Ester der Acetessigsäure stabil, von denen der Ethylester (Acetessigester) Ausgangsstoff für zahlreiche Synthesen ist. Er wird durch die **Claisen-Kondensation** aus Essigsäureethylester unter der katalytischen Wirkung starker Basen wie Natriummethanolat (Natriummethoxid, $H_5C_2O^-Na^+$) erhalten:

[Essigsäureethylester + Essigsäureethylester ⇌(Base) 3-Oxobutansäure-ethylester + H_5C_2-OH]

Die Reaktion wird dadurch eingeleitet, daß die Base die der Carboxy-Gruppe benachbarte Methyl-Gruppe deprotoniert und das entstehende Anion die Carbonyl-Gruppe eines zweiten Ester-Moleküls nucleophil angreift. Das Reaktionsprodukt ist das Anion des Acetessigesters, aus dem dieser nach Zusatz von Säure entsteht:

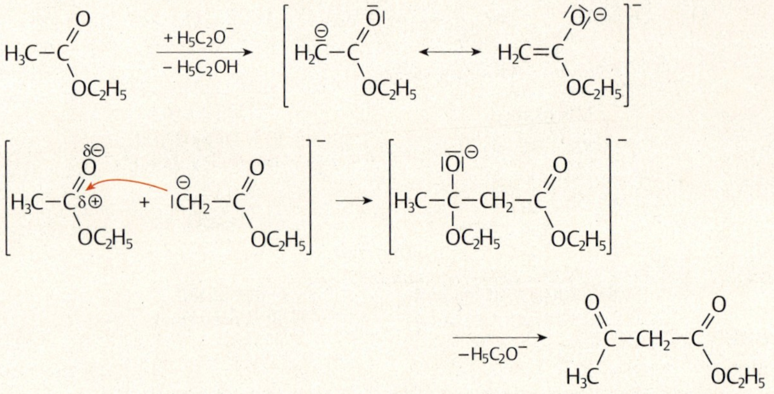

Keto-Enol-Gleichgewicht des Acetessigesters:

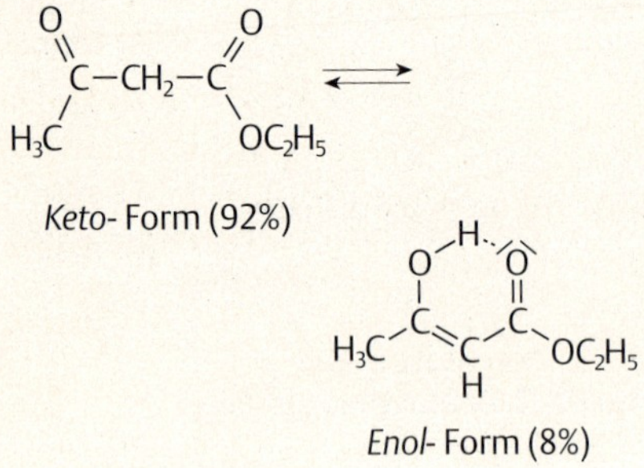

Keto-Form (92%)

Enol-Form (8%)

Acetessigester ist genauso wie 2,4-Pentandion (s. S. 558) eine schwache Säure, bei der ein Keto-Enol-Gleichgewicht vorliegt. Das Anion des Acetessigesters läßt sich mit Halogenalkanen oder mit Acylhalogeniden umsetzen, wobei eine Alkyl- bzw. Acyl-Gruppe angelagert wird. Auch der so erhaltene substituierte Acetessigester unterliegt dem Keto-Enol-Gleichgewicht und kann mit einer Base nochmals deprotoniert und anschließend erneut alkyliert oder acyliert werden:

1. Alkylierung des Acetessigesters mit einem Iodalkan:

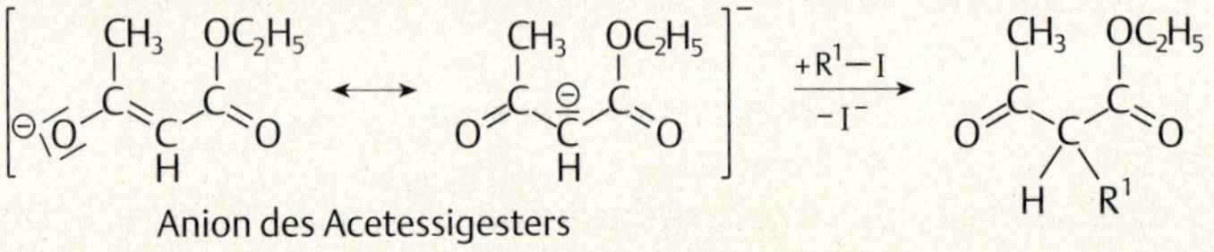

Anion des Acetessigesters

2. Alkylierung (oder **Acylierung**):

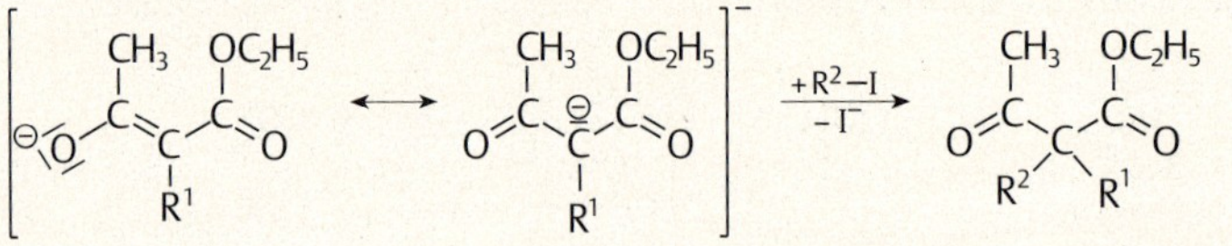

Der mono- oder disubstituierte Acetessigester kann nun mit verdünnten Säuren oder Basen in der Hitze zu einer substituierten 3-Oxobutansäure hydrolysiert werden; diese ist instabil und zerfällt unter Decarboxylierung. Da hierbei ein Keton entsteht, wird diese Reaktion *Keton-Spaltung* genannt:

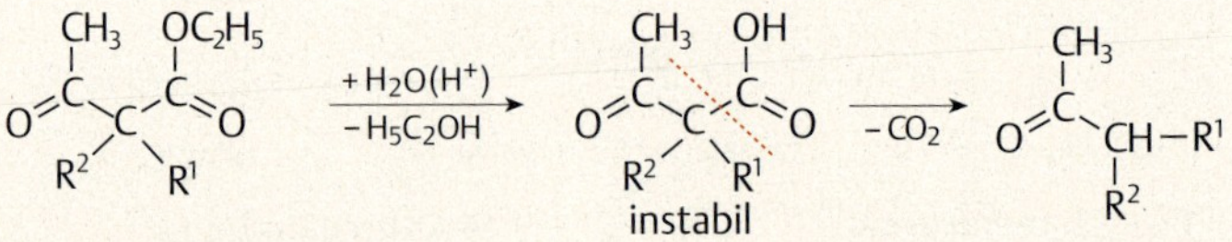

Im Gegensatz dazu ist auch eine *Säure-Spaltung* möglich, die zum Anion einer Carbonsäure führt. Unter der Einwirkung einer starken Base tritt Spaltung der C—C-Bindung zwischen den Atomen C-2 und C-3 ein. Diese Reaktion ist die Umkehrung der ursprünglichen Claisen-Esterkondensation:

$$\underset{\underset{R^2}{|}}{\overset{\overset{CH_3}{|}}{\underset{O=C}{}}}-\underset{\underset{R^1}{|}}{\overset{\overset{OC_2H_5}{|}}{\underset{C=O}{}}} \xrightarrow[-H_5C_2OH]{+2\,OH^-} \underset{O=C}{\overset{CH_3}{|}}-O^\ominus + R^2-\underset{\underset{R^1}{|}}{\overset{\overset{|\overline{O}|^\ominus}{|}}{CH}}-C=O$$

Wegen der Variationsmöglichkeit der Substituenten R^1 und R^2 sind diese Reaktionen für viele Synthesen von Bedeutung.

29.13 Amine und Carbonsäureamide

Amine kann man als Derivate des Ammoniaks ansehen, bei dem ein, zwei oder alle drei Wasserstoff-Atome durch Alkyl- oder Aryl-Gruppen ersetzt wurden. Amine sind, wie Ammoniak, schwache Basen. Basenkonstanten sowie einige physikalische Konstanten einiger Amine sind in ⬛ 29.7 aufgeführt. Mit Säuren bilden sie ionisch aufgebaute Salze, aus denen sie mit stärkeren Basen wieder freigesetzt werden können.

⬛ **29.7** Einige Eigenschaften von Aminen

Name	Formel	Smp. /°C	Sdp. /°C	K_B (25 °C)
Methylamin	H_3C-NH_2	−93	−7	$3{,}7 \cdot 10^{-4}$
Dimethylamin	$(H_3C)_2NH$	−96	+7	$5{,}4 \cdot 10^{-4}$
Trimethylamin	$(H_3C)_3N$	−117	3	$6{,}5 \cdot 10^{-5}$
Ethylamin	$H_5C_2-NH_2$	−81	17	$6{,}4 \cdot 10^{-4}$
Propylamin	$H_7C_3-NH_2$	−83	49	$5{,}1 \cdot 10^{-4}$
Phenylamin (Anilin)	$H_5C_6-NH_2$	−6	184	$4{,}3 \cdot 10^{-10}$
N,N-Dimethylanilin	$H_5C_6-N(CH_3)_2$	+2	194	$1{,}4 \cdot 10^{-9}$

Amine können durch Reaktion von Halogenalkanen mit Ammoniak hergestellt werden (nucleophile Substitution). Dabei entsteht zunächst ein Alkylammonium-Salz, das in Anwesenheit von Ammoniak mit dem Amin im Gleichgewicht steht; dieses reagiert mit weiterem Halogenalkan zum Dialkylammonium-Salz usw. Durch Zusatz einer starken Base werden die Amine freigesetzt. Man erhält ein Gemisch von primärem, sekundärem und tertiärem Amin, das durch fraktionierte Destillation getrennt werden kann.

Durch Alkylierung des tertiären Amins entsteht schließlich ein quartäres Ammonium-Ion. Aus Tetraalkylammonium-Salzen wird durch Zusatz starker Basen kein Amin freigesetzt. Sie bilden vielmehr ionische Tetraalkylammoniumhydroxide $[R_4N]^+OH^-$, die so stark basisch wie Alkalimetallhydroxide sind. Beim Erhitzen zersetzen sich diese Hydroxide, wobei sich Tetramethylammoniumhydroxid anders verhält als höhere Tetraalkylammoniumhydroxide.

Primäre Amine lassen sich auch durch katalytische Hydrierung von Carbonsäurenitrilen herstellen.

Durch entsprechende Reaktionen können aus Dihalogenalkanen bzw. aus Dinitrilen auch Diamine erhalten werden. Von Bedeutung sind

$$H_3C-\underset{\underset{H}{|}}{\overset{\overset{H}{|}}{N}} \qquad H_3C-\underset{\underset{CH_3}{|}}{\overset{\overset{H}{|}}{N}} \qquad H_3C-\underset{\underset{CH_3}{|}}{\overset{\overset{CH_3}{|}}{N}}$$

Methylamin   Dimethylamin   Trimethylamin
(primäres   (sekundäres   (tertiäres
Amin)   Amin)   Amin)

$H_3C-NH_2 + H_2O \rightleftarrows H_3C-NH_3^+ + OH^-$
$(H_3C)_3N + H_2O \rightleftarrows (H_3C)_3NH^+ + OH^-$
$H_3C-NH_2 + HCl \rightarrow [H_3C-NH_3]^+Cl^-$
   Methylammoniumchlorid
$[H_3C-NH_3]^+Cl^- + OH^- \rightarrow$
   $H_3C-NH_2 + H_2O + Cl^-$

Amin-Synthese:

$H_5C_2Br + NH_3 \rightarrow H_5C_2NH_3^+ + Br^-$
$H_5C_2NH_3^+ + NH_3 \rightleftarrows H_5C_2NH_2 + NH_4^+$
$H_5C_2Br + H_5C_2NH_2 \rightarrow (H_5C_2)_2NH_2^+ + Br^-$
$(H_5C_2)_2NH_2^+ + NH_3 \rightleftarrows (H_5C_2)_2NH + NH_4^+$
$H_5C_2Br + (H_5C_2)_2NH \rightarrow (H_5C_2)_3NH^+ + Br^-$
$(H_5C_2)_3NH^+ + NH_3 \rightleftarrows (H_5C_2)_3N + NH_4^+$

$H_5C_2Br + (H_5C_2)_3N \rightarrow (H_5C_2)_4N^+ + Br^-$
   Tetraethylammonium-Ion, ein quartäres Ammonium-Ion

Thermische Zersetzung von quartären Ammoniumhydroxiden:

$[(H_3C)_4N]^+OH^- \xrightarrow{\Delta} (H_3C)_3N + H_3C-OH$
$[(H_5C_2)_4N]^+OH^- \xrightarrow{\Delta}$
   $(H_5C_2)_3N + H_2C=CH_2 + H_2O$

$H_5C_2-C\equiv N + 2H_2 \xrightarrow[200\,°C]{(Ni)} H_5C_2-CH_2-NH_2$

insbesondere das 1,2-Diaminoethan, $H_2N-(CH_2)_2-NH_2$ (Ethylendiamin, s. Abschn. 28.**1**, S. 513) und das 1,6-Diaminohexan, $H_2N-(CH_2)_6-NH_2$ (Hexamethylendiamin, s. Abschn. 29.**16**).

Anilin, ein aromatisches Amin, wird durch Reduktion von Nitrobenzol gewonnen. Naszierender Wasserstoff, der aus Eisen und Wasserdampf (mit Zusatz einer Spur Chlorwasserstoff) entsteht, dient als Reduktionsmittel.

Anilin ist weniger basisch als Alkylamine, weil sein einsames Elektronenpaar in das delokalisierte π-Bindungssystem des Arens mit einbezogen wird. Mit Schwefelsäure bildet es trotzdem Anilinium-hydrogensulfat, aus dem beim Erhitzen 4-Aminobenzolsulfonsäure (Sulfanilsäure) entsteht. 4-Aminobenzolsulfonsäure liegt nicht als Neutralmolekül vor, denn die Sulfonsäure-Gruppe $-SO_3H$ ist stärker sauer als die Ammonium-Gruppe $-NH_3^+$. Solche Verbindungen, die durch eine intramolekulare Säure-Base-Reaktion eine kationische und eine anionische Gruppe besitzen, nennt man *innere Salze, Zwitterionen* oder *Betaine*.

Ein wichtiges Derivat der Sulfanilsäure ist das 4-Aminobenzolsulfonamid (Sulfanilamid). Eine Reihe seiner Derivate, in denen ein H-Atom der Sulfonsäureamid-Gruppe $-SO_2-NH_2$ substituiert ist, hat wegen ihrer antibiotischen Wirkung medizinische Bedeutung (genannt Sulfonamide).

Durch Reaktion von primären Aminen mit Phosgen (Carbonyldichlorid) werden Isocyanate mit der funktionellen Gruppe $-NCO$ erhalten, die ihrerseits Ausgangsstoffe bei vielen Synthesereaktionen sind.

Carbonsäureamide (auch Säureamide, Amide oder Acylamine genannt) sind Carbonsäuren, bei denen die OH-Gruppe der COOH-Gruppe durch eine NH_2-Gruppe ersetzt ist. Sie ensehen unter Wasserabspaltung beim Erhitzen der Ammoniumsalze von Carbonsäuren. Durch weitere Wasserabspaltung mit Hilfe wasserentziehender Mittel wie Phosphor(V)-oxid entstehen aus den Carbonsäureamiden die entsprechenden Carbonsäurenitrile. Umgekehrt kann man bei der Hydrolyse von Carbonsäurenitrilen unter bestimmten Bedingungen Carbonsäureamide abfangen bevor die Hydrolyse zur Carbonsäure weiterläuft (vgl. S. 560).

Carbonsäureamide sind auch gut aus Carbonsäureanhydriden, -chloriden oder -estern durch Umsetzung mit Ammoniak zugänglich (vgl. S. 560 und S. 561). Mit primären oder sekundären Aminen anstelle von Ammoniak entstehen am N-Atom substituierte Carbonsäureamide.

$$H_3C-\overset{O}{\underset{Cl}{C}} + 2\,NH(C_2H_5)_2 \longrightarrow H_3C-\overset{O}{\underset{N(C_2H_5)_2}{C}} + [H_2N(C_2H_5)_2]^+\,Cl^-$$

N,N-Diethylacetamid

$$H_3C-\overset{O}{\underset{OC_2H_5}{C}} + H_2N-CH_3 \longrightarrow H_3C-\overset{O}{\underset{NH-CH_3}{C}} + H_5C_2-OH$$

N-Methylacetamid

$$O=\overset{Cl}{\underset{Cl}{C}} + 4\,NH_3 \longrightarrow O=\overset{NH_2}{\underset{NH_2}{C}} + 2\,NH_4Cl$$

Phosgen Harnstoff (Kohlensäurediamid)

Durch eine entsprechende Reaktion kann auch das Diamid der Kohlensäure, der Harnstoff, aus Phosgen und Ammoniak erzeugt werden. Harnstoff wird allerdings mit besseren Ausbeuten aus Kohlendioxid und Ammoniak unter Druck hergestellt. Dabei wird das Kohlendioxid nucleophil von Ammoniak angegriffen und es entsteht zunächst Ammoniumcarbamat, das Ammoniumsalz der in freier Form instabilen Carbamidsäure (Kohlensäuremonoamid). In ähnlicher Weise entsteht auch Formamid, das Amid der Ameisensäure.

$$CO + NH_3 \xrightarrow{(NaOC_2H_5)} H-\overset{O}{\underset{NH_2}{C}}$$

Formamid

$$CO_2 + NH_3 \rightleftharpoons O=\overset{NH_2}{\underset{OH}{C}} \underset{-NH_3}{\overset{+NH_3}{\rightleftharpoons}} \left[O=\overset{NH_2}{\underset{O^\ominus}{C}}\right] NH_4^+ \underset{+H_2O}{\overset{-H_2O}{\rightleftharpoons}} O=\overset{NH_2}{\underset{NH_2}{C}}$$

Carbamidsäure (instabil) Ammoniumcarbamat Harnstoff

Carbonsäureamide und Harnstoff sind wesentlich weniger basisch als Alkylamine, da das elektronegativere Sauerstoff-Atom das einsame Elektronenpaar am Stickstoff-Atom partiell von diesem abzieht. Dies kommt in den nebenstehenden mesomeren Grenzformeln zum Ausdruck.

$$R-\overset{\bar{O}|}{\underset{NH_2}{C}} \longleftrightarrow R-\overset{|\bar{O}|^\ominus}{\underset{\overset{\oplus}{N}H_2}{C}}$$

Durch Reduktion mit naszierendem Wasserstoff werden Carbonsäureamide in Alkylamine übergeführt.

$$R-\overset{O}{\underset{NH_2}{C}} + 4\,H \longrightarrow R-CH_2-NH_2 + H_2O$$

Urethane (Kohlensäure-amid-ester) sind Ester der Carbamidsäure, die durch Addition von Alkoholen an Isocyanate entstehen.

$$R^1-N=C=O + HO-R^2 \longrightarrow \begin{array}{c} R^1-\overset{H}{\underset{}{N}} \\ \overset{}{\underset{O}{C}}-O-R^2 \end{array}$$

Alkylisocyanat   ein Urethan (Kohlensäureamidester, Carbamidsäureester)

29.14 Azo- und Diazo-Verbindungen

In sauren Lösungen der salpetrigen Säure (vgl. Abschn. 25.8, S. 437) ist das Nitrosyl-Ion (NO^+) im Gleichgewicht vorhanden. Solche Lösungen reagieren mit primären Aminen unter Bildung von Diazonium-Ionen:

$$\text{C}_6\text{H}_5-NH_2 + NO^+ \longrightarrow \text{C}_6\text{H}_5-N\equiv N|^+ + H_2O$$

Benzoldiazonium-Ion

Während die aromatischen Diazonium-Salze, zum Beispiel Benzoldiazoniumchlorid ($[H_5C_6-N_2]^+Cl^-$) isolierbar sind, zerfallen aliphatische Diazonium-Ionen sofort nach ihrer Entstehung in einer S_N1-Reaktion unter Bildung von Carbenium-Ionen, die ihrerseits entweder Wasser anlagern oder zu einem Alken weiterreagieren.

$$H-O-N=O + H^+ \rightleftharpoons H_2O + |N\equiv O|^+$$

$$H_3C-CH_2-NH_2 + NO^+ \xrightarrow{-H_2O} H_3C-CH_2-N_2^+$$

Ethyldiazonium-Ion (instabil)

$$\xrightarrow{S_N1} H_3C-CH_2^+ + N_2$$

Methylcarbenium-Ion (instabil)

$$H_3C-CH_2^+ \begin{array}{l} \xrightarrow{+H_2O} H_3C-CH_2-OH + H^+ \\ \longrightarrow H_2C=CH_2 + H^+ \end{array}$$

Auf Umwegen kann man jedoch aliphatische Diazo-Verbindungen erhalten. Von ihnen ist das Diazomethan, CH_2N_2, als wertvolles Reagenz zur Einführung von Methyl-Gruppen zu nennen. Es reagiert mit Säuren, auch schwachen Säuren wie zum Beispiel Phenolen, unter Substitution des sauren H-Atoms gegen eine Methyl-Gruppe:

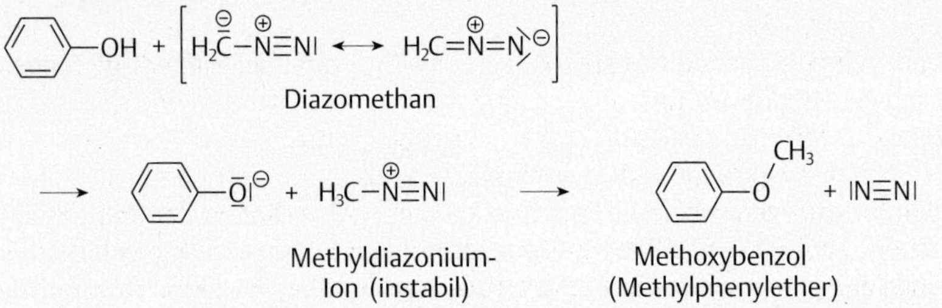

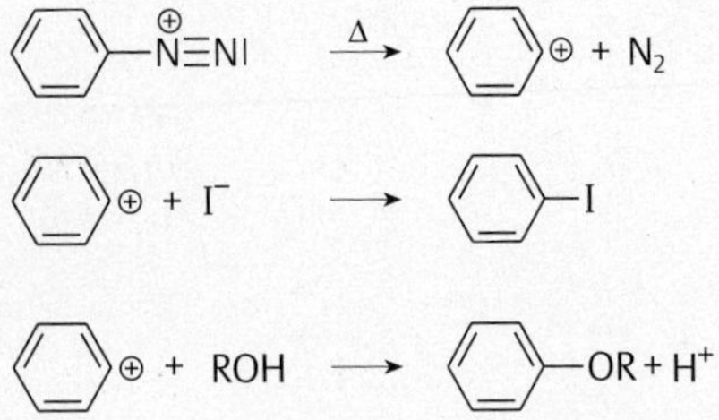

C₆H₅—OH + [H₂C⁻—N⁺≡N| ⟷ H₂C=N⁺=N|⁻]
　　　　　　　　　Diazomethan

⟶ C₆H₅—O|⁻ + H₃C—N⁺≡N| ⟶ C₆H₅—O—CH₃ + |N≡N|
　　　　　　Methyldiazonium-　　　　　Methoxybenzol
　　　　　　Ion (instabil)　　　　　　(Methylphenylether)

Diazomethan und aromatische Diazonium-Salze sind explosiv, können aber in Lösung, wie alle verdünnten Explosivstoffe, gut gehandhabt werden.

Aromatische Diazonium-Salze spalten beim Erwärmen ebenfalls Stickstoff ab. Die dabei entstehenden Carbenium-Ionen (Phenyl-Kationen) reagieren sofort mit jeder angebotenen Lewis-Base weiter. Man kann auf diese Weise zahlreiche substituierte aromatische Verbindungen synthetisieren.

C₆H₅—N⁺≡N| $\xrightarrow{\Delta}$ C₆H₅⁺ + N₂

C₆H₅⁺ + I⁻ ⟶ C₆H₅—I

C₆H₅⁺ + ROH ⟶ C₆H₅—OR + H⁺

In der Kälte reagieren aromatische Diazonium-Salze mit aromatischen Aminen oder mit Phenolen ohne daß es zur Abspaltung von Stickstoff kommt. Mit dem elektrophilen Diazonium-Ion kommt es zur Substitution des Wasserstoff-Atoms in der *para*-Stellung des Amins oder Phenols:

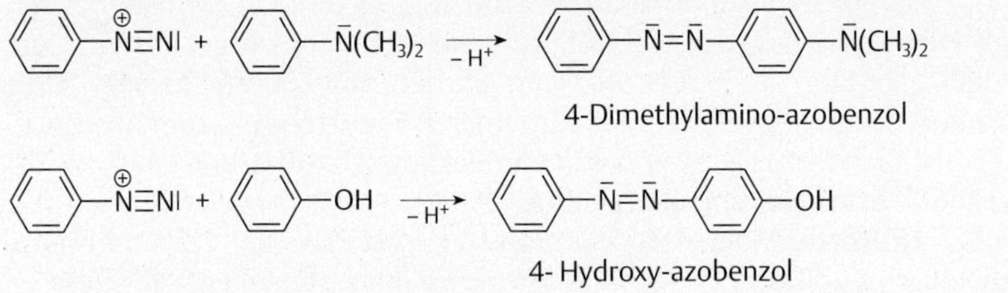

C₆H₅—N⁺≡N| + C₆H₅—N̄(CH₃)₂ $\xrightarrow{-H^+}$ C₆H₅—N̄=N̄—C₆H₄—N̄(CH₃)₂
　　　　　　　　　　　　　　　　　4-Dimethylamino-azobenzol

C₆H₅—N⁺≡N| + C₆H₅—OH $\xrightarrow{-H^+}$ C₆H₅—N̄=N̄—C₆H₄—OH
　　　　　　　　　　　　　　　4-Hydroxy-azobenzol

Diese Reaktion wird als *Kupplungsreaktion* bezeichnet, die entstehenden Produkte sind die **Azo-Verbindungen** mit der Diazen- oder Azo-Gruppe —N=N—. Über die π-Bindung der Azo-Gruppe stehen die π-Bindungssysteme der beiden Benzolringe in Konjugation; es liegt damit ein über viele Atome ausgedehntes π-Bindungssystem vor. Solche π-Systeme zeichnen sich durch die Absorption von sichtbarem Licht aus und sind deshalb farbig. Durch die Wahl der Substituenten oder durch Einbau von mehreren Azo-Gruppen kann die Farbe in weiten Grenzen variiert werden. Azo-Verbindungen sind deshalb vielbenutzte synthetische Farbstoffe, insbesondere zum Färben von Textilien.

29.15 Heterocyclische Verbindungen

Verbindungen mit ringförmigen Molekülen, die außer Kohlenstoff-Atomen auch ein oder mehrere Atome anderer Elemente im Ring enthalten, nennt man heterocyclisch. Beispiele dafür sind uns schon bei den Lactonen (S. 563) begegnet. Wie bei den Cycloalkanen sind Ringe aller Größen ab drei Ringgliedern möglich. Bei der überwiegenden Zahl heterocyclischer Verbindungen handelt es sich jedoch um fünf- oder sechsgliedrige Ringe. Die Nicht-Kohlenstoff-Atome im Ring heißen Heteroatome und sind meistens Stickstoff-, Sauerstoff- oder Schwefel-Atome.

Zur systematischen Nomenklatur wird zuerst der Name des oder der Heteroatome genannt, gegebenenfalls mit vorangestelltem griechischem Zahlwort; der Elementname erhält die Endung -*a*, ihm folgt eine Endung, aus welcher die Art des Ringes erkennbar ist (◨ 29.8). Häufig werden allerdings Trivialnamen benutzt. Zu den wichtigsten heterocyclischen Verbindungen zählen die in der Randspalte aufgeführten Verbindungen und ihre Derivate.

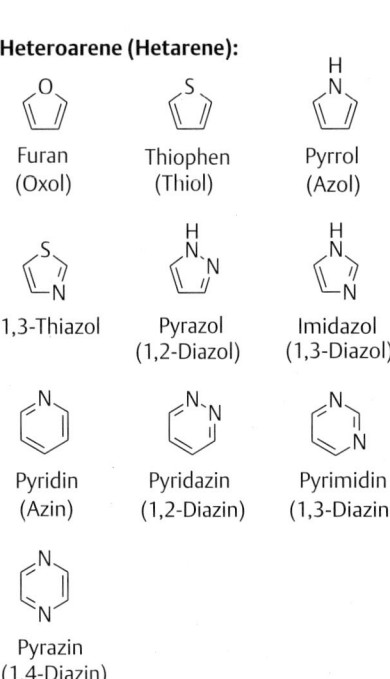

◨ 29.8 Präfixe und Suffixe zur Bezeichnung von Heterocyclen

Heteroatom		Ringart	Suffix		
Element	Präfix		gesättigt	mit einer Doppelbindung	aromatisch
Sauerstoff	Oxa-	Fünfring	-olan	-olen*	-ol
Stickstoff	Aza-	Sechsring	-an		-in
Schwefel	Thia-	Siebenring	-epan		-epin

* wegen der Eindeutigkeit besser *Dihydro...ol* verwenden

Tetrahydrofuran und 1,4-Dioxan sind als cyclische Ether zu betrachten. Sie haben die typischen Eigenschaften von Ethern und dienen oft als Lösungsmittel. Die übrigen Ringe sind als aromatisch anzusehen (Heteroarene, kurz auch Hetarene genannt; nicht-benzoide Arene). Ihre Moleküle sind völlig planar und verfügen über sechs π-Elektronen; bei den Fünfringen ist eines der einsamen Elektronenpaare eines Heteroatoms in das π-Elektronensystem eingebunden und die in der Randspalte angegebenen Formeln stellen jeweils nur eine von mehreren mesomeren Grenzformeln dar. Für Imidazol sind nebenstehend weitere Grenzformeln angegeben.

In ihrem chemischen Verhalten zeigen die Heteroarene Ähnlichkeit mit den Arenen. Insbesondere kann man mit ihnen elektrophile Substitutionsreaktionen durchführen. Gegenüber den für Alkenen typischen Additionsreaktionen sind sie allerdings nicht so resistent wie das Benzol und seine Derivate. Außerdem verursachen die elektronegativen Heteroatome besondere Eigenschaften der Heterocyclen; Pyridin ist zum Beispiel basisch und kann an seinem Stickstoff-Atom protoniert werden.

Schwefel-Heteroatome, welche die gleiche Elektronegativität wie Kohlenstoff-Atome haben, wirken sich in dieser Hinsicht weniger aus. Thiophen zeigt zum Beispiel in vieler Hinsicht auffällige Ähnlichkeiten mit dem Benzol.

29.16 Makromolekulare Chemie

Makromoleküle sind Moleküle mit hoher Molekülmasse, die aus kleineren Molekülen, den **Monomeren**, aufgebaut werden können. Makromolekulare Verbindungen werden auch **Polymere** genannt. Zu den Polymeren gehören viele Naturstoffe wie Stärke, Cellulose oder Proteine sowie die zahlreichen synthetisch hergestellten Kunststoffe.

Je nach Art der Reaktion, die vom Monomeren zum Polymeren führt, unterscheidet man zwischen Polymerisation, Polykondensation und Polyaddition.

Bei der **Polymerisation** ist das Monomere eine ungesättigte Verbindung, in der Regel ein Alken. Während der Reaktion werden die Doppelbindungen im Monomeren geöffnet und neue Bindungen zwischen den Molekülen geknüpft. Aus Ethen (Ethylen) entsteht so zum Beispiel Polyethen (Polyethylen).

Die kettenförmigen Polyethylen-Moleküle bestehen aus tausenden von Atomen. In der Regel sind die Moleküle nicht alle gleich groß, die Molekülmasse ist also nicht einheitlich. Polyethylen ist ein zäher, relativ weicher, biegsamer und wachsähnlicher Kunststoff, der zahllose Anwendungen gefunden hat.

Die Polymerisation kann über Radikale oder über Ionen ablaufen. Bei der *radikalischen Polymerisation* wird die Reaktion durch Zusatz einer kleinen Menge eines Radikal-Bildners ausgelöst; Radikal-Bildner sind insbesondere organische Peroxide, die schon bei gelindem Erwärmen durch Bruch der O—O-Bindung zerfallen. Das gebildete Radikal greift die π-Bindung des monomeren Alkens an und bildet ein neues Radikal (Kettenstart-Reaktion). Dieses greift ein weiteres Monomeres an, und dieser Schritt wiederholt sich immer wieder (Kettenfortpflanzungs-Reaktion):

Polyethylen
(Polyethen)

Herrman Staudinger, 1891–1965
Begründer der
Makromolekularen Chemie

Kettenstart-Reaktion:

$$H_5C_6-\overset{O}{\underset{\|}{C}}-O-O-\overset{O}{\underset{\|}{C}}-C_6H_5 \longrightarrow 2\ H_5C_6-\overset{O}{\underset{\|}{C}}-O^{\bullet} \xrightarrow{-2\ CO_2} 2\ H_5C_6^{\bullet}$$

Dibenzoylperoxid · Phenyl-Radikal

$$2\ H_5C_6^{\bullet}\ +\ H_2C=\underset{\underset{C_6H_5}{|}}{CH} \longrightarrow H_5C_6-CH_2-\underset{\underset{C_6H_5}{|}}{\overset{\overset{H}{|}}{C}}$$

Styrol (Phenylethen)

Kettenfortpflanzungs-Reaktion:

$$H_5C_6-CH_2-\underset{\underset{C_6H_5}{|}}{\overset{\overset{H}{|}}{C^{\bullet}}}\ +\ H_2C=\underset{\underset{C_6H_5}{|}}{CH} \longrightarrow H_5C_6-CH_2-\underset{\underset{C_6H_5}{|}}{CH}-CH_2-\underset{\underset{C_6H_5}{|}}{\overset{\overset{H}{|}}{C^{\bullet}}} \xrightarrow{+H_2C=\underset{\underset{C_6H_5}{|}}{CH}} \cdots$$

Kettenabbruch-Reaktion:

$$\sim\sim-CH_2-\underset{\underset{C_6H_5}{|}}{\overset{\overset{H}{|}}{C^{\bullet}}}\ +\ \overset{\overset{H}{|}}{\underset{\underset{C_6H_5}{|}}{C^{\bullet}}}-CH_2-\sim\sim \longrightarrow \sim\sim-CH_2-\underset{\underset{H_5C_6}{}}{CH}-\underset{\underset{C_6H_5}{}}{CH}-CH_2-\sim\sim$$

Die Kettenfortpflanzungs-Reaktion erfolgt so lange, bis der Vorrat an Monomeren erschöpft ist oder bis es zu einer Kettenabbruch-Reaktion kommt, sei es weil zwei Radikale zusammenfinden oder durch andere Reaktionen, zum Beispiel mit anwesenden Verunreinigungen. Um eine möglichst hohe Molekularmasse zu erzielen, darf die Konzentration des zugesetzten Kettenstarters nicht zu groß sein; anderenfalls ist die Zahl der wachsenden Ketten zu groß und es kommt zur baldigen Erschöpfung des Monomerenvorrats.

Radikalische Polymerisationen können auch durch erhöhte Temperatur oder durch Lichteinstrahlung gestartet werden. Das sogenannte Hochdruckpolyethylen wird zum Beispiel durch Erhitzen von Ethylen auf 100–400 °C unter Druck (100 MPa) hergestellt.

Bei der ionischen Polymerisation wächst nicht ein Radikal, sondern ein Ion. Der Kettenstart erfolgt durch Zusatz einer Lewis-Säure (kationische Polymerisation) oder einer Lewis-Base (anionische Polymerisation), zum Beispiel:

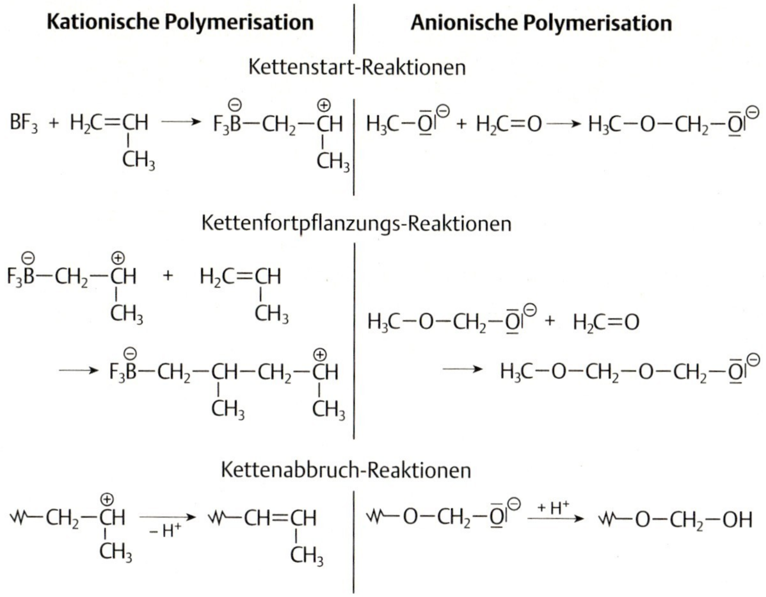

Kationische Polymerisation | **Anionische Polymerisation**

Kettenstart-Reaktionen

$BF_3 + H_2C=CH(CH_3) \longrightarrow F_3\overset{\ominus}{B}-CH_2-\overset{\oplus}{C}H(CH_3)$ | $H_3C-\overline{\underline{O}}|^{\ominus} + H_2C=O \longrightarrow H_3C-O-CH_2-\overline{\underline{O}}|^{\ominus}$

Kettenfortpflanzungs-Reaktionen

$F_3\overset{\ominus}{B}-CH_2-\overset{\oplus}{C}H(CH_3) + H_2C=CH(CH_3)$
$\longrightarrow F_3\overset{\ominus}{B}-CH_2-CH(CH_3)-CH_2-\overset{\oplus}{C}H(CH_3)$

| $H_3C-O-CH_2-\overline{\underline{O}}|^{\ominus} + H_2C=O$
$\longrightarrow H_3C-O-CH_2-O-CH_2-\overline{\underline{O}}|^{\ominus}$

Kettenabbruch-Reaktionen

$\sim\!\!\sim-CH_2-\overset{\oplus}{C}H(CH_3) \xrightarrow{-H^+} \sim\!\!\sim-CH=CH(CH_3)$ | $\sim\!\!\sim-O-CH_2-\overline{\underline{O}}|^{\ominus} \xrightarrow{+H^+} \sim\!\!\sim-O-CH_2-OH$

Das Beispiel für die anionische Polymerisation zeigt nicht die Polymerisation eines Alkens, sondern einer Carbonyl-Verbindung (Formaldehyd), die zu einem Polyether führt. Polymerisationsreaktionen von Alkenen haben die weitaus größere Bedeutung.

Die Polymerisation von Alkinen und Dienen führt zu ungesättigten Polymeren. Polyisopren kommt in der Natur als *Kautschuk* vor. Synthetischer Kautschuk wird meist durch Polymerisation von folgenden 1,3-Dienen hergestellt:

$H_2C=CH-CH=CH_2$
1,3-Butadien

$H_2C=CCl-CH=CH_2$
2-Chlor-1,3-butadien
(Chloropren)

$H_2C=C(CH_3)-C(CH_3)=CH_2$
2,3-Dimethyl-1,3-butadien

$2n\ HC\equiv CH \longrightarrow [-CH=CH-CH=CH-]_n$
Polyethin (Polyacetylen)

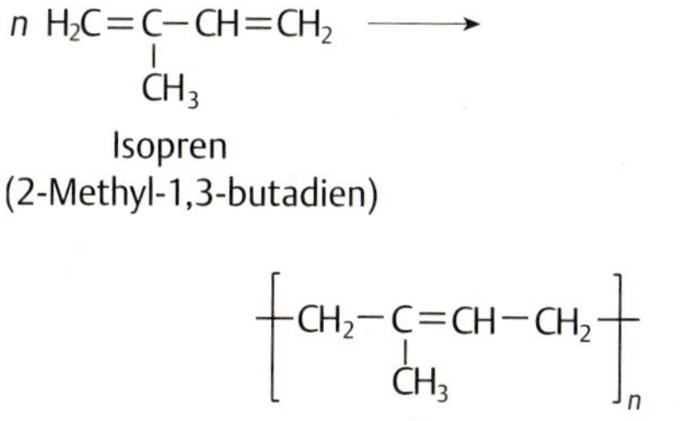

$n\ H_2C=C(CH_3)-CH=CH_2 \longrightarrow$
Isopren
(2-Methyl-1,3-butadien)

$[-CH_2-C(CH_3)=CH-CH_2-]_n$
Polyisopren

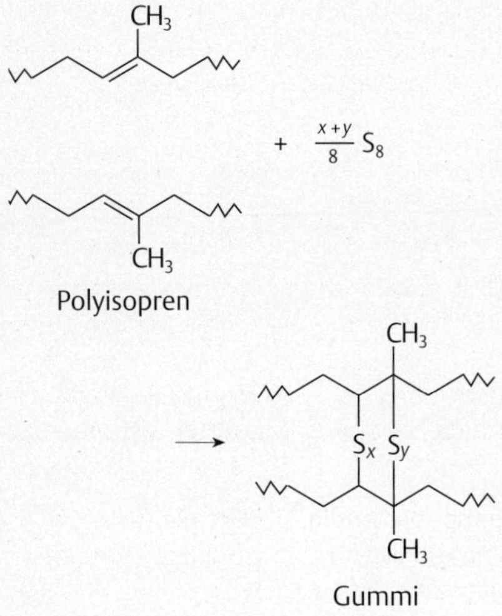

Weil diese Polymeren noch Doppelbindungen enthalten, können mit ihren weitere Reaktionen durchgeführt werden. Von Bedeutung sind dabei Reaktionen, die zu einer Vernetzung der Ketten untereinander führen. Im Falle des Kautschuks wird die Vernetzung durch Addition von Schwefel durchgeführt; durch diese „Vulkanisation" des Kautschuks entsteht Gummi.

Die **Polykondensation** findet zwischen Monomeren unter Eliminierung kleiner Moleküle, meist Wasser, statt. Die wichtigsten Polykondensationsprodukte sind die Polyester und die Polyamide; zu letzteren sind auch die Proteine zu zählen. *Polyester* entstehen aus einer Dicarbonsäure und einem Diol (zweiwertigem Alkohol), zum Beispiel:

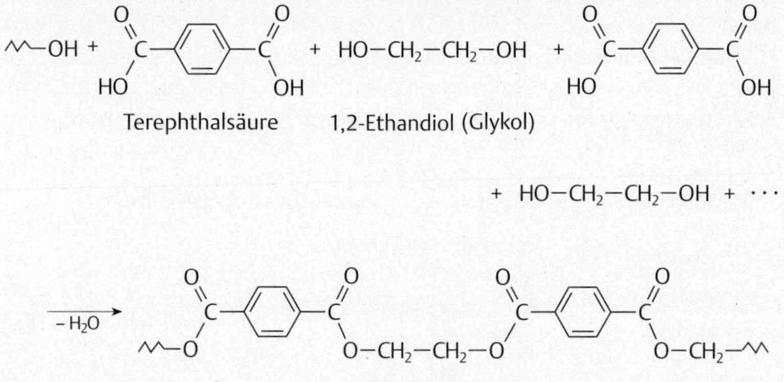

Terephthalsäure   1,2-Ethandiol (Glykol)

ein Polyester

Analog entstehen *Polyamide* aus Dicarbonsäuren und Diaminen, zum Beispiel:

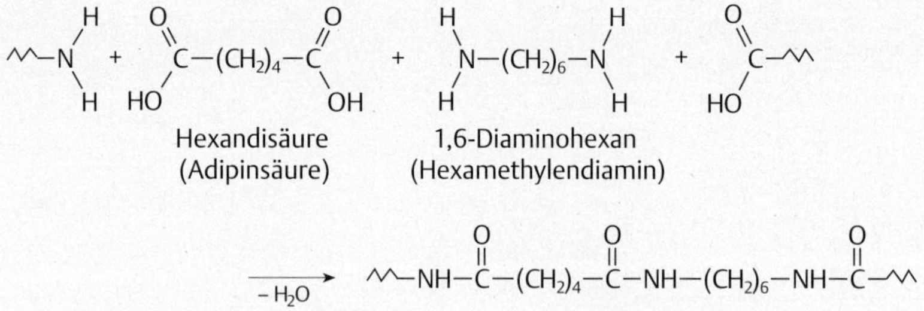

Hexandisäure   1,6-Diaminohexan
(Adipinsäure)   (Hexamethylendiamin)

Nylon 66, ein Polyamid

Polyester und Polyamide enthalten als typische Molekül-Bausteine Carbonsäureester- bzw. Carbonsäureamid-Gruppen.

Polyurethane entstehen durch **Polyaddition** aus Diisocyanaten und Diolen, zum Beispiel:

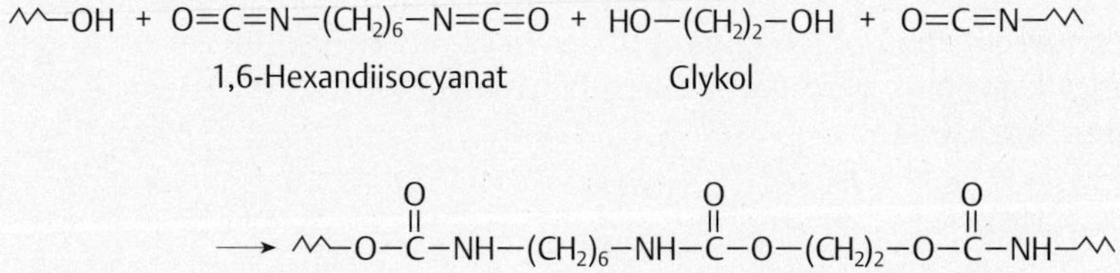

1,6-Hexandiisocyanat   Glykol

ein Polyurethan

■ 29.9 gibt eine Übersicht über technisch wichtige Polymere.

29.9 Technisch wichtige Polymere

Monomeres	Polymeres	Name (Handelsname)	Eigenschaften	Verwendung
1. Polyalkene				
$H_2C=CH_2$ Ethylen	$+CH_2-CH_2+_x$	Polyethylen (PE) (Hostalen, Lupolen)	biegsam, zäh, wachsartig	Folien, Flaschen, Schläuche
$H_2C=CH-CH_3$ Propylen (Propen)	$+CH_2-CH(CH_3)+_x$	Polypropylen (PP)	steif, zäh	Formteile, Rohre, Schuhabsätze
$H_2C=CH-C_6H_5$ Styrol (Phenylethen)	$+CH_2-CH(C_6H_5)+_x$	Polystyrol (PS) (Styrodur, Styropor)	hart, guter elektr. Isolator	Formteile, Packmittel, Wärmeisolation
$F_2C=CF_2$ Tetrafluorethylen	$+CF_2-CF_2+_x$	Polytetrafluorethylen (PTFE) (Teflon, Hostaflon TF)	temp.-beständig, chem. resistent, nicht brennbar	Gefäße für aggressive Stoffe
$H_2C=CH-Cl$ Vinylchlorid (Chlorethen)	$+CH_2-CHCl+_x$	Polyvinylchlorid (PVC)	gut formbar, Härte durch Zusätze („Weichmacher") variierbar	Baumaterial, Verpackung, Kunstleder, elektr. Isolation
$H_2C=CH-CN$ Acrylnitril (Propensäurenitril)	$+CH_2-CH(CN)+_x$	Polyacrylnitril (PAN) (Dralon, Orlon)	zugfest, verspinnbar	Textilien
$H_2C=C(CH_3)-COOCH_3$ 2-Methylacrysäuremethylester (2-Methylpropensäuremethylester)	$+CH_2-C(CH_3)(OCOCH_3)+_x$	Polymethacrylsäuremethylester (Plexiglas)	hart, glasklar	Glasersatz
2. Polyester				
HOOC—C$_6$H$_4$—COOH + HO—(CH$_2$)$_2$—OH Terephthalsäure + Glykol	$+OC-C_6H_4-CO-O-(CH_2)_2-O+_x$	Polyethylenterephthalat (PETP)	verspinnbar	Formteile, Textilien
3. Polyamide				
HOOC—(CH$_2$)$_4$—COOH + H$_2$N—(CH$_2$)$_6$—NH$_2$ Hexandisäure (Adipinsäure) + 1,6-Diaminohexan	$+OC-(CH_2)_4-CO-NH-(CH_2)_6-NH+_x$	Nylon 66	steif, zäh, reißfest	Formteile, Taue, Teppiche
4. Polyurethane				
2,6-Diisocyanattoluol (CH$_3$-C$_6$H$_3$(N=C=O)$_2$) + HO—(CH$_2$)$_2$—OH + Glykol	$+OC-NH-C_6H_3(CH_3)-NH-CO-O-(CH_2)_2-O+_x$	PUR (Desmodur, Moltopren)	unterschiedlich je nach Zusammensetzung	Lacke, Klebstoffe, Schaumstoffe

29.17 Stereochemie organischer Verbindungen

Zur Vielfalt der Strukturen organischer Moleküle trägt unter anderem die Erscheinung der Isomerie bei. Wir haben bei organischen Verbindungen bisher zwei Arten von Isomeren kennengelernt:

1. **Konstitutionsisomere**, die sich bei gleicher Summenformel durch unterschiedliche Verknüpfung der Atome miteinander auszeichnen, die also eine unterschiedliche *Konstitution* besitzen.
2. **Stereoisomere**, die sich bei gleicher Summenformel *und* gleicher Konstitution nur durch die räumliche Anordnung der Atome unterscheiden; sie besitzen eine unterschiedliche *Konfiguration*.

Nur wenn von einem Molekül die Konstitution, die Konfiguration und gegebenenfalls auch die Konformation bekannt sind, kennt man die genaue *Struktur* dieses Moleküls.

Es sind zwei Arten von Stereoisomeren zu unterscheiden, nämlich *Diastereomere* und *Enantiomere*. Diese sind uns bereits bei den Komplex-Verbindungen begegnet (Abschn. 28.4, S. 517). Enantiomere sind völlig gleichartig aufgebaut und trotzdem nicht identisch: die Strukturen ihrer Moleküle sind zueinander spiegelbildlich, sie unterscheiden sich voneinander so wie die rechte von der linken Hand. Stereoisomere, bei denen die Moleküle des einen nicht Spiegelbild des anderen sind, sind Diastereomere (◉ 29.**10**).

Diastereomere besitzen unterschiedliche chemische und physikalische Eigenschaften (z. B. verschiedene Schmelzpunkte). Enantiomere hingegen haben identische physikalische Eigenschaften, mit einer Ausnahme: Beim Durchgang von linear polarisiertem Licht durch die Lösung eines Enantiomeren erfährt die Polarisationsebene eine Drehung um einen bestimmten Betrag nach rechts oder nach links (Abschn. 28.4, ◉ 28.**8**, S. 518). Das andere Enantiomere dreht die Polarisationsebene des Lichtes um den gleichen Betrag in die entgegengesetzte Richtung. Man nennt diese Erscheinung *optische Aktivität*. Rechtsdrehende Verbindungen werden durch ein (+), linksdrehende durch ein (−) vor dem Namen gekennzeichnet (z. B. (+)-Milchsäure). Eine äquimolare Mischung beider Enantiomerer dreht die Ebene von polarisiertem Licht nicht und wird *Racemform* (*racemische Mischung*, *Racemat*) genannt. Wegen ihres entgegengesetzten Verhaltens gegenüber polarisiertem Licht werden Enantiomere gelegentlich auch als *optische Antipoden* oder *optische Isomere* bezeichnet. In ihren chemischen Eigenschaften unterscheiden sich Enantiomere nur wenn sie mit einer Verbindung reagieren, die selbst ein Enantiomeres ist.

Viele organische Verbindungen, insbesondere die meisten Naturstoffe, bilden Enantiomere, wobei in der Natur oft nur eines der beiden möglichen Enantiomeren vorkommt.

Voraussetzung für das Auftreten von Enantiomeren sind **chirale** Moleküle. Ein Molekül ist immer dann chiral, wenn es keine (gedachte) Symmetrieebene (Spiegelebene) gibt, welche die eine Molekülhälfte in die andere überführt, und wenn kein Symmetriezentrum (Inversionszentrum) vorhanden ist (genauer: es darf keine „Inversionsachse" vorhanden sein).

Diese Voraussetzungen sind erfüllt, wenn an einem einzelnen Kohlenstoff-Atom vier verschiedene Substituenten (Liganden) gebunden sind; ein solches C-Atom nennt man ein *asymmetrisch substituiertes Kohlenstoff-Atom*.

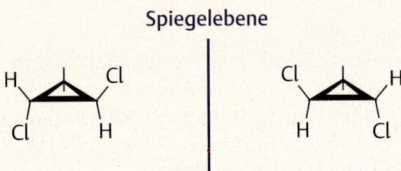

Diastereomere
cis- und *trans-*1,2-Dichlorcyclopropan

Spiegelebene

Enantiomere
trans-1,2-Dichlorcyclopropan

◉ 29.**10** Diastereomere und Enantiomere beim 1,2-Dichlorcyclopropan

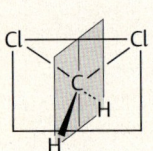

Dichlormethan: achiral, da Spiegelebenen vorhanden

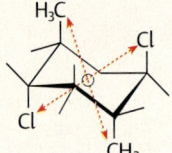

1,4-Dichlor-2,5-dimethylcyclohexan: achiral, da Symmetriezentrum vorhanden

(S)-(+)-   (R)-(−)-

Milchsäure (2-Hydroxypropansäure): chiral; asymmetrisch substituiertes C-Atom vorhanden

◉ 29.**11** Beispiele für achirale und chirale Moleküle

29.17 Stereochemie organischer Verbindungen

Moleküle, bei denen eines der genannten Symmetrieelemente (Spiegelebene, Inversionszentrum) vorhanden ist, sind **achiral**; sie lassen sich mit ihrem Spiegelbild zur Deckung bringen. In 29.11 sind einige achirale und chirale Moleküle gezeigt.

Bei Schuhen, die chiral sind, läßt sich der rechte und der linke Schuh jeweils in eindeutiger Weise erkennen und bezeichnen. In entsprechender Weise können auch chirale Moleküle gekennzeichnet werden. Man verwendet dazu die von Cahn, Ingold und Prelog vorgeschlagene Nomenklatur, nach der ein asymmetrisch substituiertes Kohlenstoff-Atom entweder (R)- oder (S)-Konfiguration besitzt (R = rectus = rechts; S = sinister = links). Zur Festlegung der Konfiguration eines asymmetrisch substituierten C-Atoms in der Verbindung C$wxyz$ werden die vier Substituenten nach bestimmten Prioritätsregeln so geordnet, daß sich die Reihenfolge $w > x > y > z$ ergibt. Dann betrachtet man das asymmetrisch substituierte Kohlenstoff-Atom so, daß der Substituent z, also der letzte in der Rangliste, vom Betrachter abgewandt ist. Sind aus dieser Blickrichtung die restlichen drei Substituenten nach abnehmender Priorität $w > x > y$ im Uhrzeigersinn angeordnet, so wird dem asymmetrisch substituierten C-Atom die Konfiguration (R) zugewiesen; die (S)-Konfiguration ergibt sich bei einer Anordnung gegen den Uhrzeigersinn (29.12).

Die genannten Regeln lassen sich auf beliebige andere Verbindungen X$wxyz$ mit einem tetraedrisch koordinierten, asymmetrisch substituierten Atom X anwenden. Sind in einem Molekül mehrere asymmetrisch substituierte C-Atome vorhanden, so muß die Zuordnung zur (R)- oder (S)-Konfiguration für jedes einzelnen dieser C-Atome erfolgen. Die Regeln zur Festlegung der Sequenz der Substituenten sind nebenstehend aufgeführt.

Häufig werden anstatt der perspektivisch gezeichneten Keilstrichformeln die zweidimensionalen Projektionsformeln nach Emil Fischer benutzt. Bei den Fischer-Projektionsformeln wird die Hauptkohlenstoff-Kette des Moleküls senkrecht gezeichnet, wobei dasjenige Atom nach oben weist, bei dem bei der systematischen Nomenklatur die Numerierung beginnt. Bei Aldehyden, Ketonen und Carbonsäuren steht demnach die Aldehyd-, Oxo- bzw. Carboxy-Gruppe im oberen Teil der Projektionsformel. Die Substituenten an einem Kohlenstoff-Atom werden aus der Orientierung, wie sie in 29.12b gezeigt ist, in die Papierebene projiziert (29.12c). Entsprechend dieser Vereinbarung darf die Fischer-Projektionsformel eines chiralen Moleküls nicht um 90 °C gedreht werden, da

Sehr häufig findet man in diesem Zusammenhang den Begriff „Asymmetriezentrum" oder „chirales Zentrum". Diese Begriffe sind überaus unglücklich gewählt, weil ein chirales Objekt per Definition kein (Symmetrie-)Zentrum besitzt. Mit Asymmetriezentrum ist in der Regel ein asymmetrisch substituiertes Kohlenstoff-Atom gemeint.

Regeln zur Ordnung von Substituenten nach fallender Priorität nach Cahn, Ingold und Prelog:

1. Von einem Substituenten wird das Atom betrachtet, das direkt an das asymmetrisch substituierte C-Atom gebunden ist (erste Sphäre). Haben verschiedene Substituenten gleichartige Atome in der ersten Sphäre, dann werden die mit ihnen verbundenen Atome der zweiten Sphäre herangezogen usw. Ist ein Atom mit einem anderen durch eine Doppel- oder Dreifachbindung verknüpft ist, so wird es wie zwei bzw. drei Atome gezählt; z. B. zählt

   $\mathrm{\ce{>C=O}}$ wie $\mathrm{\ce{>C(-O-)(-O-)}}$

2. Das Atom mit der höheren Ordnungszahl hat die höhere Priorität.
3. Bei isotopen Atomen hat dasjenige mit der höheren Masse Priorität.
4. Bei Alkenyl-Gruppen geht Z vor E.
5. Bei chiralen Substituenten geht (R) vor (S).

Beispiel (vgl. 29.12):

$$\mathrm{H-\underset{\underset{CH_2-OH}{|}}{\overset{\overset{H-C=O}{|}}{C}}-OH}$$

1: OH, da O eine höhere Ordnungszahl als C und H hat
2: CHO, wird wie CH(O)$_2$ gewertet mit zwei O in der zweiten Sphäre
3: CH$_2$OH hat nur ein O in der zweiten Sphäre
4: H

29.12 Verschiedene Formeln für (R)-(+)-Glycerinaldehyd (2,3-Dihydroxypropanal)
a Keilstrichformel mit Angabe der Prioritätensequenz w, x, y, z für die Substituenten am asymmetrisch substituierten C-Atom
b Keilstrichformel aus einer anderen Blickrichtung, bei der sich die hinter der Papierebene liegenden Substituenten auf einer vertikalen Linie befinden
c Fischer-Projektionsformel

HCO
|
H—C—OH
|
CH₂—OH

D-(+)-Glycerinaldehyd
(R)-(+)-Glycerinaldehyd
(2R)-2,3-Dihydroxypropanal

HCO
|
HO—C—H
|
H—C—OH
|
CH₂—OH

D-(−)-Threose
(ein Zucker)
(2S,3R)-(−)-2,3,4-
Trihydroxybutanal

dies einer Vertauschung der Substituenten und damit einer Umkehr der Konfiguration entspräche (die hinter der Papierebene befindlichen Substituenten kämen entgegen der Vereinbarung auf eine horizontale Linie). Eine Drehung um 180° ist dagegen erlaubt.

Vor allem bei Naturstoffen wird anstelle der (R)/(S)-Nomenklatur meist noch die ältere D/L-Bezeichnung nach Fischer benutzt (D = dextro, rechts; L = laevo, links). Steht in der Fischer-Projektionsformel eines chiralen Moleküls eine OH- oder eine NH₂-Gruppe am asymmetrisch substituierten Kohlenstoff-Atom nach rechts, so wird das Symbol D verwendet, steht sie nach links, liegt die L-Konfiguration vor. Sind mehrere asymmetrisch substituierte Kohlenstoff-Atome im Molekül vorhanden, so bezieht sich die D/L-Konfigurationsangabe auf das unterste davon in der Projektionsformel.

Die D/L- und (R)/(S)-Bezeichnung für das gleiche chirale Molekül weicht häufig voneinander ab, d.h. ein Molekül mit D-Konfiguration besitzt nicht notwendigerweise die (R)-Konfiguration. Dies beruht auf der unterschiedlichen Herleitung der beiden Nomenklatursysteme. Je nach Zweckmäßigkeit wird das eine oder andere der beiden Systeme verwendet, wobei sich das allgemeiner anwendbare (R)/(S)-System immer mehr durchsetzt.

Wenn N chirale Gegenstände, zum Beispiel N asymmetrisch substituierte Kohlenstoff-Atome oder N Schuhe aneinandergeknüpft werden, so gibt es dafür 2^N Möglichkeiten, und zwar 2^{N-1} Paare von Enantiomeren (◉ 29.13). Wenn die Verknüpfung nicht starr ist, etwa weil die Schuhe nur mit ihren Schuhbändern aneinandergebunden sind oder weil Atomgruppen um Einfachbindungen gegenseitig verdreht werden können, so können manche der 2^N Möglichkeiten ineinander überführt werden, die tatsächliche Zahl der Möglichkeiten ist dann entsprechend kleiner; dies ist der Fall, wenn zwei Enantiomere gleich sind, d.h. bei Kombinationen, die als ganzes nicht chiral sind.

Spiegelebene

| R R | S S | S R | R S | Symmetriezentrum |

COOH
|R
H—C—OH
|
HO—C—H
|R
COOH

(2R,3R)-Weinsäure
L-Weinsäure

COOH
|S
HO—C—H
|
H—C—OH
|S
COOH

(2S,3S)-Weinsäure
D-Weinsäure

COOH
|S
HO—C—H
|R
HO—C—H
|
COOH

COOH
|R
H—C—OH
|S
H—C—OH
|
COOH

(2R,3S)-Weinsäure
meso-Weinsäure

◉ 29.13 $N = 2$ Schuhe (chirale Gegenstände) oder $N = 2$ asymmetrisch substituierte Kohlenstoff-Atome können auf $2^N = 4$ Arten zusammengeknüpft werden. Wenn gegenseitige Beweglichkeit gegeben ist (Verknüpfung nur über Schuhbänder oder Drehbarkeit um C—C-Bindungen), so können die Kombinationen RS und SR allerdings nicht als verschieden angesehen werden: die Schuhe können in ihrer Lage gegenseitig vertauscht werden; bei Drehung der Projektionsformel der meso-Weinsäure um 180° sind beide identisch. Diese Situation ist erfüllt, wenn das Molekül als ganzes nicht chiral ist; in der Formel ganz rechts ist die meso-Weinsäure in einer Konformation mit Symmetriezentrum gezeigt, und die Projektionsformeln besitzen eine Spiegelebene. Die Paare RR und SS lassen sich nicht ineinander überführen, verhalten sich aber spiegelbildlich zueinander (d.h. sie sind Enantiomere).

Während die Enantiomere völlig gleiche chemische und physikalische Eigenschaften haben (ausgenommen die Drehung der Ebene von linear polarisiertem Licht und die Reaktivität gegenüber anderen Enantiomeren), unterscheiden sich die 2^{N-1} übrigen Möglichkeiten in ihren chemischen und physikalischen Eigenschaften: sie sind Diastereomere.

Gegenüber achiralen Substanzen weisen Enantiomere gleiche chemische Eigenschaften auf, gegenüber chiralen Substanzen zeigen Enantiomere jedoch unterschiedliches Verhalten. Bei Reaktionen, bei denen aus achiralen Substanzen chirale Verbindungen entstehen, werden die beiden Enantiomeren im Verhältnis 1 : 1 gebildet, d. h. man erhält die Racemform. Will man eine Racemform in die beiden Enantiomeren auftrennen, so verknüpft man deren Moleküle mit solchen einer chiralen Hilfssubstanz. Dabei entstehen Diastereomere, die sich aufgrund ihrer unterschiedlichen physikalischen Eigenschaften trennen lassen. Anschließend werden die Moleküle von der Hilfssubstanz wieder getrennt und man erhält beide Enantiomere in reiner Form.

Immer wenn es darauf ankommt, ein bestimmtes Enantiomeres (*R*- oder *S*-Form) zu erhalten, sind *stereospezifische* Reaktionen von Bedeutung. Das sind Reaktionen, bei denen aus einer chiralen Verbindung eine andere chirale Verbindung in eindeutiger Weise entsteht, oder bei denen chirale Hilfsstoffe (z. B. chirale Katalysatoren) die Reaktion so lenken, daß aus einem achiralen Edukt ein chirales Produkt entsteht („asymmetrische Synthese").

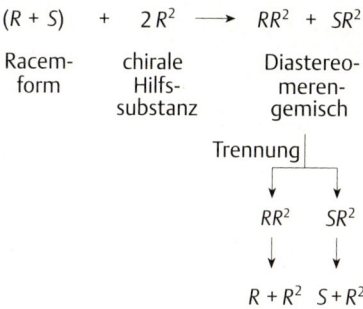

29.18 Übungsaufgaben

(Lösungen s. S. 686)

Kohlenwasserstoffe

29.1 Geben Sie die Konstitutionsformeln für folgende Verbindungen an:
a) 2,3-Dimethylpentan
b) 3-Ethyl-3-methyl-1-penten
c) 2,5-Dimethyl-3-hexin
d) 1,2,4-Tribrombenzol
e) *trans*-2-Hexen
f) 3-Isopropyl-1-hexin
g) 2,4-Dimethyl-1,4-pentadien
h) 1,4-Dinitrobenzol
i) Cyclohexen
j) Spiro[5.3]nonan
k) Bicyclo[2.2.2]octan
l) 1,1,1-Trichlorethan
m) *E*-1-Chlor-1-buten

29.2 Was ist an folgenden Namen falsch?
a) 3-Penten
b) 1,2-Dimethylpropan
c) 2-Methyl-2-butin
d) 2-Methyl-3-butin
e) 1,2,6-Trichlorbenzol
f) Bicyclo[2.2.4]decan

29.3 Geben Sie die Konstitutionsformeln für alle mono-, di- und trisubstituierten Propan-Derivate mit dem Substituenten X an.

29.4 Geben Sie die Konstitutionsformeln für alle Isomeren der Zusammensetzung $C_4H_8Cl_2$ an.

29.5 Für welche der folgenden Verbindungen sind *cis-trans*-Isomere möglich?
a) 2,3-Dimethyl-2-buten
b) 3-Methyl-2-penten
c) 2-Methyl-2-penten
d) HOOC—CH=CH—COOH

29.6 Welche sind die Produkte der Reaktion von Brom mit:
a) Methan
b) 2-Buten
c) 2-Butin
d) Benzol (in Anwesenheit von $FeBr_3$)

29.7 Welche Reaktionsprodukte sind für folgende Reaktionen zu erwarten?
a) 2-Methyl-2-buten + HCl
b) Propin + 2 HCl
c) Nitrierung von Phenol
d) Bromierung von Phenol
e) Nitrierung von Nitrobenzol
f) Bromierung von Nitrobenzol
g) Nitrierung von Brombenzol
h) Nitrierung von Benzoesäure
i) Nitrierung von Toluol
j) Reaktion von Chlormethan mit Toluol in Anwesenheit von Aluminiumchlorid

29.8 Wie kann man folgende Verbindungen durch eine Additionsreaktion herstellen?
a) 1,2-Dibromethan aus Ethen
b) 1,1-Dibromethan aus Ethin
c) Cyclohexanol aus Cyclohexen

Alkohole, Ether, Carbonyl-Verbindungen, Carbonsäuren, Carbonsäureester, Metallorganische Verbindungen

29.9 Geben Sie die Konstitutionsformeln für folgende Verbindungen an:
a) Butanal
b) 2-Butanon
c) Ethylmethylketon
d) Ethylmethylether
e) Essigsäuremethylester
f) Benzaldehyd
g) *m*-Nitrobenzoesäure
h) 2-Bromphenol
i) 3-Methyl-2-hexanon
j) 3-Methylcyclohexanon

29.10 Benennen Sie folgende Verbindungen
a) $(H_3C)_2CH-CH_2-CH_2-CH_2-OH$
b) $(H_3C)_2CH-CH(OH)-CH_3$
c) $(H_3C)_2C(OH)-CH_2-CH_2-CH_3$
d) $(H_3C)_2CH-CO-CH_2-CH_3$
e) $(H_3C)_2CH-O-CH_2-CH_3$
f) $(H_3C)_2CH-CH_2-CH_2-CHO$
g) $H_5C_6-O-CH_3$
h) $H_5C_6-COOCH_3$
i) $H_5C_6-CO-CH_3$
j) $H_5C_6-CO-Cl$
k) $H_5C_6-CO-O-CO-C_6H_5$
l) $H_3C-CH(OH)-CH(OH)-CH_3$

29.11 Geben Sie die Konstitutionsformeln für alle Isomere der Zusammensetzung $C_4H_{10}O$ an.

29.12 Geben Sie jeweils ein Isomeres zu folgenden Verbindungen an:
a) Ethylacetat (Essigsäureethylester)
b) Diethylether
c) Aceton
d) 1-Pentanol

29.13 Welches ist das Produkt der Reaktion von 1-Brombutan mit:
a) Mg
b) NaCN
c) OH⁻ (aq)
d) NaOC$_2$H$_5$
e) C$_4$H$_9$Li

29.14 Welche sind die Produkte aus folgenden Verbindungen unter stark oxidierenden Bedingungen?
a) 2-Hexen
b) 2-Methyl-2-buten
c) 3-Hexin
d) 1-Propanol
e) 2-Propanol
f) Propanal
g) 4-Nitrotoluol

29.15 Welche sind die Produkte aus folgenden Verbindungen unter milden oxidierenden Bedingungen?
a) 2-Hexen b) 1-Propanol c) Ameisensäure

29.16 Formulieren Sie die Gleichungen für die Reaktionen von Bromwasserstoff mit
a) Ethanol
b) C$_3$H$_7$MgBr
c) C$_2$H$_5$COO⁻Na⁺

29.17 Formulieren Sie die Gleichungen für die Reaktionen von wäßriger Natriumhydroxid-Lösung mit:
a) (H$_3$C)$_2$CH—COOH
b) (H$_3$C)$_2$CH—Br
c) H$_3$C—CH$_2$—CH$_2$—CN
d) H$_3$C—CH$_2$—CH$_2$—COOC$_2$H$_5$
e) H$_3$C—CO—Cl
f) Essigsäureanhydrid
g) H$_3$C—CO—C(CH$_3$)$_2$—COOC$_2$H$_5$

29.18 Welches ist das Endprodukt (nach Hydrolyse des Primärprodukts) der Reaktion von Ethylmagnesiumbromid mit:
a) Formaldehyd (Methanal)
b) Butanal
c) Butanon
d) Kohlendioxid

29.19 Welches ist das Produkt der Reaktion von 2-Propanol mit:
a) Na
b) H$_2$SO$_4$ bei hoher Temperatur
c) H$_2$SO$_4$ bei mäßig hoher Temperatur
d) Propansäure
e) K$_2$Cr$_2$O$_7$ in saurer Lösung

29.20 Geben Sie die Formeln für die organischen Produkte an, die durch Reaktion von Ethanal mit folgenden Verbindungen entstehen:
a) H$_5$C$_6$—NH—NH$_2$
b) H$_5$C$_6$MgBr und anschließende Hydrolyse
c) HCN
d) H$_2$ am Platin-Katalysator
e) H$_3$CNH$_2$
f) H$_7$C$_3$—CH=P(C$_6$H$_5$)$_3$
g) eine Base

29.21 Geben Sie drei Reaktionen an, nach denen Propansäuremethylester hergestellt werden kann.

29.22 Mit Hilfe der Claisen-Kondensation soll 3-Methyl-2-hexanon hergestellt werden. Wählen Sie geeignete Ausgangsverbindungen und formulieren Sie die einzelnen Reaktionsschritte.

29.23 Mit 1-Propanol und 2-Propanol als den einzigen organischen Ausgangssubstanzen sollen die folgenden Verbindungen synthetisiert werden; bei einem Reaktionsschritt soll eine Grignard-Verbindung eingesetzt werden.
a) 3-Hexanol
b) 2,3-Dimethyl-2-butanol
c) 2-Methyl-2-pentanol
d) 2-Methyl-3-pentanol

29.24 Formulieren Sie Reaktionsgleichungen, nach denen Ethanol zu den folgenden Verbindungen umgesetzt werden kann (es können mehrere Reaktionsschritte vonnöten sein).
a) Ethanal (Acetaldehyd)
b) Diethylether
c) Ethan
d) Essigsäure
e) Bromethan
f) Propansäurenitril

Amine, Amide, Azoverbindungen

29.25 Geben Sie die Konstitutionsformeln für folgende Verbindungen an:
a) Diphenylamin
b) Ethylmethylamin
c) 1,6-Diaminohexan
d) Benzamid
e) *p*-Nitroanilin
f) 2,6-Dimethylanilin

29.26 Geben Sie die Konstitutionsformeln für alle Isomere der Zusammensetzung C$_4$H$_{11}$N an. Benennen Sie die Verbindungen.

29.27 Welche sind die Produkte folgender Reaktionen?
a) H_2 und H_3C-CN
b) H_2 und 4-Nitrotoluol
c) 1-Brombutan und Methylamin
d) $H_3C-COO^-NH_4^+$ erhitzt
e) HBr und $(H_5C_2)_2NH$
f) OH^- (aq) + C_2H_5CN
g) OH^- (aq) und $[C_2H_5-NH_3]^+Cl^-$
h) $(H_5C_6-CO)_2O$ und NH_3
i) 4-Aminophenol, NO_2^- (aq) und H^+ (aq)
j) 1,6-Diaminohexan und $COCl_2$
k) NH_3 und $COCl_2$
l) $H_5C_6N_2^+$ und $H_3C-O-C_6H_5$
m) $H_5C_6N_2^+$ und I^-
n) Diazomethan und Benzoesäure

29.28 Ordnen Sie folgende Verbindungen nach abnehmender Brönsted-Säurestärke:
H_5C_2-OH $H_5C_2-O^-$ OH^-
H_3C-COO^- $H_5C_2-NH_2$

Polymere

29.29 Welche Monomere benötigt man zur Herstellung von:
a) Teflon   c) Plexiglas   e) Kautschuk
b) Polystyrol   d) PVC

29.30 Zeichnen Sie je einen Ausschnitt aus der Konstitutionsformel der in Aufgabe 29.29 genannten Verbindungen.

29.31 Geben Sie die Konstitutionsformeln der charakteristischen Gruppen für ein Polyamid, einen Polyester und ein Polyurethan an.

29.32 Welche Konsequenz ergibt sich, wenn man bei der Polykondensation von Terephthalsäure und 1,6-Dihydroxyhexan nicht genau ein Stoffmengenverhältnis von 1 : 1 einhält?

Stereochemie

29.33 Welche der folgenden Verbindungen sind chiral?
a) H_3C-OH
b) $H_3C-CH(NH_2)-COOH$
c) $H_3C-CO-COOH$
d) H_3C-CCl_2Br
e) $H_3C-CH(Cl)-COOH$
f) trans-1,2-Dichlorcyclobutan
g) cis-1,2-Dichlorcyclobutan

29.34 Geben Sie für folgende Verbindungen an, ob sie die R- oder S-Konfiguration haben (D = Deuterium).

a)
$$\begin{array}{c} H \\ | \\ Cl-C-CH_3 \\ | \\ Br \end{array}$$

b)
$$\begin{array}{c} COOH \\ | \\ H_2N-C-H \\ | \\ C_2H_5 \end{array}$$

c)
$$\begin{array}{c} O \quad CH_3 \\ \| \quad | \\ H_3C-C-C-H \\ | \\ C_2H_5 \end{array}$$

d)
$$\begin{array}{c} COOH \\ | \\ H_3C-C-C_2H_5 \\ | \\ CHO \end{array}$$

e)
$$\begin{array}{c} CH_3 \\ | \\ D-C-H \\ | \\ Cl \end{array}$$

29.35 Geben Sie die Fischer-Projektionsformeln für folgende Verbindungen an:
a) (2R, 3R)-2,3-Dihydroxybutanal
b) L-3-Chlorbutansäure
c) L-2-Aminobutandisäure
d) (3R, 4S)-4-Hydroxy-3-methyl-2-pentanon

30 Naturstoffe und Biochemie

Zusammenfassung. *Terpene* sind Kohlenwasserstoffe und davon abgeleitete Alkohole, Ester, Aldehyde und Ketone, deren Molekülgerüst man sich aus mehreren Isopren-Molekülen aufgebaut denken kann. Sie kommen mit einer großen Variationsbreite in der Pflanzenwelt vor. Ihre biochemische Synthese erfolgt aus *aktivierter Essigsäure* unter Mitwirkung von Coenzym A.

Zu den *Kohlenhydraten* gehören Zucker, Stärke und Cellulose. Die einfachsten Kohlenhydrate sind die *Monosaccharide* (einfache Zucker, z. B. D-Glucose); sie sind Hydroxyaldehyde (Aldosen) oder Hydroxyketone (Ketosen). Die Moleküle der *Disaccharide* bestehen aus zwei zusammengeknüpften Monosaccharid-Molekülen; Saccharose (Rohrzucker) besteht z. B. aus Einheiten von D-Glucose und D-Fructose. In *Polysacchariden* sind zahlreiche Monosaccharid-Einheiten verknüpft.

In Lösungen von Monosacchariden stehen drei Konstitutionsisomere miteinander im Gleichgewicht, von denen zwei Ringstruktur haben und mit α und β unterschieden werden. In Di- und Polysacchariden kann die α- oder β-Form fixiert sein. Stärke und Cellulose sind Polysaccharide, die aus Glucose-Einheiten aufgebaut sind; sie unterscheiden sich in der Art von deren Verknüpfung. Bei der *alkoholischen Gärung* wird Glucose oder Fructose zu Ethanol und Kohlendioxid abgebaut. Bei der Photosynthese werden Kohlenhydrate aus Kohlendioxid und Wasser aufgebaut.

Fette und *Öle* sind *Ester von Fettsäuren* mit Glycerin (Triglyceride). *Wachse* sind Fettsäureester mit höheren einwertigen Alkoholen. Fettsäuren sind geradkettige, gesättigte oder ungesättigte Monocarbonsäuren mit einer geraden Anzahl von Kohlenstoff-Atomen (meist 12 bis 20 C-Atome). Öle enthalten einen höheren Anteil von ungesättigten Fettsäuren; durch katalytische Hydrierung können daraus Fette hergestellt werden. Bei der *Verseifung* werden Fette oder Öle mit wäßrigen Lösungen von Basen behandelt, dabei entstehen Glycerin und Salze der Fettsäuren (Seifen). Fettsäure-Anionen haben ein hydrophiles und ein hydrophobes Ende. In Wasser gelöst, sammeln sie sich an der Oberfläche oder bilden *Mizellen*. Biologische Membranen bestehen aus *Phospholipiden*; das sind Glycerinester mit zwei Fettsäure-Resten und einem Phosphorsäure-Rest, der noch mit einem weiteren Alkohol verestert ist.

Hormone sind *Botenstoffe* (Signalstoffe), die Signale zwischen Zellen übermitteln. Viele von ihnen sind Peptide oder Steroide, aber auch einige kleine Moleküle wie C_2H_4 und NO wirken als Botenstoffe. *Steroide* sind Derivate des Cholesterols. *Vitamine* übernehmen wie die Hormone katalytische Funktionen im Organismus; sie müssen ständig mit der Nahrung aufgenommen werden. Viele Vitamine sind heterocyclische Verbindungen oder gehören zur Stoffklasse der Terpene. *Alkaloide* sind stickstoffhaltige, heterocyclische Basen, die starke physiologische Wirkungen verursachen können.

Proteine bestehen aus Makromolekülen, die durch Polykondensation aus 20 α-Aminosäuren aufgebaut werden. Alle α-Aminosäuren außer Glycin

Schlüsselworte (s. Glossar)
Spurenelemente
Terpene
Sesquiterpene

Kohlenhydrate
Monosaccharide
Aldose
Furanose
Ketose
Pyranose

Oligosaccharide
Polysaccharide

alkoholische Gärung
Photosynthese

Lipide
Fette, Öle
Fettsäuren
Triglyceride
Verseifung

Phospholipide
Tenside
Mizelle

Botenstoffe, Signalstoffe
Hormone
Steroide
Vitamine
Alkaloide

α-Aminosäure
Peptid-Bindung
Oligopeptide
Polypeptide
Protein
α-Helix
Faltblattstruktur (β-Schicht)
Protein-Primär-, -Sekundär-, -Tertiär-, -Quartär-Struktur

Nucleinsäuren
Nucleoside, Nucleotide
Doppelhelix

Ribonucleinsäure (RNA)
Deoxyribonucleinsäure (DNA)

Codon, Anticodon
Mutation

Matrizen-RNA (mRNA)
Transkription

Boten-RNA
Transfer-RNA (tRNA)
Ribosomen

Enzyme
Aktives Zentrum
Substrat
prosthetische Gruppe
aktivierte Essigsäure
Coenzym

sind chiral. Die Verknüpfung der Aminosäuren erfolgt über *Peptid-Gruppen* (Carbonsäureamid-Gruppen). Die Aminosäure-Sequenz eines Proteins nennt man die *Primärstruktur*. Die räumliche Gestalt der Aminosäure-Kette ist ihre *Sekundärstruktur*; sie wird durch Wasserstoff-Brücken fixiert. Die Abfolge verschiedener Sekundärstrukturen ergibt die *Tertiärstruktur* und bei Verknüpfung von mehreren Peptidketten resultiert eine *Quartärstruktur*.

Nucleinsäuren sind Makromoleküle, die aus Nucleotiden aufgebaut sind. Ein Nucleotid-Molekül wird aus einem Molekül Phosphorsäure, einer Pentose und einer heterocyclischen Base gebildet. Die Pentose ist Ribose im Falle der Ribonucleinsäuren (RNA) und Deoxy-ribose im Falle der Deoxyribonucleinsäuren (DNA). Eine Base von einer Nucleinsäure-Kette kann Wasserstoff-Brücken mit einer komplementären Base einer zweiten Nucleinsäure-Kette bilden. Diese Basen-Paarung ist verantwortlich für die Doppelhelix-Struktur von DNA und für die Fähigkeit der Nucleinsäuren, sich zu reproduzieren und die Synthese von Proteinen in den *Ribosomen* zu steuern. Jede α-Aminosäure wird durch ein *Codon* kodiert; das ist eine Sequenz von drei Basen in der Nucleinsäure.

Enzyme sind sehr wirkungsvolle biochemische Katalysatoren. Eine Zelle enthält über tausend Enzyme, mit denen die chemischen Reaktionen in der Zelle ermöglicht werden. Enzyme sind Oberflächen-Katalysatoren; die Reaktionen der *Substrate* finden an aktiven Zentren auf der Oberfläche des Enzym-Moleküls statt. Die Reaktionen sind hochspezifisch. Viele Enzyme enthalten auch nichtproteinische Bestandteile. Wenn letztere leicht abtrennbar sind, werden sie *Coenzyme* genannt. Wichtige Coenzyme sind das Coenzym A (CoASH) das Nicotinamid-adenindinucleotid (NAD) und Adenosindi- und -triphosphat (ADP, ATP). Die Umwandlung ATP → ADP ist exergonisch und spielt bei biochemischen Energieumsätzen eine bedeutende Rolle.

Die Biochemie befaßt sich mit den Strukturen und den chemischen Reaktionen von Stoffen, die in lebenden Organismen vorkommen; daraus gewonnene Substanzen werden Naturstoffe genannt. Die Biochemie hat in den letzten vierzig Jahren einen eindrucksvollen Fortschritt erlebt und erfreut sich intensiver Forschungstätigkeit.

Der Hauptbestandteil aller Lebewesen ist Wasser, das etwa 60 bis 90% der Masse aller Pflanzen und Tiere ausmacht. Anorganische Substanzen haben nur einen relativ geringen Anteil, der selten mehr als 4% ausmacht und hauptsächlich in den Knochen enthalten ist. Der Rest besteht aus einer großen Anzahl organischer Verbindungen, von denen die meisten komplizierte Strukturen haben und viele nur in sehr kleinen Mengen vorkommen. Diese Sachverhalte stellen besondere Anforderungen an die Methoden zur Untersuchung von Naturstoffen und von biochemischen Vorgängen.

Die vier häufigsten Elemente in lebendem Material sind Sauerstoff, Kohlenstoff, Wasserstoff und Stickstoff; sie machen ca. 90% der Masse des menschlichen Körpers aus. Zum Erhalt des Lebens, d.h. für den ordnungsgemäßen Ablauf aller biochemischen Reaktionen, sind jedoch zahlreiche andere Elemente in kleinen oder kleinsten Mengen vonnöten. Dazu zählen Natrium, Kalium, Magnesium, Calcium, Phosphor, Schwefel und Chlor, sowie die lebenswichtigen Spurenelemente Silicium, Blei, Arsen, Selen, Iod, Vanadium, Chrom, Molybdän, Mangan, Eisen, Cobalt, Nickel, Kupfer, Zink und Cadmium. Von weiteren Elementen (z.B. Lithium und Brom) wird eine lebenswichtige Funktion vermutet, und möglicherweise sind sogar die meisten natürlich vorkommenden Elemente essentiell, d.h. lebensnotwendig. Manche der genannten Elemente sind in Spurenmengen essentiell, in größeren Mengen jedoch ausgesprochen toxisch (z.B. Blei, Arsen, Chrom, Cobalt, Nickel und Cadmium).

In Abhängigkeit von ihren Strukturen und ihren biochemischen Funktionen kann man biochemische Substanzen etwa folgendermaßen einteilen: Terpene, Kohlenhydrate, Fette und Öle, Botenstoffe, Proteine und Nucleinsäuren.

30.1	Terpene 583
30.2	Kohlenhydrate 585
30.3	Fette, Öle und Wachse 589
30.4	Botenstoffe und Vitamine 591
30.5	Proteine 593
30.6	Nucleinsäuren 597
30.7	Enzyme 601
30.8	Übungsaufgaben 604

30.1 Terpene

Die Naturstoffklasse der **Terpene** umfaßt bestimmte Kohlenwasserstoffe und sich von ihnen ableitende Alkohole, Ether, Aldehyde und Ketone, die in Pflanzen, vor allem in den Blüten und Früchten, vorkommen. Sie können daraus durch Extraktion oder durch Wasserdampfdestillation (Mitschleppen der Dämpfe mit Hilfe von heißem Wasserdampf) gewonnen werden, weshalb sie gelegentlich auch „etherische" (flüchtige) Öle genannt werden. Viele haben einen angenehmen Geruch und gehören zu den Duftstoffen der Pflanzenwelt (die Konzentration von Terpen-Kohlenwasserstoffen in der Waldluft im Sommer ist größer als die Kohlenwasserstoff-Konzentration in der Luft einer vielbefahrenen Verkehrsstraße).

Terpen-Moleküle kann man sich aus mehreren Isopren-Molekülen aufgebaut denken. Die einfachsten Terpene bestehen aus zwei aneinandergeknüpften Isopren-Einheiten, d.h. es sind Dimere des Isoprens oder Derivate davon. Sesquiterpene ($C_{15}H_{24}$), Diterpene ($C_{20}H_{32}$), Triterpene ($C_{30}H_{48}$) und Tetraterpene ($C_{40}H_{64}$) bestehen aus entsprechend mehr Isopren-Bausteinen; hochmolekulares Polypren ($C_5H_8)_x$, aus dem der Natur-

$H_2C=C-CH=CH_2$ kurz
$|$
CH_3

Isopren (C_5H_8, 2-Methyl-1,3-butadien)

kautschuk aufgebaut ist, besteht aus langen, kettenförmigen Molekülen. Neben diesen ungesättigten Kohlenwasserstoffen treten Hydrierungs- und Dehydrierungsprodukte sowie sauerstoffhaltige Derivate auf (Alkohole, Ether, Aldehyde, Ketone). Viele Terpene sind cyclisch, zum Teil auch aromatisch. Einige wichtigere Terpene sind die folgenden (* = asymmetrisch substituierte C-Atome):

Einfache Terpene

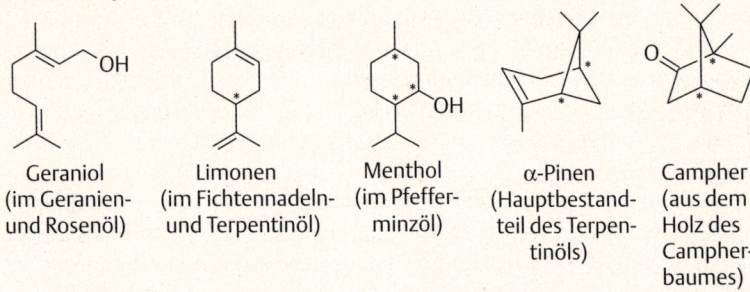

Geraniol (im Geranien- und Rosenöl)
Limonen (im Fichtennadeln- und Terpentinöl)
Menthol (im Pfefferminzöl)
α-Pinen (Hauptbestandteil des Terpentinöls)
Campher (aus dem Holz des Campherbaumes)

Sesquiterpene

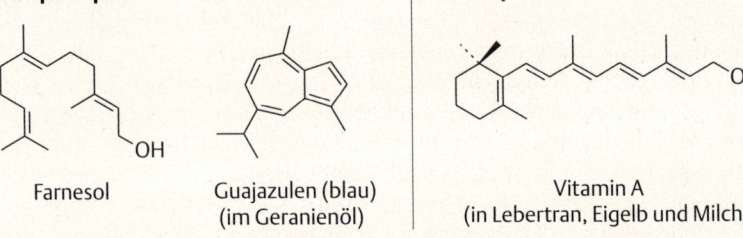

Farnesol
Guajazulen (blau) (im Geranienöl)

Diterpen

Vitamin A (in Lebertran, Eigelb und Milch)

Tetraterpen

β-Carotin (Provitamin A)

Biosynthese von Isopren:

zwei Moleküle Acetyl-CoA (aktivierte Essigsäure)

Mevalonsäure

aktives Isopren (Isopentenyldiphosphat, 3-Methyl-3-butenyl-diphosphat)

Viele Terpene sind chirale Verbindungen, wobei in der Natur oft nur eines der beiden Enantiomeren vorkommt. Einzelne Terpene werden biochemisch ineinander umgewandelt; zum Beispiel entsteht Guajazulen aus Farnesol und Vitamin A aus β-Carotin. β-Carotin ist als Polyen recht reaktionsfähig und empfindlich gegen Luftsauerstoff; es ist dunkelrot, kommt in Karotten vor und wird als Farbstoff für Lebensmittel benutzt.

Bei der Biosynthese werden die Terpene aus Essigsäure in der Form der „aktivierten Essigsäure" aufgebaut. Eine zentrale Rolle spielt hierbei das Coenzym A (abgekürzt CoA). Dessen Molekül hat einen komplizierten Aufbau und besitzt eine endständige SH-Gruppe (s. S. 603). Das H-Atom der SH-Gruppe kann durch eine Acetyl-Gruppe ersetzt werden (nebenstehend). Nachdem aus drei Acetyl-CoA-Einheiten eine C_6-Baugruppe zusammengefügt wurde, tritt Reduktion mit NADPH (vgl. S. 603) und Reaktion mit Adenosintriphosphat (ATP, S. 598, 603) ein, wobei der Isopentenoldiphosphorsäureester entsteht, der als „aktives Isopren" die Vorstufe zum weiteren Aufbau der Terpene ist (durch Abspaltung von Diphosphorsäure würde daraus Isopren entstehen).

30.2 Kohlenhydrate

Zucker, Stärke und **Cellulose** bilden eine Gruppe von Naturstoffen, die man Kohlenhydrate nennt. Der Name bringt zum Ausdruck, daß die meisten Verbindungen dieser Stoffklasse der Summenformel $C_x(H_2O)_y$ entsprechen. Kohlenhydrate enthalten jedoch kein Wasser, sondern sind Hydroxyaldehyde oder Hydroxyketone sowie davon abgeleitete Verbindungen. Sie sind die wesentlichen Substanzen, aus denen Pflanzen aufgebaut sind und sind Hauptbestandteil der Nahrung von Tieren.

Kohlenhydrate werden in drei Gruppen unterteilt:
Monosaccharide oder einfache Zucker;
Oligosaccharide, in denen zwei bis sechs Monosaccharid-Moleküle zusammengeknüpft sind;
Polysaccharide, die durch Polykondensation aus Monosacchariden entstehen. Ihre wichtigsten Vertreter sind Stärke, Glykogen und Cellulose.

Zucker sind Mono- oder Oligosaccharide. Sie werden meist mit Trivialnamen benannt, die durch die Endung *-ose* gekennzeichnet sind.

Monosaccharide können als Oxidationsprodukte von mehrwertigen Alkoholen aufgefaßt werden. Sie sind aus einer Kette von zwei bis sechs Kohlenstoff-Atomen aufgebaut und enthalten eine Aldehyd- oder eine Keto-Gruppe; dementsprechend unterscheidet man *Aldosen* und *Ketosen*. Alle anderen Kohlenstoff-Atome tragen eine Hydroxy-Gruppe. Je nach der Zahl der Kohlenstoff-Atome kann man weiter unterscheiden:

Aldobiose	HOCH$_2$—CHO (Glycoaldyd)
Aldotriose	HOCH$_2$—CH(OH)—CHO (Glycerinaldehyd)
Ketotriose	HOCH$_2$—CO—CH$_2$—OH (1,3-Dihydroxyaceton)
Aldotetrosen	HOCH$_2$—CH(OH)—CH(OH)—CHO
Ketotetrosen	HOCH$_2$—CH(OH)—CO—CH$_2$OH
Aldopentosen	HOCH$_2$—CH(OH)—CH(OH)—CH(OH)—CHO
Ketopentosen	HOCH$_2$—CH(OH)—CH(OH)—CO—CH$_2$OH
Aldohexosen	HOCH$_2$—CH(OH)—CH(OH)—CH(OH)—CH(OH)—CHO
Ketohexosen	HOCH$_2$—CH(OH)—CH(OH)—CH(OH)—CO—CH$_2$OH

In Aldohexosen sind vier asymmetrisch substituierte Kohlenstoff-Atome vorhanden. Demnach existieren $2^4 = 16$ Stereoisomere = 8 Enantiomerenpaare. Bei Ketohexosen sind es drei asymmetrisch substituierte Kohlenstoff-Atome und somit $2^3 = 8$ Stereoisomere = 4 Enantiomerenpaare. Die *R/S*-Nomenklatur zur Bezeichnung von Stereoisomeren wird bei Sacchariden wenig benutzt; vielmehr wird für jedes Diastereomere ein Trivialname verwendet und jedes der beiden Enantiomeren wird mit den Präfixen D- oder L-bezeichnet (vgl. Abschn. 29.**17**, S. 576). Für die Zuordnung der Konfiguration D oder L ist das asymmetrisch substituierte Kohlenstoff-Atom maßgeblich, das am weitesten von der Carbonyl-Gruppe entfernt ist. Hat dieses C-Atom die gleiche Konfiguration wie das asymmetrisch substituierte C-Atom des D-Glycerinaldehyds (OH-Gruppe nach rechts in der Fischer-Projektionsformel), so erhält der Name des enantiomeren Zuckers das Präfix D. Steht die OH-Gruppe nach links in der Fischer-Projektionsformel, so ist das Präfix L. Siehe nebenstehende Beispiele.

D-Glucose, D-Fructose, D-Galactose und D-Ribose sind die wichtigsten Monosaccharide. Ihre Enantiomeren (L-Glucose usw.) kommen in der Natur nicht vor.

Emil Fischer, 1852–1919

D-(+)-   L-(–)-
Glycerinaldehyd
(2,3-Dihydroxypropanal)

D-Glucose   L-Glucose
(eine Aldohexose)

D-Fructose   L-Fructose
(eine Ketohexose)

D-Galactose   D-Ribose
(eine Aldohexose)   (eine Aldopentose)

Konformationsformel mit nicht-planarem Sechsring in Sesselform:

α-D-Glucose

β-D-Glucose

Vereinfachte Schreibweise nach Haworth mit planarem Sechsring:

α-D-Glucose   β-D-Glucose

Hydroxy-Gruppen auf der unteren Ringseite der Haworth-Formeln entsprechen in den Fischer-Projektionsformeln nach rechts weisenden Hydroxy-Gruppen.

Tetrahydro*pyran*   Tetrahydro*furan*

Die auf der Vorseite angegebenen Formeln geben die Struktur der Monosaccharide insofern falsch wieder, als sie nur eine von drei Strukturen darstellen, die in Lösung miteinander im Gleichgewicht stehen. Durch Addition der OH-Gruppe am Atom C-5 an die Carbonyl-Gruppe kommt es zu einem Ringschluß. Dabei entsteht am Atom C-1 ein neues asymmetrisch substituiertes Kohlenstoff-Atom, d. h. der Ringschluß führt zu zwei weiteren Diastereomeren, die mit α und β unterschieden werden.

In kristalliner Glucose liegt entweder nur α-D-Glucose oder β-D-Glucose vor; beim Auflösen in Wasser stellt sich über die Zwischenstufe der offenkettigen Form (Aldehyd-Form) ein Gleichgewicht zwischen allen dreien ein, wobei der Anteil der Aldehyd-Form nur gering ist.

Eine analoge Ringschlußreaktion und Gleichgewichtseinstellung in Lösung wird auch bei den übrigen Monosacchariden beobachtet. Bei den Ketosen kann der Ringschluß zu einem Sechs- oder Fünfring führen:

β-D-Fructopyranose   β-D-Fructofuranose   α-D-Fructofuranose

Zur Unterscheidung wird das Wort -*pyran*- bzw. -*furan*- vor die Endung -*ose* eingefügt. Bei manchen Zuckern stellt sich in Lösung ein Gleichgewicht zwischen Pyranose- und Furanose-Form ein, zum Beispiel bei der Ribose:

α-D-Ribopyranose ⇌ α-D-Ribofuranose ⇌ β-Formen

Die einfachsten Oligosaccharide sind die **Disaccharide**, die aus zwei Monosaccharid-Einheiten bestehen. Der Zusammenschluß erfolgt unter Austritt von einem Molekül Wasser und Bildung einer Ether-Gruppe. Abgesehen davon, daß nicht nur gleiche, sondern auch verschiedene Monosaccharide miteinander verknüpft werden können, sind weitere Variationen möglich: es können sich verschiedene der Hydroxy-Gruppen an der Verknüpfungsreaktion beteiligen und von den Ringstrukturen kann die α- oder die β-Form reagieren. Ist bei einer Aldose das O-Atom des Atoms C-1 oder bei einer Ketose dasjenige von C-2 an der Verknüpfung beteiligt, so ist die Ringstruktur auch in Lösung fixiert; die für Carbonyl-Gruppen typischen Reaktionen sind mit den Lösungen dieser Disaccharide dann nicht mehr durchführbar. Zu den wichtigsten Disacchariden gehören die Saccharose, die α-Maltose und die β-Lactose (Formeln S. 587).

Alle wichtigen **Polysaccharide** sind aus D-Glucose-Molekülen aufgebaut und haben die allgemeine Zusammensetzung $(C_6H_{10}O_5)_x$. In der Cellulose liegen alle Glucose-Einheiten in der β-Form vor; weil Atom C-1 des einen und Atom C-4 der nächsten Glucose-Einheit beteiligt sind, spricht man von einer β*(1,4)-glucosidischen* Verknüpfung (◨ 30.1). Weil die ver-

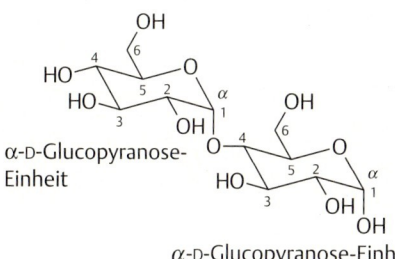

Saccharose (Rohrzucker) = α-D-Glucopyranosyl-β-D-fructofuranosid

kein Gleichgewicht zwischen α- und β-Form

Norman Haworth, 1883–1950

β-Maltose: am rechten Ring sind am Atom C-1 H-Atom und OH-Gruppe vertauscht; beide Formen stehen in Lösung miteinander im Gleichgewicht

α-Maltose (Malzzucker) = 4-O-(α-Glucopyranosyl)-D-glucopyranose

im Gleichgewicht mit α-Lactose

β-Lactose (Milchzucker) = 4-O-(β-D-Galactopyranosyl)-β-D-glucopyranose

brückenden O-Atome abwechselnd oben und unten angeordnet sind, resultiert eine gestreckte Molekülgestalt.

In der Stärke sind zwei Sorten von Polymeren enthalten, die Amylose und das Amylopektin, wobei letzteres den größeren Anteil hat (ca. 80%). Amylose besteht aus kettenförmigen Molekülen wie Cellulose, jedoch mit Glucose-Einheiten in der α-Form, die *α(1,4)-glucosidisch* verknüpft sind (◉ 30.1). Im Amylose-Molekül befinden sich die verbrückenden O-Atome

Cellulose   n = 600 - 6000 je nach Herkunft

Amylose

◉ 30.1 Ausschnitte aus den Molekülketten von Cellulose und Amylose

$$(C_6H_{10}O_5)_n + n\,H_2O \xrightarrow{(H^+)} n\,C_6H_{12}O_6$$
Cellulose → Glucose

$$2\,(C_6H_{10}O_5)_n + n\,H_2O \xrightarrow{\text{(Diastase)}} n\,C_{12}H_{22}O_{11}$$
Stärke → Maltose

$$C_{12}H_{22}O_{11} + H_2O \xrightarrow{\text{(Maltase)}} 2\,C_6H_{12}O_6$$
Maltose → Glucose

Alkoholische Gärung

$$C_6H_{12}O_6 \rightarrow 2\,C_2H_5OH + 2\,CO_2$$

Photosynthese

$$n\,CO_2 + n\,H_2O \xrightarrow{h\nu\ \text{(Chlorophyll)}} (CH_2O)_n + n\,O_2$$

immer auf der gleichen Seite der Glucose-Bausteine; dadurch ist die Kette nicht mehr gestreckt, sondern windet sich spiralförmig auf.

Amylopektin ist wie Amylose aufgebaut, jedoch mit zusätzlichen Verknüpfungen über die Atome C-6 [*α(1,6)-glucosidische* Verknüpfung], so daß die Ketten büschelartig verzweigt sind. Glykogen, das Reservekohlehydrat im tierischen Organismus, hat einen ähnlichen Aufbau.

Stärke ist ein wichtiger Bestandteil der Nahrung. Cellulose kann dagegen vom Menschen nicht verdaut werden, ein Unterschied, der nur auf der unterschiedlichen Verknüpfungsart der Glucose-Einheiten beruht. Cellulose ist ein wichtiger Rohstoff, der als Zellstoff im Handel ist. Er wird aus Holz oder Stroh durch Behandlung mit einer Calciumhydrogensulfit-Lösung [$Ca(HSO_3)_2$] gewonnen. Hierbei geht ein Großteil der übrigen Bestandteile des Holzes (Lignin, Harze) in Form von Sulfonsäuren in Lösung. Papier wird durch Formen und Trocknen eines Breis aus Zellstoff und Wasser hergestellt. Ohne weitere Zusätze ist das Papier porös (Filtrierpapier), Schreib- und Druckpapier enthält noch Bindemittel und Füllstoffe (Kaolin, bei Hochglanzpapier Bariumsulfat).

Ein wirtschaftlich wichtiger Prozeß ist die durch Mikroorganismen bewirkte **alkoholische Gärung** von Zuckern. Der eigentliche Gärprozeß geht von Glucose oder Fructose aus, jedoch können auch Oligo- und Polysaccharide eingesetzt werden, wenn sie zuvor zu Glucose abgebaut werden. Dieser Abbau wird durch starke Säuren (Salz- oder Schwefelsäure) katalysiert.

Während der so durchgeführte Abbau von Cellulose („Holzverzuckerung") wirtschaftlich von geringerer Bedeutung ist, wird der biochemische Abbau von Stärke und Rohrzucker mit Hilfe von Enzymen (biochemischen Katalysatoren) in großem Umfang durchgeführt. Stärke aus Kartoffeln oder Getreide wird mit dem Enzym Diastase zunächst zu Maltose abgebaut. Hefe enthält neben dem Enzymsystem *Zymase* auch das Enzym *Maltase*, welches die Hydrolyse von Maltose katalysiert.

In ähnlicher Weise entsteht aus Rohrzucker mit geeigneten Enzymen *(Saccharase)* Glucose und Fructose. Die Zymase aus der Hefe enthält eine Reihe von Enzymen, die in zahlreichen Einzelschritten den Abbau der Hexosen zu Ethanol und Kohlendioxid katalysieren.

Der natürliche Aufbau von Kohlenhydraten aus Wasser und Kohlendioxid aus der Luft wird von grünen Pflanzen bei der **Photosynthese** vollzogen. Auch dieser Vorgang verläuft über zahlreiche Zwischenstufen; er erfordert Lichtenergie und setzt Sauerstoff frei.

30.3 Fette, Öle und Wachse

Fette, Öle und Wachse gehören zur Naturstoffklasse der **Lipide**. Lipide sind Stoffe, die aus biologischem Material mit unpolaren oder schwach polaren Lösungsmitteln wie Kohlenwasserstoffen, Tetrachlormethan oder Diethylether herausgelöst werden können. Da diese Klassifizierung auf der Löslichkeit und nicht auf der Molekularstruktur beruht, zählen vielerlei Verbindungen zu den Lipiden; zum Beispiel gehören auch einige Vitamine, Hormone und bestimmte Komponenten der Zellwände dazu.

Fette, Öle und Wachse sind **Ester der Fettsäuren**. Fettsäuren sind geradkettige Monocarbonsäuren (30.1). Einige davon sind gesättigt, andere enthalten eine oder mehrere C=C-Doppelbindungen. In fast allen

30.1 Einige verbreitete Fettsäuren

Gesättigte Fettsäuren

Trivialname (systematischer Name)	Formel	Vorkommen
Laurinsäure (Dodecansäure)	$H_3C-(CH_2)_{10}-COOH$	Lorbeeröl, Palmöl, tierische Fette
Myristinsäure (Tetradecansäure)	$H_3C-(CH_2)_{12}-COOH$	Kokosöl, Palmöl, tierische Fette
Palmitinsäure (Hexadecansäure)	$H_3C-(CH_2)_{14}-COOH$	Palmöl, Baumwollsamenöl, tierische und pflanzliche Fette, Bienenwachs
Stearinsäure (Octadecansäure)	$H_3C-(CH_2)_{16}-COOH$	tierische und pflanzliche Fette

Ungesättigte Fettsäuren

Trivialname (systematischer Name)	Formel	Vorkommen
Ölsäure (9(Z)-Octadecensäure)	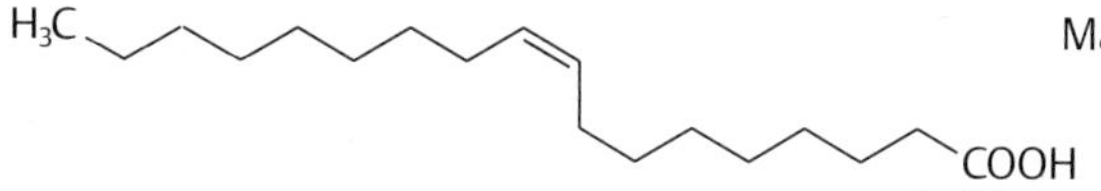	Maisöl, Baumwollsamenöl, Olivenöl, Fischtran
Linolsäure (9(Z),12(Z)-Octadecadiensäure)	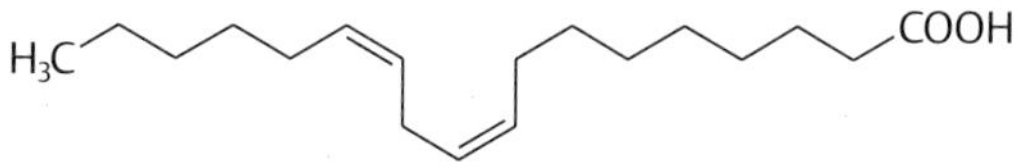	Maisöl, Baumwollsamenöl, Leinöl
Linolensäure (9(Z),12(Z),15(Z)-Octadecatriensäure)	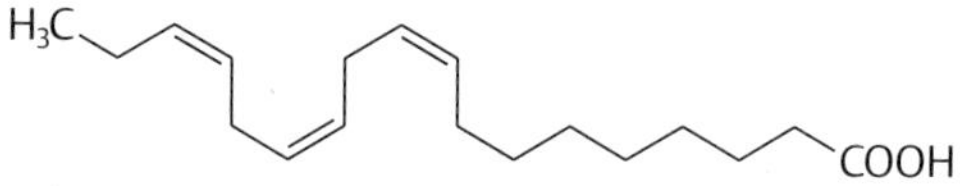	Leinöl
Arachidonsäure (5(Z),8(Z),11(Z),14(Z)-Eicosatetraensäure)	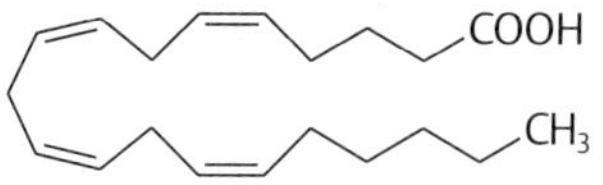	Sardinenöl, Maisöl, tierische Fette

natürlichen Fettsäuren ist eine gerade Anzahl von Kohlenstoff-Atomen vorhanden. Wachse sind Ester mit höheren, primären, einwertigen Alkoholen; zum Beispiel ist der Palmitinsäuremyricylester $H_3C-(CH_2)_{14}-CO-O-(CH_2)_{29}-CH_3$ ein Hauptbestandteil des Bienenwachses. Fette und Öle sind Ester mit dem dreiwertigen Alkohol Glycerin (1,2,3-Propantriol). Jede der drei Hydroxy-Gruppen ist mit je einem Molekül einer Fettsäure verestert; diese Ester werden auch Triglyceride genannt.

H_2C-OH
$HC-OH$
H_2C-OH

Glycerin
(1,2,3-Propantriol)

Natürliche Fette und Öle sind Gemische verschiedener Triglyceride. Auch im einzelnen Triglycerid-Molekül können verschiedene Carbonsäuren gebunden sein, z. B.:

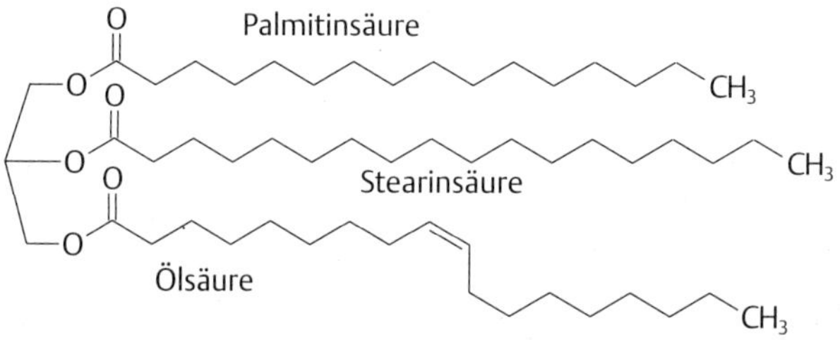

Fette sind Triglyceride, die bei Raumtemperatur fest sind. Je höher der Anteil an ungesättigten Fettsäuren, desto niedriger liegt der Schmelzpunkt. Pflanzenöle wie Maisöl oder Kokosöl können durch katalytische Hydrierung in Fette (Margarine) überführt werden (*Fetthärtung*). Dabei wird Wasserstoff nicht an alle Doppelbindungen addiert, der Prozeß wird nur soweit geführt, bis ein Fett gewünschter Konsistenz entstanden ist.

Bei mehrfach ungesättigten Fettsäuren wird durch Luftsauerstoff eine Polymerisation ausgelöst, bei der feste Harze entstehen. Entsprechende Öle, vor allem Leinöl, dienen als „trocknende Öle" zur Herstellung von Ölfarben.

Alkalische Hydrolyse („**Verseifung**") eines Triglycerids:

Die Ester-Gruppen werden unter der katalytischen Wirkung von Säuren oder Basen leicht hydrolytisch gespalten. Bei der Spaltung mit Hilfe von wäßriger Schwefelsäure werden Fettsäuren und Glycerin erhalten. Von größerer Bedeutung ist die Spaltung mit wäßrigen Lösungen von Basen, die *Verseifung*. Als Base dient insbesondere Natriumcarbonat, so daß neben Glycerin die Natrium-Salze der Fettsäuren erhalten werden. Diese sind wasserlöslich und werden durch Zusatz von Kochsalz „ausgesalzen", d.h. ausgefällt (gleichioniger Zusatz bedingt Überschreitung des Löslichkeitsprodukts). Die Natrium-Salze der Fettsäuren sind harte Seifen (Kernseife), während die Kalium-Salze „Schmierseifen" genannt werden. Die Calcium-Salze der Fettsäuren sind in Wasser schwerlöslich und fallen aus, wenn das Wasser Ca^{2+}-Ionen enthält; in „hartem" Wasser ist Seife deshalb nicht wirksam.

Fettsäure-Anionen sind an ihrem Carboxylat-Ende hydrophil und werden an diesem Ende von protischen (H-Brücken bildenden) Lösungsmitteln solvatisiert; dagegen ist der Alkyl-Rest lipophil und hydrophob. Auf dieser zwiespältigen Natur beruht die Wirkung von Seifen. In Wasser gebracht, ordnen sich die Fettsäure-Anionen an der Oberfläche an, so daß die Carboxylat-Gruppen in das Wasser tauchen, während die Alkyl-Reste aus der Oberfläche herausragen (◉ 30.2). Damit wird die Oberflächenspannung des Wassers stark verringert. Die lipophilen Alkyl-Reste sind in unpolaren Flüssigkeiten (z. B. Ölen) löslich und vermitteln so eine Verbindung zwischen diesen und der Wasser-Oberfläche. Ist die Seifenkonzentration höher und die Oberfläche voll mit Carboxylat-Ionen belegt, so bilden sich Mizellen (◉ 30.2).

Ähnlich wie die Fettsäure-Anionen verhalten sich alle Stoffe, deren Moleküle über einen längeren, hydrophoben Alkyl-Rest und über eine hydrophile Endgruppe verfügen. Solche Stoffe werden allgemein **Tenside** genannt. Bei synthetischen Tensiden spricht man auch von *Detergentien*; bei ihnen dient oft eine Sulfonsäure-Gruppe als hydrophiles Ende [z. B. $H_3C-(CH_2)_{17}-SO_3^-$].

Biologische Zellmembranen sind nach dem gleichen Prinzip wie Mizellen aufgebaut, bestehen jedoch aus einer Doppelschicht, die im inneren hydrophob und nach außen hydrophil ist (◉ 30.3). Zellmembranen bestehen aus **Phospholipiden**; das sind Glycerintriester, die jedoch nur zwei Fettsäure-Reste enthalten, während die dritte Hydroxy-Gruppe des Glycerins mit Phosphorsäure verestert ist, die ihrerseits noch mit Cholin oder einer anderen, ähnlich gebauten Verbindung weiter verestert ist. Der Phosphorsäure-Cholin-Teil des Moleküls ist ein Zwitterion und hydrophil. In die Membranen sind weitere Moleküle, insbesondere Cholesterol (vgl. nächsten Abschnitt) und Proteine eingelagert.

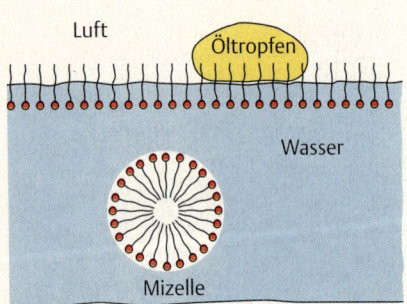

◉ 30.2 Ansammlung von Fettsäure-Anionen an der Oberfläche von Wasser; lipophile Flüssigkeiten können durch Wechselwirkung mit den Alkyl-Resten an der Oberfläche des Wassers festgehalten werden. Bei größeren Konzentrationen bilden sich im Wasser schwimmende Mizellen aus, die in ihrem Inneren hydrophob sind und darin unpolare Substanzen aufnehmen können

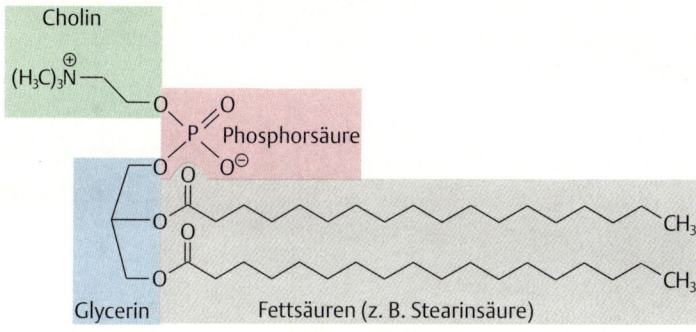

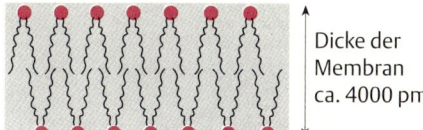

◘ 30.3 Aufbauprinzip einer biologischen Zellmembran aus Phospholipid-Molekülen. Die Moleküle können auseinandergedrückt werden und erlauben so den Durchgang anderer Moleküle quer durch die Membran

30.4 Botenstoffe und Vitamine

Der planmäßige Ablauf des Stoffwechsels in einem Lebewesen erfordert nicht nur den ständigen Transport von Stoffen, aus denen neues biochemisches Material synthetisiert oder Energie gewonnen wird, sondern auch von Informationen. Der Nachrichtenfluß erfolgt über zwei Wege: über das Nervensystem und über chemische Botenstoffe (Signalstoffe). Botenstoffe übermitteln Signale innerhalb von Zellen, zwischen den Zellen und auch zwischen verschiedenen Lebewesen. Zu den letzteren zählen die Duft- und Lockstoffe, die von Lebewesen an die Umwelt abgegeben werden, um andere Individuen in ihre Nähe zu locken, sowie Abwehrstoffe, die andere Individuen fern halten sollen; viele Duftstoffe gehören zur Naturstoffklasse der Terpene, viele Abwehrstoffe sind *Alkaloide*.

Botenstoffe, die Signale zwischen Zellen übermitteln, nennt man **Hormone**. Sie werden von bestimmten Drüsen im Organismus an den Kreislauf abgegeben, und sie wirken an anderen Stellen als Katalysatoren, die bestimmte Reaktionen in Gang bringen. Viele Hormone gehören einer von zwei Stoffklassen an: den Peptiden und den Steroiden. Peptide gehören zur Klasse der Proteine (Abschn. 30.**5**, S. 593). Wichtige Peptidhormone sind das Insulin und die Verdauungshormone. *Steroide* sind Derivate des Cholesterols; für sie ist das Molekülgerüst aus drei Sechsringen und einem Fünfring charakteristisch. Steroid-Hormone unterscheiden sich durch Variation der Substituenten (Hydroxy- und Oxo-Gruppen), der Alkyl-Kette und in der Anzahl der C=C-Doppelbindungen, zum Beispiel:

Adolf Butenandt, 1903–1995

3β-Cholesterol (Cholesterin)
Die vier Ringe werden mit A, B, C und D gekennzeichnet

Cortisol (Hydrocortison)   Corticosteron   Aldosteron

Testosteron   Progesteron   17β-Östradiol

Die ersten drei Formeln stellen Nebennierenrinden-Hormone dar; Cortisol und Corticosteron katalysieren in der Leber den Abbau von Glykogen zu Glucose, Aldosteron steuert die Menge der Natrium-Ionen, welche die Niere ausscheidet. Testosteron ist das wichtigste männliche Sexualhormon, Progesteron und Östradiol sind die wichtigsten weiblichen Sexualhormone; ihre Funktionen wurden von A. Butenandt aufgeklärt.

Zu den Nicht-Steroid-Hormonen gehört das Adrenalin, das blutdrucksteigernd wirkt und Glucose aus dem Glykogen der Leber freisetzt. Es dient in den Nervenzellen auch als Neurotransmitter. Neurotransmitter sind Substanzen, die an den Verbindungsstellen (Synapsen) zwischen Nervenzellen und anderen Zellen freigesetzt werden, wenn ein Nervensignal eintrifft.

Auch einige kleine Moleküle wirken als Hormone. Schon länger bekannt ist die Wirkung von Ethylen als Reifehormon bei Pflanzen. Erstaunlich ist aber auch die Bedeutung von Kohlenmonoxid und Stickstoffmonoxid, bei denen man solche Funktionen wegen ihrer Toxizität nicht vermutet hatte. CO scheint im Gehirn als Neurotransmitter zu wirken. Die vielfältige physiologische Bedeutung von NO wurde erst in jüngster Zeit erkannt. Es wird durch eine biochemisch gesteuerte Oxidation der Aminosäure Arginin mit Sauerstoff gebildet. Im Blut wird es schnell wieder deaktiviert, indem es vom Eisen-Atom im Hämoglobin gebunden wird, so daß es nur eine kurze biologische Halbwertszeit hat und nur kurz lokal dort wirken kann, wo es entstanden ist. NO ist an der normalen Funktion von Gehirn, Herz, Blutgefäßen, Lunge, Magen, Leber und anderen Organen beteiligt; im Nervensystem spielt es eine Rolle als Neurotransmitter. Die toxische Wirkung von NO wird bei der körpereigenen Abwehr gegen Tumorzellen und Mikroorganismen genutzt.

(R)-Adrenalin

Innerhalb der Zellen sind andere Botenstoffe wirksam. Wenn von außen ein Signal an die Zellmembran gelangt, werden über Proteine in der Zellmembran Moleküle im Zellinneren freigesetzt, die durch Diffusion das Signal weiterreichen. Einige dieser Botenstoffe werden aus den Phospholipiden der Zellwand herausgebrochen, zum Beispiel Diacylglycerin (Glycerin-dicarbonsäureester). Auch Calcium-Ionen dienen als Botenstoffe in Zellen.

Einige **Vitamine**:

L-Ascorbinsäure (Vitamin C)   Nicotinsäureamid

Thiamin-chlorid (Vitamin B_1)

Vitamine haben insofern Ähnlichkeit mit Hormonen, als sie ebenfalls katalytische Funktionen im Organismus übernehmen. Sie sind jedoch keine Botenstoffe, die zu bestimmten Zeiten bestimmte Reaktionen auslösen, sondern müssen vom Menschen mit der Nahrung regelmäßig aufgenommen werden. Ihr Fehlen führt zu „Avitaminosen", d. h. Mangelkrankheiten. Die A- und K-Vitamine gehören zur Stoffklasse der Terpene (Abschn. 30.1, S. 583), die D-Vitamine sind Stereoide. Viele Vitamine sind heterocyclische Verbindungen. Vitamine werden in die Coenzyme oder prosthetischen Gruppen von Enzymen eingebaut (s. S. 602).

Alkaloide sind stickstoffhaltige, heterocyclische Basen, die als Salze organischer Säuren (Essig-, Oxal-, Wein-, Citronensäure u. a.) in bestimmten Pflanzen vorkommen. Von Tieren und Menschen aufgenommen, rufen viele Alkaloide bereits in kleinen Mengen zum Teil starke physiologische Wirkungen hervor. Sie werden deshalb als Heil-, Genuß- und Rauschmittel verwendet; einige wirken stark giftig. Einige bekannte Alkaloide sind Nicotin, Coffein, Cocain und Morphin.

30.5 Proteine

Proteine (Eiweißstoffe) sind die wesentlichen Aufbaustoffe aller Lebewesen. Es sind Makromoleküle mit relativen Molekülmassen von 6000 bis über 1 000 000. Sie entstehen durch Polykondensation aus α-Aminosäuren.

α-Aminosäuren sind Carbonsäuren, die eine Amino-Gruppe am α-C-Atom, d. h. am Nachbar-C-Atom der Carboxy-Gruppe tragen.

Die Amino-Gruppe hat basische Eigenschaften und läßt sich protonieren. In saurer Lösung liegen Aminosäuren deshalb als Kationen vor. In basischer Lösung wird die Carboxy-Gruppe deprotoniert, es liegen Anionen vor. In neutraler Lösung werden die Amino-Gruppen von den eigenen Carboxy-Gruppen protoniert und es entstehen Zwitterionen.

Dank ihrer polaren (hydrophilen) Gruppen sind α-Aminosäuren in Wasser löslich. Die einfachste α-Aminosäure, das Glycin (Aminoessigsäure, Rest R gleich H), ausgenommen, ist bei allen α-Aminosäuren das α-C-Atom ein asymmetrisch substituiertes C-Atom. Die Moleküle sind deshalb chiral (vgl. Abschn. 29.**17**, S. 574). Bei Verwendung der Fischer-Projektionsformeln (Carboxy-Gruppe oben, Rest R unten) ist die Amino-Gruppe der in Proteinen vorkommenden α-Aminosäuren auf die linke Seite zu schreiben, d. h. Proteine sind aus L-Aminosäuren aufgebaut.

Die Verknüpfung von Aminosäuren zu Proteinen erfolgt unter Wasser-Abspaltung (Kondensation) zwischen der Amino-Gruppe eines Moleküls und der Carboxy-Gruppe eines zweiten Moleküls.

Die verknüpfende Atomgruppe —CO—NH— ist eine Carbonsäureamid-Gruppe, die bei Proteinen **Peptid-Gruppe** genannt wird. Sind zwei α-Aminosäure-Moleküle miteinander verkünpft, so spricht man von einem *Dipeptid*. In einem **Oligopeptid** sind mehrere Aminosäure-Moleküle, in einem **Polypeptid** zahlreiche Aminosäure-Moleküle aneinandergebunden. Eine Reihe von Oligopeptiden hat biochemische Funktionen, zum Beispiel das Hormon Insulin; Giftstoffe von Pilzen und Schlangen sind Oligopeptide. Proteine sind Polypeptide.

Frederick Sanger, *1918

In Umkehrung des Kondensationsprozesses können Polypeptide hydrolysieren, wobei wieder α-Aminosäuren entstehen. Die Hydrolyse wird durch starke Säuren katalysiert; bestimmte Enzyme (Verdauungsenzyme wie Trypsin) katalysieren nur die Hydrolyse von Peptid-Gruppen zwischen bestimmten Aminosäuren.

Zwanzig Aminosäuren sind die Bestandteile aller Proteine (⬛ 30.2). Jedes Protein besitzt eine genau definierte Sequenz von Aminosäuren, welche Struktur und Eigenschaften des Proteins bestimmt. Die Aminosäure-Sequenz nennt man die **Primärstruktur** eines Proteins. Die Primärstruktur des Rinderinsulins, die 1945–1952 von F. Sanger bestimmt wurde, besteht zum Beispiel aus 51 Aminosäuren, die in zwei miteinander verknüpften Strängen von 30 bzw. 21 Aminosäuren angeordnet sind. ⬤ 30.4 zeigt einen Ausschnitt aus einem der Stränge.

◉ **30.4** Ausschnitt aus der Kette von Rinderinsulin. Die Peptid-Kette ist rot, die Reste R der Aminosäuren sind schwarz gezeichnet.

⬛ **30.2** Die 20 Aminosäuren, aus denen alle Proteine aufgebaut sind; bezüglich der Bedeutung der mRNA-Codons s. Abschn. 30.6

Name	Abkürzung	Formel	mRNA-Codon	Name	Abkürzung	Formel	mRNA-Codon
Glycin	Gly	H_2N-CH_2-COOH	GGU, GGC, GGA, GGG	Cystein	Cys	$H_2N-CH(CH_2SH)-COOH$	UGU, UGC
Alanin	Ala	$H_2N-CH(CH_3)-COOH$	GCU, GCC, GCA, GCG	Serin	Ser	$H_2N-CH(CH_2OH)-COOH$	UCU, UCC, UCA, UCG, AGU, AGC
Valin	Val	$H_2N-CH(CH(CH_3)_2)-COOH$	GUU, GUC, GUA, GUG	Threonin	Thr	$H_2N-CH(CH(OH)CH_3)-COOH$	ACU, ACC, ACA, ACG

30.2 Fortsetzung

Name	Abkürzung	Formel	mRNA-Codon	Name	Abkürzung	Formel	mRNA-Codon
Leucin	Leu	H₂N–CH(COOH)–CH₂–CH(CH₃)₂	UUA, UUG, CUU, CUC, CUA, CUG	Methionin	Met	H₂N–CH(COOH)–CH₂–CH₂–S–CH₃	AUG
Isoleucin	Ile	H₂N–CH(COOH)–CH(CH₃)–C₂H₅	AUU, AUC, AUA	Prolin	Pro	Pyrrolidin-2-carbonsäure	CCU, CCC, CCA, CCG
Phenylalanin	Phe	H₂N–CH(COOH)–CH₂–C₆H₅	UUU, UUC	Tyrosin	Tyr	H₂N–CH(COOH)–CH₂–C₆H₄–OH	UAU, UAC
Histidin	His	H₂N–CH(COOH)–CH₂–(Imidazol)	CAU, CAC	Tryptophan	Trp	H₂N–CH(COOH)–CH₂–(Indol)	UGG
Lysin	Lys	H₂N–CH(COOH)–(CH₂)₄–NH₂	AAA, AAG	Arginin	Arg	H₂N–CH(COOH)–(CH₂)₃–NH–C(=NH)–NH₂	CGU, CGC, CGA, CGG, AGA, AGG
Asparaginsäure	Asp	H₂N–CH(COOH)–CH₂–COOH	GAU, GAC	Asparagin	Asn	H₂N–CH(COOH)–CH₂–C(=O)–NH₂	AAU, AAC
Glutaminsäure	Glu	H₂N–CH(COOH)–(CH₂)₂–COOH	GAA, GAG	Glutamin	Gln	H₂N–CH(COOH)–(CH₂)₂–C(=O)–NH₂	CAA, CAG

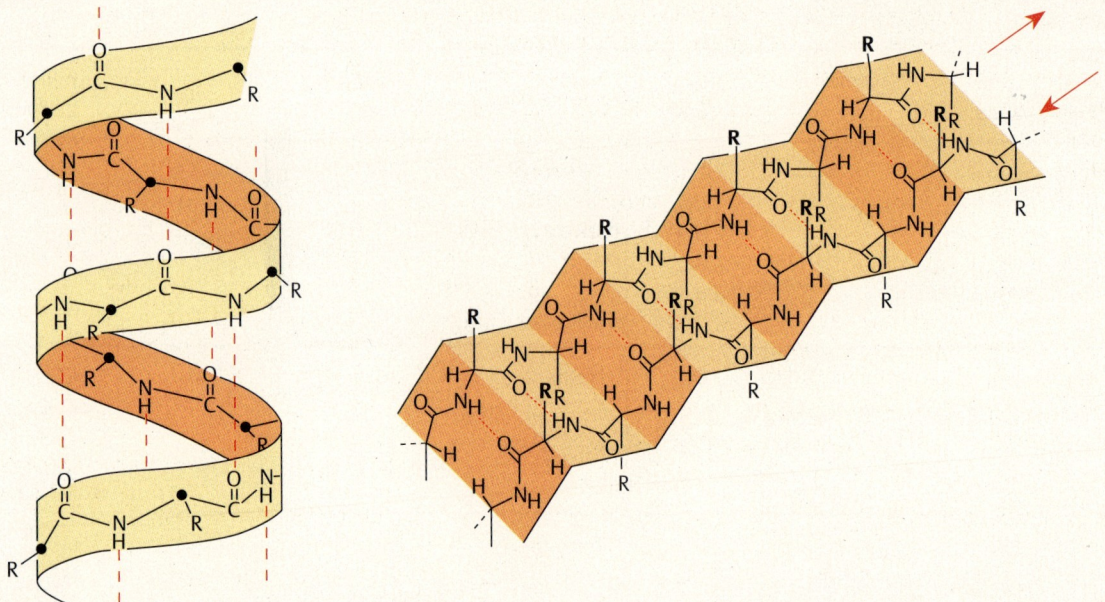

◉ **30.5** Ausschnitt aus einer α-Helix und aus einer Faltblattstruktur mit antiparallelen Peptid-Ketten. Die letztere bildet ziehharmonikaartig gefaltete Schichten. Am Rande des Faltblatts wendet der Kettenstrang in einer „Haarnadelbiegung"

Jede Peptidkette hat an einem Ende eine Amino-Gruppe (N-terminale Aminosäure), am anderen Ende eine Carboxy-Gruppe (C-terminale Aminosäure).

Wegen des π-Bindungsanteils an der CN-Bindung (rechte Grenzformel, nebenstehend) sind die Atome der Peptid-Gruppe und die direkt daran gebundenen α-C-Atome in einer Ebene angeordnet. Drehbarkeit der Ebenen der Peptid-Gruppen ist nur um die C—C-Bindungen zu den α-C-Atomen möglich. Diese Drehbarkeit erlaubt eine gewisse Faltung der Peptid-Kette, wobei Wasserstoff-Brücken zwischen verschiedenen Peptid-Gruppen die so erhaltene **Sekundärstruktur** fixieren. Die beiden häufigsten Sekundärstrukturen sind die *α-Helix*, in der die Peptid-Kette spiralförmig gewunden ist, und die *Faltblattstruktur* (β-Schicht), in welcher die Peptid-Ketten parallel oder antiparallel nebeneinander liegen (◉ 30.5).

Außer durch Wasserstoff-Brücken können stabile Querverbindungen in der Peptid-Kette auch noch durch zwei andere Verknüpfungen erfolgen:

1. Asparaginsäure und Glutaminsäure können mit ihrer zweiten Carboxy-Gruppe eine Bindung zur zweiten Amino-Gruppe von Histidin, Tryptophan, Lysin oder Arginin eingehen.
2. Die SH-Gruppen von zwei Cystein-Molekülen können durch Oxidation in eine Disulfan-Gruppe überführt werden:

$$-S-H + H-S- \rightarrow -S-S- + 2H^+ + 2e^-$$

Viele Proteine bestehen aus einzelnen Bereichen, von denen jeder eine definierte Sekundärstruktur hat. Die relative Anordnung dieser Bereiche macht die **Tertiärstruktur** eines Proteins aus. Zum Beispiel kann sich eine α-Helix zwischen zwei Bereichen mit β-Struktur (Faltblattstruktur) befinden. Solche Abfolgen, die typischerweise zwischen 30 und 150 Aminosäuren beinhalten, nennt man *Domänen*. Die β-α-β-Domäne ist von besonderer Bedeutung, denn zwischen zwei benachbarten Domänen dieser Art bildet sich eine Spalte aus, in der andere Moleküle gebunden werden können.

Primär-, Sekundär- und Tertiärstruktur beschreiben die Gestalt einer einzelnen Polypeptid-Kette. Einige Proteine bestehen aus mehreren Ketten. Die Anordnung dieser Ketten zueinander ist die **Quartärstruktur**. Die Verknüpfung zwischen den Ketten erfolgt genauso wie innerhalb der Ketten (Wasserstoff-Brücken, Disulfan-Gruppen), zusätzlich können aber auch nichtpeptidische Baugruppen vorhanden sein, wobei insbesondere auch komplex gebundene Metall-Ionen eine Rolle spielen. Hämoglobin, welches für den Transport von Sauerstoff im Blut sorgt, besteht zum Beispiel aus zwei Paaren von Peptid-Ketten; im einen Paar besteht jede Peptid-Kette aus 140, im anderen Paar aus 146 Aminosäure-Gruppen. Jede der vier Ketten schließt noch eine eisenhaltige Häm-Gruppe ein (vgl. S. 513) und hat eine Tertiärstruktur ähnlich wie in ◨ 30.6.

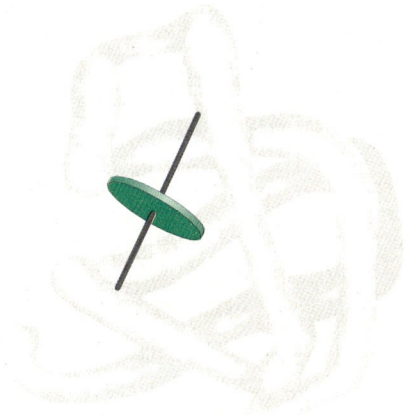

◨ 30.6 Tertiärstruktur eines globularen Proteins. Die farbige Scheibe steht für eine eisenhaltige Häm-Gruppe

30.6 Nucleinsäuren

Nucleinsäuren wurden erstmals um 1860 aus Zellkernen isoliert, daher ihr Name (Nucleus = Kern). Ein lebender Organismus muß um zu wachsen, Gewebe zu erneuern, Lebensfunktionen aufrecht zu erhalten und sich zu vermehren, ständig die verschiedensten Proteine synthetisieren. Die Nucleinsäuren steuern die Synthese der Proteine. Alle dazu nötigen Informationen sind in den Nucleinsäuren gespeichert und werden vom Organismus bei Bedarf abgerufen. Diese Informationen werden auch an die Nachkommen weitergegeben, d.h. die Nucleinsäuren sind die Datenträger für die Vererbung.

Nucleinsäuren sind langkettige Polymere. Sie entstehen durch Polykondensation aus Monomeren, die **Nucleotide** genannt werden. Viele Nucleinsäure-Moleküle bestehen aus 80–100 Millionen Nucleotiden. Ein Nucleotid besteht aus drei Einheiten:
1. einem Molekül Mono-, Di- oder Triphosphorsäure;
2. einem Pentose-Molekül (Zucker mit 5 C-Atomen)
3. einem Molekül einer stickstoffhaltigen, heterocyclischen Base.

Es gibt zwei Sorten von Nucleinsäuren, je nach dem verwendeten Zuckermolekül. Die **Ribonucleinsäuren** (abgekürzt **RNA** für ribonucleic acid) enthalten die Nucleotide D-Ribose, in den **Deoxyribonucleinsäuren** (**DNA**) die 2-Deoxy-D-ribose. Das Präfix *2-Deoxy-* symbolisiert die Wegnahme eines Sauerstoff-Atoms, und zwar am Atom C-2. Die heterocyclische Base kann eine von folgenden fünf sein: Uracil, Thymin, Cytosin, Adenin oder Guanin (abgekürzt U, T, C, A und G).

In einer Nucleinsäure kommen immer nur vier dieser fünf Basen vor. Von den Basen Uracil und Thymin kommt Uracil nur in den Ribonucleinsäuren und Thymin nur in den Deoxyribonucleinsäuren vor. Die Verknüpfung zwischen Base und Pentose erfolgt immer unter Wasserabspaltung zwischen der Hydroxy-Gruppe des Pentose-Atoms C-1 und dem in den nebenstehenden Formeln nach unten weisenden Wasserstoff-Atom der Base; die resultierenden Stoffe heißen **Nucleoside**, zum Beispiel:

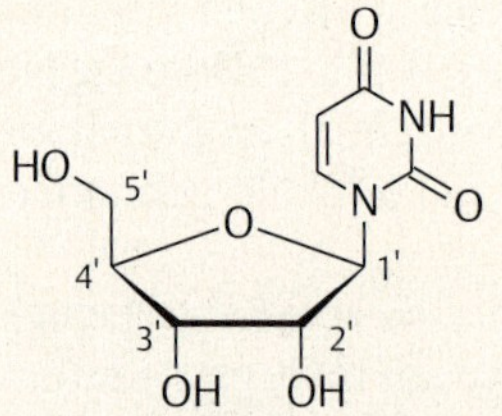

30 Naturstoffe und Biochemie

Uridin 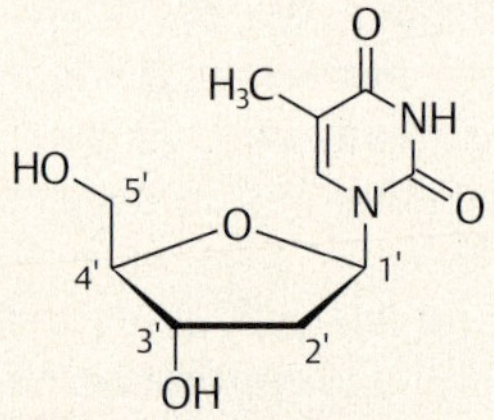 / **Thymidin**

Zur Unterscheidung der Ringziffern in der Base bezeichnet man in Nucleosiden und Nucleotiden die C-Atome des Zuckers mit 1′ bis 5′.

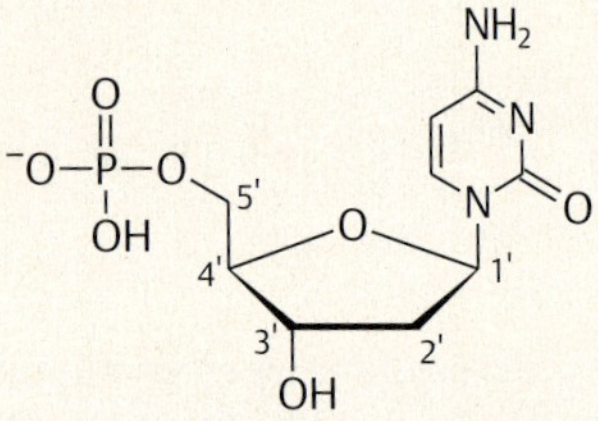

Die übrigen Nucleoside heißen Cytidin, Deoxycytidin, Adenosin, Deoxyadenosin, Guanosin und Deoxyguanosin, je nachdem ob die Basen an Ribose oder Deoxyribose gebunden sind. Ein Nucleotid ist ein Nucleosid, das über die Hydroxy-Gruppe des Pentose-Atoms C-5′ mit Phosphorsäure, Diphosphorsäure oder Triphosphorsäure verestert ist; siehe nebenstehende Beispiele.

Der Aufbau von Nucleinsäuren aus Nucleotiden erfolgt durch Reaktion der Hydroxy-Gruppe des Zuckeratoms C-3′ mit einem als Triphosphat neu hinzukommenden Nucleotid unter Abspaltung von Diphosphat:

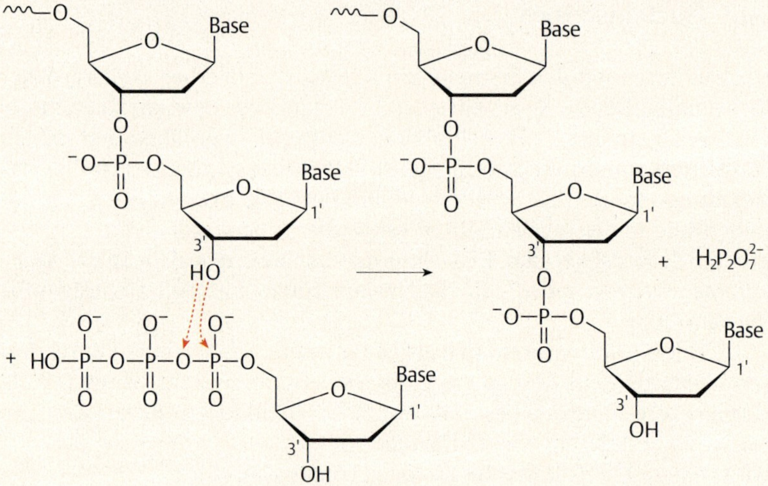

Deoxy-cytidinmonophosphat

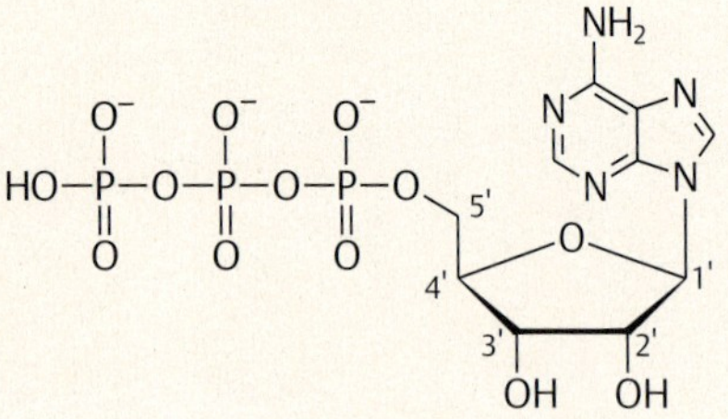

Adenosintriphosphat (ATP)

Beim pH-Wert im biochemischen Medium sind die Phosphorsäure-Reste teilweise deprotoniert

$+ H_2P_2O_7^{2-}$

Die genetische Information ist in den Zellkernen in der DNA gespeichert. Die Sekundärstruktur der DNA ist eine *Doppelhelix* (⬤ 30.7). Zwei Ketten DNA sind zu einer Spiralkette zusammengewunden, wobei sich die Basen im Inneren der Spirale befinden. Die beiden DNA-Moleküle werden über Wasserstoff-Brücken zwischen den Basen zusammengehalten, wobei Adenin immer mit Thymin und Guanin immer mit Cytosin gepaart ist (⬤ 30.7). Die Zahl der Adenin-Gruppen in einem DNA-Molekül ist die gleiche wie die der Thymin-Gruppen in einem anderen DNA-Molekül, ebenso stimmt die Zahl von Guanin- und Cytosin-Gruppen überein.

Wenn eine Zelle sich teilt, so werden die beiden DNA-Stränge voneinander getrennt. Jeder Strang dient nun als Schablone zum Aufbau von je einem neuen Strang, so daß zwei identische neue Helices entstehen, von denen jede einen der ursprünglichen Stränge enthält. Nucleotide (als Triphosphate) aus der umgebenden Lösung paaren sich bei diesem Prozeß mit den komplementären Basen der getrennten Stränge und werden unter

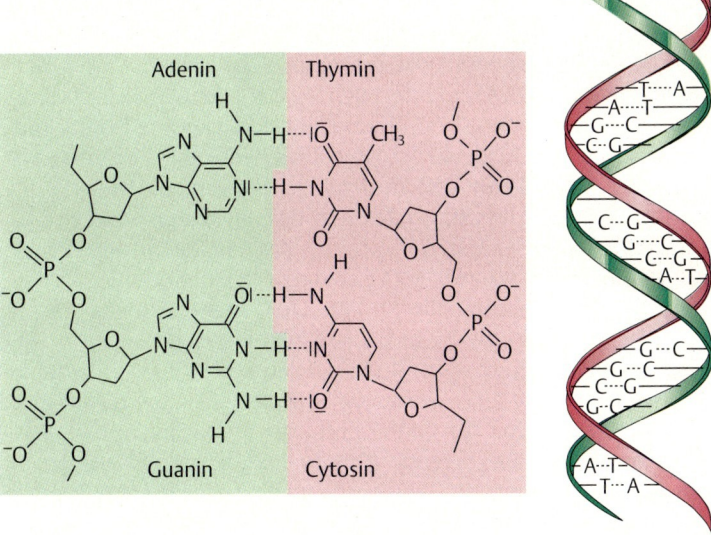

30.7 Links: Art der Zusammenlagerung von zwei DNA-Molekülen über Wasserstoff-Brücken der paarweise komplementären Basen Adenin/Thymin und Guanin/Cytosin. Das Resultat ist ein Doppelhelix-Strang (rechts); auf eine Windung kommen zehn Basenpaare

Abspaltung von Diphosphat zu den beiden neuen Strängen zusammengeknüpft (30.8). Die genetische Information, die durch die Sequenz der Basen kodiert ist, bleibt in beiden neuen Helices exakt erhalten.

Die Synthese von Proteinen wird durch die Sequenz der Basen in der DNA bestimmt. Dabei kommen zwei Arten von Ribonucleinsäuren (RNA) zum Einsatz: Matrizen- oder Boten-RNA (messenger RNA, kurz mRNA) und Transfer-RNA (tRNA). Der Aufbau von RNA erfolgt im Zellkern in der gleichen Art wie bei der Duplizierung der DNA. Die DNA-Helix wird stückweise in ihre Einzelstränge aufgetrennt und entlang der Einzelstränge wird die RNA aufgebaut. An die Stelle des Thymins in der DNA tritt in der RNA das Uracil; beide dienen als Komplementärbasen zum Adenin. Da die DNA als Schablone beim Aufbau der RNA dient, ist die Basen-Sequenz der RNA exakt komplementär zu derjenigen in der DNA. Wenn in einem Stück der DNA zum Beispiel die Basen in der Ordnung C−C−A−A−C−G vorliegen, werden die entsprechenden Basen in der RNA die Folge G−G−U−U−G−C aufweisen.

Die so gebildete RNA ist die **Matrizen-RNA** (mRNA). Sie ist keine Kopie der gesamten DNA-Kette, sondern nur von einem Teil davon. Die Matrizen-RNA mag an die 500 Basen-Gruppen enthalten, während es bei der DNA an die 100 Millionen sind. Die Matrizen-RNA enthält eine *Transkription* eines Ausschnitts der Basen-Folge in der DNA. Die darauf festgehaltene Information wird von der Matrizen-RNA aus dem Zellkern zu den Ribosomen gebracht; dort findet dann die Protein-Synthese statt.

Die Reihenfolge der Basen steuert die Reihenfolge, in der α-Aminosäuren zu einem Protein aufgebaut werden. Eine Folge von je drei Basen der Matrizen-RNA spezifiziert jeweils eine α-Aminosäure. Jedes Basen-Triplett der Matrizen-RNA, das den Code für eine Aminosäure bedeutet, nennt man ein **Codon**. Das Codon G-G-U spezifiziert zum Beispiel die Aminosäure

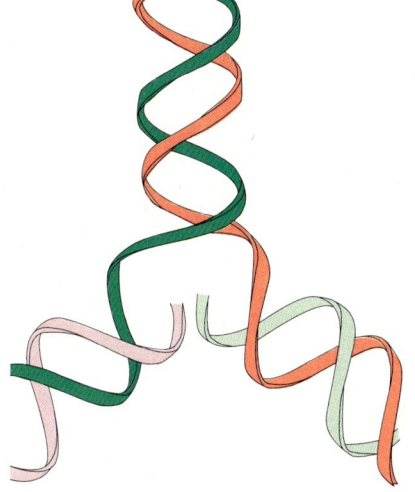

30.8 Verdopplung (Replikation) einer DNA-Doppelhelix. Die Stränge trennen sich und jeder Strang dient als Schablone zur Synthese von je einem neuen komplementären Strang

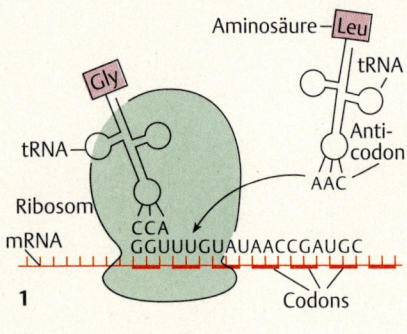
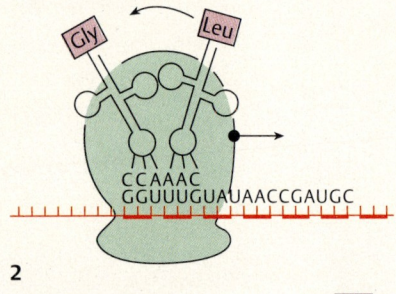
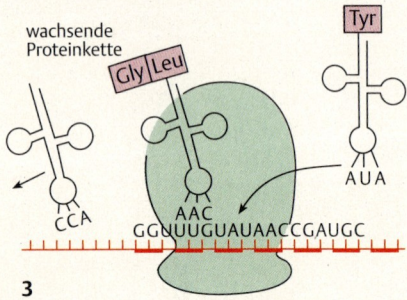

30.9 Drei Schritte der Synthese eines Proteins mit Transfer-RNA (tRNA) auf Matrizen-RNA (mRNA)

Glycin. Die Codons für alle zwanzig der in Proteinen vorkommenden Aminosäuren sind in 30.2 (s. S. 594) aufgeführt; die meisten Aminosäuren können durch mehrere Codons codiert werden.

Transfer-RNA (tRNA) entziffert den Code auf der Matrizen-RNA und befördert die entsprechende Aminosäure an die wachsende Peptid-Kette. Es gibt eine Reihe verschiedener Transfer-RNA's, von denen jede eine spezifische Aminosäure erkennt und an sich binden kann; außerdem verfügt jede Transfer-RNA über ein Basen-Triplett, das *Anticodon*, welches komplementär zum Codon der Matrizen-RNA ist. Das Anticodon entspricht der Aminosäure, die an die Transfer-RNA gebunden ist. Zum Beispiel wird das Codon GGU von einer Transfer-RNA mit dem Anticodon CCA entschlüsselt; diese Transfer-RNA trägt die Aminosäure Glycin.

Die Protein-Synthese selbst findet an den **Ribosomen** statt, die aus Proteinen und einer weiteren Sorte von RNA bestehen. Sie haben einen Spalt, mit dem sie Codon für Codon entlang der Matrizen-RNA gleiten (30.9). Eine aminosäuretragende Transfer-RNA wird an die Matrizen-RNA durch Codon-Anticodon-Paarung gebunden. Eine zweite Transfer-RNA wird an das nächste Codon der Matrizen-RNA gebunden. Zwischen den Aminosäuren der beiden Transfer-RNA's wird eine Peptid-Bindung geknüpft, das gebildete Dipeptid bleibt an der zweiten Transfer-RNA. Nun gleitet das Ribosom ein Codon weiter, die erste Transfer-RNA wird abgelöst und eine dritte Transfer-RNA, entsprechend dem Code des nächsten Codons, wird an die Matrizen-RNA gebunden. Der Prozeß setzt sich so lange fort, bis ein Codon erscheint, das keiner Aminosäure entspricht („Stop"-Codon: UAA, UAG oder UGA). Die Synthese verschiedener Proteine kann von verschiedenen Abschnitten auf einer Matrizen-RNA gesteuert werden.

Die Ribosomen katalysieren den ganzen Prozeß der Protein-Synthese und weitere spezifische Enzyme katalysieren solche Schritte wie den Aufbau der Matrizen-RNA und die Bindung von Aminosäuren an Transfer-RNA. Die Protein-Synthese läuft schnell ab, hunderte von Peptid-Bindungen werden jede Minute geknüpft.

Jede Veränderung der DNA in einer Zelle zieht einen veränderten Aufbau der Matrizen-RNA nach sich und damit ein verändertes Protein. Solche Änderungen sind **Mutationen**. Sie können vorteilhaft, indifferent oder nachteilig sein.

30.7 Enzyme

Enzyme gehören zu einer besonders wichtigen Gruppe von Proteinen. Sie wirken als biochemische Katalysatoren und sind an fast allen Stoffwechselreaktionen beteiligt. Eine lebende Zelle enthält über tausend Enzyme. Diese große Zahl wird benötigt, weil die Aktivität der Enzyme sehr **spezifisch** ist; manche katalysieren nur eine bestimmte Reaktion einer ganz bestimmten Verbindung. Zum Beispiel gibt es Enzyme, welche nur die Hydrolyse einer ganz definierten Peptid-Bindung, d. h. an einer ganz genau definierten Aminosäure katalysieren.

Einige Enzyme wirken **stereospezifisch**, indem sie zum Beispiel nur auf L-Aminosäuren und nicht auf D-Aminosäuren oder indem sie nur auf β- und nicht auf α-Verknüpfungen von Glucose-Einheiten wirken.

Enzyme sind sehr wirkungsvolle Katalysatoren. Die Umsatzzahl eines Enzyms gibt die Stoffmenge eines Reaktanden an, die von einem

Mol Enzym in einer Minute umgesetzt wird. Die Umsatzzahlen liegen zwischen 10 000 bis 500 000 mol/min, und daher werden in einer Zelle nur sehr kleine Enzym-Konzentrationen benötigt. Die Wirkung ist stark temperatur- und pH-abhängig. Bei $pH \approx 7$ und Körpertemperatur ablaufende, enzymkatalysierte Reaktionen laufen sehr viel schneller ab, als vergleichbare Reaktionen ohne Mitwirkung von Enzymen.

Bei der Nomenklatur der Enzyme wird zumeist die Art der katalysierten Reaktionen bezeichnet und die Endung -ase verwendet. Zum Beispiel ist RNA-Polymerase das Enzym, das den Aufbau von RNA an einer Schablone von DNA bewirkt.

Das **Substrat** eines Enzyms ist jene Verbindung, auf die es wirkt. Wenn wir mit Ez ein Enzym, mit Su ein Substrat und mit Prod das Produkt einer Reaktion bezeichnen, so läuft der Prozeß nach nebenstehendem Schema ab.

$$Ez + Su \rightleftarrows EzSu \rightarrow Ez + Prod$$

EzSu wird durch Anlagerung des Substrats an das Enzym gebildet und kann als aktivierter Komplex angesehen werden. Durch seine Bildung wird die Aktivierungsenergie für die abzulaufende Reaktion beträchtlich erniedrigt (vgl. Abschn. 14.8, S. 259). Enzyme wirken als Oberflächenkatalysatoren. Sie sind globulare Proteine mit erheblich größerer Molekülstruktur als die Substrate, auf die sie einwirken. Die Reaktion findet an einem **aktiven Zentrum** auf der Oberfläche des Enzym-Moleküls statt. Das Substrat wird am aktiven Zentrum durch Wasserstoff-Brücken, Ionen-Anziehung und manchmal auch durch kovalente Wechselwirkungen gebunden.

Das aktive Zentrum hat die räumliche Gestalt einer Rinne oder Spalte, die exakt der Gestalt des Substrats angepaßt ist. Durch die Bindung des Substrats werden in diesem bestimmte Bindungen beansprucht und geschwächt, wodurch die gewünschte Reaktion in Gang gesetzt wird. Nach der Reaktion werden die Produkte abgelöst und ein neues Substrat-Molekül kann gebunden werden. Enzyme wirken spezifisch, weil ihre aktiven Zentren maßgeschneidert sind um die Moleküle eines spezifischen Substrats oder einer Substratgruppe aufzunehmen. Auch die stereochemische Spezifität ist so zu erklären; ein aktives Zentrum kann zum Beispiel „linkshändig" sein und nur L-, aber keine D-Formen aufnehmen.

Obwohl die Reaktion nur an einem kleinen Teil der Oberfläche des Enzym-Moleküls stattfindet, ist auch der Rest des Moleküls von Bedeutung. Die Windungen seiner Proteinkette müssen insgesamt für die richtige Gestalt des aktiven Zentrums sorgen.

Die Wirkung von Enzymen kann auf verschiedenen Wegen gehemmt werden. Ein **Inhibitor** ist eine Verbindung, die sich an das aktive Zentrum eines Enzyms bindet und damit die Funktion des Enzyms blockiert. Bei der *kompetitiven Hemmung* verbinden sich Enzym (Ez) und Inhibitor (Ih) reversibel; die Verknüpfung des Enzyms mit dem Substrat ist ebenfalls reversibel.

Die Konzentrationen von Ih und Su bestimmen die Mengen des gebildeten EzIh und EzSu. Da die gewünschte Reaktion von der EzSu-Bildung abhängt, kann sie durch hohe Konzentrationen von Ih verzögert oder ganz unterdrückt werden.

$$Ez + Ih \rightleftarrows EzIh$$
$$Ez + Su \rightleftarrows EzSu$$

Das Produkt einer Reaktion kann als Inhibitor wirken. Die *Produkt-Hemmung* ist von Bedeutung, da mit ihr kontrolliert wird, in welchem Ausmaß eine Reaktion in einer Zelle abläuft. In dem Maße, wie die Konzentration eines Reaktionsproduktes zunimmt, wird die Reaktion durch Produkt-Hemmung verzögert. Auf diese Weise wird eine unerwünscht hohe Ansammlung des Reaktionsproduktes in der Zelle verhindert.

Wenn eine Reaktion über mehrere Schritte abläuft, A → B → C → D, so kann die gesamte Sequenz kontrolliert werden, wenn ein Produkt des letzten Schrittes (D) einen vorausgehenden Schritt verzögert. Diese *Rückkopplungs-Hemmung* dient ebenfalls zur Kontrolle der gebildeten Stoffmengen in einer Zelle.

Wenn sich ein Inhibitor irreversibel mit einem Enzym verbindet (Ez + Ih → EzIh), dann kann das Substrat nicht mehr an das aktive Zentrum gelangen. Nach dieser Art der *nichtkompetitiven Hemmung* wirken viele Giftstoffe indem sie lebenswichtige Enzym-Reaktionen unterdrükken.

4-Aminobenzoesäure

Sulfanilamid (4-Aminobenzolsulfonsäureamid)

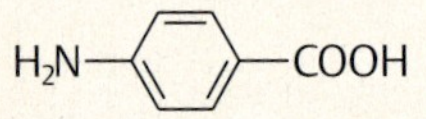

Einige Medikamente sind kompetitive Inhibitoren. Antibiotika wirken wahrscheinlich als Inhibitoren für enzymatische Reaktionen, die für Mikroorganismen lebenswichtig sind. Zum Beispiel nimmt man vom Sulfanilamid eine Wirkung als Inhibitor an einem Enzym an, für das 4-Aminobenzoesäure das Substrat ist. Die Molekülstruktur dieser beiden, um das aktive Zentrum konkurrierenden Verbindungen ist sehr ähnlich. Bestimmte Mikroorganismen bedienen sich der enzymatischen Reaktion von 4-Aminobenzoesäure; die Unterdrückung der Reaktion durch Sulfanilamid ist für sie tödlich. Viele Insekten- und Unkrautvernichtungsmittel wirken ebenfalls durch ihre Inhibitor-Wirkung auf enzymatische Reaktionen.

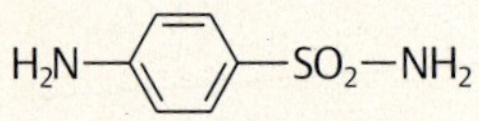

Die meisten Enzyme sind *Proteide* (konjugierte Proteine), d.h. sie enthalten neben einem Protein-Bestandteil auch nichtproteinische Bestandteile. Wenn der nichtproteinische Teil fest gebunden ist, nennt man ihn **prosthetische Gruppe**; kann er leicht abgetrennt werden, so heißt er **Coenzym**. Prosthetische Gruppen sind an der Formgebung der aktiven Zentren beteiligt. Weder ein Coenzym allein noch der Protein-Teil allein ist katalytisch aktiv; manche Coenzyme können aber an verschiedenen Enzymen beteiligt sein. Die Funktion der Coenzyme ist die Übertragung von bestimmten Atomen oder Atomgruppen. Für die Funktion mancher Enzyme ist die Anwesenheit bestimmter komplex gebundener Metall-Ionen notwendig (z.B. Mg^{2+}, Fe^{2+}, Co^{2+}, Ni^{2+}, Cu^{2+}).

Zu den wichtigsten Coenzymen, die an vielerlei Enzymen beteiligt sind, gehört das **Coenzym A** (CoA–SH):

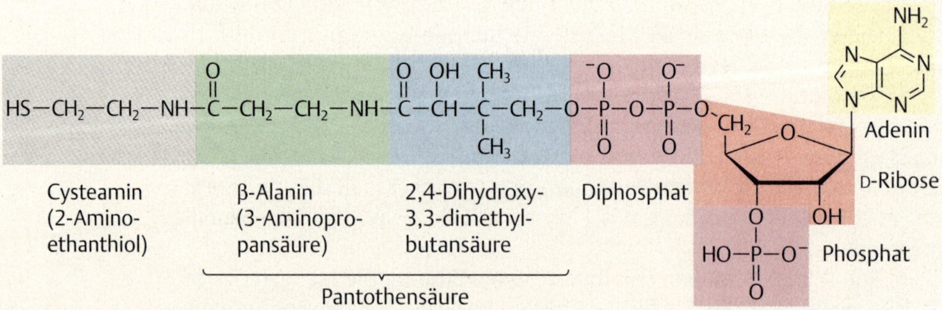

Coenzym A spielt eine Schlüsselrolle beim Fett- und Kohlenhydrat-Stoffwechsel und bei der Biosynthese der Terpene und Steroide. Es kann sich mit seiner SH-Gruppe mit Carbonsäuren verbinden, insbesondere mit Essigsäure, und wirkt dabei als Überträger der Acetyl-Gruppe („aktivierte Essigsäure" = Acetyl-Coenzym A, $H_3C{-}CO{-}S{-}CoA$, vgl. S. 584).

Ein anderes wichtiges Coenzym ist das *Nicotinamid-adenin-dinucleotid* (**NAD⁺**):

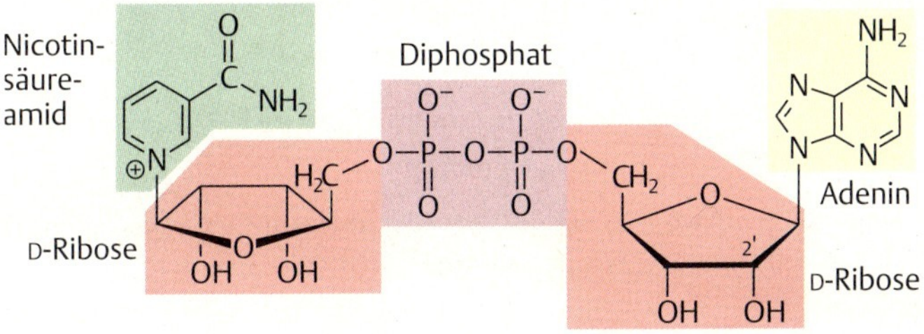

Die Hydroxy-Gruppe am Atom C-2' der rechten Ribose-Gruppe kann noch mit einem Molekül Phosphorsäure verestert sein, das ist dann Nicotinamid-adenin-dinucleotid-phosphat (**NADP⁺**). NAD⁺ und NADP⁺ spielen bei biochemischen Redoxprozessen eine Rolle, weil sie leicht und reversibel zu den Hydro-Verbindungen NADH bzw. NADPH reduziert werden können; sie wirken somit als Überträger von Wasserstoff-Atomen. Die Reduktion erfolgt am Nicotinsäureamid.

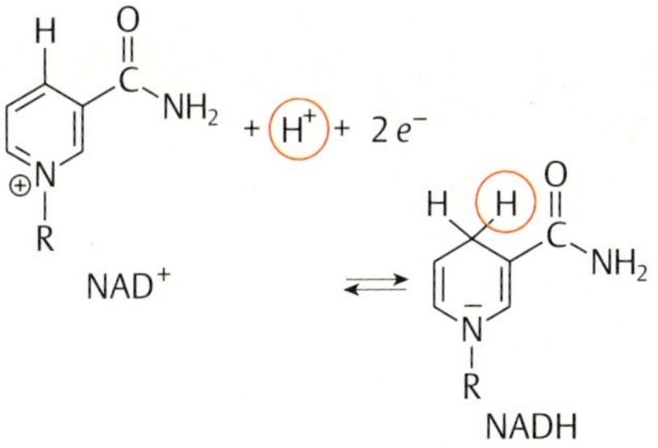

Die Pantothensäure im Coenzym A und das Nicotinsäureamid im NAD⁺ und NADP⁺ können vom tierischen Organismus nicht oder nicht effektiv genug synthetisiert werden, sie müssen mit der Nahrung zugeführt werden; beide gehören somit zu den Vitaminen (vgl. S. 592).

Phosphotransferasen sind Enzyme, die Phosphat- oder Diphosphat-Gruppen von einem Molekül auf ein anderes übertragen. Ihre Coenzyme sind **Adenosintriphosphat** (**ATP**, vgl. S. 598), **Adenosindiphosphat** (**ADP**) und **Adenosinmonophosphat** (**AMP**).

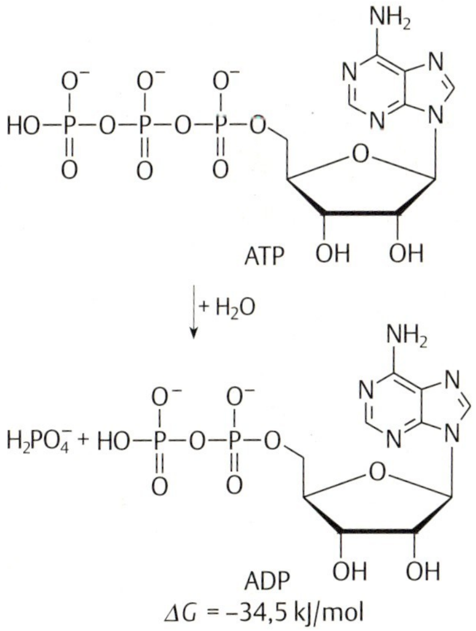

Dem ATP kommt eine besondere Bedeutung zu, weil es ein energiereiches Molekül ist. Die freie Enthalpie für die Hydrolyse von ATP zu ADP beträgt $\Delta G \approx -34{,}5$ kJ/mol. Dieser Energiebetrag steht zur Verfügung, um Arbeit zu leisten.

Die Bildung von ATP in einer Zelle wird mit einer anderen biochemischen Reaktion gekoppelt, bei der eine höhere Reaktionsenergie freigesetzt wird, als zur Synthese von ATP notwendig ist. Die Verbrennung von Glucose im Organismus verläuft zum Beispiel über zahlreiche Stufen, wobei pro Mol Glucose insgesamt 38 Mol ATP gebildet werden. Da bei der Verbrennung von einem Mol Glucose 2870 kJ freigesetzt werden, werden $(38 \cdot 34{,}5/2870) \cdot 100 = 46\%$ dieser Energie in Form von ATP gespeichert, der Rest wird als Wärme abgegeben. Der Aufbau biochemischer Verbindungen erfordert ebenso wie die Muskelarbeit Energiezufuhr. Die Energie wird durch Hydrolyse von ATP zur Verfügung gestellt.

30.8 Übungsaufgaben

(Lösungen s. S. 689)

30.1 Zeichnen Sie die Haworth-Formeln der Disaccharide:
a) β-Cellobiose = 4-O-(β-D-Glucopyranosyl)-β-D-glucopyranose
b) α-Trehalose = α-D-Glucopyranosyl-α-D-glucopyranosid

30.2 Zeigen die in Aufgabe 30.1 genannten Disaccharide die typischen Aldehyd-Reaktionen?

30.3 Zeichnen Sie die Konstitutionsformeln für die Triglyceride aus 1 mol Glycerin und:
a) 3 mol Linolensäure
b) 1 mol Laurinsäure, 1 mol Palmitinsäure und 1 mol Linolsäure

30.4 Zeichnen Sie die Konstitutionsformel für das Phospholipid, das aus Serin, Glycerin, Ölsäure und Stearinsäure aufgebaut ist.

30.5 Zeichnen Sie die Konstitutionsformeln für die Oligopeptide, die den folgenden Kurzformeln entsprechen:
a) Gly-Cys-Val
b) Ala-Met-Ser
c) Phe-Ile-Leu-Lys

30.6 Geben Sie je eine mögliche Codon-Sequenz für die RNA an, um die in Aufgabe 30.5 genannten Oligopeptide aufzubauen.

30.7 Was ist der Unterschied zwischen einer α-Helix und einer Doppelhelix?

30.8 Insulin ist ein Peptid-Hormon, das aus 51 Aminosäuren aufgebaut ist. Für die mittlere relative Molekularmasse eines Nucleotids kann man M_r = 340 annehmen. Welche relative Molekularmasse muß die mRNA mindestens haben, mit der die Insulin-Synthese gesteuert wird? Die Masse ist ein Minimum, weil manche mRNA-Moleküle die Synthese von mehreren Proteinen steuern.

30.9 Das mRNA-Codon für Methionin hat die Basenfolge AUG. Welche Basenfolge hat das Anticodon der zugehörigen tRNA? Welche Basenfolge in jedem der beiden DNA-Stränge führt zur entsprechenden Codierung in der mRNA?

30.10 Die alkoholische Gärung ist ein exothermer Vorgang mit einer freien Enthalpie von $\Delta G \approx -235$ kJ pro Mol Glucose. Wieviel Mol ATP könnten damit maximal zur Speicherung von chemischer Energie aufgebaut werden? Tatsächlich werden nur zwei Mol ATP pro Mol Glucose aufgebaut; wie viel der verfügbaren Energie wird als Wärme „verschenkt"?

31 Kernchemie

Zusammenfassung. Jedes spezifische Atom, *Nuclid* genannt, hat eine charakteristische Ordnungszahl Z und Massenzahl A. Nur bestimmte Kombinationen von *Nucleonen* (Protonen und Neutronen) sind stabil. Punkte, die diese Kombinationen repräsentieren, fallen in eine *Stabilitätszone* in einem Diagramm, in dem die Neutronenzahl gegen die Protonenzahl aufgetragen ist.

Instabile Nuclide erleiden einen *radioaktiven Zerfall*: Beim α-*Zerfall* werden α-Teilchen ($^{4}_{2}$He-Kerne) ausgestoßen. γ-*Strahlung* besteht aus elektromagnetischer Strahlung mit sehr kurzer Wellenlänge; sie wird emittiert, wenn ein Kern aus einem angeregten Zustand in den Grundzustand übergeht und ist häufig Begleiter anderer Zerfallsprozesse. Beim β⁻-*Zerfall* werden Elektronen aus dem Kern emittiert, wobei ein Neutron in ein Proton umgewandelt wird. Beim β⁺-*Zerfall* werden Positronen (positive Elektronen) emittiert und ein Proton wird in ein Neutron umgewandelt. *Elektronen-Einfang* ist ein Vorgang, bei dem ein Orbital-Elektron vom Kern eingefangen wird, wobei ein Proton in ein Neutron umgewandelt wird; Röntgenstrahlen werden erzeugt, wenn äußere Elektronen auf den freigewordenen Orbitalplatz fallen. Bei der *spontanen Kernspaltung* zerfällt ein schwerer Kern in zwei leichtere Kerne und einige Neutronen.

Bei all diesen radioaktiven Vorgängen ist die Summe der Massen aller Produkte geringer als die Masse des Ausgangsmaterials. Die Massendifferenz entspricht gemäß der Einstein-Beziehung

$$\Delta E = \Delta m c^2$$

der freigesetzten Energie. Die bei Kernreaktionen umgesetzten Energiebeträge sind erheblich höher als bei chemischen Reaktionen.

Zur Messung radioaktiver Strahlen dienen *Szintillationszähler*, *Geiger-Müller-Zähler* und *Nebelkammern*. Die radioaktive *Zerfallsgeschwindigkeit* verläuft nach einem Geschwindigkeitsgesetz *erster Ordnung*. Die *Halbwertszeit* ist die Zeit, in der die Hälfte einer Probe zerfällt; sie ist für jedes Nuclid eine Konstante. Die Kenntnis der Halbwertszeit des Nuclids $^{14}_{6}$C ermöglicht die Altersbestimmung von kohlenstoffhaltigen Objekten. Die *Aktivität* einer radioaktiven Quelle ist die Strahlungsmenge, die sie pro Zeiteinheit abgibt.

Radioaktive Strahlen verursachen *biologische Effekte*, indem sie das Zerbrechen von Molekülen in den Zellen bewirken. Für die biologische Wirkung ist die vom Körper absorbierte *Äquivalentdosis* maßgeblich; sie ist das Produkt aus der absorbierten Energiedosis mit dem von der Strahlungsart abhängigen Qualitätsfaktor.

Oft ist das nach einem radioaktiven Zerfallsvorgang entstandene Nuclid selbst radioaktiv und zerfällt weiter. Die Folge solcher Zerfallsprozesse ergibt eine *radioaktive Zerfallsreihe*. Man kennt natürlich vorkommende Zer-

Schlüsselworte (s. Glossar)

Nucleon
Nuclid
Zone der Stabilität

α-Zerfall
γ-Strahlen
β-Zerfall (β⁻, β⁺)

Neutrino
Positron
Elektronen-Einfang
Antiteilchen

Szintillationszähler
Geiger-Müller-Zähler
Nebelkammer

Halbwertszeit
Aktivität
Zerfallskonstante
Altersbestimmung mit ^{14}C

Becquerel
Absorbierte Energiedosis
Dosisleistung
Strahlungsexposition

Äquivalentdosis
Gray
Sievert

Radioaktive Zerfallsreihe
Geologische Altersbestimmung

Cyclotron
Linearbeschleuniger

langsame (thermische) Neutronen
schnelle Neutronen
Neutroneneinfang

Kernumwandlung
Teilchen-Teilchen-Reaktion
Transurane

Kernbindungsenergie
Massendefekt
Kernspaltung
Kritische Masse

Kernreaktor
Moderator
Kontrollstäbe
Brutreaktor

Kernfusion
Thermonukleare Reaktion
Plasma

Radioaktive Markierung
Aktivierungsanalyse

fallsreihen und zahlreiche weitere mit künstlich hergestellten Nucliden. Mit Hilfe der Zerfallsreihen sind *geologische Altersbestimmungen* möglich.

Durch Beschuß von Atomkernen mit nuklearen Projektilen wie Protonen, Neutronen, Deuteronen, α-Teilchen oder Ionen können *Kernumwandlungen* ausgelöst werden. Geladene Teilchen als Projektile können mit einem *Teilchenbeschleuniger* wie dem Cyclotron oder dem Linearbeschleuniger auf die notwendige Geschwindigkeit gebracht werden. Viele radioaktive Isotope von natürlich vorkommenden Elementen und die *Transurane* wurden durch solche Beschußreaktionen hergestellt.

Die Summe der Massen der einzelnen Bauteile eines Atoms ist größer als die Masse des Atoms. Die Differenz, der *Massendefekt*, entspricht der *Kernbindungsenergie*. Aus den Kernbindungsenergien folgt, daß bei der Spaltung von schweren Kernen und bei der Verschmelzung (*Kernfusion*) von sehr leichten Kernen Energie freigesetzt wird.

Die *Kernspaltung* kann bei schweren Kernen durch Beschuß mit Neutronen ausgelöst werden. Die dabei freiwerdenden Neutronen können weitere Kernspaltungen induzieren und so eine Kettenreaktion in Gang bringen. Die Kettenreaktion setzt sich fort, wenn mindestens die *kritische Masse* des spaltbaren Materials vorhanden ist. Die kontrollierte Kernspaltung wird in Kernreaktoren durchgeführt. Um eine *Kernfusion* zuwege zu bringen, sind extrem hohe Temperaturen notwendig. Der Brennstoff liegt dabei als *Plasma* vor, dessen Handhabung noch nicht gelöst ist.

Radioaktive Nuclide finden vielfach Anwendung in Technik, Medizin und Forschung. Da ihre Strahlung leicht meßbar ist, dienen sie zur *radioaktiven Markierung* von Molekülen.

Normale chemische Reaktionen laufen über Änderungen der Elektronenstruktur von Atomen, Molekülen und Ionen ab. Bei diesen Reaktionen spielt der Atomkern nur insoweit eine Rolle, als er die Elektronen beeinflußt. Änderungen können jedoch auch den Atomkern selbst betreffen; dies ist Gegenstand der Kernchemie.

1896 entdeckte Henri Becquerel, daß Kalium-Uran-Sulfat unsichtbare Strahlen emittiert, die auf einer vor Licht geschützten photographischen Platte eine Schwärzung hervorrufen. Er identifizierte das Uran als die Quelle der Strahlung. Weitere **radioaktive** Elemente, die Strahlen gleicher Art aussenden, wurden danach entdeckt, vor allem durch Marie und Pierre Curie. Die Natur der Strahlung wurde in erster Linie von Ernest Rutherford aufgeklärt. Die Strahlung, die von radioaktiven Substanzen abgegeben wird, rührt von Umwandlungen in den Atomkernen her.

31.1	Der Atomkern 607
31.2	Kernreaktionen 608
31.3	Radioaktivität 610
31.4	Messung der Radioaktivität 615
31.5	Die radioaktive Zerfallsgeschwindigkeit 617
31.6	Biologische Effekte der radioaktiven Strahlung 620
31.7	Radioaktive Zerfallsreihen 623
31.8	Künstliche Kernumwandlungen 625
31.9	Kernspaltung 628
31.10	Kernfusion 633
31.11	Anwendungen von radioaktiven Nucliden 635
31.12	Übungsaufgaben 637

31.1 Der Atomkern

Wie im Abschnitt 2.**6** (S. 21) dargelegt wurde, besteht ein Atomkern aus einer Zahl A von Nucleonen, nämlich aus Z Protonen und $A-Z$ Neutronen. Wenn man sich auf ein spezielles Atom mit der Ordnungszahl Z und der Massenzahl A bezieht, spricht man auch von einem **Nuclid**.

Die Radien einer großen Zahl von Atomkernen sind mit Hilfe von experimentell gewonnenen Daten bestimmt worden (Experimente, bei denen α-Teilchen, Elektronen, Protonen oder Neutronen gebeugt werden). Der Radius r eines gegebenen Atomkerns ist danach gemäß der nebenstehenden Formel proportional zur dritten Wurzel seiner Massenzahl. Der Wert für r_0, der etwas von der angewandten Untersuchungsmethode abhängt, liegt im Bereich von 1,2 bis 1,5 fm (1 Femtometer = 10^{-15} m).

$$r = r_0 A^{1/3}$$
$$r_0 = 1{,}2 - 1{,}5 \text{ fm}$$

Bei Annahme eines kugelförmigen Atomkerns mit Volumen $\frac{4}{3}\pi r^3$ ist das Kernvolumen somit etwa proportional zur Masse des Atomkerns. Die Dichte des Atomkerns (Masse pro Volumen) ist für alle Atome etwa gleich; sie ist außerordentlich hoch, nämlich etwa 10^{14} g/cm³. Das bedeutet jedoch nicht, daß die Nucleonen im Kern dicht gepackt sind. Ein Schalenmodell für den Atomkern (das weiter unten beschrieben wird) geht von Nucleonen aus, die nicht dicht gepackt sind.

Dichte eines Atomkerns:
$\sim 10^{14}$ g/cm³

Die Kraft, welche die Nucleonen im Kern zusammenhält, wird die **starke Kernkraft** genannt. Sie ist stärker als die elektrostatische Abstoßung zwischen den Protonen, hat jedoch im Gegensatz zu dieser eine nur kleine Reichweite. Weil mit zunehmender Anzahl von Protonen die elektrostatische Abstoßung immer größer wird, die starke Kraft aber nur zwischen nahe beieinanderliegenden Nucleonen wirksam ist, kann ein Atomkern nicht beliebig groß sein. Die Situation ist ähnlich wie bei einem Agglomerat von positiv geladenen Kugeln, die eine klebrige Oberfläche haben: der Klebstoff (Anziehungskraft mit kurzer Reichweite) hält nur sich direkt berührende Kugeln zusammen; ab einer bestimmten Anzahl von Kugeln ist die elektrostatische Abstoßungskraft, die auf eine an der Oberfläche befindliche Kugel wirkt, größer als die Kraftwirkung des Klebstoffs; die Kugel wird aus dem Agglomerat geschleudert. Die Stabilität des Agglomerates kann erhöht werden, wenn die positive Ladung durch Zugabe von ebenfalls klebrigen, aber ungeladenen Kugeln verdünnt wird.

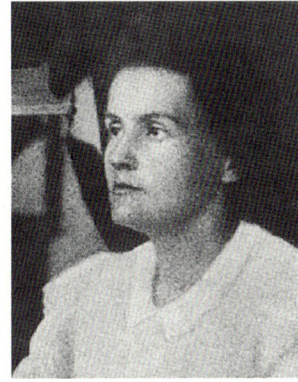

Marie Curie, 1867–1934

Das Modell der klebrigen Kugeln ist zu einfach, um die tatsächlichen Verhältnisse in einem Atomkern zu erfassen. Richtig ist jedoch, daß Atom-

Pierre Curie, 1859–1906

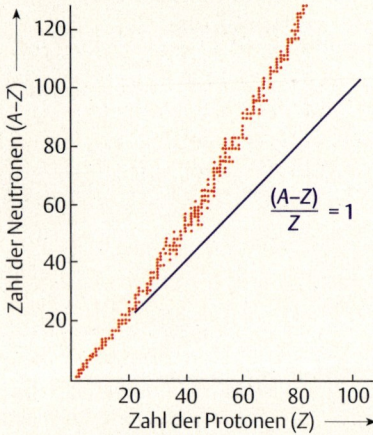

◉ 31.1 Auftragung der Neutronen- gegen die Protonenzahl von nichtradioaktiven Atomkernen

▭ 31.1 Häufigkeitsverteilung natürlich vorkommender, stabiler Nuclide

Zahl der Protonen	Zahl der Neutronen	Anzahl der Nuclide
gerade	gerade	157 ⎫ 209
gerade	ungerade	52 ⎭
ungerade	gerade	50 ⎫ 55
ungerade	ungerade	5 ⎭

kerne ab einer bestimmten Größe instabil sind und daß zur Stabilisierung Neutronen notwendig sind. Die Natur der starken Kraft wird in der Kernphysik mit Hilfe von speziellen Partikeln, den *Gluonen* („Klebeteilchen") beschrieben.

In ◉ 31.1 ist die Zahl der Neutronen gegen die Zahl der Protonen für natürlich vorkommende, nichtradioaktive Atomkerne aufgetragen. Die Punkte zeigen die stabilen Kombinationen von Protonen und Neutronen und bilden zusammen eine **Zone der Stabilität**. Atomkerne mit Zusammensetzungen außerhalb dieser Zone erfahren radioaktive Umwandlungen, die zu Kernen führen, die in oder näher bei der Zone liegen (s. Abschn. 31.3, S. 610).

Stabile Kerne von leichteren Atomen enthalten Neutronen und Protonen etwa im Verhältnis 1 : 1. Die schwereren Kerne enthalten mehr Neutronen als Protonen. Je mehr Protonen vorhanden sind, desto größer ist der notwendige Überschuß an Neutronen, um die abstoßenden Kräfte zwischen den Protonen zu überwinden. Gegen Ende der Stabilitätszone in ◉ 31.1 ist das Verhältnis von Neutronen zu Protonen etwa 1,5. Der größte stabile Atomkern ist $^{209}_{83}$Bi. Größere Kerne sind bekannt, aber alle sind radioaktiv.

Die Mehrzahl der natürlich vorkommenden Nuclide hat eine gerade Zahl von Protonen und eine gerade Zahl von Neutronen. Nur fünf haben sowohl für die Protonen als auch für die Neutronen eine ungerade Zahl ($^{2}_{1}$H, $^{6}_{3}$Li, $^{10}_{5}$B, $^{14}_{7}$N und $^{180}_{73}$Ta; vgl. ▭ 31.1). Bei einer ungeraden Zahl von Protonen sind jeweils höchstens zwei stabile Isotope bekannt, während bei einer geraden Ordnungszahl bis zu zehn stabile Isotope vorkommen können. Die beiden Elemente mit Ordnungszahl unter 83, die nicht natürlich vorkommen ($_{43}$Tc und $_{61}$Pm) haben eine ungerade Ordnungszahl. Feststellungen dieser Art lassen für den Kernaufbau eine ähnliche Periodizität wie beim Aufbau der Elektronenhülle vermuten. Ein entsprechendes Schalenmodell für den Kernbau ist entwickelt worden.

Bestimmte Zahlen von Protonen oder Neutronen scheinen eine bevorzugte Stabilität von Atomkernen mit sich zu bringen. Sie werden die **magischen Zahlen** genannt: 2, 8, 20, 28, 50, 82 und 126. Magische Zahlen scheinen abgeschlossene Schalen anzuzeigen, ähnlich wie die Zahlen der Elektronen für die Edelgase (2, 10, 18, 36, 54 und 86). Eine große Kernstabilität wird durch eine hohe Kernbindungsenergie (s. S. 628), eine geringe Neigung zum Neutronen-Einfang (S. 615) und eine relativ große natürliche Häufigkeit angezeigt. Im allgemeinen haben Elemente, deren Ordnungszahl einer magischen Zahl entspricht, eine größere Anzahl von stabilen Isotopen als Elemente mit benachbarten Ordnungszahlen. Durch besonders hohe Stabilität zeichnen sich diejenigen Nuclide aus, bei denen sowohl die Zahl der Protonen als auch die der Neutronen einer magischen Zahl entspricht: $^{4}_{2}$He, $^{16}_{8}$O, $^{40}_{20}$Ca und $^{208}_{82}$Pb.

31.2 Kernreaktionen

Wir gehen auf folgende Kernumwandlungsvorgänge ein:
1. Radioaktiver Zerfall (Abschnitt 31.3): Ein Prozeß, bei dem ein instabiler Atomkern (radioaktiver Kern genannt) durch Aussendung von Strahlung umgewandelt wird.

2. **Kernumwandlung** (Transmutation; Abschnitt 31.**8**): Ein Prozeß, bei dem sich ein Atomkern nach Beschuß durch subatomare Teilchen in einen anderen umwandelt.
3. **Kernspaltung** (Abschnitt 31.**9**): Ein Prozeß, bei dem ein schwerer Atomkern in leichtere gespalten wird.
4. **Kernfusion** (Abschnitt 31.**10**): Ein Prozeß, bei dem leichte Atomkerne zu einem schwereren verschmelzen.

James Chadwick, 1891–1974

Zur Wiedergabe von Kernreaktionen werden Gleichungen verwendet, aus denen die Veränderungen der beteiligten Kerne ersichtlich sind. Die Kerne werden durch Elementsymbole bezeichnet, einschließlich der Angabe der Ordnungszahl und der Massenzahl. Folgende Gleichung gibt den Prozeß wieder, mit dem James Chadwick erstmals das Neutron charakterisierte:

$$^{9}_{4}\text{Be} + ^{4}_{2}\text{He} \rightarrow ^{12}_{6}\text{C} + ^{1}_{0}\text{n}$$

Die Gleichung sagt folgendes aus: bei Beschuß eines $^{9}_{4}$Be-Kerns mit einem α-Teilchen entsteht ein $^{12}_{6}$C-Kern und ein Neutron. Das α-Teilchen, das bei radioaktiven Zerfallprozessen entsteht, ist dem Atomkern eines $^{4}_{2}$He-Atoms gleich. $^{1}_{0}$n ist das Symbol für das Neutron (Massenzahl 1; Ordnungszahl = Ladung = 0).

Die Gleichung einer Kernreaktion muß ausgeglichen sein: Die Summe der Massenzahlen (hochgestellte Zahlen) auf der linken Seite der Gleichung muß mit der Summe der Massenzahlen auf der rechten Seite übereinstimmen. Ebenso muß die Summe der tiefgestellten Zahlen (Ordnungszahlen oder positive Ladungen) auf beiden Seiten der Gleichung übereinstimmen (31.**1**).

Beispiel 31.1

Die erste Transmutations-Reaktion wurde 1919 von Ernest Rutherford beschrieben. Wenn ein α-Teilchen auf einen $^{14}_{7}$N-Kern trifft, entsteht ein Proton und ein weiterer Kern. Um welchen Kern handelt es sich?

$$^{4}_{2}\text{He} + ^{14}_{7}\text{N} \rightarrow ^{1}_{1}\text{H} + ^{x}_{y}\text{X}$$

Summe der Massenzahlen links und rechts:

$$4 + 14 = 1 + x$$
$$x = 17$$

Summe der Ordnungszahlen links und rechts:

$$2 + 7 = 1 + y$$
$$y = 8$$

Der gesuchte Kern ist $^{17}_{8}$O und die vollständige Gleichung lautet:

$$^{4}_{2}\text{He} + ^{14}_{7}\text{N} \rightarrow ^{1}_{1}\text{H} + ^{17}_{8}\text{O}$$

Die Energieumsätze bei Kernreaktionen sind erheblich größer als bei chemischen Reaktionen. Die freigesetzte Energie bei der im Beispiel 31.**1** genannten Reaktion ist zum Beispiel 400 000 mal größer als die freigesetzte Energie bei der Bildung von Wasser aus Wasserstoff und Sauerstoff.

Einstein-Gleichung:

$\Delta E = \Delta m \cdot c^2$

mit $c = 2{,}997925 \cdot 10^8$ m/s
(Lichtgeschwindigkeit)

Energieäquivalent einer Atommasseneinheit (1 u):

$1\,u = 1{,}660540 \cdot 10^{-27}$ kg
$\Delta E = 1{,}660540 \cdot 10^{-27}$ kg/u
$\quad \cdot (2{,}997925 \cdot 10^8 \text{ m/s})^2$
$\quad = 1{,}49242 \cdot 10^{-10}$ J/u

$1\,eV = 1{,}60218 \cdot 10^{-19}$ C $\cdot$ 1 V
$\quad = 1{,}60218 \cdot 10^{-19}$ J

Energieäquivalent von 1 u in MeV:

$\Delta E = \dfrac{1{,}49242 \cdot 10^{-10} \text{ J/u}}{1{,}60218 \cdot 10^{-13} \text{ J/MeV}} = 931{,}494$ MeV/u

Bei jeder freiwillig ablaufenden Kernreaktion ist die Gesamtmasse der Produkte kleiner als die der Reaktanden. Die freigesetzte Energie ΔE entspricht der Massendifferenz Δm und kann nach der Einstein-Gleichung berechnet werden.

In der Kernphysik und Kernchemie wird die Energie meist in MeV (Megaelektronenvolt) angegeben. Ein Elektronenvolt (1 eV) ist die Energie, die einem Elektron zugeführt wird, wenn es durch eine Potentialdifferenz von einem Volt beschleunigt wird.

31.3 Radioaktivität

Instabile Atomkerne wandeln sich spontan in stabilere Kerne um. Manche instabile Kernsorten kommen natürlich vor, andere werden künstlich hergestellt. Die drei Arten von radioaktiver Strahlung, die von natürlich vorkommenden radioaktiven Substanzen ausgehen, α-, β- und γ-Strahlen, wurden im Abschnitt 2.5 (S. 20) behandelt. Bei bestimmten künstlich hergestellten radioaktiven Nucliden gibt es Arten des radioaktiven Zerfalls, die von instabilen natürlichen Nucliden nicht bekannt sind. Die wichtigsten Arten des radioaktiven Zerfalls werden im folgenden dargelegt.

α-Zerfall

α-Strahlen bestehen aus α-Teilchen, d.h. $^{4}_{2}$He-Kernen, die aus den Atomkernen herausgeschleudert werden. Sowohl bei natürlichen wie bei künstlich hergestellten Nucliden kommt der α-Zerfall vor, er ist aber nur bei Nucliden mit Massenzahlen über 209 und Ordnungszahlen über 82 üblich. Die zugehörigen Nuclide haben eine zu große Protonenzahl, um stabil zu sein. Im Diagramm von 31.1 (S. 608) fallen diese Nuclide in die obere rechte Ecke, außerhalb der Stabilitätszone. Die Emission eines α-Teilchens verringert die Zahl der Protonen und der Neutronen um je zwei. Der zugehörige Punkt für die Zusammensetzung des Nuclids wird dadurch im Diagramm von 31.1 auf einer um 45° geneigten Gerade in Richtung auf die Stabilitätszone verschoben.

In Beispiel 31.2 ist ein α-Zerfallsprozeß aufgeführt. In der Reaktionsgleichung sind nur Massenzahlen und Kernladungen berücksichtigt. Elektronen und Ionenladungen werden in den Reaktionsgleichungen für Kernreaktionen in der Regel nicht berücksichtigt. Ein α-Teilchen ist ein $^{4}_{2}$He-Kern ohne Elektronenhülle und mit einer Ladung von 2+. Es zieht Elektronen anderer Atome an sich (die dadurch zu Kationen werden) und wird zu einem neutralen Helium-Atom. Das zurückgelassene Atom $^{206}_{82}$Pb behält einen Überschuß von zwei Elektronen und ist ein Ion mit Ladung 2–. Diese überschüssigen Elektronen werden schnell an umgebende Kationen abgegeben.

Beispiel 31.2

Welche Energie wird beim α-Zerfall von $^{210}_{84}$Po freigesetzt?

$$^{210}_{84}\text{Po} \rightarrow {}^{206}_{82}\text{Pb} + {}^{4}_{2}\text{He}$$

Atommassen: $^{210}_{84}$Po 209,9829 u; $^{206}_{82}$Pb 205,9745 u; $^{4}_{2}$He 4,0026 u.
Diese Zahlen sind Atommassen unter Einschluß der Orbitalelektronen. Die Zahl dieser Elektronen ist auf beiden Seiten der Gleichung gleich, so daß sich ihre Massen bei der Differenzbildung gegenseitig aufheben. Wir können deshalb mit den Atommassen anstelle der Kernmassen rechnen:

$$\Delta m = A_r({}^{210}_{84}\text{Po}) - [A_r({}^{206}_{82}\text{Pb}) + A_r({}^{4}_{2}\text{He})]$$
$$= 209{,}9829 - [205{,}9745 + 4{,}0026] \text{ u}$$
$$= 0{,}0058 \text{ u}$$

$$\Delta E = 0{,}0058 \text{ u} \cdot 931{,}5 \text{ MeV/u} = 5{,}4 \text{ MeV}$$

oder

$$\Delta E = 0{,}0058 \text{ u} \cdot 1{,}4924 \cdot 10^{-10} \text{ J/u} = 8{,}66 \cdot 10^{-13} \text{ J}$$

Das entspricht

$$\Delta E \cdot N_A = 8{,}66 \cdot 10^{-13} \text{ J} \cdot 6{,}022 \cdot 10^{23} \text{ mol}^{-1}$$
$$= 5{,}21 \cdot 10^{8} \text{ kJ/mol!}$$

Bei einem α-Zerfallprozeß wird das α-Teilchen mit hoher kinetischer Energie aus dem Atomkern geschleudert. Der zurückbleibende Restkern erfährt einen Rückstoß mit geringerer kinetischer Energie. Wenn die Summe der kinetischen Energien von α-Teilchen und Restkern gleich der Zerfallsenergie ist, dann liegt der Restkern in seinem Grundzustand vor. Wenn die Summe der kinetischen Energien geringer als die Zerfallsenergie ist, dann hinterbleibt ein Kern in einem angeregten Zustand. Der Kern im angeregten Zustand strahlt Energie in Form von γ-Strahlung ab, um in den Grundzustand zu gelangen.

γ-Strahlung

γ-Strahlung ist elektromagnetische Strahlung mit sehr kleiner Wellenlänge. Sie kommt durch Zustandsänderungen innerhalb des Kerns zustande. Sie ist nicht mit einer Änderung der Massenzahl oder der Ordnungszahl verbunden. Oft werden bei Kernumwandlungen Kerne in angeregten Zuständen erzeugt, die durch Abgabe von γ-Strahlung in den Grundzustand gelangen (siehe nebenstehendes Beispiel).

$$[{}^{125}_{52}\text{Te}]^* \rightarrow {}^{125}_{52}\text{Te} + \gamma$$
angeregter   Grund-
Zustand   zustand

Die γ-Strahlung wird in Quanten mit definierter Energie abgegeben. Sie kommt durch Übergänge zwischen bestimmten Energieniveaus im Kern zustande. Die Energiedifferenz zwischen je zwei Niveaus entspricht der Energie des jeweils emittierten Quants. Die γ-Strahlung hat ein Linienspektrum, das analog zum Linienspektrum eines angeregten Atoms zustande kommt, bei dem Elektronenübergänge zwischen verschiedenen Energieniveaus in seiner Elektronenhülle stattfinden.

Radioaktive Zerfallsreaktionen werden häufig von γ-Strahlung begleitet. Beim Zerfall von $^{228}_{90}$Th werden zum Beispiel α- und γ-Strahlen abgegeben. Aus den Energiewerten der α-Teilchen und der γ-Strahlen kann

$$^{228}_{90}\text{Th} \rightarrow [{}^{224}_{88}\text{Ra}]^* + {}^{4}_{2}\text{He}$$
$$[{}^{224}_{88}\text{Ra}]^* \rightarrow {}^{224}_{88}\text{Ra} + \gamma$$

man die Energieniveaus des Produkt-Kerns $^{224}_{88}$Ra berechnen. Die α-Teilchen haben Energien von

5,423 MeV   5,341 MeV   5,211 MeV

und weitere Werte. Die γ-Quanten haben Energien von

0,084 MeV   0,216 MeV   0,132 MeV

und andere Werte. Bei der Emission des α-Teilchens mit 5,423 MeV wird die Entstehung eines $^{224}_{88}$Ra-Kerns im Grundzustand angenommen; diese α-Teilchenemission wird nicht von γ-Strahlung begleitet. Bei der Emission der übrigen α-Teilchen, die geringere kinetische Energien haben, hinterbleibt jeweils ein $^{224}_{88}$Ra-Kern in einem angeregten Zustand. Aus diesen energiereicheren Zuständen gehen die Kerne in den energieärmsten Zustand, den Grundzustand, über; dabei wird je ein γ-Quant emittiert. Aus den Energiewerten der γ-Quanten kann man sich ein Bild von den Energiezuständen im $^{224}_{88}$Ra-Kern machen (◉ 31.2). Bei jedem Zerfallsvorgang ist die Summe der kinetischen Energie des α-Teilchens, die Energie des γ-Quants und die Rückstoßenergie des Produkt-Kerns gleich der Zerfallsenergie (5,520 MeV in unserem Beispiel).

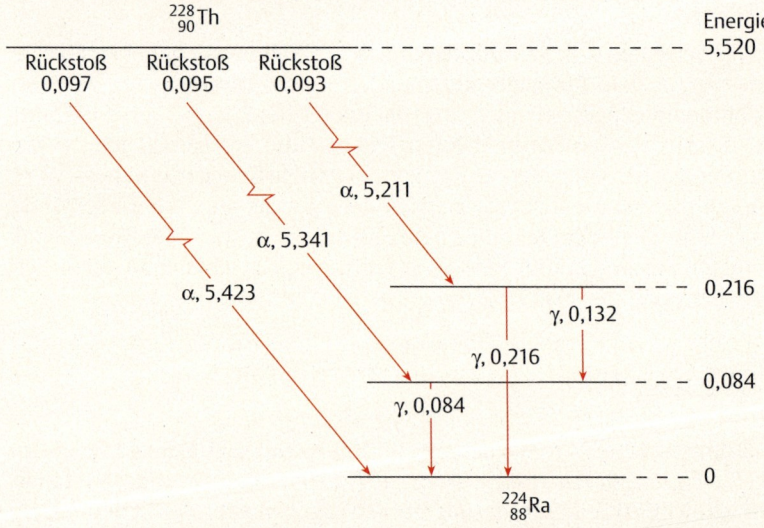

◉ 31.2 Energieniveau-Diagramm für den $^{224}_{88}$Ra-Kern, abgeleitet aus den Energiewerten der emittierten α- und γ-Strahlen beim Zerfall von $^{228}_{90}$Th. Energiewerte in MeV

β⁻-Zerfall (Elektronen-Emission)

Beim radioaktiven β-Zerfall ändert sich die Ordnungszahl Z des radioaktiven Nuclids, nicht aber die Massenzahl A. Wir betrachten als erstes die Elektronen-Emission als eine von drei Arten von β-Zerfallsprozessen. Die Diskussion von zwei anderen β-Zerfallsprozessen, die Positronen-Emission und der Elektroneneinfang, folgt dann.

Zum β^--Zerfall gehört die Emission von β^--Teilchen. β^--Teilchen sind Elektronen, die wir mit $_{-1}^{0}e$ symbolisieren. Die hochgestellte Zahl ist Null, da ein β^--Teilchen keine Nucleonen enthält; die tiefgestellte Zahl bezeichnet die Ladung des Elektrons.

In einem Atomkern sind keine Elektronen als solche vorhanden. Ein Neutron kann sich aber in ein Proton umwandeln, indem es ein Elektron ausstößt. Wir verwenden das Symbol $_{1}^{1}p$, um ein Proton zu bezeichnen, das in einem *Kern gebunden* ist; mit dem Symbol $_{1}^{1}H$ bezeichnen wir *freie* Protonen.

$$_{0}^{1}n \rightarrow \,_{1}^{1}p + \,_{-1}^{0}e$$

Der Effekt einer β^--Emission ist die Verringerung der Neutronenzahl um 1 und die Erhöhung der Protonenzahl um 1. Die Gesamtzahl der Nucleonen wird nicht verändert. Damit ergibt sich keine Änderung für die Massenzahl, aber eine Erhöhung der Ordnungszahl.

Beim β^--Zerfall nimmt das Verhältnis von Neutronen zu Protonen ab. Atomkerne mit einem zu großen Neutronen/Protonen-Verhältnis zerfallen deshalb durch β^--Emissionen. Punkte, die diese Art von Kernen bezeichnen, liegen in ◙ 31.1 (S. 608) links von der Stabilitätszone. Durch den β^--Zerfall rücken die Punkte näher an die Stabilitätszone. Der β^--Zerfall ist ein häufig vorkommender radioaktiver Zerfallsvorgang, sowohl bei natürlichen wie bei künstlich hergestellten Nucliden.

Beispiele für den **β^--Zerfall**

$_{73}^{186}Ta \rightarrow \,_{74}^{186}W + \,_{-1}^{0}e$
$_{35}^{82}Br \rightarrow \,_{36}^{82}Kr + \,_{-1}^{0}e$
$_{12}^{27}Mg \rightarrow \,_{13}^{27}Al + \,_{-1}^{0}e$
$_{6}^{14}C \rightarrow \,_{7}^{14}N + \,_{-1}^{0}e$
$_{4}^{10}Be \rightarrow \,_{5}^{10}B + \,_{-1}^{0}e$

◙ **Beispiel 31.3**

Welche Energie wird beim β^--Zerfall von $_{6}^{14}C$ frei?

$$_{6}^{14}C \rightarrow \,_{7}^{14}N + \,_{-1}^{0}e$$

$A_r(_{6}^{14}C) = 14{,}00324 \qquad A_r(_{7}^{14}N) = 14{,}00307$

Zur Berechnung kann man die angegebenen relativen *Atom*massen an Stelle der *Kern*massen verwenden. Wir addieren 6 Elektronen auf jeder Seite der Gleichung für die Kernreaktion:

$$_{6}^{14}C + 6\,_{-1}^{0}e \rightarrow \,_{7}^{14}N + \,_{-1}^{0}e + 6\,_{-1}^{0}e$$

Jetzt steht auf jeder Seite der Gleichung die Zahl der Teilchen, die ein $_{6}^{14}C$-Atom bzw. ein $_{7}^{14}N$-Atom enthält. Die Massendifferenz beträgt:

$$\Delta m = A_r(_{6}^{14}C) - A_r(_{7}^{14}N)\,u = 14{,}00324 - 14{,}00307\,u = 0{,}00017\,u$$

Die freigesetzte Energie beträgt:

$$\Delta E = 0{,}00017\,u \cdot 931{,}5\,MeV/u = 0{,}16\,MeV$$

Beim β^--Zerfall ist die Rückstoßenergie des Produkt-Kerns vernachlässigbar, weil das emittierte Elektron eine sehr kleine Masse hat. Man könnte erwarten, daß die Zerfallsenergie in der kinetischen Energie des β^--Teilchens steckt und alle β^--Teilchen eine Energie haben, die diesem Wert entspricht. Tatsächlich wird jedoch ein kontinuierliches Spektrum von β^--Teilchenenergien beobachtet, wobei die höchste Energie fast dem Wert der Zerfallsenergie entspricht. Um dies zu erklären, wird für die Emission von jedem β^--Teilchen, dessen Energie geringer als die Zerfallsenergie ist, die Emission von einem weiteren Teilchen, einem **Antineutrino** ($\bar{\nu}$) postuliert. Das Antineutrino übernimmt die überschüssige Energie. Das Antineutrino muß ein ungeladenes Teilchen mit sehr geringer Masse sein.

$^1_1p \rightarrow {}^1_0n + {}^0_1e$

Beispiele für den **β⁺-Zerfall**:

$^{122}_{53}I \rightarrow {}^{122}_{52}Te + {}^0_1e$
$^{38}_{19}K \rightarrow {}^{38}_{18}Ar + {}^0_1e$
$^{23}_{12}Mg \rightarrow {}^{23}_{11}Na + {}^0_1e$
$^{15}_{8}O \rightarrow {}^{15}_{7}N + {}^0_1e$

β⁺-Zerfall (Positronen-Emission)

Instabile Nuclide mit einem kleineren Neutronen/Protonen-Verhältnis, als es zur Stabilität notwendig ist, kommen nicht natürlich vor. Sie entsprechen Punkten rechts und unter der Stabilitätszone in ◻ 31.1. Solche Nuclide sind jedoch künstlich hergestellt worden. Für sie ist die Positronen-Emission eine Möglichkeit, um zu einem günstigeren Neutronen/Protonen-Verhältnis zu kommen.

Bei der Positronen-Emission wird ein β⁺-Teilchen, ein **Positron**, aus dem Kern geschleudert. Das Positron hat die gleiche Masse wie ein Elektron, jedoch eine positive Ladung. Es erhält das Symbol ^0_1e. Der Ausstoß eines Positrons verwandelt ein Proton in ein Neutron. Beim β⁺-Zerfall wird daher die Zahl der Neutronen im Kern um 1 erhöht und die Zahl der Protonen um 1 vermindert. Die Ordnungszahl verringert sich um 1, die Massenzahl bleibt unverändert.

◼ **Beispiel 31.4**

Welche Energie wird beim β⁺-Zerfall von $^{15}_8O$ frei?

$$^{15}_{8}O \rightarrow {}^{15}_{7}N + {}^0_1e$$

$A_r(^{15}_8O) = 15,00308 \qquad A_r(^{15}_7N) = 15,00011 \qquad A_r(e) = 0,00055$

Da relative Atommassen und nicht Kernmassen angegeben sind, addieren wir acht Orbitalelektronen auf jeder Seite der Gleichung für die Kernreaktion:

$$^{15}_{8}O + 8\,{}^0_{-1}e \rightarrow {}^{15}_{7}N + {}^0_1e + 8\,{}^0_{-1}e$$

Jetzt steht auf der linken Seite die Zahl der Teilchen, aus denen ein $^{15}_8O$-Atom besteht; rechts steht die Zahl der Teilchen eines $^{15}_7N$-Atoms plus ein Positron plus ein Elektron. Positron und Elektron haben die gleiche Masse.

Massendifferenz:

$$\Delta m = A_r(^{15}_8O) - [A_r(^{15}_7N) + 2A_r(e)]\, u$$
$$= 15,00308 - [15,00011 + 2 \cdot 0,00055]\, u = 0,00187\, u$$

Freigesetzte Energie:

$$\Delta E = 0,00187\, u \cdot 931,5\, MeV/u = 1,74\, MeV$$

Wie aus der Rechnung im Beispiel ◻ 31.4 zu ersehen ist, kann eine spontane Positron-Emission nur erfolgen, wenn die Masse des zerfallenden Nuclids mindestens um 0,00110 u größer ist, als diejenige des entstehenden Nuclids; 0,00110 u ist die Masse von zwei Elektronen.

Wie bei der β⁻-Emission findet man auch bei der β⁺-Emission ein kontinuierliches Spektrum für die Teilchenenergien. Man nimmt deshalb die gleichzeitige Emission von **Neutrinos** (ν) an, welche einen Teil der Zerfallsenergie übernehmen.

Das Positron war das erste beobachtete **Antiteilchen**. Es hat die gleiche Masse aber die entgegengesetzte Ladung eines Elektrons. Wenn ein Positron mit einem Elektron kollidiert, dann löschen sich beide Teilchen gegenseitig aus und γ-Strahlung wird freigesetzt; die Energie des γ-Quants entspricht der Masse der beiden Teilchen. Man glaubt an die Existenz weiterer Antiteilchen; das Neutrino und das Antineutrino, die beim β⁺- bzw. β⁻-Zerfall abgestrahlt werden, sind ein weiteres Paar von Antiteilchen.

Elektronen-Einfang

Ein Nuclid mit einer zu großen Protonenzahl kann ein günstigeres Neutronen/Protonen-Verhältnis auch durch Elektronen-Einfang erreichen. Anders als bei der Positronen-Emission kann dieser Prozeß auch stattfinden, wenn die Differenz der Massen zwischen reagierendem Nuclid und entstehendem Nuclid weniger als 0,00110 u beträgt.

Bei dem Prozeß fängt der Atomkern ein Elektron aus einer inneren Schale der Elektronenhülle ein. Mit dem eingefangenen Elektron wird ein Kern-Proton in ein Neutron umgewandelt. Der entstandene Kern hat ein Proton weniger und ein Neutron mehr. Damit nimmt die Ordnungszahl um 1 ab, während die Massenzahl unverändert bleibt.

Beim Elektronen-Einfang ist die Rückstoßenergie des Produkt-Kerns vernachlässigbar. Wenn ein Produkt-Kern im Grundzustand entsteht, wird die Reaktionsenergie im wesentlichen von einem Neutrino übernommen, das bei dem Prozeß abgestrahlt wird. Zusätzlich wird der Elektronen-Einfang von einer Abstrahlung von Röntgenstrahlen begleitet. Der Einfang eines Elektrons aus der *K*-Schale („*K*-Einfang") oder der *L*-Schale der Elektronenhülle hinterläßt eine Lücke in dieser Schale. Wenn äußere Elektronen in diese Lücke springen, werden Röntgenstrahlen emittiert.

Beispiele für **Elektronen-Einfang-Reaktionen** (eE):

$_{-1}^{0}e + _{80}^{197}Hg \xrightarrow{eE} _{79}^{197}Au$

$_{-1}^{0}e + _{47}^{106}Ag \xrightarrow{eE} _{46}^{106}Pd$

$_{-1}^{0}e + _{18}^{37}Ar \xrightarrow{eE} _{17}^{37}Cl$

$_{-1}^{0}e + _{4}^{7}Be \xrightarrow{eE} _{3}^{7}Li$

Spontane Kernspaltung

Bei der spontanen Kernspaltung zerfällt ein schwerer Kern in zwei leichtere Kerne und einige Neutronen. Bei fast allen Nucliden mit Massenzahlen über 230 kommt die spontane Kernspaltung vor; bei Nucliden mit geringerer Massenzahl als 230 wird dieser Vorgang nicht beobachtet. Die spontane Kernspaltung scheint eine Folge der Abstoßungskräfte zwischen der großen Zahl von Protonen zu sein.

Bei jeder spontanen Kernspaltungsreaktion ist die Summe der Massen der Produkte geringer als die Masse des zerfallenden Kerns. Energie, die der Massendifferenz entspricht, wird freigesetzt. Diese Energie ist sehr groß (um die 200 MeV) und findet sich im wesentlichen in den kinetischen Energien der Spaltprodukte. Auf die induzierte Kernspaltung gehen wir in Abschnitt 31.**9**, S. 629 ein.

Beispiel für eine **spontane Kernspaltung**

$_{98}^{252}Cf \rightarrow _{56}^{142}Ba + _{42}^{106}Mo + 4_{0}^{1}n$

31.4 Messung der Radioaktivität

Die Emissionen von radioaktiven Substanzen können durch verschiedene Methoden untersucht werden. Photographische Filme werden belichtet. Mit photographischen Verfahren kann die Strahlung qualitativ und quantitativ registriert werden. Diese Methode ist relativ ungenau und für schnell durchzuführende Untersuchungen ungeeignet. Sie wird zum Beispiel zur Strahlenschutz-Überwachung von Personen verwendet, welche Filmplaketten tragen, die in regelmäßigen Abständen ausgetauscht und entwickelt werden.

Manche Substanzen, zum Beispiel Zinksulfid, absorbieren die Energie von auftreffender radioaktiver Strahlung und wandeln sie in Licht um. Zinksulfid *fluoresziert*; bei jedem Auftreffen eines Teilchens aus der radioaktiven Quelle wird ein kleiner Lichtblitz erzeugt (diese Erscheinung wird auch zur Erzeugung eines Bildes auf einem Fernsehschirm ausgenutzt). Ein **Szintillationszähler** ist ein Gerät, bei dem dieser Effekt zur Strahlungsmessung genutzt wird. Das Eintrittsfenster eines photoelektrischen Meßinstrumentes wird mit Zinksulfid beschichtet. Jedes Mal, wenn ein radioaktives Emissionsprodukt auf das Zinksulfid trifft, blitzt das Zinksulfid auf und löst einen elektrischen Impuls im Meßinstrument aus. Diese Signale werden verstärkt und können elektronisch gezählt werden.

Der Aufbau eines **Geiger-Müller-Zählers** ist in 31.3 skizziert. Die Strahlung tritt durch ein dünnwandiges Fenster in das Zählrohr ein, welches Argon-Gas enthält. Während ein Teilchen oder ein γ-Strahl das Rohr durchquert, werden Elektronen aus den Argon-Atomen herausgeschlagen und Ar^+-Ionen gebildet. In der Mitte des Rohres befindet sich ein Draht; zwischen diesem und der Rohrwand wird ein elektrisches Potential von 1000 bis 1200 V angelegt. Die Rohrwand übernimmt die Funktion einer negativen Elektrode und zieht die Ar^+-Ionen an; der Draht wirkt als positive Elektrode und zieht die Elektronen an. Die Elektronen, die von der elektrischen Spannung beschleunigt werde, treffen weitere Argon-Atome und ionisieren sie. So entsteht eine Kaskade von Ionen, die einen kurzzeitigen Stromfluß zwischen Rohr und Draht bewirkt. Der Stromstoß wird verstärkt und mit einer Zählvorrichtung registriert oder mit einem Lautsprecher hörbar gemacht.

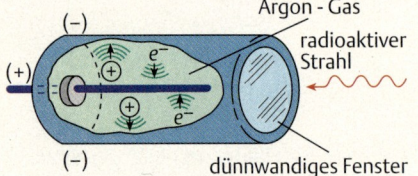

◉ 31.3 Bauprinzip eines Geiger-Müller-Zählrohrs

Mit der **Wilson-Nebelkammer** können die Wege, die Teilchen aus dem radioaktiven Zerfall zurücklegen, sichtbar gemacht werden. Die Strahlung wirkt ionisierend auf Luft, d.h. sie erzeugt Ionen entlang ihres Weges. Die Nebelkammer enthält Luft und ist mit den Dämpfen einer Flüssigkeit wie Wasser oder Alkohol gesättigt. Durch Bewegung eines Kolbens wird die Luft in der Kammer plötzlich expandiert und abgekühlt. Dadurch wird die Luft mit dem Dampf übersättigt. Flüssigkeitstropfen kondensieren sich an den Ionen, die von den radioaktiven Strahlen erzeugt werden, und machen die Wege der Teilchen sichtbar. Die Tröpfchen-Spuren können photographiert und dann ausgewertet werden. Auf den Photographien sind Weglängen und Kollisionen der Teilchen sichtbar; der Einfluß von äußeren Magnetfeldern oder elektrischen Feldern kann studiert werden und daraus können Schlüsse über die Ladung, Masse und Geschwindigkeit der Teilchen gezogen werden (◉ 31.4).

Hans Geiger 1882–1945

Charles Wilson, 1869–1959

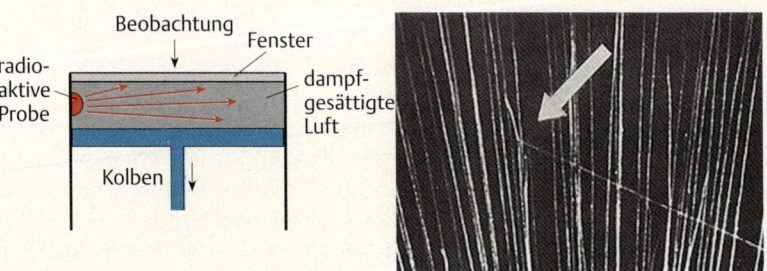

◉ 31.4 Nebelkammer nach C. Wilson
links: schematische Darstellung
rechts: Aufnahme der ersten von E. Rutherford beobachteten künstlichen Kernumwandlung: $^{14}_{7}N + ^{4}_{2}He \rightarrow ^{17}_{8}O + ^{1}_{1}H$. Die Spur des ^{17}O verläuft vom Entstehungsort (Pfeil) nach links oben, die des Protons nach rechts unten. Die übrigen Spuren stammen von den α-Teilchen, mit denen der Stickstoff bestrahlt wurde.

Die Messung von radioaktiver Strahlung ist mit außerordentlich hoher Empfindlichkeit möglich. Nukleare Zerfallsprozesse können einzeln registriert werden. Da die emittierte Strahlung für jedes Nuclid charakteristisch ist, können bei Messung des Spektrums der Strahlung die strahlenden Nuclide auch identifiziert werden. Die Anwesenheit und die Konzentration einer radioaktiven Substanz läßt sich um viele Größenordnungen genauer und zuverlässiger ermitteln, als bei nicht strahlenden Substanzen. Radioaktive Abfallstoffe können mit wesentlich einfacheren, schnelleren und zuverlässigeren Mitteln überwacht werden, als jeder andere Abfallstoff. So konnte zum Beispiel nach dem Kernreaktor-Unfall in Tschernobyl (Ukraine) im Jahre 1986 genau verfolgt werden, wo und welche radioaktive Substanzen (hauptsächlich $^{131}_{53}$I und $^{137}_{55}$Cs) durch den Wind hingetragen wurden, obwohl die Gesamtmenge $^{131}_{53}$I, die auf die ganze Fläche der damaligen Bundesrepublik Deutschland niederging, weniger als ein Gramm betrug (vgl. auch ◨ 31.7, S. 619).

31.5 Die radioaktive Zerfallsgeschwindigkeit

Für die Zerfallsgeschwindigkeit von allen radioaktiven Substanzen gilt ein Geschwindigkeitsgesetz 1. Ordnung (Abschn. 14.3, S. 245). Sie ist unabhängig von der Temperatur. Die Zerfallsgeschwindigkeit hängt demnach nur von der Menge der vorhandenen radioaktiven Substanz ab.

N sei die Zahl der vorhandenen Atome einer radioaktiven Substanzprobe, ΔN sei die Zahl der Atome, die im Zeitintervall Δt zerfallen. Dann gilt Gleichung (31.1), wobei k die Geschwindigkeitskonstante ist. Da die Substanzmenge des zerfallenden Stoffs abnimmt, ist das Vorzeichen negativ.

Die Formulierung des Zerfallsgesetzes gemäß Gleichung (31.2) bringt zum Ausdruck, daß der Bruchteil $\Delta N/N$ der Probe, der im Zeitintervall Δt zerfällt, proportional zu diesem Zeitintervall ist. Die Zeit, die abläuft, bis die Hälfte der Probe zerfallen ist, nennt man die **Halbwertszeit** ($t_{1/2}$). Sie ist für ein gegebenes radioaktives Nuclid eine Konstante.

Die Kurve in ◨ 31.5 gibt die Zahl der noch nicht zerfallenen radioaktiven Atome einer Probe als Funktion der Zeit wieder. N_0 sei die Zahl der zu Beginn vorhandenen radioaktiven Atome. Nachdem eine Halbwertszeit abgelaufen ist, ist nur noch die Hälfte dieser Menge ($\frac{1}{2}N_0$ Atome) unverändert vorhanden. Diese Zahl halbiert sich nach Ablauf einer weiteren Halbwertszeit, es verbleiben $\frac{1}{4}N_0$ Atome. Jedes radioaktive Nuclid hat eine charakteristische Halbwertszeit. Die Werte variieren von Nuclid zu Nuclid sehr stark. Zum Beispiel wird die Halbwertszeit für $^5_3$Li auf 10^{-21} s geschätzt, während $^{238}_{92}$U eine Halbwertszeit von $4{,}5 \cdot 10^9$ Jahren hat.

Wenn man das Geschwindigkeitsgesetz in Differentialform angibt (Gleichung 31.3) und integriert, so kommt man auf Gleichung (31.4). Durch Einsetzen der Halbwertszeit $t = t_{1/2}$ und der zugehörigen Zahl der Atome $N = \frac{1}{2}N_0$ kommt man auf Gleichung (31.5); sie ist eine Beziehung zwischen der Halbwertszeit und der Geschwindigkeitskonstanten.

In den Gleichungen (31.4) und (31.5) kann N als Zahl der Atome, der Mole oder in beliebigen Masseneinheiten angegeben werden. Da sich in der Verhältniszahl N_0/N die Einheiten herauskürzen, ist der Zahlenwert unabhängig von den Einheiten.

$$-\frac{\Delta N}{\Delta t} = kN \qquad (31.1)$$

$$-\frac{\Delta N}{N} = k\Delta t \qquad (31.2)$$

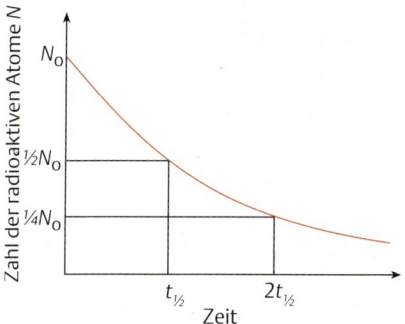

◨ 31.5   Graph zur Wiedergabe der radioaktiven Zerfallsgeschwindigkeit

$$\frac{dN}{N} = -k\,dt \qquad (31.3)$$

Integration:

$$\ln N - \ln N_0 = -kt$$

$$\ln \frac{N_0}{N} = kt \qquad (31.4)$$

Für $t = t_{1/2}$, $N = \frac{1}{2}N_0$:

$$\ln(\tfrac{1}{2}) = -kt_{1/2}$$

$$t_{1/2} = \frac{\ln 2}{k} = \frac{0{,}693}{k} \qquad (31.5)$$

Beispiel 31.5

Das radioaktive Nuclid $^{60}_{27}$Co hat eine Halbwertszeit von 5,27 Jahren. Welche Masse $^{60}_{27}$Co ist von einer Probe mit 10,0 mg nach einem Jahr noch vorhanden?

Berechnung der Zerfallskonstanten:

$$k = \frac{0{,}639}{t_{1/2}} = \frac{0{,}639}{5{,}27 \text{ Jahre}} = 0{,}132 \text{ Jahre}^{-1}$$

Berechnung der verbliebenen $^{60}_{27}$Co-Masse:

$$\ln \frac{N_0}{N} = kt = 0{,}132 \text{ Jahre}^{-1} \cdot 1{,}00 \text{ Jahre}$$

$$\frac{N_0}{N} = 1{,}14 \qquad N = \frac{N_0}{1{,}14} = \frac{10{,}0 \text{ mg}}{1{,}14} = 8{,}77 \text{ mg}$$

Aktivität

Aktivität

$$a = -\frac{dN}{dt} = kN = \frac{0{,}693}{t_{1/2}} N$$

1 Bq = 1 Kernprozeß pro Sekunde
1 Ci = $3{,}7 \cdot 10^{10}$ Bq

$$\frac{N}{N_0} = \frac{a}{a_0}$$

Die Strahlungsmenge, die aus einer Probe pro Zeiteinheit austritt, nennt man ihre **Aktivität** (a). Sie wird als Anzahl der Kernprozesse pro Zeiteinheit angegeben. Die SI-Einheit für die Aktivität ist das Becquerel (Bq). Die ältere Maßeinheit ist das Curie (Ci). Die Aktivität ist umgekehrt proportional zur Halbwertszeit; je schneller eine radioaktive Substanz zerfällt, desto intensiver strahlt sie.

Die Aktivität einer Probe ist proportional zur Zahl der vorhandenen radioaktiven Atome. Deshalb ist das Verhältnis N/N_0 in einer Probe gleich dem Verhältnis a/a_0 ihrer momentanen Aktivität a zu ihrer Aktivität a_0 zur Zeit $t = 0$.

Henri Becquerel, 1852–1908

Beispiel 31.6

Eine Probe von $^{35}_{16}$S, ein β^--Strahler, hat eine Aktivität von 4,00 GBq. Nach 20 Tagen ist die Aktivität auf 3,41 GBq abgefallen. Welche Halbwertszeit hat $^{35}_{16}$S?

Nach Gleichung (31.4) ist:

$$\ln \frac{N_0}{N} = kt$$

$$\ln \frac{4{,}00 \text{ GBq}}{3{,}41 \text{ GBq}} = k \cdot 20 \text{ d}$$

$$k = 7{,}98 \cdot 10^{-3} \text{ d}^{-1}$$

Die Halbwertszeit folgt aus Gleichung (31.5):

$$t_{1/2} = \frac{0{,}693}{k} = \frac{0{,}693}{7{,}98 \cdot 10^{-3} \text{ d}^{-1}} = 86{,}8 \text{ Tage}$$

Beispiel 31.7

Die Halbwertszeit von $^{131}_{53}\text{I}$, einem β^--Strahler, beträgt 8,05 Tage. Nach dem Reaktorunfall von Tschernobyl trugen Winde $^{131}_{53}\text{I}$ nach Europa; durch Regenfall gelangte dieses in das Erdreich. Bei einer Messung in Deutschland wurden in einem Garten 15 000 Bq/m² $^{131}_{53}\text{I}$ gemessen. Wie viele Atome $^{131}_{53}\text{I}$ waren pro Quadratmeter in der Gartenerde? Welche Masse $^{131}_{53}\text{I}$ pro Quadratmeter war vorhanden?

Berechnung der Zerfallskonstanten (1 Tag hat 86 400 s):

$$k = \frac{0{,}693}{t_{½}} = \frac{0{,}693}{8{,}05\,\text{d}} = \frac{0{,}693}{8{,}05 \cdot 86\,400\,\text{s}} = 9{,}96 \cdot 10^{-7}\,\text{s}^{-1}$$
$$= 9{,}96 \cdot 10^{-7}\,\text{Bq}$$

Die Aktivität in einem Quadratmeter Boden betrug

$$-\frac{dN}{dt} = kN = 15\,000\,\text{Bq}$$

Daraus ergibt sich die Zahl der ^{131}I-Atome:

$$N = \frac{15\,000\,\text{Bq}}{k} = \frac{15\,000\,\text{Bq}}{9{,}96 \cdot 10^{-7}\,\text{Bq}} = 1{,}50 \cdot 10^{10}$$

Die Masse eines Atoms ^{131}I beträgt $M(^{131}\text{I})/N_A$. Die Masse ^{131}I pro Quadratmeter Boden betrug:

$$m(^{131}\text{I}) = N \cdot \frac{M(^{131}\text{I})}{N_A} = 1{,}50 \cdot 10^{10} \cdot \frac{131\,\text{g} \cdot \text{mol}^{-1}}{6{,}02 \cdot 10^{23}\,\text{mol}^{-1}} = 3{,}26 \cdot 10^{-12}\,\text{g}$$

Altersbestimmung mit ^{14}C

Das radioaktive Nuclid $^{14}_{6}\text{C}$ entsteht ständig in der Atmosphäre durch das Auftreffen von Neutronen aus der kosmischen Strahlung auf Stickstoff:

$$^{14}_{7}\text{N} + ^{1}_{0}\text{n} \rightarrow ^{14}_{6}\text{C} + ^{1}_{1}\text{H}$$

Das $^{14}_{6}\text{C}$ wird in der Atmosphäre zu $CO_2(g)$ oxidiert, weshalb das Kohlendioxid in der Luft zu einem geringen Anteil radioaktiv ist. Durch β^--Zerfall verschwindet das $^{14}_{6}\text{C}$ wieder:

$$^{14}_{6}\text{C} \rightarrow ^{14}_{7}\text{N} + ^{0}_{-1}e$$

Zwischen entstehendem und wieder zerfallendem $^{14}_{6}\text{C}$ hat sich ein Gleichgewicht eingestellt, bei dem die pro Zeiteinheit entstehende und die wieder zerfallende Menge gleich groß ist. Der Anteil des radioaktiven Kohlendioxids in der Luft hat deshalb einen konstanten Wert; in jedem Gramm Kohlenstoff finden etwa 15 Zerfallsreaktionen pro Minute statt. In der gesamten irdischen Atmosphäre sind ungefähr 800 kg $^{14}_{6}\text{C}$ enthalten.

Das Kohlendioxid aus der Luft wird von den Pflanzen bei der Photosynthese assimiliert. Auf diese Weise wird $^{14}_{6}\text{C}$ in das pflanzliche Gewebe und über die Nahrungskette auch in tierische Gewebe eingebaut. In einer lebenden Pflanze oder einem lebenden Tier ist der Anteil $^{14}_{6}\text{C}$ im Kohlenstoff gleich groß wie in der Atmosphäre. Wenn das Lebewesen stirbt, wird der

Pflanze oder dem Tier kein $^{14}_{6}$C mehr zugeführt, und die Menge des $^{14}_{6}$C nimmt kontinuierlich in dem Maße ab, wie es radioaktiv zerfällt. Aus dem $^{14}_{6}$C-Anteil im Kohlenstoff des toten Gewebes, dem $^{14}_{6}$C-Anteil im Kohlenstoff von lebenden Organismen und der Halbwertszeit von $^{14}_{6}$C (5730 Jahre) kann der Zeitpunkt berechnet werden, zu dem das Lebewesen gestorben ist (◼ 31.8). Auf diese Weise kann das Alter von archäologischen Fundobjekten ermittelt werden. So wurde das Alter der Schriftrollen vom Toten Meer auf 1917 ± 200 Jahre bestimmt.

◼ **Beispiel 31.8**

In einem Holzgegenstand wurde eine Aktivität von 9,0 $^{14}_{6}$C-Zerfällen pro Minute und Gramm Kohlenstoff gemessen. Wie alt ist der Gegenstand?

Berechnung der Zerfallskonstanten von $^{14}_{6}$C aus der Halbwertszeit (5730 Jahre):

$$k = \frac{0{,}693}{t_{1/2}} = \frac{0{,}693}{5730 \text{ a}} = 1{,}21 \cdot 10^{-4} \text{ a}^{-1}$$

In einem Gramm Kohlenstoff von frisch geschnittenem Holz treten N_0 = 15 Zerfälle pro Minute auf. Mit N = 9,0 Zerfällen pro Minute in einem Gramm C des Holzgegenstandes berechnen wir (Gleichung 31.4):

$$\ln \frac{N_0}{N} = kt$$

$$\ln \frac{15 \text{ min}^{-1} \text{g}^{-1}}{9{,}0 \text{ min}^{-1} \text{g}^{-1}} = 1{,}21 \cdot 10^{-4} \text{ a}^{-1} \cdot t$$

$$t = 4{,}2 \cdot 10^3 \text{ Jahre}$$

Bei der Altersbestimmung mit $^{14}_{6}$C wird die Annahme gemacht, der $^{14}_{6}$C-Anteil im atmosphärischen Kohlenstoff sei über Jahrhunderte konstant geblieben. Diese Annahme ist nicht ganz korrekt. Durch Abzählen von Jahresringen im Holz sehr alter Bäume und Messung von deren $^{14}_{6}$C-Aktivität ist bestimmt worden, wie der $^{14}_{6}$C-Gehalt der Atmosphäre im Laufe der Jahrhunderte geschwankt hat. Mit diesen Daten können die Berechnungen der $^{14}_{6}$C-Altersbestimmung korrigiert werden. Die Korrekturfaktoren sind nie größer als 10 %.

31.6 Biologische Effekte der radioaktiven Strahlung

Durch Veränderungen in den Zellen lebender Organismen bewirken radioaktive Strahlen biologische Effekte. Materie kann verschiedenerlei Änderungen erfahren, wenn sie von Strahlen getroffen wird. Die Absorption von Energie aus der Strahlung kann Elektronen in Atomen und Molekülen anregen. Wenn die Energie groß genug ist, können Elektronen ganz aus Atomen oder Molekülen herausgeschleudert werden; dabei entstehen positiv geladene Ionen. Die herausgeschleuderten Elektronen können selbst energiereich genug sein, um ihrerseits weitere Anregungen oder Ionisierungen zu verursachen. Dadurch verlieren die herausgeschleuderten Elektronen Energie und werden schließlich langsam genug, um von

31.6 Biologische Effekte der radioaktiven Strahlung

Atomen oder Molekülen absorbiert zu werden, wobei negativ geladene Ionen entstehen.

Betrachten wir den Effekt von Strahlung auf ein Wasser-Molekül (Wasser ist ein Hauptbestandteil in biologischen Systemen). Die Primär-Reaktion ist die Ionisierung eines Wasser-Moleküls zu H_2O^+. Bei der Absorption eines Elektrons durch ein Wasser-Molekül entsteht ein H_2O^--Ion. Die Ionen H_2O^+ und H_2O^- sind instabil; sie zerfallen unter Bildung von Radikalen $H^\cdot$ und $HO^\cdot$. Radikale sind sehr reaktiv; sie greifen chemische Bindungen an und führen zum Bruch von organischen Molekülen in den Zellen.

Die Zerstörung von organischen Molekülen in den Zellen zieht Störungen des Stoffwechsels nach sich, die sich in kurzfristigen und langfristigen Folgeerscheinungen äußern. Zu diesen Folgeerscheinungen gehören: Haarausfall, Blutkrankheiten einschließlich Leukämie, Katarakte, Magenblutungen und Störungen der Verdauung, Störungen des zentralen Nervensystems, Unfruchtbarkeit und Krebs. Die Strahlung kann genetische Schäden anrichten; Strahlenschäden in den Nucleinsäuren können zu Mutationen führen, die sich auf zukünftige Generationen auswirken.

Die Schäden, die von äußerer Strahlung hervorgerufen werden können, hängen von ihrer Eindringtiefe in den Körper ab. γ-Strahlen dringen am tiefsten ein und können bis im Inneren des Organismus zu Schäden führen. α- und β-Strahlen sind in dieser Hinsicht weniger gefährlich. Selbst energiereiche β-Strahlen können kaum mehr als einen Zentimeter weit in das Gewebe eindringen. α-Strahlen haben die geringste Eindringtiefe; sie können durch ein Blatt Papier oder durch die Kleidung zurückgehalten werden. Die Entfernung der Strahlungsquelle zum Organismus ist ebenfalls von Bedeutung. α-Strahlen und β-Strahlen werden von der Luft absorbiert; je nach ihrer Energie haben α-Strahlen in Luft (bei 101,3 kPa) eine Reichweite von 2,5 bis 9 cm. β-Strahlen können in Luft Strecken bis zu 8,5 m zurücklegen. γ-Strahlen werden von Luft kaum absorbiert.

Wesentlich gefährlicher als die Strahlung von äußeren Quellen ist die Strahlung von inkorporierten radioaktiven Substanzen, die durch Inhalation, Verschlucken oder durch Wunden in den Körper gelangt sind. Hier richten α-Strahlen den größten Schaden an.

Für die biologische Wirkung ist die vom Körper **absorbierte Energiedosis** maßgeblich; das ist die Energiemenge, die pro Masseneinheit des Körpers absorbiert wird. Sie wird in Gray (Gy) gemessen; vielfach findet man die Angabe auch in der alten Maßeinheit rad („radiation absorbed dose"). Die **Dosisleistung** ist die absorbierte Energiedosis pro Zeiteinheit. Die **Strahlungs-Exposition** ist die Strahlungsmenge, welcher der Körper pro Masseneinheit ausgesetzt ist; sie wird in Becquerel pro Kilogramm gemessen.

Aus der Strahlungs-Exposition kann man nicht unmittelbar auf die absorbierte Energiedosis schließen. Um dies zu tun, muß die Energie der Strahlung berücksichtigt werden, die von Nuclid zu Nuclid verschieden ist. Wenn die gesamte Strahlung absorbiert wird (was bei γ-Strahlen in der Regel nicht der Fall ist), ergibt sich die absorbierte Energiedosis aus dem Produkt der Strahlungs-Exposition mal der Teilchenenergie. Die biologische Wirkung ist außerdem von der Strahlungsart abhängig. Zum Beispiel erzeugen α-Teilchen auf ihrer Flugbahn bedeutend mehr Ionen und zerstören mehr Moleküle als β-Teilchen. Um dies zu berücksichtigen, wird aus der absorbierten Energiedosis durch Multiplikation mit einem empi-

---

Meßgrößen zur biologischen Wirkung von radioaktiver Strahlung

Absorbierte Energiedosis D:

$$D = \frac{E}{m}$$

E = absorbierte Energie
m = Körpermasse
Maßeinheit: 1 Gray (Gy) = 1 J/kg
Alte Maßeinheit: 1 rad;
  1 Gy = 100 rad

Äquivalentdosis H:
$$H = D \cdot Q$$
Q = Qualitätsfaktor
Maßeinheit: 1 Sievert (Sv) = 1 J/kg
Alte Maßeinheit: 1 rem;
  1 Sv = 100 rem

Werte für Q:

Strahlung	Q
Röntgen	1
γ	1
β	1
α	20

rischen Faktor, dem „Qualitätsfaktor" eine **Äquivalentdosis** berechnet. Die Maßeinheit für die Äquivalentdosis ist das Sievert (Sv); dessen Verwendung hat sich noch nicht allgemein durchgesetzt, häufig findet man die Angaben noch in der älteren Einheit rem („roentgen equivalent man").

Jedes Lebewesen ist von jeher einem gewissen Strahlungspegel aus natürlichen Quellen ausgesetzt. Der Organismus enthält die radioaktiven Isotope $^{14}_{6}C$ und $^{40}_{19}K$ (der Anteil des β^--Strahlers $^{40}_{19}K$ im natürlich vorkommenden Kalium beträgt 0,0118%). Daraus ergibt sich eine körperinterne Strahlungsbelastung für einen erwachsenen Menschen von etwa 7000 Bq, entsprechend etwa 0,2 mSv/a (0,2 Millisievert pro Jahr). Die natürliche äußere Strahlungs-Exposition stammt von der kosmischen Strahlung, vom Radon-Gas in der Luft und von den radioaktiven Elementen im Erdreich. Im Erdaushub zum Bau eines Einfamilienhauses (ca. 250 m³) sind durchschnittlich 1 kg Uran, 3 kg Thorium und 40 kg des radioaktiven Isotops $^{40}_{19}K$ enthalten (die Mengen sind regional verschieden). Radon ist ein Zerfallsprodukt von Uran und Thorium, das im Erdreich ständig entsteht und an die Atmosphäre abgegeben wird; es dringt vom Erdreich aus durch Ritzen im Boden in Häuser ein und entsteht auch aus Uran- und Thorium-Spuren in Baumaterialien, weshalb der Radon-Gehalt in Häusern größer als im Freien ist (Rn im Freien ca. 15 Bq/m³, in Häusern ca. 40 Bq/m³).

Zusammen macht die natürliche äußere Strahlungsbelastung in Deutschland etwa 1 mSv/a im Freien und 2 bis 5 mSv/a in Steinhäusern aus. In manchen Gegenden der Erde kommt man wegen eines höheren Uran- oder Thorium-Gehaltes im Erdreich auf Werte von 17 mSv/a im Freien. Zum Vergleich: Eine Röntgenaufnahme vom Gebiß macht etwa 0,6 mSv aus. Der menschliche Körper ist der natürlichen Strahlung angepaßt; er verfügt über biochemische Reparaturmechanismen, um eventuelle Strahlenschäden zu beheben. Möglicherweise ist sogar ein gewisses Minimum an Strahlung lebensnotwendig.

Nach der deutschen Strahlenschutzverordnung darf die allgemeine Strahlungs-Exposition der Bevölkerung aus menschlicher Tätigkeit 1,5 mSv/a nicht überschreiten („Ganzkörper-Dosisleistung", d.h. auf die Masse des ganzen Körpers bezogen; einzelne Körperteile können höher belastet werden, z.B. die unempfindlicheren Hände und Füße mit 20 mSv/a). Bei Personen, die beruflich mit Strahlen umzugehen haben, sind bis zu 50 mSv/a Ganzkörper-Dosisleistungen erlaubt; im Verlauf des gesamten Arbeitslebens dürfen jedoch 400 mSv nicht überschritten werden. Eine Strahlenbelastung von mehr als 7,5 Sievert innerhalb eines begrenzten Zeitraums ist tödlich. Belastungen von 1,5 bis 7,5 Sv können zum Tod innerhalb von einigen Wochen führen; wenn sie überlebt werden, kommt es allmählich zu einer vollständigen Wiederherstellung der Körperfunktionen, jedoch mit einem erhöhten Krebsrisiko als Spätfolge und mit der Gefahr von genetischen Schäden für die Nachkommen. Die Wiederherstellung der Körperfunktionen beruht auf den erwähnten biochemischen Reparaturmechanismen.

Nach neueren Schätzungen der Internationalen Strahlenschutzkommission beträgt das Krebsrisiko als Spätfolge $5{,}00 \cdot 10^{-2}$ pro Personensievert, d.h. wenn 10^4 Personen mit je 1 Sv oder 10^7 Personen mit je 1 mSv belastet wurden, ist mit 500 strahlungsbedingten Krebsfällen zu rechnen. In den ersten 15 Jahren nach der Bestrahlung ist Leukämie die häufigste Krebsart; danach tritt sie immer seltener auf, während andere Krebsarten (vorwiegend in Magen, Darm und Lunge) zunehmen.

31.7 Radioaktive Zerfallsreihen

Die in Abschnitt 31.3 (S. 610) angegebenen Beispiele für radioaktive Zerfallsprozesse führen in einem Schritt zu einem stabilen Nuclid. Häufiger entsteht bei einem Zerfallsvorgang jedoch ein Kern, der selbst radioaktiv ist und weiterzerfällt. Wiederholte Vorgänge dieser Art ergeben eine Folge von Zerfallsprozessen. Diese Folge, die über viele Schritte mit vielen beteiligten Nucliden verlaufen kann, endet letztlich, wenn ein stabiles Nuclid entsteht. Man nennt sie eine **radioaktive Zerfallsreihe**.

In der Natur sind drei Zerfallsreihen von Bedeutung; an ihnen sind nur α-, β⁻- und γ-Emissionen beteiligt. Sie beginnen mit den natürlich vorkommenden radioaktiven Nucliden $^{232}_{90}$Th, $^{235}_{92}$U und $^{238}_{92}$U und enden bei drei verschiedenen Blei-Isotopen. Die Zerfallsreihe des $^{238}_{92}$U ist in ◉ 31.6 aufgeführt. An einigen Stellen der Reihe treten Verzweigungen auf, bei denen ein Nuclid jeweils auf zwei Arten zerfällt; einer der beiden Zerfallswege ist in der Regel bevorzugt (siehe Prozentzahlen in ◉ 31.6). In jedem Fall verläuft der Zerfall eines $^{238}_{92}$U-Atomkerns in 14 Schritten bis zum Nuclid $^{206}_{82}$Pb.

In der Natur vorkommende radioaktive Nuclide haben entweder sehr lange Halbwertszeiten oder sie entstehen laufend durch den Zerfall anderer Nuclide. Die letztere Art von radioaktiven Nucliden befindet sich mit den übrigen Gliedern der Zerfallsreihe im Gleichgewicht. Im radioaktiven Gleichgewicht entsteht ein Nuclid der Zerfallsreihe im gleichen Maße, wie es wieder zerfällt. Seine Menge ist im wesentlichen konstant (genauer: sie nimmt parallel zur Abnahme der Menge des Anfangsglieds der Zerfallsreihe ab). Je länger die Halbwertszeit eines Nuclids ist, desto größer ist sein Mengenanteil in der Zerfallsreihe. Am Anfang einer natürlichen Zerfallsreihe steht immer ein Nuclid mit einer sehr langen Halbwertszeit. Nur von Nucliden, deren Halbwertszeiten über 10^8 Jahren liegen, kann seit der Entstehung der Erde noch eine nennenswerte Menge übriggeblieben sein. Einige langlebige, natürlich vorkommende Nuclide sind in

☐ 31.2 Einige natürlich vorkommende radioaktive Nuclide mit langen Halbwertszeiten

Nuclid	Massenanteil im natürlichen Element [%]	Halbwertszeit /Jahre
$^{238}_{92}$U	99,27	$4{,}47 \cdot 10^9$
$^{235}_{92}$U	0,72	$7{,}04 \cdot 10^8$
$^{232}_{90}$Th	100	$1{,}41 \cdot 10^{10}$
$^{192}_{78}$Pt	0,79	10^{15}
$^{190}_{78}$Pt	0,01	$6 \cdot 10^{11}$
$^{187}_{75}$Re	62,6	$7 \cdot 10^{10}$
$^{149}_{62}$Sm	13,9	$4 \cdot 10^{14}$
$^{148}_{62}$Sm	11,3	$1{,}2 \cdot 10^{13}$
$^{147}_{62}$Sm	15,1	$1{,}06 \cdot 10^{11}$
$^{87}_{37}$Rb	27,9	$4{,}7 \cdot 10^{10}$
$^{40}_{19}$K	0,0118	$1{,}28 \cdot 10^9$

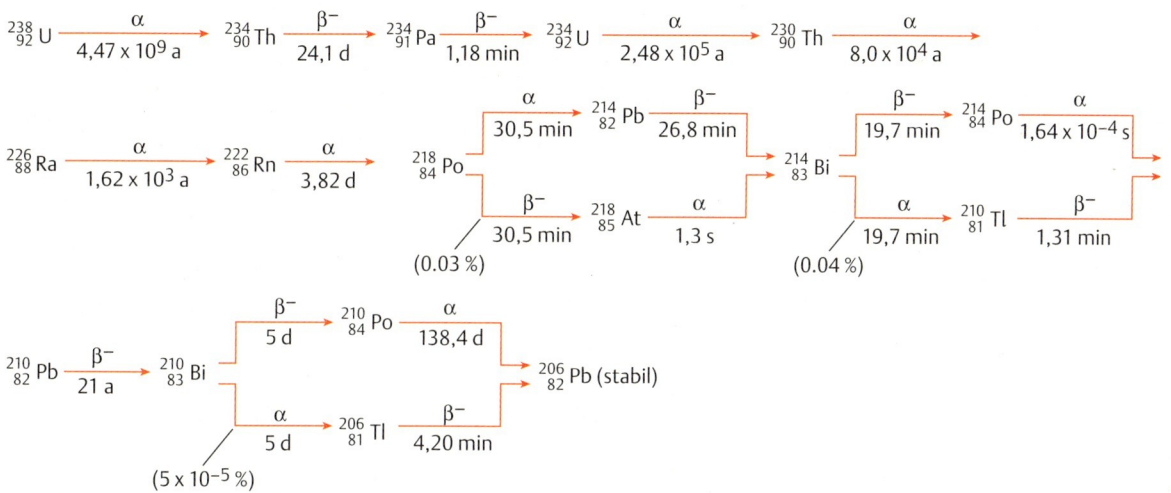

◉ **31.6** Radioaktive Zerfallsreihe für $^{238}_{92}$U. Die Zeitangaben sind die Halbwertszeiten der Isotope für den jeweiligen Zerfallsprozeß

$^{20}_{8}\text{O} \xrightarrow[14\,\text{s}]{\beta^-} {}^{20}_{9}\text{F} \xrightarrow[11\,\text{s}]{\beta^-} {}^{20}_{10}\text{Ne}$

$^{30}_{16}\text{S} \xrightarrow[1,4\,\text{s}]{\beta^+} {}^{30}_{15}\text{P} \xrightarrow[2,6\,\text{min}]{\beta^+} {}^{30}_{14}\text{Si}$

$^{76}_{36}\text{Kr} \xrightarrow[10\,\text{h}]{\text{eE}} {}^{76}_{35}\text{Br} \xrightarrow[16,5\,\text{h}]{\beta^+ \text{ oder eE}} {}^{76}_{34}\text{Se}$

31.2 aufgeführt. Die Strahlung von Nucliden mit Halbwertszeiten über 10^{15} Jahren ist vernachlässigbar.

Radioaktive Zerfallsreihen sind auch für künstlich hergestellte Nuclide bekannt. Neben der α-, β⁻- und γ-Emission werden bei ihnen auch β⁺-Emissionen sowie der Elektronen-Einfang beobachtet. Drei einfache kurze Zerfallsreihen sind als Beispiele nebenstehend angegeben.

Geologische Altersbestimmung

Mit Hilfe der radioaktiven Zerfallsreihen kann das Alter von Mineralien bestimmt werden. Nehmen wir als Beispiel die $^{238}_{92}$U-Zerfallsreihe, die beim stabilen Nuclid $^{206}_{82}$Pb endet (◼ 31.6). Die Halbwertszeit für $^{238}_{92}$U beträgt $4{,}468 \cdot 10^9$ Jahre. Sie ist bedeutend länger als jede andere Halbwertszeit in der Reihe. Der $^{238}_{92}$U-Zerfall ist deshalb der langsamste Vorgang in der Reihe und kann als geschwindigkeitsbestimmend für die ganze Reihe angesehen werden.

Das Alter eines Minerals kann ermittelt werden, wenn das Mengenverhältnis von $^{238}_{92}$U-Atomen zu $^{206}_{82}$Pb-Atomen in diesem Mineral gemessen wird. Wir nehmen dabei an, daß nach der Entstehung des Minerals dieses ein in sich geschlossenes System gebildet hat; abgesehen von den Veränderungen durch den radioaktiven Zerfall darf das Mineral keine Nuclide verloren oder aufgenommen haben (diese Annahme ist für kristalline Mineralien ab einer bestimmten Kristallgröße in der Regel auch für das gasförmige Radon in der Zerfallsreihe berechtigt; das Gas bleibt im Mineral eingeschlossen und kann vor seinem Zerfall nicht entweichen). Die Menge an $^{206}_{82}$Pb, das eventuell von Anfang an schon vorhanden war, muß berücksichtigt werden (◼ 31.9).

◼ Beispiel 31.9

In einem Mineral wurde ein Verhältnis von 3920 Atomen $^{238}_{92}$U zu 915 Atomen $^{206}_{82}$Pb zu 1 Atom $^{204}_{82}$Pb gemessen. In uranfreien Bleierzen findet man die stabilen Isotope $^{206}_{82}$Pb und $^{204}_{82}$Pb im Mengenverhältnis 17,0 zu 1. Wie alt ist das Mineral?

Die Zerfallskonstante von $^{238}_{92}$U ist $k = 1{,}551 \cdot 10^{-10}\,\text{a}^{-1}$.

Aus dem Mengenverhältnis von $^{206}_{82}$Pb zu $^{204}_{82}$Pb in uranfreien Erzen schließen wir, daß unser Mineral anfangs 17 Atome $^{206}_{82}$Pb pro Atom $^{204}_{82}$Pb enthielt. Von den gefundenen 915 $^{206}_{82}$Pb-Atomen sind demnach

$$915 - 17 = 898 \text{ Atome } {}^{206}_{82}\text{Pb}$$

durch den radioaktiven Zerfall entstanden. Jedes dieser Atome ist aus einem $^{238}_{92}$U-Atom entstanden. Als das Mineral entstand, waren deshalb

$$N_0 = 3920 + 898 = 4818 \text{ Atome } {}^{238}_{92}\text{U}$$

vorhanden. Mit der verbliebenen Zahl von $N = 3920$ Atomen $^{238}_{92}$U berechnen wir mit Gleichung (31.4) (S. 617):

$$t = \frac{1}{k} \ln \frac{N_0}{N} = \frac{1}{1{,}551 \cdot 10^{-10}\,\text{a}^{-1}} \ln \frac{4818 \text{ Atome}}{3920 \text{ Atome}} = 1{,}330 \cdot 10^9 \text{ Jahre}$$

Andere radioaktive Zerfallsvorgänge können in ähnlicher Weise zur Altersbestimmung herangezogen werden. Die meisten Mineralien enthalten radioaktive Elemente, die dafür geeignet sind; auch Spurenelemente können ausreichend sein. Viele geologische Altersbestimmungen werden durch Messung des Mengenverhältnisses $^{40}_{19}\text{K}/^{40}_{18}\text{Ar}$ durchgeführt (das eingeschlossene, durch Elektroneneinfang aus $^{40}_{19}\text{K}$ entstandene gasförmige Argon wird erst freigesetzt, wenn das Mineral aufgelöst wird). Die ältesten gefundenen irdischen Mineralien sind $3{,}7 \cdot 10^9$ Jahre alt; auf dem Mond und in Meteoriten wurden $4{,}6 \cdot 10^9$ Jahre alte Mineralien gefunden. Das Alter des Sonnensystems (einschließlich der Erde) wird auf $4{,}6 \cdot 10^9$ Jahre geschätzt.

31.8 Künstliche Kernumwandlungen

Ernest Rutherford berichtete 1919 über die Umwandlung von Stickstoff zu Sauerstoff, die beim Bestrahlen von Stickstoff mit α-Teilchen (aus dem Zerfall von $^{214}_{84}\text{Po}$) stattfindet. Dies war die erste beobachtete künstliche Umwandlung von einem Element in ein anderes. In den folgenden Jahren wurden tausende von weiteren Kernumwandlungsvorgängen untersucht. Bei der Reaktion wird angenommen, daß das Projektil (im Beispiel ein α-Teilchen) von dem beschossenen Kern zunächst aufgenommen wird. Aus dem entstandenen Kern wird kurz darauf das Nebenprodukt (^1_1H) emittiert. Außer α-Teilchen können auch andere Teilchen als Geschosse dienen, zum Beispiel Neutronen, Deuteronen (^2_1H-Kerne), Protonen und sonstige Ionen.

Zur Formulierung von solchen Teilchen-Teilchen-Kernreaktionen wird meist eine Kurzschreibweise verwendet, in der das Geschoß und das emittierte Teilchen bezeichnet werden. Die erwähnte Reaktion wird eine (α, p)-Reaktion genannt, weil ein α-Teilchen als Projektil dient und ein Proton emittiert wird. Die vollständige Reaktion wird $^{14}_7\text{N}\,(α,p)\,^{17}_8\text{O}$ geschrieben (s. 31.4, S. 616). Weitere Beispiele für Teilchen-Teilchen-Reaktionen sind in 31.3 aufgeführt.

$^{14}_7\text{N} + ^4_2\text{He} \rightarrow ^{17}_8\text{O} + ^1_1\text{H}$

Kurzschreibweise:
$^{14}_7\text{N}(α,p)\,^{17}_8\text{O}$

31.3 Beispiele für Kernumwandlungsreaktionen

Typ	Reaktion	Radioaktivität des Produkt-Nuclids
(α, n)	$^{75}_{33}\text{As} + ^4_2\text{He} \rightarrow ^{78}_{35}\text{Br} + ^1_0\text{n}$	$β^+$
(α, p)	$^{106}_{46}\text{Pd} + ^4_2\text{He} \rightarrow ^{109}_{47}\text{Ag} + ^1_1\text{H}$	stabil
(p, n)	$^7_3\text{Li} + ^1_1\text{H} \rightarrow ^7_4\text{Be} + ^1_0\text{n}$	eE
(p, γ)	$^{14}_7\text{N} + ^1_1\text{H} \rightarrow ^{15}_8\text{O} + γ$	$β^+$
(p, α)	$^9_4\text{Be} + ^1_1\text{H} \rightarrow ^6_3\text{Li} + ^4_2\text{He}$	stabil
(d, p)	$^{31}_{15}\text{P} + ^2_1\text{H} \rightarrow ^{32}_{15}\text{P} + ^1_1\text{H}$	$β^-$
(d, n)	$^{209}_{83}\text{Bi} + ^2_1\text{H} \rightarrow ^{210}_{84}\text{Po} + ^1_0\text{n}$	α
(n, γ)	$^{59}_{27}\text{Co} + ^1_0\text{n} \rightarrow ^{60}_{27}\text{Co} + γ$	$β^-$
(n, p)	$^{45}_{21}\text{Sc} + ^1_0\text{n} \rightarrow ^{45}_{20}\text{Ca} + ^1_1\text{H}$	$β^-$
(n, α)	$^{27}_{13}\text{Al} + ^1_0\text{n} \rightarrow ^{24}_{11}\text{Na} + ^4_2\text{He}$	$β^-$

$^{27}_{13}Al + ^{4}_{2}He \rightarrow ^{30}_{15}P + ^{1}_{0}n$

$^{30}_{15}P \rightarrow ^{30}_{14}Si + ^{0}_{1}e$

Das erste künstlich hergestellte, radioaktive Nuclid war $^{30}_{15}P$, das durch eine (α, n)-Reaktion aus $^{27}_{13}Al$ erhalten wurde. Es zerfällt durch Positronen-Emission.

Teilchen-Beschleuniger

Positiv geladene Projektile werden von den Ziel-Kernen abgestoßen. Die Abstoßung ist vor allem bei schweren Ziel-Kernen groß, da sie eine hohe positive Ladung haben. Mit α-Teilchen aus der Strahlung radioaktiver Substanzen lassen sich nur wenige Kernreaktionen in Gang bringen. Um α-Teilchen und anderen positiv geladenen Ionen eine genügend hohe kinetische Energie zu verleihen, damit sie die elektrostatische Abstoßung überwinden können, verwendet man Teilchen-Beschleuniger. Das **Cyclotron** ist ein Gerät dieser Art (◉ 31.7).

Die Ionen-Quelle befindet sich in der Mitte zwischen zwei halbkreisförmigen, flachen Hohlräumen D_1 und D_2 („D-Elektroden"). Diese beiden Elektroden befinden sich in einer evakuierten Kammer zwischen den Polen eines starken Elektromagneten (in ◉ 31.7 nicht gezeigt; die Pole sind über und unter der Papierebene zu denken). Die D-Elektroden sind an entgegengesetzte Pole einer Hochfrequenz-Wechselspannung angeschlossen. Unter dem Einfluß des Magnetfelds bewegen sich die Ionen auf Kreisbahnen im Hohlraum der D-Elektroden. Immer wenn die Ionen den Spalt zwischen den D-Elektroden erreichen, wird die Wechselspannung umgepolt. So werden die Ionen immer aus dem Bereich der positiv geladenen Elektrode hinausgedrückt und in den Bereich der negativ geladenen hineingezogen. Bei jeder Durchquerung des Spalts erfahren die Ionen eine Beschleunigung. Dank ihrer zunehmenden Geschwindigkeit werden die Kreisbahnen immer größer, so daß die Teilchen letztlich eine spiralförmige Bahn beschreiben. Schließlich verlassen sie durch ein Austrittsfenster das Gerät mit hoher Geschwindigkeit und treffen auf ein Ziel.

In ähnlicher Weise arbeitet ein **Linearbeschleuniger**, bei dem kein Magnetfeld eingesetzt wird (◉ 31.8 und 31.9). Die Teilchen werden durch eine Serie von Rohren beschleunigt, die sich in einer evakuierten Kammer befinden. Ein positiv geladenes Ion aus einer Teilchen-Quelle wird in das Rohr 1 gezogen, das negativ geladen ist. Zu diesem Zeitpunkt sind alle ungeradzahligen Rohre negativ und alle geradzahligen positiv geladen. Wenn das Teilchen Rohr 1 verläßt, werden die Rohre umgepolt. Das Teilchen wird jetzt von Rohr 1 abgestoßen und von Rohr 2 angezogen. Durch Wiederholung des Vorgangs werden die Teilchen immer mehr beschleunigt. Da die Rohre nach konstanten Zeitintervallen umgepolt werden und gleichzeitig die Teilchengeschwindigkeit zunimmt, muß jedes Rohr länger als das vorangehende sein.

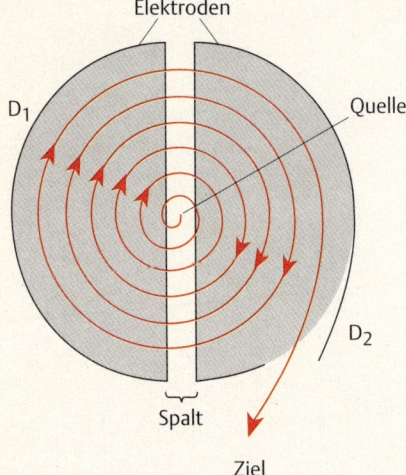

◉ 31.7 Weg eines Teilchens in einem Cyclotron

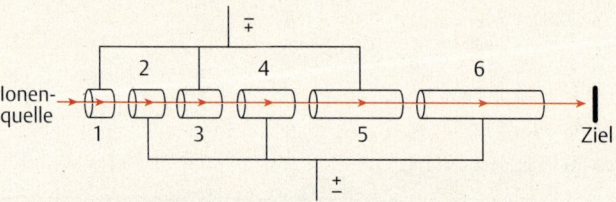

◉ 31.8 Aufbauprinzip eines Linearbeschleunigers

◉ 31.**9** Blick in das Innere eines Abschnittes eines Linearbeschleunigers. Der zu Paketen gebündelte Schwerionenstrahl fliegt durch die Bohrungen der Zylinder und wird durch elektrische Felder zwischen benachbarten Zylindern beschleunigt. Foto: Achim Zschau, *Gesellschaft für Schwerionenforschung*, Darmstadt

Neutronen als Projektile

Neutronen sind besonders wichtige Projektile, da sie nicht positiv geladen sind und deshalb nicht von den Ziel-Kernen abgestoßen werden. Ein Gemisch aus Beryllium und einem α-Strahler (z.B. $^{226}_{88}$Ra) ist eine geeignete Neutronen-Quelle. Beryllium, das mit beschleunigten Deuteronen aus einem Cyclotron beschossen wird, ist eine intensivere Neutronen-Quelle. Von besonderer Bedeutung sind Kernreaktoren als Neutronen-Quellen (Abschnitt 31.**9**).

Neutronen aus Kernreaktionen haben eine hohe kinetische Energie; sie werden **schnelle Neutronen** genannt. Schnelle Neutronen verursachen Kernreaktionen, bei denen ein anderes Teilchen ausgestoßen wird, zum Beispiel (n, α)- oder (n, p)-Reaktionen. **Langsame** oder **thermische Neutronen** erhält man, wenn Neutronen aus einer Kernreaktion durch einen **Moderator** abgebremst werden (Wasser, Wasserstoff, Deuterium, Paraffin oder Graphit sind Moderatoren). Durch Kollission der Neutronen mit Atomkernen aus dem Moderator nimmt ihre kinetische Energie auf Werte ab, wie sie normale Gasmoleküle haben. Der Beschuß von Atomkernen mit langsamen Neutronen führt zu Neutronen-Einfang-Reaktionen, bei de-

Kernreaktionen zur **Erzeugung von Neutronen**

$^{9}_{4}$Be + $^{4}_{2}$He → $^{12}_{6}$C + $^{0}_{1}$n
$^{9}_{4}$Be + $^{2}_{1}$H → $^{10}_{5}$B + $^{0}_{1}$n

$^{34}_{16}S + ^{1}_{0}n \rightarrow ^{35}_{16}S + \gamma$
kurz: $^{34}_{16}S(^{1}_{0}n,\gamma)^{35}_{16}S$

$^{96}_{42}Mo + ^{2}_{1}H \rightarrow ^{97}_{43}Tc + ^{1}_{0}n$
$^{209}_{83}Bi + ^{4}_{2}He \rightarrow ^{211}_{85}At + 2\,^{1}_{0}n$
$^{230}_{90}Th + ^{1}_{1}H \rightarrow ^{223}_{87}Fr + 2\,^{4}_{2}He$

$^{238}_{92}U + ^{1}_{0}n \rightarrow ^{239}_{92}U + \gamma$
$^{239}_{92}U \rightarrow ^{239}_{93}Np + ^{0}_{-1}e$
Neptunium
$^{239}_{93}Np \rightarrow ^{239}_{94}Pu + ^{0}_{-1}e$
Plutonium

$^{239}_{94}Pu + ^{2}_{1}H \rightarrow ^{240}_{95}Am + ^{1}_{0}n$
Americium

$^{239}_{94}Pu + ^{4}_{2}He \rightarrow ^{242}_{96}Cm + ^{1}_{0}n$
Curium

$^{238}_{92}U + ^{12}_{6}C \rightarrow ^{244}_{98}Cf + 6\,^{1}_{0}n$
Californium

$^{238}_{92}U + ^{14}_{7}N \rightarrow ^{246}_{99}Es + 6\,^{1}_{0}n$
Einsteinium

$^{238}_{92}U + ^{16}_{8}O \rightarrow ^{250}_{100}Fm + 4\,^{1}_{0}n$
Fermium

$^{252}_{98}Cf + ^{10}_{5}B \rightarrow ^{257}_{103}Lr + 5\,^{1}_{0}n$
Lawrencium

$^{249}_{98}Cf + ^{18}_{8}O \rightarrow ^{263}_{106}Rf + 4\,^{1}_{0}n$
Rutherfordium

31.4 Zahlwörter zur Bildung der Namen von Elementen mit Ordnunszahlen über 109

0	nil	5	pent
1	un	6	hex
2	bi	7	sept
3	tri	8	oct
4	quad	9	enn

nen kein Teilchen ausgestoßen wird, wie im nebenstehenden Beispiel. Auf diese Weise lassen sich Isotope von praktisch allen Elementen herstellen.

Künstliche Nuclide. Transurane

Durch Kernreaktionen sind Isotope von Elementen hergestellt worden, die in der Natur nicht vorkommen. Isotope von Technetium, Astat und Francium wurden so zum Beispiel durch die nebenstehenden Reaktionen erhalten.

Die Elemente, die im Periodensystem dem Uran folgen, nennt man **Transurane**. Keines dieser Elemente kommt natürlich vor; alle, die bekannt sind, wurden durch Kernreaktionen hergestellt. Bei einigen der Reaktionen dienen künstliche Nuclide als Ziele; in diesen Fällen verläuft die Herstellung über mehrere Stufen (s. Beispiele in der Randspalte).

Bisher unbenannte Elemente mit Ordnungszahlen über 109 werden nach Empfehlung der Internationalen Union für Reine und Angewandte Chemie durch Aufzählen der Ziffern der Ordnungszahl und Anfügen der Endung *-ium* gebildet. Die zu verwendenden griechischen bzw. lateinischen Zahlwörter sind in ■ 31.4 angegeben. Das Element 110 heißt demnach: *Un + un + nil + ium* = Ununnilium. Das Elementsymbol besteht aus den drei Anfangsbuchstaben der Zahlwörter: Uun für Ununnilium. Die vorgeschlagenen Namen für die Elemente 104 bis 109 (vgl. Periodensystem auf dem Auslegeblatt am Ende des Buches) sind international noch nicht allgemein akzeptiert.

31.9 Kernspaltung

Kernbindungsenergie

Für jedes Atom, ausgenommen $^{1}_{1}H$, ist die Summe der Massen der darin enthaltenen Protonen, Neutronen und Elektronen größer als die tatsächliche Atommasse (s. ■ 31.10). Die Differenz, genannt *Massendefekt*, entspricht der **Kernbindungsenergie**; der Umrechnungsfaktor von Massen- auf Energieeinheiten (931,494 MeV/u) wurde auf S. 610 berechnet. Die Bindungsenergie entspricht derjenigen Energie, die aufzuwenden wäre, um einen Atomkern in seine Nucleonen zu zerlegen.

■ **Beispiel 31.10**

Wie groß ist die Bindungsenergie des $^{35}_{17}Cl$-Kerns?

17 Protonen:	$17 \cdot 1{,}007276\,u$
18 Neutronen:	$18 \cdot 1{,}008665\,u$
17 Elektronen:	$17 \cdot 0{,}000549\,u$
Summe der Masse der Nucleonen:	$35{,}288995\,u$
gemessene Masse für ein $^{35}_{17}Cl$-Atom:	$34{,}968853\,u$
Differenz = Massendefekt =	$0{,}320142\,u$

Kernbindungsenergie:

0,320142 u · 931,494 MeV/u = 298,210 MeV

Kernbindungsenergie pro Nucleon:

$\frac{298{,}210 \text{ MeV}}{35 \text{ Nucleonen}} = 8{,}5203 \text{ MeV/Nucleon}$

Anstelle der Rechnung mit 17 Protonen und 17 Elektronen könnte man auch mit den Massen von 17 H-*Atomen* rechnen. Das Zusammenfügen von einem Elektron und einem Proton zu einem H-Atom ist zwar mit Energieumsatz verbunden, dem ein Massenäquivalent entspricht. Dieses Massenäquivalent ist jedoch vernachlässigbar klein gegenüber dem Massendefekt des Kerns. Die Masse des $^1_1$H-Atoms ist deshalb gleich der Summe der Massen von Proton und Elektron.

Die Bindungsenergien der Nuclide lassen sich besser vergleichen, wenn man sie als Bindungsenergie pro Nucleon angibt. Da ist die Bindungsenergie des Kerns geteilt durch die Zahl seiner Nucleonen. In ◉ 31.10 ist die Bindungsenergie pro Nucleon gegen die Massenzahl für bekannte Nuclide aufgetragen. Verbindet man die Punkte, so kommt man zu einer Kurve, die anfangs steil ansteigt und dann bei den Massenzahlen der Elemente Eisen, Kobalt und Nickel ein flaches Maximum hat. Solange die Zahl der Nucleonen klein ist, bringt ein zusätzliches Nucleon einen stärkeren Zusammenhalt des Kerns. Kerne mit großen Massen sind dagegen weniger stabil als solche mit mittlerer Masse.

Zweierlei energieabgebende Prozesse können aus dem Diagramm von ◉ 31.10 abgelesen werden:
1. **Kernfusion** ist ein Prozeß, bei dem zwei sehr leichte Kerne zu einem größeren Kern verschmolzen werden (Abschn. 31.**10**).
2. **Kernspaltung** ist ein Prozeß, bei dem ein schwerer Kern in zwei Kerne mittlerer Masse gespalten wird.

In beiden Fällen werden Nuclide mit höherer Bindungsenergie pro Nucleon gebildet. Es entstehen stabilere Kerne und sehr große Energiemengen werden freigesetzt.

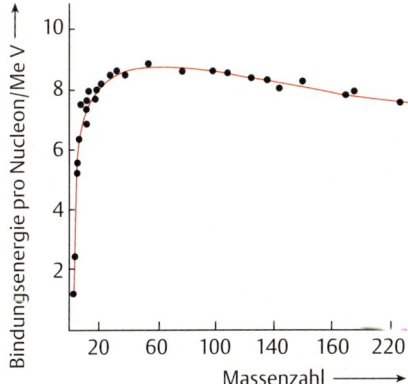

◉ 31.10 Bindungsenergie pro Nucleon, aufgetragen gegen die Massenzahl für bekannte Nuclide

Kernspaltung

Die auf S. 615 beschriebene spontane Kernspaltung ist ein radioaktiver Zerfallsvorgang, der bei Kernen mit Massenzahlen über 230 beobachtet wird. Sie wurde erstmals 1938 von Otto Hahn und Friedrich Straßmann beobachtet. Bei diesem Vorgang wird ein schwerer Kern in zwei leichtere Kerne und einige Neutronen gespalten.

Die Spaltung kann auch durch Beschuß der Kerne *ausgelöst* werden. Von besonderer Bedeutung ist die durch Neutronen-Beschuß ausgelöste Kernspaltung. Die Spaltung kann aber auch mit Protonen, Deuteronen und α-Teilchen induziert werden. Als Spaltprodukte können beliebige Kerne auftreten, deren Massenzahl zwischen 30% und 70% der Masse des ursprünglichen Kerns liegt. Bei der mit langsamen Neutronen ausgelösten Spaltung von $^{235}_{92}$U-Kernen werden neben einigen Neutronen jeweils zwei Kerne erhalten, deren Massenzahlen bei 94 ± 22 und 139 ± 22 liegen (siehe nebenstehende Beispiele). Diese primären Spaltprodukte sind β⁻-radio-

Beispiele für **induzierte Kernspaltungsreaktionen** von $^{235}_{92}$U:

$^{235}_{92}\text{U} + ^1_0\text{n} \rightarrow ^{95}_{39}\text{Y} + ^{138}_{53}\text{I} + 3\,^1_0\text{n}$

$^{235}_{92}\text{U} + ^1_0\text{n} \rightarrow ^{92}_{37}\text{Rb} + ^{140}_{55}\text{Cs} + 4\,^1_0\text{n}$

$^{235}_{92}\text{U} + ^1_0\text{n} \rightarrow ^{90}_{36}\text{Kr} + ^{144}_{56}\text{Ba} + 2\,^1_0\text{n}$

Folgereaktionen für die erste der vorgenannten Reaktionen (Zerfall der Primärprodukte):

$${}^{95}_{39}Y \xrightarrow{\beta^-} {}^{95}_{40}Zr \xrightarrow{\beta^-} {}^{95}_{41}Nb \xrightarrow{\beta^-} {}^{95}_{42}Mo$$
(stabil)

$${}^{138}_{53}I \xrightarrow{\beta^-} {}^{138}_{54}Xe \xrightarrow{\beta^-} {}^{138}_{55}Cs \xrightarrow{\beta^-} {}^{138}_{56}Ba$$
(stabil)

Otto Hahn, 1879 – 1968

aktive Nuclide. $^{235}_{92}$U hat ein Neutronen/Protonen-Verhältnis von 1,55; für die Spaltprodukte sind dagegen Kerne mit einem kleineren Neutronen/Protonen-Verhältnis von 1,25 bis 1,45 stabil. Obwohl bei der Spaltung einige Neutronen frei werden, haben die primären Spaltprodukte zu viele Neutronen.

Bei der β^--Emission erhöht sich die Zahl der Protonen und verringert sich die Zahl der Neutronen eines Kerns. Das Neutronen/Protonen-Verhältnis wird dabei verringert. Jedes der primären Spaltprodukte steht am Anfang einer Zerfallsreihe, bei der meist nach drei oder vier β^--Emissionen ein stabiler Kern erreicht wird. Die Halbwertszeiten der beteiligten Nuclide reichen von Sekundenbruchteilen bis zu vielen Jahren. Als Spaltprodukte von $^{235}_{92}$U sind mehrere Hundert Nuclide identifiziert worden, die in etwa 90 Zerfallsreihen auftreten. Die bei der Kernspaltung entstehende große Anzahl von radioaktiven Nucliden bedingt die Gefahren, die der Betrieb von Kernreaktoren und die Zündung von Atomwaffen in sich bergen.

Die Spaltung von einem $^{235}_{92}$U-Kern wird durch ein einzelnes Neutron induziert. Bei der Spaltung werden zwei bis vier Neutronen freigesetzt. Im Mittel entstehen etwa 2,5 Neutronen pro Spaltung. Wenn jedes entstandene Neutron die Spaltung eines weiteren $^{235}_{92}$U-Kerns auslöst, so kommt es zu einer explosionsartig verlaufenden Kettenreaktion.

Tatsächlich trifft nicht jedes Neutron einen Kern. Nehmen wir einfachheitshalber an, daß jede Spaltung zwei Neutronen erzeugt, die ihrerseits Kernspaltungen auslösen (**Reproduktionsfaktor** oder Multiplikationsfaktor 2). Nach der ersten Spaltung treten dann 2 Spaltungen, dann 4, 8, 16, 32 usw. auf; in der n-ten Spaltungs-Generation sind es 2^n-Spaltungen. Da jede Spaltung extrem schnell abläuft, kommt es zu einer Explosion. Dabei wird eine riesige Energiemenge freigesetzt, denn bei jeder Spaltung fallen etwa 200 MeV an.

Wenn die Kernspaltung in einer kleinen Probe von $^{235}_{92}$U stattfindet, dann entweichen die meisten der erzeugten Neutronen durch die Oberfläche der Probe, bevor sie weitere Kernspaltungen auslösen können. Wenn die Größe der Probe des spaltbaren Materials dagegen eine bestimmte **kritische Masse** überschreitet, werden genügend viele Neutronen eingefangen, bevor sie aus der Probe entweichen können, und es kommt zur Kettenreaktion und Explosion. Eine Atombombe wird ausgelöst, indem zwei Stücke von spaltbarem Material, jedes mit einer unterkritischen Masse, zu einem Stück von überkritischer Masse zusammengebracht werden. Ein herumirrendes, immer irgendwo vorhandenes Neutron startet die Kettenreaktion.

Bei einigen Kernen wie $^{238}_{92}$U, $^{231}_{91}$Pa, $^{237}_{93}$Np und $^{232}_{90}$Th wird die Kernspaltung durch schnelle, aber nicht durch langsame Neutronen ausgelöst. Langsame Neutronen induzieren dagegen die Spaltung von $^{233}_{92}$U, $^{235}_{92}$U und $^{239}_{94}$Pu. $^{235}_{92}$U, das im natürlichen Uran nur zu etwa 0,7 % enthalten ist, wurde zum Bau der ersten Atombombe verwendet. Die Trennung vom Hauptanteil, $^{238}_{92}$U, ist durch verschiedene Verfahren möglich, aber sehr aufwendig. Eine Trennungsmethode nutzt die unterschiedlich schnelle Diffusion von gasförmigem $^{235}_{92}$UF$_6$ und $^{238}_{92}$UF$_6$ durch poröse Trennwände (vgl. Abschn. 10.**8**, S. 156). Bei einem anderen Trennverfahren werden sehr schnell laufende Zentrifugen benutzt („Ultrazentrifugen").

Kernreaktoren

Die kontrollierte Kernspaltung wird in **Kernreaktoren** zur Gewinnung elektrischer Energie durchgeführt, um Neutronen und γ-Strahlen für wissenschaftliche Zwecke zu erzeugen und um Nuclide künstlich herzustellen. Im Jahr 1993 wurden in Deutschland etwa 29%, in der Schweiz etwa 37% und in Frankreich etwa 77% der elektrischen Energie mit Kernreaktoren gewonnen. In Kraftwerken werden verschiedene Typen von Kernreaktoren verwendet. Am gebräuchlichsten ist der Druckwasser-Reaktor, dessen Bauprinzip in ◘ 31.11 gezeigt ist.

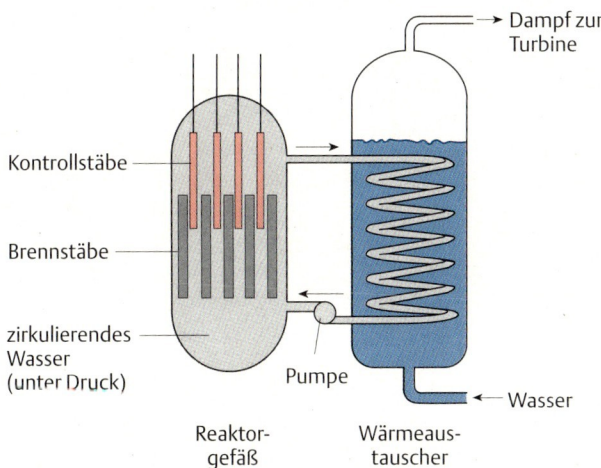

◘ 31.11   Bauprinzip eines Druckwasser-Reaktors

Als Brennstoff kann natürliches Uran, natürliches Uran mit einem angereicherten $^{235}_{92}$U-Anteil, $^{239}_{94}$Pu, $^{233}_{92}$U oder ein Gemisch von diesen eingesetzt werden. Am gebräuchlichsten ist die Verwendung von Natururan, das mit $^{235}_{92}$U-angereichert ist. Der Brennstoff wird in Form von Preßlingen aus UO$_2$ in Rohren aus Edelstahl oder einer Zirconium-Legierung eingesetzt. Diese „Brennstäbe" sind von einem Moderator umgeben, der die bei der Kernspaltung entstehenden Neutronen abbremst, damit sie von den $^{235}_{92}$U-Atomen eingefangen werden können (zu schnelle Neutronen werden vom $^{238}_{92}$U eingefangen und dem Prozeß entzogen). Als Moderator dient überwiegend Wasser, in manchen Fällen auch schweres Wasser (Deuteriumoxid, $^{2}_{1}$H$_2$O) oder Graphit.

Der Neutronen-Reproduktionsfaktor muß nahe bei 1 gehalten werden. Jede Spaltungsreaktion soll also im Mittel ein Neutron produzieren, welches die Reaktionskette in Gang hält. Der Prozeß kommt zum Stillstand, wenn der Reproduktionsfaktor unter 1 abfällt. Wenn er deutlich größer als 1 wird, kann die Kettenreaktion gefährlich schnell werden und zu einem Schmelzen der Brennstäbe führen.

Der Prozeß wird mit **Kontrollstäben** gesteuert. Die Kontrollstäbe bestehen aus Cadmium, Bor-haltigem Stahl oder anderen Materialien, die leicht Neutronen einfangen (einen großen „Einfangquerschnitt" für Neutronen haben). Die Kontrollstäbe werden nach Bedarf mehr oder weniger weit zwischen die Brennstäbe eingeschoben.

$$^{113}_{48}\text{Cd} + ^{1}_{0}\text{n} \rightarrow ^{114}_{48}\text{Cd} + \gamma$$
$$^{10}_{5}\text{B} + ^{1}_{0}\text{n} \rightarrow ^{11}_{5}\text{B} + \gamma$$

Bei der Spaltung des Kernbrennstoffs wird eine große Wärmemenge erzeugt. Die Wärme wird über ein Kühlsystem abgeführt, um außerhalb des Reaktorbehälters Dampf zu erzeugen, der zum Antrieb von Turbinen dient. Bei dem Aufbau gemäß ◉ 31.11 dient Wasser gleichzeitig als Moderator und als Kühlmittel. Das Wasser wird unter Druck flüssig gehalten und in einem geschlossenen Kreislauf umgepumpt. Andere Reaktortypen verwenden andere Kühlmittel (zum Beispiel Helium, Kohlendioxid, flüssiges Natrium). Um einen sicheren Betrieb des Reaktors in allen Situationen zu gewährleisten, sind alle zur Kontrolle wichtigen Teile (z.B. Steuerung der Kontrollstäbe, Kühlkreislauf) mehrfach und unabhängig voneinander vorhanden. Damit auch im Fall von schwerwiegenden Betriebsstörungen ein Entweichen der radioaktiven Spaltprodukte in die Umwelt verhindert wird, befindet sich bei deutschen Reaktoren das gesamte Reaktorgefäß in einer druckfesten Stahlkugel, die ihrerseits von einem Betonmantel mit einer Wandstärke von 1,8 m umgeben ist.

Während des Betriebs entstehen in den Brennstäben in zunehmendem Maße Spaltprodukte, darunter auch solche, die Neutronen einfangen und damit den Neutronenfluß im Reaktor zunehmend stören. Die Brennstäbe werden deshalb von Zeit zu Zeit ausgewechselt. Die ausgedienten Brennstäbe werden zunächst in „Abklingbecken" unter Wasser gelagert, wobei die instabilsten und deshalb am intensivsten strahlenden Nuclide zerfallen. Das Wasser dient zum Abführen der dabei anfallenden Wärme. Die anschließende Aufarbeitung dient zur Trennung der zahlreichen Spaltprodukte. Es handelt sich um chemische Trennverfahren, die wegen der großen Zahl der anwesenden Elemente und wegen deren Radioaktivität sehr aufwendig sind. Produkte der Aufarbeitung sind neben unverbrauchtem Uran die Isotope vieler Elemente, die in Medizin, Technik und Wissenschaft von Bedeutung sind (z.B. $^{60}_{27}$Co und $^{99}_{43}$Tc; vgl. Abschn. 31.11, S. 635). Diejenigen Spaltprodukte, für die es derzeit keine Verwendung gibt, müssen an einem sicheren Ort unterirdisch gelagert werden, wo ihre Strahlung keine Schäden anrichten kann.

◼ Beispiel 31.11

Wir betrachten die Kernspaltung von $^{235}_{92}$U und die anschließenden β^--Zerfallsvorgänge der Primärprodukte bis zum Entstehen der stabilen Nuclide $^{95}_{42}$Mo und $^{138}_{56}$Ba:

$$^{235}_{92}U \rightarrow \rightarrow \rightarrow {}^{95}_{42}Mo + {}^{138}_{56}Ba + 2\,{}^{1}_{0}n + 6\,{}^{0}_{-1}e$$

Wie groß ist die freigesetzte Energie
a) in MeV pro Spaltungsprozeß,
b) in kJ pro Gramm Uran?

Berechnung des Massenverlustes:

$$\Delta m = A_r(^{235}_{92}U) - A_r(^{95}_{42}Mo) - A_r(^{138}_{56}Ba) - 2A_r(^{1}_{0}n) - 6A_r(e) \text{ u}$$
$$= 235{,}0439 - 94{,}9058 - 137{,}9052 - 2 \cdot 1{,}0087 - 6 \cdot 0{,}00055 \text{ u}$$
$$= 0{,}2122 \text{ u}$$

Umrechnung auf Energieeinheiten:
a) $\Delta E = 0{,}2122 \text{ u} \cdot 931{,}5 \text{ MeV/u} = 197{,}7 \text{ MeV}$
b) Wenn pro Atom $^{235}_{92}$U eine Masse von 0,2122 u verloren wird, sind das 0,2122 g pro Mol $^{235}_{92}$U. Nach der Einstein-Formel entspricht das einer Energie von:

$$\Delta E = \Delta m \cdot c^2$$
$$= 0{,}2122 \cdot 10^{-3} \text{kg/mol} \cdot (2{,}998 \cdot 10^8 \text{ m/s})^2 = 1{,}907 \cdot 10^{13} \text{ J/mol}$$

Durch Kernspaltung von 1 Gramm $^{235}_{92}$U erhält man:

$$\Delta E = \frac{1{,}907 \cdot 10^{13} \text{ J/mol}}{235 \text{ g/mol}} = 8{,}115 \cdot 10^{10} \text{ J/g}$$

Zum Vergleich: um die gleiche Energiemenge durch Verbrennung von Kohle zu erhalten, sind $2{,}4 \cdot 10^6$ g = 2,4 Tonnen Kohle notwendig.

Brutreaktor

Nach Schätzungen könnten die Weltvorräte an $^{235}_{92}$U in 40 Jahren verbraucht sein, wenn der Verbrauch im bisherigen Ausmaß anhält. Abgesehen von den begrenzten Vorräten ist die Abtrennung bzw. Anreicherung des Nuclids außerordentlich kostspielig. Die übrigen Nuclide, die sich mit langsamen Neutronen spalten lassen, insbesondere $^{233}_{92}$U und $^{239}_{94}$Pu, kommen nicht natürlich vor. $^{233}_{92}$U ist aber aus $^{232}_{90}$Th und $^{239}_{94}$Pu ist aus $^{238}_{92}$U zugänglich.

Brutreaktoren sind so ausgelegt, daß sie mehr spaltbares Material erzeugen als verbrauchen. Dies kann unter Verwendung von natürlichem Uran geschehen, das mit $^{235}_{92}$U angereichert wurde. Ein Neutron pro gespaltenes $^{235}_{92}$U-Atom sorgt für die Aufrechterhaltung der Reaktionskette. Die übrigen Neutronen reagieren mit $^{238}_{92}$U, dem Hauptbestandteil im Natururan, und bilden spaltbares $^{239}_{94}$Pu. Bei Zusatz von $^{232}_{90}$Th zum Brennstoff wird spaltbares $^{233}_{92}$U erhalten. Auf diese Weise können die Vorräte an spaltbarem Material besser genutzt werden. Thorium kommt viermal häufiger als Uran vor.

$$^{235}_{92}\text{U} + ^{1}_{0}\text{n} \rightarrow ^{239}_{92}\text{U} + \gamma$$
$$^{239}_{92}\text{U} \rightarrow ^{239}_{93}\text{Np} + ^{0}_{-1}e$$
$$^{239}_{93}\text{Np} \rightarrow ^{239}_{94}\text{Pu} + ^{0}_{-1}e$$

$$^{232}_{90}\text{Th} + ^{1}_{0}\text{n} \rightarrow ^{233}_{90}\text{Th} + \gamma$$
$$^{233}_{90}\text{Th} \rightarrow ^{233}_{91}\text{Pa} + ^{0}_{-1}e$$
$$^{233}_{91}\text{Pa} \rightarrow ^{233}_{92}\text{U} + ^{0}_{-1}e$$

31.10 Kernfusion

Bei der Kernfusion werden sehr leichte Kerne zu schwereren Kernen verschmolzen. Die Kurve der Bindungsenergien in ◨ 31.**10** (S. 629) läßt höhere Energieausbeuten als bei Kernspaltungsreaktionen erwarten. Die von der Sonne abgestrahlte Energie stammt aus Reaktionen, bei denen Wasserstoff-Kerne zu Helium-Kernen verschmolzen werden. Man nimmt dabei Reaktionen an, wie sie nebenstehend angegeben sind.

$$^{1}_{1}\text{H} + ^{1}_{1}\text{H} \rightarrow ^{2}_{1}\text{H} + ^{0}_{1}e$$
$$^{2}_{1}\text{H} + ^{1}_{1}\text{H} \rightarrow ^{3}_{2}\text{He} + \gamma$$
$$^{3}_{2}\text{He} + ^{3}_{2}\text{He} \rightarrow ^{4}_{2}\text{He} + 2 \, ^{1}_{1}\text{H}$$

Um die Fusion von zwei Kernen zu erreichen, muß die starke elektrostatische Abstoßung zwischen ihnen überwunden werden. Damit sich die Kerne nahe genug kommen können, müssen sie mit sehr hoher Energie zusammentreffen. Diese Bedingung wird bei extrem hohen Temperaturen (ca. 10^8 K) erfüllt; so eingeleitete Kernreaktionen werden auch **thermonukleare Reaktionen** genannt. In der Wasserstoffbombe wird die Fusion von Wasserstoff-Atomen nach Energiezufuhr aus einer Kernspaltungsbombe erreicht.

Bei den sehr hohen Temperaturen, die für Fusionsreaktionen in Betracht kommen, existieren weder Moleküle noch Atome; alle Atome sind ionisiert. Dieser Zustand der Materie wird **Plasma** genannt. Ein Plasma besteht aus einem extrem heißen Gas aus Kationen und Elektronen.

Zum Bau eines Kernfusions-Reaktors müssen Mittel gefunden werden, um ein Plasma in einem kleinen Volumen zusammenzuhalten und gleichzeitig die notwendigen hohen Temperaturen zu erzielen. Sehr viel Forschungsaufwand wird darauf verwandt, um herauszufinden, wie ein heißes Plasma durch starke Magnetfelder in einem begrenzten Raum festgehalten werden kann, denn für die fraglichen Temperaturen gibt es kein Gefäßmaterial. Zur Fusion mit Lasern wird versucht, mit den Photonen aus Hochleistungs-Lasern den Brennstoff zu komprimieren und aufzuheizen.

Die Fusionsreaktion von Deuterium und Tritium zu Helium scheint in ihrer Durchführbarkeit am aussichtsreichsten zu sein. Sie hat eine relativ „kleine" Aktivierungsenergie („niedrige" Zündtemperatur) und setzt eine große Energiemenge frei. Deuterium ($^2_1$H) kommt in der Natur in ausreichender Menge vor (natürlicher Anteil im Wasserstoff 0,0145 %). Der Bedarf an Tritium ($^3_1$H) läßt sich dagegen nicht aus natürlichen Quellen gewinnen. Man könnte es aber im Fusionsreaktor selbst aus Lithium erzeugen.

$$^2_1H + ^3_1H \rightarrow ^4_2He + ^1_0n$$
$$^1_0n + ^6_3Li \rightarrow ^3_1H + ^4_2He$$
$$^1_0n + ^7_3Li \rightarrow ^3_1H + ^4_2He + ^1_0n$$

Als Energiequelle hätte die kontrollierte Kernfusion mehrere Vorteile gegenüber der Kernspaltung. Der Brennstoff steht in viel größeren Mengen zur Verfügung. Der Umgang mit Neutronen und mit Tritium ist zwar nicht gefahrlos, denn Tritium ist ein β$^-$-Strahler mit einer Halbwertszeit von 12,33 Jahren; aber anders als bei der Kernspaltung werden keine großen Mengen von radioaktiven Abfallstoffen erzeugt.

■ **Beispiel 31.12**

Wie groß ist die freigesetzte Energie
a) in MeV pro Fusionsvorgang, **b)** in Joule pro Gramm Brennstoff für folgende Fusionsreaktion?

$$^2_1H + ^3_1H \rightarrow ^4_2He + ^1_0n$$
2,01410 u   3,01605 u   4,00260 u   1,00866 u

Berechnung des Massenverlustes:

$$\Delta m = 2{,}01410 + 3{,}01605 - 4{,}00260 - 1{,}00866 \, u$$
$$= 0{,}01889 \, u$$

a) Dem entspricht der Energiebetrag:

$$\Delta E = 0{,}01889 \, u \cdot 931{,}5 \, MeV/u$$
$$= 17{,}60 \, MeV$$

b) Bezogen auf molare Mengen ist der Massenverlust 0,01889 g/mol. Die entsprechende Energie beträgt:

$$\Delta E = \Delta m \cdot c^2$$
$$= 0{,}01889 \cdot 10^{-3} \, kg/mol \cdot (2{,}998 \cdot 10^8 \, m/s)^2$$
$$= 1{,}698 \cdot 10^{12} \, J/mol$$

Diese Energie wird aus 2,01410 + 3,01605 = 5,03015 g Brennstoff erhalten. Aus einem Gramm sind es:

$$\Delta E = \frac{1{,}698 \cdot 10^{12} \, J/mol}{5{,}03015 \, g/mol}$$
$$= 3{,}376 \cdot 10^{11} \, J/g$$

Aus der gleichen Masse Brennstoff erhält man somit mehr als die vierfache Energiemenge im Vergleich zur Spaltung von ^{235}U (Beispiel 31.11), und mehr als das zehnmillionenfache im Vergleich zur Verbrennung von Kohlenstoff.

31.11 Verwendung von radioaktiven Nucliden

Die radioaktiven Nuclide, die als Produkte beim Betrieb von Kernreaktoren anfallen, finden vielerlei Verwendung.

Wegen ihrer fortwährenden Energieabgabe dienen radioaktive Stoffe als wartungsfreie Energiequellen zur elektrischen Stromerzeugung an abgelegenen oder schlecht zugänglichen Orten. Zum Beispiel wird $^{238}_{94}$Pu als Energiequelle in Satelliten und in Herzschrittmachern verwendet, $^{90}_{38}$Sr in Navigationsbojen und in abgelegenen Wetterstationen.

Die Dicke von Werkstücken, zum Beispiel Stahlplatten, kann mit Meßinstrumenten gemessen werden, bei denen auf der einen Seite eine radioaktive Quelle und auf der anderen Seite ein Zählinstrument angebracht wird. Aus der Absorption der Strahlung durch das Werkstück kann seine Dicke ermittelt werden.

Die Wirksamkeit von Schmierölen in Motoren wird in einem Motor geprüft, dessen Metall radioaktive Nuclide enthält. Nachdem der Motor eine bestimmte Zeit lang gelaufen ist, wird gemessen, wieviel radioaktive Teile sich in dem Öl angesammelt haben. Dies ist ein Maß für den eingetretenen Verschleiß.

Ölleitungen werden häufig nacheinander zum Transport unterschiedlicher Erdöl-Derivate benutzt. Der letzten Portion eines Derivats wird eine kleine Menge eines radioaktiven Nuclids zugesetzt, um damit das Ende von einem Derivat und den Beginn des nächsten Derivats zu markieren. Mit der Strahlung kann ein automatisches Ventilsystem aktiviert werden, das die Flüssigkeiten in verschiedene Vorratsbehälter leitet.

Mit radioaktiver Strahlung können Nahrungsmittel konserviert werden. Kartoffeln können daran gehindert werden zu treiben. Insekten auf Getreide können eliminiert werden. Bakterien, die zum Verderb von Nahrungsmitteln führen, können abgetötet werden.

Wie man mit Hilfe von $^{14}_{6}$C das Alter von archäologischen Funden ermitteln kann, haben wir auf S. 619 behandelt. Mit dem gleichen Kohlenstoff-Isotop wurden die Vorgänge bei der Photosynthese untersucht. Pflanzen, die durch Photosynthese Kohlenhydrate aus Kohlendioxid und Wasser aufbauen, werden in einer Atmosphäre gehalten, deren Kohlendioxid $^{14}_{6}$C enthält. Durch Messung der Radioaktivität kann verfolgt werden, welche Verbindungen aus dem Kohlendioxid aufgebaut werden und welche Reaktionen an dem Prozeß beteiligt sind.

In der Medizin werden verschiedene radioaktive Nuclide zur Diagnose und Therapie eingesetzt. Die Strahlung von $^{60}_{27}$Co, einem β^--Strahler, wird zur Krebs-Therapie eingesetzt; dabei wird ausgenutzt, daß Krebszellen gegen Strahlung empfindlicher sind als gesunde Zellen. Das Nuclid $^{131}_{53}$I dient zur Diagnose und Behandlung der Funktion der Schilddrüse, da Iod sich in dieser Drüse ansammelt. Der Patient nimmt eine geringe Menge $^{131}_{53}$I in Form von NaI zu sich. Die Aufnahme des radioaktiven Iods durch die Schilddrüse wird durch Messung der γ-Aktivität verfolgt. So kann festgestellt werden, ob die Schilddrüse über- oder unteraktiv arbeitet. In ähnlicher Weise können auch $^{99}_{43}$Tc-Verbindungen eingesetzt werden.

Mit dem radioaktiven Nuclid $^{131}_{53}$I werden auch Hirntumore lokalisiert. Das Nuclid wird chemisch an eine Verbindung gebunden, die nach Injektion in den Körper vorzugsweise von Krebszellen adsorbiert wird. Durch Abtasten der Herkunft der Strahlung mit einem Meßinstrument kann festgestellt werden, wo das radioaktive Iod sich angesammelt hat und wo sich somit der Tumor befindet.

Mit dem radioaktiven Nuclid $^{24}_{11}$Na kann der Blutkreislauf verfolgt und Gerinnsel oder sonstige Kreislaufstörungen können aufgespürt werden. Das Nuclid wird als Natriumchlorid-Lösung intravenös injiziert und mit einer Meßeinrichtung verfolgt.

Das Blutvolumen eines Patienten (normalerweise fünf bis sechs Liter) kann durch *Isotopen-Verdünnung* bestimmt werden. Eine kleine Menge Blut wird entnommen und mit $^{24}_{11}$NaCl versetzt. Die Aktivität dieser Probe wird gemessen. Die Probe wird dann wieder injiziert und es wird einige Zeit gewartet, bis sie sich mit dem restlichen Blut des Patienten vermischt hat. Dann wird eine zweite Probe entnommen und ihre Aktivität gemessen. Da das radioaktive Nuclid verdünnt wurde, ist die Aktivität der zweiten Probe wesentlich geringer als die der ersten. Durch Vergleich der Aktivitäten der ersten und der zweiten Probe kann das Blutvolumen berechnet werden.

Die **radioaktive Markierung** von Verbindungen ist ein wertvolles Hilfsmittel, um den Verlauf von chemischen Reaktionen zu untersuchen. Das Thiosulfat-Ion wird durch Erhitzen einer Sulfit-Lösung mit radioaktivem Schwefel hergestellt. Nach Ansäuern der Lösung zerfällt das Thiosulfat und radioaktiver Schwefel fällt aus. Das entweichende SO_2-Gas ist nicht radioaktiv. Bei Zusatz von Silber-Ionen zur Thiosulfat-Lösung fällt Silberthiosulfat aus, das sich zersetzt; dabei fällt radioaktives Silbersulfid aus, während nichtradioaktive Sulfat-Ionen in Lösung bleiben. Aus diesen Befunden folgt, daß die beiden Schwefel-Atome im Thiosulfat-Ion nicht gleichwertig sind und seine Struktur der nebenstehenden Formel entspricht.

$$^{35}S(s) + SO_3^{2-}(aq) \rightarrow [^{35}SSO_3]^{2-}(aq)$$

$$[^{35}SSO_3]^{2-}(aq) + 2H^+(aq) \rightarrow {}^{35}S(s) + SO_2(g) + H_2O$$

$$Ag_2[^{35}SSO_3](s) + H_2O \rightarrow Ag_2{}^{35}S(s) + SO_4^{2-}(aq) + 2H^+(aq)$$

Die Erforschung biochemischer Reaktionen ist durch die sehr kleinen Substanzmengen und Konzentrationen bei Anwesenheit tausender anderer Verbindungen erschwert. Wird eine bestimmte Verbindung mit Tritium markiert und verfolgt man, welche radioaktiven Produkte daraus entstehen, läßt sich der Reaktionsverlauf ermitteln.

Mit Hilfe von radioaktiven Nucliden sind Reaktionsmechanismen wie auch die Wirkungsweise von Katalysatoren aufgeklärt worden. Mit radioaktiv markierten Verbindungen kann verfolgt werden, welche Atome oder Atomgruppen bei Reaktionen ausgetauscht werden. Ein Beispiel bietet die Reaktion zwischen dem Sulfit-Ion und dem Chlorat-Ion, bei der genau ein Sauerstoff-Atom vom Chlorat-Ion auf das Sulfit-Ion übertragen wird. Zur Untersuchung wurde ein normales Sulfit verwendet, während im Chlorat-Ion alle Sauerstoff-Atome $^{18}_{8}$O-Atome waren. Das $^{18}_{8}$O-Atom ist nicht radioaktiv, Verbindungen die $^{18}_{8}$O-Atome enthalten, können aber mit einem Massenspektrometer identifiziert werden. Der aufgrund der Befunde angenommene Reaktionsmechanismus ist ein nucleophiler Angriff des Sulfit-Ions auf ein O-Atom des Chlorat-Ions. Im nebenstehenden Schema sind die $^{18}_{8}$O-Atome mit Sternchen bezeichnet.

Die Bestimmung der Werte von sehr geringen Dampfdrücken und Löslichkeiten wird durch radioaktive Markierung ermöglicht. Um die Löslichkeit eines nur gering löslichen Stoffes zu messen, wird ein radioaktives Nuclid eingebaut. Die Aktivität einer gesättigten Lösung der Probe im Vergleich zur Aktivität der festen Probe gibt Aufschluß über die Löslichkeit. Auf diese Weise wurden zum Beispiel die Löslichkeiten von Bariumsulfat (markiert mit $^{35}_{16}$S), PbI_2 (markiert mit $^{131}_{53}$I) und $NH_4MgPO_4 \cdot 6H_2O$ (markiert mit $^{32}_{15}$P) ermittelt.

Aktivierungsanalyse ist eine Methode zur quantitativen Bestimmung des Gehalts von Elementen in einer Probe. Die Probe wird mit geeigneten nuklearen Projektilen, in der Regel mit Neutronen, beschossen. Die Atome in der Probe fangen die Neutronen ein, wobei radioaktive Nuclide entstehen. Durch Messung der radioaktiven Emissionen der Probe können die Nuclide identifiziert und ihr Mengenanteil bestimmt werden. Mehr als 50 Elemente können so bestimmt werden. Die Methode ist besonders geeignet, um Elemente zu bestimmen, die nur in geringen Spurenmengen anwesend sind.

31.12 Übungsaufgaben

(Lösungen s. S. 690)

Radioaktivität

31.1 Formulieren Sie die Gleichungen für folgende Zerfallsreaktionen:
a) α-Emission von $^{193}_{83}Bi$
b) β⁻-Emission von $^{27}_{12}Mg$
c) β⁺-Emission von $^{68}_{34}Se$
d) α-Emission von $^{230}_{92}U$
e) β⁻-Emission von $^{24}_{10}Ne$
f) Elektronen-Einfang von $^{71}_{32}Ge$
g) Elektronen-Einfang von $^{75}_{34}Se$
h) α-Emission von $^{212}_{86}Rn$
i) α-Emission von $^{210}_{84}Po$
j) β⁻-Emission von $^{60}_{27}Co$
k) β⁺-Emission von $^{60}_{30}Zn$

31.2 Formulieren Sie Gleichungen für die Kernspaltung der folgenden Nuclide; nehmen Sie jeweils zwei identische Kerne und vier Neutronen als Reaktionsprodukte an.
a) $^{250}_{96}Cm$ b) $^{256}_{100}Fm$

31.3 Das Nuclid $^{230}_{90}Th$ zerfällt durch α-Emission zu $^{226}_{88}Ra$. Die Atommassen sind:
$^{230}_{90}Th$ 230,033131 u
$^{226}_{88}Ra$ 226,025406 u
^{4}He 4,002603 u
Welche Energie wird freigesetzt?

31.4 Berechnen Sie die freigesetzte Energie bei der Zerfallsreaktion
$^{223}_{89}Ac \rightarrow {^{219}_{87}Fr} + \alpha$.
Atommassen: $^{223}_{89}Ac$ 223,01914 u
$^{219}_{87}Fr$ 219,00925 u
$^{4}_{2}He$ 4,00260 u

31.5 Beim α-Zerfall von $^{226}_{88}Ra$ auftretende α-Energien und Rückstoßenergien betragen: 4,785 und 0,086 MeV sowie 4,602 und 0,083 MeV.
a) Formulieren Sie die Reaktionsgleichung
b) Welche Energie haben die γ-Strahlen, die bei dem Zerfall auftreten?
c) Woher rührt die γ-Strahlung?

31.6 Wie groß sind die Zerfallsenergien für folgende Prozesse?
a) $^{25}_{11}Na$, β⁻
$A_r(^{25}_{11}Na) = 24,98995$ $A_r(^{25}_{12}Mg) = 24,98584$
b) $^{28}_{13}Al$, β⁻
$A_r(^{28}_{13}Al) = 27,9819$ $A_r(^{28}_{14}Si) = 27,9769$
c) $^{18}_{9}F$, β⁺
$A_r(^{18}_{9}F) = 18,00094$ $A_r(^{18}_{8}O) = 17,99916$
d) $^{13}_{7}N$, β⁺
$A_r(^{13}_{7}N) = 13,005739$ $A_r(^{13}_{6}C) = 13,003355$
e) $^{41}_{20}Ca$, eE
$A_r(^{41}_{20}Ca) = 40,962278$ $A_r(^{41}_{19}K) = 40,961825$
f) $^{123}_{53}I$, eE
$A_r(^{123}_{53}I) = 122,90556$ $A_r(^{123}_{52}Te) = 122,904278$

31.7 $^{44}_{22}Ti$ ($A_r = 43,9597$) zerfällt zu $^{44}_{21}Sc$ ($A_r = 43,9594$). Kann die Reaktion durch Positron-Emission erfolgen?

31.8 Beim Zerfall eines Nuclids durch α-Emission entsteht $^{140}_{58}Ce$. Die Zerfallsenergie beträgt 1,956 MeV. $A_r(^{140}_{58}Ce) = 139,9054$; $A_r(^{4}He) = 4,0026$. Welches ist das ursprüngliche Nuclid und welche Atommasse hat es?

31.9 Bei dem Zerfall $^{39}_{17}Cl \rightarrow {^{39}_{18}Ar} + \beta^-$ werden 3,44 MeV freigesetzt. $A_r(^{39}_{18}Ar) = 38,96432$. Welche Atommasse hat $^{39}_{17}Cl$?

31.10 Bei dem Zerfall $^{104}_{47}\text{Ag} \rightarrow ^{104}_{46}\text{Pd} + \beta^+$ werden 3,22 MeV freigesetzt. $A_r(^{104}_{46}\text{Pd}) = 103{,}90403$. Welche Atommasse hat $^{104}_{47}\text{Ag}$?

31.11 Wenn $^{41}_{20}\text{Ca}$ ein Elektron einfängt, werden 0,422 MeV freigesetzt. $A_r(^{41}_{20}\text{Ca}) = 40{,}962278$. Welches Nuclid entsteht? Welche Masse hat es?

Zerfallsgeschwindigkeit, Zerfallsreihen

31.12 Welcher Massenanteil der folgenden Nuclide ist nach den angegebenen Zeiten t noch vorhanden?
a) $^{55}_{27}\text{Co}$ ($t_{1/2} = 17{,}5$ h) nach 24 h
b) $^{194}_{79}\text{Au}$ ($t_{1/2} = 39{,}5$ h) nach 24 h

31.13 $^{59}_{26}\text{Fe}$ hat eine Halbwertszeit von 44,6 Tagen. Wie lange dauert es, bis 95,0% davon zerfallen sind?

31.14 $^{65}_{30}\text{Zn}$ hat eine Halbwertszeit von 243,8 Tagen. Wie lange dauert es, bis 10,0% davon zerfallen sind?

31.15 Beim Zerfall von $^{195}_{79}\text{Au}$ verbleiben nach 60,0 Tagen 79,8% der ursprünglichen Menge. Wie groß sind die Zerfallskonstante und die Halbwertszeit?

31.16 Beim Zerfall von $^{208}_{84}\text{Po}$ verbleibt nach einem Jahr noch 78,7% der ursprünglichen Menge. Wie groß sind die Zerfallskonstante und die Halbwertszeit?

31.17 Eine Probe von $^{45}_{20}\text{Ca}$, einem β^--Strahler, hat eine Aktivität von 4000 Bq. Nach 60 Tagen ist die Aktivität auf 3100 Bq abgefallen. Welche Halbwertszeit hat $^{45}_{20}\text{Ca}$?

31.18 $^{134}_{53}\text{I}$, ein β^--Strahler, hat eine Halbwertszeit von 52,6 Minuten. Wieviele $^{134}_{53}\text{I}$-Atome sind in einer Probe vorhanden, die eine Aktivität von 5550 Bq hat? Welche Masse hat die Probe?

31.19 $^{24}_{11}\text{Na}$ hat eine Halbwertszeit von 15,02 Stunden. Welche Aktivität hat eine Probe von 0,10 mg $^{24}_{11}\text{Na}$? Die Atommasse dieses Nuclids ist 23,99 u.

31.20 Kohlenstoff aus der Mitte des Stamms eines lebenden Sequoia-Baums hat eine Aktivität von 11 $^{14}_{6}\text{C}$-Zerfällen pro Minute pro Gramm Kohlenstoff, während es beim Kohlenstoff aus der Rinde 15 $^{14}_{6}\text{C}$-Zerfälle pro Minute und Gramm sind. Wie alt ist der Baum? $t_{1/2}(^{14}_{6}\text{C}) = 5730$ a.

31.21 Ein Liter Milch enthält 1,39 g Kalium. Welche, vom $^{40}_{19}\text{K}$ herrührende Aktivität (in Becquerel) hat 1 L Milch? $t_{1/2}(^{40}_{19}\text{K}) = 1{,}28 \cdot 19^9$ a; der natürliche Anteil von $^{40}_{19}\text{K}$ in Kalium beträgt 0,0118%; ein Jahr ist $3{,}156 \cdot 10^7$ s lang.

31.22 Berechnen Sie die Aktivität (in Bq) von je 1,0 g natürlichem Uran, Thorium, Platin, Rhenium und Rubidium mit Hilfe der Zahlenwerte von ▪ 31.2 (S. 623). Verwenden Sie die mittleren Atommassen der Elemente zur Berechnung der in 1 g enthaltenen Anzahl von Atomen; 1 a = $3{,}156 \cdot 10^7$ s.

31.23 $^{237}_{93}\text{Np}$ hat eine Halbwertszeit von $2{,}1 \cdot 10^6$ a. Das Alter der Erde wird auf $4{,}6 \cdot 10^9$ a geschätzt. Welcher Anteil des $^{237}_{93}\text{Np}$, das zur Zeit der Entstehung der Erde vorhanden war, ist bis zur Gegenwart übriggeblieben?

31.24 $^{232}_{90}\text{Th}$ kommt natürlich vor. Es zerfällt durch die Serie folgender Prozesse:
α, β^-, β^-, α, α, α, α, β^-, β^- und α
Geben Sie die Nuclide der Zerfallsreihe in ihrer Reihenfolge an.

31.25 Das künstliche Nuclid $^{150}_{66}\text{Dy}$ zerfällt durch die Serie folgender Prozesse:
eE, β^+, α und α
Geben Sie die Nuclide der Zerfallsreihe in ihrer Reihenfolge an.

31.26 Geben Sie die Zerfallsreihe für das künstliche Nuclid $^{215}_{89}\text{Ac}$ an, in der folgende Prozesse stattfinden:
α, α, eE, β^+ und eE.

Kernreaktionen

31.27 Schreiben Sie die Gleichungen für folgende Kernreaktionen aus (d steht für ^2_1H):
a) $^{35}_{17}\text{Cl}(n, \alpha)$
b) $^{9}_{4}\text{Be}(p, n)$
c) $^{75}_{33}\text{As}(d, 2n)$
d) $^{24}_{12}\text{Mg}(d, \alpha)$
e) $^{133}_{55}\text{Cs}(\alpha, 4n)$
f) $^{209}_{83}\text{Bi}(p, 8n)$
g) $^{65}_{29}\text{Cu}(^{12}_{6}\text{C}, 3n)$
h) $^{7}_{3}\text{Li}(^{3}_{1}\text{H}, \alpha)$

31.28 Welches ist das Ausgangsnuclid bei Reaktionen, die zu den angegebenen Produkten führen (d steht für ^2_1H):
a) $(\alpha, n)^{13}_{7}\text{N}$
b) $(n, \alpha)^{3}_{1}\text{H}$
c) $(d, n)^{8}_{4}\text{Be}$
d) $(p, \gamma)^{13}_{7}\text{N}$
e) $(p, n)^{96}_{43}\text{Tc}$
f) $(d, p)^{76}_{33}\text{As}$
g) $(\alpha, p)^{48}_{22}\text{Ti}$

31.29 Einige Transurane wurden durch Kernreaktionen der angegebenen Art hergestellt. Von welchem Nuclid wurde jeweils ausgegangen?
a) $(^{13}_{6}\text{C}, 4n)^{257}_{104}\text{Db}$
b) $(^{15}_{7}\text{N}, 4n)^{260}_{105}\text{Jl}$
c) $(d, n)^{239}_{93}\text{Np}$
d) $(\alpha, 2n)^{241}_{96}\text{Cm}$
e) $(\alpha, p)^{247}_{97}\text{Bk}$
f) $(^{9}_{4}\text{Be}, \alpha 3n)^{252}_{100}\text{Fm}$

Kernspaltung und Kernfusion

31.30 Wie groß ist die Kernbindungsenergie pro Nucleon für $^{64}_{30}\text{Zn}$?
$A_r(^{1}_{1}\text{H}) = 1{,}00783$ $A_r(n) = 1{,}00866$
$A_r(^{64}_{30}\text{Zn}) = 63{,}92914$

31.31 $^{41}_{19}$K hat eine Kernbindungsenergie von 8,57584 MeV/Nucleon. Welche Atommasse (in u) hat $^{41}_{19}$K?
$A_r(n) = 1,00866$
$A_r(^1_1H) = 1,00783$

31.32 Bei einem Kernspaltungsprozeß zerfallen die Primärprodukte zu den angegebenen stabilen Produkten:

$^{235}_{92}U \rightarrow$
235,0439 u

$^{94}_{40}Zr$ + $^{140}_{58}Ce$ + $^{1}_{0}n$ + $6 \cdot ^{0}_{-1}e$
93,9063 u 139,9054 u 1,0087 u $6 \cdot (0,00055)$ u

Wie groß ist die freigesetzte Energiemenge
a) für eine Spaltung
b) für die Spaltung von 1 g $^{235}_{92}U$?

31.33 Wie groß ist die freigesetzte Energie bei der Fusion von einem Gramm Brennstoff nach der Reaktion

^2_1H + ^1_1H $\rightarrow$ ^3_1He?
2,01410 u 1,00783 u 3,01603 u

31.34 Jedes der folgenden Nuclide ist ein Spaltprodukt der durch Neutronen induzierten Spaltung von $^{235}_{92}U$, außerdem entstehen jeweils zwei Neutronen. Welches ist jeweils das andere Spaltprodukt?
a) $^{148}_{58}Ce$ **c)** $^{138}_{55}Cs$ **e)** $^{90}_{36}Kr$
b) $^{121}_{47}Ag$ **d)** $^{139}_{57}La$

32 Umgang mit gefährlichen Stoffen

Zusammenfassung. *Gefahrstoffe* werden danach eingeteilt, ob sie explosionsgefährlich, brandfördernd, hochentzündlich, leicht entzündlich, sehr giftig, giftig, gesundheitsschädlich, ätzend, reizend, sensibilisierend, krebserzeugend, fruchtschädigend, erbgutverändernd, chronisch schädigend, umweltgefährlich oder radioaktiv sind. *Gefahrensymbole* und *Gefahrenbezeichnung*, Hinweise auf besondere Gefahren (R-Sätze) und Sicherheitsratschläge (S-Sätze) müssen neben der Bezeichnung des Stoffes und weiteren Angaben auf den Gefäßen angebracht sein.

Die wichtigsten gesetzlichen Bestimmungen zum Umgang mit Gefahrstoffen sind in Deutschland die *Gefahrstoffverordnung* und die *Chemikalien-Verbotsverordnung*. Sie regeln, wer unter welchen Bedingungen Gefahrstoffe in Verkehr bringen darf, wie mit Gefahrstoffen umzugehen ist, welche Art von Sicherheits- und Überwachungsmaßnahmen an einem Arbeitsplatz zu treffen sind und für welche Personen Beschäftigungsverbote oder -beschränkungen bestehen. Zu den wichtigsten Maßnahmen gehören die Gefahrenermittlung und die Pflicht, möglichst ungefährliche Stoffe zu verwenden, sowie organisatorische und technische Maßnahmen, die ein Überschreiten von Grenzwerten verhindern (MAK = *maximale Arbeitsplatz-Konzentration*, TRK = *technische Richtkonzentration*, EG-Werte). Beschäftigte müssen an Hand von *Betriebsanweisungen* jährlich einmal unterwiesen werden.

Toxikologie ist die Lehre der Vergiftungen. Für die Giftwirkung eines Stoffes sind nicht nur seine Eigenschaften, sondern auch die Art der Zufuhr und die aufgenommene Dosis sowie die individuelle Körperverfassung von Bedeutung. Bei ätzenden und reizenden Stoffen spielt außerdem die Dauer der Einwirkung eine Rolle. Bei *akuten Vergiftungen* treten die Krankheitserscheinungen plötzlich auf, bei *chronischen Vergiftungen* kommt es während einer länger anhaltenden Giftzufuhr zu einer Akkumulation des Giftstoffs. Die Wirkung tritt manchmal erst nach einer *Latenzzeit* in Erscheinung, sie kann zu reversiblen oder zu irreversiblen Schäden führen. Die Therapie von Vergiftungen gehört in die Hand eines Arztes, wobei die Erhaltung von vitalen Körperfunktionen (Atmung, Herztätigkeit) neben Maßnahmen zur Giftbeseitigung wichtig sind. Die Erhaltung der vitalen Körperfunktionen ist auch bei Erste-Hilfe-Maßnahmen essentiell.

Schlüsselworte (s. Glossar)
Gefahrstoff
Gefahrensymbol
R- und S-Sätze

Gefahrstoffverordnung
Chemikalienverbotsverordnung

Maximale Arbeitsplatzkonzentration (MAK)
Technische Richtkonzentration (TRK)
Biologischer Arbeitsplatztoleranzwert (BAT)
Betriebsanweisung

Toxikologie
Toxische Dosis
Letale Dosis
Latenzzeit

32 Umgang mit gefährlichen Stoffen

32.1 Einteilung und Kennzeichnung der Gefahrstoffe 642
32.2 Deutsches Gefahrstoffrecht 648
32.3 Giftstoffe, Toxikologie 654
32.4 Übungsaufgaben 658

Beim Umgang mit chemischen Substanzen dürfen weder Menschen noch die Umwelt (d.h. Wasser, Luft, Boden und Lebewesen) zu Schaden kommen. Deshalb sind bei Arbeiten im chemischen Laboratorium und in der chemischen Industrie ebenso wie beim Transport, bei der Lagerung, der Anwendung und der Verarbeitung von Stoffen geeignete Maßnahmen und Verhaltensweisen erforderlich und gesetzlich vorgeschrieben.

Wer mit Chemikalien arbeitet, muß sich zuvor über Folgendes ins Bild setzen:

1. Welche Eigenschaften haben die Substanzen, die eingesetzt werden und die entstehen sollen oder können?
2. Welche Gefahren gehen von ihnen aus?
3. Ist Vorsorge getroffen, damit Menschen und Umwelt kein Schaden zugefügt wird, werden rechtliche Bestimmungen eingehalten?
4. Welche Maßnahmen sind bei Störfällen oder einem Unfall zu treffen? Sind Störfallvorkehrungen getroffen und Erste-Hilfe-Einrichtungen vorhanden?

32.1 Einteilung und Kennzeichnung der Gefahrstoffe

Richtet man sich nach der Zahl der Todesfälle, die durch die unmittelbare Einwirkung eines bestimmten Stoffes weltweit jährlich zu beklagen sind, dann ist Wasser der gefährlichste Stoff auf der Erde. Trotzdem wird kaum jemand Wasser zur Kategorie der Gefahrstoffe rechnen. Wie das Beispiel uns zeigt, ist es nicht sinnvoll, den Begriff des Gefahrstoffs nach unfallstatistischen Gesichtspunkten zu definieren. Ob ein Stoff gefährlich ist oder nicht, ist außerdem nicht eine Frage der Stoffeigenschaften alleine, sondern auch der Begleitumstände, wozu insbesondere die einwirkende Stoffmenge, die Art der Einwirkung und die Einwirkungsdauer zählen. Für jemanden, der in einer Überschwemmung ertrinkt, stellt Wasser eine Gefahr dar, für jemanden der es als Getränk zu sich nimmt, ist es lebensnotwendig.

Um Klarheit zu schaffen und subjektiven Mißverständnissen vorzubeugen, bedient man sich sogenannter „Legaldefinitionen", welche die Bedeutung bestimmter Begriffe festlegen. In den Richtlinien 67/548/EWG und 88/379/EWG der Europäischen Union und im deutschen Chemikaliengesetz werden gefährliche Stoffe, gefährliche Zubereitungen und gefährliche Erzeugnisse nach bestimmten Merkmalen eingeteilt. Als Gefahrstoffe gelten solche Stoffe, Zubereitungen oder Erzeugnisse, die eine oder mehrere der in 32.1 (S. 644) aufgeführten Eigenschaften haben oder aus denen beim Umgang solche Stoffe freigesetzt werden können. Des weiteren zählen solche Stoffe, Zubereitungen oder Erzeugnisse zu den Gefahrstoffen, die erfahrungsgemäß Krankheitserreger übertragen können. Weil auch Stoffe berücksichtigt werden, die freigesetzt werden können, erfaßt der Begriff Gefahrstoff mehr als nur Stoffe, die selbst gefährliche Eigenschaften haben. Radioaktive Stoffe sind jedoch nicht Gegenstand des Gefahrstoffrechts; sie unterliegen besonderen Verordnungen und Richtlinien der Europäischen Union sowie dem Atomgesetz und der Strahlenschutzverordnung.

Zu den meisten gefährlichen Eigenschaften („Gefährlichkeitsmerkmale") gehört ein bildliches Gefahrensymbol (⊡ 32.1) sowie eine Gefahrenbezeichnung durch Buchstaben, z.B. T für toxisch (giftig). Auf den Behältern muß auf die Gefahren hingewiesen werden und es müssen Sicher-

---

Begriffsbestimmungen:

Stoff: Chemisches Element oder chemische Verbindung (einschließlich Verunreinigungen oder zugesetzter Hilfsstoffe)

Zubereitung: aus zwei oder mehreren Stoffen bestehendes Gemenge, Gemisch oder Lösung

Erzeugnis: Stoff oder Zubereitung, deren Funktion weniger von den chemischen Eigenschaften der darin enthaltenen Stoffe, als von anderen Eigenschaften bestimmt wird (z.B. Form, Elastizität, Farbe usw.)

Gefahrstoff: Stoff, Zubereitung oder Erzeugnis mit einer oder mehreren der in 32.1 (S. 644) aufgeführten Eigenschaften oder aus denen beim Umgang solche Stoffe freigesetzt werden können oder die erfahrungsgemäß Krankheitserreger übertragen können

32.1 Einteilung und Kennzeichnung der Gefahrstoffe

heitsratschläge erteilt werden. Zur **Kennzeichnung** gehören folgende Angaben (vgl. 32.**2**):

1. Bezeichnung des Stoffes oder der Zubereitung (chemische Bezeichnung, gegebenenfalls Konzentration; evtl. Handelsname mit Angabe der enthaltenen gefährlichen Stoffe).
2. Besondere Bezeichnung in bestimmten Fällen (z. B. bei Erzeugnissen die Asbest enthalten oder die Formaldehyd freisetzen).
3. Gefahrensymbole und Gefahrenbezeichnungen (vgl. 32.**1** und 32.**2**, S. 644).
4. Hinweise auf besondere Gefahren (R-Sätze; vgl. 32.**2**, S. 646).
5. Sicherheitsratschläge (S-Sätze; vgl. 32.**3**, S. 647).
6. Name und Anschrift der Firma oder Person, die (innerhalb der europäischen Union) den Stoff oder die Zubereitung hergestellt, eingeführt oder in Verkehr gebracht hat.
7. Die dem Stoff zugeordnete EWG-Nummer (EINECS- oder ELINCS-Nummer).
8. Zusätzliche Angaben in besonderen Fällen, zum Beispiel bei krebserzeugenden Stoffen, bei besonderen Verpackungen wie Aerosoldosen („Behälter steht unter Druck..") oder „nur für gewerbliche Verbraucher" wenn bestimmte Stoffe enthalten sind.
9. Zusätzliche Angaben bei radioaktiven Stoffen: Radionuclid, Tag der Abfüllung, Aktivität am Tag der Abfüllung, Strahlenschutzverantwortlicher am Tag der Abfüllung.

Die Kennzeichnung muß deutlich erkennbar, haltbar und in deutscher Sprache abgefaßt sein. Das Etikett muß eine bestimmte, vorgeschriebene Mindestgröße haben, z. B. 52 × 74 mm bei Behältern von 0,25 bis 3 Litern.

EINECS = Europäisches Verzeichnis der auf dem Markt vorhandenen chemischen Stoffe

ELINCS = Europäische Liste der angemeldeten chemischen Stoffe

Sehr giftig

Giftig

Gesundheitsschädlich

Reizend

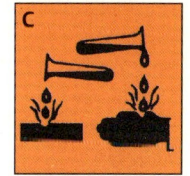
Ätzend

Umweltgefährlich

Hochentzündlich

Leichtentzündlich

Brandfördernd

Explosionsgefährlich

Radioaktiv

32.**1** Gefahrensymbole

asbesthaltig

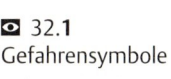

Perchlorsäure
70 %
EINECS-Nr. 231-512-4

R5   Beim Erwärmen explosionsfähig
R8   Feuergefahr bei Berührung mit brennbaren Stoffen
R35 Verursacht schwere Verätzungen
S23 Dampf nicht einatmen
S26 Bei Berührung mit den Augen sofort gründlich mit Wasser spülen und Arzt konsultieren
S36 Bei der Arbeit geeignete Schutzkleidung tragen

Perchemie AG, Postach 123, 99999 Chlorstadt

32.**2** Beispiel für ein ordnungsgemäßes Etikett

32.1 Einteilung und Kennzeichnung gefährlicher Stoffe (Auszug aus Anhang VI zur Richtlinie 67/548/EWG bzw. Anhang I der deutschen Gefahrstoffverordnung sowie Strahlenschutzverordnung)

Bezeichnung	Kurzbezeichnung	Eigenschaften und Wirkung	LD_{50} bzw. Festdosis (oral, Ratte)	LD_{50} (perkutan, Ratte, Kaninchen)	LC_{50} (Ratte)
sehr giftig	T+	Aufnahme einer sehr geringen Stoffmenge durch Einatmen, Verschlucken oder durch die Haut kann Gesundheitsschäden verursachen oder zum Tode führen	≤ 25 mg/kg bzw. Überlebensrate $<100\%$ bei 5 mg/kg	≤ 50 mg/kg	$\leq 0,5$ mg/L/4 h (Gase) $<0,25$ mg/L/4 h (Aerosole, Stäube)
giftig	T	Aufnahme einer geringen Stoffmenge durch Einatmen, Verschlucken oder durch die Haut kann Gesundheitsschäden verursachen oder zum Tode führen	25–200 mg/kg bzw. kritische Dosis 5 mg/kg	50–400 mg/kg	0,5–2 mg/L/4 h (Gase u. Dämpfe)
gesundheitsschädlich	Xn	Aufnahme durch Einatmen, Verschlucken oder durch die Haut kann Gesundheitsschäden verursachen oder zum Tode führen	200–2000 mg/kg bzw. kritische Dosis 500 mg/kg	400–2000 mg/kg	2–20 mg/L/4 h (Gase u. Dämpfe)
ätzend	C	lebende Gewebe können bei Kontakt zerstört werden			
reizend	Xi	Kontakt mit der Haut verursacht Entzündung			
explosionsgefährlich	E	kann (auch ohne Beteiligung von Luftsauerstoff) unter sehr schneller Freisetzung von Energie und Gasen reagieren; empfindlich gegen Schlag, Reibung, Feuer oder andere Zündquelle			
brandfördernd	O	Stoffe, die in Berührung mit brennbaren Stoffen diese entzünden können oder die Feuergefahr vergrößern; im Gemisch mit brennbaren Stoffen explosionsgefährlich			
hochentzündlich	F+	Flammpunkt unter 0 °C und Siedepunkt höchstens 35 °C; entzündliche Gase			
leicht entzündlich	F	Stoffe mit einem Flammpunkt unter 21 °C, die nicht hochentzündlich sind; feste Stoffe, die leicht entzündet werden können und dann weiterbrennen oder -glimmen; Stoffe, die bei Berührung mit Wasser oder feuchter Luft hochentzündliche Gase entwickeln (>1 L pro kg und h); Stoffe, die sich an Luft ohne Energiezufuhr erhitzen und dann entzünden können			
entzündlich	–	Flammpunkt im flüssigen Zustand 21–55 °C			
sensibilisierend	–	kann beim Einatmen, Verschlucken oder bei Hautkontakt Überempfindlichkeitsreaktionen (Allergien) hervorrufen			

📅 32.1 (Fortsetzung)

krebserzeugend (cancerogen)	–	kann beim Einatmen, Verschlucken oder bei Hautkontakt Krebs erzeugen oder die Krebshäufigkeit erhöhen. Einstufung in drei Kategorien: Kategorie 1: erzeugt beim Menschen bekanntermaßen Krebs Kategorie 2: ist beim Menschen als krebserzeugend anzusehen (z. B. nach Tierversuchen) Kategorie 3: erzeugt beim Menschen möglicherweise Krebs (Informationen zur Einstufung in Kategorie 2 reicht nicht aus)
fortpflanzungs- gefährdend (reproduktionstoxisch):	–	kann die Fortpflanzungsfähigkeit (Fruchtbarkeit) beim Menschen beeinträchtigen oder vorgeburtliche Schäden der Nachkommen verursachen; Einstufung in 3 Kategorien analog zur krebserzeugenden Wirkung
a) fruchtschädigend (teratogen)		kann beim Einatmen, Verschlucken oder bei Hautkontakt nicht vererbbare Schäden der direkten Nachkommen zur Folge haben
b) fruchtbarkeitsbeeinträchtigend		kann die männlichen oder weiblichen Fortpflanzungsfunktionen beeinträchtigen (Libido, Spermatogenese u. ä.)
erbgutverändernd (mutagen)	–	kann beim Einatmen, Verschlucken oder bei Hautkontakt vererbbare Schäden der Nachkommen zur Folge haben; Einstufung in 3 Kategorien analog zur krebserzeugenden Wirkung
sonst chronisch schädigend	–	verursacht schwere Gesundheitsschäden bei wiederholter oder längerer Exposition
umweltgefährlich	N	kann selbst oder durch Umwandlungsprodukte die natürliche Beschaffenheit von Wasser, Boden, Luft, Klima, Pflanzen, Tieren oder Mikroorganismen so verändern, daß Gefahren oder Nachteile für die Allgemeinheit herbeigeführt werden
radioaktiv	R	je nach absorbierter Energiedosis leichte Hautrötung bis schwere Stoffwechselstörung oder Tod, krebserzeugend, erbgutverändernd (vgl. Abschn. 31.**6**, S. 620)

Zur Bedeutung von LD_{50} = letale (tödliche) Dosis, LC_{50} = letale Konzentration und der Festdosis, s. S. 655.
Flammpunkt = Temperatur, bei der aus einer Flüssigkeit (in einer Normapparatur) entzündbare Gase verdampfen.
Kennzeichnung bei radioaktiven Stoffen wenn die Strahlung 100 Bq/g (natürliche Isotope 500 Bq/g) übersteigt.

32.2 Hinweise auf besondere Gefahren (R-Sätze)

R 1	In trockenem Zustand explosionsgefährlich
R 2	Durch Schlag, Reibung, Feuer oder andere Zündquellen explosionsgefährlich
R 3	Durch Schlag, Reibung, Feuer oder andere Zündquellen besonders explosionsgefährlich
R 4	Bildet hochempfindliche explosionsgefährliche Metallverbindungen
R 5	Beim Erwärmen explosionsfähig
R 6	Mit und ohne Luft explosionsfähig
R 7	Kann Brand verursachen
R 8	Feuergefahr bei Berührung mit brennbaren Stoffen
R 9	Explosionsgefahr bei Mischung mit brennbaren Stoffen
R 10	Entzündlich
R 11	Leichtentzündlich
R 12	Hochentzündlich
R 14	Reagiert heftig mit Wasser
R 15	Reagiert mit Wasser unter Bildung hochentzündlicher Gase
R 16	Explosionsgefährlich in Mischung mit brandfördernden Stoffen
R 17	Selbstentzündlich an der Luft
R 18	Bei Gebrauch Bildung explosionsfähiger/ leichtentzündlicher Dampf-Luftgemische möglich
R 19	Kann explosionsfähige Peroxide bilden
R 20	Gesundheitsschädlich beim Einatmen
R 21	Gesundheitsschädlich bei Berührung mit der Haut
R 22	Gesundheitsschädlich beim Verschlucken
R 23	Giftig beim Einatmen
R 24	Giftig bei Berührung mit der Haut
R 25	Giftig beim Verschlucken
R 26	Sehr giftig beim Einatmen
R 27	Sehr giftig bei Berührung mit der Haut
R 28	Sehr giftig beim Verschlucken
R 29	Entwickelt bei Berührung mit Wasser giftige Gase
R 30	Kann bei Gebrauch leicht entzündlich werden
R 31	Entwickelt bei Berührung mit Säure giftige Gase
R 32	Entwickelt bei Berührung mit Säure sehr giftige Gase
R 33	Gefahr kumulativer Wirkung
R 34	Verursacht Verätzungen
R 35	Verursacht schwere Verätzungen
R 36	Reizt die Augen
R 37	Reizt die Atmungsorgane
R 38	Reizt die Haut
R 39	Ernste Gefahr irreversiblen Schadens
R 40	Irreversibler Schaden möglich
R 41	Gefahr ernster Augenschäden
R 42	Sensibilisierung durch Einatmen möglich
R 43	Sensibilisierung durch Hautkontakt möglich
R 44	Explosionsgefahr bei Erhitzen unter Einschluß
R 45	Kann Krebs erzeugen
R 46	Kann vererbbare Schäden verursachen
R 48	Gefahr ernster Gesundheitsschäden bei längerer Exposition
R 49	Kann Krebs erzeugen beim Einatmen
R 50	Sehr giftig für Wasserorganismen
R 51	Gift für Wasserorganismen
R 52	Schädlich für Wasserorganismen
R 53	Kann in Gewässern längerfristig schädliche Wirkungen haben
R 54	Giftig für Pflanzen
R 55	Giftig für Tiere
R 56	Giftig für Bodenorganismen
R 57	Giftig für Bienen
R 58	Kann längerfristig schädliche Wirkungen auf die Umwelt haben
R 59	Gefährlich für die Ozonschicht
R 60	Kann die Fortpflanzungsfähigkeit beeinträchtigen
R 61	Kann das Kind im Mutterleib schädigen
R 62	Kann möglicherweise die Fortpflanzungsfähigkeit beeinträchtigen
R 63	Kann das Kind im Mutterleib möglicherweise schädigen
R 64	Kann Säuglinge über die Muttermilch schädigen

R-Sätze können auch kombiniert werden, z.B:

R 14/15	Reagiert heftig mit Wasser unter Bildung leicht entzündlicher Gase
R 20/22	Gesundheitsschädlich beim Einatmen und Verschlucken
R 36/37/38	Reizt die Augen, Atmungsorgane und die Haut

32.3 Sicherheitsratschläge (S-Sätze)

S 1	Unter Verschluß Aufbewahren	S 40	Fußboden und verunreinigte Gegenstände mit … reinigen
S 2	Darf nicht in die Hände von Kindern gelangen	S 41	Explosions- und Brandgase nicht einatmen
S 3	Kühl aufbewahren	S 42	Beim Räuchern/Versprühen geeignetes Atemschutzgerät anlegen (geeignete Bezeichnung ist anzugeben)
S 4	Von Wohnplätzen fernhalten		
S 5	Unter … aufbewahren (geeignete Flüssigkeit ist anzugeben)		
S 6	Unter … aufbewahren (inertes Gas ist anzugeben)	S 43	Zum Löschen … verwenden (angeben womit; wenn Wasser die Gefahr erhöht, anfügen: Kein Wasser verwenden)
S 7	Behälter dicht geschlossen halten		
S 8	Behälter trocken halten		
S 9	Behälter an einem gut belüfteten Ort aufbewahren	S 45	Bei Unfall oder Unwohlsein sofort Arzt zuziehen (wenn möglich, dieses Etikett vorzeigen)
S 12	Behälter nicht gasdicht verschließen		
S 13	Von Nahrungsmitteln, Getränken und Futtermitteln fernhalten	S 46	Bei Verschlucken sofort ärztlichen Rat einholen und Verpackung oder Etikett vorzeigen
S 14	Von … fernhalten (inkompatible Substanzen sind anzugeben)	S 47	Nicht bei Temperaturen über … °C aufbewahren (Temperatur angeben)
S 15	Vor Hitze schützen	S 48	Feucht halten mit … (geeignetes Mittel ist anzugeben)
S 16	Von Zündquellen fernhalten – nicht rauchen		
S 17	Von brennbaren Stoffen fernhalten	S 49	Nur im Originalbehälter aufbewahren
S 18	Behälter mit Vorsicht öffnen und handhaben	S 50	Nicht mischen mit … (angeben womit)
S 20	Bei der Arbeit nicht essen und trinken	S 51	Nur in gut belüfteten Bereichen verwenden
S 21	Bei der Arbeit nicht rauchen	S 52	Nicht großflächig für Wohn- und Aufenthaltsräume zu verwenden
S 22	Staub nicht einatmen		
S 23	Gas/Rauch/Dampf/Aerosol nicht einatmen (geeignete Bezeichnung ist anzugeben)	S 53	Exposition vermeiden – vor Gebrauch besondere Anweisungen einholen
S 24	Berührung mit der Haut vermeiden	S 56	Diesen Stoff und seinen Behälter der Problemabfallentsorgung zuführen
S 25	Berührung mit den Augen vermeiden		
S 26	Bei Berührung mit den Augen sofort gründlich mit Wasser spülen und Arzt konsultieren	S 57	Zur Vermeidung einer Kontamination der Umwelt geeigneten Behälter verwenden
S 27	Beschmutzte, getränkte Kleidung sofort ausziehen	S 59	Information zur Wiederverwendung/Wiederverwertung beim Hersteller/Lieferanten erfragen
S 28	Bei Berührung mit der Haut sofort abwaschen mit viel … (geeigneten Stoff angeben)	S 60	Dieser Stoff und sein Behälter sind als gefährlicher Abfall zu entsorgen
S 29	Nicht in die Kanalisation gelangen lassen		
S 30	Niemals Wasser hinzugießen	S 61	Freisetzung in die Umwelt vermeiden. Besondere Anweisungen einholen/Sicherheitsdatenblatt zu Rate ziehen
S 33	Maßnahmen gegen elektrostatische Aufladung treffen		
S 35	Abfälle und Behälter müssen in gesicherter Weise beseitigt werden	S 62	Bei Verschlucken kein Erbrechen herbeiführen. Sofort ärztlichen Rat einholen und Verpackung oder dieses Etikett vorzeigen
S 36	Bei der Arbeit geeignete Schutzkleidung tragen		
S 37	Geeignete Schutzhandschuhe tragen		S-Sätze können auch kombiniert werden, z.B.:
S 38	Bei unzureichender Belüftung Atemschutzgerät anlegen	S 1/2	Unter Verschluß und für Kinder unzugänglich aufbewahren
S 39	Schutzbrille/Gesichtsschutz tragen	S 3/9/49	Nur im Originalbehälter an einem kühlen, gut belüfteten Ort aufbewahren

> **Gliederung der deutschen Gefahrstoffverordnung** vom 26.10.93
> 1. Zweck, Anwendungsbereich und Begriffsbestimmungen (§ 1–3)
> 2. Einstufung gefährlicher Stoffe und Zubereitungen (§ 4–4b)
> 3. Kennzeichnung und Verpackung beim Inverkehrbringen (§ 5–14)
> 4. Verbote und Beschränkungen (§ 15–15e)
> 5. Allgemeine Umgangsvorschriften für Gefahrstoffe (§ 16–34)
> 6. Zusätzliche Vorschriften für den Umgang mit krebserzeugenden und erbgutverändernden Gefahrstoffen (§ 35–40)
> 7. Behördliche Anordnungen und Entscheidungen (§ 41–44)
> 8. Straftaten und Ordnungswidrigkeiten (§ 45–51)
> 9. Schlußvorschriften (§ 52–54)
>
> Anhang I. Allgemeine Bestimmungen für gefährliche Stoffe und Zubereitungen
> Anhang II. Bestimmungen für gefährliche Zubereitungen
> Anhang III. Zusätzliche Kennzeichnungsvorschriften für bestimmte Stoffe, Zubereitungen und Erzeugnisse
> Anhang IV. Herstellungs- und Verwendungsverbote
> Anhang V. Besondere Vorschriften für bestimmte Gefahrstoffe und Tätigkeiten
> Anhang VI. Liste der Vorsorgeuntersuchungen

32.2 Deutsches Gefahrstoffrecht

Im Laufe der Zeit ist die Zahl der gesetzlichen Vorschriften zum Umgang mit gefährlichen Stoffen, die noch dazu von Staat zu Staat verschieden sind, fast unübersehbar groß geworden (⌨ 32.4). Dabei werden unterschieden:

1. **Gesetze**, die von den Parlamenten verabschiedet werden und für jedermann im jeweiligen Geltungsbereich bindend sind.
2. **Verordnungen**, die von Regierungen erlassen werden aufgrund einer gesetzlichen Ermächtigung und die ebenfalls bindend sind.
3. **Technische Regeln**, die Anleitungen dazu geben, wie Gesetze und Verordnungen auszulegen und anzuwenden sind, die aber keine Rechtsnormen sind, d.h. die nicht beachtet werden müssen, wenn die Gesetze und Verordnungen durch andere Maßnahmen eingehalten werden.

In der Europäischen Union ist das Gefahrstoffrecht inzwischen (mit Ausnahme der Umgangsbestimmungen) vereinheitlicht worden. Diesem Zwecke dienen Verordnungen der Kommission der Europäischen Union (die wie nationale Verordnungen Gesetzeskraft haben) sowie **Richtlinien**, die an die Mitgliedsstaaten gerichtet sind und von diesen durch Beschluß der Parlamente in nationales Recht umgesetzt wurden und werden.

Von besonderer Bedeutung für den Arbeitsalltag im chemischen Laboratorium und in der chemischen Industrie ist in der Bundesrepublik Deutschland die **Verordnung über gefährliche Stoffe** (**Gefahrstoffverordnung**, abgekürzt GefStoffV). Sie ist neben der *Chemikalien-Verbotsverordnung* eine der wichtigsten Verordnungen, die sich auf das Chemikaliengesetz (ChemG) stützt. Die Gefahrstoffverordnung ist am 1.10.1986 in Kraft getreten. Sie wurde und wird so häufig geändert, daß nur Gefahrstoffrecht-Spezialisten über alle gerade gültigen Bestimmungen im Bilde sind. Mit der Gefahrstoffverordnung werden die einschlägigen Richtlinien der Europäischen Union in deutsches Recht umgesetzt.

Die Gefahrstoffverordnung gilt nicht oder nur eingeschränkt für Stoffe, Zubereitungen und Erzeugnisse, für die gesonderte Gesetze und Verordnungen existieren wie zum Beispiel Arzneimittel, Rauschgifte, Tabakerzeugnisse, kosmetische Mittel, Schädlingsbekämpfungsmittel, Sprengstoffe, Abwasser, Abfälle, Altöle oder radioaktive Stoffe.

Als Richtlinien, wie die Gefahrstoffverordnung anzuwenden und auszulegen ist, gibt es über sechzig **Technische Regeln für Gefahrstoffe** (TRGS), zum Beispiel die TRGS 451 „Umgang mit Gefahrstoffen im Hochschulbereich" oder die TRGS 514 „Lagern sehr giftiger und giftiger Stoffe in Verpackungen und ortsbeweglichen Behältern". Sie werden vom „Ausschuß für Gefahrstoffe" aufgestellt und von den zuständigen Ministerien bekanntgegeben. Außerdem gibt es Industrienormen, zum Beispiel DIN 12924 (Leistungsanforderungen für Laborabzüge) oder DIN 12925 (Ausführung von Sicherheitsschränken für brennbare Flüssigkeiten und Gasbehälter).

Die Gefahrstoffverordnung (Stand 1994) gliedert sich in neun Abschnitte und sechs Anhänge.

Der erste Abschnitt führt die Legaldefinitionen auf.

Im zweiten Abschnitt werden die Gefährlichkeitsmerkmale definiert und deren Zuordnung zu bestimmten Stoffen oder Zubereitungen geregelt

32.4 Die wichtigsten in der Bundesrepublik Deutschland gültigen Rechtsnormen mit Bestimmungen zum Umgang mit gefährlichen Stoffen

Gesetz zum Schutz vor gefährlichen Stoffen (Chemikaliengesetz) sowie darauf basierende Verordnungen, darunter:
   Gefahrstoffverordnung
   Chemikalien-Verbotsverordnung
   Chemikalien-Prüfnachweisverordnung
   Giftinformationsverordnung
   Chemikalien-Ausfuhr-Bußgeldverordnung
   Allgemeine Verwaltungsvorschrift zum Verfahren der behördlichen Überwachung der Einhaltung der Grundsätze der guten Laborpraxis
Sprengstoffgesetz, dazu mehrere Verordnungen
Arzneimittelgesetz, dazu viele Verordnungen
Betäubungsmittelgesetz, dazu mehrere Verordnungen
Abfallgesetze des Bundes und der Länder sowie Verordnungen dazu
Bundesimmissionsschutzgesetz, dazu viele Verordnungen, darunter:
   Verordnung zur Emissionsbegrenzung von leichtflüchtigen Halogenkohlenwasserstoffen
   Verordnung über genehmigungsbedürftige Anlagen
   Störfallverordnung
Wasserhaushaltsgesetze des Bundes und der Länder, sowie Verordnungen dazu, darunter:
   Indirekteinleiter-Verordnungen der Länder
   Bundes-Rahmenvorschrift über Mindestanforderungen an das Einleiten von Abwasser in Gewässer
Pflanzenschutzgesetz, dazu viele Verordnungen
DDT-Gesetz
Atomgesetz und Strahlenschutzverordnung
Gerätesicherheitsgesetz, dazu viele Verordnungen, darunter:
   Verordnung über brennbare Flüssigkeiten
   Acetylenverordnung
   Druckbehälterverordnung
   Gasdruckleitungsverordnung
   Verordnung über elektrische Anlagen in explosionsgefährdeten Räumen
Gesetz über die Beförderung gefährlicher Güter sowie Verordnungen dazu, darunter:
   Gefahrgutverordnung Straße
   Gefahrgutverordnung Eisenbahn
Gentechnikgesetz, dazu mehrere Verordnungen, darunter:
   Gentechnik-Sicherheitsverordnung
   Gentechnik-Verfahrensverordnung
   Gentechnik-Anhörungsverordnung

Reichsversicherungsordnung, dazu Satzungen und Richtlinien der Unfallversicherungsträger, z. B.:
   Unfallverhütungsvorschriften
   Laboratoriumsrichtlinien
   Explosionsschutz-Richtlinie
Mutterschutzgesetz
Gewerbeordnung und Verordnungen dazu, darunter:
   Arbeitsstättenverordnung
Jugendarbeitsschutzgesetz
Heimarbeitsgesetz
Lebensmittel- und Bedarfsgegenständegesetz, dazu mehrere Verordnungen, darunter:
   Lösungsmittelhöchstmengenverordnung
   Schadstoffhöchstmengenverordnung
   Extraktionslösungsmittelverordnung
Grundstoffüberwachungsgesetz
Ordnungswidrigkeitengesetz
Strafgesetzbuch

Ca. 100 *Richtlinien der Europäischen Union*, darunter:
   Richtlinie 67/548/EWG zur Angleichung der Rechts- und Verwaltungsvorschriften für die Einstufung, Verpackung und Kennzeichnung gefährlicher Stoffe
   Richtlinie 88/379/EWG für die Einstufung, Verpackung und Kennzeichnung gefährlicher Zubereitungen
   Richtlinie 76/769/EWG zur Beschränkung des Inverkehrbringens und der Verwendung gewisser gefährlicher Stoffe und Zubereitungen
   Richtlinie 79/117/EWG zum Verbot des Inverkehrbringens und der Anwendung von Pflanzenschutzmitteln, die bestimmte Wirkstoffe enthalten
   Richtlinie 80/1107/EWG zum Schutz der Arbeitnehmer vor der Gefährdung durch chemische, physikalische und biologische Arbeitsstoffe
   Richtlinie 89/391/EWG über Maßnahmen zur Verbesserung der Sicherheit und des Gesundheitsschutzes
   Richtlinie 78/319/EWG über giftige und gefährliche Abfälle

Verordnungen der Kommission der Europäischen Union, darunter:
   Verordnung Nr. 594/91 über Stoffe, die zu einem Abbau der Ozonschicht führen
   Verordnung Nr. 2455/92 zur Ausfuhr und Einfuhr bestimmter gefährlicher Chemikalien

Warnzeichen für noch nicht eingestufte Stoffe:

Achtung
Noch nicht vollständig geprüfter Stoff !

Begriffsbestimmung:

Umgang = Herstellung, Gewinnung, Gebrauch, Verbrauch, Lagerung, Aufbewahrung, Be- und Verarbeitung, Abfüllen, Umfüllen, Mischen, Entfernen, Vernichten und innerbetriebliches Befördern.

Inverkehrbringen = Abgabe an Dritte

(„Einstufung"). Die Einstufung richtet sich nach Anhang 1 der Richtlinie 67/548/EWG der Europäischen Union, die in ihrer aktuellen Form jeweils im Bundesanzeiger veröffentlicht wird. Die Liste umfaßt zahlreiche Stoffe (1994: ca. 2500) mit ihren Kennzeichnungsvorschriften. Für Stoffe, die dort nicht aufgeführt sind, geben Anhang I und II der Gefahrstoffverordnung einen ausführlichen Leitfaden zur Einstufung; nach physikalischen, chemischen und toxikologischen Daten ist zu beurteilen, welche Gefahrenmerkmale zutreffen. Bei Stoffen, deren Eigenschaften nicht hinreichend bekannt sind, ist der Hinweis „Achtung, noch nicht vollständig geprüfter Stoff" anzubringen. Solche Stoffe dürfen nur in Mengen von weniger als einer Tonne jährlich je Hersteller oder zu Forschungs- und Erprobungszwecken in Verkehr gebracht werden; sie unterliegen besonderen Anzeige- und Mitteilungspflichten.

Der dritte Abschnitt regelt, welche Anforderungen an die Verpackung zu stellen sind und wie Stoffe und Zubereitungen gekennzeichnet werden müssen. Die Verpackung muß so beschaffen sein, daß vom Inhalt nichts ungewollt nach außen gelangen kann. Die Kennzeichnung muß den Vorschriften entsprechen, die auf S. 643 aufgeführt wurden.

Im vierten Abschnitt der Gefahrstoffverordnung sind Verwendungsbeschränkungen und -verbote allgemeiner Art, für bestimmte Tätigkeiten und für bestimmte Personengruppen geregelt (Jugendliche; gebärfähige, schwangere oder stillende Frauen). Die Beschränkungen und Verbote betreffen Stoffe mit hohem Gefährdungspotential, die im Anhang IV aufgelistet sind. Dazu zählen zum Beispiel Blei- und Quecksilber-Verbindungen, Asbest, Benzol, bestimmte Chlorkohlenwasserstoffe und einige besonders gefährliche krebserzeugende Stoffe wie Benzidin oder Nitrosamine (R_2N-NO).

Der **Umgang mit Gefahrstoffen** ist im fünften Abschnitt der Gefahrstoffverordnung geregelt. Dem Arbeitgeber obliegt es, Maßnahmen zum Schutz des menschlichen Lebens, der menschlichen Gesundheit und der Umwelt zu treffen und die Arbeitsplätze zu überwachen. Er hat zu ermitteln, ob verwendete Stoffe Gefahrstoffe sind; wenn möglich und zumutbar, muß ein Ersatz durch weniger gefährliche Stoffe erfolgen. Über die verwendeten Gefahrstoffe ist ein Verzeichnis zu erstellen und fortzuschreiben. Maßnahmen zur Abwehr von Gefahren hat der Arbeitgeber zu regeln, bevor mit Gefahrstoffen umgegangen wird. Der eigenverantwortlich tätige Leiter einer Lehrveranstaltung übernimmt seinen Schülern gegenüber die Aufgaben des Arbeitgebers.

Durch geeignete organisatorische und technische Maßnahmen (z. B. geschlossene Apparaturen) sind Arbeitsverfahren so zu gestalten, daß Gase und Schwebstoffe nicht frei werden und Arbeitnehmer nicht in Hautkontakt mit festen oder flüssigen gefährlichen Stoffen kommen, soweit dies nach dem Stand der Technik möglich ist. Kann dies nicht realisiert werden, so ist durch geeignete Absaug- oder Lüftungsmaßnahmen die Gefahrstoffkonzentration zu minimieren. Ob und in welchem Umfang solche Maßnahmen notwendig sind, hat nach objektiven Kriterien („Stand der Technik") und nicht etwa nach Kostengesichtspunkten zu erfolgen.

Wenn das Auftreten gefährlicher Stoffe am Arbeitsplatz nicht sicher ausgeschlossen werden kann, so ist der Arbeitsplatz durch Messungen zu überwachen. Dabei ist zu ermitteln, ob die Maximale Arbeitsplatzkonzentration (MAK), die Technische Richtkonzentration (TRK) oder der Biologische Arbeitsplatztoleranzwert (BAT) unterschritten wird. Die entsprechenden Grenzwerte werden laufend überarbeitet und jährlich als Technische Regeln publiziert [TRGS 900: *Luftgrenzwerte* (MAK und TRK); TRGS 903: *BAT-Werte*]. Außerdem werden *krebserzeugende, erbgutverändernde* und *fortpflanzungsgefährdende* Stoffe in der TRGS 905 aufgelistet. In 32.**5** (S. 652) sind exemplarisch einige Werte aus diesen technischen Regeln zusammengestellt. Wenn die MAK-, TRK- bzw. BAT-Werte nicht dauerhaft unterschritten werden oder wenn es unmittelbaren Hautkontakt mit gefährlichen Stoffen gibt, gilt die *Auslöseschwelle* als überschritten. Wird sie überschritten, sind zusätzliche Maßnahmen erforderlich, zum Beispiel das Tragen von Atemschutzmasken oder Schutzanzügen, eventuelle Beschäftigungsbeschränkungen und die Anzeige bei der zuständigen Überwachungsbehörde. Bei Arbeiten in Laboratorien kann ein Unterschreiten der Auslöseschwelle im allgemeinen unterstellt werden, wenn:

1. mit kleinen, laborüblichen Mengen gearbeitet wird
2. alle Handhabungen mit Gefahrstoffen in einem Abzug nach DIN 12924 erfolgen und die Abzüge geschlossen bleiben, solange nicht an den Apparaturen hantiert wird
3. Entnahmebehälter für giftige und sehr giftige Gase innerhalb des Abzugs aufgestellt werden oder über eine dichte Leitung in den Abzug geführt werden
4. freiwerdende giftige Gase in Absorptionslösungen aufgefangen werden
5. geeignete Arbeitsmethoden oder geeignete (undurchlässige) Handschuhe einen Hautkontakt verhindern
6. das Labor nicht überbelegt ist
7. die Beschäftigten über die Gefahren und erforderlichen Arbeitsmethoden und Schutzmaßnahmen unterwiesen sind.

Gefahrstoffe müssen so aufbewahrt und gelagert werden, daß Miß- oder Fehlgebrauch verhindert wird. Sie dürfen sich nicht in unmittelbarer Nähe von Arznei- oder Lebensmitteln befinden und ihre Behältnisse dürfen nicht mit solchen von Lebensmitteln verwechselbar sein. Stoffe, die als C (ätzend), Xi (reizend) und Xn (gesundheitsschädlich) einzustufen sind, dürfen nicht allgemein zugänglich sein (keine Ausgabe durch Selbstbedienung, kein Zugriff für Betriebsfremde). Giftige und sehr giftige (T und T+) Stoffe sind unter Verschluß aufzubewahren (Zugang nur durch Sachkundige).

Die **Unterweisung** der Beschäftigten über Gefahren und Schutzmaßnahmen ist von besonderer Bedeutung. Sie erfolgt vor Beginn der Beschäftigung und mindestens ein Mal pro Jahr mündlich und arbeitsplatzbezogen anhand von *Betriebsanweisungen*. Eine Betriebsanweisung ist eine Aufstellung, auf der für einen Gefahrstoff, eine Substanzklasse oder ein Verfahren alle sicherheitsrelevanten Informationen und Verhaltensweisen zusammengefaßt sind. Betriebsanweisungen können Bestandteil von Versuchs- oder Arbeitsvorschriften sein. Zur Unterweisung gehören auch Hinweise zu Hygienemaßnahmen: in Laboratorien und Arbeitsstätten, an denen mit giftigen, sehr giftigen, krebserzeugenden, fruchtschädigenden oder erbgutverändernden Stoffen umgegangen wird, darf nicht gegessen, getrunken und geraucht werden; Arbeits- und Schutzkleidung darf nur in den Arbeitsräumen getragen werden.

Beschäftigungsbeschränkungen gibt es für Jugendliche sofern nicht bestimmte, in der Gefahrstoffverordnung genannte Bedingungen eingehal-

---

MAK = Maximale Arbeitsplatzkonzentration = Höchstzulässige Konzentration eines Stoffes als Gas, Dampf oder Schwebstoff in der Luft am Arbeitsplatz, die nach dem gegenwärtigen Kenntnisstand auch bei wiederholter und langfristiger Exposition (in der Regel täglich 8 Stunden, wöchentlich 40 Stunden) die Gesundheit der Beschäftigten nicht beeinträchtigt und diese nicht unangemessen belästigt

TRK = Technische Richtkonzentration = Grenzkonzentration in der Luft am Arbeitsplatz, die nach dem Stand der Technik unterschritten werden kann; TRK-Werte dienen anstelle von MAK-Werten, wenn MAK-Werte nicht aufgestellt werden können (z. B. bei krebserzeugenden Stoffen). Die Einhaltung von TRK-Werten soll das Gesundheitsrisiko vermindern, vermag es jedoch nicht vollständig auszuschließen

BAT = Biologischer Arbeitsplatztoleranzwert = höchstzulässige Konzentration eines Stoffes oder daraus entstehenden Stoffwechselproduktes im Körper, bei der nach dem gegenwärtigen Wissensstand die Gesundheit nicht beeinträchtigt wird

---

Inhalt einer Betriebsanweisung:

Bezeichnung des Gefahrstoffs oder seiner Bestandteile

Auflistung der mit dem Umgang verbundenen Gefahren für Mensch und Umwelt

Auflistung von Verhaltensregeln und Schutzmaßnahmen

Anweisungen für den Gefahrenfall und zur ersten Hilfe

Hinweise zur sachgerechten Entsorgung

32.5 Auszug aus den Technischen Regeln für Gefahrstoffe TRGS 900 (MAK- und TRK-Werte) und TRGS 905 (krebserzeugende, erbgutverändernde und fortpflanzungsgefährdende Stoffe), Stand 1995. Eine Angabe in der Spalte Kurzzeitwert, z. B. 8 × 5 min: 2 · MAK, bedeutet 8 mal pro Schicht darf für je maximal 5 Minuten das Doppelte des MAK-Wertes erreicht werden; als Mittelwert über 8 Stunden ist die MAK trotzdem einzuhalten.

Stoff	Formel	MAK oder TRK			Kurzzeitwert	Einstufung			Bemerkungen
		mL/m^3	mg/m^3			Krebs	Erbgut-	Fruchtschädigung	
Acetaldehyd	H_3C-CHO	50	90	MAK	8 × 5 min: 2 · MAK	3			
Aceton	$H_3C-CO-CH_3$	500	1200	MAK	2 × 30 min: 5 · MAK				
Acetonitril	H_3C-CN	40	70	MAK	4 × 30 min: 2 · MAK				H
Anilin	$H_5C_6-NH_2$	2	8	MAK	2 × 30 min: 5 · MAK	3			H
Benzol	C_6H_6	1	3,2	TRK	5 × 15 min: 5 · TRK	1	2		H
in Kokereien, Tankstellen u. ä.		2,5	8						
Brom	Br_2	0,1	0,7	MAK	8 × 5 min: 2 · MAK				
Buchenholzstaub		–	2	TRK	5 × 15 min: 5 · TRK	1			
Chlor	Cl_2	0,5	1,5	MAK	8 × 5 min: 2 · MAK			N	
Chlorwasserstoff	HCl	5	7	MAK	8 × 5 min: 2 · MAK			N	
Cyanwasserstoff	HCN	10	11	MAK	4 × 30 min: 2 · MAK				H
Ethanol	H_5C_2-OH	1000	1900	MAK	3 × 60 min: 2 · MAK				
Ethylamin	$H_5C_2-NH_2$	10	18	MAK	4 × 10 min: 2 · MAK				
Formaldehyd	HCHO	0,5	0,6	MAK	8 × 5 min: 2 · MAK	3		N	H,S
Hydrazin	N_2H_4	0,1	0,13	TRK	5 × 15 min: 5 · TRK	2			H,S
Kohlenmonoxid	CO	30	33	MAK	4 × 30 min: 2 · MAK				
Nickeltetracarbonyl	$Ni(CO)_4$	0,02	0,15	TRK	5 × 15 min: 5 · TRK	3	2		H
Ozon	O_3	0,1	0,2	MAK	8 × 5 min: 2 · MAK	3			
Salpetersäure	HNO_3	2	5	MAK	8 × 5 min: 2 · MAK				
Schwefeldioxid	SO_2	2	5	MAK	8 × 5 min: 2 · MAK				
Schwefelwasserstoff	H_2S	10	15	MAK	4 × 10 min: 2 · MAK				
Stickstoffdioxid	NO_2	5	9	MAK	8 × 5 min: 2 · MAK				
Tetrachlormethan	CCl_4	10	65	MAK	4 × 30 min: 2 · MAK	3			H
Tetraehylblei	$Pb(C_2H_5)_4$	0,01	0,075	MAK	4 × 30 min: 2 · MAK			1	H
Toluol	$H_5C_6-CH_3$	50	190	MAK	2 × 30 min: 5 · MAK				H

Einteilung der krebserzeugenden Stoffe:
  1 erzeugt bekanntermaßen Krebs beim Menschen
  2 sollte beim Menschen als krebserzeugend angesehen werden (z. B. nach Tierversuchen)
  3 möglicherweise krebserzeugend beim Menschen, genügend Information liegt nicht vor

Einteilung ergbut- bzw. fortpflanzungsgefährdender Stoffe:
  1 wirkt bekanntermaßen erbgut- bzw. fruchtschädigend beim Menschen
  2 sollte beim Menschen als erbgut- bzw. fruchtschädigend angesehen werden (z. B. nach Tierversuchen)
  3 möglicherweise erbgut- bzw. fruchtschädigend beim Menschen, genügend Information liegt nicht vor
  N Fruchtschädigung ist bei Einhaltung des MAK-Wertes nicht zu befürchten

Bemerkungen:
  H hautresorptiv
  S sensibilisierend

ten werden. Besondere Beschränkungen betreffen werdende **Mütter**. Sie dürfen krebserzeugenden, fruchtschädigenden oder erbgutverändernden Stoffen nicht ausgesetzt sein, d. h. sie dürfen weder damit beschäftigt werden noch sich in deren Gefährdungsbereich aufhalten. Dazu gehört zum Beispiel die Beschäftigung in einer Tankstelle (auch nicht im Kassenraum! Benzin enthält das krebserzeugende Benzol). Gebärfähige Frauen dürfen weder mit Blei und bleihaltigen Verbindungen noch mit Alkylquecksilber-Verbindungen beschäftigt werden, wenn die Auslöseschwelle nicht unterschritten ist. Werdende und stillende Mütter dürfen mit gesundheitsschädlichen, giftigen oder sehr giftigen oder sonst chronisch schädigenden Stoffen nur bei Unterschreitung der Auslöseschwelle beschäftigt werden.

> Werdende Mütter sowie gebärfähige Frauen und Jugendliche unterliegen besonderen Beschränkungen

Die **Chemikalienverbotsverordnung** regelt Verbote und Einschränkungen für das Inverkehrbringen bestimmter Gefahrstoffe. Sie enthält Vorschriften über die Erlaubnis, Gefahrstoffe in Verkehr zu bringen. Dies dürfen nur integre und zuverlässige Personen tun, die ihre Sachkenntnis durch eine Prüfung nachgewiesen haben. Die notwendige Sachkenntnis betrifft die Eigenschaften der Gefahrstoffe, die Gefahren bei ihrer Verwendung sowie die einschlägigen Vorschriften. Absolventen akademischer, fachschulischer oder gewerblicher Ausbildungsgänge, in denen diese Sachkenntnis vermittelt und geprüft wird, müssen keine zusätzliche Prüfung ablegen (dies gilt zum Beispiel für Apotheker; für Diplom-Chemiker gilt es nur, wenn die erforderlichen Rechtskenntnisse und toxikologischen Kenntnisse nachgewiesen wurden).

Wer gewerbsmäßig oder selbständig im Rahmen einer wirtschaftlichen Unternehmung giftige oder sehr giftige Stoffe in Verkehr bringt, bedarf der Erlaubnis der zuständigen Behörde. Eine Erlaubnis ist in der Regel nicht erforderlich für öffentliche Lehr- und Forschungsanstalten, für Apotheken, für Tankstellen sowie für Unternehmen, die nur an Wiederverkäufer (Großhändler), gewerbliche Verbraucher oder öffentliche Forschungs-, Untersuchungs- und Lehranstalten abgeben. Wer keiner Erlaubnis bedarf, muß jedoch (ausgenommen Apotheken und Tankstellen) die Abgabe bei der Behörde anzeigen und eine verantwortliche Person benennen, die über die Sachkenntnis verfügt.

Die **Beseitigung von gefährlichen Abfällen** („Entsorgung") wird im *Abfallgesetz* geregelt, dessen Vollzug den Bundesländern obliegt. Gefahrstoff-Abfälle sind *„besonders überwachungsbedürftige Abfälle"*, die nur von den zuständigen Stellen beseitigt werden dürfen, zum Beispiel von zugelassenen Gesellschaften zur Beseitigung von Sonderabfällen. Der gesamte Vorgang der Entsorgung (Auswahl des Entsorgungsunternehmens, Transport, Art der Entsorgung, z. B. Verbrennen oder Deponieren) bedarf der Genehmigung und wird behördlich überwacht. Damit befaßte Beschäftigte müssen durch die Betriebsanweisungen und mündliche Unterweisung über folgendes unterrichtet sein:

1. Wie müssen Abfälle beschaffen sein, damit sie entsorgt werden können? Welche chemische Behandlung ist evtl. noch durchzuführen?
2. Welche Abfälle dürfen in welchen Behältern gesammelt und vermischt werden? (z. B. sind oxidierend und reduzierend wirkende Stoffe getrennt zu sammeln.)
3. Welche Abfälle können wiederaufgearbeitet werden und sind deshalb getrennt zu sammeln?
4. Welche Abfälle dürfen nicht auf öffentlichen Straßen transportiert werden und bedürfen deshalb vorab einer chemischen Umwandlung?

5. Wie und wo dürfen Abfälle gelagert werden?
6. Welche Abfälle dürfen mit dem Hausmüll entsorgt werden? Entsorgung mit dem Abwasser ist verboten.

Einrichtungen, in denen regelmäßig Sonderabfälle anfallen, müssen einen Abfallbeauftragten haben, der die geregelte Entsorgung überwacht. Er hat auch darauf zu achten, daß die Betriebsabläufe möglichst abfallarm gestaltet werden.

32.3 Giftstoffe, Toxikologie

Dosis = aufgenommene Stoffmasse pro Körpermasse

Toxikologie ist die Lehre der Vergiftungen. Sie befaßt sich mit der Aufnahme, dem Stoffwechsel und der Wirkung von Giftstoffen sowie mit der Vorbeugung, Erkennung und Behandlung von Vergiftungen. Eine Vergiftung ist eine Krankheit, die durch die Aufnahme eines Stoffes verursacht wird, indem er die biochemischen Prozesse im Organismus stört. Dabei kommt es nicht nur auf die Eigenschaften des Stoffes an, sondern auch auf die zugeführte Dosis und auf die Art der Einwirkung. Man unterscheidet die Phase der Exposition, des Stoffwechsels (der Toxikokinetik) und der eigentlichen Wirkung (der Toxikodynamik). Auch die giftigsten Stoffe bleiben ohne Wirkung, wenn eine bestimmte (mitunter sehr kleine) Dosis unterschritten wird. Andererseits existiert für *jeden* Stoff eine Dosis, die tödlich wirkt; auch Wasser, Zucker, Kochsalz und alle lebenswichtigen Stoffe wirken giftig, wenn zu viel davon aufgenommen wird (◉ 23.3): „alle Dinge sind Gift und nichts ohn' Gift; allein die Dosis macht, daß ein Ding ein Gift ist" (Paracelsus, 1537).

Für die *toxische* (krankmachende) und die *letale* (tödliche) Dosis eines Stoffes lassen sich nur ungefähre Angaben machen. Dafür gibt es mehrere Gründe. Mit Menschen sind toxikologische Versuche nicht statthaft und werden strafrechtlich verfolgt; bekannte Dosen wurden aus geschehenen Vergiftungen rekonstruiert. Jeder Mensch hat seine individuelle Giftempfindlichkeit (Disposition), die außerdem je nach der generellen

Ungefähre Werte für einige bekannte Mengen, die bei einmaliger Gabe bei gesunden, erwachsenen Menschen zum Tode führen können (orale Aufnahme) in Gramm

Stoff	Menge
Botulinus-Toxin	0,00001
Amanitine (im Knollenblätterpilz)	0,005
Strychninnitrat	0,05
Nicotin	0,05
Parathion (E605)	0,07
Kaliumcyanid	0,15
Quecksilber(II)-chlorid	0,2
Morphin-hydrochlorid	0,3
Arsen(III)-oxid	0,3
Thallium(I)-sulfat	1
Bariumchlorid	2
Formaldehyd (in wäss. Lösung)	4
Natriumfluorid	5
Phenol	10
Methanol	30
Aspirin	30
Ethanol	200

◉ **32.3** Gesundheitszustand eines Lebewesens in Abhängigkeit der zugeführten Dosis für lebenswichtige Stoffe (z. B. Kochsalz, Spurenelemente, Vitamine) und für beliebige andere Stoffe. Beginn und Breite des Bereichs mit 100 % Gesundheit sind von Stoff zu Stoff sehr verschieden.

körperlichen Verfassung, dem Alter, dem Geschlecht und der ethnischen Herkunft schwankt. Die Aufnahme in einen gefüllten Magen verzögert und vermindert die Wirkung. Manche Stoffe (z. B. manche Schlafmittel) werden von Kindern in höheren Dosen vertragen als von Erwachsenen, bei anderen Stoffen (z. B. Morphin) ist es umgekehrt. Für manche Stoffe kennt man auch Gewöhnungserscheinungen, d. h. nach wiederholter Zufuhr der gleichen Substanz nimmt die Empfindlichkeit gegen sie ab. Gegen natürliche Protein-Giftstoffe kann es durch Bildung von Antikörpern zur Resistenzsteigerung bis hin zur weitgehenden Immunität kommen; es kann aber auch zum Gegenteil, der Sensibilisierung kommen. Schließlich kann die gleichzeitige Zufuhr anderer Stoffe die Giftwirkung steigern (*Synergismus*) oder auch mindern (*Antagonismus*). Zum Beispiel wird die Löslichkeit von Quecksilber(II)-chlorid in Anwesenheit von Kochsalz durch Komplexbildung erhöht, was seine Wirkung erhöht. Antagonistisch wirkende Stoffe sind bei der Therapie von Vergiftungen von Bedeutung. So kann die Vergiftung mit Methanol durch die Gabe von Ethanol bekämpft werden.

Zur Objektivierung der toxischen Wirkung von Stoffen wurde die im Tierversuch experimentell zu ermittelnde Größe LD_{50} definiert. Dieses ist die letale Dosis, bei der 50% der Individuen der Versuchspopulation sterben. Der Wert ist für die orale oder dermale Aufnahme konzipiert. Bei inhalativer Aufnahme wird der Wert LC_{50} (letale Konzentration, inhalativ) angegeben. Siehe dazu die Grenzwerte in 🕮 32.1 (S. 644). Zur Vermeidung von zuviel Opfern in Tierversuchen ist jetzt europaweit die *Fest-Dosis-Methode* eingeführt worden, bei der anstelle der LD_{50} ein Dosiswert tritt, bei dem eine Überlebensrate kleiner als 100% zu beobachten ist. Einer LD_{50} von 50 mg/kg oral (Ratte) entspricht beispielsweise ein Fest-Dosis-Wert von 5 mg/kg oral (Ratte).

Wichtig für die Wirkung ist die Art, wie ein Stoff in den Organismus gelangt. Damit eine Resorption durch den Organismus erfolgen kann, muß der Stoff wasser- oder lipidlöslich sein. So wirken zum Beispiel wasserlösliche Arsenite [oder andere Arsen(III)-Verbindungen] bei oraler Aufnahme stark giftig; Arsen(III)-oxid, das von Wasser schlecht benetzt wird und sich nur langsam löst, wirkt schwächer, und Arsen(III)-sulfid, das sehr schwerlöslich ist, ist praktisch unwirksam. Oral aufgenommene Stoffe werden hauptsächlich vom Dünndarm resorbiert, weshalb eine frühzeitige Entleerung des Magens eine wichtige therapeutische Maßnahme ist (nicht bei ätzenden Substanzen und organischen Lösungsmitteln!). Lipidlösliche Substanzen [z. B. Alkohol, organische Lösungsmittel, Quecksilber(II)-chlorid, Nicotin] sind allerdings auch schon von der Mund- und Nasenschleimhaut resorbierbar.

Nur gut fettlösliche Substanzen werden auch durch die unverletzte Haut aufgenommen (z. B. HF, Benzol, Nicotin). Durch Wundflächen werden Gifte allgemein leicht aufgenommen. Besonders rasch und in kleineren Dosen wirken Lösungen, die unter die Haut oder in die Muskulatur eingespritzt werden, am raschesten ist die Wirkung bei Einspritzungen in die Blutbahn (ein Giftschlangenbiß oder Skorpionstich kommt einer Injektion gleich). Eine schnelle Einwirkung erfolgt auch beim Einatmen von Gasen. Bei eingeatmeten Gasen ist die aufgenommene Dosis proportional zum Produkt aus Konzentration in der Atemluft mal Einwirkungszeit.

Manche unlöslichen Stoffe wirken schädigend, wenn sie als Staub von der Lunge aufgenommen werden, vor allem wenn dies über einen längeren Zeitraum geschieht („Staublunge" bei Bergarbeitern). Sie verur-

Einige Informationszentren für Vergiftungen

Berlin
Beratungsstelle für Vergiftungserscheinungen an der Universitäts-Kinderklinik
(030) 19240

Bonn
Informationszentrale gegen Vergiftungen, Universitäts-Kinderklinik und Poliklinik
(0228) 287-3211, FAX 287-3314

Brüssel
Centre National de Prévention et de Traitement des Intoxications
(02) 3454545, FAX 3475860

Erfurt
Giftnotruf, Giftinformationszentrale der Länder Mecklenburg-Vorpommern, Sachsen, Sachsen-Anhalt und Thüringen
(0361) 730-730, FAX 730-7317

Freiburg
Informationszentrale für Vergiftungen, Universitäts-Kinderklinik
(0761) 270-4361, FAX 270-4457

Mainz
Beratungsstelle bei Vergiftungen, Medizinische Klinik und Poliklinik der Universität
(06131) 232466, FAX 176605

München
Giftnotruf München, Toxikologische Abteilung der II. Medizinischen Klinik rechts der Isar der Technischen Universität
(089) 19240, FAX 4140-2467

Straßburg
Centre Anti-poisons, Hospices Civiles
88373737, FAX 88161388

Utrecht
Nationaal Vergiftingen Informatie Centrum, Rijksinstituut voor Volksgezondheid
(030) 748888, FAX 541511

Wien
Vergiftungsinformationszentrale, Universitätsklinik; (0222) 4064343, FAX 40400-4225

Zürich
Schweizerisches Toxikologisches Informationszentrum
Notruf: (01) 2515151, FAX 2528833
Nicht dringliche Fälle: (01) 2516666

Anmerkung (1996): *In Deutschland ist geplant, alle Giftnotrufe auf die einheitliche Telefonnummer 19240 umzustellen.*

sachen Veränderungen im Lungengewebe, die zu Atembeschwerden führen. Stäube aus feinfaserigem Material wie Asbest oder Holzstaub führen häufig auch zu Krebs. Krebserregend sind auch Stäube, die Cobalt, Nickel, As_2O_3 u. a. enthalten.

Bei ätzenden Stoffen sind sowohl die Konzentration als auch die Dauer der Einwirkung von Bedeutung. Sie wirken lokal am Einwirkungsort durch Zellzerstörung (Nekrose), wenn ihnen genug Zeit gelassen wird. Wird zum Beispiel konzentrierte Schwefelsäure auf die Haut gebracht und sofort mit viel Wasser abgespült, so kann eine Hautreizung vermieden werden; bei längerer Einwirkungszeit entstehen schwer heilende Wunden.

Bei einer **akuten Vergiftung** treten die Krankheitserscheinungen plötzlich auf; sie treten nach einmaliger Zufuhr einer entsprechend wirksamen Dosis auf. **Chronische Vergiftungen** kommen vor, wenn dauernd wiederholte kleine Giftdosen eine zunächst kaum bemerkbare Wirkung hervorrufen. Bei chronischen Vergiftungen kommt es zu einer Akkumulation, wenn die Ausscheidung oder der Abbau langsamer erfolgt als die Aufnahme; wenn dann die Wirkschwelle überschritten wird, kommt es zu akuten Vergiftungserscheinungen. Meist verlaufen chronische Vergiftungen aber anders als akute. Bei einer akuten Vergiftung mit Arsen(III)-Verbindungen tritt zum Beispiel ein choleraähnlicher Durchfall auf, während bei der chronischen Vergiftung Nerven- und Hautschädigungen auftreten (Schmerzen, Lähmung der Füße, Hautverdickung, Hautverfärbung) oder eine Krebserkrankung der Lunge oder Haut eintritt.

Bei einer akuten Vergiftung können die Symptome bereits nach wenigen Sekunden in Erscheinung treten. Es kann aber auch zwischen Giftzufuhr und Ausbruch der Erkrankung eine *Latenzzeit* liegen, die Stunden oder Tage dauern kann. Wasserlösliche Cyanide (oral) oder Cyanwasserstoff in der Atemluft wirken zum Beispiel innerhalb von Minuten (Tod nach Erstickungskrampf), Vergiftungen mit Thallium-Verbindungen zeigen sich erst nach einigen Tagen (kolikartige Schmerzen, Sensibilitätsstörungen, nach 2–3 Wochen Haarausfall). Wenn eine akute Vergiftung überstanden wird, so bleibt dies bei manchen Stoffen folgenlos (*reversible Vergiftung*), bei anderen gibt es Folge- oder Spätschäden (*irreversible Vergiftung*). Zum Beispiel bleibt nach einer überstandenen Cyanid-Vergiftung meist keine Schädigung zurück, während sich an eine Kohlenmonoxid-Vergiftung häufig eine Lungenentzündung und Hirnschädigungen anschließen.

Die **Therapie von Vergiftungen** gehört in die Hand des Arztes. Im allgemeinen treffen Vergiftungen nicht ein einzelnes Organ; selbst wenn in erster Linie ein Organ betroffen ist, sind andere Auswirkungen wie Schock oder Störungen des Elektrolythaushalts möglich. Der Arzt muß deshalb außer Maßnahmen zur Giftbeseitigung vorrangig auch auf die Aufrechterhaltung sonstiger vitaler Funktionen achten. Die Therapie muß sich nach der Art der Vergiftung richten, weshalb der Arzt möglichst genaue Informationen über den Hergang und die beteiligten Substanzen benötigt. Ärzte können sich in Giftnotrufzentralen über die günstigste Therapie informieren, auch wenn exotische Stoffe zur Vergiftung geführt haben.

Erste-Hilfe-Maßnahmen durch den Laien müssen vor allem der Erhaltung der vitalen Funktionen dienen. Schnelles Handeln kann von entscheidender Bedeutung sein!

Verletzte sind aus dem Gefahrenbereich in frische Luft zu bringen, durchtränkte Kleidung ist zu entfernen. Meist ist Körperruhe und Schutz vor Wärmeverlust geboten. Wichtig ist das sofortige Herbeirufen ärztlicher

Hilfe. Erbrochenes, verschmutzte Kleidung und Ausscheidungen sind sicherzustellen, um die Vergiftungsursache erkennen zu können. Dem Arzt ist nach Möglichkeit mitzuteilen, was geschehen ist, welche Stoffe wie und in welcher Menge aufgenommen wurden, wann dies geschehen ist, welche Symptome aufgetreten sind, welche Erste-Hilfe-Maßnahmen ergriffen wurden.

Zur Aufrechterhaltung der Lebensfunktionen gehören die allgemeinen Maßnahmen zur ersten Hilfe bei Unfällen, wie sie in Anleitungen beschrieben sind, die in jedem Verbandkasten enthalten sein müssen. Weitere Maßnahmen hängen von der Art der Vergiftung ab. Informationen darüber finden sich zum Beispiel im „Merkblatt für die Erste Hilfe bei Einwirkung gefährlicher chemischer Stoffe" (ZH 1/175) des Hauptverbandes der gewerblichen Berufsgenossenschaften. Außerdem müssen am Arbeitsplatz besondere Erste-Hilfe-Maßnahmen in den Betriebsanweisungen für den Umgang mit den jeweiligen Stoffen aufgeführt sein.

■ **Einige allgemeine Grundregeln** sind:
1. Beim Verschlucken *ätzender Substanzen* reichlich Wasser in kleinen Schlucken trinken lassen (keine kohlensäurehaltige Getränke). Kein Erbrechen auslösen!
2. Beim Verschlucken *nicht ätzender Substanzen* sollte das Gift durch Erbrechen – nur bei klarem Bewußtsein – möglichst schnell entfernt werden (gilt nicht für Lösungsmittel und Tenside). Dazu kann eine Kochsalz-Lösung (ein Eßlöffel auf ein Glas Wasser) zu trinken gegeben werden. Der Brechreiz kann auch durch Reizen der Rachenhinterwand (mit Finger oder Stil) ausgelöst werden. Erbrechen darf nicht bei Bewußtlosen und bei Schwangeren ausgelöst werden oder wenn schaumbildende Substanzen verschluckt wurden. Danach reichlich Wasser (keine Milch!) trinken lassen.
3. Beim Verschlucken von *nicht wasserlöslichen organischen Lösungsmiteln* kein Erbrechen auslösen. Durch die Gabe von Paraffinöl (Paraffinum subliquidum; keine anderen Öle!) kann die Resorption vermindert werden. Keine Milch, keinen Alkohol verabreichen.
4. Bei *Aufnahme durch die Haut*: mit viel Wasser spülen, mit Seife abwaschen. Keine Lösungsmittel verwenden, ausgenommen Polyethylenglykol, das eine gute Reinigungswirkung hat.
5. Bei *Vergiftung durch Gase*: Opfer an die frische Luft bringen, beengende Kleidung entfernen, Ruhelage, warm halten.
6. Bei *Augenverätzung*: bei offengehaltenen Lidern 10 Minuten lang mit Wasser ohne großen Druck spülen. Die Augenspülung ist wichtiger als der schnelle Abtransport zum Augenarzt.
7. *Asservation*: Giftreste, Substanzbehälter, Erbrochenes, Urin, Stuhl, verschmutzte Kleidung sicherstellen um eine sichere Diagnose zu ermöglichen.

Erste-Hilfe-Maßnahmen bei Vergiftungen

Feststellung der Atmung, des Pulses und des Bewußtseins
Frische Luft, Ruhigstellung, warmhalten
Seitenlagerung
Freiräumen der Atemwege
Überstrecken des Halses
Bei *Atemstillstand*: Atemspende (Selbstschutz vor Vergiftung beachten, Atemtubus benutzen)
Erkennen einer Schocksituation (Blässe, schneller aber schwacher Puls, Schweißausbruch, Übelkeit)
Schockbekämpfung durch Schocklage (Kopf tief, Beine hoch)
Bei *Herzstillstand*: Herzdruckmassage geben unter Weiterführung der Beatmung

32.4 Übungsaufgaben

(Lösungen s. S. 691)

32.1 Ordnen Sie nach Stoff, Zubereitung oder Erzeugnis:
- a) Salzsäure (37%ig)
- b) Schwefel (mit 0,3% Verunreinigungen)
- c) Schmieröl
- d) 2-Propanol
- e) Titandioxid-Pigment
- f) Aluminium-Späne zur Reduktion von Cr_2O_3
- g) Aluminium-Profilstab
- h) Dynamit (Kieselgur + Nitroglycerin)

32.2 Welche der folgenden Stoffe sind Gefahrstoffe? Ordnen Sie die entsprechende Kurzbezeichnung (T+, T, usw.) zu.
- a) Salzsäure (37%ig)
- b) Natriumchlorid
- c) Octan
- d) Flüssiger Sauerstoff
- e) Arsen(III)-oxid
- f) Kohlendioxid

32.3 Zu den folgenden Substanzen sind die R-Sätze angegeben. Entscheiden Sie, welche Gefahrensymbole dazugehören.
- a) Phosphor (weiß), R 17, 26/28, 35
- b) Phosphor(V)-oxid, R 35
- c) Kupfer(II)-sulfat, R 22
- d) Diethylether, R 12, 19
- e) Natriumperoxid, R 8, 35
- f) Quecksilber(II)-azid, R 3, 26/27/28, 33
- g) Calciumchlorid, R 36

32.4 Was versteht man unter dem Flammpunkt?

32.5 Haben Verordnungen der Kommission der Europäischen Union über Gefahrstoffe Gesetzeskraft in Deutschland, Österreich und der Schweiz?

32.6 2,4,6-Trinitrotoluol wird als Sprengstoff eingesetzt. Ist beim Umgang damit die Gefahrstoffverordnung zu beachten?

32.7 Nach der TRGS 451 sollen den Beschäftigten eines Labors Etiketten mit den Gefahrstoffsymbolen zur Verfügung stehen. Ist es erlaubt, statt dessen andere Möglichkeiten zur Kennzeichnung von Gefäßen zu verwenden (z.B. eine Stempelmaschine, mit der die Symbole aufgedruckt werden)?

32.8 In einer Anlage zur Abfüllung von Salpetersäure in Fässer muß die Zuleitung jedesmal von einem Faß auf das nächste umgesetzt werden, wenn ein Faß gefüllt ist. Dabei treten für 1 Minute Salpetersäure-Dämpfe in einer Konzentration von $8\,mg/m^3$ auf; in der übrigen Zeit ist die Konzentration geringer als $0,1\,mg/m^3$. Darf ein Arbeitnehmer in dieser Anlage beschäftigt werden?

32.9 Warum gibt es für Hydrazin keinen MAK-Wert?

32.10 Ist die Diplom-Urkunde eines Chemikers ausreichende Voraussetzung, um eine Chemikalienhandlung aufzumachen? Darf er die Ware in der Art eines Supermarkts zur Selbstbedienung auslegen?

32.11 Darf eine schwangere Frau Benzin tanken?

32.12 Kann es sein, daß ein Stoff sowohl lebensnotwendig wie auch toxisch ist?

32.13 Geben Fest-Dosis und LD_{50}-Werte gleichwertige Aussagen zur Toxität eines Stoffes?

32.14 Barium-Ionen, oral aufgenommen, wirken sehr toxisch. Trotzdem wird Bariumsulfat in der Medizin als Kontrastmittel für Röntgenaufnahmen des Magen-Darm-Traktes verwendet (der Patient muß $BaSO_4$-Brei schlucken). Besteht hier nicht ein Widerspruch?

Anhang

- **A** Normalpotentiale *660*
- **B** Gleichgewichtskonstanten *661*
- **C** Thermodynamische Daten *663*
- **D** Mittlere Bindungsenergien *664*
- **E** Lösungen zu den Übungsaufgaben *665*
- Bildnachweis *691*

Anhang A: Normalpotentiale bei 25 °C

Saure Lösung

Halbreaktion	$E°$/Volt
$Li^+ + e^- \rightleftharpoons Li$	−3,045
$K^+ + e^- \rightleftharpoons K$	−2,925
$Rb^+ + e^- \rightleftharpoons Rb$	−2,925
$Cs^+ + e^- \rightleftharpoons Cs$	−2,923
$Ra^{2+} + 2e^- \rightleftharpoons Ra$	−2,916
$Ba^{2+} + 2e^- \rightleftharpoons Ba$	−2,906
$Sr^{2+} + 2e^- \rightleftharpoons Sr$	−2,888
$Ca^{2+} + 2e^- \rightleftharpoons Ca$	−2,866
$Na^+ + e^- \rightleftharpoons Na$	−2,714
$Ce^{3+} + 3e^- \rightleftharpoons Ce$	−2,483
$Mg^{2+} + 2e^- \rightleftharpoons Mg$	−2,363
$Be^{2+} + 2e^- \rightleftharpoons Be$	−1,847
$Al^{3+} + 3e^- \rightleftharpoons Al$	−1,662
$Mn^{2+} + 2e^- \rightleftharpoons Mn$	−1,180
$Zn^{2+} + 2e^- \rightleftharpoons Zn$	−0,7628
$Cr^{3+} + 3e^- \rightleftharpoons Cr$	−0,744
$Ga^{3+} + 3e^- \rightleftharpoons Ga$	−0,529
$Fe^{2+} + 2e^- \rightleftharpoons Fe$	−0,4402
$Cr^{3+} + e^- \rightleftharpoons Cr^{2+}$	−0,408
$Cd^{2+} + 2e^- \rightleftharpoons Cd$	−0,4029
$PbSO_4 + 2e^- \rightleftharpoons Pb + SO_4^{2-}$	−0,3588
$Tl^+ + e^- \rightleftharpoons Tl$	−0,3363
$Co^{2+} + 2e^- \rightleftharpoons Co$	−0,277
$H_3PO_4 + 2H^+ + 2e^- \rightleftharpoons H_3PO_3 + H_2O$	−0,276
$Ni^{2+} + 2e^- \rightleftharpoons Ni$	−0,250
$Sn^{2+} + 2e^- \rightleftharpoons Sn$	−0,136
$Pb^{2+} + 2e^- \rightleftharpoons Pb$	−0,126
$2H^+ + 2e^- \rightleftharpoons H_2$	0,0000
$S + 2H^+ + 2e^- \rightleftharpoons H_2S$	+0,142
$Sn^{4+} + 2e^- \rightleftharpoons Sn^{2+}$	+0,15
$SO_4^{2-} + 4H^+ + 2e^- \rightleftharpoons H_2SO_3 + H_2O$	+0,172
$AgCl + e^- \rightleftharpoons Ag + Cl^-$	+0,2222
$Cu^{2+} + 2e^- \rightleftharpoons Cu$	+0,337
$H_2SO_3 + 4H^+ + 4e^- \rightleftharpoons S + 3H_2O$	+0,450
$Cu^+ + e^- \rightleftharpoons Cu$	+0,521
$I_2 + 2e^- \rightleftharpoons 2I^-$	+0,5355
$MnO_4^- + e^- \rightleftharpoons MnO_4^{2-}$	+0,564
$O_2 + 2H^+ + 2e^- \rightleftharpoons H_2O_2$	+0,6824
$Fe^{3+} + e^- \rightleftharpoons Fe^{2+}$	+0,771
$Hg_2^{2+} + 2e^- \rightleftharpoons 2Hg$	+0,788
$Ag^+ + e^- \rightleftharpoons Ag$	+0,7991
$2NO_3^- + 4H^+ + 2e^- \rightleftharpoons N_2O_4 + 2H_2O$	+0,803

Saure Lösung (Fortsetzung)

Halbreaktion	$E°$/Volt
$Hg^{2+} + 2e^- \rightleftharpoons Hg$	+0,854
$2Hg^{2+} + 2e^- \rightleftharpoons Hg_2^{2+}$	+0,920
$NO_3^- + 4H^+ + 3e^- \rightleftharpoons NO + 2H_2O$	+0,96
$Br_2 + 2e^- \rightleftharpoons 2Br^-$	+1,0652
$O_2 + 4H^+ + 4e^- \rightleftharpoons 2H_2O$	+1,229
$MnO_2 + 4H^+ + 2e^- \rightleftharpoons Mn^{2+} + 2H_2O$	+1,23
$Tl^{3+} + 2e^- \rightleftharpoons Tl^+$	+1,25
$Cr_2O_7^{2-} + 14H^+ + 6e^- \rightleftharpoons 2Cr^{3+} + 7H_2O$	+1,33
$Cl_2 + 2e^- \rightleftharpoons 2Cl^-$	+1,3595
$Au^{3+} + 2e^- \rightleftharpoons Au^+$	+1,402
$PbO_2 + 4H^+ + 2e^- \rightleftharpoons Pb^{2+} + 2H_2O$	+1,455
$Au^{3+} + 3e^- \rightleftharpoons Au$	+1,498
$Mn^{3+} + e^- \rightleftharpoons Mn^{2+}$	+1,51
$MnO_4^- + 8H^+ + 5e^- \rightleftharpoons Mn^{2+} + 4H_2O$	+1,51
$Ce^{4+} + e^- \rightleftharpoons Ce^{3+}$	+1,61
$2HOCl + 2H^+ + 2e^- \rightleftharpoons Cl_2 + 2H_2O$	+1,63
$PbO_2 + SO_4^{2-} + 4H^+ + 2e^- \rightleftharpoons PbSO_4 + 2H_2O$	+1,682
$Au^+ + e^- \rightleftharpoons Au$	+1,691
$MnO_4^- + 4H^+ + 3e^- \rightleftharpoons MnO_2 + 2H_2O$	+1,695
$H_2O_2 + 2H^+ + 2e^- \rightleftharpoons 2H_2O$	+1,776
$Co^{3+} + e^- \rightleftharpoons Co^{2+}$	+1,808
$S_2O_8^{2-} + 2e^- \rightleftharpoons 2SO_4^{2-}$	+2,01
$O_3 + 2H^+ + 2e^- \rightleftharpoons O_2 + H_2O$	+2,07
$F_2 + 2e^- \rightleftharpoons 2F^-$	+2,87

Basische Lösung

Halbreaktion	$E°$/Volt
$[Al(OH)_4]^- + 3e^- \rightleftharpoons Al + 4OH^-$	−2,33
$[Zn(OH)_4]^{2-} + 2e^- \rightleftharpoons Zn + 4OH^-$	−1,215
$Fe(OH)_2 + 2e^- \rightleftharpoons Fe + 2OH^-$	−0,877
$2H_2O + 2e^- \rightleftharpoons H_2 + 2OH^-$	−0,82806
$Cd(OH)_2 + 2e^- \rightleftharpoons Cd + 2OH^-$	−0,809
$S + 2e^- \rightleftharpoons S^{2-}$	−0,447
$CrO_4^{2-} + 4H_2O + 3e^- \rightleftharpoons Cr(OH)_3 + 5OH^-$	−0,13
$NO_3^- + H_2O + 2e^- \rightleftharpoons NO_2^- + 2OH^-$	+0,01
$O_2 + 2H_2O + 4e^- \rightleftharpoons 4OH^-$	+0,401
$NiO_2 + 2H_2O + 2e^- \rightleftharpoons Ni(OH)_2 + 2OH^-$	+0,490
$HO_2^- + H_2O + 2e^- \rightleftharpoons 3OH^-$	+0,878

Zahlenwerte aus: A.J. de Bethune and N.A. Swendeman Loud. „Table of Electrode Potentials and Temperature Coefficients", S. 414–424 in Encyclopedia of Electrochemistry (C.A. Hampel, editor), Van Nostrand Reinhold, New York, 1964, and A.J. de Bethune and N.A. Swendeman Loud, Standard Aqueous Electrode Potentials and Temperature Coefficients, 19 S., C.A. Hampel, publisher, Skokie, Illinois, 1964.

Anhang B: Gleichgewichtskonstanten bei 25 °C

B.1 Dissoziationskonstanten

Einprotonige Säuren		K_S
Ameisensäure	$HCO_2H \rightleftharpoons H^+ + CHO_2^-$	$1{,}8 \times 10^{-4}$
Benzoesäure	$C_6H_5CO_2H \rightleftharpoons H^+ + C_6H_5CO_2^-$	$6{,}0 \times 10^{-5}$
Blausäure	$HCN \rightleftharpoons H^+ + CN^-$	$4{,}0 \times 10^{-10}$
Chlorige Säure	$HClO_2 \rightleftharpoons H^+ + ClO_2^-$	$1{,}1 \times 10^{-2}$
Cyansäure	$HOCN \rightleftharpoons H^+ + OCN^-$	$1{,}2 \times 10^{-4}$
Essigsäure	$CH_3CO_2H \rightleftharpoons H^+ + CH_3CO_2^-$	$1{,}8 \times 10^{-5}$
Flußsäure	$HF \rightleftharpoons H^+ + F^-$	$6{,}7 \times 10^{-4}$
Hypobromige Säure	$HOBr \rightleftharpoons H^+ + OBr^-$	$2{,}1 \times 10^{-9}$
Hypochlorige Säure	$HOCl \rightleftharpoons H^+ + OCl^-$	$3{,}2 \times 10^{-8}$
Salpetrige Säure	$HNO_2 \rightleftharpoons H^+ + NO_2^-$	$4{,}5 \times 10^{-4}$
Stickstoffwasserstoffsäure	$HN_3 \rightleftharpoons H^+ + N_3^-$	$1{,}9 \times 10^{-5}$

Mehrprotonige Säuren		
Arsensäure	$H_3AsO_4 \rightleftharpoons H^+ + H_2AsO_4^-$	$K_{S1} = 2{,}5 \times 10^{-4}$
	$H_2AsO_4^- \rightleftharpoons H^+ + HAsO_4^{2-}$	$K_{S2} = 5{,}6 \times 10^{-8}$
	$HAsO_4^{2-} \rightleftharpoons H^+ + AsO_4^{3-}$	$K_{S3} = 3 \times 10^{-13}$
Kohlensäure	$CO_2 + H_2O \rightleftharpoons H^+ + HCO_3^-$	$K_{S1} = 4{,}2 \times 10^{-7}$
	$HCO_3^- \rightleftharpoons H^+ + CO_3^{2-}$	$K_{S2} = 4{,}8 \times 10^{-11}$
Oxalsäure	$C_2O_4H_2 \rightleftharpoons H^+ + C_2O_4H^-$	$K_{S1} = 5{,}9 \times 10^{-2}$
	$C_2O_4H^- \rightleftharpoons H^+ + C_2O_4^{2-}$	$K_{S2} = 6{,}4 \times 10^{-5}$
Phosphorsäure	$H_3PO_4 \rightleftharpoons H^+ + H_2PO_4^-$	$K_{S1} = 7{,}5 \times 10^{-3}$
	$H_2PO_4^- \rightleftharpoons H^+ + HPO_4^{2-}$	$K_{S2} = 6{,}2 \times 10^{-8}$
	$HPO_4^{2-} \rightleftharpoons H^+ + PO_4^{3-}$	$K_{S3} = 1 \times 10^{-12}$
Phosphorige Säure	$H_3PO_3 \rightleftharpoons H^+ + H_2PO_3^-$	$K_{S1} = 1{,}6 \times 10^{-2}$
	$H_2PO_3^- \rightleftharpoons H^+ + HPO_3^{2-}$	$K_{S2} = 7 \times 10^{-7}$
Schwefelsäure	$H_2SO_4 \rightleftharpoons H^+ + HSO_4^-$	stark
	$HSO_4^- \rightleftharpoons H^+ + SO_4^{2-}$	$K_{S2} = 1{,}3 \times 10^{-2}$
Schweflige Säure	$SO_2 + H_2O \rightleftharpoons H^+ + HSO_3^-$	$K_{S1} = 1{,}3 \times 10^{-2}$
	$HSO_3^- \rightleftharpoons H^+ + SO_3^{2-}$	$K_{S2} = 5{,}6 \times 10^{-8}$
Schwefelwasserstoffsäure	$H_2S \rightleftharpoons H^+ + HS^-$	$K_{S1} = 1{,}1 \times 10^{-7}$
	$HS^- \rightleftharpoons H^+ + S^{2-}$	$K_{S2} = 1{,}0 \times 10^{-14}$

Basen		K_B
Ammoniak	$NH_3 + H_2O \rightleftharpoons NH_4^+ + OH^-$	$1{,}8 \times 10^{-5}$
Anilin	$H_5C_6NH_2 + H_2O \rightleftharpoons H_5C_6NH_3^+ + OH^-$	$4{,}3 \times 10^{-10}$
Dimethylamin	$(H_3C)_2NH + H_2O \rightleftharpoons (H_3C)_2NH_2^+ + OH^-$	$5{,}4 \times 10^{-4}$
Hydrazin	$N_2H_4 + H_2O \rightleftharpoons N_2H_5^+ + OH^-$	$9{,}8 \times 10^{-7}$
Methylamin	$H_3CNH_2 + H_2O \rightleftharpoons H_3CNH_3^+ + OH^-$	$5{,}0 \times 10^{-4}$
Pyridin	$C_5H_5N + H_2O \rightleftharpoons C_5H_5NH^+ + OH^-$	$1{,}5 \times 10^{-9}$
Trimethylamin	$(H_3C)_3N + H_2O \rightleftharpoons (H_3C)_3NH^+ + OH^-$	$6{,}5 \times 10^{-5}$

B.2 Löslichkeitsprodukte

Bromide

$PbBr_2$	$4{,}6 \times 10^{-6}$
Hg_2Br_2	$1{,}3 \times 10^{-22}$
$AgBr$	$5{,}0 \times 10^{-13}$

Carbonate

$BaCO_3$	$1{,}6 \times 10^{-9}$
$CdCO_3$	$5{,}2 \times 10^{-12}$
$CaCO_3$	$4{,}7 \times 10^{-9}$
$CuCO_3$	$2{,}5 \times 10^{-10}$
$FeCO_3$	$2{,}1 \times 10^{-11}$
$PbCO_3$	$1{,}5 \times 10^{-15}$
$MgCO_3$	1×10^{-5}
$MnCO_3$	$8{,}8 \times 10^{-11}$
Hg_2CO_3	$9{,}0 \times 10^{-17}$
$NiCO_3$	$1{,}4 \times 10^{-7}$
Ag_2CO_3	$8{,}2 \times 10^{-12}$
$SrCO_3$	7×10^{-10}
$ZnCO_3$	2×10^{-10}

Chloride

$PbCl_2$	$1{,}6 \times 10^{-5}$
Hg_2Cl_2	$1{,}1 \times 10^{-18}$
$AgCl$	$1{,}7 \times 10^{-10}$

Chromate

$BaCrO_4$	$8{,}5 \times 10^{-11}$
$PbCrO_4$	2×10^{-16}
Hg_2CrO_4	2×10^{-9}
Ag_2CrO_4	$1{,}9 \times 10^{-12}$
$SrCrO_4$	$3{,}6 \times 10^{-5}$

Fluoride

BaF_2	$2{,}4 \times 10^{-5}$
CaF_2	$3{,}9 \times 10^{-11}$
PbF_2	4×10^{-8}
MgF_2	8×10^{-8}
SrF_2	$7{,}9 \times 10^{-10}$

Hydroxide

$Al(OH)_3$	5×10^{-33}
$Ba(OH)_2$	$5{,}0 \times 10^{-3}$
$Cd(OH)_2$	$2{,}0 \times 10^{-14}$
$Ca(OH)_2$	$1{,}3 \times 10^{-6}$
$Cr(OH)_3$	$6{,}7 \times 10^{-31}$
$Co(OH)_2$	$2{,}5 \times 10^{-16}$
$Co(OH)_3$	$2{,}5 \times 10^{-43}$
$Cu(OH)_2$	$1{,}6 \times 10^{-19}$
$Fe(OH)_2$	$1{,}8 \times 10^{-15}$
$Fe(OH)_3$	6×10^{-38}
$Pb(OH)_2$	$4{,}2 \times 10^{-15}$

Hydroxide (Fortsetzung)

$Mg(OH)_2$	$8{,}9 \times 10^{-12}$
$Mn(OH)_2$	2×10^{-13}
$Hg(OH)_2$ (HgO)	3×10^{-26}
$Ni(OH)_2$	$1{,}6 \times 10^{-16}$
$AgOH$ (Ag_2O)	$2{,}0 \times 10^{-8}$
$Sr(OH)_2$	$3{,}2 \times 10^{-4}$
$Sn(OH)_2$	3×10^{-27}
$Zn(OH)_2$	$4{,}5 \times 10^{-17}$

Iodide

PbI_2	$8{,}3 \times 10^{-9}$
Hg_2I_2	$4{,}5 \times 10^{-29}$
AgI	$8{,}5 \times 10^{-17}$

Oxalate

BaC_2O_4	$1{,}5 \times 10^{-8}$
CaC_2O_4	$1{,}3 \times 10^{-9}$
PbC_2O_4	$8{,}3 \times 10^{-12}$
MgC_2O_4	$8{,}6 \times 10^{-5}$
$Ag_2C_2O_4$	$1{,}1 \times 10^{-11}$
SrC_2O_4	$5{,}6 \times 10^{-8}$

Phosphate

$Ba_3(PO_4)_2$	6×10^{-39}
$Ca_3(PO_4)_2$	$1{,}3 \times 10^{-32}$
$Pb_3(PO_4)_2$	1×10^{-54}
Ag_3PO_4	$1{,}8 \times 10^{-18}$
$Sr_3(PO_4)_2$	1×10^{-31}

Sulfate

$BaSO_4$	$1{,}5 \times 10^{-9}$
$CaSO_4$	$2{,}4 \times 10^{-5}$
$PbSO_4$	$1{,}3 \times 10^{-8}$
Ag_2SO_4	$1{,}2 \times 10^{-5}$
$SrSO_4$	$7{,}6 \times 10^{-7}$

Sulfide

Bi_2S_3	$1{,}6 \times 10^{-72}$
CdS	$1{,}0 \times 10^{-28}$
CoS	5×10^{-22}
CuS	8×10^{-37}
FeS	4×10^{-19}
PbS	7×10^{-29}
MnS	7×10^{-16}
HgS	$1{,}6 \times 10^{-54}$
NiS	3×10^{-21}
Ag_2S	$5{,}5 \times 10^{-51}$
SnS	1×10^{-26}
ZnS	$2{,}5 \times 10^{-22}$

Verschiedene

$NaHCO_3$	$1{,}2 \times 10^{-3}$
$KClO_4$	$8{,}9 \times 10^{-3}$
$K_2[PtCl_6]$	$1{,}4 \times 10^{-6}$
$Ag[CH_3CO_2]$	$2{,}3 \times 10^{-3}$
$AgCN$	$1{,}6 \times 10^{-14}$
$AgSCN$	$1{,}0 \times 10^{-12}$

B.3 Komplexzerfallskonstanten

$[AlF_6]^{3-}$	$1{,}4 \times 10^{-20}$
$[Al(OH)_4]^{-}$	$1{,}3 \times 10^{-34}$
$[Al(OH)]^{2+}$	$7{,}1 \times 10^{-10}$
$[Cd(NH_3)_4]^{2+}$	$7{,}5 \times 10^{-8}$
$[Cd(CN)_4]^{2-}$	$1{,}4 \times 10^{-19}$
$[Cr(OH)]^{2+}$	5×10^{-11}
$[Co(NH_3)_6]^{2+}$	$1{,}3 \times 10^{-5}$
$[Co(NH_3)_6]^{3+}$	$2{,}2 \times 10^{-34}$
$[Cu(NH_3)_2]^{+}$	$1{,}4 \times 10^{-11}$
$[Cu(NH_3)_4]^{2+}$	$4{,}7 \times 10^{-15}$
$[Cu(CN)_2]^{-}$	1×10^{-16}
$[Cu(OH)]^{+}$	1×10^{-8}
$[Fe(CN)_6]^{4-}$	1×10^{-35}
$[Fe(CN)_6]^{3-}$	1×10^{-42}
$[Pb(OH)]^{+}$	$1{,}5 \times 10^{-8}$
$[HgBr_4]^{2-}$	$2{,}3 \times 10^{-22}$
$[HgCl_4]^{2-}$	$1{,}1 \times 10^{-16}$
$[Hg(CN)_4]^{2-}$	4×10^{-42}
$[HgI_4]^{2-}$	$5{,}3 \times 10^{-31}$
$[Ni(NH_3)_4]^{2+}$	1×10^{-8}
$[Ni(NH_3)_6]^{2+}$	$1{,}8 \times 10^{-9}$
$[Ag(NH_3)_2]^{+}$	$6{,}0 \times 10^{-8}$
$[Ag(CN)_2]^{-}$	$1{,}8 \times 10^{-19}$
$[Ag(S_2O_3)_2]^{3-}$	5×10^{-14}
$[Ag(S_2O_3)_3]^{5-}$	$9{,}9 \times 10^{-15}$
$[Zn(NH_3)_4]^{2+}$	$3{,}4 \times 10^{-10}$
$[Zn(CN)_4]^{2-}$	$1{,}2 \times 10^{-18}$
$[Zn(OH)_4]^{2-}$	$3{,}6 \times 10^{-16}$
$[Zn(OH)]^{+}$	$4{,}1 \times 10^{-5}$

Anhang C: Thermodynamische Daten bei 25°C

Substanz	ΔH°_f /kJ mol^{-1}	ΔG°_f /kJ mol^{-1}	S° /J mol^{-1} K^{-1}	Substanz	ΔH°_f /kJ mol^{-1}	ΔG°_f /kJ mol^{-1}	S° /J mol^{-1} K^{-1}
Ag(s)	0,0	0,0	42,72	CuSO$_4$(s)	−769,9	−661,9	113,4
AgBr(s)	−99,50	−93,68	10,71	F$_2$(g)	0,0	0,0	203,3
AgCl(s)	−127,0	−109,70	96,11	Fe(s)	0,0	0,0	27,2
AgI(s)	−62,38	−66,32	114,2	FeO(s)	−271,9	−255,2	60,75
Ag$_2$O	−30,6	−10,8	121,7	Fe$_2$O$_3$(s)	−822,2	−741,0	90,0
Al(s)	0,0	0,0	28,3	Fe$_3$O$_4$(s)	−1117,1	−1014,2	146,4
Al$_2$O$_3$(s)	−1669,8	−1576,4	51,00	H$_2$(g)	0,0	0,0	130,6
Ba(s)	0,0	0,0	67	HBr(g)	−36,2	−53,22	198,5
BaCl$_2$(s)	−860,06	−810,9	126	HCl(g)	−92,30	−95,27	186,7
BaCO$_3$(s)	−1218,8	−1138,9	112	HCN(g)	+130,5	+120,1	201,79
BaO(s)	−588,1	−528,4	70,3	HF(g)	−269	−270,7	173,5
BaSO$_4$(s)	−1465,2	−1353,1	132,2	HI(g)	+25,9	+1,30	206,3
Br$_2$(l)	0,0	0,0	152,3	HNO$_3$(l)	−173,2	−79,91	155,6
C(Diamant)	+1,88	+2,89	2,43	H$_2$O(g)	−241,8	−228,61	188,7
C(Graphit)	0,0	0,0	5,69	H$_2$O(l)	−285,9	−237,19	69,96
CCl$_4$(l)	−139,3	−68,6	214,4	H$_2$S(g)	−20,2	−33,0	205,6
CF$_4$(g)	−679,9	−635,1	262,3	H$_2$SO$_4$(l)	−811,32	−687,5	156,9
CH$_4$(g)	−74,85	−59,79	186,2	Hg(l)	0,0	0,0	77,4
C$_2$H$_2$(g)	+226,7	+209,20	200,8	HgO(s)	−90,7	−58,5	72,0
C$_2$H$_4$(g)	+52,3	+68,12	219,5	HgS(s)	−58,16	−48,82	77,8
C$_2$H$_6$(g)	−84,68	−32,89	229,5	I$_2$(s)	0,0	0,0	116,7
C$_6$H$_6$(l) (Benzol)	+49,04	+129,66	159,8	K(s)	0,0	0,0	63,6
H$_3$CCOOH(l)	−487,0	−392,5	159,8	KBr(s)	−392,2	−379,2	96,44
CH$_3$Cl(g)	−82,0	−58,6	234,2	KCl(s)	−435,89	−408,32	82,68
CHCl$_3$(l)	−132,0	−71,5	202,9	KClO$_3$(s)	−391,2	−289,9	142,96
H$_3$CNH$_2$(g)	−28,0	−27,6	241,5	KF(s)	−562,6	−533,1	66,57
H$_3$COH(g)	−201,2	−161,9	237,7	KNO$_3$(s)	−492,7	−393,1	132,93
H$_3$COH(l)	−238,6	−166,2	126,8	La(s)	0,0	0,0	57,3
H$_5$C$_2$OH(l)	−277,63	−174,77	160,7	Li(s)	0,0	0,0	28,0
CO(g)	−110,5	−137,28	197,9	Li$_2$CO$_3$(s)	−1215,6	−1132,4	90,37
CO$_2$(g)	−393,5	−394,39	213,6	LiOH(s)	−487,2	−443,9	50
COCl$_2$(g)	−223,0	−210,5	289,2	Mg(s)	0,0	0,0	32,51
CS$_2$(l)	+87,86	+63,6	151,0	MgCl$_2$(s)	−641,8	−592,33	89,54
Ca(s)	0,0	0,0	41,6	MgCO$_3$(s)	−1113	−1029	65,69
CaCl$_2$(s)	−795,0	−750,2	113,8	MgO(s)	−601,8	−569,6	26,8
CaCO$_3$(s)	−1206,9	−1128,76	92,9	Mg(OH)$_2$(s)	−924,7	−833,7	63,14
CaO(s)	−635,5	−604,2	39,8	Mn(s)	0,0	0,0	31,8
Ca(OH)$_2$(s)	−986,59	−896,76	76,1	MnO(s)	−384,9	−363,2	60,2
CaSO$_4$(s)	−1432,7	−1320,3	106,7	MnO$_2$(s)	+520,9	−466,1	53,1
Cl$_2$(g)	0,0	0,0	223,0	N$_2$(g)	0,0	0,0	191,5
Co(s)	0,0	0,0	28,5	NH$_3$(g)	−46,19	−16,7	192,5
Cr(s)	0,0	0,0	23,8	NH$_4$Cl(s)	−315,4	−203,9	94,6
Cr$_2$O$_3$(s)	−1128,4	−1046,8	81,2	NO(g)	+90,36	+86,69	210,6
Cu(s)	0,0	0,0	33,3	NO$_2$(g)	+33,8	+51,84	240,5
CuO(s)	−155,2	−127,2	43,5	N$_2$O(g)	+81,55	+103,60	220,0
Cu$_2$O(s)	−166,7	−146,4	100,8	N$_2$O$_4$(g)	+9,67	+99,28	304,3
CuS(s)	−48,5	−49,0	66,5	NOCl(g)	+52,59	+66,36	263,6

Thermodynamische Daten (Fortsetzung)

Substanz	ΔH_f° /kJ mol^{-1}	ΔG_f° /kJ mol^{-1}	S° /J mol^{-1} K^{-1}	Substanz	ΔH_f° /kJ mol^{-1}	ΔG_f° /kJ mol^{-1}	S° /J mol^{-1} K^{-1}
Na(s)	0,0	0,0	51,0	PbO(s)	−217,9	−188,5	69,5
NaCl(s)	−411,0	−384,05	72,38	PbO$_2$(s)	−276,6	−219,0	76,6
Na$_2$CO$_3$(s)	−1130,9	−1047,7	136,0	Pb$_3$O$_4$(s)	−734,7	−617,6	211,3
NaF(s)	−569,0	−541,0	58,6	PbSO$_4$(s)	−918,4	−811,2	147,3
NaHCO$_3$(s)	−947,7	−851,9	102,1	S(rhombisch)	0,0	0,0	31,9
NaNO$_3$(s)	−424,8	−365,9	116,3	SO$_2$(g)	−296,9	−300,37	248,5
NaOH(s)	−426,7	−377,1	52,3	SO$_3$(g)	−395,2	−370,4	256,2
Ni(s)	0,0	0,0	30,1	Si(s)	0,0	0,0	18,7
NiO(s)	−244,3	−216,3	38,6	SiCl$_4$(g)	−640,2	−572,8	239,3
O$_2$(g)	0,0	0,0	205,03	SiF$_4$(g)	−1548	−1506	284,5
P$_4$(s, weiß)	0,0	0,0	177,6	SiO$_2$(s, Quarz)	−859,4	−805,0	41,8
PCl$_3$(g)	−306,4	−286,3	311,7	Sn(s)	0,0	0,0	51,5
PCl$_5$(g)	−398,9	−324,6	352,7	SnCl$_4$(l)	−545,2	−474,0	258,6
PH$_3$(g)	+9,25	+18,24	210,0	SnO(s)	−286,2	−257,3	56,5
POCl$_3$(l)	−592,0	−545,2	324,6	SnO$_2$	−580,7	−519,7	52,3
Pb(s)	0,0	0,0	64,9	Zn(s)	0,0	0,0	41,6
PbBr$_2$(s)	−277,0	−260,4	161,5	ZnO(s)	−348,0	−318,19	43,9
PbCl$_2$(s)	−359,2	−314,0	136,4	ZnS(s)	−202,9	−198,3	57,7
PbCO$_3$(s)	−700,0	−626,3	131,0	ZnSO$_4$(s)	−978,6	−871,6	124,7

Anhang D: Mittlere Bindungsenergien

Bindung	mittlere Bindungsenergie /kJ mol^{-1}	Bindung	mittlere Bindungsenergie /kJ mol^{-1}	Bindung	mittlere Bindungsenergie /kJ mol^{-1}	Bindung	mittlere Bindungsenergie /kJ mol^{-1}
Br−Br	193	I−I	151	C−O	335	O−O	138
Br−Cl	216	N−Br	243	C=O	707	O=O	494
Br−F	249	N−Cl	201	C≡O	1072	P−Cl	326
Br−I	175	N−F	283	C−S	272	P−H	318
C−Br	285	N−H	389	C=S	573	S−Br	217
C−C	347	N−N	159	Cl−Cl	243	S−Cl	276
C=C	619	N=N	418	Cl−F	249	S−F	285
C≡C	812	N≡N	941	Cl−I	208	S−H	339
C−Cl	326	N−O	201	F−F	155	S−S	213
C−F	485	N=O	607	H−Br	364	Si−Cl	301
C−H	414	O−Br	201	H−Cl	431	Si−C	381
C−I	213	O−Cl	205	H−F	565	Si−F	565
C−N	293	O−F	184	H−H	435	Si−H	323
C=N	616	O−H	463	H−I	297	Si−O	368
C≡N	879	O−I	201	I−F	278	Si−Si	226

Alle Reaktanden und Produkte im Gaszustand

Anhang E: Lösungen zu den Übungsaufgaben

2 Einführung in die Atomtheorie

2.1 Die Sauerstoff-Massen, die sich mit einer gegebenen Masse von Schwefel (50,0 g) verbinden, stehen im Verhältnis 50 : 75 = 2 : 3 miteinander. In der ersten Verbindung sind *zwei* Sauerstoff-Atome, in der zweiten Verbindung sind *drei* Sauerstoff-Atome mit einem Schwefel-Atom verbunden (SO_2 bzw. SO_3).

2.2 Im natürlichen Chlor sind die Isotope in einem konstanten Mengenverhältnis vermischt. Wegen der großen Zahl von Chlor-Atomen (auch in kleinen Proben) kann man mit dem Mittelwert für die Masse rechnen.

2.3
a) H^+ wird stärker abgelenkt wegen seiner kleineren Masse.
b) Ne^{2+} wird stärker abgelenkt wegen seiner höheren Ladung.

2.4
a) $9{,}58 \cdot 10^4$ C/g
b) $2{,}41 \cdot 10^4$ C/g
c) $9{,}64 \cdot 10^3$ C/g

2.5
a) Ein Tropfen kann die Ladung von mehreren Elektronen haben.
b) Die Zahlenwerte stehen im Verhältnis 2 : 3 : 5 zueinander; Division der Ladungen durch diese Zahlen ergibt $e = -1{,}6 \cdot 10^{-19}$ C.

2.6 Die α-Teilchen wurden im Mittel stärker durch die Goldfolie abgelenkt, da die Kernladung der Gold-Atome höher ist.

2.7 Der Radius des $^{27}_{13}Al$-Kerns beträgt $3{,}9 \cdot 10^{-15}$ m. Das Atom ist um den Faktor $3{,}7 \cdot 10^4$ größer als der Atomkern. Wenn das Atom auf 1 km Durchmesser vergrößert wäre, hätte der Kern einen Durchmesser von 2,7 cm. Der Anteil des Atomkerns am Atomvolumen beträgt $2{,}0 \cdot 10^{-12}$ %.

2.8
a) 33 Protonen und 42 Neutronen im Kern, 33 Elektronen außerhalb des Kerns.
b) $^{202}_{80}Hg$

2.9

Symbol	Z	A	Protonen	Neutronen	Elektronen
Cs	55	133	55	78	55
Bi	83	209	83	126	83
Ba	56	138	56	82	56
Sn	50	120	50	70	50
Kr	36	84	36	48	36
Sc^{3+}	21	45	21	24	18
O^{2-}	8	16	8	8	10
N^{3-}	7	14	7	7	10

2.10 51,88 % $^{107}_{47}Ag$ und 48,12 % $^{109}_{47}Ag$

2.11 99,75 % $^{51}_{23}V$ und 0,25 % $^{50}_{23}V$

2.12 A_r = 69,72 (Gallium)

2.13 A_r = 20,179 (Neon)

3 Stöchiometrie Teil I: Chemische Formeln

3.1
SO_3: Molekül
SO_3^{2-}: mehratomiges Anion
K^+: einatomiges Kation
Ca^{2+}: einatomiges Kation
NH_4^+: mehratomiges Kation
O_2^{2-}: mehratomiges Anion
OH^-: mehratomiges Anion

3.2 a) $MgCl_2$ b) $MgSO_4$ c) Mg_3N_2

3.3 a) AlF_3 b) Al_2O_3 c) $AlPO_4$

3.4 a) K_2SO_4 b) $CaSO_4$ c) $Fe_2(SO_4)_3$

3.5
a) B_3H_5 e) HPO_3
b) C_5H_9 f) FeC_4O_4
c) SF_5 g) $PNCl_2$
d) I_2O_5

3.6
a) $n(H_2) = 37{,}2$ mol; $2{,}24 \cdot 10^{25}$ Moleküle H_2
b) $n(H_2O) = 4{,}16$ mol; $2{,}51 \cdot 10^{24}$ Moleküle H_2O
c) $n(H_2SO_4) = 0{,}765$ mol; $4{,}61 \cdot 10^{23}$ Moleküle H_2SO_4
d) $n(Cl_2) = 1{,}06$ mol; $6{,}37 \cdot 10^{23}$ Moleküle Cl_2
e) $n(HCl) = 2{,}06$ mol; $1{,}24 \cdot 10^{24}$ Moleküle HCl
f) $n(CCl_4) = 0{,}488$ mol; $2{,}94 \cdot 10^{23}$ Moleküle CCl_4

3.7
a) $4{,}48 \cdot 10^{25}$ d) $1{,}27 \cdot 10^{24}$
b) $7{,}53 \cdot 10^{24}$ e) $2{,}48 \cdot 10^{24}$
c) $3{,}23 \cdot 10^{24}$ f) $1{,}47 \cdot 10^{24}$

3.8 a) $m(O_2) = 0{,}0159$ g   b) $m(O_2) = 0{,}0960$ g

3.9 $9{,}786 \cdot 10^{-23}$ g

3.10 A_r = 126,9 (Iod)

3.11
a) $n(Pt) = 4{,}6135$ mol; $n(Ir) = 0{,}52024$ mol
b) $2{,}7783 \cdot 10^{24}$ Atome Pt; $3{,}1329 \cdot 10^{23}$ Atome Ir

3.12 7,27 Ag-Atome pro Cu-Atom

3.13 a) $1{,}9927 \cdot 10^{-23}$ g/Atom ^{12}C b) $1{,}661 \cdot 10^{-24}$ g/u

3.14 96485 C/mol

3.15
a) Ja; die Entfernung Sonne-Erde könnte $2{,}81 \cdot 10^{10}$ mal überbrückt werden
b) Der Reis müßte 312 m hoch gestapelt werden

3.16 $CaSO_4$ (23,6 % S) < $Na_2S_2O_3$ (40,6 % S) < SO_2 (50,1 % S) < H_2S (94,1 % S).

3.17
a) 60,91 % As   c) 39,17 % O
b) 85,38 % Ce   d) 20,53 % Cr

3.18 $m(Pb) = 9{,}35$ kg

3.19 $m(Mn) = 10{,}27$ kg

3.20	$m(P) = 3{,}380$ g; $m(O) = 2{,}620$ g		4.7	a)	$m(NH_4NCS) = 6{,}71$ g
3.21	$m(S) = 2{,}375$ g; $m(Cl) = 2{,}625$ g			b)	$m(OF_2) = 1{,}69$ g
3.22	81,83 % C; 6,09 % H; 12,08 % O			c)	$m(SF_4) = 2{,}10$ g
3.23	59,98 % C; 8.09 % H			d)	$m(B_2H_6) = 0{,}930$ g
3.24	79,62 % Fe_2O_3		4.8	a) 35,1 %; b) 62,5 %	
3.25	2,32 % S		4.9	75,0 % CaC_2	
3.26	a) $S_4N_4H_4$ d) NO_2		4.10	34,1 % $CaCO_3$	
	b) P_2F_4 e) $C_6N_3H_6$		4.11	44,8 % C_2H_6	
	c) C_5H_{10} f) $H_2C_2O_4$		4.12	a) $c(NaOH) = 0{,}400$ mol/L	
3.27	a) CaC_2O_4 d) $C_9H_8O_4$			b) $c(NaCl) = 0{,}148$ mol/L	
	b) $Na_2H_8B_4O_{11}$ e) $C_8H_8O_3$			c) $c(AgNO_3) = 0{,}168$ mol/L	
	c) $C_7H_{14}O$ f) $C_4H_4N_2O_3$			d) $c(HNO_3) = 6{,}00$ mol/L	
3.28	a) $C_7H_5O_3SN$ b) $C_{27}H_{46}O$			e) $c(KMnO_4) = 0{,}0206$ mol/L	
3.29	a) $n(C) = 0{,}1800$ mol; $n(H) = 0{,}4800$ mol; $n(N) = 0{,}0600$ mol		4.13	a) $n(Ba(OH)_2) = 0{,}0600$ mol	
				b) $n(H_2SO_4) = 0{,}150$ mol	
	b) C_3H_8N			c) $n(NaCl) = 0{,}0250$ mol	
	c) $m = 3{,}487$ g		4.14	a) $m(KMnO_4) = 1{,}580$ g c) $m(BaCl_2) = 1{,}041$ g	
3.30	M(Hämoglobin) $= 6{,}53 \cdot 10^4$ g/mol			b) $m(KOH) = 168{,}3$ g	
3.31	$x = 7$		4.15	a) $V(CH_3CO_2H) = 50{,}0$ mL	
3.32	$CrCl_2$			b) $V(HNO_3) = 47{,}5$ mL	
3.33	$A_r(X) = 6{,}944$ (Lithium)			c) $V(H_2SO_4) = 2{,}50$ mL	
			4.16	$V(KOH) = 42{,}0$ mL	
			4.17	$c(H_2C_2O_4) = 0{,}165$ mol/L	
4	**Stöchiometrie, Teil II: Chemische Reaktionsgleichungen**		4.18	$c(Na_2CrO_4) = 0{,}1260$ mol/L	
			4.19	$c(BaCl_2) = 0{,}130$ mol/L	
4.1	a) $2Al + 6HCl \rightarrow 2AlCl_3 + 3H_2$		4.20	$V(Na_2S_2O_3) = 27{,}30$ mL	
	b) $Cu_2S + 2Cu_2O \rightarrow 6Cu + SO_2$		4.21	$m(Fe) = 36{,}3$ g	
	c) $2WC + 5O_2 \rightarrow 2WO_3 + 2CO_2$		4.22	$m(S) = 1{,}200$ g	
	d) $Al_4C_3 + 12H_2O \rightarrow 4Al(OH)_3 + 3CH_4$		4.23	42,0 % NaCl	
	e) $TiCl_4 + 2H_2O \rightarrow TiO_2 + 4HCl$				
	f) $4NH_3 + 3O_2 \rightarrow 2N_2 + 6H_2O$		**5**	**Energieumsatz bei chemischen Reaktionen**	
	g) $Ba_3N_2 + 6H_2O \rightarrow 3Ba(OH)_2 + 2NH_3$		5.1	1,36 kJ/K	
	h) $B_2O_3 + 3C + 3Cl_2 \rightarrow 2BCl_3 + 3CO$		5.2	18,8 kJ	
4.2	a) $C_6H_{12} + 9O_2 \rightarrow 6CO_2 + 6H_2O$		5.3	$2{,}46\,Jg^{-1}K^{-1}$	
	b) $C_7H_8 + 9O_2 \rightarrow 7CO_2 + 4H_2O$		5.4	$0{,}451\,Jg^{-1}K^{-1}$	
	c) $2C_8H_{18} + 25O_2 \rightarrow 16CO_2 + 18H_2O$		5.5	144 J	
	d) $C_3H_8 + 5O_2 \rightarrow 3CO_2 + 4H_2O$		5.6	26,74 °C	
	e) $C_4H_4S + 6O_2 \rightarrow 4CO_2 + 2H_2O + SO_2$		5.7	873 kJ mol^{-1}	
	f) $4C_5H_5N + 25O_2 \rightarrow 20CO_2 + 10H_2O + 2N_2$		5.8	2750 kJ mol^{-1}	
	g) $4C_6H_7N + 31O_2 \rightarrow 24CO_2 + 14H_2O + 2N_2$		5.9	2,24 kJ/K	
	h) $4C_3H_3NS + 19O_2 \rightarrow 12CO_2 + 6H_2O + 2N_2 + 4SO_2$		5.10	$\Delta H = -125{,}0$ kJ/mol	
			5.11	$\Delta U = -111{,}7$ kJ/mol	
4.3	a) $2NaN_3(s) \rightarrow 2Na(l) + 3N_2(g)$		5.12	$C_6H_6(l) + \frac{15}{2}O_2(g) \rightarrow 6CO_2(g) + 3H_2O(l)$ $\Delta H = -3268$ kJ/mol	
	b) $n(NaN_3) = 0{,}667$ mol				
	c) $m(N_2) = 1{,}62$ g		5.13	$-19{,}4$ kJ	
	d) $m(Na) = 0{,}958$ g		5.14	$-69{,}1$ kJ. Die Reaktion ist exotherm	
4.4	$m(NaNH_2) = 60{,}0$ g; $m(N_2O) = 33{,}8$ g		5.15	763 kJ müssen zugeführt werden	
4.5	a) $P_4O_{10}(s) + 6PCl_5(s) \rightarrow 10POCl_3(l)$		5.16	$\Delta H = 50{,}0$ kJ/mol	
	b) $n(POCl_3) = 1{,}667$ mol		5.17	$\Delta H = -300{,}1$ kJ/mol	
	c) $m(PCl_5) = 9{,}78$ g		5.18	$\Delta H = -1376{,}0$ kJ/mol	
	d) $m(P_4O_{10}) = 1{,}70$ g		5.19	$\Delta H = -1081{,}6$ kJ/mol	
4.6	$m(HI) = 4{,}66$ g				

5.20
a) $Ag(s) + \frac{1}{2}Cl_2(g) \rightarrow AgCl(s)$ $\Delta H_f^\circ = -127$ kJ/mol
b) $\frac{1}{2}N_2(g) + O_2(g) \rightarrow NO_2(g)$ $\Delta H_f^\circ = +33,8$ kJ/mol
c) $Ca(s) + C(Graphit) + \frac{3}{2}O_2(g) \rightarrow CaCO_3(s)$
   $\Delta H_f^\circ = -1206,9$ kJ/mol
d) $C(Graphit) + 2S(s) \rightarrow CS_2(l)$ $\Delta H_f^\circ = +87,9$ kJ/mol

5.21
a) $\Delta H^\circ = -1125,2$ kJ/mol
b) $\Delta H^\circ = 96,8$ kJ/mol
c) $\Delta H^\circ = -1212$ kJ/mol
d) $\Delta H^\circ = -726,7$ kJ/(mol Methanol)

5.22 $\Delta H^\circ = +50,6$ kJ/mol

5.23 $\Delta H^\circ = -351,5$ kJ/mol

5.24 $\Delta H_f^\circ = -270$ kJ/mol im Vergleich zu -269 kJ/mol gemäß ▣ 5.1

5.25 $+132$ kJ/mol

5.26
a) $\Delta H = -121$ kJ/mol   c) $\Delta H = -150$ kJ/mol
b) $\Delta H = -120$ kJ/mol

5.27 $\Delta H^\circ = -159$ kJ/mol

6 Die Elektronenstruktur der Atome

6.1 Radiowellen, Mikrowellen, Infrarotstrahlung, gelbes Licht, blaues Licht, Röntgenstrahlen

6.2
a) $5,00 \cdot 10^{20}$ Hz; $3,31 \cdot 10^{-13}$ J
b) $1,20 \cdot 10^{10}$ Hz; $7,95 \cdot 10^{-24}$ J
c) $5,13 \cdot 10^{14}$ Hz; $3,40 \cdot 10^{-19}$ J

6.3 a) $52,5$ μm; $3,78 \cdot 10^{-21}$ J   b) 525 nm; $3,78 \cdot 10^{-19}$ J

6.4 a) 500 nm; b) Ja

6.5 a) $7,70 \cdot 10^{-19}$ J; b) $2,24 \cdot 10^{-19}$ J

6.6 377 Photonen

6.7 $0,286$ mJ

6.8 a) $93,75$ nm; b) 1282 nm; c) $121,5$ nm

6.9 a) $n = 5 \rightarrow n = 2$; b) $n = 10 \rightarrow n = 2$

6.10 Von $n_1 = \infty$ bis $n_1 = 6$ nach $n_2 = 5$

6.11 a) $Z = 13$, Al; b) $Z = 29$, Cu

6.12 $0,14$ nm

6.13 $\lambda = 80,7$ pm

6.14 $7,28 \cdot 10^6$ m/s

6.15 a) $5,28 \cdot 10^{-21}$ m/s   b) $31,6$ nm

6.16 Eine kugelförmige s-Unterschale, eine Unterschale aus drei hantelförmigen p-Orbitalen, eine Unterschale aus fünf d-Orbitalen und eine Unterschale aus sieben f-Orbitalen.

6.17

Elektron	n	l	m	s
1	1	0	0	$+\frac{1}{2}$
2	1	0	0	$-\frac{1}{2}$
3	2	0	0	$+\frac{1}{2}$
4	2	0	0	$-\frac{1}{2}$
5	2	1	$+1$	$+\frac{1}{2}$
6	2	1	0	$+\frac{1}{2}$
7	2	1	-1	$+\frac{1}{2}$

6.18
a) 32   d) unmöglich
b) unmöglich   e) 2
c) 2   f) 6

6.19
a) 15 Elektronen mit $l = 1$
b) 15 Elektronen mit $m = 0$

6.20

1s	2s	2p			3s	3p			3d					4s
↑↓	↑↓	↑↓	↑↓	↑↓	↑↓	↑↓	↑↓	↑↓	↑↓	↑↓	↑↓	↑	↑	↑↓

$_{28}$Ni: $1s^2 2s^2 2p^6 3s^2 3p^6 3d^8 4s^2$

6.21
a) $_{17}$Cl   c) $_{61}$Pm
b) $_{24}$Cr   d) $_{36}$Kr

6.22
a) 1, paramagnetisch   c) 5, paramagnetisch
b) 6, paramagnetisch   d) 0, diamagnetisch

6.23
a) $_{56}$Ba: $1s^2 2s^2 2p^6 3s^2 3p^6 3d^{10} 4s^2 4p^6 4d^{10} 5s^2 5p^6 6s^2$
b) $_{82}$Pb: $1s^2 2s^2 2p^6 3s^2 3p^6 3d^{10} 4s^2 4p^6 4d^{10} 4f^{14} 5s^2 5p^6 5d^{10} 6s^2 6p^2$
c) $_{39}$Y: $1s^2 2s^2 2p^6 3s^2 3p^6 3d^{10} 4s^2 4p^6 4d^1 5s^2$
d) $_{54}$Xe: $1s^2 2s^2 2p^6 3s^2 3p^6 3d^{10} 4s^2 4p^6 4d^{10} 5s^2 5p^6$

6.24 a) As; b) Ca, Zn; c) B, F

7 Eigenschaften der Atome und die Ionenbindung

7.1
a) P   d) Si   g) Ba
b) Sb   e) Na   h) Cs
c) Ga   f) Al   i) Ga

7.2 75 pm

7.3
a) 202 pm   d) 147 pm
b) 143 pm   e) 240 pm
c) 146 pm   f) 231 pm

7.4 Sb⋯Cl 375 pm; Sb⋯S 380 pm; Cl⋯S 355 pm; S⋯S 360 pm

7.5
a) Ar   c) S   e) Ba   g) Xe
b) Ar   d) Sr   f) As

7.6 K hat ein Elektron, Ca zwei Elektronen in der vierten Schale. Beim K müßte das zweite Elektron aus der dritten Schale aus einer Edelgaskonfiguration genommen werden.

7.7 $+522$ kJ/mol

7.8 -669 kJ/mol

7.9 -3514 kJ/mol

7.10
a) CaS   c) CaO   e) Na_2O
b) RbF   d) SrSe

7.11 NaBr < Na_2S < MgS. Die Gitterenergie von Na_2S ist größer als die von NaBr wegen der höheren Ionenladung und des kleineren Ionenradius des S^{2-}-Ions verglichen zum Br^--Ion. Das Mg^{2+}-Ion ist kleiner und höher geladen als das Na^+-Ion, daher hat MgS eine höhere Gitterenergie als Na_2S.

7.12
a) Cu^+: $1s^2 2s^2 2p^6 3s^2 3p^6 3d^{10}$
b) Cr^{3+}: $1s^2 2s^2 2p^6 3s^2 3p^6 3d^3$
c) Cl^-: $1s^2 2s^2 2p^6 3s^2 3p^6$
d) Cs^+: $1s^2 2s^2 2p^6 3s^2 3p^6 3d^{10} 4s^2 4p^6 4d^{10} 5s^2 5p^6$

e) Cd^{2+}: $1s^2 2s^2 2p^6 3s^2 3p^6 3d^{10} 4s^2 4p^6 4d^{10}$
f) Co^{2+}: $1s^2 2s^2 2p^6 3s^2 3p^6 3d^7$
g) La^{3+}: $1s^2 2s^2 2p^6 3s^2 3p^6 3d^{10} 4s^2 4p^6 4d^{10} 5s^2 5p^6$

7.13 0; 3; 0; 0; 0; 3; 0. Paramagnetisch: Cr^{3+}, Co^{2+}

7.14
a) H^-, Li^+, Be^{2+}
b) Se^{2-}, Rb^+, Sr^{2+}, Y^{3+}
c) Tl^+, Pb^{2+}, Bi^{3+}
d) Hg^{2+}, Tl^{3+}
e) und f) Cl^-, S^{2-}, P^{3-}, Ca^{2+}, Sc^{3+}
g) Ag^+, In^{3+}

7.15 s^2: Be^{2+}; s^2p^6: Al^{3+}, Ba^{2+}, Br^-; d^{10}: Ag^+, Au^+, Cd^{2+}; $d^{10}s^2$: As^{3+}, Bi^{3+}, Ga^+

7.16 $NaCl$, $CaCl_2$, $AlCl_3$; Na_2O, CaO, Al_2O_3; Na_3N; Ca_3N_2; AlN; Na_3PO_4, $Ca_3(PO_4)_2$, $AlPO_4$

7.17
a) Te^{2-}
b) Tl^+
c) Tl^+
d) N^{3-}
e) Te^{2-}
f) Sr^{2+}

7.18
a) $NH_4CH_3CO_2$
b) $Al_2(SO_4)_3$
c) Co_2S_3
d) $BaCO_3$
e) K_3AsO_4
f) $Pb(NO_3)_2$
g) $Ni_3(PO_4)_2$
h) Li_2O
i) $Fe_2(SO_4)_3$

7.19
a) Calciumsulfit
b) Silberchlorat
c) Zinn(II)-nitrat
d) Cadmiumiodid
e) Magnesiumhydroxid
f) Blei(II)-chromat
g) Nickel(II)-cyanid

8 Die kovalente Bindung

8.1
a) HgI_2
b) Fe_2O_3
c) $CdSe$
d) CuI_2
e) $SbBr_3$
f) BeO
g) MgS
h) $ScCl_3$
i) $BiCl_3$

8.2 11% Ionencharakter der HBr-Bindung

8.3 5,5% Ionencharakter der BrCl-Bindung

8.4 Kovalent unpolar: C—S (0). Schwach polar: N—Cl (0,2); C—H (0,4); C—I (0,1); C—N (0,4). Mittlere Polarität: B—Br (1,0); C—O (0,8); Bi—Br (1,0). Stark polar: Be—Br (1,4); Al—Cl (1,6). Ionisch: Ba—Br (2,1); Rb—Br (2,2); Ca—N (2,0). Die Elektronegativitätsdifferenzen stehen in Klammern.

8.5
a) Cl—O (0,2) < C—O (0,8) < Ca—O (2,4) < Cs—O (2,6)
b) C—I (0,1) < Cl—I (0,5) < Ca—I (1,7) < Cs—I (1,9)
c) C—H (0,4) < Cl—H (1,0) < Ca—H (1,2) < Cs—H (1,4)
d) N—Cl (0,2) < N—S (0,4) = N—O (0,4) < S—Cl (0,6)
Die Elektronegativitätsdifferenzen stehen in Klammern.

8.6
a) P—I (0,5; I) > N—I (0,3; N)
b) N—H (0,8; N) > P—H (0)
c) N—F (1,0; F) > N—H (0,8; N)
d) N—H (0,8; N) > N—Cl (0,2; Cl)
e) N—S (0,4; N) = P—S (0,4; S)
f) P—O (1,2; O) > N—O (0,4; O)
g) C—O (0,8; O) > C—S (0)

In Klammern stehen die Elektronegativitätsdifferenzen und das jeweils partiell negativ geladene Atom.

8.7
a) $[PH_4]^+$
b) $[BH_4]^-$
c) CH_4
d) SiH_4
e) $S{=}C{=}S$
f) $H{-}C{\equiv}N$
g) $CHCl_3$ (H-C mit drei Cl)
h) SO_2Cl^+ / $[OSCl_2]^+$
i) $Cl_2C{=}O$
j) PCl_3O^- / Phosphat-Strukturformel
k) $Cl{-}S{-}S{-}Cl$
l) $N{\equiv}C{-}C{\equiv}N$
m) $[SO_4]^{2-}$
n) $[ClO_2]^-$
o) $H{-}N{=}N{-}H$
p) $H{-}C{\equiv}C{-}H$
q) $H{-}O{-}O{-}H$

8.8
a) $[{}^\ominus O{-}N{=}N{-}O^\ominus \leftrightarrow O{=}N{-}N{-}O^\ominus \leftrightarrow {}^\ominus O{-}N{-}N{=}O]^{2-}$

Nur die erste Grenzformel ist von Bedeutung, die anderen verletzen die Regel über benachbarte Formalladungen.

Bei **b)**, **c)**, **d)** und **e)** ist jeweils nur die erste Grenzformel von Bedeutung, bei den anderen stimmt die Ladungsverteilung nicht mit den Elektronegativitäten überein:

b) $F{-}N{=}N{-}F \leftrightarrow {}^\oplus F{=}N{-}N{-}F^\ominus \leftrightarrow F^\ominus{-}N{-}N{=}F^\oplus$

c) $H_2C{=}C{=}O \leftrightarrow H_2C^\ominus{-}C{\equiv}O^\oplus$

d) $H{-}O{-}N{=}S \leftrightarrow H{-}O{=}N{-}S^\ominus$

e) $Cl{-}C{\equiv}N \leftrightarrow Cl^{2\oplus}{\equiv}C{-}N^{2\ominus} \leftrightarrow {}^\oplus Cl{=}C{=}N^\ominus$

f) $Cl{-}O{-}NO_2 \leftrightarrow \ldots \leftrightarrow \ldots \leftrightarrow \ldots$

Lösungen zu den Übungsaufgaben 669

Nur die ersten beiden Grenzformeln sind von Bedeutung, bei den anderen zwei stimmen die Formalladungen nicht mit den Elektronegativitäten überein, außerdem ist die Regel über benachbarte Formalladungen verletzt.

g) 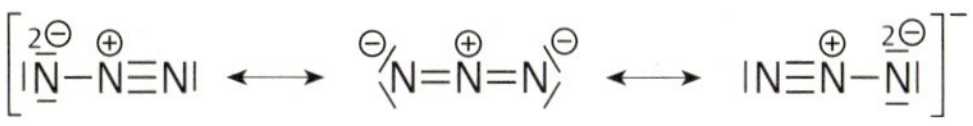 [Grenzformeln von N_3^-]

Die mittlere Grenzformel ist am wichtigsten, bei den anderen beiden hat je ein Atom eine doppelte Formalladung.

8.9 NO_2^-: [Grenzformeln] NO_2^+: [Formel]

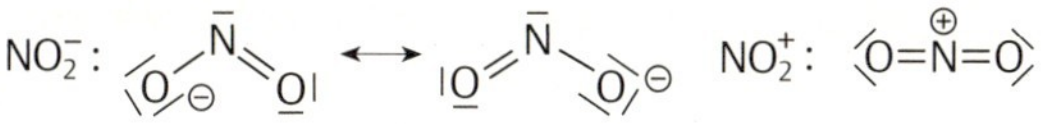

Im NO_2^--Ion ist die Bindungsordnung 1,5, im NO_2^+-Ion ist sie 2,0; letzteres hat die kürzeren Bindungen (NO_2^+ 115 pm, NO_2^- 124 pm).

8.10 a)  [Grenzformeln HNSO]
b) 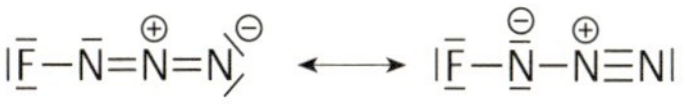 [Grenzformeln FN_3]
c) 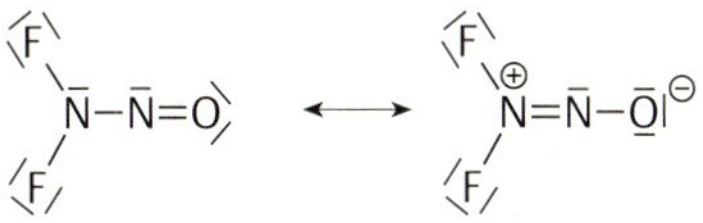 [Grenzformeln F_2NNO]
d) 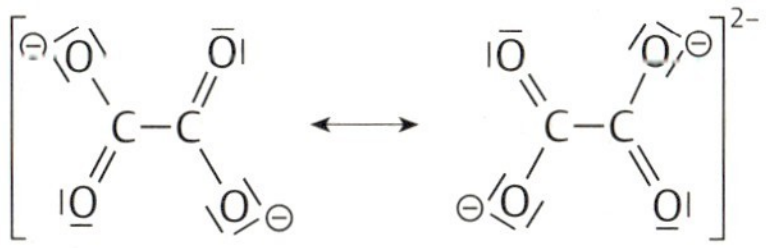 [Grenzformeln $C_2O_4^{2-}$]
e) 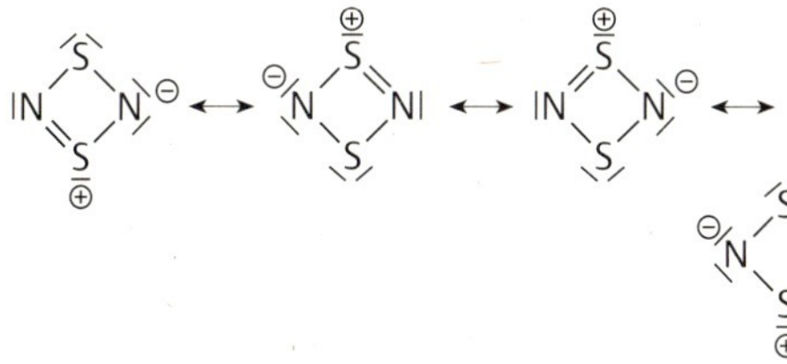 [Grenzformeln S_2N_2]

8.11 a) I_2O_5 b) Cl_2O_6 c) S_4N_4 d) SCl_4 e) XeO_3
f) AsF_5

8.12 a) Dischwefeldifluorid b) Tetraphosphorheptasulfid
c) Iodpentafluorid d) Stickstofftrifluorid
e) Selendioxid f) Disauerstoffdifluorid

9 Molekülgeometrie. Molekülorbitale

9.1 NCl_5 und OF_6. N kann keine fünf und O keine sechs Bindungen eingehen, da keine d-Orbitale verfügbar sind.

9.2 AX_2: linear, 180°. AX_3: dreieckig-planar, 120°.
AX_2E: gewinkelt, ca. 115°. AX_4: tetraedrisch, 109,5°.
AX_3E: trigonal-pyramidal, ca 107°.
AX_2E_2: gewinkelt, ca. 104°.

AX_5: trigonal-bipyramidal, 90° und 120°.
AX_4E: trigonale Bipyramide, die in den equatorialen Positionen nur zwei X-Atome hat, ax–ax ca. 175°, eq–eq ca. 110°.
AX_3E_2: T-förmig, ca. 95°. AX_2E_3: linear, 180°.
AX_6: oktaedrisch.
AX_5E: quadratisch-pyramidal, ax–eq ca. 85°.
AX_4E_2: quadratisch-planar, 90° und 180°.

9.3 und **9.4**
AsF_5: trigonal-bipyramidal; dsp^3
TeF_5^-: quadratisch-pyramidal; d^2sp^3
SnH_4: tetraedrisch; sp^3
$CdBr_2$: linear; sp
IF_4^-: quadratisch-planar; d^2sp^3
AsF_4^-: trigonale Bipyramide, die nur zwei F-Atome in equatorialen Positionen hat; dsp^3
IBr_2^-: linear; dsp^3
$AsCl_4^+$: tetraedrisch; sp^3
$SbCl_6^-$: oktaedrisch; d^2sp^3
XeF_5^+: quadratisch-pyramidal; d^2sp^3
AsH_3: trigonal-pyramidal; sp^3
SCl_2: gewinkelt; sp^3
SeF_3^+: trigonal-pyramidal; sp^3
XeF_3^+: T-förmig; dsp^3

9.5

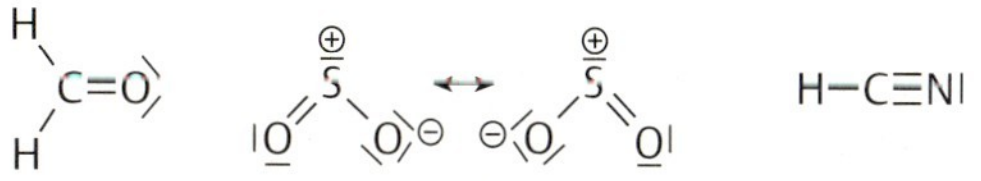

$H_2C=O$ planar SO_2 gewinkelt $H-C\equiv N$ linear

XeO_3 trigonal-pyramidal H_3PO_3 tetraedrisch Cl_2O gewinkelt

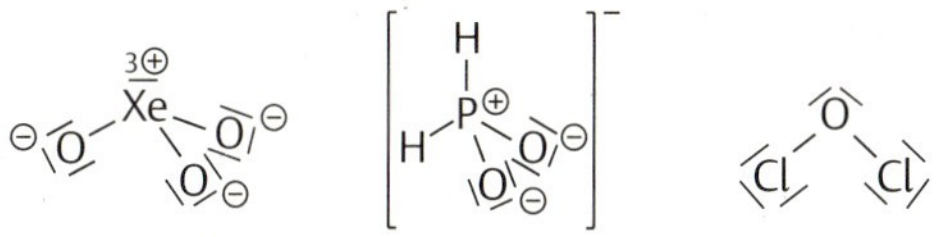

ClO_2^- gewinkelt ClO_3^- pyramidal N_3^- linear

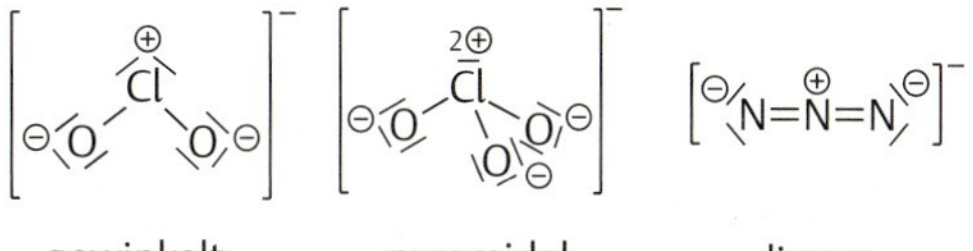

$SOCl_2$ pyramidal SO_2Cl_2 tetraedrisch $POCl_3$ tetraedrisch

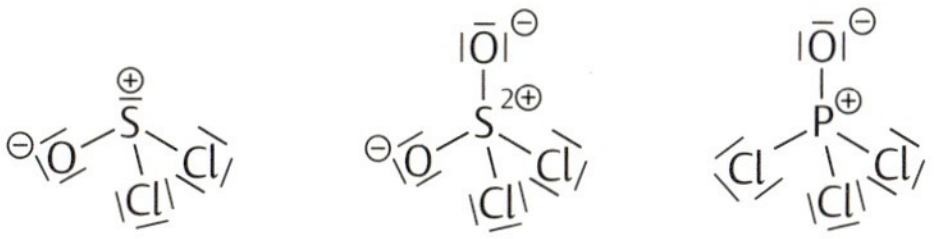

H_3O^+ trigonal-pyramidal N_2F_2 planar XeF_4 quadratisch-planar

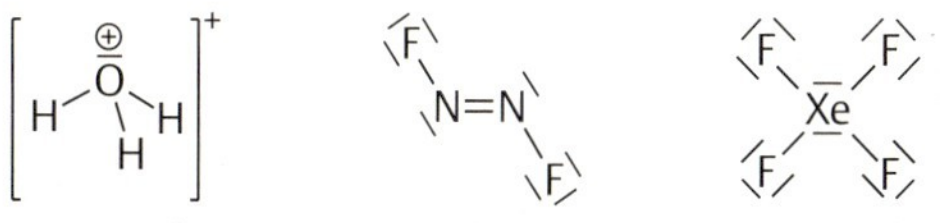

9.6 Bei allen genannten Verbindungen ist die Oktett-Regel nicht erfüllt.

9.7 Der ClCCl-Winkel ist größer; durch die geringere Elektronegativität der Chlor-Atome ist die Ladungsdichte in C—Cl-Bindungen näher am C-Atom als in C—F-Bindungen.

9.8 $CCl_4 > NCl_3 > OCl_2$ bedingt durch die zunehmende Abstoßung der einsamen Elektronenpaare.

9.9 BeF_2: linear, sp. BeF_3^-: dreieckig-planar, sp^2. BeF_4^{2-}: tetraedrisch, sp^3. PF_5: trigonal-bipyramidal, dsp^3. IF_6^+: oktaedrisch, d^2sp^3

9.10

	H_2	H_2^+	HHe	He_2	He_2^+
σ^*1s	—	—	↑	↑↓	↑
$\sigma 1s$	↑↓	↑	↑↓	↑↓	↑↓
Bindungs-Ordnung:	1	0,5	0,5	0	0,5

9.11 MO-Diagramm wie für N_2, nachstehend (Aufgabe 9.12); Bindungsordnung 3

9.12

	N_2	N_2^+
σ^*2p	—	—
π^*2p	— —	— —
$\sigma 2p$	↑↓	↑
$\pi 2p$	↑↓ ↑↓	↑↓ ↑↓
σ^*2s	↑↓	↑↓
$\sigma 2s$	↑↓	↑↓
Bindungsordnung	3	2,5

	O_2	O_2^+
σ^*2p	—	—
π^*2p	↑ ↑	↑ —
$\pi 2p$	↑↓ ↑↓	↑↓ ↑↓
$\sigma 2p$	↑↓	↑↓
σ^*2s	↑↓	↑↓
$\sigma 2s$	↑↓	↑↓
Bindungsordnung	2	2,5

9.13 Im SiO_4^{4-}-Ion treten $p\pi$-$d\pi$-Wechselwirkungen auf unter Mitwirkung von unbesetzten d-Orbitalen des Si-Atoms.

10 Gase

10.1 a) 520 mL; b) 104 kPa; c) 208 kPa
10.2 a) 2,04 L; b) 3,51 L; c) −111 °C; d) 82 °C
10.3 a) 1,70 bar b) 3,45 bar c) $5{,}86 \cdot 10^3$ K d) −78 °C
10.4 Um 0,92 mL/°C
10.5 0,75 Pa = 0,0075 mbar = 7,5 µbar

10.6

p	V	n	T
2,00 bar	23,3 L	1,50 mol	100 °C
60,0 kPa	1,00 L	0,0722 mol	100 K
445 kPa	50,0 mL	10,5 mmol	255 K
6,02 MPa	1,25 L	2,60 mol	75 °C
500 mbar	39,2 L	0,600 mol	120 °C
0,150 MPa	3,52 m³	191 mol	60 °C
263 Pa	1075 L	34,0 mmol	1,00 kK

10.7 180 mL
10.8 a) 1,30 L; b) 320 L; c) 534 mL
10.9 a) T_2 = 619 K; b) p_2 = 49,6 kPa; c) V_2 = 1,94 L
10.10 $V(N_2O)$ = 254 mL
10.11 $V(O_2)$ = 23,5 mL
10.12 $m(Cl_2)$ = 0,250 g
10.13 $d(CH_4)$ = 0,969 g/L
10.14 $d(SO_2)$ = 1,55 g/L
10.15 $p(Ar)$ = 54,7 kPa
10.16 M = 20,2 g/mol (Neon)
10.17 M = 30,1 g/mol (C_2H_6)
10.18 $V(CH_4)$ = 15,0 L; $V(O_2)$ = 22,5 L; $V(NH_3)$ = 15,0 L; $V(H_2O, g)$ = 45,0 L
10.19 $4NH_3(g) + 5O_2(g) \rightarrow 4NO(g) + 6H_2O(g)$
$V(NO)$ = 12,8 L
10.20 $V(NH_3)$ = 0,100 L; $V(N_2)$ = 0,400 L; $V(HCl)$ = 2,400 L
10.21 $4NH_3(g) + 3F_2(g) \rightarrow NF_3(g) + 3NH_4F(s)$
$V(NH_3)$ = 307,6 mL; $V(F_2)$ = 230,7 mL
10.22 $d(N_2O) = 44{,}0\,g \cdot mol^{-1}/(22{,}4\,L \cdot mol^{-1}) = 1{,}96$ g/L
$d(SF_6) = 146\,g \cdot mol^{-1}/(22{,}4\,L \cdot mol^{-1}) = 6{,}52$ g/L
10.23 a) $M = 5{,}710\,g \cdot L^{-1} \cdot 22{,}4\,L \cdot mol^{-1} = 128$ g/mol
b) $M = 0{,}901\,g \cdot L^{-1} \cdot 22{,}4\,L \cdot mol^{-1} = 20{,}2$ g/mol
10.24 a) $31{,}3 \cdot 10^{-6}$ mol/m³; b) $p(SO_2)$ = 0,076 Pa
10.25 a) $CaH_2(s) + 2H_2O(l) \rightarrow Ca(OH)_2(aq) + 2H_2(g)$
b) $m(CaH_2)$ = 2,82 g
10.26 a) $Ca(s) + 2H_2O(l) \rightarrow H_2(g) + Ca(OH)_2(aq)$
b) $m(Ca)$ = 5,36 g; es wird fast doppelt so viel Ca wie CaH_2 in Aufgabe 10.25 benötigt
10.27 a) $Al_4C_3(s) + 12H_2O(l) \rightarrow 3CH_4(g) + 4Al(OH)_3(s)$
b) $V(CH_4)$ = 0,170 L
10.28 $m(NF_3)$ = 0,264 g
10.29 a) 5,36 mmol unbekannte Verbindung
$n(O_2)$ = 40,2 mmol
$n(CO_2)$ = 26,8 mmol
$n(H_2O)$ = 26,8 mmol
b) Division dieser Zahlen durch die kleinste von ihnen ergibt das Stoffmengenverhältnis 1 : 7,5 : 5 : 5 oder 2 : 15 : 10 : 10
c) $2C_5H_{10}(g) + 15O_2(g) \rightarrow 10CO_2(g) + 10H_2O(l)$
10.30 69,5 % Al
10.31 $p(O_2)$ = 28,0 kPa; $p(N_2)$ = 32,0 kPa

10.32
a) $x(CH_4) = 0{,}577$; $x(C_2H_6) = 0{,}423$
b) $n = 0{,}148$ mol
c) $m(CH_4) = 1{,}37$ g; $m(C_2H_6) = 1{,}88$ g

10.33 $V = 596$ mL

10.34 $p = 518$ mbar $= 51{,}8$ kPa

10.35 a) 298 m/s b) 667 m/s c) 266 m/s d) 607 m/s

10.36 Bei 471 K

10.37 Die Effusionsgeschwindigkeit von N_2O ist 0,798mal die von N_2

10.38 $M(X) = 80{,}9$ g/mol (Das Gas ist HBr)

10.39 $M(Z) = 58{,}1$ g/mol (Das Gas ist C_4H_{10})

10.40 a) 1,29 g/L; b) $M = 64{,}1$ g/mol (Das Gas ist SO_2)

10.41 2,27 g/L

10.42
a) 2270 kPa
b) 2207 kPa
c) 227,0 kPa (ideales Gas) bzw. 226,4 kPa (van der Waals-Gleichung)
d) 3377 kPa (ideales Gas) bzw. 3298 kPa (van der Waals-Gleichung)
e) Nach der van der Waals-Gleichung ergibt sich ein geringerer Druck, bedingt durch die intermolekularen Anziehungskräfte. Bei dem größeren Volumen ist der Effekt geringer, weil die Moleküle im Mittel weiter voneinander entfernt sind und die Anziehungskräfte sich weniger auswirken. Ebenso ist der Effekt bei höherer Temperatur geringer, da bei den höheren Molekulargeschwindigkeiten die Anziehungskräfte weniger Einfluß haben.

10.43 993 Luftballons

10.44 11,9 kg

10.45 $V = 465$ mL

10.46 C_6H_{14}

10.47
a) $n = 1{,}628$ mol   b) $n(NO_2) = 2x$
c) $n(N_2O_4) = 0{,}372$ mol. $n(NO_2) = 1{,}257$ mol
d) $x(N_2O_4) = 0{,}228$; $x(NO_2) = 0{,}772$
e) $p(N_2O_4) = 23{,}1$ kPa; $p(NO_2) = 78{,}2$ kPa

11 Flüssigkeiten und Feststoffe

11.1
a) OF_2 ist gewinkelt, BeF_2 linear
b) PF_3 ist pyramidal, BF_3 ist dreieckig-planar

11.2 $HgCl_2$, BF_3, CH_4, PF_5, XeF_2, SF_6, XeF_4

11.3 Die Moleküle sind linear. Im O=C=O kompensieren sich die Dipolmomente der beiden Bindungen, im O=C=S nicht. S=C=S hat kein Dipolmoment.

11.4 $|\overset{\ominus}{C}{\equiv}\overset{\oplus}{O}|$ Die Formalladungen sind genau entgegengesetzt zur Wirkung der Elektronegativität.

11.5 Das PF_3-Molekül ist pyramidal, das PF_5-Molekül ist trigonal-bipyramidal. Im PF_5 kompensieren sich die Dipolmomente der Bindungen.

11.6 Die Schmelzpunkte nehmen mit der Größe der Atome zu. Zunahme der Atomgröße bedeutet leichtere Polarisierbarkeit der Elektronenwolke und damit stärkere Wirkung der London-Kräfte.

11.7 Im HF_2^- ist eine Wasserstoff-Brücke vorhanden:
$[|\underline{\overline{F}}| \cdots\cdots H - \underline{\overline{F}}|]^-$

11.8 Das HSO_4^--Ion hat eine geringere Ladung als das SO_4^{2-}-Ion. Infolgedessen ist die Gitterenergie des Hydrogensalzes geringer. Beide Ionensorten können als Protonen-Akzeptoren wirken, das HSO_4^--Ion kann aber außerdem als Protonen-Donator wirken und somit stärker mit den Wasser-Molekülen in Wechselwirkung treten. HSO_4^--Ionen haben deshalb eine relativ hohe Hydrationsenergie, welche die Gitterenergie überwinden kann.

11.9 Beide Moleküle haben ähnliche Größe und Gestalt, die London-Kräfte sind vergleichbar. Die einsamen Elektronenpaare der NH_2-Gruppen können sich an Wasserstoff-Brücken beteiligen; bei der Verbindung mit zwei NH_2-Gruppen ist dies in stärkerem Maße der Fall.

11.10 1 kPa: 7 °C; 2,5 kPa: 21 °C

11.11 50,9 kJ/mol

11.12 65 °C (338 K)

11.13 74,2 kPa

11.14 81 °C (354 K)

11.15 und **11.16**
Die Phasendiagramme entsprechen dem von CO_2 (◨ 11.12, S. 179); die Skalen auf den Koordinatenachsen müssen verändert werden. Festes Kr hat eine höhere Dichte als flüssiges Kr.

11.17
a) Druckerhöhung bei -60 °C bewirkt ein Kondensieren von CO_2-Gas zu festem CO_2 bei etwa 500 kPa.
b) Druckerhöhung bei 0 °C bewirkt ein Kondensieren von CO_2-Gas zu flüssigem CO_2 bei etwa 4000 kPa.
c) Temperaturerhöhung bei 100 kPa bewirkt Sublimation von festem CO_2 bei $-78{,}5$ °C.
d) Temperaturerhöhung bei 560 kPa bewirkt zuerst ein Schmelzen von festem CO_2 bei etwa -50 °C und dann ein Sieden bei etwa -30 °C.

11.18 Eis kann sublimiert werden. Der Druck muß unterhalb vom Druck des Tripelpunkts liegen (< 0,61 kPa).

11.19 Kovalente Bindungen bei Si, metallische Bindungskräfte bei Ba; Ionen-Anziehungen bei BaF_2, CaO und $CaCl_2$; London-Kräfte bei F_2, BF_3 und Xe; London- und Dipol-Dipol-Wechselwirkungen bei PF_3 und Cl_2O.

11.20
a) BrF; die größere Elektronegativitätsdifferenz bedingt ein höheres Dipolmoment, die Atomgröße des Br bewirkt größere London-Kräfte.
b) BrCl, Begründung wie bei a)
c) CsBr, eine Ionenverbindung
d) Cs, Metalle haben meist höhere Schmelzpunkte als Nichtmetalle
e) Diamant bildet eine Raumnetzstruktur
f) $SrCl_2$, eine Ionenverbindung

g) SCl_4 hat ein Dipolmoment
11.21 171 pm
11.22 22,2°; 49,0°; ein gebeugter Strahl dritter Ordnung kann nicht beobachtet werden ($\sin\theta > 1$).
11.23 6,7°; 13,6°; 20,6°
11.24 3,66 g/cm³
11.25 Ag: 4 Ag-Atome pro Elementarzelle, kubisch flächenzentriert. Ta: 2 Ta-Atome pro Elementarzelle, kubisch innenzentriert
11.26 A_r = 55,8 (Eisen)
11.27 2,07 cm Kantenlänge
11.28 r(Al) = 143 pm, d(Al) = 2,70 g/cm³
r(Cr) = 124 pm, d(Cr) = 7,27 g/cm³
r(In) = 162 pm in Richtung a und b, 168 pm in der Raumdiagonalen der Elementarzelle, d(In) = 7,36 g/cm³
11.29 a) 4 Na^+- und 4 Cl^--Ionen
b) a = 555 pm
c) 278 pm
11.30 a) 1 Cs^+- und 1 Cl^--Ion
b) a = 412 pm
c) 357 pm
11.31 a = 594 pm; d(PbS) = 7,59 g/cm³
11.32 a) 4 Zn^{2+}- und 4 S^{2-}-Ionen
b) 4,13 g/cm³
c) 235 pm
11.33 a = 385 pm; d(TlCl) = 6,98 g/cm³
11.34 CsCl-Typ: SrO
NaCl-Typ: MgO, CaO, CaS, SrS
Zinkblendetyp: BeO, MgS
11.35 a) 0,5% freie Anionenlagen
b) 8,241 g/cm³ für den perfekten Kristall und 8,236 g/cm³ für den nichtstöchiometrischen Kristall

12 Lösungen

12.1 Die London-Kräfte im reinen I_2 sind stärker als im reinen Br_2. Die Anziehungskräfte zwischen I_2 und CCl_4 sind nicht im gleichen Maße größer als die zwischen Br_2 und CCl_4
12.2 a) CH_3OH c) CH_3F e) NH_3
b) NaCl   d) N_2O
12.3 a) Li^+ c) Ca^{2+} e) Be^{2+}
b) Fe^{3+} d) F^- f) Al^{3+}
12.4 Lösungsenthalpie:
$SrCl_2$ -52 kJ/mol, $MgCl_2$ -155 kJ/mol.
Hydratationsenthalpie:
KF -830 kJ/mol, KI -627 kJ/mol
12.5 $n(N_2O)$ = 6,05 · 10^{-2} mol $m(N_2O)$ = 2,66 g
$n(CO_2)$ = 0,135 mol $m(CO_2)$ = 5,94 g
12.6 a) $x(C_2H_5OH)$ = 0,200
b) $x(C_6H_5OH)$ = 0,111
12.7 25,8% $C_{10}H_8$ (25,8 cg/g)
12.8 $m(AgNO_3)$ = 25,5 g
12.9 a) 189,6 g konzentrierte HBr
b) 126,4 mL konzentrierte HBr
12.10 c(HF) = 28,1 mol/L b(HF) = 46,2 mol/kg
12.11 $c(AgNO_3)$ = 0,642 mol/L $b(AgNO_3)$ = 0,654 mol/kg
12.12 c(NaOH) = 0,642 mol/L
12.13 c(KOH) = 0,976 mol/L
12.14 90,5% HCO_2H
12.15 70,4% $HClO_4$
12.16 85,7 mL konzentrierte CH_3CO_2H
12.17 $c(H_3PO_4)$ = 2,06 mol/L
12.18 $c(NH_3)$ = 8,88 mol/L
12.19 x = 0,0844
12.20 a) $b(C_{12}H_{22}O_{11})$ = 0,417 mol/kg
b) $b(CON_2H_4)$ = 1,850 mol/kg
12.21 a) 2 Na(s) + 2 H_2O → 2 NaOH(aq) + H_2(g)
b) c(NaOH) = 0,0257 mol/L
12.22 a) p = 50,2 kPa   b) $x(H_3COH)$ = 0,454   c) Ja
12.23 a) $x(C_7H_8)$ = 0,410   b) p = 125,6 kPa
12.24 a) p = 41,9 kPa
b) Negativ
c) Wärme wird freigesetzt
d) Ja, mit maximalem Siedepunkt
12.25 a) p = 29,1 kPa
b) Positiv
c) Wärme wird aufgenommen.
d) Aus den gegebenen Daten läßt sich die Frage nicht beantworten; tatsächlich bilden Ethanol und Trichlormethan ein azeotropes Gemisch mit maximalem Siedepunkt.
12.26 M = 129 g/mol
12.27 $m(C_2H_4(OH)_2)$ = 500 g
12.28 $m(C_6H_{12}O_6)$ = 60,5 g
12.29 E_G = $-11,8$°C · kg/mol
12.30 $-1,75$°C
12.31 163°C
12.32 M = 154 g/mol
12.33 M = 176 g/mol
12.34 102,25°C
12.35 M(X) = 62,0 g/mol
12.36 a) π = 110 kPa.   b) π = 609 kPa
12.37 M(Hämoglobin) = 6,70 · 10^4 g/mol
12.38 M(Penicillin G) = 332 g/mol
12.39 a) 33,6 g/L   b) c = 0,0112 mol/L
12.40 i = 2,57
12.41 $-3,40$°C
12.42 $-0,242$°C
12.43 3,5% der Säure sind dissoziiert

13 Reaktionen in wäßriger Lösung

13.1
a) $Fe(OH)_3(s) + H_3PO_4 \rightarrow FePO_4(s) + 3H_2O$
b) $Hg_2CO_3(s) + 2H^+ + 2Cl^- \rightarrow Hg_2Cl_2(s) + H_2O + CO_2(g)$
c) $Ba^{2+} + S^{2-} + Zn^{2+} + SO_4^{2-} \rightarrow BaSO_4(s) + ZnS(s)$
d) $Pb^{2+} + H_2S(g) \rightarrow PbS(s) + 2H^+$
e) $Mg^{2+} + 2OH^- \rightarrow Mg(OH)_2(s)$
f) $ZnS(s) + 2H^+ \rightarrow Zn^{2+} + H_2S$
g) $PbCO_3(s) + 2H^+ + 2I^- \rightarrow PbI_2(s) + CO_2(g) + H_2O$
h) $SO_4^{2-} + Ba^{2+} \rightarrow BaSO_4(s)$
i) $Cd^{2+} + S^{2-} \rightarrow CdS(s)$

13.2
a) +V   f) +IV   k) −I   p) +V   u) +V
b) +III g) +III l) +VI   q) +V
c) +V   h) +VI   m) +V   r) +II
d) +IV i) +VI   n) +I   s) +VI
e) +V   j) −II   o) +VIII t) +VI

13.3

	Oxidations-mittel	reduziert wird	Reduktions-mittel	oxidiert wird
a)	Cl_2	Cl	Zn	Zn
b)	$ReCl_5$	Re (V)	$SbCl_3$	Sb
c)	$CuCl_2$	Cu(II)	Mg	Mg
d)	O_2	O	NO	N
e)	WO_3	W (VI)	H_2	H
f)	Cl_2	Cl	Br^-	Br^-
g)	H^+	H^+	Zn	Zn
h)	OF_2	O(II)	H_2O	O(−II)

13.4
a) $Cr_2O_7^{2-} + 3H_2S + 8H^+ \rightarrow 2Cr^{3+} + 3S + 7H_2O$
b) $P_4 + 10HOCl + 6H_2O \rightarrow 4H_3PO_4 + 10Cl^- + 10H^+$
c) $3Cu + 2NO_3^- + 8H^+ \rightarrow 3Cu^{2+} + 2NO + 4H_2O$
d) $PbO_2 + 4I^- + 4H^+ \rightarrow PbI_2 + I_2 + 2H_2O$
e) $ClO_3^- + 6I^- + 6H^+ \rightarrow Cl^- + 3I_2 + 3H_2O$
f) $4Zn + NO_3^- + 10H^+ \rightarrow 4Zn^{2+} + NH_4^+ + 3H_2O$
g) $3H_3AsO_3 + BrO_3^- \rightarrow 3H_3AsO_4 + Br^-$
h) $2H_2SeO_3 + H_2S \rightarrow 2Se + HSO_4^- + H^+ + 2H_2O$
i) $2ReO_2 + 3Cl_2 + 4H_2O \rightarrow 2HReO_4 + 6Cl^- + 6H^+$
j) $4AsH_3 + 24Ag^+ + 6H_2O \rightarrow As_4O_6 + 24Ag + 24H^+$
k) $2Mn^{2+} + 5BiO_3^- + 14H^+ \rightarrow 2MnO_4^- + 5Bi^{3+} + 7H_2O$
l) $2NO + 4NO_3^- + 4H^+ \rightarrow 3N_2O_4 + 2H_2O$
m) $2MnO_4^- + 5HCN + 5I^- + 11H^+ \rightarrow 2Mn^{2+} + 5ICN + 8H_2O$
n) $3Zn + 2H_2MoO_4 + 12H^+ \rightarrow 3Zn^{2+} + 2Mo^{3+} + 8H_2O$
o) $2IO_3^- + 3N_2H_4 \rightarrow 2I^- + 3N_2 + 6H_2O$
p) $S_2O_3^{2-} + 2IO_3^- + 4Cl^- + 2H^+ \rightarrow 2SO_4^{2-} + 2ICl_2^- + H_2O$
q) $3Se + 2BrO_3^- + 3H_2O \rightarrow 3H_2SeO_3 + 2Br^-$
r) $H_5IO_6 + 7I^- + 7H^+ \rightarrow 4I_2 + 6H_2O$
s) $Pb_3O_4 + 4H^+ \rightarrow 2Pb^{2+} + PbO_2 + 2H_2O$
t) $3As_2S_3 + 5ClO_3^- + 9H_2O \rightarrow 6H_3AsO_4 + 9S + 5Cl^-$
u) $XeO_3 + 9I^- + 6H^+ \rightarrow Xe + 3I_3^- + 3H_2O$

13.5
a) $5ClO_2^- + 2H_2O \rightarrow 4ClO_2 + Cl^- + 4OH^-$
b) $8MnO_4^- + I^- + 8OH^- \rightarrow 8MnO_4^{2-} + IO_4^- + 4H_2O$
c) $P_4 + 3OH^- + 3H_2O \rightarrow 3H_2PO_2^- + PH_3$
d) $SbH_3 + OH^- + 3H_2O \rightarrow [Sb(OH)_4]^- + 3H_2$
e) $OC(NH_2)_2 + 3OBr^- + 2OH^- \rightarrow CO_3^{2-} + N_2 + 3Br^- + 3H_2O$
f) $4Mn(OH)_2 + O_2 + 2H_2O \rightarrow 4Mn(OH)_3$
g) $3Cl_2 + 6OH^- \rightarrow ClO_3^- + 5Cl^- + 3H_2O$
h) $S^{2-} + 4I_2 + 8OH^- \rightarrow SO_4^{2-} + 8I^- + 4H_2O$
i) $3CN^- + 2MnO_4^- + H_2O \rightarrow 3OCN^- + 2MnO_2 + 2OH^-$
j) $4Au + 8CN^- + O_2 + 2H_2O \rightarrow 4[Au(CN)_2]^- + 4OH^-$
k) $Si + 2OH^- + H_2O \rightarrow SiO_3^{2-} + 2H_2$
l) $2Cr(OH)_3 + 3OBr^- + 4OH^- \rightarrow 2CrO_4^{2-} + 3Br^- + 5H_2O$
m) $I_2 + 7Cl_2 + 18OH^- \rightarrow 2H_3IO_6^{2-} + 14Cl^- + 6H_2O$
n) $2Al + 2OH^- + 6H_2O \rightarrow 2[Al(OH)_4]^- + 3H_2$
o) $8Al + 3NO_3^- + 5OH^- + 18H_2O \rightarrow 8[Al(OH)_4]^- + 3NH_3$
p) $2Ni^{2+} + Br_2 + 6OH^- \rightarrow 2NiO(OH) + 2Br^- + 2H_2O$
q) $3S + 6OH^- \rightarrow SO_3^{2-} + 2S^{2-} + 3H_2O$
r) $S^{2-} + 4HO_2^- \rightarrow SO_4^{2-} + 4OH^-$

13.6
a) $Cr_2O_3 + 3NO_3^- + 2CO_3^{2-} \rightarrow 2CrO_4^{2-} + 3NO_2^- + 2CO_2$
b) $2Ca_3(PO_4)_2 + 10C + 6SiO_2 \rightarrow P_4 + 6CaSiO_3 + 10CO$
c) $Mn_3O_4 + 5Na_2O_2 \rightarrow 3Na_2MnO_4 + 2Na_2O$
d) $4NH_3(g) + 5O_2(g) \rightarrow 4NO(g) + 6H_2O(g)$

13.7
a) $OH^- + HSO_4^- \rightarrow SO_4^{2-} + H_2O$
b) $2OH^- + H_3PO_4 \rightarrow HPO_4^{2-} + 2H_2O$
c) $OH^- + H_3PO_4 \rightarrow H_2PO_4^- + H_2O$
d) $3H^+ + Fe(OH)_3 \rightarrow Fe^{3+} + 3H_2O$

13.8
a) Cl_2O_7 d) N_2O_3
b) SO_2 e) I_2O_5
c) B_2O_3

13.9
a) Bromsäure
b) Salpetersäure
c) Kaliumhydrogensulfit
d) Kupfer(II)-chlorat
e) Bromwasserstoffsäure
f) Natriumnitrit
g) Borsäure
h) Kaliumhexafluoroantimonat(V)

13.10
a) $FePO_4$
b) $Mg(ClO_4)_2$
c) KH_2PO_4
d) $Ni(NO_3)_2$
e) HOI

13.11 $c(H_2SO_4) = 0{,}3858$ mol/L

13.12 $c(Ba(OH)_2) = 0{,}03054$ mol/L

13.13 $41{,}29\,\%$

13.14 $69{,}6\,\%$

13.15
a) $m(NaCl) = 44{,}7$ mg
b) $w(NaCl) = 0{,}894$ cg/g

13.16
a) $5\,Fe^{2+} + MnO_4^- + 8\,H^+ \rightarrow 5\,Fe^{3+} + Mn^{2+} + 4\,H_2O$
b) $20{,}0\,\%$

13.17
a) $3\,N_2H_4 + 2\,BrO_3^- \rightarrow 3\,N_2 + 2\,Br^- + 6\,H_2O$
b) $24{,}0\,\%$

13.18 $57{,}0$ mL

13.19 Einprotoning

13.20
a) $c(\tfrac{1}{6}Cr_2O_7^{2-}) = 0{,}1200$ mol/L
b) $c(\tfrac{1}{5}MnO_4^-) = 0{,}0750$ mol/L
c) $c(MnO_4^-) = 0{,}0150$ mol/L

13.21
a) $I_2 + 2\,S_2O_3^{2-} \rightarrow 2\,I^- + S_4O_6^{2-}$
b) $m(I_2) = 0{,}1586$ g

14 Reaktionskinetik

14.1
a) $v(Z) = k \cdot c(A) \cdot c(X)$
b) $k = 0{,}016\ L\cdot mol^{-1}\,s^{-1}$

14.2
a) $v(Z) = k \cdot c^2(X)$
b) $k = 0{,}0333\ L\cdot mol^{-1}\,s^{-1}$

14.3
a) $k = 0{,}100\ mol\cdot L^{-1}\,s^{-1}$; $v(A) = -0{,}100\ mol\cdot L^{-1}\,s^{-1}$
b) $k = 0{,}100\ s^{-1}$; $v(A) = -0{,}0050\ mol\cdot L^{-1}\,s^{-1}$
c) $k = 0{,}100\ L\cdot mol^{-1}\,s^{-1}$; $v(A) = -0{,}00025\ mol\cdot L^{-1}\,s^{-1}$

14.4
a) $k = 0{,}0080\ mol\cdot L^{-1}\,s^{-1}$
b) $k = 0{,}040\ s^{-1}$
c) $k = 0{,}2\ L\cdot mol^{-1}\,s^{-1}$

14.5
a) $\tfrac{3}{16}$ der Anfangsgeschwindigkeit
b) Null
c) $\tfrac{2}{27}$ der Anfangsgeschwindigkeit
d) 4mal die Anfangsgeschwindigkeit
e) 8mal die Anfangsgeschwindigkeit

14.6 Energiediagramm wie in ◯ 14.11 (S. 252)
$\Delta H = -12{,}9$ kJ/mol

14.7
a) $0{,}0803$ mol/L
b) $87{,}0$ h
c) 241 h
d) 120 h

14.8 $E_a = 248$ kJ/mol

14.9
a) $0{,}00403$ mol/L
b) $1{,}12 \cdot 10^3$ s
c) 204 s

14.10 $5{,}30 \cdot 10^{-4}\ s^{-1}$

14.11 $0{,}441\ h^{-1}$

14.12 und **14.13**
Die Auftragung von $\ln c(SO_2Cl_2)$ bzw. von $\ln c(Cl_2O_7)$ gegen t ergibt eine Gerade, die Reaktionen sind erster Ordnung.

14.14 Schritt 1: $ICl + H_2 \rightarrow HCl + HI$
Schritt 2: $HI + ICl \rightarrow HCl + I_2$

14.15 Schritt 1: $NO_2Cl \rightarrow NO_2 + Cl$
Schritt 2: $NO_2Cl + Cl \rightarrow NO_2 + Cl_2$

14.16 Bildungsgeschwindigkeit von NO_3 = Zerfallsgeschwindigkeit von NO_3:
$k_1\, c(NO)\, c(O_2) = k_2 c(NO_3) + k_3 c(NO_3)\, c(NO)$
Da $k_3 \ll k_2$, kann das letzte Glied der Gleichung vernachlässigt werden:
$c(NO_3) = (k_1/k_2)\, c(NO)\, c(O_2)$.
Dieser Ausdruck wird in die Gleichung des geschwindigkeitsbestimmenden Schrittes, $v = k_3 c(NO_3) c(NO)$, eingesetzt:
$v = (k_1 k_3/k_2)\, c^2(NO)\, c(O_2)$

14.17 Bildungsgeschwindigkit von NO_3 = Zerfallsgeschwindigkeit von NO_3:
$k_1 c(N_2O_5) = k_2 c(NO_2)\, c(NO_3) + k_3 c(NO)\, c(NO_3)$

$$c(NO_3) = \frac{k_1 c(N_2O_5)}{k_2 c(NO_2) + k_3 c(NO)}$$

Dieser Ausdruck wird in die Gleichung für den N_2O_5-Zerfall eingesetzt:
$v(N_2O_5) = -k_1 c(N_2O_5) + k_2 c(NO_2)\, c(NO_3)$

Daraus ergibt sich dann das angegebene Geschwindigkeitsgesetz.

14.18 $k = 7{,}9 \cdot 10^5\ L \cdot mol^{-1}\,s^{-1}$

14.19 $k = 3{,}02\ L \cdot mol^{-1}\,s^{-1}$

14.20 $E_a = 267$ kJ/mol

14.21 $E_a = 139$ kJ/mol

14.22 $k = 4{,}7 \cdot 10^{-3}\ L \cdot mol^{-1}\,s^{-1}$

14.23 667 K ($395\,°C$)

14.24 $E_a = 52{,}3$ kJ/mol

14.25 $E_a = 178$ kJ/mol

15 Das chemische Gleichgewicht

15.1
a) $\dfrac{c(CS_2) \cdot c^4(H_2)}{c^2(H_2S) \cdot c(CH_4)} = K_c$
b) $c(O_2) = K_c$
c) $\dfrac{c^2(CO)}{c(CO_2)} = K_c$
d) $\dfrac{c(Ni(CO)_4)}{c^4(CO)} = K_c$
e) $c(O_2) = K_c$
f) $\dfrac{c^4(NO) \cdot c^6(H_2O)}{c^4(NH_3) \cdot c^5(O_2)} = K_c$

15.2
a) Nach links
b) nach links
c) nach links
d) nach rechts
e) nach links
f) nach links

15.3
a) $\dfrac{p(CS_2) \cdot p^4(H_2)}{p^2(H_2S) \cdot p(CH_4)} = K_p = K_c(RT)^2$
b) $p(O_2) = K_p = K_c RT$

c) $\dfrac{p^2(CO)}{p(CO_2)} = K_p = K_c RT$

d) $\dfrac{p(Ni(CO)_4)}{p^4(CO)} = K_p = K_c(RT)^{-3}$

e) $p(O_2) = K_p = K_c RT$

f) $\dfrac{p^4(NO) \cdot p^6(H_2O)}{p^4(NH_3) \cdot p^5(O_2)} = K_p = K_c RT$

15.4 Endotherm

15.5 a) Exotherm.
Das Gleichgewicht verlagert sich:
b) nach rechts   e) nach links
c) nicht   f) nach rechts
d) nicht

15.6 a) Nach links   d) nach links
b) nach rechts e) keine Verlagerung
c) nach rechts

15.7 a) Nach rechts
b) keine Verlagerung
c) nach rechts
d) nach rechts

15.8 a) Nach links
b) weiter nach links
c) $K_p = 0{,}142$ kPa^{-1}

15.9 Nach rechts

15.10 $K_c = 61$

15.11 a) $c(Cl_2) = 0{,}05$ mol/L; $c(PCl_5) = 0{,}024$ mol/L
b) $K_c = 0{,}104$ mol/L

15.12 a) $c(SO_3) = 0{,}0380$ mol/L; $c(SO_2) = 0{,}0220$ mol/L
$c(O_2) = 0{,}0110$ mol/L
b) $K_c = 3{,}69 \cdot 10^{-3}$ mol/L; $K_p = 30{,}7$ kPa

15.13 a) $c(CH_3OH) = 0{,}0028$ mol/L
b) $K_p = 5{,}95 \cdot 10^{-7}$ kPa^{-2}

15.14 $c(H_2O) = c(CO) = 0{,}280$ mol/L;
$c(H_2) = c(CO_2) = 0{,}320$ mol/L

15.15 $c(IBr) = 5{,}07 \cdot 10^{-2}$ mol/L;
$c(I_2) = c(Br_2) = 4{,}67 \cdot 10^{-3}$ mol/L; $K_p = 8{,}5 \cdot 10^{-3}$

15.16 $c(BrCl) = 7{,}69 \cdot 10^{-2}$ mol/L;
$c(Br_2) = c(Cl_2) = 2{,}91 \cdot 10^{-2}$ mol/L

15.17 a) $c(CO) = 0{,}0356$ mol/L; $c(CO_2) = 0{,}0144$ mol/L
b) $m(Fe) = 0{,}804$ g

15.18 a) $p(H_2) = 73{,}3$ kPa
b) $K_p = 2{,}61 \cdot 10^{-3}$ kPa^{-1}

15.19 $K_p = 967$ kPa^2

15.20 $K_p = 1{,}89 \cdot 10^5$ kPa^3

15.21 $K_c = K_p = 3{,}94$

15.22 a) $n(ONCl) = 0{,}436$ mol; $n(NO) = 0{,}564$ mol;
$n(Cl_2) = 0{,}282$ mol
b) 1,282 mol
c) $p(ONCl) = 34{,}4$ kPa; $p(NO) = 44{,}6$ kPa;
$p(Cl_2) = 22{,}3$ kPa; $K_p = 37{,}3$ kPa;
$K_c = 7{,}67 \cdot 10^{-3}$ mol/L

15.23 $p(NO) = 2{,}05$ kPa

16 Säuren und Basen

16.1 Brønsted: Säure 1 (NH_4^+) reagiert mit Base 2 (NH_2^-) zur konjugierten Base 1 (NH_3) und konjugierten Säure 2 (NH_3). Lewis: NH_2^- verdrängt NH_3 nucleophil aus NH_4^+. Lösungsmittelbezogen: Die Säure (NH_4Cl) reagiert mit der Base ($NaNH_2$) zum Salz (NaCl) und dem Lösungsmittel (NH_3).

16.2 Arrhenius: H_2O ist weder Säure noch Base. Brønsted-Lowry: H_2O ist amphoter, es kann als Säure und als Base wirken, z. B.
$$H_2O + NH_2^- \rightleftarrows OH^- + NH_3$$
bzw. $H_2O + NH_4^+ \rightleftarrows H_3O^+ + NH_3$
Lewis: H_2O kann ein Elektronenpaar zur Verfügung stellen, um mit einer Säure eine kovalente Bindung einzugehen, z. B.
$$H_2O + H^+ \rightarrow H_3O^+$$

16.3 a) $H_2PO_4^-$ d) S^{2-}
b) HPO_4^{2-} e) HSO_4^-
c) NH_2^- f) CO_3^{2-}

16.4 a) H_3O^+ d) H_3AsO_4
b) H_2S e) HF
c) NH_4^+ f) HNO_2

16.5

	Säure 1	Base 2	Säure 2	Base 1
a)	HCl	NH_3	NH_4^+	Cl^-
b)	HSO_4^-	CN^-	HCN	SO_4^{2-}
c)	$H_2PO_4^-$	CO_3^{2-}	HCO_3^-	HPO_4^{2-}
d)	H_3O^+	HS^-	H_2S	H_2O
e)	HSO_4^-	N_2H_4	$N_2H_5^+$	SO_4^{2-}
f)	H_2O	NH_2^-	NH_3	OH^-

16.6 a) $H_2O + NH_2^- \rightarrow OH^- + NH_3$
b) $HF + NH_3 \rightarrow NH_4^+ + F^-$
c) $HSO_3^- + NH_3 \rightarrow NH_4^+ + SO_3^{2-}$
d) $NH_4^+ + OH^- \rightarrow NH_3 + H_2O$
e) $HOCl + OH^- \rightarrow OCl^- + H_2O$

16.7 a) $OH^- + H_3O^+ \rightleftarrows H_2O + H_2O$
b) $N^{3-} + H_2O \rightleftarrows HN^{2-} + OH^-$
c) $H_2O + H_2SO_4 \rightleftarrows H_3O^+ + HSO_4^-$
d) $HCO_3^- + H_3O^+ \rightleftarrows CO_2 + 2H_2O$
e) $O^{2-} + H_2O \rightleftarrows OH^- + OH^-$
f) $SO_4^{2-} + H_3O^+ \rightleftarrows HSO_4^- + H_2O$

16.8 Säuren: $H_3O^+ > H_3PO_4 > HCN > H_2O > NH_3$
Basen: $NH_2^- > OH^- > CN^- > H_2PO_4^- > H_2O$

16.9 Säuren: $HSO_4^- > CH_3CO_2H > H_2S > HCO_3^- > H_2O$
Basen: $OH^- > CO_3^{2-} > HS^- > CH_3CO_2^- > SO_4^{2-}$

16.10 a) Ja   b) nein   c) nein   d) ja

16.11 a) Nein b) ja c) ja d) nein

16.12 a) $HBr > H_2Se > AsH_3$
b) $H_2Te > H_2Se > H_2S$

16.13 a) H_3PO_4 e) HBr
b) H_3AsO_4 f) H_2SO_4
c) H_2SO_4 g) $HClO_3$
d) H_2CO_3

16.14 a) P^{3-} e) F^-
b) NH_3 f) PO_4^{3-}
c) SiO_3^{2-} g) HSO_3^-
d) NO_2^-

16.15

H_2SeO_4 ist stärker sauer als $Te(OH)_6$

16.16 a) Säure: $AuCN$; Base: CN^-
b) Säure: HF; Base: F^-
c) Säure: S; Base: S^{2-}
d) Säure: CS_2; Base: SH^-
e) Säure: Fe; Base: CO
f) Säure: SeF_4; Base: F^-

16.17 a) Nucleophil, OH^- verdrängt I^-
b) Nucleophil, S^{2-} verdrängt OH^-
c) Elektrophil, $FeBr_3$ verdrängt Br^+
d) Nucleophil, OH^- verdrängt NH_3
e) Elektrophil, H^+ verdrängt NO_2^+
f) Elektrophil, $AlCl_3$ verdrängt CH_3^+

17 Säure-Base-Gleichgewichte

17.1 a) $c(H^+) = 0{,}015$ mol/L; $c(OH^-) = 6{,}7 \cdot 10^{-13}$ mol/L
b) $c(H^+) = 2{,}0 \cdot 10^{-12}$ mol/L; $c(OH^-) = 0{,}0050$ mol/L
c) $c(H^+) = 3{,}0 \cdot 10^{-4}$ mol/L; $c(OH^-) = 3{,}3 \cdot 10^{-11}$ mol/L
d) $c(H^+) = 3{,}1 \cdot 10^{-13}$ mol/L; $c(OH^-) = 0{,}032$ mol/L

17.2 a) $pH = 4{,}14$ d) $pH = 10{,}51$
b) $pH = 1{,}08$ e) $pH = 12{,}62$
c) $pH = 7{,}41$

17.3

	$c(H^+)$	$c(OH^-)$
a)	$5{,}9 \cdot 10^{-2}$ mol/L	$1{,}7 \cdot 10^{-13}$ mol/L
b)	$1{,}2 \cdot 10^{-11}$ mol/L	$8{,}3 \cdot 10^{-4}$ mol/L
c)	$2{,}1 \cdot 10^{-10}$ mol/L	$4{,}8 \cdot 10^{-5}$ mol/L
d)	$2{,}2 \cdot 10^{-2}$ mol/L	$4{,}6 \cdot 10^{-13}$ mol/L
e)	$1{,}4 \cdot 10^{-14}$ mol/L	$6{,}9 \cdot 10^{-1}$ mol/L

17.4 $K_S = 7{,}3 \cdot 10^{-6}$ mol/L
17.5 $K_B = 4{,}0 \cdot 10^{-6}$ mol/L
17.6 $pH = 11{,}37$
17.7 $pH = 2{,}42$
17.8 $n(HClO_2) = 0{,}00154$ mol
17.9 $K_S = 1{,}3 \cdot 10^{-5}$ mol/L
17.10 $K_S = 3{,}3 \cdot 10^{-2}$ mol/L
17.11 $K_B = 2{,}3 \cdot 10^{-5}$ mol/L
17.12 $K_S = 3{,}8 \cdot 10^{-3}$ mol/L
17.13 a) $c(H^+) = 4{,}9 \cdot 10^{-3}$ mol/L
b) $3{,}1\%$
17.14 a) $c(H^+) = 3{,}9 \cdot 10^{-3}$ mol/L
b) $1{,}6\%$
17.15 $c(N_2H_5^+) = c(OH^-) = 3{,}8 \cdot 10^{-4}$ mol/L; $c(N_2H_4) = 0{,}15$ mol/L
17.16 $c(H_5C_6NH_3^+) = c(OH^-) = 1{,}3 \cdot 10^{-5}$ mol/L; $c(H_5C_6NH_2) = 0{,}40$ mol/L
17.17 $2{,}7\%$
17.18 $c_0(HA) = 1{,}49 \cdot 10^{-3}$ mol/L
17.19 a) $c(HClO_2) = 0{,}082$ mol/L
b) $n(HClO_2) = 0{,}112$ mol
17.20 $c(NH_3) = 0{,}18$ mol/L
17.21 $c(N(CH_3)_3) = 0{,}55$ mol/L
17.22 $c(H^+) = 1{,}5 \cdot 10^{-5}$ mol/L; $c(N_3^-) = 0{,}13$ mol; $c(HN_3) = 0{,}10$ mol/L
17.23 $c(H^+) = 3{,}9 \cdot 10^{-4}$ mol/L; $c(HCO_2^-) = 0{,}07$ mol/L; $c(HCO_2H) = 0{,}15$ mol/L
17.24 $c(OH^-) = 0{,}15$ mol/L; $c(HONH_3^+) = 1{,}5 \cdot 10^{-8}$ mol/L; $c(HONH_2) = 0{,}20$ mol/L
17.25 $c(NH_3) = 0{,}15$ mol/L; $c(OH^-) = 0{,}05$ mol/L; $c(NH_4^+) = 5{,}4 \cdot 10^{-5}$ mol/L
17.26 $c(H^+) = 0{,}048$ mol/L; $c(ClO_2^-) = 0{,}048$ mol/L; $c(HClO_2) = 0{,}21$ mol/L
17.27 a) $pH = 3{,}80$ b) $0{,}46\%$
17.28 $pH = 4{,}35$
17.29 $K_S = 5{,}5 \cdot 10^{-5}$ mol/L
17.30 $K_S = 3{,}2 \cdot 10^{-6}$ mol/L
17.31 $c(N_2H_5Cl) = 0{,}70$ mol/L
17.32 $pH = 4{,}86$
17.33 $n(NaOCl) = 7{,}92 \cdot 10^{-3}$ mol
17.34 $\dfrac{c(NH_4^+)}{c(NH_3)} = 0{,}56$
17.35 $\dfrac{c(\text{Benzoesäure})}{c(\text{Benzoat})} = 0{,}17$
17.36 $c(H^+) = c(HCO_3^-) = 1{,}2 \cdot 10^{-4}$ mol/L; $c(CO_3^{2-}) = 4{,}8 \cdot 10^{-11}$ mol/L; $c(CO_2) = 0{,}034$ mol/L; $pH = 3{,}92$
17.37 $c(H_3AsO_4) = 0{,}29$ mol/L; $c(H^+) = c(H_2AsO_4^-) = 8{,}5 \cdot 10^{-3}$ mol/L; $c(HAsO_4^{2-}) = 5{,}6 \cdot 10^{-8}$ mol/L; $c(AsO_4^{3-}) = 2{,}0 \cdot 10^{-18}$ mol/L
17.38 $c(S^{2-}) = 4{,}9 \cdot 10^{-21}$ mol/L; $c(HS^-) = 7{,}4 \cdot 10^{-8}$ mol/L
17.39 $pH = 2{,}72$
17.40 a) $pH = 8{,}26$ c) $pH = 2{,}67$
b) $pH = 8{,}61$ d) $pH = 4{,}44$
17.41 $c(\text{Natriumbenzoat}) = 0{,}60$ mol/L
17.42 $K_S = 4{,}3 \cdot 10^{-7}$ mol/L

17.43 a) $pH = 3{,}92$ b) $pH = 8{,}46$ c) $pH = 12{,}16$
17.44 a) $pH = 9{,}43$ b) $pH = 5{,}28$ c) $pH = 1{,}78$
17.45 $K_S = 5{,}36 \cdot 10^{-6}$ mol/L

18 Löslichkeitsprodukt und Komplex-Gleichgewichte

18.1
a) $c^2(Bi^{3+}) \cdot c^3(S^{2-}) = L$
b) $c(Pb^{2+}) \cdot c(CrO_4^{2-}) = L$
c) $c^2(Ag^+) \cdot c(C_2O_4^{2-}) = L$
d) $c(Ag^+) \cdot c(IO_3^-) = L$
e) $c(Cr^{3+}) \cdot c^3(OH^-) = L$
f) $c^3(Ba^{2+}) \cdot c^2(PO_4^{3-}) = L$

18.2 $L(Cd(OH)_2) = 2{,}0 \cdot 10^{-14}$ mol^3/L^3
18.3 $L(Ce(OH)_3) = 2{,}0 \cdot 10^{-20}$ mol^4/L^4
18.4 $L(Ba(IO_3)_2) = 8{,}3 \cdot 10^{-11}$ mol^3/L^3
18.5 $L(Pb(IO_3)_2) = 2{,}6 \cdot 10^{-13}$ mol^3/L^3
18.6
a) Löslichkeit $Ag_2CO_3 = 1{,}3 \cdot 10^{-4}$ mol/L >
Löslichkeit $CuCO_3 = 1{,}6 \cdot 10^{-5}$ mol/L
b) Löslichkeit $Ag_2S = 1{,}1 \cdot 10^{-17}$ mol/L >
Löslichkeit $CuS = 8{,}9 \cdot 10^{-19}$ mol/L
18.7 a) $5{,}8 \cdot 10^{-4}$ mol/L b) $1{,}4 \cdot 10^{-4}$ mol/L
18.8 $3{,}3 \cdot 10^{-13}$ mol/L
18.9 $5{,}6 \cdot 10^{-8}$ mol/L
18.10 $n(BaF_2) = 4{,}2 \cdot 10^{-4}$ mol
18.11 $n(PbBr_2) = 1{,}1 \cdot 10^{-5}$ mol
18.12 $c(Na^+) = 0{,}16$ mol/L; $c(Cl^-) = 0{,}30$ mol/L;
$c(Ba^{2+}) = 0{,}070$ mol/L; $c(C_2O_4^{2-}) = 2{,}1 \cdot 10^{-7}$ mol/L
18.13 $c(F^-) = 9{,}5 \cdot 10^{-4}$ mol/L
18.14 $c(SO_4^{2-}) = 8{,}3 \cdot 10^{-8}$ mol/L
18.15 $c(NH_4^+) \geq 1{,}2$ mol/L
18.16 $c(NH_3) \geq 0{,}18$ mol/L
18.17 Keine Fällung;
Ionenprodukt = $8{,}7 \cdot 10^{-7} < L = 1{,}6 \cdot 10^{-5}$ mol^3/L^3
18.18 Es kommt zur Fällung;
Ionenprodukt = $2{,}35 \cdot 10^{-6} > L = 8 \cdot 10^{-8}$ mol^3/L^3
18.19 Es kommt zur Fällung;
Ionenprodukt = $2{,}2 \cdot 10^{-4} > L = 2{,}4 \cdot 10^{-5}$ mol^2/L^2
18.20 a) $PbSO_4$ fällt zuerst aus
b) $c(Pb^{2+}) = 4{,}3 \cdot 10^{-5}$ mol/L
18.21 Ionenprodukte:
$c(Ni^{2+}) \cdot c(S^{2-}) = 1{,}7 \cdot 10^{-22}$ mol^2/L^2
$c(Co^{2+}) \cdot c(S^{2-}) = 1{,}1 \cdot 10^{-22}$ mol^2/L^2
$c(Cd^{2+}) \cdot c(S^{2-}) = 5{,}5 \cdot 10^{-22}$ mol^2/L^2
CdS fällt aus, NiS und CoS nicht
18.22 $c(H^+) \geq 2{,}0 \cdot 10^{-4}$ mol/L
18.23 $pH = 0{,}3$
18.24 $pH = 1{,}1$
18.25 $pH = 0{,}5$
18.26 $c(Pb^{2+}) = 2{,}3 \cdot 10^{-7}$ mol/L
18.27 $n(AgCl) = 2{,}4 \cdot 10^{-2}$ mol;
$n(AgBr) = 1{,}4 \cdot 10^{-3}$ mol;
$n(AgI) = 1{,}9 \cdot 10^{-5}$ mol
18.28 Es fällt kein AgCl aus;
Ionenprodukt = $2{,}6 \cdot 10^{-11} < L = 1{,}7 \cdot 10^{-10}$ mol^2/L^2

19 Grundlagen der chemischen Thermodynamik

19.1 Die Enthalpie H hängt mit der inneren Energie U über die Beziehung $H = U + pV$ zusammen (p = Druck, V = Volumen des Systems).
19.2 a) $\Delta U = -1364{,}6$ kJ/mol; b) $\Delta H° = -1366{,}8$ kJ/mol
19.3 $\Delta U° = -5459{,}55$ kJ/mol
19.4 $\Delta U° = -1405{,}84$ kJ/mol
19.5 $\Delta U° = -66{,}57$ kJ/mol
19.6 $\Delta U° = -726{,}66$ kJ/mol
19.7 $\Delta H_f° = -184{,}79$ kJ/mol
19.8 Erste Reaktion: $\Delta G° = 267{,}4$ kJ/mol; zweite Reaktion: $\Delta G° = -207{,}0$ kJ/mol; die zweite Reaktion läuft ab.
19.9 Ja: $\Delta G° = -675{,}6$ kJ/mol
19.10 BCl_3 hydrolisiert bei 25°C, BF_3 nicht; Für die Reaktion mit BF_3 ist $\Delta G° = +12{,}09$ kJ/mol, für die mit BCl_3 ist $\Delta G° = -266{,}19$ kJ/mol
19.11 a) Nein, $\Delta G° > 0$ b) Ja, $\Delta G° = -41{,}63$ kJ/mol
19.12 $\Delta G° = -48{,}39$ kJ/mol, Ameisensäure zersetzt sich spontan
19.13 $\Delta G° = -467$ kJ/mol, Phosgen bildet sich freiwillig
19.14 a) $\Delta G° = -101{,}01$ kJ/mol
b) $\Delta S° = -120{,}6$ J/(mol K)
c) $\Delta S° = -120{,}6$ J/(mol K)
19.15 $\Delta G_f° = 18{,}28$ kJ/mol
19.16 $S°$ (Diamant) = $2{,}438$ J/(mol K), die Ordnung im Diamant ist größer
19.17 a) $\Delta G° = +38{,}3$ kJ/mol, die Reaktion läuft nicht ab
b) $\Delta G° = -11{,}8$ kJ/mol, die Reaktion läuft freiwillig ab
19.18 a) $\Delta G° = +130{,}30$ kJ/mol, die Reaktion läuft nicht ab
b) $\Delta G° = -25{,}70$ kJ/mol, die Reaktion läuft freiwillig ab
19.19 239,7 K oder −33,4 °C
19.20 342,2 K oder 69,0 °C
19.21 $S° = 219$ J/(mol K)
19.22 a) $\Delta H = 30{,}87$ kJ/mol
b) $K_p = 28{,}6$ kPa
c) $p = 28{,}6$ kPa
19.23 $K_p = 5{,}17 \cdot 10^{-2}$ kPa
19.24 $K_p = 1{,}44 \cdot 10^6$
19.25 $K_p = 4{,}32 \cdot 10^{-5}$ kPa^{-2}
19.26 $\Delta G° = 27$ kJ/mol
19.27 a) $\Delta H° = 181$ kJ/mol
b) $K_p = 1{,}37 \cdot 10^{-3}$
19.28 a) $\Delta H° = 57{,}8$ kJ/mol
b) $K_p = 1{,}02 \cdot 10^{-3}$
19.29 $K_p = 1{,}04 \cdot 10^{-8}$ kPa^{-2}

20 Elektrochemie

20.1
a) Kathode: $2H_2O + 2e^- \rightarrow H_2 + 2OH^-$
   Anode: $2H_2O \rightarrow 4H^+ + O_2 + 4e^-$
b) Kathode: $2H_2O + 2e^- \rightarrow H_2 + 2OH^-$
   Anode: $2Cl^- \rightarrow Cl_2 + 2e^-$
c) Kathode: $Cu^{2+} + 2e^- \rightarrow Cu$
   Anode: $2Cl^- \rightarrow Cl_2 + 2e^-$
d) Kathode: $Cu^{2+} + 2e^- \rightarrow Cu$
   Anode: $2H_2O \rightarrow 4H^+ + O_2 + 4e^-$

20.2 Kathode: $Ag^+ + e^- \rightarrow Ag$
Anode: $Ag \rightarrow Ag^+ + e^-$

20.3 a) $m(Ni) = 0{,}684$ g b) $m(Bi) = 4{,}87$ g
c) $m(Ag) = 31{,}44$ g

20.4 a) 28,6 min b) 140 min

20.5 a) $Pb^{2+} + 2H_2O \rightarrow PbO_2(s) + 4H^+ + 2e^-$
b) $m(PbO_2) = 1{,}39$ g
c) 51,7 min

20.6 a) 780 C b) 0,867 A

20.7 $V(Cl_2) = 5{,}99$ L

20.8 $V(Cl_2) = 6{,}00$ L; $c(OH^-) = 1{,}07$ mol/L

20.9 $c(Cu^{2+}) = 0{,}358$ mol/L; $c(Cl^-) = 0{,}717$ mol/L

20.10 a) $m(C) = 334$ g b) 1,19 s

20.11 a) $\Delta E° = 2{,}227$ V
b) $Mg + Sn^{2+} \rightarrow Mg^{2+} + Sn$
c) Die $Sn^{2+}|Sn$-Elektrode ist der Pluspol

20.12 a) $\Delta E° = 0{,}587$ V
b) $Ni + Cu^{2+} \rightarrow Ni^{2+} + Cu$
c) Die $Cu^{2+}|Cu$-Elektrode ist der Pluspol

20.13 a) Kathode: $Cl_2(g) + 2e^- \rightarrow 2Cl^-$
   Anode: $2I^- \rightarrow I_2(s) + 2e^-$
b) $\Delta E° = 0{,}8240$ V
c) Die $Cl_2|Cl^-$-Elektrode ist die Kathode

20.14 $E°(U^{3+}|U) = -1{,}789$ V

20.15 $E°(Pd^{2+}|Pd) = +0{,}987$ V

20.16 a) $PbSO_4$; Cd^{2+}; Cr^{3+}
b) Au^+; $PbO_2 + SO_4^{2-} + H^+$; $HOCl + H^+$; Ce^{4+}
c) Tl^{3+}
d) Ga; Cr; Zn
e) Au^+; Cl^-; Cr^{3+}; Tl^+
f) Cu; $S + H_2O$

20.17 a) Findet nicht statt
b) $H_2O_2 + 2Ag^+ \rightarrow 2Ag + O_2 + 2H^+$
c) $PbO_2 + 2Cl^- + 4H^+ \rightarrow Pb^{2+} + Cl_2 + 2H_2O$
d) $Ag^+ + Fe^{2+} \rightarrow Ag + Fe^{3+}$
e) Findet nicht statt
f) $6I^- + 2NO_3^- + 8H^+ \rightarrow 3I_2 + 2NO + 4H_2O$
g) Findet nicht statt
h) $H_2SO_3 + 2H_2S \rightarrow 3S + 3H_2O$
i) $2MnO_4^- + 3Mn^{2+} + 2H_2O \rightarrow 5MnO_2 + 4H^+$
j) $Hg + Hg^{2+} \rightarrow Hg_2^{2+}$
k) Findet nicht statt

20.18 a) In^+ disproportioniert
b) In^{3+}
c) Ja, $\rightarrow In^{3+}$

20.19 a) Tl^+ disproportioniert nicht
b) Tl^+ c) Ja, $\rightarrow Tl^{3+}$

20.20 a) $E°(Ti^{3+}|Ti) = -1{,}208$ V; Ti^{2+} disproportioniert nicht; Ti reagiert mit H^+, $\rightarrow Ti^{3+}$
b) $E°(Co^{3+}|Co^{2+}) = +1{,}808$ V; Co^{2+} disproportioniert nicht; Co reagiert mit H^+, $\rightarrow Co^{2+}$
c) $E°(Au^{3+}|Au^+) = +1{,}397$ V; Au^+ disproportioniert; Au reagiert nicht mit H^+
d) $E°(Eu^{2+}|Eu) = -3{,}396$ V; Eu^{2+} disproportioniert nicht; Eu reagiert mit H^+, $\rightarrow Eu^{3+}$

20.21 a) $Pb^{2+}(aq) + SO_4^{2-}(aq) \rightarrow PbSO_4(s)$
b) $Pb(s)|PbSO_4(s)|SO_4^{2-}(aq) \| Pb^{2+}(aq)|Pb(s)$
c) $\Delta E° = +0{,}233$ V
d) $\Delta G° = -45{,}0$ kJ/mol

20.22 a) $Ag^+(aq) + I^-(aq) \rightarrow AgI(s)$
b) $Ag(s)|AgI(s)|I^-(aq) \| Ag^+(aq)|Ag(s)$
c) $\Delta E° = +0{,}951$ V
d) $\Delta G° = -91{,}8$ kJ/mol

20.23 $Pt(s)|H_2(g)|OH^-(aq) \| H^+(aq)|H_2(g)|Pt(s)$;
$\Delta E° = 0{,}828$ V; $\Delta G° = -79{,}9$ kJ/mol

20.24 $Pt(s)|H_2(g)|H^+(aq)|O_2(g)|Pt(s)$;
$\Delta E° = 1{,}229$ V; $\Delta G° = -474{,}3$ kJ/mol

20.25 a) $\Delta E° = 0{,}2943$ V
b) $\Delta G° = -56{,}79$ kJ/mol; $\Delta S° = -121{,}7$ J/(mol K)

20.26 a) $\Delta G° = -509{,}5$ kJ/mol
b) $\Delta G_f°(XeF_2, aq) = -43{,}5$ kJ/mol

20.27 a) $K = 7{,}1 \cdot 10^3$
b) $K = 7{,}2 \cdot 10^{-10}$
c) $K = 1{,}2 \cdot 10^{11}$

20.28 a) $\Delta E = 2{,}157$ V; $Mg + Ni^{2+} \rightarrow Mg^{2+} + Ni$; die $Ni^{2+}|Ni$-Elektrode ist der Pluspol
b) $\Delta E = 1{,}262$ V; $Cd + 2Ag^+ \rightarrow Cd^{2+} + 2Ag$; die $Ag^+|Ag$-Elektrode ist der Pluspol
c) $\Delta E = 2{,}2406$ V; $Zn + Cl_2 \rightarrow Zn^{2+} + 2Cl^-$; die $Cl_2|Cl^-$-Elektrode ist der Pluspol

20.29 $c(Cd^{2+}) = 2{,}04$ mol/L

20.30 $c(Ag^+) = 0{,}024$ mol/L

20.31 a) $\Delta E° = -0{,}13$ V, die Reaktion läuft nicht ab
b) $\Delta E° = +0{,}05$ V, die Reaktion läuft ab

20.32 $E = 1{,}19$ V

20.33 a) Das Potential nimmt um 0,0089 V zu
b) Das Potential nimmt um 0,0089 V ab

20.34 a) $\Delta E° = 0{,}01$ V
b) $c(Sn^{2+}) = 1{,}371$ mol/L; $c(Pb^{2+}) = 0{,}629$ mol/L

20.35 a) Kathode: $2H^+ + 2e^- \rightarrow H_2(g)$
   Anode: $H_2(g) \rightarrow 2H^+ + 2e^-$; die Konzentrationen in beiden Halbzellen gleichen sich an.
b) $\Delta E = +0{,}136$ V
c) $\Delta E = +0{,}175$ V

20.36 a) Kathode: $Ga^{3+} + 3e^- \to Ga(s)$
Anode: $Ga(s) \to Ga^{3+} + 3e^-$; die Konzentrationen in beiden Halbzellen gleichen sich an.
b) $\Delta E = +0{,}016$ V
c) Die Halbzelle mit $c(Ga^{3+}) = 0{,}300$ mol/L ist der Minuspol

21 Wasserstoff

21.1 $H_2O(g) + C \to H_2(g) + CO(g)$
$H_2O(g) + CH_4(g) \to 3H_2(g) + CO(g)$
$H_2O(g) + Fe \to H_2(g) + FeO(s)$
$2H_2O + 2M \to H_2 + 2M^+ + 2OH^-$ (M = Li, Na, K, Rb, Cs)
$2H_2O + M \to H_2 + M^{2+} + 2OH^-$ (M = Ca, Sr, Ba)
$2H^+(aq) + M \to H_2(g) + M^{2+}(aq)$ (M = Mg, Mn, Fe, Zn u.a.)
Elektrolyse von Wasser

21.2 a) $Na(s) + H_2(g) \to 2NaH(s)$
b) $Ca(s) + H_2(g) \to CaH_2(s)$
c) $Cl_2(g) + H_2(g) \to 2HCl(g)$
d) $N_2(g) + 3H_2(g) \to 2NH_3(g)$
e) $Cu_2O(s) + H_2(g) \to 2Cu(s) + H_2O(g)$
f) $CO(g) + 2H_2(g) \to H_3COH(l)$

21.3 Salzartige Hydride haben einen ionischen Aufbau mit H^--Ionen, sie reagieren mit Säuren und mit Wasser zu H_2. Bei Einlagerungshydriden sind H-Atome in Lücken einer Metall-Atompackung eingelagert, sie sind nicht stöchiometrisch zusammengesetzt und sind elektrische Leiter

21.4 a) $m(H_2) = 0{,}261$ g
b) $m(H_2) = 0{,}500$ g
c) $m(H_2) = 1{,}275$ g

21.5 Masse von 22,4 L Luft: 29,0 g; der Ballon kann einschließlich seines eigenen Gewichts 96,3 kg tragen

21.6 $CaH_2(s) + 2H_2O \to H_2(g) + Ca(OH)_2(aq)$
$HCl(g) + H_2O \to H_3O^+(aq) + Cl^-(aq)$

22 Halogene

22.1 a) $CaF_2(s) + H_2SO_4(l) \to 2HF(g) + CaSO_4(s)$;
$HF(l) + KF(s) \to KHF_2(s)$;
Elektrolyse: $4HF + 2e^- \to H_2 + 2HF_2^-$ (Kathode) und $2HF_2^- \to F_2 + 2HF + 2e^-$ (Anode)
b) Elektrolyse: $Na^+ + e^- \to Na(l)$ (Kathode) und $2Cl^- \to Cl_2(g) + 2e^-$ (Anode)
c) $2Br^-(aq) + Cl_2 \to Br_2(l) + 2Cl^-(aq)$
d) $2IO_3^- + 5HSO_3^-(aq) \to I_2(s) + 5SO_4^{2-}(aq) + 3H^+(aq) + H_2O$
e) $PBr_3(l) + 3H_2O \to 3HBr(g) + H_3PO_3(aq)$

22.2 a) $2Cl^-(aq) + MnO_2(s) + 4H^+(aq) \to Cl_2(g) + Mn^{2+}(aq) + 2H_2O$
b) $2Cl^-(aq) + PbO_2(s) + 4H^+(aq) \to Cl_2(g) + Pb^{2+}(aq) + 2H_2O$
c) $10Cl^-(aq) + 2MnO_4^-(aq) + 16H^+(aq) \to 5Cl_2(g) + 2Mn^{2+}(aq) + 8H_2O$
d) $6Cl^-(aq) + Cr_2O_7^{2-} + 14H^+ \to 3Cl_2(g) + 2Cr^{3+}(aq) + 7H_2O$
Herstellungsmöglichkeit für F_2: nein; Br_2 und I_2: ja; die Potentiale reichen nicht zur Oxidation von F^-, wohl aber zur Oxidation von Br^- und I^-.

22.3 a) $6HF(aq) + SiO_2(s) \to 2H^+(aq) + SiF_6^{2-}(aq) + 2H_2O$
b) $2HF(aq) + Na_2CO_3(s) \to 2Na^+(aq) + 2F^-(aq) + CO_2(g) + H_2O$
c) $HF(aq) + KF(s) \to K^+(aq) + HF_2^-(aq)$
d) $2HF(aq) + CaO(s) \to CaF_2(s) + H_2O$

22.4 a) $H_2(g) + Cl_2(g) \to 2HCl(g)$
b) $Zn(s) + Cl_2(g) \to ZnCl_2(s)$
c) $P_4(s) + 6Cl_2(g) \to 4PCl_3(l)$
$P_4(s) + 10Cl_2(g) \to 4PCl_5(s)$
d) $S_8(s) + 4Cl_2(g) \to 4S_2Cl_2(l)$
e) $H_2S(g) + Cl_2(g) \to 2HCl(g) + \frac{1}{8}S_8(s)$
f) $CO(g) + Cl_2(g) \xrightarrow{h\nu} COCl_2(g)$
g) $SO_2(g) + Cl_2(g) \xrightarrow{h\nu} SO_2Cl_2(l)$
h) $2I^-(aq) + Cl_2(g) \to I_2(s) + 2Cl^-(aq)$
i) $H_2O + Cl_2(g) \rightleftarrows H^+(aq) + Cl^-(aq) + HOCl(aq)$

22.5 a) BeF_2 b) $FeCl_2$ c) SrI_2 d) $ScCl_3$ e) $SrCl_2$

22.6 planar

22.7 planar

22.8 trigonal-bipyramidale Verteilung der Elektronenpaare am zentralen Iod-Atom mit einsamen Elektronenpaaren in den äquatorialen Positionen.

22.9 planar

22.10 $m(Cl_2) = 992$ g, Cl_2 entweicht an der Anode; $m(NaOCl) = 1042$ g, kalte Lösung, Cl_2 darf nicht entweichen, sondern muß mit den an der Kathode gebildeten OH^--Ionen reagieren; $m(NaClO_3) = 496$ g, warme Lösung, Cl_2 darf nicht entweichen, sondern muß mit den an der Kathode gebildeten OH⁻-Ionen reagieren.

24   Die Elemente der sechsten Hauptgruppe

24.1 Als O_2 in Luft; gebunden in Wasser, SiO_2 und in Silicat-, Carbonat-, Sulfat- und Oxid-Mineralien

24.2
a) $2\,HgO(s) \rightarrow 2\,Hg(l) + O_2(g)$
b) $2\,Na_2O_2(s) \rightarrow 2\,Na_2O(s) + O_2(g)$
c) $2\,H_2O_2(aq) \rightarrow 2\,H_2O(l) + O_2(g)$
d) $2\,NaNO_3(s) \rightarrow 2\,NaNO_2(s) + O_2(g)$
e) $2\,KClO_3(s) \rightarrow 2\,KCl(s) + 3\,O_2(g)$
f) $2\,H_2O(l) \rightarrow 2\,H_2(g) + O_2(g)$ (Elektrolyse)

24.3
a) $O_2(g) + K(s) \rightarrow KO_2(s)$
b) $O_2(g) + 2\,Na(s) \rightarrow Na_2O_2(s)$
c) $O_2(g) + 4\,Li(s) \rightarrow 2\,Li_2O(s)$
d) $O_2(g) + 2\,Mg(s) \rightarrow 2\,MgO(s)$
e) $O_2(g) + Ba(s) \rightarrow BaO_2(s)$
f) $O_2(g) + C(s) \rightarrow CO_2(g)$
g) $5\,O_2(g) + P_4(s) \rightarrow P_4O_{10}(s)$
h) $O_2(g) + N_2(g) \rightarrow 2\,NO(s)$

24.4
a) $2\,ZnS(s) + 3\,O_2(g) \rightarrow 2\,ZnO(s) + 2\,SO_2(g)$
b) $H_5C_2OH(l) + 3\,O_2(g) \rightarrow 2\,CO_2(g) + 3\,H_2O(g)$
c) $C_5H_{12}(l) + 8\,O_2(g) \rightarrow 5\,CO_2(g) + 6\,H_2O(g)$
d) $2\,C_6H_6(l) + 15\,O_2(g) \rightarrow 12\,CO_2(g) + 6\,H_2O(g)$

24.5

$\sigma^* 2p$	—
$\pi^* 2p$	↿ —
$\pi 2p$	↿⇂ ↿⇂
$\sigma 2p$	↿⇂
$\sigma^* 2s$	↿⇂
$\sigma 2s$	↿⇂

Die Bindungsordnung beträgt 2,5, es ist ein ungepaartes Elektron vorhanden.

24.6
a) $2\,CH_4(g) + 3\,O_2 \rightarrow 2\,CO(g) + 4\,H_2O$
b) $CH_4(g) + 2\,O_2 \rightarrow CO_2(g) + 2\,H_2O$

24.7 Es käme zu keiner Förderung des Schwefels, weil der Schwefel:
a) nicht schmelzen würde
b) eine zu hohe Viskosität hätte

24.8
a) $S(s) + O_2(g) \rightarrow SO_2(g)$
b) $S(s) + S^{2-}(aq) \rightarrow S_2^{2-}(aq)$
c) $S(s) + SO_3^{2-}(aq) \rightarrow S_2O_3^{2-}(aq)$
d) $S(s) + Fe(s) \rightarrow FeS(s)$
e) $S(s) + 2\,F_2(g) \rightarrow SF_4(g)$
   $S(s) + 3\,F_2(g) \rightarrow SF_6(g)$
f) $2\,S(s) + Cl_2(g) \rightarrow S_2Cl_2(l)$
g) $S(s) + 4\,HNO_3(l) \rightarrow SO_2(g) + 4\,NO_2(g) + 2\,H_2O$

24.9
a) $H_2O + SO_2(g) \rightarrow HSO_3^-(aq) + H^+(aq)$
b) $H_2O + SO_3(g) \rightarrow H_2SO_4(l)$
c) $6\,H_2O + Al_2S_3(s) \rightarrow 3\,H_2S(g) + 2\,Al(OH)_3(s)$
d) $H_2O + SeO_2(s) \rightarrow H_2SeO_3(aq)$
e) $H_2O + H_2SO_5(l) \rightarrow H_2SO_4(aq) + H_2O_2(aq)$
f) $H_2O + H_2S_2O_7(l) \rightarrow 2\,H_2SO_4(l)$

24.10

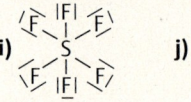

a) gewinkelt   b) gewinkelt   c) trigonal-pyramidal

d) tetraedrisch   e) gewinkelt

f) tetraedrisch um die äußeren S-Atome, gewinkelt an den inneren S-Atomen

g) tetraedrisch um die S-Atome, gewinkelt am O-Atom

h) trigonale Bipyramide mit nur zwei F-Atomen in der Äquatorialebene

i) oktaedrisch   j) pyramidal

24.11 Im SF_4 verfügt das S-Atom über fünf Valenzelektronenpaare (vier bindende, ein nicht bindendes). Dies ist möglich, weil d-Orbitale in der Valenzschale des Schwefel-Atoms verfügbar sind, was beim O-Atom nicht der Fall ist.

24.12 Mit dem Präfix *Per-* werden Säuren in der höchsten Oxidationszahl eines Elements bezeichnet. Das Präfix *Peroxo-* zeigt die Anwesenheit einer Peroxo-Gruppe (—O—O—) an.

24.13 $SO_3 + HCl \rightarrow HOSO_2Cl$
$H_2O_2 + ClSO_3H \rightarrow H_2SO_5 + HCl$
$H_2O_2 + 2\,ClSO_3H \rightarrow H_2S_2O_8 + 2\,HCl$

25   Die Elemente der fünften Hauptgruppe

25.1 Das Gleichgewicht $N_2 + O_2 \rightleftarrows 2\,NO$ liegt bei Raumtemperatur völlig auf der linken Seite.

25.2 Die Moleküle sind ähnlich in Größe und Gestalt, die London-Kräfte sind vergleichbar. Die NH$_2$-Gruppen beteiligen sich an Wasserstoff-Brücken; da 1,2-Diaminoethan über zwei NH$_2$-Gruppen verfügt, ist es stärker assoziiert.

25.3 Im NH$_3$ sind relativ starke Wasserstoff-Brücken vorhanden. Bei PH$_3$, AsH$_3$ und SbH$_3$ sind die Wasserstoff-Brücken wesentlich schwächer, da die Bindungen weniger polar und die einsamen Elektronenpaare ausgedehnter sind.

25.4
a) verdünnte HNO$_3$:
$3\,Cu(s) + 8\,H^+(aq) + 2\,NO_3^-(aq)$
$\rightarrow 3\,Cu^{2+}(aq) + 2\,NO(g) + 4\,H_2O$
konzentrierte HNO$_3$:
$Cu(s) + 4\,H^+(aq) + 2\,NO_3^-(aq)$
$\rightarrow Cu^{2+}(aq) + 2\,NO_2(g) + 2\,H_2O$
b) $4\,Zn(s) + 10\,H^+(aq) + NO_3^-(aq)$
$\rightarrow 4\,Zn^{2+}(aq) + NH_4^+(aq) + 3\,H_2O$
c) $4\,HNO_3(l) + P_4O_{10}(s) \rightarrow 2\,N_2O_5(g) + 4\,HPO_3(s)$
d) $NH_3(g\ oder\ aq) + H^+(aq) \rightarrow NH_4^+(aq)$
e) $Ca(OH)_2(s) + 2\,H^+(aq) \rightarrow Ca^{2+}(aq) + 2\,H_2O$

25.5
a) $NH_4NO_3(l) \rightarrow N_2O(g) + 2\,H_2O(g)$
b) $2\,NaNO_3(l) \rightarrow 2\,NaNO_2(l) + O_2(g)$
c) $2\,Pb(NO_3)_2(s) \rightarrow 2\,PbO(s) + 4\,NO_2(g) + O_2(g)$
d) $2\,NaN_3(s) \rightarrow 2\,Na(l) + 3\,N_2(g)$
e) $2\,NO_2(g) \rightarrow 2\,NO(g) + O_2(g)$

25.6
a) $N_2H_4(aq) + H^+(aq) \rightarrow N_2H_5^+ \xrightarrow{+H^+} N_2H_6^{2+}$
b) $HONH_2(s) + H^+(aq) \rightarrow HONH_3^+(aq)$
c) $NO_2^-(aq) + H^+(aq) \rightarrow HNO_2(aq)$
d) $NH_3(g\ oder\ aq) + H^+(aq) \rightarrow NH_4^+(aq)$
e) $NO_3^-(aq) + 3\,Cl^-(aq) + 4\,H^+(aq) \rightarrow$
$NOCl(aq) + 2\,Cl(g) + 2\,H_2O$

25.7 N$_2$O, ⟨N=N=O⟩,
$NH_4NO_3(l) \rightarrow N_2O(g) + 2\,H_2O(g)$;
NO, ·N=O⟩,
$3\,Cu(s) + 8\,H^+(aq) + 2\,NO_3^-(aq) \rightarrow$
$3\,Cu^{2+}(aq) + 2\,NO(g) + 4\,H_2O$
oder $4\,NH_3(g) + 5\,O_2(g) \rightarrow 4\,NO(g) + 6\,H_2O(g)$;
N$_2$O$_3$, [Struktur], NO(g) + NO$_2$(g) $\longrightarrow$ N$_2$O$_3$;

N$_2$O$_4$ ⇌ 2 NO$_2$, [Strukturen] bzw. [Struktur],

$2\,NO(g) + O_2(g) \rightarrow 2\,NO_2$ oder
$2\,Pb(NO_3)_2(s) \rightarrow 2\,PbO(s) + 4\,NO_2(g) + O_2(g)$;

N$_2$O$_5$, [Struktur] bzw. $[O=N=O]^+[NO_3]^-$ (im festen Zustand)

$4\,HNO_3(l) + P_4O_{10}(s) \rightarrow 2\,N_2O_5(g) + 4\,HPO_3(s)$

25.8
a) N$_2$, CN$^-$, CO, C$_2^{2-}$
b) CO$_2$, N$_2$O, N$_3^-$
c) O$_3$, ONF

25.9 NH$_4$NO$_3$ kann sich beim schnellen Erhitzen explosionsartig zersetzen.

25.10
a) F−N−N−F mit F-Substituenten
b) N=N mit F-Substituenten
c) N=N mit F-Substituenten
d) [Resonanzstrukturen von NO$_3^-$]
e) [N=N=N]$^-$ ↔ N−N≡N (mit H)
f) N=O mit Cl

25.11
a) $PCl_3(l) + 3\,H_2O \rightarrow$
$H_3PO_3(aq) + 3\,H^+(aq) + 3\,Cl^-(aq)$
b) $PCl_5(s) + H_2O \rightarrow POCl_3(l) + 2\,HCl(g)$
c) $Ca_3P_2(s) + 6\,H_2O \rightarrow$
$3\,Ca^{2+}(aq) + 6\,OH^-(aq) + 2\,PH_3(g)$
d) $H_4P_2O_7(s) + H_2O \rightarrow 2\,H_3PO_4(aq)$
e) $P_4O_6(s) + 6\,H_2O \rightarrow 4\,H_3PO_3(aq)$
f) $PH_4^+ + H_2O \rightarrow H^+(aq) + PH_3(g)$
g) $SbCl_3(s) + H_2O \rightarrow SbOCl(s) + 2\,HCl(g)$
h) $As_2O_5(s) + 3\,H_2O \rightarrow 2\,H_3AsO_4(aq)$

25.12
a) [PCl$_4$]$^+$ tetraedrisch
b) SbCl$_5$ trigonal-bipyramidal
c) [Sb(OH)$_6$]$^-$ oktaedrisch
d) Sb$_4$O$_6$ Käfigstruktur
e) [AsF$_6$]$^-$ oktaedrisch

25.13 a) P_4O_{10}; b) P_4O_6; c) As_2O_5

25.14 a) $4As + 3O_2 \rightarrow As_4O_6$
b) $P_4 + 5O_2 \rightarrow P_4O_{10}$
c) $2Sb_2S_3 + 9O_2 \rightarrow 2Sb_2O_3 + 6SO_2$

26 Kohlenstoff, Silicium und Bor

26.1 Kohlenstoff zeichnet sich durch eine hohe C—C-Bindungsenergie aus, die ähnlich hoch ist wie die Bindungsenergie zwischen einem C-Atom und einem Atom eines anderen Elements. Entsprechendes gilt nicht für andere Elemente. Dadurch können C-Atome im Gegensatz zu Atomen anderer Elemente zu stabilen Ketten und Ringen miteinander verknüpft werden. Außerdem kann ein C-Atom Mehrfachbindungen eingehen.

26.2 Salzartige Carbide: **b)** und **c)**.
Einlagerungscarbide und gute elektrische Leiter: **a)** und **e)**.
Kovalent gebundene Carbide: **d)**.

26.3 s. Abb. 26.1b (S. 450)

26.4 a) Cyanwasserstoff
b) Blausäure
c) Kaliumcyanid
d) Kaliumcyanat
e) Kaliumthiocyanat (Kaliumrhodanid)
f) Natriumhydrogencarbonat
g) Natriumcarbonat

26.5 a) $CO(g) + Cl_2(g) \xrightarrow{h\nu} COCl_2(g)$
b) $CO(g) + S(g) \rightarrow SCO(g)$
c) $2CO(g) + O_2(g) \rightarrow 2CO_2(g)$
d) $FeO(s) + CO(g) \rightarrow Fe(s) + CO_2(g)$
e) $Ni(s) + 4CO(g) \rightarrow Ni(CO)_4(g)$

26.6 a) $CaC_2(s) + 2H_2O \rightarrow Ca^{2+}(aq) + 2OH^-(aq) + C_2H_2(g)$
b) $Al_4C_3(s) + 12H_2O \rightarrow 4Al(OH)_3(s) + 3CH_4(g)$
c) $CO_2(g) + H_2O \rightarrow HCO_3^-(aq) + H^+(aq)$
d) $CaCO_3(s) + CO_2(g) + H_2O \rightarrow Ca^{2+}(aq) + 2HCO_3^-(aq)$

26.7 a) $CaCO_3(s) + SiO_2(s) \rightarrow CaSiO_3(l) + CO_2(g)$
b) $CaCO_3(s) \rightarrow CaO(s) + CO_2(g)$
c) $CaCO_3(s) + 2H^+(aq) \rightarrow Ca^{2+}(aq) + CO_2(g) + H_2O$

26.8 a) O=C=O   b) $[|C\equiv N|]^-$
c) $[O=C=N|^- \leftrightarrow |\underline{O}-C\equiv N|]^-$
d) S=C=S   e) H—C≡C—H   f) $[CS_3]^{2-}$ (Struktur)
g) H—SiH$_2$—SiH$_2$—H (Disilan-Struktur mit H-Atomen)
h) $[B_4O_5(OH)_2]^{2-}$-artige Ringstruktur

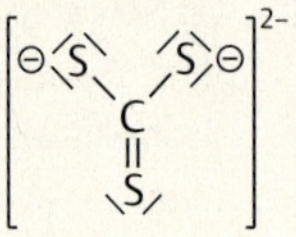

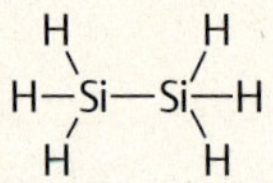

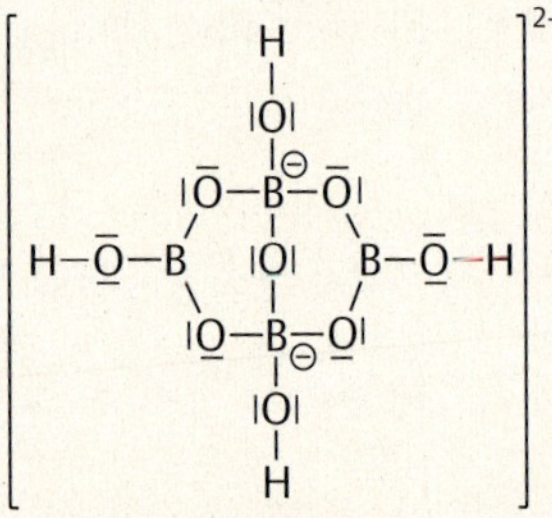

26.9 CF_4 reagiert weder mit F^- noch mit H_2O. SiF_4 und BF_3 reagieren sowohl mit F^- wie mit H_2O:
$SiF_4 + 2F^- \rightarrow SiF_6^{2-}$
$SiF_4 + 2H_2O \rightarrow SiO_2 + 4HF$
$BF_3 + F^- \rightarrow BF_4^-$
$BF_3 + H_2O \rightarrow H^+ + F_3BOH^-$
Das Wasser kann mit einem seiner einsamen Elektronenpaare eine Bindung mit einem unbesetzten d-Orbital des Si-Atoms bzw. mit dem unbesetzten p-Orbital im BF_3 eingehen (Lewis-Säure-Base-Reaktion), womit die Reaktion einsetzt. Beim CF_4 ist kein entsprechendes unbesetztes Orbital verfügbar.

26.10 a) $B_2O_3(s) + Mg \rightarrow 2B(s) + 3MgO(s)$
b) $2BBr_3(g) + 3H_2(g) \rightarrow 2B(s) + 6HBr(g)$
c) $2B(s) + N_2(g) \rightarrow 2BN(s)$
d) $B_2O_3(s) + 3H_2O(g) \rightarrow 2B(OH)_3(aq)$
e) $B(OH)_3(aq) + OH^-(aq) \rightarrow [B(OH)_4]^-(aq)$
f) $B(OH)_3(s) \rightarrow HBO_2(s) + H_2O(g)$
g) $2B(OH)_3(s) \rightarrow B_2O_3(s) + 3H_2O(g)$
h) $2LiH + B_2H_6 \rightarrow 2Li[BH_4]$

26.11 $[B_3H_8]^-$ Struktur (Borcluster mit verbrückenden H-Atomen)

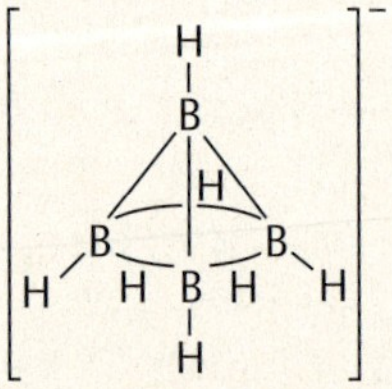

27 Metalle

27.1 Die Anregung eines Elektrons auf ein höheres Energieniveau innerhalb eines Bandes erfordert nur wenig Energie, da die Niveaus sehr eng beieinander liegen.

da das kleine Li^+-Ion stärker mit umgebenden Teilchen in Wechselwirkung tritt.

27.20 a) $Ca(s) + H_2(g) \rightarrow CaH_2(s)$
b) $3Ca(s) + N_2(g) \rightarrow Ca_3N_2(s)$
c) $2Ca(s) + O_2(g) \rightarrow 2CaO(s)$
d) $Ca(s) + 2C(s) \rightarrow CaC_2(s)$
e) $Ca(s) + 2H_2O \rightarrow Ca(OH)_2(s) + H_2(g)$

27.21 a) $2Al(s) + 3Cl_2(g) \rightarrow 2AlCl_3(s)$

c) $4Al(s) + 3O_2(g) \rightarrow 2Al_2O_3(s)$

27.22 Das Aluminium wird durch eine auf der Oberfläche fest haftende Oxidschicht vor dem Angriff des Wassers geschützt. Da die Oxidschicht mit starken Basen reagiert ($\rightarrow Al(OH)_4^-$), kann Natronlauge nicht in einem Aluminiumgefäß aufbewahrt werden (siehe Aufgabe 27.21d).

27.23 Das Al^{3+}-Ion hat eine hohe Ladung, weshalb das hydratisierte Ion stark sauer ist. Die Säure reagiert mit den basischen S^{2-}-Ionen, sodass Aluminiumsulfid von Wasser zersetzt:

27.24

d) $Sn(s) + 2H^+(aq) \rightarrow Sn^{2+}(aq) + H_2(g)$

e) $2SnS_2(s) + 2S^{2-}(aq) \rightarrow [Sn_2S_6]^{4-}(aq)$
f) $PbCl_2(s) + Cl^-(aq) \rightarrow PbCl_3^-(aq)$
g) $SnF_4(s) + 2F^-(aq) \rightarrow SnF_6^{2-}(aq)$

27.26 a) $2Cr(s) + 3Cl_2(g) \rightarrow 2CrCl_3(s)$
$2Fe(s) + 3Cl_2(g) \rightarrow 2FeCl_3(s)$
$Zn(s) + Cl_2(g) \rightarrow ZnCl_2(s)$
b) $2Cr(s) + \frac{3}{2}O_2(g) \rightarrow Cr_2O_3(s)$
$3Fe(s) + 2O_2(g) \rightarrow Fe_3O_4(s)$
$2Zn(s) + O_2(g) \rightarrow 2ZnO(s)$
c) $Cr(s) + S(l) \rightarrow CrS(s)$
$Fe(s) + S(l) \rightarrow FeS(s)$
$Zn(s) + S(l) \rightarrow ZnS(s)$

d) $2Cr(s) + 3H_2O(g) \rightarrow Cr_2O_3(s) + 3H_2(g)$
$3Fe(s) + 4H_2O(g) \rightarrow Fe_3O_4(s) + 4H_2(g)$

e) $Cr(s) + 2H^+(aq) \rightarrow Cr^{2+}(aq) + H_2(g)$

27.27
$Cr_2O_3(s) + 2OH^-(aq) + 3H_2O \rightarrow 2Cr(OH)_4^-(aq)$

keine Reaktion bei hoher H^+-Konzentration

27.28 Die Edelmetalle stehen am Ende der Serie der Übergangsmetalle, wegen ihrer hohen Kernladung bei relativ kleinen Atomen sind die Elektronen ziemlich fest gebunden. Dies gilt vor allem für die Elemente in der sechsten Periode, die nach der Lanthanoidenkontraktion stehen.

27.29 Die einzelnen Lanthanoiden unterscheiden sich in der Konfiguration der 4f-Elektronen, die zur zweitletzten besetzten Schale gehören und sich deshalb im inneren des Atoms befinden. Dort haben sie wenig Einfluss auf die chemischen Eigenschaften.

von ungepaarten Elektronen.

b) $K_4[Ni(CN)_6]$

g) $[Cr(NH_3)_4(SCN)_2][Cr(NH_3)_2(SCN)_4]$
h) $Na_3[Ag(S_2O_3)_2]$
i) $K_2[Rh(OH_2)Cl_5]$
j) $[Cu(NH_3)_4]_3[CrCl_6]_2$

28.4 a) Kalium-tetracyanoniccolat(0)
b) Kalium-tetracyanoniccolat(II)
c) Ammonium-aquopentachloroferrat(III)
d) Tetramminkupfer(II)-tetrachloroplatinat(II)
e) Pentamminnitritoiridium(III)-chlorid
f) Tricarbonylnitrosylcobalt

g) Chlorobis(1,2-diaminoethan)thiocyanatocobalt(III)-chlorid
h) Hexammincobalt(III)-hexanitrocobaltat(II)
i) Natrium-dicyanoaurat(I)

28.5 $K = 1{,}34 \cdot 10^{-34}$

28.6 $KFe[Fe(CN)_6]$

28.7
a) A: $[Co(NH_3)_3(OH_2)ClBr]Br \cdot H_2O$
   B: $[Co(NH_3)_3(OH_2)_2Cl]Br_2$
b) Hydrat-Isomere

28.8
a) $[Co(NH_3)_5(SO_4)]NO_3$
b) $[Mn(CO)_5(NCS)]$
c) $[Pt(NH_3)_3Cl][Pt(NH_3)Cl_3]$
d) $[Co(en)_2(OH_2)Br]Br_2 \cdot H_2O$

28.9
$[Pt(NH_3)_4][PtCl_6]$
$[Pt(NH_3)_3Cl][Pt(NH_3)Cl_5]$
cis- und trans-$[Pt(NH_3)_4Cl_2][PtCl_4]$
mer- und fac-$[Pt(NH_3)_3Cl_3][Pt(NH_3)Cl_3]$ wobei fac (facial) für eine Anordnung im oktaedrischen Kation steht, bei der alle drei Cl-Liganden zueinander cis-ständig sind, und mer (meridional) für eine Anordnung steht, bei der sich die drei Cl-Liganden in einer Ebene mit dem Pt-Atom befinden.

28.10 [Strukturen von vier Pt-Komplexen mit en, Cl und NO_2-Liganden]

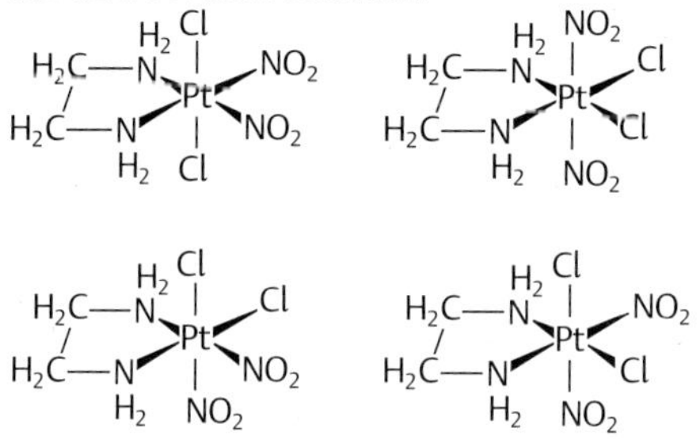

28.11
a) [Drei quadratisch-planare Pt-Komplexe mit Br, NH_3, Cl, Py]
b) [Zwei quadratisch-planare Pt-Komplexe mit Cl, NH_3, Py]
c) [Zwei quadratisch-planare Pt-Komplexe mit Cl, Py]
d) [Tetraedrischer Co-Komplex mit Cl, Py]

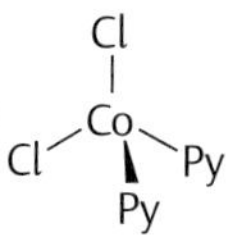

28.12
a) 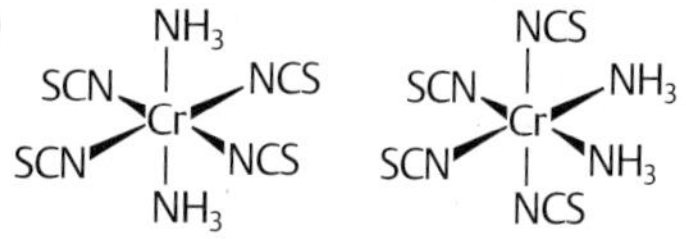 trans / cis – Diastereomere ($[Cr(NH_3)_3(NCS)_3]$)
b) fac / mer – Diastereomere ($[Cr(NH_3)_3(NO_2)_3]$)
c) Diastereomere und Enantiomere von $[Co(en)(NH_3)_2Cl_2]^+$
d) 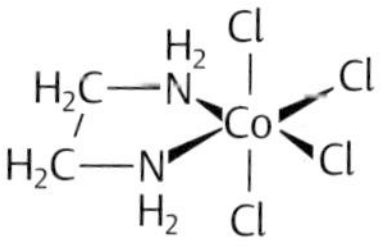 keine Isomeren ($[Co(en)Cl_3]$...)
e) Diastereomere und Enantiomere von $[Co(en)_2(Br)(Cl)]^+$

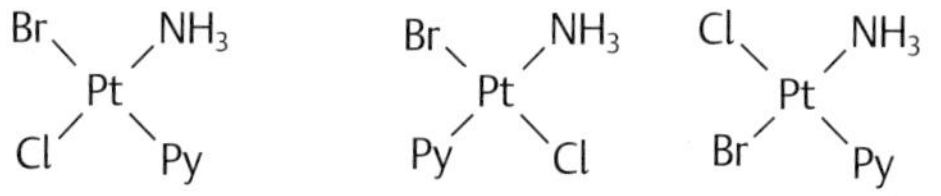

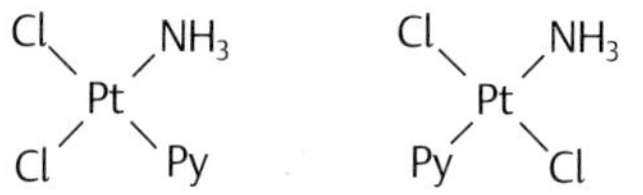

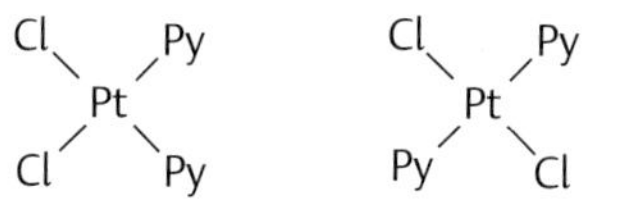

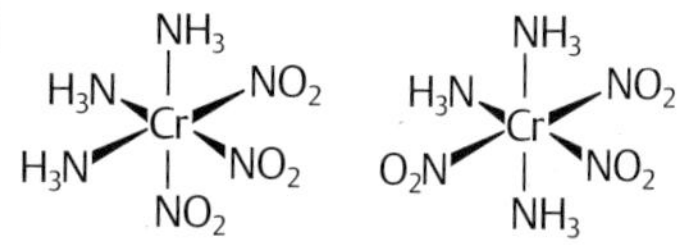

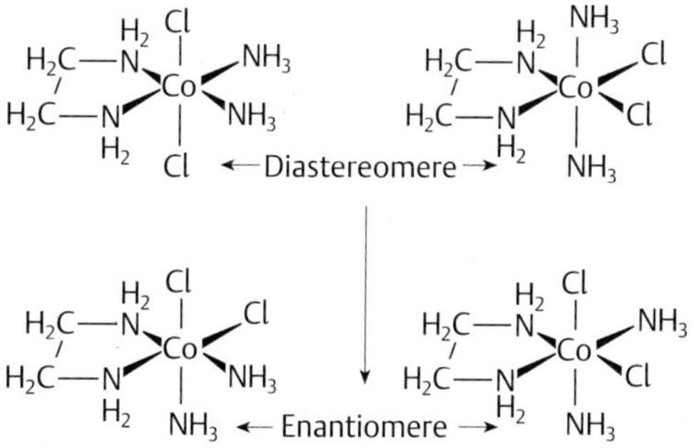

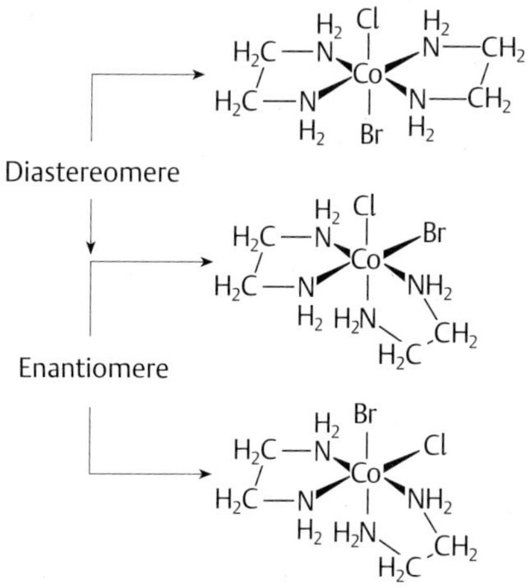

f) [structure: trans-Cr complex with two oxalates and two NH₃, labeled *trans*]

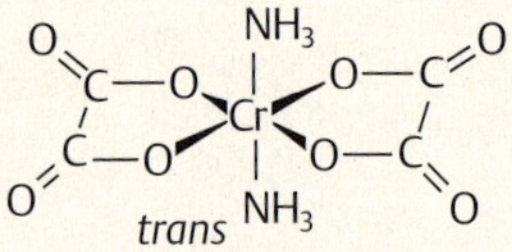

Diastereomere

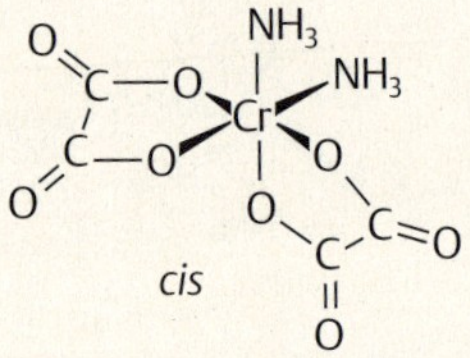

[structure: cis-Cr complex, labeled *cis*]

g) [structure: Cr complex with three oxalates]

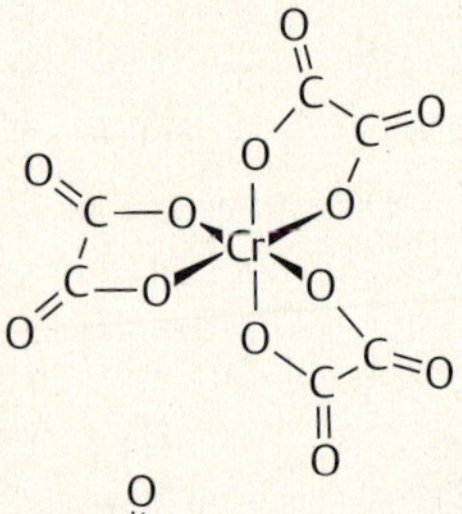

Enantiomere

[structure: mirror-image Cr complex with three oxalates]

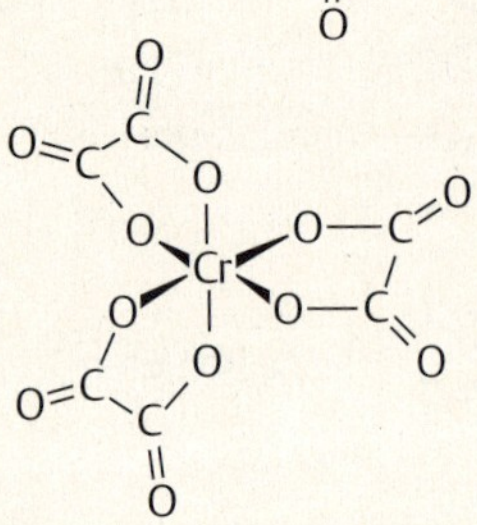

28.13 $[Ni(CN)_4]^{2-}$ hat keine ungepaarten Elektronen, $[NiCl_4]^{2-}$ hat zwei ungepaarte Elektronen. Aus der spektrochemischen Reihe ist für den Cyano-Komplex auf einen Low-spin-Komplex zu schließen.

28.14 $[Fe(CN)_6]^{3-}$ ist ein Low-spin-Komplex, FeF_6^{3-} ist ein High-spin-Komplex.

28.15 a) 250 kJ/mol $< P <$ 460 kJ/mol; tatsächlich ist $P = 335$ kJ/mol

b) Da $C_2O_4^{2-}$ nach der spektrochemischen Reihe eine geringere Aufspaltung Δ_0 als H_2O verursacht, sollte $[Mn(C_2O_4)_3]^{3-}$ ein High-spin-Komplex sein.

28.16 a) $[Fe(OH_2)_6]^{2+}$: high-spin
$[Fe(CN)_6]^{4-}$: low-spin

b) [orbital diagrams for $[Fe(OH_2)_6]^{2+}$ and $[Fe(CN)_6]^{4-}$]

28.17
		Low-spin	High-spin
a)	Zn^{2+}, d^{10}	[diagram]	[diagram]
b)	Cr^{2+}, d^4	[diagram]	[diagram]
c)	Cr^{3+}, d^3	[diagram]	[diagram]
d)	Fe^{2+}, d^6	[diagram]	[diagram]
e)	Fe^{3+}, d^5	[diagram]	[diagram]
f)	Ni^{2+}, d^8	[diagram]	[diagram]
g)	Cu^+, d^{10}	[diagram]	[diagram]
h)	Cu^{2+}, d^9	[diagram]	[diagram]

28.18 $[Co(NH_3)_6]^{2+}$ ist ein oktaedrischer d^7-High-spin-Komplex. $[Co(NH_3)_6]^{3+}$ ist ein oktaedrischer d^6-Low-spin-Komplex. Aufspaltungsdiagramme s. ■ 28.17 (S. 524)

29	**Organische Chemie**

29.1 a) H₃C—CH—CH—CH₂—CH₃
              | |
             CH₃ CH₃

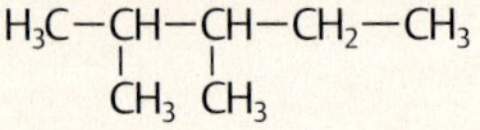

b) H₂C=CH—C(CH₃)(CH₂—CH₃)—CH₂—CH₃

c) H₃C—CH(CH₃)—C≡C—CH(CH₃)—CH₃   **d)** [1,2,4-tribromobenzene structure with three Br]

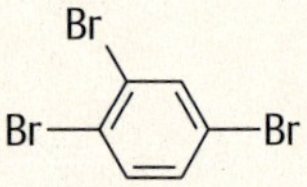

e) (Z/E)-alkene: H and CH₂—CH₂—CH₃ on one carbon, H₃C and H on other

f) HC≡C—CH(CH(CH₃)₂)—CH₂—CH₂—CH₃

g) H₂C=C(CH₃)—CH₂—C(CH₃)=CH₂   **h)** O₂N—C₆H₄—NO₂ (para)

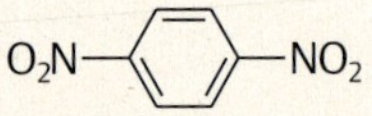

i) [cyclohexane] **j)** [cyclohexyl-methyl structure] **k)** [bicyclic structure]

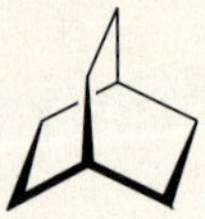

l) Cl₃C—CH₃   **m)** (Cl)(H)C=C(H)(CH₂—CH₃)

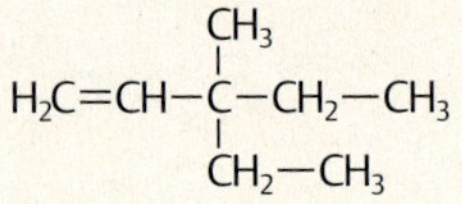

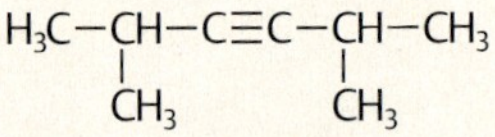

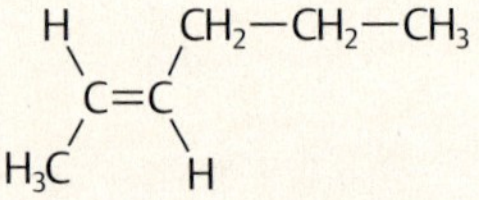

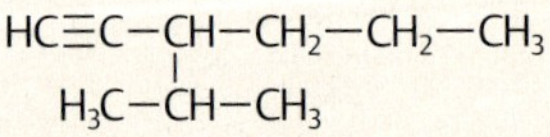

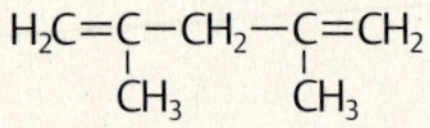

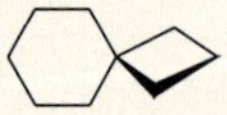

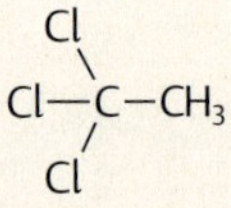

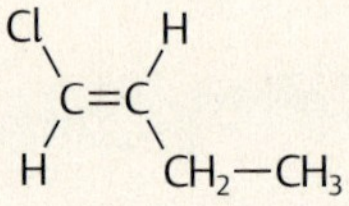

Lösungen zu den Übungsaufgaben   687

29.2
a) Die niedrigste mögliche Nummer ist zu verwenden: 2-Penten
b) Der Name richtet sich nach der längsten Kette von C-Atomen: 2-Methylbutan
c) Die Verbindung existiert nicht (fünf Bindungen am Atom C-2)
d) Die niedrigste mögliche Nummer ist für die Mehrfachbindung zu verwenden: 3-Methyl-1-butin
e) Die niedrigsten möglichen Nummern sind zu verwenden: 1,2,3-Trichlorbenzol
f) Die Nummern sind in abnehmender Reihenfolge anzugeben: Bicyclo[4.2.2]decan

29.3 Monosubstituiert:

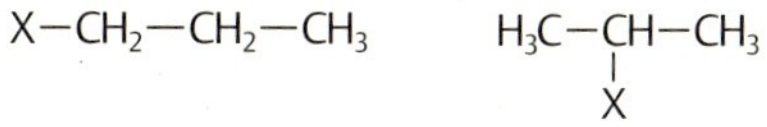

X—CH$_2$—CH$_2$—CH$_3$ H$_3$C—CH(X)—CH$_3$

Disubstituiert:

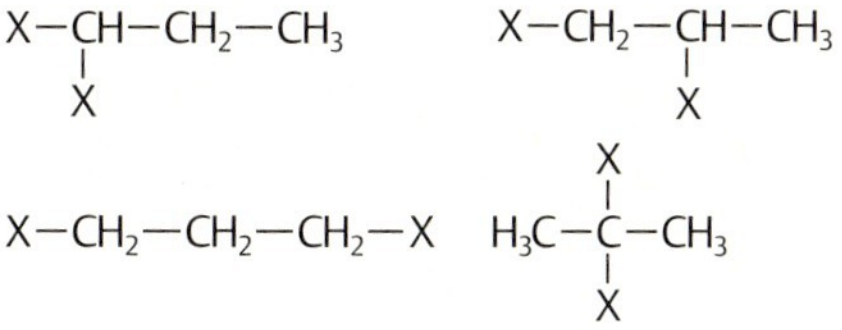

X—CH(X)—CH$_2$—CH$_3$ X—CH$_2$—CH(X)—CH$_3$

X—CH$_2$—CH$_2$—CH$_2$—X   H$_3$C—C(X)$_2$—CH$_3$

Trisubstituiert:

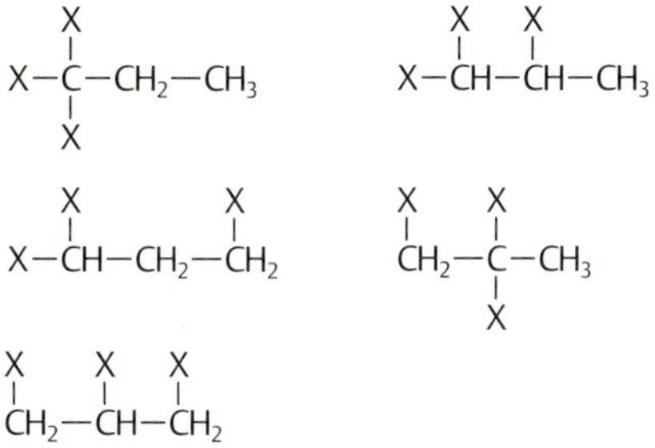

X—C(X)$_2$—CH$_2$—CH$_3$ X—CH(X)—CH(X)—CH$_3$

X—CH(X)—CH(X)—CH$_2$—   CH$_2$(X)—C(X)$_2$—CH$_3$

CH$_2$(X)—CH(X)—CH$_2$(X)

29.4

Cl—CH(Cl)—CH$_2$—CH$_2$—CH$_3$ Cl—CH$_2$—CH(Cl)—CH$_2$—CH$_3$ (R) und (S)

Cl—CH$_2$—CH$_2$—CH(Cl)—CH$_3$ (R) und (S)   Cl—CH$_2$—CH$_2$—CH$_2$—CH$_2$—Cl

H$_3$C—CH(Cl)—CH(Cl)—CH$_3$ H$_3$C—C(Cl)$_2$—CH$_2$—CH$_3$

(R,R), (R,S) und (S,S)

Cl—CH(CH$_3$)—CH(Cl)—CH$_3$ Cl—CH$_2$—C(CH$_3$)(Cl)—CH$_3$

Cl—CH$_2$—CH(CH$_3$)—CH$_2$—Cl

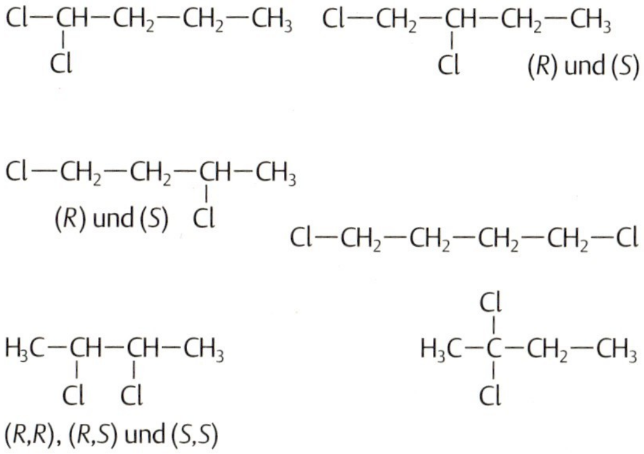

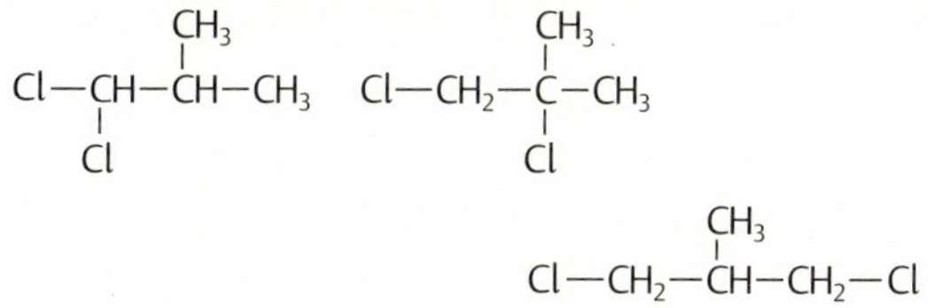

29.5 Für b) und d)

29.6
a) Brommethan, Dibrommethan, Tribrommethan und Tetrabrommethan
b) 2,3-Dibrombutan
c) 2,3-Dibrom-2-buten und 2,2,3,3-Tetrabrombutan
d) Brombenzol

29.7
a) 2-Chlor-2-methylbutan
b) 2,2-Dichlorpropan
c) 2- und 4-Nitrophenol
d) 2- und 4-Bromphenol
e) 1,3-Dinitrobenzol
f) 1-Brom-3-nitrobenzol
g) o- und p-Bromnitrobenzol
h) 3-Nitrobenzoesäure
i) 2- und 4-Nitrotoluol
j) o- und p-Xylol (1,2- und 1,4-Dimethylbenzol)

29.8
a) Ethen + Br$_2$
b) Ethin + 2 HBr
c) Cyclohexen + H$_2$O (Anwesenheit von H$_2$SO$_4$)

29.9

a) 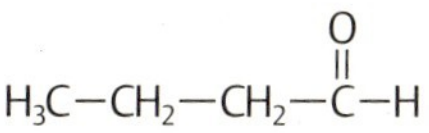 H$_3$C—CH$_2$—CH$_2$—C(=O)—H

b) und c) 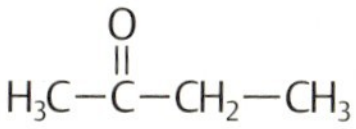 H$_3$C—C(=O)—CH$_2$—CH$_3$

d) H$_3$C—O—CH$_2$—CH$_3$ e) H$_3$C—C(=O)—O—CH$_3$

f) Benzaldehyd   g) 3-Nitrobenzaldehyd   h) 2-Bromphenol

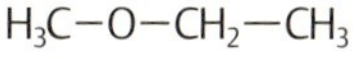

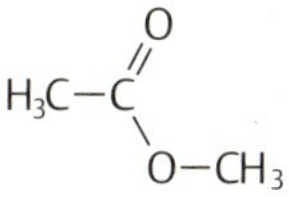

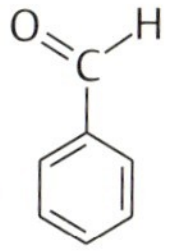

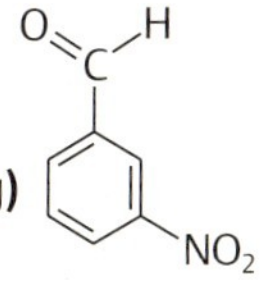

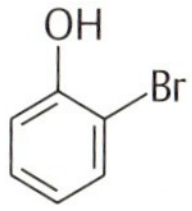

i) 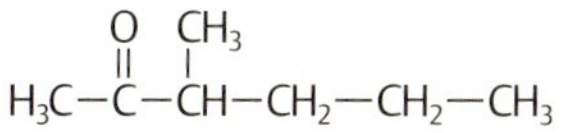 H$_3$C—C(=O)—CH(CH$_3$)—CH$_2$—CH$_2$—CH$_3$ j) 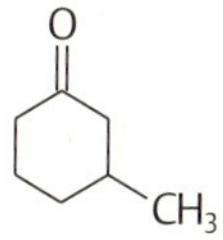 3-Methylcyclohexanon

29.10
a) 4-Methyl-1-pentanol
b) 3-Methyl-2-butanol
c) 2-Methyl-2-pentanol
d) 2-Methyl-3-pentanon
e) Ethylisopropylether (2-Ethoxypropan)
f) 4-Methylpentanal
g) Methylphenylether (Methoxybenzol)

h) Benzoesäuremethylester (Benzolcarbonsäuremethylester)
i) Methylphenylketon, 1-Phenyl-ethanon, Acetylbenzol (Acetophenon)
j) Benzoesäurechlorid (Benzoylchlorid)
k) Benzoesäureanhydrid
l) 2,3-Butandiol

29.11 $H_3C-CH_2-CH_2-CH_2-OH$

$H_3C-CH_2-CH(OH)-CH_3$ (R) und (S)

$H_3C-CH(CH_3)-CH_2-OH$ $H_3C-C(OH)(CH_3)-CH_3$ $H_3C-CH(CH_3)-O-CH_3$

$H_3C-CH_2-CH_2-O-CH_3$ $H_3C-CH_2-O-CH_2-CH_3$

29.12 a) Propansäuremethylester, Ameisensäurepropylester, 1-Methoxypropanon, 2- und 3-Methoxypropanal, 1-, 3- und 4-Hydroxy-2-butanon, 2-, 3- und 4-Hydroxybutanal
b) 1- und 2-Butanol, 2-Methyl-1-propanol, 2-Methyl-2-propanol, Methylpropylether, Methylisopropylether
c) Propanal, 1-, 2- und 3-Hydroxypropen
d) 2- und 3-Pentanol, Butylmethylether, Ethylpropylether sowie weitere Isomere mit verzweigter C-Atomkette

29.13 a) Butylmagnesiumbromid
b) Pentansäurenitril (Butylcyanid)
c) 1-Butanol
d) Butylethylether
e) Octan

29.14 a) Essigsäure und Butansäure
b) Essigsäure und Aceton
c) Propansäure
d) Propansäure
e) Aceton
f) Propansäure
g) 4-Nitrobenzoesäure

29.15 a) 2,3-Hexandiol
b) Propanal
c) CO_2 und Wasser

29.16 a) $H_5C_2-OH + HBr \rightarrow H_5C_2-Br + H_2O$
b) $H_3C-(CH_2)_2-MgBr + HBr \rightarrow H_3C-CH_2-CH_3 + MgBr_2$
c) $H_5C_2-COO^-Na^+ + HBr \rightarrow H_5C_2-COOH + NaBr$

29.17 a) $(H_3C)_2CHCOOH + OH^- \rightarrow (H_3C)_2CHCOO^- + H_2O$
b) $(H_3C)_2CH-Br + OH^- \rightarrow (H_3C)_2CH-OH + Br^-$
c) $H_7C_3-CN + OH^- + H_2O \rightarrow H_7C_3-COO^- + NH_3$

d) $H_7C_3-CO-OC_2H_5 + OH^- \rightarrow H_7C_3-COO^- + H_5C_2-OH$
e) $H_3C-CO-Cl + 2\,OH^- \rightarrow H_3C-COO^- + Cl^- + H_2O$
f) $(H_3C-CO)_2O + 2\,OH^- \rightarrow 2\,H_3C-COO^- + H_2O$
g) $H_3C-CO-C(CH_3)_2-CO-OC_2H_5 + 2\,OH^- \rightarrow H_3C-COO^- + (H_3C)_2CH-COO^- + H_5C_2-OH$

29.18 a) 1-Propanol
b) 3-Hexanol
c) 3-Methyl-3-pentanol
d) Propansäure

29.19 a) $(H_3C)CH-O^-Na^+$
b) Propen
c) Diisopropylether
d) Propansäureisopropylester
e) Aceton

29.20 a) $H_5C_6-NH-N=CH-CH_3$
b) $H_5C_6-CH(OH)-CH_3$
c) $H_3C-CH(OH)-CN$
d) H_5C_2-OH
e) $H_3C-N=CH-CH_3$
f) $H_3C-CH=CH-C_3H_7$
g) $H_3C-CH(OH)-CH_2-CHO$

29.21 Propansäure + Methanol in saurer Lösung; Propansäureanhydrid + Methanol; Propansäurechlorid + Methanol

29.22
$$2\,H_3C-COOC_2H_5 \xrightarrow[-H_5C_2OH, -H_2O]{+OH^-} \left[H_3C-\overset{O}{\underset{}{C}}-\overset{\ominus}{CH}-COOC_2H_5 \right]^-$$

$$\xrightarrow[-I^-]{+H_7C_3I} H_3C-\overset{O}{\underset{}{C}}-\underset{C_3H_7}{CH}-COOC_2H_5 \xrightarrow[-H_2O]{+OH^-}$$

$$\left[H_3C-\overset{O}{\underset{}{C}}-\underset{C_3H_7}{\overset{\ominus}{C}}-COOC_2H_5 \right]^- \xrightarrow[-I^-]{+H_3CI} H_3C-\overset{O}{\underset{}{C}}-\underset{C_3H_7}{\overset{CH_3}{C}}-COOC_2H_5$$

$$\xrightarrow[-CO_2, -H_5C_2OH]{+H_2O\,(H^+)} H_3C-\overset{O}{\underset{}{C}}-\underset{}{\overset{CH_3}{CH}}-C_3H_7$$

29.23 1-Propanol und 2-Propanol werden durch nucleophile Substitution mit Br^- in 1-Brompropan bzw. 2-Brompropan umgewandelt. Durch Reaktion mit Magnesium werden die Grignard-Verbindungen H_7C_3MgBr und $(H_3C)_2CHMgBr$ erhalten. Propanal und Propanon sind durch Oxidation von 1-Propanol bzw. 2-Propanol zugänglich. Sie werden mit den Grignard-Verbindungen umgesetzt, gefolgt von Hydrolyse. Es sind umzusetzen:

a) $H_7C_3MgBr + H_5C_2CHO$
b) $(H_3C)_2CHMgBr + (CH_3)_2CO$
c) $H_7C_3MgBr + (CH_3)_2CO$
d) $(H_3C)_2CHMgBr + H_5C_2CHO$

29.24
a) $H_3C-CH_2-OH \xrightarrow{Cr_2O_7^{2-}/H^+} H_3C-CHO$
b) $2H_3C-CH_2-OH \xrightarrow[-H_2O]{(H_2SO_4)} H_5C_2-O-C_2H_5$
c) $H_3C-CH_2-OH \xrightarrow[-H_2O]{(H_2SO_4)} H_2C=CH_2 \xrightarrow{+H_2(Ni)} H_3C-CH_3$
d) $H_3C-CH_2-OH \xrightarrow{Cr_2O_7^{2-}/H^+} H_3C-CHO \xrightarrow{O_2} H_3C-COOH$
e) $H_3C-CH_2-OH + Br^- \rightarrow H_3C-CH_2-Br + OH^-$
f) $H_3C-CH_2-OH \xrightarrow[-OH^-]{+Br^-} H_3C-CH_2-Br \xrightarrow[-Br^-]{+CN^-} H_5C_2-CN$

29.25
a) 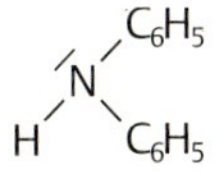 $\underset{H}{\overset{C_6H_5}{N}}-C_6H_5$ b) 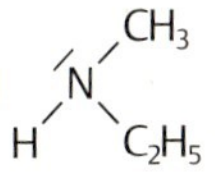 $\underset{H}{\overset{CH_3}{N}}-C_2H_5$

c) $H_2N-CH_2-CH_2-CH_2-CH_2-CH_2-CH_2-NH_2$

d) 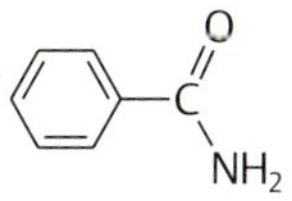 Benzamid (Ph-C(=O)-NH₂)   e) 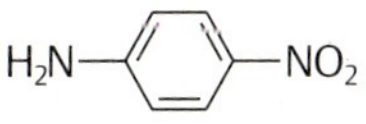 $H_2N-\text{C}_6H_4-NO_2$

f) 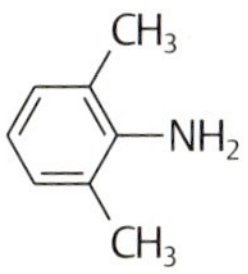 2,6-Dimethylanilin

29.26 1-Aminobutan, 2-Aminobutan, 1-Amino-2-methylpropan, 2-Amino-2-methylpropan, Methylpropylamin, Methylisopropylamin, Diethylamin, Ethyldimethylamin

29.27
a) Ethylamin
b) 4-Methylanilin
c) Butylmethylamin
d) Acetamid
e) Diethylammoniumbromid
f) Propansäure (Anion)
g) Ethylamin
h) Benzamid (Benzoesäureamid)
i) 4-Hydroxybenzoldiazonium-Ion
j) 1,6-Diisocyanatohexan (1,6-Hexandiisocyanat)
k) Harnstoff
l) 4-Phenoxyazobenzol (Ph-O-C₆H₄-N=N-Ph)
m) Iodbenzol
n) Benzoesäuremethylester

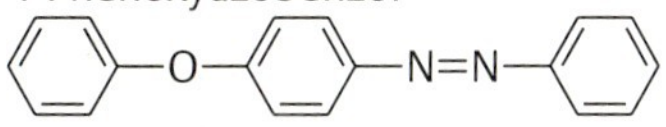

29.28 H_5C_2-OH, H_3C-COO^-, $H_5C_2-NH_2$, OH^-, $H_5C_2-O^-$

29.29
a) Tetrafluorethen ($F_2C=CF_2$)
b) Styrol (Vinylbenzol, Phenylethen, $H_2C=CH-C_6H_5$)
c) 2-Methylpropensäuremethylester [Methacrylsäuremethylester, $H_2C=C(CH_3)-COOCH_3$]
d) Vinylchlorid (Chlorethen, $H_2C=CH-Cl$)
e) Isopren [2-Methyl-1,3-butadien, $H_2C=C(CH_3)-CH=CH_2$]

29.30
a) $-(CF_2)_x-$ b) $-(CH_2-CH(C_6H_5))_x-$ c) $-(CH_2-C(CH_3)(COOCH_3))_x-$
d) $-(CH_2-CH(Cl))_x-$ e) $-(CH_2-C(CH_3)=CH-CH_2)_x-$

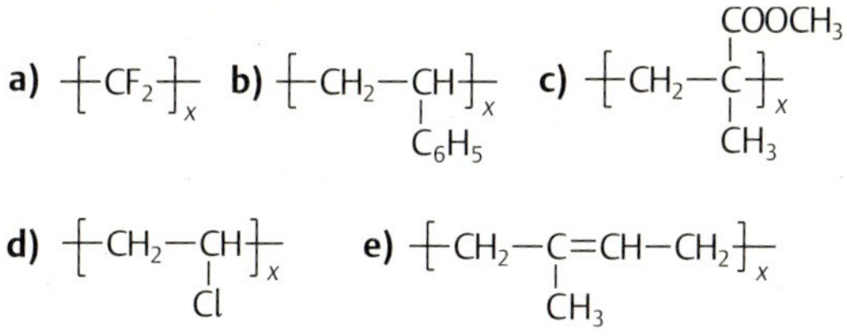

29.31 Polyamid: $-\underset{\underset{O}{\parallel}}{C}-NH-$ Polyester: $-\underset{\underset{O}{\parallel}}{C}-O-$

Polyurethan: $-NH-\underset{\underset{O}{\parallel}}{C}-O-$

29.32 Die Molekularmasse bleibt unter dem (erwünschten) maximal möglichen Wert.

29.33 b), e), f)

29.34 a) R b) S c) R d) R e) R

29.35
a) HCO–C(H)(OH)–C(H)(OH)–CH₃
b) COOH–CH₂–C(Cl)(H)–CH₃
c) COOH–C(H)(NH₂)–CH₂–COOH
d) CH₃–C(=O)–C(H)(CH₃)–C(OH)(H)–CH₃

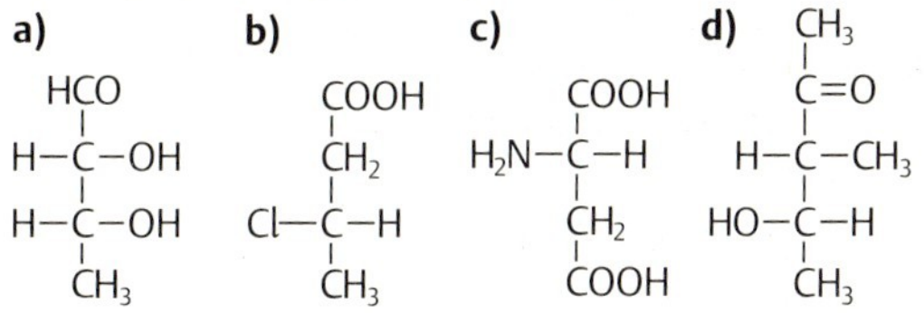

30 Naturstoffe und Biochemie

30.1
a) [Disaccharid mit β,β-glycosidischer Bindung]

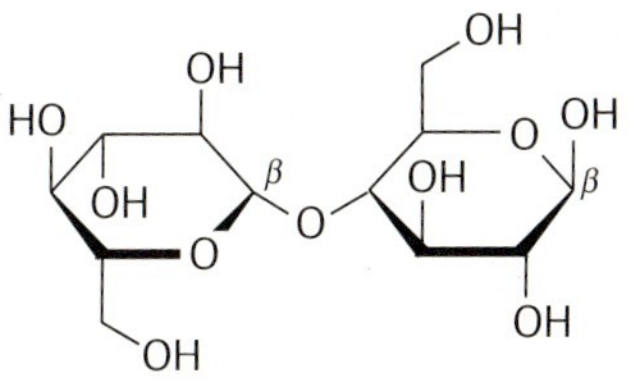

b) [Disaccharid mit α,α-glycosidischer Bindung]

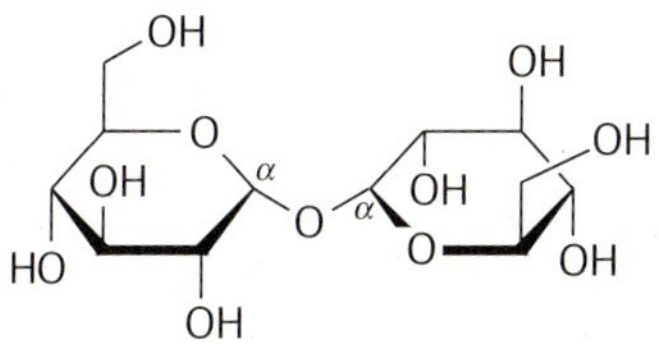

30.2 a) Ja b) nein

30.3 a)
H$_3$C—CH$_2$—CH=CH—CH$_2$—CH=CH—CH$_2$—CH=CH—(CH$_2$)$_7$—CO—O—CH$_2$
H$_3$C—CH$_2$—CH=CH—CH$_2$—CH=CH—CH$_2$—CH=CH—(CH$_2$)$_7$—CO—O—CH
H$_3$C—CH$_2$—CH=CH—CH$_2$—CH=CH—CH$_2$—CH=CH—(CH$_2$)$_7$—CO—O—CH$_2$

b)
H$_3$C—(CH$_2$)$_{10}$—CO—O—CH$_2$
H$_3$C—(CH$_2$)$_{14}$—CO—O—CH
H$_3$C—(CH$_2$)$_4$—CH=CH—CH$_2$—CH=CH—(CH$_2$)$_7$—CO—O—CH$_2$

30.4
COOH
|
H$_2$N—CH   O
| ‖
H$_2$C—O—P—O$^-$
              |
              O—CH$_2$
                    |
H$_3$C—(CH$_2$)$_7$—CH=CH—(CH$_2$)$_7$—CO—O—CH
                                      |
H$_3$C—(CH$_2$)$_{16}$—CO—O—CH$_2$

30.5
a) H$_2$N—CH(CH$_2$SH)—CO—NH—CH(CH(CH$_3$)$_2$)—CO—NH—CH$_2$—COOH

b) H$_2$N—CH(CH$_3$)—CO—NH—CH(CH$_2$—S—CH$_3$)—CO—NH—CH(CH$_2$OH)—COOH

c) H$_2$N—CH(CH$_2$C$_6$H$_5$)—CO—NH—CH(CH(CH$_3$)CH$_2$CH$_3$)—CO—NH—CH(CH(CH$_3$)$_2$)—CO—NH—CH((CH$_2$)$_4$NH$_2$)—COOH

30.6 X steht für eine beliebige Base U, C, A oder G, Y steht für U oder C, Z steht für A oder G:
a) GGX—UGY—GUX
b) GCX—AUG—UCX, GCX—AUG—AGY
c) UUY—AUY—UUZ—AAZ, UUY—AUA—CUX—AAZ

30.7 Die α-Helix ist eine Sekundärstruktur eines Proteins, die Doppelhelix ist die Sekundärstruktur von DNA.

30.8 52020

30.9 tRNA: UAC; DNA: TAC und ATG

30.10 Es könnten maximal 6 Mol ATP pro Mol Glucose aufgebaut werden. 166 KJ/mol werden in Wärme umgesetzt.

31 Kernchemie

31.1
a) $^{193}_{83}Bi \rightarrow ^{189}_{81}Tl + ^{4}_{2}He$
b) $^{27}_{12}Mg \rightarrow ^{27}_{13}Al + ^{0}_{-1}e$
c) $^{68}_{34}Se \rightarrow ^{68}_{33}As + ^{0}_{1}e$
d) $^{230}_{92}U \rightarrow ^{226}_{90}Th + ^{4}_{2}He$
e) $^{24}_{10}Ne \rightarrow ^{24}_{11}Na + ^{0}_{-1}e$
f) $^{71}_{32}Ge + ^{0}_{-1}e \rightarrow ^{71}_{31}Ga$
g) $^{75}_{34}Se + ^{0}_{-1}e \rightarrow ^{75}_{33}As$
h) $^{212}_{86}Rn \rightarrow ^{208}_{84}Po + ^{4}_{2}He$
i) $^{210}_{84}Po \rightarrow ^{206}_{82}Pb + ^{4}_{2}He$
j) $^{60}_{27}Co \rightarrow ^{60}_{28}Ni + ^{0}_{-1}e$
k) $^{60}_{30}Zn \rightarrow ^{60}_{29}Cu + ^{0}_{1}e$

31.2
a) $^{250}_{96}Cm \rightarrow 2\,^{123}_{48}Cd + 4\,^{1}_{0}n$
b) $^{256}_{100}Fm \rightarrow 2\,^{126}_{50}Sn + 4\,^{1}_{0}n$

31.3 4,771 MeV

31.4 6,79 MeV

31.5
a) $^{226}_{88}Ra \rightarrow ^{222}_{86}Rn + ^{4}_{2}He$
b) 0,186 MeV
c) Bei manchen α-Emissionen bleiben Kerne in angeregten Zuständen zurück; wenn diese in den Grundzustand übergehen, wird Energie in Form von γ-Strahlung emittiert.

31.6
a) 3,83 MeV   c) 0,63 MeV   e) 0,422 MeV
b) 4,66 MeV   d) 1,20 MeV   f) 1,19 MeV

31.7 Nein, sie muß durch Elektronen-Einfang erfolgen

31.8 $^{144}_{60}Nd$; $A_r = 143,9101$

31.9 $A_r(^{39}_{17}Cl) = 38,96801$

31.10 $A_r(^{104}_{47}Ag) = 103,90859$

31.11 $^{41}_{19}K$; $A_r = 40,961825$

31.12 a) 0,387 (38,7%) b) 0,656 (65,6%)

31.13 193 Tage

31.14 37 Tage

31.15 $k = 3,76 \cdot 10^{-3}\,d^{-1}$; $t_{1/2} = 184\,d$

31.16 $k = 0,24\,a^{-1}$; $t_{1/2} = 2,89$ Jahre

31.17 $t_{1/2} = 163\,d$

31.18 $N = 2,53 \cdot 10^7$ Atome; $m = 5,62 \cdot 10^{-15}\,g$

31.19 $3,21 \cdot 10^{13}$ Bq = 32,1 TBq

31.20 $2,56 \cdot 10^3$ Jahre

31.21 43,3 Bq/L

31.22 U: $1,29 \cdot 10^4$ Bq/g   Re: 635 Bq/g
Th: $4,04 \cdot 10^3$ Bq/g   Rb: 918 Bq/g
Pt: 0,01 Bq/g

31.23 10^{-660}; selbst wenn die gesamte Erde aus Neptunium bestanden hätte, wäre kein einziges Atom davon übrig geblieben.

31.24 $^{232}_{90}Th$, $^{228}_{88}Ra$, $^{228}_{89}Ac$, $^{228}_{90}Th$, $^{224}_{88}Ra$, $^{220}_{86}Rn$, $^{216}_{84}Po$, $^{212}_{82}Pb$, $^{212}_{83}Bi$, $^{212}_{84}Po$, $^{208}_{82}Pb$

31.25 $^{150}_{66}Dy$, $^{150}_{65}Tb$, $^{150}_{64}Gd$, $^{146}_{62}Sm$, $^{142}_{60}Nd$

31.26 $^{215}_{89}Ac$, $^{211}_{87}Fr$, $^{207}_{85}At$, $^{207}_{84}Po$, $^{207}_{83}Bi$, $^{207}_{82}Pb$

31.27
a) $^{35}_{17}Cl + ^{1}_{0}n \rightarrow ^{32}_{15}P + ^{4}_{2}He$
b) $^{9}_{4}Be + ^{1}_{1}H \rightarrow ^{9}_{5}B + ^{1}_{0}n$
c) $^{75}_{33}As + ^{2}_{1}H \rightarrow ^{75}_{34}Se + 2\,^{1}_{0}n$
d) $^{24}_{12}Mg + ^{2}_{1}H \rightarrow ^{22}_{11}Na + ^{4}_{2}He$

e) $^{133}_{55}Cs + ^{4}_{2}He \rightarrow ^{133}_{57}La + 4^{1}_{0}n$
f) $^{209}_{83}Bi + ^{1}_{1}H \rightarrow ^{202}_{84}Po + 8^{1}_{0}n$
g) $^{65}_{29}Cu + ^{12}_{6}C \rightarrow ^{74}_{35}Br + 3^{1}_{0}n$
h) $^{7}_{3}Li + ^{3}_{1}H \rightarrow ^{6}_{2}He + ^{4}_{2}He$

31.28 a) $^{10}_{5}B$ c) $^{7}_{3}Li$ e) $^{96}_{42}Mo$ g) $^{45}_{21}Sc$
b) $^{6}_{3}Li$ d) $^{12}_{6}C$ f) $^{75}_{33}As$

31.29 a) $^{248}_{98}Cf$ c) $^{238}_{92}U$ e) $^{244}_{96}Cm$
b) $^{249}_{98}Cf$ d) $^{239}_{94}Pu$ f) $^{250}_{98}Cf$

31.30 8,7358 MeV/Nucleon
31.31 $A_r(^{41}_{19}K) = 40,96182$
31.32 a) 205,1 MeV pro Spaltung; b) $8,420 \cdot 10^{10}$ J/g
31.33 $1,75 \cdot 10^{11}$ J/g
31.34 a) $^{85}_{34}Se$ b) $^{112}_{45}Rh$ c) $^{95}_{37}Rb$ d) $^{94}_{35}Br$ e) $^{143}_{56}Ba$

32 Umgang mit gefährlichen Stoffen

32.1 Stoffe: b), d), f). Zubereitungen: a), h). Erzeugnisse: c), e), g)
32.2 a) C, T c) F d) O e) T+
32.3 a) T+, F+, C c) Xn e) O, C g) Xi
b) C d) F+ f) E, T+
32.4 Temperatur, bei der aus einer Flüssigkeit entzündbare Gase verdampfen.
32.5 In Deutschland und Österreich ja, in der Schweiz nicht.
32.6 Nur insoweit es die chemischen Eigenschaften (z. B. Toxizität) betrifft, im übrigen ist das Sprengstoffgesetz maßgeblich.
32.7 Ja
32.8 Ja, das Umsetzen darf jedoch maximal acht Mal pro Schicht vorkommen.
32.9 Als krebserzeugende Substanz läßt sich kein MAK-Wert ermitteln.
32.10 Nur wenn Kenntnisse des Gefahrstoffrechts und der Toxikologie nachgewiesen wurden. Selbstbedienung ist erlaubt, jedoch nicht für Stoffe der Einstufungen T+, T, Xi, Xn und C.
32.11 In Erfüllung dienstlicher Aufgaben: nein; als Privatperson: ja (im Privatleben ist es dem eigenen Gutdünken überlassen, welche Risiken man eingeht).
32.12 Ja
32.13 Ja
32.14 Nein. Wegen der Schwerlöslichkeit des Bariumsulfats werden Barium-Ionen nur in unkritischen Konzentrationen freigesetzt.

Bildnachweis

AKG Berlin S. 155 (oben), 356
ALCAN Ltd., Canada, S. 482
Argonne National Laboratory S. 355
Bancroft Library (Photo: J. Hagenmeyer) S. 112
Bibliographisches Institut & F. A. Brockhaus AG, Mannheim S. 185
Bildarchiv Preußischer Kulturbesitz, Berlin S. 215, 332
Burndy Library S. 549
Carl Zeiss S. 179 (unten), 180
DEA Mineraloel AG, S. 213
Degussa AG S. 262
Deutsches Museum, München S. 17, 20, 64 (unten), 65, 69 (unten), 72, 75, 80, 102 (unten), 116, 145 (unten), 146, 148, 155 (unten), 156, 159, 176, 214, 335, 337, 357, 366, 407, 408, 436, 444, 510, 532, 570, 585, 591, 609, 616, 618, 630
dpa, Deutsche Presse Agentur GmbH, Frankfurt/Main S. 64 (oben), 73, 544, 557
Fisher Scientific Co., Pittsburgh S. 3
Lurgi GmbH S. 478, 479, 483
W. S. Mac Kenzie u. A. E. Adams, A Colour Atlas of Rocks and Minerals in Thin Section (1994) Manson Publishing Ltd., S. 8
O. Medenbach, Zauberwelt der Mineralien, Sigloch Edition, Künzelsau, S. 179 (Mitte), 183
Nobel Foundation S. 587, 607, 608
Nordwest-Zeitung, Oldenburg i. O., S. 69 (oben)
Nuclear Regulatory Commission S. 145 (oben)
Photo AP S. 102 (Mitte), 594
M. Scheetz, R. Painter u. S. Singer, J. Cell. Biology **70**, 193 (1976); S. 211
Smithsonian Institution S. 5, 16, 69 (Mitte), 275
Ullstein-Verlag S. 7
Achim Zschau, Gesellschaft für Schwerionenforschung, Darmstadt, S. 627

Glossar

A

Abschirmung (Abschn. 7.**1**, S. 96 f.). Verringerung der auf die Außenelektronen wirksamen Kernladung durch innere Elektronen.

Absolute Standard-Entropie S^0 (Abschn. 19.**6**, S. 340). Die Entropie einer Substanz in ihrem Standardzustand; sie kann auf der Basis des dritten Hauptsatzes der Thermodynamik berechnet werden.

Absolute Temperaturskala (Abschn. 10.**3**, S. 147 f.). Skala, bei der es keine negativen Werte gibt; der absolute Nullpunkt der Temperatur, 0 Kelvin, entspricht −273,15 °C.

Absorbierte Energiedosis (Abschn. 31.**6**, S. 621). Als Strahlung absorbierte Energiemenge pro Masse des absorbierenden Körpers.

Actinoide (Abschn. 6.**3**, S. 70 und 6.**9**, S. 89). Die Elemente, die im Periodensystem dem Actinium ($Z = 89$) folgen und bei denen als letztes ein $5f$-Orbital besetzt wird.

Acyl-Gruppe (Abschn. 29.**12**, S. 560). Atomgruppe, die von einer Carbonsäure durch Wegnahme der Hydroxy-Gruppe abgeleitet ist: R−CO− (R: Alkyl- oder Aryl-Rest). Die *Acetyl-Gruppe* CH_3-CO- ist eine Acyl-Gruppe.

Additionsreaktion (Abschn. 29.**5**, S. 542 f.). Reaktion, bei der ein Alken oder Alkin unter Aufhebung einer π-Bindung und Bildung von zwei neuen σ-Bindungen mit anderen Verbindungen reagiert.

Adsorption (Abschn. 14.**8**, S. 260). Vorgang, bei dem Moleküle an der Oberfläche eines Feststoffs haften bleiben.

Aggregatzustand (Abschn. 1.**2**, S. 8). Erscheinungsform einer Substanz je nachdem, ob sie formstabil ist und ein definiertes Volumen einnimmt: fest, flüssig oder gasförmig.

Aktives Zentrum (Abschn. 30.**7**, S. 601). Ort auf der Oberfläche eines Enzym-Moleküls, an welchem eine Reaktion katalysiert wird.

Aktivierte Essigsäure (Abschn. 30.**1**, S. 584). Acetyl-Gruppe, die an Coenzym-A gebunden ist.

Aktivierter Komplex oder **Übergangszustand** (Abschn. 14.**4**, S. 252). Instabile Atom-Anordnung, die vorübergehend im Verlaufe einer chemischen Reaktion auftritt.

Aktivierungsanalyse (Abschn. 31.**11**, S. 637). Methode zur quantitativen Analyse von Elementen in einer Probe; die Probe wird bestrahlt (meist mit Neutronen) und die radioaktive Strahlung der dabei entstandenen Nuclide wird gemessen.

Aktivierungsenergie (Abschn. 14.**4**, S. 252). Energiedifferenz zwischen der potentiellen Energie des aktivierten Komplexes und derjenigen der Reaktanden.

Aktivität a (Abschn. 17.**2**, S. 300). Mit dem **Aktivitätskoeffizienten** f korrigierte Stoffmengenkonzentration um Abweichungen vom Massenwirkungsgesetz zu korrigieren. Je größer die Konzentration der Lösung, umso mehr weicht f von 1 ab.

Aktivität einer radioaktiven Substanz (Abschn. 31.**5**, S. 618). Die von einer Probe ausgehende Strahlungsmenge pro Zeiteinheit.

Aldehyd (Abschn. 29.**11**, S. 554). Verbindung mit der funktionellen Gruppe CHO.

Aldol-Addition (Abschn. 29.**11**, S. 557). Reaktion, bei der ein Aldehyd- oder ein Keton-Molekül mit einem zweiten, gleichen Molekül eine Additionsreaktion eingeht.

Aldose (Abschn. 30.**2**, S. 585). Zucker-Molekül mit einer Aldehyd-Gruppe.

Alkalimetall (Abschn. 27.**8**, S. 485). Element der ersten Hauptgruppe: Li, Na, K, Rb, Cs, Fr.

Alkaloide (Abschn. 30.**4**, S. 593). Stickstoffhaltige, heterocyclische Basen, die in Pflanzen vorkommen und meist starke physiologische Wirkungen bei Tieren und Menschen hervorrufen.

Alkan (Abschn. 29.**1**, S. 532 f.). Ein gesättigter Kohlenwasserstoff, d.h. eine Verbindung, die aus Kohlenstoff und Wasserstoff besteht und in der nur Einfachbindungen vorkommen. Synonym: *Paraffin*.

Alken (Abschn. 29.**2**, S. 538). Kohlenwasserstoff, in dessen Molekülen eine C=C-Doppelbindung vorhanden ist. Synonym: *Olefin*.

Alkin (Abschn. 29.**3**, S. 539). Kohlenwasserstoff, in dessen Molekülen eine C≡C-Dreifachbindung vorhanden ist.

Alkohol (Abschn. 29.**9**, S. 550). Verbindung, in der eine OH-Gruppe an ein nichtaromatisches Kohlenstoff-Atom gebunden ist: R−OH (R: Alkyl-Gruppe). Mehrwertige Alkohole verfügen über mehrere OH-Gruppen an verschiedenen C-Atomen.

Alkoholische Gärung (Abschn. 29.**9**, S. 552; Abschn. 30.**2**, S. 588). Vorgang, bei dem unter Mitwirkung von Enzymen Zucker (Glucose) zu Ethanol und Kohlendioxid umgesetzt werden.

Alkyl-Gruppe, Alkyl-Rest (Abschn. 29.**1**, S. 534). Atomgruppe, die sich von einem Alkan durch Wegnahme eines H-Atoms ableitet. In Formeln meist mit R abgekürzt.

Allotropie (Abschn. 24.5, S. 411). Auftreten eines Elements im gleichen Aggregatzustand in mehreren Formen mit unterschiedlicher Struktur.

Alpha-Aminosäure (Abschn. 30.5, S. 593). Carbonsäure mit einer Aminogruppe an α-C-Atom (C-Atom neben der Carboxy-Gruppe).

Alpha-Helix (Abschn. 30.5, S. 596). Eine der möglichen Sekundärstrukturen von Proteinen. Die Protein-Kette ist zu einer Spiralkette gewunden, die durch Wasserstoff- Brücken in Form gehalten wird.

Alpha-Strahlen (Abschn. 2.5, S. 20; Abschn. 31.3, S. 610). Strahlen aus α-Teilchen, die aus zwei Protonen und zwei Neutronen bestehen und von den Atomen bestimmter radioaktiver Elemente ausgestoßen werden.

Alpha-Zerfall (Abschn. 31.3, S. 610). Radioaktiver Prozeß, bei dem α-Teilchen emittiert werden.

Altersbestimmung mit ^{14}C (Abschn. 31.5, S. 619). Methode zur Ermittlung des Alters eines kohlenstoffhaltigen Objekts. Durch Messung der Radioaktivität wird der $^{14}_{6}C$-Anteil des Kohlenstoffs bestimmt und aus seiner Halbwertszeit das Alter des Objekts berechnet.

Alumosilicat (Abschn. 26.6, S. 458). Silicat, in dem ein Teil der Silicium-Atome durch Aluminium-Atome ersetzt ist und zum Ladungsausgleich zusätzliche Kationen vorhanden sind.

Amin (Abschn. 29.13, S. 565). Verbindung, die sich vom Ammoniak ableitet; ein, zwei oder drei H-Atome im NH_3-Molekül sind durch Alkyl- oder Aryl-Gruppen substituiert.

Ammin-Ligand (Abschn. 28.1, S. 510f. und Abschn. 28.3, S. 516). Das Ammoniak-Molekül als Komplexligand.

Amorpher Feststoff (Abschn. 11.8, S. 176). Feststoff, in dem die Teilchen nicht zu einem regelmäßig geordneten Muster angeordnet sind; er hat keinen definierten Schmelzpunkt. Gläser sind amorphe Feststoffe.

Amphotere Verbindungen (Abschn. 13.4, S. 231; Abschn. 16.2, S. 283). Verbindung, die sowohl saure wie basische Eigenschaften hat und sowohl mit Basen als auch mit Säuren reagiert.

Amphoteres Hydroxid (Abschn. 18.4, S. 327). Schwerlösliches Hydroxid, das sowohl bei Zusatz von Basen wie auch von Säuren in Lösung geht.

Angeregter Zustand (Abschn. 6.2, S. 65). Zustand eines Atoms oder Moleküls mit einer Elektronenkonfiguration mit höherer Energie als im Grundzustand.

Anion (Abschn. 3.1, S. 29; Abschn. 7.4, S. 101). Negativ geladenes Ion, entstanden durch Aufnahme eines oder mehrerer Elektronen durch ein Atom oder eine Gruppe von kovalent miteinander verbundenen Atomen.

Anode (Abschn. 20.2, S. 352). Elektrode, an der die Oxidation erfolgt.

Antibindendes Molekülorbital (Abschn. 9.4, S. 134f.). Molekülorbital mit geringer Elektronendichte im Bereich zwischen zwei Atomen. Elektronen eines antibindenden Molekülorbitals liegen energetisch höher als Elektronen der Atomorbitale, von denen sie abgeleitet wurden. Die Besetzung eines antibindenden Orbitals mit Elektronen schwächt die Bindung zwischen den Atomen.

Anticodon (Abschn. 30.6, S. 600). Portion in der Transfer-RNA-Kette mit einer Sequenz von drei Basen, die komplementär zum Basentriplett eines Matrizen-RNA-Codons sind. Das Anticodon ist spezifisch für die Aminosäure, welche an die Transfer-RNA gebunden ist.

Antiteilchen (Abschn. 31.3, S. 614f.). Zu jedem nuklearen Teilchen gibt es ein Antiteilchen; wenn beide sich treffen, löschen sie sich gegenseitig aus und werden in Energie umgewandelt. Das Antiteilchen eines geladenen Teilchens hat die gleiche Masse, aber die entgegengesetzte Ladung des Teilchens.

Äquivalentdosis (Abschn. 31.6, S. 621 f.). Produkt aus der absorbierten Energiedosis und der relativen biologischen Wirksamkeit, welche die unterschiedliche Wirkung verschiedener Strahlenarten auf biologisches Material berücksichtigt.

Äquivalentkonzentration (Abschn. 13.8, S. 237). Stoffmengenkonzentration multipliziert mit der Äquivalentzahl (alte Bezeichnung: Normalität).

Äquivalentmasse (Abschn. 13.8, S. 237). Molare Masse geteilt durch die Äquivalentzahl.

Äquivalentzahl z (Abschn. 13.8, S. 237 f.). Anzahl der für eine Reaktion maßgeblichen Teilchen (H^+-Ionen, OH^--Ionen, Elektronen), die von einem Molekül eines Reagenzes zur Verfügung gestellt werden kann.

Äquivalenzpunkt (Abschn. 13.7, S. 234, Abschn. 17.7, S. 311 ff.). Punkt während einer Titration, bei dem äquivalente Mengen der Reaktanden zusammengegeben wurden.

Aren, aromatische Verbindung (Abschn. 29.4, S. 514). Verbindung, die das Molekülgerüst des Benzols (C_6H_6) enthält.

Arrhenius-Base (Abschn. 13.4, S. 229 und 16.1, S. 282). Verbindung, die in Wasser $OH^-(aq)$-Ionen bildet.

Arrhenius-Gleichung (Abschn. 14.7, S. 257). Beziehung zwischen der Geschwindigkeitskonstanten, der Aktivierungsenergie und der Temperatur für eine chemische Reaktion.

Arrhenius-Neutralisation (Abschn.13.4, S. 230 und 16.1, S. 282). Reaktion zwischen $H^+(aq)$- und $OH^-(aq)$-Ionen unter Bildung von Wasser.

Arrhenius-Säure (Abschn.13.4, S. 229 und 16.1, S. 282). Verbindung, die in Wasser $H^+(aq)$-Ionen bildet.

Aryl-Gruppe, Aryl-Rest (Abschn. 29.4, S. 541). Atomgruppe, die sich von einem Aren durch Wegnahme eines H-Atoms ableitet. In Formeln zuweilen mit Ar abgekürzt.

Asymmetrisch substituiertes Kohlenstoff-Atom (Abschn. 29.17, S. 574). Kohlenstoff-Atom, das mit vier verschiedenen Atomen oder Atomgruppen verbunden ist.

Atmosphärendruck (Abschn. 10.1, S. 144). Gasdruck der Atmosphäre. Der mittlere Atmosphärendruck auf Höhe des Meeresspiegels beträgt 101,325 kPa = 1,01325 bar und entspricht der alten Einheit einer physikalischen Atmosphäre (1 atm).

Atom (Abschn. 2.1, S. 16). Das kleinste Teilchen eines Elements.
Atomkern (Abschn. 2.5, S. 20). Das kleine, positiv geladene Zentrum eines Atoms, in dem sich Protonen und Neutronen befinden.
Atommasse (Abschn. 2.8, S. 23). Masse eines Atoms, bezogen auf eine Skala, bei der die Masse des Atoms $^{12}_{6}C$ 12 u beträgt. Bei Elementen, die aus verschiedenen Isotopen bestehen, wird die mittlere Masse des Isotopengemisches angegeben.
Aufbauprinzip (Abschn. 6.7, S. 84). Prinzip zum Aufbau der Atome durch sukzessives Hinzufügen von Protonen und Elektronen.
Ausbeute (absolute oder tatsächliche Ausbeute) (Abschn. 4.3, S. 42). Die tatsächlich erhaltene Menge eines Produkts einer chemischen Reaktion. S. auch prozentuale sowie theoretische Ausbeute.
Ausschließungsprinzip (Pauli-Prinzip) (Abschn. 6.5, S. 80). Es dürfen keine zwei Elektronen in einem Atom in allen vier Quantenzahlen (n, l, m und s) übereinstimmen.
Avogadro-Gesetz (Abschn. 10.2, S. 145). Gleiche Volumina beliebiger Gase enthalten bei gleichem Druck und gleicher Temperatur gleich viele Teilchen.
Avogadro-Zahl N_A (Abschn. 3.3, S. 30). Zahl der Teilchen in einem Mol: $6{,}02214 \cdot 10^{23}$.
Azeotropes Gemisch (Abschn. 12.10, S. 213). Eine Lösung, die einen höheren oder niedrigeren Dampfdruck als jede ihrer Reinkomponenten hat. Durch Destillation kann sie nicht in ihre Reinkomponenten getrennt werden.
Azo-Verbindung (Abschn. 29.14, S. 568). Organische Verbindung, in der die Atomgruppe N=N vorkommt.

B

Bänder-Theorie (Abschn. 27.1, S. 469). Theorie, welche die Bindungsverhältnisse in Metallen mit energetisch nahe beieinander liegenden Molekülorbitalen beschreibt, die sich durch den ganzen Metallkristall erstrecken und die zusammen ein Band bilden.
Bar (Abschn. 10.1, S. 144). Einheit für den Druck; 1 bar = 10^5 Pa.
Barometer (Abschn. 10.1, S. 144). Gerät zum Messen des Atmosphärendrucks.
Base (Abschn. 13.4, S. 229 f.; Abschn. 16.1 und 16.2, S. 282, sowie 16.5, S. 287 und S. 289). Nach Arrhenius ein Stoff, der in wäßriger Lösung OH$^-$-Ionen bildet. Nach Brønsted ein Stoff, der H$^+$-Ionen anlagern kann. Nach Lewis ein Elektronenpaar-Donator.
Basenkonstante K_B (Abschn. 17.2, S. 298). Gleichgewichtskonstante für die Reaktion einer Base mit Wasser.
Basisches Oxid (Abschn. 13.5, S. 231). Oxid, das mit Wasser eine Base und mit Säuren Salze bildet.
BAT s. Biologischer Arbeitsplatztoleranzwert

Bayer-Verfahren (Abschn. 27.5 S. 476). Verfahren zur Herstellung von reinem Aluminiumoxid zum Zwecke der Gewinnung von Aluminium aus Bauxit-Erz. Es wird der amphotere Charakter von Aluminiumhydroxid genutzt, um es mit heißer NaOH-Lösung von anderen Stoffen abzutrennen.
Becquerel (Abschn. 31.5, S. 618). Maßeinheit für die Radioaktivität. 1 Becquerel (Bq) = 1 Kernprozeß pro Sekunde.
Begrenzender Reaktand (Abschn. 4.2, S. 41). Der Reaktand, von dem die kleinste stöchiometrische Menge zur Verfügung steht und der dadurch die maximale theoretische Ausbeute begrenzt.
Bergius-Verfahren s. Kohlehydrierung
Betain s. Zwitter-Ion
Beta-Schicht s. Faltblattstruktur
Beta-Strahlen (Abschn. 2.5, S. 20). Strahlen aus Elektronen (β^--Teilchen), die aus Atomen radioaktiver Elemente ausgestoßen werden.
Beta-Zerfall (Abschn. 31.3, S. 612 f.). Radioaktiver Prozeß, bei dem sich die Ordnungszahl Z eines radioaktiven Nuclids um eine Einheit ändert, während die Massenzahl unverändert bleibt. Beim β^--Zerfall wird ein Elektron emittiert und Z erhöht sich, beim β^+-Zerfall wird ein Positron emittiert und Z erniedrigt sich.
Betriebsanweisung (Abschn. 32.2, S. 651). Zusammenstellung der sicherheitsrelevanten Informationen und Verhaltensanweisungen zu einem Gefahrstoff.
Bezugselektrode (Abschn. 20.9, S. 369). Elektrode, deren Potential unabhängig von den Verhältnissen in der Lösung ist.
Bicyclische Verbindung (Abschn. 29.1, S. 534). Verbindung, in der ringförmige Atomgruppen über zwei gemeinsame Atome miteinander verbunden sind.
Bildungsenthalpie (Abschn. 5.6, S. 54). Reaktionsenthalpie für die Bildung einer Verbindung aus den Elementen in deren stabilster Form. Die **Standard-Bildungsenthalpie** bezieht sich auf die Bildungsreaktion unter Standard-Bedingungen, d.h. Norm-Atmosphärendruck (101,3 kPa) und einer Standard-Temperatur, in der Regel 25 °C = 298 K.
Binäre Verbindung (Abschn. 8.6, S. 122). Verbindung, die aus zwei Elementen aufgebaut ist.
Bindendes Elektronenpaar (Abschn. 8.1, S. 112; Abschn. 9.2, S. 126). Elektronenpaar, das eine kovalente Bindung zwischen zwei Atomen vermittelt.
Bindendes Molekülorbital (Abschn. 9.4, S. 134 f.). Molekülorbital mit hoher Elektronendichte im Bereich zwischen zwei Atomen. Elektronen eines bindenden Molekülorbitals liegen energetisch tiefer als Elektronen der Atomorbitale, von denen sie abgeleitet wurden.
Bindungsenergie (Abschn. 5.7, S. 57). Benötigte Energie, um die Bindung zwischen zwei Atomen aufzubrechen. Die (Bindungs-)**Dissoziationsenergie** bezieht sich auf die aufzuwendende Energie zur Trennung der Atome eines zweiatomigen Moleküls. Die **mittlere Bindungsenergie** bezieht sich auf mehratomige Moleküle und ist ein Mittelwert für gleichartige Bindungen.

Bindungsisomerie (Abschn. 28.4, S. 517). Eine Art Konstitutionsisomerie, bei der sich zwei Komplexe durch die Art unterscheiden, wie ein bestimmter Ligand an das Zentralatom gebunden ist.
Bindungslänge (Abschn. 7.1, S. 95). Abstand zwischen den Atomkernen zweier aneinandergebundener Atome.
Bindungsordnung (Abschn. 9.4, S. 134). Die Hälfte aus dem Betrag der Anzahl der bindenden minus der Anzahl der antibindenden Elektronen einer Bindung.
Biologischer Arbeitsplatztoleranzwert (BAT) (Abschn. 32.2, S. 650 f.). Höchstzulässige Konzentration eines Stoffes oder Stoffwechselprodukts im Körper, bei der nicht mit Gesundheitsschäden zu rechnen ist.
Bohr-Atommodell (Abschn. 6.2, S. 65). Modell für das Wasserstoff-Atom, bei dem das Elektron nur auf definierten Kreisbahnen umlaufen kann.
Boot-Konformation (Abschn. 29.1, S. 535 f.). Konformation des Cyclohexan-Rings mit der Form eines Boots. Sie wird auch *Wannen-Konformation* genannt.
Boran (Abschn. 26.11, S. 464). Verbindung, die nur aus Bor und Wasserstoff besteht.
Born-Haber-Kreisprozeß (Abschn. 7.5, S. 102 f.). Berechnungsverfahren für die Gitterenergie einer Ionenverbindung aus meßbaren ΔH-Werten.
Boten-RNA s. Matrizen-RNA
Botenstoff oder **Signalstoff** (Abschn. 30.4, S. 591). Substanz, die Signale innerhalb einer Zelle, zwischen Zellen oder zwischen Lebewesen übermittelt.
Boudouard-Gleichgewicht (Abschn. 26.5, S. 455). Das bei technischen Prozessen wichtige Gleichgewicht $C + CO_2 \rightleftarrows 2 CO$.
Boyle-Mariotte-Gesetz (Abschn. 10.3, S. 147). Bei konstanter Temperatur ist das Volumen eines Gases umgekehrt proportional zu seinem Druck.
Bragg-Gleichung (Abschn. 11.13, S. 185). Beziehung zwischen dem Abstand d zwischen Ebenen im Kristall und dem Einfalls- und Abstrahlungswinkel θ von Röntgenstrahlung der Wellenlänge λ: $n \cdot \lambda = 2d \cdot \sin\theta$ ($n = 1, 2, 3, \ldots$).
Brennstoffzelle (Abschn. 20.14, S. 373). Galvanisches Element, bei dem die Reaktionsenthalpie eines Verbrennungsvorgangs direkt in elektrische Energie umgewandelt wird.
Brønsted-Base (Abschn. 16.2, S. 282 f.). Substanz, die Protonen aufnehmen kann (Protonen-Akzeptor).
Brønsted-Säure (Abschn. 16.2, S. 282 f.). Substanz, die Protonen abgeben kann (Protonen-Donator).
Brutreaktor (Abschn. 31.9, S. 633). Kernreaktor, bei dessen Betrieb mehr Kernbrennstoff entsteht als verbraucht wird.

C

Cahn-Ingold-Prelog-Regeln (Abschn. 29.17, S. 575). Regeln, nach denen Substituenten in einer definierten Reihenfolge geordnet werden um damit die Konfiguration an asymmetrisch substituierten Kohlenstoff-Atomen bezeichnen zu können (R/S-Nomenklatur).
Carbonsäure (Abschn. 29.12, S. 558). Verbindung, in der die *Carboxy-Gruppe* (COOH) vorkommt.
Carbonsäureamid (Abschn. 29.13, S. 566). Verbindung, in der die Carbonsäureamid-Gruppe ($CO-NH_2$, $CO-NHR$, $CO-NR_2$) vorkommt.
Carbonsäurenitril (Abschn. 29.12, S. 560). Verbindung, in der die Cyano-Gruppe (Nitril-Gruppe, CN) an einen Alkyl- oder Aryl-Rest gebunden ist.
Carbonyl-Verbindung (Abschn. 26.5, S. 455; Abschn. 29.11, S. 554). Verbindung, in der die Atomgruppe CO vorkommt. Aldehyde und Ketone sind Carbonyl-Verbindungen.
Carboxy-Gruppe s. Carbonsäure
Chalkogen (Kap. 24, S. 406). Element der 6. Hauptgruppe des Periodensystems.
Chelat-Komplex (Abschn. 28.1, S. 513). Komplex, in dem ein mehrzähniger Ligand mindestens zwei Koordinationsstellen des Zentralatoms einnimmt.
Chemikalienverbotsverordnung (Abschn. 32.2, S. 653). Auf dem deutschen Chemikaliengesetz beruhende Verordnung, welche die Bedingungen für das Inverkehrbringen von Gefahrstoffen regelt.
Chemische Formel (Abschn. 3.1, S. 28). Formel zur Bezeichnung der Art und relativen Anzahl der Atome in einer Verbindung mit Hilfe von Elementsymbolen.
Chemische Reaktionsgleichung (Abschn. 4.1, S. 38). Wiedergabe einer chemischen Reaktion mit den Formeln und Stoffmengen der beteiligten Substanzen.
Chemische Transportreaktion (Abschn. 27.7, S. 484). Reaktion, die zur Reinigung von Stoffen dienen kann. Die unterschiedliche Lage eines chemischen Gleichgewichts bei verschiedenen Temperaturen wird dazu genutzt, bei einer Temperatur eine flüchtige Verbindung zu bilden und diese bei einer anderen Temperatur an einem anderen Ort wieder zu zersetzen.
Chemisches Gleichgewicht (Abschn. 15.1, S. 269). Zustand einer reversiblen chemischen Reaktion, bei dem die Hinreaktion gleich schnell wie die Rückreaktion abläuft.
Chemisches Symbol (Abschn. 1.2, S. 6). Durch internationale Vereinbarung festgelegte Abkürzung aus ein, zwei oder drei Buchstaben zur Bezeichnung eines Elements.
Chemisorption (Abschn. 14.8, S. 260). Adsorption aufgrund von chemischen Bindungen zwischen einem adsorbierten Stoff und der Oberfläche des adsorbierenden Feststoffes; dadurch werden die chemischen Eigenschaften der adsorbierten Moleküle verändert und Katalyseprozesse ermöglicht.
Chirales Molekül oder **Ion** (Abschn. 28.4, S. 518; Abschn. 29.17, S. 574). Molekül oder Ion, das mit seinem Spiegelbild nicht zur Deckung gebracht werden kann. Es besitzt weder ein Symmetriezentrum noch eine Spiegelebene.
Chromatographie (Abschn. 1.3, S. 10). Stofftrennung in einem bewegten Medium (mobile Phase) unter Ausnutzung der unterschiedlich starken Adsorption an einem feststehenden Medium (stationäre Phase).

***Cis-trans*-Isomerie** (Abschn. 25.**7**, S. 433; Abschn. 28.**4**, S. 517; Abschn. 29.**2**, S. 539). Eine Art von Stereoisomerie, bei der sich die Isomeren in der Anordnung der Liganden um ein Zentralatom oder um eine Doppelbindung unterscheiden. Im *cis*-Isomeren sind zwei gleiche Liganden so nahe wie möglich beieinander, im *trans*-Isomeren sind sie so weit wie möglich auseinander.

Claisen-Kondensation (Abschn. 29.**12**, S. 563 f.). Reaktion, bei der aus zwei Molekülen Essigsäureethylester ein Molekül Acetessigester gebildet wird. Mit diesem lassen sich Substitutionsreaktionen durchführen, welche die Synthese von Ketonen und von Carbonsäuren ermöglichen.

Clausius-Clapeyron-Gleichung (Abschn. 11.**7**, S. 175). Beziehung zwischen der Verdampfungsenthalpie ΔH_v und den Dampfdrücken p_1 und p_2 einer Flüssigkeit bei zwei verschiedenen Temperaturen T_1 und T_2: $\log \dfrac{p_2}{p_1} = \dfrac{\Delta H_v}{2{,}303 \cdot R} \cdot \dfrac{T_2 - T_1}{T_1 T_2}$

Claus-Prozeß (Abschn. 24.**7**, S. 414). Verfahren zur Gewinnung von Schwefel durch Oxidation von Schwefelwasserstoff mit Luftsauerstoff.

Codon (Abschn. 30.**6**, S. 594, 599). Portion aus einer Matrizen-RNA-Kette, die drei Basen umfaßt, deren Sequenz der Code für eine bestimmte Aminosäure ist.

Coenzym (Abschn. 30.**7**, S. 602). Abspaltbarer, nichtproteinischer Bestandteil eines Enzyms, das chemisch in den katalysierten Vorgang eingreift indem es Atome oder Atomgruppen überträgt. Wichtige Coenzyme sind das Coenzym A zur Übertragung von Acetyl-Gruppen, Nicotinamid-adenindinucleotid (NAD) und NAD-Phosphat (NADP) zur Übertragung von Wasserstoff (Redoxvorgänge) sowie Adenosintriphosphat (ATP) zur Übertragung von Phosphat-Gruppen.

Coulombmeter s. Silbercoulombmeter

Crack-Prozeß (Abschn. 21.**2**, S. 379; Abschn. 29.**1**, S. 537). Verfahren, das bei der Erdöl-Raffination zur Umwandlung von höheren Kohlenwasserstoffen zu niedrigeren Kohlenwasserstoffen dient. Dabei kann Wasserstoff entstehen.

Cyanid-Laugerei (Abschn. 27.**5**, S. 477). Verfahren, um Gold oder Silber aus einem Erz herauszulösen. Die Metalle werden mit Cyanid-Lösung in lösliche Cyano-Komplexe umgewandelt.

Cycloalkan (Abschn. 29.**1**, S. 534 f.). Alkan mit ringförmiger Molekülstruktur.

Cyclotron (Abschn. 31.**8**, S. 626). Gerät, in dem geladene Teilchen unter dem Einfluß von magnetischen und elektrischen Feldern auf Spiralbahnen beschleunigt werden, um auf eine Zielsubstanz geschleudert zu werden.

D

Dalton-Gesetz der Partialdrücke (Abschn. 10.**6**, S. 153). Der Gesamtdruck eines Gasgemisches ist gleich der Summe der Partialdrücke aller anwesenden Gase.

Dampfdruck (Abschn. 11.**5**, S. 173). Druck des Dampfes, der mit einer Flüssigkeit oder einem Feststoff im Gleichgewicht steht.

Daniell-Element (Abschn. 20.**5**, S. 356 f.). Galvanische Zelle mit Zink als Anode und Kupfer als Kathode.

de Broglie-Beziehung (Abschn. 6.**4**, S. 72). Beziehung zwischen Wellenlänge λ und Impuls mv, wenn ein Teilchen als Welle beschrieben wird; $\lambda = h/mv$

Dehydrierende Cyclisierung (Abschn. 29.**4**, S. 541). Reaktion zur Gewinnung von Arenen aus Alkanen durch katalytische Abspaltung von Wasserstoff.

Dekantieren (Abschn. 1.**3**, S. 9). Abgießen einer Flüssigkeit von einem abgesetzten Feststoff.

Delokalisierte Bindung (Abschn. 9.**5**, S. 140). Molekülorbital, dessen Ladungswolke sich über mehr als zwei Atome erstreckt. S. auch Mehrzentrenbindung.

Deoxyribonucleinsäure (DNA) (Abschn. 30.**6**, S. 597). Nucleinsäure, die aus Nucleotiden besteht, die Deoxyribose als Zuckerkomponente enthalten.

Destillation (Abschn. 1.**3**, S. 10 und 12.**10**, S. 212). Trennung einer flüssigen Lösung (homogenes Gemisch) in ihre Komponenten durch Verdampfung und Kondensation. Bei der **fraktionierten Destillation** (Rektifikation) wird der Vorgang in einer Kolonne vielfach wiederholt.

Diamagnetische Substanz (Abschn. 6.**6**, S. 83). Substanz, in der alle Elektronen gepaart sind. Sie wird von einem Magnetfeld abgestoßen.

Diastereo(iso)mere (Abschn. 28.**4**, S. 517; 29.**17**, S. 574). Stereoisomere, die sich durch die geometrische Anordnung der Atome unterscheiden, ohne Enantiomere zu sein. Die Isomeren unterscheiden sich in ihren physikalischen und chemischen Eigenschaften.

Diazonium-Ion (Abschn. 29.**14**, S. 567). Kation, in dem die Diazonium-Gruppe $-N \equiv N^+$ an einen aromatischen Rest gebunden ist.

Dichteste Kugelpackung (Abschn. 11.**14**, S. 187 f.). Dichtest mögliche Packung von Kugeln; bei der hexagonal-dichtesten Kugelpackung sind hexagonale Kugelschichten mit der Stapelfolge *ABAB*... gepackt, bei der kubisch-dichtesten Kugelpackung ist die Stapelfolge *ABCABC*....

Dipol-Dipol-Kräfte (Abschn. 11.**1**, S. 167). Anziehungskräfte zwischen polaren Molekülen aufgrund der Anziehung zwischen entgegengesetzten Polen.

Dipolmoment (Abschn. 8.**2**, S. 115). Produkt aus dem Abstand zwischen den Ladungen und dem Betrag der Ladungen eines elektrischen Dipols.

Dispersionskräfte s. London-Kräfte

Disproportionierung (Abschn. 13.**3**, S. 228). Reaktion, bei der eine Substanz gleichzeitig zum Teil oxidiert und zum Teil reduziert wird.

Dissoziationsenergie s. Bindungsenergie

Dissoziationsgrad α (Abschn. 17.**2**, S. 297). Anteil der Gesamtkonzentration eines schwachen Elektrolyten, der zu Ionen dissoziiert ist.

DNA s. u. Deoxyribonucleinsäure

Doppelbindung s. Kovalente Bindung
Doppel-Helix (Abschn. 30.6, S. 599). Sekundärstruktur von DNA, bestehend aus einer Spiralkette aus zwei zusammengelagerten DNA-Ketten.
Dosis (Abschn. 31.6, S. 621; 32.3, S. 654). Aufgenommene Menge Strahlung oder einer Substanz pro Körpermasse.
Dosisleistung (Abschn. 31.6, S. 621). Absorbierte Energiedosis pro Zeiteinheit.
Dotierung (Abschn. 27.2, S. 472). Gezielte Verunreinigung von Halbleitern, um deren elektrische Eigenschaften zu beeinflussen.
Downs-Zelle (Abschn. 27.6, S. 481). Elektrolyse-Zelle zur Gewinnung eines reaktiven Metalls wie Natrium durch Elektrolyse aus einem geschmolzenen Salz.
Dreifachbindung s. Kovalente Bindung
Druck (Abschn. 10.1, S. 144). Kraft pro Fläche.
$d^{10}s^2$-**Ion** (Abschn. 7.6, S. 106). Kation mit der Elektronenkonfiguration $(n-1)s^2(n-1)p^6(n-1)d^{10}ns^2$ für die Außenelektronen.
Düngemittel (Abschn. 25.3, S. 427; Abschn. 25.10, S. 441 und 25.12, S. 444). Stoffe, die von Pflanzen zum Aufbau von Proteinen und anderen lebenswichtigen Verbindungen benötigt werden. Ammoniumsalze, Nitrate und Phosphate sind wichtige Bestandteile.

E

Edelgase (Abschn. 6.8, S. 88 und 6.9, S. 89; Kap. 23, S. 401). Elemente der 0. Gruppe des Periodensystems mit Elektronenkonfiguration ns^2np^6 für die Schale mit der höchsten Hauptquantenzahl n (bzw. $1s^2$ bei Helium). Sie zeichnen sich durch besondere chemische Reaktionsträgheit aus.
Edelgaskonfiguration (Abschn. 6.8, S. 88; Abschn. 7.4, S. 102 und 7.6, S. 105). Elektronenkonfiguration $1s^2$ oder ns^2np^6, die für Kationen wie für Anionen von besonderer Stabilität ist.
Edle und unedle Metalle (Abschn. 20.7, S. 362; Abschn. 27.12, S. 503). Edelmetalle haben ein Normalpotential $E_0 > 0$ V und sind dementsprechend schwer oxidierbar. Je negativer das Normalpotential, desto unedler ist das Metall.
Edukt s. Reaktand
Effektive Atomgröße (Abschn. 7.1, S. 95). Aufgrund des Abstands zwischen Atomen ermittelte Größe eines Atoms. Je nach der Art der Bindung variiert die effektive Größe, die als Kovalenz-, Ionen-, Metall- oder van der Waals-Radius zum Ausdruck gebracht wird.
Effektive Kollision (Abschn. 14.4, S. 251). Kollision zwischen Teilchen, die zu einer Reaktion führt.
Effusion (Abschn. 10.8, S. 156). Ausströmung eines Gases.
Einatomiges Ion (Abschn. 3.1, S. 29). Geladenes Atom.
Einfachbindung s. Kovalente Bindung
Einlagerungshydrid (Abschn. 21.3, S. 380 f.). Wasserstoff-Verbindung eines Übergangsmetalls, in der H-Atome in nichtstöchiometrischer Menge in die Lücken der Metallatompackung eingelagert sind.

Einprotonige Säure (Abschn. 13.4, S. 230). Säure, die nur ein Proton pro Molekül abgeben kann.
Einsames Elektronenpaar (**freies** oder **nichtbindendes Elektronenpaar**) (Abschn. 8.1, S. 112 f.). Valenzelektronenpaar, das nicht an einer kovalenten Bindung beteiligt ist.
Elektrische Leitfähigkeit (Abschn. 27.3, S. 474). Maß für die Fähigkeit eines Stoffes, den elektrischen Strom zu leiten. Maßeinheit: Siemens pro Meter ($S\,m^{-1} = \Omega^{-1}\,m^{-1}$).
Elektrode (Abschn. 20.2, S. 352). Metallisch leitender Gegenstand, der zur Zu- oder Ableitung von elektrischem Strom in einen Elektolyten eingetaucht ist.
Elektrolyse (Abschn. 20.3 und 20.4, S. 353 ff.). Chemische Reaktion, die durch elektrischen Strom bewirkt wird.
Elektrolyt (Abschn. 12.11, S. 214). Ein Stoff, der in wäßriger Lösung Ionen bildet.
Elektrolytische Leitung (Abschn. 20.2, S. 351 f.). Leitung von elektrischem Strom durch die Wanderung von Ionen durch eine Salzschmelze oder -lösung.
Elektromagnetische Strahlung (Abschn. 6.1, S. 63). Strahlung, die sich mit Lichtgeschwindigkeit ($c = 2{,}9979 \cdot 10^8$ m/s) ausbreitet und je nach Experiment als Welle oder als Strahl von Photonen beschrieben wird.
Elektromotorische Kraft (EMK) (Abschn. 20.6, S. 357 und 20.8, S. 363). Potentialdifferenz zwischen den Elektroden einer galvanischen Zelle; sie ist ein Maß für die Tendenz zum Ablaufen einer Redoxreaktion.
Elektron (Abschn. 2.2, S. 17 f.). Subatomares Teilchen mit der Masse 0,00055 u und Ladung $-e$ (Elementarladung).
Elektronegativität (Abschn. 8.3, S. 116). Ein Maß für die relative Fähigkeit eines Atoms, Elektronen eines anderen Atoms an sich zu ziehen.
Elektronenaffinität (Abschn. 7.3, S. 99). Die erste Elektronenaffinität ist die Energie, die umgesetzt wird, wenn in einem Gas ein Atom im Grundzustand ein Elektron aufnimmt. Die zweite Elektronenaffinität bezieht sich auf die Aufnahme eines zweiten Elektrons usw.
Elektronen-Einfang (Abschn. 31.3, S. 615). Radioaktiver Prozeß, bei dem ein Kern ein inneres Orbital-Elektron einfängt, wodurch ein Proton in ein Neutron umgewandelt wird.
Elektronenkonfiguration (Abschn. 6.6, S. 81). Anordnung der Elektronen in einem Atom (Verteilung auf die Orbitale).
Elektrophile Addition (Abschn. 29.5, S. 543). Additionsreaktion, die durch den Angriff einer elektrophilen Gruppe (Lewis-Säure) an die π-Elektronen eines Alkens oder Alkins eingeleitet wird.
Elektrophile Substitution (Abschn. 29.6, S. 544 f.). Substitutionsreaktion, die vor allem bei Arenen von Bedeutung ist. Die Reaktion wird durch Angriff einer elektrophilen Gruppe (Lewis-Säure) an das π-Elektronensystem des Arens eingeleitet.
Elektrophile Verdrängungsreaktion (Abschn. 16.5, S. 289). Reaktion, bei der eine Lewis-Säure eine andere, schwächere Lewis-Säure verdrängt.

Element (Abschn. 1.2, S. 6). Stoff, der in keine einfacheren Stoffe zerlegt werden kann.

Elementarladung e (Abschn. 2.2, S. 18). $e = 1{,}6022 \cdot 10^{-19}$ C. Das Elektron hat eine negative, das Proton eine positive Elementarladung.

Elementarzelle (Abschn. 11.12, S. 181). Kleinste Baueinheit, aus der sich durch wiederholtes Aneinanderreihen ein Kristall aufgebaut denken läßt.

Eliminierungsreaktion (Abschn. 29.7, S. 549). Umkehrung der Additionsreaktion: von zwei benachbarten C-Atomen wird je ein daran gebundener Substituent abgespalten, unter Bildung einer π-Bindung.

Empirische Formel (Abschn. 3.2, S. 30). Chemische Formel, die das einfachste ganzzahlige Verhältnis der Atome in einer Verbindung bezeichnet.

Emulsion (Abschn. 1.2, S. 8). Heterogenes Gemisch aus zwei Flüssigkeiten.

Enantiomere (optische Isomere) (Abschn. 28.4, S. 518; (Abschn. 29.17, S. 574). Stereoisomere, bei denen das eine chirale Molekül das Spiegelbild des anderen ist. Enantiomere haben gleiche physikalische Eigenschaften, ausgenommen ihr Verhalten gegen polarisiertes Licht.

Endotherme Reaktion (Abschn. 5.4, S. 51). Chemische Reaktion unter Aufnahme von Wärme.

Energie (Abschn. 5.1, S. 48). Die Fähigkeit, Arbeit zu leisten.

Enthalpie H (Abschn. 5.4, S. 51; Abschn. 19.2, S. 333). Thermodynamische Funktion, definiert durch $H = U + pV$. Für eine Reaktion bei konstantem Druck entspricht die **Reaktionsenthalpie** $\Delta H = \Delta U + p\Delta V$ der umgesetzten Wärme.

Entropie S (Abschn. 19.3 und 19.4, S. 335 ff.). Ein Maß für die Unordnung. Bei der Wärmeabgabe oder -aufnahme ΔH ist $\Delta S_{\text{Umg}} = -\Delta H/T$ die Entropieänderung der Umgebung.

Enzym (Abschn. 14.8, S. 262; Abschn. 30.7, S. 600). Biochemischer Katalysator, der selbst ein Protein oder Proteid ist.

e_g-Orbitale (Abschn. 28.5, S. 520). Ein Satz von zwei entarteten Orbitalen in einem oktaedrischen Komplex.

Erdalkalimetall (Abschn. 27.9, S. 488). Element der zweiten Hauptgruppe: Be, Mg, Ca, Sr, Ba, Ra.

Erz (Abschn. 27.4, S. 474). Natürlich vorkommendes Material, aus dem ein oder mehrere Metalle (oder andere Stoffe) wirtschaftlich gewonnen werden können.

Erzanreicherung (Abschn. 27.5, S. 475). Verfahren, um die erwünschten Mineralien eines Erzes von der Gangart abzutrennen.

Ester (Abschn. 29.12, S. 561). Verbindung mit der Atomgruppe $R^1-CO-OR^2$ (R^1, R^2: Alkyl- oder Aryl-Rest).

Ether (Abschn. 29.10, S. 553). Verbindung, in der zwei Alkyl- oder Aryl-Reste über ein Sauerstoff-Atom miteinander verbunden sind: R^1-O-R^2 (R^1, R^2: Alkyl- oder Aryl-Rest).

Exotherme Reaktion (Abschn. 5.4, S. 51). Chemische Reaktion unter Abgabe von Wärme.

Extraktion (Abschn. 1.3, S. 9, 10). Herauslösen eines reinen Stoffes aus einem homogenen oder heterogenen Gemisch.

F

Fällung (Abschn. 13.1, S. 220). Reaktion in einer Lösung, bei der eine unlösliche Verbindung, ein *Niederschlag*, gebildet wird.

Faltblattstruktur (β-Schicht) (Abschn. 30.5, S. 596). Eine der möglichen Sekundärstrukturen von Proteinen. Protein-Ketten sind parallel oder gegenläufig parallel („antiparallel") über Wasserstoff-Brücken aneinandergelagert.

Faraday-Gesetz (Abschn. 20.4, S. 354). Um durch Elektrolyse ein Äquivalent eines Stoffes umzusetzen, werden $F = 96485$ C benötigt; F ist die Faraday-Konstante, sie entspricht der elektrischen Ladung von 1 mol Elektronen.

Fette und Öle (Abschn. 30.3, S. 588). Gemische aus Estern des Glycerins mit Fettsäuren; Fette sind bei Raumtemperatur fest, Öle sind flüssig.

Fettsäure (Abschn. 30.3, S. 588 f.). Gesättigte oder ungesättigte Monocarbonsäure, in der Regel mit 12 – 20 C-Atomen.

Filtrieren (Abschn. 1.3, S. 9). Trennung eines festen von einem flüssigen oder gasförmigen Stoff mit einem Filter (poröse Trennwand).

Flächenzentriertes Kristallgitter (Abschn. 11.12, S. 184). Kristallgitter, bei dem sich Punkte gleicher Art und Umgebung in den Ecken und in allen Flächenmitten der Elementarzelle befinden.

Flotation (Abschn. 27.5, S. 476). Ein Erzanreicherungsverfahren; gemahlenes Erz wird mit einem Tensid und Wasser angerührt. Eingeblasene Luft erzeugt einen Schaum, der das gewünschte Mineral mitreißt.

Formalladung (Abschn. 8.4, S. 118). Eine willkürlich einem Atom zugewiesene elektrische Ladung, die sich ergibt, wenn die Bindungselektronen gleichmäßig auf die beteiligten Atome aufgeteilt werden. Formalladungen sind nützlich zur Bewertung und Interpretation von Formeln, Strukturen und Eigenschaften von Molekülen und Molekül-Ionen, geben aber nicht die tatsächliche Ladungsverteilung wieder.

Fraktionierte Destillation s. Destillation

Frasch-Verfahren (Abschn. 24.7, S. 413). Verfahren, um verflüssigten Schwefel aus unterirdischen Lagerstätten zu fördern.

Freie Enthalpie G (Abschn. 19.4, S. 337). Thermodynamische Funktion $G = H - TS$. Für Reaktionen bei konstantem Druck und konstanter Temperatur ist die **freie Reaktionsenthalpie** $\Delta G = \Delta H - T\Delta S$.

Freie Standard-Bildungsenthalpie ΔG_f^0 (Abschn. 19.5, S. 339). Freie Reaktionsenthalpie einer Reaktion, bei der ein Mol einer Verbindung in ihren Standardbedingungen aus den Elementen in ihren Standardbedingungen entsteht.

Freies Elektronenpaar s. Einsames Elektronenpaar

Fulleren (Abschn. 26.2, S. 451). Kohlenstoff-Modifikation, die aus käfigartigen Molekülen besteht, z.B. C_{60}.

Funktionelle Gruppe, Substituent (Abschn. 29.5, S. 541). Atomgruppe (oder Atom), die anstelle eines Wasserstoff-Atoms in einem Kohlenwasserstoff-Molekül gebunden ist.

Furanose (Abschn. 30.2, S. 586). Monosaccarid mit Fünfring-Struktur.

G

Galvanische Zelle (Voltaische Zelle) (Abschn. 20.5, S. 356). Zelle, in der eine Redoxreaktion zur Gewinnung von elektrischer Energie ausgenutzt wird.
Gamma-Strahlung (Abschn. 31.3, S. 611). Energiereiche elektromagnetische Strahlung, die bei radioaktiven Prozessen abgestrahlt wird.
Gangart (Abschn. 27.4, S. 475). Unerwünschtes Gestein in einem Erz.
Gay-Lussac-Gesetze (Abschn. 10.3, S. 147). Bei konstantem Druck ist das Volumen eines Gases proportional zur absoluten Temperatur. Bei konstantem Volumen ist der Druck eines Gases proportional zur absoluten Temperatur.
Gefahrensymbol (Abschn. 32.1, S. 643). Bildliches Symbol, das auf die Eigenschaften sehr giftig, giftig, gesundheitsschädlich, ätzend, reizend, explosiv, brandfördernd, hochentzündlich, leichtentzündlich, umweltgefährlich oder radioaktiv hinweist.
Gefahrstoff (Abschn. 32.1, S. 642). Stoff, Zubereitung oder Erzeugnis mit einer der in 🗎32.1 (S. 644) aufgeführten Eigenschaften (sehr giftig, giftig usw.), oder woraus ein Stoff mit diesen Eigenschaften freigesetzt werden kann.
Gefahrstoffverordnung (Abschn. 32.2, S. 648). Auf dem deutschen Chemikaliengesetz beruhende Verordnung, die den Umgang mit Gefahrstoffen regelt (ausgenommen Stoffe, für die spezielle Gesetze und Verordnungen gelten).
Gefrierpunkt, Schmelzpunkt (Abschn. 11.8, S. 176). Temperatur, bei der Flüssigkeit und Feststoff miteinander im Gleichgewicht sind.
Gefrierpunktsernicdrigung ΔT_G (Abschn. 12.8, S. 209). Absenkung des Gefrierpunkts eines Lösungsmittels, wenn ein nichtflüchtiger Stoff darin gelöst ist; $\Delta T_G = E_G \cdot b$ (E_G = molale Gefrierpunktsernicdrigung, b = Molalität).
Geiger-Müller-Zähler (Abschn. 31.4, S. 616). Gerät zur Messung von radioaktiver Strahlung. Die Strahlen ionisieren ein Gas zwischen zwei Elektroden und verursachen elektrische Impulse, die gezählt werden.
Gemisch (Abschn. 1.2, S. 7). Stoff, der aus mehreren reinen Stoffen in nicht festgelegtem Mengenverhältnis besteht. *Homogene Gemische* haben einheitliche Erscheinung, *heterogene Gemische* bestehen aus mehreren Phasen.
Geologische Altersbestimmung (Abschn. 31.7, S. 624). Methode zur Bestimmung des Alters eines Minerals durch Messung der Radioaktivität von Elementen aus einer radioaktiven Zerfallsreihe.
Geometrische Isomere s. Stereoisomere
Gerüststruktur (Abschn. 11.11, S. 180). Kristall, bei dem Atome zu einem dreidimensionalen Netzwerk kovalent miteinander verknüpft sind.

Gesättigter Kohlenwasserstoff (Abschn. 29.1, S. 532). Alkan. Gesättigte Verbindungen enthalten keine CC-Mehrfachbindungen.
Geschwindigkeitsbestimmender Schritt (Abschn. 14.6, S. 255). Der langsamste Schritt bei einer mehrstufigen Reaktion; von ihm hängt die Geschwindigkeit der Gesamtreaktion ab.
Geschwindigkeitsgesetz (Abschn. 14.2, S. 243). Mathematischer Ausdruck, der die Reaktionsgeschwindigkeit und die Reaktandenkonzentrationen in Beziehung setzt.
Geschwindigkeitskonstante (Abschn. 14.2, S. 243). Proportionalitätskonstante in einem Geschwindigkeitsgesetz.
Gesetz der Erhaltung der Masse (Abschn. 1.1, S. 5; Abschn. 2.1, S. 16). Im Verlaufe einer chemischen Reaktion wird Masse weder verloren noch gewonnen.
Gesetz der konstanten Proportionen (Abschn. 1.2, S. 7; Abschn. 2.1, S. 17). Eine Verbindung enthält immer die gleichen Elemente im gleichen Massenverhältnis.
Gesetz der konstanten Wärmesummen s. Satz von Hess
Gitterenergie (Abschn. 7.5, S. 102). Freigesetzte Energie, wenn Ionen aus dem Gaszustand zu einem Ionenkristall zusammengefügt werden.
Gitterkonstanten (Abschn. 11.12, S. 181). Die Kantenlängen a, b, und c sowie die Winkel α, β und γ zwischen den Kanten einer Elementarzelle.
Gleichgewichtskonstante K (Abschn. 15.1 bis 15.3, S. 269 ff.). Die Konstante im Massenwirkungsgesetz. Wird es mit Stoffmengenkonzentrationen formuliert, so erhält sie das Symbol K_c, wird es mit Partialdrücken von Gasen formuliert, so ist das Symbol K_p.
Gleichionige Zusätze (Abschn. 18.2, S. 321). Wird eine an einem Gleichgewicht beteiligte Ionenart einer Lösung zugesetzt, so verschiebt sich das Gleichgewicht. Gleichionige Zusätze verringern im allgemeinen die Löslichkeit von schwerlöslichen Verbindungen.
Goldschmidt-Verfahren s. Thermit-Verfahren
Graham-Effusionsgesetz (Abschn. 10.8, S. 156). Die Ausströmungsgeschwindigkeit eines Gases ist umgekehrt proportional zur Wurzel seiner Dichte oder zur Wurzel seiner molaren Masse.
Gray (Abschn. 31.6, S. 621). Maß für die absorbierte Energiedosis. 1 Gray = 1 J/kg.
Grignard-Verbindung (Abschn. 29.8, S. 549). Organomagnesium-Verbindung der Zusammensetzung $R-MgX$ (R: Alkyl- oder Aryl-Rest; X: Halogen-Atom).
Grundzustand (Abschn. 6.2, S. 65). Zustand mit der geringsten möglichen Energie für ein Atom oder Molekül.
Gruppe (Abschn. 6.3, S. 70). Einander ähnliche Elemente, die im Periodensystem in einer Spalte stehen.

H

Haber-Bosch-Verfahren (Abschn. 25.6, S. 430). Syntheseverfahren zur Gewinnung von Ammoniak aus Stickstoff und

Wasserstoff bei hohem Druck, hoher Temperatur und in Anwesenheit eines Katalysators.
Halbleiter (Abschn. 27.2, S. 472). Stoff, der den elektrischen Strom schlecht leitet. n- und p-Halbleiter: Halbleiter, die durch Dotierung mit einem elektronenreicheren (n) bzw. elektronenärmeren (p) Element hergestellt wurden.
Halbwertszeit (Abschn. 14.3, S. 246; Abschn. 31.5, S. 617). Benötigte Zeit, bis bei einer Reaktion die Hälfte der Reaktanden verbraucht ist. Bei radioaktiven Substanzen: Zeit, die vergeht, bis die Hälfte der Probe zerfallen ist.
Halbzelle (Abschn. 20.5, S. 356 und 20.7, S. 359). Hälfte einer galvanischen Zelle, in der entweder eine Oxidation oder eine Reduktion abläuft.
Hall-Héroult-Prozeß (Abschn. 27.6, S. 482). Prozeß zur elektrolytischen Gewinnung von Aluminium aus Aluminiumoxid in einer Na_3AlF_6-Schmelze.
Halogen (Kap. 22, S. 386). Element der siebten Hauptgruppe des Periodensystems.
Halogenat (Abschn. 22.6, S. 398). Verbindung mit dem Anion XO_3^- (X: Cl, Br oder I).
Halogeno-Komplex (Abschn. 22.5, S. 394). Anionischer Komplex, der durch Anlagerung von Halogenid-Ionen an ein Halogenid-Molekül entsteht.
Halogenwasserstoff (Abschn. 22.4, S. 392). Gasförmige Verbindung der Zusammensetzung HX (X: F, Cl, Br, I). Die wäßrigen Lösungen sind sauer und heißen Flußsäure und Salzsäure für HF(aq) bzw. HCl(aq).
Hauptgruppen (Abschn. 6.3, S. 70; 6.7, S. 85; 6.9, S. 89). Elemente, bei denen als letztes ein s- oder p-Orbital besetzt wurde.
Hauptquantenzahl n (Abschn. 6.5, S. 76). Quantenzahl für die Energieschale, zu der ein Elektron gehört; $n = 1, 2, 3, \ldots$
1. Hauptsatz der Thermodynamik (Abschn. 19.1, S. 332). Energie kann von einer Form in eine andere umgewandelt werden, sie kann aber weder vernichtet noch erzeugt werden.
2. Hauptsatz der Thermodynamik (Abschn. 19.3, S. 335). Jeder freiwillig ablaufende Prozeß ist mit einer Zunahme der Entropie verbunden.
3. Hauptsatz der Thermodynamik (Abschn. 19.6, S. 340). Bei 0 K ist die Entropie einer perfekten kristallinen Substanz Null.
Heisenberg-Relation s. Unschärferelation
Henderson-Hasselbalch-Gleichung (Abschn. 17.4, S. 305). Gleichung zur Berechnung des pH-Werts einer Pufferlösung: $pH = pK_S - \log [c(HA)/c(A^-)]$.
Henry-Dalton-Gesetz (Abschn. 12.5, S. 202). Die Löslichkeit eines Gases in einer Flüssigkeit, mit der es nicht reagiert, ist proportional zum Partialdruck des Gases über der Lösung.
Herdfrisch-Verfahren (Abschn. 27.7, S. 485). Verfahren zur Gewinnung von Stahl aus Roheisen. In einem Ofen werden die Verunreinigungen im Eisen durch Reaktion mit Sauerstoff oxidiert.

Hess-Satz s. Satz von Hess
Heteroaren (Hetaren) (Abschn. 29.15, S. 569). Heterocyclisches Aren.
Heterocyclische Verbindung (Abschn. 29.15, S. 569). Verbindung mit einem ringförmigen Molekülgerüst, das außer Kohlenstoff-Atomen auch ein oder mehrere Atome eines anderen Elements enthält.
Heterogene Katalyse (Abschn. 14.8, S. 260). Reaktionsbeschleunigung an einem Katalysator, der in einer anderen Phase als die Reaktanden vorliegt.
Heterogenes Gleichgewicht (Abschn. 15.2, S. 274). Gleichgewicht, an dem Substanzen in verschiedenen Phasen beteiligt sind.
High-spin-Komplex (Abschn. 28.5, S. 524). Komplex, bei dem die Konfiguration der d-Elektronen des Zentralatoms in einem Komplex eine maximale Zahl von ungepaarten Elektronen hat.
Hochofen (Abschn. 27.6, S. 478 f.). Ofen, in dem Eisenoxid mit Koks zu Eisen reduziert wird. Roheisen, Schlacke und Gichtgas sind die Produkte.
Homogene Katalyse (Abschn. 14.8, S. 260). Reaktionsbeschleunigung durch einen Katalysator, der in der gleichen Phase wie die Reaktanden vorliegt.
Homologe Reihe (Abschn. 29.1, S. 533). Gruppe von Verbindungen, deren Vertreter sich der Reihe nach durch Einfügung von immer wieder der gleichen Atomgruppe in das Molekül ergeben. Die Alkane bilden eine homologe Reihe, deren Vertreter sich durch die Zahl der CH_2-Gruppen im Molekül unterscheiden.
Homolytische Spaltung oder **Homolyse** (Abschn. 29.5, S. 542). Spaltung einer kovalenten Bindung, bei der jedes der beteiligten Atome eines der beiden Bindungselektronen behält.
Hormone (Abschn. 30.4, S. 591). Botenstoffe, die von einer Zelle abgegeben werden und in einer anderen Zelle bestimmte Reaktionen hervorrufen.
Hund-Regel (Abschn. 6.6, S. 82). Die Orbitale einer Unterschale werden so besetzt, daß eine maximale Zahl von ungepaarten Elektronen (mit parallelem Spin) resultiert.
Hybridisierung (Abschn. 9.3, S. 132). Mathematisches Verfahren, bei dem Wellenfunktionen von Atomorbitalen kombiniert werden, um Wellenfunktionen für einen neuen Satz von gleichwertigen Orbitalen zu erhalten. Hybridorbitale werden so gewählt, daß sie der tatsächlichen Struktur eines Moleküls entsprechen.
Hydratation (Abschn. 12.2, 12.3, S. 199). Umhüllung von in Wasser gelösten Teilchen durch Wasser-Moleküle aufgrund von anziehenden Kräften.
Hydratationsenthalpie (Abschn. 12.3, S. 199 und 12.4, S. 200). Energie, die freigesetzt wird, wenn Ionen aus dem Gaszustand in hydratisierte Ionen in wäßriger Lösung überführt werden.
Hydratisomerie (Abschn. 28.4, S. 517). Eine Art Konstitutionsisomerie, bei der zwei Komplex-Verbindungen sich da-

in unterscheiden, ob Wasser-Moleküle als Liganden im Komplex oder als getrennte Moleküle im Kristall vorhanden sind.
Hydrid-Ion (Abschn. 21.**3**, S. 380). Das H^--Ion, das isoelektronisch zum Helium-Atom ist und in den *salzartigen Hydriden* der Alkali- und Erdalkalimetalle vorkommt.
Hydronium-Ion s. Oxonium-Ion
Hypohalogenit (Abschn. 22.**6**, S. 395 ff.). Verbindung mit dem Anion XO^- (X: Cl, Br, I).

I

Ideale Gaskonstante R (Abschn. 10.**3**, S. 146). Proportionalitätskonstante im idealen Gasgesetz;
$R = 8{,}3145\ kPa \cdot L \cdot mol^{-1} K^{-1}$.
Ideale Lösung (Abschn. 12.**7**, S. 206). Lösung, die dem Raoult-Gesetz gehorcht.
Ideales Gasgesetz (Zustandsgleichung eines idealen Gases). (Abschn. 10.**3**, S. 146). Druck p, Volumen V, Stoffmenge n und Temperatur T eines Gases hängen über die ideale Gaskonstante R gemäß $pV = nRT$ miteinander zusammen.
Indikator (Abschn. 13.**7**, S. 234; Abschn. 17.**3**, S. 301). Substanz, die bei einer Titration das Erreichen des Äquivalenzpunktes anzeigt. Ein Säure-Base-Indikator hat verschiedene Farben bei verschiedenen pH-Werten.
Induktiver Effekt (Abschn. 29.**6**, S. 545). Beeinflussung der Elektronenverteilung in einem Molekül durch die Elektronegativität eines Atoms. Elektronegative Atome ziehen Elektronen an sich ($-I$-Effekt); elektropositive Atome lassen Elektronen von sich abziehen ($+I$-Effekt).
Inerter Komplex (Abschn. 28.**2**, S. 515). Komplex, der kinetisch stabil ist und an Liganden-Austauschreaktionen nicht oder nur langsam teilnimmt.
Innenzentriertes Kristallgitter (Abschn. 11.**12**, S. 184). Kristallgitter, bei dem sich Punkte gleicher Art und Umgebung in den Ecken und in der Mitte der Elementarzelle befinden.
Innere Energie U (Abschn. 5.**4**, S. 51; Abschn. 19.**1**, S. 332). Der Energieinhalt eines Systems. Die **Reaktionsenergie** ΔU ist die Differenz der inneren Energien von Produkten und Reaktanden.
Innere Schale (Abschn. 6.**7**, S. 87). Schale mit einer niedrigeren Hauptquantenzahl als die der höchsten besetzten Schale.
Interhalogen-Verbindung (Abschn. 22.**3**, S. 390). Verbindung aus zwei Halogenen.
Intermolekulare Kräfte, van der Waals-Kräfte (Abschn. 11.**1**, S. 167). Kräfte zwischen Molekülen, die diese in Feststoffen und Flüssigkeiten aneinander halten.
Ion (Abschn. 2.**6**, S. 21). Ein Teilchen, das aus einem oder mehreren Atomen besteht und eine elektrische Ladung trägt, die positiv oder negativ sein kann.
Ionenaustauscher (Abschn. 26.**6**, S. 458). Ein Kationenaustauscher hat eine anionische Gerüststruktur und bewegliche Kationen, die gegen andere Kationen ausgetauscht werden können. Bei einem Anionenaustauscher ist es umgekehrt.
Ionenbindung (Abschn. 7.**4**, S. 101). Anziehende Kraft, die negative und positive Ionen zusammenhält und zu einem Ionenkristall führt. Sie kommt durch den Übergang von Elektronen von einer Atomsorte auf eine andere zustande.
Ionenprodukt bei schwerlöslichen Verbindungn (Abschn. 18.**2**, S. 320). Das wie beim Löslichkeitsprodukt gebildete mathematische Produkt der Ionenkonzentrationen einer Lösung. Ist es größer als das Löslichkeitsprodukt, so kommt es zur Fällungsreaktion.
Ionenprodukt des Wassers (Abschn. 17.**1**, S. 294). Produkt aus der $H^+(aq)$-Ionenkonzentration mit der $OH^-(aq)$-Ionenkonzentration in wäßrigen Lösungen; bei 25 °C: $c(H^+) \cdot c(OH^-) = K_W = 10^{-14}\ mol^2/L^2$.
Ionenradius (Abschn. 7.**7**, S. 107). Radius für die effektive Größe eines einatomigen Ions in einem Ionengitter. Er wird aus den Abständen zwischen den Ionen berechnet.
Ionenverbindung (Abschn. 7.**4**, S. 101). Verbindung, die aus Kationen und Anionen aufgebaut ist und durch die elektrostatische Anziehung zwischen ihnen zusammengehalten wird.
Ionisationsisomerie (Abschn. 28.**4**, S. 517). Eine Art von Konstitutionsisomerie, bei der zwei Komplex-Verbindungen sich darin unterscheiden, ob sich ein Ion außerhalb oder als Ligand innerhalb der Koordinationssphäre des Komplexes befindet.
Ionisierungsenergie (Abschn. 6.**2**, S. 67; Abschn. 7.**2**, S. 97). Aufzuwendende Energie, um einem Atom oder Ion das am schwächsten gebundene Elektron zu entreißen. Die erste Ionisierungsenergie betrifft das erste Elektron eines Atoms, die zweite das zweite Elektron usw.
Isoelektronisch (Abschn. 7.**4**, S. 102). Teilchen mit gleicher Elektronenkonfiguration.
Isolator (Abschn. 27.**1**, S. 471). Substanz mit einem voll besetzten Valenzband, das durch eine breite verbotene Zone von einem Leitfähigkeitsband getrennt ist, so daß Valenzelektronen keinen elektrischen Strom leiten können.
Isolierte Doppelbindung (Abschn. 29.**2**, S. 539). Doppelbindung, die in einem Molekül durch mindestens zwei Einfachbindungen von einer anderen Mehrfachbindung getrennt ist.
Isomere (Abschn. 25.**7**, S. 433; Abschn. 28.**4**, S. 516). Verbindungen mit der gleichen Summenformel aber mit unterschiedlichen Strukturen. Isomere haben unterschiedliche chemische und physikalische Eigenschaften. Siehe auch: *cis-trans-*Isomerie, Diastereomere, Enantiomere, Hydratisomerie, Ionisationsisomerie, Konstitutionsisomere, Koordinationsisomerie, Stereoisomere.
Isomerisierung (Abschn. 29.**1**, S. 538). Reaktion, bei der Isomere ineinander überführt werden. Isomerisierungen spielen bei der Erdölraffination eine bedeutende Rolle.
Isotope (Abschn. 2.**7**, S. 22 f.). Atome des gleichen Elements und daher gleicher Ordnungszahl, aber unterschiedlicher Massen- und Neutronenzahl.

J

Joule (Abschn. 5.1, S. 48). SI-Einheit für die Energie; 1 J = 1 N · m = 1 kg · m^2/s^2.

Joule-Thomson-Effekt (Abschn. 10.10, S. 160). Ein reales Gas kühlt sich bei Expansion ab.

K

Kalorie (Abschn. 5.2, S. 49). Ältere Einheit für Wärmeenergie. Sie entspricht der Energie, die zum Erwärmen von 1 g Wasser von 14,5 auf 15,5 °C benötigt wird; genaue Definition: 1 cal = 4,184 J (exakt).

Kalorimeter (Abschn. 5.3, S. 49). Gerät zur Messung der umgesetzten Wärme bei chemischen oder physikalischen Vorgängen.

Kanalstrahlen oder positive Strahlen (Abschn. 2.3, S. 18 f.). Strahlen von positiven Ionen.

Katalysator (Abschn. 14.8, S. 259). Substanz, die eine chemische Reaktion beschleunigt, ohne selbst verbraucht zu werden.

Kathode (Abschn. 20.2, S. 352). Elektrode, an der die Reduktion erfolgt.

Kathodenstrahl (Abschn. 2.2, S. 17 f.). Strahl von Elektronen, die von der Kathode (negativen Elektrode) in einem evakuierten Rohr ausgehen.

Kation (Abschn. 3.1, S. 29; Abschn. 7.4, S. 101). Positiv geladenes Ion, entstanden durch Abgabe von einem oder mehreren Elektronen aus einem Atom oder einer Gruppe von kovalent miteinander verbundenen Atomen.

Kelvin (Abschn. 10.3, S. 147). SI-Einheit zur Temperaturmessung auf der absoluten Temperaturskala. Die Temperatur in Kelvin ergibt sich aus der Temperatur in °C durch Addition von 273,15.

Kernbindungsenergie (Abschn. 2.8, S. 23; Abschn. 31.9, S. 628). Das Energieäquivalent zum Massendefekt eines Atomkerns. Sie entspricht der Energie, die aufzubringen wäre, um den Atomkern in seine Nucleonen zu zerlegen.

Kernfusion (Abschn. 31.10, S. 633). Vorgang, bei dem sehr leichte Atomkerne zu größeren Kernen verschmolzen werden.

Kernreaktor (Abschn. 31.9, S. 631). Apparat zur Durchführung der kontrollierten Kernspaltung, wobei Energie gewonnen wird.

Kernspaltung (Abschn. 31.9, S. 629). Vorgang, bei dem schwere Atomkerne in leichtere gespalten werden.

Kernumwandlung (Abschn. 31.8, S. 625 ff.). Vorgang, bei dem ein Atomkern nach Beschuß mit anderen Teilchen in einen anderen Kern umgewandelt wird.

Keton (Abschn. 29.11, S. 554). Verbindung, in der eine Carbonyl-Gruppe an zwei Alkyl- oder Aryl-Gruppen gebunden ist: R^1-CO-R^2 (R^1, R^2: Alkyl- oder Aryl-Gruppe).

Ketose (Abschn. 30.2, S. 585). Zucker-Molekül mit einer Keto-Gruppe.

Kettenreaktion (Abschn. 14.6, S. 257). Vielstufige Reaktion, bei der nach einem Startschritt zwei Reaktionsschritte abwechselnd vielfach wiederholt werden.

Kinetische Gastheorie (Abschn. 10.5, S. 151 und 10.7, S. 154). Modell zur Erklärung der Eigenschaften von Gasen und zur Ableitung des idealen Gasgesetzes.

Knallgas (Abschn. 21.3, S. 381). Gemisch aus Wasserstoff und Sauerstoff, das bei Zündung explosionsartig zu Wasserdampf reagiert.

Knotenfläche (Abschn. 6.4, S. 75). Fläche, auf der die Wellenfunktion und die Aufenthaltswahrscheinlichkeit des Elektrons Null ist.

Koeffizient (Abschn. 4.1, S. 38). Zahl vor der Formel für eine Substanz in einer chemischen Gleichung.

Kohlehydrierung (Bergius-Verfahren) (Abschn. 21.3, S. 381). Prozeß zur Gewinnung von Kohlenwasserstoffen aus fein verteiltem Kohlenstoff und Wasserstoff bei hohem Druck, hoher Temperatur und in Anwesenheit eines Katalysators.

Kohlenhydrat (Abschn. 30.2, S. 585 f.). Ein Hydroxyaldehyd, ein Hydroxyketon oder eine davon abgeleitete Verbindung.

Kohlenoxid-Konvertierung (Abschn. 21.2, S. 379). Technisch durchgeführte Reaktion von CO mit Wasserdampf zu CO_2 und H_2.

Kohlenwasserstoff (Abschn. 29.1–4, S. 532–541). Verbindung, die nur Kohlenstoff und Wasserstoff enthält.

Komplex (Abschn. 18.4, S. 324 und Kap. 28, S. 509). Verbindung, die durch Anlagerung von Liganden (Lewis-Basen) an ein Zentralatom (Lewis-Säure) entsteht.

Komplexbildungskonstante, Stabilitätskonstante K_K (Abschn. 18.4, S. 326). Gleichgewichtskonstante für die Bildungsreaktion eines Komplexes.

Komplexzerfallskonstante, Dissoziationskonstante K_D (Abschn. 18.4, S. 325). Gleichgewichtskonstante für den Zerfall eines Komplexes; $K_D = 1/K_K$.

Kompressibilitätsfaktor (Abschn. 10.9, S. 157). pV/RT; für 1 mol eines idealen Gases ist er immer gleich 1.

Komproportionierung (Abschn. 13.3, S. 228). Reaktion, bei der zwei Verbindungen, in denen das gleiche Element mit unterschiedlichen Oxidationszahlen vorliegt, zu einer Verbindung mit einer dazwischen liegenden Oxidationszahl reagieren.

Kondensationsenthalpie s. Verdampfungsenthalpie

Kondensiertes Ringsystem (Abschn. 29.1, S. 534). Molekül, in dem zwei Ringgerüste über zwei gemeinsame, direkt miteinander verbundene Atome verknüpft sind. Es wird auch *anneliertes* Ringsystem genannt.

Konfiguration (Abschn. 28.4, S. 517; Abschn. 29.17, S. 574). Geometrische Gestalt eines Moleküls. Stereoisomere haben unterschiedliche Konfiguration.

Konformation (Abschn. 29.1, S. 535). Orientierung von Molekülteilen zueinander, die sich durch Verdrehung um eine

Einfachbindung ergibt. Sind in verschiedenen Molekülen die Molekülteile unterschiedlich zueinander verdreht, so spricht man von **Konformationsisomeren** oder **Konformeren**. In Alkanen liegt die *gestaffelte Konformation* vor, wenn in Projektion längs einer C−C-Bindung die an diese C-Atome gebundenen Atome auf Lücke stehen; in der *ekliptischen Konformation* sind sie in der Projektion deckungsgleich.

Konjugierte Doppelbindungen (Abschn. 29.2, S. 539). Zwei Doppelbindungen in einem Molekül, zwischen denen sich genau eine Einfachbindung befindet.

Konjugiertes (oder **korrespondierendes**) **Säure-Base- Paar** (Abschn. 16.2, S. 283). Brønsted-Säure-Base-Paar, das durch Abgabe bzw. Aufnahme eines Protons in Beziehung steht, z.B. NH_4^+-Ion (Säure) und NH_3 (Base).

Konstitution (Abschn. 28.2, S. 517; Abschn. 29.17, S. 574). Sequenz der Verknüpfung der Atome in einem Molekül.

Konstitutionsformel s. Strukturformel

Konstitutionsisomere (Abschn. 28.4, S. 517; Abschn. 29.1, S. 533 und 29.17, S. 574). Verbindungen mit der gleichen Summenformel, aber mit unterschiedlicher Konstitution, d.h. unterschiedlicher Verknüpfung der Atome.

Kontaktverfahren (Abschn. 24.10, S. 418). Verfahren zur Herstellung von Schwefelsäure, bei dem SO_2 katalytisch zu SO_3 oxidiert wird, SO_3 in H_2SO_4 gelöst wird und die gebildete $H_2S_2O_7$ mit Wasser zu H_2SO_4 umgesetzt wird.

Kontrollstäbe (Abschn. 31.9, S. 631). Stäbe aus Substanzen, die Neutronen einfangen können. Die Stäbe werden zwischen die Brennstäbe eines Kernreaktors mehr oder weniger weit eingeschoben, um den Neutronenfluß zu steuern.

Konzentration (Abschn. 4.4, S. 42; Abschn. 12.6, S. 202). Menge eines gelösten Stoffes in einer gegebenen Menge einer Lösung.

Konzentrationskette (Abschn. 20.9, S. 369). Galvanische Zelle, deren Halbzellen die gleichen Stoffe in unterschiedlichen Konzentrationen enthalten.

Koordinationsisomerie (Abschn. 28.4, S. 517). Eine Art Konstitutionsisomerie, bei der jedes Isomere über wenigstens zwei verschiedene Koordinationszentren verfügt und sich die Verteilung der Liganden auf diese Zentren unterscheidet.

Koordinationspolyeder (Abschn. 28.1, S. 510). Raumkörper, der entsteht, wenn man sich die direkt an ein Zentralatom gebundenen Atome durch Linien verbunden denkt.

Koordinationszahl (Abschn. 7.4, S. 101; Abschn. 28.1, S. 510). Die Anzahl der nächsten Nachbarionen um ein Ion in einem Ionenkristall oder die Anzahl der an ein Zentralatom direkt gebundenen Atome.

Korrespondierendes Säure-Base-Paar s. Konjugiertes Säure-Base-Paar

Kovalente Bindung (Abschn. 8.1, S. 112). Bindung, die durch gemeinsame Elektronen zwischen zwei Atomen bewirkt wird. Bei einer **Einfachbindung** ist ein gemeinsames Elektronenpaar vorhanden, bei einer **Doppel-** und einer **Dreifachbindung** sind es zwei bzw. drei gemeinsame Elektronenpaare.

Kovalenzradius (Abschn. 7.1, S. 95). Radius für die effektive Größe eines Atoms, das durch kovalente Bindung mit einem anderen Atom verknüpft ist.

Kristall (Abschn. 11.11, S. 179 und 11.12, S. 181). Feststoff, in dem die Teilchen zu einem dreidimensionalen, regelmäßig geordneten Muster angeordnet sind.

Kristallfeld-Theorie (Abschn. 28.5, S. 519). Theorie, welche die Bindungsverhältnisse in einem Komplex durch elektrostatische Anziehung zwischen einem positiv geladenen Zentralion und den negativen Ladungen der Elektronenpaare der Liganden erklärt.

Kristallgitter (Abschn. 11.12, S. 181). Dreidimensionales, regelmäßiges Muster von Punkten, die Lagen gleicher Umgebung repräsentieren.

Kristallisation (Abschn. 1.3, S. 10). Ausscheidung eines festen, kristallinen Stoffes aus einer Lösung, einer Schmelze oder aus der Gasphase.

Kristallisationsenthalpie s. Schmelzenthalpie

Kristallstrukturtyp (Abschn. 11.14, S. 186 und 11.15, S. 189). Ein definiertes Muster der Anordnung von Atomen oder Ionen einer Verbindung gegebener Zusammensetzung; zur Bezeichnung dient ein bekannter Vertreter, z.B. NaCl-Typ.

Kritische Masse (Abschn. 31.9, S. 630). Mindestmenge eines spaltbaren Materials, damit die nukleare Kettenreaktion aufrecht erhalten wird.

Kritischer Druck (Abschn. 10.10, S. 159). Druck, der mindestens ausgeübt werden muß, um ein Gas bei der kritischen Temperatur zu verflüssigen.

Kritische Temperatur (Abschn. 10.10, S. 159). Höchste Temperatur, bei der ein Gas durch Druckausübung verflüssigt werden kann.

Kroll-Prozeß (Abschn. 27.6, S. 480). Verfahren zur Reduktion eines Halogenids mit Natrium, Magnesium oder Calcium.

Kronenether (Abschn. 28.1, S. 514). Cyclische Polyether, der als mehrzähniger Ligand wirken kann.

Kryptand (Abschn. 28.1, S. 514). Käfigmolekül, das als mehrzähniger Ligand ein Ion umschließen kann.

Kubisch-innenzentrierte Kugelpackung (Abschn. 11.14, S. 187). Packung von Kugeln mit kubisch-innenzentrierter Elementarzelle.

Kumulierte Doppelbindungen (Abschn. 29.2, S. 539). Zwei Doppelbindungen an einem gemeinsamen Atom.

L

Labiler Komplex (Abschn. 28.2, S. 515). Komplex, der sich an schnellen Liganden-Austauschreaktionen beteiligt.

Ladungsdichte (Abschn. 6.4, S. 74 f.). Anteil der Elektronenladung pro Volumeneinheit. Wird synonym mit Elektronendichte oder Elektronen-Aufenthaltswahrscheinlichkeit gebraucht.

Langsame Neutronen (Abschn. 31.**8**, S. 627). Neutronen, deren kinetische Energie derjenigen von Gasmolekülen entspricht; auch **thermische Neutronen** genannt.
Lanthanoide oder **seltene Erden** (Abschn. 6.**3**, S. 70; 6.**9**, S. 89; Abschn. 27.**12**, S. 502; 27.**13**, S. 503). Die 14 Elemente, die dem Lanthan im Periodensystem folgen und bei denen von Element zu Element jeweils ein 4f-Orbital mit einem weiteren Elektron besetzt wird.
Lanthanoiden-Kontraktion (Abschn. 27.**12**, S. 502). Die schrittweise Verringerung der Atom- und Ionen-Radien in der Reihe der Lanthanoiden.
Latenzzeit (Abschn. 32.**3**, S. 656). Zeitraum zwischen der Zufuhr eines Giftes und dem Ausbruch der Krankheitserscheinungen.
Laugung (Abschn. 27.**5**, S. 477). Verfahren, um die metallhaltige Komponente eines Erzes in Lösung zu bringen und so von der Gangart abzutrennen.
Le Chatelier-Prinzip s. Prinzip des kleinsten Zwanges
Leerstelle (Abschn. 11.**16**, S. 192). Unbesetzte Position in einer Kristallstruktur.
Leitfähigkeitsband (Abschn. 27.**1**, S. 470). Unbesetztes Band in einem metallischen Kristall, in das Elektronen überwechseln können und dadurch frei beweglich werden.
Letale Dosis (Abschn. 32.**3**, S. 654). Tödliche Dosis eines Giftstoffs.
Lewis-Base (Abschn. 16.**5**, S. 288). Teilchenart, die ein Elektronenpaar zur Verfügung stellen kann unter Ausbildung einer kovalenten Bindung: eine **nucleophile** Spezies.
Lewis-Formel, Valenzstrichformel (Abschn. 8.**1**, S. 112). Darstellung der Bindungsverhältnisse in einem Molekül oder Molekül-Ion durch Valenzstriche. Striche zwischen Atomen repräsentieren die gemeinsamen Elektronenpaare von kovalenten Bindungen. Nichtbindende Valenzelektronen werden durch Punkte oder durch je einen Strich pro Elektronenpaar dargestellt (**freie** oder **einsame Elektronenpaare**).
Lewis-Säure (Abschn. 16.**5**, S. 288). Teilchenart, die eine kovalente Bindung mit dem von einer Base zur Verfügung gestellten Elektronenpaar bilden kann: eine **elektrophile** Spezies.
Lichtquant s. Photon
Ligand (Abschn. 28.**1**, S. 510). Molekül oder Ion, das über ein Elektronenpaar verfügt, mit dem es sich an ein Zentralatom bindet und einen Komplex bildet.
Ligandenfeld-Theorie (Abschn. 28.**5**, S. 522). Weiterentwickelte Fassung der Kristallfeld-Theorie.
Linearbeschleuniger (Abschn. 31.**8**, S. 626). Gerät, in dem geladene Teilchen auf einer geradlinigen Bahn durch elektrische Felder beschleunigt werden, um auf eine Zielsubstanz geschleudert zu werden.
Lipide (Abschn. 30.**3**, S. 588). Substanzen, die aus biologischem Material mit unpolaren Lösungsmitteln herausgelöst werden können. Dazu gehören Fette, Öle, einige Vitamine und Hormone sowie Bausteine aus Zellmembranen.

Lokalelement (Abschn. 20.**12**, S. 372). Kleines, kurzgeschlossenes galvanisches Element an der Berührungsstelle von zwei verschiedenen Metallen; ist eine Elektrolytflüssigkeit anwesend, so wird das unedlere Metall oxidiert.
London-Kräfte, Dispersionskräfte (Abschn. 11.**1**, S. 168). Stets vorhandene, zwischenmolekulare Anziehungskräfte. Sie werden durch Anziehung zwischen momentanen Dipolen bewirkt, die durch die Bewegung der Elektronen zustande kommen.
Löslichkeitsprodukt (Abschn. 18.**1**, S. 318). Gleichgewichtskonstante für den Vorgang der Auflösung einer schwerlöslichen Verbindung. Die schwerlösliche Verbindung („Bodenkörper") befindet sich im Gleichgewicht mit Ionen in der Lösung.
Lösung (Abschn. 1.**2**, S. 7). Einheitliches Gemisch mehrerer reiner Stoffe (homogenes Gemisch).
Lösungsenthalpie (Abschn. 12.**4**, S. 200). Beim Lösen einer bestimmten Stoffmenge freigesetzte oder aufgenommene Wärme; sie hängt von der Temperatur und der Konzentration der Lösung ab.
Lösungsmittelbezogene Base (Abschn. 16.**6**, S. 289). Substanz, die in Lösung das charakteristische Anion des Lösungsmittels bildet.
Lösungsmittelbezogene Säure (Abschn. 16.**6**, S. 289). Substanz, die in Lösung das charakteristische Kation des Lösungsmittels bildet.
Low-spin-Komplex (Abschn. 28.**5**, S. 524). Komplex, in dem die Konfiguration der d-Elektronen des Zentralatoms in einem Komplex eine minimale Zahl von ungepaarten Elektronen hat.

M

Magnetquantenzahl m (Abschn. 6.**5**, S. 77). Quantenzahl, welche die Orientierung eines Orbitals anzeigt. Sie kann die Werte $-l$ bis $+l$ annehmen (l = Nebenquantenzahl).
MAK s. Maximale Arbeitsplatzkonzentration
Makromolekül (Abschn. 29.**16**, S. 570). Molekül mit sehr hoher Molekülmasse.
Manometer (Abschn. 10.**1**, S. 144 f.). Gerät zur Messung des Druckes in einem Behälter.
Markovnikov-Regel (Abschn. 29.**5**, S. 542). Ist an den beiden C-Atomen einer Mehrfachbindung eine unterschiedliche Anzahl von H-Atomen gebunden, dann wird bei einer Additionsreaktion der positivere Teil des Addenden an das wasserstoffreichere C-Atom gebunden.
Masse (Abschn. 1.**2**, S. 6). Maß für die Menge von Materie.
Massenanteil $w(X)$ (Abschn. 3.**4**, S. 32; Abschn. 12.**6**, S. 202). Anteil des Elements X an der Masse der Verbindung oder Konzentrationsangabe einer Lösung als Masse des gelösten Stoffes pro Masse Lösung. $w \cdot 100\%$ = **Massenprozent**.

Massendefekt (Abschn. 31.**9**, S. 628). Differenz zwischen der Summe der Massen der Nucleonen eines Kerns und der Masse des Kerns. Das Energieäquivalent des Massendefekts ist die Kernbindungsenergie.
Massenkonzentration β (Abschn. 12.**6**, S. 205). Konzentrationsangabe einer Lösung als Masse gelöster Stoff pro Volumen Lösung.
Massenspektrometer (Abschn. 2.**7**, S. 22). Instrument, mit dem die Masse von Isotopen und deren relative Häufigkeit gemessen werden kann.
Massenwirkungsgesetz (Abschn. 15.**1** bis 15.**3**, S. 270 ff.). Für ein System im chemischen Gleichgewicht gilt: Das Produkt aus den Stoffmengenkonzentrationen (oder Partialdrücken) der Substanzen auf der rechten Seite der Reaktionsgleichung, jeweils potenziert mit den zugehörigen Koeffizienten der Reaktionsgleichung, geteilt durch das entsprechende Produkt der Substanzen auf der linken Seite der Reaktionsgleichung, ist gleich der Gleichgewichtskonstanten K_c bzw. K_p.
Massenzahl A (Abschn. 2.**6**, S. 21). Gesamtzahl von Protonen und Neutronen im Atomkern.
Materie (Abschn. 1.**2**, S. 6). Alles, was Raum erfüllt und Masse besitzt.
Matrizen-RNA oder **Boten-RNA, mRNA** (Abschn. 30.**6**, S. 599). Ribonucleinsäure, die im Zellkern gebildet wird und eine komplementäre Basensequenz zu einem Stück DNA hat. Sie wandert zu den Ribosomen, wo sie die Synthese von Proteinen steuert.
Maximale Arbeitsplatzkonzentration (MAK) (Abschn. 32.**2**, S. 650 f.). Höchstzulässige Konzentration eines Stoffes in der Luft am Arbeitsplatz.
Maxwell-Boltzmann-Geschwindigkeitsverteilung (Abschn. 10.**7**, S. 155). Statistische Verteilung der Geschwindigkeiten der Teilchen in einem Gas.
Mehratomiges Ion (Molekül-Ion) (Abschn. 3.**1**, S. 29). Ion, das aus mehreren Atomen besteht.
Mehrprotonige Säure (Abschn. 13.**4**, S. 230 f.). Säure, die mehr als ein Proton pro Molekül abgeben kann.
Mehrzähniger Ligand (Chelat-Ligand) (Abschn. 28.**1**, S. 513). Ligand, der mehrere Bindungen über mehrere Koordinationsstellen mit einem Zentralatom eingehen kann.
Mehrzentrenbindung (Abschn. 26.**9**, S. 462 und 26.**11**, S. 464). Bindung, bei der drei oder mehr Atome durch ein Elektronenpaar in einem Molekülorbital verknüpft sind.
Mesomerer Effekt (Abschn. 29.**6**, S. 546). Beeinflussung der Elektronenverteilung im π-Bindungssystem eines Moleküls durch Atome, die π-Bindungselektronen an sich ziehen (−M-Effekt) oder zur Verfügung stellen (+M-Effekt). Er wird auch *Konjugationseffekt* genannt.
Mesomerie (Resonanz) (Abschn. 8.**5**, S. 120). Formulierungsmethode für die Bindungsverhältnisse in Molekülen oder Molekül-Ionen, die durch eine einzelne Lewis-Formel nicht richtig wiedergegeben werden können. Die tatsächlichen Verhältnisse sind als Mittel zwischen mehreren Grenzformeln anzusehen.
Metallurgie (Abschn. 27.**5–7**, S. 475 ff.). Die Lehre der Gewinnung von Metallen aus Erzen (Hüttenkunde).
Metathese-Reaktion (Abschn. 13.**1**, S. 220). Reaktion zwischen zwei Verbindungen, bei der Kationen und Anionen ihre Partner tauschen.
Mittlere freie Weglänge (Abschn. 10.**7**, S. 155). Mittlere Weglänge, die ein Teilchen in einem Gas zwischen zwei Kollisionen mit anderen Teilchen zurücklegt.
Mizelle (Abschn. 30.**3**, S. 590). Kugelförmige Zusammenlagerung von Tensid-Molekülen, bei der sich die hydrophoben Molekülteile im Inneren und die hydrophilen Endgruppen an der Oberfläche befinden.
Moderator (Abschn. 31.**8** und 31.**9**, S. 626, 631). Substanz, die zum Abbremsen von schnellen Neutronen aus Kernreaktionen dient.
Modifikationen (Abschn. 11.**14**, S. 189) Unterschiedliche Kristallstrukturen bei ein und derselben Substanz.
Mol (Abschn. 3.**3**, S. 30). Stoffmenge, die genausoviel Teilchen enthält wie Atome in 12 g von $^{12}_{6}C$ enthalten sind, nämlich die Avogadro-Zahl.
Molalität b (Abschn. 12.**6**, S. 204). Konzentrationsangabe einer Lösung in Mol gelöster Stoff pro kg Lösungsmittel.
Molare Masse (Molmasse) (Abschn. 3.**3**, S. 31). Masse eines Mols. Wenn die relative Formel- oder Molekülmasse $M_r = x$ beträgt, ist die Masse eines Mols x g.
Molarität s. Stoffmengenkonzentration
Molekül (Abschn. 3.**1**, S. 28). Teilchen, das aus mehreren aneinandergebundenen Atomen besteht.
Molekülformel oder **Molekularformel** (Abschn. 3.**1**, S. 28). Chemische Formel, welche die Art und Zahl der Atome in einem Molekül bezeichnet.
Molekülion s. Mehratomiges Ion
Molekülmasse (Abschn. 3.**3**, S. 28). Masse eines Moleküls in u-Einheiten.
Molekülorbital (Abschn. 9.**4**, S. 133). Orbital, das zu einem Molekül und nicht zu einem einzelnen Atom gehört.
Molvolumen V_m (Abschn. 10.**2**, S. 146). Volumen, das ein Mol eines Gases einnimmt. Bei Normbedingungen ist V_m = 22,414 L.
Mond-Verfahren (Abschn. 27.**7**, S. 484). Verfahren zur Reinigung von Nickel durch chemische Transportreaktion mit Kohlenmonoxid.
Monomeres (Abschn. 29.**16**, S. 570). Kleinstes Molekül, das sich mit Molekülen der gleichen Art zu größeren Molekülen zusammenschließen kann, d. h. polymerisieren kann.
Monosaccharid (Abschn. 30.**2**, S. 585). Ein einfacher Zucker.
Moseley-Gesetz (Abschn. 6.**3**, S. 69). Lineare Beziehung zwischen dem Quadrat der Ordnungszahl eines Elements und der Frequenz der von ihm emittierten Röntgenstrahlung.
Mutation (Abschn. 30.**6**, S. 600). Veränderung in der DNA einer Zelle, aus der sich ein verändertes Protein ergibt, das von dieser Zelle synthetisiert wird.

N

Naszierender Wasserstoff (Abschn. 21.3, S. 381). Frisch entstehender Wasserstoff, der besonders reaktionsfähig ist.

Nebelkammer (Abschn. 31.4, S. 616). Gerät, mit dem die Bahnen von ionisierender Strahlung als Kondensstreifen sichtbar gemacht werden können.

Nebengruppen, Übergangselemente, Übergangsmetalle (Abschn. 6.3, S. 70; 6.7, S. 87 und 6.9, S. 89; Abschn. 27.12, S. 497). Elemente, bei denen als letztes ein d-Orbital besetzt wurde.

Nebenquantenzahl l (Abschn. 6.5, S. 76). Quantenzahl zur Bezeichnung einer Unterschale und der räumlichen Gestalt eines Orbitals. Die Symbole s, p, d, f werden für die Unterschalen mit $l = 0, 1, 2, 3$ verwendet.

Nernst-Gleichung (Abschn. 20.9, S. 366). Gleichung zur Berechnung des Reduktionspotentials in Abhängigkeit von Temperatur und Konzentrationen.

Netto-Ionengleichung (Abschn. 13.1, S. 220). Reaktionsgleichung, bei der nur die miteinander reagierenden Ionen berücksichtigt werden.

Neutralisation (Abschn. 13.4, S. 230). Reaktion zwischen einer Säure und einer Base.

Neutrino (Abschn. 31.3, S. 614). Ungeladenes Teilchen mit sehr geringer Masse, das beim β^+-Zerfall emittiert wird.

Neutron (Abschn. 2.4, S. 19; Abschn. 31.1, S. 607). Subatomares Teilchen ohne elektrische Ladung, mit Masse 1,0087 u, das im Atomkern vorkommt.

Neutronen-Einfang (Abschn. 31.8, S. 627 f.). Kernreaktion, die beim Beschuß von Atomkernen mit langsamen Neutronen stattfindet; das Neutron wird dem Atomkern einverleibt.

Newman-Projektion (Abschn. 29.1, S. 535). Formel zur Verdeutlichung der Konformation um eine Bindung.

Nichtbindendes Elektronenpaar s. Einsames Elektronenpaar.

Nichtstöchiometrische Verbindung (Abschn. 11.16, S. 192). Feststoff, dessen Zusammensetzung von der idealen Zusammensetzung abweicht, die der perfekten Kristallstruktur entspricht.

Nitril s. Carbonsäurenitril

Nivellierender Effekt (Abschn. 16.3, S. 284). Effekt des Lösungsmittels auf die Säurestärke von Brønsted-Säuren und -Basen. Eine gelöste Säure kann nicht stärker sauer wirken als die zum Lösungsmittel konjugierte Säure; eine gelöste Base kann nicht stärker basisch wirken als die zum Lösungsmittel konjugierte Base.

Normallösung (Abschn. 13.8, S. 237). Lösung mit einer definierten Äquivalentkonzentration.

Normalpotential E^0 (Abschn. 20.7, S. 360). Halbzellenpotential relativ zur Norm-Wasserstoffelektrode; alle anwesenden Stoffe müssen im Standardzustand vorliegen.

Normbedingungen (Abschn. 10.2, S. 146). Druck $p = 101,325$ kPa und Temperatur $T = 273,15$ K.

Norm-Wasserstoffelektrode (Abschn. 20.7, S. 359). Bezugselektrode, deren Normalpotential willkürlich auf $E^0 = 0$ V festgelegt ist. Sie besteht aus einem Platindraht, der von H_2 bei 101,3 kPa umspült wird und in eine Lösung mit H^+(aq)-Ionenaktivität von 1 taucht.

Nucleinsäure (Abschn. 30.6, S. 597 f.). Ein langkettiges Makromolekül, das aus Nucleotiden aufgebaut ist.

Nucleon (Abschn. 2.6, S. 21; Abschn. 31.1, S. 607). Ein Proton oder ein Neutron.

Nucleophile Substitution (Abschn. 14.6, S. 255, Abschn. 29.7, S. 547). Reaktion, bei der in einem Molekül eine nucleophile Gruppe (Lewis-Base) durch eine andere substituiert wird. Bei der S_N1-Reaktion wird zuerst die eine Gruppe abgespalten, dann die neue Gruppe angelagert; bei der S_N2-Reaktion verlaufen Anlagerung und Abspaltung synchron.

Nucleophile Verdrängungsreaktion (Abschn. 16.5, S. 289). Nucleophile Substitution, bei der eine Lewis-Base eine andere, schwächere Lewis-Base verdrängt.

Nucleosid (Abschn. 30.6, S. 597 f.). Molekül, das aus einer Pentose und einer stickstoffhaltigen, heterocyclischen Base aufgebaut ist.

Nucleotid (Abschn. 30.6, S. 597). Molekül, das aus einem Nucleosid und einem Molekül Phosphorsäure aufgebaut ist.

Nuclid (Abschn. 31.1, S. 607). Bezeichnung einer Atomsorte, die durch ihre Ordnungszahl und Massenzahl spezifiziert wird. Der Begriff **Isotop** bezieht sich auf eine von mehreren Atomsorten eines gleichen Elements, die sich durch ihre Massenzahl unterscheiden.

O

Oberflächenspannung (Abschn. 11.3, S. 172). In das Innere einer Flüssigkeit gerichtete Kraft, bedingt durch die intermolekularen Anziehungen.

Oele s. u. Fette und Oele

Oktaederlücke (Abschn. 11.14, S. 188). Lücke zwischen sechs oktaedrisch angeordneten, sich berührenden Kugeln einer dichtesten Kugelpackung.

Oktett-Regel (Abschn. 8.1, S. 112). Nichtmetalle (außer Wasserstoff) gehen so viele kovalente Bindungen ein, bis sie die acht Elektronen der folgenden Edelgaskonfiguration um sich haben. Das sind in der Regel $8 - N$ kovalente Bindungen, wenn N die Hauptgruppennummer ist.

Oligopeptid (Abschn. 30.5, S. 593). Molekül, das durch Kondensationsreaktion aus einigen Aminosäure-Molekülen entstanden ist.

Oligosaccharid (Abschn. 30.2, S. 585). Ein Kohlenhydrat, dessen Moleküle aus einigen Monosaccharid-Einheiten aufgebaut sind.

Orbital (Abschn. 6.4, S. 75). Wellenfunktion eines Elektrons in einem Atom; sie ist durch die Quantenzahlen n, l und m charakterisiert. Zu jedem Orbital gehört ein definierter Energiezustand und eine definierte Verteilung der Ladungsdichte.

Maximal zwei Elektronen mit entgegengesetztem Spin können das gleiche Orbital besetzen.

Osmose (Abschn. 12.**9**, S. 210). Fluß von Lösungsmittel-Molekülen durch eine semipermeable Membran von einer verdünnten in eine konzentriertere Lösung.

Ostwald-Verfahren (Abschn. 25.**8**, S. 435). Verfahren zur Herstellung von Salpetersäure. Ammoniak wird katalytisch zu NO verbrannt, NO wird zu NO_2 oxidiert und NO_2 wird mit Wasser zu HNO_3 umgesetzt.

Oxidation (Abschn. 13.**3**, S. 225). Teil einer Reaktion, bei der es zur Abgabe von Elektronen, d.h. zur Erhöhung der Oxidationszahl kommt.

Oxidationsmittel (Abschn. 13.**3**, S. 225). Substanz, die bei einer chemischen Reaktion reduziert wird und dadurch die Oxidation einer anderen Substanz bewirkt.

Oxidationszahl (Abschn. 13.**2**, S. 223). Fiktive Ionenladung an einem Atom, die sich ergibt, wenn man alle Elektronenpaare von kovalenten Bindungen dem jeweils elektronegativeren Bindungspartner zuteilt.

Oxonium-Ion (Hydronium-Ion) (Abschn. 13.**4**, S. 229). Ion, das aus einem Proton und einem Wasser-Molekül gebildet wird, H_3O^+.

P

Paramagnetische Substanz (Abschn. 6.**6**, S. 83). Substanz, die ungepaarte Elektronen enthält. Sie wird in ein magnetisches Feld hineingezogen.

Parkes-Verfahren (Abschn. 27.**7**, S. 483). Verfahren zur Abtrennung von Silber aus Blei; das Silber wird selektiv mit flüssigem Zink extrahiert.

Partialdruck (Abschn. 10.**6**, S. 153). Druck, den eine Komponente eines Gasgemisches ausüben würde, wenn sie als einzige im gleichen Volumen anwesend wäre.

Partieller Ionencharakter (Abschn. 8.**2**, S. 115 und 8.**3**, S. 117). Zahlenwert (Prozent), der die tatsächliche Polarität einer kovalenten Bindung im Verhältnis zur hypothetischen Polarität angibt, die vorläge, wenn zwischen den Atomen eine Ionenbindung bestünde.

Pascal (Abschn. 10.**1**, S. 144). SI-Einheit für den Druck; $1 \text{ Pa} = 1 \text{ N/m}^2 = 1 \text{ kg} \cdot \text{m}^{-1} \text{s}^{-2}$.

Pauli-Prinzip s. Ausschließungsprinzip

Peptid-Bindung (Abschn. 30.**5**, S. 593). Die Atomgruppe $-CO-NH-$, die unter Wasser-Abspaltung bei der Verknüpfung von Aminosäuren entsteht.

Perhalogenat (Abschn. 22.**6**, S. 395 und 399). Verbindung mit dem Anion XO_4^- (X: Cl, Br, I) oder IO_6^{5-}.

Periode (Abschn. 6.**3**, S. 70 und 6.**7**, S. 84 ff.). Elemente, die in einer Zeile des Periodensystems stehen.

Periodensystem (Abschn. 6.**3**, S. 68). Tabelle der chemischen Elemente, geordnet nach ihrer Ordnungszahl und nach ihren chemischen Eigenschaften.

Peroxosäure (Abschn. 24.**10**, S. 419). Säure, in der die Peroxo-Gruppe $-O-O-$ Bestandteil des Moleküls ist.

Phase (Abschn. 1.**2**, S. 7). In sich einheitliche Portion eines Stoffes ohne erkennbare Grenzflächen in ihrem Inneren.

Phasendiagramm (Abschn. 11.**10**, S. 178). Diagramm, aus dem sich die Existenzbereiche der Phasen einer Substanz in Abhängigkeit von Druck und Temperatur ersehen lassen.

Phenol (Abschn. 29.**9**, S. 552). Verbindung, in der eine OH-Gruppe direkt an das Ringgerüst eines Arens gebunden ist.

Phospholipid (Abschn. 30.**3**, S. 590). Verbindung, in der ein Molekül eines Alkohols wie Cholin, $[(H_3C)_3N-CH_2-CH_2-OH]^+$, mit einem Molekül Phosphorsäure verestert ist, das seinerseits noch mit einem Glycerindifettsäure-ester verestert ist. Phospholipide sind wesentliche Bestandteile von biologischen Zellmembranen.

Photochemischer Smog (Abschn. 25.**9**, S. 440). Schadstoffe in der Atmosphäre, die unter Sonnenlicht aus Kohlenwasserstoffen unter Mitwirkung von NO, NO_2 und Ozon entstehen.

Photon, Lichtquant (Abschn. 6.**1**, S. 64). Kleinste Energieportion von elektromagnetischer Strahlung. Seine Energie E ist der Frequenz ν der Strahlung proportional: $E = h\nu$, wobei $h = 6{,}6261 \cdot 10^{-34}$ Js die Planck-Konstante ist.

Photosynthese (Abschn. 26.**5**, S. 456). Prozeß, durch den Pflanzen Kohlenhydrate aufbauen; dabei wird Kohlendioxid aus der Atmosphäre entnommen und Sauerstoff abgegeben.

***p*H-Wert** (Abschn. 17.**1**, S. 294). Der negative Logarithmus der H^+(aq)-Ionenkonzentration: $pH = -\log c(H^+)$.

Pigment (Abschn. 27.**12**, S. 498). Feinverteilter Feststoff, der in Lack, Malerfarbe oder anderen Trägern suspendiert wird und diesen die deckende Farbe verleiht.

π-Bindung (Abschn. 9.**4**, S. 135). Kovalente Bindung, deren Ladungsdichte sich auf zwei Bereiche neben der Verbindungslinie zwischen den Atomkernen erstreckt.

π-Komplex (Abschn. 29.**8**, S. 550). Komplex, in der ein Alken, Alkin oder ein Aren über seine π-Elektronen an ein Übergangsmetallatom gebunden ist.

***p*K-Wert** (Abschn. 17.**2**, S. 297). Der negative Logarithmus einer Gleichgewichtskonstanten: $pK = -\log K$

Plasma (Abschn. 31.**10**, S. 633). Zustand der Materie bei sehr hohen Temperaturen, bei dem Kationen und Elektronen gasförmig vorliegen.

***p*OH-Wert** (Abschn. 17.**1**, S. 294). Der negative Logarithmus der OH^-(aq)-Ionenkonzentration.

Polare kovalente Bindung (Abschn. 8.**2**, S. 115). Kovalente Bindung mit partiellen Ladungen (δ^+ und δ^-) an den Atomen wegen einer ungleichen Verteilung der Bindungselektronen.

Polyaddition (Abschn. 29.**16**, S. 572). Reaktion, bei der durch Additionsreaktionen Makromoleküle entstehen.

Polyhalogenid (Abschn. 22.**3**, S. 391). Anion, das durch Anlagerung eines Halogen-Moleküls an ein Halogenid-Ion entsteht.

Polykondensation (Abschn. 29.**16**, S. 572). Reaktion, bei der unter Abspaltung von Wasser Makromoleküle entstehen.

Polymerisation (Abschn. 29.**16**, S. 570 f.). Reaktion, bei der ungesättigte Moleküle sich unter Aufhebung von je einer π-Bindung zu Makromolekülen verbinden.

Polymorphie (Abschn. 11.**14**, S. 189; Abschn. 24.**6**, S. 412). Das Auftreten mehrerer Modifikationen für eine feste Substanz.

Polypeptid (Abschn. 30.**5**, S. 593). Ein Makromolekül, das durch Polykondensation aus α-Aminosäure-Molekülen entstanden ist.

Polyphosphorsäuren (Abschn. 25.**10**, S. 442). Säuren mit mehr als einem P-Atom pro Molekül. Metaphosphorsäuren haben die allgemeine Zusammensetzung $(HPO_3)_x$.

Polysaccharid (Abschn. 30.**2**, S. 585). Ein Kohlenhydrat, dessen Moleküle aus vielen Monosaccharid-Einheiten aufgebaut sind. Stärke und Cellulose sind Beispiele.

Porphyrin (Abschn. 28.**1**, S. 513 f.). Chelat-Komplex mit einem vierzähnigen Liganden, der sich vom Porphin ableitet.

Potentiometrische Titration (Abschn. 20.**10**, S. 369). Titration, bei welcher der Äquivalenzpunkt durch Messung des Potentials einer Elektrode ermittelt wird, das von der Konzentration des zu bestimmenden Stoffes abhängt.

$p\pi$-$d\pi$-Bindung (Abschn. 9.**6**, S. 141). π-Bindung, die durch Überlappung eines p- und eines d-Orbitals entsteht.

Primärer Alkohol (Abschn. 29.**9**, S. 551). Alkohol, bei dem die OH-Gruppe an ein primäres Kohlenstoff-Atom gebunden ist.

Primäres Kohlenstoff-Atom (Abschn. 29.**1**, S. 534). Kohlenstoff-Atom, das mit genau einem weiteren Kohlenstoff-Atom verbunden ist.

Primärstruktur eines Proteins (Abschn. 30.**5**, S. 594). Die Sequenz der Aminosäuren in einer Protein-Kette.

Primitives Kristallgitter (Abschn. 11.**12**, S. 184). Kristallgitter, bei dem gleichartige Punkte nur in den Ecken der Elementarzelle auftreten.

Prinzip des kleinsten Zwanges oder **Prinzip von Le Chatelier** (Abschn. 12.**5**, S. 201; Abschn. 15.**4**, S. 275). Wird auf ein im Gleichgewicht befindliches System ein Zwang ausgeübt, so weicht es aus und ein verlagertes Gleichgewicht stellt sich ein.

Produkt (Abschn. 4.**1**, S. 38). Substanz, die bei einer chemischen Reaktion entsteht.

Prosthetische Gruppe (Abschn. 30.**7**, S. 602). Nichtproteinischer Bestandteil eines Enzyms, der fest an das Enzymprotein gebunden ist.

Protein (Abschn. 30.**5**, S. 593). Ein Polypeptid mit einer biochemischen Funktion.

Proton (Abschn. 2.**3**, S. 19; Abschn. 31.**1**, S. 607). Subatomares Teilchen mit positiver Ladung und Masse 1,0073 u, das im Atomkern vorkommt.

Prozentuale Ausbeute (Abschn. 4.**3**, S. 42). Verhältnis der tatsächlichen Ausbeute zur theoretischen Ausbeute in %.

Pseudohalogenid (Abschn. 26.**7**, S. 460). Ion, das sich in wäßriger Lösung ähnlich wie ein Halogenid verhält; Pseudohalogenide sind: Cyanid (CN^-), Thiocyanat (NCS^-), Cyanat (NCO^-), Azid (N_3^-).

Pufferlösung (Abschn. 17.**4**, S. 302). Lösung, die eine schwache Säure und ihre konjugierte Base enthält. Sie ändert ihren pH-Wert nur geringfügig bei Zugabe begrenzter Mengen von Säuren oder Basen.

Pyranose (Abschn. 30.**2**, S. 586). Monosaccharid mit Sechsring-Struktur.

Q

Quartärstruktur eines Proteins (Abschn. 30.**5**, S. 597). Die Verknüpfung mehrerer Protein-Ketten in ihrer Tertiärstruktur zum vollständigen Protein.

R

Racem-Form (Racemat, racemisches Gemisch) (Abschn. 28.**4**, S. 518; Abschn. 29.**17**, S. 574). Gemisch von zwei Enantiomeren im Molverhältnis 1 : 1.

Radienverhältnis (Abschn. 11.**15**, S. 190 f.). Größenverhältnis zwischen Kation und Anion in einer Ionenverbindung; das Radienverhältnis beeinflußt, welchen Kristallstrukturtyp die Verbindung annimmt.

Radikalische Substitution (Abschn. 29.**5**, S. 541 f.). Substitutionsreaktion, bei der die zu öffnenden Bindungen homolytisch gespalten werden.

Radioaktive Markierung (Abschn. 31.**11**, S. 636). Einbau eines radioaktiven Atoms in ein Molekül. Durch seine Strahlung kann sein Verbleib bei chemischen Reaktionen verfolgt werden.

Radioaktive Zerfallsreihe (Abschn. 31.**7**, S. 623). Folge von radioaktiven Zerfallsprozessen, bei der nacheinander radioaktive Nuclide auftreten, bis ein stabiles Nuclid entsteht.

Radioaktivität (Abschn. 2.**5**, S. 18; Abschn. 31.**3**, S. 610). Der spontane Zerfall von Atomkernen unter Ausstoß von radioaktiver Strahlung und Umwandlung zu anderen Kernen; natürliche radioaktive Stoffe geben α-, β- oder γ-Strahlen ab.

Raffination (Abschn. 27.**5**, S. 476 und 27.**7**, S. 483). Prozeß zur Reinigung eines Metalls. Es können dabei Substanzen zur Veränderung der Eigenschaften zugesetzt werden.

Raoult-Gesetz (Abschn. 12.**7**, S. 206). Der Partialdruck einer Komponente einer idealen Lösung ist gleich Stoffmengenanteil der Komponente mal Dampfdruck der reinen Komponente.

Raschig-Verfahren (Abschn. 25.**6**, S. 431). Verfahren zur Herstellung von Hydrazin aus Ammoniak und Natriumhypochlorit.

Reaktand oder **Edukt** (Abschn. 4.**1**, S. 38). Substanz, die bei einer chemischen Reaktion verbraucht wird.

Reaktionsenergie ΔU (Abschn. 5.**4**, S. 51; Abschn. 19.**2**, S. 333). Gesamtenergie, die bei einer chemischen Reaktion

aufgenommen oder abgegeben wird; sie entspricht der Differenz der inneren Energien von Produkten und Reaktanden.
Reaktionsenthalpie ΔH (Abschn. 5.4, S. 51; Abschn. 19.2, S. 333). Energie, die als Wärme bei einer chemischen Reaktion aufgenommen oder abgegeben werden kann: $\Delta H = \Delta U + p\Delta V$.
Reaktionsgeschwindigkeit (Abschn. 14.1, S. 242). Konzentrationsabnahme eines Reaktanden oder Konzentrationszunahme eines Reaktionsprodukts pro Zeiteinheit; sie ändert sich in der Regel im Verlaufe der Reaktion.
Reaktionskinetik (Kap. 14, S. 242). Lehre der Reaktionsgeschwindigkeiten und Reaktionsmechanismen.
Reaktionsmechanismus (Einleitung zu Kap. 14, S. 242; Abschn. 14.6, S. 255 f.). Beschreibung des Ablaufs einer chemischen Reaktion im einzelnen.
Reaktionsordnung (Abschn. 14.2, S. 244). Die Summe der Exponenten der Konzentrationen im Geschwindigkeitsgesetz.
Reaktionsquotient Q (Abschn. 15.2, S. 273). Zahlenwert, der sich ergibt, wenn beliebige Stoffmengenkonzentrationen (oder Partialdrücke) in den Ausdruck des Massenwirkungsgesetzes eingesetzt werden. Wenn $Q = K_c$ (bzw. $Q = K_p$), so herrscht Gleichgewicht; wenn $Q < K$, so läuft die Reaktion nach rechts ab, wenn $Q > K$, so läuft sie nach links ab.
Reduktion (Abschn. 13.3, S. 225). Teil einer Reaktion, bei der es zur Aufnahme von Elektronen, d. h. zur Erniedrigung der Oxidationszahl kommt.
Reduktionsmittel (Abschn. 13.3, S. 225). Substanz, die bei einer chemischen Reaktion oxidiert wird und dadurch die Reduktion einer anderen Substanz bewirkt.
Reduktionspotential (Abschn. 20.7, S. 360 f.). Halbzellenpotential für einen Reduktionsprozeß.
Reduzierende Chlorierung (Abschn. 22.5, S. 393). Verfahren zur Synthese von Chloriden aus Oxiden, Kohlenstoff und Chlor.
Regioselektive Reaktion (Abschn. 29.5, S. 543). Reaktion, bei der von zwei oder mehreren möglichen konstitutionsisomeren Reaktionsprodukten überwiegend nur eines gebildet wird.
Rektifikation s. Destillation
Relative Atommasse A_r (Abschn. 2.8, S. 23). Masse eines Atoms relativ zum zwölften Teil der Masse eines Atoms $^{12}_{6}C$.
Relative Formelmasse und **relative Molekülmasse** M_r (Abschn. 3.3, S. 31). Summe der relativen Atommassen A_r aller Atome in der Anzahl wie in der chemischen Formel bezeichnet.
Resonanz s. Mesomerie
Ribonucleinsäuren (RNA) (Abschn. 30.6, S. 597). Nucleinsäure aus Nucleotiden, die Ribose als Zuckerkomponente enthalten.
Ribosom (Abschn. 30.6, S. 600). Partikel, an dem die Proteinsynthese stattfindet. Die Codons einer Matrizen-RNA werden eines nach dem anderen interpretiert und die entsprechende Aminosäure an die wachsende Polypeptid-Kette angebaut.
RNA s. Ribonucleinsäuren
Röntgenbeugung (Abschn. 11.13, S. 184). Verfahren zur Bestimmung von Kristallstrukturen, bei dem ein Röntgenstrahl auf einen Kristall gerichtet wird und die Richtung und Intensität der gebeugten Strahlen ausgewertet wird.
Röntgenstrahlen (Abschn. 6.3, S. 69). Von einem Atom ausgehende Strahlung, nachdem Elektronen aus inneren Schalen herausgestoßen wurden und Elektronen aus äußeren Schalen auf die inneren Schalen springen.
Rösten von Erzen (Abschn. 27.5, S. 477). Erhitzen von Erzen an Luft; dabei werden Sulfide und Carbonate in Oxide umgewandelt.
Röstreaktion (Abschn. 27.6, S. 477). Reduktionsverfahren bei manchen Sulfiden (Cu_2S, PbS), bei denen das Sulfid selbst als Reduktionsmittel wirkt. Ein Teil des Sulfids wird mit Luft in das Oxid umgewandelt, das Oxid und weiteres Sulfid reagieren zum Metall und SO_2.
R-Sätze (Abschn. 32.1, S. 643, 646). Hinweise auf besondere Gefahren (⊟ 32.2, S. 646).

S

s^2**-Ion** (Abschn. 7.4, S. 102 und 7.6, S. 105). Ion mit der Elektronenkonfiguration $1s^2$ des Heliums.
Salzbrücke (Abschn. 20.7, S. 359). Rohr, das mit einer Salzlösung gefüllt ist und die zwei Halbzellen einer galvanischen Zelle verbindet.
Salzeffekt (Abschn. 18.1, S. 319). Zusatz von Salzen zu einer Lösung erhöht die Löslichkeit von schwerlöslichen Verbindungen.
Satz von Hess oder **Gesetz der konstanten Wärmesummen** (Abschn. 5.5, S. 53). Die Reaktionsenthalpie ist unabhängig davon, ob eine Reaktion in einem oder mehreren Schritten abläuft.
Sauerstoff-Kohlendioxid-Zyklus (Abschn. 26.5, S. 456). Gruppe von natürlichen und künstlichen Vorgängen, durch die Sauerstoff und Kohlendioxid ständig der Atmosphäre entnommen und ihr wieder zugeführt werden.
Säure (Abschn. 13.4, S. 229; Abschn. 16.1 und 16.2, S. 282 sowie 16.5, S. 287 und 16.6, S. 289). Nach Arrhenius, eine Wasserstoff-Verbindung, die in wäßriger Lösung unter Abgabe von H^+-Ionen und Bildung von H_3O^+-Ionen dissoziiert. Nach Brønsted eine Verbindung, die H^+-Ionen abgeben kann (Protonen-Donator). Nach Lewis ein Elektronenpaar-Akzeptor.
Säureanhydrid, saures Oxid (Abschn. 13.5, S. 232). Nichtmetalloxid, das mit Wasser eine Säure bildet.
Säuredissoziationskonstante K_S (Abschn. 17.2, S. 296). Gleichgewichtskonstante für die Dissoziation einer Säure.
Schale (Abschn. 6.2, S. 65 und 6.5, S. 76). Gruppe von Orbitalen eines Atoms mit gleicher Hauptquantenzahl n.

Schichtenstruktur (Abschn. 11.**11**, S. 180). Kristall, der aus Schichten besteht, in denen die Atome kovalent miteinander verbunden sind; zwischen den Schichten bestehen London-Kräfte oder Ionenanziehungen mit dazwischenliegenden Gegenionen.

Schlacke (Abschn. 27.**6**, S. 477). Material, das bei Schmelzprozessen aus Zuschlagstoffen und der Gangart eines Erzes entsteht und in flüssiger Form abgetrennt wird; Zweck ist die Abtrennung der Gangart.

Schmelzenthalpie (Abschn. 11.**8**, S. 177). Aufzuwendende Energie, um eine gegebene Menge eines Feststoffes bei gegebener Temperatur zu verflüssigen; die **Kristallisationsenthalpie** hat den gleichen Betrag, jedoch negatives Vorzeichen.

Schmelzpunkt s. Gefrierpunkt

Schnelles Neutron (Abschn. 31.**8**, S. 627). Schnell bewegtes Neutron, das bei einer Kernreaktion entsteht.

Schrödinger Gleichung (Abschn. 6.**4**, S. 75). Gleichung, mit der die Wellenfunktionen der Orbitale berechnet werden.

Schwache Säuren und Basen (Abschn. 13.**4**, S. 230). Säuren und Basen, die nur partiell H_3O^+- bzw. OH^--Ionen in wäßriger Lösung bilden.

Seigern (Abschn. 27.**5**, S. 476 und 27.**7**, S. 483). Abtrennen eines Minerals oder eines Metalls von Verunreinigungen durch Schmelzen und Abfließenlassen.

Sekundärer Alkohol (Abschn. 29.**9**, S. 551). Alkohol, in dem die OH-Gruppe an ein sekundäres Kohlenstoff-Atom gebunden ist.

Sekundäres Kohlenstoff-Atom (Abschn. 29.**1**, S. 534). Kohlenstoff-Atom, an das zwei weitere Kohlenstoff-Atome gebunden sind.

Sekundärstruktur eines Proteins (Abschn. 30.**5**, S. 596). Die räumliche Anordnung einer Protein-Kette; dazu gehören die α-Helix und die Faltblattstrukturen.

Seltene Erden s. Lanthanoide

Sesquiterpen (Abschn. 30.**1**, S. 583 f.). Terpen-Molekül, das aus drei Isopren-Einheiten aufgebaut ist.

Sesselform (Abschn. 29.**1**, S. 535). Konformation des Cyclohexan-Rings, die Ähnlichkeit zu einem Sessel hat.

Siedepunkt (Abschn. 11.**6**, S. 174). Temperatur, bei welcher der Dampfdruck einer Flüssigkeit gleich groß ist wie der äußere Atmosphärendruck; der normale Siedepunkt wird bei einem Dampfdruck von 101,3 kPa beobachtet.

Siedepunktserhöhung ΔT_S (Abschn. 12.**8**, S. 208). Erhöhung des Siedepunkts eines Lösungsmittels, wenn ein nichtflüchtiger Stoff darin gelöst ist; $\Delta T_S = E_S \cdot b$ (E_S = molale Siedepunktserhöhung; b = Molalität).

SI-Einheit (Abschn. 1.**4**, S. 11 und Einband vorne). Maßeinheit im Internationalen Einheitensystem.

Sievert (Abschn. 31.**6**, S. 621 f.). Maßeinheit für die biologisch wirksame, absorbierte Energiedosis. Für die ältere Einheit rem gilt: 1 Sv = 100 rem.

σ-Bindung (Abschn. 9.**4**, S. 134). Kovalente Bindung mit hoher, rotationssymmetrisch verteilter Ladungsdichte im Bereich zwischen zwei Atomkernen.

Signalstoff s. Botenstoff

Signifikante Stellen (Abschn. 1.**5**, S. 12). Anzahl der Ziffern eines Zahlenwertes, die aussagekräftig sind.

Silan (Abschn. 26.**4**, S. 455). Verbindung, die nur aus Silicium und Wasserstoff besteht.

Silbercoulombmeter (Abschn. 20.**4**, S. 356). Elektrolysezelle, in der Silber abgeschieden wird; aus der abgeschiedenen Silbermenge kann die durchflossene Elektrizitätsmenge berechnet werden.

Solvatation (Abschn. 12.**3**, S. 200). Umhüllung von gelösten Teilchen durch Lösungsmittel-Moleküle aufgrund von anziehenden Kräften.

Solvay-Verfahren (Abschn. 27.**8**, S. 488). Verfahren zur Herstellung von Natriumcarbonat („Soda").

Sonderabfall (Abschn. 32.**2**, S. 653 f.). Abfall, der Gefahrstoffe enthält und nur von dafür befugten Institutionen entsorgt werden darf.

Spannungsreihe (Abschn. 20.**7**, S. 360). Liste der Normalpotentiale nach zunehmenden Werten.

Spektrochemische Serie (Abschn. 28.**5**, S. 525). Eine Serie von Liganden, geordnet nach der Zunahme der Orbitalenergie-Aufspaltung Δ_o, die sie verursachen.

Spektrum (Abschn. 6.**2**, S. 64). Durch Aufteilung von Licht in Abhängigkeit von der Wellenlänge erhaltenes Muster. Weißes Licht, in dem alle Wellenlängen vorkommen, ergibt ein kontinuierliches Spektrum. Substanzen, die aus einem angeregten Zustand Licht emittieren, ergeben ein Linienspektrum.

Spezifische Wärme (Abschn. 5.**2**, S. 49). Benötigte Wärmemenge, um 1 g einer Substanz um 1 °C zu erwärmen.

Spin (Abschn. 6.**5**, S. 72). Deutung des Magnetfelds eines Elektrons als Folge einer Drehung um seine eigene Achse. Nur zwei Spinzustände sind möglich, die durch die Spinquantenzahl $s = +\frac{1}{2}$ oder $-\frac{1}{2}$ charakterisiert werden.

Spinpaarungsenergie P (Abschn. 28.**5**, S. 524). Energie, die aufzubringen ist, um zwei Elektronen mit entgegengesetztem Spin in ein Orbital zu bringen.

s^2p^6**-Ion** (Abschn. 7.**4**, S. 102 und 7.**6**, S. 105). Ion mit der Edelgaskonfiguration ns^2np^6.

Spiran (Abschn. 29.**1**, S. 534). Verbindung, in der zwei ringförmige Molekülgerüste über ein gemeinsames C-Atom miteinander verbunden sind.

Spontaner Prozeß (Abschn. 19.**3**, S. 335). Prozeß, der freiwillig abläuft.

Spurenelement (Einleitung zu Abschn. 30, S. 583). Für die biochemischen Lebensprozesse essentielles Element, das in kleinen Mengen vom Organismus benötigt wird. Dazu gehören Si, Pb, As, Se, I, V, Cr, Mo, Mn, Fe, Co, Ni, Cu, Zn und Cd.

S-Sätze (Abschn. 32.**1**, S. 643, 645). Sicherheitsratschläge (◻ 32.**3**, S. 645).

Stabilitätskonstante s. Komplexbildungskonstante

Standardabweichung (Abschn. 1.**5**, S. 13). Zahlenwert, mit dem die Präzision eines Meßwerts abgeschätzt werden kann.
Standard-Bildungsenthalpie s. Bildungsenthalpie
Starke Säuren und Basen (Abschn. 13.**4**, S. 230). Säuren und Basen, die in wäßriger Lösung vollständig dissoziieren.
Steam Reforming (Abschn. 21.**2**, S. 379). Technisches Verfahren zur Gewinnung von Wasserstoff aus Wasserdampf und Kohlenwasserstoffen bei hoher Temperatur.
Stereoisomere (Abschn. 28.**4**, S. 517; 29.**1**, S. 537; 29.**2**, S. 539; 29.**17**, S. 574). Verbindungen mit gleicher Konstitution, aber unterschiedlicher räumlicher Anordnung der Atome. Stereoisomere können Diastereomere (zum Beispiel cis-trans-Isomere) oder Enantiomere sein.
Stereospezifische Reaktion (Abschn. 29.**17**, S. 577). Reaktion, bei der ein bestimmtes Enantiomeres entsteht.
Sterische Hinderung (Abschn. 29.**7**, S. 548). Hinderung des Ablaufs einer chemischen Reaktion oder von einem bestimmten Reaktionsmechanismus durch die Anwesenheit von voluminösen Substituenten.
Steroid (Abschn. 30.**4**, S. 591). Derivat des Cholesterols. Einige wichtige Hormone sind Steroide.
Stickstoff-Fixierung (Abschn. 25.**3**, S. 427). Vorgang, bei dem elementarer Stickstoff in Stickstoff-Verbindungen umgewandelt wird.
Stöchiometrie (Einleitung zu Kap. 3, S. 28). Die quantitativen Beziehungen zwischen Elementen in einer Verbindung und zwischen Elementen und Verbindungen, die an einer chemischen Reaktion beteiligt sind.
Stoffmengenanteil x (Abschn. 10.**6**, S. 153; Abschn. 12.**6**, S. 203). Verhältnis der Stoffmenge (in Mol) einer Komponente eines Gemisches zur gesamten Stoffmenge des Gemisches.
Stoffmengenkonzentration c (Abschn. 4.**4**, S. 42; Abschn. 12.**6**, S. 203). Konzentrationsangabe einer Lösung als Stoffmenge gelöster Stoff pro Volumen Lösung (mol/L). Frühere Bezeichnung: Molarität.
Strahlungs-Exposition (Abschn. 31.**6**, S. 621). Strahlungsmenge, der ein Objekt pro Masseneinheit ausgesetzt ist; Maßeinheit: Bq/kg.
Strukturformel oder **Konstitutionsformel** (Abschn. 3.**1**, S. 28). Formel, in der jedes vorhandene Atom eines Moleküls einzeln bezeichnet ist und in der die miteinander verbundenen Atome durch Bindungsstriche angezeigt sind.
Sublimation (Abschn. 11.**10**, S. 179). Direkte Verdampfung eines Feststoffes ohne zwischenzeitliche Verflüssigung.
Substituent s. Funktionelle Gruppe
Substitutionsreaktion (Abschn. 29.**5**, S. 541 f.; 29.**6**, S. 544 und 29.**7**, S. 547). Reaktion, bei der ein Substituent durch einen anderen Substituenten ersetzt wird.
Substrat (Abschn. 30.**7**, S. 601). Eine Substanz, die am aktiven Zentrum eines Enzyms an einer chemischen Reaktion beteiligt ist.
Supramolekulare Chemie (Abschn. 28.**1**, S. 515). Chemie von Komplexen mit Liganden, die ein Zentralion umhüllen.

Suspension (Abschn. 1.**2**, S. 8). Heterogenes Gemisch eines flüssigen und eines festen Stoffes.
System (Abschn. 19.**1**, S. 332). Teilstück der Natur, auf das die Betrachtung gerichtet ist.
Szintillations-Zähler (Abschn. 31.**4**, S. 616). Gerät zur quantitativen Messung von radioaktiven Emissionen; diese erzeugen Lichtblitze auf einer fluoreszierenden Substanz, die photoeletrisch registriert und gezählt werden.

T

Tautomerie (Abschn. 29.**11**, S. 558). Chemisches Gleichgewicht, bei dem zwei *tautomere* Moleküle miteinander im Gleichgewicht stehen. Tautomere Moleküle sind Konstitutionsisomere, die sich durch die Position eines Protons unterscheiden. Von besonderer Bedeutung ist die *Keto-Enol-Tautomerie*, an der ein 1,3-Diketon und ein Enol (ungesättigter Alkohol) beteiligt sind.
Technische Richtkonzentration (TRK) (Abschn. 32.**2**, S. 650 f.). Maximalkonzentration eines Stoffes in der Luft am Arbeitsplatz, die nach dem Stand der Technik erreicht werden kann.
Teilchen-Teilchen-Reaktion (Abschn. 31.**8**, S. 625). Kernreaktion, bei der ein Zielkern von einem nuklearen Projektil getroffen wird und ein neuer Kern unter Emission eines anderen Teilchens entsteht.
Temperatur (Abschn. 5.**2**, S. 49; Abschn. 10.**3**, S. 147 f. und 10.**5**, S. 152). Zustandsgröße von Materie, die bestimmt, in welcher Richtung Wärme fließt. Bei einem Gas ist sie der mittleren kinetischen Energie der Teilchen proportional.
Tensid (Abschn. 30.**3**, S. 590). Molekül, das ein hydrophiles und ein hydrophobes Ende besitzt.
Terpene (Abschn. 30.**1**, S. 583 f.). Kohlenwasserstoffe und sich davon ableitende Alkohole, Ether, Aldehyde und Ketone, deren Molekülgerüst aus mehreren Isopren-Einheiten (C_5H_8) aufgebaut ist. Die Duftstoffe der Pflanzenwelt sind Terpene.
Tertiärer Alkohol (Abschn. 29.**9**, S. 551). Alkohol, bei dem die OH-Gruppe an ein tertiäres Kohlenstoff-Atom gebunden ist.
Tertiäres Kohlenstoff-Atom (Abschn. 29.**1**, S. 534). Kohlenstoff-Atom, das mit drei weiteren Kohlenstoff-Atomen verbunden ist.
Tertiärstruktur eines Proteins (Abschn. 30.**5**, S. 596). Die Abfolge der Sekundärstrukturen eines Proteins.
Tetraederlücke (Abschn. 11.**14**, S. 188). Lücke zwischen vier tetraedrisch angeordneten, sich berührenden Kugeln einer dichtesten Kugelpackung.
Theoretische Ausbeute (Abschn. 4.**3**, S. 42). Maximale Produktmenge bei einer chemischen Reaktion, nach der Reaktionsgleichung berechnet.
Theorie des Übergangszustands (Abschn. 14.**4**, S. 252). Theorie, bei der das vorübergehende Auftreten eines Über-

gangszustands (oder aktivierten Komplexes) im Verlaufe eines Reaktionsschrittes angenommen wird.
Thermische Neutronen s. Langsame Neutronen.
Thermit-Verfahren, Goldschmidt-Verfahren (Abschn. 27.**6**, S. 480). Reduktion eines Metalloxids mit Aluminium.
Thermochemie (Einleitung zu Kap. 5, S. 48). Studium der bei chemischen Prozessen umgesetzten Wärmemengen.
Thermodynamik (Einleitung zu Kap. 19, S. 332). Die Lehre der Energieänderungen, die chemische und physikalische Vorgänge begleiten.
Thermonukleare Reaktion (Abschn. 31.**9**, S. 633). Kernfusionsreaktion, die bei sehr hohen Temperaturen stattfindet.
Titration (Abschn. 13.**7**, S. 234; Abschn. 17.**7**, S. 311; Abschn. 20.**10**, S. 369). Vorgang, bei dem eine Lösung bekannter Konzentration zu einer zu bestimmenden Lösung gegeben wird, um deren Konzentration zu ermitteln.
Titrationskurve (Abschn. 17.**7**, S. 311 ff.; Abschn. 20.**10**, S. 369). Graph. zur Darstellung des pH-Werts oder des Reduktionspotentials als Funktion der zugegebenen Reagenzmenge im Verlaufe einer Tritration.
t_{2g}**-Orbitale** (Abschn. 28.**5**, S. 520). Ein Satz von drei entarteten Orbitalen in einem oktaedrischen Komplex.
Toxikologie (Abschn. 32.**3**, S. 654). Lehre der Vergiftungen.
Toxische Dosis (Abschn. 32.**2**, S. 654). Krankmachende Dosis eines Giftstoffs.
Transfer-RNA (tRNA) (Abschn. 30.**6**, S. 600). Der kleinste Typ von Nucleinsäure in einer Zelle. Eine Transfer-RNA trägt eine spezifische Aminosäure und hat ein Anticodon, das dieser Aminosäure entspricht.
Transkription (Abschn. 30.**6**, S. 599). Biosynthese der Matrizen-RNA, bei der die Basenfolge einer DNA auf die RNA „umgeschrieben" wird.
Transurane (Abschn. 31.**8**, S. 628). Die Elemente, die im Periodensystem dem Uran folgen.
Triglycerid (Abschn. 30.**3**, S. 589). Ein Ester, der aus 1 mol Glycerin und 3 mol Fettsäuren entsteht. Fette und Öle sind Triglyceride.
Tripelpunkt (Abschn. 11.**10**, S. 178). Temperatur und Druck, bei dem von einer Substanz die feste, flüssige und gasförmige Phase miteinander im Gleichgewicht stehen.
TRK s. Technische Richtkonzentration
tRNA s. Transfer-RNA

U

Übergangselemente(-metalle) s. Nebengruppen
Übergangszustand s. aktiver Komplex
Überspannung (Abschn. 20.**11**, S. 370 f.). Zusätzliche Spannung, die über das theoretische Zellenpotential hinaus angelegt werden muß, um eine Elektrolysereaktion in Gang zu bringen.
Umgebung (Abschn. 19.**1**, S. 332). Teilstück der Natur, auf das die Betrachtung nicht gerichtet ist.
Unedle Metalle s. Edle Metalle
Ungesättigte Verbindung (Abschn. 29.**2/3**, S. 538 ff.). Verbindung, in der CC-Doppel- oder -Dreifachbindungen vorkommen.
Unschärferelation (Abschn. 6.**4**, S. 73). Man kann von einem Teilchen nicht gleichzeitig Ort und Impuls exakt bestimmen.
Unterschale (Abschn. 6.**5**, S. 76; 6.**8**, S. 88). Durch die Nebenquantenzahl l bezeichnete Gruppe von Orbitalen gleicher Energie in einer Schale.
Urethan (Abschn. 29.**13**, S. 567). Ester der Carbamidsäure, d.h. Verbindungen mit der Atomgruppe $R^1-NH-CO-OR^2$ (R^1, R^2: Alkyl- oder Aryl- Gruppe).

V

Valenzband (Abschn. 27.**1**, S. 470). Band in einem Kristall, das mit den Valenzelektronen besetzt ist.
Valenzelektronen (Abschn. 6.**6**, S. 83). Elektronen der äußersten Schale eines Hauptgruppenelements, der äußersten zwei Schalen eines Nebengruppenelements oder der äußersten drei Schalen eines Lanthanoids oder Actinoids.
Valenzelektronenpaar-Abstoßungs-Theorie (Abschn. 9.**2**, S. 126). Theorie zur Voraussage der Molekülgestalt durch Beachtung der gegenseitigen Abstoßung zwischen bindenden wie auch nichtbindenden Valenzelektronenpaaren eines Atoms.
Valenzstrichformel s. Lewis-Formel
van-Arkel-de Boer-Verfahren (Abschn. 27.**7**, S. 484). Verfahren zur Reinigung von Metallen durch chemische Transportreaktion mit Iod.
van der Waals-Gleichung (Abschn. 10.**9**, S. 159). Zustandsgleichung für reale Gase, die intermolekulare Anziehungskräfte und die Volumenbeanspruchung der Moleküle berücksichtigt.
van der Waals-Kräfte s. Intermolekulare Kräfte
van der Waals-Radius (Abschn. 7.**1**, S. 95). Radius für die effektive Größe eines Atoms, das nur durch die schwachen van der Waals-Kräfte in Kontakt zu einem anderen Atom gehalten wird.
Van't Hoff-Faktor i (Abschn. 12.**12**, S. 215). Verhältnis der beobachteten Gefrierpunktserniedrigung, Siedepunktserhöhung, Dampfdruckerniedrigung oder des osmotischen Druckes einer Elektrolyt-Lösung relativ zum Erwartungswert für eine Nichtelektrolyt-Lösung.
Verbindung (Abschn. 1.**2**, S. 6, 7). Reiner Stoff, der aus mehreren Elementen in festgelegtem Mengenverhältnis aufgebaut ist.
Verbotene Energiezone (Abschn. 27.**1**, S. 470 f.). Zone im Energiediagramm für die Bänder eines Kristalls; kein Elektron kann eine Energie haben, die in diese Zone fällt.
Verdampfungsenthalpie (Abschn. 11.**4**, S. 173 und 11.**7**, S. 175). Aufzuwendende Energie, um eine gegebene Flüssigkeitsmenge bei gegebener Temperatur zu verdampfen;

die **Kondensationsenthalpie** hat den gleichen Betrag, jedoch negatives Vorzeichen.
Verseifung (Abschn. 29.**12**, S. 562; Abschn. 30.**3**, S. 590). Hydrolytische Spaltung eines Carbonsäureesters in einen Alkohol und eine Carbonsäure. Bei der basischen Verseifung eines Triglycerids sind die Reaktionsprodukte Glycerin und Fettsäure-Anionen (Seifen).
Viskosität (Abschn. 11.**3**, S. 172). Widerstand, den eine Flüssigkeit dem Fließen entgegensetzt.
Vitamine (Abschn. 30.**4**, S. 592; 30.**7**, S. 603). Essentielle Nahrungsbestandteile, die als Bauteile von Coenzymen oder prosthetischen Gruppen in Enzymen benötigt werden.
Voltaische Zelle s. Galvanische Zelle
Volumenanteil φ (Abschn. 12.**6**, S. 205). Konzentrationsangabe als Verhältnis des Volumens einer Komponente zur Summe der Volumina aller Komponenten.
Volumenarbeit $p\Delta V$ (Abschn. 5.**4**, S. 51; Abschn. 19.**2**, S. 333). Arbeit, die geleistet wird, wenn ein Volumen um einen Betrag ΔV bei einem Druck p verändert wird.
Volumetrische Analyse (Abschn. 13.**7**, S. 234). Quantitative chemische Analyse, die auf der Messung von Lösungsvolumina basiert.

W

Wärme (Abschn. 5.**2**, S. 49). Energieform, die spontan von einem Körper höherer Temperatur zu einem niedrigerer Temperatur fließt.
Wärmekapazität (Abschn. 5.**3**, S. 49). Benötigte Wärmemenge, um eine gegebene Masse um 1 °C zu erwärmen.
Wassergas (Abschn. 21.**2**, S. 379). Gemisch aus CO und H_2, das technisch durch Reaktion von Wasserdampf mit heißem Koks erhalten wird.
Wasserstoffbrücke (Abschn. 11.**2**, S. 169 ff.). Intermolekulare Anziehung zwischen dem Wasserstoff-Atom eines Moleküls und einem einsamen Elektronenpaar eines anderen Moleküls; das Wasserstoff-Atom muß eine relativ hohe δ^+ Partialladung haben, das einsame Elektronenpaar muß zu einem elektronegativen Atom gehören (vorzugsweise F, O oder N).
Wellenfunktion ψ (Abschn. 6.**4**, S. 74). Mathematische Funktion zur Beschreibung eines Elektrons als Welle. ψ^2 ist proportional zur Ladungsdichte des Elektrons.
Williamson-Synthese (Abschn. 29.**10**, S. 553). Reaktion zur Synthese von Ethern aus Halogenalkanen und Alkanolaten.
Windfrisch-Verfahren (Abschn. 27.**7**, S. 485). Verfahren zur Gewinnung von Stahl aus Roheisen; mit einem Sauerstoffstrahl werden die Verunreinigungen im flüssigen Roheisen oxidiert.
Wittig-Reaktion (Abschn. 29.**11**, S. 557). Reaktion zur Synthese von Alkenen, bei der ein Alkylmethylen-triphenylphosphoran aus einem Alkyltriphenylphosphonium-Salz und Butyllithium hergestellt wird und dieses dann mit einem Keton umgesetzt wird.
Wurzel aus dem mittleren Geschwindigkeitsquadrat (Abschn. 10.**7**, S. 155). Die Wurzel aus dem Mittelwert der Quadrate der Geschwindigkeiten (von Molekülen in einem Gas).

Z

Zentralatom, Zentralion (Abschn. 28.**1**, S. 510). Atom oder Ion im Mittelpunkt eines Komplexes, an das Liganden gebunden sind.
Zerfallskonstante (Abschn. 31.**5**, S. 617). Die Geschwindigkeitskonstante für das Zerfallsgesetz eines radioaktiven Nuclids.
Zone der Stabilität (Abschn. 31.**1**, S. 608). Zone in einem Graphen, in dem die Zahl der Neutronen gegen die Zahl der Protonen aufgetragen ist und in der stabile Nuclide durch Punkte bezeichnet sind.
Zonenschmelzen (Abschn. 27.**7**, S. 484 f.). Verfahren zur Reinigung von Werkstoffen, bei dem eine Zone eines Stabes aufgeschmolzen wird und dann langsam durch den Stab gezogen wird. Die Verunreinigungen sammeln sich in der geschmolzenen Zone und finden sich schließlich am Ende des Stabes.
Zustandsfunktion (Abschn. 19.**1**, S. 332). Funktion, die vom Zustand (Temperatur, Druck, Zusammensetzung usw.) eines Systems abhängt. Sie ist unabhängig vom Weg, auf dem der Zustand erreicht wird. U, H, S und G sind Zustandsfunktionen.
Zustandsgrößen (Abschn. 10.**3**, S. 146). Druck, Volumen und Temperatur sind die Zustandsgrößen eines Gases.
Zwischengitterplatz (Abschn. 11.**16**, S. 192). Lage in einer Kristallstruktur zwischen den regulären Atompositionen.
Zwischenprodukt (Abschn. 14.**4**, S. 250 f.). Substanz, die im Verlaufe einer chemischen Reaktion entsteht und wieder verbraucht wird.
Zwitter-Ion, Betain (Abschn. 29.**13**, S. 566; Abschn. 30.**5**, S. 593). Molekül, das eine kationische und eine anionische Gruppe enthält, entstanden durch eine Säure-Base-Reaktion zwischen einer sauren und einer basischen Gruppe im Molekül.

Sachverzeichnis

Seitenhinweise in *kusiver* Schrift beziehen sich auf die Schlüsselworte im Glossar (S. 693ff.)

A

Abdampfen 9f.
Abfallentsorgung 653f.
Abfallgesetze 649, 653
Abgabe von Energie 51f., 333
Abgaskatalysator 262
Abgasnorm, europäische 438
abgeleitete Maßeinheiten 11, vord. Einband
abgeschlossenes System 332
Abklingbecken 632
Abschirmung 96f., *693*
absolute Ausbeute 42
absolute Entropie 340ff.
– Tabelle 342, 663
absolute Meßskala 147
absolute Standard-Entropie 340, *693*
– Tabelle 342, 663f.
absolute Temperatur 147, *693*
absoluter Nullpunkt 147, 157, 340
absorbierte Energiedosis 621, *693*, vord. Einband
Absorptionsspektrum 525
abstoßende Kraft 94f., 189
Acetaldehyd 244, 439f., 554, 652
Acetamid 566
Acetanhydrid 560, 566
Acetat 282ff., 299
– Löslichkeit 222
-Puffer 303f.
Acetessigester 563f.
Acetessigsäure 563
Acetobacter 559
Aceton 554f., 652
Acetonitril 560, 566, 652
Acetophenon (Acetylbenzol) 561
Acetylaceton 558
Acetylchlorid 561
Acetyl-Coenzym A 584, 602

Acetylen (Ethin) 411, **539**f., 571
– Additionsreaktionen 543
– Bindungsverhältnisse 113, 140, 539
– Synthese 453f., 540
– thermodynamische Daten 340, 342, 663
Acetylendicarbonsäure 544
Acetylenverordnung 649
Acetyl-Gruppe 560, 584
Acetylid-Ion 138, 453f., 540
Acetylsalicylsäure 563
Achat 457
achiral 574f.
Acht-minus-N-Regel 113, 118f.
Achtzehn-Elektronen-Regel 512, 524
Acrylnitril 573
Acrylsäure 563
Actinium 386
Actinoide 70, 84, 89, 498, *693*
Acylamin 566
Acylchlorid 561, 566f.
Acyl-Gruppe 545, **560**f., *693*
Additionsreaktion 542ff., 555ff., *693*
Adenin 597ff.
Adenosin 598
Adenosindiphosphat 603
Adenosinmonophosphat 603
Adenosintriphosphat 584, 598, 603
Adipinsäure 558, 572f.
Adrenalin 592
Adsorption 10, 260, *693*
Aerosol 8
Aggregatzustand 8, 38, 52, 167, *693*
aktives Isopren 584
aktives Zentrum 601, *693*
aktivierte Essigsäure 584, 602, *693*

aktivierter Komplex 252f., 548, *693*
Aktivierungsanalyse 637, *693*
Aktivierungsenergie 252f., 257ff., *693*
Aktivität **300**, 342f., 357, 365, *693*
– von radioaktiven Substanzen 618f., *693*
Aktivitätskoeffizient 300, 342f., 358, *693*
Aktivkohle 451, 453
akute Vergiftung 656
Alanat 382
Alanin 594
β-Alanin 602
Alaun 494
Alchemie 3
Aldehyd 554ff., *693*
Aldehydrazon 556
Alder, Kurt 544
Aldimin 556
Aldobiose 585
Aldohexose 585
Aldol 557
Aldol-Addition 557, *693*
Aldopentose 585
Aldose 585f., *693*
Aldosteron 592
Aldotetrose 585
Aldotriose 585
Aldoxim 556
Alizaringelb 302
Alkalimetalle 71, 380, 481, **485**ff., *693*; s. auch bei den einzelnen Metallen
– Amide 430, 487
– Azide 431
– Halogenide 191, 393, 487
– Hydride 380, 487
– Hydroxide 229, 486f.
– Ionenradien 107, 485
– Kronenether-Komplexe 514

– Lösungen in flüssigem Ammoniak 487
– Oxide 191, 231, 487
– Phosphide 429, 487
– Reaktionen 380, 486f.
– Sulfide 415, 487
Alkaloide 591, 593, *693*
Alkan **532**ff., 550, *693*
– Substitutionsreaktion 542
Alkanolat 552f.
Alken **538**f., 556f., 559, *693*
– Addition an 542ff.
– Polymerisation 570ff.
Alkenol 558
Alken-π-Komplex 550
Alkenyl-Rest 538
Alkin 539f., 559, *693*
– Polymerisation 570ff.
Alkinid 540
Alkin-π-Komplex 550
Alkohol 547f., **550**ff., 554ff., *693*
Alkoholat, Alkoxid (Alkanolat) 552f.
alkoholische Gärung 588, *693*
Alkylamin 565
Alkylammonium-Salz 565
Alkylcyanid 560
Alkylisocyanat 566
Alkyllithium-Verbindung 549f.
Alkylmagnesiumhalogenid 549f., 556
Alkylperoxid 439
Alkylquecksilber-Verbindung 653
Alkyl-Radikal 439
Alkyl-Rest 534, *693*
Alkyltriphenylphosphoniumbromid 557
Allen 539
Allotropie 411f., *694*
Allred, A. L. 116
Allyl-Rest 538

Sachverzeichnis

Alpha-Aminosäure 593, *694*
Alpha-Helix 596, *694*
Alpha-Strahlen 20, 610, 621, *694*
Alpha-Teilchen 20, 610, 625
Alpha-Zerfall 610f., *694*
Altersbestimmung 619f., 624f., *694*
Aluminium 342, 460f., **493**ff.
– Häufigkeit 6, 493
– Herstellung 482
– Ionenradius 107, 460
– Ionisierungsenergie 99, 460
– Kovalenzradius 95
– physikalische Eigenschaften 460
– Reaktionen 380, 409, 453, 493f.
– als Reduktionsmittel 453, 480
-acetat 494
-amalgam 493
-bromid 394, 413f.
-carbid 454
-chlorid 288, **394**, 493f., 544f.
-fluorid 394, 493
-hydrid 494
-hydroxid 231, 326f., 461, 476, 494
-hydroxidoxid 327, 475f.
-iodid 394, 493f.
-nitrat 494
-nitrid 429, 493
-oxid 475, 480f., 493f.
– Bildung 409, 480, 493
– thermodynamische Daten 340, 342, 663
-phosphid 429
-salze, Löslichkeit 222
-selenid 493
-sulfat 494
-sulfid 415, 493f.
aluminothermisches Verfahren 480
Alumosilicat (Aluminosilicat) 458, *694*
Amalgam 389, 476
Amalgam-Verfahren 388f.
Amanitine 654
Ameisensäure 558f.
– K_S-Wert 301, 558, 661
Americium 628
Amid 284, 290, 430, 487, 566

Amin 565f., *694*
4-Aminobenzoesäure 602
Aminobenzol (Anilin) 565ff.
– K_B-Wert 301, 565, 661
4-Aminobenzolsulfonsäure 566
Aminosäure 593ff., 599f.
Aminosäuresequenz 594
Ammin-Komplex 511ff.
Ammin-Ligand 511ff., *694*
Amminpentachloroplatinat(IV) 511
Ammoniak 43, 118, 169, 285, 407, 427, **430**
– Assoziation 170
– basische Eigenschaften 230, 283f., 298, 303, 309, 430
– Bildung und Zerfall 274f., 276f
– Dipolmoment 168
– als Komplexligand 324ff., 511ff., 525
– kritische Daten 160
– K_B-Wert 301, 303, 661
– als Lösungsmittel 284, 290, 430, 487
– Molekülstruktur 28, 127f., 168, 430
– Pufferlösung mit 303
– Reaktion mit BF_3 288, 462
– – mit Carbonsäurederivaten 560, 566f.
– – mit Halogenalkanen 565
– – mit HCl 341
– – mit Kohlendioxid 567
– in der spektrochemischen Serie 525
– Synthese 276, 382, 430
– bei Synthesereaktionen 434, 442, 459, 488, 565ff.
– Titration 314
– thermodynamische Daten 340, 342, 663
– Verbrennung 434
– Verwendung 444
– wäßrige Lösung 230, 283, 298f., 430
Ammoniakat 290
Ammonium 486
-acetat 311, 566
-carbamat 567
-chlorid 191, 341, 310, 430

-cyanid 311
-dihydrogenphosphat 442, 444
-Ion 118, 230, 430, 436, 486
– quartäres 565
– saure Eigenschaften 283f., 290, 303, 309
– substituiertes 565
-nitrat 434, 444
-salze, Löslichkeit 222
-sulfat 444
-sulfid 415
Amontons, Guillaume 147
amorph 167, 176f., *694*
Ampère 11, 351, vord. Einband
Amphibol 458
amphiprotisch 283
amphoter 231, 283, 327, *694*
Amplitude 63, 74, 133
Amylopektin 587
Amylose 587
Analyse 32f.
Analytische Chemie 5
angeregter Zustand 65, 611f., *694*
Ångström vord. Einband
Anhydrit 413
Anilin 565ff., 305, 652
– K_B-Wert 301, 565, 661
Aniliniumhydrogensulfat 566
Anion 29, 101f., 108, 114, 352, *694*
– Nomenklatur 233
Anionenaustauscher 459
anionische Polymerisation 571
anisotrop 451
annelierte Ringsysteme 534
Anode 29, 69f., 352, 357, *694*
Anodenschlamm 414, 484
Anorganische Chemie 5
Anorthit 458
Antagonismus 655
Anthracen 541
Anthrachinon 410, 553
Anthrachinon-Verfahren 410
Anthrahydrochinon 410, 553
Anthrazit 452
antibindendes Orbital 134ff., 469f., 522f., *694*
Antibiotika 602
Anticodon 600, *694*

Antifluorit-Typ 191
Antimon 391, **424**ff., 445, 475, 478
– Kovalenzradius 95, 424
-halogenide 391, 432f.
-(III)-oxid 425, 428, 443, 445
-(V)-oxid 443
-pentachlorid 391, 393f., 433, 547
-pentafluorid 433
-sulfid 324, 398, 428, 475
-tribromid 432
-trichlorid 393, 432, 550
-trifluorid 432
-triiodid 432
-triphenyl 550
-wasserstoff 381, 431f.
Antimonat 443
Antimonid 424, 429, 431
Antomonit 443
Antimonyl-Ion 425
Antineutrino 613
Antiteilchen 614, *694*
Anziehungskraft im Atomkern 20, 607f.
– elektrostatische 65, 101, 104, 179, 189, 300, 352
– intermolekulare 94f., 157, 159, **167**ff., 174, 198f., 387
Apatit 192, 428
Äpfelsäure 562
apikale Position 129
äquatoriale Position 128f., 391, 536
Äquivalent 237, 354
-dosis 622, *694*, vord. Einband
-konzentration 237, *694*
-leitfähigkeit 393
-masse 237, *694*
-zahl 237, *694*
Äquivalenzpunkt 234, 311ff., 369f., *694*
Aquo-Komplex 512f., 515f., 517
Arachidonsäure 589
Arbeit 48, 333, 364
Aren 540ff., 544ff., *694*
Arginin 595
Argon 402f. 407
aromatische Kohlenwasserstoffe (Arene) 540ff., 544ff., *694*
Aromastoff 562

Sachverzeichnis 717

Arrhenius, Svante 229, 257, 282
Arrhenius-Base 229, 282, *694*
Arrhenius-Gleichung 257f.
Arrhenius-Neutralisation 230, 282, *694*
Arrhenius-Säure 229f., 282, *694*
Arbeitgeber, Pflichten 650
Arbeitsplatz, Anforderungen 650f.
Arsan 381, 431f.
Arsen 391, **424**ff., 445, 475, 477, 583
– Kovalenzradius 95, 424
-halogenide 391, 432f.
-kies 428
-(III)-oxid 425, 428, 443, 654ff.
-(V)-oxid 443, 445
-pentachlorid 433
-pentafluorid 391, 433
-säure 306, 443
– K_S-Wert 307, 661
-sulfid 324, 428, 655
-tribromid 432
-trichlorid 432
-trifluorid 393, 432
-triiodid 432
-wasserstoff 381, 431f.
Arsenat 443
Arsenid 424, 429, 431
Arsenige Säure 443
Arsenik 443
Arsenit 443, 655
Arsenolith 428
Arsenopyrit 428, 477
Aryl-Rest 541, *694*
Arzneimittelgesetz 649
Asbest 656
asbesthaltig, Gefahrensymbol 643
Asche 4
Ascorbinsäure 592
Asparagin 595
Asparaginsäure 595
Asphalt 537
Aspirin 563, 654
Asservation bei Vergiftungen 657
Astat 386, 628
Aston, Francis 22
Asymmetriezentrum 575

asymmetrisch substituiertes Atom 574ff., *694*
asymmetrische Synthese 577
Atemstillstand, erste Hilfe 657
Atmosphäre 144, 407, 411, 427, 437ff.
– Druckeinheit 144, vord. Einband
Atmosphärendruck **144**, 174, *694*
– und Siedepunkt 174, 208
Atom 3, 16, 20ff., *695*
– Größe 21, 94ff., 285, 501ff.
-bombe 630
-gesetz 642, 649
-gewicht 23
-kern 20f., 65, 69, 607ff., *695*
– – radius 21, 607
– – umwandlung 609ff.
-masse 23f., 30f., 67ff.
– – mittlere 24
-masseneinheit 21, 23, 31
-orbital 131ff., 519ff.
-radius 95ff.
– – Alkalimetalle 485f.
– – Elemente der 3. Hauptgruppe 95, 460
– – Elemente der 4. Hauptgruppe 95, 449
– – Elemente der 5. Hauptgruppe 95, 424
– – Erdalkalimetalle 489
– – Hauptgruppenelemente 95
– – Lanthanoide 503f.
– – Metalle 97, 186f., 473
– – Nebengruppenelemente 501ff.
-spektrum 64ff.
-symbol 21
-theorie 16ff.
ätzend, Gefahrensymbol 643
– Legaldefinition 644
ätzende Stoffe, erste Hilfe 655, **657**
aufbauende Reduktion 556
Aufbauprinzip 84ff., 136ff, *695*
Aufbewahrung von Gefahrstoffen 651
Aufenthaltsort 73

Aufenthaltswahrscheinlichkeit 75f., 78f.
Auflösungsprozeß 198
Aufnahme von Energie 51f., 333
Aufspaltung von Energieniveaus 521ff.
Aufspaltungsparameter Δ (Ligandenfeldparameter) 521f.
Aurichalcit 179
Auripigment 428
Ausbeute 42, *695*
Ausbreitungsgeschwindigkeit von Strahlung 63
Ausgleich von Reaktionsgleichungen 38, 225ff.
Auslöseschwelle 651
Aussalzen 590
Ausschließungsprinzip 80, *695*
Ausschütteln 10
Automobilabgase 434, 437ff.
Avogadro, Amedeo 145
Avogadro-Gesetz 145f., *695*
Avogadro-Zahl 30f., 146, *695*, vord. Einband
axiale Position 128f., 536
azeotropes Gemisch 213, *695*
Azid 431, 460
Azin 569
Azogruppe 568
Azol 569
Azo-Verbindung 568, *695*

B

Bahn eines Elektrons 65ff.
Balmer-Serie 65ff.
Bändertheorie 469ff., *695*
Bandsilicat 458
Bar 11, 144, *695*, vord. Einband
Barium 380, 408, 480, **489**ff.
– Ionenradius 107, 489
-amid 490
-azid 428
-bromid 490
-carbid 490
-carbonat 319, 340, 475, **491**
-chlorid 31, 191, 490, 654
-chromat 491
-fluorid 191, 490f.

-hydrid 380, 490
-hydroxid 490ff.
-hypophosphit 442
-iodid 490
-nitrid 429, 490
-oxalat 491
-oxid 191, 340, 490f.
-perchlorat 492
-peroxid 408, 410, 490
-phosphid 429, 490
-salze, Löslichkeit 222
-silicid 454
-sulfat 321, 418, 475, 491
-sulfid 191, 490
-titanat 499
Barometer 144, *695*
Bartlett, Neil 403
basale Position 129
Base 229, 282ff., 298ff., 309ff., *695*
– Nomenklatur 232
– schwache 298ff., 309ff.
Basenkonstante 298ff., *695*
– Tabelle 301, 661
Basenstärke 298, 300, 309
basische Lösung 294f.
basisches Oxid 231f., 282, 496, *695*
Basiseinheiten 11, vord. Einband
BAT-Wert 650f., *696*
Baufehler in Kristallen 192
Baumwollsamenöl 589
Bauxit 327, 476, 493
Bayer-Verfahren 476, *695*
Becquerel 618, *695*, vord. Einband
Becquerel, Henri 20, 607, 618
begrenzender Reaktand 41, *695*
Benzen 540 (s. Benzol)
Benzenium-Ion 545
Benzidin 650
Benzin 400, 537
1,4-Benzochinon 553
Benzoesäure (Benzolcarbonsäure) 558f.
– K_S-Wert 301, 661
Benzol 175, 177, 208, 340, 463, **540**f., 545, 561, 655
– MAK-Wert 652
Benzoldiazoniumchlorid 567
Benzoldiazonium-Ion 567

Benzol-1,2-dicarbonsäure
(o-Phthalsäure) 558
Benzol-1,4-dicarbonsäure
(Terephthalsäure) 572f.
Benzolsulfonsäure 545
Bergius-Verfahren 381, 703
Bergkristall 457
Berliner Blau 526
Bernoulli, Daniel 151
Bernsteinsäure 558, 560
Bernsteinsäureanhydrid
560
Beryll 458, 475
Beryllium 380, 470, **488**ff.
– Ionenradius 107
-aluminiumsilicat 475
-bromid 490
-carbid 454, 490
-carbonat 491
-chlorid 489f.
-fluorid 490
-hydrid 490
-hydroxid 489ff.
-iodid 490
-nitrid 429, 490
-oxid 490f.
-phosphid 429, 490
-sulfat 491
-sulfid 191, 490
Berzelius, Jöns J. 532
Beschäftigungs-
beschränkungen 651f.
Beschleunigung 48
Besetzung von Orbitalen
80ff., 523f.
Beta-Eliminierung 549, 556
Betain 566, 714
Beta-Schicht 596, 699
Beta-Strahlen 20, 613, 621,
695
Betäubungsmittelgesetz 649
Beta-Zerfall 612ff., 695
Betriebsanweisung 651, 695
Beugung von Röntgen-
strahlen 184ff.
Bewegungsenergie 48
Bezugselektrode 359, 369,
695
Bicarbonat 234
bicyclische Ringsysteme 534
bicyclische Verbindung 534,
695
Bicyclo[4.4.0]decan
(Decalin) 534, 537

Bicyclo[2.2.1]heptan
(Norbornan) 534
Bienenwachs 589
Bildungsenthalpie 54f., 695
binäre Verbindung 122, 695
bindendes Elektronenpaar
112f., 126f., 695
bindendes Molekülorbital
134ff., 469f., 522ff., 695
Bindungselektronen 112f.,
118f., 519
Bindungsenergie **57**f., 116,
695
– des Atomkerns 23, 628f.
– Chalkogene 406, 408
– Halogene 386f.
– Halogenwasserstoffe 387
– Kohlenstoffverbindungen
449, 538f.
– Siliciumverbindungen
449f.
– Tabelle 58, 664
Bindungsgrad 113, 120
Bindungsisomerie 517, 696
Bindungslänge 94f., 532f.,
538f., 696
Bindungsordnung 113, 120,
134, 137f., 696
Bindungspolarität 115ff.
Bindungsstrich 28, 57, 112f.,
120f., 139f.
Bindungswinkel 127ff., 139
Biochemie 5, **583**ff.
biochemische Reparatur-
mechanismen 622
biologische Effekte der
Radioaktivität 620ff.
biologischer Arbeitstole-
ranzwert (BAT) 650f., 696
Biosynthese 584
biologische Zellmambran
590f.
Bismut 178, 391, **424**ff., 445,
475, 478, 483
-glanz 428
-halogenide 391, 432f.
-(III)-hydroxid 443
-ocker 428
-(III)-oxid 425, 428, 443
-(V)-oxid 425, 443
-pentafluorid 391, 433
-perchlorat 425
-sulfid 324, 475
-tribromid 432

-trichlorid 432
-trifluorid 425, 432
-triiodid 394, 432
-wasserstoff 431f.
Bismutan 431f.
Bismutid 424, 429, 431
Bismutyl-Ion 425, 443
Bisulfit 234, 416
Bittersalz 413
Bitumen 537
Blausäure 459
– K_S-Wert 301, 661
Blei 448f., 478, 483f., **495**ff.,
583, 608, 623
-(II)-acetat 415
-akkumulator 372
-azid 431
-(II)-bromid 394, 495, 497
-carbonat 477
-(II)-chlorid 393f., 448, 495,
497
-(IV)-chlorid 393, 495ff.
-chromat 499
-(II)-fluorid 448, 496f.
-(IV)-fluorid 495, 496f.
-glanz 182, 413, 475, 496
-glätte 496
-(II)-halogenide 394, 495,
497
-hydrid 497
-(II)-hydroxid 496
-nitrat 435
-(II)-oxid 478, 495f.
-(II,IV)-oxid 496
-(IV)-oxid 372, 390, 496
-(II)-salze, Löslichkeit 222
-sulfat 372, 418, 475, 496
-sulfid 323f., 415, 475, 477f.,
495f.
-tetraethyl 497, 652
Bleichmittel 397f., 400
Blut 211, 306
Bodenkörper 197, 201
Böhmit 476
Bohr, Niels 65
Bohr-Atommodell **65**f., 73,
696
Bohr-Radius 76,
vord. Einband
Boltzmann, Ludwig 151, 155
Bombenkalorimeter **49**, 334
Boot-Konformation 535f.,
696
Bor **460**ff., 631

– Elektronenaffinität 100
– Kovalenzradius 95
– Molekül B_2 137
-carbid 454
-hydride 464
-nitrid 429, 462
-oxid 471, 463
-phosphid 429
-säure 231, 461, **463**
-tribromid 462
-trichlorid 461f.
-trifluorid 127, 288, 462f.
-triiodid 462
-wasserstoffe 464
Boran 464, 696
Boranat 383, 464
Borat 463
Borax 461
Borazin (Borazol) 463
Borid 462
Born, Max 102
Born-Haber-Kreisprozeß
102ff., 696
Boten-Ribonucleinsäure
(mRNA) 599f., 706
Botenstoff 591f., 696
Botulinus-Toxin 654
Boudouard-Gleichgewicht
455, 479, 696
Boyle, Robert 4, 6, 16, 146
Boyle-Mariotte-Gesetz 147,
696
Brackett-Serie 67
Bragg, William Henry 185
Bragg, William Lawrence 185
Bragg-Gleichung 185, 696
brandfördernd,
Gefahrensymbol 643
– Legaldefinition 644
Braunkohle 452
Brennstab 631f.
Brennstoff 382, 537f., 541
Brennstoffzelle 373, 696
Brenztraubensäure 565
Briefumschlag-Konfor-
mation 535
Brom 342, **386**ff., 583
– Elektronenaffinität 100
– Kovalenz- und van der
Waals-Radius 95
– MAK-Wert 652
– Reaktionen mit Alkali-
metallen 487
– – Alkanen 452

Sachverzeichnis **719**

– – Alkenen 542ff.
– – Arenen 545
– – Elementen der 3. Hauptgruppe 493
– – Elementen der 4. Hauptgruppe 495
– – Elementen der 5. Hauptgruppe 391, 432
– – Erdalkalimetallen 490
– – Schwefel 391
– – Übergangsmetallen 391, 504
– – Wasser 391, 397
– – Wasserstoff 257, 338, 381, 391f.
-alkan 542f., 547ff.
-benzol 545
-chlorid 338, 390
-ethan 560
Bromid 393f., 396
– Ionenradius 107, 386
– Löslichkeit 222
– nucleophile Substitutionsreaktion 255, 548
– in der spektrochemischen Serie 525
Bromierung 542f., 545
Bromfluorid 390
Bromkresolgrün 302
Brommethan 255, 548
2-Brom-2-methylpropan (*t*-Butylbromid) 255f., 548f.
Brompentafluorid 128, 390f.
1-Brompropan 542f.
2-Brompropan 542f.
Bromsäure 395f., 398
Bromthymolblau 302, 312ff.
Bromtrifluorid 130, 390f.
Bromwasserstoff 285, **391**
– Addition an Alkene 542f.
– Bildung 257, 338, 381, 391f.
– Bindungsenergie 117, 387
– Dipolmoment 117, 169
– thermodynamische Daten 338, 340, 342, 663
-säure 223, 231, 392
Brønsted, Johannes 282
Brønsted-Base 282f., *696*
Brønsted-Säure 282f., *696*
Brutreaktor 633, *696*
Buchenholzstaub 652
Buckminsterfulleren 451

Bundesimmissionsschutzgesetz 649
Bürette 234
1,3-Butadien 539, 544, 571
Bitadiin 539
Butan 440, 533, 535
Butandisäure (Bernsteinsäure) 558
1-Butanol 551
t-Butanol 548, 551
4-Butanolid 563
Butanon 554
Butansäure (Buttersäure) 558
1-Buten 538
2-Buten 538
Butenin 539
Buttersäure 558
Butindisäure 544
Butylalkohol 551
t-Butylbromid (2-Brom-2-methylpropan) 255f., 548f.
Butyllithium 550, 557
Butyl-Rest 534
γ-Butyrolacton 563

C

Cadmium 478, 482, 498ff., 583, 631
-fluorid 191
-Komplexe 512
-salze, Löslichkeit 222
-sulfid 191, 324, 475, 499
Cahn-Ingold-Prelog-Regeln 575f., *696*
Calcinieren 4, 488
Calcit 182
Calcium 342, 380, 480, **489**ff., 583
– Häufigkeit 6
– Herstellung 353
– Ionenradius 107, 489
-actylid 454, 490f., 540
-amid 490
-bromid 490
-carbid 454, 490f., 540
-carbonat 416, 452, 475, 477, 479, 484, 488, **491**ff.
– – Reaktion mit Kohlendioxid 456, 492
– – thermodynamische Daten 340, 342, 663

– – Zersetzung 232, 274, 276, 456, 477, 491
-chlorid 389, 393, 490
-chloridhypochlorit 398
-chromat 491
-dihydrogenphosphat 441
-fluorid 388, 392, 490f.
– – Kristallstruktur 191
– – Löslichkeitsprodukt 319, 491
-hydrid 380, 490
-hydrogencarbonat 456, 492
-hydroxid 232, 477, 488, 490ff.
– – thermodynamische Daten 340, 342, 663
-iodat 388
-iodid 490
-magnesiumcarbonat 475
-nitrid 429, 490
-oxalat 490f.
-oxid 191, 232, 276, 477, 484, **490**ff.
– – thermodynamische Daten 340, 342, 663
-phosphat 428, 441
-phosphid 429, 490
-salze, Löslichkeit 222
-salze von Fettsäuren 590
-silicat 428, 477
-silicid 454
-sulfat 413, 416, 418, 441, 475, 491f.
-sulfid 191, 490, 499
Californium 628
Campher 208, 584
cancerogen 645
Candela 11, vord. Einband
Carbaldehyd 554
Carmidsäure, -ester 567
Carbenium-Ion 543f., 547f., 567f.
Carbid 453f., 480
Carbokation 543
Carbonat 120, 140, 452, 475, 477, 491f.
– Löslichkeit 222
Carbonsäure 287, **558**f., 566, 588f., *696*
-amid 560f., 566f., *696*
-anhydrid 560, 566
-chlorid 561, 566f.
-ester 560ff., 566f.
-nitril 560, 562, 565f., *696*

Carbonylchlorid (Phosgen) 130, 273, 290, 455, **561**, 566f.
Carbonyl-Gruppe 554
Carbonylmetall 455
Carbonylsulfid 455
Carbonyl-Verbindungen 455, **554**ff., *696*
Carborund 454
Carboxybenzol (Benzoesäure) 558f.
Carboxy-Gruppe 287, 558ff., *696*
Carboxylat-Ion 558, 590
Carboxylierung 563
Carnallit 388
Carnot, Sadi 335
β-Carotin 584
Cäsium 408, **485**ff.
– Ionenradius 107, 485
-amid 487
-antimonid 487
-arsenid 487
-bromid 191, 487
-chlorid 487
– – Kristallstruktur 189ff.
-fluorid 114, 487
-hexachloroplatinat 486
-hexanitrocobaltat 486
-hydrid 380, 487
-hydroxid 487
-hyperoxid 408, 487
-iodid 191, 487
-perchlorat 486
-phosphid 487
-salze, Löslichkeit 222
-selenid 487
-sulfid 487
-tellurid 487
[137]Cäsium 617
Celsius, Grad 11, 49, 148, vord. Einband
Cellulose 570, 585, 587f.
Cementit 454
Cer 499, 504f.
-halogenide 505
-oxid 505
-phosphat 505
Chabasit 458
Chadwick, James 19, 609
Chalcedon 457
Chalkogene 71, **406**ff., *696*; siehe auch bei den einzelnen Elementen

Chalkopyrit 413f., 475
Charles, Jacques 147
Chelat-Komplex 513f., 558, 696
Chemie, Definition 2
Chemikalien-Gesetz 648f.
-Prüfnachweisverordnung 649
-Verbotsverordnung 648f., 653, 696
chemische Analyse 32
- Eigenschaften 8
- Formel 28ff., 33f., 696
- Reaktion 16, 269
- Reaktionsgleichung 38ff., 696
- Transportreaktion 484, 696
chemischer Vorgang 8
chemisches Gleichgewicht 269ff., 294ff., 342ff., 696
- und chemische Transportreaktionen 484
- - Druckabhängigkeit 276
- - Fällungsreaktionen 318ff.
- - Komplexbildungsreaktionen 325ff.
- - Säure-Base-Reaktionen 283ff., 296ff.
- - Temperaturabhängigkeit 269, 277
chemisches Symbol 6, 696
Chemisorption 260, 696
Chile-Salpeter 388, 428, 436
Chinon (Benzochinon) 553
chirales Molekül 518f., 574ff. 696
chirales Zentrum 575
Chlor **386**ff., 583
- Bildung, Herstellung 352f., 388ff.
- Bindungsenergie 57, 103, 386f., 664
- elektrolytische Abscheidung 352f., 370f., 379
- Elektronenaffinität 100, 103
- Häufigkeit 6
- Isotope 22f.
- als Katalysator 260, 440
- Kovalenz- und van der Waals-Radius 95
- MAK-Wert 652

- Molekülstruktur 28, 386f.
- Normalpotential 386, 396, 660
- und Ozonabbau 440
- Reaktionen mit Alkalimetallen 487
- - Alkanen 542
- - Alkenen und Alkinen 542f.
- - Elementen der 3. Hauptgruppe 493
- - Elementen der 4. Hauptgruppe 495
- - Elementen der 5. Hauptgruppe 391, 432
- - Erdalkalimetallen 490
- - Kohlenmonoxid 273, 391, 455
- - Schwefel 391, 415
- - Übergangsmetallen 391, 504
- - Wasser 391, 397
- - Wasserstoff 257, 381f., 391
- thermodynamische Daten 342, 663
Chloralkali-Elektrolyse 388f.
Chloralkan 542ff., 547ff.
Chlorat 395f., 398f., 636
- Löslichkeit 222
Chlorbenzol 546, 552
2-Chlorbutadien 571
Chlordioxid 398
Chlorethen (Vinylchlorid) 543, 573
Chlorfuorid 390
Chlorfluorkohlenwasserstoff 440, 547
Chlorid 389f., 393f., 396
- Ionenradius 107, 386
- Löslichkeit 222
Chlorierungsmittel 417, 433
Chlorige Säure 231, 287, 395f., 398
- K_S-Wert 301, 661
Chlorit 395f., 398
Chlorkalk 398
Chlorknallgas 257, 392
Chlormethan (Methylchlorid) 440, 542
1,2-Chlornitrobenzol 546
1,3-Chlornitrobenzol 546
1,4-Chlornitrobenzol 546

Chloroform (Trichlormethan) 175, 177, 542, 547
Chloro-Komplexe 449, 511ff.
Chlorophyll 456, 513f., 588
Chloropren 571
Chloroschwefelsäure (Chlorsulfonsäure) 421
Chlorpentafluorid 390f.
2-Chlorphenol 552
Chlorsäure 223, 231, 287, 395f., 398
Chlortrifluorid 128f., 390f.
Chlorwasserstoff 285, **392**, 399f.
- Bildung, Herstellung 257, 381f., 391f., 542, 545
- Bindungsenergie 57, 117, 387, 664
- Dipolmoment 115, 117, 169
- MAK-Wert 652
- Reaktion mit Alkenen und Alkinen 543
- - Alkoholen 548
- saure Eigenschaft 283f., 392
- Siedepunkt 170, 392
- thermodynamische Daten 340, 342, 663
Cholesterol (Cholesterin) 591f.
Cholin 591
Chrom 480, 482, 484, 499ff., 504, 583
-(III)-bromid 394, 504
-eisenoxid (Chromeisenstein, Chromit) 480
-halogenide 504
-hexacarbonyl 455
-hydroxidsulfat 499
-(III)-Komplexe 515, 517
-nitrid 504
-oxide 480, 499, 501, 504
-(III)-salze, Löslichkeit 222
-sulfid 504
Chromat 501
Chromatographie 10f., 696
Chromit (Chromeisenstein) 480
chronisch schädigend 645
chronische Vergiftung 656
cis-trans-Isomere 433, 517, 539, 697
Citronensäure 562

Claisen-Kondensation 563f., 697
Clapeyron, Benoit 175
Claudetit 443
Clausius, Rudolf 151, 176, 335
Clausius-Clapeyron-Gleichung 175, 697
Claus-Prozeß 414, 697
Cobalt 478, 482, 499f., 583
-carbid 454
-halogenide 504
-Komplexe 513, 515, 524f.
-oxid 459, 499, 504
-salze, Löslichkeit 222
-sulfid 504
^{60}Cobalt 635
Cocain 593
Codon 594f., 599f., 697
Coenzym 602f., 697
Coenzym A 584, 602
Coffein 593
Colemanit 182, 461
Corticosteron 592
Cortisol 592
Coulomb 351, vord. Einband
Coulomb-Energie 189
Coulombmeter 356, 697
Crack-Prozeß 379, **537**ff., 697
Cristobalit 457
Curie 618, vord. Einband
Curie, Marie 607
Curie, Pierre 607f.
Curium 628
Cyanat 121, 420, 460
Cyanhydrin 555f., 562
Cyanid 425, 459, 656
- als Komplexligand 460, 510, 514, 525
- Reaktion mit Carbonylverbindungen 555
Cyanidlaugerei 477, 480, 697
Cyano-Komplexe 460, 477, 480, 517, 525
Cyansäure 305, 460
- K_S-Wert 301, 661
Cyanwasserstoff 130, 284, **459**, 555f.
- K_S-Wert 301, 661
- MAK-Wert 652
cyclische Ether 514, 569
Cyclisierung 541
Cycloalkan 534ff., 697
Cyclobutan 534

Sachverzeichnis 721

Cyclohexan 535f., 542
Cyclohexanol 551
Cyclohexen 542
Cyclopentadien 550
Cyclopentadienid 550
– Komplexe 550
Cyclopentan 534f.
Cyclopropan 149f., 534
Cyclotron 626, *697*
Cysteamin 602
Cystein 594, 596
Cytidin 598
Cytosin 597ff.

D

Dalton, John 16
Dalton-Theorie 16f.
Dalton-Gesetz der Partial-
   drücke 153, *697*
Dampfdruck 173f., 177f., *697*
– Lösungen 206ff., 212
– Wasser 154, 177f.
Dampfdruckkurve 174,
   177f., 208f.
Daniell, John F. 357
Daniell-Element 356ff., *697*
Davisson, Clinton 73
Davy, Humphry 17
d-Block 84f.
De Broglie, Louis 72
De Broglie-Beziehung 72f.,
   697
Debye 115, vord. Einband
Decalin 534, 537
Decan 533
Decarboxylierung 563
Defekt-Struktur 192
Deformation der Elektronen-
   hülle 114
dehydrierende Cyclisierung
   541, *697*
Dehydrierung 554f.
Dehydrobenzol 552
Dekantieren 9, *697*
delokalisierte Bindung 120,
   140, 469ff., *697*
– Benzenium-Ion 545
– Benzol 540
– Carbonat-Ion 120, 140
– Carboxylat-Ion 558
– Cyclopentadienid-Ion 550
– Enolat 558

– Graphit 451
– Metalle 469ff.
– Phenolat 552
Demokrit 3, 16
Deoxyadenosin 598
Deoxycytidin 598
Deoxycytidinmonophosphat
   598
Deoxyguanosin 598
Deoxyribonucleinsäure
   (DNA) 597ff., *697*
Deoxyribose 597
Desinfektion 386, 397, 400
Destillation 10, 212f., *697*
Detergentien 590
Deuterium 378, 634
-oxid 631
Deuteron 625, 627
Dextro-Form 518
Diacetylen 539
Diacylglycerin 592
Diamagnetismus 83, 526,
   697
Diamant 29, 180, 198, 332,
   450
Diamin 565f., 572
Diaminoethan (Ethylen-
   diamin) 513, 525, 566
1,6-Diaminohexan (Hexa-
   methylendiamin) 566,
   572f.
Diammindichloroplatin(II)
   499, 517
Diamminkupfer(I) 515
Diamminsilber(I) 511f.
Diammintetrachloro-
   platin(IV) 511
Diammoniumhydrogen-
   phosphat 442, 444
Diaphragma-Verfahren 388f.
Diaspor 476
Diastase 588
Diastereomere 517f., 574,
   577, *697*
Diazin 569
Diazol 569
Diazomethan 568
Diazonium-Ion, -Salze 567f.,
   697
Dibenzoylperoxid 570
Diboran 335, **464**
Dibortrioxid 463
1,4-Dibrom-2-buten 544
3,4-Dibrom-1-buten 544

Dibromethan 400, 542
Dibromoiodat(I) 131
Dibromoxid 397
Dicarbonsäure 558, 560, 572
1,2-Dicarboxybenzol
   (o-Phthalsäure) 558, 560
1,4-Dicarboxybenzol
   (Terephthalsäure) 572f.
1,2-Dichlorcyclopropan 574
Dichlordifluormethan 399,
   440, 547
1,4-Dichlor-2,5-dimethyl-
   cyclohexan 574
1,1-Dichlorethan 543
Dichlorheptoxid 399
Dichlormethan 542, 547, 574
Dichloroaurat 131
Dichlorobis(diamino-
   ethan)cobalt(III) 518f.
Dichlorocuprat(I) 130, 512
Dichloroiod(I) 131
Dichloroxid 397
Dichromat 390, 501, 554, 559
Dichte 9, vord. Einband
– Alkalimetalle 485
– Atomkern 607
– Erdalkalimetalle 489
– Flüssigkeiten 171
– Gase 146, 157
– Metalle 472f.
dichteste Kugelpackung
   187ff., 429, 454, 472, *697*
Dicyan 460, 560
Dicyanoargentat(I) 460, 477,
   480
Dicyanoaurat(I) 512
Dicyanoquecksilber 512
Dicyclopentadieneisen 550
Diederwinkel 535
Diels, Otto 544
Diels-Alder-Synthese 544
Dien 539, 544, 571
Dienophil 544
Dieselöl 537
Diethanolamin 379
N,N-Diethylacetamid 567
Diethylamin 565, 567
Diethylammonium-Ion 565
Diethylether 174, 177, **553**
Diethyletherhydroperoxid
   553
Diffusion 155, 172
Difluordiazen 433
Dihydrogenphosphat 441

9,10-Dihydroxyanthrazen
   (Anthrahydrochinon) 553
1,2-Dihydroxybenzol
   (Brenzcatechin) 552
1,4-Dihydroxybenzol
   (Hydrochinon) 553
Diisocyanat 572
Diketon 558
Dikieselsäure 457
Dimethylamin 565
– K_B-Wert 301, 565, 661
4-Dimethylamino-azoben-
   zol 568
N,N-Dimethylamin 565
1,2-Dimethylbenzol 541
1,3-Dimethylbenzol 541
1,4-Dimethylbenzol 541
2,3-Dimethylbutadien 571
1,3-Dimethylcyclohexan 536
2,2-Dimethyl-3-ethylpentan
   534
1,2-Dimethylcyclopropan 536
Dimethylether 440, 553
1,2-Dimethylnaphthalin 541
1,3-Dimethylnaphthalin 541
Dimethylpropan 533
Dinitril 560
Diol 551f., 559, 572
d^{10}-Ion 105f.
1,4-Dioxan 569
Dioxygen-Ion 421
Dipeptid 593
Diphosphat 441f., 598
Diphosphorsäure 442
Diphosphortetrahalogenide
   433
Dipol 115, 167
Dipol-Dipol-Kräfte 167, 169,
   180, *697*
Dipolmoment 115, 167f.,
   697, vord. Einband
Direkt-Reduktionsverfahren
   480
dirigiernde Wirkung von
   Substituenten 546
Disaccharid 586f.
Dischwefeldibromid 415
Dischwefeldichlorid 38, 415
Dischwefelsäure 418f.
Diselendichlorid 415
Disilicat 458
Dispersionskräfte (London-
   Kräfte) **168**f., 180, 198,
   387, 394, 403, *705*

Disposition für Vergiftungen 654f.
Disproportionierung 228, 363, *697*
– Chlor-Verbindungen 396ff.
Dissoziation 214, 325
– Säuren 229f., 282ff., 296ff., 306ff.
Dissoziationsenergie 57f., 103, *695*
Dissoziationsgrad 297, *697*
Dissoziationskonstante 296, 306, 325, *702*
– Tabelle 301, 307, 661
dissymmetrisch 518
Distickstoffdifluorid 433
Distickstoffoxid 253, 431, **434**
– Bindungsverhältnisse 121f., 130, 434
– Zerfall 244f., 260f., 434,
Distickstoffpentoxid 435
– Zerfall 245, 247, 435
Distickstofftetroxid 271, 290, 344, 435
Distickstofftrioxid 435
Disulfan 415
Disulfan-Gruppe 420, 596
Disulfat 419
Disulfid 415
Diterpen 583f.
Dithionat 420
DNA 597ff., *697*
Döbereiner, Johann W. 67
Dodecan 533
Dodecansäure (Laurinsäure) 589
Dolomit 452
Domäne (in Proteinen) 597
Doppelbindung 58, 113, **130**, 139ff., 538, *704*
Doppelhelix 598f., *698*
Doppelsalz 494
d-Orbital 79, 84f., 132, 498, **519**ff.
Dosis 621, 654f., *698*
Dosisleistung 621, *698*
Dotierung 472, *698*
Downs-Zelle 481, *698*
Drehbarkeit um eine Bindung 139f., 535f., 538, 596
Dreierstoß 254, 256

Dreifachbindung 58, **113**, **140**, 539, *704*
Drei-Fünf-Verbindung 429, 462
dreimolekulare Reaktion 254
dreistufige Reaktion 256f.
dreiwertiger Alkohol 551, 589
Dreizentrenbindung 462, 464, 494
Dritter Hauptsatz der Thermodynamik 340, *701*
Druck 50f., **144**ff., *698*, vord. Einband
– und chemisches Gleichgewicht 276
– auf Flüssigkeiten 171
– von Gasen 144ff., 153
– kritischer 159f., 174
– und Löslichkeit 202
– Messung 144
– osmotischer 210f.
– und Phasenumwandlung 179
– und Reaktionsenthalpie 51f., 333f.
– und Schmelzpunkt 177ff.
– und Siedepunkt 174f., 178f.
Druckbehälterverordnung 649
Druckwasserreaktor 631
$d^{10}s^2$-Ion 106, *698*
Duftstoff 583f., 591
Düngemittel 427, 441, 444, 488, *698*
Dünnschichtchromatographie 10
Dyn vord. Einband
Dysprosium 504f.

E

ebener Winkel 11, vord. Einband
Ebullioskopie 209
Edelgase 69, 71, 84, 89, **400**ff., 407, *698*
Edelgaskonfiguration **88**f., 98f., 102, 105, 112, *698*
Edelmetall 362, 409, 436, 503, *698*
EDTA 513

Edukt 38, *709*
effektive Atomgröße 95, 107, *698*
effektive Kernladung 96
effektive Kollision 251f., *698*
Effusion 156, *698*
Eigendissoziation von Wasser 294
einatomiges Ion 29, 105, 108, *698*
EINECS 643
Einfachbindung 58, 112, 134, 704
Einheiten, Maß- 11, vord. Einband
Einlagerungs-carbid 454
-hydrid 380f., *698*
-nitrid 429
-verbindung 380f., 429, 454, 462
einmolekulare Reaktion 254
einprotonige Säure 230, *698*
– K_S-Werte 301, 661
einsames (freies) Elektronenpaar **113**, 126ff., 168, 170, 287f., 510, 546, *698*
Einstein, Albert 23, 64, 71
Einstein-Beziehung 23, 72, 610
Einsteinium 628
einstufige Reaktion 250f., 254
Einstufung von Gefahrstoffen 650, 652
einwertiger Alkohol 551
einzähniger Ligand 513
Eis **171**, 179, 336
– Dampfdruck 177f.
– Schmelzpunkt 177f.
Eisen 380, **499**ff., 583
– Häufigkeit 6
– Herstellung 477f.
– Ionenradius 107, 501
– Korrosion 371f.
– Kovalenzradius 107
– Normalpotentiale 361, 363f., 502, 660
– Raffination 484f.
– Reaktion mit Sauerstoff 409, 504
– – Wasserdampf 41, 274, 276, 379, 504
-(III)-bromid 504, 544f.
-carbid 454

-carbonat 475
-(II)-chlorid 393
-(III)-chlorid 394, 504
-disulfid 475
-erz 475
-(II)-fluorid 191
-halogenide 504
-(II)-hydroxid 371
-hydroxidoxid 499
-niobat 475
-oxid
– – FeO 192
– – – Bildung 409, 479
– – – Reduktion 479
– – Fe_3O_4 475f.
– – – Bildung 41, 274, 276, 409, 479, 504
– – – Reduktion 479
– – – Verwendung 499
– – Fe_2O_3 32f., 475f.
– – – Bildung 409, 504
– – – Reduktion 479
– – – thermodynamische Daten 340, 342, 663
– – – Verwendung 499
-pentacarbonyl 455
-salze, Löslichkeit 222
-silicid 454
-sulfid 323, 414, 504
-titanat (Ilmenit) 475
-trichlorid 504
-wolframat 475
Eiweißstoffe (Proteine) 427, **593**ff., *709*
ekliptische Konformation 535
elektrische Energie 48, 351, 358, 364
– Kapazität vord. Einband
– Ladung 18, 351, 354, vord. Einband
– Leitfähigkeit 71, 351, 470ff., *698*, vord. Einband
– – Elektrolyte 214, 351f., 393
– – Elemente der 4. Hauptgruppe 449, 451
– – Feststoffe 179ff.
– – Graphit 451
– – Halbleiter 471f.
– – Metalle 71, 470f., 474; Tabelle 474
– Maßeinheiten 351, vord. Einband

Sachverzeichnis

- Potentialdifffernz 351, vord. Einband
- Spannung 351, 359ff., vord. Einband
- Stromstärke 351, vord. Einband

elektrischer Strom 11, 351, 359
elektrischer Widerstand 351, 474f., vord. Einband
elektrisches Feld 115
elektrisches Potential 351, 357
Elektrizitätsmenge 351, 354
Elektrochemie 351ff.
elektrochemische Spannungsreihe 360f.
Elektrode 352, *698*
Elektrodenpotential 359f., 367, 370f.
Elektrodenprozesse 352ff.
Elektrolyse 351f., **353**ff., 370, *698*
- zur Aluminium-Gewinnung 481f.
- von Fluorwasserstoff 388
- von Kupfersulfat-Lösung 353f., 482, 484
- zur Metallgewinnung 481f.
- von Natriumchlorid-Lösung 353, 379, **388**f., 397f.
- von Natriumchlorid-Schmelze 352, 389, 481
- von Natriumsulfat-Lösung 353
- zur Raffination von Metallen 353, 484
- von Schwefelsäure 419f.
- von Wasser 379, 408

Elektrolyt 214f., 221ff., 351ff., *698*
elektrolytische Leitung 351ff., *698*
elektrolytische Raffination 354, 484
elektromagnetische Strahlung 63f., *698*
elektromotorische Kraft (EMK) **357**f., 360ff., 366ff., *698*
Elektron 17ff., 65, 72ff., 351, *698*

- Ruhemasse vord. Einband
- solvatisiertes 487

Elektronegativität **116**ff., 167, 170, 223f., *698*
- Chalkogene 116, 406
- Elemente der 4. Hauptgruppe 116, 448f.
- Elemente der 5. Hauptgruppe 116, 424
- Halogene 116, 386f.
- Hauptgruppenelemente 116
- und Säurestärke 285f.
- Tabelle 116

Elektronenaffinität 99f., 103, 105, 116, *698*
- Tabelle 100

Elektronenbahn 65ff.
Elektronendichte 74ff., 94
Elektronen-Einfang 615, *698*
Elektronen-Emission 612f.
Elektronengas 94, 181, 351, 469
Elektronenkonfiguration 81ff., 98, 101f., *698*
- Elemente 84ff.; Tabelle 82, 86f.
- Ionen 101f., 105f.
- in Komplexen 519
- Lanthanoide 504
- Nebengruppenelemente 498, 519

Elektronenloch 472
Elektronenlücke 288
Elektronenoktett 112f., 126
Elektronenpaar 82, 94, **112**f., 126ff., 288, 510
Elektronenpaar-Abstoßungs-Theorie **126**ff., 391, 403, 522
Elektronenpaar-Akzeptor 288f.
Elektronenpaar-Donator 288f.
Elektronensprung 65ff., 70
Elektronenübergang 225ff.
Elektronenvolt 97, 610, vord. Einband
Elektronenwolke 75, 112, 114
Elektronenzug 114, 116, 546
elektrophil 289
elektrophile Addition 543f., *698*

- Gruppe 545
- Halogenierung 545
- Nitrierung 545
- Substitution 544f., *698*
- Sulfonierung 545
- Verdrängungsreaktion 289, *698*

elektrostatische Anziehung 65, 101, 104, 179, 189, 300, 352
- Stofftrennung 9, 476

Element 6f., 16, *699*
Elementarladung 18f., 354, *699*, vord. Einband
Elementarzelle 181f., 184, 186, *699*
Elemente
- Einteilung 67, 89
- Elektronenkonfiguration 86f.
- Häufigkeit 6
- Periodensystem 70f., Ausklapptafel am Ende des Buches
- Tabelle hinterer Einband

Elementsymbole 6, hinterer Einband
Elementumwandlung 625ff.
Eliminierungs-Additions-Mechanismus 552
Eliminierungsreaktion 549, 556, *699*
ELINCS 643
Elixier 4
empirische Formel 30, 33, *699*
Emulsion 8f., *699*
Enantiomere 518f., 574ff., *699*
Enantiomerentrennung 577
endotherme Reaktion **51**ff., 253, 277, 341, *699*
endothermer Lösungsvorgang 201f.
Endpunkt einer Titration 234
Energie 4, 23, **48**ff., **332**ff., *699*, vord. Einband
- elektromagnetische Strahlung 64
- bei chemischen Reaktionen 51ff., 252f., 333ff.
- bei Kernreaktionen 609f., 630, 632, 634
- bei elektrochemischen Reaktionen 358, 364

- Elektron 65ff.
- innere 51, 332f.
- Orbital 84, 134, 136ff., 522
-band 470ff.
-äquivalent 610
-dosis 621, vord. Einband
-gap 471
-maße 48f., vord. Einband
-niveau 65ff., 469ff.
-niveaudiagramm 134, 136ff., 469ff., 522ff.
– – bei Kernreaktionen 612
-term 65
-umsatz 48ff., 333ff.
– – bei Kernreaktionen 609f., 630, 632, 634
-umwandlung 48, 332
-verteilung von bewegten Molekülen 252
-zustand 65, 612
Enol 558
Enolat 558
Enstatit 458
Entartung 78, 521
Entschwefelung 414, 416
Enthalpie 52, 333, *699*
Entropie 335ff., *699*
Entsorgung von Abfällen 653f.
Enzym 262, 600ff., *699*
e-Orbitale 522, *699*
e_g-Orbitale 520f.
equatoriale Position 536
erbgutverändernde Stoffe 645, 651
Erbium 504f.
Erdalkalimetalle 71, 380, **488**ff., *699*; siehe auch bei den einzelnen Elementen
- Gewinnung 481
-carbide 489
-carbonate 491f.
-halogenide 394, 490
-hydride 380, 490
Erdalkalimetalle
-hydroxide 229, 490ff.
-nitride 429, 490
-oxide 231, 490f.
-phosphide 429, 490
-sulfide 415, 490
-sulfate 491
Erde 2, 6
Erdgas 378f., 402, 414, 452

Erdöl 378, 414, 452, **537**, 539, 541
Erhaltung der Energie 48, 332f., *701*
Erhaltung der Masse 5, 16, *700*
Erg vord. Einband
Erlenmeyer-Regel 551
Erste Hilfe 656f.
Erster Hauptsatz der Thermodynamik 48, 332f., *701*
Erz 475ff., *699*
Erzanreicherung 476ff., *699*
Erzeugnis 642
Essigsäure (Ethansäure) 43, 208, 222, 287, 290, **558**f.
– Dissoziation 230, 282ff., 296ff.
– K_S-Wert 296, 301, 558, 661
– Titration 235, 312f.
-Acetat-Puffer 303f.
-amid (Acetamid) 566
-anhydrid 560, 566
-ethylester 561ff., 567
Ester 561f., 590f., *699*
Estradiol (Östradiol) 592
Ethan 39, 55, 139, 340, **533**ff.
Ethanal (Acetaldehyd) 244, 439f., 554, 652
Ethandiol (Glykol) 551f., 572
Ethandisäure (Oxalsäure) 307, 558, 560
Ethanol 213, 287, 551f., 588, 654f.
– Dampfdruck 174
– MAK-Wert 652
– molale Gefrierpunktserniedrigung und Siedepunktserhöhung 208
– molare Verdampfungsenthalpie 175
– molare Schmelzenthalpie und Schmelzpunkt 177
– Siedepunkt 174, 208
Ethanolamin 414
Ethanolat 552f.
Ethansäure s. Essigsäure
Ethen s. Ethylen
Ethenyl-Rest 538
Ether 514, 553, 569, *699*
etherisches Öl 583
Ethin (Acetylen) 411, 539f., 571
– Additionsreaktionen 543
– Bindungsverhältnisse 113, 140, 539
– Synthese 453f., 540
– thermodynamische Daten 340, 342, 663
Ethindiid (Acetylid) 540
Ethoxid (Ethanolat) 552f.
Ethoxiethylhydroperoxid 553
Ethylacetat 561ff., 567
Ethylalkohol s. Ethanol
Ethylamin 565, 652
Ethylammonium-Ion 565
Ethylbenzol 541
Ethylcyanid (Propansäurenitril) 560
Ethyldiazonium-Ion 567
Ethylen (Ethen) 55, 538, 592
– Additionsreaktionen 542
– Bindungsverhältnisse 113, 139f., 538
– Metall-Komplexe 551
– Polymerisation 570f., 573
– thermodynamische Daten 340, 342, 663
Ethylendiamin (Diaminoethan) 513, 525, 566
Ethylendiamin-tetraacetat (EDTA) 513
Ethylenglykol (Glykol) 551f., 559, 572
Ethylenoxid 552
Ethylmagnesiumbromid 549f.
Ethylmethylketon 554
Ethylpropylether 553
Ethyl-Rest 534
Etikett, Vorschrift über 643
Europäische Union, Richtlinien 642, 644, **648**ff.
Europium 499, 504f.
exotherme Reaktion 51ff., 253, 333f., *699*
– und chemisches Gleichgewicht 277, 338f.
exothermer Lösungsvorgang 202
Explosion 257
explosionsgefährlich 257
– Gefahrensymbol 643
– Legaldefinition 644
Exposition 654
Extraktion 9f., *699*

F

Fällungsreaktion 220, 230ff., *699*
Fällungstitration 235, 323
Faltblattstruktur 596, *699*
Farad vord. Einband
Faraday, Michael 17, 354f.
Faraday-Gesetz 354, *699*
Faraday-Konstante 354
Farbe von Komplexen 525
Färben von Glas 459, 499
Farbstoff 400, 568
Farnesol 584
f-Block 84
Feldspat 458
Fermium 628
Fernordnung 167
Ferrocen 550
Ferrochrom 380
Ferrolegierung 480
Festdosismethode 655
feste Lösung 197
Feststoff 8, 167, **179**ff.
– Aktivität 342, 365
– Berücksichtigung im Massenwirkungsgesetz 274, 318, 342
– Dampfdruck 177ff.
– Löslichkeit 202, 221f.
– Standardzustand 342
Fett 588ff., *699*
-härtung 379, 590
-säure 588ff., *699*
-säureester 588ff.
Feuer 2
Feuerstein 499
Filtrieren 9, *699*
Filtriernutsche 9
Filtriertrichter 9
Fischer, Emil 576, 585
Fischer-Projektionsformel 532, 575f., 585f.
Fixiersalz 420
Fläche vord. Buchdeckel
flächenzentriert 184, *699*
Flammpunkt 644f.
Flotation 9, 476, *699*
fluktuierende Dipole 169
Fluor 112, 146, 342, **386**ff.
– Elektronenaffinität 99f.
– Kovalenz- und van der Waals-Radius 95, 386
– MO-Diagramm 138
– Reaktion mit Stickstoffmonoxid 250
– – Wasserstoff 381, 392
-alkan 440, 547
-apatit 388
-chlorkohlenwasserstoff 440, 547
Fluorid 388, 392ff., 399, 525
– Ionenradius 107, 386f.
– Löslichkeit 222
fluorierte Kohlenwasserstoffe 399, 440, 547
Fluorierungsmittel 433
Fluorit 179, 388
-Typ 191, 380
Fluorwasserstoff 223, 285, 381, 388, **392**, 547, 655
– Assoziation 170, 392
– Bindungsenergie 58, 117, 387
– Dipolmoment 117
– Säurestärke 285, 301, 392
– thermodynamische Daten 334, 340, 342, 663
Flüssigkeit 8, 167, **171**ff., 336
Flüssigkeitschromatographie 10
Flußsäure 222, 392
– K_S-Wert 301, 663
Flußspat (Fluorit) 179, 388, 392
-Typ 191, 380
f-Orbital 498, 503ff.
Formaldehyd 130, 554, 556, 571, 654
– MAK-Wert 652
Formalladung **118**f., 120f., 224, 287, 395, *699*
Formamid 567
Formel 28ff., 101, *696*
Formiat 560
Formylessigsäureester 554
Formyl-Gruppe 554, 560
Formylpyridin 554
fortpflanzungsgefährdende Stoffe 645, 651ff.
fraktionierte Destillation 212, *697*
Francium 485, 628
Frasch-Verfahren 413, *699*
freie Enthalpie 337, 342ff., *699*
freie Reaktionsenergie 338

Sachverzeichnis

freie Reaktionsenthalpie **337**ff., 343f., 345, 358f., 363ff., *699*
freie Standard-Bildungsenthalpie 339f., *699*
– Tabelle 340, 663f.
freie Weglänge 155, 172, *706*
freies (einsames, nichtbindendes) Elektronenpaar 113, 126ff., 168, 170, 287ff., 510, 546, *698*
freiwillig ablaufender Prozeß 335f., 338f., 344, 358
Fremdatome in Kristallen 192
Frequenz 63, vord. Einband
Friedel-Crafts-Reaktion 545, 561
Frigen 399
Frostschutzmittel 552
fruchtbarkeitsbeeinträchtigend 645
fruchtschädigend 645
Fructofuranose 586f.
Fructopyranose 586f.
Fructose (Fruchtzucker) 552, **585**ff.
Fulleren 451, *699*
funktionelle Gruppe 541, 546, *699*
funktionelle Gruppenisomerie 553
Furan 569
Furanose 586, *700*

G

Gadolinium 504f.
Galactopyranose 587
Galactose 585
Galenit 182
Gallium 178, 460f., 482, **494**ff.
– Kovalenzradius 95
-arsenid 429, 445
-halogenide 493ff.
-hydrid 494
-hydroxid 494
-nitrid 493
-oxide 493, 495
-phosphid 429
-sulfid 493
Galvani, Luigi 356

Galvanische Zelle 351, **356**ff., 372, *700*
Gamma-Strahlen 20, 63, 611f., 621, *700*
Gangart 475f., *700*
Ganzkörper-Dosisleistung 622
Gärung 552
Gas 8, **144**ff.
– Bildung bei Metathese-Reaktionen 221
– im chemischen Gleichgewicht 274ff., 343ff.
– gefährliches 650f.
– Löslichkeit 201f.
– Standardzustand 54, 358
– Verflüssigung 159f.
– Volumenarbeit 51, 333ff.
-chromatographie 11
-gemisch 144, 153, 335
-gesetz, ideales **146**ff., 151, *702*
– – reale Gase 159
-konstante 146, *702*
-theorie, kinetische 151ff., *702*
-volumen 145ff.
Gauche-Konformation 535
Gauß vord. Einband
Gay-Lussac, Joseph 145f.
Gay-Lussac-Gesetze 147, *700*
Gefahrenbezeichnung 642f.
Gefahrensymbol 642f., *700*
Gefahrgutverordnungen 649
Gefährlichkeitsmerkmal 642, 644f.
Gefahrstoff 642ff., *700*
– Aufbewahrung 651
– Einstufung 650, 652
– Einteilung 642ff.
– Kennzeichnung 643ff.
– Umgang mit 642, 650f.
– Wirkung 644f.
-verordnung 644, **648**ff., *700*
-verzeichnis 650
Gefrierpunkt 176ff., 336, *700*
– von Lösungen 208f.
Gefrierpunktserniedrigung **209**, 214f., *700*
Geiger, Hans 616
Geiger-Müller-Zähler 616, *700*
gelöster Stoff 197ff.
Gemenge 8

Gemisch 7ff., 153, 197, *700*
Genauigkeit 11f.
Generatorgas 430
genetische Information 598f.
genetische Schäden 621f.
Gentechnikgesetz 649
geologische Altersbestimmung 624f., *700*
geometrische Isomere 517, *712*
Geraniol 584
Gerätesicherheitsgesetz 649
Gerlach, Walther 80
Germanit 496
Germanium 448, 472, **495**ff.
– Gewinnung 480f., 484
– Kovalenzradius 95
– Struktur 451
-dihalogenide 497
-hydride 497
-dioxid 480, 495f.
-disulfid 495f.
-tetrahalogenide 495, 497
Germer, Lester 73
Gerüstsilicat 458
Gerüststruktur 180, 182, *700*; s. auch Raumnetzstruktur
gesättigte Kohlenwasserstoffe 532ff., *700*
gesättigte Lösung 197, 201
Geschwindigkeit 48, 72, 73
– von Molekülen in Gasen 151f., 154ff.
– einer Reaktion 242ff., 254ff.
geschwindigkeitsbestimmender Schritt 255, *700*
Geschwindigkeitsgesetz 243ff., 254ff., *700*
-konstante 243ff., 257f., *700*
-verteilung 155f., 251
Gesetz (staatliches) 648f.
– der Erhaltung der Energie 48, 332ff., *701*
– der Erhaltung der Masse 5, 16, 38, *700*
– der konstanten Proportionen 7, 17, *700*
– der konstanten Wärmesummen 53, *700*
– der multiplen Proportionen 17
gestaffelte Konformation 535

gesundheitsschädlich, Gefahrensymbol 643
– Legaldefinition 644
Gewicht 6
Gibbs, J. Willard 337
Gibbssche freie Enthalpie 337
Gichtgas 479
Giftempfindlichkeit 654f.
giftig, Gefahrensymbol 643
– Legaldefinition 644
Giftinformationsverordnung 649
Giftnotrufzentralen 656
Giftstoffe 651, 654ff.
Gips 182, 413, 416, 492
Gillespie, R.J. 126
Gillespie-Nyholm-Theorie 126ff.
Gitterenergie **102**ff., 200f., 490f., *700*
Gitterkonstante 181, *700*
Glas 176, 232, 289, 392, 459
Glaselektrode 369
Gleichgewicht 173, 197
– chemisches 269ff., 294ff., *696*
– bei chemischen Transportreaktionen 484
– Druckabhängigkeit 276
– bei Fällungsreaktionen 318ff.
– bei Komplexbildungsreaktionen 324ff.
– bei Säure-Base-Reaktionen 282ff., 296ff.
– und thermodynamische Funktionen 338, 342ff.
– Temperaturabhängigkeit 269, 277, 345
Gleichgewichtskonstante 269ff., *700*
– und elektromotorische Kraft 365
– bei Fällungsreaktionen 318f.
– bei Komplexbildungsreaktionen 325f.
– bei Säure-Base-Reaktionen 296ff.
– und thermodynamische Funktionen 343f.
– Tabelle 344, 661f.
– Temperaturabhängigkeit 277, 345

gleichionige Zusätze 321, *700*
Glimmer 180, 458
Glucopyranose 587
Glucose 552, **585**ff., 603
glucosidische Verknüpfung 586ff.
Gluon 608
Glutamin 595
Glutaminsäure 595
Glutarsäure 558
Glycerin 551f., 589ff.
Glycerinaldehyd 575f., 585
Glycerinester 589ff., 592
Glycin 593f.
Glykogen 588
Glykol 551f., 559, 572
Glykolaldehyd 585
Glykolsäure 562
Gold 3, 182, 260f., 362, 437, 475, 498ff.
– Gewinnung 476f., 480, 484
-Komplexe 512
Goldschmidt-Verfahren 480, *713*
Goldstein, Eugen 19
Goldwaschen 476
Grad vor d. Einband
Graham, Thomas 156
Graham-Effusionsgesetz 156, *700*
Granat 458
Granit 7
Graphit 182, 342, **450**ff.
Grauspießglanz 428
Gray 621, *700*, vord. Einband
Grenzflächendarstellung 76, 78f.
Grenzformel 120f., 130, 140, 540
Grenzwerte für Gefahrstoffe 651f.
griechische Theorie 2, 16
griechische Zahlwörter 122, 516
griechische Multiplikativzahlen 516
Grignard, Victor 549
Grignard-Verbindung 549f., 556, 559, *700*
Grundzustand 65, 81, 611, *700*
Gruppe im Periodensystem 68, 70f., *701*
Gruppensilicat 458

Guajazulen 584
Guanin 597ff.
Guanosin 598
Gummi 572

H

Haber, Fritz 102
Haber-Bosch-Verfahren 381f., **430**, *700*
Hafnium 480, 484, 500f.
Hahn, Otto 629f.
halbbesetzte Schale 88, 98, 505
Halbleiter 424, 430, 451, **471**f., 474, *701*
Halbmetall 71, 407, 424
Halbreaktion 361ff., 367f.
Halbwertszeit 246ff., *701*
– bei radioaktiven Substanzen 617ff., 623f.
Halbzelle (galvanische) 359ff.
Hall-Héroult-Verfahren 482, *701*
Halogen 71, **386**ff., 399, 542, *701*; s. auch bei den einzelnen Elementen
-alkan **542**ff., 547ff., 565
-aren 545
Halogenat 395f., 398f., *701*
Halogenglühlampe 506
Halogenid 388, 390, **393**f., 475
Halogenige Säuren 395ff.
Halogenkohlenwasserstoff 440, 542ff., 547ff.
Halogeno-Komplex 394, 525, *701*
Halogen-Oxosäuren (Halogensäuren) 394ff
Halogenwasserstoffe 381, **392**ff., 542, *701*
– Reaktion mit Akenen und Alkinen 542f.
– – mit Alkoholen 547
Hämatit 32, 479
Häm-Gruppe 513f., 597
Hämoglobin 513f., 597
Handwerkskünste 2
Harnstoff 427, 444, 567
Härte 180, 182, 450, 454, 473
hartes Wasser 492, 590

Häufigkeit der Elemente 6, 378, 402, 407, 452, 493
Hauptgruppe 70f., 83ff., 89, 102, *701*
Hauptquantenzahl 76f., 84, *701*
Hauptvalenz 510
Hautkontakt 650f.
hautresorptiv 652
Haworth, Norman 587
Haworth-Formel 586
Heisenberg, Werner 73
Heisenberg-Unschärferelation 73, *713*
Heizöl 537
Helium 202, 402ff., 407, 610, 633f.
– kritische Daten 160
Helix 596, 598f.
Helmholtz, Hermann von 332
Henderson-Hasselbalch-Gleichung 305, *701*
Henry vor d. Einband
Henry, William 202
Henry-Dalton Gesetz 202, *701*
Heptadecan 533
Heptan 206, 533
Herdfrischverfahren 485, *701*
Herzstillstand, erste Hilfe 657
Hertz 63, vord. Einband
Hess, Germain H. 53, 332
Hess-Satz 53f., *700*
Heteroaren (Hetaren) 569, *701*
Heteroatom 569
heterocyclische Verbindungen 569, *701*
heterogene Katalyse 260f., *701*
heterogenes Gemisch **7**ff, 197
heterogenes Gleichgewicht 274
Hexacarbonylchrom 455
Hexachloroantimonat 394
Hexachloroplatinat(IV) 511, 516f.
Hexachloroplumbat 449
Hexadecan 533
Hexafluorophosphat 394

Hexafluorosilicat 392, 394, 449
hexagonal 182
hexagonal-dichteste Kugelpackung 188
hexagonale Kugelschicht 187f.
Hexahydroxoantimonat 443
Hexahydroxoplumbat 496
Hexahydroxostannat 449, 496
Hexamethylendiamin 566, 572f.
Hexammin-cobalt(II) 515
-cobalt(III) 511, 513, 515, 525
-eisen(II) 525
-platin(II) 511
-platin(IV)-chlorid 511
Hexan 533, 541
1,6-Hexandiisocyanat 572
Hexandisäure (Adipinsäure) 558, 572f.
1-Hexanol 551
Hexaquocobalt-(II) und -(III)515
Hexaquotitan(III) 525
High-Spin-Komplex 524ff., *701*
Hinweise auf Gefahren (R-Sätze) 643, **646**
Histidin 595
Hittorfscher Phosphor 426
Hochdruck-Flüssigkeitschromatographie 10
Hochdruckpolyethylen 571
hochentzündlich, Gefahrensymbol 643
– Legaldefinition 644
Hochofen 479, *701*
Holmium 504f.
Holz 4, 588
Holzverzuckerung 588
homogene Katalyse 260, *701*
homogenes Gemisch 7, 9, 144, 197
homologe Reihe 533, 539, *701*
Homolyse (homolytische Spaltung) 542, *701*
homonukleare Moleküle 138
Hormon 591f., *701*
Hund-Regel 82, 137, 524, *701*
Hüttenkunde 475
Hybridisierung 132, *701*

Hybrid-Orbitale 131ff., 519
Hydrargillit 476
Hydratation 199, *701*
Hydratationsenthalpie 199f., 490f., *701*
hydratisierte Ionen 199f., 229, 310f., 324, 327, 492, 494
Hydratisomerie 517, *701*
Hydrat-Wasser 199, 492
Hydrazin 431, 444, 555
– K_B-Wert 301, 661
– MAK-Wert 652
Hydrazinium-Ion 431
Hydrazon 555f.
Hydrid 380f.
-Ion 284, 380, 525, *702*
Hydrierung 381
Hydroborat (Hydridoborat, Boranat) 464
Hydrochinon 553
Hydrocracking 537
Hydrogencarbonat 284, 307, 456, 492
– K_S-Wert 307, 661
Hydrogendifluorid 388, 392
Hydrogenphosphat 284, 306f., 441
– K_S-Werte 306f., 661
Hydrogensalz 231, 233, 306ff.
Hydrogenselenat 419
Hydrogensulfat 284, 307, 418
– K_S-Wert 307, 661
Hydrogensulfid 284, 414
– K_S-Wert 307f., 661
Hydrogensulfit 416
Hydrolyse 309
– ATP 603
– Halogenide 394, 417, 432f.
– metallorganische Verbindungen 550
– Peptide 595
– Peroxoschwefelsäure 420
– Polysaccharide 588
Hydronium-Ion 229, *708*
Hydroperoxid 553
hydrophil 590
hydrophob 590
Hydroxid 223, **229**ff., 282ff., 326, 353, 389, 459, 525
– Alkalimetalle 229, 487
– Elemente der 3. Hauptgruppe 494

– Erdalkalimetalle 229, 490ff.
– Löslichkeit 222
– Nomenklatur 232
Hydroxoaluminat 327, 476, 494
Hydroxo-Komplex 327
Hydroxyaldehyd 585
4-Hydroxyazobenzol 568
2-Hydroxybenzoesäure (Salicylsäure) 563
3-Hydroxybutanal 557
4-Hydroxybutansäure (γ-Hydroxybuttersäure) 563
Hydroxycarbonsäurenitril (Cyanhydrin) 555, 562
Hydroxycarbonsäure 562f.
Hydroxyessigsäure (Glykolsäure) 562
Hydroxy-Gruppe 547f., 550f.
Hydroxyketon 585
Hydroxylamin 290, **431**, 555f.
Hydroxylammonium-Ion 290, 431
Hydroxyl-Radikal 428f.
1-Hydroxynaphthalin 552
5-Hydroxypentansäure 563
2-Hydroxypropansäure (α-Hydroxypropionsäure, Michsäure) 559, 562f., 574
3-Hydroxypropansäure (β-Hydroxypropionsäure) 563
hygroskopisch 418
Hyperoxid 138, 408f.
hypertonisch 212
Hypobromige Säure 286f., 395ff.
– K_S-Wert 301, 661
Hypobromit 395ff.
Hypochlorige Säure 231, 286ff., 395ff.
– K_S-Wert 301, 661
Hypochlorit 395ff.
Hypofluorige Säure 394
Hypohalogenige Säuren 395ff.
Hypohalogenit 395ff., *702*
Hypoiodige Säure 286f., 395ff.
Hypoiodit 395ff.
Hypophosphorige Säure 287, 442f.

Hypophosphit 431, 442
hypotonisch 212

I

Iatrochemie 4
ideale Gaskonstante 146, *702*
ideale Lösung 206, 342, *702*
ideales Gas 146
ideales Gasgesetz 146ff., 151f., *702*
Ikosaeder 461
Imidazol 569
Imin 519
Immissionsschutzgesetz 649
Impfkristall 176, 198
Impuls 72f., 152
Indikator 234, **301**f., 312ff., *702*
Indium 460f., 482, **494**ff.
– Kovalenzradius 95
-halogenide 493ff.
-hydrid 494
-hydroxid 494
-nitrid 493
-oxide 461, 493, 495
-sulfid 493
-trichlorid 493, 496
induktiver Effekt 543, 545, *702*
Induktivität vord. Einband
Industrienorm 648
induzierte Kernspaltung 629f.
induziertes Dipolmoment 169
inerter Komplex 515, *702*
Infrarot-Strahlung 63
Inhibitor 601f.
Initialzünder 431
innenzentriert 184, 187, *702*
innere Energie 51, **332**ff., *702*
innere Schale 85, 89, *702*
inneres Salz 566
Inselsilicat 458
Insulin 594
Intensität von Strahlung 63
interatomarer Abstand 94
Interferenz 186
Interhalogenverbindungen 390f, *702*
interionische Wechselwirkungen 215

intermetallische Verbindung 197
intermolekulare Anziehungskräfte 94f., 157, 159, **167**ff., 174, 198f., 387, *702*
– und Auflösungsvorgänge 206
internationales Einheitensystem 11, vord. Einband
Inverkehrbringen 650, 653
Inversionsachse 574
Inversionszentrum 574ff.
Iod 198, 342, **386**ff., 432, 484, 583
– Elektronenaffinität 100
– Kovalenz- und van-der-Waals-Radius 95
– Reaktion mit Wasserstoff 247f., 270f., 276, 381
^{131}Iod 619, 635
Iodalkan 549, 564
Iodat 390
Iodbenzol 568
Iodfluorid 390
Iodid 114, 390f., 393f., 525
– Ionenradius 107, 386
– Löslichkeit 222
Iodheptafluorid 390f.
Iodpentafluorid 130, 390f.
1-Iodpropan 553
Iodsäure 395f., 398
Iodtrichlorid 390, 400
Iodtrifluorid 390f.
Iodwasserstoff 285, **392**
– Bildung und Zerfall 247f., 270f., 276, 381f., 391f.
– Bindungsenergie 58, 117, 387, 664
– Dipolmoment 117, 169
– Säurestärke 285
– thermodynamische Daten 340, 342, 663
Iodwasserstoffsäure 223, 231, 392
Ion 18, **29**, 101, 179, 182, 189ff., 198ff., 351ff., *702*
d^{10}-Ion 105f.
$d^{10}s^2$-Ion 106
s^2-Ion 102, 105
s^2p^6-Ion 102, 105
Ion-Dipol-Anziehung 198f.
Ionen-arten 29, 105ff.
-austauscher 458f., *702*
-beweglichkeit 352

Ionen-bindung 94, **101**ff., 113f., 189f., *702*
-bindungsanteil 115, 117
-gleichung 220ff.
-größe 104, 107, 190f.
-kristall 29, 101, 179, 182, **189**ff.
– – Auflösung 198
-ladung 22, 101, 104, 119, 224, 352ff.
-produkt 320, *702*
– – Wasser 294, *702*
-radienverhältnis 190f., *709*
-radius 104, **107**f., 190f., *702*
– – Alkalimetalle 107, 485f.
– – Chalkogenide 107, 406
– – Elemente der 3. Hauptgruppe 107, 460
– – Elemente der 5. Hauptgruppe 424
– – Erdalkalimetalle 107, 489
– – Halogenide 107, 386f.
– – Lanthanoide 503f.
– – Übergangsmetalle 501f.
-verbindungen 29, **101**ff., 114, 198. *702*
– – Kristallstrukturen 189ff.
– – Löslichkeit 198, 221f.
– – Nomenklatur 108
Ionisationsisomerie 517, *702*
ionische Polymerisation 571
ionischer Charakter einer Bindung 115, 117
Ionisierungsenergie 67, 97ff., 103, 105, *702*
– Alkalimetalle 485f.
– Chalkogene 406
– Edelgase 402
– Elemente der 3. Hauptgruppe 460
– Elemente der 4. Hauptgruppe 449
– Elemente der 5. Hauptgruppe 424f.
– Erdalkalimetalle 489
– Halogene 387
Iridium 475, 500ff.
irreversible Vergiftung 656
Isobutan 533
Isobutyl-Rest 534
Isocyanat 566
Isocyano-Ligand 517
Isocyansäurealkylester 566

isoelektronisch 102, 463, *702*
Isolator 471, 474, *702*
Isoleucin 595
isolierte Doppelbindungen 539, *702*
Isomere 433, 516ff., 574ff., *702*
– Bindungs- 517, *695*
– *cis-trans-* 433, 517f., 539, *697*
– Diastereo- 517, 574, *697*
– Enantiomere 518f., 574ff., *699*
– funktionelle Gruppen- 553
– Hydrat- 517
– Ionisations- 517
– Konformations- 535f., *704*
– Konstitutions- **517**, 533, 537ff., 541, 543, 553, 574, *704*
– Koordinations- 517
– optische 518, 574ff.
– Positions- 538
– Stereo- 433, **517**ff., 537, **574**ff., 585, *712*
Isomerisierung 538, *702*
Isopentan 533
Isopentenoldiphosphat 584
Isopren 571, 583f.
Isopropanol 551f.
Isopropyl-Rest 534
Isothiocynato-Ligand 517
isotonisch 212
Isotop **22**f., 608, 628, *702, 707*
Isotopengemisch 22
isotopenreine Elemente 22
Isotopentrennung 157, 630
Isotopenverdünnung 636

J

Jahr vord. Einband
Joule 48f., *703*, vord. Einband
Joule, James 48, 160
Joule-Thomson-Effekt 160, *703*

K

Kalisalz 390
Kalium 408, **485**ff., 583
– Häufigkeit 6

– Ionenradius 107, 485
– Gewinnung 353, 485
-amid 487
-antimonid 487
-arsenid 487
-bromid 191, 393, 400, 487
-carbonat 459, 487
-chlorat 259, 398f., 408
-chlorid 191, 200, 388, 390, 393, 475, 487f.
-cyanid 654
-dichromat 390, 499
-disulfat 419
-fluorid 191, 388, 487
-hexachloroplatinat 486, 511
-hexacyanoferrat(II) 526
-hexacyanoferrat(III) 526
-hexanitrocobalt 486
-hydrid 380, 487
-hydrogensulfat 419
-hydroxid 487
-hyperoxid 408, 487
-iodid 107, 191, 487
-Kronenether-Komplex 514
-kryptat 514
-magnesiumchlorid 475
-nitrat 437, 444, 487f.
-nitrit 437, 487
-oxid 191
-perchlorat 399, 486
-phosphid 429, 487
-permanganat 390, 499
-salze, Löslichkeit 222
-selenat 419
-selenid 487
-sulfat 488
-sulfid 487
-tellurid 487
-tetrachlorplatinat(II) 550
[40]Kalium 622f.
Kalk 232, 416, 452, 456, 477, 479, 484, 488, 491f.
Kalkbrennen 477, 491
Kalorie 49, *703*, vord. Einband
Kalorimeter 49f., *703*
Kalzinieren 4, 488
Kanalstrahlen 19, *703*
Kaolinit 458
Kassiterit 496
Katalase 410
Katalysator 248, **259**ff., 277, 499, 600, *703*
-gift 261

Katalyse 259ff.
Kathode 17, 29, 352, 357, *703*
Kathodenstrahlen 17f., 69, *703*
Kation 29, 101, 108, 114, 352, *703*
Kationenaustauscher 459
kationische Polymerisation 571
Kautschuk 421, 571f., 583f.
Keilstrichformel 532, 575f
Keim, Kristallisations- 198
K-Einfang 614
Kelvin 11, 49, **147**, *703*, vord. Einband
Kelvin, Lord 147, 160
Kennzeichnung von Gefahrstoffen 643ff.
Keramik 499, 454
Kernbindungsenergie 23, 608, 628f., *703*
Kernchemie 5, 507ff.
Kernfusion 609, 629, **633**f., *703*
Kernit 461
Kernkraft, starke 20, 607f.
Kernreaktionen 608f., 625ff.
Kernreaktionsgleichung 609, 625
Kernreaktor 631f., *703*
Kernseife 590
Kernspaltung 609, 615, **629**ff., *703*
Kernumwandlung 609, 625ff., *703*
Kerosin 537
Kesselstein 492
Ketimin 556
Ketocarbonsäure 563
Keto-Enol-Tautomerie 558, 564
Ketohexose 585
Keton 554ff., *703*
Ketonhydrazon 556
Ketonspaltung 564
Ketopentose 585
Ketose 585f., *703*
Ketotetrose 585
Ketotriose 585
Ketoxim 556
Kettenabbruchreaktion 257, 542, 570f.
Kettenfortpflanzungsreaktion 257, 542, 570f.

Sachverzeichnis

Kettenreaktion 257, 242, 630, 703
Kettenrückschritt 257
Kettensilicat 458
Kettenstartreaktion 257, 542, 570f.
Kettenstruktur 180, 182
Kieselgel (Silicagel) 457
Kieselgur 457
Kieselsäuren 457
Kieserit 413
Kilogramm (Definition) vord. Einband
Kilopascal 144
Kinetik 242ff.
kinetische Energie 48
– eines Elektrons 74
– der Teilchen in einer Flüssigkeit 172
– der Teilchen in einem Gas 152, 155f.
kinetische Gastheorie 151f., 703
kinetische Kontrolle 544
kinetische Stabilität 332, 515
kleinster Zwang 201f., 275f., 345, 709
Klopffestigkeit 497, 538
Knallgas 381, 703
Knotenfläche 75f., 78, 135, 703
Knotenlinie 75
Knotenpunkt 74
Kochsalz 29, 212; s. auch Natriumchlorid
Koeffizient in einer Reaktionsgleichung 38, 53, 145, 225ff., 703
Kohäsion 172
Kohle 413, 416, 438, 633
Kohlehydrierung 381, 703
Kohlendioxid 456
– Bildung 221f., 274f., 379, 409f., **455**f., 479, 491, 561, 563
– Bildungsenthalpie 53f.
– Bindungsverhältnisse 113, 456
– Dampfdruck 159
– Entfernung aus Gasen 379
– Kompressibilität 158
– kritische Daten 160
– in der Luft 407, **437**, 456, 619

– Molekülstruktur 28, 130, 456
– Phasendiagramm 179
– bei der Photosynthese 456, 514, 588
– Reaktion mit Ammoniak 567
– – mit Grignard-Verbindungen 559
– – mit Kalk 492
– – mit Kohlenstoff 275, 455
– – mit Wasser 232, 307, 456
– – mit Wasserstoff 272, 277, 345
– thermodynamische Daten 340, 342, 663
– Verflüssigung 159
Kohlendisulfid (Schwefelkohlenstoff) 38, **459**, 547
Kohlenhydrate 585ff., 703
Kohlenmonoxid 455f.
– in Abgasen 262, 437
– Bestimmung 40
– Bildung 262, 379, 409, 428, **455**, 559
– Bildungsenthalpie 53f.
– Bindungsverhältnisse 118, 138, 455
– biochemische Funktion 592
– Dipolmoment 169
– in der Luft 407, 437ff.
– MAK-Wert 652
– Reaktion mit Ammoniak 567
– – mit Chlor 273, 455, 561
– – mit Natriumhydroxid 559
– – mit Nickel 288, 455, 484
– – mit Wasserdampf 272, 277, 345, **379**, 430
– – mit Wasstoff 261, 381f.
– als Reduktionsmittel 455, 478f.
– thermodynamische Daten 340, 342, 663
– Toxizität 455f., 514, 656
– Zerfall 275, 455
Kohlenoxid-Konvertierung 379, 430, 703
Kohlenoxidsulfid 455
Kohlensäure 221, 231, **456**

– Dissoziation 284, 307
– K_S-Wert 307, 661
-diamid (Harnstoff) 427, 444, 567
-dichlorid (Phosgen) 130, 273, 290, 455, 561, 566f.
-monoamid 567
Kohlenstoff 332, 448f., **450**ff.
– absolute Entropie 342
– Elektronenaffinität 100
– Häufigkeit 6, 452
– Kovalenz- und van der Waals-Radius 95
– Reaktion mit Schwefelsäure 419
– – mit Wasserdampf 379
– als Reduktionsmittel 428, 453, 478f.
-fasern 452
-Molekül C_2 137
^{14}Kohlenstoff 613, 619ff., 635
Kohlenwasserstoff 379, 452, **532**ff., 583f., 703
– in der Atmosphäre 439f., 583
– Verbrennung 39, 262, 410f., 538, 541
Kokereigas 414, 452
Koks 379, 451f., 478f., 541
Kolbe-Schmitt-Synthese 563
Kollisionen in einem Gas 151f., 155, 251
Kollisionstheorie 250f.
Kolonne 212f
kompetitive Hemmung 601
Komplex-Bildungskonstante 326, 703
-ladung 324, 511
-ligand 324, 510ff., 516
-Verbindung 324, 394, **510**ff., 703
-Zerfallskonstante 325, 515, 703
– – Tabelle 662
Kompressibilitätsfaktor 157f., 703
Komproportionierung 228, 703
Kondensation 173, 212, 555f.
Kondensationsenthalpie 175, 714
kondensiertes Ringsystem 534, 541, 704

Konfiguration 433, 574ff., 703
Konformation 435, 703
Konformationsisomere (Konformere) 435, 704
Königswasser 437
Konjugations-Effekt 546
konjugierte Doppelbindungen 539, 704
konjugiertes Protein 602
konjugiertes Säure-Base-Paar **283**f., 299, 300, 303, 704
Konservierung von Nahrungsmitteln 535
konstante Proportionen, Gesetz der 7, 17, 700
Konstitution 433, 574, 704
Konstitutionsformel 28, 537, 712
Konstitutionsisomere 517, 533, 574, 704
– Alkane 533
– Alkene 538f.
– Alkine 539
– Benzolderivate 541
– Cycloalkane 537
– Ether 553
– Halogenalkane 543f.
– Komplexe 517
Kontakt-Verfahren 417, 704
kontinuierliches Spektrum 64
Kontrollstab 631, 704
Konverter 485
Konzentration 42ff., 159, 197, **202**ff., 704
– und chemisches Gleichgewicht 269ff., 275f., 300, 342f.
– bei Fällungsreaktionen 318ff.
– bei Komplexbildungsreaktionen 325f.
– bei Säure-Base-Reaktionen 296ff.
– und Reaktionsgeschwindigkeit 242ff., 254ff.
– und Reduktionspotential 366ff.
– bei Titrationen 311ff., 370
Konzentrationsänderung, zeitliche 242ff.

Sachverzeichnis

Licht 33f., 61, 64, 25ff., 382, 704
-geschwindigkeit 63, 72f.
-quant 64–66, 257, 542, 708
Liebig, Justus von 444
Ligand 324, 510ff. 516, 705
Ligandenfeld 521ff.
-Parameter Δ 521ff.
- Koordinationspolyeder ligandfeld 527f.
- Koordinationszahl 510
Koordinationszahl **101**, 107, 705
Linearbeschleuniger 626f.
lineares Molekül 285f., 292, 300
lineare Komplex 511f.
Linienspektrum 64, 69
Linolensäure 584
Linolsäure 589
Lipid 588, 705
lipophil 590
liquidus 38
Liter 712, 720ff., 180, 182, 705
Lithium 342, 408, **485**f., 583
- Koordinationszahl in 107, 704
 Bindung in 463f.
-acetylid (-carbid) 487
-aluminiumsilikat 475
-amid 487, 27, 271
-analogon 105, 286f.
-arsenid 487
-bromid 191, 487
-carbonat 486f., 492,
-chlorid 191, 487
-fluorid 191, 204, 486f.
- krebserzeugende Stoffe 645
-hydrid 380, 464, 487
 Krebsrisiko durch Radio-
-iodid 107, 191, 487
- Molekül (Li₂, Li₃, Li₄) 107f., 469
- Gitter 181, 704
-nitrid 429, 487
- Kristallisation 10, **176**, 704
 Kristallisationsenthalpie ohne 104, 187
-phosphat 486
 Kristallstruktur 18 ff.
 -salze, Löslichkeit 222
-selenid 487
-sulfid 487
-tellurid 487

-tetrahydroaluminat 382, 464, 494
-tetrahydroborat 464f.
- Metalle 186ff.
Lokalelement 372, 705
London, Fritz 168
London-Kraft **168**f., 180, 198, 387, 394, 403, 705
Lorbeeröl 589
Löschkalk 232, 491f.
 kritische Masse 630, 711
Löslichkeit 172, 197, **201**f., 174, 704
 kritischer Druck 159f., 174, 318f., 486
 Löslichkeitsprodukt **318**f., 705
 Krebsheilmittel 554, 705 490f.
 - Tabelle 662
 Lösung 7, 10, 42ff., **107**ff., 220ff., 705
 Kryoskopie 209
 Dampfdruck 205ff.
- Gefrierpunkt 208f.
- ideale 206, 342, 702
 - kubisch 431, 477
- osmotischer Druck 210f.
 dichteste 220ff.
- von Salzen 220ff., 309ff.
- von Säuren und Basen 229ff., 282ff., 289f., 296ff.
- Siedepunkt 208f.
Lösungsenthalpie 309f., 705
Lösungsmittel 160, 354, 440, 289f., 537
Lösungsmittel-Eigene
 Basen und Säuren 289f., 705
 Lötmetall 445, 493
 Elemente 95, 625f., 628
Lowry, Thomas 282
 lung 625ff., 705
Luft 282, 402, **487**, 493, 502, **437**ff.,
 -gemische 34, 76, 701
 Normalpotentiale 301, 630f., 666
-Reaktion mit Salpetersäure 436
Luftverseuchung 440
Lyman-Serie 66f.
Lyth-prinzip 191, 394

magische Zahlen 608
Magnesium 24, **489**ff., 583

- Gewinnung 477, 481
-carbonathydroxid (Malachitgrün) 107, 489
- Ionisierungsenergie 99, 104, 489, 501, 504
- als Reduktionsmittel 380, 480
- Verbrennung 409
-kies 413f., 477
-bromid 490
- Grundzahl 479ff.
-oxid 410, 475, 477, 504
- nitrid 491, 490
-hydrid 380, 490
-hydroxid 475, 477, 504, 490ff.
-iodid 490
-nitrid 429, 490
 organische Verbindungen 549f., 556
-oxalat 491
-Lackmus 282, 502
 permanat 492
 phosphid 429, 490
-salze, Löslichkeit 222
-silicid 285, 489f., 90
-sulfat 491
-sulfid 490
 magische Induktion 85, 324, 352 und
 magnetische Messung 83
 magnetische Werkstoffe 499 506, 704
 Magnetit 182, 476
 Magnetquantenzahl 77f., 705
Maisöl 589
 Ladungswolke 78, 704
Laevo-Form 518
 Makromolekulare Chemie
 554-570f., verg. Anhang
MAK-Wert 650ff., 706
 Maischsäure 542
 Malonsäure 560
-carbonatdioxid 475, 504
 -chlorid 480, 505
 Einzelne 478
 Maltase 588
 Manganquantigkeit 567, 586ff.
 Mangan 480, 498ff., 583
 - Kathode 500
-carbid 480

-dioxid 191, 259, 390, 408, 410, 475, 499

- Carbonatfluoride 475
 nitrid 501, 491, 505
 (II,IV)-oxid 480, 504
 -salze, Löslichkeit 222
-sulfid 504, 705
Manometer 144f., 705
Mariotte, Edmé 146
- Phosphate 475, 705, sine sus
- Vorkommen 475
 Lanthanoidenkontraktion
 Masse 6, 11, 16, 19, 20, 23, 31, 40, 48, 73, 705; verg.
 Einband
 Lactose 591, 705
- Neutron 19
- Proton 19
 Masseeinheiten 11, 351, 621,
 Lawrencium 628
 vergl. Einband
 Massen-anteil 32, 202, 705
-defekt 23, 628, 706
 konstant 203, 705, 701, 771
 prozent 203, 705, 701, 771
 zahl 19, 704, 706
-wirkungsgesetz 270ff.
 Ladolf, Hans 312
 - bei Fällungsreaktionen 318ff.
 - Gleichgewichts-
 Loslichkeitsprodukt 644
- bei Säure-Base-Reak-
 tionen von Ammoniak 296ff.
-zahl 21, 667ff., 706
 Ladungsdichte 671f., 174
 Materie 51, 705
 Matrizen-Ribonukleinsäure
 Leichtmetalle 440f., 705
 (mRNA) 599f., 706
letale Dosis 654f., 705
 Konzentration (MAK) 650f., 706 ang
 maximale Multiplizität 82
 Maxwell, James C. 151, 155
 Lewis, Gilbert N. 112, 286
 Maxwell-Boltzmann-
 Geschwindigkeits-
 verteilung 155, 177, 706
 Formel 112f., 119, 705
 der 228ff., 281, 284, 436
McLeod-Manometer 161
 mechanische Energie
 703 (Arbeit) 48, 333f.
 Mechanismus einer Reaktion
 343, 355ff., 543ff., 544, 696
Meerwasser 388, 452, 456, 475
Megapascal 144

mehratomiges Ion 29, 101, 108, *706*
– Molekül 139f.
Mehrfachbindung 113, 130, 139f.
mehrprotonige Säure 230f.,306ff., 310, *706*
– – K_S-Werte 307, 661
mehrstufige Reaktion 53f., 256ff., 270
mehrwertiger Alkohol 551f., 589
mehrzähniger Ligand 513f., *706*
Mehrzentrenbindung 140, 462, 464, *706*
Meitnerium hinterer Einband
Membran, semipermeable 210
Membran-Verfahren 388
Mendelejew, Dmitri 68f.
Mennige 496
Menthol 584
Mesitylen 541
mesomere Grenzformel **120**ff, 130, 140, 540
mesomerer Effekt 546, *706*
Mesomerie 120f., 540, *706*
Meßfehler 13
Messing 197
Meßkolben 43
Metaborsäure 463
Metall 4, 71, 89, 97f., 117, 181, 351, 424, **469**ff.
– Dichte 472f., 485, 489
– elektrische Leitfähigkeit 351, 470f., 474; Tabelle 474
– Gewinnung 475ff.
– der 3. Hauptgruppe 460f.
– der 4. Hauptgruppe 495ff.
– Kristallstrukturen 186ff.
– Oxidation 359ff.
– physikalische Eigenschaften 472ff.
– Raffination 476, **483**ff.
– Reaktion mit Halogenen 391, 487, 490, 495, 504
– – mit Säuren 362, 380, 390
– – mit Sauerstoff 408f., 504
– Schmelzpunte 424, 449, 460, 473, 485, 489
– Vorkommen 474f.

-carbid 480
-carbonat 477
-carbonyl 455
-erz 4, 428, 475ff.
-halogenid **393**f., 480, 504
-hydrid 380
-hydroxid 230, 326, 393
-nitrid 504
-oxid 4, 231f., 393, 408f., 459, 477, 504
-sulfid 414f., 477, 504
Metallatom-Radius 95f. 186f., 473
– Alkalimetalle 485
– Erdalkalimetalle 489
– Lanthanoide 504
– Übergangsmetalle 501f.
metallische Bindung 94, 181, **469**ff.
metallischer Charakter 117, 407, 424, 469
– Glanz 71, 471
– Leiter 351, 470f.
Metallkalk 4
Metalloid 71
metallorganische Chemie 6, 549f.
Metallurgie 400, 475ff., *706*
Metaphosphorsäure 442
metastabil 178, 332, 515
meta-Stellung 541
Metathese-Reaktion 220f., *706*
Meter (Definition) vord. Einband
Methan 261, 454, 532f.
– Bildungsenthalpie 55
– Dipolmoment 167f.
– Kompressibilität 158
– kritische Daten 160
– in der Luft 407, 439
– Molekülstruktur 28, 127, 131, 532
– Reaktion mit Wasserdampf 379, 430
– Substitutionreaktionen 542
– thermodynamische Daten 340, 342, 663
– Verbrennung 410, 538, 541
– Verbrennungswärme 334
– Vorkommen 407, 439, 537

Methanal (Formaldehyd) 130, 554, 556, 571, 654
– MAK-Wert 650ff.
Methanid 454
Methanol (Methylalkohol) 198, 341, **551**f.
– Bildung 255, 261, 382, 548, 552
– Giftigkeit 654
– Löslichkeit in Wasser 171, 198, 551
– Reaktion mit HBr 255, 548
Methanolat (Methoxid) 552
Methansäure (Ameisensäure) 558ff.
– K_S-Wert 301, 558, 661
Methionin 595
Methoxybenzol 568
N-Methylacetamid 567
α-Methylacrylsäuremethylester 573
Methylalkohol s. Methanol
Methylamin 565
– K_B-Wert 301, 565, 661
Methylammoniumchlorid 565
Methylbenzol (Toluol) 540, 545, 559
– MAK-Wert 652
Methylbromid (Brommethan) 255, 548
Methylbutadien (Isopren) 571, 583
Methylbutan (*i*-Pentan) 533
3-Methylbutanal 554
2-Methyl-2-butanol 543, 551
3-Methyl-2-butanol 551
3-Methylbutansäure 559
2-Methyl-1-buten 543
2-Methyl-2-buten 539
Methylcarbenium-Ion 567
Methylchlorid (Chlormethan) 440, 542
Methylchloroform 547
Methyldiazonium-Ion 568
Methylenchlorid (Dichlormethan) 542, 547, 574
Methylen-Gruppe 533
Methylen-triphenylphosphoran 557
5-Methyl-3-hexanon 554

Methyl-Kation 543, 545
Methylmagnesiumhalogenid 549f.
Methylorange 301f., 312ff.
Methylphenylether 568
Methylphenylketon 561
Methylpropan 533
Methylpropen 549
2-Methyl-2-propanol (*t*-Butanol) 548, 551
1-Methylpropyl-Rest 534
2-Methylpropyl-Rest 534
Methyl-Radikal 542
Methyl-Rest 534
Methylrot 302
Mevalonsäure 584
Meyer, Lothar 68f.
Mikrowellen 63
Milchsäure 559, 562f., 574
Milchzucker 587
Millibar 144
Millikan, Robert 18
Mineralien 182f.
Minute 11, vord. Einband
Mischbarkeit 197
mittelstarke Säure 300
mittlere Bindungsenergie 58, *695*
– – Tabelle 58, 664
mittlere freie Weglänge 155, 172, *706*
mittlere Geschwindigkeit (Gasmoleküle) 155
mittlere kinetische Energie 155
mittlerer Atmosphärendruck 144, 174
Mizelle 590, *706*
mobile Phase 10f.
Moderator 627, 631, *706*
Modifikation 189, 412, 426, 450f., 457, *706*
Mol 11, **30**f., 33, 146, *706*, vord. Einband
molale Gefrierpunktserniedrigung 208f.
molale Siedepunktserhöhung 208f.
Molalität 204f., *706*
molare Äquivalentmasse 237, 354
molare Formelmasse 31
molare Kondensationsenthalpie 175

Sachverzeichnis

molare Kristallisations-
  enthalpie 176
molare Masse (Molmasse)
  31, 40, 149f., 156, *706*
– Bestimmung 211
molare Schmelzenthalpie
  177
molare Sublimations-
  enthalpie 179
molare Verdampfungs-
  enthalpie 173, 175
Molarität 42, 203, *712*
Molekül **28**, 38, 112, 115, *706*
Molekular-formel 28, 30, 34,
  149f., *706*
-gewicht 31
-volumen 157
Molekül-geometrie 126ff.
-geschwindigkeit in Gasen
  151f., 154ff., 159, 251
-ion 29, 101, *706*
-kristall 180, 182, 201
-masse, relative 28, 31, *706*
-orbital **133**f., 469ff., 522f.,
  706
– – -Diagramm (MO
  Diagramm) 137ff., 522ff.
– – – zweiatomige Mole-
  küle 136ff.
– – – O_2, O_2^- und O_2^{2-} 138,
  409
– – – oktaedrische Kom-
  plexe 522ff.
-struktur 126ff., 574
-verbindungen, Nomen-
  klatur 122
Molenbruch 153, 203
Molmasse siehe molare
  Masse
Molvolumen 146, *706*
Molybdän 381, 480f., 499ff.,
  583
-carbid 454, 480
-disulfid 475, 499
-trioxid 480
Molybdat 501
Mond-Verfahren 484, *706*
monochromatisch 63
Monokieselsäure 457
monoklin 182
Monomeres 570ff., *706*
Monosaccharid 585f., *706*
Monosilicat 457
Morphin 593, 654f.

Mörtel 232, 492
Moseley, Henry G.J. 69
Moseley-Gesetz 69f., *706*
Mulliken, R.S. 116
multiple Proportionen,
  Gesetz der 17
Multiplikationsfaktor (Kern-
  spaltung) 630
Multiplizität 82
Münzmetalle 503
Muskovit 458
Mutation 600, *706*
Myristinsäure 589
Mütter, Beschäftigungs-
  beschränkungen
  653

N

NAD^+ 603
NADH 603
$NADP^+$ 603
NADPH 584, 603
Naphthalin 208, 541
1-Naphthol 551
Narkosemittel 434
naszierender Wasserstoff
  381, 432, 566, *707*
Natrium **485**ff., 583
– absolute Entropie 342
– Häufigkeit 6
– Herstellung 150, **352**,
  481ff., 485
– Ionenradius 107, 485
– Ionisierungsenergie 97,
  99, 103
– Kristallstruktur 187
– Reaktion mit Wasser 380,
  389, 486f.
– – mit Sauerstoff 408, 487
– als Reduktionsmittel 480
– Vorkommen 475
-acetylid (-carbid) 487
-amalgam 389
-amid 430, 487, 540
-antimonid 487
-arsenid 431, 487
-azid 150, 428, 431
-borat 488
-bromid 191, 392, 487
-carbonat 232, 456f., 459,
  487f., 590
-chlorat 398

-chlorid 29, 102f., 212, 475,
  487
– – Elektrolyse 352ff, 379,
  388f., 397, **481**f. 487
– – Gitterenrgie 102f.
– – Kristallstruktur 29, 101,
  189f.
– – Reaktion mit Schwefelsäure 392
– – thermodynamische
  Daten 340, 342, 664
– – -Typ 189ff., 380
-cyanid 477
-cyclopentadienid 550
-dichromat 554
-dihydrogenphosphat 311
-ethanolat (-ethoxid,
  -ethylat) 552, 563
-fluorid 191, 399, 487, 654
-formiat 559
-hexafluoroaluminat 388,
  399, 482
-hexahydroxoantimonat
  443, 486
-hydrid 380, 487
-hydrogencarbonat 456, 488
-hydrogenphosphat 311
-hydrogensulfit 416
-hydroperoxid 410
-hydroxid 353, 379, **388**f.,
  487
-hypochlorit 397, 431
-iodid 191, 392, 487
-Kronenether-Komplex 514
-nitrat 308, 428, 436, 487
-nitrit 428, 437, 487
-oxid 102, 191
-peroxid 30, 408, 410, 487
-phenolat 563
-phosphat 441, 488
-phosphid 429, 487
-polyphosphat 442
-polysulfid 373
-salicylat 563
-salze, Löslichkeit 222
-Schwefel-Batterie 373
-selenid 487
-silicat 457, 488
-sulfat 353, 488
-sulfid 487
-sulfit 416
-tellurid 487
-tetrahydroaluminat 382,
  494

-tetrahydroborat 382
-thiosulfat 420
-triphosphat 442
^{24}Natrium 636
Natronlauge 43, 296, 311ff.,
  389
natürliche radioaktive
  Elemente 623ff.
natürliche Strahlungs-
  exposition 622
Naturstoffe 583ff.
Nebelkammer 616, *707*
Nebengruppe 70f., 85, 89, 97,
  106, 497, *707*
Nebengruppenelement 70f.,
  85, 89, 106, 473f., **497**ff.,
  511, *707*; s. auch Über-
  gangsmetalle
Nebenquantenzahl 76f., *707*
Nebenvalenz 510
negative Abweichung
  (Raoult-Gesetz) 207, 213
Nekrose 656
Neodym 504f.
-oxid 505f.
Neon 402f., 407
Neopentan 533
Neptunium 628, 630
Nernst, Walther 340, 366
Nernst-Gleichung 366f., *707*
Netto-Ionengleichung 220f,
  707
Neurotransmitter 592
neutrale Lösung 294
Neutralisation 221, 230, 235,
  282f., 290, 311ff., *707*
Neutrino 614, *707*
Neutron 19ff., 607ff., 627,
  629ff., *707*
– langsames (thermisches)
  627, *705*
Neutronen-Einfang 508, 631,
  707
Newlands, John A. R. 67
Newman-Projektion 535,
  707
Newton 48, vord. Einband
Newton, Isaac 16
n-Halbleiter 472
nichtbindendes Elektronen-
  paar 112f., 126ff., 168, 170,
  287f., 510, 546, *698*
nichtbindendes Orbital 469,
  523

Nichtelektrolyt 214
nichtkompetitive Hemmung 602
Nichtmetall 71, 89, 97f., **117**, 407, 409, 424, 469
-halogenid 393
-hydrid 381f.
-oxid 232
nichtstöchiometrische Verbindung 192, *707*
Nickel 361, 381, 478, 484, **499**ff., 583
-Cadmium-Zelle 372
-carbid 454
-fluorid 191
-halogenide 504
-Komplexe 512
-oxid 191, 504
-salze, Löslichkeit 222
-sulfid 191, 324, 475, 504
-tetracarbonyl 288, 455, 484, 512, 516
– – MAK-Wert 652
Nicotin 593, 654f.
Nicotinsäureamid 592, 603
Nicotinamid-adenin-dinucleotid (NAD+) 603
Nicotinamid-adenin-dinucleotid-phosphat (NADP⁺) 603
Niederschlag 220f.
Niggli-Formel 191
Niob 480, 499ff.
-carbid 454
Nitrat 130, 427, 436f.
– Löslichkeit 222
Nitrid 424, 429, 444
– Ionenradius 107
Nitrierung 545
Nitril 560, 562, 565f. *696*
Nitrit 130, 435, 517, 525
Nitrito-Ligand 517
Nitro-benzol 545, 566
-glycerin 444, 552
-Gruppe 546
-Ligand 517, 525
-phenol 552
-phosphat 442
Nitrosamin 650
Nitrosylchlorid 249, 253, 258, 271, 289f., 437
Nitrosylfluorid 121, 250, 255
Nitrosyl-Ion 289f., 434, 567
Nitrylchlorid 289, 437

Nitrylfluorid 121
Nitryl-Ion 435, 545
nivellierender Effekt 284, *707*
Nomenklatur
– Alkane 534
– Alkene 538f.
– Alkine 539
– Alkohole 550f.
– Anionen 108
– binäre Molekül-verbindungen 122
– Carbonsäuren 559, 562
– Carbonylverbindungen 554
– chirale Verbindungen 575f.
– Enzyme 601
– heterocyclische Verbindungen 569
– Hydroxide 232
– Ionenverbindungen 108
– Kationen 108
– Komplexe 516
– Saccharide (Zucker) 585f.
– Salze 108, 233
– Säuren 232f.
– schwere Transurane 628
Nonan 533
Norbornan 534
Normal-Alkan 533
normaler Gefrierpunkt 176f.
normaler Siedepunkt 174
normales Salz 231
Normalität 237
Normallösung 204, 237, *707*
Normalpotential 360ff., *707*
– Alkalimetalle 485
– Chalkogene 406, 419
– Elemente der 3. Hauptgruppe 460
– Erdalkalimetalle 489
– Halogene 386f, 390
– Lanthanoide 504
– Nitrat-Ion 436
– Oxohalogensäure 396
– Übergangsmetalle 502
– Tabelle 361, 660
Norm-Atmosphärendruck 52, 144
-bedingungen 146, *707*
-druck 54, 144
-Wasserstoffelektrode 359f., *707*

Nucleinsäuren 597ff., *707*
nucleofuge Gruppe 548
Nucleon 21, 607, *707*
nucleophil 255, 289
nucleophile Gruppe 548
– Substitutionsreaktion 255f., 547f., *707*
– Verdrängungsreaktion 289, *707*
Nucleosid 597f., *707*
Nucleotid 597f., *707*
Nuclid 607ff., *707*
Numerierung der Gruppen im Periodensystem 70f., 497
Nyholm, R.S. 126
Nylon 573

O

Oberfläche eines Katalysators 260f.
Oberflächenspannung 172, *707*
Octadecansäure (Stearinsäure) 589
Octadecadiensäure (Linolsäure) 589
Octadecatriensäure (Linolensäure) 589
Octadecensäure (Ölsäure) 589
Octan 206, 533
Ohm 351, vord. Einband
Oktaeder 129, 132f. 512
-lücke 188, *707*
oktaedrischer Komplex 511ff., 517ff. 520ff.
Oktavengesetz 67
Oktett 112
Oktettregel **112**f., 119, 288, *707*
– Abweichung 119, 126, 141, 391, 395
Öle 537, 588ff., *699*
Olefin 538, *693*
Ölfarben 590
Oligopeptid 593f., *707*
Oligosaccharid 585ff., *707*
Olivenöl 589
Olivin 192, 458
Ölsäure 589f.
Onyx 457

Opferanode 372
optische Aktivität 518, 574
optische Antipoden 518, 574
optische Isomere 518, 574, *699*
Orbital 75, **77**ff., 112, 131ff., 469ff., *707*
– d 77, 79, 84f., 132, 141, **519**ff.
– e 522
– f 77, 85, 88f.
– e_g 520f.
– p 78f., 84, 132, 135, 139f., 141
– s 77f., 84, 132, 134
– t_2 522
– t_{2g} 520f.
-besetzung 80ff., 84ff., 126
-diagramm 82; s. auch Molekülorbitaldiagramm
-energie 84
Ordnung 335
– einer Reaktion 244ff., 254ff.
Ordnungszahl 21f., **67**ff., 96, 607ff.
Organische Chemie 5, **532**ff.
Organolithium-Verbindung 549f.
Organomagnesium-Verbindungen 549f., 555
Orthokieselsäure 457
Orthoklas 458
Orthoperiodat 396, 399
Orthoperiodsäure 396, 399
Orthophosphorsäure 441f.; s. auch Phosphorsäure
orthorhombisch 182
ortho-Stellung 541
Osmium 475, 498ff.
Osmose 210ff., *708*
osmotischer Druck 210ff., 215
Östradiol 592
Ostwald, Wilhelm 436
Ostwald-Verfahren 434ff, *708*
Oxalat 513
Oxalsäure 306, 558, 560
– K_S-Werte 307, 558, 661
Oxid 231f., **408**f., 475
Oxidation 225ff., 352, 362, *708*

Sachverzeichnis

Oxidationsmittel **225**ff., 361, 368, 390, 395, 397ff., 408, 410, 412, 417f., 420, 435ff., 501, *708*
Oxidationszahl 223f., *708*
– und Säurestärke 287
– Übergangsmetalle 498ff.
Oxid-Ion 231, **408**f.
– Ionenradius 107
Oxidschicht 380, 493
Oxim 555f.
Oxiran 552
3-Oxobutansäure (Acetessigsäure) 563
-ethylester 563f.
Oxocarbonsäure 563f.
Oxol 569
Oxolan 569
Oxonium-Ion **229**, 284, 290, 294, *708*
Oxosäure 232, 286, 394ff.
Oxyhämoglobin 514
Ozon 120, 408, **411**f., 438f.
– Abbau in der Atmosphäre 440
– MAK-Wert 652
Ozonid 408

P

Palladium 380, 381, 475, 499ff.
-chlorid 499
-Komplexe 512
Palmitinsäure 589
-myricylester 589
Palmöl 589
Pantothensäure 602
Papier 588
Paracelsus 654
Paraffin 532
Paraffinwachs 537
paralleler Spin 82
Paramagnetismus 83, *708*
para-Stellung 541
Parathion 654
Parkes-Verfahren 483, *708*
Partialdruck 153.f, 358, *708*
– über Lösungen 202, 206.f.
– im Massenwirkungsgesetz 274f.
Partialladung 115, 119, 169f.

partieller Ionencharakter 115, 117, *708*
Pascal 144, *708*, vord. Einband
Paschen-Serie 66f.
Passivierung 503
Pauli, Wolfgang 80
Pauli-Prinzip 80, 112, 133, 470, *695*
Pauling, Linus 115, 116
p-Block 84f.
Pentacarbonyleisen 455
1,4-Pentadien 539
pentagonale Bipyramide 391
Pentamminaquocobalt(III) 513
Pentamminchlorocobalt(III) 513
Pentamminchloroplatin(IV)-chlorid 511
Pentamminnitritocobalt(II)-chlorid 517
Pentamminnitrocobalt(III)-chlorid 517
Pentan 533
Pentanatriumtriphosphat 442
2,4-Pentandion 558
Pentandisäure 558
1-Pentanol 551
2-Pentanol 551
5-Pentanolid 563
Pentansäure 558
2-Penten 538
Pentose 585, 597
Peptid 593f.
Peptid-Gruppe 593, *708*
Peptid-Hormon 591
Perbromat 395f., 399
Perbromsäure 395f.
Perchlorat 141, 284, 395f.
Perchlorsäure 141, 223, 231, 284, 287, 395f., 399
Perhalogenat 395f., 399, *708*
Perhalogensäure 395f., 399
Perhydrol 410
Periodat 395f., 399
Periode 70, 84, *708*
Periodensystem der Elemente 67ff., 84ff., *708*, Ausklapptafel am Buchende
periodische Eigenschaften 96, 98
Periodsäure 395f., 399

Permanganat 228f., 368, 390, 416, 501, 559
Peroxiacetylnitrat (PAN) 440
Peroxid 138, **408**ff., 439, 570
Peroxodischwefelsäure 419f.
Peroxodisulfat 410, 420
Peroxo-Gruppe 410, 420
Peroxomonoschwefelsäure 419f.
Peroxo-Säure 419, *708*
Perrhenat 501
Perxenat 403
Petrolether 537
Petrolkoks 451
Pflanzenöl 589f.
Pflanzenschutzmittel 400
p-Halbleiter 472
Phase 7f., 178f., *708*
Phasenbreite 192
Phasendiagramm 178f., *708*
Phasengrenze 7f.
Phasenumwandlung 179
Phenanthren 541
Phenol 552, 654, *708*
Phenolat 552
Phenolphthalein 290, 302, 312ff.
Phenonium-Ion 545
Phenylalanin 595
Phenylamin (Anilin) 565ff.
Phenylethen (Styrol) 570, 573
Phenyl-Kation 568
Phenyl-Radikal 570
Phenyl-Rest 540
Phlogiston 4
Phosgen 130, 273, 290, 455, 561, 566f.
Phosphan 285, 429, **431**, 442
Phosphat 141, 428, **441**f., 444, 475
Phosphatieren 444
Phosphid 424, 429, 431
Phospholipid 590f., *708*
Phosphoniumiodid 431
Phosphor 391, 409, **424**ff., 487, 490, 583
– rot 426
– schwarz 426
– Elektronenaffinität 100
– Häufigkeit 6
– Kovalenz und van-der-Waals-Radius 95, 424

– violett 426
– weiß 426, 431
-halogenide 391, 432f.
-ige Säure 287, 392, 443f.
– – K_S-Werte 307, 661
-nitrid 429
-(III)-oxid 409, 425, **440**ff.
-(V)-oxid 409, 435, **441**f., 445
-oxidbromid 433
-oxidchlorid 394, 433, 444
-oxidfluorid 433
-pentabromid 391, 433
-pentachlorid 273, 391, 393f., 432f., 445, 561
-pentafluorid 128, 288, 391, 393f., 432
-säure 43, 197, 223, 231, 284, 287, 392, **441**f., 444
– – Bildung 394, 433, 441
– – Bindungsverhältnisse 141, 441
– – Dissoziation 231, 306, 441
– – K_S-Werte 306f., 661
– – Säurestärke 284, 287
-(V)-sulfid 445
-tribromid 391f., 432
-trichlorid 273, 391ff., 432, 444, 550
-trifluorid 132, 432
-trihalogenide 391f., 432
-triiodid 391f., 432
-wasserstoff 285, 429, **431**, 442
Phosphotransferase 603
photochemische Reaktion 392, 440, 547
photochemischer Smog 440, *708*
photoelektrischer Effekt 90, 421, 486
photographischer Prozeß 400, 420, 480, 553
Photon 64, 71, *708*
Photosynthese 437, 456, 514, 588, 635, *708*
Photozelle 421, 486
o-Phthalsäure 558, 560
Phthalsäureanhydrid 560
*p*H-Wert 294ff., *708*
– Berechnung 297, 299, 303ff., 310
– Messung 301, 368f.
– von Salzlösungen 309ff.

physikalische Atmosphäre 144, vord. Einband
Physikalische Chemie 5
physikalische Eigenschaften 8
physikalischer Vorgang 8
physiologische Kochsalzlösung 212
Pi-Bindung, Pi-Elektronen, Pi-Orbital **135**ff., 140f., 451, 538ff., *708*
Pigment 453, 497ff., *708*
Pi-Komlex 545, 550, *708*
α-Pinen 584
pK-Wert 297ff., *708*
planar-quadratische Koordination 129, 133, 512, 520, 522, 525f.
Planck, Max 64, 71
Planck-Beziehung 64, 72
-Konstante 64, vord. Einband
Plasma 633, *708*
plastischer Schwefel 412
Platin 262, 362, 381, 410, 417, 434, 437, 475, 484, 499ff., 623
-Komplexe 511, 516
-metalle 503
Plexiglas 573
Plücker, Julius 17
Plumban 497
Plumbit 496
Plutonium 628, 633, 635
Pnictid 71
*p*OH-Wert 294ff., 299, *708*
Poise vord. Einband
Pol in einer galvanischen Zelle 352, 357
polare kovalente Bindung 115ff., *708*
polares Lösungsmittel 198
polares Molekül 115ff., 167f. 198
Polarisation 114f.
Polarisierbarkeit **114**, 169, 387, 543
polarisiertes Ion 114
polarisiertes Licht 518, 574
Polarität 115ff., 167
Polonium 406, 413, 611
Polyacetylen 571
Polyacrylnitril 573
Polyaddition 572, *708*
Polyalken 570ff.

Polyamid 572f.
Polyborat 463
polychromatisch 63
polycyclisches Ringsystem 534
Polyen 539
Polyester 572f.
Polyether 571
Polyethylen 570f., 573
Polyethylenterephthalat 572f.
Polyhalogenid 391, *708*
Polyisopren 571f., 583f.
Polykieselsäuren 457
Polykondensation 572, *708*
Polymere 570ff.
Polymerisation 570f., *709*
Polymetaphosphorsäure 442
Polymethacrylsäuremethylester 573
Polymorphie 189, 412, 456f., *709*
Polypeptid 593ff., *709*
Polyphosphat 442
Polyphosphorsäure 442, *709*
Polypren (Polyisopren) 571f., 583f.
Polypropylen 573
Polysaccharid 585, 586f., *709*
Polyselenid 415
Polysilicat 458f.
Polystyrol 570, 573
Polysulfan 415
Polysulfid 373, 415
Polytellurid 415
Polytetrafluorethylen 399, 473
Polyurethan 572f.
Polyvinylchlorid 573
p-Orbital 78f., 84, 132
Porphin 513f.
Porphyrin 514, *709*
Positionsisomere 538
positive Abweichung (Raoult-Gesetz) 207, 213
Positron 614
- Emission 614
Potential 351, 357ff.
Potentialkurve 94
potentiometrische *p*H-Messung 368f.
potentiometrische Titration 369f, *709*
ppb 202

$p\pi$-$d\pi$-Bindung **141**, 394f., 417, 441, *709*
ppm 202
Präfixe bei Maßeinheiten 11, vord. Einband
Praseodym 504f.
-oxid 505f.
Präzision 13
primärer Alkohol 551, 554, 556, *709*
primäres Amin 565
- Atom 534, *709*
- Carbenium-Ion 543
Primärstruktur von Proteinen 594, *709*
primitives Kristallgitter 181, 184, *709*
Prinzip des kleinsten Zwanges 201f., **275**f., 345, *709*
Prioritätsregeln nach Cahn, Ingold, Prelog 575f.
Produkt **38**, 225, *709*
Produkt-Hemmung 601
Progesteron 592
Projektionsformel 532, 535, 575f., 585f.
Prolin 595
Promethium 504f.
Promille-Konzentration 202
Promotor 261
Propadien (Allen) 539
Propan 440, 533
Propandisäure 558
1-Propanol (Propylalkohol) 551
2-Propanol (Isopropanol) 551f.
Propanon (Aceton) 554f.
Propansäure (Propionsäure) 558
-nitril 560
Propantriol (Glycerin) 551, 589ff.
Propen (Propylen) 538, 543, 552, 571, 573
Propensäure (Acrylsäure) 563
-nitril 560, 573
Propenyl-Rest 538
Propin 542
Propionitril 560, 573
Propylalkohol (1-Propanol) 551
Propylamin 565

Propylen 538, 543, 552, 571, 573
Propyl-Rest 534
prosthetische Gruppe 602, *709*
Protactinium 630
Proteid 602
Protein 427, 593ff., *709*
- Molmassenbestimmung 211
- Synthese 597, 599
Proton **18**ff., 607ff., 625, *709*
- bei Säure-Base-Reaktionen 229f., 282ff., 382
Protonen-Akzeptor 170, 282
Protonen-Donator 170, 282
Proust, Joseph 7
Prozentgehalt, prozentuale Zusammensetzung 32f.
prozentuale Ausbeute 42, *709*
prozentuale Konzentration 202
Pseudohalogenid 431, 460, *709*
Pufferlösung 302ff., 312, *709*
Punktdefekt 192
Pyranose 586, *709*
Pyrazin 569
Pyrazol 569
Pyridazin 569
Pyridin 569
- K_B-Wert 301, 661
2-Pyridincarbaldehyd 554
Pyridinium-Ion 569
Pyrimidin 569
Pyrit 413
Pyrokohlenstoff 451f.
Pyrophosphorsäure 442
Pyroschwefelsäure 419
Pyroxen 458
Pyrrol 569
Pyruvat 563

Q

quadratisch-antiprismatisch 130
-planar 129, 133
-planarer Komplex 511f., 520f., 524ff.
quadratische Pyramide 129
Qualitätsfaktor 621

Sachverzeichnis

Quant 64
Quantentheorie 64, 71
Quantenzahl 76f., 80
quantitative Analyse 369f.
quartäres Ammonium-Ion 565
– Ammoniumhydroxid 565
– Atom 534
Quartärstruktur eines Proteins 597, *709*
Quarz 180, 392, **453**, 457
Quecksilber 342, 362, 389, 409, 436, 476, 495, 498ff.
– Gewinnung 477, 483
-chlorid 127, 654f.
-halogenide 394
-oxid 349, 397, 408f.
-salze, Löslichkeit 222
-sulfat 418
-sulfid 324, 475, 477
-säule 144, vord. Einband

R

Racemform (Racemat, racemisches Gemisch) 518, 574, 577, *709*
rad (radioaktive Dosis) 621
radiale Aufenthaltswahrscheinlichkeit 75f., 78
Radiant 11, vord. Einband
Radienverhältnis von Ionen 190ff., *709*
Radikal 257, 542, 547, 570
Radikalbildner 570
radikalische Polymerisation 570f.
– Substitution 541f., *709*
radikalischer Reaktionsmechanismus 541f.
Radikalkettenreaktion 257, 392, 541f.
radioaktive Altersbestimmung 619f., 624f.
– Elemente 608, 623ff.
– Markierung 420, 636, *709*
– Nuclide 608, 625, 628
– – Verwendung 635f.
– Stoffe, Kennzeichnung 643, 645
– Strahlung 20, 63, 610ff., 615ff.
– Zerfallsenergie 610ff.

– Zerfallsgeschwindigkeit 617f.
– Zerfallskonstante 617
– Zerfallsreihe 623f., *709*
radioaktives Gleichgewicht 623f. *709*
– Zerfallsgesetz 617f.
Radioaktivität 20, 402, 608, 610ff., 618f., *709*
– biologische Effekte 620ff.
– Messung 615ff.
Radiowellen 63
Radium 402, 406, 488, 612
Radon 402f., 404, 622
Raffination 354, 382, 476, **483**ff., *709*
Raketentreibstoff 382, 411
Raoult-Gesetz 206f., 209, *709*
Raschig-Verfahren 431, *709*
Rauchgas-Entschwefelung 416
Raumerfüllung bei Kugelpackungen 187
Raumnetzstruktur 182, 450, 456
Raumwinkel 11, vord. Einband
raumzentriert (innenzentriert) 184
Reaktand **38**, 225, *709*
Reaktion 16
– bei konstantem Druck 51, 333f., 338
– bei konstantem Volumen 51, 333f.
– dritter Ordnung 254
– erster Ordnung 244, **245**f., 254, 256
– nullter Ordnung 244, **248**ff.
– zweiter Ordnung 244, **247**f., 254f.
Reaktions-energie **50**ff. 253, 259, **333**ff., *702, 709*
-enthalpie **50**ff. **333**ff., 345, 364, *699, 710*
-entropie 363f.
-geschwindigkeit 242ff., 257ff., *710*
-gleichung 38ff., 53, 220f. 225ff., *696*
– – bei Kernreaktionen 609, 625
-kinetik 242ff., *710*

-koordinate 252
-mechanismus 242, **255**ff., 542ff., 544, 636, *710*
-ordnung 244ff., 254ff., *710*
-quotient 273, 365ff., *710*
-schritt 254ff.
-wärme 51
reale Gase 157ff.
Realgar 182, 428
Redox-Reaktion **225**ff., 237, 352f., 361ff., 603
Redox-Titration 236
Reduktion **225**ff., 352, 360ff., 477ff., *710*
Reduktionsmittel **225**f., 362, 368, 381f., 416, 431, 443, 455, 477, 480, 486, 490, 494, 503, 553, *710*
Reduktions-Oxidations-Reaktion **225**ff., 237, 352f., 361ff., 603
Reduktionspotential 360ff., 366ff. *710*
reduzierende Chlorierung 393, *710*
Referenz Elektrode 369
regioselektiv 543, *710*
Reichversicherungsordnung 649
reiner Stoff 7ff.
Reinigung 9, 212, 483ff.
reizend, Gefahrensymbol 643
– Legaldefinition 644
Rektifikation 212, *697*
relative Äquivalentmasse 237
– Atommasse 23, 31, *710*
– Formelmasse 31, 237, *710*
– Molekülmasse 28, 31, *710*
rem 621f.
Reparaturmechanismen, biochemische 622
Replikation 599
Reproduktionsfaktor 630
reproduktionstoxisch 645
Resonanz 120, *706*
Retention 10
Retortenkoks 451
reversible EMK 358, 363f.
reversible Reaktion 269
reversible Vergiftung 656
Rhenium 480, 500ff.

[187]Rhenium 623
Rhodium 262, 475, 499ff.
rhombisch 182
Ribofuranose 586
Ribonucleinsäure (RNA) 597ff., *710*
Ribopyranose 586
Ribose 585, 597, 602f.
Ribosom 600, *710*
Richtigkeit eines Meßwerts 13
Richtlinien der Europäischen Union 642, 644, **648**ff.
Ringsilicat 458
Ringspannung 534
RNA 597ff., *710*
RNA-Polymerase 601
Rochow, E.G. 116
Rohrzucker 587
Röntgenbeugung 107, **184**ff., *710*
Röntgenspektrum 69f.
Röntgenstrahlen 63, 69f., 184ff., 615, 621f., *710*
Rost 371
Rösten von Erzen 416, 477, *710*
– von Sulfiden 410, 416, 428, 475, 477
Röstreaktion 477f., *710*
Rostschutz 372, 497, 499
R-Sätze 643, **646**, *710*
Rubidium **485**ff., 623
– Ionenradius 107, 485
-amid 487
-antimonid 487
-arsenid 487
-bromid 191, 487
-carbonat 487
-chlorid 191, 487
-fluorid 191, 487
-hexachloroplatinat 486
-hexanitrocobaltat 486
-hydrid 380, 487
-hydroxid 487
-hyperoxid 487
-iodid 191, 487
-oxid 191
-perchlorat 486
-phosphid 487
-salze, Löslichkeit 222
-selenid 487
-sulfid 487
-tellurid 487

Rückkopplungs-Hemmung 602
Rückstoßenergie 611f.
Ruß 451, 453
Ruthenium 475, 498ff.
Rutherford, Ernest 19f., 609, 625
Rutherfordium 628
Rutil-Typ 191, 380

S

Saccharase 588
Saccharose (Rohrzucker) 586ff.
Sachkunde zum Umgang mit Gefahrstoffen 653
Salicylsäure 563
Salpetersäure 43, 119f., 203f., 415, 417, **435**ff., 444, 545
– Bildung, Herstellung 427, **435**ff.
– MAK-Wert 652
– Säurestärke 223, 231, 284, 287, 436
Salpetrige Säure 222, 231, 287, **437**, 567
– K_S-Wert 301, 661
Salz 223, **230**, 282, 309ff.
– Elektrolyse 352ff.
– Löslichkeit 222, 319
– Nomenklatur 232f.
salzartige Carbide 453f.
– Hydride 380
Salzbrücke 359, *710*
Salzeffekt 319, *710*
Salzsäure 43, 203, 213, 223, 231, 284f., 295, **392**
– Titration 311f.
Samarium 499, 504f., 623
Sammler 476
Sand 232, 453, 457
Sanger, Frederick 594
Satz der Erhaltung der Energie 48, 332ff., *701*
– von Hess 53f., *710*
Sauerstoff 102, **406**ff., 514
– elektrolytische Abscheidung 353, 370f.
– Elektronenaffinität 100
– Entstehung bei der Photosynthese 456, 588

– Gewinnung 259, 352f., 407f.
– Häufigkeit 6, 407
– Isotope 407
– Kovalenz- und van-der-Waals-Radius 95, 406
– kritische Daten 160
– MO-Diagramm 138, 409
– als Oxidationsmittel 371, 373, 485, 552
– Reaktionen 408ff.
– thermodynamische Daten 342, 664
– Verwendung 411, 485
– Vorkommen 407
-difluorid 334, 397
– Kohlendioxid-Zyklus 456, *710*
^{15}Sauerstoff 614
Saugflasche 9
Säulenchromatographie 10
Säure 222f., **229**f., **282**ff., 296ff., *710*
– Nomenklatur 232f.
– Reaktion mit Metallen 380
– schwache 296ff., 300, 309ff.
-amid 566f.
-anhydrid 232, 382, 560, *710*
-Base-Reaktion 221, 230f. 282ff. 311ff.
-Base-Titration 235, **311**ff.
-Dissoziation 229f., 282ff., 296ff., 306ff.
-Dissoziationskonstante 296ff., 306ff., *710*
– – Tabelle 301, 307, 661
-spaltung 564
-stärke **283**ff., 300
saure Lösung 294f.
saurer Regen 438
saures Oxid 232, *710*
saures Salz 231
s-Block 84f
Scandium 500f., 504
-silicat 475
-trichlorid 393, 504
Schadstoffe in der Atmosphäre 437ff.
Schale 65, 76f., 84ff., *710*
Schallgeschwindigkeit 157
Scheele, Carl Wilhelm 408
Scheidetrichter 9
Scherbenkobalt 428

Schichtenstruktur 180, 182, *711*
– Aluminiumchlorid 394
– Arsen 426
– Bismuttriiodid 394, 432
– Graphit 450f.
– schwarzer Phosphor 426
Schichtsilicat 458
Schlacke 232, 428, 477, 486, *711*
Schmelzelektrolyse 352, 389, 481f., 485, 488f.
Schmelzenthalpie (Schmelzwärme) **177**, 201, 336, *711*
Schmelzpunkt 177ff., 182, *700*
– Metalle 473
Schmelzpunktskurve 178
Schmieröl 537
Schmierseife 590
schnelle Neutronen 627, *711*
Schock, erste Hife 656f.
Schrägbeziehung 487, 492
Schrödinger, Erwin 73, 75
Schrödinger-Gleichung 75, 132, 133, *711*
Schutzgas 403, 444
schwache Base 230, 283ff., 298ff., 309ff., *711*
schwache Elektrolyte 214f., 221f., 296ff.
schwache Säure 222, 230, 283ff., 297f., 300, 309ff., *711*
Schwangere, Beschäftigungsbeschränkung 653
Schwefel 342, 373, 381, 391, 406f., **412**ff., 459, 487, 490, 495, 538, 583
– Elektronenaffinität 100
– Häufigkeit 6
– Kovalenz und van-der-Waals-Radius 95
-dichlorid 415, 417
-dioxid 290, 414f., **416**f.
– – Bildung 222, 409f., 414, 416f., 419f., 477f.
– – Entfernung aus Rauchgasen 416
– – in Luft 407, 438
– – MAK-Wert 652
– – Oxidation 261, 273, 276, 409, 416

– – Reaktion mit Wasser 232, 289, 308, 416
– – als Reduktionsmittel 390, 416
– – thermodynamische Daten 340, 342, 664
-halogenide 391, 415
-hexafluorid 129, 393, 415
-kohlenstoff (Kohlendisulfid) 38, 410, **459**, 547
-nitrid 429
-säure 31, 43, 237, 372, 388, 392, **418**ff., 438, 441, 545
– – Bindungsverhältnisse 141, 418
– – Dissoziation 231, 283f., 307, 418
– – Herstellung 418
– – Hydrate 418
– – K_S-Wert 307, 661
-tetrachlorid 415
-tetrafluorid 129, 415
-trioxid 232, 261, 273, 275f., 343, 409, **417**f.
-wasserstoff 285, 391, 407, **414**f., 438, 538
– – Bildung und Zerfall 222, 273f., 276, 381, 414f.
– – Dissoziation 308f.
– – MAK-Wert 652
– – Säurestärke 231, 284f., 307f., 414
– – thermodynamische Daten 340, 342, 664
– – zur Sulfidfällung 323f.
– – Verbrennung 410, 414
-wasserstoffsäure 231, 308f., 414, 661
^{35}Schwefel 618, 627, 636
Schweflige Säure 221, 231, 287, 307f., **416**
– – K_S-Werte 307, 661
Schweißen 382, 403, 411, 480
schweres Wasser 631
Schwerspat 413
Sedimentieren 9
Seife 590
Seigern 476, 483, *711*
sehr giftig, Gefahrensymbol 643
– – Legaldefinition 644
Sekunde (Definition) vord. Einband

Sachverzeichnis **739**

sekundär-Butyl-Rest 534
sekundärer Alkohol 551, 555f., *711*
sekundäres Amin 565
– Atom 534, *711*
– Carbenium-Ion 543
Sekundär-Reforming 430
Sekundärstruktur eines Proteins 596, *711*
Selen 406f., **412**ff., 583
– Elektronenaffinität 100
– Kovalenz- und van-der-Waals-Radius 95
-dioxid 415, 417, 419
-hexafluorid 415
-tetrabromid 415
-tetrachlorid 415
-tetrafluorid 415
-wasserstoff 285, 407, **414**f.
Selenat 419
Selenige Säure 415, 417, 419
Selenid, Ionenradius 107
Selenit 417
Selensäure 419
Seltene Erden (Lanthanoide) 70, 89, 98, 499, **503**ff., *705*
semipermeable Membran 210
Senarmontit 428
sensibilisierend 644, 653, 655
Serin 594
Sesquiterpen 583f., *711*
Sesselkonformation 535f., *711*
Sexualhormone 592
Sicherheitsratschläge 643, **647**
sichtbares Licht 63
Siderit 182, 452
Siebbodenkolonne 212
Siedepunkt 170, **174**f., 341, *711*
– Lösungen 208
Siedepunktserhöhung **208**f., 214f., *711*
SI-Einheiten 11, *711*, vord. Einband
Siemens 351, 474, vord. Einband
Siemens-Martin-Verfahren 485
Sievert 621f., *711*, vord. Einband

Sigma-Bindung, Sigma-Orbital 134f., *711*
Sigma-Komplex 545
Signalstoff 591f., *696*
signifikante Stellen 12, *711*
Silan 449, 455, *711*
Silber 342, 362, 436, **498**ff.
– elektrolytische Abscheidung 354, 356
– Gewinnung 476f., 480, 483f.
– Reduktionspotential 361, 369f.
– Vorkommen 475
– Titration 369f.
-bromid 191, 400, 420, 499
-chlorid 191, 340, 342, 369, 475, 477
– – Fällung, Löslichkeit 222, 318, 320, 322, 326, 370, 394
-chromat 318, 322
-Coulombmeter 356, *711*
-diammin 325f.
-fluorid 191, 201, 394
-halogenide 394
-iodid 191, 400
-nitrat 355
-oxid 338, 397, 408
-salze, Löslichkeit 222
-Silberchlorid-Elektrode 369
-sulfat 418
-sulfid 475, 477, 636
-thiosulfat 636
Silicagel 457
Silicat 289, 380, 407, **457**ff., 475
Silicid 454
Silicium 380, **448**ff., 451ff., 472, 483f.
– Häufigkeit 6, 453
– Kovalenzradius 95
-carbid 453f.
-dioxid 30, 289, 392, 407, 453, **456**f.
-monoxid 456
-nitrid 429
-tetrafluorid 288, 392, 394
-wasserstoff 449, 455
Sintermagnesia 491
Sintern 481
s^2-Ion 102, 105, *710*
Smog 440
Soda 232, 457, **488**

Solarzelle 430
Sole 388ff.
solidus 38
Solvatation 200, *711*
Solvatationsenthalpie 200
solvatisierte Elektronen 487
Solvay-Verfahren 488, *711*
Solvens 197
Sonderabfall 653f., *711*
s-Orbital 77ff., 84, 132
Sortieren 9
Spaltprodukte bei der Kernspaltung 629f., 632
Spannungsreihe 359, *711*
– Tabelle 360, 660
Spektrallinie 64ff.
spektrochemische Serie 525, *711*
Spektrum 63ff., *711*
spezifische Wärme 49, *711*
Sphalerit 413
Spiegelbildisomerie 518, 574ff.
Spiegelebene 574f.
Spin 79, 82f., 112, 133, *711*
Spinmagnetquantenzahl 79ff
Spinpaarung 80, 82
-Energie 524f., *711*
sp, sp^2, sp^3-Hybridorbitale 132f.
s^2p^6-Ion 102, 105, *711*
Spiran 534, *711*
Spiro[4.4]nonan 534
spontane Kernspaltung 615
spontaner Prozeß 335, *711*
Sprengstoff 444
-gesetz 649
Spurenanalyse 637
Spurenelement 583, *711*
S-Sätze 643, **647**, *711*
Stabilität, kinetische 332, 515
– thermodynamische 332, 515
– Atomkerne 21, 608ff., 623
– Komplexe 325f., 515
Stabilitätskonstante 326, *702*
Stabilitätszone 608, *714*
Stahl 479, 484f., 499
Stahl, Georg E. 4
Standardabweichung 13, *712*
Standard-Atmosphäre 144
-Bedingungen 54, 339f., 342

-Bildungsenthalpie 54f., 334, **339**f., *695*
– – Tabelle 55, 340, 663f.
-EMK 357f.
-Entropie 340, 663
-Reaktionsenergie 334
-Reaktionsenthalpie 54ff., 334, 339, 343, 365
-Reaktionsentropie 340, 363
-Zustand 54, **342**f., 358, 366
Stannan 497
Stannat 496
Stannit 496
Stapelfolge bei Kugelpackungen 188
starke Base 230, 283ff., 300, *712*
– Elektrolyte 214f., 223, 296, 486
– Kernkraft 20, 607f.
– Säure 223, 230, 283ff., 300, *712*
Stärke 570, 585, 587f.
stationäre Phase 10f.
stationäre Schwingung 74
Staub, Abtrennung 9
Staudinger, Herrmann 570
Steam-Reforming 379, 430, *712*
Stearinsäure 589
stehende Welle 74f.
Stein der Weisen 3
Steinkohle 452, 541
Steinkohlenteer 452, 541
Steinsalz 388
Steradiant 11, vord. Einband
Stereochemie 574ff.
Stereoisomere 433, **517**ff., 537, **574**ff., 585, *712*
stereospezifische Reaktion 577, 600, *712*
sterische Hinderung 548, *712*
Sterling-Silber 35
Stern, Otto 80
Stern-Gerlach-Versuch 80
Steroid 591f., *712*
Stiban 381, 431f.
Stickstoff 150, **424**ff.
– Bindung im Molekül 113, 137f., 425
– chemische Eigenschaften 324ff., 429ff.
– Elektronenaffinität 100
– Häufigkeit 407

Sachverzeichnis

Stickstoff
– Kovalenz- und van-der-Waals-Radius 95
– kritische Daten 160
– Molekülstruktur 113, 425
– MO-Diagramm 137
– Oxosäuren 435ff.
– physikalische Eigenschaften 424
– Reaktion mit Sauerstoff 273, 409f., 434, 438
– – mit Wasserstoff 381, 430
– Verwendug 444
– Vorkommen 407, 427f., 583
-dioxid 407, 427, **435**ff.
– – Bildung 244, 247, 410, 427, 438
– – Dimerisierung 271, 344, 435
– – Luftverschmutzung 338f.
– – Reaktion mit HCl 244
– – thermodynamische Daten 339, 340, 342, 663
-monoxid 434ff.
– – Bildung 273, 410, 427, **434**, 438
– – biochemische Funktion 435, 592
– – MO-Diagramm 139
– – Luftverschmutzung 438f.
– – Reaktion mit Chlor 271
– – Reaktion mit Fluor 250
– – Reaktion mit Sauerstoff 244, 247, 339, 410, **435**f., 438f.
– – thermodynamische Daten 339, 340, 342, 663
-trichlorid 432
-trifluorid 41, 168, 432
-triiodid 432
-wasserstoffsäure 431
– – K_S-Wert 301, 661
-bakterien 427
-Fixierung 427, 712
-zyklus 427
stillende Mütter, Beschäftigungsbeschränkungen 653
Stöchiometrie **28**ff, 149f., 354, 712

Stoff 6ff., 642
Stoffmenge 11, **30**f., 38, 40, 146, 149f., vord. Einband
Stoffmengenanteil 153, **203**, 205, 206f., 712
Stoffmengenkonzentration 42f., 203f., 712, vord. Einband
– und Reduktionspotential 365ff.
– und chemisches Gleichgewicht 270ff., 343f.
– und Fällungsreaktionen 318ff.
– und Komplexgleichgewichte 325ff.
– und osmotischer Druck 210f.
– und Reaktionsgeschwindigkeit 242ff.
– und Säure-Base-Gleichgewichte 296ff.
Stofftrennung 9f., 212, 476f.
Stoney, George Johnstone 17
Stop-Codon 600
Störfallverordnung 649
Strahlenschäden 621
Strahlenschutz 597, 615
Strahlenshutzverordnung 622, 642, 644, 649
Strahlungsbelastung 622
Strahlungsexposition 621f., 712, vord. Einband
Straßmann, Friedrich 629
Stromstärke 351, vord. Einband
Strontium **489**ff., 635
– Ionenradius 107, 489
-amid 490
-bromid 490
-carbid 490
-carbonat 475, 491
-chlorid 191, 490
-fluorid 191, 490f.
-hydrid 380, 490
-hydroxid 490ff.
-iodid 490
-nitrid 429, 490
-oxalat 491
-oxid 191, 490f.
-phosphid 429, 490
-salze, Löslichkeit 222
-sulfat 418, 475, 491
-sulfid 191, 490

Strukturformel 28, 712
Strychninnitrat 654
Stunde 11, vord. Einband
Styrol 570, 573
Sublimation 10, 179, 712
Sublimationsenthalpie 103, 179
Substituent 541, 545, 699
– erster Ordnung 545f.
– zweiter Ordnung 545f.
Substitutionsreaktion 255f., 541f., **544**ff., **547**f., 712
Substrat 601, 712
Sulfanilamid 566, 602
Sulfanilsäure 566
Sulfat 141, 353, **418**, 475, 636
– Löslichkeit 222
Sulfid 222, 307ff., **415**, 475
– Ionenradius 107
– Löslichkeit 222
-fällung 323f., 415
-rösten 410, 416, 428, 475, 477
Sulfit 222, 416, 636
– Löslichkeit 222
Sulfobenzol 545
Sulfonamid 566
Sulfonierung 545
Sulfonsäure-Gruppe 566
Superoxid 408
Superphosphat 441
supplementäre Einheiten 11, vord. Einband
Supraleitung 404
supramolekulare Chemie 515, 712
Suspension 8f., 712
Sylvin 388
Symmetrieebene 574f.
Symmetriezentrum 574f.
symmetrisches Reagenz 542
Synergismus 655
System 332, 336f., 712
Szintillationszähler 616, 712

---- T ----

Tag vord. Einband
Talk 458
Tantal 480, 499ff.
-carbid 454, 480
-(V)-oxid 480
tatsächliche Ausbeute 42

Tautomerie 558, 712
Technetium 500ff., 628, 635
Technische Chemie 5
Technische Regeln für Gefahrstoffe (TRGS) 648
Technische Richtkonzentration (TRK) 650ff., 712
Teflon 399, 573
Teilchenbeschleuniger 626f.
Teilchenstrahl 72, 626f.
Teilchen-Teilchen-Reaktion 625ff., 712
teilweise verdeckte Konformation 535
Tellur 406f., 413f.
– Kovalenzradius 95
-dioxid 415, 417, 419
-hexafluorid 415
-säure 419
-tetrabromid 415
-tetrachlorid 415
-tetrafluorid 415
-tetraiodid 415
-trioxid 419
-wasserstoff 285, 407, 414f.
Tellurid 107
Tellurit 417
Temperatur 11, **49**, **147**, 151, **152**, 712
– und chemisches Gleichgewicht 269, 277, **345**, 365
– und Dampfdruck 173f., 177ff.
– und elektrische Leitfähigkeit 351f., 471
– und freie Reaktionsenthalpie 337f., 343, 365
– und Gasdruck und Gasvolumen 146ff.
– und Gefrier- und Schmelzvorgang 177ff., 209, 336
– kritische 159f., 174
– und Löslichkeit 201f.
– Maßeinheiten 11, 147f., vord. Einband
– und osmotischer Druck 210f.
– und Reaktionsgeschwindigkeit 251, 257f.
– und Reduktionspotential 366
– und Siedevorgang 174ff., 179, 208f.

Sachverzeichnis 741

- und Verdampfung 173f., 177ff.
- und Viskosität 172, 352
Tensid 590, *712*
Terbium 499, 504f.
Terephthalsäure 572f.
terminale Aminosäure 596
ternäre Säuren 232
Terpene 583f., *712*
tertiär-Butyl-Rest 534
tertiärer Alkohol 551, 556, *712*
tertiäres Amin 565
– Atom 534, *712*
– Carbenium-Ion 543
Tertiärstruktur eines Proteins 596f., *712*
Tesla vord. Einband
Testosteron 592
Tetraalkylammoniumhydroxid 565
Tetraalkylammonium-Salze 565
Tetrabromoferrat(III) 545
Tetracarbonylnickel 288, 455, 484, 512, 516, 652
Tetrachlormethan (Tetrachlorkohlenstoff) 38, 175, 177, 198, 208, 542, 547
– MAK-Wert 652
Tetrachloroaluminat 394, 512, 545
Tetrachloroaurat(III) 512
Tetrachloropalladat(II) 512
Tetrachlorozinkat 512
1,1,2,2-Tetrachlorpropan 542
Tetracyanocadmat 512
Tetracyanocuprat(I) 512
Tetracyanoniccolat(II) 512
Tetracyanozinkat 515
Tetradecansäure (Myristinsäure) 589
Tetraeder 127, 150, 511f., 532
-lücke 188, *712*
-winkel 127, 532
tetraedrischer Komplex 511f., 521f., 525
Tetraethylammoniumhydroxid 565
Tetraethylammonium-Ion 565
Tetrethylblei 497, 652
1,1,1,2-Tetrafluorethan 399, 440, 547

Tetrafluorethylen 399, 573
Tetrafluorhydrazin 433
Tetrafluoro-beryllat 489, 512
-borat 394
-bromat(III) 130
-chlorat(III) 131
-iodat(III) 129
tetragonal 182
tetragonal verzerrtes Oktaeder 512
Tetrahydro-aluminat 382, 494
-borat 382, 464f., 494
-furan 569
-gallat 494
-indat 494
-pyran 586
-thallat 494
Tetrahydroxo-aluminat 327, 476, 494
-antimonit 443
-beryllat 489f.
-borat 463
-zinkat 327, 504
Tetrametaphosphorsäure 442
Tetramethylammoniumhydroxid 565
Tetramethylzinn 550
Tetramminaquochlorocobalt(III)-chlorid 516
Tetrammincadmium(II) 511
Tetrammindiaquokupfer(II) 512
Tetrammindichlorocobalt(III) 513, 518
Tetrammindichloroplatin(IV)-chlorid 511
-tetrachloroplatinat(II) 517
Tetramminkupfer(II) 512, 517
Tetramminplatin(II) 511
-tetrachlorocuprat 517
-hexachloroplatinat(IV) 516f
Tetramminzink(II) 515
Tetrasulfid 415
Tetraterpen 583f.
Tetrathionat 420
Thallium 460f., 482, **493**ff.
-halogenide 191, 394, 493ff.
-(I)-hydroxid 486, 495
-(I)-oxid 493, 495
-(I)-salze, Löslichkeit 222
-(I)-sulfat 495, 654

-(I)-sulfid 493
-(I)-Verbindungen 486, 495, 655
theoretische Ausbeute 42, *712*
Theoretische Chemie 5
Theorie des Übergangszustands 252f., *712*
Therapie bei Vergiftungen 656ff.
thermische Ausdehnung 171
thermische Neutronen 627, *705*
thermische Phosphorsäure 441
Thermit-Reaktion 53, 480, *713*
Thermochemie 48, *713*
thermochemische Gleichung 52f.
Thermodynamik 332ff., *713*
– dritter Hauptsatz 340, *701*
– erster Hauptsatz 48, 332ff., *701*
– zweiter Hauptsatz 335ff., *701*
thermodynamische Daten (Tabelle) 338, 340, 342, 663f.
– Funktion 334, 337, 363f.
– Kontrolle 544
– Stabilität 332, 515
thermonucleare Reaktion 633, *713*
Thiamin 592
Thiazol 569
Thiocyanat 420, 460, 517
Thionylchlorid 417, 561
Thionylhalogenide 417
Thiophen 569
Thiostannit 496
Thiosulfat 420, 636
Thiosulfatoargentat 480
Thomson, Joseph J. 17
Thomson, William 147, 160, 335
Thorium 386, 402, 480, 611, 622f., 633
-dioxid 191, 490
Thortveitit 458
Threonin 594
Threose 576
Thulium 504f.
Thymidin 598

Thymin 597ff.
Thymolblau 301f.
Titan 484, 499ff.
– Gewinnung 480
– Häufigkeit 6
-carbid 454, 480
-dioxid 191, 475, 480, 499, 504
-disulfid 504
-nitrid 504
-tetrachlorid 393f., 480, 504
-tetrahalogenide 504
Titration 234ff., **311**ff., 323, 369f., *713*
Titrationskurve 312ff., 369f., *713*
Toluol 541, 545, 559
– MAK-Wert 652
Tonmineralien 458
t_2-Orbitale 522
t_{2g}-Orbitale 520f.
Torr 144, vord. Einband
Torricelli, Evangelista 144
Toxikodynamik 654
Toxikokinetik 654
Toxikologie 654ff., *713*
toxische Dosis 654f., *713*
Trägergas 11
Trägheit 6
Transfer-Ribonucleinsäure (tRNA) 599f., *713*
Transkription 599, *713*
Transmutation 609
Transportreaktion 484, *696*
Transurane 628, *713*
Traubensäure 562
Treibgas 434, 440, 547
Treibhausgas, -effekt 437
Tremolit 458
Triade 67
Triammintrichlorocobalt(III) 516
Triammintrichloroplatin(IV)-chlorid 511
Trichloressigsäure 287
1,1,1-Trichlorethan 440, 547
Trichlorethen 440
Trichlorfluormethan 440
Trichlormethan (Chloroform) 175, 177, 208, 542, 547
Trichloro-ethenoplatinat(II) 550
Trichloroplumbit 497

Trichloroschwefel(II) 131
Trichlorostannit 497
Trichlorsilan 453
Tridymit 457
Triethylamin 565
Triglycerid 589, *713*
trigonal 182
trigonale Bipyramide 128ff., 132f.
trigonal-planar 127, 130, 132f.
trigonal-pyramidal 127, 130
Trihydroxoplumbit 496
Trihydroxostannit 496
Triiodid 391
triklin 182
Trimetaphosphorsäure 442
Trimethylamin 565
-K_B-Wert 301, 661
1,3,5-Trimethylbenzol (Mesitylen) 541
Trimethylcarbenium-Ion 548f.
2,2,4-Trimethylpentan 534
Trinitrotoluol 444
Tripelpunkt 178, *713*
Tripelsuperphosphat 441
Triphenylantimon 550
Triphenylphosphan 550, 557
Triphenylphosphanoxid 557
Triphosphat 442, 598
Triphosphorsäure 442, 597
Tris(diaminoethan)-cobalt(III) 518f.
Trisilicat 458
Trisulfan 415
Triterpen 583f.
Trithiokohlensäure 459
Trithionat 420
Tritium 378, 634, 636
Trivialname 122
TRK-Wert 650ff., *712*
Trockeneis 179
Trockenelement 372
trocknende Öle 556
Trocknungsmittel 444, 457
Trona 488
Tropfstein 492
Trypsin 594
Tryptophan 595
Turmalin 182
Twist-Konformation 535f.
Tyrosin 595

U

Übergangselement, Übergangsmetall 70f., 84f., 89, 106, **497**ff., 707
- Atom- und Ionenradien 501
- Herstellung 477ff.
- Komplexe 510ff.
- physikalische Eigenschaften 472ff., 497f.
- Raffination 484f.
- Stellung im Periodensystem 70f., 85, 89, 497
- Verwendung 498f.
- Vorkommen 474f.
-carbide 454, 480
-hydride 380f.
-nitride 429
Übergangszustand 252f., *693*
Überlappung von Orbitalen 112, 131, 134f.
übersättigte Lösung 197
Überspannung 370f., 389, 482, *713*
u-Einheit 23, 28, vord. Einband
Ulexit 461
ultraviolette Strahlung 63, 411, 542
Ultrazentrifuge 630
Umgang mit Gefahrstoffen 642, 650f.
Umgebung 332, 336f., *713*
umgekehrte Osmose 210
umgesetzte Massen und Stoffmengen 38ff.
Umhalogenierung 393
Umschlag eines Indikators 302, 311ff.
umweltgefährlich, Gefahrensymbol 643
- Legaldefinition 645
unedle Metalle 362, *698*
Unfallverhütungsvorschriften 649
ungepaarte Elektronen 82f., 524f.
ungesättigte Kohlenwasserstoffe 538f., 542, *713*
ungesättigte Lösung 197
Universalindikator 301
Unordnung 335, 337f.

unpolare Lösungsmittel 198, 538
unpolare Moleküle 168f., 198, 538
Unschärferelation 73, *713*
unsymmetrisches Reagenz 542, 555
Unterbromige (Hypobromige) Säure 286f., 395ff.
- K_S-Wert 301, 661
Unterchlorige (Hypochlorige) Säure 231, 286f., 395ff.
- K_S-Wert 301, 661
Unterhalogenige Säuren 395ff.
Unteriodige (Hypoiodige) Säure 286f., 395ff.
unterkühlte Flüssigkeit 176, 177f.
Unterphosphorige Säure 287, 442f.
Unterschale 76ff., 84ff., 88, 106, 505, *713*
Unterweisung von Beschäftigten 651
Uracil 597ff.
Uran 480, 662
- Isotopentrennung 157, 630
- Kernspaltung 629ff.
- radioaktiver Zerfall 386, 404, 623f.
- zur Synthese von Transuranen 628, 633
-hexafluorid 157, 399, 630
-oxid 475, 499, 631
-tetrafluorid 480
Urethan 567, *713*
Uridin 598
Urmaß für das Kilogramm 35, vord. Einband

V

V2A-Stahl 499
Vakuumdestillation 175
Valenzband 470ff., *713*
Valenzbindungstheorie (Valence-Bond-Theorie) 112f., 519
Valenzelektronen 83, 89, 99, 112f., 126, *713*

Valenzelektronenpaar-Abstoßungstheorie **126**ff., 391, 403, *713*
Valenzschale 83, 126
Valenzstrichformel 112f., 134, 140f., 394f., *705*
Valeriansäure 558
δ-Valerolacton 563
Valin 594
Vanadium 480, 499ff., 583
-carbid 454, 480
-halogenide 504
-nitrid 504
-oxide 480, 504
-sulfid 475, 504
Van-Arkel-de-Boer-Verfahren 484, *713*
Van der Waals, Johannes 159, 168
Van-der-Waals-Gleichung 159, *713*
- -Konstanten 159
- -Wechselwirkung 94f., 168, *702*
- -Radius 95, 107, *713*
Van't Hoff, Jacobus 210, 215
Van't Hoff-Faktor 215, *713*
Verätzung, erste Hilfe 657
Verbindung 6f., 16, *713*
verbotene Energiezone 470f., *713*
Verbrennung 39, 49f., 408f., 437f., 455
Verbrennungsprodukte 39, 408f., 437f.
Verbrennungswärme 49f., 334
Verdampfung 173ff., 177ff., 341
Verdampfungsenthalpie 173, 175, *713*
Verdampfungsgeschwindigkeit 174
Verdünnen von Lösungen 43
verdünnte Lösung 197, 214f.
Verflüssigung von Gasen 159f.
Vergiftung 654ff.
- erste Hilfe 656f.
- Informationszentren 656
- Therapie 656f.
Verkokung 541
Verordnung 648f.

Sachverzeichnis 743

- über gefährliche Stoffe 644, **648**ff.
- -en der Kommssion der Europäischen Union 648ff.
- Verpackung von Gefahrstoffen 650f.
- Verseifung 562, 590, *714*
- Versetzung in Kristallen 192
- Versilbern 354
- Verzögerung 48
- Vinylacetylen (Butenin) 539
- Vinylbenzol (Styrol) 570ff., 573
- Vinylchlorid 543, 573
- Vinyl-Rest 538
- Viskoseseide 459
- Viskosität 172, 176, 352, *714*, vord. Einband
- Vitamin 592f., 603, *714*
  - A 584, 593
  - B_1 592
  - C 592
  - D 593
  - K 593
- vollbesetzte Schale 88, 98, 106
- vollständige Mischbarkeit 197
- vollständige Reaktionsgleichung 220f.
- Volt 351, vord. Einband
- Volta, Alessandro 356
- Voltaische Zelle 356f., *700*
- Volumen 146ff., vord. Einband
  - einer Lösung 42ff., 203f., 210
- -anteil 205, *714*
- -arbeit **51**, 175, 201, 333f., *714*
- -konzentration 205
- -verhältnis bei Gasreaktionen 145
- volumetrische Analyse 234ff., *714*
- Vorsorgeuntersuchungen 648
- Vorzeichen bei thermochemischen Angaben 51, 333
- VSEPR-Theorie 126ff.
- Vulkanisation 421, 572
- vulkanische Gase 413, 438

W

- Wachs 588f.
- Wannenkonformation 535f.
- Wärme 48ff., 333f., 364, *714*
- -kapazität 49, *714*
- -leitfähigkeit 157, 471, 474
- -menge 49f.
- -tönung 51
- Waschmittel 444
- Wasser
  - Additionreaktionen 543
  - Assoziation 170f.
  - Bindungsenergie 57f., 664
  - chemisches Verhalten 379f.
  - Dampfdruck 154, 177f.
  - Dipolmoment 168
  - Dissoziation, Ionenprodukt 294, *702*
  - Elektrolyse 379, 408
  - Entionisierung 294, 459
  - Gefrierpunkt 177f., 208, 336
  - Hydrolyse-Reaktionen 394
  - kritische Daten 160
  - als Komplexligand 324, 515f., 525
  - als Lösungsmittel 198ff., 221ff.
  - molare Schmelzenthalpie 177
  - molare Verdampfungsenthalpie 173, 175
  - Molekülstruktur 28, 128
  - Phasendiagramm 178
  - Reaktion mit Eisen 379
  - – mit Kohlenstoff 379
  - – mit Methan 379
  - saure und basische Eigenschaften 283f.
  - Siedepunkt 170, 174, 208
  - thermodynamische Daten 340, 342, 663
  - Zersetzung durch Strahlung 621
- -ähnliche Lösungsmittel 290
- -dampfdestillation 583
- -gas 379, 430, *714*
- -haushaltsgesetze 649
- Wasserstoff 378ff.
  - Atomstruktur 65ff., 75f.
  - Bindung im Molekül 112, 131, 134, 380
  - in Brennstoffzellen 373
  - chemische Eigenschaften 380ff.
  - elektrolytische Abscheidung 353, 370f., 388f.
  - Elektronegativität 116
  - Elektronenaffinität 100, 380
  - Elektronenkonfiguration 81
  - Häufigkeit 6, 378
  - Herstellung **379**ff., 388, 487
  - Ionisierungsenergie 382
  - Isotope 378
  - Kernfusion 633f.
  - Kompressibilität 158
  - Kovalenzradius 95
  - Molekülgeschwindigkeit 155
  - Molekülstruktur 28, 112
  - naszierender 381, 432, 566, *707*
  - Normalpotential 360f.
  - physikalische Eigenschaften 378
  - Reaktion mit Alkalimetallen 380, 487
  - – Alkenen 542
  - – Brom 257, 338, 381, 391f.
  - – Chlor 381, 391f.
  - – Erdalkalimetallen 380, 490
  - – Iod 270ff., 381, 391f.
  - – Kohlendioxid 272, 277, 345
  - – Kohlenmonoxid 261, 381f.
  - – Sauerstoff 381
  - – Schwefel 381, 414
  - – Stickstoff 275ff., 430
  - – Übergangsmetallen 380
  - Reduktionspotential 368, 380
  - als Reduktionsmittel 381, 480
  - Spektrum 65ff.
  - Synthesen mit 276, 380ff., 392, 410, 414, 430, 487, 490, 494, 537, 542, 552, 555, 565f., 590
  - van-der-Waals-Radius 95
  - Verwendung 382
  - Vorkommen 378, 407
- -brücken 169ff., 198f., *714*
  - – Alkohole 551
  - – Borsäure 463
  - – Carbonsäuren 559
  - – HF_2^--Ion 388, 392
  - – Nucleinsäuren 598f.
  - – Proteine 596f.
  - – Wasser, wäßrige Lösungen 170f., 198, 229, 551
- -Elektrode 359f., 368
- -Ionenkonzentration 294ff.
- -peroxid 30, 382, 408, **410**, 420
- -Verbindungen 380ff.
  - Elemente der 3. Hauptgruppe 382, 494
  - Elemente der 5. Hauptgruppe 430ff.
  - Elemente der 6. Hauptgruppe 414f.
  - Metalle 380f., 487, 490
  - Nichtmetalle 381
  - saure Eigenschaften 285ff.
  - Siedepunkte 169f.
  - Silicium 455
  - Verbrennung 39, 414, 434, 541
- wäßrige Lösungen 198ff.
  - Elektrolyse in 353
  - von Elektrolyten 199, 214f., 353ff.
  - Reaktionen in 220ff., 318ff.
  - von Säuren und Basen 229ff., 282ff., 296ff.
- Watt vord. Einband
- Wavelit 182
- Weber vord. Einband
- Weinsäure 562, 576
- Weißblech 497
- Welle 63, 71f., 74, 133
- Wellenfunktion **74**ff., 132, 133f., *714*
- Wellenlänge 63, 72f., 133, 185
- Wellenmechanik 71ff.
- Welle-Teilchen-Dualismus 71
- Wellmann-Lord-Verfahren 416
- Werner, Alfred 510

Widerstand, elektrischer 351
Wien, Wilhelm 19
Williamson-Synthese 553, *714*
Wilson, Charles 616
Wilson-Nebelkammer 616
Windfrischverfahren 485, *714*
windschiefe Konformation 535
Witherit 452
Wittig, Georg 557
Wittig-Reaktion 557, *714*
Wöhler, Friedrich 532
Wolfram 381, 480f., 499ff.
-carbid 454, 480, 499
-(VI)-oxid 480
Wolframat 501
Wollastonit 458
Wurzel aus dem mittleren Geschwindigkeitsquadrat 155, *714*

X

Xenon 402f., 407
-difluorid 129, 403f
-hexafluorid 403
-tetrafluorid 130, 403
-tetrafluoridoxid 403
-tetroxid 403
-trioxid 403
Xylol 541

Y

Ytterbium 504f.
Yttrium 499
-oxid 499
-oxidsulfid 499
-phosphat 475

Z

Zahlwörter, griechische 122, 516
Zahlwörter zur Namensbildung schwerer Transurane 628
Zeeman-Effekt 78
ZE-Isomere 239
Zeit 11, 336, vord. Einband
Zellmembran 590ff.
Zellstoff 588
Zentralatom 126, 324, **510**ff. 516, *714*
zentrierte Elementarzelle 184
Zentrifuge 9
Zeolith 458f.
Zerfallsenergie 611ff.
Zerfallsgeschwindigkeit, radioaktive 617ff.
Zerfallsgesetz, radioaktives 617f.
Zerfallskonstante, radioaktive 617f., *714*
Zerfallsreihe, radioaktive 623f., 630
Zink 342, 380, 480, 482, **498**ff., 583
– in galvanischen Elementen 356f., 360, 372
– Gewinnung 478, 484
– Rostschutz mit 372
-blende 413
– – -Typ 189ff., 450, 454
-carbonat 475
-fluorid 191
-halogenide 504
-hydroxid 326f.
-Komplexe 515
-nitrid 429
-oxid 192, 340, 342, 475, 477f., 504
-Quecksilberoxid-Zelle 372
-salze, Löslichkeit 222
-sulfat 482
-sulfid 190, 413, 416, 475, 477f., 499, 504
Zinn 448f., 451, 478, 483, **495**ff.
– Kovalenzradius 95
– Rostschutz mit 372
-(IV)-bromid 495, 497
-(II)-chlorid 127, 393, 495, 497
-(IV)-chlorid 288, 393, 495, 497, 550
-dioxid 191, 475, 496f.
-disulfid 495f.
-(IV)-fluorid 393, 495
-(II)-halogenide 495, 497
-(IV)-halogenide 495, 497
-hydrid 497
-(II)-hydroxid 496
-(IV)-iodid 495, 497
-nitrid 429
-(II)-salze, Löslichkeit 222
-stein 496
-sulfid 324, 496
-tetramethyl 550
Zinnober 477
Zirconium 480, 484, 499ff., 631
-carbid 454, 480
-dioxid 499
-silicat 475
-tetrachlorid 480
-tetraiodid 484
Zirkon 458
Zone der Stabilität 608f, *714*
Zonenschmelzen 453, 484f., *714*
Zubereitung 642
Zucker 585ff.
Zündholz 398
Zustand 332f.
Zustandsänderung 333
Zustandsdiagramm 178f.
Zustandsfunktion 332, 336, *714*
Zustandsgleichung eines idealen Gases 146ff., 151f., *702*
– eines realen Gases 159
Zustandsgröße 146, 332, *714*
zweimolekulare Reaktion 254
zweistufige Reaktion 256
Zweiter Hauptsatz der Thermodynamik 335ff., *701*
zweiwertiger Alkohol 551, 572
zweizähniger Ligand 513
Zwischengitterplatz 192, *714*
Zwischenprodukt, -stufe 53, 250, 255ff., *714*
Zwitterion 566, 593, *714*
Zymase 588

Die E

Acti
Alu
Am
An
Ar
Ars
Ast
Bar
Ber
Ber
Bis
Ble
Bo
Bo
Bro
Ca
Cä
Ca
Ca
Ce
Ch
Ch
Co
Cu
Du
Dy
Ein
Eis
Erb
Eu
Fer
Flu
Fra
Ga
Ga
Ge
Go
Ha
Ha
He
Ho
Ind
Iod
Irid
Joli
Kal
Ko
Kry
Ku
Lar
Lav
Lit
Lut
Ma
Ma

a K
b k
c D
d k
e S
f L
   L
   N
   g